世界军事
电子年度发展报告

2023
（上册）

中电科发展规划研究院　编

国防工业出版社

·北京·

内 容 简 介

本书立足全球视野,通过对世界军事电子领域2023年度的发展情况进行详实跟踪、深入梳理和分析,剖析并展示了领域的年度最新进展和态势。本书分别对隶属于军事电子领域的指挥控制、情报侦察、预警探测、通信网络、定位导航授时、网络安全、电磁频谱对抗、电子基础、网信前沿技术(人工智能、量子信息等)等领域的年度发展情况进行了综合分析,对各领域的十余个重点热点事件、重要技术进展等问题进行了专题分析,并梳理形成领域年度大事记,为了解、把握军事电子各领域年度发展态势奠定了坚实基础。

本书可供军事电子和网络信息领域科技、战略、情报研究人员,从事军事电子领域工程设计和开发的技术人员和相关从业人员,专业院校老师、学生,以及其他对军事电子感兴趣的同仁参考、学习和使用。

图书在版编目(CIP)数据

世界军事电子年度发展报告.2023 / 中电科发展规划研究院编. -- 北京:国防工业出版社,2025.
ISBN 978-7-118-13719-4

Ⅰ. E919

中国国家版本馆 CIP 数据核字第 2025JQ8844 号

※

*国防工业出版社*出版发行

(北京市海淀区紫竹院南路23号 邮政编码100048)
北京虎彩文化传播有限公司印刷
新华书店经售

*

开本 787×1092 1/16 印张 29¼ 字数 556 千字
2025 年 5 月第 1 版第 1 次印刷 印数 1—1200 册 定价 856.00 元

(本书如有印装错误,我社负责调换)

国防书店:(010)88540777　　书店传真:(010)88540776
发行业务:(010)88540717　　发行传真:(010)88540762

《世界军事电子年度发展报告 (2023)》
编委会

编审委员会

主　任：艾中良　姚志杰

副主任：朱德成　杨春伟

委　员：（按姓氏笔画排序）

于海超　王　东　王　宏　冯进军　朱西安　刘　伟

刘大林　刘林杰　江　锋　李　品　李晓辉　宋　婧

张　兵　张　巍　张春城　易　侃　郑　琦　孟　建

赵治国　徐　艳　黄金元　崔玉兴　蔡树军

编辑委员会

主　编：彭玉婷

副主编：秦　浩　方　芳　王龙奇　李祯静

委　员：（按姓氏笔画排序）

马　将　王武军　王　冠　王　鹏　邓大松　冯　光

朱　松　苏纪娟　王晓璇　李燕兰　吴　技　张讪通

张志鹏　张春磊　姜立娟　骆　岷　殷云志　韩　冰

韩　劼　傅　巍　霍家佳

前言

2023 年,大国间的科技竞争和军事对抗愈发显性化,俄乌冲突未止,巴以冲突再起,世界局势更加动荡,各国面临的安全环境形势日益复杂,科技发展环境持续恶化。随着美国基于同盟关系和地缘政治的保守主义倾向进一步抬头,全球科技合作与发展环境愈加恶化。与此同时,随着生成式预训练大模型等多项新技术持续取得突破,新一轮科技、军事革命不断演进,各主要国家对军事电子领域的关注进一步加强。多国通过提升技术创新力度、开展装备升级换代、加大材料器件研制投入、积极开展演习演训等方式提升领域实力,推动军事电子多领域朝着数字化转型、网络化协同、智能化赋能方向发展。

为把握世界军事电子领域的年度发展态势,了解领域发展特点、研判未来着力重点,2023 年度发展报告对指挥控制、情报侦察、预警探测、通信网络、定位导航授时、网络安全、电磁频谱对抗、电子基础、网信前沿技术等方向的年度发展情况进行了全面梳理和总结,对各领域的重要问题、热点事件等进行了专题分析,并梳理汇总领域大事记,形成了综合卷报告和各领域分报告。

2023 年度发展报告的编制工作在中国电子科技集团有限公司科技部的指导下,由发展规划研究院牵头,电子科学研究院、信息科学研究院(智能科技研究院)、第七研究所、第十研究所、第十一研究所、第十二研究所、第十四研究所、第十五研究所、第二十研究所、第二十七研究所、第二十九研究所、第三十二研究所、第三十四研究所、第三十六研究所、第三十八研究所、第四十一研究所、第五十一研究所、第五十三研究所、第五十四研究所、第五十五研究所、产业基础研究院、中电莱斯信息系统有限公司、网络信息安全有限公司、芯片技术研究院等单位共同完成，并得到集团内外众多专家的大力支持。在此向参与编制工作的各位同事与专家表示诚挚谢意！

受编者水平所限，本书中错误、疏漏在所难免，敬请广大读者谅解并不吝指正。

编　者
2024 年 7 月

目 录

指挥控制领域

情报侦察领域

预警探测领域

通信网络领域

定位导航授时领域

网络空间安全领域

电磁频谱对抗领域

电子基础领域

网信前沿技术领域

综合卷

综合卷年度发展报告编写组

主　　编：彭玉婷

副 主 编：秦　浩　姜典辰　方　芳　王龙奇

　　　　　李祯静　焦　丛　杜云飞　陈亚菲

撰稿人员：（按姓氏笔画排序）

　　　　　王龙奇　王　焱　王　璨　方　芳

　　　　　吕　玮　朱　虹　许馨元　杜神甫

　　　　　李祯静　李嘉怡　张　昊　姜典辰

　　　　　秦　浩　袁　野　钱　宁　陶　娜

　　　　　陶　逸　彭玉婷　焦　丛　纪　军

审稿人员：肖安琪　肖晓军　全寿文　陈鼎鼎

　　　　　彭玉婷　郭　萃　刘建亭

综合分析

世界军事电子领域年度发展综述

2023 年，大国竞争助推全球地缘政治博弈日趋激烈，局部冲突频发。军事电子装备作为现代战争作战能力的"倍增器"，对战争走向和胜负起着核心作用。以美国为首的世界军事强国纷纷加大资源投入，聚焦数字化转型、人工智能、软件定义、云计算等技术，强化战略设计和系统布局，以数智赋能推进网络信息装备转型，推动各作战域指挥控制、通信网络、侦察预警、定位导航、电子对抗等重点装备领域深度融合，提升跨域联合、智能决策、自主协同的联合全域作战能力。

》》》一、以数据为中心推进军队数字化转型，支持夺取信息优势和决策优势

2023 年，北约和美国积极推进军队数字化转型，多措并举加强大数据、人工智能、云计算等技术应用，注重多源数据融合，构建决策优势。

（一）北约和美国积极推进军队数字化转型

北约落实数字化转型愿景。7 月，北约各成员国通过《数字化转型实施战略》，提出数字化转型的 3 个支柱、5 个组成部分及关键技术，促进数据驱动的决策，打造以数字化为基础的联合全域作战能力。2030 年将成为其数字化能力交付的里程碑节点。

美军发布数字化转型新战略。11 月，美国国防部发布《数据、分析和人工智能应用战略》，以取代《2018 年人工智能战略》和《2020 年数据战略》。该战略关注数据治理、多源数据融合、人工智能等技术，明确主要措施和目标，强调利用数字化和人工智能技术，推动数字化转型，加快决策速度，在阻止战争和赢得战争中发挥决定性作用。

（二）美国空军组建"数字加速特遣队"

美国空军部数字转型进入新阶段。10月，美国空军完成"数字加速特遣队"组建。该特遣队将致力于创建"数字装备管理"体系，解决近期挑战和关键问题，更快交付一体化能力。"数字装备管理"要求运用数字工具、结构化数据、指导性文件政策，加强装备全寿命周期管理，缩短作战能力交付时间。

（三）美军以数据为中心，注重多域数据融合

美国空军尝试融合多域数据。8月，美国空军开发深度感知和目标定位系统，集成民用飞机上的多域深度传感平台，提供广域情报收集和融合，并纳入多域情报平台，为前线作战单元提供多域融合数据，实现深度感知战场态势的愿景。

美国陆军云计划引入新概念。10月，美国陆军利用现代数字架构的概念，寻求混合和多云解决方案，实现跨云无缝传输数据，为陆军分布式作战人员提供所需的能力。

美国陆军验证多域数据融合能力。4月，美国陆军举行"作战人员23-04"演习，检验以数据为中心的多域数据高效融合能力。演习中，美国陆军第1骑兵师验证了数据与决策速度之间的关系。演习表明，多域数据融合需要以数据为中心，实现联合能力的快速行动。

》》》 二、推进联合全域指挥控制建设，美军加快印太实战能力交付

2023年，美军以中国为战略对手，更加重视联合全域指挥控制战略，加快重点项目建设，推进联盟联合全域指挥控制进程，优先交付部署印太地区。

（一）完善联合全域指挥控制顶层规划

发布新版《联合全域指挥控制实施计划》。7月，美军联合参谋部J-6副主任苏珊·布莱尔·乔伊纳称，国防部正在完善《联合全域指挥控制实施计划》，更加聚焦大国竞争和联盟作战，改进杀伤链构建速度，以数据为中心，加强国防部与业界的技术合作，确保联合全域指挥控制随时发挥作用，确保顺畅实现向联盟联合全域指挥控制的转变。

立法要求优先将能力部署于印太地区。12月，美国总统签署的《2024财年国防授权法》要求，优先考虑印太司令部需求，将联盟联合全域指挥控制能力优先部署于印太地区；建立新的报告制度，国防部副部长等相关人员每季度向国会报告JADC2进展情况；加强建设进度和质量评估，使国会能够深入掌握相关工作的质量和进度。

（二）推进联盟联合全域指挥控制进程

推进联盟联合全域指挥控制能力发展。7月，美国国防部明确提出联合全域指挥控制向联盟联合全域指挥控制过渡，将更加重视支撑美军与盟友和伙伴的一体化作战指挥决策能力。联盟联合全域指挥控制是美国国防部的一项高优先级战略，强调联合部队中美国与盟友和合作伙伴的有机联合，旨在将全域所有资产和传感器连接到一个全球"传感器到射手"网络，为指挥官提供决策优势。

开发联盟联合全域指挥控制数据集成层。10月，美国国防部首席数字与人工智能办公室发布了开发联盟联合全域指挥控制数据集成层公告。该公告要求该数据集成层具备7项基本能力，建立相关数据交互标准与路径，构建联盟联合全域指挥控制的基础数据架构，支持多国联合部队间的数据交换，促进多国联合部队作战能力形成。

组织联合演习检验评估联盟指挥控制系统的互操作性。9月底至11月，美国国防部组织年度"大胆探索—岛屿掠夺者"演习，通过生成和共享多层级数据的能力，测试和评估联盟部队指挥控制系统的互操作性，展示美军具备在不同系统、不同作战域与盟友及合作伙伴部队生成和共享数据的能力。

（三）推动重点项目快速交付能力

美国空军统筹推进先进作战管理系统（ABMS）。美国空军2024财年为先进作战管理系统项目申请5亿美元预算，较2023财年翻了一番。1月，美国空军开发基于云的指挥控制系统；3月，推进边缘指挥控制能力建设；8月，发布首个任务式指挥条令及备忘录文件，作为部署先进作战管理系统的制度准备；同月，将"凯塞尔航线"全域作战套件部署至美国印太司令部，以支持该司令部的多域作战。

美国海军继续开发对位压制工程核心项目。8月，美国海军在"大规模演习—2023"中，初步演示验证对位压制工程开发的指挥控制通信网络。9月，美国海军选择洛克希德·马丁公司负责一体化作战系统项目，该系统是美国海军对位压制工程的核心，使用通用软件和计算机基础设施，支持水面舰队在所有作战域的快速部署能力。

美国陆军一体化防空反导作战指挥系统具备初始作战能力。5月，美国陆军宣布该系统具备初始作战能力，为正式部署做准备。该系统采用开放式模块化可扩展架构，以快速有效地集成作战空间中所有可用资产的信息。

美国太空军加大指挥控制能力发展力度。2月，成立太空军快速弹性指挥控制办公室，负责及时提供指挥控制能力。3月，组建第15指挥控制中队，负责提供太空作战指挥控制和作战管理等能力。8月，启动混合太空架构项目，预算由1700万美元增加到2500万美元，试图在整个太空域提供覆盖全球、无处不在、安全可靠的互联网连接，以支持联合全域指挥控制。

（四）完成云基础设施升级

完成基于云的基础设施更新。3月,美国国防信息系统局发布美军联合全球指挥控制系统6.1版,对基于云的基础设施进行了升级,将各类移动目标的跟踪数量从数千个提升至100万个,拓展了美军数据交互范围、数据关联及注入量,为美军战区指挥官提供更多信息支撑和决策支撑。

部分司令部具备基于云的指挥控制能力。11月,北美航空航天防御司令部基于云的指挥控制(CBC2)系统在东部防空部门上线,实现了初始作战能力。除北美航空航天防御司令部以外,首批获得基于云的指挥控制能力的单位还包括美国北方司令部。

》》》三、前沿技术赋能通信网络,推动战场战术通信网络性能提升

2023年,世界各国普遍把网络现代化作为军事现代化的优先事项进行重点发展,注重量子、激光、人工智能等新兴前沿技术的军事应用,突出战场网络适用性、可靠性和韧性,为夺取信息优势提供有力支撑。

（一）广泛应用前沿技术

太赫兹技术打开通信频段新空间。4月,美国空军研究实验室宣布已经成功完成首次机间太赫兹频段通信飞行试验,验证了太赫兹通信在机载平台工程化和空中通信应用的可能性,初步证实太赫兹频段能够满足未来美国空军通信需求。

激光通信增强快速安全远距通信能力。11月,美国NASA宣布成功实现跨越1600万千米的近红外激光实验,创造了迄今为止距离最远的光通信演示记录,证明了数据传输速率比目前航天器使用的最先进射频系统高出10~100倍,验证了利用激光取代射频进行超远程空间信息传输的可行性,为下一步实现更高数据速率的深空光通信(DSOC)铺平了道路。

量子技术增强军事通信网络能力。5月,美国DARPA启动"量子增强网络"项目,开始研发全球首个可实际运行的量子-经典混合通信网络,目标是实现世界上第一个可操作的量子增强网络。

（二）推动通信网络现代化

美国陆军将"统一网络"作为优先事项。10月,美国陆军参谋长表示,"统一网络"是首要的重点领域和优先事项,是美国陆军夺取多域作战决策优势和制胜优势的保障,以

支撑美国陆军数字化现代化转型。

美国陆军调整通信网络发展路线。2023 年，为适应"旅改师"的结构调整，美国陆军对综合战术网的开发部署计划进行了相应调整，由原先面向旅战斗队的"能力集"网络向"以师为行动单位"的路线转变，最终目标是在面对均势对手的大规模战争中实现快速机动。

英国开发三位一体韧性战术广域网。8 月，英国国防部授予 BAE 系统公司合同，旨在开发三位一体的战术广域网，取代现有"猎鹰"网络。该合同内容主要是升级多模无线电系统，满足多域作战战术通信需求，增强作战人员的前线连接能力，推动其战术通信网络现代化转型与升级。

》》》四、情报监视侦察体系持续完善，快速提升跨域多源情报融合能力

2023 年，围绕情报监视侦察能力提升，世界各国在战略指导、能力建设、研发创新、数智赋能上取得重要进展，侦察威慑理念更加具象，人工智能加快情报流程作用更加突出，跨域多源情报融合效果更加显著。

（一）发布情报战略指导文件

美国发布两份情报战略指导文件。7—8 月，美国国家情报总监办公室陆续发布《2023—2025 年情报界数据战略》和新版《国家情报战略》。这两份文件是在美国与同等大国进行高端战争对抗的背景下出台的，强调了情报能力的重要性，明确了情报监视侦察流程，为实施情报行动提供了指导和方法。

英国发布强调互操作性的情报条令。1 月，英国国防部发布《联合条令说明——情报监视侦察》，基于当前的实践和已有条令，提出当前和未来发展的情报监视侦察概念，为英国各级指挥官提供行动参考；8 月，发布《支持联合作战的情报、反情报与安全》条令，作为情报监视侦察条令的补充，阐述了英国乃至北约国家情报监视侦察流程和方法，突出了与北约成员国之间的一致性和互操作性。

美军相继发布专业情报条令。6 月，美国空军发布《情报》条令，这是自 2015 年以来的首次更新条令；7 月，美国太空军发布首份《情报》条令，作为太空军情报工作的基础依据和规范；10 月，美国陆军发布《情报》条令，强调陆军多域作战的情报基础能力和战术。这三份条令是三个军种面向高端战争率先采取的条令修订措施，强调跨国跨军种的情报协同和互操作，支持美军与其北约盟友在全球范围开展联合作战情报行动。

（二）重视新质情报能力生成

美国太空军发射首颗情报卫星。9月，美国成功发射"沉默巴克"军事星座的首颗星。该卫星搭载的传感器可对太空目标进行编目，生成实时轨道位置信息，跟踪监视印太上空对手国家的关键空间目标，强化太空军空间监视能力，形成更加全面的空间态势感知能力。

美国海军重启综合水下监视系统。9月，美国海军重启"综合水下监视系统"，助力盟军监测潜艇行踪；11月，在"综合作战问题23.2"演习中，演示了空中装备、有人/无人水面舰艇和水下舰艇之间的互操作性，将"水手""游骑兵""海鹰""海猎"4种无人水面艇集成到舰队作战体系中，通过有人和无人舰艇协同提高海上态势感知能力。

美军提升地面移动目标的实时情报能力。3月，美国太空军正式将天基地面动目标指示器系统列为在案项目，寻求利用卫星对地面移动目标进行识别跟踪监视。8月，美国空军展示SAR成像星座跟踪地面移动目标的能力。10月，黑色天空公司为美国空军研究实验室提供"自动目标识别"服务，通过收集侦察卫星融合数据，实时跟踪地面机动目标，并分发给全球范围内的相关人员。

（三）注重情报有效融合与高效分析

将商业卫星太空数据与服务融入军事情报体系。7月，麦克萨（Maxar）公司推出"地理空间平台"，简化地理空间数据和分析的发现、采集及集成。8月，美国国家情报总监办公室研究如何更好地运用商业数据和分析服务。除"星链"卫星为乌克兰提供军事服务外，鹰眼360公司也正为美国太空军提供射频测绘卫星收集数据，帮助检测和定位危及美国卫星安全的干扰。12月，美国国家侦察局与5家光电卫星图像供应商签署协议，要求提供卫星光电图像。

研发跨域融合的集成传感与网络技术。2月，诺斯罗普·格鲁曼公司首款"电子扫描多功能可重构集成传感器"成功进入集成和测试阶段，可同时执行雷达、电子战和通信功能。9月，美国陆军启动单兵版"旅战斗队地面层系统"研发，寻求综合信号情报、电子战和进攻性网络能力的多功能系统。

数智赋能情报分析与处理。5月，美国思凯乐人工智能公司推出"多诺万"系统，可实时处理超过10万页的数据，快速生成战场态势，已被采购并部署于美国陆军第18空降军机密网络。同月，美国国家地理空间情报局宣布已具备快速融合不同来源天基数据的能力，可使动态收集、图像利用和生成报告流程自动化。6月，DARPA的"像素智能处理"项目转入制造阶段，将极大提高情报处理效率。

》》》五、探索预警探测新技术，极大强化反临和太空预警监视能力

2023 年，世界各国积极探索新型预警探测手段和技术，研发部署新装备，发展中低轨和地球同步轨道卫星，对低空无人机、隐身飞机、弹道导弹、高超声速和太空目标的探测能力显著增强。

（一）完善防空预警探测体系

换装和升级先进预警雷达。2 月，美国空军签订 4 部 AN/TPY-4 三坐标远程雷达采购合同，取代老式对空搜索雷达，增强均势冲突中对敌先进飞机、无人机、弹道导弹和巡航导弹的探测跟踪。同月，印度宣称开发下一代舰载雷达，采用固态有源相控阵体制，具备防空反导预警功能。4 月，英国海军为新型护卫舰安装新型监视雷达，具备 4D 监视功能。5 月，印度采购 23 部西班牙"兰萨-N"3D 舰载雷达，取代老旧型号。6 月，美国海军首艘"阿利·伯克"级驱逐舰换装 AN/SPY-6 雷达，探测距离提高 2 倍，覆盖范围提高 1.3 倍。12 月，印度最新航空母舰"维克兰特"号完成多功能雷达安装，该雷达由以色列生产，可执行远程监视跟踪和火控任务，进一步增强了态势感知和交战能力。

开发部署新型预警雷达。3 月，加拿大宣布部署两款新型天波超视距雷达，其中：北极超视距雷达将部署在安大略省南部，可探测逼近阿拉斯加的来袭威胁；极地超视距雷达将部署在北极腹地。5 月，美国计划在关岛部署多型新雷达，构建多层的预警探测体系，提升关岛防空反导和反临作战能力。6 月，美国空军决定在帕劳部署战术多任务超视距雷达，填补美国印太司令部战区预警监视缺口。8 月，美国陆军发布天波超视距雷达信息征询，计划在美国本土部署 4 部先进天波超视距雷达，提升对进入北美的各类空海目标，尤其是低空突防隐身巡航导弹的预警能力。

打造预警探测新质能力。4 月，意大利验证了基于绝缘体上硅技术的全集成封装光子射频接收机，其频率捷变特性将大幅扩大雷达应用范围。6 月，法国率先开发出微波量子雷达，相比经典雷达探测速度提高了 20%。9 月，美国国防部启动"超线性处理"项目，测试新型非线性和迭代信号处理方法，以构建更轻、更小、更具成本效益的雷达系统。10 月，美国推出中远程无人机探测雷达，利用人工智能（AI）技术过滤数据，抑制潜在杂波，实现低空目标探测。

（二）构建反临预警探测体系

发展中低轨高超导弹跟踪卫星。1 月，美国太空军申请 13 亿美元用于低轨卫星导弹跟踪系统，5.38 亿美元用于中轨卫星导弹跟踪系统，5.06 亿美元用于综合地面系统，计

划 2030 年前完成部署全程跟踪高超声速导弹的天基传感器。3 月,美国太空发展局投入 6.05 亿美元开发导弹跟踪监管系统,用于提供精确探测、跟踪弹道导弹和高超声速武器的能力。11 月,美国太空军完成了 3 颗中地球轨道卫星的项目评审,用于探测跟踪高超声速导弹。

研究高超声速武器电磁、声学特征。5 月,英国通过研究高超声速飞行器雷达散射截面积分布图,实现了对高超声速武器目标特性的理解和认识。7 月,美国海军"海带智能浮标"项目采用分布式阵列,成功探测高超声速导弹助推滑翔器的声学特征。

(三) 规划新一代太空监视系统

开发部署地面太空目标监视雷达。1 月,德国推动太空跟踪监视雷达实用化,量产部署了"监护者"系统,用来探测和跟踪太空碎片。3 月,美国宣布在阿根廷火地岛建设一部 S 波段雷达,用以跟踪太空目标。同月,澳大利亚推出集装箱式无源雷达,称为"盒子里的太空天文台",用以跟踪和观测近地轨道目标。8 月,印度加快实施太空目标跟踪与分析网项目,建设太空碎片监视雷达,有望具备探测距离 2000 千米的 10 厘米大小目标的能力。

发展天基太空监视能力。1 月,加拿大宣布将部署 24 颗低轨太空态势感知卫星,年内首批部署 3 颗。3 月,加拿大启动"红翼"光学传感器微卫星项目,用于跟踪监测地球轨道目标。8 月,德国和保加利亚联合开发由 12 颗近地轨道卫星组成的首个欧洲现场级太空态势感知卫星系统。

建设同步轨道探测能力。1 月,美国太空军启动"甲骨文"航天器项目,开发"地月空间高速公路巡逻系统",用于探测跟踪地月空间人造目标。5 月,加拿大深空雷达监视与太空域感知能力建设取得进展,通过将卫星商业数据服务与"地球栅栏"地基雷达相融合,大幅提升探测能力。8 月,美国太空军启动深空先进雷达 2 号站和 3 号站建设,增强对高轨和同步轨道目标的跟踪监视能力,弥补美国太空监视网深空区域监视能力的不足。

>>> 六、卫星导航系统加速发展,可替代定位导航技术有新进展

2023 年,各军事强国在定位导航授时 (PNT) 能力发展方面均有成效,新一代卫星导航系统、陆基导航、量子导航和地磁导航等可替代导航技术取得新进展,多导航源融合试验成效显著。

(一) 顶层规划竞相出台

美国更新《定位导航授时》指令文件。4 月,美国国防部新版《定位导航授时》指令正

式生效,将可替代定位导航授时技术纳入到定位导航授时监督委员会的职责范围,统筹GPS和可替代定位导航授时技术发展。

英国发布定位导航授时框架。10月,英国发布定位导航授时政策框架,从机构管理、体系构成、技术发展等方面提出10项措施和建议,构建英国定位导航授时体系,增强英国定位导航授时服务弹性。

欧洲发布第二版无线电导航计划文件。6月,欧洲发布《无线电导航计划2023》,介绍了新兴和下一代导航系统等多种无线电导航手段,强调推进"伽利略"卫星导航系统和EGNOS星基增强系统在不同领域的应用,提升定位导航授时服务的弹性。

（二）卫星导航系统加速发展

美国持续投入新一代GPS卫星部署。3月,美国太空军为GPS Ⅲ卫星、GPS ⅢF卫星和下一代运控系统申请了13亿美元,其中:10颗GPS Ⅲ卫星全部实现数字化,具有更强的抗干扰能力和更高的信号精度;22颗GPS ⅢF卫星具有区域军事保护能力,可在指定区域实施M码信号功率增强。

俄罗斯成功发射首颗格洛纳斯-K2卫星。8月,俄罗斯发射了首颗K2卫星,作为新一代导航系统的新型卫星。该卫星将取代M系列卫星,其时钟稳定性为5×10^{-14}秒,提供L1、L2和L3导航信号,发射功率提高170%。

欧洲空间局发展第二代"伽利略"系统。6月,欧洲空间局签订2.18亿美元的地面段系统开发合同,用于第二代"伽利略"导航卫星的在轨控制和验证。第二代导航卫星计划建造12颗,增加了量子密码技术,部署了微服务并改进了自动化。

韩国星基增强系统投入运行。12月,韩国星基增强系统开始全面提供航空生命安全服务,GPS定位误差范围从10~15米优化至1~1.6米。

欧洲空间局推进低轨卫星定位导航授时服务。3月,欧洲空间局介绍了低轨卫星定位导航授时服务在轨演示计划,目的是构建中低轨相结合的多层卫星导航体系,提升"伽利略"系统的定位导航授时服务能力。

增强罗兰导航技术更加成熟。7月,韩国完成了"增强罗兰"接收机在内陆水道、进港航道、沿海水域和海域的定位性能评估,后续将为部分地区提供弹性定位导航授时服务。同月,欧盟与英国公司签订手持"增强罗兰"设备天线合同,旨在将信息显示手持设备天线技术成熟度提升到4级。

（三）新一代导航技术取得新进展

量子导航技术取得突破。5月,英国帝国理工学院研制的量子加速度计安装在NavyPOD原型系统舱中,搭载在英国海军"帕特里克·布莱克特"号实验舰上完成了海试,迈出了从实验室走向实际应用的重要一步。6月,美国研究团队将人工智能技术和量子传感器相结合,成功研制出世界首个基于软件配置的高性能量子加速度计,抗振动能力较传统原子传感器提升 10~100 倍,体积缩小为当前加速度计的 1/10000,有望成为卫星导航的重要可替代手段。同月,英国宣布投入 800 万英镑研究量子定位导航授时技术,开发可在水下或地下使用的新型传感器;投入 2500 万英磅支持高精度原子钟等项目,研发基于量子的磁场或重力场传感器,适用于无卫星导航信号时的授时和导航。

探索微定位导航授时、地磁导航等技术发展。1月,美国 DARPA 资助原子-光子集成项目,研制微小型时钟和陀螺仪光子集成,满足 GPS 长期不可用情况下的定位导航授时精度要求,在全自主导航授时系统上具备应用前景。6月,美国 DARPA 向业界寻求 GPS 拒止环境下的地磁导航创新技术。

(四) 加强定位导航授时装备的试验和应用

美国陆军完成年度定位导航授时评估演习。8月,美国陆军组织多国联合演习,聚焦新兴导航系统及工具的适应性测试,检验在拒止、降级、间歇和有限环境下的工作有效性和互操作性。演习中,美国陆军主要验证单兵可信的定位导航授时系统的地形导航能力,英国部队聚焦陆基导航进行相关试验。

美军多导航源融合装备通过抗干扰测试。2月,美国陆军第 2 代车载可信定位导航授时系统通过了国防部抗干扰导航技术测试。该系统可在 GPS 不可用时为战车提供精确导航和可信的定位导航授时能力。11月,陆军定位导航授时项目团队宣布,第 2 代单兵可信的定位导航授时系统完成了试验与评估,具备初始作战能力。

美军新型着陆/着舰装备入役列装。3月,美国海军接收最后一套联合精确进近着舰引导系统,标志着美国海军所有航空母舰和两栖攻击舰已全部完成该系统的部署。6月,美国空军采购 6 套机动式"塔康"系统配备美军驻德国空军基地,以保障飞行安全和提高任务效率。

美英增强机载平台 GPS 抗干扰能力。6月,美军首次完成基于 M 码的"嵌入式 GPS惯性导航系统—现代化"项目,并在对抗环境以及 GPS 被干扰或拒止环境下的测试,该系统将先行加装到 F-22 战斗机和 E-2D"鹰眼"预警机上。11月,英国为"台风"战斗机加装了数字 GPS 抗干扰接收机。

>>> 七、高度重视电磁频谱作战,电子战装备技术进展显著

2023 年,电磁空间竞争更趋激烈,电子战在各种冲突和局部战争中的作用越发显著,全球电子战装备呈现蓬勃发展态势,新质电子战能力日益成熟,朝着智能化、一体化、分

布式方向发展。

（一）持续完善电磁频谱作战力量建设

美军成立联合电磁频谱作战中心。7月，美国战略司令部成立联合电磁频谱作战中心，作为美军电磁频谱作战的核心机构，致力于提高联合部队在电磁频谱中的战备状态，推动《电磁频谱优势战略》实施。

美国太空军和空军组建新的电子战部队。3月，美国太空军将第216太空控制中队改名为第216电磁战中队，执行进攻性和防御性太空控制与态势感知任务，为联合部队全域作战提供电磁战效能。10月，美国空军宣布拟在第350频谱战联队组建第950频谱战大队，开发新型对抗手段来应对电磁威胁。

美国陆军发布和更新电磁战条令。1月，美国陆军首次发布《电磁战技术》和《电磁战排》条令，为遂行电磁战提供规范和指导。

美军电子战演习力度加大。6月，美国空军举行"雷霆麋鹿"电磁战演习，重点针对中国威胁，假定实战场景，试图夺取空中电磁频谱优势。5月，美国陆军开展"实验演示网关演习—2023"，快速构建并交付先进电磁战能力。7月，美国海军依照"分布式杀伤"作战概念，开展第二次"沉默蜂群"演习。9月，美国太空军举办的"黑色天空23-3"是太空军有史以来规模最大的电子战演习，重点演练电磁频谱内的攻防行动。

（二）电子战技术向智能化、一体化、分布式方向发展

认知电子战研究不断深化。1月，美国空军继续推进"怪兽"和"巨人"认知电子战项目，开展数据处理、人工智能研发、自适应管理和电子攻击等项目研究。3月，美国空军申请500万美元用于认知电磁战项目，分析对手电磁频谱战能力，开发人工智能辅助下的实时决策和电磁攻击技术。

无人机和蜂群电子战技术得到验证。4月，美国空军在MQ-9A无人机上测试了"愤怒小猫"电子战吊舱。8月，美国陆军对"空中大型多功能电子战"吊舱进行了飞行测试。

电子战反无人机技术取得突破。4月，美国空军采用"战术高功率作战响应器"系统与无人机蜂群完成了首次大规模实战对抗。8月，美国集成高功率微波反蜂群系统与指挥控制系统，提高了地面部队反无人机能力。10月，美国空军宣布已组织多家公司联合开发反无人机或蜂群技术。

（三）新型电子战装备不断涌现

加大电子战平台与系统建设力度。9月，日本为F-15战斗机换装"鹰爪"电子战系统。9—10月，美国空军接收首架EC-37B电子战飞机，并更名为EA-37B，确保机载电

子战能力的先进性和有效性。12月，美国海军开发"轻型电子攻击"系统，提升小型舰船面生存能力。2023年，美国陆军持续推进"地面层系统"项目，构建多功能电子战能力；俄军根据迫切作战需求，改进和研发多型电子战装备，使用"托博尔(Tobot)"电子战系统干扰"星链"卫星，研制"加匹亚(Garpiya)"反无人机枪来对抗无人机。

部署电子战硬杀伤武器。2023年，美国空军计划投入86亿美元，采购3000枚AGM-88G"增程型先进反辐射导弹"作为"防区内攻击武器"。2月，美国海军评估了AGM-88G从地面发射的可行性。8月，澳大利亚提出向美国采购60枚AGM-88G反辐射导弹。

推进电子战重编程能力。2023年，以软件为中心的认知电磁战快速重编程系统交付给空军第350频谱战联队。该系统将前沿部队探测的威胁信息传送到重编程中心，该中心在人工智能的辅助下生成新的任务数据文件，再回传至前沿作战单元实施电磁进攻和防御行动。

电子战反卫星装备成为新焦点。4月，俄罗斯专家宣布研发出一款作用距离达3.6万千米、可干扰地球同步轨道卫星的新型电子战系统，该系统可对近距离目标的电子设备造成永久损伤，标志着俄罗斯反卫星能力得到大幅提升。6月，美国太空军系统司令部宣布采购30套"草场"电子战系统，用于干扰卫星通信系统。

俄乌冲突中俄军电子战装备显现威力。2023年，俄军使用新型电子战系统"托博尔"干扰美西方支援乌军的"星链"系统；新研"白芷"电子战系统，探测和定位"星链"终端，引导俄军火力打击；利用电子干扰系统对抗乌军"海马斯"和JDAM精确制导武器，降低乌军精确制导弹药效能。俄军在主要战线大量部署电子战系统用于压制乌军无人机，大量消耗了乌军无人机，降低了无人机威胁，获取了战场主动权。

>>> 八、积极布局半导体产业发展，微电子技术和工艺取得突破

2023年，世界主要国家和地区积极布局半导体产业发展，提高自身产业自主性和供应链韧性，在半导体芯片集成和工艺上取得多项突破，军事应用前景广泛。

(一) 各国积极布局半导体产业发展

纷纷出台半导体产业规划。3月，韩国通过"K-芯片法案"，企图通过给予企业税收优惠，刺激芯片产业投资，提振韩国本土芯片产业。4月，欧盟批准《欧盟芯片法案》(9月正式生效)，增强欧盟芯片制造能力，解决供应链安全问题，确保微电子技术全球领先地位。同月，日本公布《半导体·数字产业战略》修正案，提振本国半导体产业。5月，英国发布《国家半导体战略》，以确保半导体技术领先。10月，俄罗斯公布芯片发展路线图，

规划俄罗斯芯片制程工艺目标。世界各国均试图在这一领域保持自主可控，取得主动地位，争夺市场份额。

美国"电子复兴计划"进入2.0时代。7月，DARPA推出"下一代微电子制造"计划，助力美国掌握尖端微电子技术，以保持领先地位。8月，DARPA宣布"电子复兴计划"进入2.0时代，取得多项重要突破。"电子复兴计划"2.0时代将聚焦三维异构集成，推进7大关键方向项目布局，目标是重新定义微电子制造过程，重塑美国微电子产业。

（二）微电子多项技术和工艺取得突破

美国发布首款硅自旋量子比特芯片。6月，英特尔公司发布了名为"隧道瀑布"的量子芯片，每片芯片包含12个硅自旋量子比特。未来该芯片将提供给美国量子研究机构和大学使用，以推动量子技术发展。

日本研发半导体材料低成本制法。10月，日本宣布利用有机金属化学气相沉积法，成功研发氧化镓低成本制法，将氧化镓晶体的生长速度提高至16微米/小时，达到原来生长速度的16倍。与现有氢化物气相外延法相比，该方法可制作更高频率器件。

美国首次实现单芯片集成激光和光子波导。8月，美国研究人员首次将超低噪声激光器和光子波导集成到单个芯片上，使得在单个集成设备中采用原子钟和其他量子技术进行高精度实验成为可能，"迈出了硅上复杂系统和网络的关键一步"。

美国开发出新型低温生长工艺。5月，美国麻省理工学院研究团队开发出一种低温生长工艺，可直接在硅芯片上高效地生长二维过渡金属二硫化物材料层，以实现密度更高、功能更强大的半导体。该技术将极大推动半导体制造技术的变革和升级，为半导体技术的发展提供新的机遇和方向。

瑞士开发出新型二维半导体。11月，瑞士开发出新型二维半导体，可集成超千个晶体管，突破晶体管微缩化的瓶颈，构筑出速度更快、功耗更低、柔性透明的新型芯片，有望应用到耗电极低、可穿戴且随意弯折的芯片和显示屏上，军事应用前景广泛。

>>> 九、结束语

2023年，以美国为首的世界军事强国聚焦数据、人工智能、软件定义、云计算等基础能力，加速推进军队数字化转型，大力发展联盟联合全域指挥控制，广泛应用前沿技术增强军事通信能力，持续完善情报监视侦察体系，积极探索新型预警探测手段和技术，深入推进可替代导航技术发展，不断提升新质电子战装备性能，积极布局半导体产业发展，加快构建跨域联合、智能协同的信息作战能力。

未来，以美国为首的世界军事强国将更加注重整合联盟势力，在人工智能、云计算、大数据、量子通信等前沿技术赋能驱动下,持续推动联盟联合全域指挥控制发展、战术边缘通信网络构建、智能化情报体系建设、认知自适应电磁频谱作战和下一代微电子技术发展,大力推进软件现代化变革和数字现代化进程,为全面获取信息优势和决策优势提供有力支撑。

(中电科发展规划研究院　彭玉婷　秦　浩　姜典辰　方　芳　王龙奇　李祯静)

美国国防部将联合全域指挥控制拓展为联盟联合全域指挥控制

2023 年 9 月，美国国防部首席数字与人工智能官帮办玛吉·帕尔米耶里在国防工业协会新兴技术会议上表示，美军正在将"联合全域指挥控制"拓展为"联盟联合全域指挥控制"，美国与盟友、合作伙伴的数据共享及互操作性必须融入到所有的解决方案中，这将是"首要"和"中心"任务。盟友和合作伙伴的加入将进一步提高部队分散作战能力，助力美军实现信息优势和决策优势。美国国防部主要从战略规划、技术研发和演示实验等方面推动联盟联合全域指挥控制体系进一步发展。

》》》一、发展背景

美军认为，未来的美军不仅将作为联合部队参战，而且还要与盟友及合作伙伴并肩作战。为实现未来大规模作战行动中的决策优势，美军必须能够与盟友及合作伙伴彼此通信、共同作战。

联盟联合全域指挥控制首次提出于 2020 年，当时美国陆军和空军就达成了为期两年的合作协议，旨在构建基础级联盟联合全域指挥控制体系，实现传感器和武器系统的高速协同。美国陆军于 2021 和 2022 开展的"融合计划"演习纳入了合作伙伴及盟友，扩展了指挥层级，并增加了指挥体系的多样性。2022 年 3 月，美国国防部公布的《联合全域指挥控制战略摘要》指出，"为了加速指挥决策，联合部队和任务伙伴必须具备发现和获取来自所有作战域及各级作战单元的数据与信息的能力"。

近两年来，美军越来越重视盟军和合作伙伴的作用，但是，将这些盟友都纳入联合全域指挥控制仍然存在以下问题：一是缺少整合盟友和合作伙伴数据的战略指导；二是不同领域的异构数据架构严重制约联盟层面的数据共享,无法形成统一的态势感知能力和互操作性。

》》》 二、推进举措

联盟联合全域指挥控制体系将来自各军种、合作伙伴和盟友的信息连接到一个军事物联网中,支持相关人员随时随地获取信息,以便在战场上快速决策。美国国防部多措并举,推动联盟联合全域指挥控制体系发展。

(一)出台顶层战略,组建专门机构,引领联盟联合全域指挥控制体系发展

2023 年 7 月,美国国防部发布《联合全域指挥控制战略实施计划》,将发展联盟联合全域指挥控制列为需重点解决的 5 类难题之一。目前,美国国防部和联合参谋部正在联手草拟《联盟联合全域指挥控制战役计划》(CJADC2 Campaign Plan),以取代当前的《联合全域指挥控制实施计划》。该战役计划将围绕"联合作战概念"中提出的作战问题,探索有效开展兵力、数据和系统现代化工作的方法。后续还将制订 2027 年和 2030 年的联盟联合全域指挥控制战役规划。此外,每年还将更新联盟联合全域指挥控制态势评估报告。

2022 年 2 月,美国国防部设立了首席数字与人工智能办公室,同年 6 月整合了原有的联合人工智能中心、国防数据服务处和首席数据办公室。首席数字与人工智能办公室主要负责开展全球信息优势实验、构建体系数据网格服务的数据集成层以及协助作战司令部采办软件等工作,旨在把美国与盟友及合作伙伴的数据共享和互操作性融进所有的解决方案中,推动联盟联合全域指挥控制向联盟联合全域指挥控制拓展。

(二)开发数据集成和共享技术解决方案,融合跨作战域、跨军种、跨国家的多源数据

为了实现联盟联合全域指挥控制,必须构建一个数据中枢,及时获取各种类型的数据。美军应用机器学习和人工智能分析数据,确保以最快的速度将正确的数据提供给正确的用户。而任务伙伴环境旨在支持美军与盟军和合作伙伴能够快速、持久、安全地共享数据。两者相辅相成,为联盟联合全域指挥控制提供技术支撑。

1. 数据集成层

为了构建与盟友和合作伙伴在联盟联合全域指挥控制数据层面的互操作性,美国国防部自上而下地进行体系数据设计,以支撑数据编织和数据网格网络原则。为此,首席数字与人工智能办公室于 2023 年 10 月 24 日发布了联盟联合全域指挥控制数据集成层

的信息征集公告,旨在从不同来源收集信息并以统一的方式呈现,从而消除不同来源信息之间的障碍。此外,该办公室还负责开发与数据集成层相关的概念、治理方法和能力,从而促进所有联盟联合全域指挥控制数据在联合司令部、各军种和作战支援机构之间进行交换。

联盟联合全域指挥控制数据集成层的体系架构,包括以零信任方式实现的数据网格,以及开源、非专有和专有的软件组件。目前,首席数字与人工智能办公室正在试验这些技术,为数据集成层的概念和需求提供数据支撑。作战人员需要以数据为中心,维持和提高决策优势,从而在战场上获胜。

为了提高数据可见性,简化数据连接,自动访问遗留系统以及全球分布式作战系统中的数据,数据集成层(图1)需要具备以下能力:

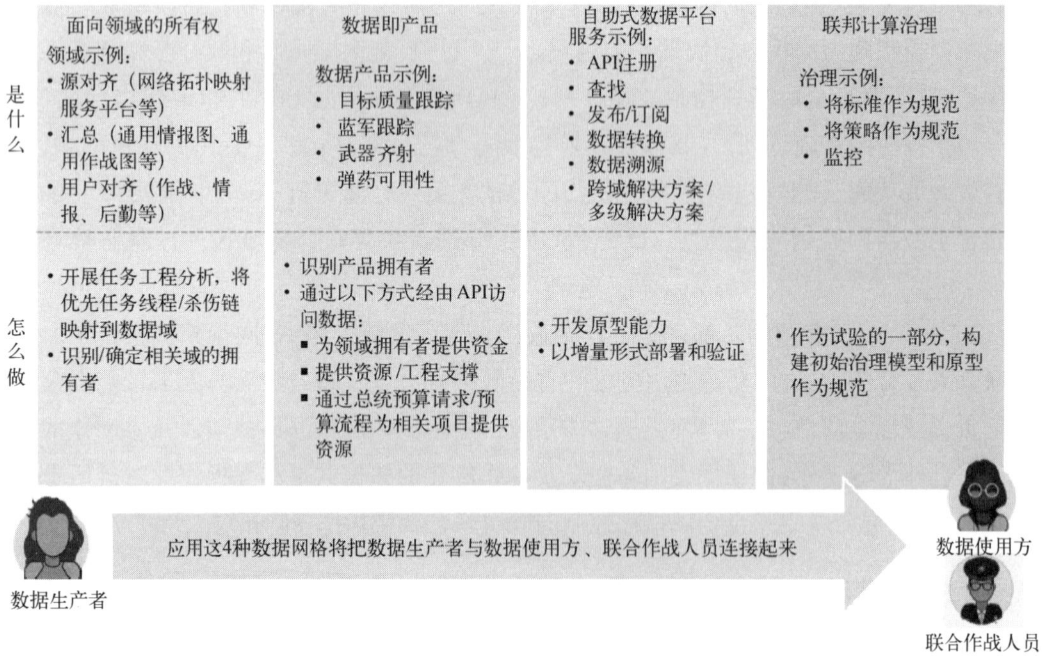

	面向领域的所有权	数据即产品	自助式数据平台	联邦计算治理
是什么	领域示例: • 源对齐（网络拓扑映射服务平台等） • 汇总（通用情报图、通用作战图等） • 用户对齐（作战、情报、后勤等）	数据产品示例: • 目标质量跟踪 • 蓝军跟踪 • 武器齐射 • 弹药可用性	服务示例: • API注册 • 查找 • 发布/订阅 • 数据转换 • 数据溯源 • 跨域解决方案/多级解决方案	治理示例: • 将标准作为规范 • 将策略作为规范 • 监控

怎么做	• 开展任务工程分析,将优先任务线程/杀伤链映射到数据域
	• 识别/确定相关域的拥有者
		• 识别产品拥有者
		• 通过以下方式经由API访问数据:
		  ▪ 为领域拥有者提供资金
		  ▪ 提供资源/工程支持
		  ▪ 通过总统预算请求/预算流程为相关项目提供资源
			• 开发原型能力
			• 以增量形式部署和验证
				• 作为试验的一部分,构建初始治理模型和原型作为规范

应用这4种数据网格将把数据生产者与数据使用方、联合作战人员连接起来

数据生产者

数据使用方

联合作战人员

图1　应用数据网格原则的数据集成层

（1）美军作战人员及其合作伙伴能够执行从战略到战役再到战术层级的可信数据交换;

（2）跨联合部队分发数据、情报和研判结果;

（3）在整个体系内整合作战和情报数据;

（4）通过数据网格向联合部队、联盟和"五眼联盟"作战人员提供执行任务所需的关键任务数据;

（5）为联合部队提供指挥控制和作战响应所需的基本信息和决策优势;

（6）提供全球连接但分散的网状服务体系架构和数据骨干；

（7）支持应用程序、算法服务和人工智能工具的快速开发、部署和集成；

（8）在所有域中均可基于身份进行访问管理和控制；

（9）对象和实体分发服务能够跨多个域和网络类型进行交付，并由数据标记、解析、证书、区块链或其他可信技术提供支持。

2. 任务伙伴环境

作为《联合全域指挥控制战略》提出的 5 条工作主线之一，"实现任务合作伙伴信息共享现代化"强调任务合作伙伴系统集成，支持获授权的合作伙伴访问、查看和操作其他合作伙伴的数据。2023 年 3 月，《联合全域指挥控制战略实施计划》将任务伙伴环境列为联合全域指挥控制所需的 7 种最小可行产品之一。未来，任务伙伴环境能力将成为联盟联合全域指挥控制的关键赋能因素，可促进任务伙伴之间达成共识，增强相互之间的信任和信心，并协调开展各项工作。

任务伙伴环境以往采用以网络为中心的方法，通过强化防御攻击的外围边界来实现安全性。目前，任务伙伴环境向以数据为中心转变，以实现数据级安全控制和以数据为中心的安全原则，将数据从特定的应用程序和网络元素中解耦出来，控制用户可访问的数据。此外，任务伙伴环境将采用"零信任参考架构"作为首要安全准则，基于"从不信任、总是验证"的原则，在确保任务伙伴环境数据安全的同时，提供开放性和灵活性。

（三）开展多国演习，验证联盟数据共享和互操作能力

2023 年，美军开展多次全球信息优势实验、"大胆探索"演习和"护身军刀"演习，联合盟友和合作伙伴测试数据集成层、任务伙伴环境等技术，及时发现联盟信息共享过程中存在的问题和挑战，从而验证联盟联合全域指挥控制所需的各项能力和技术，并快速更新迭代。

1. 全球信息优势实验测试联盟联合全域指挥控制系统、流程和技术

2023 年，美国首席数字与人工智能办公室从北方司令部和北美航空航天防御司令部接管了全球信息优势实验，并与参谋长联席会议合作开展实验。截至 2023 年底，美军共开展了 8 次全球信息优势实验，旨在整合来自全球传感器网络的信息，充分利用人工智能和机器学习等技术，增强态势感知能力，加快向作战人员和高级领导人传递信息，从而提升决策效率。其中，第 5 次实验旨在快速改善联合部队各层级作战人员访问数据的能力，分析联合部队在共享数据的过程中存在的障碍；第 6 次实验利用统一数据层进行测试，旨在测试、优化和部署联盟联合全域指挥控制系统、流程和技术；第 8 次实验聚焦于全球一体化和联合火力两大能力，旨在迭代联盟联合全域指挥控制概念，模拟全球危机场景，开发新的战术、技术和规程。按照计划，2024 年将继续扩大实验规模。

2. "大胆探索"演习测试不同系统、作战域和联盟联合部队之间生成和共享数据的能力

2023年9—11月，美国国防部与联合参谋部开展"大胆探索"多国联合演示和评估，旨在发展联合全域指挥控制战术、技术和能力，演示了美军在不同系统、作战域和联盟联合部队之间生成和共享数据的能力，以支持美国、盟友及合作伙伴能够建立信任关系并提高互操作性。在此次演习中，17个盟友和伙伴国共同展示和评估了各个作战层面的技术和程序手段，包括测试传感器与射手的互操作性、跨域火力和联盟网络。该演习使用真实和虚拟部队来展示增强的互操作性，特别是在地面部队态势感知、近距离空中支援的数字指挥控制、联盟情报收集和共享、联合火力支援、网络防御等领域。

3. "护身军刀"演习测试基于国别和职能与联盟伙伴共享协作数据的能力

2023年7—8月，美国印太司令部与澳大利亚国防军开展"护身军刀—2023"联合军事演习，针对复杂多域战争场景进行训练，提升进攻性作战能力，进一步深化盟友间的军事合作。演习期间，美军基于任务伙伴环境成功构建了近实时的通用作战图，实现了美澳之间的连通性和互操作，未来将继续扩展，以期实现与其他重要盟友之间的互联互通互操作。此外，该演习还测试了战术层面的零信任能力，演示验证了基于国别和职能与联盟伙伴共享协作数据的能力。

》》》 三、几点认识

（一）联盟联合全域指挥控制聚焦于美军与盟友的互联互通互操作

在大国竞争背景下，美国正式提出并实践"一体化威慑"战略概念，随之在印太战略的牵引下，美英澳三边伙伴关系成为实施"一体化威慑"的典范，盟友的重要性不断提高。联盟联合全域指挥控制体系从解决美军内部的互联互通，转变为解决美军与盟友之间的互联互通互操作。

（二）联盟联合全域指挥控制体系的发展面临技术和文化的双重挑战

联盟联合全域指挥控制体系建设尽管面临着诸多技术挑战，但是更大的挑战还是来自国防部文化的许多层面，信息孤岛就是美军当前普遍存在的一个问题。如何改变目前美国军队文化中阻碍联合与协作的观念和制度，弥合美国和他国文化之间的差异，是发展联盟联合全域指挥控制体系迫切需要解决的难题。

（三）跨作战域、跨军种、跨国家多源数据的融合是一把双刃剑

美国国防部将数据视为战略资产，提出利用数据的速度和规模来获得作战优势并提高效率。在联盟联合全域指挥控制体系中，跨作战域、跨军种、跨国家多源数据的融合必然会为美军带来信息优势，也会带来信息安全的风险。如何安全、高效地传输和共享各种安全等级的信息，是发展联盟联合全域指挥控制体系面临的一大难题。

（四）范围日益扩大的多国演习将提升美国与盟友的联合作战能力

2023 年，美军密集开展演习实验，并且不断扩大演习范围，验证联盟联合全域指挥控制系统的技术和能力。在印太地区，"护身军刀—2023"演习中不仅有日本、韩国等国家参与，新加坡、泰国等国家也作为观察国参加演习，美国联合盟友加入未来作战的意图凸显。一旦形成合力，将进一步增强美军的军事优势。

（中国电子科技集团公司第二十八研究所　朱　虹）

美军加速推进软件现代化战略实施

2023 年 3 月,美国国防部发布《软件现代化战略实施计划》,旨在落实 2022 年《软件现代化战略》提出的"以作战所需速度安全交付韧性软件"的愿景,为美军推进软件现代化提供指导,加速国防部组织体系向"软件中心"转型,为打造智能化装备与作战能力提供支撑。在该战略及实施计划牵引下,美军从云环境建设、软件工厂生态构建、软件采办改革等目标任务出发,加速推进软件现代化进程。

》》》 一、制定战略实施计划,细化长期目标任务

美国国防部认为,在未来强对抗条件下,作战优势取决于软件提供的"敏捷性",取决于能否快速提供和更新软件。为此,美军积极研究并推动软件研发模式创新,近年来发布了一系列战略规划和指令指示。2022 年《软件现代化战略》首次明确要"以作战所需速度安全交付韧性软件能力",并提出软件现代化框架,以及推进落实的长期与近期目标任务,包括云环境建设、软件工厂生态构建、软件采办改革。2023 年发布的《软件现代化战略实施计划》重点细化了长期目标任务。具体内容如下:

一是云环境建设,下设 3 项子任务:①加速建设国防部级认证云,通过美国国防部信息技术管理系统和预算跟踪系统,监管现有云使用情况,每年形成评估报告。②提供边缘云功能,重点在美国本土外建设云基础设施,支持"联盟联合全域指挥控制"。③提升云环境安全性,推行零信任网络安全原则保障云安全。

二是软件工厂生态构建,下设 4 项子任务:①优化软件工厂生态系统,通过顶层指导小组与软件开发界的持续沟通,建立软件工厂标准和指标,开发并普及模块化工具,保障软件工厂生态建设。②实现"开发—安全—运维"团队之间的信任和共享,通过国防部认证的方式,使已开发的工具或平台可复用,并统一软件测试标准。③统一软件接口标准,

提升软件、数据的可访问性和互用性。④制订专项科技计划,推动软件开发创新。

三是软件采办改革,下设 3 项子任务:①实施持续运行授权,发布"持续运行授权"指南,优化运行授权流程。②提高采办灵活性,通过收集采办成本、进度、绩效指标数据,优化采办流程,缩短软件交付时间。③发展扩大数字人才队伍,通过数据管理人才,提供软件能力培训,招聘和保留顶尖软件人才。

此外,该实施计划特别强调"大胆行动",将更多利益分给高效率的现代化软件公司;强调软件研发中的安全"左移",将软件安全测试环节前移至开发端,通过这种流程转型,提高软件的固有安全性和开发人员的安全意识。实施计划还明确成立软件现代化顶层指导组,主要职责是依托国防部需求、预算、采办工作流程,确定软件现代化重点工作次序并推动落实。该指导组由国防部首席信息官、负责研究与工程的国防部副部长、负责采办与保障的国防部副部长三人共同主持,成员包括国防部各机构代表。

>>> 二、聚焦三个战略目标,优化软件研发生态

(一)推进混合云环境建设

美国国防部认为,要实现软件现代化,没有美军自己开发的基础设施是不现实的,完全依赖商业云平台只能受制于其提供的空间和能力,无法实现真正意义上的软件现代化。因此,美国国防部依托空军"一号云"构建多云架构、多供应商的云平台,作为云服务"一站式商店",提供稳定、安全、高效的通用软件开发、测试和生产环境。例如,空军利用"一号云"提供的自动化软件部署工具,迅速开发云原生招聘应用程序"志远",在短短两个月内就完成其全球部署。2023 年 8 月,空军发布"下一代一号云"项目征询书,旨在进一步优化"平台即服务"模式,引入零信任网络安全架构,并提高数据应用的持久性和灵活性。

(二)补充完善软件工厂体系

软件工厂代表了一种软件研发创新模式,即利用现代化的研发环境、资源、工具,执行敏捷开发流程、规范,使开发人员、用户和管理人员能高效协同,形成符合数字化战争需求的快速、安全、弹性的软件交付能力。近年来,美国国防部分批次、成体系建设软件工厂,利用各军种不同类型软件的优势,取长补短,实现军种间、项目间软件开发的模型、工具、方法之间的互联互用,并推动软件相关人才培养与文化塑造。2023 年 3 月,美国海军陆战队设立了首个软件工厂,首要任务之一是培训美军内部的软件开发人员。进入该工厂的海军陆战队员将接受为期 1 年的软件开发培训,通过考核后即可获得应用程序开

发专业的军事职业证书,后续可承担相关项目研发工作。

（三）落实软件采办改革举措

美军专门为软件密集型系统设计了适应性采办框架,其目标是向用户快速、持续地交付软件功能,实现软件功能在作战环境中的迭代部署,真正支撑作战能力提升。自2021财年起,美军在国防预算中专设软件试点项目,加速重要软件系统研发。2023年3月,美国国防部提交2024财年预算申请文件,为"软件与数字化技术试点"项目申请经费1.66亿美元,其中1.22亿美元用于美国太空军"小林丸"软件工厂的太空指挥控制系统研发。

>>> 三、初步认识

（一）构建工业化的军用软件研发生态

传统的精英式、定制化的软件开发模式,已经无法适应未来高端战争的快节奏和动态性。美军软件现代化举措旨在构建工业化的软件研发生态,遵循工业体系的专业化分工,通过云基础设施、软件工厂建设等举措,打造一个完整的军用软件研发生态系统。该"生态系统"能够跨军种共享数据代码,使用一套通用的商业开发工具,采用一种灵活且低成本、具备规模性和适应性的软件服务提供架构,简化端到端软件交付的控制点,优化软件各组成部分的安全审批流程,从而将软件快速交付给作战人员。

（二）塑造适应未来作战体系的研发模式

美军认为,传统信息系统的研发模式已经无法适应未来信息作战体系。过去构建"宙斯盾"基线这种大型的一体化软件,通常要耗时数年、成本高昂,且仅有一家主承包商。当前全力建设的"海军作战架构"旨在将舰船、飞机等各种作战平台联网,是一种"部队级的一体化作战系统",通过传统手段是无法完成的;这就需要创建一种理想的软件开发环境,提高小企业、大学团队、非军工企业等机构的参与度,并在开发环境中预设网络安全措施,确保整个研发过程的一致性和安全性。美军打造现代化软件研发生态,旨在最大程度吸纳各方优势资源,突破传统研发模式的瓶颈,以支撑未来信息作战体系的建设。

（三）提高军用软件采办效率和效益

以美军空中作战中心(AOC)软件采办为例,标准的国防部采办流程要求各家承包商进行竞争性投标,在交付整个系统给用户之前,中标承包商需要完成设计、开发、认证和测试整个系统,每次需要更改代码时都要重复完成以上整个流程。空中作战中心加油机规划软件自20世纪90年代以来就没有升级过,根本无法应对当前庞大的数据量。而采用新采办流程后,只用了不到6个月时间,空中作战中心加油机规划软件就完成了升级。新开发的"拼图"(Jigsaw)调度软件在卡塔尔"空中作战中心"投入使用,每天可以减少2~3架次加油机出勤,按照每架次出勤25万美元成本计算,每周可以节约300万美元。

（中电科发展规划研究院 方 芳 陶 逸）

美国国防部发布《数据、分析和
人工智能应用战略》

　　2023 年 11 月 2 日,美国国防部发布《数据、分析和人工智能应用战略》,阐述了改善国防部网络运行环境的方法,提出了改进基础数据管理、增强国防部的业务分析和联合作战能力、建设可互操作的联合基础设施等 6 大战略目标。该战略体现了美国国防部正持续推动数字化转型,加速高质量数据、高级分析和人工智能技术的有效利用,以获得持久的决策优势。

》》》 一、相关背景

　　《数据、分析和人工智能应用战略》响应了大国博弈的战略需求,及时反映了人工智能的技术迭代,同时也是加速美军数字化转型的重要指导。

(一) 美国大国博弈战略对人工智能等前沿技术发展提出新需求

　　美国《2022 年国家防务战略》强调,美国需维持和加强对其他战略竞争对手的威慑力。大国竞争中,以人工智能为代表的前沿技术对经济竞争力、军队战斗力等具有重要影响,同时战略竞争对手将在军事作战中应用人工智能,因此美国国防部认为必须加快数据、分析和人工智能技术发展,优先投资和部署先进能力,以应对当前战略环境中复杂的国家安全挑战。《数据、分析和人工智能应用战略》的出台,是对《2022 年国家防务战略》的贯彻落实,也是美军意图通过人工智能等技术重塑国家安全、增强长远竞争力的重要举措。

（二）美国从战略层面规划数据、分析和人工智能技术应用

近年来，美国国防部积极寻求人工智能的军事解决方案，以加快战场决策速度。2018 年发布的《人工智能战略》，提出为人工智能发展建立集中的基础设施，以在军事伦理和人工智能安全方面发挥国际领导作用。随着人工智能技术的迭代发展与创新应用，数据作为基础资源的重要性进一步凸显，2020 年发布的《数据战略》提出国防部建设"以数据为中心"，利用支持先进能力的数据来获取作战优势和效率。基于 2018 年《人工智能战略》和 2020 年《数据战略》制定的《数据、分析和人工智能应用战略》，首次将数据、分析与人工智能放在同一维度进行战略规划，并提出以数据为底层、以分析为中层、以人工智能为顶层的"人工智能需求层次结构"，有助于推动建设数据驱动和人工智能赋能的军队。

（三）美国正加速负责任的人工智能解决方案的开发和采用

随着人工智能技术的发展，隐私保护、数据安全、算法公正等问题变得越发重要。十多年来，美国致力于成为军事领域快速、负责任地开发和使用人工智能技术的全球领导者，制定适合其具体用途的政策。2012 年美国首次发布了自主系统的负责任使用政策，采用并肯定了使用人工智能的道德伦理原则；2022 年又发布了《负责任的人工智能策略及实施路径》，指导负责任地使用人工智能技术；2023 年发布了一项关于人工智能监管的行政命令，以确保美国在人工智能开发、部署和安全方面保持全球领先地位。《数据、分析和人工智能采用应用战略》的出台，将创新目标与负责任的人工智能原则相一致，促进美国构建公平、开放和有竞争力的人工智能生态系统。

>>> 二、主要内容

《数据、分析和人工智能应用战略》概述了美国国防部开展人工智能研究的发展历程及其重要意义，详细阐释了战略目标、战略任务与战略实施，号召社会各界共同努力，推进高质量数据、高级分析和人工智能技术的有效利用。其内容要点如下。

（一）战略目标

为使美国国防部领导层和作战人员熟练运用高质量数据、高级分析和人工智能技术，并将其融入以用户为中心、成果驱动的"开发、部署、反馈"周期，从而赢得决策优势，《数据、分析和人工智能应用战略》提出以下 5 项战略目标：①提升对战场的全面感知与深刻认识；②实现自适应的兵力规划和应用；③形成快速、精确且有韧性的杀伤链；④建

设有韧性的保障体系；⑤推动高效的业务运营。增强作战行动和业务运营的决策优势，将成为未来部队保持韧性的关键，能使部队灵活应对各种作战场景，动态开展战役行动或实施威慑，并在冲突中取得胜利。

（二）战略任务

《数据、分析和人工智能应用战略》认为，美国国防部应着力实现人工智能需求层次结构的 3 个目标。该层次结构呈"金字塔"型：最底层是高质量数据，所有的决策分析和人工智能功能都需要可信的高质量数据支持；中间层是高级分析与体系化指标，要求美国国防部构建可反映各领域关键变化的基础模型，并对其进行可视化数据分析；顶层是负责任的人工智能，美国国防部将根据人工智能道德原则，采用灵活、动态的方法来设计、开发、部署和使用人工智能功能。"金字塔"周围是数字人才管理等因素，有助于维持需求层次结构。

具体而言，《数据、分析和人工智能应用战略》有以下 6 项主要任务。

一是改进基础数据管理。《数据、分析和人工智能应用战略》认为，数据管理应重视提高数据质量，并将数据作为产品进行管理。美国国防部应在遵循现行网络安全政策的同时，调整和实施开放式、标准化的体系架构，借鉴私营部门在数据道德、数据保护和设计方面的实践经验，采用产品导向的数据管理方法，提升国防部数据的质量和可用性，以支持高级分析和人工智能功能。

二是增强国防部的业务分析和联合作战能力。《数据、分析和人工智能应用战略》建议，美国国防部应采取综合、灵活的方法，保证数据质量，利用数据、分析和人工智能技术，增强业务分析和作战能力。该战略强调，美国国防部应与企业、作战人员及其他相关方合作，共同设计和测试由高级分析和人工智能生成的解决方案，以适应不同作战环境。

三是加强治理，破除制度壁垒。《数据、分析和人工智能应用战略》认为，美国国防部的数据、分析和人工智能治理方法，应综合考虑组织规模、分布式权力结构和数据成熟度的差异，并认识到不同信息系统、支撑团队、项目与活动之间的相互依赖关系。国防部各机构应为数据转型指定负责人，加强问责制，减少体制障碍，确保采取负责任的行为、流程和成果，以加快采用数据、分析和人工智能技术的步伐。

四是建设可互操作的联合基础设施。《数据、分析和人工智能应用战略》认为，美国国防部应建设多样化、灵活、安全且可互操作的基础设施，以支持数据、分析和人工智能的应用并提高互操作性。这类基础设施须实现自动化，采用开放式、标准化的体系架构，并以共性成果和实施难度作为评估指标。鉴于美国国防部仍缺少人工智能专业知识，该战略建议，应集中管控某些人工智能开发平台，最大程度使用负责任的人工智能共享服务。

五是推动建设数据、分析和人工智能生态系统。《数据、分析和人工智能应用战略》

认为,美国国防部应推动建立强大的数据、分析和人工智能生态系统,并在开放式、标准化体系架构支持下,加强国际和政府间合作,促进基于技术性能的商业竞争,以加速数据、分析和人工智能技术的应用。同时,美国国防部应深化与盟友和伙伴的合作,实现与数据、分析和人工智能相关的战术、机构和战略互操作性,并向盟友和伙伴输出关键技术和共享数据,确保其能快速采用先进分析和人工智能创新。此外,美国国防部应优先考虑内部机构支持的解决方案,并不断利用公开市场的可用方案。

六是扩展数字人才管理。《数据、分析和人工智能应用战略》认为,美国国防部应加强技术基础,着力对军人和文职人员进行技能提升和再培训。同时,也应建立更灵活的人事制度体系,培养和奖励有特长的人员,以吸引、招聘和灵活聘用创新型数字人才。

(三)战略实施

《数据、分析和人工智能应用战略》总结了美国国防部多学科团队的技术研发经验,包括:①采用"敏捷开发"的基本原则和方法;②构建直观界面,加速新技术的部署应用;③与注重用户需求的跨职能团队合作,开发新产品;④提供基于共享数字技术的产品组合;⑤在作战环境中测试最小可行性产品,以确定新的使用概念,提高作战能力,应对突发风险。该战略指出,美国国防部应大规模开展此类实践,以提升技术、优化人才、改善流程,形成强有力的作战能力持续交付渠道,灵活适应环境变化和技术发展。

《数据、分析和人工智能应用战略》认为,美国国防部面临着数据、分析和人工智能技术带来的前瞻性挑战,尤其是在资源规划方面,因此须进行"敏捷开发",提高数据质量,降低战略实施风险。"敏捷开发"关键在于持续迭代、创新和改进解决方案,构建紧密的"技术开发人员-用户"反馈链,以提高新型作战能力交付和部署速度。鉴于此,美国国防部将采用"敏捷开发"和"边做边学"策略,增强技术研发灵活性,并通过早期反馈和实践中的持续反馈进行"学习",同时整合国防部各机构,提高机构间透明度,促进知识共享。

为实现数字化转型,抓住技术进步带来的机遇,《数据、分析和人工智能应用战略》建议,美国国防部应采取以下措施:①整合数据、分析和人工智能技术,构建统一的研发框架;②培养学历高、能力强且善于利用商业团队和工具的人才队伍;③持续支持前沿技术研究和快速试验,保持在科技领域的竞争优势;④加强与盟友及伙伴的技术整合,促进国际的合作共享。此外,美国国防部还面临竞争对手加速采用此类新兴技术带来的挑战,以及技术发展对个人隐私和公民自由的潜在威胁,应构建更加透明的治理体系,运用合规流程,开发负责任、公平、可追溯、可信赖、可治理的人工智能系统。

《数据、分析和人工智能应用战略》并未提供统一的实施方案。美国国防部各机构应综合考虑自身的数据成熟度、任务需求和相关法律,自行调整数据、分析和人工智能的监督方法,并在该战略发布的60天内指派责任小组或办事处。

》》》三、几点认识

（一）该战略凸显了美国国防部对数据资源重要性的认识

随着以网络化、数字化、智能化为主要特征的新兴信息技术的快速迭代发展，数据已成为战场制胜的重要资源、军事科研的驱动力量和军队管理的核心要素。美国国防部在2020年10月的首份《数据战略》中将数据定义为一种战略资源，此次发布的《数据、分析和人工智能应用战略》进一步将"高质量数据"作为"人工智能需求层次结构"的底层，并强调通过改进基础数据管理提高数据质量，凸显了高质量数据对于构建健康、可持续的人工智能生态系统的重要性。此次《数据、分析和人工智能应用战略》的出台，以及美军近年开展的"联合作战云能力"项目、"全球信息优势"系列实验，均表明美军正在加紧推进数字化转型，旨在构建一支数字赋能、数据驱动的军队，以期夺取战场信息与决策优势。

（二）该战略是国防部转型锚定信息优势的持续推进

为适应数据驱动的军力建设思维模式，应对大国竞争威胁，美军近年来频繁发布数字化转型的顶层文件，引领军队数字化转型，为美军联合全域作战提供信息优势。自2019年发布《数字现代化战略》后，美国国防部又接续发布《数据战略》《云战略》《5G战略》《软件现代化战略》等10余份信息化领域战略文件，覆盖全面、重点突出，对推动美军数字化转型发展具有重要作用。此次发布的《数据、分析和人工智能应用战略》，重点关注国防部各机构如何以可持续迭代的方式，加速数据、分析和人工智能的采用，旨在通过新兴技术应用推动数字化转型，助力美军谋求大国竞争胜利、实现信息化联合作战的战略目标。

（三）该战略将加速人工智能军事化进程

《数据、分析和人工智能应用战略》强调，应加强政府间、学术界、产业界和国际伙伴合作关系，推动生态系统建设，为数据、分析和人工智能技术的加速应用打下物质基础。美国国防部将采取措施创建标准语言，以解决数据、分析和人工智能技术合同问题，利用联邦数据和模型目录等资源加速采办工作；还将进一步完善采办政策，提高政府对数据所有权、标签、维护和分类的可见性。该战略将通过深化政府间与盟友间合作、鼓励基于技术性能的商业竞争等措施，推动公平、开放和有竞争力的数据、分析和人工智能生态系统建设，促进创新和竞争，加速美国人工智能军事化进程。

（中电科发展规划研究院　焦　丛　许馨元　李嘉怡）

美国《国家频谱战略》规划频谱发展蓝图

2023年11月13日,美国商务部下属国家电信和信息管理局(NTIA)发布了《国家频谱战略》。该战略是依照总统备忘录《实现美国频谱政策现代化和制定国家频谱战略》要求编制的首部频谱战略,旨在通过重新评估调配国家频谱资源、制定长期协作规划、加强新技术开发应用、普及频谱知识等措施,为美国先进频谱技术创新、频谱竞争和频谱安全制定蓝图,为美国当前及未来推进频谱政策现代化提供指导,谋求美国在频谱领域的全球领导地位。

》》》 一、发布背景

电磁频谱是美国民众、企业及政府工作和生活中不可或缺的一部分,是"美国最重要的国家资源之一"。确保电磁频谱领域的绝对优势,对美国科技创新、经济增长和国家安全至关重要。

一是美国的频谱接入需求呈现快速增长之势。《国家频谱战略》认为,随着通信、无源传感器、雷达等领域技术的不断创新,下一代WiFi网络、大型低轨卫星星座、5G及6G网络、自动驾驶汽车等新应用的快速发展,频谱接入需求呈现快速增长趋势,预计美国蜂窝网络的数据流量在未来5年将增加250%以上,在未来10年将增加500%以上。

二是实现频谱资源的合理分配和高效利用,是美国维护经济竞争力的重要环节。《国家频谱战略》认为,美国的安全保障、技术领先和经济增长在很大程度上取决于对频谱资源的充分利用。美国长期致力于为公共部门和私人应用提供频谱资源,但在频谱接入需求日益增长、频谱资源日益稀缺、频谱空间日益拥挤的当下,实现频谱资源的合理分配、高效利用,保护新技术、新应用免受有害频谱的干扰,对保障美国的经济竞争力和国家安全至关重要。

三是在关键时刻拥有足够的频谱资源，是大国竞争时代维护国家安全的重要部分。《国家频谱战略》认为，电磁频谱是现代军事、情报、通信和导航系统的基础，在关键时刻拥有足够的频谱资源供国防和安全应用使用，是美国维护国际地位和对抗威胁的不可或缺的一环，是确保国家安全和维护国家利益的重要战略工具。

在上述背景下，美国政府旨在通过发布《国家频谱战略》指导联邦机构创建一个用于长期频谱规划的协作框架，联合公共部门和私营机构共同解决频谱接入难题，为所有组织或机构提供频谱接入和和谐共处的机会。

》》 二、主要内容

《国家频谱战略》明确了确保美国全球频谱领导地位的4大重点工作，以及为完成上述工作所需实施的12项关键措施。其内容要点如下。

一是重新规划"频谱管道"，确保美国在先进和新兴技术领域的领导地位。《国家频谱战略》引入"频谱管道"概念（一种管理和分配电磁频谱资源的概念，常与动态频谱共享、技术创新和频段拍卖等同时出现，强调频谱资源的流动性和可变性）来替代对特定频段的简单指代，并试图通过重新分配、共享"频谱管道"来解决频谱拥挤的问题。具体措施包括：①**为联邦机构提供足够的可用频谱。**当联邦机构需要额外的频谱访问权限时，NTIA将通过考虑该机构的运营要求、任务性质、现有权限和类似应用的国际分配惯例，评估和分配该机构当前和未来可用的频谱资源。②**为私营机构提供足够的可用频谱。**商业领域服务和技术的创新发展，使得频谱需求大幅增长，加剧了频谱拥挤的问题。NTIA计划2年内完成5个频段共计2786兆赫兹的现有频谱的潜在用途研究，分别是3.1~3.45吉赫兹、5.03~5.091吉赫兹、7.125~8.4吉赫兹、18.1~18.6吉赫兹和37.0~37.6吉赫兹。③**研究更多频谱资源。**美国的频谱监管机构将持续评估"频谱管道"对所有利益相关方的充分性、适用性和可行性。NTIA未来将与联邦通信委员会合作开发一个透明且由数据驱动的流程，识别和评估对现有频谱用户的潜在影响，并根据所获信息，持续研究更多频谱资源。

二是建立长期协同机制，支持国家不断变化的频谱需求。美国需要一项长期的频谱规划过程，利益相关方要公开、一致和透明地努力协作，以满足用户当前和未来的频谱需求。具体措施包括：①**建立一个新的长期频谱规划的协作框架。**框架的建立将促进利益相关方之间定期对话，以提升信任和透明度。通过建立更好的频谱规划流程，美国的频段分配偏好可在国际频谱标准谈判上对其他国家产生积极影响，以确保美国在频谱技术发展中的领导地位。②**开发基于证据的国家频谱决策方法。**为支持透明的频谱分配决策，美国政府将开发基于证据的评估模型，并结合技术的最佳实践成果，对相关数据进行系统和严格的分析,以量化不同频谱分配选项的好处。③**定义需求并开发能力,以获取频谱使用的基本数据和信息。**美国政府将通过开发适用于公共部门和私营机构的工具,收集更真实的频谱使用数据,实现现代化的频谱管理能力。NTIA 将定期更新《国家频谱战略》,以确保其能有效协调利益相关方,解决频谱政策中的差距,促进美国频谱领导力。

三是通过技术开发,提高频谱创新、接入与管理能力。支持并推动能够扩大频谱整体容量或可用性的技术创新,对美国来说至关重要。美国政府将在 12~18 个月内推进相关研究、创建投资激励措施、制定可衡量的目标并将与行业合作开展以下工作:①**鼓励投资新兴技术,提高频谱使用效率和共存率。**联邦机构将与行业、技术开发人员和学术界合作,鼓励通过基于云和人工智能的频谱管理等创新技术进行动态频谱共享。NTIA 还将致力于开发一个通用频谱管理平台来管理共享访问。②**制定国家频谱研究与开发计划。**美国政府将与业界合作,建立国家级频谱共享试验平台,推进频谱接入技术的关键部分,使国家决策者能够通过在联邦和非联邦频谱的实验来确定和评估频谱接入技术。③**灵活利用频谱资源,扩大频谱接入机遇。**美国政府关注乡村和少数群体频谱使用障碍,鼓励行业和政府研究、提供先进技术和服务,以提高频谱接入的机会和效率,扩大新用户中少数群体的频谱使用情况。

四是强化专业人才培养,增强公众对频谱问题的认识。美国的长期频谱优势取决于其领先的频谱人力资源。包括行业、学术界、州、地方以及联邦政府在内的利益相关方,都必须拥有充足的频谱人力资源,从而在新兴技术领域开展工作。具体措施包括:①**制订国家频谱人力资源计划。**美国政府将制定并定期更新一项计划,以培养一支能够在未来频谱生态系统中担任全方位运营、技术和政策角色的人才队伍。②**提升政策制定者对频谱问题的全面理解。**美国政府通过强调国家频谱分配和授权使用的复杂性,以及对技术、经济、法律和联邦任务的长期和重大影响,并提供相关信息和工具,以提升各级领导者对频谱问题的理解,支持其频谱政策规划。③**提高公众对频谱的理解。**通过公共服务倡议等方式加强对频谱的宣传,以引发公众兴趣,增进对频谱管理的全面了解和认知水平。

》》》 三、启示建议

《国家频谱战略》通过一系列措施实现更高效地利用频谱资源的目标,将有助于美国更好地适应不断变化的电磁环境,同时在全球电磁频谱竞争中保持领先地位。未来信息化作战,谁赢得电磁频谱权,谁就掌握了战场主导权。借鉴美国电磁频谱发展理念,对推动发展具有中国特色的电磁频谱发展具有重要意义。

一是加强组织管理与人才培养,全面统筹国家电磁频谱领域发展。为实现频谱资源的合理高效利用，美国通过加强顶层指导、明确有关机构各自职能权限、制定频谱领域人力资源培养机制，确保美国维持其长期频谱优势。我国应汲取美国发展经验，通过提供战略指导，健全法规体系，完善管理机构，为频谱管理提供强有力的支持，确保频谱资源对军事、民用、商业的合理分配和高效利用；厘清电磁频谱领域人才的岗位需求与能力要求，制定针对性的人才培养方案，培养优秀的频谱领域人才，为我国军队人才储备和国家安全奠定坚实基础。

二是加强军民协作交流，共同提升电磁频谱管理能力。随着信息化、智能化战争时代的到来，未来战场敌我双方用频装备众多，电磁频谱环境复杂，频谱资源供求矛盾突出，必须通过合理高效的电磁频谱管理，最大限度防止自扰互扰问题产生，保障己方用频装备效能最大化。我国应进一步加强军民协作交流，建立军地电磁频谱管理协调机制，共同制定民用电磁频谱资源征用、管制方案，组织战时民用资源调配、电磁频谱管理和电磁环境监测行动，推动军用、民用电磁频谱资源的有序共享，以满足未来复杂电磁环境中作战的需求。

三是加强新兴技术应用，不断推动电磁频谱作战装备发展。大国竞争时代，电磁空间日益拥挤、受限且充满竞争，未来战场上电磁频谱管理、协调的难度不断增加。单纯依靠人工制定使用规则、开展电磁频谱作战规划的方式，难以适应未来复杂多变的电磁环境。我国应推动人工智能、云计算、大数据等前沿技术在电磁频谱领域的应用研究，使频谱发现和利用能力不断提升；推动认知无线电技术在电磁环境感知、空闲频谱检测等方面的应用，实现频谱动态共享，提高频谱接入性能，保障电磁频谱作战能力需求；推动人工智能、大数据技术在电磁频谱作战管理系统中的应用，支持作战指挥官全面感知电磁频谱作战环境、快速制定作战决策、高效开展作战控制。

（中电科发展规划研究院　袁　野　李祯静　彭玉婷）

美国国防部新版《数字能力采办》简析

面对战场环境风云变幻,为满足国防数字能力快速交付的需求,美国国防部于 2023 年 6 月发布新版 DoDI 5000.82《数字能力采办》(图 2),这体现了美国国防采办工作思路和管理理念正式由"以信息技术为核心"向"以数字能力为核心"转变,为美国国防部数字工程战略提供采办程序与政策指导。

DoD INSTRUCTION 5000.82

REQUIREMENTS FOR THE
ACQUISITION OF DIGITAL CAPABILITIES

Originating Component:	Office of the DoD Chief Information Officer
Effective:	June 1, 2023
Releasability:	Cleared for public release. Available on the Directives Division Website at https://www.esd.whs.mil/DD/.
Reissues and Cancels:	DoD Instruction 5000.82, "Acquisition of Information Technology (IT)," April 21, 2020
Approved by:	John B. Sherman, Chief Information Officer of the Department of Defense

图 2　DoDI 5000.82《数字能力采办》文件封面

》》》一、发布背景

2018 年 7 月,美国国防部宣布实施"国防部数字工程战略",旨在借助数字工程转型,进一步提升美军利用现代信息技术发展全球领先的作战能力,该战略定义为美国军工行业的"工业4.0"。在当今复杂多变国际环境下,数字工程是确保国防安全的重要工程,将以全新的认知和数字化的技术手段保障国防安全装备的发展,使决策者能够更快地做出准确决策,赢得战争主导权。在过去几十年里,美国国防部持续调整和优化采办政策,更新采办指令、指示,以解决国防采办中存在的问题,更好地支持战略实施,维持军事优势。国防部5000系列指令、指示是其实施国防采办的主要政策依据和程序依据,其中:DoDD 5000系列指令属于宏观政策层面,对采办政策以及采办管理机构职责进行规范;DoDI 5000系列指示属于执行层面,是对相应指令的具体化,规范了采办程序的运行过程。

DoDI 5000.82文件主要是规范采办政策和程序要求。本次发布新版《数字能力采办》,是将数字能力与已有采办框架相匹配,为数字工程战略的推动与实施提供采办保障。

》》》 二、文件更新目的

此次颁布新版《数字能力采办》的目的,主要在于:一是为数字能力采办制定政策、分配职责并提供程序;二是为DoDI 5000.02自适应采办框架(AAF)的6大采办程序,分配与数字能力采办相关的责任;三是描述主要采办人员在采办数字能力项目(包括国防部国家安全系统)的职责和程序。

新版《信息技术采办》的目标是为所有包含信息技术的项目制定采办政策和程序,通过快速交付和持续升级,满足能力需求。新版《数字能力采办》更侧重为数字能力的项目定义范围、制定政策、分配责任,并提供程序(数字能力包括国家安全系统、网络、网络安全、电磁频谱或定位导航授时等)。新版《信息技术采办》的发布将有效推动数字工程战略的实施。

》》》 三、主要内容

（一）完善和新增采办机构（人员）职责

采办相关机构(人员)的主要职责如下。

国防部首席信息官:为国防部所有部门制定数字能力相关的政策流程和程序,管理支持及维护国防部网络安全政策相关的事项。

负责采办与保障的国防部副部长:作为国防部采办执行官,通过降低供应链风险来保护国家安全。

负责研究与工程的国防部副部长：为国防部首席信息官和美国网络司令部指挥官提供基础研究、技术开发和技术咨询，为相关国防部指示提供政策和程序支持。

负责情报与安全的国防部副部长：向首席信息官提供关于安全、反情报和情报事务等方面的建议，向国防部各部门提供咨询意见。

国家安全局局长/中央安全局局长：与国防部首席信息安全官协调，对国防部确定的国家安全系统安全行使权力。

作战试验鉴定局局长：为购置项目的测试运行提供政策和程序，并对指定项目进行监督，批准其职权范围内项目的测试与评估计划。

国防部各机构负责人：确保首席信息官在缺乏可接受标准的情况下，找到信息技术标准和当前临时方案之间的差距，必要时上报国防部首席信息官提交政策例外申请。

军事部门负责人和美国海岸警卫队司令：包括国防部各机构负责人的职责，此外还需任命一名首席网络顾问，其主要职责包括直接向军事部门负责人或司令官报告有关军种的所有网络事项建议，向军事部门负责人提供网络战略实施的咨询意见，监控网络安全相关军事和计划，就国防部网络战略的实施向军事部门负责人提供咨询意见。

（二）细化自适应采办框架的6大采办程序

DoDI 5000.02《自适应采办框架的运行》主要明确各采办管理部门的职责与权利，充分说明各采办程序的使用方法。《数字能力采办》延用 DoDI 5000.02 中所描述的自适应采办框架(图3)，其6大采办程序及其适用范围见表1。

表1　自适应采办框架6大采办程序及其适用范围

序号	采办程序	适用范围
1	应急能力	解决以满足现有或新出现的紧急业务需求，或在2年内需要做出快速反应的能力。 参考标准：DoDD 5000.71 和 DoDI 5000.81
2	中间层	在采办项目中快速开发可现场部署的原型以展示新的能力，或使用成熟技术、投入最少的开发即可快速进行现场批量生产的系统。 参考标准：DoDI 5000.80
3	重大能力	获取军事特有方案，并保持其现代化，以提供持续能力。 参考标准：DoDI 5000.85
4	软件	向用户快速迭代地交付软件能力(例如，软件密集型系统或软件密集型组件或子系统)。 参考标准：DoDI 5000.87
5	国防业务系统	获取支持国防部业务运作的信息系统。 参考标准：DoDI 5000.75
6	服务	从私营企业获得服务，包括基于知识的服务、建筑、电子和通信、设备、设施、产品支持、后勤、医疗、研究与开发以及运输服务。 参考标准：DoDI 5000.74

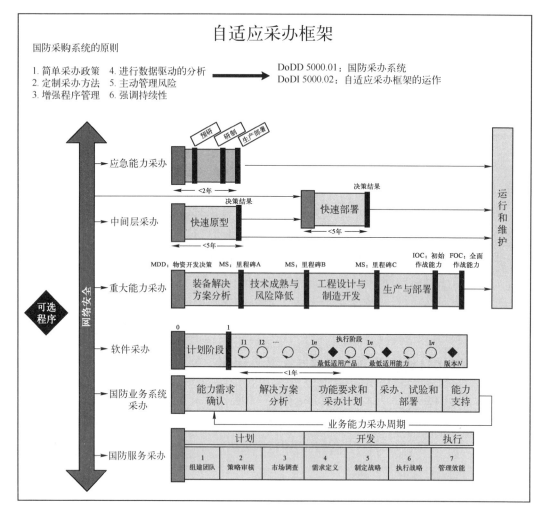

图 3　自适应采办框架与 6 大采办程序

（三）明确数字能力采办要求

1. 遵守"克林格–科恩法案"

新版《数字能力采办》认为，所有数字能力采办项目，包括国防安全系统，无论采办程序、采办类别（ACAT）或业务类别（BCAT）如何，都需要满足一定条件，决策者方可启动或增加项目，批准采办流程进入下一阶段，或授权执行采办阶段合同。例如，对于"应急能力采办"，国防部各部门、项目经理或职能服务经理向里程碑决策者或决策当局提供计划，以满足"克林格–科恩法案"适用的采办要求；对于"软件采办"，按"克林格–科恩法案合规性"表和 DoDI 5000.87 确定软件项目的信息；对于"重大能力采办"，按"克林格–科恩法案合规性"表和相关采办程序，确定重大能力、应急能力、中间层、国防业务系统项目的信息。

新版《数字能力采办》指出,项目经理将与信息技术职能发起人和国防部首席信息官协调,管理此采办工作,以实现国防部范围内的信息资源和投资管理。采办需要满足表1列出的6大采办程序及其适用范围,例如与美国《国防战略》和《国防部数字化现代化战略》中确定的战略重点保持一致。

新版《数字能力采办》强调,遵守"克林格－科恩法案"的目的是保证采办与国家战略、指令指示、国防预算等要求一致,项目经理必须为所部署的数字能力制定完整的实施后审查计划,具备尽可能主动化解采办风险的能力。实施后审查(PIR)主要内容包括:①理论、组织、训练、物资、领导、教育、人员、设施和政策变化在多大程度上达到了预期能力的成效标准;②评估系统的有效性和效率,决定是否有必要继续、修改或终止系统以满足任务要求;③记录经验教训。不同的采办程序也提出了不同的实施后审查要求,见表2。

表2　自适应采办框架6大路径对应的实施后审查要求

采办程序	要　　求
应急能力	将实施后审查纳入部署后评估、处置评估和处置决策中
中间层	将实施后审查纳入测试策略和采办策略中,对测试结果进行评估
重大能力	对于主要的武器系统,将实施后审查纳入测试和评估总计划的初始作战测试和评估计划中。在做出全速生产或全面部署决定之前,必须酌情满足实施后审查要求
软件	将实施后审查纳入软件采办价值评估中
国防业务系统	将实施后审查纳入能力支持阶段的能力支持审查中
服务	将实施后审查纳入质量保障监督计划和该计划的执行中

2. 与相关要素保持一致

数字能力采办涉及信息体系架构(IEA)、信息技术类别管理和国防部体系软件计划(ESI),网络安全、作战弹性与网络生存能力,指挥、控制和通信,数字中心和云服务,软件,数据与信息等维度,要与已有体系架构、系统(安全)工程、标准保持一致。

(1) 信息体系架构。新版《数字能力采办》指出,数字能力的采办可追溯到国防部信息体系架构;信息技术标准遵从 DoDI 8310.01 规定;联合行动所需的互操作性和网络安全遵从 DoDI 8330.01、DoDI 8320.02 和 DoDI 8510.01 规定。

(2) IT 类别管理和国防部体系软件计划。在采办策略中考虑已有的相关法规和政策、IT 类别管理最佳采办解决方案、国防部体系软件计划、联邦类别管理采办工具和国防部范围内的联合企业许可协议和国防部组件级企业软件许可的适合性;在采办策略中记录知识产权遵循 DoDI 5010.44。

(3) 网络安全、作战弹性与网络生存能力。数字能力采办必须包含网络安全要求,包括基于作战任务的设计和对生存能力、作战恢复力、网络安全风险管理和网络空间防御的评估；对于数字能力的网络安全风险管理框架，网络安全战略要素、审查要求，网络供应链风险管理及其管理方式，作战弹性和网络生存能力的程序和政策进行说明。

（4）指挥、控制和通信。 指挥、控制和通信系统是所有军事行动的基础，为国防部的所有任务提供计划、协调和控制部队和行动所需的关键信息。频段管理方面，必须遵守DoDI 4630.09；频谱支持方面，必须遵守DoDI 4650.01；PNT方面，所有MDA（最低下降高度）和DA（决断高度）必须遵守DoDI 4650.08；采办当前或未来计划的通信方案需满足5类条件。

（5）数字中心和云服务。 描述国防部数据中心的优化程序及使用云服务的目标和运营维护等程序要求。

（6）软件。 对符合数字能力的项目正确核算并报告软件维护情况的要求；项目经理将根据DoDI 5200.44验证软件开发和测试环境、流程和工具。

（7）数据与信息。 对符合数字能力的项目涉及数据、互操作性、信息保护、隐私、信息质量、情报数据、记录管理等内容时给出程序规范和政策指导。

〉〉〉 四、小结

美国国防部采办改革是对国际安全时势研判和新技术发展态势分析的结果，也是前期国防采办实践经验的优化总结。新版《数字能力采办》与《国防战略》及《数字工程发展战略》相一致，与应对"大国竞争"挑战以及新兴技术快速发展背景下的建设需求相一致，为数字能力采办流程快速高效、采办过程风险管控提供有效保障。

（一）明确数字能力的采办范围，强调数字能力的核心地位

从定义角度出发，信息技术的定义更传统，内容不够广泛，云计算等新技术不容易体现，而数字能力有更广泛的内容，包括国家安全系统、网络、网络安全、电磁频谱和PNT等。《数字能力采办》标题的调整，旨在反映国防部首席信息官的认识，即"数字能力"政策不但适用于网络和计算机的传统概念，而且考虑频谱需求、云服务以及管理软件等多方面的能力，相对信息技术的内涵和外延更加广泛，强调了数字能力的核心地位，成为国防部数字工程战略建设的重要推动力。

（二）持续规范和优化采办政策，化解数字能力采办风险

美军根据国防需求不断优化、细化采办流程，实施精确管理和全程监控，围绕精简、灵活、快捷、安全的改革思路，持续调整采办政策、完善规范性文件、推进国防采办改革，从而实现灵活高效的采办。新版《数字能力采办》整合了数字能力采办领域的政策要求，

在遵循标准的同时,也帮助采办机构/人员确定数字能力采办范围及相关程序。新版《数字能力采办》明确了6种采办程序的实施后审查机制和要求,提出要通过审查采办成果的有效性和效率、规划后续计划、记录经验和教训来化解数字能力采办风险。

(三) 强调采办体系架构和快速交付,提升美国联合全域指挥控制能力

未来战争将更加多样化、数字化和智能化。美军通过联合全域指挥控制能力建设来应对未来战争,这是一个复杂艰巨的过程,需要长期探索和持续演进。新版《数字能力采办》清晰勾画出美军数字能力涉及的领域、遵循的政策规范及程序要求,为有效提升国防系统交付速度、快速响应能力以及其互操作性、安全性、作战弹性等数字能力提供程序保障。

(中国电子科技集团公司第十五研究所　王　焱　陶　娜　杜神甫)

美国海军《决策优势构想》解读

2023 年 4 月，美国海军部增效办公室（DON PIO）发布《决策优势构想》（图 4），认为美军面临着势均力敌的强大对手，在国防预算严重受限的情况下，需要改变海军部现有的效能管理模式，包括：优化效能管理战略，统一海军部各机构的战略目标；有效管理资源，提高资源战备状态，增强作战能力；推行数据驱动决策的管理模式，将数据和分析整合到决策流程中，确保海军部能够基于精确的数据分析做出正确决策。

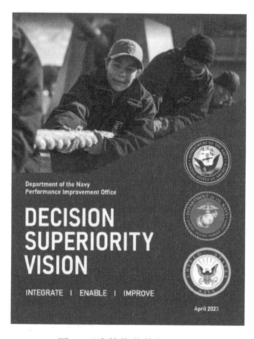

图 4 《决策优势构想》封面

》》》 一、发布背景

一是大国竞争日益加剧,美国海军面临着强劲的竞争对手。要维持美国海军的海上作战优势,美国海军部将通过持续改进效能管理方式,使海军部能够更快、更有效地完成海军部长(SECNAV)的优先事项,建立卓越的海军作战文化。

二是国防预算严重受限,美国海军需要以适当的经费更快地提供先进作战能力。美国海军和海军陆战队 2025 财年预算为 2576 亿美元,与 2024 财年的 2558 亿美元相比,仅增加 0.7%,除去为现役军人和文职人员加薪的硬性需求后,2025 财年预算出现实际下降。为此,美国海军需要优化效能管理战略,不断改进现有业务流程,实施以数据为基础的决策模式,最大限度地利用战备资源,从而增强作战能力。

三是需要建立专门的组织,推进效能管理工作。美国海军部成立增效办公室,统一海军部各机构战略目标,制定效能管理战略,成为连通国防部和海军部高层领导之间的"桥梁"。增效办公室将有效管理海军部的资源,加强资源的问责制度,确保每一项投入都有可衡量的产出,将资源集中在关键发展目标上。增效办公室还将开发数据分析工具,提高海军部作战和运行的可视性,将数据和分析整合到决策流程中。

四是需要制定明确的文件,指导效能管理工作。美国海军已制定多项计划,涉及效能管理、效能改进和建立问责制,具体包括效能计划(P2P)、《海军作战部长先导计划》(NAVPLAN)及其实施框架,以及海军陆战队《部队设计 2030》。但由于海军部对于效能管理没有明确的指导文件,以及组织孤岛、信息壁垒等问题,增效办公室的转型工作进展缓慢。为快速改进海军效能管理模式和决策环境优化,增效办公室制定了《决策优势构想》,分析了当前面临的挑战,确定了增效办公室的职责和能力,提出了"整合、赋能、改进"的效能管理原则,为后续的转型工作提供了行动依据。

该文件是美国海军继《信息优势构想》和《网络空间优势构想》后的第三份优势构想文件,见图 5。

》》》 二、主要内容

《决策优势构想》包括引言、当前的挑战、构想、实施路径、总结 5 个部分,主要内容如下。

(一)当前的挑战

《决策优势构想》认为,美国海军当前主要是被动地规避风险,在流程合规性、数据协

图 5　美国海军部三份优势构想文件

调调用、多个管理机构等方面浪费了很多精力,需要转向积极主动的综合决策方法,为决策提供高质量、及时的数据支持。当前面临着两个挑战。

一是难以改变效能优化的工作模式。美国海军需要从个别组织机构负责制定、完成各自独立的研究计划,转变为跨部门协作,统一行动方向,最大限度地减少返工、重复劳动、预算超支等情况。

二是如何确保改革措施能够持续推进。新的效能理念需要强大的知识管理工具和责任清晰、流程透明的管理组织机构,才能最终落实。

（二）构想

《决策优势构想》指出,美国海军部增效办公室的构想是成为海军部可信赖的综合分析机构,指导海军部战略决策。构想主要包括以下内容。

（1）信任:美国海军将增效办公室视为国防部和海军部优先事项、风险管理、效能管理和改进战略计划的集成机构。

（2）集成:增效办公室的业务和数据分析能力将支撑有关部门在管理流程中全面利用高质量数据开展战略决策。

（3）战略:增效办公室将提供必要的集成、性能基础设施和工具,以确保海军部实现其战略目标。

（4）结果:增效办公室以结果为驱动力,始终关注可衡量的结果,以提升海军部运行效率。

（三）实施路径

《决策优势构想》认为,为了实现上述构想并推进海军优先事项,海军部增效办公室将秉承"整合、赋能、改进"的战略管理原则(图6),将数据、决策、结果整合到一个连贯的流程中,打破传统信息壁垒,推进落实海军部长优先事项。

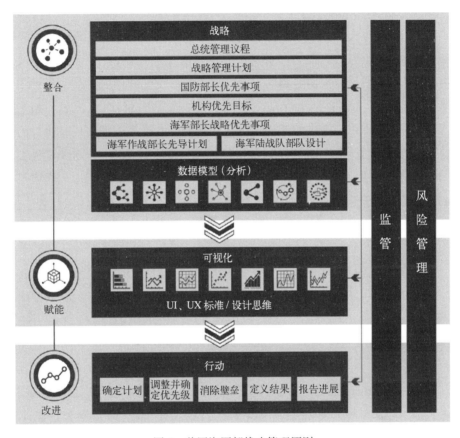

图6　美国海军部战略管理原则

（1）整合:统一战略目标。为了建立美国海军效能管理战略,必须在整个指挥链(包括总统、国防部长、海军陆战队参谋长、海军作战部长和海军陆战队司令)中整合战略和战术目标。增效办公室将整合美国《总统管理议程》(PMA)与国防部长和海军部长的战略重点,成为国防部和海军部高级领导人之间的"桥梁",开发和验证效能措施,并公布海军部效能改进计划和结果。增效办公室使海军部各分管副部长的优先目标与国防部相关机构保持一致,协调海军部内部的发展,致力于成为数据收集和共享、法律和监管方面的专家。

（2）赋能:建立效能管理模式。为了使每一级指挥目标都能与美国海军部战略目标保持一致，并合理安排资源分配，海军部增效办公室将建立正确的全局管理和风险管理模型、报告和监视机制以及知识管理系统等基础设施，与海军部首席信息官合作开发数据模型，并与专家合作建立效能指标、分析和指导模式来支持海军部决策。

（3）改进：优化效能管理流程。增效办公室将在整个海军部建立持续改进和问责制度，将资源用于持续的流程改进、优化、变革计划，重点关注可提高整个海军部效率的改革计划。为了在未来几年甚至几十年内实现效能改进，增效办公室将为海军部建立效能改进框架（PIF），使海军部利益相关者能够建立持久的基础设施，以实现决策优势构想。

要实现决策优势构想，需要与利益相关方进行有效的沟通，开展针对效能改进框架的持续培训，并在组织层面确定适当的改革计划或跨海军部和国防部的交叉计划。增效办公室努力为整个海军部培养成熟的效能管理和改进文化，将数据、决策和结果整合到一个流程中，为海军部用户提供效能相关信息和帮助。海军部还将在战略执行的每个层面上进行稳健的风险管理，为用户和合作伙伴提供效能改进战略、计划和流程。未来将开发一个知识管理跟踪和报告系统，以提供监督、管理、报告和复制能力。这项工作将得到 Advana/Jupiter 数据分析平台的持续支持。

（四）总结

为了不断提高美国海军作战能力，在大国竞争中保持优势，海军部必须改变目前处理数据、决策和评估结果的方式。为了实现这一目标，增效办公室将在以下方面发挥重要作用。

（1）为海军部建立一个简化的全局框架，提供持续评估和改进工作所需的流程和工具。

（2）在充满活力的效能管理、风险管理和效能改进文化中充当一个集成中心，作为独立分析机构，为海军和海军陆战队领导人提供客观分析、战略指导和性能改进专业知识。

（3）利用正在进行的技术投资项目，特别是 Advana 和 Jupiter 平台，开发适当的数据管理和分析工具。

（4）增效办公室的实施举措将与国防部和海军部的优先事项相结合，以保持海军作战优势。

〉〉〉 三、几点认识

美国海军发布《决策优势构想》，旨在推动海军部管理模式的改变，利用有限的国防经费，加快决策流程的创新和现代化。为了提高海军部的效率，保持作战优势，必须改变效能管理模式,增效办公室将发挥综合分析机构的重要作用,指导海军部进行战略决策。目前海军部的转型工作仍然存在诸多困难,需要积极解决现有问题,推动增效办公室加快落实效能管理优化工作。

(一) 美国海军部通过统一各机构战略目标以协调海军部内部的发展

目前美国海军部存在各机构战略目标不统一的问题,需要通过增效办公室来统一海军部各机构的顶层战略目标,使海军部各分管副部长的优先目标与国防部相关机构保持一致,协调海军部内部的发展。此外,海军部需要改变个别组织独立制定、完成研究计划的现状,统一总体发展方向,为全面落实效能管理战略奠定基础。

(二) 美国海军部需要改变现有效能管理、效能改进和风险管理流程

为了不断提高海军部的效率,保持作战优势,增效办公室必须改变目前处理数据、决策和分析结果的方式。增效办公室努力为整个海军部培养成熟的效能管理和改进文化,将数据、决策和结果整合到一个流程中。增效办公室将建立正确的全局管理和风险管理模型、报告和监视机制以及知识管理系统等基础设施,开发数据分析模型,建立效能指标、分析和指导模式来支持海军部决策。

(三) 美国海军部需要加快数据支撑平台开发以实现跨部门协同决策

任何庞大组织机构的运行与管理都需要很多部门通力配合,极易出现上下级间理解偏差以及兄弟部门间的重复建设,进而导致效率低下、资源浪费等问题。为了消除数据与分析系统间的信息壁垒,美国海军部需要加快开发 Advana/Jupiter 数据分析平台,整合信息渠道,提高数据分析能力,顺利开展跨部门协同决策。

(中国电子科技集团公司第二十八研究所　王　璨)

美国空军演示空中力量快速集结能力支持敏捷作战运用

2023 年 9 月 22 日，美国空军在日本嘉手纳空军基地进行了"敏捷作战运用"（ACE）演习，展示了其分散部署和快速集结空中力量以支持敏捷作战运用的能力。敏捷作战运用是美国空军应对未来挑战的关键作战概念，如果使用得当，则会使对手的目标选取过程变得复杂，并为盟军带来灵活性。

》》》 一、敏捷作战运用概念的提出

过去美国空军依靠国内和海外的基地，在对抗相对较弱的环境中进行部署，并开展机动和作战。冷战结束后，海外基地大幅减少，不仅对空军投射力量的能力提出了挑战，同时还使得高价值资产更加集中。美军前沿的主要作战基地不仅是大量人员和装备的集中地，而且还是后勤中心和物资仓库。随着对手在情报监视侦察（ISR）和全域远程打击火力方面的能力快速发展，其面临的风险显著增加。此外，财政和政治方面的原因也限制了美国建立新的永久空军基地。美国空军需要解决对大型前沿基地的依赖问题，以降低其脆弱性。

为了应对这些挑战，美国空军提出敏捷作战运用概念。美国空军在 2015 年 9 月发布的《空军未来作战概念》中首次提出敏捷作战概念，并将敏捷性作为一种迅速适应任何情况或敌对行动的方法，视其为实现"全球警戒、全球到达和全球机动"目标的核心保障。2017 年，为响应美国政府制定的《印太战略》，在高端冲突中确保空军基地的安全，快速在全球范围内投射力量，美国空军正式引入敏捷作战运用概念，希望通过采用分布式作战增强作战体系的抗毁性。2021 年 12 月，美国空军发布《条令说明 1-21：敏捷作战运

用》,将敏捷作战运用概念定义为"通过在威胁时间内采用预先(Proactive)机动和响应式(Reactive)机动的作战方案,提高弹性和生存能力,同时形成战斗力",为该概念的进一步发展和运用奠定基础。

》》 二、敏捷作战运用概念分析

敏捷作战运用概念的核心,就是将作战行动从以大型机场为核心的集中式基础设施展开,转变为从由分散的较小场地组成的基地集群(base cluster)展开,在增强美国空军生存和恢复能力的同时,增加对手瞄准、打击的复杂性,为指挥官提供更多的选择,提高部队的作战敏捷性。

(一)实现敏捷作战运用的基础

美国空军认为,敏捷作战运用可通过形成复杂态势给对手制造更多困境,实现己方的行动自由和决策优势,并在冲突中开展防御、取得胜利。具备多种技能的空军人员、任务式指挥和可剪裁的兵力包,是实现敏捷作战运用概念的重要基础。

1. 具备远征和多种技能的空军人员

美国空军重视作战所需的远征能力。空军人员应具备多种基本技能,使得他们能够在竞争、降级和行动受限的环境中依靠最少的支持进行作战。通过开展分布式作战来降低风险,提高生存能力,同时形成战斗力。

2. 任务式指挥

在未来的对等冲突中,美军不应期望获得过去所拥有的制空权。在拒止或通信降级的环境中,通过给具备能力的最低层级授权进行决策并采取行动,任务式指挥提供了灵活性和敏捷性,使其能够抓住稍纵即逝的战场机会。

为了实现任务式指挥,一方面需要清晰地传达指挥官的意图;另一方面作战人员应详细了解作战区域以及指挥官对赢得战斗的设想。作战人员需要关注敌军情况、盟军情况、联合部队和空军部队的作战优先事项、行动的阶段和顺序、后勤和保障的优先事项、授权、整体风险管理等,这些信息采用任务型指令(MTO)传递。任务型指令的目标就是准确反映指挥官的意图。借助共同的理解,即使与上级失去联系,下属层级也可以做出符合指挥官意图的有效决策。

3. 可剪裁的兵力包

为了满足战场需求,美军作战运用需要可剪裁的兵力包,具备在一系列作战地点执行任务的能力。兵力结构和专业人员配置应能够增强敏捷性,同时能够平衡任务和部队的风险。

（二）敏捷作战运用的行动框架

美国空军的敏捷作战运用行动框架由态势（posture）、指挥控制、运送和机动、防护、保障、信息、情报和火力等联合职能组成。其中，态势、指挥控制、运送和机动、防护、保障是敏捷作战运用的核心要素。

1. 态势

态势与其他要素紧密相关，是开展后续作战行动的基础。部队应具备跨核心职能的融合能力以及互操作性，能够从不同地点快速展开行动。有效定制的态势可以为指挥官提供更多的兵力运用选项，并降低作战行动的风险。在敏捷作战运用中，作战力量预先部署到分散的有利地点，并能够在各个部署地点之间敏捷移动，实现行动的不可预测性。分散地点的选择需要根据支援作战需求和保障能力进行确定，同时平衡部队面临的风险。分散地点数量的增加将给对手带来更多挑战。

2. 指挥控制

在敏捷作战运用中，由于作战力量分散在不同地点，指挥控制面临更加复杂的挑战。敏捷作战运用中的指挥控制遵循集中指挥、分布控制和分散执行的原则，采用任务式指挥，通过任务型指令和基于条件的授权等方法来实施。为了充分发挥任务式指挥的作用，需要加强训练，增强低层级指挥官根据指挥官意图和有限指导进行作战的能力；指挥官意图也应具有一定的自由度，作战计划具有灵活性，以适应无法预见的动态变化战场情况。

3. 运送和机动

运送和机动包括将部队运送到预定的分散位置，以及分散的部队向永久地点回归。敏捷作战运用是通过运送和机动实现敏捷性，并从优势位置展开作战行动。为了有效机动，需要对运输能力进行优先排序和充分协调，确保在正确的时间以合适的节奏调动部队。通过预先规划和部署，确保运输能力具有足够的数量、速度和灵活性。

4. 防护

在敏捷作战运用中，作战风险、任务要求及可用的防护能力等都需要提前考虑，采用主动防御和被动防御相结合的方法来应对所有可能面对的威胁。面对当前和未来的小型无人机系统、巡航导弹、弹道导弹和高超声速武器的威胁，开展防御性制空作战至关重要。采用一体化空中和导弹防御策略，可以有效对抗对手的攻击。

5. 保障

敏捷作战运用将使得现有的后勤系统和运输节点面临挑战。供应和分配系统需要转型，最大限度地提高分布式任务的效率。在敏捷作战运用中，采用中心辐射式配给架构,在中心节点与端节点之间配送物资,提升运输效率。为了满足保障需求,可以发展自适应后勤系统,还可以利用当地和区域商业市场,减轻分配系统的压力。

6. 信息

有效的信息战是开展敏捷作战运用的一个关键要素。在规划和执行机动方案时,采用信息欺骗,可导致对手错误地运用兵力;制造机动的假象,可影响对手进行有效、及时的决策。将信息有效整合到敏捷作战运用的机动方案中,能够增强威慑并有助于取得成功。

7. 情报

情报和反情报贯穿敏捷作战运用的整个过程。敏捷作战运用开始前,需要开展关于作战环境的情报准备工作,识别对手的能力及对敏捷作战运用行动的威胁;敏捷作战运用实施中,需要依靠灵活且有弹性的通信能力,支持作战人员和情报界的实时通信。情报必须满足动态指挥控制的发展和变化需求。

8. 火力

敏捷作战运用的机动方案,必须确保开展大规模打击的能力,实现所有领域作战效果的融合,包括协调地面火力保护机场等。制定计划时,需要考虑分散在不同地点的部队如何协同打击同一目标,可由空中、太空、网络空间、陆地、海上及特种部队提供火力。

三、美国空军2023年开展的相关工作

为推动敏捷作战运用概念的成熟以及开展敏捷作战运用所需能力的形成,2023年美国空军加强了空军人员的技能培训,以及指挥控制、后勤和防空反导能力的发展。

2023年2月,美国空军在"黑旗23-1"演习中开展了一项"敏捷作战运用"试验,使用1架C-17运输机作为机动指挥控制站来协调空中和地面作战行动。试验中,配备指挥控制系统的C-17运输机与地面战术指挥控制车辆进行通信,协同指挥伞降救援人员和战术航空控制员在模拟大规模空战场景中完成搜救任务。美国空军认为,在E-3预警机严重老化、E-7A预警机尚未列装情况下,将C-17运输机作为指挥控制平台,可为作战部队提供战区空中控制选项,增强指挥控制体系的弹性。

2023年7月,美国、日本、法国三国空军以及其他合作伙伴在日本嘉手纳空军基地完成了"北方边缘23-2"大规模演习,验证了多国部队在战区分散地点开展敏捷作战运用的能力。本次演习测试了指挥控制、运送和机动、分布式作战等任务能力,展示了超越对手的行动敏捷性。

2023年7月,来自美国空军全球打击司令部的3个轰炸机特遣部队在阿拉斯加州埃

尔门多夫-理查森联合基地演示轰炸机敏捷作战运用概念。参演的 3 个轰炸机特遣部队分别来自得克萨斯州戴斯空军基地、北达科他州迈诺特空军基地和密苏里州怀特曼空军基地。它们同步飞抵埃尔门多夫-理查森联合基地——一个假想的前沿作战基地，演示了从不同基地出发对印太地区展开联合作战行动的能力，为战区指挥官在未来作战条件下使用 B-2、B-1 和 B-52 提供了更广泛的选择灵活性。

2023 年 8 月，美国空军中央司令部成功完成了为期一个多月的"敏捷斯巴达"年度第二次演习，展示了多国集成的军事力量和积极主动的战备方法，突出了美国空军空中力量分布式部署和前沿阵地敏捷作战运用的能力。此次演习重点演练了空中力量在小型分散式基地的动态生成，凸显了空军敏捷作战运用的灵活性，标志着美国空军已具备随时随地、迅速应对不断变化的局势的能力。

2023 年 9 月，美国空军第 18 联队在日本嘉手纳空军基地进行了"敏捷作战运用"演习。演习中，美国空军在没有提前通知的情况下，指挥嘉手纳空军基地、北卡罗来纳州西摩·约翰逊空军基地、爱达荷州霍姆山空军基地和阿拉斯加州艾尔森空军基地的多架 F-15C/D、F-15E 和 F-35A 战斗机起飞，展示了其分散部署和快速集结空中力量以支持敏捷作战运用的能力。

》》》四、结语

美国空军认为，未来强对抗环境下的反介入和区域拒止威胁，以及先进技术的快速扩散，均对机动自由和作战能力形成了挑战，空军必须发展敏捷作战运用能力。敏捷作战运用将使空军不再依赖少数超大型且易受攻击的固定机场进行作战，空中力量可以化整为零的方式由遍布全球的基地集群分散式生成，实现更大的机动性和敏捷性，使对手更难应对。成功的敏捷作战运用既有助于战斗力的动态、分散和按需生成，又能提升其生存和恢复能力，实现了对空中资产的保护，是支撑美空军面向未来作战、实现其支持美国印太战略的新型作战概念之一，值得我们高度关注。

（中国电子科技集团公司第二十八研究所　钱　宁）

美国智库展望空军杀伤链发展

2023 年 5 月,美国智库米切尔航空航天研究所发布《规模、范围、速度和生存能力:赢得杀伤链竞争》报告,展望了空军未来杀伤链变革愿景。该报告核心思想是在面临敌方干扰、打击威胁时,传统的线性杀伤链已难以满足现代高强度战场需求,应依托联合全域指挥控制和先进作战管理系统(ABMS)构建"杀伤网",充分利用陆基、空基和天基等多域传感器和打击装备,尽可能增加杀伤链中的节点规模,同时扩大作战范围,加速作战过程,增加平台生存性和弹性,使得杀伤网在部分失效时仍能保持作战功能的完整性和有效性,进而夺取战场优势。

一、问题分析

20 世纪 90 年代,美国空军将杀伤链分解为"发现—定位—跟踪—瞄准—打击—评估"(F2T2EA)6 大步骤,描述了军队在战场空间中打击目标的全过程,被美军视作夺取战场主动权的关键。

(1)发现:杀伤链的第一步,包括对战场进行广泛监视以探测和描述潜在目标的行动。

(2)定位:由两个过程组成,首先是定位潜在目标在作战空间的位置,其次是有效确定需要打击的目标。

(3)跟踪:保持对目标位置、身份及其紧密关系的掌握和更新,强调保持对目标的"主动跟踪"。

(4)瞄准:将目标分配给合理、可用的最佳武器平台,为攻击做准备。

(5)打击:对其进行实施动能或非动能攻击的决策和行动。

(6)评估:利用传感器评估交战效果,以确定是否有必要重新部署或采取其他后续行动。

《规模、范围、速度和生存能力：赢得杀伤链竞争》报告认为，面对美军的杀伤链威胁，均势对手针对性地开发了"断网破链"能力，试图打断美军杀伤链。美国空军当前杀伤链存在 4 大明显弱点：**①整体抗损性差**。美军当前杀伤链易受敌方打击影响，一旦部分节点被摧毁，杀伤链运行就会遭到破坏。**②作战网络固定且兼容性差**。美军当前杀伤链较为僵化，只能在数量有限的传感器或武器之间共享信息，信息共享手段少，易被敌方预测。**③战场适应性差**。美军当前杀伤链功能节点之间的关系相对固定，如果这些节点被攻击或它们之间的数据链中断，杀伤链将无法发挥效能。**④决策方式已过时**。美军现有集中式作战计划制定和指挥控制，无法适应需实时组合并控制作战资产以创建杀伤链的现代战场需求。

》》二、变革方向

《规模、范围、速度和生存能力：赢得杀伤链竞争》报告认为，交战中敌对双方杀伤链间优势竞争的核心是谁能在作战行动中更快速、更高效地完成"发现—定位—跟踪—瞄准—打击—评估"过程，同时有效阻止敌方完成相应过程。在此方面，联合全域指挥控制被广泛认为是美军实现对其他国家杀伤链优势的关键抓手。

该报告认为，美国空军目前对联合全域指挥控制的主要贡献是开发先进作战管理系统。如图 7 所示，通过连接战场传感器和武器平台并进行信息快速共享，先进作战管理系统将打造一张"杀伤网"，其运作方式类似于由多个杀伤链关联、组合，且具备自愈能力的网络，网中多节点、多元化能力可为杀伤链闭环创造多种选项。这种"杀伤链"可有效使用跨域、跨军种的传感器、效应器，创造更多战场机遇，在作战空间中实现多元化非线性指数聚能。

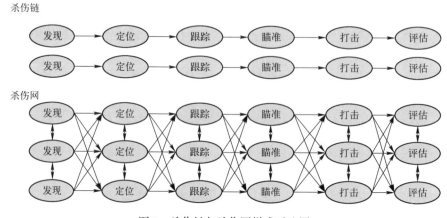

图 7　杀伤链与杀伤网样式对比图

该报告指出,要在与均势大国的武装冲突中取得优势,必须依托先进作战管理系统,在规模、范围、速度和生存能力方面进一步完善联合全域指挥控制架构,确保己方杀伤链优势。

(一) 增加杀伤链规模

《规模、范围、速度和生存能力:赢得杀伤链竞争》报告认为,要确保杀伤链优势,美国空军必须增加包括传感器、平台和武器等关键节点的数量和互操作性,以确保其部队能够在高对抗环境中将杀伤链规模扩大到所需水平。主要内容如下。

一是增加杀伤链的节点数量。增加美国空军在战场中投射和维持的节点数量和功能,可增加部队在战场任一时间点的可用杀伤链数量。在此方面,美国计划采办超过1000架无人协同作战飞机(CCA)和200架下一代空中优势(NGAD)战斗机,作为传感器到射手的节点。此外,美国空军计划利用由数十至数百颗小型传感器和通信卫星组成的近地轨道卫星星座,以进一步提高其杀伤链的可扩展性。将空军杀伤链系统与其他军种的传感器和平台更广泛地连接起来,也可进一步增加跨军种杀伤链的潜在可用节点数量。

二是提高杀伤链间的互操作性。美空军作战网络既不需要将战场上的一切节点都连接起来,也不需要与每个平台和作战人员共享所有数据。空军必须确定哪些节点与哪些任务相关,以及在杀伤链节点之间共享哪些数据,确保在没有过度冗余和浪费的情况下实现所需的杀伤链规模。空军要确定哪些杀伤链资产可为其他杀伤链提供有用信息,以及它们应该如何互连。

(二) 扩大杀伤链范围

《规模、范围、速度和生存能力:赢得杀伤链竞争》报告认为,战区杀伤链设计需要将物理平台、武器和数据链范围、任务持续时间和其他属性与战区面积相匹配,为战区指挥官提供所需的杀伤链覆盖范围。主要内容如下。

一是增加物理杀伤链平台的数量和航程。空军必须大量采办远程作战能力。数量是增加杀伤链作战范围的关键,因为战斗机这样的杀伤链节点,不能同时出现在多个战场区域。航程是杀伤链的另一个重要考虑因素,杀伤链作战必须跨越印太这样的大战区。B-21轰炸机和下一代空中优势战斗机都将拥有大航程。此外,空军还应专注于建立机对机数据链,既可以连接杀伤链中的适当节点,也可以有效增加杀伤链的数量。

二是实现经济可负担的大规模武器部署。更远的武器射程增加了杀伤链的覆盖区域,有效地扩大了其运载平台的打击覆盖范围。空军应该追求长距离(750～1000海里)(1海里=1852米)和中距离(50～250海里)武器的组合使用,从实用性和经济性两个方面满足在太平洋战区打击数万个目标的作战需求。

三是扩大天基感知和通信网络规模。 以卫星为代表的太空能力可以在地理和时间上扩大杀伤链范围。传感器卫星星座具备全球感知能力，可以为作战人员提供不受飞机航程和飞行持续时间限制的战场视图——美国空军计划发展空中移动目标指示（AMTI）或地面移动目标指示（GMTI）能力，提供持续监视能力，以支持杀伤链作战。此外，通信卫星还可以提供连接杀伤链中所有节点的数据链，实现信息共享。

（三）提升杀伤链速度

《规模、范围、速度和生存能力：赢得杀伤链竞争》报告认为，杀伤链速度是指从"发现"特定目标到"评估"打击效果整个过程闭环的速度。在大国对抗场景下，提高杀伤链速度对于打击高度机动目标极为重要。主要内容如下。

一是加快物理杀伤链节点的速度。 空军要在物理作战系统上实现杀伤链加速，可通过两种方式实现：①加快导弹、飞机的绝对速度；②压缩敌反应时间，类似 F-35 和 B-21 的隐身穿透式飞机通过压缩敌方防空系统感知距离，在距目标更近的位置投射火力，有助于更快地闭环杀伤链。

二是提升杀伤链网络速度。 天基通信将大大提高杀伤链闭环速度（尤其当杀伤链节点位于视距外），这也是当前美军高度优先的事项。空军未来的低轨卫星传输层将成为系统之系统的重要支柱，通过构建天基低轨通信网络，降低延迟，保证带宽，高效支撑杀伤链运转。

三是加速杀伤链信息处理速度。 杀伤链所使用技术和人员的处理速度是限制"目标定位识别、目标-武器配对、批准交战"整体速度的关键。在分布式杀伤的大背景下，空军应开发自动化处理工具和决策辅助工具以加速杀伤链闭环，为空战管理人员提供融合、准确和及时的通用作战图，以推动目标-武器配对，加速杀伤链闭环。

（四）保障战场生存能力

《规模、范围、速度和生存能力：赢得杀伤链竞争》报告认为，提高作战节点和网络的生存能力和风险承受能力是提升杀伤链弹性的两种关键方法。主要内容如下。

一是提高节点和网络的生存能力。 杀伤链中的传感器、武器平台及其发射弹药应具备隐身能力，并对雷达波、热信号和其他辐射实施高效管控，以避免被对手的预警和瞄准系统探测到。除隐身方法外，杀伤链平台还可以利用速度、机动性和电子攻击来避免被敌方发现，并采用低截获概率/低检测概率数据链。

二是增加节点和网络的损耗承受能力。 未来的杀伤链应做到在部分节点/网络丢失或能力降级的情况下仍然能够正常运转。增加杀伤链节点数量，创建"自愈"网络，是实现这一目标的关键:①杀伤链系统必须足够冗余,以快速替换或避开因设备故障或敌人攻击而丢失的节点,做到在正确物理位置与多个不同系统之间实现互操作,并连接到其他杀伤链节点和效应器;②"自愈"网络必须是一个"网状结构",能够在备用网络路径上转发数据,以确保"终结节点"接收到闭合杀伤链所需的数据。

〉〉〉 三、认识思考

《规模、范围、速度和生存能力:赢得杀伤链竞争》报告着眼于美国空军新质杀伤链发展,提出了带有"新理念""新技术""新战域"特质的变革建议,值得我们高度警惕和深入研究。

新理念——变"链"成"网"是核心,展现出明显的马赛克战、决策中心战色彩。美国空军试图建立由全域传感器、效应器组成的分布式一体化"杀伤网",大幅扩大杀伤范围和规模,将确保拒止条件下作战系统的持续组网和信息穿透能力,以便在更快时间、更广空域内发现、锁定、跟踪与评估目标,马赛克战特征鲜明。同时,集成更多作战节点、整合多元化杀伤链的网状结构,将使对手面临更高的战场复杂度,进而破坏其作战决策能力,又展示出决策中心战"认知决胜"理念。

新技术——人工智能、先进作战网络是杀伤链加速闭环的赋能基础。人的认知决策能力是限制杀伤链速度的重要短板,核心解决方案是智能辅助决策等自动化工具。除追求高对抗环境下的弹性通信能力外,米切尔航空航天研究所指出,先进作战网络不应追求简单粗暴的"万物互联",而是应做到按任务需求恰当连接。这在降低技术实现难度的同时,也是美国空军"以任务为中心"思想的集中体现。

新战域——以低轨卫星星座为代表的新兴太空能力将颠覆传统的战场感知、视距外通信模式。在战场感知方面,天基低轨 AMTI、GMTI 能力将有效适应反介入/区域拒止高对抗环境,有望以其"看得广、看得高、看得全"的特有优势,逐步替代以 E-3、E-8 为代表的传统空基预警指挥机。同时,低轨通信卫星数据链将具备低延迟、高带宽特点,可低风险连接杀伤链中视距外所需作战节点,让信息通畅无阻,加速杀伤链闭环。

(中国电子科技集团公司第十四研究所　张　昊)

美国"电子复兴计划"实施进展分析

2023 年,美国宣布"电子复兴计划"进入 2.0 时代。该计划是 DARPA 主导的微电子前沿技术战略性行动,重点聚焦材料与集成、系统架构、电路设计 3 大支柱领域,系统布局 3 大项目群,意在突破摩尔定律极限,引领技术创新发展,巩固并扩大美国在微电子技术领域的技术优势。

>>> 一、基本情况

"电子复兴计划"于 2017 年正式启动,2023 年宣布进入 2.0 时代,由 DARPA 微系统办公室牵头,工业界和大学共同参与。

(一)战略背景

自 20 世纪 60 年代起,半导体发展经历了 3 次浪潮(几何缩微、后道工艺缩微、三维晶体管)。美国作为半导体技术发源地,紧紧抓住了信息技术与全球化机遇,超前谋划、体系布局,加大技术探索和攻关力度;同时,大力围堵打击竞争对手,确保其电子技术发展占据绝对优势,持续主导全球半导体技术与产业 30 余年。

微电子技术是美国长期高度重视的战略性技术。DARPA 将其作为实现"防止对手技术突袭和给对手制造技术突袭"使命的重要手段,先后组织研发硅先进制程、砷化镓和氮化镓单片集成电路,为集成电路发展做出创新性贡献。在微电子技术迈入后摩尔时代的历史拐点上,DARPA 策划实施"电子复兴计划",意在抢占半导体发展第 4 次浪潮制高点,巩固美国微电子技术跨越发展及其在军事和商业应用中的绝对主导地位。

(二)战略目的

DARPA 采用"电子复兴计划"的名称,彰显其巩固并扩大微电子技术全球绝对领先地位的战略图谋。2017 年,DARPA 提出通过基础创新和产业发展相结合,联合商业界、高校科研院所与美国政府开展前瞻性研究,为美国未来电子技术创新和能力提升奠定长期基础。2023 年,DARPA 宣布该计划进入 2.0 时代,进一步强调要"重塑后摩尔时代微系统制造",以构建持久的国家安全能力和商业经济竞争力为目标,通过探索新型本土化芯片研究、开发和制造方式,确保美国在下一代微电子领域的领先地位。

(三) 主要做法

"电子复兴计划"启动后的头 5 年共计投入超过 15 亿美元,其中 2018—2019 年为第 1 阶段,2019—2022 年为第 2 阶段。"电子复兴计划"2.0 于 2021 年开始筹划,2023 年正式实施,投入经费尚未正式公布,但根据其布局的项目统计,目前已累计投入超过 10 亿美元。

一是整体筹划,迭代优化。面向构建 2030 年前美国电子领域持久的领先能力,第 1 阶段聚焦材料与集成、系统架构、电路设计 3 大支柱领域展开布局;第 2 阶段调整为设计与安全、三维异构集成、新材料新器件、专用功能 4 个方向布局计划项目。整体看来,DARPA 在成体系、全领域、有组织地推进微电子前沿探索。

二是聚焦项目,滚动实施。DARPA 按照创新项目管理模式,以前沿技术类项目为载体,围绕项目目标有组织地开展研究、迭代推进,充分释放参与各方的创新活力。主要分为先导类项目、"大学联合微电子计划"以及由工业界主要承研的"Page 3"①和新设项目 3 大项目群,现已布局超过 40 个项目。为降低探索风险,大部分项目以 36~48 个月为周期,分阶段滚动实施。例如"电子设备智能设计"(IDEA)项目,涵盖两个为期 24 个月的研究阶段,每个研究阶段均设有明确节点和里程碑,在前一阶段取得相关成果后才进入后一阶段。

三是加强联合,协同攻关。DARPA 联合美国半导体领军企业、国防承包商、高校和科研院所进行需求研究与技术研发,组织政府机构、产业界、学术界以及国家实验室之间的协同,全专业领域联合实施。目前,该计划已促成英特尔、高通、赛灵思、英伟达等半导体行业领军企业,洛克希德·马丁、雷声、诺斯罗普·格鲁曼等顶级国防承包商,以及 10 余所理工类大学参与项目合作研究。DARPA 每年举办"电子复兴计划"技术峰会,交流进展情况,研讨下步发展。

四是强化应用,形成能力。2018 年 11 月,DARPA 宣布将整个计划定位为"打造面向

---

① "Page 3"的命名是向"摩尔定律"的提出者戈登·摩尔致敬。戈登·摩尔在 1965 年 4 月发表的《在集成电路中填充更多元件》论文中,开创性地提出了摩尔定律。同时,戈登·摩尔在其论文第 3 页还提出了"摩尔定律"不适用时的一些技术探索方向。DARPA 提出"Page 3"项目群正是受此启发,着力开展材料与集成、系统架构以及电路设计 3 个领域研发。

专用、更安全和设计自动化程度更高的电子工业"。2019年DARPA启动"国防应用"项目，牵引前沿颠覆性微电子技术成果的国防转化，在前期基础上，重点转向支持本土半导体制造、专用集成电路、安全可靠微电子供应链等领域研究。

DARPA认为，"电子复兴计划"首期投入已达预期效果，从2023年开始进入2.0时代，通过重新定义微电子制造过程，引导美国微电子制造业重塑，推动第4波半导体发展浪潮。"电子复兴计划"2.0将围绕三维异构集成这一核心，重点在7个关键方向进行布局：复杂三维微系统制造、复杂电路优化设计和测试、人工智能硬件创新、开发适用于极端环境的电子产品、提高边缘信息处理效率、克服硬件生命周期中的安全威胁、安全通信。

》》》 二、项目进展

"电子复兴计划"并非从零开始，之前已有相关概念突破和技术基础，随着该计划的提出，围绕战略目的整合相关项目，形成了连贯、多阶段、相互关联的计划项目，有助于技术间的协同和互补，为后续项目规划、技术实施及商业化提供便利。

（一）项目布局

"电子复兴计划"共布局3大项目群：先导类项目群、由大学主导研究的"大学联合微电子计划"项目群、由工业界主导研究的"Page 3"和新设项目群。

先导类项目群由DARPA从2015年底至2017年陆续启动，重点研究集成电路快速设计、模块化芯片构建、新架构处理器搭建等关键技术，安排"近零功耗射频与传感器""更快速实现电路设计""通用异构集成与知识产权复用策略""终身机器学习""层次识别验证开发""硬件固件整合系统安全"共6个项目，投入经费2.39亿美元，旨在挖掘已有项目技术成果潜力，提供前沿性基础支撑。

"大学联合微电子计划"项目群第1阶段于2018年1月启动，第2阶段于2023年1月正式启动，瞄准计算与通信领域的长远期发展，投入经费4.53亿美元，通过机理创新，为"电子复兴计划"其他项目的孵化与长期创新提供支持。

"Page 3"和新设项目群于2018年7月启动，聚焦新材料、新架构和新设计，安排"三维单芯片系统""新式计算需求""极端可扩展性封装""通用微光学系统激光器""软件定义硬件""特定领域片上系统"等40余个项目，投入经费近20亿美元，通过深挖工业界创新潜力，搭建围绕三维异构集成新体制的技术路径，促进创新技术成果向国防应用转化，提高美国在半导体制造领域的全球竞争力。

2023年"电子复兴计划"进入2.0时代后，DARPA根据应用需求新增复杂三维微系统制造、极端环境电子产品开发两个研究方向,又新增项目 11 个。总体上看,DARPA 已基本完成对后摩尔时代微电子技术体系创新的总体布局。

(二)实施效果

从 DARPA 发布的相关情况看,虽然大部分项目尚未结束,但已取得重大进展。

一是重点技术取得突破。 通过实施"更快速实现电路设计""极端可扩展性封装"等项目,推动了三维异构集成电路设计创新发展,在芯片设计流程与工具优化方面进展显著;建立芯粒级片上集成技术架构,为三维异构集成定义了发展基点;通过不同材料创新集成,实现了封装内光互联取代电互联,芯粒间数据传输速率达 1000 吉比特/秒(现有水平为 100 吉比特/秒左右)。

二是应用转化成效显著。 "近零功耗射频与传感器""硬件固件整合系统安全"的项目成果,为美国空军研究实验室论证了新型专用集成电路;创新电路设计与算法,实现了超低功耗信息采集与传输,为构建长时间工作、全信号感知、高灵敏度检测的无人值守战场态势感知网络奠定坚实基础。

三是本土生态正在形成。 "电子复兴计划"项目布局涵盖芯片材料、设计、制造、封装、应用等产业链各个环节,以各类子计划、项目群为抓手,有机整合了美国政府机构、高校和科研院所、半导体领军企业、国防承包商以及盟友的优势力量和资源,与 2022 年《芯片与科学法》共同推动半导体产业链本土生态圈构建。

>>> 三、分析研判

"电子复兴计划"采用基础创新和产业发展相结合的思路,通过提供电子信息技术创新成果,助力美国电子信息系统与武器系统保持绝对优势,助力美国未来军事竞争力提升和经济快速增长。

(一)三维异构集成是美国探索微电子技术超越摩尔定律的核心技术途径

三维异构集成技术可将现有制程水平的不同平台、不同工艺生产的芯片立体组合,通过大幅缩短互联间距,获得与更先进制程相当的性能。2023 年 11 月,DARPA 公开表示,"三维异构集成将是推动微电子创新下一波浪潮的主要力量",建议为此专门成立美国先进微电子制造中心。目前,"电子复兴计划"2.0 聚焦三维异构集成,已布局了"下一代微电子制造""混合模式超大规模集成电路""用于三维异构集成的微型集成热管理系统"等研究项目。从这些项目布局可以看出,经过几年探索,"电子复兴计划"已逐步聚焦到三维异构集成这一集成电路革命性的制造方式,并将其作为未来微电子创新的核心技术路径。

（二）美国全方位布局巩固微电子技术领先优势

从大国竞争维度看，实施"电子复兴计划"、出台 2022 年《芯片与科学法》、设立国家微电子制造中心等举措，是美国为重新占据微电子领域绝对优势而打出的一套战略组合拳，通过调动国家、技术、市场、人才、盟友等各方力量，成体系推动微电子技术创新发展。

（三）美国"电子复兴计划"战略目标实现尚有诸多不确定性

美国要实现产业链本土化及微电子超越发展，依然困难重重。**一是从技术方面看**，通过三维异构集成实现微电子创新需要解决众多技术挑战与瓶颈，系统性难度很大；半导体领军企业为规避和分摊技术风险，一般都会采取跨国合作的方式推进，美国意欲实现技术突破和产业链回归"一举双得"的企图难以实现。二是从投资方面看，"电子复兴计划"需长期投入大量资金，仅靠政府投资远远不够，而企业投资更注重短期效益，能否获得持续足够资金支持是其能否实现预期效果的关键。**三是从市场方面看**，美国逆半导体市场全球化规律的做法，意图建立美国先进半导体单极化格局，将使其逐步丧失全球半导体市场份额，减弱对先进半导体技术发展的拉动作用，进而削弱其行业领导地位。

综上所述，"电子复兴计划"是美国全面布局的战略性行动，与 2022 年《芯片与科学法》等联动，预计未来 5~10 年将形成新的微电子工业体系，带动国防和产业能力跨越式发展。但是也要看到，经济全球化趋势不可逆转，美国要实现产业链本土化及微电子超越发展依然存在诸多不确定性，还需拭目以待。

（中电科发展规划研究院　王龙奇　彭玉婷）

美国国防信息系统局推进"雷神穹顶"零信任系统应用

2023年2月,美国国防信息系统局(DISA)宣布完成"雷霆穹顶"零信任系统原型设计,并于7月授予博思艾伦公司为期5年的"雷霆穹顶"项目后续生产其他交易授权协议书。作为美军首个零信任项目,"雷霆穹顶"的正式投产标志着美军向零信任愿景迈出了一大步。该项目将在国防部涉密和非密网络上建立零信任安全模式,推进国防部将"以边界为重心"网络防御理念,向以注重"数据安全、永不信任、始终验证"新型防御理念转变,极大提升美网络安全能力。

>>> 一、"雷霆穹顶"项目背景

随着移动办公和远程办公的日渐普及,位于美军国防信息系统网络边界之外的用户迅速增加,传统的网络安全技术已难以实现安全的端到端连接。美军原本希望通过网络安全系统"联合区域安全堆栈"(JRSS),将分散在全球1000多个网络入口缩减至25个左右,以集中管理的方式来强化网络安全,但是测试评估表明,JRSS存在配置过于复杂、数据流量超出处理能力以及因通信延时而导致效率低下等问题,最终迫使美国国防部于2021年下马JRSS项目。

在此背景下,DISA于2021年7月启动"雷霆穹顶"项目招标,以填补JRSS项目留下的安全空白。该项目遵循零信任理念,旨在将美军当前以网络为中心的纵深防御模式,转变为以数据保护为中心的新模式。该项目的最大特点是采用"安全访问服务边缘(SASE)"安全架构,运用"软件定义型广域网"(SD-WAN)技术来搭建几乎不受限制的虚拟网络,从而将安全Web网关、云访问安全代理和"防火墙即服务"等安全功能整合到一个云平台,由此提供覆盖系统、网络、终端和用户的一站式安全服务。

〉〉〉 二、"雷霆穹顶" 项目情况

（一）项目目标

根据 DISA 于 2021 年 9 月发布的白皮书，"雷霆穹顶"项目的目标是创建、设计、开发、演示和部署包括 SD-WAN 技术、客户边缘安全堆栈（CESS）和应用程序安全堆栈（AppSS）在内的一系列工具、系统或能力（其中，客户边缘安全堆栈设置在国防信息系统网络的客户边缘入网点处，可扩展的应用程序安全堆栈则设置在应用程序的工作负载前端），然后运用这些工具、系统或能力在"涉密互联网协议路由器（SIPR）网络"和"非密互联网协议路由器（NIPR）网络"上建立采用安全访问服务边缘架构的零信任安全模式，从而改善美军的网络安全水平、提高网络路由效率以及简化复杂或冗余的网络安全架构。

（二）项目进展

在 2021 年 7 月发布项目招标信息后，DISA 于 2022 年 1 月与博思公司签订价值 680 万美元的"雷霆穹顶"原型开发合同，希望在 6 个月内开发出可供 25 个 SD-WAN 站点和 5000 名用户试用的"基本可用产品"。2022 年 7 月，为了进行更充分的安全测试，DISA 将试点范围扩大到"涉密互联网协议路由器网络"，并将合同延期至 2023 年 1 月，同时将试用人数调整为 3 处 DISA 场所的 5400 名用户。2023 年 2 月，DISA 宣布博思公司已完成"雷霆穹顶"项目的原型设计，美国国防部、DISA 各总部和 DISA 战地司令部等单位的约 1600 名用户开始试用该原型。2023 年 5 月，DISA 宣布开始制定"雷霆穹顶"项目的采办策略，计划在 30~60 天内开始全面生产相关软硬件。2023 年 7 月，DISA 宣布与博思公司签订金额上限为 18.6 亿美元、包含 1 年基期和 4 年可选续约期的"雷霆穹顶"生产合同，以便大规模部署零信任架构。此外，按照 DISA 的说法，"雷霆穹顶"项目未来还可能推广至各军种、各作战司令部、其他国防单位乃至外部合作方。

（三）关键技术

"雷霆穹顶"项目涉及到安全访问服务边缘、SD-WAN、网络态势感知、客户边缘安全堆栈、应用程序安全堆栈、数据处理（包括数据的提取、浓缩、格式化、转换、查询、共享、可视化及存储等）、身份认证、安全访问策略、系统集成和分布式拒绝服务防御等诸多技术，基本涵盖了美国国防部提出的所有 7 大零信任支柱（用户、设备、网络/环境、应用程序与工作负载、数据、可视化与分析工具以及自动化与编排）。其中，最主要的技术领域分别是安全访问服务边缘、SD-WAN、客户边缘安全堆栈和应用程序安全堆栈，这些技术在"雷霆穹顶"项目中的布局如图 8 所示。

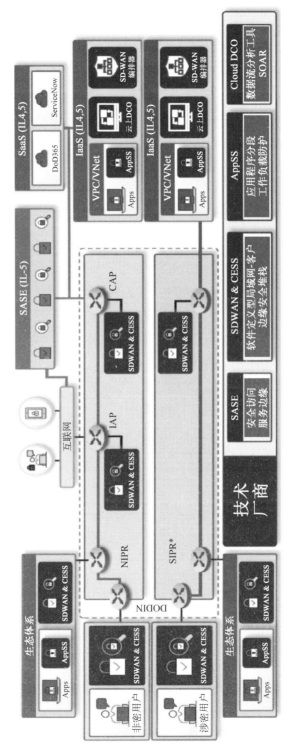

图 8 "雷霆穹顶"项目搭建的零信任架构

Apps	应用程序（Applications）
IL	影响级别（Impact Level），级别越高，安全要求越严格
DoD365	美军的一种办公云平台
ServiceNow	以 SaaS 方式提供云计算软件的云平台
SaaS	软件即服务（Software as a Service）
IAP	互联网接入点（Internet Access Point）
CAP	云接入点（Cloud Access Point）
VPC/VNet	虚拟私有云/虚拟网络（Virtual Private Cloud/Virtual Network）
DCO	防御性网络行动（Defensive Cyber Operation）
SOAR	安全编排、自动化及响应（Security Orchestration，Automation and Response）

1. 安全访问服务边缘

安全访问服务边缘旨在满足用户的远程动态安全访问需求，其严格来说不是一项具体的技术，而是一整套架构或者技术解决方案，涵盖了 SD-WAN、安全 Web 网关、云访问安全代理、零信任网络访问和"防火墙即服务"等诸多技术。安全访问服务边缘的主要特征包括：①对不同对象采取不同的安全控制措施；②通过云平台提供所有安全功能；③与处于网络边缘的所有软硬件相兼容；④可为全球任意地点的用户提供服务。安全访问服务边缘的成本、灵活性、可维护性和用户体验等都明显优于以往的虚拟专用网络等安全架构，因此近年来已成为政企网络安全架构的主流发展方向。

在"雷霆穹顶"项目中，DISA 采用了帕洛阿尔托公司的"棱镜"云服务来搭建安全访问服务边缘架构，当用户使用云服务或互联网服务时，用户的流量不会穿过国防信息系统网络，从而能最大程度地避免国防信息系统网络遭到入侵。

2. SD-WAN 技术

SD-WAN 是当前备受关注的网络连通性管理技术，其主要特征包括：①将专用有线网络、通用有线网络和 4G 无线网络等不同制式的网络，相互链接成可统一管理的混合网络；②可根据流量动态调整网络路径，从而提高数据传输效率；③管理与操作简单，甚至可以无须事先准备，启用时才通过 U 盘或网络自动安装和配置软件；④允许在所形成的混合网络中部署虚拟专用网络和防火墙等组件。

在"雷霆穹顶"项目中，DISA 要求所用的 SD-WAN 技术能对数据进行隔离、排序和自动配置，从而在现有的国防信息系统网络基础设施上形成新的逻辑网络（举例来说，互联网就是建立在光纤线路等实体网络上的逻辑网络）。同时，DISA 也要求所用的 SD-WAN 技术与数据分析平台等现有的安全系统相整合，以便根据用户和端点的属性以及程序策略，来限制用户所能使用的功能。

3. 客户边缘安全堆栈与应用程序安全堆栈

客户边缘安全堆栈是指专门保护客户边缘的安全堆栈，应用程序安全堆栈是指专门保护应用程序的安全堆栈。安全堆栈是一种由许多工具组成的网络安全套件,最完善的安全堆栈可为用户提供数字资源安全、数据安全、端点安全、应用程序安全、网络安全、周界安全和用户安全等 7 个层面的防护能力。

在"雷霆穹顶"项目中,DISA 没有透露客户边缘安全堆栈的具体信息,仅表示客户边缘安全堆栈将使"下一代防火墙"、入侵检测系统/入侵防御系统和数据防泄密等安全功能更加靠近客户边缘。至于应用程序安全堆栈,DISA 将采用一些易于部署的容器化解决方案,并由帕洛阿尔托公司的"容器安全"解决方案或 F5 WAF + PA"下一代防火墙"解决方案提供支持。此外,DISA 还为"雷霆穹顶"项目提供了"基础设施即代码"模板,以便用户在物理设备上自动配置虚拟机或 Ansible 工具。

三、美军零信任建设态势分析

(一) 美军开始加速向零信任安全架构迁移

近年来,美国的政府和企业多次遭遇"太阳风"等重大网络攻击事件,暴露出美国现有的网络安全架构存在短板。尽管这些事件并未直接影响到美军,但为避免重蹈美国政府的覆辙,美军已开始加速推进零信任架构的建设。DISA 于 2020 年提出向零信任架构迁移的设想,2021 年 5 月发布《国防部零信任参考架构》,2021 年 7 月推出"雷霆穹顶"项目。DISA 起初甚至要求项目承包商在 6 个月内完成项目,可见其对零信任架构早已望眼欲穿。美国国防部于 2022 年 1 月组建"零信任资产组合管理办公室"以协调零信任工作,2022 年 11 月发布《国防部零信任战略》,明确要求到 2027 年时美军的 7 大零信任支柱领域都应达到"目标级零信任"水平。这一系列举措表明,美军的零信任建设工作已从理论研究迈向实际开发和部署,未来美军或将建立起覆盖所有领域的零信任架构(但不一定是"雷霆穹顶"架构),以期通过这种"以数据为中心"的全新模式来降低网络安全风险。

(二) 美军以商用方案推动零信任架构建设

零信任技术并非是美军的独创或专利,最初研制目的只是满足企业的网络安全需求,而开发零信任技术和架构的主力军也是谷歌等商业公司,因此"雷霆穹顶"项目自然也体现出了浓厚的商业气息:该项目几乎所有的组件和功能都由开发商提供,最为关键的安全访问服务边缘、SD-WAN 和安全堆栈等技术也并非是专门的军用方案,而是已在商业市场中发展得较为成熟的商用方案。DISA 之所以敢于采用"棱镜"云服务等商用方案,就是因为这些方案的保密性、可靠性和可用性已得到市场的证明,同时成熟的商用技术也能大幅降低零信任系统建设的资金与人力成本。作为美军信息化改革的"领头羊"，DISA 对商用零信任方案的信任也将促使其他美军单位采用类似做法，从而加快整个美军的零信任建设进程。不过随着美军对商用方案的进一步依赖，美军对信息系统的管控力度可能会有所下降，责任边界也可能变得更加模糊，这客观上加大了因非军事人员安全意识不足而引发网络事件的风险。

（三）美军的零信任架构可能面临兼容问题

从 2022 年 11 月发布的《国防部零信任战略》来看，尽管美国国防部打算在整个美军推行零信任架构，但并未对如何建设此类架构做出具体规定，只是要求如期实现零信任能力即可，DISA 也并未强制要求美军各军种使用"雷霆穹顶"架构。就各军种而言，海军最有可能尝试"雷霆穹顶"架构，陆军则在开发自己的安全访问服务边缘解决方案，空军也倾向于使用已有的安全堆栈，这些分歧可能会带来与 JRSS 类似的配置复杂化问题。更加严重的问题在于，零信任理念与美军同样大力推崇的"联合全域指挥控制"理念存在一定冲突。后者的目标是使任何传感器都能将数据传输给任何火力平台，然而在混乱的战场上，火力平台可能无法识别某一新接入传感器的身份信息，也就无法接收来自该传感器的数据。而在联合作战行动中，即便是美国的盟友，也不太可能将其官兵和装备的身份信息全盘提供给美军，这将导致无法在零信任架构下实现数据共享。未来美军若无法有效解决这些问题，零信任架构则反而可能会削弱其战斗力。

（中国电子科技集团公司第三十研究所　吕　玮）

2023 年度世界军事电子领域十大进展

1. 美军推动联合全域指挥控制向联盟联合全域指挥控制发展

2023 年 7 月,美国国防部明确提出"联合全域指挥控制"要向"联盟联合全域指挥控制"过渡,推动形成支撑美盟一体化作战的指挥决策能力;同时,更新完善《联合全域指挥控制实施计划》,聚焦关键作战问题分析现有能力差距,以数据为中心,确保联合全域指挥控制能力兼容现役系统,加速杀伤链构建。9 月,美国国防部开展 2023 年度"大胆探索——岛屿掠夺者"联盟联合全域指挥控制演习,重点演练了跨系统、跨作战域和联合部队执行联合火力打击任务的能力,实现了多层级数据生成和共享。同月,诺斯罗普·格鲁曼公司提出"战斗 1 号"概念,旨在整合多个国家的传感器和效应器,连通美军与盟友导弹防御装备,实现与盟友的全球一体化防空反导作战,有效应对联盟联合全域指挥控制中与盟友的互操作性问题。10 月,美国国防部首席数字与人工智能办公室发布"数据集成层"项目信息征集公告,旨在通过构建联盟联合全域指挥控制基础数据架构,建立数据交互标准与路径,解决数据资源构建与利用上各自为战、效率低下等问题。美大力推动联盟联合全域指挥控制能力建设,将更有效地纳入盟友伙伴力量,促进跨域联合、智能协同的体系作战能力形成。

2. 美军多措并举推动软件现代化进程

2023 年 3 月,美国国防部发布《软件现代化战略实施计划》,旨在落实 2022 年《软件现代化战略》提出的"以作战所需速度安全交付韧性软件"愿景,加速国防部组织体系向"软件中心"转型,支撑打造智能化装备与作战能力。在软件现代化战略及实施计划牵引下,美军从软件工厂建设、云环境建设、软件采办改革等多方面发力,加速推进软件现代化进程。同月,海军陆战队设立首个软件工厂,聚焦内部软件开发人员培训,推动形成适应数字化战争需求的快速、安全、弹性软件交付能力。8 月,空军发布"下一代一号云"项目征询书，推动多云架构、多供应商的混合云环境建设，提供稳定、安全、高效的通用软件开发、测试和生产环境。此外，为落实软件采办改革举措，国防部在 2024 财年预算文件中设立"软件与数字化技术试点项目"，通过专项资助形式加速重要软件系统研发，提高软件采办效率，降低作战成本。

3. 美军联合全球指挥控制系统完成云基础设施重大升级

2023 年 3 月，美国国防信息系统局发布美军联合全球指挥控制系统 6.1 版。升级后的系统主要对基于云的基础设施进行了更新，将移动目标的跟踪数量从数千个提高至 100 万个，包括导弹、坦克、火车、卡车、飞机、船只和人员等军事移动目标。预计 2025 年前，联合全球指挥控制系统将上线联合计划与执行系统（JPES），以取代现有联合作战计划执行（JOPES）系统。联合计划与执行系统系统是联合全球指挥控制系统的关键组成部分，上线后将与现有联合作战计划执行系统同时运行一段时间，直至完成所有数据和功能的有效迁移。此次联合全球指挥控制系统的升级，大幅拓展了美军数据交互范围、数据关联及注入量，将为战区指挥官提供更有力的决策支撑。

4. 美国空军公开披露首次实现太赫兹机间通信

2023 年 4 月，美国空军研究实验室公开披露，于 2022 年 12 月与诺斯罗普·格鲁曼等公司合作，在纽约州罗马成功完成了首次 300 吉赫兹以上频段（太赫兹频段为 100 ~ 10000 吉赫兹）的机间通信测试。此次测试为期 3 天，在相关作战高度和范围内测量了两架实验机之间的传播损耗，其中一架实验机放置了最先进的太赫兹通信收发器系统，通过机上太赫兹透波窗口进行机间通信传输实验。目前，几乎所有商业和国防射频系统均使用低于 100 吉赫兹频段创建的机载和卫星通信链路，此次测试打破了太赫兹仅能在地面完成短距通信验证的论断，表明美军相关技术研发已取得重要突破。

5. 美国太空发展局完成首次星地 Link 16 传输

2023 年 11 月，美国太空发展局宣布成功使用 Link 16 将其低地球轨道卫星与地面电台连接起来。实验中，配装 Link 16 有效载荷的 3 颗卫星与"五眼联盟"某成员国境内的地面无线电成功实现连接，运营商进行了被动和主动网络进入，实现了良好的频率同步，并完成了战术信息广播。卫星配装的 Link 16 视距范围约为 200 ~ 300 海里，在太空中构建 Link 16 连接有效实现了全球近实时超视距通信。美国太空发展局局长表示，此次实验验证了通过通信卫星将陆军、海军、空军、太空军的传感器和射手连接起来的可行性，将有助于构建联合全域指挥控制网络和联合火力网络。此次传输实验是美国太空发展局未来数据传输卫星星座运行的关键一步，是"扩散型作战人员太空架构"的一个关键里程碑。

6. 美国量子导航技术研发取得重要突破

2023 年 6 月，美国科罗拉多大学在国家科学基金会资助下，将人工智能与量子传感器相结合,成功研制了世界首型基于软件配置的高性能导航系统,进一步证明了量子导航技术作为高精度卫星导航可替代技术和方案的巨大潜力,可有效克服 GPS 拒止或欺骗环境等问题,与高精度原子钟配合使用,可为军事装备和任务平台提供不依赖 GPS 的韧性定位导航授时服务。9 月,美国国防创新部门(DIU)宣布其"量子传感计划"取得重要突破,原子向量公司成功研制了完全集成的高性能原子陀螺仪原型系统。与传统依赖光学的方法相比,该系统利用原子和精确激光的相互作用作为标尺来识别角速率,可实现更高的灵敏度和精度。目前该系统已成为美军首个通过太空环境鉴定的原子陀螺仪,预计将成为首个太空运行的原子惯性传感器。

7. 美国国防信息系统局推进"雷霆穹顶"零信任系统应用

2023 年 2 月,美国国防信息系统局宣布完成"雷霆穹顶"零信任系统原型设计,并于 7 月授予博思艾伦公司为期 5 年的"雷霆穹顶"项目后续生产其他交易授权协议书,旨在推广和运营该架构。该系统以保护服务数据安全为目标,以"持续验证、永不信任"为原则,通过身份认证和分级授权,涉及基于信息系统访问控制的信任规程,以构建身份可信、设备可信、应用可信、链路可信的网络安全架构。目前,已有约 1600 名用户开始试用该系统原型。"雷霆穹顶"项目将在国防部涉密和非密网络上建立零信任安全模式,旨在推进国防部"以边界为重心"网络防御理念向"数据安全、永不信任、始终验证"新型防御理念转变,以提升美军网络安全能力。

8. 美国空军接收首架 EC-37B 并更名为 EA-37B

2023 年 9 月,美国空军接收首架 EC-37B"罗盘呼叫"电子战飞机。按计划,美国空军将接收 10 架该型飞机,逐步替换现役 EC-130H 电子战飞机。该机机身两侧安装大型有源电扫阵列天线,可辐射大功率定向干扰信号,实现对敌防空压制;具有比 EC-130H 更远距离的防区外干扰能力,且快速响应能力大幅提升。10 月,美国空军正式将其更名为 EA-37B,以更好地凸显其发现、攻击和摧毁敌方陆上或海上目标的作战使命任务。EA-37B 是美国空军应对大国竞争的核心电子战装备,不但强化了电子攻击属性认知,也反映了美国空军从平台中心向任务载荷中心的观念转变。

9. 美国 DARPA"电子复兴计划"进入 2.0 时代

2023 年 8 月,美国 DARPA 举办第 5 次"电子复兴计划"峰会,全面总结了该计划取得的成就,并正式宣布计划进入 2.0 时代(ERI 2.0)。计划于 2017 年启动,实施 5 年来累计投资超 15 亿美元,推动三维异构集成电路设计、芯粒级片上集成技术架构、封装内光互联技术等取得重要突破;"近零功耗射频与传感器"等多个项目成果成功转化应用;美国半导体产业链本土生态圈构建成效显著。2023 年,DARPA 开始布局"电子复兴计划"2.0,目标是通过重新定义微电子制造过程,重塑美国国内微电子制造业。"电子复兴计划"2.0 将聚焦三维异构集成,重点推进复杂三维微系统制造、复杂电路优化设计和测试、人工智能硬件创新、开发适用于极端环境的电子产品、提高边缘信息处理效率、克服硬件生命周期中的安全威胁、安全通信 7 大关键方向项目布局。

10. 美国加速推进生成式人工智能研发与军事应用

2023 年 4 月,美国海军陆战队学院与 Scale AI 公司合作开发具备战役级作战规划能力的 Hermes 生成式人工智能模型。5 月,美国陆军将 Scale AI 公司开发的生成式人工智能模型 Donovan 系统配装于第 18 空降师机密网络,助力指挥官决策制定。7 月,美国国防部举办的第 6 次"全球信息优势"实验中,美国空军首次测试使用生成式人工智能模型执行决策辅助、目标信息获取和火力打击任务支持等军事任务。8 月,美国国防部宣布成立"利马"生成式人工智能工作组,负责评估、协调和利用整个国防部的生成式人工智能能力。11 月,美国国防部发布新的临时指南,鼓励国防及军事部门采用生成式人工智能技术,并高度关注其存在风险。生成式人工智能能够改变现有信息分发获取方式,革新内容生产模式,有望在海量数据智能理解与辅助分析、战场态势生成预警与辅助决策、网络攻击与认知对抗等领域发挥重要作用。

2023 年度世界指挥控制领域十大进展

1. 美军更新完善联合全域指挥控制顶层规划

2023 年,美国国防部和国会从战略规划和立法方面推进联合全域指挥控制顶层规划。7 月,美国参谋长联席会议 J-6 副主任兼"联盟联合全域指挥控制"跨职能团队负责人苏珊·布莱尔乔伊纳称,国防部正在更新和完善《联合全域指挥控制战略实施计划》,新版文件将明确联合全域指挥控制向联盟扩展,重点提高美军与盟友伙伴之间的互联、互通、互操作程度,并将聚焦关键作战问题,分析现有能力差距,推进"以数据为中心"的建设思想,重点解决新研与现役系统兼容性、跨域杀伤网构建、利用商业技术加速战斗力生成等技术问题。12 月,美国总统签署《2024 财年国防授权法案》,要求国防部长办公室成立专门机构负责推进联盟联合全域指挥控制系统建设,通过快速国防实验储备机制开展相关能力实验,并将这些能力优先部署至印太司令部。美军积极开展顶层规划设计,旨在推进联盟联合全域指挥控制概念实施,加快印太地区联合全域指挥控制实战能力建设。

2. 美国空军发布首个"任务式指挥"条令及备忘录文件

2023 年 8 月,美国空军参谋长小查尔斯·布朗签署发布了两份"任务式指挥"文件。一份文件是《空军条令出版物 1-1:任务式指挥》(AFPD),阐述了集中指挥、分布控制和分散执行的任务式指挥原则,从空军视角阐述了任务式指挥的 6 条核心原则,提出了建立和支持任务式指挥所需的个人和组织的 5 项要素:品格、胜任度、组织能力、凝聚力和综合能力,为任务式指挥的应用提供指导。另一份文件是备忘录文件,阐述了任务式指挥的运作及其在空军未来作战概念、敏捷作战运用和各级飞行员日常任务完成中的应用。该条令及备忘录文件的发布,体现了美国空军面向联合全域作战概念的重大转变,意在扭转空军现有的集中式指挥控制架构,发展分布、分权的指挥控制模式,为美国空军未来作战概念的实现奠定基础。

3. 美国空军"先进作战管理系统"进入能力交付阶段

2023年，美国空军大力推进"先进作战管理系统"（ABMS）能力交付，以发展联合全域指挥控制能力。预算方面，美国空军在2024财年为ABMS项目申请了5亿美元预算，是2023年的一倍。发展规划方面，美国空军制定"空军部作战网络"（DAF）框架，利用该框架统筹推进JADC2项目。ABMS作为其关键组成部分，将提供数字基础设施、分布式作战管理应用等功能。系统建设方面，1月，美国空军批准了数字基础设施的3个后续采办项目，即分布式作战管理节点（DBMN）、SD-WAN和可部署数字基础设施；同月，美国空军授予科学应用国际公司（SAIC）一份价值1.12亿美元的合同，为ABMS开发基于云的指挥控制系统，该系统已于11月在北美防空司令部东部防空部门上线；3月，美国空军授予波音公司一份合同，用于分析如何将战术边缘数据处理能力和指挥控制能力集成到KC-46A加油机上，推进边缘指挥控制能力的建设。ABMS相关能力的交付，将进一步推动美国空军形成弹性、分布式作战管理能力。

4. 美国海军以指挥控制为重点推进"对位压制工程"建设

2023年，美国海军加速推进"对位压制工程"（Project Overmatch）建设。预算投入方面，2024财年美国海军为该工程拨款1.92亿美元，持续保持高位投入水平，重点开发海上浮动定位单元（MTC-A）、基于人工智能的辅助决策工具等。系统建设方面，9月，美国海军选择洛克希德·马丁公司负责其一体化作战系统（ICS）系统工程和软件集成（SESI）项目，该系统是美国海军"对位压制工程"的核心，是一种可扩展的作战管理系统，使用通用软件和计算机基础设施，为水面舰队在所有作战域快速部署作战能力。作战试验方面，2023年4月，美国海军在卡尔·文森号航空母舰打击群上测试"对位压制工程"的数据和分析工具、下一代作战架构等技术；8月，美国海军在"大规模演习-2023"中，对"对位压制工程"开发的指挥控制通信网络进行了初步演示验证。随着"对位压制工程"首批成果部署到航母打击群，美国海军将升级跨域协同指挥控制能力，推进海战场分布式作战能力发展、落地。

5. 美军开发联盟联合全域指挥控制数据集成层

2023年10月，美国国防部首席数字与人工智能办公室（CDAO）发布联盟联合全域指挥控制数据集成层（DIL）的信息征集公告。数据集成层将促进联合作战司令部、各军种和作战支援机构之间的所有联盟联合全域指挥控制数据交换。CDAO将利用基于零信任的数据网格（data mesh）技术，融合开源、非专用和专用软件组件，最终实现联盟联合全域指挥控制数据集成层目标体系架构。数据集成层将具备以下功能：①跨层级、可信数据的分布式交互和协同能力；②关键数据传输的高保真和低延迟能力；③联合部队作战决策的信息支撑和处理能力;④在拒止、降级、时断时续和有限带宽(D-DIL)环境中数据处理和转发能力;⑤支持应用程序、算法服务和人工智能工具的部署和集成能力;⑥基于角色和访问的身份管理和控制能力;⑦跨域数据标签、证书的分发能力。数据集成层将以统一的方式呈现不同来源的信息,有助于美军与盟友之间实现联盟联合全域指挥控制数据层面的互通互操作。

6. 美军"联合全球指挥控制系统"完成云基础设施重大升级

2023年3月,美国国防信息系统局(DISA)发布了美军联合全球指挥控制系统6.1版。新升级的系统主要对基于云的基础设施进行了更新,将移动目标的跟踪数量从数千个提高至100万个,包括导弹、坦克、火车、卡车、飞机、船只和人员等军事移动目标。美军联合全球指挥控制系统计划在2025年前上线联合计划与执行系统,取代现有的联合作战计划执行系统。联合计划与执行系统系统是联合全球指挥控制系统的关键功能组成部分,该系统上线后将与现有的联合作战计划执行系统同时运行一段时间,直至完成数据和功能的有效迁移。此次升级拓展了联合全球指挥控制系统的数据交互范围、数据关联及注入量,能更好地支撑战区指挥官决策。

7. 美国陆军"一体化防空反导作战指挥系统"具备初始作战能力

2023年5月,美国陆军"一体化防空反导作战指挥系统"(IBCS)具备初始作战能力,为正式部署做好准备。一体化防空反导作战指挥系统是美国陆军正在大力发展的"一体化防空反导"项目的重要组成部分,是实现防空反导一体化的核心和关键,也是推动陆军实现联合全域指挥控制的重要步骤。2023年5月,在美国政府问责局(GAO)公布的关岛导弹防御体系中,一体化防空反导作战指挥系统是连接美国陆军、海军、空军及海军陆战队的防空反导传感器、指挥控制系统及拦截武器的关键指挥控制系统。随着一体化防空反导作战指挥系统实现初始作战能力并进入批量生产阶段,美军在印太地区的联合全域指挥控制能力正逐步落地,未来将增强美军在关岛乃至整个印太地区的一体化防空反导作战能力。

8. 俄罗斯测试新一代空降兵指挥控制系统

2023年8月,俄罗斯开始测试专供空降兵使用的"仙后座-D"自动化指挥系统,第一批样品已被安装在"海螺"空降装甲运兵车上。"仙后座-D"自动化指挥系统是俄罗斯空降兵现用"仙女座"指挥系统的升级版,由俄罗斯电子公司研制,具备机动式部署和固定指挥所部署两种模式,采用了全新架构和指挥模式,新纳入了炮兵、侦察兵作战分系统。该系统还采用了安全卫星通信技术,能为士兵提供视频会议通信功能,具备电子战能力,可使通信信道免受敌方监听和干扰。"仙后座-D"自动化指挥系统可确保空降部队作战指挥以及与其他军兵种部队的协作,进一步提升士兵态势感知与决策能力。

9. 美国空军"凯塞尔航线"全域作战套件部署至印太地区

2023 年 8 月，美国空军凯塞尔航线软件工厂将"凯塞尔航线"全域作战套件（KRADOS）部署至美国印太司令部，以支持该司令部的多域作战。在印太地区，"凯塞尔航线"全域作战套件将利用商业服务公司提供的云功能，同时探索包括"联合作战云能力"（JWCC）在内的多种云选项，支持多个空中作战中心同时访问共享资源中的工具。作为取代战区作战管理核心系统（TBMCS）的关键组件，全域作战套件将加油机规划软件、战斗机与轰炸机空中攻击计划软件等多个应用程序集成到一个基于云的系统中，用户可以像访问网站一样从任何地方接入全域作战套件并关联可用的空战资产，只需少量人员就可以在任何地方快速规划行动并生成空中任务指令。全域作战套件部署于印太司令部，将有效提升美军印太战区空战规划效率，增强其动态规划能力，进而有效满足未来敏捷作战的需求。

10. 美军北美防空司令部部署基于云的智能化指挥控制系统

2023 年 11 月，美军北美防空司令部东部防空部门（EADS）上线了基于云的指挥控制（CBC2）系统。该系统部署在先进作战管理系统（ABMS）的"一号云"（Cloud One）上，整合了大量军事和商业防空数据源，以构建支持国土防御的通用作战图，支撑高质量、高效率的决策流程；采用人工智能和机器学习技术，帮助决策者全面掌握战场态势。美国空军计划将 CBC2 扩展到太平洋和其他地区，使用 ABMS"一号平台"（Platform One）提供的"开发–安全–运营"（DevSecOps）一体化模型不断更新相关软件，以适应新型超视距雷达等硬件的更新。通过部署 CBC2，美军加速推动国土防空战术级战斗管理指挥控制（BMC2）系统的升级换代，加速"发现–定位–跟踪–瞄准–打击–评估"（F2T2EA）进程，缩短杀伤链。

2023 年度世界情报侦察领域十大事件

1. 美国国家情报总监办公室发布两份战略，指引情报界未来发展

2023 年 7 月，美国国家情报总监办公室于发布《2023—2025 年情报界数据战略》，强调提高情报人员数据技能的重要性，明确了情报界 18 个机构工作重心，旨在培养数据驱动型人才，为情报界使用人工智能工具奠定基础。8 月，该办公室更新《国家情报战略》，确定了 6 个优先目标，强调加强利用开源情报、大数据、人工智能与先进分析，利用通用标准、以数据为中心的方法，提升美国情报界互操作性，增强联盟合作伙伴网络。美国国家情报总监办公室统筹美国情报界发展，直接受美国总统指挥管理，新发布的两份文件将为美国情报界情报和数据工作提供总体指导。

2. 美英两国相继发布情报条令，强调跨军种、跨国别的情报协同互操作

2023 年 6 月，美国空军发布条令出版物《情报》（AFDP 2-0），这是自 2015 年以来首次对该条令进行更新；7 月，美国太空军发布该军种成立以来的首份《情报》条令（SDP 2-0），将作为太空军情报作战的基础依据；10 月，美国陆军发布《情报》条令（FM 2-0），强调陆军多域作战概念背景下的情报基础能力和战术；8 月，英国国防部发布《支持联合作战的情报、反情报与安全（第 4 版）》（JDP 2-00）条令，阐述了英国乃至北约国家情报监视侦察流程和方法。在美军 2022 版《联合情报》（JP 2.0）发布一年之后，美国空军、太空军、陆军及盟友英国相继发布《情报》条令，凸显了美军及其盟友对情报作战的重视。这些文件遵循联合情报条令规定的基础原则，核心思想与其高度一致，强调跨军种、跨国别的情报协同互操作，将支持美军与其北约盟友在全球范围开展联合作战情报行动。

3. 美国智库深化"侦察威慑"概念，强调与印太地区军事外交倡议相呼应

2023 年 7 月，美国智库战略与预算评估中心（CSBA）发布《扩展侦察威慑：将无人机纳入"印太海域态势感知伙伴关系"的实例》报告,详细阐述了在印太地区实施"侦察威慑"的实际案例。该报告是CSBA第三次扩展与深化"侦察威慑"概念,进一步阐述了"侦察威慑"的内涵及相关影响力,分析了"印太海域态势感知伙伴关系"(IPMDA)的目标及优缺点,提出将无人机作为IPMDA天基能力的重点补充,并进行了效能评估。评估结果表明,此举可极大提升和平时期和潜在冲突时期对中国南海的监视力度。"侦察威慑"概念自2020年提出之后不断深化,此次新版报告主要强调与美国在印太地区的军事外交倡议相呼应,表明"侦察威慑"概念已从纯理论研究演变为落实美军印太地区竞争战略的具体举措,为美盟在印太地区打造"威慑"圈提供了一个切实可行且经济性的具象化方法。

4. 美军多举措强化印太地区广域态势感知能力

2023年,美军持续优化印太地区天基、空基和海基侦察力量。1月、5月,美国太空军分别向日本交付了两个"准天顶"卫星系统托管有效载荷,一方面可深化美日联盟,加强盟军综合威慑态势,另一方面还可增强美国太空军在地球同步轨道上进行持续、批量监视的能力。3月,美国空军首次在新加坡部署RQ-4无人侦察机。8月,MQ-9A无人侦察机在印太地区形成初始作战能力,将提升美军在印太地区的空基侦察能力。9月,美国海军表示正在升级"综合水下监视系统",主要工作包括改造水声监听系统、升级5艘水声监听船舰载拖曳阵声纳系统、研发"水下卫星"无人潜航器、采购22艘"航海家"太阳能无人艇。美军通过多种手段构建印太地区的广域监视网络,将大幅提升该地区实时、持续的广域态势感知能力。

5. 美国太空军发射首颗"沉默巴克"卫星提升太空态势感知能力

2023年9月,美国"宇宙神"-5火箭成功发射太空军与国家侦察局合作开发的"沉默巴克"军事星座首颗星。"沉默巴克"军事星座搭载的传感器,可对中高轨道、近地轨道的太空目标进行编目,提升美军太空目标感知范围;分析对手国家地球同步轨道卫星动向,生成实时轨道位置信息,提升威胁发现与告警能力;针对性跟踪监视印太上空对手国家关键目标,预判对手国家行动意图,支撑太空攻防对抗。美军计划于2026年发射第二颗卫星,后续将继续发射并完成星座组网。"沉默巴克"军事星座将填补美国太空军地基和低轨太空监视系统对天监视能力的不足,形成更加全面的空间态势感知能力。

6. 美军新型机载超宽带传感器转向集成测试阶段

2023年2月,诺斯罗普·格鲁曼公司"电子扫描多功能可重构集成传感器"(EMRIS)项目完成原型机演示验证,进入集成测试阶段。EMRIS是美军综合传感器研发计划中机载部分的重要成果,也是全球首款可通过后端软件升级实现前端阵列重构、射频孔径调谐,兼具雷达探测、电磁频谱对抗、通信等功能的机载传感器系统。EMRIS 继承自 DARPA"商业时标阵列"项目研究成果,实现了孔径共用,可按需快速配置功能,目前已具备向装备转化基础,未来或将改变机载用频系统研发与升级模式。

7. 以色列拉斐尔公司推出"谜题"多域情报系统

2023 年 6 月,以色列拉斐尔公司完成"谜题"(PUZZLE)多域情报系统研发。这是一款基于人工智能的创新型军事决策支持系统,在态势分析以及传感器到射手链路的范式上取得突破,提升了杀伤链效率、速度和精度。"谜题"系统主要包括智能信号情报模块、图像情报模块、任务目标模块和部队执行计划模块,能融合多种传感器信息,集成视觉情报、信号情报等多种数据,并利用人工智能和机器学习算法实现战场信息的全面筛检、快速处理和分析,加快决策过程,提高行动效能。"谜题"系统可部署于固定指挥所、情报中心以及野战部队总部,与现有指挥控制系统无缝连接,在日常训练、危机行动以及战争时期均可使用。

8. 美国诺斯罗普·格鲁曼公司成功展示"深度感知和目标定位"平台

2023 年 8 月,美国诺斯罗普·格鲁曼公司在美国陆军主办的"实验演示验证网关活动"上成功展示了"深度感知和目标定位"(DSaT)平台,主要展示其地理空间情报功能,未来还将纳入多个情报平台进行集成展示。DSaT 是一种可集成至军用、民用飞机平台中的多域传感架构,可提供超出本地传感器视距范围的情报搜集能力,其中纳入了美国陆军"战术情报瞄准接入节点"(TITAN)原型系统相关要素,可将天基地理空间情报图像与来自商业和军事空间系统的空中和地面情报相结合,提升数据采集能力。

9. 美国"雷文"智能光电传感系统实现复杂环境自动威胁识别

2023 年 4 月,美国雷声公司推出新型智能光电传感系统"雷文"(RAIVEN)。该系统集成了高光谱成像、激光雷达、人工智能等先进技术,对目标的探测、识别和确认范围是现有光学成像能力的 5 倍。"雷文"系统采用紧凑型设计和开放式系统架构,适用于旋翼飞机、固定翼飞机、无人系统等多种平台;采用可跨多个波长的高光谱成像技术,通过扫描、测量和分析不同材料反射和吸收光线的差异,具有远超传统光电/红外传感器的目标识别能力;采用人工智能与机器学习算法,可在传感系统内实现实时、快速的战术边缘数据处理分析,识别目标并确定其威胁优先级;采用激光雷达(LiDAR)技术,可实现精确测距。该系统可使部队在战场复杂环境中更快速准确地完成目标识别、威胁评估、定位瞄准,大幅增强战场态势感知能力,为各种军事行动提供有力支撑。

10. 美国太空军推进"天基地面动目标指示"项目发展

2023 年 3 月,美国太空军表示已完成对"天基地面动目标指示"(GMTI)项目备选方案的分析,并在 2024 财年预算中首次为该项目申请了资金,总计 2.43 亿美元。"天基地面动目标指示"项目于 2018 年启动，寻求利用卫星对地面移动目标进行识别、监视、跟踪，目前由美国太空军负责，已有多家承包商参研，预计 2024 年发射系统原型。随着 E-8C"联合星"11 月完全退役，"天基地面动目标指示"系统将填补相关能力空白，具备更好的强对抗环境生存力和更大的覆盖范围，可大幅提升跟踪和监视时敏目标的能力，进而成为美军全球精确火力打击的有力保障。

2023 年度世界预警探测领域十大事件

1. 美加两国启动新一代国土防御体系建设

10 月,美加两国宣布正式推进新一代国土防御体系的建设。新体系的核心是 6 套性能先进的天波超视距雷达(OTHR),工作频段 5 ~ 35MHz,采用发射站和接收站分置的连续波技术体制。其中,4 套部署于美国西北、阿拉斯加、东北和南部,称为本土防御超视距雷达(HLD-OTHR);2 套部署于加拿大安大略省南部和北极圈内,分别为北极超视距雷达(A-OTHR)和极地超视距雷达(P-OTHR)。6 套雷达分阶段建设,计划 2034 年前实现完全作战能力,这有利于以较低的成本实现大范围超远程空海目标预警,对于增强低空突防目标,特别是隐身巡航导弹探测,具有重要意义。

2. 美军计划在关岛部署多型新雷达打造多层覆盖的预警探测体系

5 月,美国政府问责局发布 2022 年导弹防御年度问责报告,首次披露关岛防御体系雷达装备构成,包括关岛国土防御雷达(TPY-6)、低层防空反导传感器(LTAMDS)、"哨兵" A4 雷达,以及陆军远程持续监视(ALPS)无源传感器。其中,TPY-6 和 ALPS 主要负责远程探测;LTAMDS 负责中远程探测;"哨兵" A4 雷达负责中近程探测。这些雷达通过陆军"一体化防空反导作战指挥系统"和"防空反导指挥控制与战斗管理通信"系统,与美军"天基红外系统"、"铺路爪"雷达、TPY-2 雷达、"宙斯盾"雷达、"爱国者"雷达等构成多层覆盖的预警探测体系,提升关岛防空反导反临作战能力。

3. 美国构建支撑高超声速威胁预警与火控闭环的预警卫星体系

为应对高超声速武器打击,美军积极推进天基预警和火控卫星开发。1 月,美国太空军授予雷声公司"导弹跟踪监控"(MTC)系统原型合同,开发首个中轨高超声速武器预警卫星星座,11 月完成系统关键设计审查,计划 2026 年前部署。4 月和 9 月,SpaceX 公司分两批发射 4 颗宽视场低轨跟踪层预警卫星。12 月,美国太空发展局发布"在轨火控支援斗士"项目,计划在低轨部署卫星,为战术用户提供火控信息。美国正构建高中低轨组网、预警指示火控功能组合的卫星星座,为高超声速拦截提供全流程信息保障,天基预警的重要性持续加强。

4. 美国空军推进预警无人机发展

2月,美国空军研究实验室宣布,将对通用原子公司的"甘比特"(Gambit)无人机进行飞行测试,以探索预警无人机发展。该无人机包含4个型号,分别为预警型(Gambit-1)、空战型(Gambit-2)、训练型(Gambit-3)和侦察型(Gambit-4),被美国空军列为协同作战飞机(CCA)的重要选项。执行作战任务时,4型无人机协同,可完成预警、侦察、火控等任务,其中:Gambit-1聚焦突前部署,提供空域搜索和威胁预警;Gambit-2采用3架次编队,以不同高度和角度实施协同反隐身探测,并为其他僚机提供目标指示;Gambit-4采用高隐身设计,在高对抗空域进行情报侦察。此次试飞表明,美国空军预警探测体系无人化发展迈出实质性步伐,无人协同预警发展趋势日趋明朗。

5. 美国海军首艘搭载SPY-6(V)1雷达的"宙斯盾"Flight Ⅲ舰服役

6月,美国海军"伯克"级Flight Ⅲ型"宙斯盾"驱逐舰首舰"卢卡斯"号(DDG-125)正式完成交付,成为首艘搭载SPY-6(V)1防空反导雷达的服役盾舰。AN/SPY-6(V)1是SPY-6(V)系列雷达之一,采用固态数字有源相控阵体制,工作在S波段,由4个阵面组成,单阵面包含37个雷达模块化组件,发射功率是SPY-1雷达的32倍,探测距离是SPY-1雷达的2倍以上,可同时完成防空、反导、反水面等不同的作战任务。"卢卡斯"号的服役,标志着美军"宙斯盾"舰雷达从SPY-1时代进入到SPY-6雷达。除了新型"宙斯盾"舰,美国海军还计划用SPY-6(V)3雷达取代Flight Ⅱ型"宙斯盾"舰搭载的SPY-1雷达,将"宙斯盾"防空反导能力提升到新高度。

6. 美国太空军"深空先进雷达"通过关键设计评审

5月,美国太空军"深空先进雷达"(DARC)1号站完成关键设计评审和软件演示。DARC雷达采用抛物面天线体制,是一种准多基地多输入多输出(MIMO)雷达,由16部直径约15米的抛物面天线组成,其中:6部天线部署在一起用于发射;另10部天线组成接收天线群,部署在发射天线群附近。与传统雷达相比,DARC雷达具有更灵活的工作模式、更高的测角精度、更优的杂波抑制能力,以及更好的多目标跟踪能力。美国太空军将建造3座部署DARC的雷达站,其中:首座雷达站计划2026年交付,部署在澳大利亚;第二座雷达站计划2027年交付,部署在英国;第三座雷达站计划2028年交付,部署在美国。DARC服役后可实现对低轨、中轨、同步轨道/高轨目标的全高度立体监视,弥补美国太空监视网络(SSN)对深空区域探测的不足,实现全天域、全天时、全天候太空态势感知。

7. 美国空军F-35战斗机将配装新型APG-85多功能雷达

1月,美国诺斯罗普·格鲁曼公司表示正在为第17生产批次F-35 Block 4战斗机开发新型 APG-85 多功能有源电扫阵列(AESA)雷达,取代当前搭载的 APG-81 雷达。APG-85 雷达工作于 X 波段,采用氮化镓(GaN)器件,相较 APG-81 采用的砷化镓(GaAs)器件,雷达功率密度和发射功率显著提升,使雷达探测距离倍增,并增强电子攻击效能。此外,APG-85 通过人工智能软件增强了数据处理和自主决策能力,降低了人员操作负荷,有利于提升 F-35 战斗机对复杂战场的感知和适应能力,对于美军实施穿透性制空作战具有重要意义。

8. 德国和捷克推出无源与外辐射源一体式远中近全覆盖雷达

8 月,德国亨索尔特公司和捷克维拉公司联合推出无源和外辐射源一体化防空雷达。该系统由"下一代维拉"(VERA-NG)和 Twinvis 雷达构成,能够完成对远中近目标 360°全方位覆盖,其中:VERA-NG 采用无源体制,接收目标主动发射的信号,实施远程探测;Twinvis 采用外辐射源体制,接收目标反射的外辐射源信号,实现中近程探测,该雷达在 2018 年柏林航展上成功对两架 F-35 战斗机进行稳定跟踪。无源雷达和外辐射源雷达相结合,不发射信号即可探测目标,具有无线电静默和不易被发现定位的优势。在发现即被摧毁的高博弈战场,这种探测方式成为预警探测体系不可或缺的一部分。

9. 美国 DARPA"超线性处理"项目进入系统研制阶段

9 月,DARPA 授予美国美特伦(Metron)软件公司合同,为"超线性处理"(BLiP)项目开发处理系统和非线性算法,表明该项目已从论证阶段进入研制阶段。该公司将开发端对端非线性雷达信号处理链路,并进行实验室和外场验证。"超线性处理"采取"以软换硬"的方式,通过高速发展的计算芯片和代表人类智力的处理算法,替换发展相对缓慢的射频功率硬件,使雷达在相同探测能力下将孔径减小一半以上,主瓣干扰降低 20dB,这对于缩小雷达体积重量功耗,提升无人机等小型平台雷达适装性,以及增强复杂战场雷达博弈对抗能力,具有重要意义。

10. 美国"爱国者"雷达为拦截"匕首"高超声速导弹提供关键信息

5 月,美国国防部发言人、美空军准将帕特·赖德证实,乌克兰空军防空部队使用美制"爱国者"系统在基辅上空成功拦截了俄罗斯"匕首"(Kh-47)高超声速导弹,这是高超声速导弹实战中首次被击落。"爱国者"系统配备的 MPQ-65 相控阵雷达在拦截中发挥关键作用,独立完成目标发现、定位、跟踪、制导等信息保障全流程。然而,随着高超声速导弹能力的不断增强,单一雷达在覆盖范围、发现概率、跟踪连续性等方面存在很多不足,亟需构建全域分布式多元化高超声速预警探测体系。

2023 年度世界通信网络领域十大进展

1. 美国空军完成首次机间太赫兹频段通信飞行实验

2023 年 4 月，美国空军研究实验室披露已在纽约州罗马市完成首次机间太赫兹频段通信飞行实验，验证了太赫兹通信系统在机载平台工程化和空中通信应用的可能性，为太赫兹通信技术实用化发展积累了数据。在为期三天的飞行实验中，美国空军研究实验室与诺斯罗普·格鲁曼公司、卡尔斯潘公司合作，使用工作频率为 0.3 太赫兹以上的通信系统，实现了两架飞机的机间通信，测量了不同高度和距离的太赫兹传播损耗与通信效能。此次飞行实验是美国空军研究实验室太赫兹通信计划的一部分，该计划旨在确定利用太赫兹频段满足未来美国空军通信需求的可行性。太赫兹通信具有速率高、容量大、抗干扰性强等特点，在军事领域具有广阔应用前景。太赫兹电磁波在大气中衰减严重，通信距离短，目前国外重点开展了地面太赫兹近距离通信实验。美空军此次实验虽然相对简单，但是开创了太赫兹空中通信新场景，在军事应用上迈出实质性步伐。

2. 美国太空发展局完成首次星载 Link 16 终端天地传输

2023 年 11 月，美国太空发展局宣布成功完成星载 Link 16 数据链对地通信演示，首次将卫星作为 Link 16 战术数据链网络"节点"，实现距地球约 2000 千米的近地轨道卫星与地面试验场连接，验证了星载 Link 16 终端对地通信的可行性。美国太空发展局开展了 3 次演示，历时 7 天，利用改进星载 Link 16 端机等措施，将 3 颗约克太空系统公司的卫星连接到地面终端，进行 Link 16 网络主动和被动接入，实现了精准的频率同步和战术信息传输。据推测，演示中卫星位于国际水域，地面接收端位于英国、澳大利亚、加拿大、新西兰国家之一。美国空军第 46 测试中队参与该演示。涉及的 3 颗卫星是美军"面向作战人员的扩散型太空体系架构"第 0 期星座的一部分。此次演示表明，美国通过星载 Link 16 端机小型化轻量化、优化收发天线构型、提高远距离通信节点间同步能力等技术，成功在近地轨道卫星上搭载了 Link 16 数据链终端,未来通过星间组网将大幅扩展 Link 16 数据链的通信距离,支撑实现"联合全域指挥控制"愿景。

3. 美军订购并测试"星盾"卫星通信服务

2023 年 9 月,美国太空军授予 SpaceX 公司为期一年、价值最高为 7000 万美元的合同,订购"星盾"卫星通信服务;10 月,美国陆军第 5 安全部队援助旅接收了 4 套"星盾"系统进行测试,为该部队在太平洋战区训练时提供通信服务。这标志着"星盾"计划已进入实施阶段。"星盾"基于第二代"星链"卫星及相关设施构建,通过专门终端为用户提供可靠的全球通信,具有比"星链"卫星更高的网络安全水平,以及额外的高保证加密能力,可以安全托管机密有效载荷和处理数据,满足美国政府和军方客户的需求。"星盾"单独运用时,可提供满足军事需求的对地观测、通信服务;与"星链"协同运用时,可实现全天时、全天候天基信息快速获取和传输;接入美军现役卫星系统时,可实现互联互通,丰富美军天基信息能力选项。美国军方表示,"星盾"计划将为美国在未来太空竞争中提供强大优势,也将推动美国在高科技领域的创新发展。

4. 美国 NASA 实现史上最远距离激光通信

2023 年 11 月,NASA 在"深空光通信实验"实验中,实现了跨越近 1600 万千米的空间激光通信,创造了迄今为止距离最远的光通信记录。此次实验利用正在前往火星和木星之间的小行星带的 Psyche 航天器,跨越近 1600 万千米,成功向加州理工学院帕洛马山天文台的 Hale 望远镜发射了近红外激光,并对测试数据进行了编码处理。由于采用近红外激光,数据传输速率比目前航天器使用的最先进射频系统高出 10~100 倍。"深空光通信实验"证明了利用激光取代射频进行超远程空间信息传输的可行性,未来星际探索中获得的科学数据、高清图像及流媒体视频等信息的传输速率有望实现数量级提升。

5. 美国 DARPA 研发量子-经典混合通信网络

2023 年 5 月,DARPA 启动"量子增强网络"(QuANET)项目,研发全球首个可实际运行的量子-经典混合通信网络。该项目主要聚焦 3 个方面技术开发:①连接量子链路和经典计算节点的量子网络接口卡;②使用量子计时和传感信息来增强经典信息通信的算法、协议和软件基础设施;③将安全量子通信链路集成到运行 TCP/IP 的经典网络基础设施中的算法、协议和软件基础设施。该项目为期 51 个月,计划分 4 个阶段完成。量子-经典混合通信网络将量子通信能力融入当前军事和关键基础设施传统通信网络,利用量子特性增强现有软件基础设施和网络协议,可为传统网络基础设施增加量子通信固有的高安全性和高隐蔽性。

6. 美国太空发展局推进"扩散型作战人员太空架构"传输层建设

2023 年,美国太空发展局"扩散型作战人员太空架构"传输层建设实现多项进展。4

月、9月，传输层0期第一批和第二批共19颗卫星发射升空，主要用于技术验证和试用，具备有限联网能力；4月，传输层1期卫星通过关键设计审查，进入建造阶段；4月、8月，传输层2期72颗"贝塔"卫星和100颗"阿尔法"卫星公布项目征询书，随后授出卫星建造和运行合同，计划于2026—2027年发射。"扩散型作战人员太空架构"传输层是美军联合全域指挥控制（JADC2）的天基传输骨干，其建设分为0期、1期、2期、3期等阶段，以2年为周期迭代推进实施，所提供的服务将从0期的周期性区域访问、1期的持续性区域访问提升至2期的不间断全球访问。该星座比传统卫星星座更具灵活性、敏捷性和抗毁性，作为美军"联合全域指挥控制"骨干网，将强化天基信息支援战术响应能力。

7. 美国陆军根据"旅改师"需求调整"综合战术网"发展路线

2023年，美国陆军根据"旅改师"部队结构调整，对"综合战术网"的开发、部署工作进行了相应调整。"能力集23"将更关注师级单位的装备建设需求，重点推进远征能力发展、超视距卫星传输、战术云能力建设等内容。"能力集25"将全面聚焦师级单位，以更高效的方式为战术边缘作战人员提供网络服务。美国陆军"综合战术网"正以"能力集"的方式逐步开发和交付新能力。随着美国陆军部队结构的调整，原先面向旅战斗队的"能力集"网络开发部署工作向"以师为行动单位"的路线转变，鼓励更小规模更频繁的能力升级，其最终目标是在未来面对对等对手的大型战争中实现快速机动。

8. 美国国防创新部门推动"混合太空架构"建设

2023年8月，美国国防创新部门（DIU）启动"混合太空架构"项目，为商业、民用、军事用户以及国际盟友和合作伙伴提供覆盖全球、安全可靠的太空互联网连接。该项目重点关注4个领域：①物理链路和软件定义路由的传输层设计；②基于情报监视侦察星座的数据捕获和融合；③提供存储和边缘计算能力的云基础设施；④网络安全。美国国防创新部门分批授予业界公司相应的研制合同：第一批合同侧重于网络设计和研制，例如安杜里尔公司负责终端战术网络开发；第二批合同侧重于云设施构建，采用微软"蔚蓝"、亚马逊"柯伊伯"及"蜘蛛木筏"等平台和技术；第三批合同侧重于集成和演示验证。后续还将考虑通过兵棋推演的方式持续推进项目能力和作战需求的提升。"混合太空架构"旨在将商业传感器和通信能力与美国政府太空系统相集成，将在可扩展、韧性和多域网络中提供安全、有保证、低延迟和多路径的通信，服务于商业、民用、国家安全等领域。

9. 美国DARPA研发战术边缘异构设备信息共享技术

2023年6月，DARPA"战术边缘可靠弹性网络安全手持设备"（SHARE）项目成功开发出一款新型战术数据共享软件，能够实现异构手持设备之间安全的信息共享。该项目研发的战术数据共享软件，可帮助各种用户终端（通常为手持设备）接入并组成一个安全、弹性的战术网络，具备战术信息的多密级安全管理能力，可同时保证不同终端涉密和敏感信息的互操作。其技术特点是采用以数据为中心的网络架构——"命名数据网络"（NDN）。该网络架构能跳过 IP 地址，直接按名称或元数据检索对象，支持以安全、可靠、高效的方式进行端到端的分布式通信。该项目开发的技术，可解决当前异构战术网络通信安全基础设施庞大繁杂、战术边缘协同能力差、快速机动部署难度大等诸多问题，大幅提升美军战术边缘的异构网络安全和可靠通信水平。

10. 美国第二代"星链"低轨宽带通信星座在轨部署应用

2023 年 2 月，美国 SpaceX 公司"星链"V2 迷你型卫星开始在轨组网运行，卫星发射质量约 800 千克，轨道高度 550 千米。"星链"V1 卫星已在轨部署约 4700 颗。为实现更高性能的全球低轨宽带卫星互联网服务，SpaceX 公司在"星链"V1 基础上开始研制"星链"V2 卫星，突破了小卫星大容量通信技术。"星链"V2 迷你型卫星相控阵天线面积扩大至"星链"V1 卫星的 5 倍，并通过 E 波段进行地面站回程，为下行链路释放更多的 Ku 和 Ka 波段，通信容量达到 80 吉比特/秒，是"星链"V1.5 卫星的 4 倍。"星链"V2 完整型卫星也将采用此项技术，进一步将带宽增至"星链"V1 卫星的 10 倍，达到 200 吉比特/秒。SpaceX 已获准在 525、530 和 535 千米高度运营 7500 颗"星链"V2 卫星，正式应用后将提供手机直连服务，在全球范围内消除通信盲区。

2023 年度定位导航授时领域十大进展

1. 美国国防部发布更新版《定位导航授时》指令文件

2023 年 4 月,美国国防部新版 DoDD 4650.05《定位导航授时(PNT)》指令文件正式生效。相较 2021 年版本,新版指令增加了两项内容:一是 PNT 监督委员会主席由双主席制调整为三主席制,分别为负责采办和保障的国防部副部长、参谋长联席会议副主席以及新增的负责研究和工程的国防部副部长;二是将可替代 PNT 源的监管纳入到 PNT 监督委员会的职责范围。根据指令文件,负责研究和工程的国防部副部长将负责监督指导 PNT 技术研发和新兴能力投入,并通过技术预测、建模仿真、原型设计和实验结果,为 PNT 发展计划提供决策信息。此次调整标志着美国国防部 PNT 体系组织管理架构的进一步完善,将推进 PNT 体系能力快速协调的发展。

2. 英国科学、创新和技术部公布定位导航授时发展框架

2023 年 10 月,英国科学、创新和技术部公布 PNT 发展的政策框架。该框架以增强英国弹性 PNT 服务为目标,提出了 10 项举措和建议,主要包括:设立国家 PNT 办公室;保留并更新 PNT 应急计划;制定"国家授时中心"计划;制定"国防部时"计划;制定星基增强系统(SBAS)计划;增强罗兰(eLoran)计划;建立基础设施的弹性能力;探索 PNT 技能;制定 PNT 发展政策;发展下一代 PNT 系统和技术。英国通过构建国家 PNT 体系,将为英国依赖全球卫星导航系统的国防、金融、交通、电信、应急服务等关键基础设施和相关领域提供更具弹性和可靠的 PNT 服务。

3. 欧洲发布《欧洲无线电导航计划 2023》

2023 年 6 月,欧洲发布《欧洲无线电导航计划 2023》。该计划由欧盟国防工业与航天委员会和联合研究中心合作编写,较为全面和系统地介绍了传统的导航系统、新兴和下一代导航系统等多种无线电导航手段,分析了 PNT 面临的机遇与挑战、现状与趋势,旨在推动发展第二代"伽利略"卫星导航系统及 EGNOS 星基增强系统,促进其在不同领域的广泛应用;持续发展新兴的可替代卫星导航技术,满足室内等特定场景的应用需求,或者作为备份导航手段;利用长波时频系统等传统 PNT 系统的性能优势,满足航空、航海等用户需求。该计划是欧盟时隔 5 年后发布的第二版文件,将为欧洲无线电导航和弹性 PNT 体系发展提供政策建议,促进无线电导航系统和技术的协调发展,最终实现以"伽利略"、EGNOS 和 GPS 为核心,陆基和天基技术为补充备份的弹性 PNT 服务保障体系的中期远景目标。

4. 美国全面推进 GPS 现代化进程

2023 年 1 月,美国第 6 颗 GPSⅢ卫星发射入轨,具备 M 码、L2C、L5 和 L1C 等所有的现代化信号和能力,精度提高 3 倍,抗干扰能力提高 8 倍。4 月,军用 GPS 用户设备(MGUE)增量 1 完成了航空/海上接收机应用模块的技术需求验证,标志着首个支持抗干扰 M 码信号的全功能 GPS 航空和海上软件套件已具备交付条件,后续将与空军 B-2"幽灵"轰炸机和海军"阿利·伯克"导弹驱逐舰进行集成测试。10 月,军用 GPS 用户设备增量 2 完成了新型专用集成电路和微型串行接口的关键设计审查,将支持 2030 年后 M 码 GPS 接收机在美军地面、机载和武器平台的应用;下一代地面运控段(OCX)Block 1/2 处于正式测试阶段,计划将参加政府组织的集成测试。GPS 现代化取得的新进展,将使系统更具稳健性和弹性,同时确保美国及其盟友能够获取准确可靠的 PNT 服务。

5. 俄罗斯成功发射首颗"格罗纳斯"-K2 导航卫星

2023 年 8 月 7 日,俄罗斯成功发射了首颗"格罗纳斯"-K2 新一代导航卫星。该卫星设计寿命为 10 年,主要特点包括:导航定位精度优于 30 厘米;在 L1、L2 和 L3 频带播发码分多址(CDMA)信号,强化与其他卫星导航系统的兼容和互操作;新增配置激光星间链路,提升星间的通信和相互测距能力,确保精确定轨和时间同步,从而增强卫星自主导航能力;配置高精度原子钟,时钟稳定性达到 5×10^{-14}。"格罗纳斯"-K2 卫星将逐步取代"格罗纳斯"-M 系列卫星,全面提升导航性能。

6. 欧盟加快发展第二代"伽利略"导航系统

2023 年 12 月,法国空客公司正式启动第二代"伽利略"导航卫星的生产,标志着"伽利略"项目进入新的发展阶段。第二代"伽利略"卫星采用增强型导航天线,将提高系统的定位精度;配备全数字有效载荷,具备在轨重新配置能力;配置 6 台增强型原子钟和星间链路,实现星间通信和交叉验证;具备先进的干扰和欺骗保护机制,确保导航信号的安全。第二代"伽利略"导航卫星总计建造 12 颗,计划 2025 年开始发射,3 年内完成全部发射任务。此外,欧洲空间局于 2023 年 6 月授出 2.18 亿美元的地面段系统开发合同,计划与第二代"伽利略"导航卫星同期投入使用,用于新卫星的在轨控制和验证。欧盟新一代

"伽利略"系统将具备增强的抗干扰、安全认证和抗欺骗能力，进一步提升复杂环境下PNT服务的稳健性和弹性。

7. 美英两国量子导航技术取得新突破

2023年5月，英国海军和伦敦理工学院首次完成了量子传感器原型的船载测试，通过基于铷原子的量子加速计，为实验船提供GPS拒止环境下持续的高精度导航能力，这是量子导航技术从实验室向实际应用转化的一个重要里程碑。6月，美国茵菲莱肯量子技术公司与科罗拉多大学合作，研制出一款高性能量子加速度计，体积仅为当前最先进量子加速度计的万分之一，抗振动性能提升10~100倍，可大幅提升复杂恶劣环境下的位置和速度测量精度，为小型化、高精度量子惯性导航设备的工程化实现奠定了基础。这些研究成果凸显了量子导航技术作为非卫星导航手段的巨大潜力，未来可为航空、航天、航海等军民应用领域提供GPS拒止或欺骗环境下的高精度定位导航能力。

8. 美军推进地磁导航技术的实验验证和创新研究

5月，美国空军研究实验室与麻省理工学院合作，首次在C-17A"环球霸王Ⅲ"战略运输机上完成了地磁导航技术演示。演示中，联合实验团队通过改进的神经网络架构，利用人工智能算法，从总磁场中去除飞机本身电子系统产生的磁噪声，验证了通过机载地磁导航装置测量地磁场实现导航目标的可行性。实验表明，这种人工智能算法能够分离并消除飞机等载具自身磁场带来的测量误差，将大幅提高地磁导航的精度，有望增强美军在强对抗环境下的作战能力。同月，DARPA微系统办公室发布"推进地磁导航技术发展"信息申请，向工业部门和研究机构寻求地磁导航创新技术，重点关注地磁导航在无人机、无人水下潜航器以及导弹等小型化平台的应用，着力破解平台及环境磁噪声的屏蔽或校准隔离、现有磁场图的局限性等难题，提升各平台在GPS拒止环境中的实时地磁导航的能力。地磁导航作为GPS的一种重要的可替代方案，将大幅增强美军在强对抗环境中的作战能力。

9. 美国陆军完成新型视觉导航系统试飞测试

2023年7月，美国陆军在尤斯蒂斯堡成功完成了视觉导航（VBN）系统试飞实验，标志着陆军未来司令部"可信的定位导航授时"（APNT）现代化发展取得阶段性成果。试飞过程中，挂载在"黑鹰"实验机底座的一台摄像机捕捉地形图像，与地图数据库进行比对，为飞行员提供直升机的准确位置信息。测试结果表明，视觉导航技术是有人机和无人机在GPS拒止环境下的一种有效导航手段。有人机应用时，采用新型视觉导航技术，可大幅降低机组人员以往根据地形特征在地图上查找飞行路径的工作负担；无人机应用时，在GPS信号不可用情况下，采用新型视觉导航技术，可通过地形辅助执行任务并安全返回，实现无人机基于地形飞行时的全自主导航。

10. 美国 DARPA 持续研发用于非卫星导航系统的紧凑型光子集成电路

2023 年 1 月,DARPA 宣布将继续资助发展"原子-光子集成"(A-PhI)项目,旨在提高原子捕获陀螺仪的灵敏度;展示符合尺寸、频率稳定度和相位噪声指标的原子钟物理封装包;启动亚毫米波振荡器等其他参考频率源的研究,探索实现原子钟级的精度和稳定性的可行性。"原子-光子集成"项目于 2019 年启动,累计投入 5.9 亿美元,旨在验证紧凑型光子集成电路是否能替代高性能原子俘获陀螺仪和原子俘获时钟中的传统自由空间光学部分,且不会影响性能。该项目聚焦两个技术领域:一是研发光子集成时钟样机;二是研发基于 Sagnac 干涉原理的原子俘获陀螺仪。该项目开发的光子集成芯片将取代原子捕获陀螺仪和时钟的光学组件,具有长期摆脱对 GPS 的依赖、短期精度优于 GPS 的能力,在发展全自主导航和授时系统上具备良好应用前景。

2023 年度网络安全领域十大进展

1. 美国白宫发布 2023 年版《国家网络安全战略》

2023 年 3 月，美国白宫发布新版《国家网络安全战略》，这是美国 5 年来发布的首份网络安全领域的战略文件，也是美国新版《国家安全战略》在网络领域的落实和细化。该战略从"美国必须从根本上改变驱使数字生态体系的基本动力"出发，全面详实地阐述了拜登政府网络安全政策将采取的措施，围绕建立"可防御、有弹性的数字生态体系"，提出保护关键基础设施、破坏和瓦解恶意网络行为者的威胁、塑造市场力量以推动安全性和弹性、投资有韧性的数字未来、建立国际伙伴关系以追求共同目标 5 大支柱。该战略不仅体现了拜登政府在网络安全领域的优先事项，也为本届政府后半段任期中解决网络威胁的具体方式提供清晰的路线图。

2. 美国国防部发布《2023 年网络战略》

2023 年 9 月，美国国防部发布《2023 年网络战略》，这是国防部 2018 年以来的首次更新。该战略提出"保卫美国、慑止战略攻击、慑战武装侵略、打造强韧联合部队与国防生态系统"等战略目标，认为美国在网络空间面临中国、俄罗斯、朝鲜、伊朗、暴力极端组织和跨国犯罪组织等 6 大类威胁，提出美国国防部在网络空间的主要任务是保卫国家、强化备战、加强与盟友和伙伴合作、建立持久优势等。该战略在继承 2018 年版"慑战并举"战略思想和"前出防御"行动策略的基础上，"强化备战"意味更浓，落实"综合威慑"的意图更清晰，建立"持久网络优势"的野心更明显。

3. 美国网络司令部"联合网络作战架构"迭代升级

2023 年 5 月，美国网络司令部设计"联合网络作战架构"2.0 版，重点明确新架构的整体构成以及如何为作战人员提供支撑;11 月，美国网络司令部授出"联合网络作战架构"集成合同，开展该架构的分析、集成、开发和交付工作。"联合网络作战架构"被定位为下一代网络武器平台,由统一平台、联合网络指挥控制系统、联合通用接入平台、传感器、持续网络训练环境构成,将高效整合美国各军种现有及未来网络装备,进一步提升美军网络攻防演练、信息共享及联合作战能力。此次迭代是美军认识到目前"联合网络作战架构"仍是"未集成到真实作战平台中的能力联合体",对"联合网络作战架构"的重新思考、重新设计,将推动该架构向"网络作战综合武器平台"演进。

4. 美国国防部零信任网络安全架构开始部署运用

2023年2月,美国国防信息系统局宣布已完成首个零信任原型系统"雷霆穿顶"的初步开发。经国防部和其他政府机构1600多个用户试用后,7月,美国国防信息系统局与博思·艾伦·汉密尔顿公司签订金额上限为18.6亿美元的"雷霆穿顶"生产合同,标志着美国零信任网络安全架构开始部署运用。该系统集成了"身份、凭证与访问管理""合规连接""软件定义广域网"等技术,优化网络流量控制、提高数据传输效率和安全性,同时将客户边缘安全堆栈和应用程序安全堆栈集成到"国防部信息网"中,为美军提供身份认证、访问控制等安全防护能力,提高网络威胁应对能力。后续该系统将扩展到更多用户,并促进美国国防部零信任文化的形成,引领美国陆军和空军联合区域安全堆栈等多安全范式向零信任架构过渡。

5. 美国发射世界首颗太空网络安全试验卫星并完成实装试验

2023年6月,由美国航空航天公司、太空系统司令部和空军研究实验室合作开发的网络测试平台"月光者"进入近地轨道,并在8月份的"黑掉卫星"挑战赛中首次用于太空网络攻防试验。试验中,参赛队伍对在轨的"月光者"进行了网络渗透攻击测试,以远程方式获取了卫星控制权,收集到黑客太空网络攻击的策略、技术和过程的相关信息。该卫星是世界上唯一一颗太空网络安全试验卫星,旨在将针对太空系统的进攻性和防御性网络演习从地球实验室环境转移到近地轨道。该卫星搭载了一个专用网络有效载荷,带有防火墙以隔离子系统,还搭载了一个完全可重新编程的有效载荷计算机,可在保障卫星安全的情况下开展可重复的、真实的和安全的网络实验。此次试验是美军首次实装开展太空网络攻防试验,有助于提升美军太空网络攻防实战化能力,是推进美国太空网络安全的里程碑事件。

6. 美国量子安全公司首次通过"星链"实现星地量子弹性加密通信

2023年3月,美国量子安全公司首次利用"星链"卫星实现了可抵御量子计算攻击的端到端加密通信,表明卫星通信可利用后量子密码技术,免遭量子解密攻击。试验中,该公司将加密后的数据从美国东海岸的一台服务器发出,经过美国西部的某实验室后发送到"星链"终端,由该终端经上行链路发送到"星链"卫星,再经下行链路发回地面用户,实现了用户间的端对端安全通信。整个通信过程都由"量子安全层"对数据进行充分保护。"量子安全层"是一个专门抵御量子攻击的信息传输通道，其中内嵌的"量子防护"软件采用端到端的"量子安全即服务"架构，运用抗量子计算攻击加密技术，易于部署、可用性高、互操作能力强，能在存储、使用、传输等阶段的全生命周期对数据加以充分保护。此次试验是卫星加密通信技术的一次重大突破，意味着美国率先实现了可抵御量子计算攻击的卫星通信，是美国实现后量子安全的重要一步。

7. 美国网络安全与基础设施局启动"网络分析和数据系统"计划

2023年3月，美国网络安全与基础设施安全局启动"网络分析和数据系统"计划，并在2024财年预算中为该项目申请4.249亿美元经费。该计划由"国家网络安全保护系统"（又名"爱因斯坦"）中的分析部分（包括核心基础设施、信息共享和安全分析）过渡而来，入侵检测和入侵预防功能仍保留在"爱因斯坦"系统中。该计划以数据为主要对象，通过开发一个强大且可扩展的分析环境，整合公共与商业数据源、该机构端点监测与响应传感器数据、覆盖美国数千家注册组织的漏洞扫描服务数据、公共和私营合作伙伴共享的数据等多个来源的数据，提供更自动化、更高效的分析服务，使其可在破坏性入侵发生之前更快地分析、关联并采取行动，以应对网络安全威胁和漏洞。该计划是美国"爱因斯坦"计划"重组"的一项重要措施，可解决"爱因斯坦"系统"只能阻止已知威胁"的问题，使美军能够在网络威胁发生之前更快地了解网络风险并采取行动。

8. 美国国防信息系统局正式接管"鲨鱼先知"网络防御工具

2023年6月，美国国家安全局正式将"鲨鱼先知"（SHARKSEER）项目移交国防信息系统局。该系统由国家安全局于2015年开发设计，旨在提供能主动阻止可疑或潜在恶意对象的行为分析平台，以及独特的威胁数据辅助其他防御系统缓解威胁。其主要建设内容包括：一是保护互联网接入点，为国防部所有互联网接入点提供高度可用、可靠的自动感知和抑制功能；二是实现网络态势感知和数据共享，利用国家安全局的公共恶意软件威胁数据，通过自动化系统与合作伙伴实时共享相关数据。下一步，国防信息系统局将为该系统添加多因素身份验证、零信任安全、基于云的网络安全等解决方案，以提高系统灵活性，强化其现有纵深防御能力，标志着美国国防部信息网络迈入网络安全新时代。

9. 美国太空军授出零信任网络安全能力合同

2023年9月，美国太空系统司令部与Xage安全公司签订价值1700万美元的合同，旨在利用先进的零信任访问控制和数据保护系统，提升太空部队的网络防御。根据合同，该公司将为太空军地面和天基系统（包括地面站、卫星和其他关键资产）部署Xage Fabric产品，以实现以下目标：一是强化地面系统网络安全性，包括地面站、调制解调器和行动技术资产等；二是为下一代的地面系统和天基系统提供零信任能力，使商业太空系统和国防太空系统能在混合卫星架构中进行交互;三是基于零信任原则的安全数据交换,以帮助数据和任务系统所有者在整个太空生态系统中安全、保密且完整地溯源、保护和传输数据。美国太空系统司令部与 Xage 安全公司的合作,代表美国天基资产运营安全模式向零信任安全迈出了重要一步。

10. 北约举行 2023 年度"网络联盟"网络防御演习

2023 年 11 月 27 日至 12 月 1 日,北约开展了 2023 年度"网络联盟"演习,旨在增强北约及其盟友和合作伙伴应对网络威胁与共同开展网络行动的能力,并加强技术和信息共享方面的合作。此次演习由北约网络防御卓越中心协调,来自 28 个北约盟友、7 个伙伴国及欧盟的约 1000 名网络防御人员,以及业界和学术界的相关人员参加了演习。这次演习重点验证了共享网络威胁情报能力,并在虚拟国家基础设施的网络攻击场景中,测试应对网络空间事件的有效程序和机制,旨在帮助网络防御人员为现实生活中的网络挑战做好准备。

2023 年度电子对抗领域十大进展

1. 美军成立联合电磁频谱作战中心

2023 年 7 月,美国战略司令部正式成立联合电磁频谱作战中心。该中心作为美军电磁频谱作战的核心机构,致力于提高联合部队的电磁频谱战备状态,主要目标是重构部队管理、规划、态势监测和决策活动,通过电磁频谱作战训练和规划,对各作战司令部提供支持。联合电磁频谱作战中心的成立,是对《电磁频谱优势战略实施计划》相关要求的具体落实,是美军构建电磁频谱优势的重要里程碑事件。

2. 美国空军接收首架 EC-37B 并更名为 EA-37B

2023 年 9 月,美国空军接收首架 EC-37B"罗盘呼叫"电子战飞机。该机机身两侧安装大型有源电扫阵列天线,可辐射大功率定向干扰信号,实现对敌防空压制。该机具有比 EC-130H 更远距离的防区外干扰能力和更快的响应速度。10 月,美国空军正式将 EC-37B 更名为 EA-37B,强调了其电子攻击属性,以更好地凸显其发现和攻击对手陆上或海上目标的作战使命任务。按计划,美国空军预计将接收 10 架 EA-37B,逐步替换现役的 EC-130H。作为美国空军应对大国竞争的核心电子战装备,EA-37B 将极大提升美军机载电子攻击能力。

3. 美国国防信息系统局发布联合电磁战斗管理系统

2023 年 12 月,美国国防信息系统局发布首版"联合电磁战斗管理"(EMBM-J)系统。"联合电磁战斗管理"系统是美国国防部开发的多军种共用电磁战斗管理系统,旨在帮助作战司令部和联合特遣部队构建可视化电磁频谱通用作战图,协调各军种的电磁频谱作战,对多域作战规划进行优先级排序、集成和去冲突。该系统采用增量开发模式,分为态势感知、决策支持、指挥控制、训练保障 4 大功能,此次发布的是态势感知版本。"联合电磁战斗管理"系统能够与美国陆军"电子战规划与管理工具"、海军"实时频谱作战"和海军陆战队"频谱服务框架"等军种级系统互操作。"联合电磁战斗管理"系统的开发和发布,标志着美军在提升跨军种电磁战斗管理能力方面取得重大进展。

4. 美国陆军接收首部高功率微波反无人机原型系统

2023 年 1 月,美国陆军快速能力与关键技术办公室授予伊庇鲁斯公司合同,用于购买 4 套"列奥尼达斯"高功率微波反无人机原型系统。11 月,美国伊庇鲁斯公司向美国陆军交付首套系统,并计划在 2024 年初完成所有系统的交付。美国陆军在获得全部 4 套"列奥尼达斯"系统之后,将组建首个"间接火力防护能力—高功率微波"(IFPC-HPM)排并进行能力测试,制定在战区应用高功率微波能力的战术、技术和规程。高功率微波是对抗无人机蜂群的有效近程防空手段,美国陆军正加速将其纳入反无人机分层防御体系,预计很快形成作战能力,并实现实战化应用。

5. 美国空军发布《电磁频谱作战》条令

2023 年 12 月,美国空军发布新版条令出版物 AFDP 3-85《电磁频谱作战》,以取代 2019 年 7 月发布的空军条令附录 ANNEX 3-51《电磁战与电磁频谱作战》。AFDP 3-85 是美国空军基于参谋长联席会议 2020 年联合条令 JP 3-85《电磁频谱作战》基础上形成的军种条令,在架构和内容上进行了重新编排与撰写,在编号和术语上与联合条令保持一致。该条令理清了电磁频谱作战、电磁战、电磁战斗管理和电磁频谱控制等概念间的内在关系,明确了美国空军在电磁频谱作战中的角色、职责和能力,梳理了美国空军电磁频谱作战支持机构。AFDP 3-85 展现了美国空军近年来积极探索电磁频谱作战的思路,反映了美国空军对电磁频谱作战的新认识。

6. 美国完成人工智能代理指挥电子攻击行动的演示

2023 年 9 月,美国洛克希德·马丁公司与爱荷华大学"操作员性能实验室"合作,开展了一项由人工智能代理指挥电子攻击行动的演示活动。试验团队使用了两架 L-29 有人驾驶飞机代替无人机模拟执行电子干扰任务。飞行员按照人工智能代理发出的航向、高度和速度等提示指令驾驶飞机,其中一架飞机在人工智能代理的控制下,成功干扰了跟踪友机的雷达。试验团队将继续测试人工智能代理在对敌防空压制/对敌防空摧毁任务中的指挥控制能力,支持美国空军"协同作战飞机"(CCA)及有人-无人协作能力的开发。人工智能代理成功指挥电子攻击行动,表明人工智能代理在电子战作战指挥控制领域取得实质性突破。人工智能参与电子战指挥决策,将提升作战飞机在未来高端作战中的任务效率,降低飞行员决策负荷,提高交战响应速度,极大提升作战飞机的生存能力和作战能力。

7. 美国海军开展"静默蜂群 23"演习

2023 年 7 月,美国海军在国家全域作战中心举行了为期两周的"静默蜂群 23"演习,演示验证了多域小型无人系统的电磁频谱作战能力。此次演习对信号处理机器学习算法、虚假信息注入等网电作战技术，以及智能算法、群间通信、数字孪生等蜂群相关技术在内的 30 余项技术进行了验证。演习中使用系留气球、有人/无人水面舰艇、小型无人机系统等多类型平台，验证了分布式电子支援/攻击/防护、电子与网络欺骗等网电作战能力。通过"静默蜂群"演习活动，美国海军会聚了电磁作战、网络攻击、无人系统等多个领域的相关技术，将推动电磁空间与网络空间作战技术加速创新，从而促进美军跨域、分布式和无人化网电作战能力的提升。

8. 美国海军首装 AN/SLQ-32（V）7 电子战系统

2023 年 9 月，美国海军在"阿利·伯克"级 Flight II A 型"平克尼"号驱逐舰（DDG 91）完成了 AN/SLQ-32（V）7 电子战系统的首次部署，并于 11 月进行了首次海上试验。AN/SLQ-32（V）7 是美国海军于 2002 年实施的"水面电子战改进项目"（SEWIP）增量式升级项目的最新成果，集成了改进型显控、辐射源个体识别、高增益高灵敏度天线以及相控阵电子攻击等能力，代表了美国海军最先进的舰载电子战水平。AN/SLQ-32（V）7 作为美海军"驱逐舰现代化 2.0"升级项目的核心装备之一，将成为美国海军当前与未来水面作战舰船的标准电子战系统。

9. 美国太空军举行历来规模最大的电子战演习

2023 年 9 月，美国太空军举行"黑色天空 23-3"电子战演习。此次演习是迄今为止美国太空军举行的规模最大的电子战实战演习，来自美国太空军、空军和陆军的多个中队共 170 多名作战人员参演。"黑色天空"系列演习共举行了三次，由太空训练与战备司令部组织，旨在聚焦电磁频谱内的攻防行动，为太空作战人员提供先进的电子战训练，使美国太空训练与战备司令部获取了电子战指挥控制的经验，参演部队训练了如何在电磁频谱域实施攻防行动。未来，演习的规模将有所扩大，美国太空军将继续与其他军种在电子战环境中进行整合、沟通和协调，以确保在竞争激烈、降级和作战受限环境中的作战能力。

10. 德国开发"欧洲战斗机 EK"电子战飞机

2023 年 11 月，德国政府正式批准改装 15 架"欧洲战斗机"用于电子战任务，新机型命名为"欧洲战斗机 EK"。改装工作由空客公司负责，开始于 2022 年，计划于 2028 年完成，将替代"狂风 ECR"飞机。空客公司确认，"欧洲战斗机 EK"将配备美国诺斯罗普·格鲁曼公司的 AGM-88E"先进反辐射导弹"和瑞典萨博公司的"阿瑞克西斯"（Arexis）先进电子战系统。通过"欧洲战斗机 EK"项目，德国将拥有自主研发的专用电子战飞机，全面提升德国乃至欧洲国家空军的机载电子战能力和整体作战效能。

2023 年度世界电子基础领域十大进展

1. 世界各国积极布局半导体产业发展

2023 年 3 月,韩国通过"K-Chips 法案",将大型芯片企业的税收减免从 8% 提高到 15%,中小型企业的税收减免从目前的 16% 提高到 25%。4 月,欧盟批准《欧盟芯片法案》,9 月正式生效,旨在增强欧盟的芯片制造能力,解决供应链安全问题,确保技术领先优势。同月,日本发布《半导体·数字产业战略》修正案,计划到 2030 年将半导体和数字产业的国内销售额提高至目前的 3 倍,超过 15 万亿日元。5 月,英国发布《国家半导体战略》,旨在通过聚焦英国在半导体设计和 IP 核、化合物半导体及研发创新体系三方面拥有的优势,确保未来半导体技术领先地位。8 月,美国《芯片与科学法》实施一周年,吸引商业投资超 1660 亿美元。10 月,俄罗斯公布芯片发展"路线图",计划 2026 年实现 65 纳米制程工艺,2027 年实现 28 纳米本土芯片制造,2030 年实现 14 纳米本土芯片制造。世界各国积极布局半导体产业,试图在这一领域取得领先地位,争夺全球市场份额,全球半导体产业的未来将更加多元化。

2. 美国 DARPA 推出"下一代微电子制造"计划

2023 年 7 月,DARPA 推出"下一代微电子制造"(NGMM)计划,该计划包括 0、1 和 2 三个阶段。第 0 阶段为确定制造代表性三维异构集成(3DHI)微系统所需的软件和硬件工具、工艺模块、电子设计自动化工具以及封装和组装工具。第 1 阶段将研究国防和商业公司的异构互连组件,包括化合物半导体、光子学与微机电系统、电源、模拟、射频、数字逻辑和存储器等。第 2 阶段将致力于优化 3DHI 流程,提高封装自动化能力,并与外部微电子组织合作研究。目前该计划已完成第 0 阶段,遴选出 11 家机构共同开展基础研究工作。DARPA 认为这是美国在未来尖端微电子领域领先的机会,通过该计划将进一步推动美国微系统技术创新。

3. 美国英特尔公司发布首款硅自旋量子比特芯片

2023年6月，英特尔公司发布了Tunnel Falls量子芯片，每片Tunnel Falls芯片包含12个硅自旋量子比特，该芯片在英特尔制造工厂中生产，利用了最先进的晶体管工业化制造能力，如极紫外光刻技术（EUV）、栅极和触点加工技术等。硅自旋量子比特比其他量子比特更有优势，可基于成熟工艺进行制造，大小与一个晶体管相似，比其他类型的量子比特小100万倍。未来该芯片将提供给美国量子研究机构和大学使用，以推动量子技术的发展。

4. 日本研发出半导体材料氧化镓的低成本制法

2023年10月，日本东京农工大学与日本酸素控股株式会社合作，开发出新一代功率半导体"氧化镓"的低成本制法。该方法属于"有机金属化学气相沉积（MOCVD）法"，在密闭装置内充满气体状原料，可在基板上制造出氧化镓的晶体，可减少设备维护频率，降低运营成本。东京农工大等团队通过MOCVD方法，将氧化镓晶体的生长速度提高至约16微米/小时，约达到原来的16倍；该方法与现有的"氢化物气相外延（HVPE）法"相比，可制作更高频率器件。

5. 美韩两国联合研究团队实现二维电子器件的三维集成

2023年11月，美韩两国研究人员组成的联合研究团队成功将分层的二维电路单片堆叠集成为三维硬件，用于执行人工智能运算。这种集成芯片比传统的横向集成芯片具有更多优势，如减少处理时间、优化功耗和延迟、缩小设备的占用空间，可以显著扩展人工智能系统的能力，使其能够更快速和更准确地处理复杂任务。该技术有望应用于自动驾驶汽车、医疗诊断和数据中心等领域，提供更加灵活、功能齐全的设备解决方案。

6. 美国首次实现在单个芯片上集成激光和光子波导

2023年8月，美国研究人员首次将超低噪声激光器和光子波导集成到单个芯片上，使在单个集成设备中使用原子钟和其他量子技术进行高精度实验成为可能。研究人员通过测量噪声水平来测试他们的芯片，然后用该芯片创建一个可调谐微波频率发生器，这是"迈向硅上复杂系统和网络的关键一步"，目前测试结果令研究人员十分满意。此类光子芯片有助于开展更精确的原子钟实验，减少对巨型光学工作台的需求。

7. 美国DARPA"电子复兴计划"进入2.0时代

2023年8月，美国DARPA举办第5次"电子复兴计划"峰会，全面总结了该计划取得的成就，并正式宣布计划进入2.0时代（ERI 2.0）。电子复兴计划于2017年启动，实施5年来累计投资超15亿美元，推动三维异构集成电路设计、芯粒级片上集成技术架构、封装内光互联技术等取得重要突破；"近零功耗射频与传感器"等多个项目成果成功转化应用；美国半导体产业链本土生态圈构建成效显著。2023年，DARPA开始布局ERI 2.0，目标是通过重新定义微电子制造过程,重塑美国国内微电子制造业。ERI 2.0 将聚焦三维异构集成,重点推进复杂三维微系统制造、复杂电路优化设计和测试、人工智能硬件创新、开发适用于极端环境的电子产品、提高边缘信息处理效率、克服硬件生命周期中的安全威胁、安全通信 7 大关键方向项目布局。

8. 美国麻省理工学院发出可大幅提高集成电路密度的低温生长工艺

2023 年 5 月,美国麻省理工学院研究团队开发出一种低温生长工艺,可直接在硅芯片上有效且高效地"生长"二维过渡金属二硫化物材料层,以实现更密集的集成。该项技术绕过之前与高温和材料传输缺陷相关的问题,可在 8 英寸晶片上生长出一层光滑、高度均匀的层,显著减少"种植"材料所需时间。该技术将极大推动半导体制造技术的变革和升级,提高芯片集成度,增加芯片稳定性和可靠性,减少能耗和故障率,增加芯片制造灵活性,为半导体技术的发展提供新的机遇和方向。

9. 瑞士研发出新型二维半导体,可集成超千个晶体管

2023 年 11 月,瑞士洛桑联邦理工学院研究团队研发出新型二维半导体,可集成超千个晶体管。该研究团队将 1024 个元件组合到一个一平方厘米的芯片上,其中每个元件包含一个二维二硫化钼晶体管以及一个浮动栅极。二硫化钼薄膜因其"二维"半导体的特性,可能突破晶体管微缩化的瓶颈,构筑出速度更快、功耗更低、柔性透明的新型芯片。未来,该研究有望应用到耗电极低、可穿戴且随意弯折的芯片和显示屏。

10. 德国开发出全球首个接近无限续航的固态电池

2023 年 10 月,德国高性能电池技术公司(HPB)宣布开发出一种可批量生产的新型固态电池,通过在电池中加入新的混合成分,阻止了传统锂离子电池的老化过程,具有寿命长、能效高、安全可靠、环保等优点,将于 2024 年开始量产。该公司宣称这款高性能电池无论使用多频繁,内阻在整个使用寿命期间基本保持不变,其性能在几十年后也不会降低。目前这款电池已通过第三方机构测试,在经过 1.25 万次充电循环后性能没有任何下降。

2023 年度世界网络信息前沿技术领域十大进展

1. 量子科学领域取得多项突破性进展

量子计算方向,2023 年 12 月,DARPA 宣布"中等规模量子器件噪声优化"项目团队取得重大突破,研发出世界首个具有逻辑量子比特的量子电路;IBM 公司推出拥有 133 个固定频率量子位的"苍鹭"低温冷却量子计算芯片,并基于该芯片,采用模块化系统搭建方法推出首台拥有多个量子计算芯片的量子计算系统。

量子网络方向,2023 年 3 月,美国 QuSecure 公司宣布实现经由卫星、可抵御量子计算攻击的端到端加密通信,这是美国首次采用后量子密码技术保护卫星数据通信;6 月,DARPA 启动量子增强网络项目,专注于通过量子技术增强经典通信网络的安全能力,以实现量子网络的安全性和隐蔽性,并保持经典网络的普适性。

量子导航方向,2023 年 6 月,美国科罗拉多大学团队宣布将人工智能与量子传感器相结合,成功研制世界首型基于软件配置的高性能导航系统,进一步证明量子导航技术作为高精度卫星导航可替代技术和方案的巨大潜力;9 月,美国国防创新部门宣布"量子传感计划"团队取得重要突破,成功研制全集成高性能原子陀螺仪原型系统,可实现更高的灵敏度和精度。

量子科学领域是美国国防部重点关注的 14 个关键技术领域之一,2023 年度多项突破性进展极大推动了该领域发展,以量子导航为代表的量子应用曙光初现。

2. 世界主要强国强化人工智能顶层设计

2023 年 3 月,英国发布《支持创新的人工智能监管方式》文件,提出需对人工智能应用方式采取适当的监督措施。5 月,美国白宫发布《国家人工智能研发战略计划:2023 更新版》,新增了强调国际合作等内容。8 月,德国发布《人工智能行动计划 2023》,设定实现"欧洲智造"愿景等目标,以推动德国在人工智能领域的领先地位。10 月,美国总统拜登签署《关于安全、可靠和可信赖的人工智能的行政命令》,提出建立人工智能安全新标准、保护公民隐私等 8 项行动。11 月,美国国防部发布《数据、分析与人工智能应用战略》,提出改进基础数据管理、增强国防部的业务分析和联合作战能力、建设可互操作的联合基础设施等 6 大战略目标。12 月,欧洲议会、欧盟成员国和欧盟委员会三方就 7 月欧洲议会表决通过的《人工智能法案》达成协议,该法案是全球首部人工智能领域的全面监管法规。

3. 美国运用商业力量在太赫兹技术研发应用方面取得突破性进展

2023 年 4 月,美国空军研究实验室宣布与诺斯罗普·格鲁曼等公司合作,在纽约州罗马首次成功完成 300 吉赫兹(太赫兹频段范围为 100~10000 太赫兹)的机间通信测试,目前几乎所有商业和国防射频系统均使用低于 100 太赫兹频段创建的机载和卫星通信链路,此次飞行试验打破了太赫兹仅能在地面完成短距通信验证论断,表明美军相关技术研发已取得重要突破。9 月,美国空军发布超宽带无线电通信项目,寻求与业界合作,希望能以太赫兹频率进行通信,并且可动态调整载波频率、输出功率和数据速率,根据环境情况自适应形成波形,最高支持宽带扩展到 10 吉赫兹水平,数据速率达到 1Mb/s～1Gb/s。11 月,美国空军研究试验室与是德科技公司签署合作协议,利用该公司的试验台评估亚太赫兹频率通信的完整器件特性和测量概念,开发 0.3 太赫兹以上的频段以满足军方高速通信能力的需求。上述项目将有效推进美军太赫兹及亚太赫兹无线技术发展和未来军事应用。

4. 美国生成式人工智能国防应用成为探索热点

2023 年 5 月,美国总统科学技术顾问委员会成立生成式人工智能工作组,以探索安全应用生成式人工智能技术的挑战、机遇和途径。7 月,美国国防信息系统局将生成式人工智能列入 2023 财年技术观察清单,视其为未来一段时期内最具颠覆性的技术之一。同月,美国国防部首席数字与人工智能官办公室将 5 种生成式人工智能模型应用于第 6 次"全球信息优势实验",以验证其改善"联盟联合全域指挥控制"工作流程的可行性。8 月,美国国防部成立生成式人工智能和大语言模型"利马"工作组,推动国防部生成式人工智能技术的评估与应用。11 月,美国国防部发布临时指南,建议国防及军事领域所有部门采用生成式人工智能技术,并关注其存在的风险问题。2023 年以来,多项举措推动生成式人工智能国防应用探索,有望在各个环节带来智能化变革,赋能武器装备并影响未来战争进程。

5. 美国发布《国家频谱战略》优化频谱管理

2023 年 11 月,美国白宫发布《国家频谱战略》。该战略是依照总统备忘录《实现美国频谱政策现代化和制定国家频谱战略》要求,由美国商务部下属国家电信和信息管理局编制的首部频谱战略，意在通过重新评估调配国家频谱资源、制定长期协作规划、加强新技术开发应用、普及频谱知识等举措，为美国频谱技术前沿创新、频谱竞争与安全等绘制发展蓝图，为当前及未来推进频谱政策现代化和频谱高效利用提供指引，进而谋求其全球频谱主导地位。该战略明确提出确保美国全球频谱领导地位的 4 大重点工作及 12 项关键实施举措，将助力美国实现更高效利用频谱资源的目标，更好地适应不断变化的电磁环境，同时在全球电磁频谱竞争中保持领先地位。

6. 先进计算领域取得多项突破且应用加速

分布式计算方向，2023 年 1 月，DARPA 与半导体研究公司及行业和学术机构共同启动"联合大学微电子计划 2.0"（JUMP 2.0）项目，将"分布式计算系统与架构"作为其 5 大"系统"类主题之一，设立下一代分布式计算机系统的可演化计算中心，在分布式、低能耗的通用计算方面取得突破性进展。

超算方向，2023 年 6 月，"极光"超算系统在美国橡树岭国家实验室完成安装，运算速度高达 200 亿亿次/秒；10 月，俄罗斯宣布到 2030 年将建造 10 台高性能超级计算机，扩展俄罗斯的算力边界。

量子计算方向，2023 年 7 月，谷歌公司宣布其具有 70 量子比特的 Sycamore 量子计算系统 6 秒时间完成的计算任务，美国目前最强"前沿"超算系统需花费 47 年，该量子计算系统将有助于美国正式实现量子霸权。

云计算方向，2023 年 8 月，美国国防信息系统局表示，其已授出 13 份与"联合作战云能力"计划相关的云任务合同，正加速推进美军云能力部署。

7. 美军启动"复制器"计划推动无人作战系统构建

2023 年 8 月，美国国防部宣布启动"复制器"计划，旨在利用大数据、人工智能和云计算等颠覆性技术，推动"全域低成本无人"作战系统研发列装，通过打造全新的无人作战体系，抵消对手的常规力量规模优势。该计划预计在未来 18~24 个月内，部署数千个"全域低成本自主"无人系统，这些无人系统涵盖陆海空天等领域，具备小型化、智能化、集群化、低成本等优点。该计划基于俄乌冲突无人系统运用经验提出，由希克斯办公室下属"创新指导小组"负责统筹落实，并由国防创新部门和国防部首席数字与人工智能官办公室提供跨部门协调和数据分析支持。该计划的研发部署，将显著提升美军的体系对抗能力，增强其对对手的军事威慑效能。

8. 光谱合束技术成为美国高能激光武器首选发展方向

2023 年 4 月，美国陆军在 2024 财年预算中申请了价值 800 万美元的新项目，以开发反巡航导弹的先进光束控制组件，扩大高能激光武器的杀伤范围，实现远程摧毁敌巡航导弹的能力。6 月，美国陆军与洛克希德·马丁公司签订合同，开发 300kW 间接火力防护能力-高能激光武器样机,该公司将交付 4 台完整激光武器系统,并集成至陆军平台。7 月,美国国防部授予洛克希德·马丁公司"高能激光扩展计划"第二阶段合同,用于将 300kW 激光武器升级至 500kW,改善激光光束质量,优化连续波高能激光源的 SWaP,对 500kW 激光武器进行战术配置,以光束组合架构来支持军用平台,并采用国防部模块化开放系统标准来确保系统的互操作性和多任务集成。2023 年,美国《国防战略》将定向能武器列为其重点发展的 14 个关键技术领域之一,并全面提速对 300kW/500kW 大功率激光武器的开发工作,将推动其具备远程摧毁对手巡航导弹和拦截毁伤来袭弹道导弹的能力。

9. 美军 Maven 项目取得重要进展并正寻求利用大模型技术

2023 年 1 月,美国国家地理空间情报局接管 Maven 项目,并启动地理空间情报相关应用研究,该机构的主要职责是提高 Maven 项目涉及的人工智能和机器学习算法的质量,从而提高其检测图像中目标的能力。5 月,国家地理空间情报局表示,自其接管以来,Maven 项目在提高地理定位准确性、目标检测和自动化工作流程等方面取得了"重要进展"。11 月,国家地理空间情报局发布信息征集公告,寻求大型语言模型、数据标签解决方案,旨在通过生成人工智能和大型语言模型快速对图像进行分类以检测目标并创建真实操作图像的算法,以加快信息处理和决策的速度。Maven 项目是美军为快速、准确处理从无人系统中获取的图像、全动态视频,提升战场态势监测能力并快速反应决策的重要项目。从项目年度进展看,当前该项目极为重视大数据信息与地理空间情报的协同应用,致力于提升大数据处理在地理定位准确性、目标检测和工作流程自动化领域的应用水平。

10. 以色列基于大肠杆菌的新型生物传感器用于排雷工作

2023 年 11 月,据美国国家防务杂志网站报道,以色列科学家正在开发、测试基于大肠杆菌的新型探雷生物传感器,预计 2024 年投入使用。该型传感器有效应用了合成生物学的知识和实践经验,其工作原理是大肠杆菌能够与地雷内炸药的蒸汽结合生成萤光蛋白,标识出地雷位置。试验期间,以色列科学家将携带大肠杆菌传感器的海藻盐制珠子洒入雷区,当传感器感知到地雷炸药的蒸汽后,二者结合生成荧光蛋白,产生旗状荧光,向工程人员提供地雷位置信息;海藻盐制珠子内含有特殊成分,能在大肠杆菌传感器发挥作用后迅速死亡,避免污染环境。该传感器开创了一种"以毒攻毒"的基于合成生物学知识的排雷方法,有效利用了大肠杆菌的特殊成分与地雷环境化学气体的特殊有机反应确定地雷的可能位置,并采取特殊措施规避了其成为病原体的可能,实现了物尽其用,未来预计可造福世界上仍然无法完成扫雷的区域,避免更多无辜的平民和动物受害。

指挥控制领域

指挥控制领域年度发展报告编写组

主　　编：王晓璇

副 主 编：介　冲

撰稿人员：（按姓氏笔画排序）

介　冲　冯　芒　朱　虹　李晓文

李皓昱　忻　欣　姜典辰　钱　宁

戴钰超

审稿人员：张　帆　肖晓军　陈鼎鼎　彭玉婷

方　芳

指挥控制领域分析

指挥控制领域年度发展综述

2023 年,美国及其盟友从战略层面推进部队数字化建设,希望通过部队数字化建设为指挥决策过程中各层级之间的数据流动性奠定基础,加快部队从发现威胁到采取行动消除威胁所需的时间。在美军一体化威慑战略的引导下,美军正在将五眼联盟和北约盟友加入到联合全域指挥控制建设中,将联合全域指挥控制扩展为联盟联合全域指挥控制,美军各军种正大力推进联盟联合全域指挥控制系统建设。在新技术应用方面,美军正利用云计算、人工智能等技术开展对传统指挥控制系统进行升级,推进指挥控制能力向战术边缘迁移,并建设了轻量化指挥控制系统。

》》》 一、美国及其盟友推进部队数字化转型,通过以数据为中心的理念打造决策优势基础

美国及其盟友均发布了各自的数字化转型战略,加大对数据、人工智能、云计算技术的利用,更好地连接太空、陆、海、空等作战域的作战资源,加速观察、判断、决策、行动(OODA)循环,构建决策优势。

(一)北约发布《数字化转型实施战略》,打造以数字化为基础的联合全域作战能力

2023 年 7 月,北约发布《数字化转型实施战略》,希望将部队数字化转型里程碑与多域作战能力目标关联起来。根据该战略,到 2030 年,北约的国防数字化转型工作可推进各成员国开展多域作战(MDO),确保部队在所有作战域的互操作性,提升部队的态势感知能力,支持部队以数据为中心开展决策。北约的数字化转型依赖的关键技术包括云计算、模块化架构、基于开放系统的数字骨干网、联邦合成环境、和智能数据

结构。

(二) 美国国防部发布《数据、分析和人工智能应用战略》, 希望利用数字化和人工智能技术加快指挥官决策速度

2023年11月, 美国国防部发布《数据、分析和人工智能应用用战略》, 希望通过加快数据、分析和人工智能技术在国防领域的应用速度, 推动国防部数字化转型, 让各级部队指挥官都能获得所需的数据, 支持其快速决策。该战略由首席数字与人工智能办公室(CDAO)制定, 重点关注以下目标:投资可互操作的联合基础设施;推进数据、分析和人工智能生态系统建设;改善基础数据管理。该战略希望以可信、高质量数据为基础, 构建先进的人工智能系统来支持决策者。国防部副部长凯瑟琳·希克斯称, 从威慑和防御侵略的角度来看, 人工智能系统可以帮助指挥官加快决策速度, 提高决策的质量和准确性, 这对于美军未来战场上的作战优势能起决定性作用。

(三) 美国陆军在"作战人员"演习中验证数据中心性与决策速度的重要关系

在2023年4月举行的"作战人员23-04"演习中, 美国陆军第1骑兵师展现了一支以数据为中心的部队能够具备的能力。演习期间, 该部队在仿真环境下与实力对等的敌方部队进行了战术指挥所对抗演练。在演习之前, 第1骑兵师将指挥流程由层级式指挥转变为以数据为中心的模式。参谋长托德·胡克上校简化了骑兵师和下级旅指挥官之间的指挥流程, 下级旅指挥官之间在演习中有更多时间进行对话。在大规模作战行动中, 下级旅指挥官获得较多的参谋分析数据, 能够快速开展决策, 而不需要等待上级的指令。此次演习表明, 在数据中心模式中, 多域指挥官能够在正确的时间和正确的地点获取正确的数据, 在各指挥层级实现更快、更佳的决策, 进而实现作战优势。

(四) 美国陆军寻求通过混合云、多云方式实现"数据流动性"

2023年10月, 美国陆军负责采购、后勤和技术(ALT)的首席副助理部长杨邦(Young Bang)表示, 陆军正在寻求混合云和多云解决方案, 为陆军在分布式环境中的作战人员提供所需的能力, 利用现代数字架构的概念, 实现跨云无缝传输数据, 从而在各种环境中实现"数据流动性"。杨邦称, 陆军正在探索的数据瘦身(data diet)计划, 即当部队只需要最相关和最新的数据时, 数据瘦身计划将最大限度地减少部队在战场上接收的数据量, 为指挥官提供决策所需的关键数据。

二、美军及其盟友构建联盟联合全域指挥控制能力，形成印太地区战略威慑能力

2023 年，美军正在将其联合全域指挥控制能力向盟友推广，构建联盟联合全域指挥控制（CJADC2）能力。2023 年开展的工作包括：①参谋长联席会议 J6 实验室开发联盟联合全域指挥控制系统；②美国国防部开发联盟联合全域指挥控制数据集成层；③美国与 17 个盟友国开展联盟联合全域指挥控制演习。

1. 美国先进地面信息系统（AGIS）公司与参谋长联席会议 J6 实验室共同开发联盟联合全域指挥控制系统

2023 年 8 月，美国 AGIS 公司与美国参谋长联席会议 J6 实验室共同开发了一个联盟联合全域指挥控制系统。这是一套由商业组件和技术构建的 C5ISR 系统，可在一台或多台笔记本电脑上运行。该套系统能够满足参谋长联席会议在信息共享、分层安全、数据结构、联合部队指挥等多方面的需求，其主要功能特点包括：①完全执行 MIL-STD-2525 标准；②可处理 10000 多份海量传感器情报报告，包括商用和军用卫星馈送；③内置加密协作工具，如即按即说（PTT）、消息、聊天、视频、视频会议、全球事件通知等；④可显示世界任何地方的海陆空三维画面；⑤操作员可自定义控制。AGIS 公司研发的软件允许将笔记本电脑、安卓和苹果手机添加到安全网络中，形成分布式分散计算基础设施，以提高网络韧性和冗余性，确保关键的指挥控制能力在挑战或敌对环境中保持正常运行。AGIS 服务器也可在 AWS 政府云、Azure 或其他基于云的服务器上使用，并实现自动故障切换。

2. 美军开发联盟联合全域指挥控制数据集成层

2023 年 10 月，美国国防部首席数字和人工智能办公室发布了联盟联合全域指挥控制数据集成层（DIL）的信息征集公告。数据集成层将促进联合司令部、各军种和作战支援机构之间的所有联盟联合全域指挥控制数据交换，寻求开发的能力包括：①跨层级可信数据分布式交互和协同能力；②关键数据传输的高保真和低延迟能力；③联合部队作战决策的信息支撑和处理能力；④在拒止、降级、时断时续和有限带宽（DDIL）环境中数据处理和转发的能力；⑤支持应用程序、算法服务、人工智能工具的部署和集成能力；⑥基于角色的身份管理和访问控制能力；⑦跨域数据标签、解析、证书、区块链等实体分发能力。该项目预计在 2024 年展项目采办工作。

3. 美国国防部开展"大胆探索-岛屿掠夺者"联盟联合全域指挥控制演习

2023 年 10 月，美国国防部近日在加利福尼亚州结束了为期一个月的 2023 年度"大胆探索-岛屿掠夺者"联盟联合全域指挥控制演习，超过 1500 名美军官兵和 17 个伙伴国

参加了本次演习。本次演习主题是基于多国多军种联合全域作战条件,实现跨系统、作战域和联合部队生成和共享多层级数据的能力,以加强综合威慑。演习重点演练了海军陆战队空中特遣队与联合部队情报与作战行动同步,以支持联合火力任务。为实现上述活动,海军陆战队的全球指挥控制系统、联合战术通用作战图工作站、移动网络以及分布式通用地面系统均集成到实验室演示和野战环境中。

>>> 三、美军推进联合全域指挥控制系统建设,通过政策法规、军种项目建设、作战演习试验推进实战能力生成

2023 年,美军各军种正在发展先进作战管理系统、一体化作战系统、战术情报目标访问节点、混合太空架构等项目,推进联合全域指挥控制能力建设。

(一) 美军更新完善联合全域指挥控制顶层规划

2023 年 7 月,美国国防部表示,正着手调整完善《联合全域指挥控制战略实施计划》,新版文件将明确联合全域指挥控制向联盟联合全域指挥控制扩展,重点提高美军与盟友伙伴之间的互联、互通、互操作程度,并将聚焦关键作战问题,分析现有能力差距,推进"以数据为中心"的建设思想,重点解决新研与现役系统兼容性、跨域杀伤网构建、利用商业技术加速战斗力生成等技术问题。2023 年 12 月,美国总统签署《2024 财年国防授权法案》,要求国防部长办公室成立专门机构,推进联盟联合全域指挥控制系统建设,通过快速国防实验储备机制开展相关能力实验,并将这些能力优先部署至印太司令部。

(二) 美军各军种加快联合全域指挥控制系统建设

2023 年,美军各军种大力推进相应的系统建设,其中:美国空军正在加速建设先进作战管理系统;美国海军通过对位压制工程验证自主技术、无人系统和通信技术;美国陆军在演习中验证战术情报目标访问节点系统;美国太空军启动混合太空架构项目以提供联合全域指挥控制网络支持;美国海军陆战队正在建设多功能空中作战中心。

1. 美国空军设立顶层系统框架,积极推进先进作战管理系统建设

2023 年 3 月,美国空军在 2024 财年预算请求中提出空军部作战网络(DAF Battle Network),统筹管理空军联合全域指挥控制工作,目前已将 50 个项目纳入其中。经过此次调整,美国空军将整合空军内部与指挥控制和作战管理相关的项目,将这些项目统一纳入先进作战管理系统,消除重复投资。

2023 年 1 月,美国空军授予科学应用国际公司(SAIC)一份价值 1.12 亿美元的合同,旨在为美国空军先进作战管理系统开发基于云的指挥控制系统(CBC2)。该系统将通过

设计、开发、集成和运行空军基于云的指挥控制系统微服务,集成多行业团队的软件应用程序和基础设施套件,提供任务就绪、高度可用和有韧性的指挥控制能力。11 月,该系统达到初始作战能力,并部署到北美防空防天司令部/北方司令部的东部防空分区的作战控制中心,这是该项目研发的一个重要里程碑。

2023 年 8 月,美国空军发布了先进作战管理系统内容分发网络(CDN)信息征询。该网络将用于存放数据,支持拒止、降级、时断时续和有限带宽环境中的通信弹性。内容分发网络解决方案将提供一个数据抽象层,在多个安全级别存放托管在美国本土(CONUS)的先进作战管理系统商业云环境和先进作战管理系统固定站点(如固定的战术作战中心、空中作战中心等)中的数据对象,使其更靠近战区的已部署节点和移动节点。

2. 美国海军推进对位压制工程建设

2023 年 2 月,美国海军弗雷德派尔(Fred Pyle)少将在美国海军造船工程师学会会议上称,海军正在构建一体化作战系统(ICS),该系统作为对位压制工程的核心,将使水面作战群、打击群、舰队以任意编队形式整编,使美国海军构建体系作战能力。一体化作战系统可使美国海军通过软件的方式快速交付未来作战能力,帮助海军实现决策优势。

2023 年 8 月,美国海军在大规模演习-2023 中,对自主技术、无人系统和通信技术等对位压制工程相关成果进行试验,验证了通用作战态势图生成能力,展示了海军战术层面的指挥控制能力。

3. 美国太空军积极推进混合太空架构建设

2023 年 8 月,美国国防创新部门(DIU)启动并实施了混合太空架构项目,寻求在整个太空领域为商业、民用、军事用户以及国际盟友和合作伙伴提供覆盖全球、无处不在、安全可靠的互联网连接,以支持联合全域指挥控制。该项目预算已由 1700 万美元增加到 2500 万美元,分为 4 个领域:①包括物理链路和软件定义路由的传输层设计;②基于情报监视侦察(ISR)星座的数据捕获和融合;③基于存储和边缘计算的云技术;④网络安全。美国国防创新部门在 135 份项目建议书中,根据侧重点不同分批授予业界公司相应的研制合同,其中:第一批合同侧重于网络设计和研制;第二批合同侧重于云设施的构建;第三批合同侧重于集成和演示验证。

4. 美国陆军通过演习试验验证战术情报目标访问节点能力

战术情报目标访问节点是美国陆军正在开发的下一代数据处理地面站,通过使用人工智能处理情报监视侦察数据,加快多域杀伤链的速度。该系统作为美国陆军汇聚工程年度演习的重点建设项目,是美国陆军建设的联合全域指挥控制系统。

2023 年 11 月,美国海军陆战队和菲律宾部队在马尼拉结束了第 7 次为时 11 天的卡曼达格海军演习。两支美国海军陆战队与韩国海军陆战队和日本陆上自卫队一起,在中国南海的巴拉望、苏禄海的塔威塔威和吕宋海峡的巴塔内斯进行了演习。本次演习首次由美国东南亚海军陆战队轮换部队（MRF-SEA）指挥。演习中，MRF-SEA 人员首次将美国陆军战术情报目标访问节点（TITAN）与其海上探测设备进行联合部署，以提高联盟海岸防御能力。

5. 美国海军陆战队更新《部队设计 2030》，推进多功能空中作战中心制度化建设

2023 年 6 月，美国海军陆战队发布新版《部队设计 2030》。该报告指出，美国印太司令部近期演习表明，多功能空中作战中心有能力改善航母打击群的通用作战图，并在实践中支持联合全域指挥控制。该中心的任务是生成作战环境通用作战图，以控制飞机和导弹，实现决策优势，获得并保持对对手目标的监视，以及支持海军陆战队、海军、联合部队、盟友和伙伴部队的目标交战。该报告称，到 2024 年 9 月，负责航空的海军陆战队副司令和负责作战发展与整合的海军陆战队副司令必须在海军陆战队的各种职能、条令和训练中将多功能空中作战中心进行制度化。

⟫⟫⟫ 四、美军利用云计算、人工智能等技术，完成对传统指挥控制系统的升级

2023 年，美军升级改造了联合全球指挥控制系统，以及指挥、控制、作战管理与通信（C2BMC）系统。通过利用云计算技术，联合全球指挥控制系统实现了向 Web 端的迁移，使得系统部署更方便、更广泛。通过利用人工智能技术，指挥、控制、作战管理与通信系统能够更快地发现、跟踪目标，并计算导弹覆盖范围，为指挥官开展反导作战行动节约时间。

1. 美军联合全球指挥控制系统完成重大升级

2023 年 3 月，美国国防信息系统局（DISA）发布了美军联合全球指挥控制系统 6.1 版。新升级的系统主要对基础设施进行了更新，将移动目标的跟踪数量从数千个提高至 100 万个，包括导弹、坦克、火车、卡车、飞机、船只和人员等军事移动目标。通过对云基础设施的升级，联合全球指挥控制系统将拓展美军的数据交互范围、数据关联及注入量，为战区指挥官提供决策支撑。升级后美军的盟友能够通过 Web 访问联合全球指挥控制系统增强功能。

2. 美军升级指挥、控制、作战管理与通信系统

2023 年 5 月，美国洛克希德·马丁公司宣布正在开发下一代技术以升级美导弹防御局的指挥、控制、作战管理与通信系统。该公司计划整合高超声速防御、弹道导弹防御和巡航导弹指示与告警，以增强指挥、控制、作战管理与通信系统的联网、数据分析和建议

行动能力。通过使用人工智能和机器学习技术，指挥、控制、作战管理与通信系统能够更好地探测、跟踪、打击和评估威胁，人工智能技术能节约指挥、控制、作战管理与通信的计算资源，并快速计算反导覆盖范围。

》》》 五、美军推进战术边缘指挥控制能力的建设，通过发布条令、研制系统、演习试验等方式提升战术级作战人员的决策能力

1. 美国空军发布任务式指挥条令

2023 年 8 月，美国空军发布首个"任务式指挥"条令《空军条令出版物 1-1：任务式指挥》（AFPD 1-1），该文件阐述了集中指挥、分布控制和分散执行的任务式指挥原则，为任务式指挥的应用提供指导，为美军下一步开发战术边缘指挥控制系统提供了基础，并对战术边缘指挥控制流程和能力建设提出了参考。该文件规定，任务式指挥的特征是在践行指挥官意图的过程中，通过赋予下属决策权力来实现任务的分散执行，并在执行过程中实现灵活性、主动性和响应性。

2. 美国陆军重视未来边缘指挥控制能力建设

2023 年 5 月，美国陆军在布拉格堡由空降兵部队测试了车载任务指挥软件（MMC-S），该软件可向排及排以下的小分队提供简单、直观的机动任务指挥和态势感知能力。车载任务指挥软件采用了"安卓战术攻击套件"（ATAK），与美国陆军目前使用的联合作战指挥平台（JBC-P）相比，车载任务指挥软件最大的亮点是类似于手机界面的图形用户界面，能够为士兵提供通用的外观和感受。

3. 美国安杜里尔（Anduril）公司向美国海军陆战队和空军交付战术级指挥控制装备

2023 年，安杜里尔公司已分别向美国海军陆战队和空军交付了国际标准化 Menace（Menace for ISO）和超轻型战术车辆 Menace（Menace for ULTV）原型系统。国际标准化 Menace 通过使用 20 英尺的国际标准化集装箱，为边缘计算、任务规划和通信提供了一个可认证的容器化解决方案。超轻型战术车辆 Menace 则是通过超轻型战术车辆平台在较短时间内将指挥控制能力推向战术边缘。

2023 年 6 月，在"北方利刃 23-1"演习期间，安杜里尔公司展示了其战术级指挥控制装备 Menace 的指挥、控制、通信和计算能力，该装备能利用多种通信途径，集成"晶格"系统，支持多军种和多领域的传感器和平台。

4. 北美防空防空司令部获得基于云的战术级指挥控制能力

2023 年 11 月，北美防空司令部基于云的指挥控制系统在东部防空部门上线，实现了初始作战能力，该系统使用人工智能来帮助作战人员以更简单的方式监控更多信息。基

于云的指挥控制系统整合了大量的战术相关数据馈送以及人工智能和机器学习技术,以帮助决策者全面掌握战场空间态势感知。基于云的指挥控制系统利用这些数据制定行动方案,领导层可做出更高质量,且更快的决策,从而改善作战成果。

六、美军推进轻量化指挥控制系统建设,支持指挥控制能力的快速部署应用

2023年,美军利用云计算、人工智能、开发式架构等技术开发轻量化指挥控制系统,成功验证了"晶格"系统能够快速集成到不同的无人机上,并开发了基于云的凯塞尔航线全域作战套件,支持指挥控制能力的快速部署应用。

1. 美军在"北方利刃23"演习中测试"晶格"系统

"晶格"系统由美国安杜里尔公司研制,采用轻量化设计,能够无缝集成进各类飞机、车辆和舰船平台,该系统是美军由原来大型、综合性指挥控制平台转向基于人工智能的低成本指挥控制平台的重要尝试。"晶格"系统采用与硬件无关的端到端软件平台,采用开放且可扩展的架构,支持与第三方硬件和软件的集成和互操作。

2023年6月,在"北方利刃23"演习中,美国安杜里尔公司和研制Aerosonde HQ无人机的德事隆(Textron)系统公司仅用了15周时间就将"晶格"系统与第三方传感器、平台、网络和武器进行了集成,实现了硬件和软件的无缝集成。

2. 美国空军凯塞尔航线工厂将其全域作战软件套件部署至印太地区

2023年8月,美国空军凯塞尔航线(Kessel Run)软件工厂将凯塞尔航线全域作战套件(KRADOS)部署至美国印太司令部,以支持该司令部的多域作战。作为淘汰战区作战管理核心系统的关键组件,凯塞尔航线全域作战套件将用于简化加油计划的软件、用于战斗机与轰炸机行动的软件等多个应用程序集成到一个基于云的系统中,用户可以像访问网站一样从任何地方接入凯塞尔航线全域作战套件并关联可用的空战资产,只需少量人员就可以在任何地方快速规划行动并生成空中任务指令。

七、结语

2023年,美国及其盟友积极推进部队数字化转型工作,以战略文件为牵引,推进部队对数据、人工智能技术的应用。目前,美国正在通过联合全域指挥控制能力建设,不断推进各军种之间的互联互操作能力,并通过联盟联合全域指挥控制概念,将盟友部队纳入其作战体系。美军还积极利用云计算、人工智能等技术,开展对传统重要指挥控制系统进行升级,并构建了"晶格""凯塞尔航线"等轻量化指挥控制系统,使美军能在战场上对

其进行快速部署。

　　未来，美军将不断推进联盟联合全域指挥控制发展战略，通过最小可行能力的方式快速部署作战能力，并通过演习试验的方式验证这些能力，以实现印太地区的一体化威慑能力。人工智能、云计算、开放式架构等新技术、新能力的发展将推动美军指挥控制能力及其流程的创新，帮助指挥官提升决策速度。

（中国电子科技集团公司第二十八研究所　介　冲）

美国空军发布首个"任务式指挥"条令

2023 年 8 月 14 日,美国空军首次发布《空军条令出版物 1-1:任务式指挥》(AFDP 1-1),阐述了空军任务式指挥的 6 条核心原则,提出了支持任务式指挥所需的 5 个要素,表现出美国空军面向联合全域作战,调整集中式指挥控制架构,发展分布式指挥控制架构的重大改变,为空军任务式指挥的运用提供指导。

一、条令发布背景

美国空军认为,为实现联合全域作战(JADO),指挥控制领域必须更少地依赖集中规划和任务指示,实现更高程度的授权和更大程度的分散执行,而任务式指挥是执行联合全域指挥控制(JADC2)的有效策略。近年来,美国空军相继发布《空军条令附件 3-1:联合全域作战中的空军部职责》(2020 年 6 月)、《空军条令出版物 1:空军》(AFDP1)(2021 年 4 月)、《空军未来作战概念执行摘要》(2023 年 3 月)等文件,将任务式指挥作为空中力量指挥控制理念,明确任务式指挥将在未来空军作战概念中发挥的重要作用。本次任务式指挥条令的发布是美国空军在践行该理念的道路上迈出的重要一步,旨在加速推动任务式指挥原则的落地,更好地支撑联合全域作战概念发展。

二、条令主要内容

该条令的主要内容包括任务式指挥的概念、方法、核心原则和要素等。

(一) 明确了空军任务式指挥的概念

任务式指挥是一种领导哲学,通过信任、共享态势和对指挥官意图的理解,使空军能够在不确定、复杂和快速变化的环境中作战。任务式指挥的特征是在践行指挥官意图的过程中，通过赋予下属决策权力来实现任务的分散执行，并在执行过程中实现灵活性、主动性和响应性。

任务式指挥下放的是权力，而不是高级别指挥官的责任。因此，任务式指挥不会改变高级别指挥官固有的责任或职能。但是，任务式指挥将改变指挥控制的特点，即从"等级性、从属性、指令性"转变为"互惠性"与"协作性"。在任务式指挥中，行动效能的判断依据是该行动与指挥官意图一致的程度，因此指挥控制权的分散不但不会淡化高级别指挥官的权威，而且会在整个司令部内强化这种权威。任务式指挥必须避免将控制权分配给不胜任或不适当的梯队级别，被授权梯队必须具备足够的参谋、专业知识和通信等资源以行使控制权。

（二）确定了空军任务式指挥的方法

空军通过集中指挥、分布控制和分散执行来实施任务式指挥。

（1）集中指挥，赋予指挥官规划、指挥和协调军事行动的责任和权力。空中力量能够产生全球或战区效应，能够在战役级提升作战有效性，并保持灵活性和多功能性，因此，集中指挥对空军来说至关重要。职能部队指挥官通常关注联合部队指挥官（JFC）的目标，因此，由这一级别的指挥官来完成集中指挥最为合适。

（2）分布控制，使指挥官能够将规划和协调功能分配至分散的地点，使下级指挥官能够对作战环境的变化迅速做出反应。相比非对抗环境，对抗环境可能需要更大程度的分布控制。但是，如果无法准确把握整体任务背景和不断变化的形势，分布控制会增加意料之外的风险。在权限下放的级别上，指挥官应为符合能力要求的最低级别的下属赋权。

（3）分散执行，是任务式指挥中行动的基本特征，指挥官通过授权下属进行决策以实现任务完成过程的灵活性、主动性和响应性。历史表明，分散执行能够实现快速的行动能力，提升战术层面的有效性和弹性，使空中力量的杀伤力最大化，是在敌人决策周期内行动的最可靠方法。

（三）制定了空军任务式指挥的核心原则

该条令阐述了任务式指挥的6条核心原则：①提供清晰的指挥官意图。该意图概括了行动目标、预期的最终状态以及必须完成的任务，它随着作战进展动态变化并不断改进。②建立共识，包括对作战环境、组织能力、建制能力限制以及完成任务能力的共同理解。③基于原则发挥主动性。当已有指令不再适应当下的形势，或者出现不可预见的威胁或机会时，授权下属基于原则发挥主动性，使空军人员能够更自由地作战，同时仍然能够实现高水平协调和同步。④通过信任建立团队。信任必须通过长期的共同经历来赢得和建立,能力和正直是信任的基石。⑤接受适当的风险。指挥官必须与下属合作分析风险,以便在保护部队和接受、管理必须承担的风险之间达成平衡。⑥在适当的时候使用任务型指令(MTO)。MTO聚焦行动的目的,而不是如何完成行动的细节,从而在指挥官意图的指导方针范围内赋予下属最大的行动自由。

(四)提出了空军任务式指挥的要素

为建立和支持任务式指挥所需的能力,指挥官应该培养和加强5个要素:①品格,任务式指挥文化的基石是相互尊重和信任,这是由具有良好品格的空军人员建立起来的;②胜任度,是指履行职责的熟练程度;③组织能力,是指驱动部队运作的组织机制,包括组织的框架、流程、反馈机制和奖励系统等;④凝聚力,通常被称为"团队精神",它直接影响组织建立相互信任和尊重的能力,对于任务式指挥的成功至关重要;⑤综合能力,涵盖了以上所有要素,是指个人或组织能够根据任务式指挥原则开展行动的程度或水平。

》》》三、启示建议

(一)重视并借鉴美国空军以概念形成条令、以条令推动部队建设的做法

自20世纪90年代中期以来,美军逐步形成了"构想-概念-条令"依次衔接、滚动发展的联合作战理论发展机制。美国空军历来注重作战条令的发展,自美国国防部2019年提出联合全域指挥控制概念以后,空军是第一个将该概念写入条令的军种。本次任务式指挥条令的发布为空军指挥控制方式和架构提供了清晰的发展方向,预计将对战法创新、部队训练、装备建设产生有力的推动作用。我国应借鉴美军做法,充分重视作战条令对指挥控制能力建设和装备发展的牵引作用。

(二)持续关注美国空军任务式指挥理念带来的装备发展变化

任务式指挥的发展将对美国空军装备建设产生一定影响。美军认为,实现任务式指挥的主要阻碍是缺乏支撑低级别指挥官的任务规划和管理工具。基于人工智能的决策支持工具能够辅助低级别指挥官控制分布式部队,并在通信降级或中断时随机应变地制定出意想不到的行动方案,加速决策速度。任务式指挥概念在美国空军的推广,将促进基于人工智能的决策支持工具的快速发展。为应对这一可能的变化,我国应探索相应对策,积极发展适合我军指挥控制架构、能够有效提升指挥控制效能的人工智能技术应用,使指挥链上下游的指挥官均能创造性地规划和调整部队及作战模式。

（三）积极研究和应对美国空军任务式指挥的对策

美国空军作为以全球快速到达为目标的远征部队,通常无法依赖本土通信网络,且在高端对抗中,一方往往会通过瘫痪对手的指挥控制和力量投送等关键能力来击败对手,即实施体系战,而不是直接打消耗战。如果美国空军下级指挥官能够有效行使任务式指挥,将大幅减少对通信链路等基础设施的依赖,使对手开展体系战的前提不复存在。我国应深入研究任务式指挥对体系战构成的挑战,探索应对战法,以充分适应美国空军力量运用原则的变化。

（中国电子科技集团公司第二十八研究所　李晓文）

美国空军提出"空军部战斗网络"推动联合全域指挥控制能力发展

2023 年 4 月,美国空军公布 2024 财年研发预算申请文件,首次提出"空军部战斗网络"概念,将美国空军与联合全域指挥控制相关的工作统合到这一框架,目前已有 50 个项目纳入其中。先进作战管理系统(ABMS)作为"空军部战斗网络"的关键组成部分,将为美国空军有效发挥联合全域指挥控制相关系统与装备的体系效能提供关键支撑。

>>> 一、主要调整及动因分析

美国空军成立指挥、控制、通信和作战管理(C3BM)项目执行办公室,并提出"空军部战斗网络"概念,目的是整合空军部所有与指挥控制和作战管理相关的工作,消除重复投资,并确保未来各项能力能够在统一的架构下有效集成,为联合部队和盟朋友部队提供弹性决策优势。先进作战管理系统是空军部战斗网络的关键组成部分,将为该网络提供数字基础设施,支持各种平台、传感器及其他系统连入共享的云环境。该办公室下设体系结构与系统工程办公室,负责将先进作战管理系统能力、空军的其他指挥控制系统以及其他军种的能力集成在一起,确保空军部战斗网络的技术完整性。

通过对先进作战管理系统的原有项目组合进行调整,目前主要聚焦以下 4 个领域,见图 1。

(1)架构与系统工程:确定将项目集成到空军部战斗网络所需的通用标准和技术。

(2)数字基础设施:涵盖与安全处理、连通性和数据管理能力相关的项目。

(3)软件与应用:包括基于云的指挥控制和分布式作战管理应用等。

(4)空中组网:涵盖与机载边缘节点相关的工作,目标是将战术空中资产和指挥控

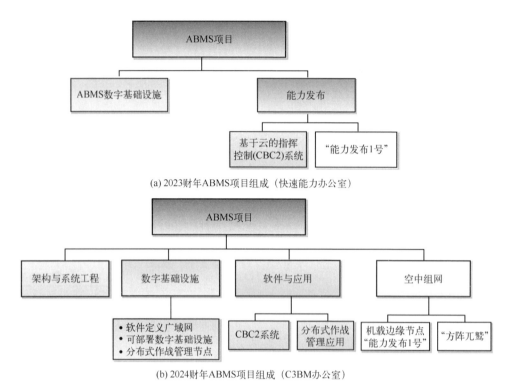

(a) 2023财年ABMS项目组成（快速能力办公室）

(b) 2024财年ABMS项目组成（C3BM办公室）

图 1 2023 财年和 2024 财年 ABMS 项目组成对比

制功能连接到先进作战管理系统的战术边缘云，主要包括"能力发布 1 号"以及将机载边缘节点拓展到其他战术飞机等工作。

》》》 二、最新进展

美国空军聚焦实战需求，重点开展支持全球连通和边缘指挥节点连通的数字基础设施建设，启动了软件定义广域网、内容分发网络等采办项目；推进基于云的指挥控制系统、"能力发布 1 号"等作战能力的发展，基于云的指挥控制系统已达到初始作战能力并部署到北美防空防天司令部，"能力发布 1 号"已完成与 KC-46 加油机的集成并开展演示试验。此外，继"转换模型-作战管理"之后，美国空军与海军合作，完成了"转换模型-计划"的初始版本。

（一）人工智能赋能的基于云的指挥控制系统达到初始作战能力

基于云的指挥控制系统原称为"能力发布 2 号"，初期目标是开发人工智能赋能的基于云的指挥控制系统，提升北美防空防天司令部/北方司令部的国土防御能力。该系统是基于"一号平台"（PlatformONE）以及"一号云"（CloudONE）的一套微服务应用集，包括用户界面、行动方案推荐工具等前端微服务,以及数据融合、数据代理、航迹管理等后端微服务。该系统将缩短战术指挥控制杀伤链,实现战术级作战管理、指挥控制能力质的提升;有助于改变联合部队数据共享的方式,加快从传感器到决策者的信息流动,帮助高级指挥官进行态势评估,并提高快速行动能力。

2023年1月,美国空军授予科学应用国际公司价值1.12亿美元的软件集成商合同,负责牵头其他参研公司开展基于云的指挥控制系统的开发、集成和运营。11月,该系统达到初始作战能力,首先部署到北美防空防天司令部/北方司令部的东部防空分区①的作战控制中心,这是该项目研发的一个重要里程碑。

(二)开展分布式作战管理应用的研发工作

分布式作战管理应用的目标是将基于云的指挥控制系统的功能扩展到战术作战中心等其他指挥控制节点,具体工作包括:在基于云的指挥控制项目的核心软件基础上,开发和扩展微服务功能,支持分布式作战指挥控制概念及其他的相关能力需求;为联合战术综合火控、远程杀伤链开发微服务等。

(三)启动软件定义广域网等3个后续采办项目

先进作战管理系统数字基础设施提供安全处理、连通性和数据管理能力,是实现联合部队互连及决策优势的重要基础,俄乌冲突使美军更加认识到连通性与信息共享的重要性。2024财年先进作战管理系统项目预算的近50%用于数字基础设施的研发。图2为美国空军在2023年1月公布的先进作战管理系统数字基础设施体系架构示意图。

指挥、控制、通信和作战管理办公室在2022年10月和2023年1月批准了数字基础设施的3个后续采办项目,即分布式作战管理节点、软件定义广域网和可部署数字基础设施。

(1)软件定义广域网:将提供全球范围的弹性、稳健的通信和数据传输能力。软件定义广域网是实现美军全球网络数据传输层的关键,空军的目标是通过该全球网络在企业、区域和战术层面上更快、更有效地连接多域传感器、平台及端用户。

(2)可部署数字基础设施:将为前沿部署的固定式指挥控制节点(如联队作战中心和战术作战中心)提供用以托管任务数据、数据管理软件和任务应用的多种安全等级的计算与存储环境,支持敏捷作战运用。

(3)分布式作战管理节点:是一种边缘基础设施,将为战术边缘的机动式作战管理指挥控制中心提供轻型、可扩展的连通、数据管理以及边缘计算和存储能力。

美国空军已在2023年1月启动了软件定义广域网的信息征询工作,7月宣布即将对

---

① 美国本土防空区分为东部和西部2个防空分区,每个防空分区设有作战控制中心。

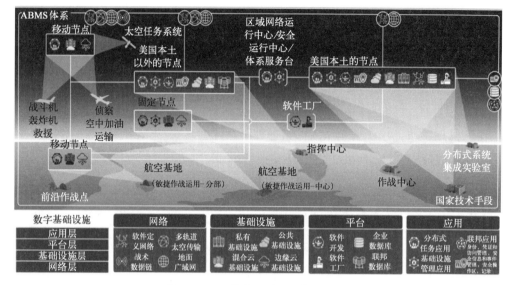

图2　ABMS数字基础设施体系架构

潜在解决方案的作战适用性进行审查,8月启动了内容分发网络的信息征询工作。

此外,美国空军继续完善美国本土云及海外云建设,并积极开展数据架构、数据标记和数据编排设计解决方案以及原型系统的开发,使可用数据能够在先进作战管理系统多级安全云环境中公开、处理和传输。

（四）完成"能力发布1号"集成并开展测试飞行

机载边缘节点将选定的战术空中作战资源和指挥控制节点连接到先进作战管理系统的战术边缘云,以此增强各层级的态势感知和指挥决策能力。机载边缘节点由通信子系统和机上战术边缘节点组成,其中机上战术边缘节点提供安全的计算和存储能力,用于托管各种任务应用程序,增强机组人员的态势感知。

"能力发布1号"是机载边缘节点的首个原型系统,用于KC-46加油机。2023年,已将托盘式计算和数据存储设备(战术边缘节点)集成在KC-46加油机上,并开展了不同作战概念下的演示试验等工作。美国空军在3月授予了波音公司一份合同,分析如何将新的边缘处理能力和指挥控制能力集成到KC-46加油机上,解决当前和未来的边缘平台如何在各类作战资产、作战人员和决策者之间共享关键数据。

后续,美国空军将在"能力发布1号"基础上,通过"方阵兀鹫"项目将机载边缘节点能力扩展到F-15E/F-15EX等其他战术飞机。

（五）发布"转换模型-计划"

继2022年开发了指挥控制概念的第一个功能模型——"转换模型-作战管理"之后,

美国空军先进作战管理系统跨职能团队在 2023 年 9 月发布了"转换模型-计划"。该模型由先进作战管理系统跨职能团队与海军决策优势团队合作开发,将计划分解为 12 个子功能,包括解释指南、情报和现有计划、创建作战概念等。

该团队采用基于模型的系统工程最佳实践,并使用系统建模语言,建立转换模型方法,开发指挥控制概念的功能模型,共有"转换模型-作战管理""转换模型-计划""转换模型-指挥"三个模型,目的是借助模型来明确"空军部战斗网络"建设的功能要求,并推动跨国家、部门和军种有效、同步地开发联盟联合全域指挥控制能力。

三、几点认识

美国空军部作战网络将会是一个更为广泛的指挥控制、作战管理、通信以及态势感知网络,该概念有效统筹了空军推进联合全域指挥控制所开展的各项工作,通过项目整合,提高建设效率,有助于快速交付各项作战能力。

(一)统筹推进联合全域指挥控制能力发展

空军部作战网络概念有效统一了空军为探索实现联合全域指挥控制所做的各项工作,未来将更好地推动工作进展。先进作战管理系统项目组合调整正是适应这一发展思路,充分利用空军已有能力,加速空军部战斗网络能力形成。

(二)即将全面加速作战能力交付

为适应作战环境及能力需求的变化,支持"空军部战斗网络"的构建,并推动美空军向弹性、分布式作战管理发展,空军部正在加大先进作战管理系统的经费投入,同时调整项目研发重点,加快为前沿部署的指挥控制节点提供弹性的通信和数据传输能力以及基于云的指挥控制能力,并增强战场前沿的态势感知和指挥决策能力。

(三)借助模型研究推动系统建设协调发展

联合全域指挥控制涉及领域广泛且错综复杂,如何保持各参与方形成共识并同步建设面临巨大挑战。美国空军部采用转换模型方法,开发指挥控制概念的功能模型,通过功能分解为作战管理、计划、指挥等相近概念建立精确边界,藉此明确先进作战管理系统的能力需求,帮助参与各方形成共识,引导工业界提出合理技术解决方案,支持各部门和军种有效、同步地开发联合全域指挥控制能力。

(中国电子科技集团公司第二十八研究所　冯　芒　钱　宁)

美国海军"对位压制工程"最新发展分析

"对位压制工程"是美国海军面向联合全域作战提出的重要项目,旨在将海战场舰船、飞机和无人系统等各类平台更好地连接起来,支持联合全域指挥控制(JADC2)。

>>> 一、发展概况

"对位压制工程"是美国海军第二大优先事项,海军领导人更将其列为该军种2023年最重要的任务之一,为该项目保留了较高预算。2022财年,海军为"对位压制工程"拨款7300万美元。2023财年,该项目预算大幅增加,根据最终文件,共获得了2.26亿美元的研发经费。2023年3月,美国海军发布2024财年预算申请简报,明确为"对位压制工程"申请1.92亿美元预算。

美国海军计划2023年首次在航母打击群上部署"对位压制工程"初期成果,因而正在密集开展实测。根据海军作战部长(CNO)Mike Gilday上将公开言论,海军分别于4月、6月在加利福尼亚海域圣地亚哥海岸试验场实施了海试。期间,海军使用"卡尔·文森"号航母打击群测试"对位压制工程"所开发的一部分技术和能力,这些技术将用于扩展和升级航母打击群上的系统。测试试验涉及航空母舰、巡洋舰、驱逐舰、舰载机联队以及数千名人员,试验科目也覆盖了许多不同类型的网络和数据。尽管没有公布细节,但"对位压制工程"主管Dough Small将军将"卡尔·文森"号航母打击群的测试活动视为该项目的"发令枪",在首次部署航母打击群后,美国海军计划在所有11个航母打击群上安装所需的硬件和软件,实现基于联合战术网的海上新一代作战架构。而Gilday上将也肯定了相关工作,认为"与海军寻求的目标和想要前进的方向保持一致,已步入正轨"。

二、发展分析

（一）从聚焦"通信"到聚焦"指挥控制"

从 2020 年 10 月美国海军启动"对位压制工程"以来，构建能实现海战场作战单位互联互通的"海军作战架构"（NOA）就成为该项目的重点。随着近年来技术研发、测试的推进，海军作战架构原型将于 2023 年部署到舰队，海军正在调整"对位压制工程"的重心，转向指挥控制能力的提升。

1. 启动"一体化作战系统"研制

2023 年 2 月，美国海军水面战主管 Fred Pyle 少将首次在公开场合提到海军正在研制"对位压制工程"的核心——"一体化作战系统"（Integrated Combat System，ICS），见图 3。目前 ICS 仍处于早期开发阶段，且还是一个概念，但将在未来 2~3 年将转为列档项目。9 月底，海军确定洛克希德·马丁公司负责 ICS 的系统工程和软件集成工作。

图 3　美国海军将开发一体化作战系统

ICS 是脱离硬件的软件套件，允许海军通过上传软件的方式交付未来能力，无须安装昂贵的硬件。所有舰船均可安装，无论采取何种编队形式，都能够作为一个单一系统整体运行，形成系统之系统。ICS 的关键作战价值在于其达到机器速度的决策优势，可帮助人员快速制定决策。海军设想，这种新的范式下，ICS 不仅能形成舰船互联能力，而且能根据舰船位置、弹药库存及其他因素，就行动方案达成统一。无论决策者物理位置是在舰队或打击群，还是在岸基海上作战中心，ICS 都能够匹配任意传感器与射手。

2. 开发指挥控制和决策辅助工具

哈德逊研究所智囊团海军作战专家 Bryan Clark 表示，"对位压制工程"关注点已从

"通信"转向"指挥控制"，包括为指挥官开发指挥控制工具，使其能够使用合适的通信手段来表述行动方案，并以对手无法企及的范围和节奏实施。这些指挥控制工具将具备强大的机器学习能力，可清理无效信息或之前未被选中的想法，再经过建模仿真，将筛选后可能的行动方案投送给用户。

随着"对位压制工程"推进，海军将增加对决策辅助工具的投资，从而增强舰船间的互联互通。海军对决策辅助工具的目标是，未来能帮助作战人员以机器速度协同工作。目前，一支打击群内的舰船可共享作战域感知、目标瞄准等信息，但速度不够快。在作战系统完全组网化的情况下，决策辅助工具将帮助作战人员充分利用互联互通的优势，确定最佳选项，使交战的成功几率最高。选项的范围最终将包含运用打击群内舰船的导弹、定向能武器和干扰能力等。

（二）深化智能化、自主性技术应用

美国海军通过部署先进的人工智能技术、推进无人平台自主性技术发展，为"对位压制工程"所设想的平台跨域互联、舰队协同作战奠定基础。目前开展的重要工作具体如下。

1. 第 59 特遣部队部署先进智能化技术

美国海军第 59 特遣部队成立于 2021 年 9 月，隶属于第五舰队和美国海军中央司令部，是海军开展人工智能和其他尖端技术作战实验的核心单位。2023 年初，第 59 特遣部队无人水面舰艇部队达成全面作战能力。目前，第 59 特遣部队正在部署 4 种主要人工智能技术，包括计算机视觉、异常行为检测、多系统指挥控制以及边缘智能。其中，计算机视觉和异常行为检测技术可减轻操作员认知负担，提升数据传输效率，辅助决策；多系统指挥控制技术可使操作员监督多个无人系统；边缘智能技术可在通信拒止或降级的环境中，根据监测数据和传感器收集的数据，判定数据或图像的传输对象，该技术是海军重点关注的一个领域。这些人工智能技术将支持海军作战部长 Mike Gilday 上将提出的"将无人部队整合到现有的指挥结构中，使无人部队成为舰队的一部分"的要求，促进"对位压制工程"在舰队中的实施。

2. 利用商业公司产品提升无人平台自主能力

无人平台是美国海军未来舰队的重要组成部队，开发和演示自主能力成为海军日益关注的焦点。2023 年 8 月，美国海军太平洋信息战中心授予美国埃尔比特系统公司一份主承包商合同，开发自主原型，可根据作战指挥官的指示，利用无人系统秘密地发现、定位和跟踪海上目标，从而扩大部队情报监视侦察的覆盖范围，增强海军分布式海上作战能力。该公司的自主原型利用自主性、人工智能、自动目标识别等技术和水下有效载荷，使无人系统可以在竞争环境中跨域自主协作、识别和报告感兴趣目标。该能力将支持海

军作战架构的实施,进而推动 JADC2,确保美国和盟友部队在陆地、空中、海上、太空和网络空间的连通性。

美国海军还广泛利用其他商业公司的先进技术,来增强舰队无人平台的作战能力。2023 年 5 月,L3 哈里斯公司与"大熊"(BigBear)人工智能公司达成合作协议(图 4),共同为美国海上防御计划提供先进的无人水面艇(ASV)和人工智能能力。L3 哈里斯公司的 ASView 系统将与"大熊"的计算机视觉技术集成,更好地识别船只并分类,增强态势感知,以及支持有人-无人组队任务。"大熊"的人工智能产品名为"小熊座"(Ursa Minor)解决方案,通过机器学习增强算法和分析来识别潜在威胁,可为分析师和决策者提供实时态势感知、预测预报和计算机视觉能力。L3 哈里斯公司的 ASView 软件(图 5)包括审慎自主规划系统和最新响应自主系统,其中:前者利用人工智能/机器学习技术和可靠高带宽超视距通信,提供可满足多种行为的路线和机动规划,包括地面避碰和多目标避碰;后者通过一组反应行为来验证路径,只有存在明显的风险时,才会采取行动或发出警报,否则将使用审慎自主系统所生成的路径。通过此次整合,美国海军无人水面艇的复杂性将得以提升,实现有效的机动决策。

图 4　L3 哈里斯公司与"大熊"人工智能公司展开无人平台能力提升合作

图 5　L3 哈里斯公司 ASView 软件

（三）基于软件定义模式实现转型

海军拥有众多体制各异的通信系统，"对位压制工程"意图利用软件来实现不同通信系统间的自动转换和传输。根据2023年8月美国《国防杂志》刊发的JADC2系列专题文章，当前海军正尝试用软件定义无线电（SDR）来替代物理网关，这将使不同通信网络的用户能够以一种双方都能理解的方式进行通信。借助软件定义的网络，部队中的任意节点可使用不同的通信网络，从而保持通信的畅通。相比之下，对手的干扰系统只能以特定的频率或波形运行，因此难以同时干扰每个通信网络。"对位压制工程"主管Small将军表示，海军目前已经获得授权，可在当前架构内以适当的规模和速度来开展软件定义无线电替换和升级工作。通过改换软件定义模式，海军的互操作性将得到显著提高。此外，根据美海军陆战队司令David Berger将军的访谈，转向软件定义的通信和网络对于缩小指挥控制基础设施的规模也至关重要，这也是JADC2的目标之一。更小尺寸的系统对平台的物理空间要求更低。

（四）真实、虚拟和构造等新兴技术助力演习训练

美国海军是真实、虚拟和构造（LVC）训练环境的主要支持者和实践者。近年来，海军与LVC训练系统总承包商HII技术公司合作，将海军联合战术训练靶场和南加州近海靶场纳入海军持续训练环境（NCTE），其中包括遍布美国和伙伴国家的1200多个安全互连节点。NCTE将真实训练环境与虚拟和构造环境相结合。海军已经在大约140艘舰船上将LVC训练系统与40多套不同安全等级的C5ISR系统进行集成，从而使处于不同地点的海军训练平台实现连续、多域的LVC训练。2022年，美国海军在NCTE中进行了367次主要训练活动。HII公司也在考虑采用基于云技术的分布式训练。2023年8月，HII公司获得合同，为海军提供一体化舰载和岸基训练系统安装和维护（ITSIS）系统，能通过云技术为军事训练资源提供开放的存储空间，改变军队作为共享基础设施的运作方式，由云端基础设施提供大量资源，供不同用户在任何地方同时使用。

⟫⟫⟫ 三、演习试验

（一）"北方利刃23"测试跨域指挥控制

2023年5月，美军在阿拉斯加举行了"北方利刃23"多国联合野战训练演习，着眼高端战争，聚焦联合、多国、多域作战，通过装备测试、试验鉴定、实战化军事演训等活动，提

升美军战备和跨军种、跨域、跨国间互操作能力。演习的重头戏是验证印太司令部提出的"联合火力网"(JFN)概念,展示短期决策优势能力,从而增强联合火力规划和执行,提升互操作性。演习使用了洛克希德·马丁公司"钻石盾"(DIAMOND Shield)多域指挥控制系统和海军虚拟"宙斯盾"武器系统(VAWS),同步空中、陆地、海上、太空和赛博域信息,持续提供并更新通用作战图,使用人工智能自动分析数百个潜在场景,为指挥官提供最佳解决方案,并成功连接到前线武器平台单位——F-35战机,达成了预期作战目标。这是美军第一次在大规模演习上展示真正的联合部队同步,是美军发展 JADC2 互操作性的里程碑。

"北方利刃 23"演习还测试了 MQ-9B、MQ-4C 等无人平台在跨域联合作战中的作用。MQ-9B 无人机演示了向印太司令部各作战中心提供实时海上情报监视侦察和瞄准数据。MQ-4C 完成了多次持续远程瞄准演示,重点是智能化技术辅助下信息的任务分配、收集、处理、利用和传播。地面操作员通过无人机机载"米诺陶"任务系统接口,对数据进行处理、利用和分发,借助自动化分析,加快动态任务分配。演习验证了无人平台可帮助维持强大的通用作战图,支持分布式跨域作战(图6)。

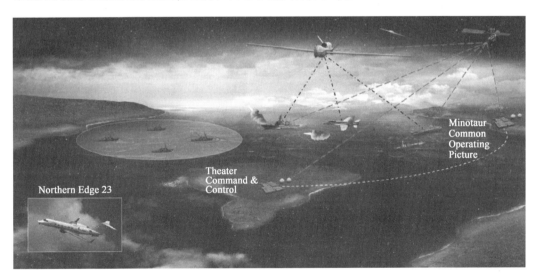

图6 "北方利刃 23"测试无人平台跨域作战

(二)"综合作战问题 23.1"测试跨域协同

2023 年 5 月,海军太平洋舰队开展"综合作战问题 23.1"(IBP 23.1)演习,检验无人系统参与下的空中、海上、水下远程火力、监视侦察、指挥控制以及情报能力,评估跨域协同水平和整体杀伤力。参与系统包括"海上猎人""海鹰"、T-38"魔鬼射线"无人艇和 RQ-20 "美洲狮"等无人机。演习还测试了通用原子航空系统公司 MQ-9B 与海军 MH-60 直升机之间的有人-无人组队（MUM-T）能力。在测试中，MQ-9B 无人机 MH-60R 直升机快速完成对目标的关联和定位，由 MQ-9B 将战术报告传输给珍珠港海军基地第 34 战术反潜作战中心特遣部队，指挥 MH-60 投掷鱼雷训练弹，对模拟潜艇进行了打击。除无人系统外，演习还测试和集成了各种传感器、决策辅助工具和操作工具，包括连接所有系统的人工智能技术。此外，演习还试验了商业卫星和视距通信技术，并将它们整合到海军 ISR能力中。通过此次演习，美国海军进一步探索了如何利用无人系统的协同能力在战争中获得优势。

》》》四、未来发展计划

根据美国海军 2024 财年预算申请简报，"对位压制工程"涉及 5 个项目（组），分别是"先进作战系统技术"（Project 0324）、"数字战争"（PE 0604027N）、"建模和仿真保障"（PE 0308601N）、"自动测试和再测试"（Project 9B88）、"情报任务数据"（PE 0307577N）。

（一）先进作战系统技术

"先进作战系统技术"项目（组）预算申请 222 万美元，包括"开放系统架构原型和演示""开放系统架构规模化和集成""开放系统架构系统工程和分析"3 个子项目。"开放系统架构原型和演示"子项目旨在对支持"开放系统架构"的技术开展原型设计和演示，包括模型与仿真技术、LVC 技术、相关数字战场和沙盒（sandbox）技术、网络空间安全技术、信息保障技术、云技术、网络技术、人工智能/机器学习技术等。"开放系统架构规模化和集成"子项目旨在海军部队范围内继续推广使用模块化"开放系统架构"的能力和标准，将"开放系统架构"应用于大量的研发和作战环境，以及有人/无人系统中，以更好地应用作战管理辅助工具、任务规划辅助工具、人工智能/机器学习技术、目标跟踪管理工具等先进工具/技术。"开放系统架构系统工程和分析"子项目旨在为"开放系统架构"相关技术的原型设计、演示、集成提供系统工程保障和分析能力，并持续发展相关开放标准和政策。

（二）数字战争

"数字战争"项目（组）预算申请 1.81 亿美元，包括"通用武器数据链""辅助决策工具和人工智能研发""战争飞行员""数字化战争"4 个子项目，均为机密级。其中，"通用武器数据链""数字化战争"子项目能支撑"对位压制工程"网络领域的相关工作，加速构建"网络之网络"，提升网络的带宽、弹性和敏捷性，2024 财年预算申请分别达到 3458 万美元和 1.014 亿美元；"辅助决策工具和人工智能研发"子项目将推动基于人工智能的辅助决策工具在作战中的应用。

（三）建模和仿真保障

"建模和仿真保障"项目（组）预算申请 1099 万美元,包括"核心服务""通用服务""实验与原型"3 个子项目。其中,"核心服务""实验与原型"子项目将支撑"对位压制工程"数据架构领域相关工作,旨在发展通用服务、工具和数据库,并通过简化技术架构发展,提升模型和数据复用性和互用性的方法和标准,全面支持海军体系架构,以及海军范围内的工程设计需求;"通用服务"子项目旨在通过协调海军的建模与仿真活动,识别各部门所需的建模和仿真能力,并进行优先级排序。

（四）自动测试和再测试

"自动测试和再测试"项目（组）预算申请 1081 万美元,旨在:扩展当前海军自动测试和再测试（ATRT）中的方法和工具,为海军提供对单个系统和系统之系统的研发、评估和作战分析的能力;在云端数字环境中,开展实时的软件代码分析与性能测试,进一步缩短海军作战软件的部署周期。

此外,2023 财年批复经费中,新增了 5000 万美元的"对位压制工程"系统集成经费,主要用于:持续发展和利用 ATRT 技术和工具,实现舰队规模化连接、增强数据可视化、加速能力交付;发展支持云研发环境（DevSecOps、软件工程、工具等）的能力,支持跨域任务测试和分析;支持作战管理辅助工具（BMA）、战术决策辅助工具（TDA）等人工智能/机器学习分析工具的测试工作。

（五）情报任务数据

"情报任务数据"项目（组）预算申请 79 万美元,旨在:研发数据分析和数据架构,实现数据可视化,提高复杂任务情报数据分析能力;对海军范围内的情报数据进行集成、互用、优先级排序和分析,保障海军所有领域岸基和海基系统的现代化、数字化转型,并将更多的情报信息集成到盟友软件环境中。

此外,在海军 2024 财年未资助优先事项清单（UPL）中,将"海上浮动定位单元"（MTC-A）设为首个优先事项,预计投入 4530 万美元的研发资金,旨在对抗性通信环境中,在岸基和战术海上节点提供国家、战区和战术传感器和空间层下行链路的持久、多域融合,通过集成情报、传感器、射手、平台和武器以增强杀伤力和生存能力,直接支持美国海军"对位压制工程"和 JADC2 概念,这也是《海军作战部长指导计划（NAVPLAN）》的战略目标。

〉〉〉 五、结语

"对位压制工程"即将在美国海军舰队展开第一轮部署，提供跨域指挥控制架构原型。未来，美国海军还将继续借力人工智能、自主性、软件定义等先进技术，提升舰队远域态势感知、跨域资源调配、互操作性、数据共享等能力，推进"对位压制工程"成果进一步落地。

（中国电子科技集团公司第二十八研究所　戴钰超）

美国陆军一体化防空反导作战指挥系统
形成初始作战能力

一体化防空反导作战指挥系统(IBCS)是美国陆军正在大力发展的"一体化防空反导"(IAMD)项目的重要组成部分,也是美军未来联合全域作战背景下实现防空反导一体化的核心和关键。2023年5月,美国诺斯罗普·格鲁曼公司宣称,陆军IBCS已具备初始作战能力,并已为正式部署做好准备。

》》》 一、IBCS 的研发背景

1. 美国陆军传统烟囱式系统制约体系性防空反导能力

美国陆军防空反导体系主要由"爱国者"系统、"萨德"系统(THAAD)、"复制器"系统、改进型"哨兵"雷达等装备构成,以连级火力单元为最小作战单位。按照之前的传统采办要求,交付的系统必须采用闭环的指挥控制系统,用于支持各系统专用的传感器和发射单元。单一武器系统内制导站、发射架(站)、导弹等深度捆绑,不同系统之间缺乏互联、互通和互操作能力,是典型的由"烟囱式"系统组成的作战体系。这种体系在支持旅级、营级、连级等不同级别的任务需求时灵活性严重不足。"伊拉克自由"行动中的3次与防空反导有关的误伤事件进一步说明,指挥控制系统需要具有足够的动态管理多任务和多传感器的能力,从而形成了一体化防空反导概念。

2. 美国陆军建设 IBCS 支持一体化防空反导概念

美国陆军于2006年8月成立了一体化防空反导项目办公室,随后启动了将陆军所有防空反导系统联为一体的IAMD项目计划。该计划立足体系作战的全局,以体系集成整合和采用一系列最新网络信息技术为主要手段,全面提高战区导弹防御系统的一体化和网络化水平。美国陆军于 2007 年 1 月成立 IBCS 项目办公室，开始推进 IBCS 研制计划。2008 年 9 月，诺斯罗普·格鲁曼公司和雷声公司分别获得价值 1500 万美元的第一阶段研发合同。经过方案竞争，诺斯罗普·格鲁曼公司方案赢得美军青睐，并于 2010 年获得了价值 5.77 亿美元的第二阶段研发合同，真正开始了 IBCS 项目的研发。

》》二、IBCS 的最新进展及核心技术

IBCS 于 2023 年 5 月具备初始作战能力，比原计划的 2018 年整整推迟了 5 年，至今已投入超过 27 亿美元。2023 年 6 月，美国陆军一体化火力任务指挥项目办公室宣布，美国国防采办委员会已经批准 IBCS 进入全速生产，标志着美国陆军可以为防空反导部队设定 IBCS 系统的部署时间表，也为该系统的对外军售铺平了道路。目前，波兰已经选择将 IBCS 系统作为防空反导的核心系统，并已成功从美军手中接收了 3 套系统。IBCS 还参与了澳大利亚"联合作战管理系统"项目的竞标。未来随着更多美军盟友采购该系统，美国及其盟友的防空反导互操作和网络集成能力将得到大幅提升。

IBCS 主要构建以多武器、多传感器全面联网并获取单一集成空情图为必要条件，以一体化火控网建设为关键点，以实现拦截武器系统的超视距作战能力为标志的一体化防空反导大系统，使每个子系统对其他子系统的拦截武器都能够按照作战需求和能力指标实现综合控制和制导，最终实现防空反导作战的一体化。美国陆军在 IBCS 系统的开发过程中主要运用了模块化开放式系统方法、综合总线与系统集成技术、标准接口组件单元即插即用技术、一体化火控网技术、通用软件技术。

1. 模块化开放式系统方法

模块化开放式系统方法（MOSA）的核心目标是得到可负担得起的、能不断进化的联合作战能力。该方法能以拆分模块的方式将复杂性系统进行简化，从而使项目能够并行实施，通过对系统进行灵活的增改来适应未来的不确定性。美国国防部将 MOSA 分解为5 大关键目标：①显著节省成本或避免成本；②缩短研制周期并快速部署新技术；③带来更多技术升级和更新的机会；④提高互操作性；⑤在系统的全生命周期内建立增强竞争和整合创新机制。在 IBCS 架构中，运用 MOSA 能够将现有防空反导系统（如"爱国者"）的传感器、指挥控制系统、武器系统以组件的形式分离，使未来的传感器和武器系统能够与 IBCS 集成并创建单一集成空情图，从而以最佳的方式应对敌方威胁。

2. 标准接口组件单元即插即用技术

标准化的接口允许各单元把数据提交给数据总线，并且从数据总线获得信息。各种传感器和武器系统利用标准接口向数据总线发送数据，并从数据总线接收数据。这种接口套件被称为即插即用套件，包括通用部分和专用部分，其中：通用部分包括无线电接

口、数据链接口、武器即插即用函数、武器任务执行、作战人员身份识别融合、联合航迹管理;专用部分包括特定武器的I/F、武器控制、武器的其他特定功能。

3. 一体化火控网(IFCN)技术

一体化火控网是美国陆军一体化防空反导系统之系统基本的通信基础结构,提供火控链路连接和分布式操作能力,为语音、视频和数据提供连通性。一体化火控网的中继设备提供移动的通信节点,设备上安装有接口套件,可扩展与远端发射架和传感器平台的连通性。一体化火控网的链路采用孔状的自组织IPv6网络,主要特点就是稳健性好,其中包含了高数据率和低数据率的两种链路。链路路径采用了冗余式的多路径路由,既避免了单点故障,同时也使得抗干扰性大幅提高。

4. 通用软件技术

IBCS的软件采用国防部制定发布的通用一体化防空反导XML模式(CIXS)标准,为交战控制、火力控制、部队管理、情报收集、参谋业务、系统运行、天气与训练等多类型信息建立虚拟共享的全局数据空间,从而实现各作战要素交互的一致性。IBCS软件的各功能模块通过企业集成总线(EIB)发布/订阅机制,实现灵活、实时、大容量、可扩展的内部数据与传感器、拦截器间的数据交互。

》》》三、IBCS在陆军防空反导作战中的作用

1. IBCS是美国陆军一体化防空反导作战体系的"神经中枢"

IBCS采用开放式架构和模块化设计,能够对不同反导系统的雷达与发射器进行整合,通过一体化火控网获取雷达信息,指挥发射系统对来袭目标发起打击,实现真正的一体化作战指挥控制。目前,IBCS依托新研的一体化火控网(IFCN)等基础通信设施,完成了"爱国者""哨兵"雷达和F-35等主战装备的能力集成工作,并通过多阶段实弹拦截试验,初步展示了其新质交战方式与作战能力。

2023年11—12月,在新墨西哥州白沙导弹靶场进行的"低层防空与导弹防御传感器"(LTAMDS)先进实弹飞行系列试验中,IBCS再次展示了集成传感器和效应器的能力,进一步奠定了美国陆军防空反导转型基石的作用。在最近的这些试验中,IBCS实现了以下功能:①通过处理LTAMDS数据,检测、识别来袭的低空和高空威胁,并实现持续的目标精确跟踪;②通过对"爱国者"PAC-3的火力控制,成功拦截巡航导弹和战区弹道导弹目标。将LTAMDS集成到IBCS,标志着该系统实现了另一个重要的里程碑,即重塑多个任务的战场空间,以具有成本效益的方式优化当前和未来的防空反导网络。LTAMDS是美国陆军的下一代防空和导弹防御雷达,计划于2027年部署,届时将取代现有的"爱国者"雷达,使IBCS具备对高超声速导弹的防御能力。

2. IBCS 部署关岛将增强美军在印太地区的防空反导能力

根据美国政府问责局（GAO）2023 年 5 月 18 日发布的 2022 年导弹防御局年度问责报告，关岛防御体系将由预警探测、指挥控制、发射装置等系统构成。在指挥控制方面，关岛防御体系将由联合指挥中心控制，联合指挥中心将使用 IBCS 系统、"宙斯盾"反导系统以及指挥、控制、作战管理和通信（C2BMC）系统任务节点，帮助该地区的作战行动实现连续性。在这一体系中，IBCS 是连接美国陆军、海军、空军及海军陆战队的防空反导传感器、指控系统及拦截武器的关键指控系统。"联合跟踪管理能力"（JMTC）桥接器是 IBCS 实现不同军种系统连通的关键，对于美军的关岛防御计划至关重要。JTMC 可将不同军种的多个传感器和火控系统连接到一个集成网络中，从而使陆军 IBCS、海军"协同交战能力"（CEC）及"宙斯盾"武器系统等原本无法协同工作的系统连接起来。美国导弹防御局在 2023 财年预算申请中为 JMTC 桥接器的集成申请了 1800 万美元的经费，旨在建立一个独立的一体化火控系统以支持关岛防御。

2021 年 7 月 15 日，美国陆军在新墨西哥州白沙导弹靶场完成了 IBCS 的最终研发试验。此次飞行试验中对 JMTC 桥接器进行了首次现场测试和演示，依托 JMTC，美国陆军实现了"爱国者"雷达、"哨兵"雷达和海军陆战队的 G/ATOR 雷达以及空军 F-35 战斗机传感器之间的连接。本次演示也是美国陆军首次在 IBCS 和海军 CEC 系统之间架起了一座桥梁，从而使 IBCS 通过一体化火控网首次共享了海军陆战队 AN/TPS-80 地面/空中任务导向雷达（G/ATOR）的跟踪数据。

在 2022 年 10 月的举行的"会聚工程-2022"演习期间，美国陆军、海军、空军和海军陆战队 4 个军种演示了一体化防空反导架构原型，该架构使用 JTMC 将分散在不同区域的陆军"爱国者"雷达、"哨兵"雷达、海军陆战队 G/ATOR 雷达、空军 F-35 战斗机与海军驱逐舰 SPY-1 雷达连接起来，共享雷达跟踪数据并创建了综合的空中图像，验证了复合跟踪网络集成为单一联合跟踪网络的可行性，为关岛一体化防空反导能力建设提供了新思路。

〉〉〉四、结语

IBCS 系统是美国陆军多年来倾力打造的防空反导指挥系统，也是美军提升防空反导作战能力的重要尝试，还是陆军推动实现"联合全域指挥控制"（JADC2）的重要步骤。目前，IBCS 系统已具备初始作战能力并进入批量生产阶段，未来将增强关岛乃至整个印太地区的一体化防空反导作战能力，这标志着美军在我国周边地区的 JADC2 能力正逐步落地，未来发展值得进一步关注。

（中国电子科技集团公司第二十八研究所　李皓昱）

美军"晶格"智能指挥控制系统发展分析

为支撑联合全域指挥控制（JADC2）发展，跨域连接战场传感器与射手，美军正大力发展联合层面的智能指挥控制系统，"晶格"（Lattice）指挥控制系统是其中最为引人瞩目的系统之一。"晶格"由安杜里尔公司于 2019 年开始研制，旨在连接从地面雷达到战斗机的各种军事装备，接收来自不同系统的信息，为美军作战人员提供一个单一的通用作战图，支撑更快的决策。近年来，"晶格"系统多次参加美军先进作战管理系统（ABMS）演示实验等重大联合作战演习，验证了其防空反导、无人蜂群指挥控制能力。

》》》 一、基本情况

（一）研发背景

美国安杜里尔公司成立于 2017 年，是以软件为核心的硅谷新兴技术企业。2019 年，美国国防部开始大力发展 JADC2 能力，安杜里尔公司顺应这一发展趋势，研制了"晶格"系列智能指挥控制系统，凭借人工智能、机器学习等领域的技术优势成为美国、英国和澳大利亚等国家国防领域的供应商，在成立后短短 6 年时间内就发展为硅谷军工"独角兽"企业。安杜里尔公司业务领域主要涉及反无人机、反入侵、监视与侦察等，以"晶格"系列智能指挥控制系统为产品矩阵核心，贯通其无人机、边境墙和感知系统等硬件产品。

（二）系统类型

安杜里尔公司基于"晶格"通用操作系统构建了面向任务、灵活定制的产品模式，目前已在"晶格"通用操作系统的基础上研制了"晶格"防空反导指挥控制系统、无人指挥控制系统以及反无人指挥控制系统三种成熟的智能指挥控制系统。

1. 防空反导指挥控制

"晶格"防空反导指挥控制系统由安杜里尔公司于 2019 年前后研制,已应用在美空军先进作战管理系统的演习试验中。该系统由导弹探测塔和指挥控制系统组成。导弹探测塔能够从现有的美国空军系统（如雷达和声学传感器）收集数据。指挥控制系统为指挥官提供战场环境三维地图,向指挥官提示可疑目标并发出警告,支持指挥官同时跟踪和处理多个目标。指挥官确定目标后,指挥控制系统能够为其提供各类打击选项,使指挥官能够快速确定应对目标的最佳武器平台。"晶格"防空反导指挥控制系统减少了指挥官在战场管理方面的认知负荷,使其能够聚焦对可选方案的推理和判断,在高度动态和对抗的环境下选择最佳作战方案。

2. 反无人机指挥控制

"晶格"反无人机指挥控制系统于 2020 年前后开始研制,目前已获得美国特种作战司令部、国防创新部门（DIU）、英国皇家空军和战略司令部等机构的研制合同。"晶格"反无人机解决方案由一个系统族构成,包括"晶格"系统、"哨兵"塔（Sentry tower）和 Anvil 小型无人机系统,同时集成了最先进的第三方传感器和武器装备及平台以实现分层防御。"哨兵"塔由机载雷达和光学传感器组成,能够利用机器学习算法处理数据,进而检测、识别和跟踪威胁。"晶格"系统在战场边缘提供自主侦察、分类和目标跟踪能力,发现威胁后对用户提出警告,为用户提示交战和打击解决方案。

3. 无人机指挥控制

2023 年 5 月,安杜里尔公司公布了"晶格"无人机指挥控制系统——"晶格任务自主"（Lattice for Mission Autonomy）系统（图 7）。该系统采用开放且可扩展的架构,支持与第三方硬件和软件的集成和互操作,可同时控制上百架无人装备,包括无人协同作战飞机（CCA）和水下无人潜航器。该系统能够在整个任务周期内,包括计划、演习、执行到战后分析,指挥控制无人资产协同工作,实现大规模的无人资产集成,在任意作战域动态执行复杂任务。"晶格"无人机指挥控制系统的核心功能包括自主驾驶、战场空间感知和理解、威胁和目标识别、信号和通信管理、多平台机动协调、效果同步、"人在环上"协同编队等。

"晶格"无人机指挥控制系统在任务规划上采用剧本（Playbook）设计理念及方法,预设防御性制空、战斗空中巡逻、巡飞、集结等任务模板,并可针对这些战斗行动设置相应的参数,包括巡逻时间、传感器类型（雷达、红外等）等。在目标识别功能中,"晶格"无人机指挥控制系统使用了计算机视觉中的深度学习算法（图 8）。

（三）系统特点

"晶格"系列指挥控制系统设计突破了传统大型武器装备设计流程和繁琐的论证模

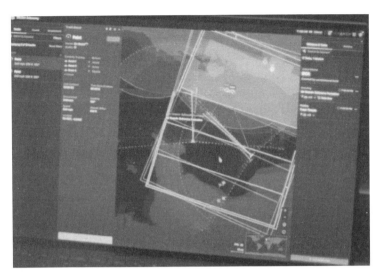

图 7 "晶格"无人指挥控制系统的人机编队任务规划和指控界面

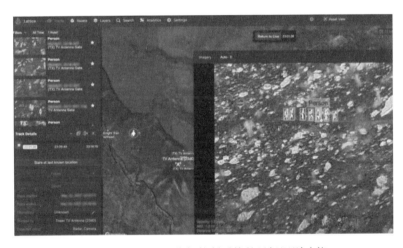

图 8 "晶格"无人指挥控制系统的目标识别功能

式,聚焦作战需求打造小、精、尖产品。"晶格"指挥控制系统是一种操作简便、可伸缩、可扩展的开放式系统,充分利用了传感器融合、计算机视觉、边缘计算和机器学习等先进技术,能够对作战人员关注的所有目标进行快速检测、跟踪和分类,有效加速杀伤链的闭合,其主要特点如下。

(1)大规模多域作战:系统具有集成全球陆、海、空、天多作战域传感器和武器装备及平台的能力,可在一块显示屏上生成智能化通用作战图,支持对战场全空间、全天时的实时态势共享和理解。

(2)开放性生态系统:支持对现有系统和未来系统及服务的集成,从而实现关键数据的传输并改善工作流程。

（3）强大的任务自主性：采用开放、模块化和可扩展的软硬件设计，并配置可强力支持感知和指挥控制功能。

（4）自动决策优势：系统专为高风险和动态环境设计，使用深度学习模型向作战人员提供决策点并推荐应对方案，显著简化和加速了决策过程。

（5）综合性指挥控制：系统能够跨域进行分布式高可靠通信，能对有人和无人资产进行实时指挥控制。

》》》 二、实验情况

近年来，"晶格"系统多次参加美军先进作战管理系统演示实验、"北方利刃"演习等重大联合作战演习，验证了其防空反导、无人蜂群指挥控制能力。

（一）先进作战管理系统演示实验

在 2020 年 9 月先进作战管理系统演示实验中，"晶格"系统验证了其出色的防空反导指挥控制能力。演习开始前，安杜里尔公司部署了 3 座装有雷达和摄像头等传感器的导弹探测塔。演习中，美国空军在马里兰州安德鲁斯联合基地设立了一个临时控制中心作为本次试验的作战指挥中心。实弹演习的主战场在新墨西哥州白沙导弹靶场，美国空军轰炸机在此发射了 6 架 BQM-167 无人靶机以模拟俄罗斯巡航导弹。

在安德鲁斯联合基地控制中心，美国空军人员通过虚拟现实头显监控"晶格"系统提供的白沙导弹靶场三维地图。当模拟的俄罗斯巡航导弹发射后，算法立即对作战人员发出警告；当作战人员将其标记为敌对导弹时，系统自动提示选项菜单，推荐打击方案。作战人员用手动控制器发出命令，命令立即被传递给控制武器系统的人——战斗机飞行员。随即，一枚真实导弹击落了白沙导弹靶场的模拟导弹。在整个过程中，一名作战人员能够同时跟踪和处理 5 枚模拟导弹（图 9）。

（二）"北方利刃 23"演习

2023 年 6 月"北方利刃 23"演习（EDGE23）中，安杜里尔公司成功完成了"晶格"系统执行任务前规划、作战分析和指挥控制多架无人机的演示。操作员使用"晶格"系统指挥了多个按照所搭载传感器和载荷分工的无人机编队，包括 1 架 Textron 系统公司的 Aerosonde HQ 无人机和 3 架不同版本的阿尔提乌斯 600 巡飞弹（ALTIUS-600），成功定位、识别和摧毁了地对空导弹（SAM）发射点，展示了"晶格"系统指挥无人机编队遂行对敌防空火力压制/摧毁敌防空系统（SEAD/DEAD）任务的能力。美军认为，本次演习展示的能力能够应用于未来战术无人机系统（FTUAS）、可扩展控制接口（SCI）和发射效果

（LE）等多个下一代研发项目。

图 9　ABMS 演习期间临时控制中心的美国空军人员使用"晶格"系统执行反导任务

》》三、主要影响

以"晶格"系统为代表的支撑跨域协同的智能化指挥控制系统一旦实现部署,将对美军联合全域指挥控制能力建设产生重要影响。

（一）有效支撑任务式指挥模式和分布式指挥架构的实现

随着 JADC2 概念的发展,美军已认识到,为改变全战区集中式指挥控制架构,需尽快实施任务式指挥模式和分布式指挥控制架构,为战术边缘的指挥官提供智能化决策支持能力。然而,美军现役作战平台以大型、昂贵、难以升级换代的武器系统为主,无论从数量层面还是从决策支持工具层面,都无法支撑未来的分布式指挥控制架构,并且无法满足多样化的作战需求。"晶格"系统采用人工智能和自主性技术,其特点为小型化、模块化、低成本、易部署和易升级换代,能够实现战术边缘的大规模部署,协助战术指挥官快速开展任务规划和决策,有效支撑任务式指挥模式和分布式指挥架构的实现。

（二）推进美军无人自主蜂群作战模式发展

"晶格"系统使操作人员能够"一键式"同时指挥控制陆海空等作战域的数百个无人系统,同时支持不同作战域的无人系统之间协同工作。采用"晶格"系统,只需要少量操作人员,就能够指挥无人自主蜂群在高危胁、强对抗环境下执行监视、侦察、打击等多种任务。根据美国空军 2016 年发布的《2016—2036 小型无人机系统飞行规划》，2026—2036 年，蜂群无人机作战概念将从研发阶段向实战应用过渡。"晶格"系统支撑实现的低成本、高效率的多域融合型无人蜂群，为美军在未来 5~10 年内打造一支低成本的新质作战力量创造了条件。

（三）助力美军在联合全域作战中实现信息优势

"晶格"系统可在态势感知和指挥决策方面助力美军实现信息优势。在态势感知方面，"晶格"系统能够自动收集并分析来自不同作战域和传感器的数据，形成可直接支持决策的作战图像，通过直观的用户界面呈现给指挥官，使美军可及时、准确、全面掌握对手力量部署、作战意图、行动路线等信息。在指挥决策方面，"晶格"系统是一种先进的智能化决策助手，利用深度学习技术在关键决策点提供易于理解的行动方案，减轻指挥官的认知负担，简化决策流程，加速指挥官决策速度，进而实现信息优势。

（四）推进美国国防部与小型高科技初创公司在新兴技术领域的合作

美国国防部与安杜里尔公司的合作是商业技术快速应用到军事领域的典型案例，双方的成功合作将对此类合作起到一定示范和推进作用。与大型国防主承包商相比，安杜里尔等小型高科技初创公司机制灵活，绝大部分是数字化企业，其运营模式往往与国防部正努力推广的软件工厂一致。美国国防部从小型企业采办新技术与新能力，能够缩短合同签订周期，加快作战能力的实际部署速度。例如 ABMS 项目的供应商不仅包括洛克希德·马丁公司这类传统大型国防承包商，还包括很多在大数据分析、人工智能、机器学习、传感器融合、建模仿真等方面颇有建树的中小型企业和初创公司。美国国防部与小型高新技术企业的紧密合作，能够刺激国防领域的创新和多样化，增强供应链，同时引发大型传统承包商之间的内部竞争与创新。

（中国电子科技集团公司第二十八研究所　李晓文）

以色列推进人工智能技术在指控领域的落地应用

2023 年 6 月,以色列军工巨头拉斐尔公司在巴黎航展上推出了一款名为"谜题"的智能化决策支持系统,在 2021 年已经投入实战的"火力工厂"智能软件的基础上,将人工智能技术进一步拓展至情报处理分析、态势生成和任务规划环节,为用户提供贯穿观察、判断、决策和行动(OODA)环的全流程支持,将显著提高以色列国防军的作战效能。

近年来,为了应对巴以冲突局势升级,以及与伊朗因核问题导致关系恶化带来的潜在军事威胁,以色列以其新推出的"动量"军事改革计划以及不同层面的人工智能战略为牵引,加强与工业部门的合作创新,大力发展、推进人工智能等高新技术在指挥、控制、情报等军事领域的应用,已形成多款成熟的人工智能产品并广泛应用于实战,并以此为基础不断创新和升级。

》》》 一、发展背景

(一) 以色列周边地区安全形势面临严峻挑战

近年来,黎巴嫩真主党与哈马斯等组织从不同渠道获取了包括各型无人机和火箭炮在内的大量新武器装备,并以此为基础创造出新的战法和战术,在丰富攻击手段的同时,也提升了自身作战的灵活性,对以色列国防军现有的防御体系和指控能力构成了严峻挑战。

(二) 以色列军事改革计划提出提升作战部队的灵活性、智能性和杀伤力

2020 年以色列国防部推出了最新的"动量"(Momentum)军事改革计划,以提升部队作战的灵活性、智能性和杀伤力为核心目标,强调充分利用以色列国防军在空中力量、情

报和技术等方面的既有优势,同时结合人工智能和网络数字化等新兴技术,建立一个数字化的指挥控制和通信网络,使各作战单位实现互联、互通、互操作,提高情报和行动信息共享速度,提升部队指挥决策能力,压缩观察、判断、决策和行动周期,打造多域一体化数字战场,形成质量优势。

（三）以色列从国家层面推进人工智能技术在各领域的应用

近年来,以色列发布了包括人工智能战略在内的多份人工智能顶层文件,引领人工智能在国防领域的发展应用。2022 年 2 月在以色列国防军首次公布的人工智能战略中,指出不仅要加强人工智能系统的研发工作,更要将其有机地融入部队中。该战略阐述了人工智能技术在多种作战场景中的实施思路,即实现全域态势共享功能,具体包括使用人工智能系统更高效、灵活、适度地利用传感器数据,将相关信息推送至对应系统中,为陆海空多军种构建协同作战场景,使所有部队都基于同一数据集协同,确保作战行动的高效统一,从而在多域联合作战中占据优势。

》》》 二、主要应用方向

近年来,以拉斐尔公司、艾尔比特系统公司(Elbit Systems)公司和以色列航空工业公司(IAI)等军工巨头为代表的以色列企业推出的军事智能化项目主要集中在指挥决策、态势感知和自主平台控制领域,已经形成了一系列成熟的装备、系统并走向实战运用。

（一）打造综合性的指挥控制系统

2023 年拉斐尔公司推出的"谜题"(图 10)智能决策支持系统,创新性地将人工智能技术融入 OODA 环的各个环节,充分发挥了人工智能在数据处理分析方面的速度和准确性优势,将原来需要数个小时的空袭作战决策过程缩短到数分钟,在提高以色列国防军识别定位哈马斯武装人员、移动火箭发射装置的速度和精度,以及匹配最优攻击平台、提升作战效能方面,具有巨大的潜力。

该系统集成了图像情报、信号情报、网络空间和公共情报等多种类型数据,通过智能信号情报、智能图像情报等分系统的人工智能技术和机器学习算法进行数据清洗,创建出全面、经过滤的数据集,形成涵盖对手位置、身份信息、活动轨迹等信息的综合态势图像,再通过网络中心化的国家级多对多武器分配中心,接收和评估端用户的攻击请求,使用人工智能创建优先级加权清单,将攻击请求与适合武器进行智能匹配,形成端到端的作战方案。该系统有效提升了战场情报数据处理分析的速度与准确度,能够快速、精确识别与定位目标,并生成行动方案。

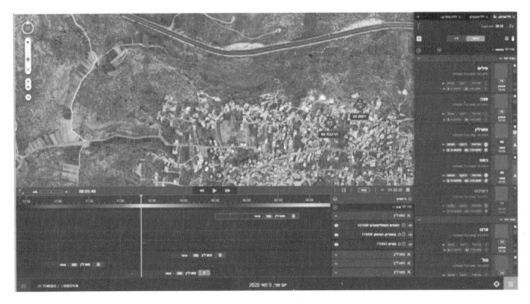

图 10　"谜题"系统界面

如图 11 所示,该系统由 SIGNAL. AI™、IMILITE™、TARGETS™ 和 FORCE™ 4 个分系统构成,这些分系统既可以独立运作,也可以作为系统中的单元协同运行,其功能涵盖了从情报处理、目标态势生成、武器/传感器任务分配、作战方案生成在内的指挥决策各个环节,基于人工智能的快速分析和处理能力,使军事决策者能够在更短的时间内更高效地开展军事行动。

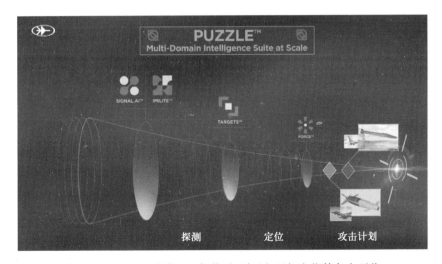

图 11　"谜题"系统将人工智能融入探测、目标定位等各个环节

在 4 个分系统中,SIGNAL. AI™是专用于信号情报(SIGINT)分析工作的分系统,能够在覆盖数万个网络的环境中使用人工智能/机器学习技术识别、分类敌方通信网络,并对

敌人进行定位;IMILITE™是首个经过实战验证的国家级图像情报（IMINT）和地理空间情报（GEOINT）分系统,主要用于先进的视觉和地理空间数据收集和加工;TARGETS™是针对潜在作战目标,记录所有与其相关的活动,协助瞄准人员对目标进行识别、跟踪和记录的分系统,用于提供多领域目标解决方案;FORCE™是一种网络中心化的多对多武器分配枢纽,可连接到前线和战场的所有作战单元,接收、评估来自瞄准人员的攻击请求,并对其进行优先级排序,创建动态的攻击列表,将攻击请求与最合适的武器平台相匹配,创建一个端到端的攻击计划。

该系统将原来需要数个小时的空袭作战决策过程缩短到数分钟,在提高军识别、定位敌方武装人员、移动火箭发射装置的速度和精度,以及匹配最优攻击平台、提升作战效能方面均展现出了巨大的潜力。

（二）优化智能化态势感知能力

以色列多家国防承包商公司将人工智能技术与增强现实（VR）、数字地图等技术相结合,开发出头戴显示器、透明驾驶舱、数字战场图等多种智能化态势感知系统,极大增强了以色列国防军的战场态势感知能力,使其能够更加迅速、准确地应对战场的复杂挑战。

艾尔比特公司2018年为F-35I研发"铁视"（Iron Vision）透明头盔显示器,将人工智能与增强现实技术相结合,不仅为驾驶员提供360°全景视角,更创新性地集成了人工智能和自主技术,能够更加快速、准确地为作战人员提供周边的态势感知信息。这种智能化态势感知技术的引入,为指挥控制提供了关键的信息支持。

拉斐尔公司在"卡梅尔"未来战车竞标方案中提出了一项突破性的透明驾驶舱设计,该驾驶舱能够自主规划,完成机动和火力投送等任务,尽管目前存在技术风险,但该产品具备当前最高的智能化水平,虽然短期内形成成熟产品的可能性不高,但也为提高智能化态势感知能力提供了一种全新的思路。

以色列航空工业公司公司于2022年6月推出"青莲"多任务多传感器战术系统,其指挥控制台采用人工智能技术,加强了探测、分类和识别能力。该系统能够形成清晰、全面的态势感知图（SAP）,并与防空武器系统无缝集成,实现高效目标获取和识别,有助于军队更好地理解战场局势并迅速作出决策。

埃尔比特系统公司以"火炬-X"无人系统指控套件为基础,进一步集成了数字地图和人工智能技术,按照末端—控制中心—行动末端的架构分层建设了新型数字战场图系统,通过末端小型侦察平台24小时不间断提供最新战场信息。控制中心利用人工智能技术快速分析处理上传信息、识别潜在威胁,同时将预警信息分发至行动末端,使末端用户能够在战场实时共享对手信息,快速感知周边威胁、及时撤退转移,极大增强士兵战场生存能力。该系统在 2022 年 8 月的"破晓行动"中已经投入实战，为单兵提供类似"预警机"式的态势感知和保护能力，在制信息权的争夺中占据显著优势。

（三）提升自主平台智能化控制水平

近年来，以色列国防军引入以色列航空工业公司的一系列先进技术，显著提升了自主系统指挥控制能力，使得其在现代军事领域中处于领先地位。以色列航空工业公司公司所推出的"哈洛普""绿龙""洛特姆"等无人机产品具备卓越的自主起降、搜索、跟踪和交战能力，为以色列国防军提供了先进的战术工具。以色列航空工业公司公司最新推出的"卡梅尔"未来战车更是在自主控制能力上迈出了巨大的一步。该战车搭载了 UT30 无人遥控炮塔、人工智能支持系统、智能化瞄准系统以及"战利品"智能化主动防御系统等先进装备，在机动性、防护性和态势感知等方面均展现了高度的自主控制能力。在半自主模式下，它能够进行目标识别、锁定和跟踪，同时依托网络化智能技术，成功将乘员数量从 4 人减少到 2 人，为未来战争提供了更为灵活和高效的解决方案。该战车未来将替代目前的"梅卡瓦"主战坦克。

此外，在这一轮技术革新浪潮中，以色列通用机器人公司的"斗牛犬"反无人机平台通过整合智能算法、传感器技术和人工智能支持系统，也使以色列国防军能够更加迅速、准确地作出决策，提高对复杂战场环境的适应性。该平台配备智能传感器，通过智能算法实时预测对手行动路线，并成功实施硬杀伤，使得以色列国防军在对抗无人机威胁时具备更为精准和高效的自主应对能力，从而在作战行动中占据优势地位。

》》》 三、主要影响

为应对紧张局势和新兴威胁，以色列在指挥控制领域大胆应用人工智能技术，在指挥控制能力、装备体系、实战应用 3 个方面取得了明显成效。

（一）将人工智能技术融入指挥控制的各个环节

人工智能技术的引入对以色列国防军的整体指挥控制能力产生了深刻而积极的提升。通过采用智能算法，以色列能够更迅速、准确地获取并分析战场信息，使军队在决策制定和执行方面取得了显著的优势。这种快速而精准的信息处理能力使指挥官们能够更迅速地做出关键决策，有效地缩短了反应时间，提高了战场灵活性。

人工智能技术的应用不仅在目标识别和威胁评估方面表现出色，而且在整个指挥控制链中实现了高效的信息流。从战场的实时态势到具体决策的支持，人工智能系统为指挥官提供了全面、即时的信息支持。这种全面的指挥控制信息使指挥官能够更全面地了解战场局势，做出明智而迅速的战术和战略决策。

因此，人工智能技术的应用不仅是技术升级，更是对传统指挥控制模式的积极改变。以色列国防军通过整合人工智能技术，实现了指挥控制能力的全面提升，使其在复杂多变的地缘政治环境中能够更为敏锐地应对各种威胁，确保军事决策的及时性和准确性。这一技术的战略应用为以色列打造了更为智能、高效的指挥控制体系，为未来军事挑战提供了坚实的基础。

（二）快速提升军事装备体系整体战斗力

人工智能技术的迅猛发展对以色列军事装备体系升级产生了深远而积极的影响，以色列国防军在智能化装备体系方面取得的进展标志着军队战备水平的显著提升。

（1）人工智能技术为装备体系注入了更高水平的自主性。通过智能算法和自主技术的结合，军事装备能够更灵敏地感知和应对不同战场情境，实现更加智能的决策和执行过程。这种自主性的提升使得装备系统在复杂、快速变化的战场环境中更具适应性和应变能力。

（2）人工智能技术提高了装备体系的感知和识别能力。先进的传感器、人工智能算法以及增强现实技术的整合，使得军事装备能够更迅速、准确地识别目标和威胁。这种升级的感知能力不仅提高了军队的战场反应速度，也减少了误判和误伤的风险，确保了打击效果的最大化。

（3）人工智能技术为装备体系引入了全新的信息处理和传递机制。指挥官们可以通过智能化装备系统获得更全面、实时的战场信息，从而更明智地制定战略和战术决策。这种信息的高效流动使得指挥控制链更为紧密，有力支持了军队在战场上的整体协同作战能力。

（三）为人工智能技术在实战中的应用指明了方向

以色列在加沙地区首次成功运用了人工智能技术支持的作战行动，彰显了智能化系统在军事实战中的作用。通过采用人工智能系统，以色列军方显著缩短了空军选择目标和实施袭击的时间，进一步提升了空袭的精确度和效果。这次成功的实战运用不仅在技术层面上彰显了人工智能的卓越性能，更为未来军事战争中人工智能技术的广泛应用指明了方向。可以看出，人工智能不仅仅是提高作战效率的工具，更是在实战中改变军事决策和执行机制的新能力。通过人工智能的介入，指挥官能够更迅速地做出关键决策，优化兵力部署，提高战场反应速度。这种技术赋能不仅增强了指挥决策链的效率，还在实际战场行动中验证了人工智能技术对于提高作战效能的实际价值。

》》》四、结语

　　国防领域对于武器装备的可靠性要求极高,新技术在军事领域的应用和普及往往阻力重重。面对地区紧张局势和各种新兴威胁,以色列以"动量"改革计划和人工智能国家战略为抓手,将发展人工智能技术提升为国家战略,从国家层面加强与工业部门的合作,不断推动人工智能、数字化、网络化等技术与指挥控制等军事领域深度结合,最终实现作战能力的全面升级,为世界各国武器装备的智能化升级提供了重要借鉴。

　　从以色列在智能化指挥控制领域的发展可以看出,人工智能技术已经全面渗透到现代指挥控制体系中,涵盖了指挥决策、态势感知、行动控制等各个环节。只有将先进的人工智能技术全面融入指挥控制各个环节,以更迅速、更精准的方式获取和分析战场信息,才能为军事指挥官在制定战略和战术决策、实时监测态势变化、有效控制行动等方面提供能够压制对手的优势,将军事指挥控制推向新的发展高度。

(中国电子科技集团公司第二十八研究所　忻　欣)

美国空军寻求发展新型人工智能和
分布式指挥控制能力

2023 年 8 月,美国空军发布"人工智能和下一代分布式指挥控制"项目公告,旨在探索并推动人工智能能力和分布式指挥控制概念发展。该项目将通过开展基于人工智能的分布式指挥控制能力的研发、集成、测试和评估等工作,提升美国空军和联合部队在战略、战役和战术层面的指挥控制能力,为联合全域指挥控制提供支持。

〉〉〉 一、项目提出背景

为应对高端对手,美国空军寻求发展分布式指挥控制能力。美国空军认为,在未来强对抗环境中,面对高端对手强大的反介入和区域拒止、远程打击等能力,现有空中力量的集中运用模式将面临严峻挑战。美国空军已着手向分布式作战转型,指挥控制模式也相应地由单一庞大的指挥控制节点向分布式的指挥控制节点转变,迫切需要发展分布式的指挥控制能力。机器学习等人工智能技术使决策者能够有效地评估战场空间,快速探索、创建和选择最佳计划,并能够为分布式环境中的指挥与控制提供支持,是未来指挥控制系统的关键要素。美国空军意图通过加速发展新型基于人工智能的分布式指挥控制能力,支持联合全域指挥控制,获得战略决策优势。

在未来作战环境中,如何管理及运用人工智能有效地提升指挥控制能力是美国空军面临的难题:一是在强对抗战场环境中,如何有效管理、监控和调整已部署的人工智能能力,美国空军称之为"人工智能的作战管理";二是如何在分布式环境中借助人工智能技术实现有效的指挥控制。

》》》二、项目基本情况

"人工智能和下一代分布式指挥控制"项目计划在 5 年内拨款 9900 万美元,探索有助于提升指挥控制能力的关键技术领域,重点关注:①指挥控制领域的人工智能技术发展和应用;②与人工智能的作战管理和协调相关的新概念、新技术;③将对手如何运用人工智能的方式引入指挥控制的规划和执行中;④分布式指挥控制和协作式指挥控制,支持在任何时间、任何地点实施有效的指挥控制。

美国空军希望通过"人工智能和下一代分布式指挥控制"项目探索以下 8 个方面的技术。

(1)人工智能系统的指挥控制。

目前人工智能/机器学习解决方案都是采用静态的预先训练方法,面对不断变化的任务环境和对手,无法提前训练出一个能处理所有情况的人工智能系统。因此,需要发展面向任务、可定制的人工智能模型,并在执行过程中不断对其进行评估和修正。

该技术领域的目标是实现人工智能模型的作战管理概念,重点关注:①开发作战管理工具,用于设计、训练、选择和部署任务定制的人工智能系统,在任务执行期间使用的有限资源对这些人工智能模型不断进行评估和更新,实现在战场环境中有效地构建和部署"任务定制"的人工智能;②探索如何使用作战管理和决策支持工具来帮助对运行中的人工智能进行管理。

(2)联邦式、可组合的自主和人工智能工具箱。

人工智能技术的联合部署和管理,对美国及其盟友伙伴具有重要意义。由于缺乏通用标准及使用不同的人工智能工具,使得跨人工智能工具和平台的协作面临挑战。

该技术领域的目标是开发工具、数据和程序,演示人工智能能力的高级联合部署和生命周期管理,重点包括:①建立通用标准,用于人工智能相关的数据、算法、模型、评估和部署;②开发和测试工具包,支持人工智能/机器学习组件的第三方开发和不同人工智能/机器学习组件的互操作;③工作流引擎,促进人工智能/机器学习组件的编排、协调和组合。

(3)高级兵棋推演代理。

兵棋推演和模拟为探索和检验作战概念、探究作战场景、评估作战计划提供了重要手段。但是,由于没有重用人工智能代理的方法,导致在开展新的模拟或兵棋推演时需要重新部署,不仅降低了部署速度,而且增加了部署成本。

该技术领域寻求建立统一代理环境的通用方法,用于各类兵棋推演的新型人工智能代理、评估基准和博弈环境等。

（4）用于 C4I 的交互式学习。

目前美军正努力将人工智能/机器学习方法应用于 C4I 领域，但是面临着巨大的数据和人力监督的挑战。交互式学习采用人在环中或人在环上的方式快速训练模型，是一种高效的机器学习方法。

该技术领域关注将交互式学习应用于计划制定、行动方案生成、图像分析以及推动高逼真度的建模和仿真环境发展等。

（5）JADC2 复杂性优势。

全面实现 JADC2 愿景的挑战，不仅来自联合全域作战的固有复杂性，现代战争的作战节奏和规模、相互依赖和指挥架构等特点也将增加决策的复杂度。对手同样将面临这些复杂性难题。

该技术领域重点研究如何利用作战的复杂性。通过精准地运用非赛博手段，增加对手所面对的复杂性，可以影响对手对战场空间的理解及最终决策和行动。该技术领域关注能够将复杂性施加于对手一方的作战人员和人工智能代理的技术，重点是这些技术的开发、建模、部署和评估，达到最终影响对手的决策和行动的目的。

（6）生成式 AI 应用于 C4I。

该技术领域将在学术界和工业界生成式人工智能的成功应用的基础上，探索在 C4I 和空军领域使用生成式人工智能的潜在优势，包括使用 ChatGPT 等技术加强对非结构化数据的利用。

（7）软件定义的分布式指挥控制。

美国空军提出敏捷作战运用（ACE）概念，旨在通过分散部署指挥控制功能和资源，提高其生存能力并保持弹性。面临的挑战是如何完全实现这一愿景，以及在高动态环境中如何协调作战行动和管理分散的作战资源。

该技术领域重点研究：①优化和协调分布式的指挥控制节点，以及相关指挥控制流程、功能和分散的资源，重点是协调方法的开发、建模和评估技术，目的是取代以人工方式在分布式指挥控制节点之间协调计划制定和行动过程；②在对抗环境中有效使用可用的分散资源的方法。

（8）战术人工智能。

美军已经部署并投入作战使用的移动终端用户设备具有成熟的感知能力，借助 TAK 生态系统，可以探测和定位感兴趣的信号，包括全球导航卫星系统（GNSS）干扰器、蜂窝干扰器、WiFi、战术无线电和民用无人机。该技术领域的目标是开发、演示和评估高效指挥控制协议，利用这些移动终端用户设备的感知能力，实现分布式的信号检测和地理定位。

2024 年 2 月，美国空军对该项目公告进行更新，将"人工智能系统的指挥控制"技术领域进一步细分为"人工智能行动方案设计""人工智能模型研制""人工智能通用作战图"三个子领域。

》》》三、初步认识

为应对未来强对抗作战环境,美国空军将分布式作战和分布式指挥控制作为当前发展重点。美国空军条令出版物《空军》将"集中指挥、分布式控制和分散执行"作为空中力量运用的原则。为适应未来的强对抗环境,这一原则从根本上改变现有空中力量的运用方式,通过区分指挥与控制,强调分布式控制,确保空中力量在竞争或降级环境中仍能够发挥重要作用。该项目通过发展分布式指挥控制能力,为实现美国空军追求的敏捷、机动的分布式作战能力提供重要支持。

美国空军将人工智能技术作为实现分布式指挥控制能力的核心。在分布式作战中,指挥控制功能和作战资源分布在不同地点,最大的难题是编排和协调作战行动,以及优化运用有限的作战资源。采用人工方式在分布式指挥控制节点之间协调计划制定和行动过程,已无法适应未来的战场节奏。该项目希望利用人工智能技术,实现分布式的作战行动编排、作战力量和资源的优化运用,最大限度地提升分布式指挥控制能力。

(中国电子科技集团公司第二十八研究所　钱　宁)

美国海军"宙斯盾"作战系统最新发展分析

美国海军"宙斯盾"作战系统（ACS）是用于防空指挥和武器控制的自动化作战系统，随着美军推进数字化转型和发展联合全域作战指挥控制的需求，海军正对该系统开展大规模现代化能力提升工作。2023年，美国海军着眼联合全域指挥控制，主要针对"宙斯盾"作战系统的互操作性、集成化、虚拟化等方面展开升级、测试和演示验证，取得了较大进展，在试验中成功展现了与"爱国者"-3导弹、MQ-4C"海神"无人机等空中平台、陆军一体化作战指挥系统等实现互联互通，为分布式海上作战和跨域协同作战打下了坚实的基础。

〉〉〉 一、系统概况

"宙斯盾"作战系统装备计算机、雷达和导弹，为水面舰船提供防御能力。该系统自动发现、跟踪和摧毁机载、舰载和陆上发射的武器，主要装备在"提康德罗加"级巡洋舰和"阿利·伯克"级驱逐舰上。这两种"宙斯盾"战舰主要承担大型舰艇编队区域防空任务，为海军航母打击群提供对空、水面和水下的纵深防御。

（一）系统组成

"宙斯盾"作战系统采用联邦式体系结构（federated architecture），分为情报处理指挥决策和武器控制两部分，如图12所示。情报处理指挥决策部分的主要功能是确定战术原则、管理探测设备、雷达跟踪管理、威胁轨迹和目标分配、航迹管理、目标识别、使命评估和状态报告。其核心设备是指挥和决策系统（CDS）、AN/SPY-1多功能相控阵雷达系统和"宙斯盾"显示系统（ACD）。武器控制部分的核心设备是武器控制系统Mk1及其控制的舰空/舰舰导弹系统、火炮系统和电子战系统，以及反潜火控系统。

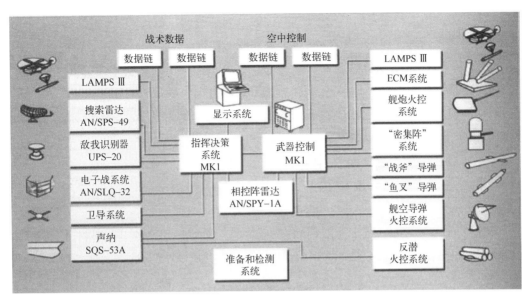

图 12　"宙斯盾"作战系统组成框图

（二）系统功能

配装"宙斯盾"作战系统的舰船,可执行防空、弹道导弹防御、反潜、水上防御、海军对岸水上火力支援及发射战斧巡航导弹打击目标等多种任务,可满足美国海军协同交战能力(CEC)的需求。"宙斯盾"作战系统是海军战区弹道导弹防御(TBMD)系统的基础。

"宙斯盾"作战系统具备以下功能特点:①反应快速,从搜索方式转为跟踪方式仅需50微秒,能对付作掠海飞行或大角度俯冲的超声速反舰导弹。②抗干扰性强,可在严重的电子干扰(包括无源干扰和有源干扰)、海杂波和恶劣环境下正常工作。③具备多种作战火力,可综合使用舰上的各种武器,同时拦截来自空中、水面和水下的多目标,具有抗敌方饱和攻击的能力。④具备一体化编队防空能力,可实施全天候、全空域作战,能为整个航母编队或其他机动编队提供有效的区域防空。

（三）系统升级情况

"宙斯盾"作战系统的升级情况总体上是以"基线(Baseline)"形式来呈现。目前"宙斯盾"已发展到基线9,加入了弹道导弹防御5.0及以上版本、一体化防空反导(IAMD)、一体化防空火控(NIFC-CA)、多任务信号处理器(MMSP)、通用显示系统、通用处理器系统等先进能力,并开启一个通用计算机程序库,加入首个第三方开发的软件元素。

基线10是"宙斯盾"下一代版本,将整合SPY-6(AMDR)雷达、Link-16/CEC数据链、"标准"系列导弹(SM-3,SM-6等),具备更强的多传感器整合能力和弹道导弹防御能力,注重防空和反导两方面的任务使命,可提升舰队协同作战能力。"宙斯盾"基线 10 系统将是美国"阿利·伯克"级 Flight Ⅲ 型驱逐舰的标配。

2023 年 8 月,美国海军授出 2023—2027 财年 9 艘"阿利·伯克"级驱逐舰的建造合同,均换装基线 10。该版本服役后,将大幅提升美国海军单舰自防御与区域防御、舰-机/舰-舰协同与多任务作战能力,支撑航母作战体系的驱护编成,构成美国海军新型海战场网络信息作战体系的核心。

》》二、系统能力升级举措

美国海军瞄准分布式海上作战、联合全域作战等新质作战概念,以提升"宙斯盾"作战系统互操作性和防空反导性能为目标,2023 年密集开展演示验证,并实现多项突破。

（一）提高系统间互操作性,赋能联合跨域作战

美军高度重视反导系统之间的互连互通与互操作能力建设。2023 年,针对"宙斯盾"作战系统,开展了以下活动。

1. 首次完成与"爱国者"–3 导弹的通信试验,为跨域作战铺路

2023 年 6 月,美国海军在新泽西州首次成功开展"宙斯盾"系统 AN/SPY–1 雷达与洛克希德·马丁公司"爱国者"–3 导弹分段增强型(PAC–3 MSE)之间的通信能力测试。"爱国者"导弹现有双波段数据链路升级为包含 S 波段的三波段数据链路,因此可与"宙斯盾"进行通信。此次初步集成是美军增强海上防御能力计划中的重要一步,表明美军一体化防空反导能力向跨军种、跨作战域方向持续推进。

后续,海军计划在 2024 年 1—3 月期间进行在无人平台上和"阿利·伯克"级导弹驱逐舰上的导弹飞行试验,将进一步提升美国海军末段反导作战能力。

2. 网关系统连通多域平台,促进分布式海上作战

2023 年 2 月,美国海军航空系统司令部、海军研究局、海军太平洋信息战中心与诺斯洛普·格鲁曼公司、BAE 系统公司共同举行了跨域互操作性演示活动。诺斯洛普·格鲁曼公司在 MQ–4C"海神"无人机上安装了下一代网关系统,并与 F–35、E–2D"先进鹰眼"、"宙斯盾"驱逐舰和航母打击群等模拟器成功共享了传感器数据。此次试验验证了可扩展海上平台的任务集,扩大数据共享范围,提高作战人员在多样化环境中保持先于对手获取目标信息并快速决策的能力,使海军舰队可以无缝连接,是美国海军实现其海军作战架构和分布式海上作战的关键一步。

（二）扩展系统目标识别和探测技术，提升美军一体化防空反导能力

通过提升系统目标识别、跟踪探测、拦截等方面的能力，美军"宙斯盾"进一步融入联合一体化防空反导体系，并发挥重要作用。

1. 首次成功进行单艘"宙斯盾"舰同时拦截弹道导弹与反舰导弹试验

2023年10月，美国导弹防御局与海军合作举办了代号为"警惕飞龙"的一体化防空反导试验，首次展示了单艘"宙斯盾"舰同时拦截弹道导弹与反舰导弹的能力。

试验中，美军"卡尔·莱文"号驱逐舰同时发射了2枚"标准"-3 I A导弹和4枚"标准"-2 Ⅲ A导弹，成功拦截了从夏威夷考艾岛的太平洋导弹靶场发射的2枚近程弹道导弹靶弹和2枚模拟反舰导弹的无人机靶标。此次试验"宙斯盾"舰采用基线9.C2，弹道导弹防御为BMD5.1版本，展示了AN/SPY-1雷达的"一体化防空反导优先"模式，该模式可以将传统防空系统与最新的目标识别与跟踪能力相结合，并提供均衡分配的雷达资源，以防御协同导弹攻击，支持"宙斯盾"多任务作战。

这次联合试验成功验证了"宙斯盾"系统在现实突袭场景中探测、跟踪和拦截两个短程弹道导弹（SRBM）的能力，体现了美军拓展系统多功能性的思路。

2. 与美国陆军一体化作战指挥系统集成

2023年8月，美军正在规划大规模强化关岛的防空和反导能力，意图强化关岛的军事部署，将关岛作为美军在亚太地区力量投送和战略威慑的关键点。当前，关岛导弹防御体系主要由美国陆军"萨德"反导系统和海军"宙斯盾"系统构成。随着高超声速武器的快速发展和无人机的广泛运用，需要构设"增强型一体化防空和反导体系"，提升指挥控制融合水平。此次关岛的防空反导指控系统建设将由美国陆军牵头，依托其最新的一体化作战指挥系统（IBCS），融合海军"宙斯盾"系统并提升其对弹道导弹和高超声速导弹的探测跟踪能力，集成导弹防御局指挥控制与作战管理通信系统、综合火力通信网络中继系统，打造一体化网络，实现共享情报、集中指挥、协同控制。

（三）测试并部署虚拟"宙斯盾"系统，首次实现联合火力

新型虚拟化作战系统可实现软硬件的解耦，硬件规模更小，可以更快速地加入各种新能力，并提升海军的作战能力。

1. 测试虚拟"宙斯盾"系统跨域能力，达到JADC2互操作性里程碑

2023年5月，在印太司令部牵头的"北方利刃23"多国联合演习期间，美军成功演示了洛克希德·马丁公司"钻石盾"多域作战管理系统与虚拟"宙斯盾"武器系统（VAWS）及武器平台集成（图13），跨军种、跨作战域提供持久且有韧性的通用作战图，成功地与

F-35 集成，达成了作战效果。"宙斯盾"系统通过使用机器对机器接口，发送"数字部队命令"，由此使实施拦截任务的军种可执行来自任一军种的指挥官命令，而无须手动将命令转化为作战条令，既节省了时间，还消除了通过无线电读取坐标或指令时出现人为错误的可能性。此次演习展示了借助上述系统能够有效缩短指挥官的决策周期，简化指挥控制过程，并能够跨军种提供精确的瞄准数据，进一步推进了联合全域作战的发展。

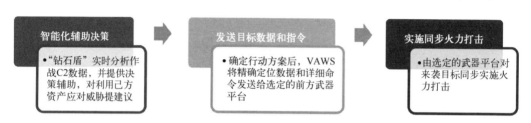

图 13　"钻石盾"与 VAWS 联合作战管理流程"钻石盾"

美国海军从 2021 年开始转变舰船作战系统的开发与升级流程，即控制传感器、处理接收到的传感器数据和发射武器的计算机硬件和软件架构，并正致力于通过数字化转型，利用虚拟"宙斯盾"武器系统，实现 24 小时内完成舰船升级。利用虚拟"宙斯盾"武器系统，不仅能控制舰上多部雷达和传感器，将先进算法引入基线系统的升级之中，用极少的经费验证"宙斯盾"系统的最新技术，加速升级，大幅降低升级成本；还利用该虚拟系统验证舰载"宙斯盾"系统在陆军和空军作战中的适用性，以推进联合全域作战的发展。在 2020 年 9 月、2022 年 6 月的"英勇之盾"等演习期间，美军多次开展测试，模拟跨军种防御杀伤链以及多域作战，验证了舰载"宙斯盾"系统在联合全域作战中的适用性。

2. 首次安装完整版"虚拟宙斯盾"作战系统

2023 年 12 月，美国海军"阿利·伯克"级驱逐舰"温斯顿·丘吉尔"号（DDG-81）成为首艘安装完整版"虚拟宙斯盾"作战系统的作战平台。在过去的 6 个月中，该舰对作战系统进行了一系列测试，以确保其在海上与岸基测试中表现一致，并测试了新作战系统接收软件更新的速度。另一艘"阿利·伯克"级驱逐舰"莱娜·萨克利夫·希格比"号目前正在进行虚拟化作战系统的转型。预计 2024 年将共有 5 艘舰船和 4 个陆基测试场开展类似的虚拟化工作。

为了运行虚拟"宙斯盾"系统，海军必须将软硬件进行分离，这与传统上由洛克希德·马丁公司执行的共同开发、管理和更新模式有所不同。洛克希德·马丁公司与海军展示了在小型化的计算系统中运行虚拟"宙斯盾"软件的能力，这得益于信息即服务（IaaS）模型。在该模型下，舰船无须存储整个软件库，而是按需提供所需的功能。这种方法不仅能够在未来更顺利地进行软件更新，而且将"宙斯盾"作战系统的功能与舰艇自防御系统

(SSDS)能力进行了整合,从而构建出一种在新硬件系统上运行的综合作战系统(ICS)。目前,美国海军的驱逐舰、巡洋舰、滨海战斗舰和一些无人水面舰艇安装的是各种型号的"宙斯盾"系统,航空母舰和两栖舰艇则使用 SSDS 系统。这两种系统一直被独立管理,导致在新能力开发以及舰队训练和后勤保障方面存在重复工作。海军计划在 2028 财年或 2029 财年在航母打击群内全面部署并运行 ICS 系统。

三、结束语

"宙斯盾"作战系统的开放式架构、通用源代码库和虚拟化将是美国海军未来作战系统的关键推动因素。美国海军将继续研发和推进虚拟"宙斯盾"系统在舰队的部署落地,提升舰队数字化转型效率。同时,在人工智能、云计算等先进技术的助力下,"宙斯盾"作战系统将加快软件部署和基线更新,开辟远程作战模式,安全可靠地为作战人员提供新的任务能力,进一步促进美军联合全域指挥控制(JADC2)概念的落地。

(中国电子科技集团公司第二十八研究所　戴钰超)

美国陆军测试能够增强战场任务指挥能力的新软件

2023 年 5 月，美国陆军空降兵部队在布拉格堡军事基地对新型车载任务指挥软件（MMC-S）进行了测试。该软件可通过类似于手机界面的图形用户界面向排及排以下小分队提供直观的态势感知能力，将逐步取代美国陆军当前使用的联合作战指挥平台（JBC-P）软件，提升陆军的机动指挥能力。

>>> 一、研发背景

（一）多域作战环境要求灵活、易用的战术级指挥能力

以往实施反恐作战行动，美国陆军战术指挥控制主要依托安全和静态的前沿作战基地组织实施，技术团队、承包商和专业士兵在前沿作战基地建立指挥所，为一线作战提供长期作战支持，因此陆军可以依托专业指挥保障力量、运用高度定制化的复杂指挥控制系统来组织实施作战行动。美军认为，未来多域作战环境存在通信能力降级的风险，并且陆、海、空、天和网等作战域都面临着激烈的对抗，无法依赖前沿作战基地提供指挥控制保障。同时，美国陆军提出要具备"今夜就战"的能力，即：短时间内随时组织一支可部署到艰苦环境并立即遂行作战任务的、敏捷的远征部队。目前在用的信息系统构成复杂、携行不便，难以满足"今夜就战"的能力需求。为此，美国陆军力求为每名作战人员配装新的指控软件，以便通过简单、直观且界面友好的平台来掌握态势、接受指挥。

（二）通用操作环境是实现任务指挥网现代化的关键

2018 年 3 月，美国陆军发布《任务指挥网现代化实施计划》，将"构建通用作战环境"作为 4 条行动路径之一。美国陆军利用基于通用操作环境制定的标准和框架来实施任

务指挥网的现代化计划。为了实现有效的管理,通用操作环境包括 6 大计算环境(CE),即指挥所计算环境、车载计算环境、移动/手持计算环境、数据中心/云/力量生成计算环境、传感器计算环境和实时/安全关键/嵌入式计算环境。其中,车载计算环境(MCE)是除指挥所计算环境(CPCE)外发展最为成熟的计算环境,旨在为战术级人员提供简单直观的移动中任务指挥和态势感知能力。美国陆军正在开发的车载任务指挥软件是车载计算环境的核心软件,可为向下至排级的最终用户提供简单、直观的移动任务指挥和态势感知能力。软件专用的人工智能算法和应用具有"赋能决策"的能力,可帮助美国陆军部队更好地理解作战环境,获取并维持信息优势,持续赋能更加强大的作战能力。美国陆军计划从 2023 年年底开始用车载任务指挥软件逐步升级替代联合作战指挥平台软件。

(三) 当前的"烟囱"式指挥控制系统缺乏互操作性

美国陆军当前的任务指挥软件存在以下问题:①不同职能的系统运行各自定制的软件,拥有不同的用户界面、不兼容的数据模型和地图引擎,使得各指挥梯队和职能之间缺乏互操作能力;②各系统独立的硬件占用了指挥所和车辆内的大量空间,维护这种"烟囱式"系统及进行现代化改造的成本呈指数级增长。因此,美国陆军希望通过具备通用硬件和软件基线的通用操作环境(COE)来改变这种不足。通用操作环境要求陆军投资改进基础设施,包括通用软件和高性能服务器,能够执行以前由多个"烟囱式"系统完成的工作。车载任务指挥软件正是基于这种考量而全新设计的。

>>> 二、软件功能

车载任务指挥软件被美国陆军称为下一代任务指挥软件,旨在为作战部队提供精准的机动指挥控制和态势感知能力。该软件可通过应用程序和增强型服务基础设施帮助陆军部队掌握敌方的机动情况,并具有通用作战图、聊天、即时消息等功能。2021 年 5 月,美国陆军第 11 装甲骑兵团(11th ACR)在国家训练中心轮训期间对车载任务指挥软件进行了测试,该骑兵团第 2 中队 E 连从排级军士到中队指挥官都使用车载任务指挥软件来生成通用作战图(图 14),实现了全连的信息共享和对战场的理解。此外,该软件还为陆军部队提供了机动路线规划、驾驶员训练、后勤再补给、梯队通信、战斗救生员训练和医疗撤退训练等功能。

>>> 三、软件特点

车载任务指挥软件主要有以下几个特点。

图14　第11装甲骑兵团第2中队E连士兵在演习中使用车载任务指挥软件

（1）硬件平台复用延用。美国陆军通过不断迭代的方式持续推进战术网络的现代化,车载任务指挥软件将利用陆军指挥系统"联合作战指挥平台"成熟的硬件和网络传输能力,不断增强指控能力、安全性和网络韧性,以应对作战对手的对抗和威胁。因此,车载任务指挥软件项目仅涉及软件层面的升级,"联合作战指挥平台"系统的硬件和网络仍将继续延用。

（2）用户界面直观易用。作为基于安卓系统的软件,车载任务指挥软件采用了"安卓战术攻击套件"(ATAK)。因此,与美国陆军目前使用的"联合作战指挥平台"相比,车载任务指挥软件最大的亮点是类似于手机界面的图形用户界面(图15),能够为士兵提供通用、简洁的外观和感受。

（3）多报文格式兼容。美国陆军目前的单兵手持系统"奈特勇士"主要使用"目标光标"(CoT)和"协议缓冲区"(protobuf)报文格式进行通信,而指挥所计算环境、高级野战炮兵战术数据系统(AFATDS)、蓝军跟踪系统(BFT)等其他陆军战术系统则主要通过"可变报文格式"(VMF)实现互操作性。车载任务指挥软件融合了"目标光标"和"可变报文格式"这两种报文格式,可使用任何一种格式进行转换和通信,从而将单兵手持系统链接到指挥所系统,这是"联合作战指挥平台"无法实现的。

（4）融合多源信息。车载任务指挥软件提供软件开发套件(SDK)框架和基础设施,能够实现所有作战职能的应用托管并快速集成第三方软件。该软件将作为一个融合空间来加载和运行各种作战功能,能够将机动、军事情报、火力、医疗、后勤和第三方应用程序等多种作战功能融合到安全、强化的车载计算环境中,从而提供完全一体化的通用作战图,而这正是目前的"联合作战指挥平台"所缺乏的能力。

（5）可快速升级和部署开发。除了新的用户界面(UI)、消息、图形和地图绘制服务,车载任务指挥软件还能够实现地图、软件、安全补丁和网络密钥的无线(OTA)升级,简化

图 15　车载任务指挥软件的图形界面

信息管理和分发。敏捷的软件开发流程能够每 12 个月就向作战部队部署新能力。软件开发采用开发与运营(DevOps)模式,将软件开发团队和运维团队紧密协同,创建能够真正满足作战部队实际需求的系统,获取并保持战场优势。2023 年 5 月,美国陆军在布拉格堡由空降兵部队对车载任务指挥软件 3.1 版(MMC-S v3.1)进行了正式部署前的最终作战测试,验证其帮助作战人员完成任务的效率以及软件的适用性和易用性,如图 16 所示。测试工作由美国陆军第 82 空降师第 2 旅战斗队第 73 骑兵团负责。期间,士兵们根据测试体验和感受,以调查问卷、主题小组和任务效能圆桌会(MERT)的形式向开发团队提供有价值的反馈信息。

〉〉〉 四、影响意义

(一)提升美国陆军排以下分队的实时态势感知能力

美军认为,未来战场态势瞬息万变,强大的态势感知能力是应对未来复杂冲突的必备能力,也是未来陆军作战方式变革的基本前提。从作战指挥运用上看,车载任务指挥软件可为作战人员提供实时态势感知能力,使一线部队的指挥控制变得更加迅捷流畅。车载任务指挥软件能够提升战术层级的情报融合能力,前沿部队可依据不断获取的情报,进行更快、更有效的指挥控制响应。可以预见,美国陆军即将投入使用的车载任务指挥软件将对现代战场上各层级的任务指挥产生重要影响。

图16　第73骑兵团的士兵在测试期间向陆军作战试验司令部指挥官演示 MMC-S v3.1

（二）为战术层作战提供更加高效的情报共享能力

基于车载任务指挥软件的支持，美国陆军战术层级作战部队将具备更强的资源利用和数据收集能力，能够更快、更有效地共享情报信息。情报信息的实时动态共享，不仅可以极大地改善数据收集过程、提高数据收集的效率，也有利于基于实时动态的情报数据而调整创新战法战术。俄乌冲突中，乌克兰军队"滴滴打车"式的战术成功，很大程度上依赖于西方国家给予的情报共享支持。

（三）实现战术层集中与分散指挥的高效融合

美军认为，未来的大规模作战需要基于战场态势实施灵活作战，强调将任务式指挥和指令式指挥两种指挥模式融合，要求指挥系统实现集中与分散相结合的方式部署，以便于中高级指挥员能够协调作战和塑造战局，同时允许中低层级作战人员能够自由行动，应对紧急的状况和威胁。随着车载任务指挥软件的部署，指挥所计算环境与车载计算环境的无缝融合将实现集中与分散的融合，既可满足中高级指挥员最低限度的控制需求，也能给中低层级作战人员留有足够的行动自由，实现上下级之间的行动协同。

当前，美国陆军项目管理团队和开发人员正在与一线合作，不断完善和改进车载任务指挥软件的功能，确保其在正式列装之前能够解决既有的互操作性和数据安全等问题，更好支撑前沿作战指挥行动。

（中国电子科技集团公司第二十八研究所　李皓昱）

（中国电子科技集团公司发展规划研究院　姜典辰）

美军开展"北方利刃 23-1"演习以推进联合全域指挥控制能力实战化应用

2023 年 5 月 4 日—5 月 19 日,"北方利刃 23-1"演习在太平洋-阿拉斯加联合靶场和阿拉斯加湾举行,此次演习由美国印太司令部主办、太平洋空军总部领导,整合了陆军、空中、海洋、太空和网络空间的部队。演习测试了美军目前的联合全域指挥控制(JADC2)能力,包括:①联合火力网络(JFN),该系统为各军种和所有作战域的参与者提供持久且有弹性的通用作战图,使所有部队能够实现统一的态势感知,可加速部队决策。②人工智能辅助决策软件,"钻石盾"(DIAMOND Shield)系统与虚拟"宙斯盾"武器系统(VAWS)相结合,可有效缩短指挥官的决策周期,简化指挥与控制过程。

》》》一、联合火力网测试运行

在"北方利刃 23-1"演习中,洛克希德·马丁公司的 21 世纪安全技术构成了联合火力网解决方案的核心部件。联合火力网系统利用机-机接口加速了决策速度制定,提升了目标瞄准精度。21 世纪安全技术是一种新型架构标准,可实现开放式系统集成。

2023 年 8 月 28 日,在美国国防工业协会举办的会议上,美国海军上将约翰·阿奎利诺表示,建设联合火力网是美国印太司令部的首要发展任务。联合火力网可提供一种机制,整合、同步和利用战场上美军和盟友的火力打击和后勤补给需求。

联合火力网可融合陆、海、空、太空等作战域的传感器信息,并提供目标指引,使所有指挥官共享通用作战图,提供分布式、弹性联合战术火力指挥控制能力,提供一个通用联合网络。该网络具备弹性信息传输能力,可优化杀伤链效果,为战场上的所有指挥节点提供完全相同的持久目标瞄准通用作战图（PT-COP），具备人工智能驱动的联合作战管理工具。

联合火力网采用开放式架构，以便快速引入新兴技术。在"北方利刃23-1"演习中，该网络连接了 8 个战场节点。目前，印太司令部正开展两个方面工作建设联合火力网：①与盟友国建立情报共享协议，美国正在与多个盟友建立情报共享协议，以确保联合火力网的赛博安全性；②印太司令部目前有 16 个互相独立的网络，为实现信息同步，未来需要开发先进联网和通信技术，来实现各网络间的信息互联。

》》》二、"钻石盾"与虚拟"宙斯盾"的联合应用

（一）联合应用

"钻石盾"联合虚拟"宙斯盾"，通过以下 3 个步骤帮助指挥官实时跟踪、管理和协调各作战域的复杂行动。

（1）识别威胁。 当新威胁出现，"钻石盾"分析海量数据，自动更新弹出式目标数据，帮助分析师实时监控态势，并优化整个战区武器目标配对。

（2）提供选项。 "钻石盾"使用人工智能自动分析数百个潜在场景，并为指挥官提供最佳解决方案，使分析师无须花费时间追查数据，专注于快速做出最佳决策。

（3）精准执行。 "钻石盾"在此阶段与虚拟"宙斯盾"结合，快速将作战计划转化为具体行动。由虚拟"宙斯盾"发出"数字部队命令"，将目标数据和详细指令传输给射手，执行快速、同步的远程火力。这使实施拦截任务的军种可执行来自任一军种的指挥官命令，而无须手动将命令转化为作战条令，既节省了时间，还消除了通过无线电读取坐标或指令时出现人为错误的可能性。

因此，将"钻石盾"智能化实时分析指控数据的能力与虚拟"宙斯盾"的"数字部队命令"传输方式结合，能够有效缩短指挥官的决策周期，简化指挥与控制过程，并能够跨军种提供精确的瞄准数据，进一步推进联合全域作战的发展。

（二）"钻石盾"系统

"钻石盾"系统采用模块化开放式系统架构，支持 Link 16 和其他标准协议，可融合来自反导系统、雷达和空中交通管理系统等各种军民用系统的数据。"钻石盾"可使用户开展应急计划、评估敌方意图、加快战术决策和任务资产分配。在开展空中行动规划时，该系统的人工智能技术能够实现民用空管和导弹防御任务所用空域的冲突消解，目前的空中任务指令（ATO）周期为 72 小时，该系统能够将空中任务指令（ATO）周期降低至几个

小时甚至几分钟。

（三）虚拟"宙斯盾"系统

虚拟"宙斯盾"武器系统由多台商用计算机组成，仅占用1个计算机机架（舰上的"宙斯盾"作战系统需要多个计算机机架），采用虚拟化技术，将全部"宙斯盾"基线9的代码存储在少量原有硬件空间内，可执行"宙斯盾"作战系统的全部功能，并具备可直接随舰部署的优点。"宙斯盾"系统的"虚拟化"还使其可分布在多个节点，并应用于空中、陆地和海军领域，而无须配备宙斯盾舰。

》》》 三、几点认识

（一）"北方利刃"演习验证联合全域指挥控制能力建设

目前，美军正在实施联合全域指挥控制概念，美国陆、海、空军都制定了各自的战略，开发了不同的武器装备，但是最终战场的实际应用还无统一的安排，各军种对于联合全域指挥控制概念也存在一定争议。"北方利刃"演习是美军组织的大规模演习活动，通常在阿拉斯加州举行，一般在单数年的5、6月份举行，由来自美国和西太平洋的美军部队参加。"北方利刃"演习是美军演示验证联合全域指挥控制能力的重要抓手，能帮助美军快速获取战场反馈，使其能够开展联合全域指挥控制能力的迭代更新。

（二）"北方利刃"演习显示美军正不断推进与印太地区盟友间的合作，提升印太地区的战略威慑能力

"北方利刃"演习传统上是美军单独在阿拉斯加举行的大规模多军种联合演习，由来自美本土和西太平洋地区的美军部队参演，但是2023年度的演习发生了重大的变化。2023年7月，美军在日本山口县美海军陆战队基地举行了2023年的第二次"北方利刃"演习——"北方利刃23-2"演习，这也是"北方利刃"演习首次在太平洋地区举行，参与演习的美国盟友包括日本、法国等。这体现了美军要加强印太地区的部队作战能力，与盟军的合作能力，是美军推进印太战略的一部分。此外，美军在"北方利刃23-2"演习中，美日空中力量以"敏捷作战运用"概念为指导进行分布式作战演练，以化整为零的方式将空中力量从大型前沿基地分散到众多的小型基地，在避免中国集中打击的同时可对中国实施分布式打击，显示了美军演习的针对性。

（三）美军正在开发联合火力网以验证联合全域指挥控制能力

在美军印太战略的驱动下，美军印太司令部已经成为联合全域指挥控制系统的首个接收单位，该司令部目前正在开发的联合火力网可为盟军提供通用作战图，并提供人工智能技术支持的辅助决策能力。2023 年 6 月，美国海军陆战队发布的《2030 年部队设计》文件中已经表明将在未来把综合目标单元系统、空中和地面指挥控制系统功能集成到印太司令部的联合火力网中。

（中国电子科技集团公司第二十八研究所　介　冲）

2023 年国外指挥控制领域大事记

美国空军授予科学应用国际公司基于云的指控系统合同　　1 月 9 日,美国空军授予科学应用国际公司(SAIC)一份价值 1.12 亿美元的合同,旨在为美国空军"先进作战管理系统"开发基于云的指挥控制系统。该系统将配属空军指挥、控制、通信和作战管理项目执行办公室以及作战司令部,通过设计、开发、集成和运行空军基于云的指挥控制系统微服务,集成多行业团队的软件应用程序和基础设施套件,提供任务就绪、高度可用和韧性的指挥控制能力,与空军部实现"先进作战管理系统"的目标和国防部的联合全域指挥控制愿景保持一致。该项目的首次应用将选择北美防空司令部和太平洋空军,以验证现代化的防空能力,保护国土免受不断变化的威胁。

美国政府问责局发布《作战管理:国防部和空军继续定义联合指挥控制工作》报告　　1 月 13 日,美国政府问责局发布《作战管理:国防部和空军继续定义联合指挥控制工作》专题报告,阐述了联合全域指挥控制和空军先进作战管理系统项目的进度。报告指出,国防部正处于开发联合全域指挥控制的早期阶段,尽管发布了初步指导意见,但是尚未确定细节,例如要开发的系统、功能等元素。"先进作战管理系统"目前主推两项内容:①"能力发布 1 号",旨在实现 F-35 与指挥控制中心的数据连接,计划于 2024 年交付原型;②"基于云的指挥控制",计划集成各种防空数据源,以支持国土防御,计划在 2023 年交付初始能力,但目前正处于确定这些能力的过程。

美国空军首次将指挥控制、事件管理、应急响应应用用于实战　　1 月 23 日—2 月 10 日,美军在内利斯空军基地举行了本年度第一次"红旗"演习,首次将凯塞尔航线(Kessel Run)应用程序——指挥控制、事件管理、应急响应应用(C2IMERA)用于实战。此次演习计划人员使用了 C2IMERA,该应用侧重于报告、规划、部队生成、应急管理以及指挥控制的监测和执行。C2IMERA 使用一个通用作战图和仪表板作为通信工具,供领导层整合和共享信息,并可提供指挥控制能力。这些工具可根据个人需求进行定制和优化,同时还专注于实时更新和沟通数据,为指挥官提供设备、环境、资产和人员态势。在整个训练过程中,C2IMERA 被用于为多个地点的演习参与者提供资产、人员、事故、飞机和弹药的连续实时图像。

英国国防部人机编队项目获得新型通用指挥控制技术　　2 月 27 日,Tomahawk 机器人公司与 Rowden 技术公司达成协议,为英国陆军未来能力小组人机编队（HMT）的战术无人系统编队计划提供通用指挥控制技术和产品。Tomahawk 与 Rowden 公司最初将提供 30 个完整的 Kinesis 生态系统套件,包括人工智能使能型通用控制软件和战术硬件。Kinesis 通用控制系统旨在减少士兵的认知负担,通过提供来自所连接无人载具的清晰任务数据,使操作员能够专注于手头任务,该系统也可以集成第三方人工智能来支持增强决策和态势感知能力。

美国空军与波音公司签订合同采购 26 架 E-7A 预警机　　2 月 28 日,美国空军将一份研制 E-7A 空中预警和指挥（AEW&C）武器系统的初始合同授予波音公司,该合同价值 12 亿美元。美国空军表示,E-7A 预警机具备先进的机载目标指示和战斗指挥控制及管理能力,凭借"先进多用途相控阵雷达",可增强空中作战管理能力并实现对"潜在对手"的远程杀伤链。该合同的授予,将确保 E-7A 预警机在"未来几十年内"继续向美国和盟友作战部队以及其他合作伙伴提供作战空中感知和管理能力。

美国国防部 2024 财年预算中 C4ISR 支出水平总体增加　　3 月,美国国防部在2024 财年预算中为指挥、控制、计算机、网络、情报、监视和侦察（C4ISR）系统寻求 145 亿美元资金,占 2024 财年国防部主要武器系统现代化资金总额 3150 亿美元的 15%,比2023 财年增加 17 亿美元。C4SIR 预算中,93 亿美元将用于资助技术开发工作以及通信和电子设备投资;14 亿美元用于提供联合全域指挥控制（JADC2）能力,其中为空军先进作战管理系统研发投入 5 亿美元;2.63 亿美元用于数字基础设施投资,支持以作战为重点的反弹道导弹能力。除了 JADC2,国防部还将为网络战活动提供 40 亿美元。国防部网络空间运营投资的主要目标是在国防部和各军种加速向零信任过渡,搭建下一代网络安全架构。3150 亿美元的现代化申请获得批准后,不仅为国防部网络开发和集成下一代加密解决方案,还将使美国武装部队的网络任务部队队伍数量从 142 支增加到 147 支。

美军联合全球指挥控制系统完成重大升级　　3 月,美国国防信息系统局（DISA）发布了美军联合全球指挥控制系统（GCCS-J）6.1 版。新升级的系统主要对基础设施进行了更新,将移动目标的跟踪数量从数千个提高至 100 万个,包括导弹、坦克、火车、卡车、飞机、船只和人员等军事移动目标。GCCS-J 前期和未来的重大升级工作包括:①2022年,发布基于 Web 的 GCCS-J 系统,使美军及其协议盟友在任何位置轻松访问数据,无须安装应用程序;②2023 年 3 月,升级 GCCS-J 系统,拓展美军的数据交互范围、数据关联及注入量,为战区指挥官提供决策支撑;③2025 年前,上线联合计划与执行系统（JPES）,

取代现有的联合作战计划执行(JOPES)系统。JPES 系统是 GCCS-J 系统的关键功能组成部分,该系统上线后将与现有的 JOPES 系统同时运行一段时间,直至完成数据和功能的有效迁移。

美国空军提出空军部战斗网络框架统筹管理空军联合全域指挥控制项目　3 月,美国空军在 2024 财年预算请求中提出空军部战斗网络(DAF Battle Network),统筹管理空军联合全域指挥控制工作。根据新发布的预算文件,空军部已经确定了 50 个项目,这些项目构成了空军对联合全域指挥控制(JADC2)的贡献。美国空军负责指挥、控制、通信和作战管理集成项目的执行官 Luke Cropsey 准将称,美国空军战斗部网络代表了实现 JADC2 能力所需的物理架构、产品架构,在空军部战斗网络之下是空军的指挥、控制、通信和作战管理(C3BM)企业,这是美国空军和太空部队中大约 50 个项目及其项目之下办公室的集合,包括先进作战管理系统。

美国战略和预算评估中心发布《大集权、小赌注和进展不均——关于联合全域指挥控制发展的三个问题》简报　4 月,美国战略和预算评估中心发布《大集权、小赌注和进展不均——关于联合全域指挥控制发展的三个问题》简报。报告认为,尽管联合全域指挥控制(JADC2)的目标很有价值,但其项目和管理存在很大困难,常见的问题包括概念模糊、计划脱节和过分强调技术。为激发更有建设性的讨论,简报分析提出 JADC2 发展过程中存在三个较少被关注的问题,主要包括:JADC2 在项目和管理上过度集中;JADC2 资金存在以小赌注换大回报的风险;JADC2 在各个军种的进展不均影响作战效能。

英国 BAE 系统公司为制定大规模作战行动规划开发先进的自主系统　4 月 19 日,美国国防高级研究计划局(DARPA)授予 BAE 系统公司一份价值 830 万美元的合同,用于研发一种先进的自主系统,以加快"规划、战术、实验和弹性战略混沌引擎"(SCEPTER)项目下作战规划制定的速度。SCEPTER 项目旨在开发一种分析引擎,能够产生作战行动层面的机器生成策略。其原理是通过以机器速度探索军事交战的复杂状态,生成新的作战行动方案,在高保真仿真器中验证筛选最佳方案并进行人工审查。该项目为期三年,分两阶段进行。根据第一阶段合同要求,BAE 系统公司的 FAST 实验室将提供机器学习支持系统并通过测试对研发成果进行演示。

美国陆军一体化防空反导作战指挥系统具备初始作战能力　5 月 1 日,诺斯罗普·格鲁曼公司发布声明称,美国陆军一体化防空反导作战指挥系统(IBCS)已具备初始作战能力,并已为正式部署做好准备。IBCS 系统是美国陆军正在大力发展的"一体化防空反导"项目的重要组成部分,是陆军现代化 6 大优先事项之一,是实现防空反导一体化的核心和关键。IBCS 是以网络为中心的防空反导"系统之系统"指挥控制系统,可将防空反导的传感器、拦截器通过一体化火控网络实现连接。防空反导任务部队根据需求选取传感器和武器系统,完成防空反导拦截任务,实现在复杂目标环境下的高效防空反导作战。

美国空军研究实验室寻求开发下一代 C4ISR 应用的量子计算技术　　5月4日，美国空军研究实验室发布量子信息科学项目信息征询公告，向业界寻求开发下一代指挥、控制、通信、计算机、情报、监视和侦察（C4ISR）应用的量子计算技术。该项目旨在为 C4ISR 开发量子计算算法，并研究跨异构量子网络的纠缠分布。量子计算机可以破解广泛使用的加密方案，并帮助物理学家进行物理模拟。但是，当前量子计算技术仍处于起步阶段。该项目研究将包括量子算法和计算、基于内存节点的量子网络、量子信息处理、异构量子平台和量子信息科学。

美国洛克希德·马丁公司在美国印太司令部"北方利刃"演习中展示联合全域指挥控制综合火力和辅助决策能力　　5月4日—5月19日，"北方利刃23-1"演习在太平洋-阿拉斯加联合靶场和阿拉斯加湾举行，演习由美国印太司令部主办、太平洋空军总部领导，通过整合陆军、空中、海洋、太空和网络空间的部队，实现了联合、跨军种、跨国训练，英国和澳大利亚也参加了此次演习。此次演习测试了美军目前的联合全域指挥控制（JADC2）能力，包括：①联合火力网络（JFN），该系统通过将洛克希德·马丁公司的21世纪安全技术与第三方平台集成，为各军种和所有作战域的参与者提供持久且有弹性的通用作战图，使所有部队能够实现统一的态势感知，可加速部队决策；②洛克希德·马丁公司的人工智能辅助决策软件"钻石盾"（DIAMONDShield）系统与虚拟"宙斯盾"武器系统（VAWS）相结合，可有效缩短指挥官的决策周期，简化指挥与控制过程，并能够跨军种提供精确的瞄准数据，进一步推进联合全域指挥控制能力的发展。

美军升级指挥、控制、作战管理与通信系统　　5月9日，美国洛克希德·马丁公司称正在开发下一代技术以升级美国导弹防御局的指挥、控制、作战管理与通信（C2BMC）系统。该公司计划整合高超声速防御、弹道导弹防御和巡航导弹指示与告警，以增强 C2BMC 系统联网、数据分析和建议行动能力。通过高超声速防御集成，下一代 C2BMC 将扩展当前和未来能力，规划、跟踪和处理新的威胁。在防御弹道导弹方面，从传感器到武器系统的增强跟踪信息，将使 C2BMC 能够通过分层导弹防御架构管理极其复杂的导弹防御交战。

美国 STR 公司获得 DARPA 联合全域作战软件项目新合同　　5月12日，美国系统与技术研究有限公司（STR）获得美国国防高级研究计划局（DARPA）联合全域作战软件（JAWS）项目第三阶段合同，总金额2800万美元，预计2024年8月前完成。JAWS 是美国国防部联合全域指挥控制（JADC2）计划中的一部分，是由 DARPA 负责开发的一套支持战区级动态指挥与控制的作战管理工具。该项目旨在开发使战斗人员能够跨领域同步作战的软件，即使传感器、武器和决策者不在同一地点，也能够通过软件动态协调整个战斗空间的行动。本次合同主要开发具有自动化和预测分析功能的战区级作战管理指挥控制功能。

美国国防部推动"联盟联合全域指挥控制"架构建设　5月16日，美国国防部联合参谋部指挥、控制、通信、计算机和网络局(J6)负责人兼首席信息官玛丽·奥布莱恩中将在首席信息官峰会上表示，国防部正考虑开展基于合作伙伴的联合全域指挥控制，在联盟作战等新型作战背景下推动"联盟联合全域指挥控制"(CJADC2)架构的实现。该架构强调合作伙伴整合的重要性，基于美国国防部的任务，从指挥、控制、通信、计算和网络的视角，与盟友和合作伙伴共同发展可互操作的能力，以在整个战场范围内将所有军种和合作伙伴的系统链接入网，为指挥官提供正确的数据，支撑其更好、更快地做出决策。该架构的首要合作和推广对象为"五眼联盟"成员和北约成员国。

美国 Aalyria 公司与 Anduril 公司合作开发全域指挥控制技术　5月16日，美国 Aalyria 公司和 Anduril 公司签署合作协议，将把 Aalyria 公司的网络编排平台 Spacetime 与 Anduril 公司用于国家安全功能的开放式操作系统 Lattice 相集成，以提高美国国防部全域指挥和控制能力。Lattice 软件平台自主解析来自第三方传感器和数据源的数千条数据，形成安全环境或战场空间的智能操作视图，使操作员能够了解风险和威胁，做出明智的决定并采取精准战术行动。通过添加高级网络编排功能，Spacetime 平台可创建、管理和修复跨越任何域的网状通信网络。Spacetime 和 Lattice 平台实时自主运行，集成系统可自动降低网络资产受到的干扰或损耗，快速重建网状网络并确保连接始终可用。这两种技术的结合将极大地扩展战场能力，提供开创性的自我修复功能和弹性通信网络。

美国陆军将在未来战争中重新启用师级指挥模式　5月24日，美国陆军在战术级指挥控制与通信项目执行办公室技术交流会议上称，未来陆军将以师级部队为指挥单元，此举对战略、技术和文化有许多影响。师是更大的组织，由一名二星上将指挥，最多有1.5万名士兵，通常分为3~4个旅。指挥重点的转变使师级部队成为决定性因素，因为陆军准备在离本土更远的战场进行近距离作战，特别是在印太地区。未来的师级部队将具备旅级战斗队(BCT)的所有优点，使师长能够发动、转移和维持主要作战行动。师级部队负责指挥控制的参谋长可以使用所有的作战功能，并综合利用旅级战斗队、正确的支援编队、炮兵、一体化防空反导能力、情报和电子战能力。

美国陆军高层阐述变革未来指挥控制的原则及举措　5月24—25日，美国陆军高层在费城举行的网络技术交流会上阐述了变革未来指挥控制的原则及举措。会上提出，围绕"2030年陆军"建设目标，陆军将向师级行动单位过渡，通过融合多种技术的复杂系统，保持部队机动性并控制战场。陆军副参谋长兰迪·乔治提出4项指挥控制原则：①简单性，即简化营及以下分队使用的系统；②直观性，即边缘系统必须如智能手机一般即开即用；③低信号特征，即降低装备的电子辐射；④持续创新，即由行业主导确保系统的安全性和先进性。会上还提出3项具体举措：①建立以数据为中心的陆军部队，师级部队需要基于数据编织和数据网格等系统来获取大量数据，并将其转化成有效信息用于指挥控制行动；②培养高技能和技术型人员，建立复合型人才队伍，确保陆军能够应对未来 10 年面临的挑战；③加快实现陆军网络现代化，持续向美国、欧洲和太平洋各地部署具有冗余性、弹性、移动性和抗毁性的网络，并通过实验完善网络设计。

美国安杜里尔公司新型指控系统支持快速部署的远征 C4 能力　　6 月，美国安杜里尔（Anduril）公司称，新推出 Menace 系列综合指挥控制系统以支持机密任务规划、传感器融合和目标瞄准，能够在移动、远征的条件下降低运输和后勤需求。在"北方利刃 23-1"演习期间，该公司展示了 Menace 可快速部署和远征使用的指挥、控制、通信和计算（C4）能力，通过利用多种通信途径，能够支持多军种和多领域的传感器和平台。演习前，安杜里尔公司已分别向美国海军陆战队和空军交付了"国际标准化 Menace"（Menace for ISO）和"超轻型战术车辆 Menace"（Menace for ULTV）原型系统。其中，Menace for ISO 通过使用 20 英尺（约 6 米）的国际标准化集装箱，为边缘计算、任务规划和通信提供了一个可认证的容器化解决方案；Menace for ULTV 通过超轻型战术车辆平台在较短时间内将 C4 能力推向战术边缘。

美国诺斯罗普·格鲁曼公司在波罗的海地区成功部署前沿区域防空指挥控制系统　　6 月 5 日，诺斯罗普·格鲁曼公司前沿区域防空指挥控制（FAAD C2）系统在爱沙尼亚、拉脱维亚和立陶宛成功部署，在波罗的海国家、北约和美军之间构建了防空和导弹防御互操作性能力。根据美国欧洲司令部的综合防空和导弹防御计划，诺斯罗普·格鲁曼公司对波罗的海地区的防空和反无人机能力进行了现代化改造，以帮助其融入现代北约防空系统。FAAD C2 系统是一个经过实战验证的指控系统，从多个来源接收空中轨迹数据，包括本地传感器和外部数据链路，以创建单一的综合空中图像，同时将空中图像传输到所有效应器。该系统可提供完整的态势感知，同时提供当地空中图片和战区近程防空导弹武器的状态，以保持防空和机动部队感知能力。

美国诺斯罗普·格鲁曼公司向美国海军交付首架改进型 E-6B"水星"指控通信飞机　　6 月 6 日，诺斯罗普·格鲁曼公司完成了 E-6B"水星"指控通信飞机 5 个套件的集成工作，改进了飞机的指挥、控制和通信功能，已向美国海军交付首架改进后的飞机。E-6B 旨在提供可生存、可靠和持久的空中指挥、控制和通信，为总统、国防部长和美国战略司令部提供支持。当前 E-6B 飞机已抵达查尔斯湖，正在进行飞机的能力升级、集成和测试。在接下来的几年里，该公司将继续对 E-6B 飞机进行改装，以提升美国核指挥、控制和通信能力。

英国开发基于元宇宙的战术决策原型　　6 月 9 日，英国 Cervus 公司和 Hadean 公司达成合作协议，开发一种基于元宇宙的战术决策原型系统。该原型基于英国陆军云协同军事训练平台，通过云技术、自适应模拟和大数据分析工具等虚拟现实技术，使军事用户在低成本、较少人力投入的情况下改进在战争博弈场景、概念原型和评估中做出的决策。该原型系统将被集成到英国国防部协同训练和转型计划中，以加速推进英国关键国防资产的现代化。

美国海军举办首次"作战中心指挥、控制和通信一体化桌面演习"　6月13—15日，美国海军系统司令部作战中心、海军海上系统司令部作战中心、海军海上后勤中心等10个海军所属的作战中心部门首次会聚在一起，参加在基特萨普海军基地凯波特海军水下作战中心举办的海军首次"作战中心指挥、控制和通信一体化桌面演习"。桌面演习的重点在于测试战时面对自然灾害、供应链中断或网络攻击等负面事件对组织或系统执行关键任务的影响，并快速测试包括指挥控制在内的应对计划，以改进战备和响应能力。演习中，参与者明确了在持续冲突中可能对飞机、舰船、潜艇和岸上基础设施造成的损害，并通过确定最佳装备配置提出创新解决方案。参与者最终将开发一个优化的指挥、控制和通信（C3）框架，以应对危机并加强作战单位和作战中心的通信流和信息流。本次桌面演习的相关经验将用于8月举行的太平洋舰队"塔里斯曼军刀"演习。

美国海军陆战队高层阐述海上指挥控制面临的挑战　6月28日，美国海军陆战队海上远征作战部主任肖恩·布罗迪指出，"海上作战指挥、控制、通信、计算机和情报"（AC5I）的现代化建设未能跟上新技术的发展步伐。当前，美国海军陆战队的远征作战能力对于印太地区行动非常关键，但是海上指挥控制系统的技术差距是其直接弱点。目前AC5I面临两个具体挑战：①频谱挑战。同美国海军一样，海军陆战队需要在战役和战略层面操作，无线电频率对其非常重要，当前需要寻求远距离回传以支持其太空行动。②信息共享挑战。美国海军陆战队涉及众多分散的小团队，目前在共享信息时面临信息传输等技术难题。当前，商业技术未能解决海军陆战队对信息安全分类的需求，这同时也是联合全域指挥控制（JADC2）所面临挑战的缩影。

美国陆军为分布式作战建立生存能力更强的指挥所　6月29日，美国陆军推进指挥所综合基础设施（CPI2）工作，发布了CPI2增量1机构征询公告，寻求为分布式作战建立更具生存能力的指挥所。CPI2将减少指挥所的物理特征，以提高机动性和敏捷性。CPI2增量1包括任务指挥平台和指挥所保障车，最小功率分别为12千瓦和20千瓦。此外，增量1还包括统一语音管理系统、安全无线网状远程端点、先进中型移动电源、指挥所显示屏、先进野战炮兵战术数据系统等。该解决方案预计到2035年实现部署。

美国国防部正在完善和更新《联合全域指挥控制实施计划》　7月，美国参谋长联席会议J-6副主任兼"联盟联合全域指挥控制"（CJADC2）跨职能团队负责人苏珊·布莱尔乔伊纳海军少将在国防工业协会组织的联合全域指挥控制（JADC2）研讨会上表示，目前国防部正在更新和完善《联合全域指挥控制实施计划》，相关措施如下：①聚焦关键作战问题的规划和工作线的分析，通过分析能力差距形成问题清单，并制定相应的解决方案；②持续推进"以数据为中心"的思想，"向后兼容"现役系统，在安全标准下使其公开和共享数据，并通过国防部数据中心环境进行交互；③重点解决杀伤网构建问题，整合和改进杀伤链之间的链接；④明确"联合全域指挥控制"将向"联盟联合全域指挥控制"过渡，盟友和合作伙伴将在其中发挥更大作用；⑤明确"联盟联合全域指挥控制"没有终结状态，国防部需要与业界持续合作，填补技术空白。

澳大利亚新型战场指挥系统项目获得批准　　7月13日，澳大利亚国防部批准了LAND200第三阶段"战场指挥系统"项目，以提高澳大利亚国防部战术通信网络和作战管理系统的安全性和性能。澳大利亚国防部表示，该项目是"澳大利亚陆军军事数字化发展的核心"，旨在通过作战管理系统（BMS）和综合战术通信网络，提高决策速度和质量，并加强陆军内部以及陆、海、空、天、网络部队之间的通信和协调。作战管理系统是一种数字规划和监控系统，其自带的作战地图将显示作战覆盖图、命令、消息以及红蓝军轨迹等数据。战术通信网络将提供一个机动和安全的通信基础设施，用于作战管理系统和陆军野战炮战术数据系统等其他作战系统的语音和数据分发。据澳大利亚审计署的报告显示，该项目预计投入在1~2亿澳元。公开招标工作将于2023年晚些时候进行。

美国、英国和澳大利亚联合开展E-7预警机能力开发　　7月18日，美国空军、英国皇家空军和澳大利亚皇家空军在英国皇家国际航空展上签署了联合开发波音E-7A"楔尾"机载预警与控制（AEW&C）飞机的协议，在该型预警机的能力开发、评估与测试、互操作性、维护、作战、训练和安全等领域开展合作。三国空军中，仅澳大利亚皇家空军服役了装配诺斯罗普·格鲁曼公司多任务电扫阵列雷达的E-7A预警机。澳大利亚皇家空军的6架E-7A于2015年形成最终作战能力。英国皇家空军正在采购3架E-7A，首架飞机有望在2024年底交付。目前STS航空服务公司正在英国伯明翰开展这3架飞机的"楔尾"标准改造工作。美国空军的目标是2025年开始投产E-7A，2027年实现首架部署，并于2032年获得26架E-7A。澳大利亚宣布将派遣一架E-7A及100名机组人员和保障人员在德国开展为期6个月的部署，既定任务是监视流向乌克兰的人道主义和军援物资，同时也使澳大利亚的盟友有机会在动态环境中评估E-7A的能力。

美国空军推进基于联合全域指挥控制的软件定义网络解决方案　　7月19日，美国空军负责任务中心分析和作战任务的特别助理蒂姆·格雷森在国防工业协会举办的联合全域指挥控制（JADC2）专题研讨会上表示，美国空军已经开始寻求软件定义广域网（SD-WAN）方案，以更好地支持先进作战管理系统（ABMS）和联合全域指挥控制。具体措施为通过2023年1月发布的软件定义广域网技术白皮书，将不同领域的互补/关联项目和计划组合有效链接起来，以融入到更大的网络架构中。软件定义广域网解决方案可在拒止、降级、间歇性失效的网络环境下，利用多种栅格架构和传输方式保障信息传输的连续性和可靠性，以支撑对联合全域指挥控制的数据管理工作。美国空军还将对潜在解决方案的作战适用性进行审查。此外,空军已经邀请其他军种共同参与该方案波形和无线电方面的架构设计工作,以更好地设计网络架构物理层的传输。太空军已经将该网络架构用于卫星通信数据传输中。

美国空军凯塞尔航线工厂将全域作战软件套件部署至印太地区 8月,美国空军凯塞尔航线(Kessel Run)软件工厂将凯塞尔航线全域作战套件(KRADOS)部署至美国印太司令部,以支持该司令部的多域作战。在太平洋地区,凯塞尔航线全域作战套件将尽可能多地利用商业服务提供商提供的云功能,以便多个空中作战中心能够同时访问共享资源中的工具,同时探索联合作战云能力(JWCC)在内的多种云选项。作为淘汰战区作战管理核心系统(TBMCS)的关键组件,KRADOS将用于简化加油计划的软件、用于战斗机与轰炸机行动的软件等多个应用程序集成到一个基于云的系统中,用户可以像访问网站一样从任何地方接入KRADOS并关联可用的空战资产,只需少量人员就可以在任何地方快速规划行动并生成空中任务指令。

美国国防创新部门持续推动"混合太空架构"建设以支持联合全域指挥控制 8月,美国国防创新部门(DIU)启动并实施了"混合太空架构"(Hybrid Space Architecture)项目,寻求在整个太空领域为商业、民用、军事用户以及国际盟友和合作伙伴提供覆盖全球、无处不在、安全可靠的互联网连接,以支持联合全域指挥控制(JADC2)。该项目预算已由1700万美元增加到2500万美元,分为4个领域:①包括物理链路和软件定义路由的传输层设计;②基于情报监视侦察(ISR)星座的数据捕获和融合;③基于存储和边缘计算的云技术;④网络安全。美国国防创新部门在135份项目建议书中,根据侧重点不同分批授予业界公司相应的研制合同,其中:第一批合同侧重于网络设计和研制;第二批合同侧重于云设施的构建;第三批合同侧重于集成和演示验证。

美国空军一级司令部指定指挥控制、事件管理、应急响应应用作为标准规程软件 8月,美国空军空中作战司令部(ACC)和空中机动司令部(AMC)指定指挥控制、事件管理、应急响应应用(C2IMERA)软件为其行动的标准规程软件。这标志着C2IMERA软件将成为这两个一级司令部日常业务流程的一部分,为指挥官提供特定目标位置信息和态势感知信息,以便指挥官做出决策。C2IMERA由凯塞尔航线(Kessel Run)软件工厂开发管理,是美国空军部署的新一代联队级指挥控制软件,通过实时、交互式通用作战图(COP)以及跨基地数据的互操作性和基地间协作等功能,有效提升联队指挥官的基地资源跟踪、事件管理和指挥控制能力。C2IMERA被70个空军设施和100多个前方作战基地使用,后续将作为指挥控制的标准工具推广到整个空军。

美国空军发布先进作战管理系统内容分发网络信息征询 8月9日,美国空军发布先进作战管理系统(ABMS)内容分发网络(CDN)信息征询。ABMS内容分发网络将用于存放数据,从而支持多域动态作战和拒止、降级、时断时续和有限带宽(D-DIL)环境中的弹性。内容分发网络解决方案将提供一个数据抽象层，该层将在多个安全级别存放托管在美国本土（CONUS）的 ABMS 商业云环境和 ABMS 固定站点（例如固定的战术作战中心、空中作战中心等）中的数据对象，使其更靠近战区的已部署和移动节点。内容分发网络解决方案旨在提供一个任何云服务提供商边缘节点都可以连接的缓存层。该解决方案将重点关注如何通过实现可在前沿地区和固定站点部署的数据对象缓存的全球分发来优化作战活动。

美国空军发布首个"任务式指挥"条令及备忘录文件　8 月 16 日，美国空军参谋长小查尔斯·布朗签署发布了两份"任务式指挥"文件。一份文件是《空军条令出版物 1-1：任务式指挥》（AFPD 1-1），该文件阐述了集中指挥、分布控制和分散执行的任务式指挥原则，并介绍了建立和支持任务式指挥所需的个人和组织的 5 项要素，即"品格（Character）、胜任力（Competence）、能力（Capability）、凝聚力（Cohesion）和规模（Capacity）"（5C），为任务式指挥的应用提供指导。另一份文件是备忘录文件，阐述了任务式指挥的运作及其在空军未来作战概念、敏捷作战运用和各级飞行员日常任务完成中的应用。

美国洛克希德·马丁公司为澳大利亚开发联合空战管理系统以支撑其一体化防空反导能力　8 月 30 日，洛克希德·马丁公司击败诺斯罗普·格鲁曼公司，获得一份价值 7.65 亿澳元（合 4.87 亿美元）的联合空战管理系统（JABMS）合同。JABMS 项目将为澳大利亚提升态势感知和防御能力，使澳大利亚国防军能够以更快的速度、更高的准确性利用来自所有作战域的信息，从而应对日益增加的空中和导弹威胁，同时还将提高澳大利亚国防军与美国和其他盟军的互操作性。在系统组成方面，JABMS 项目将整合澳大利亚 Silentium 防务公司制造的 MAVERICK 无源雷达，该雷达能够准确检测近地轨道至海面的威胁。此外，JABMS 项目还将集成 Consunet 公司的电磁战斗管理子系统，避免飞行员被敌方雷达等传感器发现。

美国空军发布下一代指挥和控制人工智能公告　8 月 31 日，美国空军部发布了一份机构征询公告（BAA），涵盖与人工智能相关的 8 个技术领域以及分布式指挥控制新功能，已分配的资金总额约为 9900 万美元，单项预计在 20~2000 万美元。当前，五角大楼正在探索和寻求广泛的人工智能工具和用例，包括支持无人系统、在战场上更快更好地做出决策，以及更有效地运用美国军队对抗先进对手。美军目标是使人工智能技术达到"通过使决策者能够有效评估战场空间、快速探索、创建选择最佳计划，并在分布式环境中按节奏和规模指挥和监控部队"，同时成为未来指挥控制系统的"关键且普遍的组成部分"。空军正在征集以下技术领域的白皮书：人工智能系统的指挥控制，以实现针对任务定制的人工智能；联合、可组合的自治和人工智能工具箱；先进的兵棋推演代理；C4I 交互式学习；复杂性优势；C4I 生成人工智能；软件定义、分布式指挥控制；战术人工智能。分两步实施的 BAA 将开放至 2028 年 8 月 30 日，资金与 2024—2028 财年一致。

美国雷声公司开发"快速战役分析和演示环境"以推动联合全域指挥控制模拟验证　9月1日,美国雷声公司(RTX)正在开发战役级的"快速战役分析和演示环境"(RCADE)模拟器系统,可在联合多域作战背景下有效评估系统架构在实现战役目标时的灵活性、规模、反应时间等能力,以支持联合全域指挥控制(JADC2)能力测试。该系统有以下特点:①支持快速、大规模地战役级模拟,整合军种任务为数千个仿真实体提供小时级的模拟结果显示能力;②采取集成军种条令和概念的红蓝对抗方式,全局模拟作战计划或战斗,并对结果进行分析;③支持同一场景中多种规划的比较和分析,可通过数百次不同的推演结果,为作战规划者从指挥控制和后勤角度选择最优的方案。雷声公司强调该系统已经介入联合全域指挥控制的测试工作。后续该系统将在以下三个方面进行优化:①增加和融入太空域的作战要素和手段;②应用人工智能和强化学习技术优化模拟器的自动处理能力;③加入协同作战飞机(CCA)和无人潜艇等新兴复杂作战场景。

美国诺斯罗普·格鲁曼公司提升一体化防空反导作战指挥系统跨域能力　9月14日,诺斯罗普·格鲁曼公司宣布已为其一体化防空反导作战指挥系统(IBCS)开发出增强功能,可跨作战域、跨联盟伙伴集成各类不同的传感器和射击器。这种新能力将使作战指挥官获得整个战场的综合、可操作视图。IBCS连接多军种和跨国部队,通过将防空和导弹防御指挥控制系统统一在一个系统下来实现现代化,从而能够更快速、更有效地应对威胁。IBCS具备模块化、开放式和可扩展架构,能融合异构数据,扩大战场范围并增强现有资产的功能。

美国陆军完成指挥所综合基础设施初期迭代测试　9月8日,美国陆军在指挥所综合基础设施系统(CPI2)初期迭代的有限用户测试(LUT)期间,对新集成到综合网络基础设施的移动指挥平台和指挥所保障车进行了测试。指挥所保障车集成了调频、高频和战术卫星电台,能够在与上层战术互联网连接后建立通信互联,并快速建立指挥控制能力。本次测试评估了旅级总部的功能,以及主要指挥所和战术指挥所先进部件的运作方式,探索了如何提高集成平台的机动性,以满足大规模作战行动等需求。测试具有两方面意义:一是指挥所现代化发展是一种持续学习、适应和增强的过程,通过确定CPI2基线中需要改进的工作,为后续的增量发展提供参考依据;二是确保建立可靠高效的电源以实现电子系统正常运行,同时建立强大且用户友好的系统来降低其复杂性。后续,陆军将持续推进综合网络指挥所的现代化发展,通过测试结果和士兵反馈来验证当前的CPI2设计,为其未来设计以及小批量生产决策提供参考,促进CPI2增量化发展,以实现更具机动性和生存性的指挥所。

印度自研配备圆盘旋转天线罩的"内特拉"MkⅢ预警机　9月12日,印度国防研究与发展组织(DRDO)称正在积极推进印度机载预警与控制系统(AWACS)项目。印度目前在研的"内特拉"MkⅡ预警机基于6架二手A321飞机,采用"平衡木"形天线罩。印度空军原计划采购更大型的空客 A330 平台，采用旋转天线罩配置，然而为确保成本效益，最终决定选择较小的空客 A321 平台。尽管平台尺寸发生变化，但印度开发配备圆盘旋翼天线罩和先进有源电扫阵列（AESA）雷达的 AWACS 系统的核心目标并未改变。"内特拉"MkⅡ项目将从 2025 年启动开发试验，而"内特拉"MkⅢ项目可能会稍后实施。中型运输机（MTA）或支线运输机（RTA）可能会被选为"内特拉"MkⅢ平台，集成到未来的项目中。"内特拉"MkⅢ项目旨在开发一款采用圆盘旋转天线罩并配备先进 AESA 雷达系统的预警机，从而提供 360°覆盖，探测、跟踪和识别 500 千米范围内的低空飞机，并实现与更远距离先进目标交战的能力。

美国斯罗普·格鲁曼公司推出"战斗 1 号"集成指挥控制能力概念　9 月 13 日，美国诺斯罗普·格鲁曼公司在英国伦敦举行的国际装备展览会（DESI 2023）上宣布，正在开发一种多域、多国指挥控制（C2）能力概念，被称为"战斗 1 号"（Battle One）。该概念是以诺斯罗普·格鲁曼公司的一体化防空反导作战指挥系统（IBCS）为核心，旨在超越作战域和国界，形成集成人工智能技术的一体化指控能力。据诺斯罗普·格鲁曼公司人员介绍，该系统的综合火控网络（IFCN）可集成所有传感器和射手，其关键优势表现在智能化的跟踪管理。通过使用人工智能技术，不仅可以进行威胁评估和武器分配，而且也可以将拦截器与目标进行最佳配对，同时保持人工参与。Battle One 概念的价值在于可使传感器和效应器集成到 IFCN 上。IBCS 最近在德国进行了一次秘密实验，挪威、瑞典、英国等多个国家代表参加了此次试验活动。

美国 Leidos 公司获得 79 亿美元陆军战术合同以支持 JADC2 目标　9 月 19 日，Leidos 公司获得美国陆军价值 79 亿美元、基础周期为 4 年的合同，提供战术信息技术硬件解决方案，根据合同条款采购的设备和服务将用于支持多域作战（MDO）和联合全域指挥控制（JADC2）统一网络。该公司还将利用商业技术以及人工智能/机器学习的分析和自动化能力来验证数字基础设施，以帮助提高速度、准确性、韧性和成本效率。Leidos 公司还将部署一个物流平台，用于主动管理供应链和网络安全风险，同时最大限度地降低总生命周期成本。

美国 AGIS 公司与参谋长联席会议 J6 实验室共同开发 CJADC2 系统　9 月 20日，美国先进地面信息系统（AGIS）公司与美国参谋长联席会议（JCS）J6 实验室共同开发了一个联盟联合全域指挥控制（CJADC2）系统。这是一套由商业组件和技术构建的 C5ISR 系统，可在一台或多台笔记本电脑上运行。该套系统能够满足参谋长联席会议在信息共享、分层安全、数据结构、联合部队指挥等多方面的需求，具有近距离对敌作战所需的多重属性，包括：①完全执行 MIL-STD-2525 标准；②可处理 10000 多份海量传感器情报报告，包括商用和军用卫星馈送；③内置加密协作工具，如即按即说（PTT）、消息、聊天、视频、视频会议、全球事件通知等；④可显示世界任何地方的海陆空三维画面；⑤操作员可自定义控制。此外,AGIS 公司的软件允许将更多的笔记本电脑、安卓系统和苹果手机添加到安全网络中,形成分布式分散计算基础设施,提高了网络韧性和冗余性,确保关键的指挥控制能力在挑战或敌对环境中保持正常运行,同时也可在 AWS 政府云、Azure 云或其他基于云的服务器上使用,并实现自动故障切换。

俄罗斯空天军接收新型 A-50U 预警机   9 月 27 日,俄罗斯国家技术集团(Rostec)向俄罗斯空天军交付了新型 A-50U 预警机。该型预警机是俄罗斯空天军现代作战的必备机型,通过进行现代化升级,配备了新的机载设备,改进了对空中、地面和海上目标的探测能力,进而提高对抗敌方的效率。该型预警机具备如下特性:①探测识别能力,具备探测新型威胁目标和多目标跟踪能力,并通过有效协同现役作战飞机,提高空中作战的区域警戒和适应性能力;②持久工作能力,通过采用先进组件减轻平台重量,实现了持久远距飞行和作战持续性,支持作战任务的延长;③操作能力,配备高分辨率监视器,显著改进雷达态势显示系统,并采用强化的人体工程学技术缓解战术机组成员的疲劳;④导航能力,配备新的航线和导航系统增强整体作战效能。据悉,该型预警机交付后将立刻投入作战使用。

美军测试综合作战指挥系统在国土防御场景中的能力   10 月 9 日,美国诺斯罗普·格鲁曼公司的综合作战指挥系统(IBCS)在最近的一系列演示中展示了保卫美国首都地区免受模拟巡航导弹和飞机的攻击。IBCS 的开放式架构能够快速集成现有传感器和效应器,如"哨兵"(Sentinel)、"复制器"(Avenger)和国家先进地对空导弹系统(NASAMS)。演示中,第 263 防空与导弹防御司令部的士兵使用 IBCS 和联合跟踪管理能力融合了海军传感器信息,显著扩展了首都地区的防御区域。IBCS 是一款指挥控制系统,可整合战场上来自不同军种或领域的资产,通过其模块化、开放和可扩展的架构,将传感器数据融合为整个战场空间的单一、可操作的通用作战图,从而使作战人员有更多时间做出决策,以优化射手行动。该系统是美国陆军空中和导弹防御现代化战略的核心,将支持未来多域作战以及美国和盟军能力的持续现代化。

美国太空系统司令部启动"阿波罗"计划提升天域态势感知能力   10 月 10 日,美国太空系统司令部(SSC)天域态势感知工具应用与处理(TAP)实验室将通过"阿波罗计划"(Project Apollo)应对天域态势感知上的关键挑战。在首批挑战中,涉及三方面内容:①监管太空发射。通过使用新型数据、融合和分析技术,预测发射后在上升轨道、中间轨道和最终轨道相关内容,其预测结果作为"提示"提供给天域态势感知传感器,以便在数秒至数分钟内重新获取和跟踪运载火箭,同时支持实现快速目标捕获、识别和发射威胁评估。②目标识别。通过行为、轨道数据、光度测量、雷达截面、射频辐射等特征,实现数秒内对空间物体的分类和识别,有助于敌情评估、应对选择和防止行动出其不意。③辅助决策。通过掌握环境、资产(太空、地面、链路)状态和对威胁的不断认识,为指挥控制中心提供半自动、实时、以数据为中心的辅助决策工具。"阿波罗"计划作为技术加速器将美国公司、高校附属研究中心、联邦资助研发中心、行业专家和太空部队聚集在一起，旨在提升天域态势感知能力。

美国空军寻求用于军事 C4ISR 的人工智能和机器学习技术　10 月 17 日，美国空军研究实验室发布项目机构征询公告，向业界寻求用于军事指挥、控制、通信、计算机、情报、监视和侦察（C4ISR）的人工智能和机器学习相关先进技术。该项目为期 4 年，价值高达 4.979 亿美元。空军将在 2028 年 9 月 28 日之前接受白皮书。该项目第一个技术领域是推进计算技术和应用，涉及开发复杂、自主、智能计算机，为 C4ISR 及网络应用提供保证。相关技术包括小尺寸、重量和功耗（SWaP）、高性能嵌入式计算、安全机器学习和人工智能、非常规神经形态应用等；第二个技术领域是纳米计算，涉及在边缘运行宇航系统，范围从计算机视觉和知识提取到自主飞行和决策；第三个技术领域是神经形态计算和应用机器学习，旨在推进计算智能系统感知、适应性、弹性和自主性，实现节能宇航系统；第四个技术领域是嵌入式深度学习的稳健高效计算架构、算法和应用，旨在开发数量级的先进高效计算架构和算法改进 SWaP，以便在地面、空中和太空应用中部署人工智能和机器学习嵌入式计算。

美国国防部开展"大胆探索-岛屿掠夺者"联盟联合全域指挥控制演习　10 月 16 日，美国国防部在加利福尼亚州结束了为期一个月的 2023 年度"大胆探索-岛屿掠夺者"（Bold Quest Island Marauder 2023）联盟联合全域指挥控制（CJADC2）演习。传统上"大胆探索"系列演习由国防部参谋长联席会议 J6 主导，而"岛屿掠夺者"系列演习则由海军陆战队主导。基于突破海军和联合部队一体化限制的动议，本年度两大系列演习首次合并举办，超过 1500 名美军官兵和 17 个伙伴国参加了本次演习。本次演习主题是基于多国多军种联合全域作战条件，实现跨系统、作战域和联合部队生成和共享多层级数据的能力，以加强综合威慑。本次演习重点演练了海军陆战队空中特遣队与联合部队情报与作战行动同步，以支持联合火力任务。为实现上述活动，海军陆战队的全球指挥控制系统（GCCS）战术作战行动系统、联合战术通用作战图工作站、移动网络以及分布式通用地面系统均集成到实验室演示和野战环境中。

美国海军采购协同交战能力装备以满足防空作战需求　10 月 20 日，为满足海军水面舰艇和舰载机的防空作战需求，美国海军海上系统司令部授予 L3 哈里斯公司一份价值 6740 万美元的订单，为海军协同交战能力（CEC）项目提供 AN/USG-2B 系统、AN/USG-3B 系统、备用部件以及信号数据处理器等设备。AN/USG-3 是部署在 E-2C 和 E-2D 舰载机上的机载 CEC 型号。AN/USG-2 安装在海军水面舰艇上，也称为协同交战传输处理设备（CETPS），通过实时视距火控传感器和交战数据分发网络，将安装有 CEC 装备的防空系统传感器数据进行共享，并能将这些传感器数据融合到一个火控级实时综合航迹图中。AN/USG-2 具备抗干扰能力,包括数据分发系统(DDS)和协同交战处理器(CEP),并提供数据分发、指挥/显示支持、传感器协同、交战决策和交战执行功能。

美军开发联盟联合全域指挥控制数据集成层　　10 月 24 日,美国国防部首席数字和人工智能办公室(CDAO)发布了"联盟联合全域指挥控制"(CJADC2)数据集成层(DIL)的信息征询公告。数据集成层将促进联合司令部、各军种和作战支援机构之间的所有 CJADC2 数据交换。CDAO 将基于零信任的数据网格(Data Mesh),融合开源、非专用和专用软件组件,作为 CJADC2 数据集成层目标体系结构的潜在实现途径。CDAO 目前正在试验相关技术,以确定数据集成层的概念和需求;同时寻求与业界共同确定商业数据网格功能的状态,从而定义 CJADC2 数据集成概念、治理和技术功能。为使作战人员继续使用以数据为中心的方法来维持和提高决策能力,数据集成层需要实现:①跨层级可信数据分布式交互和协同能力;②关键数据传输的高保真和低延迟能力;③联合部队作战决策的信息支撑和处理能力;④在拒止、降级、时断时续和有限带宽(D-DIL)环境中数据处理和转发的能力;⑤支持应用程序、算法服务和人工智能工具的部署和集成能力;⑥基于角色和身份管理和访问控制能力;⑦跨域数据标签、解析、证书、区块链等实体分发能力。据报道,该信息征询公告将于 11 月 29 日截止,并预计在 2024 年初开展市场分析活动,后续逐步开展项目行业采办。

英国陆军扩大 SitaWare 指挥控制软件的部署　　11 月 1 日,丹麦软件公司 Systematic 宣布扩大与英国陆军的合作关系并签署了一份合同,为该公司的总部级 SitaWare 软件提供 1400 个新许可证,供英国陆军全军使用。合同还包括供北约盟军快速反应部队(ARRC)使用的新许可证,该部队总部位于英国格洛斯特,旨在帮助将 Sitaware 软件部署到欧洲内外的作战和演习中。SitaWare 软件在英国陆军中的扩展部署将支持英国武装部队内部以及与盟友和伙伴国之间实现更大的互操作性,并为用户提供显著增强的数字化体验,这意味着更强的态势感知能力、更低的战斗风险,以及更容易在整个战场空间传播情报和信息。作为一种商用现货软件产品,SitaWare 软件可以与各种传统设备进行互操作,并满足大量通信标准。SitaWare 软件支持无缝集成广泛的 C4ISR 数据和情报,为战场指挥官提供全面的通用作战图。SitaWare 软件用于支持情报单位在情报周期中的行动,提供集成的数字化解决方案,以确保战场上所有可用的数据被指挥官和规划者利用,从而做出明智的决策。SitaWare 软件已广泛用于包括北约、美国陆军、英国陆军、澳大利亚陆军、德国联邦国防军、丹麦武装部队和爱尔兰国防军在内的 50 多个组织中。

美国陆军第三次指挥所演习促进了盟友伙伴之间的整合　　11 月 3 日,美国前沿部署军团——陆军第 5 军完成了第三次指挥所演习(CPX3),该演习旨在为第 5 军应对现实世界的任务和突发事件做好准备。该部队建立了主要指挥所,促成了盟友伙伴、"赋能者"、下属旅和附属师以及建制士兵的参与。沉浸式模拟帮助作战人员做好准备,并与盟友和合作伙伴以及美国士兵一起遂行作战。该演习聚焦于互操作性以及与军事盟友的集成，如波兰、爱沙尼亚、罗马尼亚和英国。

北美防空司令部获得新的基于云的指挥控制能力　11 月 8 日,北美防空司令部基于云的指挥控制(CBC2)在东部防空分区(EADS)上线,实现了初始作战能力。该系统使用人工智能帮助作战人员以更简单的方式监控更多信息。作为北美防空司令部(NORAD)的一个区域司令部,东部防空分区是负责监视北美天空的关键部门之一。该事件是空军战术指挥控制能力现代化的关键里程碑,标志着美国在其防空现代化方面迈出了重要一步。CBC2 整合了大量的战术相关数据馈送以及人工智能和机器学习技术,以帮助决策者全面掌握战场空间态势感知。CBC2 利用这些数据制定行动方案,领导层可据此做出更高质量、更快的决策,从而改善作战成果。CBC2 将汇集并整合军事和商业防空数据源,以构建支持国土防御的通用图像。美国空军计划将 CBC2 扩展到太平洋和其他地区,使用敏捷开发、安全和运营(DevSecOps)模型不断更新软件。首批获得 CBC2 能力的包括 NORAD 和负责北美防御的美国北方司令部。首先是东部防空分区,覆盖包括华盛顿特区在内的美国东部地区;然后是加拿大防空部门(CADS),阿拉斯加、夏威夷和华盛顿的防空部门,预计 2024 年部署新技术。在防空部门应用 CBC2 将实现空战管理软件接口的现代化。未来,CBC2 将继续升级,以适应硬件更新,例如 NORAD 规划的新型超视距雷达。

欧洲战略指挥控制项目完成系统设计工作　12 月 11 日,欧洲防务局(EDA)主办了欧洲战略指挥控制系统(ESC2)项目闭幕会议,标志项目主要阶段结束。ESC2 项目旨在提供一个突破性的解决方案,使欧盟及其成员国能够使用世界上最先进的指挥控制系统,与欧盟、成员国、北约和民用机构的指挥控制系统完全互操作。该项目于 2021 年 1 月启动,总预算 2200 万欧元,由法国、意大利、德国、卢森堡、葡萄牙和西班牙 6 个成员国资助,隶属欧洲国防工业发展计划(EDIDP),汇集了来自 10 个不同成员国的 21 家公司,包括西班牙因德拉(Indra)、法国泰雷兹(Thales)、意大利莱昂纳多(Leonardo)、德国莱茵金属(Rheinmetall)等。该项目于 2023 年底交付系统设计,后续将有新的项目——欧洲指挥控制系统(EC2)延续,计划于 2025 年完成软件原型。ESC2 和 EC2 项目将共同推出一套先进的一体化指挥控制工具,支持从战略到战役层面的共同安全与国防政策(CSDP)任务以及行动决策、规划和执行,它将提供一套全面的解决方案,利用信息技术和通信系统等关键领域的新兴技术,支持欧盟在危机爆发时迅速采取有效行动。

美国太空军重组指挥架构　12 月 12 日,美国太空军公布了对其指挥架构重大重组的结果,将太空司令部下属的 2 个二级司令部——太空防御联合特遣部队(JTF-SD)和联合部队太空军司令部(CFSCC),整合为太空部队-太空(SpaceFoces-Space),由格拉斯·希斯中将统一领导,为需要太空支持的地区作战指挥官提供全面服务。太空军是美军的第6大军种,太空司令部是国防部的统一作战司令部,负责规划和实施太空军事行动,新名称是为了体现太空军注重满足太空司令部的需求。该司令部拥有太空军所有军事部门、美国情报界和几个外国盟友的代表。席斯在太空军协会太空力量会议上表示,此次整合工作旨在提高太空军快速有效部署天基资产的能力,同时希望简化对依赖天基资产的联合军事行动的支持。太空军必须高度关注对作战指挥官的地面支持以及太空资产的防御,要注意竞争对手的反卫星能力。重组后的指挥结构还力求在国防部欧洲司令部、亚太司令部和中东司令部支持地球作战人员和国际太空合作之间取得平衡,以及对盟友的支持。

美国陆军采用模块化、微服务技术开发下一代火力系统　　12月19日,美国陆军称正在对其先进野战火炮战术数据系统(AFATDS)进行现代化改造,该系统可自动化处理火力规划、协调和指挥任务。虽然该系统已经存在25年,并且仍然有效,但美国陆军认为目前需要对其进行重大更新。美国陆军希望将火力任务进行分解,以减轻士兵的认知负担,未来AFATDS将被分解为三个分系统:火力支援系统、战术火力指引系统和技术火力指引系统。美国陆军将在2025财年提供火力支援系统最低可行产品,在师级总部安装,战术火力指引系统和技术火力指引系统的开发重点目前仍处于规划阶段。这三种系统适用于不同类型的作战部队和弹药,美国陆军有不同类型的火力系统,且每种编队都有不同的需求。火力支援系统主要用于机动指挥官执行火力控制等任务,而战术火力指引系统和技术火力指引系统主要用于炮兵执行弹道计算等任务。美国陆军未来将利用模块化、微服务技术,通过敏捷软件开发方法来构建新系统,以便快速更新系统能力或适配新型弹药。

情报侦察领域

情报侦察领域年度发展报告编写组

主　　编：郑　理

副 主 编：吴　技　陈祖香

撰稿人员：(按姓氏笔画排序)

付　燕　李亚兰　陈爱林　郭敏洁

赵　玲

审稿人员：吴　技　肖晓军　张　帆　方　芳

王子恒

情报侦察领域分析

2023 年情报监视侦察领域发展综述

当前战略竞争环境日益复杂，新兴技术快速变革，要赢得跨作战域、跨国家、跨部门的作战行动需要新思维，但更重要的是需要无缺项、高效响应的情报监视侦察能力，全面深入地掌握和理解战场环境，为高端战争提供第一环节的关键情报支援。2023 年，围绕情报监视侦察能力提升，国外主要国家在战略指导、情报力量组织、装备建设、新质能力研发、数智赋能技术创新等方面进展突出，各个维度的发展动态值得我国高度重视并紧密跟踪。

〉〉〉 一、情报战略文件频发，快速响应高端战争需求

为强调与均势大国进行高端战争对抗，鉴于情报作战的重要性，2023 年美国和英国对情报战略、条令文件进行了调整，指明当前、未来应关注的情报监视侦察能力，阐明情报监视侦察流程，为作战指挥官和情报监视侦察参谋实施行动提供方法，以更好地适应高端战争节奏。

8 月 10 日，美国国家情报总监办公室发布《2023 年国家情报战略》，确定了 6 个优先目标，并强调利用开源情报、大数据、人工智能与先进分析技术提升能力，以及使用基于通用标准、以数据为中心的方法，快速交付可互操作的创新方案。

8 月 17 日，英国国防部基于《联合条令说明 JDN 1/23：情报监视侦察》，更新《JDP 2-00：支持联合作战的情报、反间谍情报与安全（第 4 版）》条令，突出与北约条令的一致性和北约国家之间的互操作性，阐述了英国乃至北约国家情报监视侦察流程和方法。

军种层面，美国多个军种发布《情报》条令，表明情报工作在国防部领域得到广泛重视。6 月 1 日，空军发布 AFDP 2-0《情报》；7 月 19 日，太空军发布首份 SDP 2-0《情报》条令；10 月 1 日，陆军发布 FM 2-0《情报》条令。这三份情报领域的条令是三个军种面向

高端战争较早采取的条令更改措施,将促进联合作战人员更好地访问和使用多域情报数据。

二、侦察威慑概念具象化,提供落地实施参考

2023年7月13日,美国战略与预算评估中心(CSBA)发布《扩展侦察威慑:将无人机纳入"印度-太平洋海域态势感知伙伴关系"的实例》报告,以实例的形式详细阐述了在印度-太平洋地区如何实施"侦察威慑"。

该报告是CSBA第三次深化"侦察威慑"概念,分析了"印度-太平洋海域态势感知伙伴关系"(IPMDA)的目标及优缺点,提出依托IPMDA将"侦察威慑"实践化,将军用无人机作为IPMDA天基能力的重点补充。效能评估结果表明,此举可极大地提升和平时期和潜在冲突时期对中国南海的监视力度。

"侦察威慑"概念自2020年提出之后不断深化,目前已扩展到与美国在印度-太平洋地区的军事外交倡议相呼应,逐步具象化,为美盟应对大国高端竞争对手、增强印度-太平洋地区侦察威慑提供了一个可落地、极具成本效益的实施参考。

三、强化数智赋能,掌握制胜优势

国外主要国家持续寻求数智赋能,力图化解海量情报数据与滞后分析能力之间的矛盾,掌握制胜优势。11月2日,美国国防部发布《数据、分析与人工智能应用战略》,强调部署人工智能等新兴技术实现更好的战场感知和理解,获取竞争优势。该战略将进一步引导外军关注数据治理、多源数据融合、智能处理等热点主题方向。

(一)重视多源数据融合

2023年,美国以实现联合全域指控目标为牵引,持续推动多源数据融合实践,旨在实现数据跨域、无缝地同步和共享,并为人工智能算法提供高质量任务数据。

战略层面,美国国家情报总监办公室于7月18日发布《2023—2025年情报界数据战略》,强调提高数据互操作性和可发现性,利用人工智能的发展与运用,实现更好的情报收集、分析和利用。

技术层面,美军高度关注战术边缘数据同步和多源数据融合。8月,美国陆军在"护身军刀"演习中验证战术数据编织(Tactical Data Fabric)联合系统及其技术路线的合理性与有效性,使战术边缘的第一军编队同步获取了众多分布式数据源。8月28日,诺斯罗普·格鲁曼公司在"2023年实验性演示验证网关演习"(EDGE 23)上成功演示"深度传

感与目标定位"（DSaT）平台,该平台能够收集、融合多域数据,利用"战术目标瞄准访问节点"预原型系统,融合天基地理空间情报图像和空中、地面情报,并快速将其分发至战术作战中心。

（二）强调生成式人工智能的应用

生成式人工智能是通过机器学习方法,根据现有文本、图像或音频快速生成全新的内容,智能化升级军事领域各个环节。2023 年,国外主要国家在情报领域探索和部署生成式人工智能,有效应对数据爆炸及多源数据融合挑战,提效情报数据融合处理,取得显著进展。

外军积极采购国防承包商的成熟生成式人工智能产品,如 Scale AI 公司"多诺万"（Donovan）系统、帕兰蒂尔（Palantir）公司"人工智能平台"（Artificial Intelligence Platform, AIP）等。其中,"多诺万"系统于 2023 年 5 月推出,可处理超过 10 万页的实时数据（如命令、态势报告和情报报告）,生成针对整个战场的可行动洞察,目前已部署于美国陆军第 18 空降军的机密网络。此外,美国国防信息系统局正在规划"人工智能助理"原型系统开发,美国中央情报局、海军陆战队加紧研发针对开源情报、地理空间情报等特定领域的生成式人工智能工具,提升情报分析效率与性能。

（三）多项智能情报处理项目取得进展

2023 年,美国稳步推进人工智能在情报监视侦察领域的部署,"专家工程"项目取得重大进展。5 月,美国国家地理空间情报局称"专家工程"项目已实现快速融合不同来源天基数据的能力,可使动态收集、图像利用和生成报告这一工作流程自动化。11 月,"专家工程"项目正式成为在案项目,聚焦大语言模型和数据标记相关技术,提高美军数据情报智能化处理水平。11 月 1 日,美国陆军发布"支点"项目（Project Linchpin）子项目"支持陆军行动的计算机视觉能力",寻求支持陆军大规模作战行动的目标探测和计算机视觉技术,为"战术目标瞄准访问节点"提供快速目标识别算法,并将这些算法复制部署到飞机平台,甚至应用到整个美国陆军的系统中。

值得关注的是,边缘智能情报处理是外军不断拓展的研究方向。美国空军研究实验室加速研发边缘处理技术,5 月更新"先进计算技术和应用"建议征询书,寻求可用于"敏捷秃鹰"（Agile Condor）的高性能嵌入式处理架构和嵌入式深度学习;8 月启用"极限计算"设施,新建神经形态计算实验室,开展"近似人类神经认知"机器学习模型的基础研究;9 月发布"极限计算"机构征询公告,探索开发更复杂、更自主和更智能的处理能力。此外,DARPA 聚焦边缘智能图像处理技术的"像素智能处理"（IP2）项目,6 月转入原型开发阶段。在多种措施赋能下,未来边缘情报处理效率至少可以提高一个数量级。

>>> 四、谋求非对称优势，探索新质能力生成

美国等军事强国探索新质能力生成方式，强化态势感知能力，发展集成传感与网络技术，健全情报监视侦察体系，加强机动目标实时跟踪，颠覆情报生成模式，努力形成非对称优势。

（一）提升太空域感知和高超声速导弹威胁探测能力

2023年，多种迹象表明，外军正加速形成监视均势对手太空活动的能力。1月，DARPA推出"太空域广域跟踪与表征"项目，利用军事和商业卫星搭载的大量低成本低地球轨道原位传感器，持续探测与跟踪附近物体。9月10日，首颗"沉默巴克"（Silent Barker）卫星部署至3.54万千米的地球同步轨道，未来联网星座将填补美军地基和低地球轨道的态势感知能力缺口。11月，美国太空军发布《太空域态势感知》条令，太空态势感知对全域作战的重要性进一步凸显。

为实时探测和告警高超声速导弹等新兴威胁的发射与飞行轨迹，美军不断探索新的导弹威胁探测方式。美国太空军正在为弹性中地球轨道导弹告警与导弹跟踪项目1阶段（Epoch 1）采购9颗卫星，雷声公司、L3哈里斯公司分别于1月、6月开始为太空军设计可从中地球轨道跟踪高超声速导弹的卫星及载荷原型，千禧太空系统公司6颗中地球轨道导弹预警跟踪卫星已于11月通过关键设计审查并转入生产阶段。

（二）发展跨域融合的集成传感与网络技术

2023年，美军以集成传感与网络技术发展为切入口，从多个维度积极探索跨域融合。在经费预算层面，该技术领域2024财年获研究、开发、测试和评估预算1.43亿美元，在14个关键技术领域中预算总额排名第2，较前两个财年预算有数量级的提升。在组织机构层面，7月26日，美国战略司令部正式成立联合电磁频谱作战中心，强化电磁频谱深度融入联合作战。在装备研发层面，2月，诺斯罗普·格鲁曼公司首款"电子扫描多功能可重构集成传感器"（EMRIS）成功转向集成和测试阶段，该传感器可同时执行雷达、电子战和通信功能；美国陆军稳步推进"地面层系统"项目，开发综合信号情报、电子战和进攻性网络能力的多功能系统，并于9月授出单兵版"旅战斗队地面层系统"的研发合同。

（三）完善海上侦察反潜能力，健全有人-无人协同情报监视侦察体系

2023年，外军瞄准大国间的长期海上竞争，通过装备建设与协同演习等方式，加速完善海上侦察反潜能力。一方面，为提升海洋广域监视能力，5月，美国海军加速研发体型

更大、速度更快的新一代海洋监视船,奥斯塔美国造船公司开始设计建造 7 艘 TAGOS-25 级海洋监视船;9 月,美国海军重启"综合水下监视系统",帮助美盟监测潜艇行踪。另一方面,为验证无人平台开展联合反潜等侦察监视任务的能力,11 月,美国海军在"综合作战问题 23.2"(IBP 23.2)演习中演示了空中装备、有人/无人水面舰艇和水下舰艇之间的互操作性,将"水手""游骑兵""海鹰""海猎"4 艘无人水面艇集成到舰队作战中,通过有人-无人水面舰艇协同提升海上态势感知能力。

（四）提升对地面机动目标的实时跟踪,获取压倒性情报优势

2023 年,外军为弥补传统平台在竞争、危机和冲突环境中跟踪地面目标能力的劣势,加紧攻关新型传感器,以实现在强对抗环境中大规模移动目标交战。3 月,美国太空军正式将天基地面动目标指示器系统列为在案项目,寻求利用卫星对地面移动目标进行识别、监视、跟踪,以满足作战和情报需求,并计划于 2024 年发射系统原型。8 月,Umbra 公司开始为美国空军展示合成孔径雷达成像星座跟踪地面移动目标的能力。10 月,黑色天空公司开始为美国空军研究实验室提供"自动目标识别"服务,并将情报信息分发给全球范围内的装备和情报分析人员。随着 11 月 E-8C"联合星"完全退役,天基"地面动目标指示"(GMTI)系统将填补相关能力空白,大幅提升跟踪和监视时间敏感目标的能力。

（五）衍生新型生物传感器,颠覆情报生成模式

2023 年,外军对新型生物传感器技术兴趣倍增,期望进一步提高监测能力。4 月,DARPA 推出 Tellus 项目,开发微生物传感器,将检测信号转化为物理/化学输出信号,使传统接收器系统(光电、光子、成像等)能测量微生物传感器输出信号。以色列正在开发新型生物传感器,基于大肠杆菌检测来探测地雷。在未来,生物传感器可以增强其他情报来源,弥补传统情报监视侦察技术可能遗漏的信号,提供更完整的战场图像。

》》》 五、加强情报力量建设，强调融合与合作

面向高端战争准备,外军强调与合作伙伴、学术界、政府机构和其他盟友国家合作,高效完成平战期间的情报保障,情报力量组织呈现联合、融合与合作特点。

（一）推动与盟友和合作伙伴的跨国情报共享

2023 年,外军依然延续将盟国集成到网络之中的理念,提升太空感知、海洋监视、导弹预警等领域的情报数据共享,扩大情报监视侦察覆盖范围。在共享协议/机制方面,10 月,北约各成员国签署《数字海洋愿景》,促进盟国与北约达成海上监视系统间的协作。

11 月 23 日,英韩两国签署协议,加强两国舰船海上联合巡逻,增强海上活动监视。同时,美日韩三国正在合作构建有关朝鲜导弹发射的实时数据共享机制。在情报监视侦察力量布局方面,1 月和 5 月,美国太空军分别向日本交付两个"准天顶"卫星系统托管有效载荷(QZSS-HP),用于获取卫星和太空碎片观测数据,增强美国在欧亚地区地球同步轨道的太空态势感知能力。3 月,美国空军首次在新加坡部署 RQ-4 无人机。7 月,MQ-4C 无人机形成初始作战能力,澳大利亚空军即将接收首架 MQ-4C,以提升海上巡逻能力。8 月 5 日,MQ-9A 无人机在印度-太平洋地区形成初始作战能力。这些举措表明,跨国情报共享是外军正孜孜不倦追求的重要目标。

(二)卫星情报体系有机融入商业太空数据与服务

2023 年,外军在实际作战任务中纳入商业太空数据和服务已不再是一种尝试性措施,而是已转变为一种常规手段,旨在构建弹性的情报监视侦察体系,实现在更短的时间内侦察更辽阔的地域。随着美国国家情报总监办公室在 8 月 21 日征询(ODNI-PC-RFI-23-01C)方法,帮助美国情报界和国防部更好地运用商业遥感/天基数据和分析服务,可以预见未来外军引入和运用商业太空数据/服务的实践将更加频繁。在军事应用方面,鹰眼 360 公司正在为美国太空军威胁探测系统提供射频测绘卫星收集的数据,帮助检测和定位危及美国卫星安全运行的射频干扰;利用射频传感器帮助美国海军、澳大利亚政府获取更大范围的海域态势感知,加强对太平洋岛国、东南亚和印度洋等关键海域活动的监视能力。7 月,麦克萨公司(Maxar)推出"麦克萨地理空间平台",简化地理空间数据和分析的发现、采购及集成。12 月,美国国家侦察局与 5 家光电卫星图像承包商签署协议,寻求麦克萨公司、黑色天空公司、行星实验室之外的新兴光电图像。

(三)印度-太平洋地区将兴起更激烈的情报竞赛

2023 年,印度-太平洋地区周边国家正在秘密发展侦察能力,即将兴起更激烈的情报竞赛。10 月,俄罗斯成功发射"莲花"-S1.7 对地电子侦察卫星(Lotos-S1 No.7),并开始建设"格里芬"(Griffon)小型遥感卫星星座。11 月,印度开始研发先进机载情报、监视、目标捕获与侦察系统,以帮助印度空军绘制战场图像并实时监视敌方行动,提高实时态势感知能力。11 月 21 日,朝鲜成功发射"万里镜"-1(Malligyong-1)号侦察卫星,有望在观察军事设施、航空母舰等大型目标方面发挥重大作用。12 月 1 日,韩国发射首颗军事侦察卫星,该卫星搭载光电、红外等载荷,将在距地 400~600 千米的低地球轨道运行,最高分辨率可达 0.3 米。

(中国电子科技集团公司第十研究所　陈爱林)

美国多军种发布情报条令

2023 年 6 月 1 日，美国空军发布条令出版物《情报》(AFDP 2-0)，这是自 2015 年以来空军首次对该条令进行更新，也是空军面向未来大国竞争而较早采取的条令更改措施。7 月 19 日，太空军发布该军种成立以来的首份《情报》条令(SDP 2-0)，促进作战人员对太空情报数据的访问和使用。10 月 1 日，陆军发布《情报》条令(FM 2-0)，与陆军《作战》条令(FM 3-0)紧密联系，推动陆军文化变革并提升其战备水平。美国空军、太空军和陆军接续发布《情报》条令，突显了美军对情报作战的重视，促进美军为世界范围内的联合作战行动提供支持。

>>> 一、发布背景

(一) 各军种亟需更新以适应新的大国竞争环境

近年来，美国战略重心已转向"大国竞争"。自美国 2022 年发布最新《国防战略》后，美军将中国锁定为首要大国竞争对象。老旧的作战条令无法满足新的作战需求，美军亟需快速更新相关作战条令，以实现各军种在大国竞争中高度复杂作战环境中的全域协同作战，确保美军增强威慑或必要时在与大国作战中取胜。

(二) 更新/制定《情报》条令是必然趋势

一方面，美军对情报监视侦察的重视程度不断提高。空军在 2023 年 3 月最新签署的《空军未来作战概念》(AFFOC)中，将情报监视侦察定义为空军未来部队的 5 个核心能力之一，《情报》条令的更新是空军的优先事项之一。太空军在 2021 年 1 月正式成为美国情报界的第 18 名成员，需要加紧制定情报领域相关的政策、条令、流程，补充完善其理论体系,并确保可向情报界乃至联合部队提供更多的太空情报数据。陆军情报监视侦察特遣部队(ISR TF)正在牵头实施情报监视侦察架构现代化升级,为其未来多域作战奠定基础。另一方面,既往政策和战术条令可强有力地支撑新版条令制定。陆军、空军先前发布的政策文件和战术条令深度阐释了情报行动,提供了与情报行动有关的深入解释,强有力地支撑新版条令的制定,例如空军《情报监视侦察优化》(AFTTP 3-2.88)、陆军《情报分析》(ATP 2-33.4)等。

(三) 国家和军队层面的顶层规划为各军种出台情报条令提供指引

2022年5月,美军发布新版《联合情报》(JP 2.0),为情报产品、服务、评估及联合行动支援提供了基础原则。2023年《国家情报战略》强调情报界需要利用开源情报、大数据、人工智能与先进分析技术,增强情报收集和分析能力,促进不同地理/功能域的互操作与互理解。新版《联合情报》和《国家情报战略》为空军、太空军、陆军制定《情报》条令提供了方向性指引。

》》》 二、主要内容

(一) 空军《情报》条令

一是厘清情报与情报监视侦察,更加审慎、准确地使用这两个术语。条令指出,尽管这两个术语都是指活动和开展这些活动的机构,但情报监视侦察活动产生信息和数据,这些信息和数据通过联合情报流程产生情报。因此条令认为,情报监视侦察隶属于情报活动,目标是收集满足情报需求的信息和数据。

二是阐述卓越情报监视侦察的特点。条令明确,卓越情报应预见空中部队当前和未来行动情报需求;应具备可发现和客观性特点,并及时地呈现给指挥官;应保证信息及其来源的准确性、优质性和置信度,应是可用且完整的;应保持与空中行动的相关性。

三是阐明应急情报网络对空中部队的支援。条令阐述,为支持重大作战行动,各单元级情报小组组成应急情报网络(CIN),CIN将所有情报输入或输出至指定的联队或机构,通过作战情报单元(CIC)、任务规划单元(MPC)和情报中队等核心的联队情报小组,为空中部队的任务规划/执行/汇报提供情报数据库、动态威胁简报等情报支援。

四是强调将非传统资产纳入情报收集资源。条令指出,情报监视侦察规划人员在制定收集计划时应注意可用资源不局限于特定平台或传感器,收集管理人员应了解如何整合非传统情报监视侦察（NTISR）资产，通过作战侦察（Ops Recce）等方法利用打击飞机传感器增加作战空间感知和杀伤力。

（二）太空军《情报》条令

一是阐述太空情报的作用及来源。条令指出，战略、战役、战术三个等级的情报提供收集、分析以及分发情报所需资源的分配决策，可满足不同层级指挥官的需求。军事情报作为军事太空 7 大领域之一，在成功实现太空电磁战、太空作战管理、网络战等其他 6 大领域方面发挥着关键的作用。太空情报将充分利用各种来源的情报，包括地理空间情报、信号情报、测量与特征情报、开源情报、技术情报、人力情报和反间谍情报。

二是阐明太空情报的情报流程。条令表明，太空军采用 JP 2-0《联合情报》中概述的情报流程，这一流程包括 6 个相互关联的情报活动阶段：规划与指导、搜集、处理与利用、分析与生产、分发与综合、评估与反馈（图 1）。作战环境情报准备（IPOE）是一个持续的分析过程，贯穿整个情报流程，聚焦定义作战环境、描述作战环境影响、评估对手及其他相关行为者、评估对手和行为者行动方案。

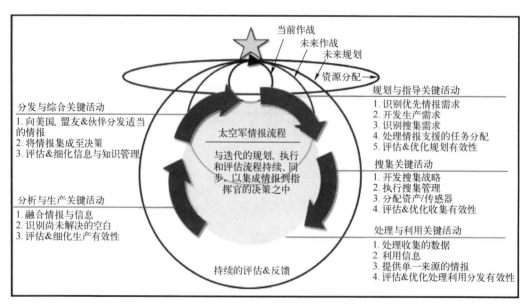

图 1　情报流程是持续、迭代、可定制、可扩展的，在所有阶段塑造
情报活动，支持指挥官的决策周期

三是明晰太空情报机构。条令指出，负责情报工作的太空军作战部副部长是太空军的高级情报官员，负责向空军部长和太空军作战部长提供情报指导、政策和规划。太空军作战司令部作战副司令情报参谋（DCG/S2）负责提升太空支队（Delta）与太空军各级

部队的情报监视侦察能力,其中第5、第7、第15、第18太空支队提供不同的情报监视侦察能力。

(三) 陆军《情报》条令

一是阐述了情报的定义、目的、情报产品分类、有效情报的特征、情报企业体系组成、情报流程、情报处理步骤等主要内容。在情报基础理论方面,条令指出情报是一种功能,是一种产品,是一个流程。情报的目的(功能)是为指挥官和参谋提供及时、准确、相关、预测性和定制的关于作战环境威胁和其他方面的情报(产品)。情报(流程)支持作战。情报产品分为8种类型:预警情报、动向情报、一般军事情报、目标情报、科学与技术情报、反间谍情报、评估情报和认证情报。有效情报应具备准确、及时、相关、可用、完整、精确、预测、安全等特征。在陆军情报流程方面,条令明确将陆军的情报流程定义为4个步骤(规划与指导、搜集与处理、生产、分发与综合)和5个连续活动(同步、开展情报搜集行动、执行处理利用分发、分析、评估)(图2和图3)。在陆军情报能力方面,条令依据JP 2-0《联合情报》条令识别了反间谍情报、地理空间情报、人因情报、测量与特征情报、开源情报、信号情报、技术情报等情报来源,并明确网络空间、身份活动、文档与媒体利用等特殊能力可对单一来源和全源情报进行补充。

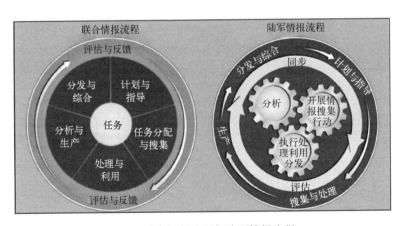

图2 联合情报流程与陆军情报流程

二是强调陆军情报考虑作战域和作战维度。条令强调,所有陆军作战都是多域作战,陆军情报应充分考虑作战域和作战维度,作战环境包括5个域(陆地、海洋、空中、太空和网络空间)和3个维度(人、信息和物理)。情报分析人员可以将各作战域中威胁实体与人、信息和物理维度相关的信息和情报,按意图、能力、机会、资源和专业知识5个要素进行分类,支持指挥官决策。

三是阐述整合情报作战功能。条令指出,包括情报作战功能在内的作战功能整合与

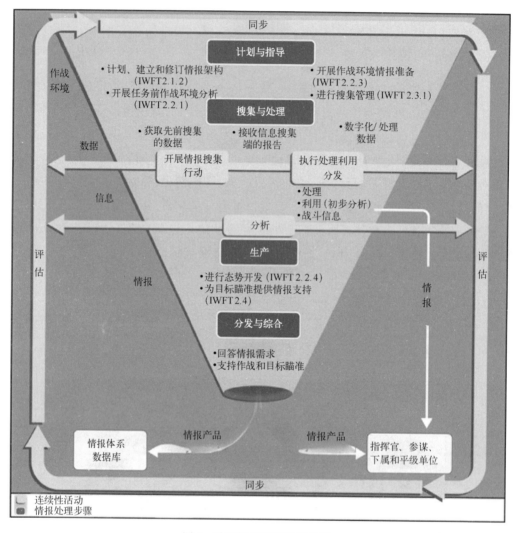

图 3　陆军情报流程及其关系

同步（图 4）对任务的成功至关重要，情报作战功能的整合通过规划、整合流程和部队战斗节奏三个方面实现。

四是阐述陆军情报支持体系。条令认为，情报产品、政策在某些情况下还包括一些情报服务都是从国家层面（连同伙伴国）流向联合总部和部队，再流向战区陆军（通过陆军梯队），最后流向营级（图 5）。在某些情况下，战术层面的情报有时可以提供独特的信息，情报也会从战术层依次流向更高层级，有时甚至会流向国家层。

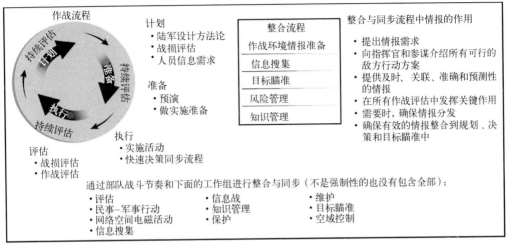

图 4　整合与同步情报作战功能

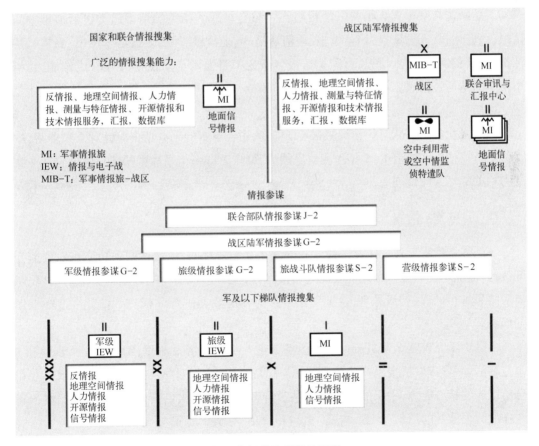

图 5　各级梯队提供的情报

〉〉〉 三、主要变化

（一）空军《情报》条令

一是体现与《联合情报》的一致性，不仅将出版物名称从 2015 年版"全球一体化情报监视侦察作战"调整为"情报"，明确阐述情报与情报监视侦察的异同与联系，并按《联合情报》内容更新了"卓越情报"所具备的特点以及"情报行动的关键原则"。

二是强调联合多门类情报的必要性。情报（包括发现、定位、跟踪和瞄准目标的情报监视侦察活动）是目标工作 6 个步骤的关键组成部分。新版条令特别强调，目标工作是跨情报门类的活动，需要整合多个功能门类的战略制定者、规划人员、作战人员、情报分析人员的专业知识。

三是精选与空军部队相关的情报门类。与空军部队相关的情报门类包括地理空间情报、图像情报、人力情报、信号情报、通信情报、电子情报、外国仪器信号情报、测量与特征情报、开源情报、技术情报、反间谍情报。条令不再强调全动视频（FMV）成像能力，指出空军部队通过情报监视侦察局（ISRD）国家战术集成（NTI）专业团队与信号情报体系建立连接。

四是强化空军部队对科技情报（S&TI）的利用。空军的采办情报应针对未来威胁，重点依托科技情报来提前 1~5 年预测对手能力，聚焦于即将引入战区的新兴情报监视侦察能力相关的可保障性问题。

（二）陆军《情报》条令

一是强调搜集处理一体化。搜集和处理是互相依存的，虽然这两项功能在地理上分开执行，但陆军要求搜集和处理要无缝衔接，情报人员不仅要持续监测信息搜集结果，还要对结果进行处理（初级处理，主要对单一传感器的数据进行分析），评估整个搜集工作的成效。

二是更新完善陆军情报流程。新版条令进一步完善情报流程，细分为 4 个步骤和 5 个连续活动，形成以情报生产为核心的三层循环架构：内层是情报搜集、处理利用分发和分析组成的核心能力；中层的同步和评估贯穿其中确保情报的有效性；外层的工作步骤与作战流程涉及的活动（计划、准备、执行和评估）一致。这需要为每一项作战活动提供支持。

三是重视补充的情报能力。FM 2-0《情报》条令遵循 JP 2-0《联合情报》条令，将情报来源分为传统的地理空间情报、信号情报等 7 大类，还新增一个小节的内容，介绍网络空间、电磁战、太空等非传统的 7 类补充能力。其中，网络空间电磁活动的结果可为情报专业人员提供大量关于人、信息和物理维度的信息。

四是推动情报作战一体化。条令指出，情报驱动多域作战，多域作战赋能情报。条令专设 3 个章节，阐述情报如何融入多域作战，强调情报是作战不可或缺的组成部分，要求情报与作战要同计划、同实施和同评估。

>>> 四、几点认识

（一）重视网络空间情报监视侦察能力的情报支持效应

陆军《情报》条令明确网络空间、电磁战等 7 类补充能力提供针对威胁活动和意图的关键信息，填补情报空白，并着重指出网络空间电磁活动可提供人、信息和物理等维度的大量信息。空间《情报》条令指出网络空间情报监视侦察能力对军事部队至关重要，有助于在竞争连续体中作战。网络空间情报监视侦察领域包括：动向情报与报告、指示与告警、威胁归因与特征；联合作战环境情报准备；国家情报和美国网络司令部授权下的计算机网络利用。太空军《情报》条令强调在网络作战中应用未来进攻性能力的技能。

近年来，美军一直在探索以"舒特"系统为代表的战场网络攻击武器，2022 年诺斯罗普·格鲁曼公司在多功能传感器演示中将网络效应注入防空系统，为作战和侦察平台能力跃迁提供了突破口。我国应重视网络空间情报监视侦察能力的情报支持效应，在应用上将网络情报监视侦察能力引入作战行动，在发展理念上重视作战平台的网络攻击功能，提升综合作战效能。

（二）美军非传统情报监视侦察能力对我国形成巨大威胁

太空军《情报》条令指出，可利用盟友和伙伴空间能力，以及传统上不用于情报监视侦察或空间飞行任务的传感器，来满足指挥官的情报搜集计划。空军《情报》条令指出，规划人员和搜集管理人员发现传统情报监视侦察专用资产的能力无法满足所有情报搜集需求，强调整合非传统情报监视侦察能力。以空军为例，F-22、F-35 及 B-21 等空军攻击机可执行非传统情报监视侦察获取空中优势，美军在 2020 年"橙旗评估"（OFE）联合演习中成功演示 F-35 跨军种获取、分析和无缝共享关键态势数据信息的能力；美国国防部长在 2022 年发布 B-21"突袭者"时特别提到，情报监视侦察是 B-21 在远程打击任务之外还有望执行的其他任务集之一。这种攻击机可作为美军"侦察兵"进入受到严密保护的潜在对手内陆地区开展行动、获取情报。非传统情报监视侦察能力有望大幅提升美国对敌方侦察威慑效应并提高其军事决策有效性，美军逐渐提升对这类能力的重视程度,对我国军事设施和其他关键战略设施及目标形成巨大威胁。

（三）开源情报可赋能战场决策

美国空军、太空军、陆军情报条令均与 JP 2-0《联合情报》条令保持一致,均将开源情报选定为与该军种相关的情报门类,其中空军着重指出科技情报是能够向美军提供预测分析、实时和近实时威胁评估以及目标和友军状态的一种重要情报产品。俄乌冲突中,开源情报不仅仅是公众认识战争、了解新闻和社交媒体中实地活动和事实核查的重要工具,更在跟踪军事基础设施、评估实地事件和伤亡人数及揭露错误信息方面发挥了重要作用。美军各军种将开源情报应用于战场决策已成为常态,作战赋能效应日益突出。

（中国电子科技集团公司第十研究所　陈爱林）

美国战略与预算中心第三次深化"侦察威慑"概念

2023 年 7 月 13 日,美国战略与预算评估中心(CSBA)发布《扩展侦察威慑:将无人机纳入"印度–太平洋海域态势感知伙伴关系"的实例》报告,以实例的形式详细阐述了如何在印度–太平洋地区实施"侦察威慑"。该报告是 CSBA 第三次深化"侦察威慑"概念,分析了"印度–太平洋海域态势感知伙伴关系"(IPMDA)的目标及优缺点,提出依托 IPMDA 将"侦察威慑"实践化,具体而言则是将军用无人机作为 IPMDA 天基能力的重要补充,效能评估结果表明此举可极大提升和平时期和潜在冲突时期对中国南海的监视力度,值得我们重点关注。

》》》 一、发布背景

"侦察威慑"概念由美国知名智库战略与预算评估中心提出,最早出现在《侦察威慑:无人机系统在大国竞争中的关键作用》(2020 年)报告中。其制胜机理是,如果对手知道自己正受到持久监视而且自身行为会受到严重惩罚,那么其采取机会主义行动的可能性很小。该报告提出,为了实施"侦察威慑"概念,美国应构建一个公开可见、全域全时覆盖、经济且可互操作的情报监视侦察网络。该报告建议,运用大量非隐身长航时无人机,保持在西太平洋和东欧等关键地区实时、持续的广域态势感知能力,以持续震慑中俄。

2021 年的《实施侦察威慑:在印度–太平洋地区提高态势感知的创新能力、程序和组织》报告再次提及"侦察威慑"概念。该报告评估了如何利用现有平台和新兴能力来提高印度–太平洋地区的态势感知能力,具体措施包括:建立多域系统体系;将人工智能融入现有的情报监视侦察流程中;和盟友以一种持续、有效而又低风险的方式抵御强国竞争。

在此份报告中,"侦察威慑"概念第三次出现。《扩展侦察威慑:将无人机纳入"印度–太平洋海域态势感知伙伴关系"的实例》报告以 2022 年 5 月美澳日印四国提出的 IPMDA

为切入点，建议将军用无人机补充至 IPMDA 中，以此强化海域态势感知能力，推动美国军事或准军事常态化介入争议海域。可以看出，IPMDA 是一项与"侦察威慑"密切相关的举措，"侦察威慑"的愿景有望依托 IPMDA 逐步落实。

》》 二、主要内容

2023 年侦察威慑报告提出了关于 IPMDA 的三个论点：一是 IPMDA 可根据需要转化为军事力量；二是仅依赖商业卫星的 IPMDA 无法满足印度-太平洋地区国家的信息需求；三是为 IPMDA 配备小型无人机机队经济可行，可提高 IPMDA 监测中国南海等热点区域的能力。

（一）印度-太平洋海域态势感知伙伴关系

根据"四方安全对话"官方解释，IPMDA 以打击"非法捕捞"为目标实现海上信息共享，监测非法捕鱼、人道主义危机、海事安全、海洋保护和相关问题，以提升太平洋、东南亚和印度洋地区的海域监视能力。IPMDA 充分利用现有的商业天基数据，整合与扩展印度、新加坡、所罗门群岛和瓦努阿图四地信息中心的数据，并计划购买美国鹰眼 360 公司的射频数据，具备极大的军用潜力，可随时根据意愿将其用于军事行动。IPMDA 主要通过商业天基情报监视侦察能力发挥作用，直接反映了 IPMDA 的优劣势，该报告对此进行了分析。

2023 年侦察威慑报告认为，商业卫星搜集具有共享性高和普遍性强的特点，可与保密的政府系统互补，IPMDA 会提高"四方安全对话"间的信息流动，从而提供关于活动和关注地点的见解，并可根据各国政府的需要向其保密情报能力提供提示和引导。同时，商业卫星搜集的安全性和响应性较差，并且分辨率有限，IPMDA 可能会面临被中国或其他反对行为体持续破坏的风险，容易受到支持该活动的商业公司的压力，无法支持执法和其他需要更精细情报的行动。

因此，2023 年侦察威慑报告认为，IPMDA 可用于与中国的军事竞争，同时 IPMDA 对商业卫星的依赖意味着广泛共享数据，但是无法提供足够细粒度的信息，以满足参与国的信息需求。因此，如果 IPMDA 仅依赖商业卫星能力，则无法满足印度-太平洋地区国家对抗对手海上活动和其他区域安全威胁的信息需求。

（二）为 IPMDA 配备无人机

针对 IPMDA 仅依赖商业天基情报监视侦察能力的优劣势，2023 年侦察威慑报告提出，为 IPMDA 配备无人机机队，可为重要的情报监视侦察搜集区域提供更精细和更持久的监视。该报告采用了一种新颖的作战分析方法,展示如何用小型无人机机队改善IPMDA对中国南海的监视。

(1) 网格法确定重点侦察区域。 如图6所示,2023年侦察威慑报告使用经纬线将中国南海划分为116个网格,并根据情报监视侦察搜集的重要性,为每个网格划分等级并赋予对应分数,即分数越高,该网格越需要情报监视侦察搜集。根据网格划分结果,可合理地规划在广阔印度-太平洋海洋内的侦察监视路线。

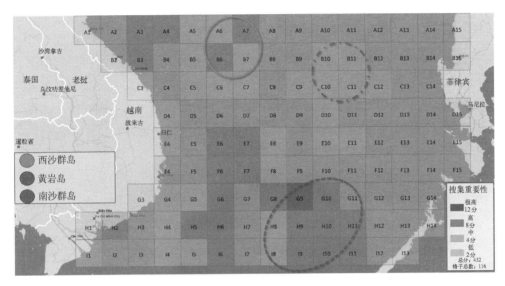

图6　中国南海网格情报监视侦察搜集的重要性评估结果

(2) 商业卫星搜集与无人机搜集结合。 无人机可不间断地提供全动态视频和其他形式的高分辨率图像,而商业卫星受重访率限制,只能间歇性地生成视频并搜集图像。配备多传感器的无人机,可关联不同传感器获取各类观测数据,从而独立地发现、定位和跟踪目标,而商业卫星做不到这一点。因此,2023年侦察威慑报告假设商业卫星在中国南海网格中广泛、粗略且间歇性地搜集数据,每个搜集周期会积累一部分网格的数据。相反,无人机的侦察模式是根据搜集策略在规定的时间内巡弋,依次对每一个网格进行精细、深入且连续的侦察,之后无人机继续侦察其他网格,直到燃油耗尽才返回基地。

(3) 确定最佳的无人机侦察方式。 考虑因素包括基地位置、飞机续航能力和情报搜集策略。无人机机队规模确定为3架,这与CSBA过去的研究一致,IPMDA也具备较高可行性;基地位置则包括关岛和菲律宾;飞机续航时间为40小时或80小时,前者典型机型为MQ-9无人机和RQ-4无人机,后者为美国空军研究实验室正在开发的"超长航时飞机平台"(Ultra LEAP);搜集策略包括广域搜集和定向搜集,前者要求无人机在每个网格内巡弋满一个小时后才可进入其他网格,后者要求无人机在每个网格巡弋的时间等于该网格分数(如无人机需在分数为8的网格内巡弋8小时才可前往其他网格),从而实现对关键区域的精细化侦察。

（4）得出仿真分析结论。 2023 年侦察威慑报告对不同基地、不同续航时间、不同搜集策略的 4 种配置无人机机队进行了仿真。仿真结果发现：①与商业卫星相比，如果无人机在重要区域采取定向长期巡弋搜集策略，将大大提高在中国南海的监视能力。②对结果标准化处理后，以菲律宾为基地、续航时间为 40 小时的无人机侦察效果最佳，无人机所处位置至关重要。③14 架无人机能够全面监测整个中国南海，此举不切实际，因此最可行的方案是将商业卫星与无人机搜集结合起来，将无人机作为商业卫星搜集的重要补充。④在进行目标搜集时，越南附近的重要区域难以进行有效侦察，因此建议在越南部署无人机，如越南中部的岘港，以及越南中南部的芽庄、金兰或潘朗。⑤利用来自日本、澳大利亚、新加坡或马来西亚的长航时无人机，加大对中国南海及邻近地区的监视力度。这些国家与关岛距离中国南海的距离大致相当，并且可以飞跃中国台湾和东南亚的海上咽喉要道等重要地区，如果在这 4 个国家运营无人机，则可在往返中国南海的过程中进行附带搜集，增加每次飞行的投资回报。

〉〉〉 三、主要变化

"侦察威慑"是美国战略与预算中心近年来提出的重要战略概念，对 2020 年、2021 年和 2023 年这三个版本的侦察威慑报告对相关概念进行比较分析，以期了解"侦察威慑"概念的发展演变。

"侦察威慑"概念逐步深化。 "侦察威慑"作战概念的理念是，如果对手知道自己持续受到监视，并且其行为可能被公布于众，那么它就不太可能利用机会窗口发起突袭。2023 年侦察威慑报告对此概念进行了深化，强调侦察和报复是威慑不可分割的两个方面，要想成功地威慑，就必须让对手相信，不当行为将被察觉并被惩罚。

"侦察威慑"目标日趋明确。 2020 年侦察威慑报告提出"侦察威慑"主要针对中国和俄罗斯，并指出"侦察威慑"概念的实施区域分别为亚太地区的台湾海峡、中国南海和中国东海，以及欧洲的波罗的海、黑海及东地中海。而 2021 年和 2023 年的侦察威慑报告明确指出针对的是印度-太平洋地区，对我国针对性极强，在中美竞争加剧的背景下，我国应特别重视这种战略部署的调整。

"侦察威慑"方式不断变化。 总体而言，实施"侦察威慑"战略的核心都是成本效益高、持久存在、与盟国及合作伙伴互操作性强的情报监视侦察网络。2020 年侦察威慑报告仅关注利用现有的无人机系统；2021 年侦察威慑报告纳入了全域的情报监视侦察能力，包括军用无人机系统和气球、无人水面艇、浮标和滑翔器、海底探测网以及商业卫星等；2023 年侦察威慑报告则在依托 IPMDA 商业天基情报监视侦察能力的基础上，使用规模适中的无人机机队来补充商业卫星搜集,从而提升监视中国南海等关键区域的能力。

》》》四、几点认识

强化印度–太平洋地区美国和盟友打造的"侦察威慑"圈。无论是美日印澳四国推出的 IPMDA,还是 2023 年侦察威慑报告》所提及的"侦察威慑",结合美国哈德逊研究所(Hudson Institute)2023 年提出的"群岛防御 2.0",可以发现其目的都是美国联合印度–太平洋地区盟友针对我国打造形成战略威慑圈。通过建立军事情报共享机制,在关键地理位置加强监视力度,逐渐形成事实上针对我国的情报或信息共享网,对我国构成极大威胁。

未来联合全域作战需要全域情报监视侦察信息。任何单一域或单一方式的侦察都有其显著特点,优缺点也因其特点显而易见。2023 年侦察威慑报告提出,现有 IPMDA 依托的商业天基情报监视侦察能力难以对重点区域执行精细化感知任务,需要整合以无人机为代表的空基装备,在关键的区域针对性地、持久地搜集信息,全面强化 IPMDA 在中国南海的海上态势感知能力。

实施"侦察威慑"需要成本效益高的情报监视侦察网络。在美国国防预算收缩和各军种装备面临大量升级换代的情况下,经济可承受性是美国实施"侦察威慑"的重要考虑因素之一。全面利用无人机实施针对性的情报搜集,将大大提升"侦察威慑"效能,但经济上的压力使其可行性不足,2023 年侦察威慑报告建议天基系统的"普查"和少量无人机的"精查"相结合,获取效费比最佳的效果。

(中国电子科技集团公司第十研究所　郭敏洁)

美国研制新型多功能可重构集成传感器

2023 年 2 月,美国诺斯罗普·格鲁曼公司成功完成新型"电子扫描多功能可重构集成传感器"(EMRIS)的集成测试。EMRIS 是集雷达、通信和电子战等多种功能于一体的超宽带射频系统。该成果有望应用于美国空军下一代空中优势(NGAD)战斗机和协同作战飞机(CCA)等平台。

>>> 一、研制背景

EMRIS 基于美国国防高级研究计划局(DARPA)的"商业时标阵列"(ACT)项目开发。"商业时标阵列"项目旨在破解当前美军在研制军用传感器有源电子扫描阵列(AESA)过程中普遍存在的开发周期长(10 年)、静态生命周期短(20～30 年),以及维护成本高等问题,尽可能缩小"军用系统的射频能力与商用数字电子技术创新之间不断扩大的性能差距"。

"商业时标阵列"项目的研究目标是构建一种覆盖 S 波段到 X 波段、可包含 80%～90%阵列核心功能的通用型数字孔径。这种孔径与平台无关,它是可重构且易扩展的,其结构设计也十分紧凑,具备体积小、重量轻、可外挂、可内置、适用平台广(既能够安装在包括小型无人机在内的飞机机头处,也可以与飞行平台的蒙皮相集成)、可重构(实现机上射频电子装备的实时更新和快速升级)等特点。

首套商业时标阵列-集成和验证(ACT-Ⅳ)阵列于 2021 年交付,并于 2023 年 2 月完成集成测试。

>>> 二、技术特点

EMRIS 传感器的核心为全数字化、通用型的有源电子扫描阵列,可同时执行雷达探测、通信和电子战等多重任务,具有以下显著技术特点。

(一)开放式射频体系架构

EMRIS 的设计基于开放式架构,其最大优势在于可实现跨平台、跨领域的"轻松扩展和重新配置",可以改装到现有平台或者集成到未来平台中,根据作战需求的变化,快速添加新功能或改进原有功能以实现系统性能的迅捷升级,而无需重新设计。

(二)先进多功能综合射频

EMRIS 将雷达、电子战和通信等多种射频功能整合到单个传感器中,实现最大程度地共用硬件,突破尺寸、重量和功耗(SWaP)的限制,提升平台的适装性,达到信息和资源的高度共享,继而提高整体装备和装载平台的可靠性与隐身性,同时降低成本。

(三)超宽带有源电扫阵列

有源电子扫描阵列是当代传感器领域的主流和发展方向,具有灵活的波束快速扫描、波束形状捷变、空间功率合成、多波束形成等无可比拟的优势。同时,它也是构成综合射频系统的基础。结合超宽带技术,可使传感器系统更好地解决目标分辨率和抗干扰等问题,进一步提高系统的探测和跟踪能力。

(四)灵活的软件定义功能

EMRIS 具备可重构、可编程和软件定义功能,使射频系统获得最大的功能弹性。根据任务需求,可灵活调整工作频率范围和系统配置;通过软件更新、加载新的功能软件等手段,轻松实现系统升级和硬件集成,使作战人员能够快速应对复杂的新威胁,进而控制电磁频谱;可连接到战术网络,支持分布式作战。

(五)通用数字孔径模块

EMRIS 设计的初衷之一是通用化,它可广泛搭载于各种尺寸的机载平台,最大程度减少特定系统的重复性工程,实现快速、经济和高效生产,提高组件的质量和可靠性,同时大幅缩减装备的开发、维护和升级的周期与成本。

》》》 三、几点认识

EMRIS 破解了当前有源电子扫描阵列性能提升方面存在的问题,其成功完成集成测试是美国向数字式、可重编程的多功能综合射频系统过渡的一个重要里程碑。

（1）多功能可重构集成传感器具备开放式、高灵活度和强适应性的特点，可有效应对复杂多变的战场环境。为实现未来复杂多变作战环境下和极端恶劣电子对抗中的高生存能力和高效费比，军用电子装备必须具有很好的动态适应性，将软硬件紧耦合的功能实体转变为软硬件解耦的智能系统。无论是从技术、应用场景还是经济成本上考虑，采用具有软件定义功能的通用开放式系统架构乃是大势所趋。EMRIS 为实现下一代高灵活度、强适应性的电子信息系统创造了有利条件。其通用的开放式设计支持在既有标准之上构建其他标准，有助于提高互操作性并缩减成本。更重要的是，开放式标准规范有助于嵌入新兴技术、实现更快地交付更先进的系统。

（2）多功能可重构集成传感器有助于优化体系设计，满足未来联合全域作战体系化对抗需求。随着联合全域作战态势的逐渐成形，具有资源高度共享、信息高度融合、功能高度协同等特点的综合射频系统已成为未来军事电子装备战技术性能跨越发展的关键推力和赋能技术。作为一种高性能综合射频系统，EMRIS 对雷达、通信、电子战、敌我识别等领域的各类孔径、射频前端、信号与信息处理、显示等功能模块以及各种数据进行顶层规划和系统综合设计，实现了硬件的最大程度集成，以及系统的功能集成、功能扩展及灵活重构，从而达到了信息和资源的高度共享，提高了整体可靠性和隐身性，有效解决平台空间有限与电子信息装备种类、数量和重量激增之间的巨大矛盾。

综上所述，EMRIS 必将成为未来美军军用传感器发展的力量倍增器。它的研制和部署势必将提升军事电子装备的综合化水平，并通过共享硬件和软件组件来确保跨多个平台的通用性，上接使美军更快地、高效地继承和发展各领域最新技术成果，实现新技术的快速插入和低成本的迭代升级，从而大幅降低成本和风险并缩短部署时间，为作战人员持续获得领先能力奠定坚实的基础。

（中国电子科技集团公司第十四研究所　张　蕾）

美军探索大语言模型在情报侦察领域的用例

2023 年 7 月 6—26 日,美军首次测试使用大语言模型执行军事任务。测试中,美军向大语言模型提供了秘密级作战信息以获取针对敏感问题的见解,为美军军事部署人工智能工具做准备。目前,在美国国防部数字与人工智能办公室(CDAO)、美军高层主导及美国盟友参与的演习框架下,美军正在测试 5 种人工智能模型,并使用秘密级数据进行实战,旨在推动美国军事系统更新换代,推动跨军种的数据集成与数字平台研发,借助人工智能数据实现更优的传感、火力及决策。

⟫⟫⟫ 一、发展背景

当前,军事领导人面临着前所未有的挑战,即在快速变化的作战场景中,有海量信息可用于决策。大语言模型具备快速处理和分析海量信息的能力,能够使决策者在短时间内获取高价值情报,助力军事领导人应对这一信息挑战。广义上,大语言模型(Large Language Model,LLM)是深度学习算法,利用大量数据集进行训练,识别数据集背后的模式和趋势,以类人类的方式识别、总结、翻译、预测以及生成令人信服的对话性文本或其他形式的媒体,可支持军事决策。此前,自然语言处理技术在一些特定应用中取得了成功,但大语言模型代表了人工智能应用于语言问题的范式转变。随着 OpenAI 公司推出 ChatGPT,大语言模型作为这类生成式人工智能应用程序的内在引擎,迎来了新的发展高潮,并正在拓宽大语言模型在情报侦察等领域的应用。

⟫⟫⟫ 二、情报侦察领域潜在用例

大语言模型应用可根据输入快速生成内容,这一技术特点决定了它具有军事领域智能化升级的潜力,其中在情报监视侦察领域的潜在用例主要包括以下4个方面。

（1）增强态势感知。大语言模型可用于情报监视侦察系统的数据融合、信息比对以及实时生成情报摘要,帮助作战人员洞悉战场环境、识别战术目标。同时,大语言模型应用可集成至陆、海、空、天域作战平台,分析情报监视侦察系统数据,通过多模态信息融合生成通用作战图,为作战人员提供实时战场信息,提升多域综合感知能力。此外,大语言模型应用能够从各种来源提取数据,通过融合分析数据,为作战人员生成定制的综合态势报告。

（2）威胁分析与安全分析常态化。一方面,大语言模型可帮助分析各种来源(社交媒体、新闻文章、情报报告等)的大量文本、图像或音频数据,利用人工智能/机器学习,识别应进一步研究的潜在情报威胁或异常情况。另一方面,大语言模型可从各种安全工具和系统中提取数据、分析任何异常或潜在威胁并进行总结,自动生成每日安全报告。

（3）创建内容。基于作战概念、作战计划、行动报告等复杂文档创建内容是非常耗时的,大语言模型应用可以协助人类制定应急/部署计划草案、制作演示文稿或撰写文件,大幅缩减所需时间。

（4）增强沟通。大语言模型应用可提供实时翻译,并快速准确地转录和总结冗长的文档、会议或对话,为需要处理大量通信任务并从中提取关键信息的分析人员提供重大帮助,使其专注于更复杂或更敏感的任务。

三、主要项目

目前,美国国防部尚未透露正在测试哪些大语言模型。针对大语言模型的情报侦察应用,美国一方面采购国防承包商的成熟大语言模型产品,如 Scale AI 公司"多诺万"(Donovan)系统、帕兰蒂尔公司"人工智能平台"(Artificial Inteligence Platform, AIP)等;另一方面,美国国防信息系统局将生成式人工智能列入 2024 财年技术观察清单,加速开发生成式人工智能工具,以大语言模型为内核促进开源情报、地理空间情报等特定领域的情报分析效率与性能。

（一）"多诺万"系统

1. 系统简介

"多诺万"系统是 Scale AI 公司于 2023 年 5 月推出的一个人工智能决策平台,能够获取并理解海量结构化/非结构化数据,利用神经语言帮助分析人员和作战人员基于文本、图像理解现实问题,在几分钟内(而非几周)安全、智能、快速地制定计划并采取行动。

2. 系统组成

"多诺万"系统包括3个组成部分：①数据获取层，旨在获取任何网络来源的数据，使其可用于人工智能模型；②管理层，旨在使用户定制模型、管理访问，并确保安全、可理解和良好的输出结果；③行动层，作战人员和分析人员通过咨询问题的方式与模型交互，进而完成地图可视化、报告编写以及外部系统调度等任务。

在数据获取层，"多诺万"系统连接到任何权威的数据存储库或网络数据流，包括非结构化文本数据、结构化数据库、地理空间图像甚至传统数据（如演示文稿、邮件、可移植文档格式），同时还综合其他机构记录系统和非专利工具。

在管理层，用户可以审查模型来源、用户行为并检查访问控制措施，确保负责任地管理模型行为。在这一层，"多诺万"系统将数据层连接到系统授权的大语言模型，即来自Scale AI公司合作伙伴、经Scale AI公司微调改进的模型，或者由Scale AI公司所构造的模型，使用户发现特定数据所匹配的最佳模型并进行定制，以生成最优结果。

在行动层，作战人员通过"多诺万"系统的聊天界面，理解数据并快速执行任务。

3. 能力与优势

"多诺万"系统能够处理超过10万页的实时数据（如作战指令、态势报告和情报报告），生成针对整个战场的可行动洞察，帮助军事人员在没有训练或编码经验的情况下组织并理解海量数据。"多诺万"系统使用机器学习技术，利用人类反馈强化学习（RLHF）不断优化大语言模型，始终满足任务目标需求。

Scale AI公司与Open AI、Anthropic、Cohere等基础模型承包商合作，因此"多诺万"系统用户可以访问和选用各种先进大语言模型，例如OpenAI公司的GPT-3.5模型、Cohere公司的Command模型和Meta公司的Llama 2模型。同时，Scale AI公司提供了基础设施和专业知识，使"多诺万"系统基于人类反馈不断改进模型。总的来说，"多诺万"系统能够处理多模态数据，包括基于文本的数据（如电子邮件和情报报告）以及视觉数据（如卫星图像或其他传感器数据），为用户抽取正确的信息，并提供权威来源以供用户追溯。

具体到情报监视侦察领域，"多诺万"系统可提供针对任务的处理与告警，使分析人员、作战人员获取一致的动向更新并跟踪关注主题的发展，并根据最新报告做出决策；能够进行高级总结与翻译，提取非结构化文档中的军事行动洞察，缩短翻译、审阅和发现大量文档之间关系所需的时间。

4. 作战应用

当前，"多诺万"系统已部署于美国陆军第18空降军（XVIII Airborne Corps）机密网络，将参与"猩红龙"（Scarlet Dragon）系列演习以进一步提升能力。美国陆军第18空降军部署"多诺万"系统的关键用例包括：①通过摄取实时数据（如作战指令、态势报告和情报报告），了解友军和敌军作战的实时情境，帮助指挥官更好地利用现有人员，更轻松地识别创新解决方案，并评估快速变化的态势；②利用部队观察结果等实现情报作战融合，掌握作战情境，缩短作战规划周期；③通过获取潜在冲突地区的开源数据，支撑危机规划，获取决策优势，为战场情报准备提供洞察。

（二）"人工智能平台"

2023 年 4 月 26 日，帕兰蒂尔公司宣布推出继 Gotham、Foundry 和 Apollo 之后的第 4 款平台产品——"人工智能平台"。该平台最大的特色在于能够将 OpenAI 公司的 GPT-4 和谷歌公司的 BART 等大语言模型集成到私人运营的网络中。"人工智能平台"拥有 3 大核心功能：①人工智能平台能够跨密级系统进行部署，实时解析密级和非密数据；②用户能够切换网络上的每一个大语言模型的范围及操作，通过生成安全的数字化记录，"人工智能平台"能够降低敏感和密级环境中的法律、监管和道德风险；③防止系统受到未授权操作。

近期，帕兰蒂尔公司展示了如何将"人工智能平台"应用于现代战争场景中。在"人工智能平台"的辅助下，指挥官或执行任务的士兵可以使用类似 ChatGPT 的聊天机器人来执行相关军事任务，包括命令无人机进行侦察、制定攻击计划、协调干扰敌方通信等，例如使用 MQ-9"死神"无人机来帮助评估敌方部队能力（每个军事单元拥有的轻型反坦克武器的数量等），并提出可能的应对措施。

（三）针对特定领域的生成式人工智能工具

美国中央情报局正在研发开源情报领域的生成式人工智能工具。2023 年 9 月，美国中央情报局宣布正在加速研发部署一种类似于 ChatGPT 的人工智能机器人，使分析人员能够更好地访问开源情报，包括从海量的公开可用信息中筛选线索。一旦这一新工具上线，美国中央情报局和其他美国情报界的分析人员将能够以问答交互方式高效地从大量开源数据中提取特定信息，追问信息的细节与来源，进而交付更多与美国政策目标相关的开源情报产品。

美国海军陆战队寻求支持其地理空间情报系统的人工智能聊天机器人。2023 年 10 月，美国海军陆战队公开征询能够接收请求、解析请求并输出响应文本的人工智能聊天机器人技术，以支持其分布式通用地面系统-地理空间情报（DCGS-MC GEOINT）项目。DCGS-MC GEOINT 系统通过向美国海军陆战队提供近实时的地理空间参考数据和产品，为通用参考框架（用于作战空间可视化和支持指挥官决策过程）建立地理空间情报基础，支持美国海军陆战队空地特遣部队（MAGTF）、联合部队以及多国合作伙伴全方位的行动，实现快速的行动响应或威胁预测。该人工智能聊天机器人将通过自然语言处理，接收、解析和输出与美国海军陆战队地理空间情报过程、需求和工作流程相关的信息。美国海军陆战队计划在 2023 财年第 4 季度和 2024 财年第 1 季度进行技术演示。

美国国防信息系统局探索将生成式人工智能技术融入业务流程。2023 年 1 月,美国国防信息系统局将生成式人工智能纳入 2024 财年技术观察清单的"规划"部分,计划基于生成式人工智能研发两个方面能力:①获取 ChatGPT 类似的体验,以交互的方式咨询业务数据集相关的问题;②帮助分析人员更快地诊断威胁并组合业务资源。美国国防信息系统局计划在 2024 财年授出原型开发合同。

四、几点认识

(一) 大语言模型应用有望提高情报分析速度

手动处理数据需要大量人力物力且过程非常耗时,当前的军事情报分析人员面临着处理海量多源复杂数据的艰巨任务,且任务量还在不断增加。未来作战中,多域作战空间将产生巨大的信息洪流,这对作战指挥官提出了更高的要求。大语言模型可有效应对信息爆炸及多源信息融合的挑战,提高情报信息融合处理速度,具备改进情报分析流程的潜力。在知识搜索方面,大语言模型将能够以自监督的方式从大量信息中提取知识,确定相关实体、实体关系以及实体演进情况。在文本分析方面,大语言模型依托强大的语言分析能力,可以识别文本模式并且重新组合关键实体,生成文档摘要,还能协同分析人员进行迭代推理,为分析人员提供更多的细节或者深度概述目标主题,使分析人员不必阅读并理解大量信息。在产出情报产品方面,大语言模型未来不太可能被完全信任去生成情报产品,但有望在起草情报产品的早期阶段,基于搜集的数据给出初步的结论,为高级分析人员、语言学家和数据科学家提供参考。总的来说,大语言模型能够缩短数据和信息情报的生成时间,减小海量数据带来的处理压力和分析偏差,为指挥官实时决策提供有力支持。

(二) 大语言模型应用有望形成认知渗透攻击威胁

2023 年 1 月,美国智库布鲁金斯学会在《深度伪造与国际冲突》报告指出,随着人工智能技术不断进步和计算成本不断下降,深度造假在武装冲突期间对在线信息环境构成越来越大的挑战。一个国家可以伪造敌方军事领导人的指令,在公众和武装部队中制造混乱。ChatGPT 等大语言模型技术应用在数量和时间维度颠覆了信息生成能力,为实施认知渗透攻击提供了新的方式,极有可能扩大在误导性宣传和深度伪造方面的应用,对敌方形成认知渗透攻击威胁。由于 ChatGPT 这类生成式人工智能工具能够高效地生成与现实难以区分的海量虚假消息／图片／视频，可能引导平战时期的国际舆论走向，因此我国应跟上数字环境动态变化，积极试用生成式人工智能等新兴技术，开发新型情报标准、工具及技术，检测高速和大规模传播的深度造假，抵御对手认知突袭。

（三）大语言模型应用的全面军事部署仍然存在诸多挑战

美军寻求将其装备向小型化、智能化、低成本化转变，当前"复制器"项目正在大幅加快这一转变进程。大语言模型应用有望在装备的创新式应用中发挥关键作用，赋能情报处理、利用、分发等环节，提升情报监视侦察效能。然而，大语言模型应用的全面军事部署仍然存在诸多挑战。美国海军部认为，人工智能语言模型（如 OpenAI 公司的 ChatGPT、谷歌公司的 BART 和 Meta 公司的 Llama 等）在授权用于受控环境中之前，不应部署于作战用例，避免不受监管的人工智能大语言模型泄露敏感或机密信息。美国太空军则禁止在任何工作出版物中使用生成式人工智能，包括将生成式人工智能工具接入互联网向其输入非密信息等情况。在大语言模型全面军事部署之前，军事部门还面临若干必须解决的难题：①大语言模型系统必须满足严格的安全标准，才能存储和处理受控非密信息、任务关键型信息和国家安全系统信息；②对大语言模型进行根本性改进，使其具备可解释性、快速更新、与情报分析人员的复杂推理过程保持一致、小型化和微小型化等特点；③规避大语言模型对网络安全和作战效率的未知风险；④改进政策，促进大语言模型这类新兴技术的快速集成。

（中国电子科技集团公司第十研究所　陈爱林）

美国太空军增强欧亚地区太空态势感知能力

共享太空态势感知(SDA)数据是各国扩大太空环境覆盖范围的一种经济高效的方式,美国一直试图通过将盟国和商业传感器集成到太空监视网(SSN)中增强太空态势感知能力。2023年1月17日和5月17日,美国太空军分别向日本交付了2个准备搭载在其准天顶卫星系统(QZSS)上的太空态势感知有效载荷(QZSS-HP),以获取卫星和太空碎片观测数据,增强美国对欧亚地区的地球同步轨道太空态势感知(SSA)能力,提高太空监视网的弹性。这是美国军方首次为另一个国家的卫星支付有效载荷研究资金,此项计划为未来美国与其他盟国项目合作铺平了道路。

》》》一、研发背景

过去30年来,美国开发了一个大范围的光学和雷达传感器网络,为太空态势感知提供观测数据。多年来,美国一直密切关注南半球国家,但其在南半球的太空监视资产较少,因此一直试图寻找将盟国和商业传感器集成到太空监视网中增强太空态势感知的方法。美国奥巴马政府曾进一步推动国防部探索在盟国卫星和商业卫星上搭载有效载荷的方法。在2018年太空研讨会上,时任美国空军部长的西瑟·威尔逊(Heather Wilson)再次呼吁在盟国卫星上搭载有效载荷。

日本准天顶卫星通常被称为日本的全球定位系统(GPS),是一种在倾斜地球同步轨道上运行的卫星导航系统。日本政府开发这一系统的目的是扩大GPS在亚太地区的覆盖范围。QZSS与GPS高度兼容,可以作为同一组卫星使用。QZSS与GPS集成使用,将直接增加美国发射导航信号的卫星数量,实现更高精度、更小定位误差、更稳定的定位。QZSS目前有3颗在轨卫星,预计未来2年内会发射3颗,即QZS-5、QZS-6和QZS-7。美国和日本在太空安全方面有着相似利益,特别是西太平洋上空的太空资产。2019年,美国与日本联合启动了一项名为"态势感知摄像机搭载设备"（SĀCHI）的计划,由美国开发 2 个太空态势感知传感器载荷,并搭载在日本的 QZS-6 和 QZS-7 卫星上。

2020 年 12 月,美国与日本签署谅解备忘录,推进准天顶卫星搭载有效载荷（QZSS-HP）的开发。

》》》二、任务使命

QZSS-HP 旨在展示美国与日本之间的成功伙伴关系,为美国未来与其他盟国合作奠定基础。美国太空军希望该项目实现以下目标:①通过日本准天顶卫星扩大美国太空监视网络的轨道视野,增强欧亚地区地球同步轨道太空态势感知能力。②通过准天顶卫星获得卫星和太空碎片观测数据,监视对手军用卫星运行情况以及可能导致卫星损毁的太空碎片和其他物体。③通过该项目合作探索美日两国数据共享的方法。④通过 QZSS-HP 平台收集数据,供美国国家太空防御中心和国家航空航天情报中心（NSDC）在作战中使用,并支持美国麻省理工学院林肯实验室（MIT Lincoln Laboratory）正在进行的多项数据处理和分析工作。

》》》三、相关技术

（一）QZSS-HP 基本信息

QZSS-HP 尺寸大小约为 114 厘米×79 厘米×48 厘米,重约 70 千克,功率小于 200 瓦。QZSS-HP 相对于完全自主卫星更简单,不需要自己发电,不需要制导、导航和控制能力,面临比低地球轨道 ORS-5 传感器卫星更恶劣的辐射环境。受卫星平台上行链路和下行链路数据速率限制的影响,QZSS-HP 需要在载荷上进行大量图像处理后再将目标轨迹和观测结果发送到地面。QZSS-HP 的设计和集成需保证不会影响日本准天顶卫星的发射计划,不会对卫星设计造成重大改变,并且在卫星的工作寿命期内"不会伤害"卫星。

（二）QZSS-HP 系统构成

QZSS-HP 运行于地球同步轨道,包括一个太空态势感知传感器（QZSS-HPSSA）、一个配套接口单元（QZSS-HPIU）以及一个地面控制系统。

1. 太空态势感知传感器

QZSS-HP 的太空态势感知传感器将安装在日本准天顶卫星的东面板或西面板上,对地球同步轨道带具有无障碍视野。该传感器将自主工作,地面尽可能少发指令。除解决异常的指令、紧急操作期间的指令以及在预定义系统限制内缩小或调整扫描覆盖区域的有限、非时间敏感指令外,基本上不需要其他任何指令。传感器将以非任务方式工作,在传感器的视野(FOR)内执行地球同步轨道带基于搜索的太空域感知行动。扫描预定义搜索范围时,传感器将搜集落在传感器最小灵敏度阈值范围内的所有地球同步轨道物体的太空域感知数据。QZSS-HP 传感器采用可扩展结构,可以在后续出现搭载机会时扩展覆盖范围。

2. 配套接口单元

美国太空军开发了地面加密、长途通信以及搭载载荷的接口单元,提供有效载荷和宿主卫星之间的功率调节和通信路径,包括数据加密/解密。基于对卫星接口的考虑,QZSS-HP 与宿主卫星之间进行了热隔离设计。QZSS-HP 将通过搭载载荷接口单元连接到卫星的数据和电源接口,解决卫星数据上行链路和下行链路的可用性问题。

3. 地面控制系统

QZSS-HP 的地面控制系统位于美国的有效载荷操作控制中心(POCC)。宿主卫星的指挥控制由卫星的指控中心执行,有效载荷的指挥控制由 POCC 完成。该地面系统开发了一种标称接口,可以针对任何特定的选定链路进行定制。加密数据将通过宿主卫星的现有链路在 POCC 和搭载有效载荷之间进行安全传输。有效载荷获取的太空域感知数据将近实时传送到 POCC 中进行进一步处理,以实现观测结果关联。处理后的太空域感知数据将汇总到美国太空军的"统一数据库"(UDL),增强太空监视网。有效载荷搜集到的数据还将支持美国联合太空作战中心(CSpOC)和美国国家太空防御中心(NSDC)的工作。

(三) QZSS-HP 主要特点

QZSS-HP 大量利用了 ORS-5 传感器卫星技术,具备小卫星低成本、快速开发交付的特点。QZSS-HP 还将传感器卫星技术带到了地球同步轨道,创建了地球同步轨道的天基体系架构。

ORS-5 传感器卫星是一种高灵敏度、小尺寸、低成本卫星,其开发周期短,工作原理独特。它将时间延迟积分技术与飞行几何结构相结合,实现了连续成像和读出,确保了对地球同步轨道的连续成像。ORS-5 的星载成像系统包括 CCB 成像仪、相机电子设备、镜头舱和杂散光挡板等多个组件,由美国麻省理工学院林肯实验室设计。其地面控制部分使用了多任务卫星操作中心地面系统架构(MMSOC)2.1,支持多星座航天器的任务操作。

ORS-5 传感器卫星以其高效、紧凑的设计,快速的开发周期以及独特的成像技术,展示了在卫星监视领域的新突破。其地面控制系统实现了多卫星任务操作的灵活性,提高了卫星工作效率。ORS-5 的成功研制和应用，为 QZSS-HP 的研发提供了有益的参考。

（四）QZSS-HP 增强功能

日本准天顶卫星视野狭窄，为拓宽视野，QZSS-HP 设计中增加了美国麻省理工学院林肯实验室为该项目定制开发的两轴扫描镜。这种两轴扫描镜采用了大量的新材料和新工艺（包括碳化硅、SuperSiC®-SP、SuperSiC®-SP 致密化工艺等）来确保性能和稳定性，从而满足任务需求，提高 QZSS-HP 任务实用性。

〉〉〉四、进展情况

目前美国太空军已完成两个 QZSS-HP 交付，计划于 2023 财年和 2024 财年搭载日本准天顶卫星 QZS-6、QZS-7 号卫星发射升空。

从 2020 财年开始，基于"空间系统原型转换"（SSPT）、"先导者"（pacesetter）等项目，美国空军及太空军为 QZSS-HP 项目累计投入 8005.8 万美元，用于载荷设计、开发、集成以及发射支持相关工作。美国太空系统司令部（SSC）分别于 2023 年 1 月 17 日和 5 月 9 日向日本成功交付了 2 个有效载荷。随后，美国麻省理工学院林肯实验室和美国太空军的技术人员与日本三菱电机公司技术人员一起，在日本镰仓准天顶卫星系统搭载有效载荷基地开展有效载荷与准天顶卫星的集成测试工作。QZSS-HP 在验证与日本的端到端连接以支持在轨测试和运行方面取得了巨大进步。QZSS-HP 的交付是一个重要里程碑，为美国太空军增强欧亚地区太空态势感知能力奠定了基础。

〉〉〉五、几点认识

（一）QZSS-HP 体现了美国与盟国更加密切的合作

美国及其盟友建立扩大威慑对话（EDD）联盟，旨在支持各国共享该系统的欧亚战区情报监视侦察数据。QZSS-HP 是 EDD 联盟的核心，表明了联盟致力于"优化联盟兵力态势和活动以增强威慑效力"。

（二）QZSS-HP 扩展了美国太空域感知覆盖范围

美国太空军投资了用于从低地球轨道执行太空域感知功能的天基光学传感器（如 SBSS、ORS-5），扩展了地球同步轨道上检视驻留太空目标（RSO）的持续覆盖范围。QZSS-HP 是基于地理位置的载荷，可在一天中关键时间（当地中午时间）进行成像覆盖，通过与地面和其他天基传感器协调可实现对地球同步轨道带全天时的持续覆盖,扩展了美国太空域感知覆盖范围。同时,QZSS-HP还能提供不同有利位置的测量,进一步增强现有传感器的其他光学测量效果。

(三) QZSS-HP 增强了美国在欧亚地区地球同步轨道太空态势感知能力

QZSS-HP 可大幅增强美国太空军在地球同步轨道上进行持续、时间导向的批量监视能力,美国太空军将利用该能力来监视俄罗斯和中国,重点是俄罗斯和中国利用空间监测网的盲点投放新型可操控卫星的活动,如配备了干扰器或其他反卫星(ASAT)能力的小型、难以发现的子卫星等。同时,QZSS-HP 的搭载模式使得对手对反卫星攻击的判断更加复杂、困难。

(中国电子科技集团公司第十研究所　付　燕)

美国 AGIS 公司开发用于联盟联合全域指挥控制的战场感知系统

2023 年 9 月,美国先进地面信息系统(AGIS)公司与美国参谋长联席会议(JCS)指挥、控制、通信、计算机和网络实验室(J6 Lab)共同开发了一个联盟联合全域指挥控制(CJADC2)系统,该系统是一套由商业许可组件和技术构建的指挥、控制、通信、计算机、网络、情报、监视和侦察(C5ISR)系统,可在一台或多台笔记本电脑上运行。这套系统能够满足美国参谋长联席会议在信息共享、分层安全、数据结构、联合部队指挥等多方面需求,具有近距离对敌作战所需的多重属性。同时,AGIS 公司的软件可将更多的笔记本电脑、安卓系统手机和苹果手机添加到安全网络中,进而形成分布式分散计算的基础设施,不仅提高了网络弹性和冗余性,而且也保证了指挥控制能力在竞争或敌对环境中正常运行。此外,该软件可在亚马逊网络服务(AWS)政府云、微软 Azure 云或其他基于云的服务器上使用,并可以进行自动故障切换。

》》》 一、AGIS 公司基本概况

AGIS 公司专门开发以网络为中心的软件,总部位于美国佛罗里达州朱庇特灯塔路,是一家由退伍军人组织创办的公司(成立时间不详)。目前,该公司已获得 23 项美国专利授权、2 项外国专利授权。

近 20 年来,该公司研发人员一直在设计、开发 C5ISR 系统,该系统从简单的小队级(Squad level)系统逐步演进为一个完整的全球 C5ISR 系统。在此期间,美国参谋长联席会议指挥、控制、通信、计算机和网络部门(JCS J6)持续对其进行测试,并将该系统用于各种军事演习行动中。AGIS 公司 LOGO 见图 7 所示。

图 7　AGIS 公司 LOGO

》》》二、AGIS 公司 C5ISR 系统现状

AGIS 公司 C5ISR 系统不断迭代升级,其功能配置不断地完善和优化,其中包括能够与 Link-16、超视距目标瞄准金牌系统(Over-The-Horizon Targeting Gold,OTH-G)、联合可变信息格式(Joint Variable Message Format,JVMF)、北约数据链和雷达处理通信接口进行链接,最近也可逐步扩展到可接收商业卫星和电子情报(ELINT)、合成孔径雷达(Synthetic Aperture Radar,SAR)以及其他全球卫星传感器的数据流。

AGIS 公司 C5ISR 系统通过使用 AWS 政府云或专用内部服务器,可在服务器或通信出现故障时,自动提供从云到备用云或从云到内部专用服务器的故障切换,也使边缘作战人员可靠地访问数据。同时,这套系统可作为应用程序或可兼容 Web 客户端运行,用户不需要在各类平台安装任何机密软件,而且当其他用户在操作机密输入时,用户可在全新的机密军事 C5ISR 系统模式下进行同类操作。

》》》三、AGIS 公司 C5ISR 系统功能

(一) 支持多种通信和网络

该 C5ISR 系统架构可用于高频(HF)无线电、甚高频(VHF)无线电、5G 蜂窝和多频谱无线网格网络(MESH)设备以及各种卫星网络。以 HF 无线电为例,HF 无线电是一种通信媒介,在 1.6~30 兆赫兹的无线电频谱上进行工作,可实现短距离、长距离有效通信。目前,HF 无线电有两种主要传播方式,即地波和天波。地波沿着地球表面进行传播,使短距离上成为可能;天波则是在地球的电离层中进行折射,提供了超过 1000 千米的传输范围。因此,HF 无线电是军事通信中不可或缺的一部分,能够在没有传统基础设施的偏远地区进行通信。

(二) 支持处理商业和军用卫星传感器报告

该 C5ISR 系统能够处理 20000 多份近实时传感器报告以及各种来源的卫星图像情

报（IMINT）、SAR 数据，是一个能够提供全球指挥和控制能力的系统。图 8 展示了 AGIS 公司在多域海陆空系统上处理乌克兰卫星图像的画面，涉及 1000 名用户和 10000 份实时传感器报告。

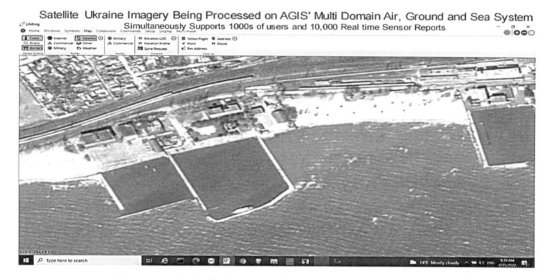

图 8　AGIS 公司在多域海陆空系统上处理乌克兰卫星图像的画面

（三）支持监视传输数据

该 C5ISR 系统可以同时监控和显示全球范围内的船舶自动识别系统（AIS）和飞机广播式自动相关监视（ADS-B）传输数据，其多域结构使这种处理、显示、叠加、翻译和传输数据的能力成为可能，并与美国陆军、海军、空军、海军陆战队和北约 C5ISR 系统进行数据交换，从而创建一个供所有系统使用的同步的通用作战图（COP），增强联合部队的作战能力。

（四）支持处理民用和军用雷达数据

该 C5ISR 系统可以处理来自美国佐治亚州空军国民警卫队萨凡纳战备训练中心使用的雷达数据。该系统通过创建雷达飞机覆盖图，从而实现了实时分析，并能够捕捉到不同高度的飞机，如图 9 所示。

（五）具有大型数据库的能力

该 C5ISR 系统每分钟能接收 10000～100000 次实时传感器数据，其数据库展示了强大的功能。这套系统基于云技术构建，如 AWS 政府云、微软 Azure 云等，可以向 AGIS 公

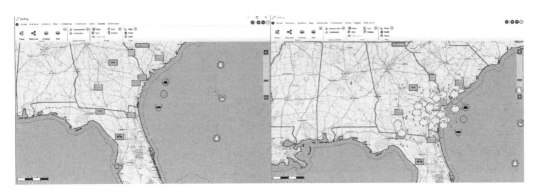

图 9　AGIS 公司的 C5ISR 系统可以处理民用和军用雷达数据

司的所有多域架构系统进行数据分发。当服务器感知接收单位时,该系统可适当调整向战术边缘传输数据的速率、频率和设备数量等,并使操作员方便地通过智能手机进行访问。

(六) 具有连接地图、海图的能力

该 C5ISR 系统具备与固态光盘上的全球地图数据库、全球地形高程数据库、互联网连接的全球卫星图像接口,具有和美国陆军地图连接的能力。该 C5ISR 系统支持多达 80 种不同的地图格式,目前也正在积极集成美国海军地图。

(七) 解决互操作和兼容性问题

该 C5ISR 系统能够解决不同数据链路兼容性问题。从本质上讲,每个交互数据链路转换为通用的多域架构数据链路,并以此为基础,将数据重新格式化,对数据链路速度、协议和接口进行格式化,以快速实现并解决数据链路互操作问题。例如,AGIS 公司实现了与 ADS-B/Link-16 的互操作性,在该 C5ISR 系统启动后,接入 Link-16 数据链路的飞机可看到其雷达范围以外的民用飞机。该系统综合功能视图见图 10。

》》》 四、小结

AGIS 公司的开发的这套 C5ISR 系统,基于商业许可组件和技术构建,主要目的是提高作战效率和战场感知,支持联盟联合全域指挥控制系统。该 C5ISR 系统不仅可与 Link-16、OTH GOLD、JVMF、北约(NATO)数据链和雷达处理通信接口充分交互,还可进行商业卫星和电子情报处理、SAR 卫星处理和可任务化的图像卫星处理,同时可以与其他全球卫星传感器进行数据流交换。此外,该 C5ISR 系统的自动故障转移功能,可确保作战人员在边缘位置可靠地进行数据访问。

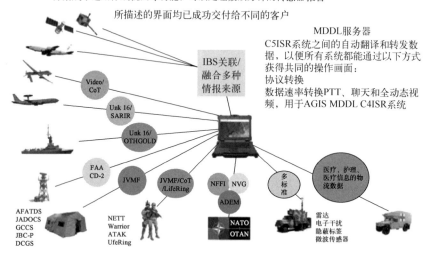

图10　AGIS 公司 C5ISR 系统的综合功能视图

　　综上,该 C5ISR 系统不仅支持多种通信和网络,支持商业/军用卫星传感器报告,在监视数据传输和处理军用/民用雷达数据等方面显示出先进的技术优势,同时也具备内置大型数据库、连接地图/海图的能力。值得关注的是,该 C5ISR 系统对数据重新格式化,能够解决数据链路在互操作和兼容性方面的问题。随着这套 C5ISR 系统的不断完善和演进,它将能够更好地实现战场环境服务。

（中国电子科技集团公司第十五研究所　赵　玲）

2023 年国外情报侦察领域大事记

俄罗斯"白芷"探测系统登陆俄乌战场　　2023 年初,俄罗斯研发的"白芷"探测系统在俄乌战场中展示了可探测并侦察美国"星链"终端设备的能力。"白芷"系统能够精准定位 10 千米范围内的"星链"终端,并且具备同时定位 64 个终端的能力。该系统在实战中的结果显示,俄罗斯军队可以相对容易地侦测乌克兰的防御阵地和基地,并对这些区域进行针对性的打击。

美国国防信息系统局发布联合电磁战斗管理系统-决策支持原型需求　　2 月,美国国防信息系统局(DISA)发布联合电磁战斗管理系统-决策支持(JEMBM-DS)原型初始需求文件,满足联合电磁战斗管理(EMBM-J)规划与管理能力的原型需求,增强电磁频谱决策支持,改进与相关系统的互操作性。EMBM-J 分为 4 种能力:态势感知、决策支持、指挥控制和训练。12 月,DISA 发布了 EMBM-J 的初次迭代版本。EMBM-J 通过云计算平台与联合全域指挥控制相结合,将一系列电磁频谱能力和功能集成到一个系统中,持续收集数据并进行可视化显示,以提高美军电磁频谱态势感知能力。

美国海军陆战队开始测试先进侦察车原型　　2 月,美国海军陆战队开始对 3 种先进侦察车(ARV)原型进行正式评估。初步测试重点关注指控、通信与计算机/无人机能力,以及在特殊地形中的导航能力。原型车辆分别为德事隆系统公司的"水蝮蛇"轮式两栖侦察车、通用动力陆地系统公司的先进侦察车,以及 BAE 系统公司的两栖作战车辆。先进侦察车将是有人/无人团队的核心,是远征行动的"传感器节点",使作战人员感知作战环境,并使用机载传感器和网络通信系统传送信息。这些系统具备人工智能增强能力,能够探测、识别并报告远距离威胁。

美国陆军维护和升级"预言家"增强型信号情报电子系统　　2 月,美国陆军宣布与通用动力任务系统部门签订价值 4.816 亿美元的合同,以维持 AN/MLQ-44"预言家"增强型信号情报电子系统,相关工作聚焦于探测、识别、定位和阻止战场上的各种信号发射。通用动力公司还将继续开发和集成"预言家"增强型系统的技术插入功能,以使系统保持最新状态,应对不断演变的威胁。

美国诺斯罗普·格鲁曼公司成功演示首款可重构集成传感器　2月23日,诺斯罗普·格鲁曼公司宣布其首款"电子扫描多功能可重构集成传感器"（EMRIS）超宽带传感器完成原型机演示验证,进入集成和测试阶段。EMRIS是美军综合传感器研发计划中机载部分的重要成果,也是全球首款可通过后端软件升级实现前端阵列重构、射频孔径调谐,兼具雷达探测、电磁频谱对抗、通信等功能的机载传感器系统。EMRIS继承了DARPA"商业时标阵列"（ACT）项目研究成果,实现了孔径共用,功能可按需快速配置,目前已具备向装备转化基础,未来或将改变机载用频系统研发与升级模式。

美国DARPA消除战场空域冲突解决方案取得新进展　2月23日,DARPA宣布"空域快速战术执行全面感知"（ASTARTE）项目成功演示全新的自动飞行路径规划软件,该软件在对抗性空域的模拟战斗中成功消除了友军之间的空域活动（导弹、炮火、有人/无人战斗机）冲突,同时避开了敌方火力。ASTARTE项目始于2021年,由DARPA、美国陆军和美国空军联合推出,是DARPA"马赛克战"概念的一部分,能在未来高度拥挤的反介入/区域拒止环境中实现高效、有效的空域作战,并消除友军之间的空域活动冲突。

美军成立多个聚焦网络能力的情报机构　2月,美国网络司令部宣布正在建立情报中心,旨在摆脱对其他信息搜集来源的依赖,聚焦数据搜集以及增强对外国网络能力的理解。7月,美国陆军正式成立进攻性网络与太空项目办公室,该办公室隶属于情报、电子战与传感器项目执行办公室,负责联合通用接入平台（主要执行进攻行动）和联合开发环境（用于快速开发和测试网络工具）的相关工作。11月,美国国防情报局宣布将探索建立一个致力于共享搜集信息的情报中心,优先支持美国政府相关网络活动。

美国太空军推进"天基地面动目标指示"项目发展　3月,美国太空军宣布已完成"天基地面动目标指示"（GMTI）项目备选方案设计,并在2024财年预算中首次为该项目申请了2.43亿美元的资金支持。该项目于2018年启动,旨在利用卫星对地面移动目标进行识别、监视、跟踪,目前由美国太空军负责,已有多家承包商参研,预计2024年发射原型系统。随着E-8C"联合星"于2023年11月完全退役,"天基地面动目标指示"系统将填补相关能力空白,大幅提升跟踪和监视时间敏感目标的能力,进而为美军全球精确火力打击提供有力保障。

美国陆军为深度传感加速装备研发　3月,美国陆军发布多域传感系统（MDSS）高空增程长航时情报观测系统/高空平台-深度传感（HELIOS/HAP-DS）信息征询书。HELIOS通过在不同规模的平流层平台上开发和集成传感器能力来提供多种传感能力。HAP-DS是HELIOS的实验和演示阶段,当前传感器聚焦于电子情报、通信情报和雷达。7月,美国陆军启动"战区级高空远征下一代机载雷达"（ATHENA-R）项目,旨在提供传感器试验台,帮助确定后续"高精度探测与利用系统"(HADES)采购要求。同月,美国陆军启动"战区级高空远征机载信号情报"(ATHENA-S)项目,要求 L3 哈里斯公司和莱多斯公司基于 2 架庞巴迪环球 6500 喷气式飞机装配雷达、电子情报和通信情报设备,支持欧洲司令部辖区内的美国陆军任务。11 月,美国陆军为 ATHENA-S 项目授出合同,旨在获取 RAPCON-X 情报监视侦察飞机及其相关服务。

美国情报高级研究计划局推出"在线快速解释、分析和溯源"项目　　3 月 17 日,美国情报高级研究计划局(IARPA)推出"在线快速解释、分析和溯源"(REASON)项目,旨在开发技术,使情报分析人员能够通过更有效地使用证据和推理,大幅提高其分析报告的论证质量。REASON 项目能够自动对报告草案生成评论(反馈和建议),突出显示其他相关证据,并确定草案推理的优点和缺点,使分析人员使用评论来改进报告。REASON项目聚焦三个任务领域:①识别额外证据,自动查找报告草案中使用的证据之外的相关支持和相反证据;②识别推理的优势和劣势,自动找出报告草稿推理的优势和劣势;③发表评论以提高论证质量,基于前两步的输出,自动发表评论,使分析人员大幅改进其报告中的论证。

美国太空军为"增强型"统一数据库申请大额预算　　3 月,美国太空军在其 2024 财年预算文件中为"增强型"统一数据库(UDL)申请 5597 万美元预算,几乎是 2023 财年预算(2951 万美元)的 2 倍。该预算增长将侧重于升级 UDL,使太空军额外的传感器直接连接到 UDL,与联盟伙伴建立双向的数据共享,以及增加云服务。UDL 支持太空域感知(SDA)数据源的集成、开发与交付,用于太空军指控和战斗管理。UDL 的重点是:实现数据共享;建立综合多传感器数据所需的数据架构,以在不同密级上更广泛地使用;通过数据利用工具,将任何来源的数据转换为标准化的可用信息,移交给作战管理指控任务系统,以支持实际的作战行动。

美国海军启动人工智能/机器学习处理项目"开放舰艇"　　3 月,美国海军霍普(Hopper)特遣队加速启动"开放舰艇"(OpenShip)项目,以构建"低更改、高影响"的人工智能/机器学习应用程序,简化信息源并加快将人工智能/机器学习转化为作战能力,从海军舰船每天获取的海量数据中产生价值。随着商业技术不断发展,美国海军内部的众多人工智能/机器学习项目逐步成熟,"开放舰艇"项目应运而生,旨在以新颖的方式开发和部署软件,整合不同传感器和信息数据,为海上作战人员构建更好的决策工具。

美国国防部加大集成传感与网络技术研发　　4 月,美国国防部披露集成传感与网络技术领域 2024 财年预算,在用于科技与原型开发的 69.3 亿美元预算中,集成传感与网络获 12 亿美元投资,仅次于微电子的 17 亿美元。集成传感与网络技术领域旨在开发相关技术来感知、理解、塑造联合部队在强对抗环境中的行动,探索创新非动能手段,在网络空间、电磁战和通信领域实现非动能手段的现代化。10 月,美国国防部资助弗吉尼亚理工大学工学院 1000 万美元探索传感与网络研究,聚焦于成立传感与网络卓越中心,以及开发具有多模态能力的新一代集成传感器。

美国智能光电传感系统实现复杂环境下的威胁自动识别　4月,雷声公司推出新型智能光电传感系统"雷文"(RAIVEN)。该系统集成了高光谱成像、激光雷达、人工智能等先进技术,对目标的探测、识别和确认范围是现有光学成像能力的 5 倍。"雷文"系统可使部队在战场复杂环境中更快速准确地完成目标识别、威胁评估、定位瞄准,大幅增强战场态势感知。该系统具有以下特点:①采用紧凑型设计和开放式系统架构,适用于旋翼飞机、固定翼飞机、无人系统等多种平台;②采用可跨多个波长的高光谱成像技术,通过扫描、测量和分析不同材料反射和吸收光线的差异,目标识别能力远超传统光电/红外传感器;③采用人工智能/机器学习算法,可实现实时快速的战术边缘数据处理分析,识别目标并确定其威胁优先级。

国外主要国家寻求新型生物传感器来提高监测能力　4月,DARPA 推出 Tellus 项目,开发微生物传感器,将检测信号转化为物理/化学输出信号,使传统接收器系统(光电、光子、成像等)可测量。11月,以色列 Enzymit 公司与以色列耶路撒冷希伯来大学环境微生物学和生物传感器实验室合作开发新型生物传感器,基于大肠杆菌检测来探测地雷。在未来,生物传感器可以增强其他情报来源,弥补传统情报监视侦察技术可能遗漏的信号,提供更完整的战场图像。

美军多举措增强印度-太平洋地区,广域态势感知能力　美国太空军分别于 1 月和 5 月向日本交付了两个准天顶卫星系统托管有效载荷,一方面可深化美日两国联盟,加强盟军综合威慑态势,另一方面还可增强美国太空军在地球同步轨道上进行持续、批量监视的能力。3月,美国空军首次在新加坡部署 RQ-4 无人侦察机。8月,MQ-9A 无人侦察机在印度-太平洋地区形成初始作战能力,将显著提升美军在印度-太平洋地区的空基侦察能力。9月,美国海军表示正在升级"综合水下监视系统",主要工作包括改造水声监听系统、升级 5 艘水声监听船舰载拖曳阵声呐系统、研发"水下卫星"无人潜航器、采购 22 艘"航海家"太阳能无人艇。美军通过多种手段持续优化印度-太平洋地区天基、空基和海基侦察力量,大幅提升该地区实时、持续的广域态势感知能力。

美国海军加速研发新一代海洋监视船　5月,美国海军授予奥斯塔美国公司一份价值 1.139 亿美元的合同,用于 TAGOS-25 级海洋监视船的详细设计与建造。TAGOS 海洋监视船主要用于支持美国海军反潜战行动,提供能够进行战区反潜声学被动和主动监视的舰艇平台,搜集水下声学数据,以支持"综合水下监视系统"的任务。根据 TAGOS-25 概念设计,该级海洋监视船长 108.51 米,最大速度 20 节,排水量 8500 吨。

美军 MQ-4C 无人机在"北方利刃 23-1"演习中展示持续远程瞄准能力　5月,MQ-4C"海神之子"无人机在"北方利刃 23-1"中演示了进行持续远程瞄准的能力,展示了人工智能、机器学习、边缘处理和增强通信等技术,突出了 MQ-4C 无人机在联合、分布式海上作战方面的潜力。演习中,MQ-4C 无人机聚焦于信息的任务分配、搜集、处理、利用与分发,利用其广阔的视野范围,跟踪和监视所有海上交通,将数据传输给阿拉斯加安克雷奇埃尔门多夫–理查德森联合基地的地面操作人员,随后利用美国海军"米诺陶"(Minotaur)任务管理系统处理阿拉斯加湾海上通用作战图,并将其传输给指控单元。

美国 DARPA "像素智能处理"项目转入原型制造阶段　　5 月,南加利福尼亚大学维特比工程学院信息科学研究所和 Ming Hsieh 系电气与计算机工程系已完成 DARPA 聚焦边缘智能图像处理技术的"像素智能处理"(IP2)项目的第一阶段和第二阶段,转入原型制造阶段。研究团队提出"用于高效低能量异构系统的像素内循环神经网络处理"(RPIXELS)方案,采用创新"像素智能处理"范式"内存中像素处理",利用先进的互补金属氧化物半导体技术,使像素阵列执行图像处理等复杂操作。测试结果表明,RPIXEL 框架可使数据大小和带宽均减少 13.5 倍(远超 DARPA 将这两个指标减少 10 倍的预期)。

美军"深空先进雷达"项目取得新进展　　5 月,诺斯罗普·格鲁曼公司宣布其深空先进雷达(DARC)提案通过关键设计审查。8 月,美国太空系统司令部向诺斯罗普·格鲁曼公司发布唯一来源征求建议书,要求该公司完成第二个和第三个 DARC 站点,开发两套地面雷达站来跟踪太空目标。按计划,第一个位于印度–太平洋地区的 DARC 站点将在 2025 年前完成开发,第二个站点将于 2028 年准备就绪,第三个站点将于 2029 年准备就绪。DARC 的重点是跟踪地球同步轨道上的活跃卫星和碎片,提升美军太空感知能力,助力美军实现弹性太空体系。

美国 DARPA 为"数字雷达成像技术"授出合同　　5 月,DARPA 为"数字雷达成像技术"(DRIFT)项目授出 4 份合同,提高合成孔径雷达技术。DRIFT 项目重点是利用来自几颗编队飞行的合成孔径雷达卫星的数据开发创新型处理算法,实现美国战时雷达和射频能力的突破性进展。项目第一阶段进行算法和软件的开发与测试,第二阶段要求卫星承包商搜集在轨数据提供给算法开发人员,第三阶段聚焦优化算法以满足战术目标。

以色列推出"谜题"多域情报系统　　6 月,以色列拉斐尔公司完成"谜题"(PUZZLE)多域情报系统研发。这是一款基于人工智能的创新型军事决策支持系统,在态势分析以及传感器到射手链路的范式上取得突破,提升了杀伤链效率、速度和精度。"谜题"系统主要包括智能信号情报模块、图像情报模块、任务目标模块和部队执行计划模块,能融合多种传感器信息,集成视觉情报、信号情报等多种数据,并利用人工智能和机器学习算法实现战场信息的全面筛检、快速处理和分析,加快决策过程,提高行动效能。"谜题"系统可部署于固定指挥所、情报中心以及野战部队总部,与现有指挥控制系统无缝连接,在日常训练、危机行动以及战争时期均可使用。

美国海军研究办公室寻求新算法以快速检测和识别潜在威胁   6 月，美国海军研究办公室已授出"网络在线机器智能威胁和态势理解"项目合同，萨博公司和普渡大学将开发可在复杂情况下自动定位、识别威胁的先进人工智能技术，提升美军态势感知能力。该项目旨在生成一个具有多模态目标自动识别、传感器资源管理能力的可解释性机器学习框架，用于水面舰艇的预警和态势感知，重点在于获得最佳覆盖率的传感器部署地点，设计目标识别的机器学习算法，以及整合多传感器信息以正确判断威胁的类型与意图。

美国战略与预算中心第三次扩展"侦察威慑"概念   7 月 13 日，美国战略与预算评估中心（CSBA）发布《扩展侦察威慑：将无人机纳入"印度-太平洋海域态势感知伙伴关系"的实例》报告，详细阐述了在印度-太平洋地区实施"侦察威慑"的一个实例。该报告是 CSBA 第三次扩展与深化"侦察威慑"概念，阐述了"侦察威慑"的内涵及相关影响力，分析了"印度-太平洋海域态势感知伙伴关系"（IPMDA）的目标及优缺点，提出将无人机作为 IPMDA 天基能力的重要补充。效能评估结果表明，此举可极大提升和平时期和潜在冲突时期美国对中国南海的监视力度。

美国国家情报总监办公室发布情报及数据战略   7 月 17 日，美国国家情报总监办公室发布《2023—2025 年情报界数据战略》，强调提高数据互操作性和可发现性，为人工智能做足准备，实现更好的搜集、分析和利用。该战略旨在指导和支持情报机构的数据转型，从而在"战略竞争新时期"保持领先地位。8 月 10 日，美国国家情报总监办公室发布《国家情报战略》，确定了 6 个优先目标，强调加强利用开源、大数据、人工智能与先进分析，利用通用标准、以数据为中心的方法提升美国情报界互操作性，增强联盟/合作伙伴网络。美国国家情报总监办公室统筹美国情报界发展，新发布的两份文件将指引美国情报界情报和数据工作。

美国战略司令部正式成立联合电磁频谱作战中心   7 月 26 日，美国战略司令部在奥法特空军基地举行联合电磁频谱作战中心（JEC）成立仪式，该机构根据美国国防部2020 年《电磁频谱优势战略实施计划》设立，是美国国防部频谱优势战略实施计划的关键环节。联合电磁频谱作战中心是美国国防部电磁频谱作战的核心，旨在提高联合部队在电磁频谱中的战备能力。该机构将负责调整部队管理、规划、局势监控、决策和部队指挥，侧重于培训和教育的能力评估，还将为作战司令部提供电磁频谱作战培训、规划和需求支持。联合电磁频谱作战中心将于 2023 年夏具备初始作战能力，到 2025 财年达到全面作战能力。

美国陆军在"护身军刀 2023"演习中验证战术数据编织概念   7 月 22 日—8 月 4日，美国陆军在澳大利亚举行的"护身军刀 2023"（Talisman Sabre 2023）演习中验证了战术数据编织概念和主数据节点。战术数据编织是一个联合系统，将增强指挥官访问数据和跨梯队、跨编队无缝地同步数据的能力。演习中,主数据节点始终处于开启状态,以持久地连接到尽可能多的权威数据源,并成功地将该数据与战术边缘的第一军编队同步,确保了从企业体系级到战术边缘的数据访问。

美国陆军装备先进单兵集成视觉增强系统原型 7月,美国陆军接收了首批20个单兵集成视觉增强系统(IVAS)原型。该原型系统目前迭代到1.2版本,具有以下特点:①作战环境全面感知。配备增强低光和热传感器,提高目标识别能力。②多传感器集成。与地面和空中传感器集成,使单兵在行进面临危险状况下提前获取外部车载平台的位置。③利用自身三维地图和导航能力以及从无人机上获取的数据,实现精确定位。④采用共享感知和边缘计算数字架构,弥补陆军近战短板,使行军路线和控制操作能够集成到单兵的视野中。⑤部署班组沉浸式虚拟训练器(SiVT)和虚实结合技术,为单兵提供基于目标的场景和战斗演习。

美国情报高级研究计划局发布表征大型语言模型偏差、威胁和漏洞的信息征询
7月31日,情报高级研究计划局(IARPA)发布有关可能影响情报分析师安全使用大语言模型(LLM)漏洞和威胁的既定特征的信息征询书。LLM有望在未来几年大幅改变和加强各部门的工作,但也表现出错误的和潜在的有害行为,对最终用户构成威胁。该信息征询旨在引出框架来分类和描述与LLM技术相关的漏洞和威胁,特别是在情报分析中的潜在应用背景下。该信息征询要求至少回答以下一个问题:①所在组织是否有分类和理解LLM威胁和漏洞框架,简要说明其脆弱性和风险;②所在组织是否有这些威胁和漏洞的分类特征;③所在组织是否有新方法检测或减轻LLM漏洞对用户构成的威胁;④所在组织是否有新方法来量化对LLM输出的信心。

美英两国相继发布情报条令 6月,美国空军发布条令出版物《情报》(AFDP 2-0),这是该军种自2015年以来首次对该条令进行更新;7月,美国太空军发布该军种成立以来的首份《情报》条令(SDP 2-0),将作为太空军情报工作的基础依据;10月,美国陆军发布《情报》条令(FM 2-0),强调美国陆军多域作战概念背景下的情报基础能力和战术。8月,英国国防部发布《支持联合作战的情报、反间谍情报与安全(第4版)》(JDP 2-00)条令,阐述了英国乃至北约成员国的情报监视侦察流程和方法。在美军2022版《联合情报》(JP 2.0)发布一年之后,美国空军、太空军、陆军及盟友英国相继发布《情报》条令,突显了美军及其盟友对情报工作的重视。这些文件遵循联合情报条令规定的基础原则,核心思想与其高度一致,强调跨军种、跨国别的情报协同互操作,支持美军与北约盟友在全球范围开展联合作战情报行动。

美国本影公司发布全球最高分辨率商业合成孔径雷达卫星图像 8月7日,美国本影公司(Umbra)发布一张分辨率为16厘米的合成孔径雷达(SAR)图像,这是全球有史以来发布的最高分辨率的商业 SAR 卫星图像。本影公司成为全球首个可以向客户提供分辨率优于 25 厘米的高质量 SAR 卫星图像数据的商业公司，不仅能够提供单视聚束模式分辨率为 25 厘米、35 厘米的 SAR 卫星图像数据，而且能够提供多视聚束模式 50 厘米和 1 米分辨率的 SAR 卫星图像数据。美国国家海洋和大气管理局放宽卫星图像分辨率限制，为本影公司向客户提供最高分辨率图像和更多产品奠定了基础。

美国太空军启用首支"目标"情报中队　　8 月 11 日，美国太空军在彼得森太空军基地举行第 75 情报监视侦察中队（ISRS）成立仪式。该中队隶属于美国太空军第 7 支队，主要职能是目标分析、目标开发和目标交战。第 75 情报监视侦察中队将为美国太空军提供敌方太空目标及其所属系统的情报包，包括卫星、地面站以及传输的信号等。第 75 情报监视侦察中队是首支也是唯一一支致力于支持美国太空军及其任务的目标部队。

英国 BAE 系统公司为 DARPA 开发新型信号处理和计算技术　　8 月，DARPA 授予 BAE 系统公司快速实验室（FAST Labs）一份价值 1400 万美元的"大规模互相关"（MAX）项目合同，旨在开发可用于小型军事平台的先进信号处理和计算技术。BAE 系统公司将提供一种更节能、具有高动态范围和大带宽的模拟相关器，以便在小型平台上实现合成孔径雷达图像形成与分类、自动目标识别、无源相干定位以及抗干扰通信等新功能。相关器是比较、对比和最终处理信号的重要工具，新的模拟相关器将在保持或提高性能的同时，缩小尺寸至冰球大小，并使处于战场边缘或拒止空域的平台进行全频谱信号处理。

以色列测试先进侦察机　　8 月，以色列国防部宣布开始试飞先进侦察机"奥龙"（Oron）。自 2021 年正式交付给以色列国防军后，以色列航空航天工业公司在 2 年内为该侦察机集成了最先进的情报系统。试飞工作由以色列航空航天工业公司、以色列国防部研究与发展部（DDR&D）和以色列国防军（IDF）监督进行，旨在评估"奥龙"侦察机在远距离和恶劣天气条件下精确跟踪多个目标的能力。

美国诺斯罗普·格鲁曼公司成功研发"深度感知和目标定位"平台　　8 月，诺斯罗普·格鲁曼公司宣布，在美国陆军主办的"实验演示验证网关活动"（EDGE）上成功展示了"深度感知和目标定位"（DSaT）平台。本次活动主要展示其地理空间情报功能，未来还将纳入多个情报平台进行集成展示。"深度感知和目标定位"平台是一种可集成至军用、民用飞机平台中的多域传感架构，能提供超出本地传感器视距范围的情报搜集能力。该系统纳入了美国陆军"战术情报瞄准访问节点"（TITAN）原型系统相关要素，可将天基地理空间情报图像与来自商业和军事空间系统的空中和地面情报相结合，提升数据采集能力。

美国陆军扩充"网络态势理解"工具　　9 月，美国陆军宣布将"网络态势理解"

（Cyber-SU）的信息搜集范围扩展到灰色空间，即既不由美军控制也不由敌军控制的社交媒体等网络空间。Cyber-SU 是美国陆军的一款网络空间环境可视化工具，旨在帮助地面指挥官更好地了解网络和电磁环境，助力明智决策。此前，美国陆军已在第一装甲师试用了 Cyber-SU，但其信息搜集范围仅限于美军自己的网络。美国陆军希望 Cyber-SU 结合灰色空间数据与其他数据，使指挥官能了解网络舆情等信息。

美国太空军发射首颗"沉默巴克"卫星　　9月10日，美国太空军和美国国家侦察局合作开发的首颗"沉默巴克"（Silent Barker）卫星成功发射。"沉默巴克"军事星座搭载的传感器，可对中地球轨道、高地球轨道、近地轨道的太空目标进行编目，提升美军太空目标感知范围；分析对手国家地球同步轨道卫星动向，生成实时轨位信息，提升威胁发现与告警能力；针对性地跟踪监视印度-太平洋上空对手国家关键目标，预判对手国家行动意图，支撑太空攻防对抗。美军计划于2026年发射第二颗卫星，后续将继续发射并完成星座组网。"沉默巴克"军事星座将填补美国太空军地基和低轨太空监视系统对天监视能力的不足，形成更加全面的空间态势感知能力。随着 DARPA 于1月推出"太空域广域跟踪与表征"项目，利用军事和商业卫星搭载的大量低成本低地球轨道原位传感器持续探测与跟踪附近物体，美国太空军11月发布《太空域态势感知》条令。种种迹象表明，美军正加速形成监视均势对手太空活动的能力，太空态势感知对全域作战的重要性进一步突显。

美国空军研究实验室加速研发边缘处理技术　　5月，美国空军研究实验室（AFRL）更新"先进计算技术和应用"广泛机构公告，继续寻求可用于"敏捷秃鹰"（Agile Condor）的高性能嵌入式处理架构/深度学习。8月，AFRL 启用"极限计算"设施，新建神经形态计算实验室，开展"近似人类神经认知"机器学习模型的基础研究。9月，AFRL 发布"极限计算"广泛机构公告，探索和开发更复杂、更自主和更智能的处理能力。

美国 DARPA 推进"神经符号学习与推理"项目　　9月，DARPA 与多所院校及企业组成的团队合作，为"神经符号学习与推理"（ANSR）项目开发新型算法和架构，创建值得信赖的人工智能系统。团队主要任务是：开发并建模新型神经符号人工智能算法和架构；开发框架和方法，导出和整合正确性证据，并量化特定任务的风险；为混合人工智能算法开发可论证的用例和架构；测试和评估其他参与者创建的技术。本项目包括三个阶段，最终将通过美国国防部设施进行现场演习，展示完全自主地遂行情报监视侦察任务的能力。

美国国防部寻求"联盟联合全域指挥控制"数据集成层　　10月，美国国防部首席数字与人工智能办公室征集"联盟联合全域指挥控制"数据集成层（DIL），强调基于作战态势的数据中心方法，聚焦联合司令部、军种和作战支撑机构间的数据集成与交互，重点构建以下能力：①跨层级可信数据分布式交互和协同能力；②关键数据传输的高保真和低延迟能力；③联合部队作战决策的信息支撑和处理能力；④在拒止、断开、间歇和受限环境中数据处理和转发的能力；⑤支持应用程序、算法服务和人工智能工具的部署和集成能力；⑥基于角色和访问的身份管理和控制能力；⑦跨域数据标签、解析、证书、区块链等实体分发能力。

美国通用原子航空系统公司推出新型合成孔径雷达　　10月，通用原子航空系统公司推出一款名为"鹰眼"的新型多域监视雷达，旨在提高美国陆军跟踪和击落小型无人机的能力。"鹰眼"合成孔径雷达可以以高分辨率发现最远50英里（80.47千米）外的目标，或者在进行海上监视时发现最远125英里（201.17千米）外的目标。美国陆军正在生产的"灰鹰"25M无人机将装备"鹰眼"合成孔径雷达。

美国"专家工程"项目正式成为在案项目，聚焦大语言模型和数据标签　　5月，美国国家地理空间情报局（NGA）宣布"专家工程"（Project Maven）项目取得重大进展，已实现快速融合不同来源天基数据的能力，可使动态收集、图像利用和生成报告这一工作流程自动化。11月，"专家工程"项目正式成为NGA在案项目，当前正在开展大语言模型和数据标记技术研究。"专家工程"项目于2017年启动，2022年3月被NGA接管，在提高地理定位精度、探测目标和自动化工作过程方面取得了重要进展，并与"作战司令部合作，将人工智能集成到工作流程中，加快了行动和决策速度"。当前，NGA致力于扩大"专家工程"的"计算机视觉"使用范围，即快速对图像进行分类，以检测目标并创建真实的作战图算法。

美军生成式人工智能即将颠覆情报应用　　4月，帕兰蒂尔公司推出大语言模型赋能的"人工智能平台"（AIP），协助部署侦察无人机对攻击做出战术响应，或者组织对敌通信的干扰。5月，美国国防创新部门探索利用生成式人工智能和大语言模型，推进开源情报的搜集与分析。7月，美军首次成功测试使用大语言模型执行军事任务，极大地缩短了查询信息所需时间。8月，美国国防部正式成立"利马"（Lima）生成式人工智能工作组，负责"评估、协调和使用"生成式人工智能技术，最大限度减少工作冗余，降低潜在风险。9月，美国中央情报局宣布正在构建和部署类似于ChatGPT的人工智能机器人，加速开源情报搜集。10月，美国海军陆战队公开征询地理空间情报领域的人工智能聊天机器人技术。11月，美国国防信息系统局将生成式人工智能纳入2024财年"技术观察清单"，规划人工智能助理原型。

美国陆军地面层系统项目取得阶段性进展　　4月，美国陆军要求洛克希德·马丁公司在斯特瑞克（Stryker）装甲车上安装"旅战斗队地面层系统"（TLS-BCT），并制定了在新型运兵装甲多用途车上安装的计划。6月，洛克希德·马丁公司获美国陆军"旅以上地面层系统"(TLS-EAB)项目第二阶段研制合同,将在 21 个月以内研制用于验证的原型机,并在相关环境中进行测试。9 月,乳齿象设计公司(Mastodon Design)开始为美国陆军研发单兵版 TLS-BCT 原型。11 月,单兵版 TLS-BCT 系统原型成功进行演示。地面层系统将具备网络、信号情报和电子战能力,可探测敌人信号,为作战人员提供远距离态势感知能力,为炮兵、航空兵提供目标指示或干扰压制敌人的电磁信号。

美国陆军利用"支点"项目推进人工智能军事化应用   9 月,美国陆军将首个在案人工智能项目"支点"(Project Linchpin)的首批合同授予博思艾伦公司和红帽公司,推进相关人工智能能力研发,促进数据和模型完整性、数据开放性和模块化开放系统架构。10 月,美国陆军发布子项目"人工智能物料清单",该项目是从风险防范角度开展的人工智能项目,类似于美国正在保护供应链、半导体、零部件方面所开展的行动。11 月,美国陆军发布"支持陆军行动的计算机视觉能力"子项目,寻求支持美国陆军大规模作战行动的目标探测和计算机视觉技术,聚焦处理车载传感器搜集的水平全运动视频、光电/红外信息,以及高空卫星上光电/红外和合成孔径雷达载荷搜集的图像信息。

美军"空射效应"相关研究取得阶段性重大进展   2 月,通用原子航空系统公司使用 MQ-1C"灰鹰"无人机首次空射"小鹰"(EAGLET)无人机系统。7 月,美国陆军从"灰鹰"无人机机翼下发射"小鹰"无人机,随后"小鹰"无人机进行了一系列飞行测试,成功验证了新平台的稳定性和控制性。"小鹰"无人机是一种低成本、高生存的无人机系统,能够从"灰鹰"、旋翼飞机或地面车辆等发射,可有效扩大传感器覆盖范围,并提高其他协同有人机的生存能力。11 月,美国陆军向洛克希德·马丁公司和诺斯罗普·格鲁曼公司授予"空射效应"项目第一阶段合同,研制可消耗和可损耗的小型无人机或大型有人机/无人机发射的有效载荷,扩大干扰和传感范围。

美国"机器辅助分析快速存储系统"即将具备初始作战能力   11 月,美国国防信息系统局宣布"机器辅助分析快速存储系统"(MARS)将于 2024 年春季具备初始作战能力,2025 年具备完全作战能力。MARS 是基于人工智能技术的新型数据存储与处理系统,在全盘继承"现代化综合数据库"(MIDB)系统的基础上,增加目前所有可用信源信息,包括世界各地的部队等作战类目标;允许以告警提示信号的方式向分析人员直接提供当前事件的分析方法,使分析人员能够以更动态的方式(而不是静态的方式)与数据和信息进行交互。

美国陆军为"陆军数据平台"2.0 征询信息   11 月 30 日,美国陆军为"陆军数据平台"2.0(ADP 2.0)征询信息,旨在实现访问所有数据的能力,以及更好地获取和集成现有数据,将取代当前在用的 Vantage 数据平台。ADP 2.0 平台的优势是:①创建任何承包商技术都适用的"可用数据层";②助力美国陆军建设更大数据生态系统"数据网格";

③通过提供体系计算和存储,构建、运行和监测数据产品,使用户无需详细了解网格治理策略即可创建并使用合格的数据产品。

美国陆军测试人工智能支持的先进动态频谱侦察技术　11 月,美国陆军宣布在"联合决心"演习中测试了新的"先进动态频谱侦察"(ADSR)技术,帮助士兵实时了解频谱的传感能力并识别敌人的电磁特征。ADSR 项目致力于使用人工智能赋能的软件定义无线电技术,"实时感知和预测本地射频环境",使美国陆军无线通信网络感知和避免敌人干扰,减少敌人瞄准陆军部队的射频发射。

美国国防部发布《数据、分析和人工智能应用战略》　11 月,美国国防部发布《数据、分析和人工智能应用战略》,以取代 2018 年的人工智能战略和 2020 年的数据战略,通过加速数据、分析和人工智能的应用,继续推动美国国防部数字化转型。该战略由美国国防部首席数字与人工智能办公室制定,关注目标包括:①投资可互操作的联合基础设施;②推进数据、分析和人工智能生态系统建设;③扩大数字人才管理;④改善基础数据管理;⑤为联合作战提供能力;⑥加强治理,消除政策障碍。

朝韩两国相继成功发射首颗侦察卫星　11 月 21 日,朝鲜成功首颗发射"万里镜-1"(Malligyong-1)号侦察卫星,该卫星位于高度约 500 千米的太阳同步轨道上,提供主要针对韩国、日本和美国的全球光学成像监视能力,有望在观察军事设施、航空母舰等大型目标方面发挥重大作用。12 月 1 日,韩国发射首颗军事侦察卫星,该卫星搭载光电、红外等载荷,将在距地 400~600 千米的低地球轨道运行,最高分辨率可达 0.3 米。此外,韩国计划到 2025 年再发射 4 颗合成孔径雷达卫星。随着朝韩两国分别发射首颗侦察卫星,朝鲜半岛未来军事航天竞赛有可能向公开化、激烈化的趋势转变。

美国卫星情报体系有机融入商业太空数据与服务　1 月,鹰眼 360 公司与美国弹弓航宇公司达成协议,为美国太空军威胁探测系统提供射频测绘卫星收集的数据,帮助识别可能干扰 GPS 信号的潜在电子干扰源或其他威胁。2 月,麦克萨技术公司获美国国家地理空间情报局合同,为美盟提供高分辨率光电图像、三维数据服务和合成孔径雷达图像。10 月,鹰眼 360 公司开始为美国海军提供太平洋海上监视,为东南亚和太平洋岛屿军方及合作伙伴共享卫星射频数据并提供相关分析。12 月,5 家光电卫星图像提供商与美国国家侦察局签署协议,提供新兴光电图像。

国外主要国家频繁签订跨国情报共享相关协议及机制　3 月,美日印澳四国加速推动"印度-太平洋海域态势感知伙伴关系"项目的落地,并运用商业无线电等新兴技术,构建一个覆盖更全面并为四国军方提供实时海上情报数据的通用作战图,帮助四国及时掌握区域内重要事件情况并做出必要响应。10 月,北约各成员国国防部长和瑞典国防部长正式批准《数字海洋愿景》,旨在促进盟国与北约海上监视系统间的协作,增强盟军的海域态势感知能力。11月,美日韩三国推进导弹预警数据共享机制,促进导弹预警数据的实时交换。12月,美、英、澳三国宣布"深空先进雷达能力"三方倡议,发展可提供全天时全天候的探测、跟踪、识别和表征深空物体的能力。

美国空军披露"机外传感站"机密项目新型无人机设计 12月,美国空军"机外传感站"(OBSS)机密项目无人机研制承包商之一的奎托斯公司(Kratos)公布首张新型无人机概念图,可以看出该无人机设计强调可扩展性、模块化与经济可承受性,具有隐身性能、连续的脊线、锯齿状顶部进气口、隐蔽的发动机排气管、简单的后掠翼以及宽阔的V形尾翼。OBSS可携带"红外搜索与跟踪"无源探测传感器,不会受到射频干扰影响;可作为分布式传感器网络协助有人平台,以探测、跟踪、应对威胁;采用开放式架构设计概念,其寿命为几年至几十年,能快速采购且成本较低。

预警探测领域

预警探测领域年度发展报告编写组

主　　编：邓大松

副 主 编：苏纪娟　吕进东

撰稿人员：（按姓氏笔画排序）

王　虎　冯思源　张　昊　张　蕾

张利珍　吴永亮　屈冰洋　韩长喜

审稿人员：徐　鹏　李　涛　钟宏伟　张灏龙

郑　斌　吴楠宁　方　芳

预警探测领域分析

预警探测领域年度发展综述

2023 年，在俄乌冲突、巴以冲突、大国博弈等驱动下，面对高超声速武器、超级隐身战机、无人机蜂群、弹道导弹等新兴威胁和高威胁目标，全球范围内多个国家都在积极探索新型预警探测手段和技术，研发新装备，推进重大装备的试验和部署，提高复杂电磁环境下对隐身飞机、弹道导弹、高超声速、低空无人机等目标的防御能力。

》》》 一、发布新概念和新条令，为预警探测领域战略谋划指引方向

2023 年，美国调整重要反导作战概念，强调利用更广泛手段遏制对手；欧洲多国加入"天空盾牌倡议"，拟构建一个多国协同的欧洲防空反导体系。

（一）美国陆军提出"导弹挫败"概念，牵引未来反导预警能力发展

8 月，美国陆军太空和导弹防御司令部正式披露"导弹挫败"概念，即利用美国的军事、政治、经济等综合优势，全方位围堵、削弱、摧毁对手导弹进攻能力。这一概念已成为美国导弹防御能力建设的重要指导思想。相比于目前的中段、末段拦截手段，"导弹挫败"概念强调采要用新技术和能力，在导弹发射之前利用定向能、无人机和电子战等手段进行拦截，同时使用"自主海上和空中平台"建立早期的态势感知能力，结合人工智能工具，快速处理和收发数据，加快决策速度。"导弹挫败"概念将对未来预警探测体系带来深远的影响。

（二）美国陆军发布反导新条令，明确全球反导作战实施流程

8 月，美国陆军发布《FM 3-27 陆军全球导弹防御作战》条令，明确了陆军在涉及一

个或多个战区的全球导弹防御作战中的作用,讨论了美军面临的导弹威胁环境,给出了全球导弹防御作战的规划、准备、执行和评估等程序,确定了传感器、拦截弹和指挥控制要素,在战术和战役层面将陆军导弹防御作战与联合防空反导作战联系在一起,以及在战略和战役层面与"全球弹道导弹防御作战"概念联系到一起。《FM 3-27 陆军全球导弹防御作战》条令是美国陆军遂行战略、战区导弹防御行动的重要指南。

(三)美国太空军发布《太空域感知》条令,为太空态势感知行动提供指导

11 月,美国太空军训练与战备司令部发布太空条令出版物《太空域态势感知》。该条令是美国太空军首部战术级条令,阐明了太空域的重要作用,介绍了美国太空军建立和维护太空域态势感知的方法,以及相关机构在太空域行动中的责任。太空域感知活动由太空作战司令部下属的三角洲部队直接负责,太空司令部负责协调、规划、整合、执行全球太空行动。太空域态势感知需要在任务保障、威胁预警和作战管理三个方面下功夫。在任务保障方面,太空域感知要具备数据收集、分发能力,将信息快速提供给指挥官,为任务指挥和敏捷作战提供支持;在威胁预警和评估方面,指挥控制系统和情报组织要通过对传感器信息的分析实现对威胁判断和处理;在作战管理方面,太空域感知要基于对太空物体位置基本感知能力,加强对目标意图和动机的理解,提升行动预测能力,判断对手异常活动对美国及其盟友太空系统的潜在威胁。

(四)欧洲发展多国协同的防空反导体系,建立多国合作、协同作战的欧洲防空反导联盟

2 月,丹麦和瑞典宣布加入德国发起的"天空盾牌倡议",使得参与国数量达到 17 个。该倡议由德国提出,旨在建立欧洲防空反导联盟,强化参与国现有防空反导能力,并推动欧洲国防工业和技术的发展。根据建设方案,该体系拟采用统一的指挥控制系统连接各参与国的防空反导作战单元,并针对不同高度和距离的威胁目标,通过部署欧洲现有系统和采购美国"爱国者"防空系统、以色列"箭"-3 反导系统,发展中、远程防空和末段反导能力。该倡议如能按期落实,各参与国可通过一体化的指挥控制系统,及时获得覆盖欧洲大部分区域的预警探测信息支援,为防空反导作战提供更长的拦截窗口,并对复杂集群攻击具备多次协同拦截能力。

》》》二、发展新型预警探测技术，推动雷达装备向分布式、多功能、智能化和轻量化方向发展

（一）开发分布式协同探测技术，推动预警装备从"单打独斗"向体系化作战能力发展

分布式协同探测技术能够将广域分布的雷达组成协同探测的大雷达，进行信号级或数据级协同，具有广域覆盖、反隐身、抗干扰、高机动等优越性能，是提高雷达作战能力和战场生存能力的重要手段。

3月，为解决远距离引起的角度分辨率低的问题，美国学者提出采用多星编队，每个雷达小卫星以中等功率工作，通过"数字扩展超高频多输入多输出"（MIMO）方式形成虚拟阵列，实现等效大孔径。以覆盖太平洋区域的极宽视场情况为例，雷达工作于C波段，采用反射面天线，单个天线长和宽各2.36米，对应横向分辨率1000千米。为实现25千米的分辨率，需要160颗小卫星，形成长190米、宽190米的小卫星编队。

9月，美国海军授予洛克希德·马丁公司一份价值4640万美元的MIMO优化雷达合同，用于E-2D预警机等。该雷达可通过组合多部天线信号来提高灵敏度，通过分散发射能量来降低被探测的可能性，相关工作预计将于2027年完成。

（二）开展多功能一体化技术开发，推动综合射频迈向通用化软件化时代

侦干探通一体化是现代复杂电子战环境下提出的新要求，是当前雷达技术研究的热点和重点。2023年，美国国防部发布《国防科技战略》，将一体化传感与网络定义为支撑美国国家安全的关键技术领域之一。

2月，诺斯罗普·格鲁曼公司成功完成新型"电扫多功能可重构一体化传感器"（EMRIS）的集成测试。EMRIS是首部基于DARPA"商用时间尺度阵列"和开放式系统架构的全数字综合射频系统，基于通用化和商用化设计理念，采用通用的构建块和软件容器化进行设计，数字孔径通用度达80%~90%，系统与平台解耦；采用商用ADC/DAC器件，有效解决了军用射频电子开发周期长（10年）、静态生命周期短（20~30年）以及延寿服务成本高等问题，弥合了军用射频系统与商用数字电子技术创新之间不断扩大的差距。另外，EMRIS采用软件化开放式系统架构，能够根据作战需求的变化，快速添加新功能或改进原有功能，以实现系统性能的快速升级，避免重新设计。

8月，德国验证了感知通信一体化（ISAC）的可行性。该样机系统工作于27.6GHz，带宽200MHz，发射正交调频信号（OFDM）。为实现感知功能，ISAC验证系统以商用5G

通信系统为基础,增加专用射频单元(RU)和感知处理单元(SPU)。其中,感知处理单元工作过程包括参考与反射信号接收、通道计算、杂波移除、距离/多普勒周期图计算、峰值提取与内插、目标跟踪 6 个步骤。ISAC 验证实现了对目标的稳定清晰跟踪,对距离 3m 目标实现测量标准差 5mm。

10 月,洛克希德·马丁公司提出了"聚合孔径"多功能射频概念,基于相控阵和集成光子学,将射频和光电红外传感器采取宽频孔径集成并共享后端处理。根据任务需求,可动态分配重构射频孔径和光电红外孔径,实现探测、通信和电子战功能,达到侦干探通一体化。

(三) 开展智能认知雷达技术开发,推动预警装备向高智能化发展

近年来,以美国为代表的世界军事强国正在加快推动人工智能技术与预警探测技术的融合创新和深度铰链,实现人工智能军事创新应用。

3 月,美国智能融合技术公司在空军研究实验室资助下,针对低截获概率(LPI)雷达信号频段宽、峰值低等引起的低信噪比识别难题,提出基于人工智能技术的自适应特征重构框架(FALPINE),将自适应特征与传统技术中预先定义的解析特征进行组合,并通过卷积神经网络(CNN)对低截获信号进行分类识别,从而得到对信号的全面表示和稳定的分类识别效果,正确识别概率比常规识别方法提高 41%。

5 月,美国康奈尔大学与洛克希德·马丁公司合作,针对雷达抗智能干扰难题,将契约理论中的委托代理和显示偏好概念应用于雷达反电子对抗中,将雷达与干扰机之间的交互作为委托代理问题,通过逆强化学习算法自适应地学习干扰机效能,并通过估计干扰机的反应来精确估计干扰机的效能,增强雷达抗干扰能力。

10 月,美国弗吉尼亚技术集团提出认知雷达网目标跟踪混合认知方案,该方案将混合认知雷达网中的雷达节点和中央协调器作为认知智能体,降低多节点同时选择同一频率造成相互干扰的概率。混合认知雷达网对每一通道的信干噪比进行估计,根据信干噪比对机器学习算法提供奖励,降低中央协调器反馈次数,缩短跟踪收敛时间,从而快速跟踪目标。

12 月,德国弗朗霍夫高频物理与雷达研究所提出认知雷达目标分类的强化学习方法,采用包含短时存储结构的感知行动循环(PAC)架构,先使用人工合成数据训练智能体,再通过强化学习在不同的感知模式下适应实际工作环境,更正合成数据与目标环境匹配的不足,从而改善分类性能。

(四) 开发新型阵面天线技术,推动天线向超宽带、柔性化、轻量化方向发展

作为预警探测系统的能量、信息与外界交互的"窗口",阵面天线性能决定着雷达探

测效果的高低。2023 年,各国在超宽带一体化、柔性、共形等天线技术上均取得了显著进展。

3 月,欧洲防务局披露了六代机"皇冠"高性能超紧凑多功能射频系统项目的技术方案和发展路径。"皇冠"项目的技术挑战包括总体架构、宽带天线、数字波束形成、智能资源管理和紧凑收发组件。总体架构设计方面,频段范围 2~40GHz,分为低频、中频和高频 3 个频段,3 个频段交叉。雷达采用大孔径高增益 X 波段 AESA,具有高发射功率、中带宽、单一线极化和高动态范围;电子战采用小孔径低增益 AESA,具有大带宽、多极化和低动态范围;通信采用中带宽、圆极化和低动态范围,使用数字真实延迟等波束形成技术,采用 GaN 和 SiGe 组件,并采用基于服务质量的方法和智能资源调度方法。

4 月,法国推出 ONERA 天线阵列项目,基于"电流片阵列"（CSA）概念,开发出一套新的概念和设计流程。该方法采用迭代优化方法,改进辐射单元和电介质层,辐射单元通过基因算法进行优化,电介质排布通过辐射单元形状的等效电路模型进行优化,通过变换来匹配辐射单元和馈源之间的阻抗。基于此方法,ONERA 研制出 16×16 单元的单极化超宽带多层天线,并将该技术应用在"皇冠"机载多功能射频项目中。

7 月,美国马萨诸塞大学洛厄尔分校推出"全 3D 打印柔性毫米波多普勒雷达"。该雷达工作于 24GHz,由毫米波射频单元、基带单元和数字单元 3 部分组成,采用分层堆叠制造工艺,分为 4 个导电层、3 个隔离层和 3 个高热环氧树脂层。为同时实现射频性能和柔性度要求,采用 Rogers RO4350B 板作为第一隔离层,整部雷达在第一隔离层上打印而成。测量证明,该雷达反射系数为 -11dB,增益为 12.80dB,与 PVC 共形安装后,探测信号幅度 -31.84dBm,能够测量出人体目标的接近和离开运动,最远探测距离为 4 米。该雷达是设计、制造和试验验证的全球首款多层毫米波柔性混合电子系统,为高频段多功能复杂柔性电子系统设计打下基础。

》》》 三、不断采购、部署和开发新型装备，提升预警探测体系整体作战能力

随着超级隐身、高超声速、无人蜂群、临近空间等新兴威胁目标的大量出现,战场环境日益复杂。2023 年,国外主要国家采购、升级和开发新型装备动向明显,预警探测能力大幅提升。

（一）加快开发新一代雷达,满足复杂作战场景需求

3 月,加拿大政府宣布计划部署北极超视距雷达和极地超视距雷达两款新型天波超视距雷达来保护北美地区,其中:北极超视距雷达将部署在安大略省南部,可远程探测逼

近阿拉斯加的来袭威胁;极地超视距雷达将部署在北极腹地,目前地点尚不清楚。5月,美国国防部宣布2024财年启动雷达频率(RF)微电子项目,以开发巡航导弹X波段国土防御雷达原型所需的关键技术,这款新型雷达将作为少数重点目标的点防御传感器。6月,美国空军发布战术多任务超视距雷达(TACOMR)项目信息征询书,该项目计划在太平洋岛国帕劳建设一座新雷达站,填补美国印太司令部战区的监视缺口。7月,土耳其阿塞尔桑公司在土耳其国际防务展上展出了新型机动式预警雷达系统ERALP,这款新型S波段雷达采用最新雷达算法、数字天线架构及氮化镓(GaN)发射/接收模块,具备远距离探测和跟踪各种空中目标的能力。10月,以色列DRS RADA技术公司推出下一代多任务半球雷达(nMHR),以支持高机动陆基防空作战。

(二)加强雷达装备的采购和部署,填补作战能力缺口

2月,美国空军向洛克希德·马丁公司授予一份建造并交付4部AN/TPY-4三坐标探测远程雷达(3DELRR)系统合同,该雷达系统将取代美国空军老式AN/TPS-75对空搜索雷达,在未来的区域和均势冲突中对先进无人机、固定翼飞机、直升机以及弹道导弹和巡航导弹等敌方空中目标进行探测、识别、跟踪和报告。4月,法国泰勒斯公司宣布,英国皇家海军31型护卫舰将安装该公司的NS110有源相控阵雷达,该雷达具备先进的4D监视功能,适于探测战斗机、悬停直升机、掠海导弹等目标,并且具有一定的交战和跟踪能力,支持发射中近程导弹。7月,法国泰勒斯公司与瑞典国防物资管理局签署了一份交付和安装SMART-L多任务固定式陆基远程雷达的协议,这款有源相控阵雷达可执行远程空中与地面监视及目标指示任务,将大幅提升瑞典对空监视能力。12月,印度最新航空母舰"维克兰特"号完成以色列艾尔塔系统公司ELM-2248 MF-STAR多功能雷达的安装工作,该雷达系统可执行远程监视、跟踪和火控等任务,将进一步增强该航空母舰的态势感知和威胁交战能力。

(三)打造反无人机探测新装备,重点应对低慢小目标

3月,日本东芝公司在日本防务博览会(DSEI)上展出了一款射频探测传感器和一款远程探测雷达,作为反无人机系统方案的组成部分。9月,瑞典萨博公司推出了"长颈鹿1X"雷达的新型可部署套件,它是一款易于部署、紧凑耐用、基于软件的轻型有源相控阵雷达,具有占地面积小、搜索距离远的特点,非常适合在可能出现的紧急情况下运行,能为指挥官提供高质量防空目标数据,支持反无人机的无人机探测,以及火箭弹、火炮和迫击炮的感知与告警。10月,美国Fortem技术公司在陆军协会年会上推出了基于人工智能技术的TrueView R40中远程无人机探测雷达,该雷达利用人工智能技术过滤数据,避免虚警,抑制潜在杂波,实现低空目标探测。11月,英国奎奈蒂克公司宣称开发出现役

"黑曜石"反无人机雷达的 OTM 改进型，可探测各个方向上的无人机，并由平板电脑、笔记本电脑或更大型指控系统进行操控。同月，俄罗斯国防出口公司在 2023 年迪拜航展上推出一款出口型反小型无人机系统，装备 1L122-1E 便携式小型雷达，可探测、压制或摧毁战场上主流的"第一人称视角"（FPV）无人机和四旋翼无人机，其特点和高效性已在战场环境中得到了验证。

（中国电子科技集团公司第十四研究所　王　虎）

（中国电子科技集团公司第三十八研究所　吴永亮）

美国太空军"深空先进雷达"通过关键设计评审

2023 年 5 月,美国太空军"深空先进雷达"(DARC)项目 1 号站完成关键设计评审和软件演示,后续将重点关注关键子系统工厂验收测试。美国太空军表示,DARC 项目旨在开发 3 个深空雷达站,其中:首个雷达站由诺斯罗普·格鲁曼公司研制建造,计划于 2026 年交付,部署在澳大利亚;第二个和第三个雷达站分别部署在英国和美国。预计 3 个 DARC 雷达站总耗资达 8.44 亿美元。

DARC 具有更大的功率孔径积,能全天时全天候探测地球同步轨道目标。服役后,DARC 将弥补美国太空监视网络(SSN)对深空区域探测的不足,实现对太空环境的低轨、中轨和同步轨道/高轨的全高度立体监视。

》》》 一、"深空先进雷达"研发背景

尽管美国太空监视能力全球领先,但对高轨和同步轨道的目标监视能力存在明显短板。美国在同步轨道上部署了大量的高价值资产,随着中俄两国航天能力的提升,美国一方面需要密切监视中俄两国同步轨道和高轨的太空系统,另一方面也忌惮对手国家对自身同步轨道资产的威胁。

(一)美国在同步轨道部署大量高价值资产,需要更加精确实时的深空监视能力

截至 2023 年 8 月,全球运行的卫星总数为 6718 颗,其中美国拥有 4529 颗,占 67%;全球同步轨道卫星数量为 580 颗,美国拥有 187 颗,占 32%。同步轨道资产是美国太空资产的重要组成部分,大量重要的军事卫星都部署在同步轨道,例如:"全球定位系统"(GPS)星座为美军开展作战行动提供不可缺少的坐标支持;"国防支援计划"(DSP)卫星

和"天基红外系统"（SBIRS）是美国弹道导弹防御系统的第一眼线；"先进极高频卫星系统"（AEHF）为美军提供通信支持、视频、地图和目标数据等服务。为了保护这些高价值资产，美国迫切需要能够精确、实时探测同步轨道的能力。

（二）中俄两国深空航天能力跃升，需要强化美国深空监视需求

近年来，中国、俄罗斯等国家的航天能力得到快速发展。随着"探月工程""火星探测"工程的实施，中国具有了更加成熟的深空航天器投送能力。为了全面监视中俄两国的卫星和航天器动向，美国需要构建全面覆盖高轨至同步轨道的监视系统，实现对其他国家从卫星发射到卫星到达同步轨道过程的持续监视能力。

（三）美国现役太空监视网络以观测低轨目标为主，深空监视能力欠缺

美国现有的太空监视网络虽然拥有大量的太空监视装备，但这些装备主要用于监视低轨目标，对同步轨道和高轨存在严重的覆盖缺口，实时监视能力严重不足，具体表现如下。

（1）实现初始作战能力（IOC）的"太空篱笆"虽然具有优良的跟踪、编目能力，但主要用于探测和跟踪 250~3000 千米高度的低轨目标，远不能达到同步轨道监视要求。

（2）升级型"干草垛"（HUSIR）超宽带卫星成像雷达可用于近地轨道目标成像和深空目标探测，但该雷达需要对一个目标进行长时间跟踪，目标切换时间过长，同步轨道上拥有数百个卫星和航天器，因此 HUSIR 不适合观测同步轨道目标。

（3）"太空监视望远镜"（SST）等光学望远镜存在重大缺陷，只能在夜间工作，并受到天气状况的影响，观测时间窗口较短，不具备全天时、全天候能力。另外，光学望远镜主要用于精密跟踪一个太空目标，无法满足覆盖要求，且由于是无源系统，仅能得到目标角度信息，无法获知距离信息。

（4）GSSAP 卫星主要用于地球同步轨道巡视探测和抵近详查，该卫星仅服役 6 颗，且重访周期 15 天，无法满足要求。

》》》二、"深空先进雷达"项目进展

美国空军于 2017 年发起"深空先进雷达"（DARC）概念项目，旨在研究探测地球同步轨道目标的新型雷达技术，开发和验证具有更高精度和更大目标容量的超远距离太空监视雷达。DARC 项目发展分为两个阶段：第一阶段是技术成熟和原型样机开发阶段（2017—2021 年）；第二阶段是深空探测雷达建设阶段（2022—2025 年）。整个 DARC 项目的研制建造总经费约 10 亿美元，其中试验系统的研制经费约 2 亿美元，3 个站点的总

建造经费约 8 亿美元。

在第一阶段，由美国空军和太空军领导，空军研究实验室牵头，组织相关单位开展深空雷达技术研究，利用美国国防科学和技术成果，对一揽子技术方案进行分析，从中选择最具前景的技术。开发技术验证样机，验证 DARC 关键技术，推进深空探测雷达技术成熟。组织评估 DARC 原型机，验证 DARC 系统的灵敏度、目标容量、搜索速度和规模缩放能力，以及探测、跟踪和对深空轨道目标保持监视的能力。开展作战模拟，以此推进空间态势感知系统开发和作战应用。

在第二阶段，美国空军和太空军将对技术开发和原型样机成果进行实物转化，组织研制深空探测雷达系统，并部署于全球 3 个战略位置，形成实战能力。3 个雷达站将接入联合太空作战司令部（JSpOC）任务系统（JMS）。DARC 完成例行调度和非调度任务，定位、识别、描述深空目标，并将结果报送给太空监视网络和作战管理指挥控制系统。在任务系统中心，DARC 雷达数据与其他空间态势感知数据进行融合和分发，支持空间作战管理，以及指挥、控制和通信。2022 年 2 月，诺斯罗普·格鲁曼公司中标 DARC1 号雷达站研制建设合同，标志着 DARC 项目从关键技术攻关向装备系统建设阶段过渡。

》》》三、"深空先进雷达"设计方案分析

尽管 DARC 的相关研制细节尚未全部揭示，但从已公开的信息来看，这种雷达将采用抛物面天线体制，是一种准多基地 MIMO 雷达，可能采用先进的分布式相参技术，能全面提升美国太空态势感知能力。

（一）采用抛物面天线体制

相控阵雷达具有同时多功能、灵活多波束、目标容量大、抗干扰能力强等优势，因此备受雷达工业界的推崇。美军在建的"远程识别雷达"（LRDR）、"太空篱笆"雷达和"防空反导雷达"（AMDR）均采用先进的数字相控阵体制。然而，在经过多轮分析和理论验证后，美国雷达专家一致认为 DARC 更适合采用传统的抛物面天线雷达体制，如图 1 所示。

（1）同步轨道的高度达 3.6 万千米，比常规的太空态势感知雷达作用距离高 1 个数量级，相当于功率孔径积提高 4 个数量级水平，因此，需要极大的探测能力和极高的测角精度。相比于相控阵天线，抛物面天线能够将所有电磁波能量聚焦发射，能量损耗更小，波束指向更精确。

（2）同步轨道的目标数量远少于低轨。目前，全球运行的卫星总数为 3372 颗，其中同步轨道卫星数量为 562 颗，占比 17%。此外，同步轨道的报废航天器和碎片数量也远

远少于低轨,这使得同步轨道的待测目标数量有限,采用机械扫描即可,不需要相控阵的电扫能力。

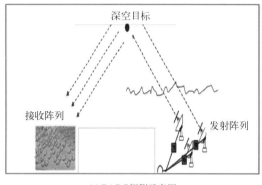
(a) DARC探测示意图

(b) DARC碟状天线阵

图 1　DARC 天线及探测示意

（二）采用准多基地 MIMO 技术

根据美国太空军发布 DARC 特别声明,DARC 雷达站由 16 部直径约 15 米的抛物面天线组成,占地约 1 平方千米,其中:6 部天线部署在一起用于发射;另 10 部天线组成接收天线群,部署在发射天线群附近。根据此配置,DARC 雷达将是一种准多基地多输入多输出(MIMO)雷达,与传统雷达相比,具有更灵活的工作模式、更高的测角精度、更优的杂波抑制能力及更好的多目标跟踪能力。

（三）采用分布式相参技术

根据分布式孔径相参原理,对多个相参雷达进行先进信号处理,可以获得逼近单个大孔径雷达的探测性能。当 N 个小雷达采用正交波形发射时,对所有发射波形同时进行匹配滤波处理,可获得 N_2 信噪比改善增益。在接收相参合成的基础上,通过控制 N 个雷达发射信号的延时和相位,能够在空间实现发射相参,可获得 N_3 信噪比改善。

基于以上分析,为了实现 3.6 万千米的探测能力,DARC 在提升单个天线发射功率的基础上,还可能采用分布式相参技术,逐步实现接收相参和发射相参,实现虚拟大阵面,进一步提升雷达的探测威力。

此外,美军选定了英国、美国和澳大利亚建造 DARC 雷达站。这三个雷达站经度间隔约 120°,可实现对同步轨道的全面覆盖。当 3 个 DARC 雷达站都建成后,这些雷达站点之间还可能进行组网相参。运行时,一个雷达站进行信号发射,返回信号由地面上的其他雷达站接收并进行相参处理。由于两个雷达站相隔千里,可以进一步增大虚拟阵面,提升探测距离和测角精度,甚至实现对同步轨道目标的成像功能。

》》》四、影响意义

DARC 将成为美军太空监视网络的新"利器",弥补美军深空探测能力的不足,实现全天时、全天域的太空态势感知能力,并给其他国家的深空资产造成潜在威胁。

(一)弥补高轨和同步轨道的覆盖盲区,实现全天时、全天域的太空态势感知能力

美军很早就有发展深空探测装备的意向,但是早期限于技术和预算原因,所有的太空态势感知相关预算几乎都投入在低轨区域,导致高轨和同步轨道存在严重的覆盖盲区。

DARC 将是美国太空态势感知领域的里程碑装备,它将优化太空监视网络的组成结构,对美军的太空态势感知体系产生深远的影响。DARC 将与美国太空军现役的雷达和光电装备协同工作,改变美军深空探测能力不足的局面,实现从低轨到同步轨道的全天时、全天域观测能力。

(二)为发展分布式孔径相参技术提供契机,有望促进美国先进雷达探测技术的发展

分布式孔径相参技术是雷达领域的重要在研技术。通过该技术,能够将 N 部雷达合成为 N^2 甚至 N^3 的效果,对于增大功率孔径积、提升探测距离有重要帮助。

迄今为止,美军在分布式孔径相参领域共开展了 3 项重要研究,并取得了一定成果。2005 年,林肯实验室通过两部 AN/MPS-36 雷达实现了 MIMO 模式下 6dB 的增益提升和全相参模式 9dB 的增益提升。2014 年,林肯实验室利用"升级干草垛"雷达(HUSIR)进行分布式相参实验,实现对空中目标的尺寸、形状、姿态、运动状态的识别,如图 2 所示。2019 年,美国海军开展"协同网络化雷达"(CRN)项目研究,希望对 N^2 种雷达发射信号进行相参积累,对多个舰船平台的原始数据与航迹数据融合,以探测单个平台无法检测的隐身目标。

然而,分布式孔径相参技术的工程实现难度很大,至今尚未应用在装备上。DARC 项目将为分布式孔径相参研究提供契机,推动该技术的装备实用化,促进美国先进雷达探测技术的发展。

(三)窥探他国的同步轨道航天器资产,提升美军反卫星作战能力

DARC 服役后,其监视重点将集中在他国的卫星等航天器上,给对手的航天器资产造

图 2　林肯实验室的分布式孔径相参雷达验证试验

成潜在威胁。一方面，DARC 可以全天时观测地球同步轨道上的目标，获取他国卫星的坐标、速度等重要参数；另一方面，还具备从火箭发射到卫星入轨的全过程监视能力，实时感知军事卫星或新型太空飞行器变轨等异常行为，对其进行成像和作战意图判别，为美军实施反卫星作战提供支撑。

可以预期，DARC 服役后将对美国的太空态势感知体系产生深远影响，它将弥补美军深空探测能力不足的短板，真正实现从低轨到同步轨道的全天域太空态势感知能力。此外，DARC 还可能窥探他国的深空航天器资产，为美军的反卫星作战提供支撑。

（中国电子科技集团第十四研究所　王　虎）

美军天基导弹预警系统最新进展分析

2023年,美军从发展战略、管理机构、财年预算、太空架构以及能力建设等多方发力,天基导弹预警系统在高轨、中轨、低轨和地面合同等方面都取得了不同程度的新进展。

〉〉〉 一、美军高度重视天基导弹预警系统发展

截至2023年11月,美军现役导弹预警卫星装备包括"国防支援计划"(DSP)3颗地球同步轨道卫星,以及"天基红外系统"(SBIRS)的6颗地球同步轨道卫星和4颗大椭圆轨道卫星,共13颗预警卫星在役。现役天基红外系统涵盖可见光、短波红外、中波红外和长波红外等谱段,采用扫描与凝视结合手段,具备战略和战术弹道导弹发射早期预警实战能力,可对全球重点海区和地区发射的弹道导弹和洲际导弹分别提供15分钟和30分钟的预警时间。

美军天基导弹预警系统高、中、低三轨同步发展,从战略预警向战术应用扩展,从单一的导弹预警和导弹跟踪向提供火控级目标指示信息的导弹防御方向发展,系统组成图如图3所示。

1. 高轨卫星

在高轨导弹预警方面,高轨卫星包括DSP、SBIRS和OPIR系统,其中DSP和SBIRS系统已经完成部署。过顶持续红外系统(OPIR),采用"5+2"构型,即5颗地球同步轨道卫星和2颗极地轨道卫星,预期在2025~2040年服役。OPIR分为Block 0和Block 1两个阶段交付。Block 0包含3颗地球同步轨道和2颗极地轨道卫星,首颗极地轨道卫星预计2024年发射,轨道倾角80°~100°,2025年实现初始作战能力,2029年前投入作战应用。Block 1包含至少2颗地球同步轨道卫星,预计2027年发射,2030年实现初始能力。

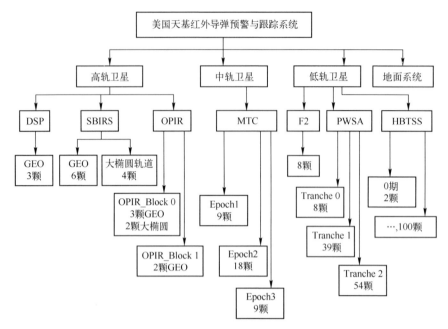

图3 美军天基导弹预警系统组成图

2. 中轨卫星

在中轨导弹预警/跟踪方面，中轨卫星在卫星寿命、覆盖面积和信号时延方面提供了低地球轨道和地球同步轨道之间的折中选择。中轨卫星加强了低纬度覆盖和跟踪监管，正在寻求中轨卫星的技术改进，如更容易制造、更耐攻击、对快速高超声速导弹更敏感的焦平面阵列。中轨卫星采用激光通信链路，可以"在平面内、跨平面和轨道之间"移动数据，具备在轨机载处理系统，将数兆字节的原始数据快速处理到导弹轨迹中。

美军主要发展了"时代"（Epoch）系列，计划每2~3年升级换代系列卫星。"时代"系列卫星发展分为三个阶段，如图4所示。

（1）"时代"1计划在2个轨道面部署9颗卫星，预计2026~2027年部署完成。

（2）"时代"2计划在4个轨道面部署18颗卫星，在2023年秋季发布征询书，2024年底至2025年初授出合同，与"时代"1卫星一起总计27颗在轨工作。

（3）"时代"3计划在2个轨道面部署9颗卫星，2026年底前交付时代1卫星，并计划在2030年代发射时代3取代时代1。

3. 低轨卫星

在低轨道导弹预警方面，美国国防部正在开展3项工作：①创建一种通过多颗卫星形成抗重点攻击且易于替代的冗余能力；②对高超声速导弹系统等先进导弹威胁的全球

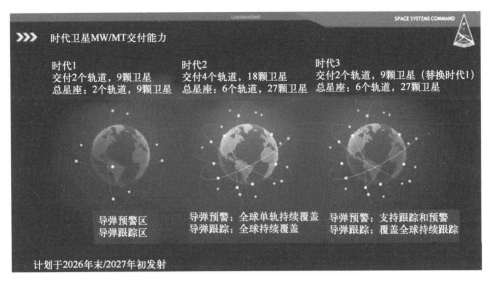

图4 "时代"（Epoch）系列卫星发展计划

探测、预警、精确跟踪能力；③加快为战术用户提供火控选项的能力。其中，太空发展局（SDA）负责"扩散型作战太空架构"（PWSA）跟踪层卫星。美国导弹防御局（MDA）开发的"高超声速与弹道跟踪太空传感器"（HBTSS）项目，以及太空发展局正在开展的 F2 项目，负责实施对重点区域高超声速目标的覆盖，提供针对复杂弹道导弹和高超声速武器的预警探测、跟踪定位和目标指示，不仅能增加对临空目标的探测能力，而且能提升弹道导弹探测灵敏度和全程跟踪能力，并提供火控选项的能力。

PWSA 跟踪层卫星包括约 100 颗 50～500 千克传感器卫星载荷，轨道高度 1000 千米。跟踪层卫星发展分第 1 阶段（Tranche 0）、第 2 阶段（Tranche 1）和第 3 阶段（Tranche 2），如图 5 所示。

（1）跟踪层卫星目前正处于第 1 阶段（Tranche 0），分批次完成 8 颗宽视场跟踪层卫星的发射，并于 2024 年验证探测和跟踪高超声速导弹的能力。

（2）跟踪层卫星第 2 阶段（Tranche 1）计划 2025 年发射 39 颗跟踪层卫星，该批次已售出 35 颗卫星合同，由雷声、诺斯罗普·格鲁曼和 L3 哈里斯三家公司研制。

（3）跟踪层卫星第 3 阶段（Tranche 2）计划发射 54 颗跟踪层卫星。

HBTSS 项目是美国国防部计划发展的太空多层网络架构监视层卫星的重要组成部分，于 2019 年启动，预计 2025 年能实现部署运行，计划开发 100 余颗低轨卫星组成的大型卫星星座。HBTSS 项目采用宽视场、中视场探测器组合的方式，宽视场探测器主要用于广域搜索，中视场探测器主要用于精确跟踪，为导弹防御系统拦截目标提供火控数据。

HBTSS 项目将开发一种比现有导弹预警系统性能提高 100 倍的红外传感器，以减小探测距离，提高探测精度和降低探测时间延迟；还将开发一种"信噪比"算法，以区分来自

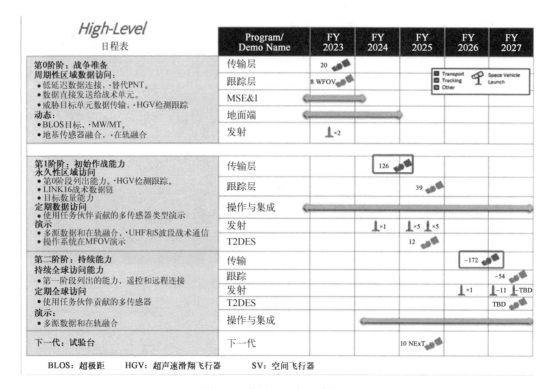

图 5　跟踪层卫星发展计划图

地球表面的高超声速武器和弹道导弹的威胁；此外，将具备在星座卫星之间有效传递和处理跟踪数据的能力，以实现对高超声速武器的连续探测与跟踪。美国国防部选择 L3 哈里斯公司和诺斯罗普·格鲁曼公司提供的卫星设计，并计划在 2023 年底将这两颗卫星发射到轨道上，2025 年后部署运行。

　　F2 项目是美国太空发展局正在发展的跟踪层卫星技术的能力补充，能够提升对高超声速导弹系统等先进导弹威胁的全球探测、预警、精确跟踪能力，加快为战术用户提供火控选项的能力。

　　由于导弹防御局 负责的 HBTSS 卫星与太空发展局负责的 PWSA 跟踪层卫星与 F2 卫星，都在低轨运行，因此参议院拨款委员会批评了美国导弹防御局的计划，即将 HBTSS 有效载荷装到单独的卫星上，而不是将它们装在 PWSA 跟踪层第 1 阶段卫星上。导弹防御局和太空发展局各自发射自己的卫星，显示了两者之间缺乏协调与合作。HBTSS 卫星未来可能会成为跟踪层卫星的一部分，F2 卫星也会成为跟踪层卫星的一部分而纳入 PWSA 架构。

»» 二、美军天基导弹预警系统取得重大进展

（一）美军制定导弹预警发展战略，牵引技术装备发展方向

美军高度重视天基系统对导弹的预警与跟踪项目发展，空军于 2023 年 10 月 13 日发布了《太空军综合战略》，概述了太空军的战略目标、优先事项和计划安排，为美军太空能力的发展和应用进行了详细规划。《太空军综合战略》主要目标之一是提高天基系统的太空感知能力，即预警探测、轨迹跟踪和目标识别，并计划开发下一代卫星、先进传感器和安全通信系统，以增强太空系统弹性。

为确保在竞争、危机、冲突期间拥有可行的商业太空解决方案，2023 年 11 月 27 日美国国防部发布首份《国防部商业太空集成战略》，通过多方招标、多供应商、采购固定价格等策略，向几家制造商订购多种卫星和任务配置变体，并要求符合共同标准（如激光通信链路），使中轨卫星与低轨卫星实现互操作。

（二）美国国防部加大预算投入，加快装备部署

为保持美军在太空的优势，美国国防部逐年增加天基导弹预警系统经费。近 3 年天基导弹预警系统国防预算对比如表 1 所列。

表 1　天基导弹预警系统国防预算对比（单位：百万美元）

项　　　目	2022 财年	2023 财年	2024 财年
研究、开发、测试和评估	2338.9	4548.1	4927.0
采购	154.5	148.7	39.4
总计	2493.4	4696.8	4966.4

2023 财年综合拨款法案为美国太空军提供高达 263 亿美元，比五角大楼的国防预算要求高出近 17 亿美元，增加的 17 亿美元主要用于新卫星，其中增加的 5 亿美元给到了太空发展局。根据《2021 财年国防授权法案》，太空发展局在 2022 财年转隶太空军。2023 财年综合国防拨款法案增加了 5100 万美元的实验费用，增加了 2.16 亿美元的发射服务费用，以加快太空发展局导弹预警和导弹跟踪卫星的部署。

2023 年 3 月 9 日，美国国防部发布了拜登政府 2024 财年国防预算申请，重点支持继续开发下一代 OPIR 卫星和"未来作战弹性地面演进"（FORGE）地面系统的开发，同时资助开发低轨和中轨的弹性 MW/MT 星座。近 50 亿美元用于导弹预警和导弹跟踪，其中 23 亿美元用于新的 PWSA 卫星，26 亿美元用于下一代 OPIR 系统。

（三）美军全面调整组织机构，加速装备采办和战斗力转化

为了能更好地提供太空综合服务能力，美国太空系统司令部于2022年9月15日宣布重新调整太空采办部门，成立了由太空系统司令部、太空发展局和导弹防御局代表组成的新采办机构——联合项目办公室，负责协调可探测弹道导弹和高超声速导弹的预警卫星采办工作。

2023年10月13日，美国太空军第5太空预警中队在科罗拉多州巴克利太空部队基地举行了启动和接管仪式。第5太空预警中队于1992年成立，1999年解散，不仅为南半球的防御支援计划提供了唯一的地面支援站，而且还为1992—1999年在东半球发射的弹道导弹提供了全球和战区预警。新成立的第5太空预警中队的任务是维护并接管陆军联合战术地面站（JTAG）的导弹预警系统。自1999年在陆军第1太空旅启用以来，JTAG一直是美国导弹预警体系的一部分。JTAG通过提供实时的导弹预警信息，完成关键战区导弹预警行动，确保联合部队军事行动的有效执行。

（四）美军积极调整太空体系架构，从预警到火控实现全面布局

从太空架构上，美军天基导弹预警系统功能由预警跟踪向打击链方向发展，以实现具有弹性的"传感器到射手"能力，将导弹预警/跟踪体系与打击体系进行补充融合，采用高中低轨同步发展的导弹预警、跟踪和防御"混合架构"（图6），实现更具弹性、更强大、更具防御能力的导弹预警/跟踪体系结构，整合预警跟踪与火力控制技术，将雷达或其他

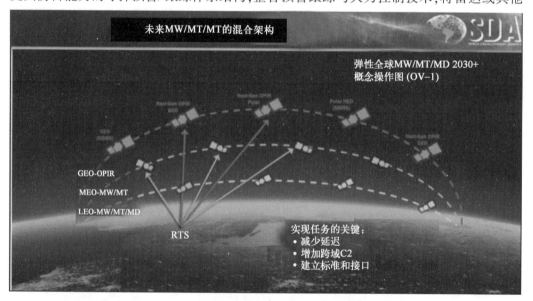

图6　导弹预警、跟踪和防御"混合架构"

传感器、瞄准计算机和远程武器组合起来,以发现威胁或目标并进行武器反制。

美国太空发展局 2023 年 7 月宣布将 F2 项目作为跟踪星座技术的能力补充;2023 年 12 月发布建议征询书,多个供应商寻求设计、制造和发射 4 颗(或者 8 颗)携带光电/红外传感器的试验卫星,计划于 2026 财年第四季度一次发射完成。

(五)美军高中低轨装备同步发展,加快能力交付

1. 高轨天基红外系统进展

1)SBIRS GEO-6 卫星通过运行验收

2023 年 3 月 24 日,SBIRS GEO-6 卫星正式移交给太空军空间作战司令部,标志着 SBIRS GEO 系统的部署正式完成,与国防支持计划(DSP)星座协同工作,以提供导弹预警功能。

SBIRS GEO-6 卫星的 LM2100 战斗总线是一种增强的卫星平台,改进了电源系统、推进系统和电子设备,以整合未来的现代化传感器套件。在轨测试期间,SBIRS GEO-6 卫星的性能超出了预期,运行验收时间比平均测试时间缩短了 40%。目前,德尔塔第四大队第 2 太空预警中队正在运营这颗卫星,所有系统都在正常运行。下一代过顶持续红外系统(OPIR)的前三颗卫星也将采用 LM2100 总线,以增强弹性,强化网络加固,以应对不断增长的威胁。

2)下一代导弹预警卫星通过初步设计审查

2023 年 5 月,诺斯罗普·格鲁曼公司研制的两颗极地卫星完成了初步设计审查,计划在 2024 年 5 月关键设计审查前开始制造和采购关键的卫星部件,确保 2028 年前能够按时交付。诺斯罗普·格鲁曼公司与鲍尔航空航天公司合作开发红外有效载荷,用于下一代 OPIR 的同步轨道卫星。

3)未来作战弹性地面演进指挥与控制项目取得重要进展

2023 年 11 月 9 日,美国太空系统司令部(SSC)太空企业联合体(SpEC)宣布分别授予鲍尔航空航天公司、帕森斯公司、通用动力公司和 Omni Federal 公司一份未来作战弹性地面演进指挥与控制(FORGE C2)原型系统项目合同,每份合同价值 975 万美元,在 16 个月内开发下一代地面系统 C2 原型,用于导弹预警卫星指挥和控制,包括任务管理、地面控制、遥测、跟踪和指挥。FORGE 原型系统架构如图 7 所示。

美国太空司令部要求美军太空部队、导弹防御局和太空发展局标准化各自的 OPIR 信息。所有 OPIR 卫星系统数据都将整合到太空部队的 FORGE 计划中。FORGE 将 OPIR 数据转换为 OPIR 社区当前支持的格式,并使用联合 OPIR Ground(JOG)计划开发的企业解决方案传播这些数据,供美国太空军、导弹防御局和其他用户订阅。同样,太空发展局的空间跟踪层将以相同的标准化格式发布数据。除了 SBIRS、DSP 和其他现有传

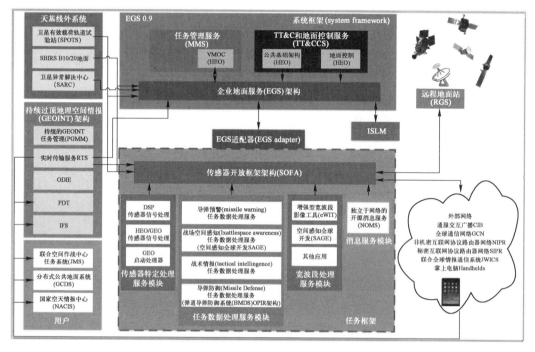

图 7　FORGE 原型系统架构

感器之外,所有企业成员都可以"即插即用"的方式获得来自下一代 OPIR 卫星和太空发展局空间跟踪层卫星的数据。

2. 中轨道导弹预警系统进展

2023 年 1 月,美国太空军授予雷声公司一份"导弹跟踪监控"（MTC）系统原型合同,开发首个中轨导弹跟踪能力,为太空军提供精确探测和跟踪高超声速武器的能力。雷声公司将提供卫星、任务有效载荷、地面指挥控制和数据处理系统,其中地面部分将采用雷声公司的"未来作战弹性地面演进任务数据处理应用框架"（FORGE MDPAF）系统。目前,MTC 任务有效载荷已通过关键设计审查。2023 年 11 月,千禧年太空公司宣布已通过 6 颗卫星系统关键设计审查,2026 年前部署 MTC 系统。

2021 年 5 月,太空军选定千禧太空公司和雷声公司为 MTC 项目设计原型系统。目前,"时代" 1 计划的卫星正由雷声公司、千禧年太空公司、L3 哈里斯公司 3 家供应商研制生产,其中:6 颗卫星已通过关键设计审查,将于 2026 年底进行在轨演示;另外 3 颗预计 2027 年初发射。"时代" 2 计划聚焦成像设备、星座任务管理、数据关联与融合、跨链路激光通信、星载自主处理等 5 个方向建设,以降低时延。

3. 低轨道导弹预警卫星进展

1）空间跟踪和监视系统星座

低轨空间跟踪和监视系统（STSS）星座中,已有 2 颗卫星于 2023 年 3 月 8 日正式退役。

2）PWSA 跟踪层卫星

第 1 阶段(Tranche 0)，分批次完成 8 颗宽视场跟踪层卫星的发射，将于 2024 年验证高超声速导弹的探测和跟踪能力。该阶段，跟踪层卫星由 SpaceX 公司和 L3 哈里斯公司基于"星链"卫星平台进行研制，轨道高度 1000km，倾角 80°。2023 年 4 月 2 日，首批 2 颗宽视场跟踪层卫星由 SpaceX 公司发射，2023 年 6 月 15 日进入预定轨道，传回第一批图像;2023 年 9 月，SpaceX 公司发射 2 颗跟踪层卫星。跟踪层卫星负责提供 OPIR 成像功能，利用宽视场载荷实现导弹预警与跟踪功能，并通过传输层卫星光学链路进行通信。

第 2 阶段(Tranche 1)，计划于 2025 年发射 35 颗跟踪层卫星，这些卫星正由雷声、诺斯罗普·格鲁曼和 L3 哈里斯三家公司研制。2023 年 3 月 2 日，美国太空发展局授予雷声公司一份价值 2.5 亿美元的合同，为低轨星座建造 7 颗导弹跟踪卫星。这 7 颗卫星将成为太空发展局跟踪层 1 期的一部分。除了雷声公司的 7 颗卫星外，跟踪层 1 期还将有 14 颗卫星由诺斯罗普·格鲁曼公司制造，另外 14 颗卫星由 L3 哈里斯公司制造。太空发展局最初计划在跟踪层 1 期中只有 28 颗卫星，但国会将 2023 年预算增加 2.5 亿美元专门用于导弹跟踪卫星，跟踪层 1 期又增加了 7 颗卫星，将规模从 28 颗卫星增加到 35 颗。

3）F2 项目

2023 年 7 月，美国太空发展局宣布，将 F2 项目作为跟踪层星座技术的能力补充。2023 年 12 月美国太空发展局发布建议征询书，多个供应商寻求设计、制造和发射 4 颗(或者 8 颗)携带光电/红外传感器的试验卫星，计划于 2026 财年第四季度一次发射完成。

4）HBTSS 导弹预警卫星

2019 年，美国导弹防御局已选择诺斯罗普·格鲁曼公司、雷声公司、莱杜斯公司和 L3 哈里斯公司设计传感器有效载荷样机，合同执行期 1 年。导弹防御局已经选择了分别由 L3 哈里斯公司和诺斯罗普·格鲁曼公司提供的卫星设计，并计划在 2023 年将这两颗卫星发射到轨道上。诺斯罗普·格鲁曼公司交付原型样机以后，将开展在轨试验，演示高超声速武器跟踪能力、数据处理能力和为拦截器提供指挥信息的能力，2025 年后部署运行。

》》》 三、对美军天基导弹预警系统发展的几点认识

通过分析美军天基导弹预警系统的发展战略、管理机构、系统架构调整和能力建设的不断推进，以及加量加速的持续投入，可以看出 2025 年必将是美军天基导弹预警能力大幅跃升的一年，届时美军将初步建立起对高超声速武器的探测能力，可快速应对全世

界各地出现的新威胁。

（1）从星座构型变化看，美军天基导弹预警系统采用弹性化的太空体系架构，轨道由最初的地球同步轨道到结合大椭圆轨道，再到高中低轨组网结合的方向发展。

（2）从星座规模配置看，美军天基导弹预警系统高轨卫星预计发展 20 颗，中轨卫星预计发展 36 颗，低轨卫星预计发展 200 余颗，高、中、低轨卫星呈现逐步递增趋势。

（3）从卫星功能变革看，美军天基导弹预警系统由导弹预警和导弹跟踪向提供火控级目标指示信息的导弹防御方向发展。

（4）从卫星研制方式看，由最初的研制费用高、研制周期长的单个大卫星方式转向低成本、模块化的小卫星研制方式发展，大规模利用数字工程技术，创建先进的软件模型，能够在各种场景下进行详尽的性能测试，包括模拟与敌方导弹的交战，能够可视化系统并快速分析迭代。

（5）从预警探测方式看，由单一的"线阵扫描"向"扫描+凝视"以及未来的"超大面阵凝视"和人工智能探测方向发展。

（6）从卫星采购流程看，美国国防部改革采办机构，改进技术采购流程，利用现有的行业能力和先进成熟技术，支持军用载荷规模化、隐蔽灵活的部署和运用，快速构建方案原型，最大限度地减少非重复性工程，形成了综合测试和评估方法，为就地部署部队构建了新的部队生成模型。

（中国电子科技集团第十四研究所　张利珍）

美国空军启动国土巡航导弹防御体系建设

2023年7月,美国空军秘密启动"国土防空和巡航导弹防御方案分析"项目,计划2024财年纳入国防预算,标志着美国本土巡航导弹体系建设正式进入实施阶段。

》》》一、国土巡航导弹防御体系建设背景

(一) 对抗大国竞争均等对手

2018年,新版《国家防务战略》宣称美国重回"大国竞争"战略,明确将中国和俄罗斯列为头号战略对手。2022年《美国国防战略》指出,"对美国本土威胁的范围和规模已经发生根本性变化"。大国竞争对手可以潜艇和远程轰炸机为平台,对美国国内目标发射远程、隐身、低空飞行的巡航导弹。面对大国竞争对手实力倍增,美军认为自身优势正在逐渐减弱,为此美国更加强调导弹防御的"有效保卫、战略威慑、风险对冲"作用。美国必须"通过跨域作战,实施一体化威慑",启动国土防空和巡航导弹防御计划,重建多层网格化国土防御体系,是实施一体化战略威慑的重要基石。

(二) 应对武器威胁演进升级

2017年《弹道导弹和巡航导弹威胁》报告认为,超远程对地攻击巡航导弹是对美国本土最具威胁的攻击性武器之一,美军亟需推远本土防御探测范围。俄罗斯图-160战略轰炸机(雷达RCS约为0.1米^2)可携带挂载12枚Kh-101隐身巡航导弹,该导弹采用低空飞行,导弹射程为2500~4500千米,可在北美本土防空圈外实施远程打击,甚至可在俄罗斯空域内威胁北美境内目标。俄罗斯正在发展PAK-DA新一代隐身战略轰炸机(雷达RCS约0.01米^2),可携带6枚Kh-101隐身巡航导弹,既可在北美本土防空圈外实

施远程打击，也可通过隐身穿透北美防区对重点目标实施纵深打击。

此外，多国正在推进高超声速巡航导弹的武器化，驱动美军发展反临探测能力。俄罗斯已小批量实战部署高超声速导弹，形成陆、海、空多平台发射型谱，如空射型"匕首"、舰射/岸射型"锆石"，大幅缩短"发射平台到目标"时间。其中，"匕首"导弹已在俄乌冲突首次实战应用。2019年，美国《导弹防御评估》报告首次将临空高超声速导弹纳入导弹防御范畴，开展反导、反临、反巡一体化建设。

（三）弥补国土防御体系不足

20世纪40年代末到60年代初，美加两国先后建立了三条预警线——松树预警线、远程预警线和中加拿大预警线，还在大西洋和太平洋海岸部署了预警机、雷达哨舰和"得克萨斯塔"雷达站。经过进一步改进，目前美国国土联合防空预警体系主要由北方预警系统（NWS）、联合监视系统、冰岛防空系统、加勒比海雷达网、超视距系统、预警机等组成。美国国防科学委员会（DSB）重新评估美国防空能力后得出结论，美国防空预警体系存在超远程概略预警缺失、低空覆盖较差、反隐探测能力较弱等问题；在对抗环境下探测、跟踪和瞄准空中威胁的能力存在资金支持不足问题，亟需开展现代化建设。

》》》 二、国土巡航导弹防御体系建设主要进展

从2018年开始，美国国会多次敦促国防部指定机构牵头负责开展国土巡航导弹防御方案论证。

2020年，美军北方司令部与国防部联合需求监督委员会（JROC）联合成立团队，开展国土巡航导弹防御能力论证。同年，美国国防部与加拿大国防部联合启动北方监视可选方案，旨在探索北方预警系统的现代化方案。其中，美国空军计划于2027—2031年在美国东北部、西北部、南部、阿拉斯加等地部署4部下一代"超视距国土防御雷达"（HLD-OTHR）。美国空军已在2024财年预算中投入了4.23亿美元启动该项目，具体包括研制先进的发射机、数字接收机和紧凑型接收阵列，开展电离层特性表征等研究。加拿大将在未来6年投资49亿美元，建立一个由2部天波超视距雷达和1个分类传感器网络组成的新的北方监视系统，计划2024年启动建设，2028年实现初始作战能力。

2021年1月，导弹防御局启动"国土巡航导弹防御架构"项目，开展国土巡航导弹体系架构分析、能力发展路线图、初始需求分析等工作。其中，国土巡航导弹防御体系包括广域持续监视系统、360°全空域火控传感器以及全域指挥、控制、作战管理和通信（C2BMC）替代系统等。同年，美国参谋长联席会议批准一份国土防空与巡航导弹防御能力新需求的文件，提出6项核心能力指标，要求美军"快速且经济地部署新的国土防空系

统,保护关键的国土目标",不仅要拦截巡航导弹,还要对其舰艇、轰炸机等平台具备广域监视、预警、跟踪和打击能力。

2022年10月,美国国防科学委员会发布《国土防空》报告,建议建立一个"能力自适应、规模可扩展、经济性可控"的"半自动地面环境"-Ⅱ本土防御框架(SAGE-Ⅱ),强调应用人工智能/机器学习、多模态、定向能、低轨星座等创新技术,实现全域感知、有效跟踪、安全指控、成本可承担的交战拦截能力。2022年底,美国空军出台一份全文近100页的机密版《AV-1国土空中与巡航导弹防御蓝图报告》,详细描述了国土空中与巡航导弹防御的总体架构、需求、运用场景、参与机构等。

2023年7月,美国空军启动"国土防空和巡航导弹防御方案分析"项目,布局相关投资项目与实施计划,标志着美国土巡航导弹防御计划正式从方案论证进入方案实施阶段。

▶▶▶ 三、主要认识

(一)需求牵引变革,威胁变化驱动体系重建

近年来,美国不断强调来自大国对手的安全威胁,逐步将军事战略重点从反恐转向大国竞争;大国竞争对手威胁不断升级,俄罗斯隐身远程巡航导弹可绕过美国预警系统,已成为美国本土面临的最大威胁。在大国竞争战略和先进武器威胁升级的驱动下,美国持续推动国土巡航导弹防御的发展变革,出台相应战略规划,发布新版预警系统方案及体系架构,制定未来发展路线,快速推动国土巡航导弹防御体系建设,谋求形成全面的巡航导弹防御能力,以期形成对大国对手的压倒性战略优势。

(二)构建多层传感栅格,反导反临防空一体

美国与加拿大计划部署超视距国土防御雷达,以对北美地区形成封闭预警,全方位提升对远程低空目标(特别是巡航导弹)的超视距探测能力。美国智库战略与国际问题研究中心发布报告提出5层巡航导弹国土防御架构,以陆基装备为主体,空基天基装备为支撑,以实现对威胁目标的全高度层防御能力。美国国土巡航导弹防御体系将由地基和海基为主向空基和天基全面延伸发展,大力发展多平台先进传感器,强调多平台多传感器协同组网,不断提升多传感器间信息融合能力,最终形成反导反临防空一体化的立体多层预警拦截能力。

(三)体系重建分阶段实施,及时嵌入创新技术

重建国土巡航导弹防御体系是一个庞大且复杂的项目,在实施过程中,成体系分布

式推进建设,优化规模布局,增强实战能力。美国国土巡航导弹防御体系紧跟前沿颠覆性技术,及时嵌入人工智能/机器学习、多模态、定向能、先进算法架构等创新技术,不断提高巡航导弹防御关键组件的性能,提高智能化水平。

（四）经济性要素成为体系建设的重要考量

2021 年美国参谋长联席会议批准的文件中提到"快速且经济地部署新的国土防空系统",2022 年《国土防空》中再次强调"成本可承担",经济性要素成为体系建设的重要考量之一。国土巡航导弹防御体系建设不仅需要投入巨大的资金和技术成本,还需要在长期内得到充足的维护和升级,因此有效地大幅降低建设成本,提高体系建设效费比,是美国国土巡航导弹防御体系建设必须考虑的重要问题。

（中国电子科技集团第十四研究所　屈冰洋）

美国海军开始配装新型对空监视雷达

2023 年 2 月 11 日,美国海军第一套 AN/SPY-6(V)2"企业"级对空监视雷达(EASR)安装在了"圣安东尼奥"级两栖舰"小理查德·麦库尔"号上,标志着美国海军在 AN/SPY-6 系列雷达的研制和工程化道路上又达到了一个新的里程碑,将有效提升美军海上防空反导能力。

》》》 一、AN/SPY-6 雷达研制背景

战机和导弹技术的不断进步,催生了美国海军对新一代防空反导一体化雷达的研制需求。

1. 海军舰艇编队防空反导预警能力不足

2008 年 8 月,威胁环境的变化迫使美国海军突然中止第 3 艘 DDG-1000 的采购,转而建造升级版 DDG-51"阿利·伯克"级导弹驱逐舰,并决定在建造新舰船时不再使用现有的双波段雷达设计。同时,作为"宙斯盾"舰主传感器的 SPY-1 雷达在设计时并没有考虑导弹防御能力,后续个别改型虽然具有这种功能,但是缺乏强杂波环境中检测和跟踪包括弹道导弹、战机及超声速、掠海反舰导弹在内的多种威胁能力,也迫切需要换装新的有源阵列雷达。在这种背景下,美国海军重新招标设计新的"防空和导弹防御雷达",并将其作为海军的下一代雷达。

2. 新型雷达技术能满足美海军不同舰艇作战需要

2009 年 6 月,美国海军新一代舰载多功能雷达 AN/SPY-6 系列的研制计划正式启动。该系列新型固态有源相控阵雷达,具有开放式体系结构和灵活的升级能力,可部署于不同舰船平台,是美国海军未来 40 年主要的雷达系统,满足未来弹道导弹防御、空中

防御及海面作战的需求。设计有 4 种子型号，侧重点各有不同。

（1）AN/SPY-6（V）1 型雷达专门为美军现役主力驱逐舰"阿利·伯克"Flight Ⅲ 型研发。该雷达采用四面固定阵列的高端版本，每个阵面均包含 37 个雷达模块组件（RMA），可同时应对弹道导弹、巡航导弹，来自水面、空中的袭击，以及干扰和电子作战任务，也称为"防空和弹道导弹防御雷达"（AMDR）。

（2）AN/SPY-6（V）2 专为两栖攻击舰和"尼米兹"级航空母舰设计，也被称为"企业"级空中监视雷达（旋转型）。该雷达采用机械旋转的单面阵列，含有 9 个 RMA，用于取代 AN/SPS-48E 三坐标对空搜索雷达，可提供连续的 360°态势感知—空中交通管制和船舶自卫能力。

（3）AN/SPY-6（V）3 专为"福特"级航空母舰和未来的 FFG（X）新一代护卫舰设计，也被称为"企业"级空中监视雷达（固定型）。该雷达采用三个阵列组成全向固定阵列，每个阵面均包含 9 个 RMA，可提供连续的 360°态势感知—空中交通管制和船舶自卫能力。

（4）AN/SPY-6（V）4 专为 DDG 51 Flight Ⅱ A 驱逐舰设计。该雷达采用四面固定阵，每个阵面均包含 24 个 RMA，用于替换老旧的 SPY-1 雷达，可大幅提升雷达覆盖范围和灵敏度。

》》》二、AN/SPY-6 雷达主要技术特点

AN/SPY-6 系列雷达是由美国雷声公司研制的新一代固态数字有源相控阵雷达，是目前美国海军新锐主力舰船的新一代雷达系统。它工作在 S 波段，采用先进的有源电子扫描数字阵列体制，基于模块化设计，适装于航空母舰、驱逐舰、两栖舰、护卫舰等 7 大类舰艇，能为舰队提供无与伦比的综合防空与反导能力。其主要技术特点如下。

1. 多任务、高性能

AN/SPY-6 系列雷达可同时执行导弹防御、防空战、反水面战和空中交通管制、舰艇自防御等多重任务。该系列雷达软件基线是可重新编程的，能够根据需要灵活地调整雷达波束，适应新任务和新威胁。该系列雷达基于氮化镓（GAN）等先进工艺，极大提高了功率密度和效率，特别是采用了新一代数字接收和发射技术，性能进步十分显著。约 4 米^2 的 AN/SPY-6 雷达阵列，可达到与 12 米^2 的 AN/SPY-1 雷达相似的性能。

2. 模块化、可扩展

AN/SPY-6 系列雷达都是由相同的 RMA 构建而成。每一个 RMA 的实质是尺寸为

2 英寸×2 英寸×2 英寸的独立雷达天线,包含 144 个 T/R 组件。通过将不同数量的 RMA 堆叠在一起,可根据不同的任务需求配置,形成几乎任意尺寸的阵列。

3. 高可靠、易维护

制造和装配的简单性、可靠性是 AN/SPY-6 系列雷达工程师的首要考量因素。与目前"阿利·伯克"级驱逐舰上的现有系统相比,该系列雷达所需的独特部件减少了 70%。因此,维修所需的时间和精力要少得多。

4. 高通用、降成本

美国的合作伙伴和盟友可以采购 AN/SPY-6 雷达,使用先进的传感器对其水面舰队进行现代化改造,并受益于该雷达的通用性和互操作性。其中,AN/SPY-6(V)2 是 AN/SPY-6 系列雷达中 RMA 数量最少、适装舰型最多的基础型号,包括 1 个旋转阵面(由 9 个 RMA 组成,采用 3×3 形态布置,规格为 1.8 米×1.8 米),可提供连续的 360°态势感知、空中交通管制和舰船自防御能力,可同时用于防空、反导、反水面战等多种用途,为美盟国家提供了高性价比、高性能、高兼容性的渐进式技术增强。

三、AN/SPY-6 雷达对美国海军作战能力的影响

AN/SPY-6 系列雷达是构成未来几十年美国海军水面作战部队的基石,将替代 AN/SPY-1、AN/SPS-48、AN/SPS-49 等老旧雷达,成为美国海军主力战舰的主传感器系统。AN/SPY-6(V)2 的首次成功装舰,标志着美国海军在 AN/SPY-6 系列雷达的研制道路上又达到了一个新的里程碑。

1. 大幅提升未来美国海军作战能力,满足当前和未来的各种作战要求

与传统雷达相比,AN/SPY-6 技术更先进、性能更优秀,能提供超强的综合防空反导能力,可同时执行导弹防御、防空战、反水面战和空中交通管制、舰艇自防御等多重任务,可探测反射信号更低的各种远程威胁目标(包括探测和跟踪大气层外的弹道导弹),即使在海面重杂波和强电磁干扰环境下仍具有优异的目标探测与识别性能。AN/SPY-6 系列雷达还提供了与海军一体化防空火控(NIFC-CA)的接口,有助于形成统一的态势图。在美国海军全球化战略的背景下,AN/SPY-6 系列雷达的部署和使用将显著提升未来美国海军航空母舰打击群、舰艇编队及两栖作战能力,满足当前和未来的各种作战要求,充分保障美国海军从蓝水到濒海等各种作战环境下的制空制海权优势。

2. 大大加快美国海军装备更新换代,降低批产成本和简化部署

AN/SPY-6 系列雷达是美国海军第一个真正意义上的可扩展雷达系统。其系统设

计基于模块化的软硬件和开放式架构，具有高度灵活性，可适装于从航空母舰到驱逐舰、两栖攻击舰和护卫舰等各种尺寸的舰船平台，具备即插即打的能力，能以对系统影响最小的方式插入新软件和硬件，大大加快美国海军开发新装备以及升级改造老旧装备的步伐。此外，由于 AN/SPY-6 系列雷达的软硬件具有高度通用性，大大降低了批量生产成本，同时简化了部署和操作，有助于缓解美国海军的各项成本压力。

（中国电子科技集团第十四研究所　张　蕾）

机载多功能综合射频系统将成为六代机"标配"

》》》 一、引言

2023 年 8 月,美国权威军事网站"战区"展望了"下一代空中优势"(NGAD)项目机载射频系统形态,指出侦干探通一体化是赋能六代机先进电磁频谱能力的核心技术。未来 NGAD 将采用"融合传感器"(Fused Sensors)理念,将感知、通信和电子战功能融合到一个机载多功能综合射频系统中,感知、通信和电子战这三种模式几乎可以同时"交织"使用,并根据任务需求和作战计划对整个作战编队射频系统实施集中自动化管理,无缝融合全战场通信、雷达和电子战行动。欧洲"未来空战系统"下一代战斗机也已宣布将研制基于宽带共孔径数字阵列的多功能综合射频系统。可以说,机载多功能综合射频系统将成为六代机"标配"。

》》》 二、机载多功能综合射频技术推进未来航电升级换代

射频传感器的发展是航空电子系统更新换代的主要推动力之一,面向未来的机载任务系统,射频传感器的综合程度直接影响着下一代平台的能力特征。

(一)多功能综合射频赋能探干侦通一体化能力

多功能综合射频系统是指将雷达、电子干扰、电子侦察、通信、导航、识别等电子设备集成一体化设计,打破传统各设备的条块分割界限,实现多传感器的一体化集成。多功能综合射频系统基于宽带/超宽带数字阵列天线、一体化波形、资源调度等技术,实现了硬件和软件资源的高度共享,具有高度集成能力。该系统不仅解决了各射频天线独立分

散部署的缺点，减小了系统体积和质量，而且增加了融合和协同效率，是未来射频系统的发展趋势之一。

（二）各国全面布局多功能综合射频技术发展

自 20 世纪 80 年代以来，在强大的军事需求的推动下，多功能综合射频系统已经成为各军事强国争相研发的热点。美国空军、海军、DARPA 等机构开展了一系列相关研究，经历了从概念提出到关键技术快速突破发展的过程，综合射频的多项关键技术渐入成熟期，部分研究成果已成功应用于装备（如 F-22、F-35），其硬件架构成熟、功能不断扩展，孔径集成度越来越高；基本实现射频域的综合资源调度、处理和显示，个别项目甚至实现了单孔径多功能；射频与光电的集成也已经在各军种展开，旨在更快适应新型作战需求。

》》》 三、机载多功能综合射频技术的最新进展

近年来，各国积极布局综合孔径、同时收发、一体化波形和片上处理系统等技术，加速推进多功能综合射频系统发展。

（一）综合孔径技术将拓展天线带宽赋能多功能一体

雷达、电子战、通信数据链等各种射频功能的工作频段跨度大，波束宽度、天线指向、射频输出功率、接收灵敏度、射频瞬时带宽等指标差异大，这就要求射频前端必须宽频、宽带、高动态范围，并通过软件定义重构射频通道、子阵划分和射频模式，拓展阵列天线带宽。目前，为赋能六代机先进电磁频谱能力，美欧国家分别开展了"聚合孔径"和"皇冠""雷达 2 号"项目研究。

1. "聚合孔径"项目

"聚合孔径"概念由洛克希德·马丁提出，基于相控阵和集成光子学，将射频和光电红外传感器采取宽频孔径集成并共享后端处理，射频孔径和光电红外孔径可根据任务需求动态分配重构，同时实现探测、通信和电子战功能，达到侦干探通一体，很可能将装备 NGAD 战斗机。

聚合孔径架构分为射频相控阵孔径（PAA）和光电红外孔径（EOIR）两类孔径，孔径与一个开关网络相连，开关网络负责在传感器资源和平台任务系统之间实现动态路由重构。该技术采用双层交换网络，构建射频孔径资源、融合处理资源、共用计算资源、显示资源的虚拟化，完成任务与资源的最佳匹配调度，满足多作战场景下的敏捷适应性。

2. "皇冠"项目

"皇冠"项目是欧洲 2021 年提出的瞄准下一代战斗机开发的基于宽带共孔径数字阵

列的探干侦通一体、轻量紧凑型、低成本机载综合射频方案。"皇冠"覆盖频率为 2~18 吉赫（未来电子战和通信等部分功能有望达到 40GHz），可在侦察、监视、分类、识别、火控、通信和电子战等多种任务间灵活切换。

在新兴技术应用方面，"皇冠"项目通过 GaN、SiGe 等低损耗介电材料，有效提升阵列效率和增益；利用软件定义雷达技术，为辐射单元按需定制数字方向图；利用宽角阻抗匹配技术，改善 ±60° 扫描角辐射效率；采用开放式架构，可无缝移植至其他作战平台。

3. "雷达 2 号"项目

2023 年 4 月，意大利莱昂纳多公司正式向英国 BAE 系统公司交付欧洲通用雷达系统 ECRS MK 2（雷达 2 号）机载火控雷达，将成为未来"台风"战斗机的主要机载传感器。该雷达采用多功能阵列，利用射频一体化孔径代替传统上数量繁多、功能各异的各类天线，摆脱传统的分散、独立、专用的射频链路设计，将一体化推进至天线及射频前段，有效降低平台天线数目、体积重量，有助于控制重量、尺寸、功耗和成本。

（二）同时收发技术将赋能雷达同时同频工作能力

综合射频系统在执行多元化任务时，由于强自干扰的存在，互相靠近的发射机和接收机无法实现同时同频工作，这是目前射频系统的一大局限。同时收发（STAR）技术考虑通过提高收发间隔离度、减小耦合干扰来解决这一局限性问题，主要方案包括传播域、模拟域和数字域方法。

1. 传播域对消

传播域对消可通过收发分置、同时分波束、发射波束形成置零、正交极化、反相控制、高阻抗表面结构、平衡双工器和环形器等措施，降低接收通道的自干扰信号功率，提高收发的空间隔离度。

美国威斯康星大学 2020 年开发了一种两发两收双极化贴片天线，采用 4 路 90° 混合耦合和 4 路 180° 混合耦合组成的馈电网络，通过实现左圆极化和右圆极化信号的同时收发。实测数据表明，在 6.0~6.4GHz 频带范围内，所有极化组合条件下的收发隔离优于 38dB。

2. 模拟域对消

模拟域对消主要是射频对消，包括自干扰参考信号产生、时延与幅度调节和射频对消反信号合成等处理，通常依赖大量射频电路实现。

美国林肯实验室 2021 年提出一种基于神经网络调谐的射频对消方案，在低噪声放大器（LNA）和功率放大器之前嵌入一个自适应射频对消器，包含两路矢量调制器抽头，对发射信号进行采样，并基于神经网络进行调谐，抑制耦合的自干扰信号。在 2.5GHz 中心频率、带宽 20MHz 时，平均 9.4 次调谐迭代后的对消值可达 30.6dB。

德国弗朗霍夫研究所 2022 年提出一种用于宽带脉冲雷达的主动反射功率对消（RPC）方案，通过间接耦合方式在模拟域增加隔离度。该方案通过增加第二路发射通道，生成对消信号，在数字域进行对消信号估计，根据自干扰转换函数进行波束赋形，在模拟域进行放大、混频，最终送入接收通道与干扰信号进行对消。在 2.45GHz 中心频率的最大干扰对消理论值为 47.2dB，实测值达 45.8dB。

3. 数字域对消

数字域对消是通过自干扰信道估计、自适应滤波等措施，消除残余的自干扰信号，将自干扰降低至接收机噪声基底以下。

美国密歇根理工大学 2020 年提出基于全数字相控阵的数字自干扰对消架构。对于 1 个 5×10 阵列，当发射功率为 2500W 时（窄带模式），其干扰对消达 187.1dB。

（三）一体化波形技术将提供多功能信号解决方案

一体化波形是指在统一共用的硬件平台上实现雷达、通信、电子战功能，在目标探测与跟踪的同时实现无线设备间的信息数据传输与电子侦收、电子攻击等行动。

德国弗朗霍夫研究所 2022 年提出利用一种具有重叠符号的时间选择性信令方案，旨在解决多普勒频移引起的载波间干扰（ICI）问题，最终实现脉冲压缩后数据率和距离分辨率/低旁瓣电平（SLL）间的最佳权衡，兼顾雷达和通信能力需求。这种方案下，信息在时间上分散，并在码分多址（CDMA）背景下进行研究。对此，该研究所提出一种波形设计方法，在正交时频空间（OTFS）调制，利用延迟多普勒域来表示信道和多路复用信息符号，如图 8 所示。这种方法非常适合于二维调制的双选择信道，最终有助于达到更远的雷达探测距离和更佳的多普勒容限（Doppler tolerance）。

（四）片上处理系统技术将提升功能任务切换速度

美国空军研究实验室和 DARPA 发文指出，片上系统（SOC）有望成为支撑综合射频系统发展的关键支柱。空军研究实验室认为，未来综合射频系统需要硬件能够高效地执行极其复杂的计算，同时还要足够灵活以覆盖广泛的功能，而当前却缺乏灵活、高效后端处理器。针对此问题，论文提出了一种基于高级软件可重构异构（DASH）框架开发的片上系统，具备高计算能力、低功耗、高级语言可编程和智能化调度能力，可以在几纳秒内切换功能任务。

基于 DASH 框架，论文给出了一个粗略设计的异构 SOC 示例（图 9），其关键组件是一组集成到异构体系结构中的专用加速器（如傅里叶变换滤波器、有限冲激响应滤波器和前向误差校正加速器），它们在少量时钟周期内执行特定任务。此外，还有一组"域自

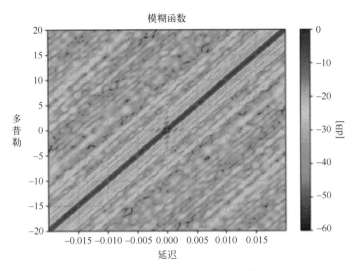

图 8 优化后的 OTFS 波形与模糊函数的关系

适应处理器"（DAP）充当灵活加速器,可调用加速多项任务,实现综合射频系统应用的智能、敏捷调度切换,适应高动态战场环境。

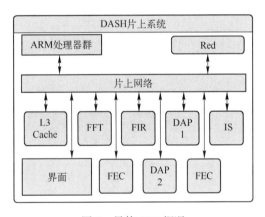

图 9 异构 SOC 概况

》》》 四、机载多功能综合射频的作战应用

未来机载综合射频系统在单装平台内部协同和体系编队间协同两个层面都展示出极佳的作战应用潜力。

（1）单装平台内部协同层面,注重雷达、电子战和通信多种功能的无缝切换,实现智能化高效战场感知。可基于电子侦察系统感知战场频谱态势,通过软件定义雷达智能选择干扰最小的频点实施感知,确保在复杂电磁环境下的探测效能。

（2）体系编队间协同层面,多机多编队中的感知、电子战和通信需求可以根据由任务需求定义的限制、优先级和其他参数来设置,并根据任务目标进行不同程度的调整,使每个平台都不会局限于自身的感知、通信和电子战能力。对于整个体系的作战任务、自动化水平和辐射功率,可以根据不同的作战场景进行预先定义,也可以随时进行手动更改,具备极高的战场适应性。

六代机配备机载多功能综合射频系统,已成为美欧国家的共识。美各国在综合孔径、一体化波形、同时收发、片上处理系统等多个层面正全面布局,相关动态值得我持续跟踪研究。

（中国电子科技集团第 14 研究所　张　昊）

美军积极探索发展无人预警机

>>> 一、引言

2023 年 2 月,美国 Gambit 无人机项目正式进入飞行测试阶段,意味着无人预警方案已充分获得军方认可,很可能成为未来空中预警体系升级的关键抓手。考虑到传统预警机具备数量有限、目标较大、战场风险较高等多重限制,无人预警机被认为是预警机发展的重要方向。自美国 2000 年提出"传感器飞机"(Sensor Craft)概念以来,相关论证和系统研制工作已经持续了 20 余年。目前,美国通用原子公司为迎合"协同作战飞机"(CCA)项目需求,开发了 Gambit 无人机"系统簇",涵盖无人预警机型,成为无人预警机领域的新兴力量。

>>> 二、多类机型赋能 Gambit 项目多元化作战能力

Gambit 项目是一种包括多元类型无人机的"系统簇",采用 Gambit 核心平台作为通用基本构件,封装了一组通用硬件,包括起落架、基线航空电子设备、底盘和其他基本功能,约占飞机总成本的 70%,有助于降低成本、提高互操作性并加速开发新型号。

Gambit 衍生型号包含预警型、空战型、训练型和侦察型 4 种,主要通过在基线核心上添加不同的引擎、机身、机翼和其他载荷来打造新系统,做到"一个核心、多元变体"。

(1)预警型无人机(Gambit-1):采用高俯仰翼设计,具备长续航能力,可与有人机或其他无人机协同作战。战时,Gambit-1 突前部署,在目标区域巡逻,作为前出感知节点实现空域态势感知,提供战场早期预警,也可执行战场监视任务。

(2)空战型无人机(Gambit-2):强化对空打击能力,可由作战战场射手发射空空导

弹。一种典型的作战样式为：3 架 Gambit-2 从不同高度以不同角度飞行，通过多角度雷达探测执行反隐身作战任务；一旦有无人机发现敌方隐身目标，可在发射武器实施打击的同时，为其他僚机提供目标指示，实现协同反隐身作战，同时为部署在后方的有人机提供了预警及决策时间。

（3）训练型无人机（Gambit-3）：类似于 Gambit-2，主要用于模拟敌方空中目标，执行敌方多机编队战术，旨在提升己方空军人员的训练水平，降低培训成本。

（4）侦察型无人机（Gambit-4）：采用后掠翼、无尾翼的高隐身设计，聚焦高对抗空域的作战侦察任务，避免被敌方击落。

》》》三、发展多类关键技术为无人预警机提供能力支撑

无人预警机 Gambit-1 将成为未来空战场上的新角色，可考虑采用以下关键技术，以提升整体作战效能。

（一）综合射频技术

综合射频系统是指将雷达、电子干扰、电子侦察、通信、导航、识别等电子设备集成一体化设计，打破传统各设备的条块分割界限，实现多传感器的一体化集成。多功能综合射频系统基于宽带/超宽带数字阵列天线、一体化波形、资源调度等技术，实现了硬件和软件资源的高度共享，具有高度集成能力。该系统不仅解决了各射频天线独立分散部署的缺点，减小了系统体积和质量，而且增加了融合和协同效率，是未来射频系统的重要趋势，将大幅提升无人预警机载荷能力。

（二）共形阵列技术

未来无人机载预警雷达必须具有更远的探测距离、更多的工作模式、更灵活的能量管理方案和更好的抗干扰措施。这需要更大的功率孔径积，但单纯增大发射功率受载机资源制约，而天线孔径在雷达收发双程起作用，因此扩大天线孔径比提高发射功率有效得多。一种关键解决办法是把天线和机身融合在一起，把天线安装在飞机蒙皮内，通过共形阵列天线构建无人预警机的"智能蒙皮"。共形阵列方案可以显著改善平台对雷达天线的限制，充分利用平台面积，增大天线口径，提高隐身目标的探测距离，改善雷达天线对安装平台空气动力学性能的不良影响，克服普通平面相控阵雷达天线宽角扫描波束畸变的缺点，将是未来无人机载预警雷达的发展方向。

（三）开放式架构技术

开放式系统采用模块化、软硬解耦、标准接口，已逐步成为军民两用产品的主流。无

人预警机采用开放式架构,具备以下三大优势:①采用面向应用开发的模式,可通过分层设计实现软硬件解耦合,采用统一的软件开发环境,具备开发周期短、方便升级、便于维护等特点;②应用模块化设计,可对目标模块采用新技术、新算法进行升级,不会对其他模块产生影响,从而可有效提升整体效能;③通过对硬件设备重组和软件系统重构,将显著改进雷达功率、孔径及处理运算能力,可对雷达功能进行再定义,添加更多功能,实现雷达资源利用最大化。

(四)智能决策技术

传统人工指控模式下,无人预警机需要将探测信息与后方部署的人类操作员共享,目标分类、识别过程完全由指挥中心操作人员人工执行。而在复杂战场环境下,信息传输时间以及人类的认知能力和信息处理速度限制,将极大阻碍决策效率,影响作战效能,被视为杀伤链闭环的主要短板。针对这一问题,人工智能被认为是一种核心解决方案,可在无人预警机上采用智能辅助决策技术,利用人工智能近实时地对侦察数据进行分析,生成综合态势图,并基于数据库中的武器系统参数,综合天气、地形等环境因素,选择最佳武器系统,快速生成数套作战方案,以供人类决策使用,可有效提升整条杀伤链运转速度。随着人工智能技术的不断成熟,人机信任度持续提升,在前方部署作战单位失去通信的特殊情况下,无人预警机将对接触的前线目标进行自动分类,并与其他无人机协同,在需要快速行动的情况下快速消除威胁。

四、无人预警机的作战任务和使用优势

(一)作战任务

以 Gambit-1 为代表的新质概念展示了无人预警机发展的新方向。在具体能力方面,无人预警机可执行以下作战任务。

(1)对地面地下和水面水下的固定和移动战略目标的侦察监视,掌握敌方战略力量部署、作战能力、态势及动向,检查我方的隐蔽和伪装效果。

(2)对来袭的空中战略目标预警探测和识别,进行早期发现、跟踪、识别和报告,为国土防空提供空情信息保障和作战引导。

(3)对战略目标电磁信号的搜集和判读,掌握目标电磁辐射特性,以及为火力拦截和火力攻击提供目标指示情报。

(二)战场优势

在战场应用效能方面,Gambit-1 无人预警机具备以下优势,将推动未来空战场杀伤

链升级。

1. 低成本赋能规模优势

Gambit 无人机以 Gambit 核心平台为基干，辅以引擎、机身、机翼和其他载荷，可相对廉价、快捷地生产低成本无人预警机。这种低成本特性将突破传统昂贵装备限制，增加在高对抗区域的预警节点数量，进一步将增加己方在任一时间点可执行的杀伤链规模数量，使敌方陷入更复杂的战场环境中，可能将导致对手决策降级。

2. 高协同赋能体系优势

"一个核心、多元变体"的设计理念意味着 Gambit 无人机具备先天高连通性，有助于多元化平台高效协同。根据美军设想，无人预警机将与有人/无人战斗机、电子战飞机等装备构建下一代空战体系，信息流贯穿其中，推动打造相互联系、相互配合、相互支持的有机整体。无人预警机将依托其低风险特征，突前部署，旨在先敌发现，争夺信息优势，再通过以先进作战管理系统为代表的作战网络赋能信息高度共享，实现体系多元装备的高度融合、多维聚力、整体联动和集成释能，最大化体系分布式协同优势，获得空战体系的能力涌现。

3. 易部署赋能敏捷优势

预警机在扩大探测方位、反低空突防方面具备难以替代的地位，但传统预警机存在造价贵、数量少、起降要求高等多重限制，难以在急需获取战场态势时提供及时信息支援。无人预警机在造价低、低风险的同时，通常机型尺寸较小，降低了对机场的需求，能够在战场最前沿高效起降，实现战场敏捷部署，这也符合美军正大力推进"敏捷作战部署"的理念思想。

（中国电子科技集团公司第 14 研究所　张　昊）

美军为 F-35 飞机换装新型多功能有源相控阵雷达

2023 年 1 月 11 日,美国诺斯罗普·格鲁曼公司宣称,将为第 17 生产批次 F-35 飞机开发新型 AN/APG-85 多功能有源相控阵雷达。这款雷达采用氮化镓(GaN)器件并利用人工智能等最新技术,所实现的优异战场态势感知能力可转化为平台更优的杀伤力、效能和生存力。作为 F-35 飞机升级的重要组成部分,AN/APG-85 雷达在提升 F-35 飞机能力上不可或缺,对于确保美军未来战场空中优势至关重要。

》》》一、F-35 飞机航空电子系统升级为换装雷达奠定基础

鉴于 F-22 战斗机停产,以及下一代空中优势(NGAD)飞机仍处于研发阶段,美军隐身飞机服役数量远未达到之前规划的水平。作为美国目前唯一一款在产隐身飞机,F-35 飞机成为近期支持美军"穿透性制空"作战概念的中坚力量。补充更多数量的 F-35 飞机,是美军当前的优先发展事项。

为应对新兴作战场景,长期保持 F-35 飞机的作战能力,联合项目办公室已启动对 F-35 飞机最大规模的新一轮 Block 4 升级,旨在打造比现役 F-35 能力更强、技术优势更显著的作战飞机。

在此轮升级下,F-35 飞机将对现役的"技术更新 2"(TR-2)航电架构进行升级,采用能力更强的"技术更新 3"(TR-3)架构,以改造核心处理器、存储单元和驾驶舱全景显示系统,使之能够更有效处理 Block 4 现代化升级后安装的新型软硬件的数据。

2023 年 1 月 6 日,采用 TR-3 架构的 F-35 飞机进行了首次试飞,标志着 F-35 飞机的计算机内存与处理能力得以改进,从而为 F-35 飞机开展 AN/APG-85 雷达等后续传感器升级奠定了基础。

2023 年 1 月 11 日,美国诺斯罗普·格鲁曼公司公开表明正在开发新型 AN/APG-85

雷达，以取代 F-35 飞机现役 AN/APG-81 雷达，并宣称这款新雷达可与各种型号 F-35 飞机相兼容，能击败当前和新兴的空地威胁，并已成为美军 F-35 飞机 Block 4 升级不可或缺的重要组成部分。

根据美国空军 2023 财年预算申请，这款新雷达很可能将直接装配到第 17 生产批次的最后 7 架 F-35 Block 4 飞机，并于 2025 年末或 2026 年初交付，这意味着 AN/APG-85 雷达最早将于 2025 年末服役。

》》二、AN/APG-85 雷达能力特性分析

虽然 AN/APG-85 雷达还处在研制过程中，具体技术参数等重要信息还未见详细报道，但是结合当前信息，仍可对 AN/APG-85 雷达的能力特性展开分析。

（一）基于 X 波段 GaN 相控阵提升超视距作战能力

美国诺斯罗普·格鲁曼公司是 AN/APG-85 雷达的开发商，同样是美国 F-22 飞机和 F-35 飞机现役 X 波段 AN/APG-77 和 AN/APG-81 机载雷达的开发商，再加上美军 F-15、F-16、F-18 等多款现役飞机火控雷达均采用 X 波段，延续 X 波段作为 AN/APG-85 雷达的工作频段的思路不会改变。但与前一代雷达采用砷化镓（GaAs）收发组件不同，AN/APG-85 雷达将采用氮化镓（GaN）技术。这项技术已在美国军工企业中得到了推广应用，美国新一代雷达装备均转为采用 GaN。诺斯罗普·格鲁曼公司此前已向美军交付了基于 GaN 的 AN/APS-80 地空任务定向雷达。与 GaAs 相比，GaN 具有更高的功率密度、更高的工作温度和更大的工作带宽等优势。在新设计下，AN/APG-85 雷达在保持与 AN/APG-81 雷达相同功率输出和阵列大小的情况下，可能会使 F-35 的目标探测范围翻倍，从而使 F-35 在超视距遭遇战中具有显著优势。

（二）通过多工作模式填补作战任务缺口

AN/APG-85 雷达将继承 AN/APG-81 雷达的多种工作模式，包括空对地、空对空和电子攻击等工作模式。在空对地模式中，这款新雷达将改善针对地面目标的作战战术，利用合成孔径雷达（SAR）和下一代地面动目标指示（GMTI）能力，以更高的分辨率精确定位和识别更远距离的静止或机动地面目标。空对空模式中，受益于这款新雷达，将使飞行员能更快、更远地瞄准开火，弥补美军因 F-22 停产所产生的远程空对空任务缺口。此外，F-35 Block4 飞机还计划采用普惠公司 F135 ECU 发动机，若再加上采用 GaN 技术，则将大幅提高雷达的防区外电子攻击效果，可压制、阻断和拒止对手利用宽电磁频谱的能力。

（三）结合人工智能技术实现快速威胁响应

作为 F-35 升级活动的一部分，AN/APG-85 雷达未来将由新型 TR-3 架构控制。TR-3 架构将采用人工智能技术来分析海量雷达数据，提升雷达的数据处理能力，改善雷达的探测与识别能力，实现对目标更精确的识别与分类。TR-3 架构具有一定的自主决策能力，能大幅提升雷达的作战效能，可无需飞行员介入即可对威胁做出快速响应。

（四）实现互操作性提升整体作战效率

互操作性是 AN/APG-85 雷达的一个重要优势。Block 4 升级将提高 F-35 与第四代飞机和第五代飞机的互操作性，通过美军先进作战管理系统和联合全域指挥控制（JADC2）实现与其他平台实时共享雷达数据和雷达视图，提高友军飞机的战场态势感知能力和信息优势，改善非隐身平台的目标瞄准能力，从而支持 F-35 飞机作为战斗管理的关键节点，提升整个战场的作战效率。

》》》 三、影响分析

作为美国先进的第五代飞机，F-35 虽然在技术和性能上已具备诸多优势特性，但是仍面临着一系列致命的缺陷，为此美国正加快实施 F-35 飞机升级项目。作为 F-35 飞机航空电子系统升级的重要组成部分，AN/APG-85 雷达技术先进，性能优异，将进一步扩大 F-35 飞机的作战包络，对于美军长期保持制空权、实现穿透性制空作战具有重要的现实意义。

（一）增强 F-35 飞机战场杀伤能力

与现役 AN/APG-81 雷达相比，采用全新设计的 AN/APG-85 雷达探测距离距离更远、分辨率更高、抗干扰能力更强、响应速度更快，使飞行员具有更优的视野，进一步扩大 F-35 飞机的整个作战包络，显著改善 F-35 飞机整体作战效能，支持 F-35 飞机利用 AIM-9X"响尾蛇"Block Ⅱ 空空导弹、AGM-154C1 增程型隐身滑翔导弹、增程型先进反辐射导弹（AARGM-ER）等武器，更快、更精确地打击更远距离的目标，实现在每飞行驾次中一次性打击更多的目标，从而提高打击目标的有效杀伤概率。

（二）提升增强 F-35 飞机战场生存能力

AN/APG-85 雷达针对地空目标的更远瞄准能力和更强电子攻击能力，可实现"远程火力打击+远程电子攻击"组合的作战形式，更有效地支持 F-35 飞机发挥超视距空战、防区外打击等空中作战优势,在战场最危险区域之外形成任务效应,从而提升 F-35 飞机在面对敌方飞机和地空导弹系统的生存能力。此外,F-35 飞机作为网络化作战体系下的关键数据节点,未来可通过实时共享雷达数据支持其他突前平台(如无人机),瞄准打击目标,从而进一步降低自身受到打击的可能性。

（三）支持美军穿透性制空作战

隐身突防是美军穿透性制空作战概念的关键所在。当前 F-35 飞机在规模数量和批量生产两个方面的优势使之已成为美军保持空中优势、实施穿透性制空作战的中坚力量,而最新型 AN/APG-85 雷达低截获概率(LPI)、优异探测性能、实时数据共享和兼容各型 F-35 飞机等特点,将在保障飞机良好隐身特性的同时,进一步支持其实施纵深目标打击、有人—无人协同作战和跨军种联合作战,从而充分发挥 F-35 飞机未来在穿透性制空作战中不可替代的作用。

（中国电子科技集团公司第 38 研究所　吴永亮）

美国在关岛地区部署多款新型防空反导雷达

2023年5月,美国政府问责局发布2022年导弹防御年度问责报告,首次披露了美国关岛防御体系新型传感器装备全部构成:关岛国土防御雷达(HDR-G,现已被命名为AN/TPY-6)、低层防空反导传感器(LTAMDS)、"哨兵"A4雷达和陆军远程持续监视(ALPS)传感器。这些雷达传感器将联合构建关岛防御的分层式预警探测网,通过美国陆军的一体化防空反导指挥体系(ICBS)、关岛"宙斯盾"指控系统以及指挥控制作战管理和通信(C2BMC)系统,支持"宙斯盾"武器系统、"萨德"系统和"爱国者"系统联合实施关岛防御。

》》》 一、在关岛部署新型防空反导雷达的意义

美国的海外属地关岛为马里亚纳群岛中最大的岛屿,也是第二岛链的核心,岛上的安德森空军基地和阿普拉港是美国能够在印太地区成功进行力量投射的重要跳板,其十分重要的地理位置对美国战略意义重大。

(一)巩固关岛在印太地区的重要战略地位

目前关岛防空反导能力主要依靠美国陆军常驻关岛的一个"萨德"导弹连,随着弹道导弹、巡航导弹、高超声速武器和无人机技术的发展,单靠"萨德"系统的能力已无法满足防御整个关岛,迫切需要加强关岛防御体系建设。

出于关岛对美国安全的重要性及其作为美国领土的地位,美军正进一步加快建设关岛防御能力。美国导弹防御局2022年10月称,美国印太司令部已明确将建立关岛防御系统列为其重点优先事项,正要求升级关岛的防空反导系统,为关岛提供全方位分层拦截弹道导弹、巡航导弹和高超声速导弹的能力。此外,2022年《导弹防御评估》报告也首

次明确将关岛防御纳入美国国土防御的范畴：攻击关岛或任何其他美国领土，都将视为对美国的直接攻击，并遭受反击。

根据美国导弹防御局近期的预算文件，关岛防御体系预计将于2024年形成初始作战能力，2029年形成增强作战能力，并在2030年继续不断发展，以应对未来持续演进的作战威胁。

（二）大幅提升关岛防御新兴威胁的能力

AN/TPY-6雷达、LTAMDS雷达、"哨兵" A4雷达和ALPS传感器工作于不同的频段，各自的作用和任务也不相同，其中：AN/TPY-6雷达和ALPS传感器负责实施远程探测；LTAMDS雷达主要执行中远程探测；"哨兵" A4雷达重点关注中近程威胁。加上关岛部署的X波段AN/ TPY-2远程探测雷达、监视全球的天基红外系统星座，以及在需要时部署在关岛周边的"宙斯盾"战舰和预警机，美国未来将以关岛为中心构建形成一个可实现远中近探测、高中低空覆盖的多波段、分层式、海陆空天立体预警探测网。

新雷达完成部署后，将陆续接入美国陆军的一体化防空反导作战指挥系统（IBCS）、美国海军的关岛"宙斯盾"指控系统和美国导弹防御局的指挥控制作战管理和通信（C2BMC）系统，并由关岛导弹防御联合指挥中心集成管理，共享反导信息并接受指令，可通过多雷达协同探测配合最大程度地发挥出美国陆军和海军"爱国者"导弹、"萨德"导弹、"标准"-3和"标准"-6导弹，以及未来新型导弹在高对抗环境下防空反导作战能力，从而满足美国导弹防御局有效应对弹道导弹、巡航导弹、高超声速滑翔弹、低慢小无人机等高威胁目标的关岛防御新需求。

》》》二、分阶段构建完善关岛预警探测体系

美国国防部计划通过分阶段部署4款新型雷达，逐步完善关岛预警探测体系的整体作战能力。

（一）AN/TPY-6雷达填补关岛防御远程探测缺口

S波段AN/TPY-6雷达为一款远程中段识别、精确命中和评估雷达，定名前称为关岛国土防御雷达，目前正由美国洛克希德·马丁公司实施开发。该公司此前已于2022年8月获得美国导弹防御局价值7.23亿美元的AN/TPY-6雷达设计开发合同。

AN/TPY-6新型雷达利用了洛克希德·马丁公司最新的S波段固态有源相控阵雷达技术，即与美国远程识别雷达（LRDR）采用的技术相同。洛克希德·马丁公司的S波段固态雷达是一种模块化、可扩展的解决方案，包含一种基于氮化镓（GaN）的"子阵"雷

达标准模块,天线由各个独立的固态标准模块组成,可通过模块组合增加雷达的尺寸,从而为应对不断变化的威胁提供更优的性能和更高的效率与可靠性。

与 LRDR 固定式部署不同,鉴于关岛西南海岸存在山群,无法从某一固定位置实现全岛覆盖,AN/TPY-6 雷达被设计为一款机动式雷达,通过分布式部署 4 部 AN/TPY-6 雷达阵列实现对关岛的 360°覆盖。作为首批部署的新型关岛防御系统,AN/TPY-6 雷达计划于 2024 年完成部署。

(二) LTAMDS 雷达支持关岛防御反高超作战

C 波段 LTAMDS 雷达是美国雷声公司为美国陆军"爱国者"系统研制的新一代有源相控阵雷达,能探测高超声速武器、无人机、直升机、喷气战斗机、巡航导弹和弹道导弹等众多当前和未来的战场目标。

2019 年 10 月,雷声公司获得美国陆军价值 3.84 亿美元的合同,旨在生产、测试与交付 6 部 LTAMDS 雷达样机。该雷达采用了雷声公司最新的 GaN 技术,并通过在同一平台上安装 3 部有源天线阵列的方式来实现 360°覆盖。其中,主阵列为前向配置的主阵列,朝向主要威胁方向,尺寸与老式"爱国者"AN/MPQ-53/65 无源相控阵雷达的天线阵列相当;两个侧后面板阵列尺寸约为老式"爱国者"雷达天线阵列的一半,具备后视和侧视能力,可应对来自其他方向的威胁。针对某些类型的威胁目标,该雷达在各个方向的能力是一样的,基本上实现了优异的 360°覆盖。两种阵列之间的差别在于,前向主阵列能够探测高度更高的弹道导弹目标;侧后面板阵列虽然覆盖高度有限,但仍足以探测远距离的大部分目标。

美国陆军计划在 2023 年底前部署首个装备新型 LTAMDS 雷达的"爱国者"导弹营。目前,雷声公司已按合同建成所有 6 部雷达,并正在美国政府和雷声公司的测试场同时测试这批雷达。相关测试将在 2024 年继续进行,包括环境和机动性鉴定等测试活动,以期 LTAMDS 雷达能在 2024 年实现全作战能力。

此外,鉴于美国陆军 2024 财年预算才开始申请为关岛防御增加 3 部 LTAMDS 雷达,且合同尚未授出,再加上生产周期,意味着 LTAMDS 雷达最早可能要到 2025 年才能在关岛实现作战部署。

(三) "哨兵"A4 雷达提升关岛防御火控跟踪精度

X 波段"哨兵"A4 有源相控阵雷达设计用于取代雷声公司老式的"哨兵"A3 相频扫雷达,这款新型雷达具备 360°和停止凝视能力,采用新型 GaN 技术,可跟踪巡航导弹、无人机、直升机、飞机、火箭弹、火炮和迫击炮等威胁,并同时提供火控质量跟踪数据。

2019 年 9 月,洛克希德·马丁公司击败"哨兵"雷达的原制造商雷声公司,获得价值

2.81亿美元"哨兵"雷达A4雷达的合同,合同选项涉及交付18部雷达。2022年5月,首批5部"哨兵"A4雷达已交付给美国陆军进行测试。根据合同,洛克希德·马丁公司将在2023年底前再交付另外5部系统。

2023年8月,美国陆军批准"哨兵"A4雷达项目进入低速初始生产阶段,并决定订购数量从尚未交付的8部增加到19部,洛克希德·马丁公司将在2025财年交付19部低速初始生产的"哨兵"A4雷达。陆军计划于2025年初对"哨兵"A4雷达开展初始作战测试与评估,随后在2025年第三季度做出全速生产决定,从而快速启动部署工作,并最终在2025年第四季度使雷达具备初始作战能力。

美国陆军目前规划采购总计240部"哨兵"A4雷达。根据美国陆军当前的测试安排可以推断,"哨兵"A4雷达最早可能要到2026年才能实现在关岛实现作战部署。

（四）ALPS传感器补充关岛防御隐蔽式无源探测能力

陆军远程持久监视(ALPS)传感器是美国莱多斯公司旗下戴尼克斯公司为美国陆军秘密研发的一款新型无源雷达,可持续360°远程探测和识别各种类型的固定翼与旋翼飞机、无人机和巡航导弹威胁,且不易被敌方侦察到。该传感器的详细信息目前尚未公布,但有消息称采用可运输配置,即采用100英尺高牵引塔和处理方舱,其数据库可存储和识别约700种不同类型目标的信号特征,包括在叙利亚冲突中使用的俄罗斯巡航导弹。

ALPS目前仍处于样机测试阶段,其样机已先后被部署到美国印太司令部、美国欧洲司令部和美国中央司令部,以满足各战区司令部的需求并进行作战评估。美国陆军计划于2026财年引入ALPS,这也意味着该系统最早在2026年左右才能在关岛实现作战部署。

》》》三、关岛防御新型防空反导雷达的总体特点

AN/TPY-6、LTAMDS、"哨兵"A4和ALPS虽然是由不同的国防承包商研发,但是综合起来具有一些共同特性。

（一）采用360°覆盖,实现关岛防御全向覆盖

这4款新型雷达传感器均能实现360°覆盖,这在一定程度上符合美国导弹防御局对关岛防御的新需求:关岛四面环海,对关岛的威胁将来自各个方向,360°覆盖能力必不可少。不过,4型雷达实现360°覆盖的方式有所不同,其中:AN/TPY-6雷达为不同地点分布式部署阵列;LTAMDS雷达为单平台部署三面阵;"哨兵"雷达采用单阵面旋转扫描;ALPS为无源侦测接收各个方向的信号。

（二）采用机动式/可重新部署，提升关岛防御弹性作战能力

这 4 款新型雷达传感器均具备一定的机动能力，可在数分钟的战术时间内重新定位，从而满足美军当前的分布式弹性防御作战概念思想，在增强装备生存能力的同时，支持在关岛各个地点快速开展机动式和分布式作战，从而提升高强度对抗环境下关岛防御系统的整体作战效能。

（三）采用开放式架构，易于无缝集成应对新兴威胁

除 ALPS 外，3 款新型有源雷达均采用开放式架构，易于通过集成新型软硬件的方式直接在战场上灵活地进行系统更新与升级，增加和扩展雷达能力，简化运行和维护工作，便于与第三方指挥控制系统无缝集成，从而使关岛防御系统能通过快速升级与集成，应对未来不断涌现的新兴威胁。

（四）采用 GaN 技术，实现高精度、广覆盖

洛克希德·马丁公司和雷声公司具备多年的 GaN 技术研发经验，因此 3 款新型有源雷达均采用 GaN 器件，以达到更远的雷达探测距离、更高的精度和更大的搜索范围。近年来，雷达、电子战、通信等军用电子装备最大的发展变化之一就是其材料向 GaN 宽禁带半导体过渡，并由此带来功率、可靠性和经济上的改善。采用 GaN 器件，几乎已成为新一代有源相控阵雷达的标准配置。

〉〉〉 四、结束语

随着高超声速武器、新一代巡航导弹等武器不断涌现，美国认为现役关岛防御体系已无法满足关岛防御的新需求，为此决定在未来关岛防御体系中部署多款新型防空反导雷达，以弥补预警探测能力上的不足。新的预警探测体系一旦建成，将有效保护关岛重要的军事资产，抵消对手不对称打击优势，巩固关岛作为第二岛链重要节点的重要战略地位。

（中国电子科技集团公司第 38 研究所　吴永亮）

美国和加拿大开发新一代天波超视距雷达

2023年3月,加拿大政府宣布计划部署两款新一代天波超视距雷达,即北极超视距雷达和极地超视距雷达,以提供对北美大陆北部方向的覆盖,远程探测北向来袭威胁。2023年8月,美国陆军工程兵团发布国土防御超视距雷达项目信息征询通告,旨在通过设计、开发、测试和部署发射功率和接收灵敏度都远超现役系统的新一代天波超视距雷达,进一步提升北方预警雷达网的监视能力。美加新一代天波超视距雷达将进一步增强两国一体化预警探测体系,填补北方预警雷达网的覆盖缺口,以应对不断演进的巡航导弹、高超声速武器等新型威胁。

》》》 一、新一代天波超视距雷达的开发背景

天波超视距雷达通常工作在3~30兆赫频率范围内,利用无线电波电离层传播方式,通过电离层对短波的反射使电磁波在电离层与地面之间跳跃传播,可克服地球曲率造成的探测盲区,实现超视距探测,对目标的探测范围可达数千千米。

（一）天波超视距雷达具有重要作战优势

除观测如海洋环境、大气层电离物、极光区等地球物理现象外,天波超视距雷达可经济有效地深入他国区域进行低空目标、海面目标的探测,具有对空对海探测范围广、反隐身、反低空突防等诸多军事应用优势,因而可执行远程战略预警、远程战术警戒和缉毒反走私等多种任务。军事应用与准军事应用已成为这种具有极大范围监视能力雷达的最主要应用方向。

此外,当前高超声速武器作为一种新质装备,已对现役导弹防御体系构成了极大的挑战,而天波超视距雷达由于工作原理特性,天然具备反高超声速武器潜力,可作为未来

反导反临体系的重要补充装备。

(二)技术发展推动天波超视距雷达取得突破性进展

由于测量精度差、存在盲区、无法全天时应用等不足,天波超视距雷达的发展一度停滞不前。近年来随着,发射功率、数字波束形成和信号处理等方面的技术发展水平的提升,天波超视距雷达再次引起美国和加拿大这样拥有广袤国土和巨大海上利益国家的关注。近期两国在新一代天波超视距雷达新技术的研发工作已取得了突破性进展。

2018 财年,美国 DARPA 启动了称为 Shosty 的天波超视距雷达技术研究项目,旨在验证增强型天波超视距雷达能力,开发相关技术来表征分布式天波雷达传播通道技术,通过系统信号处理、建模、分析与试验进行性能分析。2023 财年 DARPA 预算文件显示,Shosty 项目 2023 财年不再获得拨款,这就意味着 Shosty 项目应已于 2022 财年完成(截止2022 年 9 月 30 日),因此预计在开展端到端多站多基地超视距雷达验证后,Shosty 项目成果将移交给美国军方。

在加拿大部署天波超视距雷达存在诸多困难,由于极光带从加拿大中间经过,在极光带附近工作的天波超视距雷达系统必须解决等离子体不规则性问题,这既影响雷达信号的反射,又会产生后向散射极光杂波,从而造成天波超视距雷达系统难于正常运行,在设计上面临着电波衰减、传播和后向散射等诸多问题。为解决极光杂波难题,加拿大开展了大量天波超视距雷达技术研究,并已检验了天波超视距雷达在恶劣高纬度地区环境下的可操作性。

二、新一代天波超视距雷达建设项目

天波超视距雷达已在美国应用了数十年,主要用于探测墨西哥湾和加勒比海的空中和海上目标,执行缉毒等任务。而加拿大天波超视距雷达的研究可回溯到 20 世纪 70 年代与美国空军的合作,但是随着冷战结束,相关研究一度终止。随着巡航导弹、高超声速武器等威胁目标的演进和雷达技术的发展,美加两国又开始重视起天波超视距雷达的军事应用价值,已陆续启动了多个天波超视距雷达建设项目。

(一)美国加快在太平洋建设战术多任务超视距雷达

美国空军正在太平洋的帕劳群岛部署一座新型天波雷达站,以填补美国印太司令部战区的监视空白。这座雷达站即战术多任务超视距雷达(TACMOR),将利用高频探测器天线和后向散射探测器,提供高频超视距飞行情报,并深入开展针对美国本土潜在超视距雷达站点的建模仿真工作。根据 2018 财年美国空军预算文件,TACMOR 项目早在

2017 年就已正式启动了电力系统、钢筋混凝土地基、水源与污水处理、行车道路等基础设施建设工作。该系统在完成军事用途评估和系统级生产准备评审后可随时投产。

2022 年 12 月，美国国防部宣布已授出一份价值 1.18 亿美元的合同，正式启动帕劳 TACMOR 的建设工作，相关工作预计于 2026 年 6 月前完成。2023 年 6 月，美国空军发布 TACOMR 项目信息征询书，寻求为 TACOMR 系统提供子系统或完成整个系统的主系统集成商和供应商。根据相关征询信息显示，TACMOR 合同商将交付 8～32 部接收机以开展测试，一家或多家合同商将制造整个接收机/发射机子系统，该子系统在完成集成安装工作后才会海运至帕劳。

TACMOR 由发射和接收两座站点组成，发射站将沿帕劳群岛中最大岛屿巴伯尔图阿普岛的北部地峡部署，接收站位于南边约 96 千米的安加尔岛。与冷战时期部署的监视全球大范围区域的超视距雷达不同，TACMOR 将侧重于跟踪相关作战活动，支持天基/地基传感器和武器系统，具备提示和预警来袭的高超声速武器、巡航导弹、弹道导弹、飞机和舰船的能力。

（二）美国计划在本土部署国土防御超视距雷达

2022 年 10 月发布的美国《导弹防御评估》报告将国土防御超视距雷达认定为美国国防部未来规划的优先项。针对美国空军正在寻求的这一新能力，该报告直接指出，新型超视距雷达对于提升美国本土的巡航导弹和其他威胁预警与跟踪能力至关重要。

2022 年 12 月，美国空军组织了一场超视距雷达系统行业日活动，对即将启动的新型国土防御超视距雷达项目竞标活动展开说明，并就这种新型雷达系统的采购和部署策略与行业代表进行了讨论。该项目旨在通过设计、开发、测试和部署发射功率和接收灵敏度远超现役系统的新一代超视距雷达，提升北方预警雷达网的监视能力。新一代超视距雷达将是一种双基地系统，发射站和接收站间隔 40～120 英里，其中：发射站占地 140 英亩，采用垂直对数周期单元阵列；接收站占地 1350 英亩，由 7～10 行两维阵列构成。

美国空军目前计划在美国本土部署总计 4 部国土防御超视距雷达，从而扩大应对飞机、巡航导弹、机动式高超声速导弹和海上水面威胁的覆盖范围，响应美加两国北美防空防天司令部以及美国北方司令部的需求。雷达具体部署地点尚未确定，除通常关注的美国东北部、西北部、阿拉斯加方向外，为应对来自南方的假设威胁，美国空军还计划部署其中一部雷达朝南向探测。该项目将采用分阶段实施的方案，先期启动开发首批两部雷达。2023 年 8 月，美国陆军工程兵团发布信息征询通告，以寻求在美国西北部建设两部国土防御超视距雷达系统的反馈。该通告提供了有关该传感器项目规划的新内容，包括 2025 财年中期启动建设、到 2028 年完成建设等信息。

除建设项目外，美国空军已准备启动该系统传感器的竞标。雷声公司是美国海军现役可重新定位超视距雷达(ROTHR)的合同商,正基于 ROTHR 开发下一代天波超视距雷达。该公司正在积极参与该项目,并表示它是美国国内唯一能满足该项目需求的合同商。国土防御超视距雷达项目大概率最终由雷声公司中标。

(三)加拿大积极测试北极和极地超视距雷达

目前为止,根据相对北极极冠的位置,加拿大特有的天波超视距雷达系统可以分为两类:北极超视距雷达和极地超视距雷达。

1. 北极超视距雷达

北极超视距雷达系统将部署于极光圈以外,其电离层反射点位于极光边界之外,从而避免电离层不规则性对雷达和目标之间的信号传播的影响,最大限度地扩大极光下的潜在监视范围。为此,该雷达系统的位置选择十分关键,且必须通过两维接收阵列,以足够的仰角分辨率来减轻极光杂波干扰。加拿大长期以来一直在开展三坐标(距离—方位—仰角)北极超视距雷达试验,位于加拿大渥太华附近的相关试验台接收阵列为一种256 单元的接收阵列,以 16×16 配置排列,如图 10 所示。

图 10　北极超视距雷达试验台接收阵列

加拿大国防部已宣布,北极超视距雷达将部署在安大略省南部,可远程探测逼近阿拉斯加的来袭威胁。其发射机和接收机可能需要 4 座站点,加拿大国防部目前正在评估安大略省与美国明尼苏达州、密歇根州、俄亥俄州、宾夕法尼亚州和纽约州接壤的地区,潜在地点预计将于 2024 年春敲定。北极超视距雷达预计将于 2028 年达到初始作战能力,2031 年实现全作战能力。该系统的初始成本估计达到 10 亿加元。

2. 极地超视距雷达

极地超视距雷达将部署于北极极冠内,在这种情况下,雷达被极光圈所包围,杂波有可能出现在所有方位向上,包括雷达的后向。此外,等离子体漂移可能会使极冠区内等离子体不规则性发生变化,导致杂波在距离和方位向扩散,使许多目标将有可能会被杂波掩没。与北极超视距雷达相比,极地超视距雷达对雷达信号处理提出了更高的要求。

加拿大一直在推进极地超视距雷达项目,目前正采用大型(>1000 通道)三坐标雷达系统开展杂波抑制试验。如图 11 所示,极地超视距雷达试验系统的接收阵列为一种 1024 单元的阵列,以 32×32 的配置排列,位于加拿大的努纳武特。极地超视距雷达部署地点尚未确定,预计将比北极超视距雷达晚两年投入运行。

图 11　极地超视距雷达试验台接收阵列

》》》三、影响分析

美国和加拿大的新一代天波超视距雷达结合数字化、信号处理等最新雷达技术成果,克服了老旧天波雷达的诸多能力缺陷,将对两国的预警探测体系的发展带来重大影响。

(一)填补重要方向预警探测覆盖缺口

北美防空防天司令部当前的北方预警系统由美国和加拿大联合建设的远程警戒线升级而来,自 20 世纪 90 年代启用后已服役了 30 余年。目前,该系统的现役老式 AN/FPS-117 远程雷达和 AN/FPS-124 近程补盲雷达已无法满足新的作战形势,尤其是应对中低空突防能力有限,因而存在迫切的升级需求来填补能力差距。美国和加拿大的新一代天波雷达完成部署能对各个威胁方向,尤其是北向实施远程探测,大幅增加对来袭威胁的预警时间,并获取威胁目标攻击方向、预计到达时间和突袭规模等信息,从而为北方预警系统构建新一代超远程预警探测网。

2022 夏,美军开展了针对来自南方假设威胁的防空演习,这是美军对通常关注北部、西部和东部方向的重大调整。美国国防部延续这一思路,已对国土防御超视距雷达项目做出了调整,将部署一部朝南探测的雷达,以填补南部方向探测覆盖缺口。此外,通过在太平洋地区帕劳部署的天波雷达,美军还将进一步扩大对西太平洋广阔空海域(包括关岛地区)的感知能力。

(二) 提升应对各类新兴武器威胁能力

近年来,为增强战略威慑力,全球主要军事国家竞相发展远程隐身巡航导弹和高机动高超声速滑翔弹等新一代武器,从而对当前的预警探测体系带来了重大挑战。在巡航导弹防御方面,隐身巡航导弹的正向雷达截面积极小,传统雷达往往难于对之实现有效的前视探测,而天波雷达采用自上而下的俯视探测方式,可增大隐身巡航导弹的雷达截面积,使其隐身措施失效,从而大幅提高对此类威胁的探测距离。在高超声速速滑翔弹防御方面,当此类武器在高空飞行时,周边会存在电离信号特征,很容易被经过电离层状态分析训练的天波超视距雷达探测到,实现对相关威胁的提前预警和应对。

鉴于2023年初的平流层气球事件,美国国防部增加了2024财年超视距雷达的开发预算,以评估和改进超视距雷达传感器跟踪算法,提高探测平流层气球等高空飞行器和其他不明空情的概率。集成先进信号处理技术的新一代超视距雷达,由于独特的工作特点而使其成为一种可有效应对这些新型威胁的重要装备,已被美加两国认为是保护北美大陆免受相关威胁打击的重要手段。

(中国电子科技集团公司第38研究所　吴永亮)

美国国防部加大雷达超线性处理技术投入

2023 年 9 月 19 日,美国国防部向米特伦软件公司授予 213 万美元合同,为"超线性处理"(BLiP)项目开发端对端非线性雷达信号处理链路,测试非线性处理算法。这表明该项目已从论证阶段进入研制阶段。

>>> 一、超线性处理技术研发背景

(一)现代战场对高性能小型化雷达的需求日趋迫切

随着战争样式由信息化战争向智能化战争加速演进,近年来无人系统蓬勃发展并在武装冲突中屡有惊艳表现,美国提出"复制器"、忠诚僚机计划,推出有人无人联合作战和无人自主作战概念,无人系统成为战争主力的趋势日趋清晰。无人机相对有人机的突出特点在于体积小、载荷低,提供的供电、搭载资源有限,雷达等任务载荷成本低。当前机载火控雷达体积重量功耗太高无法装入无人机,或者探测距离难以满足空战需求,再加上雷达成本太高难以适应无人机战场消耗性作战,因此不能直接将当前雷达直接装进无人机,迫切需要探索新的途径,提升雷达性能,降体减重。

(二)雷达线性处理技术成熟而弊端日益凸显

第二次世界以来,雷达孔径硬件软件经历了重大改进,信号处理手段也从 20 世纪 40 年代基于真空管和模拟电路的模拟信号处理,发展到当前基于微型芯片和软件的数字信号处理、放大滤波预测等线性处理贯穿雷达信号检测和目标跟踪的各个阶段,其理论完备、理解深入、实现简单。然而,雷达线性信号处理的理论基础是基于高斯噪声背景下单一已知信号的最优检测,这种处理方法与高斯平稳目标环境构成最优匹配,而真实世界

中的多目标、非高斯、非平稳背景与理论假设不匹配,特别是随着战场环境日趋复杂,增大阵面提升功率的边际效应递减,线性处理的收益显著降低,迫切需要从处理端探寻新手段。正如 DARPA 战略技术研究室超线性处理项目经理罗比所说,"过去 30 年提升雷达性能主要通过增加孔径尺寸或增加发射功率来实现,这些途径都重要,但如果期望在将雷达孔径尺寸降低 50% 的情况下,仍然获得相同的性能,那需要颠覆线性信号处理范式。"

(三) 超线性处理成为打破传统处理瓶颈的重要途径

超线性处理是指基于图形处理单元(GPU)等超算架构和非线性理论,从非线性信号处理、非重复波形设计、多假设检测前跟踪、主瓣抗干扰等颠覆现有雷达技术,构建从 AD(射频数字化)到航迹的端对端全流程处理链路,整体替换传统信号处理数字波束形成(DBF)、反干扰、目标检测、目标跟踪等环节,将主瓣干扰降低 20dB,跟踪信噪比降低 7 ~ 8dB,阵面孔径面积降低到全阵列的一半,提升雷达应对超级隐身、高超声速、认知干扰等复杂环境的能力,为适配无人机等小型平台开辟新途径。

算力提升为超线性处理奠定坚实基础。充足的算力是非线性信号处理的基础,历史上雷达信号处理模式随着计算能力的提升而增量化发展,先后经历了模拟电路处理、数字硬件处理、固件处理、软件处理等阶段,显著提升信号处理效率。电子信息技术和计算能力以摩尔定律发展,集成电路上可容纳的晶体管数量每隔 18 ~ 24 个月增加一倍,性能增加一倍,单位运算功耗每一年半降低一半。高性能芯片处理能力的指数级增加,为超线性处理奠定坚实基础。项目经理罗比认为,"计算机处理能力如今取得巨大进步,可从新的视角观察雷达信号处理,特别是非线性和迭代雷达信号处理,它们有潜力显著改善雷达性能,使小天线孔径和小平台能够提供等效能力。"单块英伟达 DGX H100 芯片 8kW 功耗运算能力已达到 7.7 PFLOPS(每秒执行 7700 万亿次浮点运算),比当前主流大型雷达所需的线性信号处理需求高 2 个数量级以上。

》》》 二、超线性处理技术的特点

DARPA 超线性处理项目的总体思路是研制一套端对端非线性信号处理链路,开发一系列非线性处理算法,并进行试验验证。

(一) 研制端对端信号处理链路,实现架构革新

1. 超线性处理项目以端对端处理链路为验证载体

为进行非线性处理,超线性处理项目将开发一套端对端雷达信号处理链路,"端对

端"意味着非线性信号处理的范围从模数变换（AD）数字射频信号开始，到形成航迹结束，该链路接收来自雷达接收机的AD数据，进行处理后形成航迹。端对端雷达信号处理链路开发后，将在杂波干扰等复杂环境中对多目标检测定位跟踪性能进行持续优化。

2. 非线性处理链路整体替换传统线性处理链路

非线性处理链路对线性处理链路的替换，不是对个别模块的部分替换，而是整体替换。之所以采用整体替换，是因为非线性处理对单一处理模块替换后，其输出信号统计特性与后续模块预期的统计特性不再一致，例如稀疏表示多普勒非线性处理模块处理的数据与线性处理模块处理的数据，对于后续恒虚警（CFAR）检测模块具有不同的统计特性。这种接口的不兼容，导致无法通过简单地升级或替换某个处理模块（或处理级）来升级当前雷达信号处理系统，因此只能通过整体替换来实现。

（二）聚焦4个技术方向，开发一系列非线性算法

为优化提升端对端信号处理链路，超线性处理项目将开展创新性算法开发，重点聚焦以下4个方向。

（1）迭代与非线性信号处理。该类算法将天线孔径接收的原始数字射频信号流进行处理，直接形成目标参数估计和目标跟踪结果。可行算法包括但不限定于最大似然、稀疏表示、最小二乘表示、L1/2分解、非线性噪声滤除、伯格外推等，可用于雷达某一处理的不同方面，也可解决雷达多个处理维度，但是由于这些算法性能和使用尚未成熟，因此将重点研究这些算法的收敛特性、统计特征、模型适配影响、计算复杂度降低、有限精度效应等问题。

（2）非重复波形设计与处理。该类算法作为非线性处理算法的扩展，增加了非重复波形，通过非重复波形与非线性处理组合，克服雷达盲距和盲速问题，降低乃至消除对填充脉冲的需求。非重复波形设计与处理是通过对时间序列进行非均匀采样，并实施相应的处理，测量目标的距离和多普勒数据。该算法重点研究波形设计和处理方法，其中波形设计采用脚本化预先规划的方式。

（3）多假设检测前跟踪（TBD）。该类算法与多假设检测后跟踪算法相比，对信噪比的需求降低7~8dB，能克服基于Hough变换TBD算法在目标大动态机动场景下性能降低的影响，提高跟踪质量。

（4）主瓣干扰抑制。该类算法针对雷达通信频谱共用下的干扰，通过干扰信号估计及对消实现主瓣干扰抑制，主瓣干扰抑制比达到20dB。

以上4个方向的处理算法相互联系，彼此并不孤立，每一方向也包含多个方法。超线性处理算法将在端对端信号处理链路上进行验证，验证指标不限于信杂噪比、收敛速度、均方根误差（RMSE）、杂波改善因子（CIF）、杂波内可见度（SCV）、极化隔离度、平均最

优子模式分配(OSPA)等。

超线性处理具有相对明确的界限。由于超线性处理概念外延宽广,因此为聚焦资源,超线性处理项目明确指出不开展以下方向的研究:①多基地雷达信号处理,该项目仅专注于单基地雷达信号处理技术;②认知/闭环波形设计,该项目由于存在实时发射控制等困难,因此未将发射机闭环控制列入研究范围;③基于端对端处理的机器学习,机器学习不是一种可接受的端到端处理方法;④单独孤立处理模块或解决单一孤立领域的方案,由于级联结构的存在,非线性信号处理模块之间存在潜在交互,因此该项目仅考虑全端到端处理的方案;⑤雷达硬件或测试台开发,由于外场试验在多功能相控阵雷达(MPAR)上进行,由政府提供,因此参与机构无须对 MPAR 孔径或 RF 硬件进行更改;⑥依赖专利黑盒子的方法。

(三) 反复在实验室测试台和外场雷达进行验证使用

为进行非线性信号处理算法开发,以及对端对端信号处理链路进行验证,超线性处理项目计划分两阶段进行:第一阶段是在实验室对算法性能进行非实时验证;第二阶段是在美国国家海洋和大气管理局(NOAA)国家强风暴实验室(NSSL)的 MPAR 上进行全尺寸外场实时验证。MPAR 是美国下一代气象和空管多功能软件化雷达原型机,工作于S 波段,天线阵面由 24 个子阵构成,双极化工作,双通道波形发生器可生成任意发射波形,典型信号带宽为 6MHz,最大信号带宽为 30MHz,带宽驻留间隔为 16MHz。通过MPAR,可验证非重复波形、非线性处理算法、极化性能等。

(1) 建立试验平台。为配合超线性处理项目外场验证,在原有 MPAR 线性信号处理链路的基础上,新增了非线性信号处理链路。原有线性信号处理链路负责对数字同相正交分量(IQ)数据进行波束形成、信息处理等操作;非线性信号处理链路由 GPU 簇、高核心数服务器、操作系统组成(配置 1 块 DGX H100 处理器和 2 块高核心数服务器,DGX H100 处理能力达到 7.7 PFLOPS,高核心数服务器采用英伟达 A100 GPU,在"红帽"企业级 Linux 操作系统上运行)。非线性信号处理链路录入经 MPAR 全阵列波束形成处理之前的 IQ 数据流,基于高性能 GPU 和非线性算法进行实时处理(航迹报告延迟不超过 1 秒,航迹丢失不超过 5%),验证非线性处理链路相对传统线性处理链路的优势。线性信号处理和非线性信号处理的性能对比,是通过对 MPAR 进行孔径配置来进行,即对比全口径线性处理相对部分口径非线性处理的性能。具体实施上,通过测量不同数量子阵接通条件下非线性处理性能,并与全阵列线性信号处理性能进行对比,评估两种处理方法的性能,对比指标有航迹正确率、错误率、更新速度、精度等。

(2) 公布明确的试验条件。试验条件设置:MPAR 工作于警戒模式;监视区域 90°×20°;高仰角杂噪比小于 0dB;低仰角杂噪比高达 50dB;飞机目标距离 100km;RCS 0dBm;

数据率 5 秒;航迹正确率 0.9;航迹错误率 10^{-6}(单次搜索每个距离多普勒波门);跟踪时间 5 分钟;跟踪过程中在机会目标中注入仿真目标和干扰信号。

（3）建立预期性能指标。超线性处理项目性能改善的目标是:干扰抑制方面,主瓣干扰抑制达到 20dB;目标跟踪方面,在跟踪性能对等的前提下,在高仰角情况下孔径面积最少降低至全阵的 70% 并最终降到 50%,在低仰角情况下孔径面积初步降低至全阵的50% 并最终降到 40%。

（4）设立技术评估机构。为进行技术评审,超线性处理项目设立独立评估小组,负责进行试验分析和监督。评估专家来自霍普金斯大学应用物理实验室、佐治亚理工研究所、空军研究实验室、空军技术研究所、陆军研究实验室等。

三、超线性处理技术对预警探测能力的影响

（1）颠覆雷达信号处理架构。雷达信号处理架构在雷达发明之初较为简单,呈现出整体性的形态。随着目标威胁的不断发展以及计算处理能力的不断提升,雷达信号处理架构切分为 DBF、抗干扰、反杂波、检测、跟踪等模块,通过独立提升各模块处理性能来增强雷达整体性能。非线性处理是开发"端对端"处理链路,强调处理的整体性,内部级联结构的处理模块之间存在较强的交互关系。雷达信号处理架构进入第三发展阶段,从第一阶段的"合",到第二阶段的"分",再到第三阶段的"合",体现出"合久必分、分久必合"对立统一的发展规律。这一阶段的"合"是通过以摩尔定律速度发展的高速计算芯片,以及代表人类智力成果的软件算法,换取能量领域发展速度较慢、成本较高的功率射频硬件,以软代硬实现性能的跃迁。

（2）革新雷达装备形态。超线性处理在保持雷达性能相同的情况下,可将体积降低到原来的一半,也相当于以相同的雷达体积,实现装备性能的倍增,这使无人机预警雷达、无人机火控雷达实用化成为可能,加速无人空战时代的到来。非线性处理作为一项通用技术,对雷达具有普适性,而非局限于某一特定领域,涵盖陆海空天各型平台搭载的搜索跟踪制导测量等各种功能的应用需求,对雷达装备形态和应用产生重大影响。

（3）重构雷达信号处理研发模式。传统线性信号处理是采用模块化流水线开发方式,功能模块之间交互少,交互模式单一,协同程度低。非线性信号处理则是为实现复杂环境下的最优匹配,采用迭代方式,功能模块之间存在复杂的反馈交互,交互模块数量大,交互方向多,交互方式丰富,这将导致超线性处理复杂度急剧增加,需要进行整体设计和协同试验。面对超线性处理巨大的复杂度,传统独立和条块分割的信号处理生态将会被打破,雷达信号处理生态将会被重构,这迫使雷达高校院所用户之间进行深层协同开放联合,主动开展经验分享、数据共享、平台共用,加速雷达信号处理技术创新和成果

转化。

》》》四、对策建议

鉴于超线性处理将对雷达信号处理产生革命性影响,必须予以高度重视,建议从以下三个方面进行应对。

(1)构建雷达非线性信号处理架构。相对线性处理架构,非线性处理架构比较简单,但从最优匹配复杂多变的非高斯目标和环境的能力来看,非线性处理架构内部必然存在大量反馈迭代的交互环节;而从对算力的需求来看,非线性处理架构存在大量的并行通道。因此,鉴于非线性处理系统架构的复杂性,需要军地各方雷达总体信号处理和数据处理团队,打破领域界限,联合研判,构建雷达非线性处理系统架构,为开展非线性处理后续工作奠定基础。

(2)加强超线性处理算法开发。首先,确定算法开发重点,超线性处理项目列举了一些算法开发方向,应对这些算法进行评估,并征集遴选其他波形设计和处理算法。其次,鉴于非线性处理算法尚未成熟,应加强算法理论研究,验证收敛特性、适配特性、精度特性、计算复杂度等问题。再次,应开发非线性处理算法试验平台,开展算法测试,优化算法性能,促进算法转化应用。

(3)加快高性能计算芯片研制。超线性处理采用"数字射频信号+GPU"的通用形式,以高性能 GPU 为基础,强大的算力是支撑超线性处理的关键。应加强相关瓶颈技术攻关,若仅靠堆积芯片提升算力,将难以获得超线性处理同等探测性能下雷达体积重量的预期目标。尤其在当前科技战背景下,高性能芯片断供已经成为现实问题,只有补足这一短板才能确保超线性处理基础自主可控。

(中国电子科技集团公司第 14 研究所　韩长喜)

德国开发出新型无源雷达

2023年8月,德国亨索尔特(Hensoldt)公司推出一款新型"特因维斯"无源雷达军用方舱版,既可组成分布式自主集群,也可与有源雷达实时组网完成主被动协同探测,具有灵活部署、多频段信号接收处理、生存能力强等优点,可探测、跟踪、监视隐身飞机等目标,而不暴露自身具体位置。

》》》 一、无源雷达的基本能力

"特因维斯"无源雷达(图12)是德国亨索尔特公司开发的一种基于最新数字技术的无源雷达,在2018年柏林航展上稳定跟踪两架F-35战斗机而闻名于世。

图12 "特因维斯"无源雷达军用方舱版本

作为无源雷达的一种,"特因维斯"雷达利用来自照射源的直达波和经目标反射后的回波,测得目标回波的多普勒频率、到达时差和到达角等信息,综合计算获得空中态势,实现对目标的探测、跟踪和定位。初始的"特因维斯"雷达分为军用版本和民用版本,此次的方舱版本是最新的军用改型,提供了更好的可部署性。

"特因维斯"雷达功能性能指标如下:具备全方位覆盖的三坐标跟踪能力;探测距离在几千米到 100 千米以上;90% 以上航迹的方位精度为 500 米,70% 以上航迹的俯仰精度为 1000 米;航迹更新率小于 1 秒/次,航迹延迟率小于 1.5 秒;可同时进行 16 个模拟无线电(FM)发射器、5 个数字无线电(DAB)和 5 个数字地面电视(DVB-T)的信息融合;采用军用方舱式集成设计,可灵活部署于军用运输车上;具备功耗低、重量轻、易维护等特点。

"特因维斯"雷达拥有广域探测范围和较高精度,适用于远程空域监视等场景。该雷达采用多基地的工作模式和长波段的工作频段,使系统不受地理几何盲区和战机隐身涂层的影响,在反隐身战机和抗低空突防等方面有极强适用性。

》》》 二、无源雷达作战使用特点

(一)多源集成提高雷达目标探测能力

无源雷达的系统配置、探测能力、探测精度等指标参数均受制于照射源波形特性、发射功率及覆盖范围。采用单一照射源的无源雷达系统,往往只适用于特定的应用场景,例如:基于 FM 广播信号的无源雷达,常用于远距离大范围的空中目标监视,而无法胜任重点区域低慢小目标监视的任务;基于数字电视信号的无源雷达,难以满足民航飞机、战斗机等目标远程预警的要求。

"特因维斯"系统可同时利用 FM 信号、DAB 信号和 DVB-T 信号作为照射源进行目标探测,实现了多源集成。该雷达系统通过对不同频段(HF/VHF/UHF 等)、不同制式(模拟/数字)、不同覆盖模式(多频网/单频网)的多照射源进行综合处理,为雷达系统满足高精度(信号带宽大)、远距离(信号发射功率大)、大范围(信号覆盖范围广)、多场景(地、海、空目标探测)等目标探测需求提供保障,实现各照射源下探测的优势互补,进一步提升目标探测性能,有效拓展雷达的应用场景。

(二)智能化信息处理增强雷达实时跟踪效能

无源雷达使用非合作照射源,其发射站位、辐射参数、信号波形等指标参数并非为雷达目标探测所设计,故具有较强的环境依赖性。无源雷达信号处理流程相比主动雷达复杂,限制了无源雷达的工作能力。

"特因维斯"系统具备全自动智能化信息处理能力，助力多数字频段信息的处理工作，提升三维实时全向跟踪能力。配备任务规划工具，以找到最佳传感器位置并预测场景性能。这都进一步提升了系统的智能化水平，使系统能够自主感知探测环境并作出自适应调整，极大改善无源雷达的探测效能。

（三）机动式快捷部署提升雷达战场环境适应性

亨索尔特公司通过结构和技术上的设计，使得"特因维斯"雷达十分易于部署。完全集成的军用方舱版本，可以灵活便捷地部署在全地形车辆或货车上，只需两个人就可以在原地完成安装和拆卸，提升战场环境的适应性。此外，算法升级的数据处理技术，使雷达在外辐射源过少、信号比较弱的欠发达偏远地区仍可正常工作。

（四）空间多基地构型保障雷达战时持存能力

"特因维斯"雷达采用收发分置的多基地构型，不仅可以获得多视角的空间分集得益，减轻目标 RCS 抖动问题，提升多站定位精度，而且可以发挥被动接收带来的隐蔽优势，提升战场生存能力。

（五）灵活协同组网提高雷达综合感知能力

"特因维斯"雷达具有先进的全自动智能信号处理和传感器数据融合，可实现多种协同探测样式。早在 2019 年的地基、空基、海基有源无源雷达试验（APART-GAS）活动期间，亨索尔特公司就测试了"特因维斯"无源雷达跟踪与数据融合引擎的软件架构。得益于此，"特因维斯"雷达不仅可以实现自身组网，还可以其他有源/无源雷达系统之间的传感器数据交换，以提高整体系统的态势感知能力，使无源雷达获得崭新的协同探测样式。

》》》 三、无源雷达作战使用方式

（一）采用单传感器无源探测

"特因维斯"雷达具有高性能天线单元和处理器组件，其先进的数字接收技术可以同时进行多个模拟无线电、数字无线电信号的融合分析，以定位目标位置。

使用单个"特因维斯"雷达，可完成 250 千米范围内的作战覆盖，并同时对多达 200 架飞机进行三坐标的监控。在战场上，"特因维斯"不发射电磁辐射的特点，使其难以被电子对抗措施干扰或反辐射打击，具有极强的战场生存性。此外，它还可以作为扩展传感器，被方便地集成到综合防空系统（如 IRIS-T SLM 地对空防空导弹系统）中，提升其整体感知能力。

(二)采用有源—无源一体化协同探测

"特因维斯"雷达与有源雷达协同组合,可以在增强整体态势感知能力的同时,减少主动雷达的工作时间,提高防空系统的抗干扰性。俄乌冲突中,亨索尔特公司通过将"特因维斯"无源雷达与其先进的 TRML-4D 主动防空雷达进行组合,形成具有独特功能和操作优势的"特因维斯"防空探测系统,如图 13 所示。

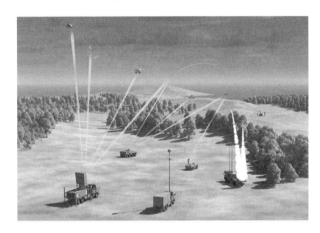

图 13 "特因维斯"防空系统示意图

通过有源雷达和无源雷达的组合,不仅弥补了无源雷达测位精确度差、扫描频率低、持续跟踪能力弱的劣势,而且减少了有源雷达的开机时间,使敌方难以探测到电磁足迹,提高了系统的抗干扰性和生存性。具体而言,与"特因维斯"雷达集成形成综合探测系统,可填补单基地探测盲区,获得更大的探测区域;可提升对隐身目标探测能力和同时跟踪目标的容量,获得更多的探测目标;通过实时联网和数据交换,获得更高的探测频率;可以在难以被敌方探测的低—零功率输出状态下获得初始的空中态势,获得更强的抗干扰能力。

(三)采用无源—外辐射源一体化协同探测

亨索尔特公司和 ERA 公司通过将"维拉"-NG 无源雷达和"特因维斯"外辐射源雷达结合,组成了一种崭新的完全被动的协同探测形式,在获得精细空中态势的同时,实现真正意义的"静默"工作,达到"见敌而不现于敌"。

通过无源探测系统间的组合,系统可以全面接收目标主动发射和被动散射的电磁信号,形成深度综合的空中态势。具体而言,"维拉"-NG 用于远距离探测感兴趣目标主动发射的电磁信号,可将"特因维斯"系统的探测距离从 250 千米扩大到 400 千米。目标不发射雷达信号时，"特因维斯"仍可获得一定范围内的目标三维定位信息。通过融合两个雷达系统的目标数据，生成完全无源的空中图像，为未来防空监视做出重大贡献。

四、几点启示

（一）网络化协同探测提升现代防空系统的综合性能

"特因维斯"雷达基于网络化实现多种协同样式的组合，是提升现代防空系统综合性能的一个重要趋势。网络化探测可以利用空间分集、频率分集和极化分集等手段扩展信息获取维度，利用信息融合技术提高目标检测、定位、跟踪性能。无源雷达系统通过网络化探测进行多发多收双基距离联合定位，可以为探测区域提供更完整的态势评估。

（二）智能化提升雷达多维探测效能

"特因维斯"雷达具备的智能化探测能力，如战场电磁环境的智能感知、多源数据的智能化融合处理、基于数据驱动的任务决策规划，提升了装备的用频精确性、航迹精准度、阵地优化和任务自适应度。"特因维斯"雷达通过智能化处理，可以主动适应更复杂探测环境，成为一个"会思考、会学习"的智能系统。

（三）高机动探测提高雷达作战灵活性

随着现代战争的需要，地面雷达装备的机动性也愈发重要。一方面，机动化雷达可以战时对损毁的固定式雷达进行补位，保证一定探测范围空情获取和情报收集的稳定性；另一方面，灵活的部署和移动也有利于提高雷达自身的生存能力。

（中国电子科技集团公司第 14 研究所　冯思源）

2023 年国外预警探测领域大事记

美国洛克希德·马丁公司舰载 AN/SPY-7 雷达获西班牙采购合同 　1 月 9 日,美国海军海上系统司令部表示,已向洛克希德·马丁公司授予价值 8280 万美元订单,为西班牙 F-110 护卫舰配备 AN/SPY-7 雷达。AN/SPY-7 雷达属于第四代相控阵雷达,工作于 S 波段,探测距离是 AN/SPY-1 的数倍,探测高度和探测精度大大提升,在应对导弹俯冲式攻击和饱和式攻击方面有很大优势,并具备高超声速武器探测能力。首部雷达计划于 2026 年交付。

美国陆军授予 Epirus 公司"列奥尼达斯"定向能系统合同 　1 月 23 日,美国陆军快速能力与关键技术办公室(RCCTO)向 Epirus 公司授出价值 6610 万美元的合同,以采购多套"列奥尼达斯"(Leonidas)定向能样机,支持间接火力能力-高功率微波项目发展。Leonidas 采用数字波束形成、软件定义、GaN 固态放大器等新技术,搭载于一个小型拖车上,工作于低频段,天线阵面高约 2.6m,宽约 1.2m,有效辐射功率 270MW,可毁伤 300m 范围内无人机搭载的电子设备,主要用于近程防空和反无人蜂群。

以色列推出两款新型超视距雷达 　以色列宇航工业公司(IAI)推出了两款新型超视距雷达,分别为天波后向散射超视距雷达 ELM-2040 和表面波高频超视距雷达 ELM-2270。ELM-2040 作用距离上千千米,可承担防空反导和海洋监视任务,探测跟踪巡航导弹、高超武器、吸气式目标和上升段/滑翔段的弹道导弹。雷达工作频率 3～30MHz,角度覆盖灵活,最大搜索方位达 180°,拥有边搜边跟(TWS)、精密跟踪和多目标同时跟踪 3 种模式。雷达基于数字相控阵技术,使用先进算法抑制噪声和干扰,提升探测精度和目标识别能力,并采用线性调频连续波波形(FMCW)优化发射输出。ELM-2270 可承担海岸监视任务,用于探测海面舰艇目标和低飞目标。该雷达采用相控阵技术和干扰对消技术,可探测 370km 外的 1500 吨级轮船和 130km 外的低飞战机,方位覆盖 120°,距离精度 2km,分辨率 3km。

印度计划开发远程多功能雷达执行海基防空反导任务　　2月1日，印度国防部门称将开发下一代舰载防空反导雷达以实现海基反导能力。该雷达名为"远程多功能雷达"（LRMFR），计划由印度国防研究与发展组织（DRDO）研制生产，采用固态有源相控阵体制，具备防空反导预警功能，既能支持印度 AD-1 和 AD-2 拦截弹的反导任务，也可为垂发近程/远程舰空导弹提供目标指示和火控制导。

乌克兰 Delta 战场态势感知和管理系统首次实战测试　　2月4日，乌克兰武装部队在赫尔松战场成功测试了新型 Delta 战场态势感知和管理系统。该系统服务器位于乌克兰境外，采用云端处理和存储方式，整合来自雷达、卫星、无人机、摄像机和手机等情报源的数据。测试表明，该系统能够兼容多种情报源，大幅提升战场态势融合能力，允许士兵通过电脑、手机等客户端访问云端数据库，大幅缩短 OODA 反应时间。

美国诺斯罗普·格鲁曼公司演示下一代机载网关连接海空多型平台的能力　　2月13日，诺斯罗普·格鲁曼公司与美国海军航空系统司令部、海军研究办公室、海军太平洋信息战中心、BAE 系统公司合作，首次在飞行试验中成功演示了下一代机载网关连接空中平台与海上平台的能力。该机载网关安装在诺斯罗普·格鲁曼公司 MQ-4C"人鱼海神"飞行试验台上，与代表 F-35、E-2D"先进鹰眼"、"宙斯盾"驱逐舰和航空母舰战斗群的地面模拟器共享第 5 代传感器数据。该网关与"人鱼海神"的雷达、人工智能和机器学习集成，显著增强了之前不互连平台的态势感知和数据共享能力，为作战人员在广阔多样的环境中快速决策和实施分布式海上作战提供支撑。

美国诺斯罗普·格鲁曼公司测试新型超宽带电扫多功能可重构一体化传感器　　2月，诺斯罗普·格鲁曼公司宣布已开始测试新型超宽带电扫多功能可重构集成传感器（EMRIS）。该型传感器的全数字有源电扫阵列（AESA）采用 DARPA 商用时标阵列（ACT）项目的技术，并结合开放式架构标准，将多种功能整合到单部传感器中，执行雷达、电子战和通信等功能，在达到先进能力的同时减少了所需的孔径数量和尺寸、重量与功率需求。EMRIS 采用通用模块和软件容器化设计，可快速、经济、高效地投产。EMRIS 的架构易于扩展和重构，包括多种安装结构，因而广泛适用于各种平台和领域，同时其开放式架构允许快速添加新的或改进的功能，在提高性能的同时避免了重新开展设计。

印度"内特拉"Mk2 预警机采用新型 4D 双波段有源电扫阵列雷达　　2月13日有报道称，印度正计划将印度航空公司的空客 A321 飞机改装成"内特拉"Mk2 预警机，并将为这款预警机配备 4D 有源电扫阵列（AESA）雷达。该雷达天线采用平衡木结构，安装在飞机机背上，采用 S 波段有源相控阵体制，覆盖范围240°，可探测隐身飞机目标，对运输机等大型飞机探测距离达到 400km 以上。此外，在飞机的机首位置，还将增加一部 X 波段有源相控阵雷达再提供 30°覆盖，并通过配备一个双旋转斜盘，使预警机最终达到 300°的覆盖范围。

印度"光辉"Mk1A 战斗机装备 Uttam 国产有源电扫阵列雷达　印度国防研究与发展组织（DRDO）在 2023 年印度航展上表示,印度研发的 Uttam 有源电扫阵列（AESA）雷达将很快装备多款战斗机并支持出口。其国产"光辉"Mk1A 战斗机将获得具有 900+T/R 模块的改进型 Uttam AESA 雷达,而并非之前在老款"光辉"飞机上测试的 700+T/R 模块的雷达。这一改进型 Uttam AESA 雷达类似于正在为"光辉"Mk2 项目开发的雷达,两型雷达前端硬件相同,从而使雷达的生产效率更高。印度隐身先进中型战斗机（AMCA）和双发舰载战斗机（TEDBF）项目也将装配 Uttam 系列模块数更多、性能最强的 AESA 雷达,从而使飞机性能得到大幅提升。

英国反无人机激光武器系统集成 A800 雷达　3 月 9 日,雷声英国公司向英国 Blighter 技术公司发出需求通知,要求提供两部 A800 三坐标多模电子扫描雷达,并集成至反无人机激光武器系统。A800 无人机探测雷达采用基于人工智能的微多普勒分辨技术,有助于减少误报,可改善对多旋翼无人机和固定翼无人机的探测效果,最大距离 20km,对微型无人机探测距离 2km,适用于探测和监视空中、陆地和海上飞行的小型无人机等低慢小目标威胁;平台适装性强,可以安装在三脚架、车辆、塔架和桅杆上;采用加固设计,工作温度适用范围−32℃~65℃;支持多行业标准接口,易于接入指挥控制系统。

美国国防预算申请文件披露 2024 年反导工作重点　3 月 13 日,拜登政府向美国国会提交了 2024 财年国防预算申请,其中用于导弹防御的预算达到 298 亿美元,比上一财年增长 21%。根据美国国防预算概览文件,美国 2024 年导弹防御的工作重点包括:①将 C2BMC 从螺旋 8.2−3 升级至螺旋 8.2−5 版本,以支持 AN/TPY−2 和 AN/SPY−1 雷达的太空态势感知能力;②开发中低轨"过顶持续红外"（BOA）传感器弹性架构,并继续实施下一代"过顶持续红外"极地传感器计划;③将陆军"一体化防空反导作战指挥系统"（IBCS）整合到反导体系中,将"萨德"系统集成至 IBCS 中,并采购第 8 套"萨德"系统;④继续为"地基中段防御"系统研发"下一代拦截弹"（NGI）,并对现役"地基拦截弹"开展延寿工作;⑤增加对区域导弹防御的投资,包括"爱国者"导弹、低层防空反导传感器、近程防空营以及高超声速攻防武器;⑥投资 15 亿美元用于"关岛防御",以开发关岛防御体系架构,建立一体化指控中心,部署搭载 AN/SPY−7 雷达的陆基宙斯盾系统,采购 SM−3、SM−6 拦截弹等;⑦投资先进的创新技术和演示,如对抗高超声速武器的滑翔段拦截弹。

美国陆军聚焦发展"深度感知"能力实现远程持久探测　3 月 17 日,美国陆军部长在国防会议上表示,陆军在 2030 年前的首要任务是发展"深度感知"（Deep Sensing）能力,比对手"看得更远、感知得更持久"。陆军部长宣称,陆军正在开发能够为士兵提供网络战和电子战援助的"地面层系统"（TLS）,提供先进感知和情报、监视和侦察（ISR）能力的机载"高精度探测和利用系统"（HADES）,以及加速数据收集、解析和分发的"战术情报目标访问节点"（TITAN）系统，以完成对海量数据的收集、分析和融合，实现对战场态势的广域感知、持续监视、高精度识别和瞄准能力。

美国空军新型 E-7 预警机 MESA 雷达即将投产　　3 月 20 日，诺斯罗普·格鲁曼公司宣布将为美国空军生产新型 E-7 预警机"多用途电子扫描阵列"（MESA）雷达。MESA 雷达采用二维电扫阵列，可同时处理 3000 个目标，是 E-3 预警机 APY-2 雷达的 5倍；雷达重量 2.2 吨，约为 APY-2 雷达的 60%，具有更好的平台适装性。

美国空军为 F-16 战斗机增购 54 套有源相控阵雷达系统　　3 月 28 日，美国空军寿命周期管理中心（AFLCMC）宣布授予诺斯罗普·格鲁曼公司价值 1.28 亿美元合同，为F-16 战斗机雷达改造采购相关设备。此次增购是美国空军继 2022 年 11 月向诺斯罗普·格鲁曼公司订购 45 部雷达之后的新订单，使用新型 AGP-83 SABR 替代 APG-68 雷达。APG-83 雷达采用有源相控阵体制，具有更远的探测距离、更大的带宽和更高的灵活性。诺斯罗普·格鲁曼公司目前累计获得 14 亿美元 F-16 有源相控阵雷达系统采购合同，交付时间将持续到 2031 年。

美国雷声公司再获美国海军 AN/SPY-6 雷达采购合同　　3 月 29 日，雷声公司获得了一份价值 6.19 亿美元的合同，为美国海军生产 AN/SPY-6 舰载防空反导雷达。这是雷声公司继 2022 年 3 月获得 6.51 亿美元 AN/SPY-6 合同后获得的第二个采购合同。美国海军计划未来 5 年内为 31 艘海军舰艇配备 AN/SPY-6 雷达，预计合同总额超过 32亿美元。

美国雷声公司开发下一代智能化超视距雷达　　3 月 31 日，雷声公司宣布正在开发下一代超视距雷达，该雷达以移动超视距雷达（ROTHR）为参考原型，能够探测巡航导弹、飞机、水面舰艇等威胁目标，并可以在电离层不稳定条件下（如出现极光）工作，为美国本土分层防御提供重要支撑。雷达工作频率 5~35MHz，发射阵列为一维线性布局，可发射大功率射频信号；接收阵列为二维方形构型，采用数字接收机。处理端采用人工智能和机器学习算法，具备极高灵敏度，探测距离达数百至数千英里，能够快速探测、分类、跟踪各类巡航导弹，并能预测导弹飞行方向，为后续拦截提供粗略指引。雷声公司表示该雷达具有良好的环境适应性，可以在佛罗里达群岛、阿拉斯加荒野等恶劣条件下运行，目前正在罗德岛朴次茅斯工厂进行研制生产，美国空军有望成为最大用户。

美国陆军扩大部署"低空慢速小型无人机综合防御系统"　　4 月 19 日，美国陆军授予雷声公司价值 2.37 亿美元的合同，为其"低空慢速小型无人机综合防御系统"（LIDS）项目提供 Ku 波段射频传感器（KuRFS）和"郊狼"反无人机巡飞弹。LIDS 集成 KuRFS、"郊狼"反无人机巡飞弹、"前沿区域防空指挥控制"（FAADC2）系统及电子战系统，用于美陆军反低慢小无人机作战。KuRFS 高精度雷达能够持续检测、识别和跟踪空中威胁，可为"郊狼"反无人机巡飞弹提供情报保障，在更高、更远的距离击败无人机和无人机集群。

英国 BAE 系统公司接收首部 ECRS Mk2 机载多功能一体化系统　有报道称，BAE 系统公司从莱昂纳多公司接收欧洲通用雷达系统 Mk2（ECRS Mk2）原型机，将进行地面集成测试，并计划于 2024 年搭载欧洲"台风"战斗机进行飞行试验。ECRS Mk2 既可完成雷达功能，也可执行电子战任务。

印度为苏-30MKI 战斗机开发国产有源电扫阵列雷达　4 月，印度电子与雷达开发研究所（LRDE）宣布正在为苏-30MKI 战斗机开发国产 Uttam 有源电扫阵列雷达，用于替代原有的 N011M 雷达。Uttam AESA 在显著提升探测距离的同时，能够使重量下降至不到 N011M 雷达的一半。该雷达有 Mk1、Mk2 和 Mk3 三种型号。其中：Uttam Mk1 型具有 700 多个 T/R 组件，目前正在两架"光辉"战斗机原型上测试；Uttam Mk2 型具有 900 多个 T/R 组件，最初计划用于"光辉"Mk2 项目，与 Uttam Mk1 相比，其搜索与跟踪距离增加了 20%~30%；Uttam Mk3 是 Uttam Mk2 的改进型，包含 1200~1400 个 T/R 组件，搜索与跟踪距离比 N011M 雷达提高 25%~40%。

美国陆军 IBCS 系统具备初始作战能力即将部署　5 月 1 日，诺斯罗普·格鲁曼公司发布声明称，美国陆军综合防空反导作战指挥系统（IBCS）已具备初始作战能力，并已为正式部署做好准备。IBCS 系统是美国陆军正在大力发展的"一体化防空反导"项目的重要组成部分。在评估过程中，IBCS 系统证明了其在不同网络之间传输火控数据的能力，增强了态势感知，延长了决策时间。2023 年 4 月，IBCS 系统从低速生产阶段进入全速生产阶段。

以色列"大卫投石索"防空系统成功进行首次作战拦截　5 月 10 日，以色列最新"大卫投石索"防空反导系统成功拦截从加沙地带射向以色列平民中心的火箭弹，这是该系统首次在实战中拦截获得成功。该系统由 EL/M-2084 先进多功能相控阵雷达、"金杏"作战管理系统、"魔棍"（Stunner）拦截弹及发射装置组成，可应对战术弹道导弹、中远程火箭和巡航导弹的威胁，作战距离 40~300km。此前以色列防御体系由"铁穹"反火箭弹系统、"箭-2"反导系统和"箭-3"反导系统构成，"大卫投石索"系统加入后，将进一步提升以色列的防空反导实战能力，在地区冲突中有效应对威胁。

波兰陆基"宙斯盾"导弹防御系统将全面使用　5 月 10 日，美国导弹防御局宣布完成了波兰瑞兹科沃基地陆基"宙斯盾"系统设备的安装和测试工作，通过检查后将全面投入使用，这标志着"欧洲分阶段适应性导弹防御方案"（EPAA）即将实现完全部署。目前，"欧洲分阶段适应性导弹防御方案"前两阶段已经完成，包括位于土耳其的前置型 AN/TPY-2 雷达，位于西班牙罗塔的"宙斯盾"弹道导弹防御舰、"标准-3"拦截弹，位于德国拉姆斯坦空军基地的指挥控制节点，以及位于罗马尼亚的陆基"宙斯盾"阵地。

美国雷声公司升级韩国 FA-50 战斗机的"幻影打击"机载雷达　5 月 16 日，雷声技术公司将为韩国航空航天工业公司的 FA-50 轻型战斗机配备新的"幻影打击"机载雷达,首批"幻影打击"机载雷达将于 2025 年交付完成。"幻影打击"是首款紧凑型机载有源相控阵火控雷达,适装于轻型攻击机、旋翼飞机、无人飞行器和地面小型雷达站等各种平台。该雷达采用雷声公司氮化镓放大器件和紧凑型接收器/激励器,通过全风冷进行冷却,能够实现远程威胁探测、跟踪和瞄准。

西班牙 Indra 公司开发新型空间监视雷达　　5 月 19 日,西班牙 Indra 公司宣称将在 S3TSR 空间监视雷达的基础上开始开发 V2-i 军民两用版本雷达。该雷达采用新型发射组件,功率为 S3TSR 雷达的 4 倍,可以覆盖整个近地轨道,探测尺寸更小的目标,而且系统可扩展,能够进一步增加功率和孔径。该雷达将部署在塞尔维亚的 Morón 空军基地,服役后将成为欧洲太空监视与跟踪(EU-SST)体系的重要组成部分。

美国 Maven 项目人工智能目标识别技术成果交付美国地理空间情报局　　5 月 22 日,美国国防部"专家"(Maven)项目正式移交美国地理空间情报局,实现关键里程碑。地理空间情报局将利用俄乌冲突场景改进 Maven 的人工智能算法,进一步提升数据分析和图像识别能力。Maven 项目于 2017 年启动,旨在利用深度学习和计算机视觉算法,检测、分类和跟踪无人系统采集的运动图像。Maven 系统具有两大突出特点:①利用人工智能算法进行海量信息处理、分析,准确识别目标,颠覆传统人力密集型信息处理模式;②基于精准识别的目标信息,提高作战人员决策速度和准确性,增强对抗环境中的快速反应能力。

美国 DARPA 开发星载编队 SAR 创新算法　　5 月 22 日,美国国防高级研究计划局为数字雷达成像技术(DRIFT)项目授出了 4 份合同,以提高星载合成孔径雷达技术。DRIFT 项目的重点是利用来自几颗编队飞行的 SAR 卫星的数据开发创新型处理算法,以实现雷达和射频能力的突破性提升。DRIFT 项目分为三个阶段,其中:第一阶段,进行算法和软件的开发,并利用开发出的软件产生模拟雷达数据,用于测试算法;第二阶段,卫星供应商收集在轨数据,并提供给算法开发人员;第三阶段,算法开发人员将优化他们的算法,以便在"战术相关时间尺度"上运行。

以色列成功测试海军版"铁穹"系统　　6 月 1 日,以色列国防部下属导弹防御组织、以色列海军以及拉法尔公司(Rafael)成功使用海军版"铁穹"系统 C-Dome 完成了一系列拦截试验,包括火箭弹、巡航导弹和无人机等。海军版"铁穹"系统装有垂直发射式 Tamir 拦截弹,可实现 360°覆盖,而陆基"铁穹"系统不支持此功能。C-Dome 系统没有专用的火控雷达,而是与舰船上的监视雷达协同工作。该系统所需安装面积小,可以安装在海上巡逻舰、护卫舰甚至固定式石油钻井平台等小型平台上。舰载系统整合到了以色列的多层次防御体系中。

欧洲空客公司展示未来空战系统作战形态　　在 6 月举行的巴黎航展上,空客公司展示了未来空战系统(FCAS)的作战设想。未来 FCAS 将利用联合全域作战网络,与有人/无人机和预警机实施混编作战。每架 FCAS 有人战斗机将搭配 4 架可消耗远程无人机。进入对抗空域时,预警机指挥控制权将自动移交给 FCAS 战斗机,由 FCAS 指挥无人机作战;可消耗远程无人机可充当诱饵、干扰器、通信节点、ISR、空对地攻击平台等。

法国 MBDA 提出"协奏打击"弹群协同作战概念 6 月 19 日,欧洲导弹公司(MB-DA)在巴黎航展上展示了"协奏打击"(Orchestrike)作战概念。在场景展示中,一次性齐射了多枚空地导弹,导弹在飞行中捕捉战场态势,互相传递位置和状态信息,以实现弹群编队飞行。"协奏打击"与美国的"金帐汗国"作战概念类似,弹群具备威胁规避、协作瞄准和目标重分配等功能,借助连通性软件架构和人工智能算法,可与后方平台持续通信,实时调整和优化导弹飞行路径,有效避开或穿透对手防空系统。弹群可以实时共享位置坐标,调整编队紧凑程度,在对手雷达屏上显示为单个或者多个导弹,从而迷惑对手,获得更好的突防和毁伤能力;可对打击目标进行优先级排序,并在发现新目标时重新排序;当负责高优先级目标的导弹被击落时,编队中其他导弹能够接管打击任务,避免再次齐射。未来"协奏打击"将装备欧洲"未来空战系统"(FCAS)六代机,利用人工智能技术赋能联合打击能力。

以色列拉斐尔公司提出未来空战 5 大关键要素 6 月,以色列拉斐尔先进防御系统公司发布关于未来空战的设想,涵盖 5 大关键要素:①用于实时目标生成的多源情报收集能力。收集图像情报、信号情报、地理空间数据、网络和公共资源信息等领域的数据,用于实时目标生成。②基于人工智能的多传感器融合能力。利用人工智能算法,对海量数据进行快速处理,提取关键数据,为军事人员快速提供决策支持。③智能电子战能力。利用"X-卫士"可重复使用射频拖曳诱饵和"天盾"宽带多用途自主化电子攻击/护航干扰吊舱,提升部队防护和对敌防空压制能力。④先进空空导弹,包括"怪蛇-5"红外成像空空/防空导弹、"德比"空空/地空导弹、"天矛"远程空空导弹等。⑤对地打击弹药。具有不同任务和射程的空地导弹和精确制导炸弹,适配当前及未来作战平台。

美军接收首艘装备 SPY-6 雷达的"阿利·伯克"级 FlightⅢ驱逐舰 6 月 27 日,美国亨廷顿·英格尔斯工业公司向美国海军交付了首艘"阿利·伯克"级 FlightⅢ导弹驱逐舰。该舰名为"杰克·卢卡斯"号,是整个"阿利·伯克"级的第 75 号舰,首次用 AN/SPY-6 雷达替换 AN/SPY-1D 雷达,并配备"宙斯盾"基线 10 作战系统。该型舰列装后将陆续取代"提康德罗加"级巡洋舰作为航空母舰打击群的骨干力量。

德国采购 TRML-4D 雷达构建"欧洲天空之盾" 7 月 13 日,德国采购 6 部 TRML-4D 雷达,建设"欧洲天空之盾"(ESSI)防空反导体系。该雷达由亨索尔特(Hensoldt)公司研制生产,工作在 C 波段,基于固态氮化镓 AESA 技术,探测距离 250km,目标容量 1500 个,能够探跟和识别不同类型的空中目标,特别是低空快速飞行的小型巡航导弹和直升机。作为 IRIS-T 系统的主要防空情报雷达,TRML-4D 雷达将与"箭-3""爱国者"

等系统构建高中低多层次的欧洲一体化防空反导体系。

德国推出新型 Twinvis 无源雷达　　8月5日,德国亨索尔特(Hensoldt)公司推出 Twinvis 无源雷达新型号,采用最新数字、高性能天线和智能信号处理技术,具有高移动性和实时联网能力,只需两个人就可以完成安装和拆卸。几个分布式无源雷达可集群工作,也可与有源雷达协同,发现包括隐身飞机在内的各类空中威胁。

美军发布本土天波超视距雷达建设意见征询书　　8月21日,美国陆军发布本土防御天波超视距雷达(HLD-OTHR)意见征询书,向业界征求首批2部雷达的建设和施工方案。根据征询书,这2部 HLD-OTHR 分别位于阿拉斯加和美国西北部的偏远地点,首要任务是为探测来袭的低空飞机或巡航导弹,次要任务是对抗来袭的高超声速武器和海上舰船。预计建设成本超过5亿美元,2025年动工建设,建设工期3年。美军宣称,HLD-OTHR 采用双基地构型,发射阵列和接收阵列相距40~120英里,其中发射阵地占地140英亩,采用单行对数阵列,接收阵地占地1350英亩,采用7~10行的二维阵列。HLD-OTHR 发射功率和接收机灵敏度远超现役的超视距雷达,并采用新型算法以提高对平流层气球和不明高空飞行器的检测概率。该雷达服役后,将集成至先进战斗管理系统(ABMS)和北方预警系统(NWS)中,成为美国国土防空反巡的骨干传感器。

德国和捷克合作推出远近结合被动式防空系统　　8月31日,德国亨索尔特(Hensoldt)公司和捷克 ERA 公司宣布推出被动式先进空中监视和防空解决方案。该解决方案使用 ERA 公司的"下一代维拉"(VERA-NG)无源电子战系统(ESM)跟踪器和 Hensoldt 公司的 Twinvis 无源相干定位器。VERA-NG 负责接收探测远距离目标的主动发射信号,Twinvis 负责接收较近距离目标的发射信号。通过二者的组合,可以形成完整的空中图像,提供前所未有的无源监视能力。

美国空军将敏捷作战等作战概念列入作战战略　　9月,美国太平洋空军司令部发布《2030年太平洋空军战略:发展空中力量》,提出3项战略优先事项和4项作战优先事项。优先事项具体包括:①增强作战优势,包括通过敏捷作战增强任务弹性,加强联合一体以提高海上杀伤力,优化全域指挥控制能力,集成先进能力以获得作战优势;②推进战区态势,包括优化进入、建立基地和确保安全飞越,建立多样化的弹性前沿基地;③加强联盟和伙伴关系,开展力量、能力和地理方面的高端联合训练;④塑造信息环境,包括加强战略"叙事之战",展示透明的空中力量等。该战略与2022年《国防战略》保持同步,期望通过变革持续发展印太地区空中力量,保持空军优势,并与盟友合作建立区域综合威慑。

美国"群岛防御"2.0作战概念凸显分布式作战理念　　2023年9月14日,美国权威智库哈德森研究所发布《群岛防御2.0》报告,提出"群岛防御"2.0新型作战概念,指出:①美军应从远征态势转变为前沿部署态势来增强联军防御能力;②通过分布式部署前沿作战部队,实现基地的主被动一体化防御能力;③组建一支高度机动的作战预备队,能够将军力迅速集中到第一岛链和第二岛链沿线地区;④聚焦发展与对手空中、海上和信息拒止作战直接相关的能力;⑤探索替代基于卫星和地面的架构,提高作战网络的健壮性;⑥建立或强化可跨域作战的地面部队,涵盖防空、反导、海岸防御和远距离精确打击能力;⑦在菲律宾、台湾打造非常规作战地面部队,配备先进通信和火力打击装备;⑧剥夺亚太对手利用战略纵深的能力,威胁其纵深关键军事、经济战略目标;⑨通过联合训练等方式,提高盟友间协同能力和互操作性。

德国亨索尔特公司展示多域综合传感器方案　　9 月 11 日,德国亨索尔特(Hensoldt)公司在国际防务装备与安全展览会(DSEI)上展示了其新一代陆地、空中和海上传感器系统。在陆上,Hensoldt 公司将 TRML-4D 有源防空雷达与 Twinvis 无源雷达相结合,通过减少电磁信号主动发射,降低敌方的侦收概率,保护防空系统免受干扰。在空中,Hensoldt 将 PrecISR 机载多任务监视雷达和其他传感器(如 ARGOS 光电云台)相集成,结合数据融合和任务管理软件,提升多任务能力。

瑞典萨博公司推出长颈鹿雷达易于部署的结构紧凑型号　　9 月 11 日,瑞典防务制造商萨伯公司(SAAB)在国际防务装备与安全展览会(DSEI)上公开展示了可部署型长颈鹿雷达——Giraffe 1X。该雷达采用软件化 3D 有源相控阵技术体制,具有防空预警、无人机探测、火炮弹丸探测等工作模式,作用距离 75km,整个系统重量不到 150kg,顶部重量仅 100kg,可轻松集成到移动平台或固定结构中,具有易于部署、结构紧凑、坚固耐用、信号特征小等特点,适合于在战场上紧急使用。

美国海军 MQ-4C 无人机形成初始作战能力　　9 月 14 日,诺斯罗普·格鲁曼公司宣布其研制的 MQ-4C"人鱼海神"(Triton)无人机通过美国海军初始作战能力鉴定,具备大规模部署的条件。MQ-4C 是 RQ-4"全球鹰"的海上改型,美国海军已接装 5 架,能够在 17000m 高度滞空 30 小时以上,最高速度可达 610 千米/小时。其配备 AN/ZPY-3 型 X 波段有源相控阵雷达、AN/ZLQ-1 电子支援系统和 AN/DAS-3 多光谱瞄准传感器,可持续探测 702 万平方千米或一次性探测 5200 平方千米的海岸线或陆地。

美国 DARPA"超线性处理"(BLiP)项目进入研制阶段　　9 月 19 日,美国软件公司 Metron 获得 DARPA 授予的 213 万美元合同,为"超线性处理"(BLiP)项目开发相关技术,这是 2022 年 10 月 DARPA 发布 BLiP 项目以来正式授出的首份合同,表明该项目从论证阶段进入研制阶段。Metron 公司将按照 DARPA 的安排,开发端对端非线性雷达信号处理链路,测试非线性处理算法。超线性处理项目可在相同探测能力下将雷达孔径减小一半以上,主瓣干扰降低 20dB,颠覆雷达装备形态、信息处理架构和研发模式。

美国计划在帕劳部署新超视距雷达以填补印太地区监视空白　　9 月,美国计划在帕劳部署新的"战术多任务超视距雷达"(TACMOR),通过对数千平方英里进行广域监视,填补西太平洋战区的空域监视空白。美国空军正在为 TACMOR 寻求资金支持,计划在 2024 财年申请 500 万美元,届时项目自 2022 财年以来的总支出将达到 8300 万美元。

美国雷声"鬼眼"中程雷达获得首份合同　　9 月,雷声公司获得美国空军研究实验室(AFRL)价值 700 万美元合同,用于开发和评估"鬼眼"中程(GhostEye MR)雷达。该雷达基于低层防空反导传感器(LTAMDS),专为国家先进地对空导弹系统(NASAMS)系统设计,具备目标监视和火控双重功能,拥有 360° 覆盖,可提供更远的探测距离和覆盖区域,可检测、跟踪和识别各类空中威胁。

美国陆军 LTAMDS 雷达完成里程碑试验　　9 月,美国陆军在白沙靶场测试了低层防空反导传感器(LTAMDS)雷达,演示了对固定翼飞机、直升机、无人机巡航导弹和战术导弹的探测能力,为 LTAMDS 在年底实现初始作战能力奠定了基础。截至目前,陆军已花费 7.38 亿美元采购 LTAMDS 雷达。

美国洛克希德·马丁公司为美国海军空中平台开发 MIMO 雷达　　9 月,洛克希德·马丁公司获得美国海军一份价值 4640 万美元"数字扩展超高频多输入多输出(MIMO)优化雷达"合同,用于 E-2D 预警机等平台。该雷达具备以下特点:①可同时发射多个信号和接收多个回波,增加跟踪目标的数量;②具备空间分集、高分辨率成像和精确目标定位等能力,能够在杂波环境下有效工作;③具有弹性优势,即使某些天线发生损坏或被干扰,仍可继续运行。该雷达可通过组合多部天线信号来提高灵敏度,通过分散发射能量来降低被探测的可能性,相关工作预计将于 2027 年 9 月完成。

法国泰勒斯公司获得 4 部 SMART-L MM/N 远程雷达合同　　9 月,欧洲防空导弹公司(Eurosam)与泰勒斯公司签署了一份关于交付和安装 4 部 SMART-L MM/N 远程雷达的合同。这 4 部雷达将安装在两艘法国和两艘意大利"地平线"级护卫舰上,替代原有的 S1850 远程雷达,首部 SMART-L MM/N 计划于 2026 年交付。SMART-L MM/N 已在荷兰皇家海军的 4 艘"德泽文省"级护卫舰上投入使用。

美国陆军计划 2025 年部署下一代"哨兵"A4 雷达　　10 月 9 日,美国陆军计划 2025 年初对新型"哨兵"A4 雷达进行初始作战能力测试与评估,随后全速生产并形成初始作战能力,计划采购总计 240 部。"哨兵"A4 有源电扫阵列雷达由洛克希德·马丁公司研发,用于取代雷声公司老式的"哨兵"A3 雷达,提升对巡航导弹、无人机、直升机、飞机、火箭弹、炮弹和迫击炮弹等威胁目标的跟踪识别能力。该雷达将集成至美国 IBCS 系统、FAAD C2 网络、IFPC 系统等。

土耳其 TB-3 舰载察打一体无人机完成首飞　　10 月 27 日,土耳其拜卡(Baykar)公司宣布 TB-3 军用无人机完成首飞,将成为土耳其海军"无人机航空母舰"TCG Anadolu 号的舰载无人机。TB-3 无人机翼展 14m,长 8.35m,有效负载 280kg,最大起飞重量 1.45 吨,约为 TB-2 的 2 倍;航程 1000 海里,续航时间超过 24 小时。TB-3 主要用于情监侦

（ISR）行动或作为通信中继平台,6个挂载点可搭载激光制导火箭、反步兵小炸弹和反坦克导弹等打击武器,预计2024年全面量产。

以色列"箭"式反导系统首次拦截中程、远程弹道导弹　10月30日,胡塞武装从也门发射"火山"-3导弹,目标为以色列港口城市埃拉特。以色列空军使用EL/M-2080"超级绿松"雷达跟踪了导弹在红海地区的飞行轨迹,并在最佳时机和位置发射拦截弹。在导弹飞行1609km后,"箭-2"拦截弹的主动雷达+红外成像导引头成功捕获目标,当飞至目标50m距离内,拦截弹引爆高爆破片战斗部摧毁了目标。11月9日,胡塞武装再次发射远程弹道导弹,在导弹进入末段区间后,以色列"箭"-3系统利用动能弹头将其拦截。这是"箭"式反导系统部署以来的首次实战运用,展示其有效应对远程威胁的能力,具有里程碑意义。至此,以色列的高、中、低三层防空反导系统全部经过实战检验。

日本新型"宙斯盾"舰即将具备反蜂群和反高超能力　有报道称,日本防卫省公布新型"宙斯盾"舰(ASEV)细节。标准排水量1.2万吨,是美国"伯克"级驱逐舰的1.7倍;装备AN/SPY-7雷达,能力是AN/SPY-1雷达的5倍;采用电磁屏蔽措施,可抵御高能电磁脉冲攻击(HEMP);携带128单元垂直发射系统(标准-6/标准-3/战斧巡航导弹)、改进型12型反舰导弹和高能激光武器等,可执行防空反导、反舰、对地攻击任务;具备反无人蜂群和反高超能力。该舰将建造2艘,用于替代日本陆基"宙斯盾"系统,单舰造价27亿美元,预计2027年服役。

美国空军透露协同作战飞机价格数量等信息　11月,美国空军部长肯德尔透露了未来穿透型制空(PCA)"系统簇"重要组成部分协同作战飞机(CCA)的相关信息。装备数量方面,美国空军计划采办CCA 1000架,部署在有人战斗机前方或伴随其飞行;经济成本方面,CCA单价粗略预期成本将是F-35战斗机当前成本的1/4~1/3,约2000万美元,不会被当作一种"纯粹"消耗品,而是一种损失可承担的体系组成部分;载荷配置方面,CCA武器系统、传感器等采用模块化设计;飞行起降方面,CCA将控制所需跑道长度,这将有助于提升战场生存性。

日本未来5年内采办12艘新型"最上"级护卫舰　11月12日,日本防卫省宣布将在下一个五年中采购12艘"最上"30FFM多用途护卫舰,以增强日本海军近海和远洋作战能力。该舰采用封闭式综合射频桅杆,具有雷达反射截面积小、电子设备集成性好等优点。桅杆上布置了4面OPY-2型X波段多功能相控阵雷达,可执行对空、对海搜索任务,最大探测距离370km,能够同时跟踪300个目标,具备强大的抗饱和攻击能力。

中国台湾采购"天剑"-2防空系统　11月25日,中国台湾宣布斥资2.78亿美元采购"天剑"-2防空系统,包括6部CS/MPQ-951"蜂眼"相控阵雷达、6套CS/MYS-951战斗管理系统、30辆机动发射车和246枚"天剑"-2防空导弹。该系统由台湾中山研究院研制,拦截弹具备中段惯性制导、数据链、末端主动雷达制导和电子对抗(ECCM)能力,有效射程15km。服役后，"天剑"-2将和"爱国者"PAC-3系统、"天弓"防空系统和"复制器"系统一同构成台湾分层防空体系。

波兰即将部署P-18PL机动式远程反隐身预警雷达　　12月，波兰从PGZ-NAREW联合体采购24套P-18PL机动式3D远程预警雷达。P-18PL是P-18"劳拉"的升级版，工作于VHF频段，最大探测距离900km；采用有源电子扫描阵列和2D数字波束形成技术，并集成了敌我识别系统，具有主动和被动两种工作模式，能够探测低RCS飞机和弹道导弹等目标威胁；采用机动式设计，可在战场上进行快速部署，为地对空导弹系统和综合防空系统提供信息。

意大利莱昂纳多公司交付首部ECRS Mk2新型机载多功能雷达　　有报道称，意大利莱昂纳多公司向BAE系统公司交付首部"欧洲通用雷达系统"（ECRS）Mk2原型机。该雷达目前正与"台风"战斗机集成，随后将进行地面测试，为2024年首飞做准备。根据"台风"战斗机的升级计划，ECRS Mk2雷达不仅可以通过自身主动发射并接收来探测目标，还可以利用高增益波束实施电子干扰，或在静默模式下通过宽带模式跟踪空中和地面目标。

通信网络领域

通信网络领域年度发展报告编写组

主　　编：王　煜

副 主 编：唐　宁

撰稿人员：(按姓氏笔画排序)

方辉云　刘红军　张春磊　宋　晖

李祯静　郑歆楚　唐　宁　崔紫芸

颜　洁　魏艳艳

审稿人员：肖晓军　王　煜　方　芳　石若琪

王浩伊

通信网络领域分析

通信网络领域年度发展综述

2023 年,鉴于俄乌冲突中通信网络所发挥的重要作用,世界各国纷纷加强了对通信与网络领域的技术研究和装备研发,主要表现在以下方面:外军积极引入商业力量增强军事卫星通信网络,吸取俄乌战场的经验教训,大力发展自主安全卫星通信能力;美、英等国家陆军持续推进网络现代化建设,值得关注的是随着美国陆军"旅改师"部队结构的调整,其战术网络发展重心亦随之有所变化;美国空军积极寻求创新性组网与传输技术及解决方案,为联合全域指挥控制(JADC2)提供全域数据传输与共享;5G、激光通信、人工智能、量子等前沿技术与军事通信的融合越发广泛深入,从速率、效率、安全性等多个方面推动军事通信网络性能不断提升。

〉〉〉 一、俄乌冲突凸显卫星通信重要性,各国积极探索商业系统的军事应用

俄乌冲突充分证明了卫星通信对作战的重要支持作用。特别是美国太空探索技术公司(SpaceX)的"星链"(Starlink)系统发挥了重要作用,使各国军方看到了商业卫星通信系统与技术在军事作战中的巨大潜力,从而引发了各国对商业卫星系统军事化应用的广泛关注和深入研究。同时,俄乌冲突表明,主权和受保护卫星通信能力对于确保网络安全、战略自主和数字主权至关重要,这已引起各国的高度重视。

(一)"扩散型作战人员太空架构"传输层各期均有推进,星地 Link 16 传输迈出关键一步

美国太空发展局(SDA)"扩散型作战人员太空架构"传输层低轨卫星系统建设正在按计划开展,利用商业开发实现数量扩散和韧性增强、同时实现快速部署和降低成本是

该项目的最大特点。

2023 年该项目各期工作均有重要推进。0 期已发射 19 颗卫星,1 期通过了项目关键设计审查,2 期分为三部分:72 颗 Beta 卫星,用于为战术卫星通信提供 UHF 和 S 波段能力,于 2023 年 8 月授出建造和运行合同;100 颗 Alpha 卫星,将搭载 Link 16 数据链终端,于 2023 年 8 月发布了项目征询书;44 颗 Gamma 卫星,具备 UHF 和 S 波段能力以及抗干扰能力更强的波形,预计 2024 年初招标。此外传输层 3 期也开始进行新数据链和波形征询。

11 月,SDA 宣布实现了星载 Link 16 与地面电台的连接,这是"扩散型作战人员太空架构"开发过程中的一个关键里程碑。此次实验证明了使用通信卫星将陆、海、空和太空等作战域传感器和射手连接起来的可能性,是美军发展太空战术数据链、助力构建联合全域指挥控制网络和联合火力网络迈出的重要一步。

(二)"混合太空架构"再次征询,实现新太空能力与和传统太空系统的集成

美国政府使用的传统太空系统主要是为支持政府高级战略用户开发的,价格昂贵,进入壁垒高,导致系统数量较少,只能满足高优先级用户需求。而随着新太空生态系统的兴起,构建一种融合新兴商业太空系统和传统政府系统的混合太空架构(HSA),为更广泛用户提供高性价比的韧性太空能力成为可能。

美军从 2020 年开始提出"混合太空架构"概念,旨在利用不同轨道上的商业和政府空间资产,提供安全、有保障和低延迟的数据通信。经过初期的理论性研究,该架构现已进入方案征询阶段。

2023 年,继 2021 年 10 月第一次征询之后,美国国防创新部门(DIU)第二次发布 HSA 信息征询,并给出了 4 个关注领域,包括持久传感、韧性数据传输、高性能边缘计算和数据融合。HSA 将充分利用商业卫星宽带服务、空间激光通信、云计算、量子加密等商业创新技术,支持从战略决策到战术边缘信息获取等一系列广泛用户需求。

(三)美军"星盾"计划进入实施阶段,更多国家考虑采用"星链"支持作战

鉴于"星链"在俄乌冲突中的成功应用,美军进一步加深了与 SpaceX 公司的合作。2022 年底,SpaceX 正式公布了专门面向美国政府和国防客户开发的"星盾"项目,其主要应用领域包括地球观测、安全通信和有效载荷托管,将提供比"星链"卫星更高的网络安全水平。"星盾"投入使用后,能够和"星链"实现组网,并通过"星链"太空链路快速传输各类军用侦察和指挥控制数据。

2023 年 9 月,美国太空军授予 SpaceX 公司合同,订购"星盾"卫星通信服务。这项重要合同的签署使"星盾"计划正式进入实施阶段。与此同时,美军已开始对"星盾"卫星

通信能力进行测试。10月，美国陆军第5安全部队援助旅接收了4套"星盾"系统，用作传统军事卫星通信或互联网服务发生故障时的备份手段。

另外，继乌克兰使用"星链"对俄罗斯作战后，日本军方也在考虑采用"星链"服务。日本自卫队计划于2024年开始全面使用"星链"服务，为日本空中、地面和海上自卫队配备"星链"天线和其他通信工具。如果"星链"的采用获得通过，那么日本将首次增添低轨卫星星座服务。

（四）手机直连卫星引发军方关注，将为作战人员提供更灵活轻便的卫星通信服务

手机直连是卫星通信行业的一个新兴领域，2023年实现了快速发展。SpaceX已宣布推出"星链"直连手机业务，并于12月发射了首批6颗手机直连卫星。AST空建移动公司和领克全球公司（Lynk Global）正在开发提供手机直连服务的卫星星座。手机直连卫星已成为一项战略性新兴产业，有望从根本上解决地面通信网络覆盖不足问题，实现真正意义上的移动通信全球覆盖。

这一新兴业务现已引起军方高度关注。美军认为，这种能力将使军方能够为作战人员配备更小、更轻、能力更强、成本更低的通信设备。2023年3月，美国国防部商业太空通信办公室（CSCO）透露将为军事用户采购手机卫星直连服务，并且正在积极制定招标计划。未来军事用户可以把手机直连卫星通信能力作为一项服务进行购买，卫星运营商可以通过LEO大型星座向美国国防部客户提供卫星通信和互联网接入服务。AST、Lynk、Omnispace、SpaceX、Globalstar、铱星等目前处于手机直连卫星第一梯队的公司都是美军可能的合作对象。

（五）欧洲、印度大力发展自主卫星能力，提高空间领域战略自主性

俄乌冲突中，虽然乌克兰依靠"星链"取得了多种作战优势，但也暴露了其在空间领域完全依赖外国资产的问题。同样，欧洲大多数国家都没有自主卫星通信能力，更不用说军事能力。欧洲作为一个整体显然需要一个以保障网络安全、数字主权和战略自主性为核心原则的卫星通信解决方案。

2023年2月，欧洲议会批准构建一个名为"卫星适应性、互联性和安全性基础设施"（IRIS²）的自主卫星星座。该计划旨在部署一个欧盟拥有的多轨道通信卫星星座，通过减少对第三方的依赖来确保欧盟的主权和自主性，并在地面网络缺失或中断的情况下提供关键通信服务。该系统也会依靠量子等颠覆性技术，确保卫星通信服务的安全可靠。这一星座计划于2027年实现全面运营。

同样在主权卫星通信能力方面取得重要进展的国家还有印度。印度陆军对俄乌冲

突进行研究后,认识到卫星通信对于连接其部署部队及内陆总部的重要性。2023 年 3 月,印度国防部授出合同,为陆军采购一颗名为 GSAT-7B 的专用军用通信卫星,这是印度第一颗自主设计、开发和制造的 5 吨级卫星。该卫星可能会在 2026 年部署,印度陆、海、空三军都将拥有自己独立的专用军事通信卫星,其网络中心战能力将获得极大提升。

二、美英两国推进陆基网络现代化建设,打造更加适应部队结构的韧性网络

(一) 美国陆军网络现代化优先级进一步提升,发展重点随部队结构变化有所调整

美国陆军一直将网络作为现代化发展的高优先事项,并在 2023 年将统一网络进一步作为现代化转型方面首要的重点发展领域。2023 年,美国陆军重新回归了以师级单位为中心的部队编组,这次部队结构调整将对美国陆军部队的通信网络发展产生重要影响。

1. 美国陆军现代化优先事项发生变化,"统一网络"占首位

2023 年 10 月 10 日,美国陆军参谋长兰迪·乔治在 2023 年美国陆军协会年会上表示,"统一网络"上升成为陆军现代化转型的首要重点领域和优先事项。

美国陆军统一网络是一种抗毁、安全的端到端网络,是对以往割裂的战术网和企业网的同步与整合,也是美国陆军实现多域作战决策优势和制胜优势的必要保障。

美国陆军表示,统一网络为其转型和重新构想指挥控制的努力提供支持,能够提供韧性、安全通信,确保安全访问信息。统一网络被称为支撑美国陆军广泛现代化目标的"骨干",目标是"集中提供服务",消除指挥复杂性并让指挥官们专注于作战。统一网络没有最终状态,美国陆军将创新发展灵活的未来网络,并随着时间的推移实现现代化。

2. 美国陆军"旅改师"对通信网络发展路线产生重要影响

2023 年,美国陆军开始推行部队结构调整,从当前的旅战斗队(BCT)架构向以师级单位为中心的部队编组转型,而其通信网络和系统也必须做出相应改变,以支持美国陆军设想的作战方式。

从技术上讲,陆军"旅改师"对通信网络发展提出新的要求:一是需要通过作战云共享数据,必须确保师的通信网络有足够的带宽和安全性来传输这些数据;二是要提高通信的可生存性,师级通信需要能够在对抗激烈的电子战环境中运行;三是要进一步发展超视距通信能力,以适应师部队作战更大的活动范围。

综合战术网（ITN）是美国陆军当前正在建设的主要战术通信网络。ITN以"能力集"的方式逐步开发和交付新能力。这些"能力集"每两年交付一次。陆军决定进行部队结构调整后，原有面向旅级部队的"能力集"发展方式也需要向"以师为行动单位"的路线转变。"能力集21"侧重于旅级及以下单位的连通能力。"能力集23"在此基础上进行了扩展，改进了安装平台的指挥控制以及态势感知能力，以及全营范围的语音和数据网络能力，同时还为步兵师总部提供能力。2023年美国陆军首次将ITN设备部署到第82空降师及其支持分队。战术网络的下一阶段试验工作将全面关注师级单位。

3. 推进综合战术网建设，积极开展演习与测试

美国陆军为推进ITN建设，开展了一系列演习与测试，为网络的进一步升级提供信息。

2023年初，美国陆军在德国霍恩费尔斯多国联合战备中心评估ITN配置，使用200多辆"斯瑞克"战车，首次测试电子干扰和传感活动。这是对陆军能力集的一次重要评估，为下一步升级战术网络的初步设计评审提供信息。2023年8月，美国陆军在"行动路径"多国演习中测试了ITN的安全但非密（SBU-E）环境，证明了美军及其盟友能够通过多密级通信途径实现通信受限环境下的态势感知。同月，位于夏威夷的陆军第25步兵师和位于北卡罗来纳州的陆军第82空降师的部分部队利用量身定制的无线电、可变高度天线等ITN设备进行了测试。测试目标是收集双方的反馈，比较结果，最终更好地为美陆军决策提供信息。

（二）英国国防部开发 Trinity 韧性战术广域网

为使战术通信能力适应多域作战需求，英国也在积极推进其战术通信网络的现代化转型与升级。英国国防部正在建设下一代战术信息系统——陆地环境战术通信与信息系统（LE TacCIS），并于2023年提出了该项目中战术广域网的开发计划，以及对该项目下的多模无线电系统进行了升级。

2023年8月，英国国防部授予BAE系统公司合同，旨在设计和构建一种称为"三位一体"（Trinity）的可部署战术广域网，以增强作战人员的前线连接能力，连接小型侦察无人机、战车、战斗机、航空母舰以及军事指挥部。

Trinity网络具有较强韧性。它由一系列节点组成，每个节点都可以在一个安全的网络中添加、访问和移动数据。如果有些节点在战争中遭到破坏，其余节点会自动重新路由，以保持最佳网络速度和信息流。Trinity网络将于2025年12月交付，并将取代英军现有的"猎鹰"（Falcon）网络，后者将于2026年退役。

此外，英军从俄乌冲突中看到，在战场上，即使在最有利的情况下，保持单兵联络也十分困难，为此，英军正在将多模无线电（MMR）系统引入战术网络，升级其地面徒步部队的通信能力。2023年初,英国皇家通信部队在伯利兹丛林中通过演习测试了MMR软件无线电系统能力,新的MMR设备可在丛林中提供处理现代作战中大量数据所需的带宽。

》》》三、引进创新技术与方案,解决JADC2跨域跨平台数据传输与共享问题

2023年,美国空军可以说是美军各军种中在联合全域指挥控制(JADC2)研发方面最为活跃的军种,推出了多种创新解决方案,解决JADC2中存在的各种问题,快速、高效、无缝连接各域中的传感器和作战平台,力求以最有效方式将正确的信息提供给正确的平台/决策者,从而缩短杀伤链与观察、判断、决策与行动(OODA)周期。

(一)开发鲁棒信息供应层(RIPL),提供多域安全战术通信能力

2023年9月,美国空军研究实验室(AFRL)在空天和网络大会上展示了鲁棒信息供应层(RIPL),演示了利用RIPL技术连接战术边缘作战人员,实现安全多域互操作能力和信息分发。

RIPL是一种旨在管理整个网络信息的网络安全工具,为用户提供了一种无缝、安全访问相关数据的方式,确保用户只收到所请求且被授权内容。通过将人工智能和机器学习领域中的成果与先进的中断容忍网络(DTN)协议相结合,RIPL能够克服对抗性环境中的连通能力受限和断续问题,迅速将关键内容发送给需要它的人。对于战场上的作战人员而言,这意味着无论他们身处哪个网络,都能通过RIPL获取所需信息。

RIPL利用大容量战术数据链实现此类无缝、多域通信,这是未来与对等对手作战的必要能力。RIPL将使美国空军作战云愿景成为可能,也将成为美国空军先进作战管理系统(ABMS)和美国国防部联合全域指挥控制(JADC2)愿景的关键使能因素。

(二)开展通用战术边缘网络演示,验证多域战术数据共享能力

2023年,美国空军联合业界进行了通用战术边缘网络(CTEN)项目演示,并授出了CTEN项目合同。

CTEN是一个融合了国防和商业资源的网状网络,通过在战术边缘提供类似商业功能的高速数据处理和共享,最大限度提高互操作性和处理速度,打破开放和封闭系统之间的障碍。CTEN的数据融合能力将使控制多个平台的作战人员能够作为一个整体进行思考和操作,大大缩短决策周期。

在2023年3月进行的演示中,诺斯罗普·格鲁曼公司验证了CTEN项目的阶段性成

果。它使用符合开放任务系统(OMS)的无线电、韧性网络控制器、机器学习和新网关技术，将以前不兼容的链路和网络连接起来，使多种平台、传感器和系统能够进行跨域数据分发。

5月，雷声技术公司成功进行了 CTEN 演示。其 CTEN 解决方案是支持构建一个将各域现有和新兴平台上的传感器及射手连接起来的融合层。该公司利用成熟的"开发、安全和运营"(DevSecOps)数字工程方法和实时战场模拟器，展示了这一自适应融合层为多种环境中的不同系统提供鲁棒网络连接、使其得以实时共享关键时敏数据的能力。

CTEN 提供的这种多域战术数据共享能力能够帮助作战人员在对抗环境中实现分布式作战管理与指挥控制，以支持联合全域指挥控制愿景的实现。CTEN 初期计划连接美国空军当前使用不同网络架构的空中平台，未来则有可能扩展到改善美军整个联合部队的连通能力。

（三）利用"黑网"实现跨飞地通信，支持敏捷作战运用和全域数据传输

美国空军第 1 空天通信作战中队当前运行的"黑网"(BlackNet)代表了空军在对抗环境中于战术边缘实现有效通信和数据传输的一个典型范例。据 2023 年消息，"黑网"经过近 10 年研发，近期已获得运行授权，并成功用于实现跨多个不同飞地的通信与数据传输。

"黑网"是一种多战区传输系统，专为分散、对抗性环境设计。作为一个突破性的传输层，"黑网"支持跨不同飞地的各种通信方式和指挥控制，使得美军作战人员能够随时随地以任何方式以需要的速度连接任何网络。

"黑网"采用基于多协议标签交换(MPLS)和虚拟路由与交换(VRF)的路由技术，使用无色核心技术架构，并整合了强大的安全能力及其他特性，可提供高效 IP 网络加密和传输能力。"黑网"可兼容多种网络，用户可利用一种"黑网"路由器访问军用卫星、商业卫星（如"星链"）、光纤、商业蜂窝网络和以太网等，并可在各种网络间自由切换。

美国空军第 1 空天通信作战中队已通过"黑网"向 6 个不同的作战司令部提供支持。在 2022 年 9 月的"暴雨演习Ⅲ"中，"黑网"被证明在恶劣的操作环境下可在网络间自由切换并保持通信畅通；在北约综合空中和导弹防御演习中，"黑网"提供了整个欧洲范围的联合网络。

战场应用证明，"黑网"的韧性、冗余、网状连网功能使其可在连接中断环境中生存，并具备灵活性和速度，可满足敏捷作战运用(ACE)和联合全域指挥控制作战需求。

（四）寻求商用软件定义广域网能力，为"先进作战管理系统"提供韧性通信

"先进作战管理系统"(ABMS)是美国空军为国防部联合全域指挥控制(JADC2)概

念提供的技术解决方案。为构建支持 ABMS 的通信网络,实现从传感器到战略级或战术边缘用户的及时数据处理和分发,美国空军正在寻求能够将各个域中的各种资产转变为通信节点的能力。

2023 年 1 月,美国空军发布信息征询,为 ABMS 向业界寻求商业软件定义广域网(SD-WAN)解决方案。美国空军感兴趣的能力包括高数据速率、韧性、低延迟、抗干扰能力、低截获或探测概率、节点或连接的可扩展性以及整合不同用户的能力。通过引入商业 SD-WAN 能力,空军希望能够创建更具韧性的通信架构,在作战管理人员面临拒止、降级、中断和带宽受限网络条件时提供通信备用方案。所选择的 SD-WAN 产品将构成跨平台部署的全球作战管理网络的基础。

四、前沿技术多点发力,助力军事通信网络性能提升

(一) 5G 测试部署取得多项成果,战场应用范围进一步推进

2023 年,5G 技术军用实验测试继续推进并取得多项进展,业界与军方密切合作,不断探索商业 5G 技术与军事作战的结合点,各种创新技术、设备、解决方案开始走出实验室实现战场应用,显示出 5G 技术强大的军事潜能。

1. 积极开展 5G 开放式无线接入网军事应用研究和部署实施

开放式无线接入网(Open RAN)作为一种新兴网络模式,目前在军事科学界的研究还比较少,但其原则和新架构为在军事应用中使用 5G 系统提供了关键机会和推动因素。

近年来,美国国防部一直在积极推进 5G Open RAN 的研究和部署实施。该项工作将促进美国防部 5G 战略实施计划中开放式架构和资源虚拟化技术的发展和实施,并有助于通过市场途径建立可持续发展模式,加快关键 5G 技术创新。

为探索并实现 Open RAN 技术前景,2023 年,美国国防部 FutureG&5G 办公室发起"5G 挑战赛",旨在对作为未来架构的 Open RAN 技术进行验证。根据美国 2023 财年国防授权法案中的基地现代化计划,美军正在制定方案,准备未来三年内在数百个国防部设施中实施 Open RAN。

北约通信与信息局(NCIA)开展了 5G Open RAN 军事通信潜在应用研究,从军事角度探索了 Open RAN 的原则和要素,并开发了基于 Open RAN 的军事用例和概念。研究人员还通过概念验证活动验证了一些相关联的技术概念,有望为军事领域提供参考。

2. 推进 5G 非地面网络,寻求全球泛在持续 5G 连接

5G 非地面网络(5G over NTN)是第三代合作伙伴计划新一代无线通信标准第 17 版(3GPP 5G NR Release 17)中的新特性,利用卫星搭载 5G 有效载荷,可提供关键安全通信

和服务，实现对 5G 地面连接的扩展。此项技术的军事应用目前正在探索中。

2023 年 4 月，北约盟军转型最高司令部总部发布一份信息征询，向业界征集 5G 非地面网络实现和性能测试的相关方案，以测试评估这项技术支持北约行动的潜力。在未来的 5G 演示中，北约计划通过卫星通信实现 5G 服务，包括：为舰船、飞机或陆地车辆提供高速率移动连接；利用天基 5G 接入使部署部队之间能够通过智能手机、平板、手持设备、战术电台等即时交换信息；通过卫星实现部署 5G 节点（gNB）与北约战略数据网络的连接以及 gNB 之间的连接；提供本地物联网服务。

洛克希德·马丁公司在 5G over NTN 的演示验证方面已取得初步成果。2023 年 10 月，该公司在实验室中演示了业界首个完全再生的 5G 非地面网络（NTN）卫星基站，卫星基站与地面用户设备进行了符合 3GPP Release 17 的高速数据传输。该公司计划在 2024 年将这一卫星基站有效载荷集成到其"战术星"（TacSat）上发射入轨，从而将 5G 能力覆盖到战场前沿，证明其全球连接能力。

3. 5G 专网落地美国海军基地，推动军事基础设施技术转型

在日益复杂的全球安全环境中，鲁棒、安全和高效通信对于军事机构至关重要。当前，美国许多军事基地仍然严重依赖传统系统进行关键行动通信，但传统系统正逐渐让位于以 5G 专网为代表的先进网络解决方案。

在军事基地实现 5G 专网会带来诸多好处。除了更快的数据传输速率和更强的连接能力外，5G 专网的高速、低延迟特性使其可以支持即时数据分析和可视化，从而有助于改善实时决策；5G 专网的鲁棒安全协议可提供抵御潜在网络威胁的强大防线；5G 专网的多功能性和鲁棒性可以实现新型作战战术的集成，从部署基于人工智能的系统和无人载具到实施复杂的监控技术，都可以 5G 专网为基础得以实现。

2023 年，休斯公司在美国华盛顿海军航空基地部署了独立 5G 专网，为基地运营提供韧性网络支持。该专网具有两个典型特点：一是使用 LEO 和 GEO 卫星连接，可实现空天地一体化服务，满足海军航空基地的通信需求；二是采用 Open RAN 标准构建。后续，休斯公司还将基于人工智能和机器学习等技术实现网络支撑效能的持续增强和优化。

这张 5G 专网在美国海军基地的部署标志着美军在 5G 领域的又一重要应用落地，也是 5G 专网在军事领域的一项成功实践。这不仅仅是一次升级，而是军事基础设施一次变革性的技术转型。

4. 5G.MIL 交付原型测试平台，现场演示混合 5G 战术网络

5G.MIL 是美国洛克希德·马丁公司近几年来重点开发的项目，旨在利用商业 5G 技术满足作战人员需求，帮助美国国防部实现联合全域作战愿景。

2023 年，该项目取得多项重要成果。9 月，洛克希德·马丁公司向海军陆战队交付了首批车载 5G 系统，名为"开放系统互操作与可重构基础设施解决方案"（OSIRIS）。

OSIRIS是一种 5G 通信网络基础设施测试平台,用于海军陆战队远征作战实验。OSIRIS 是洛克希德·马丁公司 5G. MIL 计划的一项关键举措,它将确定 5G 网络与国防部平台之间进一步集成的领域,探索商用 5G 技术的军事用途,并为海军陆战队投资引入新技术铺平道路。

11 月,洛克希德·马丁公司首次在多域环境中现场演示了名为 5G. MIL 统一网络解决方案(UNS)的混合 5G 战术网络,这是一种陆地、空中和太空域战术和商用多节点混合网络。洛克希德·马丁公司与商业技术公司合作,在各种任务场景中展示了互操作性、韧性、安全性等 15 项能力,并验证了该方案在联合全域作战(JADO)和联盟联合全域指挥控制(CJADC2)中使用的稳定性和适用性。

(二)完成首次太赫兹机间通信试验,开辟空中传输新途径

太赫兹通信频段高、带宽宽、波束窄,方向性好,具有保密和抗干扰能力,可用于实现大容量近距离军事保密通信,是近年来各国军方和业界重点研究的一项关键传输技术。

美国空军研究实验室一直在积极从事太赫兹通信的研发。此前,由于缺乏先进电子设备,未取得显著进展。但随着射频电子产品和技术的最新进展,并有美国国防高级研究计划局(DARPA)微电子技术办公室的大力技术支持,使得太赫兹波段实验成为可能。2023 年 4 月,AFRL 宣布已于 2022 年底成功进行了飞行试验,测量了两架飞机在不同高度和范围内的传播损耗,验证了 300GHz 以上频率无线电通信的可行性。此次实验开创了太赫兹空中通信新场景,在军事应用上迈出实质性步伐。

这项测试是 AFRL 太赫兹通信研究计划的一部分。继此次机间测试成功后,AFRL 又于 2023 年 9 月发布征询书,寻求一种可运行于 100GHz 以上频率并动态调整载波频率、输出功率和数据速率的超宽带无线电,该无线电支持最高 10GHz 的带宽和 1Mb/s ~ 1Gb/s 的数据速率,并适应大气条件、链路要求和存在干扰的情况,还能够进行太赫兹波束形成和整形,以控制信号在时域和空域的存在。

(三)推出多款激光通信终端,验证激光通信战术应用潜力

随着电子战的发展,军事作战在需要宽带容量的同时还需要最高程度的安全性。激光通信由于载波频率高、带宽高、延迟极低和其抗电磁辐射特性,成为战场大容量安全通信很好的选择。2023 年,业界研发、测试多种激光通信解决方案,在多种作战条件下验证了激光通信技术的战术应用潜力。

1 月,空客公司和 VDL 集团合作开发了一种名为 UltraAir 的机载激光通信终端,可通过激光卫星星座实现军用飞机和无人机在多域作战云内的连接。这是空客公司进一步推动激光通信总体战略路线图的一个关键里程碑。

4月，Viasat公司推出了其新型"水星"自由空间光通信（FSOC）终端。该终端提供一种具有自动瞄准、捕获与跟踪（PAT）能力的远征大容量FSOC链路，其在战术环境中的通信范围和吞吐量远超其他解决方案，数据速率高达40Gb/s，地面应用时通信距离可达70千米。

5月，雷声技术公司宣布推出NexGen Optix战术自由空间光通信系统。该系统能以超低的尺寸、重量和功耗提供快速、安全通信，且轻巧便携、易部署，还可以承受恶劣环境条件，即使在最极端情况下也能确保可靠性。

5月，澳大利亚发布了紧凑型光学—射频混合用户段（CHORUS）原型终端。该终端将射频天线和光学望远镜相集成，可为澳大利亚海上及飞机与陆地车辆之间的战术通信提供比目前纯射频技术更高的带宽、更低的可观测性和更安全的通信。

（四）人工智能助力军事通信探索不断深入

人工智能有潜力通过实现复杂任务自动化、增强态势感知和更快制定决策来助力军事通信。近年来，人们不断探索人工智能在提高军事通信系统效率、可靠性、安全性方面的潜力，包括开发用于信号处理、数据分析和网络管理的先进算法，以及用于提升网络可靠性、安全性的人工智能工具等。人工智能不仅可用于优化军事通信网络性能，确保即使在拥塞或对抗环境中也能快速可靠地传输关键信息；还可用于自动检测和减轻潜在网络中断，例如干扰或网络攻击，有助于维持军事通信的完整性和可用性。2023年，多项实例验证了人工智能在军事通信网络中的应用潜力。

4月，俄罗斯俄技集团表示，俄罗斯先进的第五代战斗机苏-57将获得人工智能驱动的、可提高飞机和地面综合体之间信息传输质量的无线电通信综合体。该综合体使用了人工智能技术和抗噪声编码，消息字符交织，信号处理过程中能够实现统一时间同步，可以通过并行信道同时传输消息，并增加稳定通信范围。

8月，美国柯林斯航空航天公司开发的先进人工智能赋能通信网络系统在美日军事演习期间成功连接了许多平台。该通信网络加速了决策，并展示了人工智能赋能的机器对机器通信如何从美国太空军的统一数据库快速向多架飞机提供威胁感知数据。

11月，美国陆军在德国进行的一项多国演习中，采用了一种称为"先进动态频谱侦察"（ADSR）的人工智能工具，使无线通信网络能够感知并规避敌方干扰，同时还可以减少射频发射，降低友军被敌方瞄准的风险。

（五）量子信息技术受到高度重视，量子无线电通信实现重大突破

1. DARPA研发量子—经典混合通信网络

当前，即使是最先进的经典网络，如互联网，也容易受到不断变化的网络攻击的影

响。量子网络可以缓解这些漏洞,并利用量子特性保护数据。然而,这一解决方案面临的挑战是,当前的各种量子实现方式难以聚合,导致系统无法协同工作。如何融合经典和量子网络方法的优点,产生一种可扩展、更安全的网络基础设施,是研究人员需要解决的问题。

2023 年 5 月,DARPA 发布有关量子增强网络(QuANET)的广泛机构公告,宣布将开发一种量子—经典混合通信网络。该项目通过将现有的"最佳"量子通信能力融入当前在军事和关键基础设施中运行的网络,利用量子特性增强现有软件基础设施和网络协议,为经典非量子网络基础设施增加量子通信固有的新型安全性和隐蔽性。该项目的目标是实现世界上第一个可运行的量子增强网络。

按照该项目负责人的说法,将量子链路整合到经典网络中的一个主要挑战是量子光链路与当今计算机的安全、可配置连接。项目组希望通过该项目使网络和光通信界更了解量子网络的能力和发展方向,也使量子网络界能够更好地了解经典网络所面临的所有复杂性和问题。通过这二者的结合,也许将创造一种新的网络范式。

2. 美国陆军实现全球首次远距离量子无线电通信测试

2023 年 12 月,在陆军网络现代化试验(NetModX)期间,美国陆军实现了世界上首次使用原子量子接收机的远距离无线电通信。该系统利用一种新形式的原子无线电探测来保护敏感通信免受黑客攻击。系统的关键技术在于量子传感器。实验中使用的量子传感器是一种对电磁场微小变化比普通接收器或天线更加敏感、且耗能很低的接收机。

在现场试验活动中,该原子天线接收机演示了 1 千米以上距离的射频信号接收和无线电通信。这是该技术在远距离信号传输方面的首次展示。该接收机还展示了在电磁对抗环境中的信号选择性和抗干扰能力。

原子接收机原型的引入及其在真实世界条件下的成功部署,代表着量子技术向前迈出了重要一步。原子器件有可能彻底改变从长波长射频到毫米波和太赫兹波段的射频监视、安全、通信和网络功能。

〉〉〉五、结语

在当前新的国际形势下,以美国为首的世界军事强国吸取实战中的经验教训,并即时反馈到本国的通信网络装备与技术研发中,发挥优势,弥补短板,及时解决当前装备体系中的漏洞与不足,不断增强军种间及盟军伙伴之间的互联、互通、互操作,推动通信网络向无缝、韧性、灵活、高效方向发展,助力联合全域指挥控制的实现。

(中国电子科技集团公司网络通信研究院　唐　宁)

美国太空发展局推动"扩散型作战人员太空架构"传输层建设

2023 年,美国太空发展局(SDA)已开始启动"扩散型作战人员太空架构"(PWSA)传输层 2 期相关工作,稳步进行卫星产品的采购以支持 2026 年的交付。4 月和 8 月,SDA 分别发布了传输层 2 期 72 颗 Beta 卫星以及 100 颗 Alpha 卫星的项目征询书;8 月和 10 月,又分别授出这两款卫星的建造和运行合同,标志着 PWSA 传输层的建设向前迈出了重要一步。

》》》 一、扩散型作战人员太空架构

PWSA 是美国太空发展局正在建设的军事卫星星座,将提供全球超视距目标定位支持;导弹预警、空中/地面/海面目标跟踪,以及其他导弹防御能力,包括探测和打击高超声速导弹威胁的能力。PWSA 由 7 个功能层构成,具体如下。

(1)传输层:为全球范围内各种作战平台提供有保证、韧性、低延的军事数据和通信连接。

(2)跟踪层:用于提供先进导弹威胁的全球指示、预警、跟踪与瞄准,包括高超声速导弹系统。

(3)作战管理(BMC3)层:提供任务分派、任务指挥控制以及数据分发,支持在战役规模实现时敏杀伤链闭合。

(4)监管层:提供对时敏、"发射左侧(美军一种导弹防御战略,即利用非动能技术提前攻击敌方核导弹威胁)"表面机动目标的全天候(24×7)监视(例如,支持先进导弹或其他时敏目标的超视距瞄准)。

（5）导航层：为美国太空发展局的扩散架构任务运行建立独立于 GPS 的导航能力，包括为 GPS 拒止环境提供基于 LEO 的定位导航授时（PNT）。

（6）支撑层：确保地面和发射段能够支持响应式太空架构。

（7）威慑层：在深空（从地球同步轨道之外到月球距离）威慑不友好行动。

PWSA 的开发建设使用螺旋式发展方法，SDA 计划每两年一次分期向联合作战部队交付能力，其规划如下。

（1）0 期（2022 财年）：作战人员沉浸期，目标是使用最低可行产品展示该扩散型架构在成本、进度和扩展能力等方面实现超视距瞄准和先进导弹探测跟踪等必要性能的可行性。

（2）1 期（2024 财年）：形成 PWSA 初始作战能力，目标是实现区域不间断的战术数据链路、先进导弹探测和超视距瞄准。传输层 1 期具有足够数量的卫星，能够在特定的关注区域提供持久能力，并支持不同区域的战斗。传输层 1 期还支持合作伙伴有效载荷项目（P3）卫星，以促进新兴能力的展示。

（3）2 期（2026 财年）：实现 1 期中所有能力的全球不间断，其中包含从 0 期运营中吸取的经验。

（4）3 期（2028 财年）：对 2 期能力进行升级，包括提高导弹跟踪灵敏度及超视距瞄准能力、额外的定位导航授时能力、先进蓝/绿激光通信以及受保护射频通信。

（5）4 期（2030 财年）：各层的不断发展，包括被认为是对作战人员当前或未来威胁的额外能力。

二、传输层建设概况

PWSA 的运行效用很大程度上取决于是否有一个无处不在的数据和通信传输层，该传输层由低地球轨道（LEO）上相对较小、可大规模生产的扩散型星座提供。PWSA 的传输层是国防太空架构的主干，旨在为全球范围内的作战人员应用提供可靠、灵活、低延迟的军事数据和连接。传输层将作为一个战术网络，向全球各地的用户传输数据，特别是传递机密数据。传输层卫星将纳入广泛分布于美军各种作战资产中的 Link 16 数据链，在美国国防部联合全域指挥控制（JADC2）计划中发挥关键作用。

SDA 将传输层设想、建模和构建为一个位于 750~1200 千米高度的低地球轨道、规模为 300~500 颗卫星数量不等的星座，将确保全球范围的持续覆盖。该星座将与激光星间链路（OISL）互连，与现有射频交链相比，OISL 性能具有显著提高。LEO 轨道结合 OISL 将减少路径损耗问题，且延迟时间更低，这是在当前战争环境中监视时敏目标的关键。

SDA 的传输层正在探索技术领域，包括但不限于：调制技术的优化控制（包括宽带或窄带运行）；同步发送和接收技术；通信安全功能（例如跳频）；独特的最新波形；战术数据链的空间实现；自动动态联网和路由技术；商业密码系统；区块链技术多波段相控阵天线；多级安全（MLS）。

传输层0期星座只具有有限联网能力，传输层1期及以后将显著增强大型卫星网络的数据路由。传输层星座还具有与Link 16和综合广播系统（IBS）集成的能力。Link 16和IBS在传输层上的集成，将使当前的能力现代化，以更好地支持作战人员在整个军事行动范围内对全球及时威胁预警和态势感知信息的需求。

传输层1期将提供支持高端区域冲突的初始传输能力。传输层1期功能集包括低延迟传感器到射手的连接，联合全域指挥控制（JADC2）空间传输主干的初始部署，以及直接到武器的连接。传输层1期功能成功的标准是：

（1）Link 16战区覆盖率达到90%及完成综合广播系统（IBS）转发演示。

（2）基于联合全域指挥控制节点可用性，与美国空军先进战斗管理系统（ABMS）、陆军融合项目和海军超越计划的具体实施进行光链路或射频连接。

（3）演示直接与武器的连接。

⟫⟫⟫ 三、传输层建设最新进展

2023年，传输层0期、1期、2期和3期建设均有不同程度的进展。

（一）传输层0期

2023年4月和9月，SDA分别发射了第一批和第二批传输层0期卫星。SDA传输层0期通信卫星共有20颗，目前已有19颗在轨。一颗传输层0期卫星仍留在地面上，作为软件测试平台。2023年10月，美国太空发展局获得国际电信联盟（ITU）的批准，可以开始在国际水域和某"五眼联盟"国家境内测试传输层0期卫星的Link 16信号。参加测试的正是作为测试卫星留在地面上的一颗约克公司卫星。通过传输层0期的两次成功发射，SDA已经证明了可以按照计划每两年交付一次增强的功能。

2023年美军已部署PWSA传输层0期星座，为未来太空架构发展提供演示验证以及基线。设计为基线的传输层0期卫星目标是能够解决网络配置中的问题。

传输层0期将首次展示太空战术数据链，成为美军军用Link 16网络的太空节点，证明低延迟数据连接以及超视距瞄准的可行性。但传输层0期目标主要是技术验证和试用任务，只具有有限的联网能力。

（二）传输层1期

传输层1期将显著增强大型卫星网络的数据路由，将在传输层0期周期性区域访问能力的基础上提供可持续性区域访问能力。

由 128 颗卫星组成的传输层 1 期是首批具有任务能力,用于军事行动的卫星。传输层 1 期将通过对低延迟数据传输服务的持续区域访问提供用于 BLOS 瞄准和数据传输以及先进导弹探测和跟踪的 PWSA 初始作战能力。

SDA 已经开始了传输层 1 期卫星的建造,并计划从 2024 年年末开始启动发射,部署 PWSA 的第一代可运行卫星,补充 0 期能力。

2023 年 4 月和 8 月,SDA 分别与诺斯罗普·格鲁曼公司和洛克希德·马丁公司成功完成了 PWSA 传输层 1 期项目关键设计审查(CDR),这意味着美国太空发展局已经为建造传输层 1 期卫星铺平了道路,传输层 1 期开始进入建造阶段。

SDA 位于北达科他州大福克斯空军基地的运行中心和位于阿拉巴马州亨茨维尔红石兵工厂的运行中心将及时投入使用,以支持传输层 1 期。传输层 1 期将于 2024 年建立初始发射能力,之后每月进行发射活动,并将于 2025 年开始将卫星过渡到运行状态。因此,在 2026 年传输层 2 期实现初始发射能力时,传输层 1 期将在运行中心实施任务运行。

(三)传输层 2 期

1. 基本情况

传输层 2 期将提供全球通信接入,并提供持久的区域加密连接,为全球作战人员的任务提供支持。传输层 2 期分为三部分。其中:72 颗 Beta 卫星,用于为战术卫星通信提供 UHF 和 S 波段能力,2023 年 8 月已授出建造和运行合同;100 颗 Alpha 卫星,搭载 Link 16 数据链终端,已在 2023 年 8 月发布了项目征询书;44 颗 Gamma 卫星,具备 UHF 和 S 波段能力以及抗干扰能力更强的波形,预计 2024 年初招标。SDA 的目标是在 2026 年发射传输层 2 期低地球轨道卫星。

传输层 2 期卫星将对传输层 1 期卫星进行针对性的技术改进,采用以任务为中心的有效载荷配置,提高集成度和生产效率。SDA 还在考虑 2 期演示和试验系统(T2DES),目的类似于 1 期演示和试验系统(T1DES),侧重于数据传输技术和任务演示,以便在未来进一步推广。

传输层 2 期的特点是通过多招标和多供应商采购方法采购多颗卫星和多种任务配置型号。利用商用卫星实现 PWSA 各种任务功能,是发展这一架构最有效和最具成本效益的手段。为了实现这一目标,SDA 采用了一种以能力为中心的业务模式,通过利用商业开发实现扩散和增强韧性来优先考虑速度和降低成本。SDA 要求每个 PWSA 供应商的卫星和通信系统能够与所有 2 期其他 PWSA 供应商开发的卫星和系统以及 1 期部署的卫星和系统进行互操作。此外,所有卫星必须通过通用地面分布式架构以集成方式运行。

根据 SDA 发布的征询书，传输层 2 期星座如表 1 所列。

表 1　传输层 2 期星座

传输层 2 期基线任务有效载荷及子系统（所有传输层 2 期卫星）		
• 3 个光通信终端（OCT） • Ka 波段任务有效载荷 • 网络和数据路由子系统 • 导航子系统 • S 波段备用测控子系统		
T2TL 型号	独特的任务载荷和能力	卫星总量
Alpha	• 第 4 个 OCT • Link 16 任务有效载荷 • 战斗管理、指挥、控制和通信（BMC3）模块 • 导航子系统内的全球导航卫星系统（GNSS）态势感知（SA）能力	100
Beta	• S 波段战术卫星通信任务有效载荷 • UHF 战术卫星通信任务有效载荷 • LEO 综合广播服务（IBS-L）任务有效载荷	72
Gamma	• UHF 和 S 波段能力以及抗干扰能力更强的波形	44

2. Beta 卫星及 Alpha 卫星

Beta 星座将由 6 个轨道面组成，每个轨道面包括 12 颗 Beta 卫星，轨道面高度 1000 千米，倾角 81 度。

Alpha 星座由 100 颗卫星组成，该星座又分为两个子星座，其中：Alpha-Low 由 4 个 19 颗卫星组成的低倾角轨道面组成；Alpha-High 由 6 个 4 颗卫星组成的高倾角轨道面组成。Alpha-Low 轨道倾角为 45 度，Alpha-High 轨道倾角为 81 度。两个子星座轨道面高度都是 1000 千米。

每颗 Beta 卫星与 Alpha 卫星将与所有 PWSA 传输层卫星互操作，而不考虑供应商。Beta 卫星与 Alpha 卫星的光通信终端（OCT）可以支持平面内和跨平面交叉链路、到地球 OCT（地面、空中和海上）的链路以及到传输层外部兼容卫星的交叉链路。Beta 卫星、Alpha 卫星与 SDA 运行中心及传输层 1 期卫星共同形成一个通信网络，该网络将提供往返于全球任何位置的韧性、低延迟、高吞吐量数据传输。

Beta 卫星可以通过 S 波段战术卫星通信、UHF 战术卫星通信和 LEO 综合广播服务（IBS-L）链路提供先进的通信和数据传输。这包括在 SDA 运行中心和战区内地面、海上和空中用户之间超视距传递信息的能力。

Alpha 卫星可以通过 Link 16 提供超视距战术数据链连接，利用 BMC3 模块进行在轨任务处理，并提供 GNSS 态势感知能力。

》》》 四、后期规划

2026—2027 年,传输层 2 期卫星将开始发射入轨,通过在轨测试后投入使用。Alpha 星座的第一个高倾角轨道面将不迟于 2026 年 9 月 1 日发射。Alpha 星座的第一个低倾角轨道面将不迟于 2026 年 10 月 1 日发射。Beta 星座的第一个轨道面将不迟于 2026 年 9 月 1 日发射。

按照规划,传输层 2 期将在 2026 年 9 月建立初始发射能力,发射 12 颗 Beta 卫星和 4 颗 Alpha 卫星,之后每月进行一次发射活动,持续大约一年,涉及多个卫星型号。这些卫星入轨后,SDA 将进行连续的检查和试运行过程,为传输层 2 期卫星运行做好准备。

为实现传输层 2 期系统和卫星快速调试并过渡到运行中心运行状态,SDA 正在建立测试和检验中心(TCC)。这是一个独立的、政府所有的设施,具有进行全面测试和检验操作(TACO)活动以及支持向运行中心快速过渡所必需的地面和测试基础设施。

在由运载火箭发射入轨后,首先每个卫星轨道平面都将接受全面测试和检验操作,包括分离/初始化/检验/轨道提升(SICO)阶段。然后,进行功能验收测试(FAT),以确保交付的每个系统完全能够完成任务。一旦成功完成功能验收测试和随后的功能验收审查(FAR),每个卫星轨道平面将过渡到从运行中心实施的运行阶段。

与传输层 1 期一样,传输层 2 期调试活动将由供应商与地面段集成商协调进行。但传输层 1 期由供应商利用自身的运控设施进行 TACO 和在轨验证测试,传输层 2 期将在政府所有/承包商运行的测试和检验中心进行调试活动。

SDA 已经制定光通信标准以及被称为"大气层上限外建立的网络"(Network Established Beyond the Upper Limits of the Atmosphere,NEBULA))——"星云"组网标准。SDA 设想测试和检验中心试运行阶段的"退出状态"非常类似于运行中心的"进入状态"——一个全功能、光学互连和网络化的卫星平面,由供应商人员使用其"星云作战—供应商架构"(NEBULA Operations – Vendor Architecture,NOVA)地面系统指挥和控制,该系统与 SUPERNOVA(星云作战的 SDA 统一规划环境和资源与供应商无关)具有经过验证的接口和连接能力。

一旦完成测试和检验中心试运行,卫星将在一个简短的运行验收测试(OAT)期间接受来自 SDA 运行中心的一组类似的功能测试,并开始向任务运行过渡。

》》》 五、结语

传输层 2 期是美国太空发展局迄今为止最大规模的一次采购。美国太空发展局称,部署后的传输层 2 期卫星将为 PWSA 军事网络增加足够的节点，为美国军方用户提供全球覆盖。传输层将从 0 期周期性区域访问能力、1 期持续性区域访问能力进一步提升至 2 期的不间断全球访问能力。

PWSA 传输层卫星的建设目前仍处在初级阶段。以 2 年为周期进行技术更新迭代，将使不断革新的太空能力第一时间提供给一线部队并获得关键反馈，从而使星座能力得到螺旋提升。美军相信，作为其下一代韧性抗毁太空体系的基础和关键，传输层也必将体现出巨大的作战能力。

（中国电子科技集团公司网络通信研究院　颜　洁）

美国空军完成首次机间太赫兹通信实验

太赫兹通信技术是指利用0.1~10太赫兹之间的太赫兹波进行通信的技术,在安全高速通信领域具备明显的优势。目前,0.3太赫兹以上的频段未受到监管,而且随着通信系统对高速通信能力的需求不断增长,美国空军研究实验室启动了"太赫兹通信"计划,探索研究太赫兹通信应用的可行性,并成功完成了首次0.3太赫兹以上频段的机间通信实验。结果表明,太赫兹通信将加速美空军实现未来作战概念的愿景目标。

>>> 一、研究背景

太赫兹通信技术是一项新兴技术,是指利用频段在0.1~10太赫兹之间的太赫兹波进行通信的技术。由于其频段介于微波和红外光之间的过渡区域内,具有穿透性强、速率高、波束窄、容量大、方向性好等特点,充分利用这个频段可以为美国空军带来3个方面的优势:①建立电磁频谱优势,太赫兹频段0.3太赫兹以上的频段仍未受到监管,率先利用这一频段将在频谱利用上抢占先机。②增强空—空链路的安全性,太赫兹频段具有非常高的传播损耗,不易被设定范围以外的侦查监听设备探测到,有利于建立安全的空—空通信信道。③具有更高的载频,太赫兹频段可以调制更高带宽的信号,提高了信息传输速率,满足更高速率的传输需求,将开辟新的应用领域。

>>> 二、发展情况

为探索研究太赫兹通信应用的可行性,美国空军研究实验室投入1000万美元,启动了为期4年的"太赫兹通信"计划,并成功完成了首次太赫兹频段机间通信实验。

（一）发布"太赫兹通信"计划广泛机构公告，寻求未来视距空—空通信和联网技术

2020 年 8 月 17 日，美国空军研究实验室信息管理局发布"太赫兹通信"计划广泛机构公告，向业界寻求 0.1 太赫兹以上的未来视距空—空通信和联网技术。"太赫兹通信"项目将开发和演示一种具有互操作性、模块化且可持续使用的网络架构，以中继情报监视侦察传感器数据，实现共享态势感知和指挥控制。该项目重点关注 2 个领域：①开展 0.1 太赫兹以上的传播建模、信道测试及链路预算分析，以展示在空间指定点的大气传播特性随大气压、湿度和高度变化的情况，帮助空军开拓新的通信能力；②利用 0.1 太赫兹以上频率的高传播损耗和强方向性等射频特性，开展网络优化方面的工作。

（二）完成首次太赫兹频段机间通信实验

据美国空军研究实验室 2023 年 4 月 3 日刊文报道，2022 年 12 月，空军研究实验室在纽约州罗马成功完成了首次太赫兹频段机间通信实验，验证了 0.3 太赫兹以上频率范围通信的可行性。在为期 3 天的飞行实验中，空军研究实验室与诺斯罗普·格鲁曼公司和加州大学洛杉矶分校飞行研究中心合作，在相关作战高度和范围内测量了两架实验机之间的传播损耗。其中，一架实验机放置了最先进的太赫兹通信收发器系统，通过机上太赫兹透波窗口进行通信实验。此次机间通信实验，验证了太赫兹频段未来的通信应用潜力，为空军提供了一个新的超高容量空—空通信技术解决方案。

》》》 三、初步认识

（一）太赫兹技术是实现"高速+抗侦听截获"通信能力的一种有效手段

受技术尤其是各种器件工程实用化的限制，太赫兹频段并未得到充分利用，相关频段资源丰富，对实现高速数据通信极具吸引力。太赫兹通信的特点就是频率高，进而带来方向性好、波束窄的优势，能够加大探测拦截难度，提高传输隐蔽性。在太赫兹频段利用上抢占先机，将在电磁频谱对抗中占据优势。

（二）美国空军为实现未来作战概念愿景目标开辟了一条新的实施途径

"敏捷战斗运用"是美国空军 2023 版《未来作战概念》的核心思想，旨在通过实施"化整为零"的分布式作战部署，增强美军作战体系的抗毁性和敏捷性。太赫兹通信技术将从 2 个方面推动上述概念的落地实施。一方面，增加新频段缓解较低频率频谱过度拥

堵的问题,进而提高传统系统的性能;另一方面,促进高带宽应用,如空中大数据共享可有效支持无人机网络的实时监控和决策制定,这是当前窄带无线技术无法实现的能力。

(三) 美国空军已在太赫兹核心器件集成与制造技术方面取得了突破性进展

器件体积庞大是阻碍太赫兹应用发展的重要因素。机载太赫兹通信系统由发射机和接收机的上变频器和下变频器、倍频器、定向天线、自适应动态带宽调制的调制解调器等核心器件组成,既要满足机载平台对系统体积、质量和功耗的需求,也要满足大调制带宽的应用需求。从美国空军研究实验室成功完成机间通信实验可以推断出,部分技术已取得了突破,为空军建立电磁频谱优势奠定了技术基础。

(中国电子科技集团公司第二十研究所　魏艳艳)

(中国电子科技集团公司发展规划研究院　李祯静)

美国空军空中骨干网进展分析

美国空军一直希望对空中作战平台使用的通信网络进行体系化整合,从"联合空中层网络"(JALN)到"作战云"再到被视为军事物联网的"先进战斗管理系统"(ABMS),美国空军在逐步推动空中层网络体系与美军新兴作战概念的融合。按照美国空军的设想,空中层网络将由相对稳健、宽带和高速的骨干网和适应不同任务需求的战术数据链组成,空中骨干网是美国空军空中层网络体系实现动态、弹性组网的关键,如图1所示。2023 年 3 月,美国空军选定 Cubic 公司的 Halo 数字波束形成相控阵解决方案作为美国空军空中骨干网原型系统的核心,并授予 Cubic 公司"基于 Halo 技术的弹性网状网(HER-Mes)"硬软件原型开发合同,这标志着美国空军空中骨研制取得实质性进展。

》》 一、背景

美军战略司令部和联合部队司令部在 2009 年 10 月 27 日签发了联合空中层网络"初始能力文件"(ICD),该文件提出,联合空中层网络要支持美国国家和国防部高级领导、作战司令部和各级联合部队的网络中心指挥与控制和战场空间态势感知需求,并与天基和地面层集成到一起,为各级联合部队提供通信接入能力、动中通和超视距通信,以及满足指挥官需求的持续连接能力,同时提供"分发/接入/距离扩展"(DARE)能力、转换能力和"大容量骨干网"(HCB)能力。

2010 年 11 月,美军启动了联合空中层网络候选方案分析,针对空中层网络发展提出了具体建议,如图2所示。在空中骨干网方面,美军构建空中骨干网的能力仍然缺失,美军主用的宽带数据链——"通用数据链"(CDL)主要用于空地链路,支持空空宽带组网的 CDL 波形仍在开发之中,基于现有数据链波形特性仍然推荐作为构建未来空中大容量骨干网的候选波形。关于 DARE 能力,宽带 DARE 能力要求采用已经服役的 CDL 以及正在

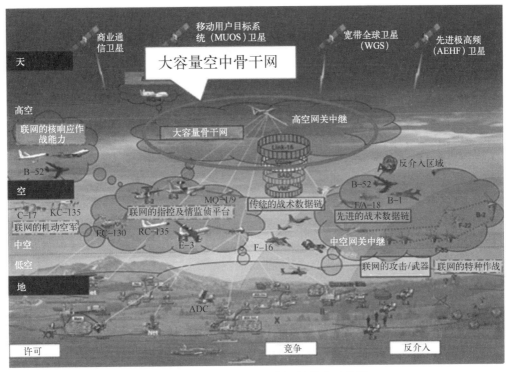

图 1　美军联合空中层网络初始能力示意图

开发的 NCDL 波形,并引入"扩展数据率"(XDR)波形和"高频段组网波形"(HNW);而窄带 DARE 能力则要求继续采用现役空基平台装备应用的数据链,例如 Link 16、"机间数据链"(IFDL)、"多功能先进数据链"(MADL)、"态势感知数据链"(SADL)以及"联合战术无线电"(JTRS)先进波形。

① 大容量骨干网(HCB)
　-带宽高效的通用数据链(BE-CDL)
②a 宽带DARE波形
　-AEHF卫星XDR波形;
　-HNW;
　-NCDL。
②b 窄带DARE波形
　-Link 16、视距话音、SADL、
　　MADL、IFDL、WNW、
　　SRW/ANW2
③ 过渡期间的解决方案
　-在中高空建立专用的JALN节点
　-第五代与第四代战斗机之间互通
　　方案
　-地面网络接入点:HCB、宽带
　　DARE以及情监侦接入。

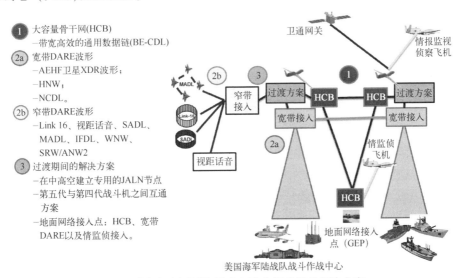

图 2　联合空中层网络候选方案分析建议的解决方案

357

根据联合空中层网络候选方案分析建议，美国空军确定了以 CDL 波形为基础的空中骨干网发展方向，经过多轮迭代，终于在 2023 年选定 Cubic 公司的 HERMes 方案进入原型系统研制阶段。

》》》 二、HERMes 方案

美国空军空中骨干网计划采用的 CDL 系列数据链波形主要包括点对点和点对多点两类波形，广泛应用于美军中高空飞机的宽带情报传输和测控，传输速率可达 274.176Mb/s。但是，CDL 也存在功耗高、设备大、频谱效率低以及组网能力有限等缺点，限制了其在未来大国冲突中的应用潜力。为此，美国空军近年来的空中骨干网方案研究主要寻求能够克服这些缺陷并能提供适应美军"联合全域指控"（JADC2）所需能力的方案，而 Cubic 公司 HERMes 方案基于相控阵 CDL 的解决方案已经在演示验证中证明了其具备满足美国空军空中骨干网需求的能力。

（一）Halo 系统基本情况

Cubic 公司 HERMes 方案的核心是 Halo 数字波束形成天线系统（图 3）。Halo 系统采用新型数字波束形成技术，可极大地提升宽带、弹性、自组织、多链路网状网的性能。这使其能够满足美国空军 JADC2 的组网需求，为 JADC2 提供必需连接和处理能力，从而确保在正确的时间将正确的数据交付到正确的位置。目前，它主要用于支持美国空军的宽带骨干网需求，未来可能应用到更多平台。

图 3　Cubic 公司基于 Halo 技术的宽带骨干网应用示意图

Halo 系统的数字波束形成天线是一种软件定义天线,可以加载多种先进数据链波形,构建自愈的空中网状网(图4),为作战单元提供高速、大容量传输通道,促进决策优势的实现。Halo 系统软件定义的数字波束形成天线,能够克服多馈送模拟"有源电扫阵列"(AESA)解决方案的局限,通过跨域栅格网络传输视频、话音和数据,提供前所未有的数据访问能力、强对抗环境下的安全传输,并支持下一代作战概念。

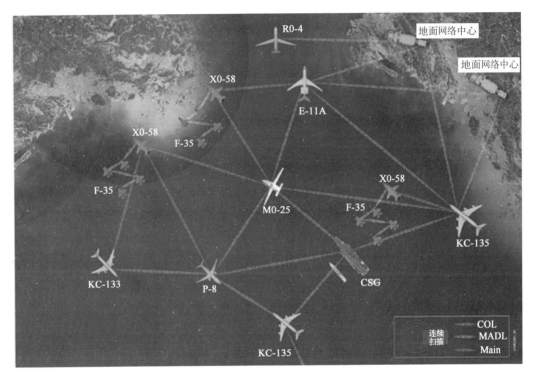

图 4　Halo 系统组网应用示意图

如图 5 所示,Halo 系统不需要多部天线设备,只需一个低剖面天线,就能实现多条链路,在"体积、重量和功耗"(SWaP)方面的优势明显。Halo 系统的多波束能力可以利用一个孔径建立多个连接,从而实现利用一个设备就能覆盖整个空域,这对于美国空军空中骨干网特别重要。Cubic 公司称:美国空军大容量空中骨干网演示验证中,利用一个设备同时建立 8 条宽带、弹性且安全的链路。Halo 系统可以通过软件"复制/粘贴"多个波束,给每一个网络节点提供单独的定向波束,从而大幅降低被敌人截获通信和探测到平台的概率。

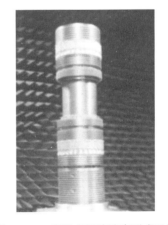

图 5　Halo 系统多链路波束形成天线

（二）Halo 系统主要特点

Halo 系统具备强大的数字处理能力，可以实现自动发现和空分组网。这使 Halo 系统可以构建不依赖 GPS 的弹性网络，支持自适应链路管理和动态网络路由。Halo 系统优化了其在拥挤民用空域和对抗军事环境下的网络可用性，支持 7 倍以上的用户使用相同的频谱段。Halo 系统具有调零能力，可以有效地抗干扰。

Halo 系统的主要特点如下。

（1）余同多链路：可提供多条高速（每秒几十兆比特）链路，且支持具有冗余网络路径的网状组网。

（2）快速入网和弹性：快速发现模式下，几秒钟内就能完成初始捕获和重新捕获中断链路，而且无需 GPS。

（3）自适应处理：支持跟踪和调零旁瓣，能抑制干扰，保持信号的完整性。

（4）转换：支持转换可变数据速率和波形以适应前线通信单元的需求。

（5）能力可升级：支持网络安全且可进行升级，能够适应其他波形和新兴能力。

（6）模块化：采用基于开放标准的模块化设计，可以集成到多种平台上，并支持多种链路作用距离和数据率。

（三）Halo 系统功能性能

Halo 系统采用模块化的设计方法，可以集成到多种平台上，包括有人/无人平台，在强对抗环境下提供安全数据传输。如图 6 所示，Halo 系统由处理系统和孔径系统两个协作的装置组成，它们完全集成在一起。Halo 系统中的孔径实际上是一个软件定义的数字波束形成系统。

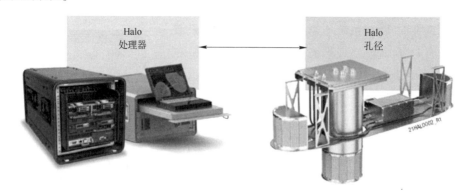

图 6　Cubic 公司 Halo 系统主要组成部分

Halo 系统可支持 CDL 或 BE-CDL 等美军现役的波形。能够运行这些波形的美军现役电台，都可以连接 Halo 系统并使用其服务。机载终端参数如表 2 所列。

表 2　机载终端参数

收发射频参数		组网性能	
Ku 频段	14.4~15.35GHz	链路数量	8 条,扩展
数据率	200kb/s~137Mb/s	网络类型	网状网络(mesh)
波形	CDL、BE-CDL、先进战术数据链(ATDL)	网络发现	ATDL 波形
Halo 系统之间链路作用范围	SR:300nm+	辅助波束	节点跟踪、干扰跟踪、战场频谱调查
安全性	Type 1 或 AES	网络计算机	Dell EMC Tracewell T-FX2he
LPI/LPD ATDL	Merlin™波形	网络安全	遵循 VMware vCloud & Tanzu、Twistlock、Spunk、ATT Level 4
		网络捕获	自主,无须操作员干预
物理参数			
组成部分	尺寸/in	重量/磅	冷却方式	电压
Halo 孔径	73.0×20.0×29.0	415	PAO	48VDC
散热系统	24.0×20.0×19.5	120	风扇	115VAC,400Hz
配电设备	24.0×19.0×28.0	35	风扇	115VAC,400Hz
Halo 处理器	29.8×13.6×13.6	91	风扇	115VAC,60Hz
用户接口加密组件	30.0×22.5×12.8	100	风扇	115VAC,400Hz
天线罩	84.0×21.0×30.5	60	N/A	N/A
电磁兼容	遵循 MIL-STD-461G			
温度	工作温度:-40℃~+55℃;间歇性会达到+70℃			
工作高度	0~60kft			
最大功耗	10kW			
最大发射功率	454W			
输入电源	遵循 MIL-STD-704			

(四) Halo 系统研究过程

2008 年,美国空军从开始研究 Halo 技术。2010 年初,Cubic 公司作为承研商,研制完成了概念原型设备并成功进行了验证。之后,Cubic 公司开发了可装载在飞机上的第二代 Halo 原型设备,2019 年成功进行了飞行测试。

2020 年,Halo 原型系统搭载在 NASA WB-57 飞机上,成功验证了与多个地面站同时进行通信。

2021 年,Cubic 公司演示验证了空中骨干网初始技术方案——第三代 Halo 系统使用开放、全双工 CDL 连接。Cubic 公司 Halo 研究团队称,此次演示的成功是非常重要的里程碑,为接下来最终集成完整的 Halo 系统奠定了基础。

2021 年 11 月,Cubic 公司从美国空军获得了第三代 Halo 数字波束形成设备开发合同,同时还获得了先进"网络与统一用户体验"(UUX)合同。UUX 要求开发先进组网能力和统一用户体验能力,以便简化飞行员利用 Halo 系统软件定义的数字波束形成天线,设置 CDL 数据链的任务。

2022 年 9 月,Cubic 公司与诺斯罗普·格鲁曼公司联合演示了支持 HCB 的网关系统解决方案。演示中,Cubic 公司的 Halo 系统的软件定义天线,利用新颖的数字波束形成技术,实现了定向 Ad Hoc 网状组网。

2023 年 3 月,Cubic 公司获得了美国空军 HERMes 硬软件原型开发合同。美国空军希望通过该合同研究、设计、开发、测试和演示 HERMes 系统能力,提升空中骨干网的能力,具体包括扩展工作频率范围、优化代码和算法以及扩展运行平台类型和数量所需的能力。

目前,Cubic 公司正在开发第三代 Halo 解决方案,能够适配飞机和地面/海上平台。预计,第三代 Halo 系统设备会在 2023 年进行飞行测试。

》》》 三、几点认识

美军联合全域指挥控制的基础是能够按需及时地将正确的信息传送给相应的作战单元,这就需要全球覆盖、跨域连通、稳健、弹性且高性能的联合信息网络。空中骨干网是美军战场网络的关键组成部分,促进战场网络的互连互通和关键信息分发。从美国空军空中骨干网的发展可以得出以下思考与启示。

（一）增强战场网络弹性,支撑协同作战

随着美国将国防战略重心转向大国竞争,不断从政治、军事、经济等多个方面发出挑衅,大国直接冲突风险随之增大。目前预期,未来的大国竞争战场上必然存在强电磁对抗,这就要求战场通信网络具备足够的弹性,能够在网络性能降级或失效的情况下提供作战能力必需的传输能力。目前,美军远程信息传输主要依赖于卫星通信,随着卫星对抗技术和装备的快速发展,必须要为卫星通信寻求备用手段以提高网络整体弹性,空中骨干网将会是美军主要的远程通信网络覆盖备用手段。高效、灵活的空中骨干网,不仅能够通过中继转接为战区作战单元提供远程超视距通信,实现远程通信路径的冗余备份,而且还能为战区提供更优的网络覆盖,提高网络容量和组网效率。在强电磁对抗的战场上,支撑协同作战的网络连接是作战能力的基础,关键是战场网络具备良好的弹性。

（二）破除网络中心节点，构建网状空中层网络

由于战场上的空中平台移动速度相对较快，因而很难构建高效、稳健的空中层网络。目前在美军战场空中层网络中，承担类似空中骨干网功能的是搭载在"全球鹰"无人机和E-11A 上的"战场机载通信节点"（BACN）一类的网关节点。它们是战场上的核心转接中继平台，既要支持作战飞机间不同战术数据链之间的"桥接"，也要为地面战术提供中继实现超视距通信覆盖，实际上已经成为战区通信网络的中心节点，因而必然会成为重点攻击目标。Cubic 公司基于相控阵技术的多波束空中骨干网解决方案，支持构建网状网络，从而避免了网络中心节点的存在，进一步提高了网络弹性和稳健性，可以满足美军分布式作战和马赛克战等新兴作战概念的组网需求。

（三）重视数据链系统规划，避免独立系统整合的遗留问题

相对于其他作战域的战场网络，空中层网络的规划和建设相对滞后，因而美国空军在规划联合空中层网络时，必须在填补能力空缺的同时，整合已有网络。类似美军四代机与五代机互通以及地空协同通信等互连互通问题，都是之前缺乏系统规划和根据作战能力需求发展独立系统的遗留问题。从美国空军目前的发展规划来看，空中骨干网就担负着这样的职责。美国空军的选定 HERMes 原型系统方案可以满足空中层网络骨干连接需求，但是不同类型数据链系统整合仍然依赖于创新性的解决方案，除了现役的BACN，DARPA 也在研究"动态网络适应任务优化"（DyNAMO）、"自适应跨域杀伤网"（ACK）和"综合系统体系技术集成工具链"（STITCHES），解决异质系统整合问题。美军先发展后整合的发展路径，直接导致空中层网络建设难度大、成本高且周期长，也成为协同作战效能提升的最大阻碍。

（中国电子科技集团公司第十研究所　刘红军）

美军推动战术边缘信息共享技术发展

2023 年 6 月,DARPA 宣布,"战术边缘可靠弹性网络安全手持设备"(SHARE) 项目成功开发并集成了新型软件和网络技术,可支撑美国和盟友在战术行动中进行安全、弹性的网络信息共享。2023 年,美军多措并举推动战术边缘信息共享技术发展,通过利用新的软件和网络技术,简化了美国和盟友之间移动战术网络的安全数据共享,以及大规模网络试验验证相关技术,大大提高了美军战场数据通道的安全性和连通性。

》》》一、SHARE 项目提升异构手持设备接入能力

SHARE 项目于 2017 年 1 月启动,2023 年 6 月完成开发。该项目开发了一种能够对任意类型网络,包括商业 WiFi、蜂窝网络和军事网络上的用户设备进行快速组网配置的软件,支持多种密级的战术信息交互。这种软件搭载在军用移动设备上,能够减少战术指挥行动对固定基础设施的依赖,提升战术边缘数据共享能力。

在战术作战中,处于战术边缘环境的底层部队往往掌握着最重要、最及时的一线信息。为了及时向上反馈情报和横向协调行动,不间断通信和信息安全至关重要,一旦通信连接中断,将严重影响作战效果。目前为战场提供安全连接的基础设施庞大且繁琐,机动性差,限制了快速移动中的战术部署。SHARE 项目就是针对上述挑战,解决移动设备(尤其是手持设备)能够进行安全可靠的战场保密信息共享的问题,如图 7 所示。

SHARE 项目旨在创建一个系统,可以使士兵的单个手持设备接入弹性安全的战术网络,用于处理多种密级的信息,并保证涉密和敏感信息的安全和互操作安全。该网络连接设备无须通过安全数据中心的路由流量转发,通过自组网即可实现手持设备直接互联,这样战术信息的分级安全管理功能就从少数安全数据中心转移到战术边缘的手持设备上。SHARE 项目重点关注三个领域:①手持设备上分布式战术安全管理的技术和策

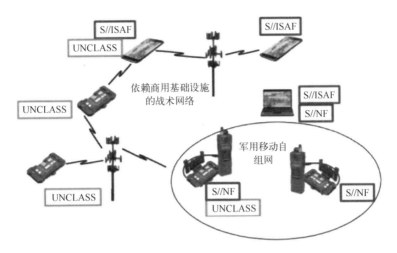

UNCLASS—非密;S//ISAF—涉密/国际安全支援旅;S//NF—涉密/禁止国外

图7　SHARE在战场上使不同密级和网络的设备信息共享

略工具;②保障作战环境中的弹性和安全架构的网络技术;③快速配置整个网络安全性的软件。SHARE项目核心领域是网络技术,亮点是采用以数据为中心的网络架构——命名数据网络(NDN),可跳过IP地址,直接按名称或元数据检索对象,以安全、可靠、高效的方式进行端到端的分布式通信。这种去中心化的通信方式简化了战术网络,提高了网络效率。

战术边缘的网络安全和可靠通信一直备受美军关注,目前美军各军种大规模采用的战术攻击套件(TAK)软件就是典型的战术边缘态势感知软件,SHARE为TAK生态系统带来了下一代网络技术,通过在TAK软件平台上使用NDN和数字版权管理的创新研究来改变战术边缘网络的部署方式。随着2023年11月TAK 5.0的发布,美国陆军、海军陆战队员、海军和空军,以及美盟将直接受益于SHARE项目为弹性战术网络提供优势。

》》二、美国空军综合作战网络弥补边缘连接能力短板

综合作战网络(IWN)是2022年4月美国空军研究实验室(AFRL)主导开发的技术架构,旨在整合"企业IT"与"作战IT",为美国空军和太空军提供在战术边缘和整个网络环境内实现安全、灵活、稳健和有弹性的通信。IWN架构由2部分构成:企业连接(Enterprise Connect)和边缘连接(Edge Connect)。其中,2022年5月和6月,"边缘连接"在太平洋举行的"英勇之盾22"演习中进行了评估(图8),为数据传输和指挥控制提供了关键的超视距连接,解决了太平洋空军面临的带宽低、缺乏弹性和单点故障等网络问题。IWN通过"边缘连接"提供的功能包括:

（1）余同建立灵活、稳健、有弹性的软件定义广域网。

（2）通过使用多种商业途径，例如本地蜂窝和商业卫星通信与传统军事途径相结合，提高整体网络带宽和弹性。

（3）通过手持设备为运营商提供敏捷作战部署（ACE）所需的移动性，使用商用机密安全解决方案，使最终用户能够通过非机密无线互联网访问秘密互联网协议路由器（SIPR）。

图 8　"英勇之盾 22"期间美国空军在帕劳国际机场现场进行边缘连接

在"英勇之盾 22"期间，"企业连接"展示了 IWN 架构提供的功能和军事实用性，最终目的是通过灵活操作、弹性连接和无处不在的传输实现跨域作战，以及 ABMS 和 JADC2 的目标，从而实现太平洋地区的分布式作战，如图 9 所示。

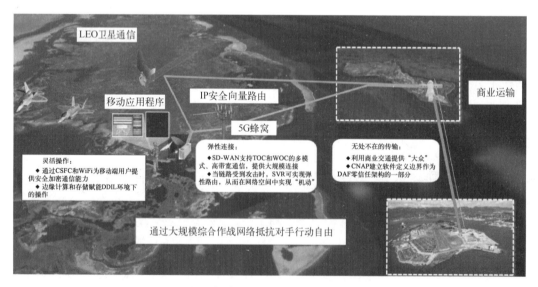

图 9　综合作战网（IWN）最终愿景

集成作战网络具有安全路由功能，能够在不使用隧道的情况下进行完整的端到端加密。矢量路由将启用基于策略和现有网络条件的路由流量，包括带宽、抖动、延迟、错误率和其他信号。通过每条路径上的重复数据包,使 IWN 应用有保证的消息传递。

按照美军对 IWN 的定位,它属于 ABMS 和 JADC2 的关键部分。通过部署 IWN 环境,集成传统的卫星通信、新的商业低中轨卫星网络,美国空军一线作战人员可以实现任何时间和地点的联网战术环境。在具体实现时,美国空军希望在飞机顶部或下方部署天线,从而可以利用商业或军事卫星提供的服务,包括 SpaceX 的星链网络。

〉〉〉三、结语

SHARE 项目推动美军自下而上、自战术边缘到指挥所的情报流动和态势感知,能够大大减少战术边缘信息共享的硬件需求;IWN 推动美军自上而下整合企业信息环境与战术信息环境,无缝覆盖战场网络。其思路都是以数据为中心,注重网络的机动性和快速部署能力,在作战实践中侧重于支撑智能、灵活、机动的作战应用。SHARE 和 IWN 结合,有助于将武器系统、战术/战略基础设施和商业网络服务整合,形成完整的统一作战指挥地图,实现强大的全域态势感知和指挥协同能力。

(中国电子科技集团公司第七研究所　宋　晖)

欧洲加强自主卫星通信能力开发

2023 年 1 月,欧洲受保护波形项目(EPW)联盟正式成立,将研发欧洲的自主卫星通信波形——欧洲受保护波形。2023 年 2 月,欧洲议会通过提案,将于 2027 年前部署一个名为 IRIS²(卫星适应性、互联性和安全性基础设施)的欧盟新型自主卫星星座。2023 年 5 月,欧盟委员会宣布,首个自主端到端天基量子密钥分发系统 EAGLE-1 卫星配备由欧洲 TESAT 公司开发和集成的量子密钥分发(QKD)有效载荷。欧洲正在积极推进自主卫星通信能力的开发,这不仅是欧洲增强空间自主性和战略自主性的需要,也是欧洲提升国际太空竞争优势的需要。

〉〉〉 一、背景

近年来,全球商业太空产业快速发展。由于商业太空能力具有灵活性、韧性和成本低等优势,外军一直在积极探索利用商业太空能力支持军事作战。

2022 年爆发的俄乌冲突中,乌克兰在战场上高度依赖了美国 SpaceX 公司的 Starlink 星座。这种对外国卫星通信系统的高度依赖使欧洲各国意识到了增强自主卫星通信能力的紧迫性。自主卫星通信能力将确保欧洲在冲突或紧急状况出现时保持安全独立的状态,同时也可以提升其在卫星互联网领域中的国际地位和竞争优势。

〉〉〉 二、欧洲自主卫星通信能力发展概况

(一)2023 年前的发展情况

2020 年,欧洲宣布将耗资 73 亿美元建设低轨卫星互联网宽带星座系统,并计划用一

年的时间进行可行性研究。欧盟委员会强调该系统将独立于外国系统,整个供应链均选择来自欧洲的企业。

2022 年,欧盟公布 IRIS² 自主宽带卫星星座计划。欧盟表示已在过去一年中,对星座架构的可行性进行了测试。该架构将特别强调政府和商业服务的重要性,并从一开始就将其纳入军事用途和需求。

(二) 2023 年的新进展

2023 年,欧洲在自主卫星通信能力方面又有了进一步发展,主要表现在 3 个方面:成立欧洲受保护波形项目联盟;批准 IRIS² 自主卫星星座提案;开发首个低轨卫星量子密钥分发(QKD)有效载荷。

1. 欧洲受保护波形项目联盟正式成立

2023 年 1 月,由来自比利时、德国、意大利、法国、西班牙、波兰、罗马尼亚、卢森堡、丹麦、荷兰的多家公司和机构组成的欧洲受保护波形项目联盟在欧盟委员会总部布鲁塞尔正式成立。该联盟将在 39 个月的时间里研究和设计欧洲受保护波形以及用于韧性和安全卫星通信的相关技术。

欧洲受保护波形项目的目标是设计一种新的安全、韧性波形标准,以便更好地满足欧盟武装部队不断增长的卫星吞吐量需求,能够支持分散、机动的军事行动,更好地应对未来安全威胁。

为符合当前和未来军事和安全行动要求,欧洲受保护波形将围绕卫星通信的灵活、安全、可负担与可互操作这 4 个要素来构建。

欧洲受保护波形项目包括研究阶段和设计阶段。研究阶段涉及可行性研究、使用案例和作战概念定义以及系统规格、详细需求审查和架构定义,同时还将进行威胁和脆弱性评估、风险分析,确定应对措施和安全需求(例如抗干扰、网络多样性、多波段/多频率终端和网络安全解决方案),并对市场上现有解决方案进行基准测试。设计阶段将进行包括初步设计审查和最终关键设计审查在内的系统详细设计,开发欧洲受保护波形模拟机和小规模技术验证机。

欧洲受保护波形项目可交付成果将是卫星通信欧洲受保护波形标准蓝皮书,可在基带解决方案(终端、调制解调器)上实施,并集成到成员国的军事网络中。

根据军用卫星网络的综合多层安全和韧性方法,开发应满足波形、卫星基带设备(终端、调制解调器、Hub、网络)和端到端卫星网络层面的要求。这包括多频段/多频终端、抗干扰技术、干扰缓解、网络分集、网络安全技术。分界点是将 Hub、网关和调制解调器与外部网络或互联网连接起来的卫星网络的边缘路由器。利用这种方法,在现有和运行中的通信卫星上实施欧洲受保护波形项目也是可行的。

2. 批准部署新型自主卫星星座IRIS²的提案

2023年2月14日,欧洲议会全体会议通过了欧洲议会和理事会制定的IRIS²提案,旨在到2027年前部署一个欧盟拥有的通信卫星群,通过减少对第三方的依赖来确保欧盟的自主权,以及在地面网络缺失或中断的情况下提供关键通信服务。这是继伽利略和哥白尼之后欧洲的第三个太空旗舰计划,项目总投资为60亿欧元。

IRIS²自主卫星星座目标是为政府用户提供安全卫星连接,支持对经济、环境、安全和国防至关重要的应用,并进一步开发包括通信盲区在内的全球高速宽带服务。

欧盟委员会、欧洲理事会和欧洲议会已就该项目的框架达成了一致。该框架为IRIS²星座规划了许多优先事项。它将是一个拥有严格认证标准和安全要求的自主星座,为欧洲和非洲连通能力提供支持。IRIS²星座将是一个多轨道星座,包括来自欧洲传统航天公司和初创公司的贡献,以量子通信等领先技术为特色。

IRIS²星座将支持各种各样的政府应用,主要是在监视(如边境监视)、危机管理(如人道主义援助)和关键基础设施的连接和保护(如欧盟大使馆的安全通信)领域。

IRIS²星座还将实现大众市场应用,包括移动和固定宽带卫星接入、B2B服务卫星中继传输、用于运输的卫星接入、卫星增强网络以及卫星宽带和基于云的服务。

此外,欧盟的这种多轨道安全连接系统会依靠量子等颠覆性技术,确保在全球范围内长期提供可靠、安全和划算的卫星通信服务。IRIS²还将鼓励创新和颠覆性技术的部署,特别是利用"新太空"生态系统(这个生态系统中,小卫星发展将成为主流,商业太空能力也会相应地增强)。

欧盟委员会的目标是在2024年提供初步服务,到2027年实现全面运营能力。

3. 开发首个低轨卫星量子密钥分发(QKD)有效载荷

2023年5月,SES公司宣布将与欧洲激光通信技术公司(TESAT)合作,为欧洲空间局(ESA)和欧盟委员会支持的EAGLE-1卫星开发和集成量子密钥分发有效载荷。

具体来说,TESAT公司负责制造的量子密钥分发有效载荷包含了建立天—地安全光链路的可扩展光终端SCOT80,以及卫星的量子密钥分发模块。集成到EAGLE-1有效载荷中的技术包括内置冗余,将专门用于政府、电信运营商、云提供商和银行等领域的卫星通信和数据传输,提升加密应用的安全性。

2022年9月,由SES公司领导的20家欧洲公司组成的联盟开始设计、开发、发射和运行基于EAGLE-1卫星的端到端安全量子密钥分发系统,以对欧洲下一代网络安全进行在轨验证和演示。

为建立欧洲首个自主端到端天基量子密钥分发系统,SES计划与欧洲合作伙伴开发、运行一个专用低轨卫星EAGLE-1,并在卢森堡建立一个先进的量子密钥分发运行中心。

EAGLE-1集成了空间段和地面段,将为地理分散区域提供加密密钥的安全传输,并连接欧盟各国量子通信基础设施,实现真正的自主网络。

利用EAGLE-1系统,欧洲空间局和欧盟成员国将演示和验证从近地轨道到地面量子密钥分发技术的第一步。EAGLE-1项目将为下一代量子通信基础设施提供有价值的任务数据,有助于欧盟部署一个自主跨境量子安全通信网络。

EAGLE-1卫星将于2024年发射,随后将在欧盟委员会的支持下完成为期三年的在轨任务。在这一运行阶段,该卫星将使欧盟各国政府和机构以及关键业务部门能够尽早使用远程量子密钥分发技术,助力实现超安全数据传输的欧盟星座。

为了实现EAGLE-1的超安全密钥交换系统,该联盟还将开发地面光学站、可扩展量子运行网络和密钥管理系统,与国家性量子通信基础设施接口。

》》》 三、几点认识

通过了解2023年欧洲在自主卫星通信方面的发展情况,能够得出如下的认识。

(1)从战略角度看,自主卫星通信能力开发将极大增强欧洲战略自主性。欧洲从俄乌冲突中得到的一个重要启示是,欧洲国家很多时候都需要依靠其盟友(尤其是美国)来获得卫星通信服务,这会使得其在发生冲突时陷于被动地位。此外,由于欧洲目前尚不具备足够的卫星通信能力,来自欧洲地区的武装部队采购的商业卫星通信服务经常容易遭受网络攻击。更为重要的是,美国Starlink巨型宽带互联网星座的迅猛发展使得美国较其他国家拥有了更多的太空资源,在国际太空竞争中有很大的话语权,这已对欧洲自主卫星通信发展构成一定的威胁,欧洲迫切需要减少对非欧商业计划的依赖。

因此,加强自主卫星通信能力的开发,构建以网络安全、数字主权和战略自主为核心原则的卫星通信解决方案,是欧洲增强空间自主性进而增强其整体战略自主性的重要举措,同时也将有助于提升欧洲的国际竞争力。

(2)从技术角度看,自主卫星通信能力开发有利于先进技术的创新发展。商业太空能力的开发需要更为先进的前沿技术。为此,欧洲在开发过程中鼓励相关技术的创新,这其中一个典型的例子是量子技术。作为一种卫星韧性、互联和安全基础设施,以及多轨道安全连接系统,$IRIS^2$自主卫星星座需要用量子技术来提升可靠性和安全性。同理,EAGLE-1自主端到端天基量子密钥分发系统也有助于安全的传输,并能将欧盟各国量子通信基础设施连接起来,实现真正自主的跨境量子安全通信网络。除此之外,为了更好地开发自主卫星通信能力,欧洲也在空间激光通信技术领域有了很多进展,并进行了多项试验验证。空间激光通信技术所具备的强抗干扰能力、高安全性和较快传输速度等优势将会为自主卫星通信能力开发提供强大的助力。

欧洲在开发自主卫星通信能力的过程中依靠各种先进技术，不仅说明这些技术有助于增强自主卫星通信的安全性、韧性和自主性，而且开发过程本身也能极大地推进技术的进一步发展，可实现共赢。

（中国电子科技集团公司网络通信研究院　崔紫芸）

印度采购专用卫星提升陆军通信能力

2023年3月29日，印度国防部授予国营印度新太空公司一份价值3亿美元的合同，为印度陆军采购一颗专用通信卫星。该卫星名为"地球静止轨道通信卫星"-7B（GSAT-7B），是一颗5吨级的印度国产先进通信卫星，将为印度陆军提供高吞吐量服务，并在网络中心作战环境中为印度陆军提供军种内及军种间通信。印度国防部进一步表示，这颗地球同步卫星提供的任务关键性超视距通信，将大大增强印度陆军的通信能力。

>>> 一、背景

专用军事通信卫星能让分散在不同地点的部队之间进行安全、可靠的通信，从而得以快速协调行动，指挥官也能够针对不断变化的战场条件进行快速响应。

与民用卫星相比，专用军事通信卫星具有以下特点。

（1）安全性：军事通信卫星提供安全和加密的通信链路，可防止敌方拦截或窃听。这对于确保军事通信的机密性和维持行动安全至关重要。

（2）全球覆盖：军事通信卫星可以提供全球范围的通信覆盖，包括偏远或敌对环境。这对于执行远征或多国任务的军队来说尤其重要。

（3）高带宽：军用通信卫星可以提供高带宽通信链路，允许传输大量数据，包括视频、图像和其他情报信息。这使军队能够实时共享关键信息，提高态势感知和决策能力。

（4）灵活性：军事通信卫星可以重新定位和重新定向，以满足不断变化的军事需求，为军事行动提供高度灵活性和适应性。

总的来说，专用军用通信卫星在为军队提供安全可靠的通信链路方面发挥着关键作用，使他们能够在各种环境和情况下有效和高效地开展行动。

在发射专用军用通信卫星之前，印度一直租用国内民用卫星转发器并与工业部门合作开发相应地面段硬件，或购买国外卫星接收终端方式实现军事通信。例如，它使用数字数据传输和远程区域通信卫星——"印度国家卫星系统"（INSAT）系列卫星，用于提供远程会议服务。INSAT 系列卫星中，有的兼具气象观测等功能，有的甚至为专用气象卫星。然而，印度武装部队各军种还是希望能够采购专用的军用卫星。INSAT 系列卫星通常不适合用于军事目的，因为其 C、S 和 K 波段转发器的工作频率在 UHF 和 SHF 的较低端范围内，这些频段一般都是民用的，受干扰的概率很高。专用的军用卫星大多工作在 SHF 的高端部分或 EHF 范围内，这些频段较难被干扰。

印度于 2013 年 8 月发射了首颗专用军用通信卫星，主要为海军提供服务；2018 年又发射了空军专用通信卫星；2023 年所采购的则是陆军专用通信卫星。

》》》二、印度现有军用通信卫星概况

印度当前主要的军用通信卫星为 GSAT 系列卫星。

（一）GSAT-7 卫星

印度于 2013 年 8 月 30 日发射了首颗专用军用通信卫星——GSAT-7，也称为 Rukmini。这是专为满足印度海军战略和作战需求而研制的先进通信卫星，质量 2550kg，设计寿命为 10 年。这颗卫星由印度空间研究组织（ISRO）制造，由法国制造的阿丽亚娜火箭发射到东经 74 度的地球静止轨道。卫星位于近地点 35799 千米和远地点 35806 千米，携带 11 个通信转发器，运行于 UHF、S、C 和 Ku 波段。

该卫星覆盖印度洋区域，覆盖范围超过 3000 千米，可以提供从低比特率话音到视频和高比特率数据传输的多种服务，还可通过保密数据网络将战舰、潜艇、飞机和岸上设备连接在一起。通过这颗卫星，印度海军舰船可以交换敌方舰艇和潜艇的精确位置数据。这颗卫星被认为是对印度海上安全和情报体系的重要增强。GSAT-7 解决了印度以往卫星转发器数量有限的问题；INSAT 系列只拥有少量转发器，ISRO 最初不得不从泰国租借了 Arabsat 1-C 和 3 个 C 波段转发器，直到 2002 年都处于转发器短缺状态。随着携带有 4 个 Ku 波段转发器的 GSAT-7 的发射，实现了比 C 波段更高的通信量，转发器短缺问题得到一定缓解。

这颗卫星将印度海军的蓝水能力扩展到印度洋区域，并结束了印度对 Inmarsat 等外国卫星的持续依赖。据报道，在 2014 年孟加拉湾举行的战区级战备和作战演习（Tropex）期间，GSAT-7 能够无缝连接近 150 艘船只和飞机，从而证明了其能力。该卫星现已超过预期寿命仍在继续运行。

尽管 GSAT-7 卫星是专门为印度海军建造的,但印度陆军和空军在有需要时也可以使用该卫星。

(二) GSAT-6/6A 卫星

印度另一颗专用军用通信卫星是 2015 年发射的 GSAT-6,运行在 S 波段。它为偏远和边境地区的印度武装部队提供通信能力。最初它是一颗两用卫星,但后来印度武装部队成为其唯一用户,印度国防研究与发展组织(DRDO)为其开发和部署了专用地面站。GSAT-6 用于满足印度武装部队的一系列通信需求,包括话音、视频和数据通信,以及用于导航和侦察目的。

总体而言,GSAT-6 是印度武装部队的重要资产,在传统通信网络可能不可用或不可靠的偏远和边境地区提供可靠和安全通信能力。该卫星旨在增强印度武装部队的网络中心战能力,使他们能够更有效地开展行动。

2018 年 3 月 29 日,ISRO 还曾在东部安德拉邦斯里赫里戈达岛航天中心发射了一颗 GSAT-6A 军用通信卫星。这颗通信卫星重 2140kg,造价 27 亿印度卢比,是印度当时技术水平最高的国产通信卫星。研发部门表示,它安装了直径 6 米的天线,一旦启用将能够在印度国土上通过手持装置和卫星进行数据和音视频双向交流,可为包括军方在内的印度移动通信设备提供全波段信号服务。然而该卫星发射后不久就与地面失去了联系。GSAT-6A 卫星的一项重要使命是帮助印度军方在偏远地区通过小型手持设备进行通信联络,终结目前需要大型接收站放大通信信号的历史。但卫星失联,意味着印度军方的愿望落空。

(三) GSAT-7A 卫星

2018 年 12 月 19 日,ISRO 在印度斯里赫里戈达岛航天中心发射了 2250 千克的印度空军专用通信卫星 GSAT-7A(又名"愤怒的小鸟")。该卫星任务期限为 8 年,耗资约 50~80 亿卢比(约 7 千万~1.1 亿美元),配备 Ku 波段转发器和两个可展开的太阳能电池阵,卫星覆盖范围包括印度次大陆和周围的海洋地区,可为 Ku 波段用户提供通信能力。

GSAT-7A 在当今印度空军中发挥着重要作用。印度空军可借助该卫星连接战斗机、机载预警与控制(AEW&C)系统、无人机、地面雷达站和主要空军基地,形成通信网络,提升印度空军的战略通信和网络能力。该卫星还有助于将军事无人机的控制方式从现有的地面站控制升级到卫星控制,提升无人机的航程、续航能力和灵活性,进而提高无人机作战能力。该卫星有 30% 的容量目前由印度陆军航空兵使用,包括陆军航空兵的直升机和无人机。

》》》 三、陆军专用通信卫星 GSAT-7B 基本情况

由于没有自己的专用卫星，印度陆军目前使用空军 GSAT-7A 卫星上的一些转发器。拥有自己专用的卫星通信平台是印度陆军长期以来的诉求。

2023 年，印度陆军对俄乌冲突中部署的以网络为中心的网络、通信和电子战系统进行了对比研究，得出的结论是，强大安全的卫星通信对于连接部署在战术战区的部队和他们驻扎在内陆的总部十分必要。2023 年签署的这份 GSAT-7B 卫星采购合同是印度陆军基于该项研究所提建议的结果。

GSAT-7B 卫星可能会在 2026 年部署，这将是印度第一颗自主设计、开发和制造的 5 吨级卫星，将支持印度陆军的超视距通信。它将拥有强大的电子和通信安全特性，以便为印度陆军的大量通信需求提供传输骨干——从战术通信支持到部署部队和遥控飞机的监视/目标控制，以及编队总部之间的作战通信和陆军的战略性军种间通信。该卫星提供的专用通信链路还将有助于减少印度陆军监视网络的决策时间，从而实现沿印度边境以及内陆地区的响应性监视。

GSAT-7B 卫星将为印度陆军提供以下优势：

（1）在数字化和激烈的电子战环境中，提高印度陆军的网络中心战/通信生存能力。

（2）为印度陆军提供战术和骨干战略通信冗余。这在可能涉及远距离的机动和空中作战，以及在印度与巴基斯坦的控制线和印度与中国的实控线的大部分高海拔/崎岖地形上的进攻和防御性行动中特别有利，这些地区的视距通信严重降级。这一优势还将缩短部队的部署/反应时间。这种通信上的冗余也被证明是印度应对共谋、跨国威胁的必要手段。

（3）提高印度陆军在查谟和克什米尔、东北各邦以及半岛腹地反叛乱/反恐行动的效率。

（4）通过安全通信数据链路，提升无人机航程，进而提高无人机作战效率。

（5）提高印度陆军和附属准军事部队对人道主义援助和救灾任务的响应能力。

（6）提高印度陆军各司令部、部署部队和静态机构日常运作的通信效率。

》》》 四、后续发展计划

除 GSAT-7B 卫星外，印度还计划在未来几年替换和增加其他专用军事通信卫星，以应对不断变化的威胁。

（一）GSAT-7R 卫星

这颗卫星是印度海军 GSAT-7 卫星的替代卫星，目前预计将于 2024 年 1 月由 ISRO 的 GSLV MK2 火箭发射。

（二）GSAT-7C 卫星

这颗卫星是印度空军的第二颗作战通信卫星，将与 GSAT-7A 同时工作，为印度空军提供服务。这颗卫星将促进印度空军软件定义无线电（SDR）的超视距连接。SDR 是依靠数字算法而不是模拟电路运行的无线电，因此具有更高的抗干扰性。

（三）GSAT-6A 卫星的替代星

印度已经发射了 GSAT-6A 卫星，但未能投入使用。未来几年，印度的目标是发射一颗替代卫星，这颗卫星也可以取代目前正在运行的 GSAT-6 卫星的作用。

》》》五、发展特点分析

从租用/购买国外卫星及服务到自主研发国产两用卫星，再到各军种拥有专用军用卫星，印度军用通信卫星的发展历程，呈现出以下特点。

（一）以民带军，大力发展两用卫星

限于国家经济实力以及自身战略目标的发展要求，印度主要是通过发展民商用卫星体系，促进并带动军事卫星体系的建立，其中通信卫星系统由于具有明显的民商应用价值而成为发展的重点之一。

这些两用卫星虽然并非专用军用卫星，能力有限，但也发挥了重要作用，成为印度武器系统的力量倍增器。在经济有限的条件下，印度这种以民带军的发展路线，以较少的资金兼顾了国民经济发展和武装部队作战需求，可谓是一条适合本国国情的成功发展道路。

未来，印度军用卫星通信系统建设仍将积极利用私营部门的资金和技术。在印度《2023 年太空政策》中指出，"政府寻求采取一种全面的方法，鼓励和促进私营部门更多地参与太空经济的整个价值链，包括创造太空和地面资产。"特别是"基于卫星的遥感数据传播"以及"发展空间态势感知能力"方面，相关技术都具有双重用途，可用于民用和军事目的，民用和军用之间的边界将更加模糊。

（二）自研与引进相结合，逐步提高自主研发能力

为了迅速扭转通信装备落后的局面，印度从 20 世纪 70 年代中期起采取了自研与引进相结合的策略，一方面与美、俄、法等航天强国合作，购买其卫星（例如早期的几颗 INSAT 便是从美国购买的）、接收终端或有效载荷，或租用国外转发器，快速满足部队需求；另一方面也在研制国产通信卫星，并在此基础上逐步扩展到研制专用军用通信卫星，自主研发能力逐步提高。最新采购的陆军专用通信卫星 GSAT-7B 许多零部件和系统都将来自印度本土制造商，包括中小微企业和初创企业，这将进一步刺激印度私营航天工业研发能力的发展。

（三）军用卫星通信战略地位日益提高，未来将向低轨小卫星发展

作为印度洋和南亚区域的大国，印度的军事通信能力在南亚拥有压倒性的优势，并随着其航天技术的进步获得了长足的发展。印度军方认为，随着印度武装部队成为一支需要依赖天基传感器的更加网络化和一体化的作战力量，军用通信卫星对其作战的支持将至关重要。GSAT-7B 卫星的采购，标志着印度陆、海、空军均拥有了自己专用的通信卫星，虽然数量不多，但对印度武装部队网络中心作战能力的提升可谓意义重大。

未来，印度还可能在现有 GSAT 系列的基础上建造更多的军用卫星，以改善其指挥、控制、通信、计算机和 ISR 能力，还可能发展低轨小卫星星座，以提高天基系统的韧性。印军正在密切研究俄乌冲突中 SpaceX 公司的 Starlink 卫星系统的经验。印度目前主要的军用卫星都是基于地球同步轨道（GEO）和地球静止轨道（GSO），传输延迟很高。在低地球轨道（LEO）上创建一个低延迟大型小卫星星座作为印度三军天基 C4ISR 能力的补充，很有发展前景。

借鉴卫星通信技术的最新趋势，印军已向工业界和学术界提出了一些新的挑战，包括作战部队对小型手持保密卫星电话、卫星物联网和卫星高速数据骨干的未来需求，需要利用 LEO 卫星星座来满足这些需求。

（中国电子科技集团公司网络通信研究院　唐　宁）

英军推进下一代陆地环境战术军事通信系统发展

2023 年 8 月,英国国防部授出合同,开发"三位一体"(TRINITY)可部署战术广域网,该网络将取代英军现役"猎鹰"(Falcon)战术干线通信系统,为英军提供高度安全、最先进的战场互联网能力。该合同价值 8900 万英镑,由 BAE 系统公司领导的联盟设计和制造,增强作战人员的前线连接能力,连接小型侦察无人机、战车、战斗机、航空母舰以及军事指挥部。

此举是英军战术通信能力适应多域战需求而迈出的重要一步。多域战概念的出现与发展,对作战提出了一系列新要求,需要部队作战打破军种界限,在全域实现同步跨域火力与机动。美军正在为实现多域战目标规划其战术通信系统发展,并实施了相应的演习与部署。为实现其盟军作战愿景,英军开始调整其战术通信系统发展计划,实现装备的现代化升级与转型。英国陆军计划创建一个数字骨干网,提供一种单一信息环境,并且提供创建网络化实时链路的能力,实现任何传感器、任何决策者和任何射手之间的链接,将跨域效应交付到陆地环境中。

下面将结合英军战术通信系统建设的最新进展,分析英军未来战术通信系统发展和建设情况。

》》》一、陆地环境战术通信与信息系统计划基本情况

英国国防部陆地环境战术通信与信息系统(LE TacCIS)计划旨在交付下一代陆地环境战术军事通信,通过敏捷的通信信息系统支持做出明智和及时的决策。LE TacCIS 计划需要具备强韧性,能够在频谱拥挤和强对抗环境下安全运行。它将实现平台和武器系统之间快速、便捷地共享信息,实现全谱多域效果。

LE TacCIS 计划采取完全敏捷的治理框架,以确保该计划能够适应需求的快速变化,

并敏捷交付所需能力。为了应对技术过时问题并利用快速发展的通信技术，采取演进能力交付（ECD）方式，每一次能力增强都经过权衡和慎重考虑，使系统渐进式向目标状态发展。LE TacCIS计划采取以用户为中心的设计（UCD）框架，UCD是一个迭代的设计过程，在设计中的每个阶段都聚焦于用户及其需求，确保设计过程以用户需求为核心。

与过去系统项目采用单一来源主要供应商的模式相比，LE TacCIS计划激励业界竞争，让整个行业提供更高的系统敏捷性、能力和效益。根据英国国防部计划，会在2023—2024年与LE TacCIS计划中选定的系统集成商签订合同。

LE TacCIS计划下包含一系列子项目组合，包括现役"弓箭手"系统升级、车下士兵感知（DSA）、Falcon、TRINITY、NIOBE系统等，如图10所示。

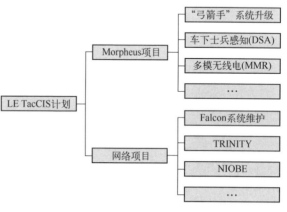

图10　LE TacCIS计划项目构成

（一）Morpheus项目

Morpheus项目将为在陆地环境中作战的部队，包括在沿海环境中作战的皇家海军和部分皇家空军提供下一代战术通信与信息系统（TacCIS）。它首次在战术环境下提供防务即平台（DaaP）设施，把当前"弓箭手"战术通信系统发展为开放式、模块化的下一代系统。它能够提升从士兵到总部的端到端共享态势感知能力，增加网络带宽和韧性。一旦装备，Morpheus项目将被集成到约8000个平台上，用户超过40000个。

"弓箭手"作战基础设施与平台（BCIP）5.6版代表"弓箭手"系统的能力升级，也是Morpheus项目的基础。随着对硬件和软件的重大升级，BCIP 5.6增强了数据传输、态势感知、可用性和人员规划工具，并将采购一套全新的软件定义战术无线电（SDR）战术电台，取代目前由ITT防务英国公司提供的老化的"弓箭手"电台。英国陆军提出的一些关键要求是通信电台能运行于频谱1430MHz附近的1.2MHz频率信道内，同时在120名士兵组成的编队之间提供语音、定位信息和消息。该项目目前评估了多种新型组网电台，包括TrellisWare技术公司的低尺寸、重量和功耗（SWaP）无线电系统和Persistent系统公司在英国的经销商Steatite公司提供的CRiB电台、MPU5电台。

除了采购SDR电台，"弓箭手"系统还集成了Spectra公司的SlingShot通信系统。2021年3月，英军宣布为其常规部队配备SlingShot系统，以实现作战区域内的战术卫星通信。SlingShot系统可以集成到目前服役的UHF和VHF战术通信无线电系统中，在各种条件下,在移动中将战术电台的覆盖范围从 30 千米扩大到 1000 千米以上。通过将 SlingShot 系统和 Inmarsat 公司的 L-TAC 卫星服务(Inmarsat 基于其高度可靠的 L 波段网络提供的 L 波段战术卫星通信解决方案)与英军视距 VHF"弓箭手"无线电系统集成,部署部队可立即获得前所未有的通信能力。SlingShot 系统已被多个国家的特种作战部队使用,能够插入到任何在役的战术无线电系统中。英军在这种集成方面处于领先地位。

(二)网络项目

网络项目包括对英军当前使用的新一代战术中继通信系统 Falcon 网络的维护升级与其他网络的研发。

Falcon 网络是一种英国陆军和空军的作战通信网络,主要支持部署的大型总部和空军基地,提供战场互联网服务。它是一个全 IP 复合系统,包括局域系统和带传输子系统的广域系统。其组成分成不同的安装型式或节点,多数为车载。

Falcon 项目于 2002 年获得批准启动,总预算约为 4 亿英镑,采用增量交付的方式开发,2011 年完成交付后陆续部署使用。近年来,英军仍在授出 Falcon 系统维护支持合同,用以维持 Falcon 系统能力。

》》》二、陆地环境战术通信与信息系统计划子项目最新发展

2023 年,英国国防部继续推进 LE TacCIS 计划下的项目发展,主要升级了 Morpheus 项目下的多模无线电(MMR)系统,并开始投资研发 TRINITY 可部署战术广域网。

(一)MMR 系统引入软件定义无线电,改进地面士兵徒步通信能力

从俄乌冲突中的情况来看,在战场上,即使在最有利的情况下,保持单兵联系也十分困难,有些环境下无法进行有效的无线电通信。结合这些经验教训,英军正在将 MMR 系统引入战术网络,为其地面徒步部队提供通信能力升级。

2022 年底,英国国防部授予 L3 哈里斯公司 1.094 亿美元的合同,由该公司提供 1300 套 MMR 设备,包括 AN/PRC-163 便携式 SDR 电台和 AN/PRC-167 背负式 SDR 电台,升级陆基无线电能力。这些新的 SDR 设备在俄乌冲突的实践中也证明了其有效性。

2023 年初,英国皇家通信部队在伯利兹丛林中通过"演习"测试了 MMR 系统软件无线电系统能力,将整体战场效能提高到单兵级别。新的 MMR 系统设备在丛林中提供了处理现代作战中涉及的大量数据所需的带宽。

MMR 系统最初的合同签订于 2021 年 5 月,英国国防部授予 L3 哈里斯系统公司 9000 万英镑合同为 Morpheus 项目采购 MMR 系统。

MMR系统的目标是维持2023年后的战术卫星和地对空能力，并为过渡到未来Morpheus无线电能力且与之集成创造条件。英国国防部要求开发通过美国国家安全局（NSA）认证的手持和背负式软件定义战斗网台，运行于30MHz~1.8GHz频段范围，并以下列作战模式交付语音和数据通信：地对空、地对地—视距、地对地—MANET和地对地—超视距。

为了支持与北约和"五眼联盟"伙伴之间的互操作性，MMR系统需要（但不限于）以下波形能力：HAVEQUICKⅡ；北约第二代抗干扰战术UHF无线电设备（SATURN）；单通道地面和机载无线电系统（SINCGARS）；按需分配多址接入（DAMA）；一体化波形（IW）2；TSM波形。

为了实现安全通信，MMR系统将能够使用各种加密标准，包括（但不限于）：VINSON先进宽带数字话音终端（ANDVT）；战术安全语音加密互操作性规范（TSVCIS）；高级加密标准（AES）256。

MMR系统将由士兵携带，需要能够在72小时以上没有支持的情况下执行战场任务，因此需要具备电池续航时间长、尺寸、重量和功耗低，维护需求低等特性。该系统可以本地或远程配置，允许用户加载新任务，加载或清除密钥。背负式电台将能够集成到Morpheus项目"向开放式演进"（EvO）系统基线中。

（二）TRINITY可部署战术广域网将取代现役"猎鹰"网络，提供高度安全先进的战场互联网能力

在日益复杂和快节奏的威胁环境中，作战人员愈发需要对战场感知态势的掌控，从而在重要的时间和地点做出迅速、明智的决策。

2023年8月，英国国防部授予BAE系统公司领导的合作伙伴联盟价值8900万英镑为期5年的合同，为其设计和制造称为TRINITY的可部署战术网（WAN），如图11所示。

TRINITY网络具有较强的韧性。它由一系列节点组成，每个节点都可以在一个安全的网络中添加、访问和移动数据。如果有些节点在战争中遭到破坏，其余节点会自动重新路由，以保持最佳网络速度和信息流。

TRINITY网络将取代英军现有的"猎鹰"网络，后者将于2026年退役。TRINITY网络不会取代"猎鹰"网络的局域网子系统或电话系统。BAE系统公司也是"猎鹰"网络的现有供应商。TRINITY网络将于2025年12月交付，合同有可能延长至9年，以涵盖整个生命周期开发，并确保技术设计继续发展，以满足英国武装部队的需求。

>>> 三、趋势分析

英军将通过一个完全集成的作战信息系统，建立一个单一信息环境，实现从军营、总部

图 11　TRINITY 网络示意图

到士兵之间的无缝连接。总体来看,英军未来战术通信系统的发展具备以下几个趋势。

(一) 整体架构向开放式、模块化演进

英军下一代战术通信与信息系统将基于开放分层架构。英国国防部将通过分散供应链,以模块化方式采购系统单元,从而根据技术、政策和作战环境的变化更灵活地演进系统能力。

在现阶段大多数英国国防部重大项目中,承包商需要开发的平台不一定具备与其他平台或其他武装部队设备互通所需的技术,因此这些平台和装备无法密切协同作战。一种解决方案是像当前的"弓箭手"作战基础设施与平台(BCIP)升级一样构建网关系统。在开放式、模块化架构的整体思路下,未来可能会出现更多解决方案。

例如,Morpheus 项目将采用即插即用解决方案,避免采用现有"烟囱式"软件和技术方案。多域战需要陆、海、空平台实现从总部到前线的无缝连接,采用多种载体,包括无线电、卫星通信、5G 或 IP 等。鉴于开发 5G 移动网络需要 25～30 年的时间,设计一个新的架构来满足所有这些要求实际上是一项艰巨任务,需要不断迭代完善。Morpheus 项目目前几乎没有考虑电子战/网络空间层的应用,但其开放式、模块化结构为其未来纳入这些功能提供了可能性。

(二) 新系统将为联盟作战服务,注重与美军的互通性

未来战争将是联盟作战,最有可能由美国领导。为了节省时间和金钱,对英国国防

部来说，明智的做法是在美军工作的基础上进行建设，而不是建造多达 2～3 万台定制电台满足"仅限英国"的需求。

英军最新引用的多模无线电设备将能够使用一种可适应不同部署和作战需求的解决方案，与北约和美国盟友进行通信并实现互操作。这次更新使得英军通信方式的选择更具灵活性，并增强盟军对抗电子攻击的韧性。

（三）研发重点从提升系统平台能力转向构建韧性网络

英国国防部意识到安全的、基于云的网络对多域战至关重要，相对于升级系统平台来说，更需要优先考虑云和网络发展问题。

美国已经初步构建了基于云的网络计划，就多域战对基于云的网络的依赖程度来看，其发展的优先级很高。目前，英国国防部仍未公开透露其云和网络的发展计划。但从 Morpheus 项目与网络项目的实施进程来看，英军实际上正在加速网络项目研发，暂缓了 Morpheus 项目下某些系统平台的开发升级，Morpheus 项目的实施最早可能要到 2024—2025 年。

英军正在开发的 TRINITY 网络将显著增加带宽和信息移动性，并具备平台兼容性，确保数据的完好性和可用性。它将成为北约受保护核心网络的一部分，部署世界领先的网络能力。

》》》四、结语

战术通信在整个现代作战环境中仍然是最必不可少的要素，特别是随着实力相当对手的干扰拦截能力的不断进步，安全可靠的战术通信尤为重要。为适应有效地执行全谱作战任务的需求，在激烈对抗的战场中保持通信仍然是英军致力于解决的重要问题，将通信向下延伸至最低战术级以支持情报、监视、目标捕获和侦察任务已成为一个主要趋势。

英国国防部无疑给自己设定了一个艰巨的任务，即在多域战场上提供无缝的敏捷通信。陆地环境战术通信与信息系统计划在推进过程中也出现了延迟的状况，加上需求不断变化，该计划的发展前景仍存在一定不确定性。但从总体趋势来看，英军通信与信息系统仍是向着构建韧性、全频谱通信的目标不断演进。

（中国电子科技集团公司网络通信研究院　郑歆楚）

2023 年国外通信网络领域大事记

美国空军为"先进作战管理系统"寻求商用软件定义广域网能力 据 Inside Defense 网站 2023 年 1 月 6 日报道，为了改善连通性，加快数据处理和传播，美国空军正在寻找能够将任何领域的任何平台转变为通信节点的能力。这些能力被称为软件定义广域网（SD-WAN），将为"先进作战管理系统"（ABMS）构建通信网络。美国空军认识到需要采购 SD-WAN，但尚未对现有商业解决方案如何满足作战需求进行全面研究。美国空军感兴趣的能力包括提高数据速率、降低延迟、抗干扰能力、低截获或探测概率、可扩展性以及整合不同用户的能力。SD-WAN 将在作战管理人员面临拒止、降级、间歇性和潜在网络条件时提供通信替代方案，创建更具韧性的通信架构。

美国太空军寻求将激光通信扩展到更高轨道卫星 1 月 4 日，美国太空军发布中高轨道卫星激光通信系统信息征询书，旨在利用激光连接中高轨道卫星。美国太空发展局和国防高级研究计划局正在为 LEO 星座采购利用激光在太空中传输数据的光通信终端。1 月 4 日发布的新信息征询中描述了将军事信息高速公路扩展到更高轨道的可能计划。新的信息征询书表示，美国太空系统司令部正在为超越低地球轨道以外（bLEO）卫星交叉链路寻求一种企业激光通信解决方案，这些光学链路将连接地球上空 10000～35000 千米轨道上的卫星。

美国 SpaceX 公司部署第二代"星链"星座 据面向未来卫星通信网站 2023 年 1 月 12 日报道，2023 年，SpaceX 公司部署了其性能更优的第二代"星链"卫星星座。2022 年 12 月 28 日，SpaceX 公司进行了 2022 年的倒数第二次发射，将 54 颗"星链"互联网卫星——Starlink Group 5-1——发射到低地球轨道，后经官方证实，其为第二代"星链"迷你版卫星。这是 SpaceX 公司首次进行其第二代"星链"卫星的部署。

美国陆军综合战术网络设计首次关注师级单位 据 Defense Scoop 网站 2023 年 1 月 13 日报道，美国陆军可能在 2023 年春季敲定了设计架构来试验其战术网络的下一阶段工作,并首次全面关注师级单位。美国陆军综合战术网(ITN)以"能力集"的方式逐步开发和交付新能力。这些"能力集"每两年交付一次,每次都建立在之前交付基础上。美国陆军首次将其综合战术网络设备部署到师部及其支持分队,2023 财年 ITN 设备也可能部署到了第 82 空降师。"能力集 25"将首次全面关注师级,重点是以师作为行动单位,美国陆军初步设计审查于 2023 年春季进行。

美军发布受保护战术卫星通信信息征询　据美国政府系统采购管理网站 2023 年 1 月 20 日报道,美国航天系统司令部(SSC)通信、制导与战术卫星通信分部(CGT)发布信息征询,开展下一阶段受保护战术卫星通信(PTS)研究,评估当前卫星通信技术,并确定如何快速并经济地交付 PTS 系统。PTS 系统的核心是一种新型韧性受保护战术波形(PTW)。美军正在向 PTW 迁移,以确保在对抗、降级环境中向作战人员提供 PTS 能力。为了实现 PTW 能力,SSC 正在通过开发生产 PTW 调制解调器来升级美军各军种目前部署的终端。征询文件还指出,由承包商运行的典型地面段的遥测、跟踪和指挥(TT&C)系统应提供有效载荷、卫星平台、指挥控制、终端和有效载荷密钥更新支持,用户星历消息(UEM)生成和分发,有效载荷资源监视以及有效载荷时钟的时间和频率管理。同时,还应与 PTES MMS/KMS 地面单元集成,以有效分配受保护战术卫星通信容量。

美国空军批准"扩散型作战人员太空架构"计划　据美国《防务头条》2023 年 1 月 26 日报道,美国空军部长肯德尔和负责太空采办的部长助理卡尔维利已经同意将原"国防太空架构"(DSA)计划正式命名为"扩散的作战人员太空架构",以进一步推进美军的 7 层太空体系架构建设。美国太空发展局长图涅尔称,此次改名可以更好地反映该计划的网络特点,将太空载荷以最快速度发射入轨的核心使命并未改变。"扩散型作战人员太空架构"不仅更难被对手瞄准,还能加快交付太空能力。

美国国防部启动 2023 年"Open RAN 5G 挑战赛"　据美国国防部网站 2023 年 2 月 2 日报道,负责研究和工程的国防部副部长 FutureG&5G 办公室发起了 2023 年"5G 挑战赛"。此次"5G 挑战赛"由 FutureG&5G 办公室主办,由美国商务部国家电信与信息管理局(NTIA)电信科学研究所领导,可加速开放式接口、可互操作组件和多供应商解决方案的采用,实现开放的 5G 生态系统。"5G 挑战赛"有助于确定 Open RAN 系统的部署就绪情况。根据美国《2023 财年国防授权法案》中的基地现代化计划,Open RAN 系统是未来决定更新国防部通信基础设施的一个重要因素。美军在 2023 年为基地现代化制定了计划,并准备未来三年内在数百个国防部设施中实施。

美国 SES 等公司演示可支持关键空中任务的多轨道韧性卫星连接　据 Space War 网站 2023 年 2 月 9 日报道,SES 公司、ThinKom 公司和休斯网络系统公司宣布为政府空中任务成功进行了多轨道卫星服务演示,显示了支持关键任务的多轨道韧性能力。三家公司在 ThinKom 公司位于加利福尼亚州霍桑的工厂和加利福尼亚州莫哈韦的一架飞机上,通过 SES 公司的 MEO 和 GEO 卫星网络测试了 ThinKom 公司 ThinAir Ka2517 机载卫星通信终端。该演示采用了休斯网络系统公司的软件定义加固型 HM400 机载调制解调器用于跨卫星漫游。该演示测试验证了与 HM400 调制解调器接口的最新款 ThinAir Ka2517 软件,用于实现 MEO 和 GEO 操作。SES 公司表示,这满足了政府对多轨道运行的联合全域指挥控制(JADC2)要求。

欧洲通过建设新卫星通信基础设施的 IRIS² 提案　　2023 年 2 月 14 日,在斯特拉斯堡举行的欧洲议会全体会议上,以 603 票赞成通过了欧洲议会和理事会制定的关于安全连接计划(IRIS²)提案,旨在到 2027 年部署一个欧盟拥有的通信卫星群,通过减少对第三方的依赖来确保欧盟的主权和自主权,以及在地面网络缺失或中断的情况下提供关键通信服务。IRIS² 是欧洲继伽利略卫星导航系统、哥白尼对地观测系统之后的第三个主要卫星计划,总投资 60 亿欧元。

美国太空发展局开发新型 Link 16 网络兼容天线　　据 Space News 网站 2023 年 3 月 2 日报道,CesiumAstro 公司从美国国防部太空发展局(SDA)获得了一份价值 500 万美元的合同,开发与 Link 16 战术数据网络兼容的有源电子扫描阵列天线。一旦完成,这种天线将是唯一一种多波束有源相控阵 Link 16 解决方案,可用于支持美盟军队在全球战场上共同作战,它将支持未来高威胁环境中大量数据的可靠传输。CesiumAstro 公司的平板有源电子扫描阵列天线采用多波束连接卫星与分散用户,从而将关键信息更快发送给作战人员。这种天线采用软件定义技术,可快速重新编程,以适应环境的不断变化。这种软件定义的有源相控阵天线可提高 SDA 架构的灵活性和容量,从而扩大战区覆盖范围。

美国太空军成功演示卫星抗干扰能力　　3 月 8 日,美国太空军太空系统司令部(SSC)成功通过一颗在轨运行卫星演示了受保护战术企业服务(PTES),验证了美国太空军地基抗干扰卫星通信能力。这次演示是 PTES 项目首次集成所有端到端能力,并使用商业卫星进行空中测试。该演示在美国马里兰州阿伯丁试验场的联合卫星工程中心进行,包括加密初始化、获取和登录密钥和任务管理以及性能监控。这次演示很好地模拟了用户通过受保护战术波形(PTW)用户终端接口访问现场部署设备的场景,测试了 PTW 抗干扰能力。美国国防部将通过宽带全球卫星通信(WGS)星座进行 PTES 作战使用能力的实际初始部署。

英国陆军接收对流层散射通信系统用于指挥控制实验　　据 Defense Advancement 网站 2023 年 3 月 10 日报道,作为敏捷指挥控制实验计划的一部分,Spectra Group 公司已经向英国陆军联合快速反应部队(ARRC)总部提供了多套紧凑型对流层散射超视距移动远征终端(COMET)系统。这一初始合同价值 120 万英镑,希望在结果分析和获得适当资金后扩大规模。COMET 系统最大通信距离可达 60 千米，数据传输速率为 5~60Mb/s，延迟为 9~20 毫秒，仅重 25.4 千克，单人可在 15 分钟内快速安装投入使用。根据 Spectra Group 的说法，这种能力有助于支持 ARRC 总部快速部署，使战术环境中的大数据通信不依赖于东道国的基础设施或卫星。COMET 系统利用对流层散射现象来提供通信。这种方式不依赖于卫星，可在 GPS/GNSS 拒止环境中工作，因此适合在对等冲突中使用，并支持多域集成（包括泛政府和盟友）。

美国设计出不受天气影响的天—地自由空间光通信技术　　据 Space War 网站 2023 年 3 月 13 日报道，美国伦斯勒理工学院 Moussa N'Gom 教授设计了一种无论天气如何都能使卫星与地面之间通信更加有效的方法。在最近发表的研究中，N'Gom 及其团队使用超快飞秒激光切割穿透通常会导致自由空间光通信（FSO）损耗的云层和雨水。环境与激光交互作用，产生了一条长长的光丝。光丝伴随着冲击波，沿音爆路线传播。激光丝穿过云层传播，伴随的冲击波清除光丝周围的空间，为可见光提供了一个开放通路。该技术使用中心有孔的螺旋形式结构光在通道中传播。除了可穿过云层传输之外，采用螺旋形光，还可传输更多信息。该方法为 FSO 带来了重大进步，FSO 的容量已经远高于射频通信。

美国洛克希德·马丁公司和瞻博网络公司演示 5G 任务感知软件定义网络解决方案
据 Everything RF 网站 2023 年 3 月 14 日报道，洛克希德·马丁公司和瞻博网络（Juniper Networks）公司成功展示了业界首创的任务感知路由技术，该技术通过连接两家公司的产品，创建了一个混合软件定义的广域网（SD-WAN）解决方案，能够精简并优先处理从有争议的远程环境流向全球各地指挥官的重要信息流。这两家公司展示了两项关键的技术进展，可以为美国国防部提供关键应用：①优化了任务感知路由数据流，以确保指挥官通过洛克希德·马丁的 5G 军用网络（5G.MIL）连接优先、安全和实时地收到更重要的信息；②验证了任务感知路由技术可以抵御军事环境中固有的连接挑战。

美国空军授出韧性网状网合同　　据 Sat News 网站 2023 年 3 月 24 日消息，美国空军与 Cubic 任务与性能解决方案公司（CMPS）签订了一项成本加固定费用合同，研发"基于 Halo 技术的弹性网状网（HERMes）"软/硬件原型，以扩展美国空军高容量骨干（HCB）网的能力。该合同将研究、设计、开发、测试并演示 HERMes 系统能力。HCB 能力扩展包括增加工作频率范围，实现代码和算法优化，同时在一些其他能力研究支持下，增加作战平台的类型和数量。自 2008 年开发以来，Halo 使用新型数字波束形成技术，促进了高带宽、韧性、自组织多链路网状网的发展。HERMes 研发工作旨在增强和完善 Halo 功能。

北约发布 5G-over-NTN 实施与性能测试征询　　据美国系统采购管理网站 2023 年 3 月 27 日消息，北约盟军转型最高司令部总部发布一份信息征询，透露了北约 5G 技

术、网络以及非地面网络(NTN)服务的未来实施战略和需求。此次征询目标是评估 2023
年 10 月下旬北约 5G 技术演示期间展示的 5G-over-NTN 技术、网络和服务的潜在实施策
略和技术要求/架构。在 5G 技术演示中,北约计划通过 NTN(卫星通信)实施 5G。其地
点可能在德国(Wessel)或荷兰(Brunssum),这些地点需要卫星通信覆盖。演示涉及北约
通信与信息系统小组(NCISG)以及一个信号营、各种北约可部署通信设备以及终端,包
括各种移动电话和平板电脑(连接到提供语音、数据和视频流量的其他用户设备)。演示
重点关注移动/动中(OTM)连接、5G 末端用户与设备的直接连接、自部署 5G 节点(gNB)
的回传连接和本地物联网(IoT)服务等用例。

美国太空军寻求更多 MUOS 窄带移动通信卫星　　据 C4ISRNET 网站 2023 年 4 月
1 日报道,美国太空军推进两颗移动用户目标系统(MUOS)卫星购买计划,为军事用户提
供安全的窄带通信。到 2025 财年,美国太空军将选择一家公司交付卫星,预计第一颗
卫星将在 2030 财年结束前发射。这两颗卫星将加入由洛克希德·马丁公司建造的 4
颗 MUOS 卫星和 1 颗在轨备用卫星组成的 MUOS 星座。这项采购旨在延长 MUOS 星
座的寿命,直到美国太空军为窄带通信制定了更长期的计划,其中包括集成商业卫星。
美国太空军官员表示,新增卫星将为 MUOS 星座带来韧性,使其可以运行到 21 世纪 30
年代。

美国"扩散型作战人员太空架构"0 期首批 10 颗卫星发射　　美国东部时间 4 月 2
日上午 10 点 29 分,一枚 SpaceX 猎鹰 9 号火箭从加利福尼亚州范登堡航天基地发射升
空,携带 10 颗军用卫星,其中两颗由 SpaceX 公司建造。此次 LEO 发射任务是美国太空
发展局(SDA)的新军事通信和导弹跟踪星座的首次发射,是 SDA"扩散型作战人员太空
架构"低地球轨道星座"0 期"任务。此批卫星是"0 期"28 颗数据传输和导弹跟踪卫星中
的前 10 颗。这些卫星被放置在地球上空 1000 千米的两个轨道平面上。此次"0 期"任务
发射包括由约克航天系统公司建造的 8 颗数据传输卫星(这些卫星将成为传输层网状通
信网的一部分),以及由 SpaceX 和 Leidos 公司建造的 2 颗红外传感卫星,这 2 颗卫星可
以探测、跟踪飞行中的导弹,将成为跟踪层的一部分。导弹跟踪卫星收集的数据将通过
光学链路发送到传输层,确保探测到的导弹威胁、导弹位置和轨迹数据可以通过太空安
全传输并下行传输到军事指挥中心。

美国空军研究实验室进行首次机间太赫兹频段通信飞行实验　　据美国空军网站
2023 年 4 月 3 日报道,美国空军研究实验室(AFRL)宣布,在 2022 年 12 月 2 日至 6 日期
间,AFRL 在纽约罗马成功进行了飞行试验,以证明 300GHz 以上频率无线电通信的可行
性。在为期 3 天的飞行实验中,美国空军研究实验室信息局研究人员与诺斯罗普·格鲁
曼公司和 Calspan 公司飞行研究部合作,测量了两架飞机在空军相关高度和范围内的传
播损耗。此次飞行实验是美国空军研究实验室太赫兹通信计划的一部分,旨在确定利用

太赫兹频段满足未来空军通信需求的可行性。此次机间太赫兹频段通信飞行试验是第一次飞行试验，为美国空军的电磁频谱优势提供了一个重要的技术里程碑。

印度订购陆军通信卫星 据 C4ISRNET 网站 2023 年 4 月 4 日报道，印度为其陆军购买了一颗名为 GSAT 7B 的通信卫星，价值 3.6052 亿美元。这颗 5 吨重的地球静止轨道卫星将在 2025 年发射。作为主承包商，印度新太空公司将从印度国内中小企业和初创公司采购大量零部件、组件和系统。印度国防部表示，该卫星将通过为部队和后勤提供任务关键超视距通信，大大增强印度陆军能力。该卫星将在 X 波段和 Ku 波段运行，旨在改善通信连接以提供网络中心战能力。该卫星还有望为印度海军和空军提供综合通信。它将包括两个单元，其中一个单元在太空运行，另一个单元在地面运行。

美国海军开发可在战时与核潜艇通信的下一代指挥控制飞机 据 C4ISRNET 网站 2023 年 4 月 4 日报道，美国海军下一代指挥控制飞机——E-XX "末日"飞机依托 C-130J 的加长版建造，将在核战争爆发时使用。E-XX 将取代美国海军由 16 架 E-6B "水星"飞机组成的机队，执行美国海军所谓"塔卡木（TACAMO）"任务，使美国总统、国防部长和其他国家领导人可以在战时与核潜艇部队进行通信。诺斯罗普·格鲁曼公司表示，负责 E-XX 项目的团队拥有武器系统集成和作战管理指挥控制方面的知识和经验。雷声公司将为 E-XX 提供综合通信系统，并支持目前的 TACAMO 项目。美国海军希望 E-XX 使用柯林斯宇航公司的 VLF 无线电系统。

美国太空军为下一颗 WGS 卫星集成抗干扰有效载荷 据 ViaSat 网站 2023 年 4 月 13 日消息，波音公司介绍了其抗干扰有效载荷的设计，该有效载荷已集成在美国太空军 2024 年发射的宽带通信卫星中。该受保护战术卫星通信原型（PTS-P）有效载荷能够提供干扰机地理定位、实时自适应调零、跳频和其他技术，可自动对抗干扰，使作战人员在对抗激烈的战场上保持连接。PTS-P 将搭载在美国太空军的宽带全球卫星通信（WGS）-11 卫星上。波音公司将 WGS 集成的抗干扰能力称为其受保护宽带卫星（PWS）设计。PTS-P 的星上测试计划于 2025 年进行，此后将过渡到作战应用。波音公司表示，"PWS 可与所有现有 WGS 用户终端无缝协作，同时允许在战区逐步部署受保护战术波形（PTW）调制解调器"。PTW 是一种通过跳频来避免干扰的军用波形。

美军扩散型作战人员太空架构部分传输层 1 期卫星通过关键设计审查 据 ViaSat 网站 2023 年 4 月 18 日消息，诺在赢得美国太空发展局（SDA）为 LEO 网状通信网络提供卫星的合同后，诺斯罗普·格鲁曼公司完成了关键设计审查，为建造传输层 1 期（T1TL）卫星铺平了道路。根据合同要求，诺斯罗普·格鲁曼公司应在 2024 年 9 月发射 42 颗传输层 1 期卫星中的第一颗，其余卫星则在 2024 年 12 月左右发射。传输层 1 期通信卫星将提供韧性、低延迟、高容量数据传输，为美军全球军事任务提供支持。该通信网络设计为连接综合传感架构的各个要素，将提供持久的安全连接，并成为推进美国国防部联合全域指挥控制(JADC2)愿景的关键要素。

美国 SpaceX 公司发射全球首颗近地轨道 5G 卫星　　4 月 15 日,SpaceX 公司利用"猎鹰 9"号运载火箭向近地轨道发射全球首颗 5G 卫星——Sateliot_0。该卫星名为"开创者",重约 10 千克,是卫星通信公司 Sateliot 旗下 Sateliot_X 卫星星座(超 250 颗卫星)中的首颗卫星,用于同地面基站蜂窝塔通信;卫星每 90 分钟绕地球运行一周,覆盖区域是德克萨斯州的 3 倍。此次卫星发射后,地面通信塔与卫星首次实现了无缝融合,确保用户在陆地与非陆地 5G 网络间无缝切换,有望填补全球移动连接 85% 的空白,为实现全球物联网奠定基础。

俄罗斯隐身战机苏 - 57 将具备人工智能驱动的通信能力　　据 Interesting Engineering 网站 2023 年 4 月 25 日消息,俄罗斯俄技集团(Rostec Corporation)宣布,俄罗斯先进的第五代战斗机苏-57 将获得人工智能驱动的无线电通信综合体。该通信综合体由俄罗斯电子公司子公司 NPP Polet 开发,可在 HF 和 VHF 频段运行。它包括计算设备、混频器、数字信号处理单元、抗噪声编解码设备、全球导航系统信号接收机以及数字信号处理和同步总线,适用于"第五代飞机",将"提高飞机和地面综合体之间的信息传输质量"。之所以能确保信息传输的可靠性,是因为该设备使用了人工智能技术和抗噪声编码,消息字符交织,信号处理过程中能够实现统一时间同步,且可以通过并行信道同时传输消息,并增加稳定通信范围。

美国太空军开发抗核打击卫星通信的地面系统　　5 月 2 日,美国空间系统司令部授予洛克希德·马丁公司和雷声公司合同,为"演进战略卫星通信"(ESS)计划开发地面系统原型。两家团队将有 18 个月的时间来展示原型,太空系统司令部选择一个团队进行开发。ESS 是机密卫星通信系统,在发生核战争时运行。美国国防部计划在未来 5 年内花费 65 亿美元在 ESS 项目上。ESS 卫星最终将取代洛克希德·马丁公司制造的先进极高频(AEHF)地球静止卫星网络,将成为美国家核通信架构的一部分,使总统能够通过军事指挥系统指挥和控制战略轰炸机、弹道潜艇和洲际弹道导弹。

美国陆军推行"以师为行动单位"的网络发展路线　　据 Breaking Defense 网站与 C4ISRNET 网站 2023 年 5 月 5 日综合报道,美国陆军网络发展战略正在发生巨变,原有的面向旅级部队的"能力集(CS)"发展方式已经遭到否决,取而代之的推行"以师为行动单位"路线,鼓励更小规模更频繁的能力升级,同时将最复杂的技术保留在师与军级总部,其终极目标是实现未来面对均势对手的潜在大型战争中的快速机动。聚焦师级部队,也意味着放弃原有"以旅(战斗队)为中心"而采用的能力集发展方式。美国陆军 2023 和 2024 财年列装师一级技术,并在 2025 和 2026 财年对师级战斗编程优化设计。为了方便更快地更新,美国陆军正在研究采办的新方法,如精益化的软件途径。它还希望从复杂、紧密集成的系统转向更灵活的形式,使美国陆军作为一个整体使用单一、标准化的软件基础,但各部队可以为其独特任务定制应用程序。

美国 DARPA 开发量子-经典混合通信网络 据 Military Aerospace 网站 2023 年 5 月 11 日报道,美国军事研究人员要求工业界开发一种量子-经典混合通信网络,在当今经典军事网络上实现信息安全性和隐蔽性的量子增强。DARPA 已发布了一份关于量子增强网络(QuANET)项目的广泛机构公告。QuANET 项目旨在利用量子特性增强现有软件基础设施和网络协议,以削弱在经典(非量子)网络上普遍存在的攻击向量。该项目通过将现有的"最佳"量子通信能力融入军事和关键基础设施的网络来实现这一目标。量子信息需要与经典信息共存(量子—经典互操作性),包含以下内容:量子时间同步增强了时钟同步任务和飞行时间法测试;通信模式中的量子传感和度量增强围绕消息传播的态势感知;将经典信息嵌入量子系统,以减少信息窃取和数据破坏。QuANET 试图创建一种环境加固的可配置网络接口卡,它将量子链路与经典计算节点连接起来,以扩展经典网络中已经可用的功能。

欧洲开发首个 LEO 卫星量子密钥分发有效载荷 据 Defence Industry 网站 2023 年 5 月 11 日报道,欧洲空间局和欧盟支持的 EAGLE-1 LEO 卫星将配备由欧洲领先的激光通信技术公司 TESAT 开发的创新安全功能。EAGLE-1 是一个集成了空间段和地面段的量子密钥系统,它将为地理分散区域提供加密密钥的安全传输,并连接欧盟各国量子通信基础设施,实现真正的主权网络。利用 EAGLE-1 系统,欧洲空间局和欧盟成员国实现了从近地轨道到地面量子密钥分发技术演示验证的第一步。EAGLE-1 项目可为下一代量子通信基础设施提供有价值的任务数据,有助于欧盟部署一个主权、自主的跨境量子安全通信网络。2024 年发射后,EAGLE-1 卫星可完成三年的在轨任务。在这一运行阶段,该卫星将使欧盟各国政府和机构以及重要的商业部门能够尽早使用远程量子密钥分发技术,从而为建立能够进行超安全数据传输的欧盟星座铺平道路。

美国海军接收首架升级后的核战略通信飞机 据 Breaking Defense 网站 2023 年 6 月 6 日报道,美国海军接收了第一架升级后的 E-6B"水星"飞机,该飞机负责在危机时期维持美国总统和核潜艇舰队之间的通信线路,用于在需要潜艇发射核武器时能够及时传达总统命令。这份价值 1.11 亿美元的合同提供了称为 Block Ⅱ 的 6 项主要改进,改善飞机的指挥控制和通信功能,将国家指挥机构与美国战略和非战略部队连接起来。作为"塔卡木"(TACAMO)战略通信任务的一部分,E-6B 可以在很宽的频谱范围内传输/接收安全和非安全的语音和数据信息。该飞机提供抗毁、可靠和持久的空中指挥控制通信,以支持美国总统、国防部长和美国战略司令部。

英国对"天网"持久能力宽带卫星系统进行招标 据 Breaking Defense 网站 2023 年 6 月 8 日报道,英国国防部根据更广泛的"天网"持久能力(SKEC)计划,了解了工业界对新型巨额宽带卫星系统(WSS)采购的兴趣。SKEC 计划旨在交付下一代军事太空能力。英国国防部呼吁合格方为最多三个宽带 GEO 卫星系统和相关地面设备的设计、制造和发射提供支持。SKEC WSS 功能需求包括:X 波段、军用 Ka 波段和 UHF 广播通信有效载荷,能够覆盖"多个服务区域";使用 X 波段、军用 Ka 波段和 S 波段的安全测控能力;用于通信有效载荷的星间链路;"最低寿命"为 15 年的核辐射加固措施。新卫星将在 2028—2036 年间取代"退役的英国国防部卫星通信舰队"。SKEC WSS 将具体包括两个"太空系统",即 EC1 和 EC2,英国国防部保留 EC3 和发射及早期轨道阶段(LEOP)选项。

业界联合向北约展示多轨道卫星通信能力　据 Telecomtalk 网站 2023 年 6 月 10 日报道,OneWeb 公司和 Eutelsat 公司向北约通信和信息局展示了多轨道卫星通信能力。此次现场实际操作演示旨在展示两家公司在提供鲁棒韧性数据和通信连接方面取得的进展。此次演示特别突出了两家公司在北约安全、敏捷、韧性和有保障(SARA)卫星通信概念中的作用。这一概念包括一项分层的多轨道通信计划,可在某些网络中断的情况下提供主要、备用、应急和紧急(PACE)的连接。OneWeb 公司还展示了其解决方案生态系统,旨在为超过 600 颗低地球轨道(LEO)卫星的庞大网络提供无缝连接。演示期间,OneWeb 公司利用其新推出的 Kymeta Hawk u8 用户终端,展示了高吞吐量和低延迟通信。在概念验证中,OneWeb 公司和 Eutelsat 公司成功传输了 4K 视频,并运行了 Teams、Twitch 和 Google Earth 等应用程序,下载速度达到 195Mb/s,上传速度达到 32Mb/s,延迟低至 70 毫秒。此次演示还实现了波束和卫星之间的无缝切换,1GB 文件在不到 8 秒时间内即可完成传输。

美国 DARPA 成功开发战术边缘安全韧性信息共享技术　据 DARPA 官网 2023 年 6 月 22 日消息,DARPA"战术边缘有保障韧性网络安全手持设备"(SHARE)项目成功开发并集成了软件和网络技术,使美国军队和其国际盟友在战术行动中能够进行安全、韧性信息共享。该项目还将快速商业开发、安全和运行(DevSecOps)模型应用于国防部研发,为将新技术更快交付给作战人员开辟了新的途径。SHARE 软件运行在军事最终用户移动设备上,可通过军事或商业网络与盟军在适当密级条件下进行实时数据共享。该软件与美军的战术攻击套件(TAK)集成,后者是作战人员使用的一种基于地图的作战态势感知应用。SHARE 项目团队开发了对安全数据包单独路由的新技术,并开发了可对运行于任意类型网络(商业 WiFi、蜂窝网络、军事网络)上的用户设备进行快速配置的软件。这种在战术边缘共享数据的新模式减少了对固定基础设施的依赖,并实现了手持设备间不同数据敏感度级别的安全、韧性通信。SHARE 项目已做好向 TAK 用户群体快速转移技术的准备,转移工作已在进行中。

日本军方考虑采用"星链"卫星互联网服务　据 Verdict 网站 2023 年 6 月 26 日消息,日本自卫队进行了大规模军事现代化改造,并测试了"星链"(Starlink)卫星网络。自

2023年3月以来,日本自卫队一直在对SpaceX的"星链"卫星星座进行试验。根据日本防卫省与运营"星链"卫星的SpaceX代理公司签署的协议,日本空中、地面和海上自卫队将配备"星链"天线和其他通信工具。日本自卫队在大约10个不同地点使用这项服务,包括基地和营地,以检查其操作运行问题。日本防务省拥有两颗X波段通信卫星,它们位于地球静止轨道,供自卫队使用。如果"星链"卫星获得通过,那么日本将首次增添新的低轨卫星星座服务。据日本媒体报道,与另一家提供类似服务的公司也在2023财年内达成了协议,而"星链"高速通信网络可能在2024财年使用。

美国太空发展局发布100颗传输层2期卫星征询　　6月28日,美国太空发展局(SDA)发布了传输层2期100颗卫星采购的建议书征询最终版。此次征询的卫星称为Alpha卫星,为传输层2期的一部分。100颗Alpha卫星的合同由两家供应商分担。每颗Alpha卫星将有3个或4个光通信终端、1个Ka波段和1个Link 16有效载荷。这些卫星还配备星载指挥控制数据处理器和自主导航有效载荷。传输层2期还包括72颗Beta卫星以及44颗Gamma卫星。SDA表示,传输层2期"提供全球通信接入,并提供持久的区域加密连接,以支持全球作战人员任务"。传输层2期的部署可为网络增加足够的节点,为美国军事用户提供全球覆盖。

法国成功发射"锡拉库斯4B"军事通信卫星　　2023年7月6日,欧洲圭亚那航天中心成功发射了搭载"锡拉库斯(SYRACUSE)4B"军用通信卫星的阿丽亚娜5号火箭。

"锡拉库斯4B"将与"锡拉库斯4A"形成"锡拉库斯Ⅳ"卫星段,取代之前的"锡拉库斯Ⅲ"("锡拉库斯"3A和3B)。"锡拉库斯"4A和4B的设计与当前系统兼容,能为部队提供新功能,特别是可提供更大容量和灵活性,以及更高吞吐量和更大覆盖范围。由于灵活性的提升,该卫星可以满足部署在覆盖区域内任何地方的部队的需求,同时也能有效管理其X波段和Ka波段带宽资源。

美国陆军装备新一代软件定义对流层散射通信系统　　据ASDNews网站2023年7月14日消息,美国Comtech公司获得了一份价值3000万美元的合同,为美国陆军战术通信提供Comtech公司的下一代对流层散射系统族。根据该合同,Comtech公司提供其领先的软件定义对流层散射系统族,以增强美国陆军超视距通信能力。Comtech公司的散射系统族可与其他通信系统无缝集成,为美国陆军提供综合、有韧性和灵活的网络架构,可用于显著增强几乎所有环境中的态势感知能力。Comtech公司的对流层散射系统族可在各种环境中有效提供大容量超视距通信。该对流层散射系统族由多种终端组成,从模块化可搬移传输(MTT)系统到可装于飞机托运箱中的紧凑型超视距移动远征终端(COMET)等。该对流层散射系统族中的较大终端目前已广泛部署,可在超过100海里的超视距距离提供50~100Mb/s的吞吐量。该对流层散射系统族中最小的终端COMET可以与有源电扫阵(AESA)天线配对。

美国空军成功演示 LEO 商业卫星通信服务军事应用　据 Intelligence Community News 网站 2023 年 7 月 21 日消息,在美国印太司令部在太平洋阿拉斯加联合靶场(JPARC)举行的"北方利刃"演习期间,OneWeb 公司与美国空军演示了商业卫星通信设备的军事应用。OneWeb 公司在太平洋阿拉斯加联合靶场部署了几部终端。利用 One-Web 终端,该公司演示了水上和岸上位置的高容量低延迟卫星通信连接,并展示其作为美国空军先进战斗管理系统(ABMS)关键链路的能力。OneWeb 公司提供了一种商业数据传输途径,提高了作战网络韧性,这是美国空军敏捷作战部署(ACE)概念的关键。

美国人工智能通信系统在美日军事演习中成功演示　据 Thegazette 网站 2023 年 8 月 3 日报道,柯林斯航空航天公司开发的先进人工智能赋能通信网络系统在美日军事演习期间成功连接了许多平台,扩展了在阿拉斯加演习期间首次推出的与平台无关的机载数据热点,利用跨域解决方案、人工智能通信和智能网关技术,将"五眼联盟"和其他合作伙伴连接到数据网络,在演示期间扩展了联合部队的能力。该通信网络加速了决策,并展示了人工智能赋能的机器对机器通信如何从美国太空军的统一数据库快速向多架飞机提供威胁感知数据,展示了它们如何在战场上用作连接节点。柯林斯系统在真实的战斗场景中为许多平台提供任务数据,包括 C17、C-130 和 KC-135 飞机。

韩国 KSS-Ⅱ"孙元一"级潜艇升级具备 Link 22 数据链能力　在 2023 年 8 月 18 日举行的第 156 届国防项目推进委员会会议上,韩国国防采购项目管理局(DAPA)拨款约 5.9568 亿美元,用于对现役 KSS-Ⅱ"孙元一"级潜艇进行全面升级。DAPA 还在海上战术数据链项目投资 3.2017 亿美元,专门用于韩国海军舰艇 Link 22 升级。此次 Link 22 升级旨在从 Link 11 升级到更先进的 Link 22。KSS-Ⅱ 潜艇优先接受了 Link 22 升级。DAPA 期望在联合海上部队之间高效分发战术信息,加强韩国海军与盟国海军(如美国海军)之间的互操作能力。韩华系统公司最近获得了 Link 22 的合同,负责开发数据链处理器和网络控制软件等 Link 22 的核心部件。舰艇作战管理系统(CMS)和系统集成以及指挥所也将与 Link-22 集成。

美国太空发展局授予诺斯罗普·格鲁曼公司和洛克希德·马丁公司传输层 2 期 72 颗卫星合同　据 Breaking Defense 网站 2023 年 8 月 21 日报道,美国太空发展局(SDA)授予诺斯罗普·格鲁曼公司和洛克希德·马丁公司总价值 15 亿美元的合同,用于建造和运营低地球轨道(LEO)新数据中继星座的 72 颗卫星。根据 SDA 发布的消息,这些卫星将于 2026 年 9 月开始发射,成为 SDA 计划的网状网络(传输层)的一部分。具体来说,两家公司将分别负责 36 颗传输层 2 期 Beta 卫星,完成后在全球任何地方均可接入传输层网络。Beta 卫星将携带光学星间链路和 UHF 战术卫星通信下行链路。传输层 2 期还有另外两个版本——Alpha 和 Gamma,每个版本的下行链路配置略有不同。

英国国防部开发 Trinity 韧性战术广域网　　据 ASDNews 网站 2023 年 8 月 23 日报道，根据一份为期 5 年、价值 8900 万英镑的新合同，BAE 系统公司将领导一个由可信赖合作伙伴组成的联盟，为英国国防部设计和制造 Trinity 可部署战术广域网，以增强作战人员的前线连接能力，连接小型侦察无人机、战车、战斗机、航空母舰以及军事指挥部。Trinity 网络具有较强的韧性，由一系列节点组成，每个节点都可以在一个安全的网络中添加、访问和移动数据。如果有些节点在战争中遭到破坏，那么其余节点会自动重新路由，以保持最佳网络速度和信息流。Trinity 网络将取代英军现有的"猎鹰"（Falcon）网络，后者将于 2026 年退役，但 Trinity 网络不会取代"猎鹰"网络的局域网子系统或电话系统。Trinity 网络将于 2025 年 12 月交付，合同将有可能延长至 9 年，以涵盖整个生命周期开发，并确保技术设计继续发展，满足英国武装部队的需求。

美加两国研究人员提出全球量子通信新方案　　据国盾量子网站 2023 年 8 月 23 日报道，加拿大卡尔加里大学和美国中佛罗里达大学的研究人员提出一种通过卫星链实现全球量子通信设施的新方案。光子传输损耗是量子网络发展的基础问题，传统方案克服损耗需要高性能的量子存储器。在新方案中，光子将利用共同移动的低轨卫星链通过太空传输，卫星链就像光学平台上的一组透镜，弯曲光子路径，使光子沿着地球曲率移动，并控制由于衍射导致的光子损耗。数值建模表明，光子通过"卫星透镜链"传播，即便考虑每颗卫星的光束截断和各种误差的影响，在 20000 千米尺度的纠缠分发中衍射损耗几乎可以消除。这种基于卫星的低损耗光中继协议将实现稳健的多模量子通信，且不需要量子存储器或中继器协议。在几乎所有可用距离范围（200~20000 千米）内，该协议的损耗也是最小的。

美国海军陆战队获得初始 5G 原型测试平台　　据 Military Leak 网站 2023 年 9 月 2 日消息，洛克希德·马丁公司向美国海军陆战队项目管理团队交付了开放系统可互操作和可重构基础设施解决方案（OSIRIS）第一阶段初始原型 5G 测试平台，并进行移动网络实验。OSIRIS 是一种 5G 通信网络基础设施测试平台，用于美国负责研究与工程的国防部副部长办公室（OUSD R&E）FutureG&5G 办公室和美国海军陆战队的远征作战实验，项目合同于 2021 年授予洛克希德·马丁公司。第二阶段实验中，洛克希德·马丁公司继续与美国海军陆战队合作，将特定任务应用集成到 OSIRIS 5G 测试平台中进行评估。与此同时，将评估和选择新兴无线技术，作为持续构建 OSIRIS 5G 测试平台的一部分。OSIRIS 5G 测试平台涉及三种不同的 5G 独立网络配置，即拖车式 5G 移动基站、全地形车（ATV）安装的 5G 移动中继和运输箱可部署 5G 运营设施。这种 5G 测试平台将确定 5G 网络和国防部平台之间进一步协同的领域，从而增强用户能力。其基础设施能够连接各种支持 5G 的用户设备、传感器、车辆和端点，探索商用 5G 技术的军事用途，并为美国海军陆战队投资引入新技术铺平道路，满足网络安全需求。这种能力将进一步实现和推动美国国防部联合全域作战概念。

美国空军研究实验室开发鲁棒信息供应层(RIPL)技术　2023年9月11—13日,美国空军和太空军协会举办了2023年空天和赛博大会,美国空军研究实验室(AFRL)演示了利用鲁棒信息供应层(RIPL)技术连接边缘作战人员。RIPL是空军研究实验室指挥控制与通信功能能力领域的一部分,专注于及时有效的分布式、多域的作战管理和指挥控制。RIPL是一种管理网络信息的赛博安全工具,能够应对竞争环境中有限和时断时续连接的挑战,支持所有网络用户无缝和安全地访问信息。RIPL满足空军先进作战管理系统(ABMS)和联合全域指挥控制(JADC2)的作战要求。目前,RIPL已经过渡到空军生命周期管理中心(AFLCMC),并被集成到通用战术边缘网络(CTEN)中。此外,空军研究实验室还开发RIPL后续应用研究项目,旨在将机器学习应用到系统中,并允许RIPL与其他类型的数据链(如超低容量数据链)进行互操作。

美国海军陆战队为地面部队开发Link 16系统　据美国系统采购管理网站2023年9月14日报道,美国海军陆战队系统司令部通信系统项目管理部门发布"地面Link 16"信息征询,以确定适合美国海军陆战队地面部队使用的Link 16系统。目标是确认地面Link 16终端与主机。地面Link 16设备分三种:手持型、远征型和网关型。手持Link 16有两种外形规格:①手持式,小于$3\times10\times2$英寸,含电池重量小于4磅;②背负式,小于$8\times10\times4$英寸,含电池重量小于12磅。系统符合MIL-STD-6016标准,传输距离大于75海里(138.9千米),具备M码GPS能力,以及"先进能力(AC)"——并发多网-2网(CMN-2)、并发争用接收-2网(CCR-2)和增强吞吐量(ET),符合美国参谋长联席会议主席指令(CJCSI)6510.02D《关于密码哈希能力的密码现代化规划》。远征型外形尺寸小于$12\times12\times12$英寸,含电池重量小于20磅,符合MIL-STD-6016标准,传输距离大于300海里(555.6千米),具备M码GPS功能与AC能力(CMN-2、CCR-2和ET),符合CJCSI 6510.02D《关于密码哈希能力的密码现代化规划》。网关型特征属于受控信息,在接收评审时单独提供。

美国空军寻求开发安全超宽带太赫兹通信　据军事宇航电子网站2023年9月21日报道,美国空军研究实验室信息理事会官员发布一份关于超宽带太赫兹无线电开发项目的广泛机构公告,希望设计、开发并演示一种超宽带无线电,该无线电不仅可以在100GHz以上频率工作,还可以动态调整载波频率、输出功率和数据速率。研究人员想要研发一种超宽带无线电,它可以在100~300GHz范围内动态调整载波频率、输出功率和数据速率,采用最先进的调制解调器设计,实现快速灵活的基带,同时支持最高10GHz的带宽和1Mb/s~1Gb/s的数据速率,并适应大气条件、链路要求和存在干扰的情况。该系统还应能够进行太赫兹波束形成和整形,以控制信号在时间和空间中的存在。该项目将延续到2028年,价值约为1000万美元。

美军建造 WGS-12 通信卫星　　据 Space News 网站 2023 年 9 月 22 日报道,波音公司获得了一份为美军建造一颗新通信卫星的合同。这颗卫星名为 WGS-12,是宽带全球卫星通信(WGS)地球同步卫星星座的第 12 颗卫星,为美国及其盟国提供通信服务。波音公司将新版本的 WGS 称为受保护宽带卫星(PWS)。与 2007—2019 年间发射的前 10 颗 WGS 卫星不同,新版本卫星的通信容量是原来的两倍,并采用敏捷波束技术避免干扰。WGS-11 和 WGS-12 还携带一种称为受保护战术卫星通信(PTS)的有效载荷,该有效载荷运行一种抗干扰军用受保护战术波形。

美国太空发展局授出通信降级环境下的星间激光通信演示合同　　2023 年 9 月 27 日,美国太空发展局授予通用原子电磁系统公司一份价值 1420 万美元的合同,用于生产 2 颗配备光通信终端的小卫星,并演示在通信降级环境下进行星间激光通信的能力。通用原子电磁系统公司设计的光通信终端名为"曼哈顿",可在通信降级环境下提供通信,并提供建立和维护符合太空发展局标准的链路能力。该激光通信演示合同是太空发展局系统、技术和新兴能力局公布的竞争性合同,通用原子公司将在两个小卫星上托管光通信终端,计划于 2024 年 12 月交付集成的航天器。

美国 SpaceX 凭借"星盾"拿下美国太空军首份订单　　据凤凰网科技 2023 年 9 月 28 日报道,SpaceX 公司已经拿下美国太空军第一份合同,根据该公司的"星盾"(Starshield)计划为美军提供定制卫星通信。SpaceX 公司将负责设计和建造"星盾"系统的卫星和火箭,其中卫星搭载高科技传感器和防御系统,用于监测和追踪潜在威胁。SpaceX 公司将通过现有"星链"通信卫星星座提供"星盾"服务。美国太空军在 2023 年 9 月 1 日授予 SpaceX 公司"星盾"计划为期一年的合同,该合同价值最高为 7000 万美元,"通过星链星座、用户终端、辅助设备、网络管理和其他相关服务为星盾提供端到端服务"。这项重要合同的签署使"星盾"计划正式进入实施阶段。

美国诺斯罗普·格鲁曼公司推进北极卫星通信计划测试　　英国空军技术网站 2023 年 11 月 8 日报道,诺斯罗普·格鲁曼公司目前完成热真空测试,标志着其在北极地区建造双星星座取得突破性进展,有利于美国太空军和挪威航天局在北极地区的宽带通信。主要内容包括:①北极卫星宽带任务(ASBM)采用双星星座保障通信,每颗卫星均搭载美国 ViaSat 公司 Ka 波段有效载荷和挪威国防部 X 波段有效载荷;②双星星座包含美国太空军的增强型极地系统再生有效载荷,有利于后续升级开发 ASBM-1 与 ASBM-2;③除建设 ASBM 项目外,诺斯罗普·格鲁曼公司还提供控制和规划段(CAPS)地面系统,以实现北极地区宽带连接,CAPS 协助进行了有效载荷和航天器段的兼容性测试,并与挪威的卫星运营中心建立了接口;④2023 年 10 月 5 日,诺斯罗普·格鲁曼公司获美国国防部批准,成为"下一代持续过顶红外—极轨"卫星设备制造商,旨在确保美国国防部获得极地卫星覆盖能力,便于检测和跟踪飞越极地地区的弹道导弹和高超声速导弹;

⑤CAPS 的建成与正常运转,利于推动 ASBM 项目,并改善北极地区国防和民用通信基础设施。

美国太空发展局为"扩散型作战人员太空架构"传输层 3 期征询新数据链和波形

据今日宇航网站 2023 年 11 月 12 日消息,美国太空发展局(SDA)扩散型作战人员太空架构(PWSA)传输层 2 期(Tranche 2)——伽玛卫星将纳入 UHF S 波段连接、先进的战术数据链和增强的抗干扰波形。但传输层 2 期似乎并不是 SDA 创新的终点,寻求业界对传输层 3 期(Tranche 3)新数据链和波形的看法。2023 年 11 月 6 日,SDA 的一份信息征询书(RFI)"旨在为 SDA 未来数据链和/或波形路线图提供信息,并指导这些能力集成到未来各期中的工作。"该 RFI 将寻求与计划于 2028 财年开始发射的 3 期基线和/或演示相匹配的数据链和波形能力。SDA 表示,关于 PWSA 传输层 3 期及以上光通信波形的业界观点,"包括风险降低措施,以支持低数据率链路和远程链路,特别是 LEO 到 MEO(L2M)和 LEO 到 GEO(L2G)范围的天对天几何布局。"SDA 于 2024 财年规划传输层 3 期,并计划于 2025 财年开始后续采办工作。

美国洛克希德·马丁公司演示业界首个完全再生的 5G NTN 卫星基站　　2023 年 10 月,洛克希德·马丁公司演示了业界首个完全再生的先进 5G 非地面网络(NTN)卫星基站,该基站是洛克希德·马丁公司 5G.MIL 统一网络解决方案计划的空间组成部分。在最后一次成功实验室演示中,洛克希德·马丁公司验证了其创新空间有效载荷从太空轨道提供先进全球通信能力。在实时硬件在环实验室环境中,先进 5G NTN 卫星基站与原型 NTN 用户设备进行了符合 3GPP Release 17 的高速数据传输。在模拟卫星轨道过顶期间,运行在太空加固飞行硬件上的卫星基站与地面用户设备成功连接并传输了数据,包括实时视频流。集成到洛克希德·马丁公司自筹资金研发的战术星(TacSat)上的 5G NTN 卫星基站有效载荷于 2024 年发射。洛克希德·马丁公司 5G 先进卫星基站(gNodeB)由一个 5G 新空口无线接入网(RAN)全堆栈、RAN 智能控制器(RIC)和 5G 独立(SA)核心组成,它们将搭载到 TacSat 上的航天级飞行硬件上。其主要特点包括:①使用洛克希德·马丁公司的 SmartSat™ 软件定义卫星架构,可在轨道上进行重新编程;②采用分离架构,将控制单元(CU)放到地面,将分布式单元(DU)放到卫星上,进一步增强网络实现选项;③利用空间通信信道模拟器连接到业界领先的原型 NTN 用户设备,该模拟器引入了与低轨卫星一致的多普勒和延迟参数。洛克希德·马丁公司表示,天基通信将为陆地、空中和海上 5G.MIL 混合基站提供高速回传,并可从轨道直接访问运行 3GPP NTN 标准协议的用户设备。再生 NTN 解决方案能够在覆盖区域内的用户之间实现基于卫星的直接安全通信,必要时绕过更为脆弱的地面网络。

美国陆军利用多轨道战术终端实现不间断高速卫星服务　　据 Business Wire 网站 2023 年 11 月 16 日报道,在美国陆军进行的为期两周的现场测试中,Intelsat 公司利用多轨道战术终端（MOTT）实现了不间断高速卫星通信连接。此次演示是自该终端首次推出以来进行的规模最大的军事现场网络测试之一。该演示是美国陆军年度网络现代化实验（NetModX）的一部分。Intelsat 公司联合美国陆军工程师共同对 MOTT 系统进行了只有在作战行动中才能进行的真实严格试验，MOTT 实现了高速不间断通信连接。美国陆军未来卫星通信终端将没有运动部件，能够在恶劣环境下提供可靠连接。MOTT 终端利用一部加固型低剖面天线，实现了与卫星星座的持续连接。同时，MOTT 也使客户能够灵活选择主要和次要的最佳通信路径，以满足不断变化的任务需求。

美国太空发展局首次成功使用 Link 16 连接低地球轨道卫星与地面电台　　2023年 11 月 28 日，美国太空发展局（SDA）宣布成功地使用 Link 16 将其低地球轨道（LEO）卫星与地面电台连接起来。实验中，配装 Link 16 的卫星能够向地面电台广播信息，这种解决方案为美国及其盟国广泛使用的 Link 16 找到了新的用途，而无需新的、成本高昂的定制化数字数据链。卫星配装的 Link 16 视距范围约为 200~300 海里，在太空中构建 Link 16 连接，有效地实现了全球近实时的超视距通信。太空发展局主任 Derek Tournear表示，此次实验证明了使用通信卫星将陆、海、空和太空的传感器和射手连接起来的可能性，助力构建联合全域指挥控制（JADC2）网络和联合火力网络。

美军演示 MUOS 窄带卫星通信系统通信兼容能力　　据美国海军陆战队网站 2023年 11 月 30 日报道，在美国海军陆战队联合能力演示中，美国海军陆战队第 3 舰载机联队（MAW-3）展示了移动用户目标系统（MUOS）与 CH-53E"超级种马"直升机的通信兼容性。此次演示活动的参与方包括美国太空军太空系统司令部、MUOS 项目办公室、海军陆战队第 3 舰载机联队以及第 1 海军陆战队远征军。该演示展示了 MUOS 如何利用宽带码分多址（WCDMA）技术，使美国海军陆战队能够同时双向通话并共享数据，这一能力对于在严峻环境下的海军陆战队作战人员是至关重要的。此外，WCDMA 有助于管理通信期间的信号或信息传输，并使美国海军陆战队能够从战场连接回战术网络、战略网络和武器系统。这将提供一种快速更新能力，以及在现场或前方位置的快速决策能力。

美国 DARPA 授出光学星间链路项目第二阶段合同　　据美国 DARPA 网站 2023年 12 月 1 日报道，DARPA 的低成本、可重构光学星间链路（Space-BACN）项目已进入第二阶段，继续开发的合同已授予从第一阶段 11 家承包商遴选出的公司。Space-BACN 项目旨在开发一种"通用"光学卫星互连终端，确保互不兼容的新旧卫星网络之间进行转换。远程、高速光通信对太空军的"混合架构"计划至关重要，将使新旧军用卫星网络以及商业网络无缝通信，并且帮助太空军和太空司令部利用高度机动、长寿命的航天器实现"动态太空作战"愿景。

美国"黑网"项目为全域通信提供突破性传输能力　　据信号杂志网站 2023 年 12

月 5 日报道,作为美国驻欧洲和非洲空军的一部分,驻扎在德国拉姆施泰因空军基地的美国空军第一空天通信中队正在"黑网"(BlackNet)项目上迅速取得进展。它是一种突破性传输层,支持跨不同飞地的各种通信方式和指挥控制。BlackNet 专为分散、竞争环境设计,集成了丰富的通信选择,例如军用卫星通信、"星链"、光纤、商业蜂窝和以太网连接。第一空天通信中队开创性地整合全球联合情报通信系统(JWICS)之外的其他飞地和各种通信方法,目前已经能够扩展任何飞地——SIPR(安全 IP 路由器网络)、NIPR(非密 IP 路由器网络)、特殊访问、联盟等。BlackNet 现正在欧洲和非洲战区的多个 ISR 系统中使用。此外,BlackNet 还提供了指挥控制能力,如全球指挥控制系统(GCCS),为先进作战管理系统(ABMS)及其相关数字基础设施(ABMS DI)提供环境。

美国计划 2024 年投资基地及设施 5G 专网　　据美国联邦新闻网站 2023 年 12 月 22 日报道,美国总统拜登近日签署了 2024 财年《国防授权法案》(NDAA),授权 8860 亿美元的年度军费开支。该法案长达近 3100 页,要求美国国防部长制定并实施一项战略,以便在军事基地和其他军用设施安装专用无线网络。该法案指出,专用无线网络基于 5G 信息和通信能力以及"开放式无线接入网"(O-RAN)架构,应满足军事基地的安全和性能要求,并能适应具体任务。美国国防部长应确保基础设施到位,从而支持模块化升级,顺利过渡到下一代技术,并简化无线服务提供商访问军事基地和设施的流程。该法案拨款 1.79 亿美元,用于美国国防部研究"下一代信息通信技术(5G)",这对于实现美国国防部联合全域指挥控制(JADC2)目标至关重要。

美国陆军实现全球首次远距离量子无线电通信测试　　据 Defense Post 网站 2023 年 12 月 22 日报道,在陆军网络现代化试验(NetModX)期间,美国陆军实现了世界上首次使用原子量子接收机的远距离无线电通信。该系统由 Rydberg 技术公司开发,利用一种新形式的原子无线电探测技术来保护敏感通信免受黑客攻击。该系统的技术关键在于量子传感器。实验中使用的量子传感器是一种能耗很低的接收机,对电磁场微小变化比普通接收机或天线更加敏感。在一年一度的现场试验活动中,Rydberg 原子天线接收机演示了 1 千米以上距离的射频信号接收和无线电通信。Rydberg 原子天线接收机在 HF 到 SHF 波段表现出无与伦比的灵敏度,这是该技术在远距离信号传输方面的首次展示。该接收机还展示了信号选择性和抗干扰能力,特别是在电磁对抗环境中。

定位导航授时领域

定位导航授时领域年度发展报告编写组

主　　编：韩　劼

副 主 编：魏艳艳　胡　悦

撰稿人员：（按姓氏笔画排序）

王　琼　刘　硕　胡安平　程　琦

程琳娜　魏艳艳

审稿人员：方　芳　张　帆　王　煜　王　伟

雷　创　武　阳

定位导航授时领域分析

定位导航授时领域年度综述报告

2023 年,美国、英国及欧盟国家继续完善定位导航授时(PNT)体系发展战略,加速构建国家综合 PNT 体系。卫星导航系统继续进行卫星升级换代和卫星导航新技术验证,不断提升卫星导航系统的完好性、安全性和服务精度;陆基导航技术、微型 PNT、量子导航、地磁导航和视觉导航等可替代 PNT 技术飞速发展,部分技术已配装平台进行能力评估和验证。以卫星导航为核心、可替代导航为补充的多手段融合应用能力初步形成。

一、以政策为引导,加速推进定位导航授时体系建设

2023 年,美国、英国和欧盟进一步出台 PNT 体系发展顶层政策要求,从战略布局和制度保障等方面规划 PNT 技术发展,大幅提升 PNT 服务能力。

(一) 美国发布新版《定位导航授时》指令文件

4 月,美国国防部发布新版《定位导航授时》指令文件(DoDD 4650.05)。相较 2021 年版本,新版文件增加了 2 项内容:一是 PNT 监督委员会主席由双主席制调整为三主席制,分别为负责采办和保障的国防部副部长、参谋长联席会议副主席及新增的负责研究和工程的国防部副部长;二是将可替代 PNT 源的监管纳入到该委员会的职责范围,负责研究和工程的国防部副部长将监督和指导 PNT 技术研发和新兴能力投入,并通过技术预测、建模仿真、原型设计和实验结果,为 PNT 发展计划提供决策信息。此次调整标志着国防部 PNT 体系组织管理架构的进一步完善,将推进 PNT 体系能力快速协调发展。

(二) 英国发布定位导航授时政策框架和《天基定位导航授时技术》概念

10 月,英国科学创新和技术部公布 PNT 发展政策框架。该框架以增强英国弹性

PNT 服务为目标,提出了 10 项举措和建议:设立国家 PNT 办公室;保持并更新 PNT 应急计划;制定"国家授时中心"计划;制定"国防部时"计划;制定星基增强系统(SBAS)计划;制定"增强罗兰"(eLoran)计划;建立基础设施的弹性能力;探索 PNT 技能;制定 PNT 发展政策;发展下一代 PNT 系统和技术。同时,该部门发布《天基定位导航授时技术概念》,提出了低中高轨道混合星座构型等 10 项天基 PNT 技术概念,为英国利益相关方和决策者提供天基 PNT 能力发展思路,支撑国家 PNT 体系的建设,为英国国防、金融、交通、电信和应急服务等依赖全球卫星导航系统的关键基础设施和相关领域提供更具弹性和可靠的 PNT 服务。

(三)欧盟发布《欧洲无线电导航计划 2023》

6 月,欧盟发布《欧洲无线电导航计划 2023》。该计划由欧盟国防工业与航天委员会和联合研究中心合作编写,全面和系统地介绍了传统导航系统、新兴导航系统和下一代导航系统等多种无线电导航手段,分析了 PNT 面临的机遇与挑战、现状与趋势,旨在:推动发展第二代"伽利略"(Galileo)导航卫星系统及欧洲地球静止导航重叠服务(EGNOS)星基增强系统,促进其在不同领域的广泛应用;持续发展新兴的可替代卫星导航技术,满足室内等特定场景的应用需求,或者作为备份导航手段;利用长波时频系统等传统 PNT 系统的性能优势,满足航空、航海等用户需求。这是欧盟时隔 5 年后发布的第二版无线电导航计划文件,将为欧洲无线电导航和弹性 PNT 体系发展提供政策建议,促进无线电导航系统和技术的协调发展,最终实现以"伽利略"、EGNOS 和 GPS 为核心,陆基和天基技术为补充备份的弹性 PNT 服务保障体系的中期远景目标。

》》》二、以新技术新架构为抓手,重点发展新一代卫星导航系统

2023 年,国外主要卫星导航系统国家加速系统能力升级换代,部署新卫星,发展新技术,形成新能力。

(一)美国全面推进 GPS 现代化进程

1 月,美国第 6 颗 GPS Ⅲ卫星发射入轨,具备 M 码、L2C、L5 和 L1C 等所有现代化信号和能力,精度提高 3 倍,抗干扰能力提高 8 倍。4 月,军用 GPS 用户设备(MGUE)增量 1 完成了空中/海上接收机应用模块的技术需求验证,标志着首个支持抗干扰 M 码信号的全功能 GPS 空中和海上软件套件已具备交付条件,后续将与空军 B-2"幽灵"轰炸机和海军"阿利·伯克"导弹驱逐舰进行集成测试。10 月,军用 GPS 用户设备增量 2 完成了新型专用集成电路和微型串行接口的关键设计审查,支持 2030 年后 M 码 GPS 接收机在

美军地面、空中和海上武器平台的应用；下一代地面运控段（OCX）Block 1/2 目前仍处于测试阶段，计划参加政府组织的集成测试。此外，"导航技术卫星"-3（NTS-3）实验星 5 月在爱德华兹空军基地贝尼菲尔德微波暗室接受信号收发测试，计划于 2024 年春发射并在地球静止轨道（GEO）运行 1 年，完成信号功率增强、在轨可重编程与信号重构和新型时频技术等卫星导航新技术的验证工作，为 GPS ⅢF 卫星提供技术支持。GPS 现代化取得的新进展将使系统更具稳健性和弹性，同时确保美国及盟友能够获取更加准确可靠的 PNT 服务。

（二）俄罗斯发射首颗"格洛纳斯-K2"导航卫星

8 月，俄罗斯成功发射了首颗"格洛纳斯-K2"（GLONASS-K2）导航卫星。该卫星设计寿命 10 年，主要特点包括：导航定位精度优于 30 厘米；在 L1、L2 和 L3 频带播发码分多址（CDMA）信号，强化与其他卫星导航系统的兼容和互操作；新增激光星间链路，提升星间的通信和测距能力，确保精确定轨和时间同步，增强卫星自主导航能力；配置高精度原子钟，频率稳定度达 $5×10^{-14}$。未来，"格洛纳斯-K2"卫星将逐步取代"格洛纳斯-M"系列卫星，全面提升导航性能。

（三）欧盟启动生产第二代"伽利略"导航系统

12 月，法国空客公司正式启动第二代"伽利略"导航卫星生产，标志着"伽利略"项目进入新的发展阶段。第二代"伽利略"卫星采用增强型导航天线，将提高系统的定位精度；配备全数字有效载荷，具备在轨重新配置能力；配置 6 台增强型原子钟和星间链路，实现星间通信和交叉验证；具备先进的干扰和欺骗保护机制，确保导航信号的安全。第二代"伽利略"导航卫星总计建造 12 颗，计划 2025 年开始发射，三年内完成全部发射任务。此外，欧洲空间局于 6 月授出 2.18 亿美元的地面段系统开发合同，计划与第二代"伽利略"导航卫星同期投入使用，用于新卫星的在轨控制和验证。欧盟第二代"伽利略"系统具备增强的抗干扰、安全认证和抗欺骗能力，复杂环境下定位导航授时服务的稳健性和弹性将进一步提升。

（四）韩国星基增强系统投入运行

2 月，韩国航空航天研究所（KARI）宣布，对 2022 年发射的首颗韩国星基增强系统（KASS）地球静止轨道卫星试运行的性能分析显示，该系统在无故障条件下的性能和 I 类垂直引导进近（APVI）服务水平具备很高的准确性、连续性、完好性及可用性，可将 GPS 定位精度从目前的 10~15 米提升至 1~1.6 米，标志着韩国发展自主卫星导航系统迈出了重要一步。

>>> 三、以补强能力短板为目标，持续推进可替代导航技术发展

2023 年，国外可替代导航技术发展成果显著，主要包括：不断挖掘"增强罗兰""洛肯塔"（Locata）等现有陆基导航技术的应用潜力；持续发展微自主 PNT 技术；量子导航、地磁导航和视觉导航等新兴可替代 PNT 技术产品初露端倪。

（一）"增强罗兰"导航技术的应用研究与试验验证取得新进展

9 月，美国交通部发布《互补 PNT 行动计划》报告指出，空军研究实验室 2024—2025 年将组织对"增强罗兰"服务进行评估，验证该项技术在全美交通系统和其他关键基础设施的应用潜力。7 月，韩国船舶与海洋工程研究所发表《韩国"增强罗兰"系统试验台演示弹性 PNT 服务的可行性》报告指出，韩国完成了"增强罗兰"接收机在内陆水道、进港航道、沿海水域和海域 4 个导航阶段的定位性能评估，后续将改进仁川"增强罗兰"试验台发射机功率和几何布局，为西海提供弹性 PNT 服务。同月，欧盟在欧洲空间局"导航创新与支持计划"（NAVISP）下，向英国罗克公司授出为期 18 个月的增强罗兰手持设备天线合同，用于设计生产手持设备天线，要求产品技术成熟度达到 4 级并在受控环境下进行全面测试。随后，欧洲空间局发布小型化全球导航卫星系统/"增强罗兰"（GPS/eLoran）接收机招标公告，提升用户位置安全性和精确授时能力。"增强罗兰"具有高发射功率、低载波频率的抗扰防骗信号特性，在陆地、海上和航空等交通应用领域以及小型化单兵装备等军用领域具有应用潜力。

（二）"洛肯塔"陆基区域导航技术完成演示与评估

3 月，欧盟委员会联合中心发布《欧盟可替代的定位导航授时技术评估报告》，公布了"洛肯塔"等 7 项可替代定位导航授时技术的演示结果。结果显示，"洛肯塔"是唯一能满足室内外静态和动态测试环境定位和授时要求的技术，达到了皮秒级授时精度和厘米级定位精度。"洛肯塔"技术定位授时精度高，能够快速部署，设备具有小型化的特点，能通过芯片和软件定义无线电方式实现，且能与 GPS、"增强罗兰"等组合应用，是一种具有潜在应用价值的新型高精度区域导航手段。

（三）美英量子导航技术取得新突破

5 月，英国海军和伦敦理工学院首次完成了量子传感器原型的船载测试，通过基于铷原子的量子加速计，为实验船提供 GPS 拒止环境下长期的高精度导航能力，是量子导航技术从实验室向实际应用转化的一个重要里程碑。6 月，美国茵菲莱肯量子技术公司与

科罗拉多大学合作,研制出一款高性能量子加速度计,体积仅为当前最先进量子加速度计的万分之一,抗振动性能提升10~100倍,可大幅提升复杂恶劣环境下的位置和速度测量精度,为小型化、高精度量子惯性导航设备的工程化实现奠定了基础。这些研究成果凸显了量子导航技术作为非卫星导航手段的巨大潜力,未来可为航空、航天、航海等军民应用领域提供GPS拒止或欺骗环境下的高精度定位导航能力。

（四）美军推进地磁导航技术的实验验证和创新研究

5月,美国空军研究实验室与麻省理工学院合作,首次在C-17A"环球霸王Ⅲ"战略运输机上完成了地磁导航技术演示。演示中,联合实验团队通过改进的神经网络架构,利用人工智能算法,从总磁场中去除飞机本身电子系统等产生的磁噪声,验证了通过机载地磁导航装置测量地磁场实现导航目标的可行性。实验表明,这种方法能够分离并消除飞机等载具自身磁场带来的测量误差,大幅提高地磁导航的精度,有望增强美军在强对抗环境下的作战能力。同月,DARPA微系统办公室发布"推进地磁导航技术发展"信息征询,向工业部门和研究机构寻求地磁导航创新技术,重点关注地磁导航在无人机、无人水下潜航器以及导弹等小型化平台的应用,着力突破平台及环境磁噪声的屏蔽或校准隔离、现有磁场图的局限性,提升各平台在GPS拒止环境中的实时地磁导航的能力。地磁导航作为GPS的一种重要的可替代方案,可大幅增强在强对抗环境下的作战能力。

（五）美国陆军完成新型视觉导航系统试飞测试

7月,美国陆军在尤斯蒂斯堡成功完成了视觉导航(VBN)系统试飞实验,标志着陆军未来司令部"可信PNT"(APNT)现代化发展取得阶段性成果。试飞过程中,挂载在"黑鹰"实验机底座的一台摄相机捕捉地形图像,与地图数据库中的信息进行比对,为飞行员提供直升机的准确位置信息。测试结果表明,视觉导航技术能够作为有人机和无人机在GPS拒止环境下的一种有效导航手段:有人机应用时,可大幅降低机组人员以往根据地形特征在地图上查找飞行路径的工作负担;无人机应用时,在GPS信号失效情况下,通过地形辅助执行任务并安全返回,实现无人机基于地形飞行时的全自主导航。

（六）美国DARPA持续研发紧凑型光子集成电路

1月,DARPA宣布将继续资助发展"原子-光子集成"(A-PhI)项目,进一步提高原子俘获陀螺仪的灵敏度;展示符合尺寸、频率稳定度和相位噪声指标的原子钟物理封装包;启动亚毫米波振荡器等其他参考频率源的研究,探索实现原子钟级的精度、精确性和稳定性的可行性。"原子-光子集成"项目2019年启动,旨在验证紧凑型光子集成电路是否能替代高性能原子俘获陀螺仪和原子俘获时钟中的传统自由空间光学部分,且不会影响性能。该项目聚焦两个技术领域，一个技术领域是研发光子集成时钟样机，另一个技术领域是研发基于"萨格纳克"（Sagnac）干涉原理的原子俘获陀螺仪。该项目开发的光子集成芯片将取代原子俘获陀螺仪和时钟的光学组件，具有长期摆脱对 GPS 的依赖、短期精度优于 GPS 的能力，在发展全自主导航和授时系统上具有良好的应用前景。

》》》四、总结

2023 年，世界主要国家以 PNT 政策为指引，统筹发展卫星导航和可替代 PNT 技术。

卫星导航系统发展方面，各国通过增加卫星在轨数量、播发新信号、配置增强型原子钟等手段，提升系统定位精度；发展星基增强系统，提升系统的高完好性；研究在轨可编程数字波形生成器、高增益天线、高功率放大器等卫星导航新技术，进一步增强系统在功率、信号和控制方面的能力；发展混合星座构型和星间链路，提升复杂环境下卫星导航系统的弹性能力。

可替代导航技术发展方面，"增强罗兰""洛肯塔"等陆基导航技术呈现抗干扰、高精度、小型化/组合化的发展特点，微自主 PNT、视觉导航、量子导航、地磁导航等新兴可替代 PNT 技术不断取得进展，重点突破各种平台在卫星导航系统拒止条件下的技术局限性，特别是无人机、无人水下潜航器以及导弹等小型化作战平台的应用。

（中国电子科技集团公司第二十研究所　魏艳艳）

美国量子导航技术取得新突破

2023 年 6 月 7 日，美国科罗拉多大学研究团队宣布其在量子导航领域取得突破性进展，该团队将人工智能技术和量子传感器相结合，成功研制了世界首型基于软件配置的高性能量子加速度计，抗振动能力较传统原子传感器提升 10~100 倍，体积较当前加速度计缩小 10000 倍，是极具应用潜力的高精度卫星导航可替代技术方案。

>>> 一、研发背景

与传统卫星导航技术相比，量子导航技术的抗干扰性和鲁棒性更好，可以在复杂的环境中提供更加可靠和准确的导航服务。此外，量子导航系统还可以在不需要实时通信的情况下进行定位和导航，这使得它在军事、深空探测和其他无人系统等领域具有广泛的应用前景。

美国科罗拉多大学团队的研究成果得到了学术界的广泛认可，并被认为是量子导航技术领域的一项重要突破。未来，随着技术的进一步发展和应用，量子导航技术有望成为卫星导航领域的重要替代方案，带来更加高效、可靠和安全的导航服务。

>>> 二、技术原理

量子导航系统主要由量子加速度计、陀螺仪、原子钟和信号采集处理单元等部分组成，是一种基于量子力学原理的导航定位系统，其工作原理基于量子纠缠现象。量子纠缠是指两个或多个量子粒子之间存在着一种特殊关联，使得它们的状态相互依赖。通过量子纠缠，量子导航定位系统可以在不直接测量位置的情况下，通过测量与位置相关的纠缠粒子对的属性进而推算出位置信息。由于量子纠缠现象的存在，测量结果可以比传统测量方法更加精确和更加可靠。同时,与传统的电磁波导航不同,量子导航系统不使用电磁波,因此具有很好的抗干扰能力。此外,量子导航系统不存在信号传输和数据处理方面的限制,可以用于传统导航系统无法覆盖的区域,为各种载体提供可靠的导航服务。

(一)基本原理

此次科罗拉多大学量子导航团队研发的量子加速度计(图1)是量子导航系统的核心设备,它与高精度时钟相结合,就可以利用已知起始位置来提供高精度定位导航信息。

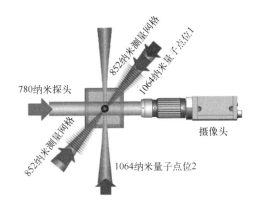

图 1　量子加速度计示意图

该量子加速度计的技术原理如下:在真空环境中利用激光将铷原子冷却到接近绝对零度,利用激光形成的场域将这些原子进行捕获和约束并进行特定排列,此时这些原子会呈现一种量子态,具有较强的"波"属性,易受外力干扰,这时将另一束激光照射到阵列上并用相机观察生成的图像,通过计算就能够得出加速度的变化。

(二)关键技术

使用机器学习方法研究通过光学晶格的"摆动"操控与晶格相关的原子波函数,以实现干涉测量精度,这是一个非常前沿的研究方向。此次科罗拉多大学量子导航团队研发的量子加速度计就是利用机器学习算法,操控光学晶格中的原子,获取加速度信息,最终优化和改进导航系统的定位精度。

美国科罗拉多大学量子导航团队设计的这套系统可通过软件控制进行实时重新配置,且采用强化学习和量子最优控制两种机器学习方法寻找晶格位置分布控制函数,如图2所示。其中:强化学习是一种基于试错学习的算法,通过与环境的交互来学习最优策略,它无固定模型,通过在未知环境中采取行动并获得奖励或惩罚,逐步优化控制函数的参数,使得晶格的位置分布达到预期目标;量子最优控制是一种基于量子力学原理的优化算法,使用量子力学中的哈密顿量描述系统的运动规律,并使用确定的优化算法来寻找最优控制策略,使得晶格的位置分布达到预期的目标。通过试验验证,这两种机器学习方法均可实现超过97%的保真度,通常情况下均会超过99%。

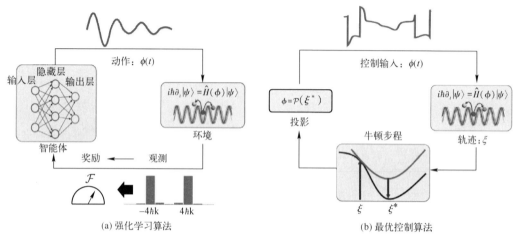

图2　机器学习方法

（三）试验结果

该研究团队研发出全球首型高性能量子计,体积仅为当前最先进加速度计的万分之一,抗振动能力较已有的冷原子加速度计提升10~100倍,可大幅提升复杂、恶劣环境下位置和速度的测量精度,为小型化、高精度量子设备的工程化实现奠定了基础。

将强化学习与最优控制应用于量子导航系统,可以进一步提高其性能和精度,为导航定位提供更准确、更可靠、更快速的服务。这项研究成果凸显了量子导航技术作为非卫星导航手段的巨大潜力,未来可为航空、航天、航海等军民应用领域提供GPS拒止或欺骗环境下的高精度定位导航能力。

>>> 三、影响作用

科罗拉多大学团队在量子导航技术领域的研究,对量子导航领域的发展起到了重要的促进作用。

（一）提升了量子导航技术的实用性

科罗拉多大学研究团队利用量子传感器的高灵敏度和高分辨率特性,结合人工智能技术的强大计算能力,成功构建了一个高性能的量子导航系统。该系统可通过软件灵活配置,满足不同的导航需求和环境变化。

(二) 证明了量子导航技术的应用潜力

科罗拉多大学研究团队针对量子导航系统的成功研制和展示,是量子传感领域一个重大的进步,标志着量子导航技术作为高精度卫星导航可替代技术和方案的开发前景极其广阔,可有效克服 GPS 拒止或欺骗环境带来的相关漏洞,与高精度原子钟配合使用,未来将在军事、航天、水下等领域为军事装备和任务平台提供不依赖 GPS 的弹性定位导航授时服务。

(三) 拓展了量子导航技术的应用领域

科罗拉多大学研究团队研制的量子加速度计在小型化方面具有巨大的发展潜力,可以适用于太空探索、军事和其他无人系统等多个领域。同时,小型化的量子加速度计也更容易集成到现有的系统中。这种广泛的应用前景使得量子导航技术成为未来导航领域的重要候选方案。

〉〉〉四、应用前景

随着技术的不断发展和成熟,量子导航系统将成为未来导航领域的重要解决方案之一。

(一) 军事领域

在军事领域,量子导航被认为是一种能够改变未来战争模式的先进技术。传统的导航系统在战时容易受到敌方干扰和破坏,而量子导航以其独特的量子特性,能够有效抵抗这些干扰和攻击,具有更强的抗干扰能力和隐蔽性,可在卫星导航受限的环境中发挥重要作用,能够更加稳定可靠地为军事行动提供导航服务,确保指挥和控制的连续性。同时,量子导航系统体积小,可以搭载在各种载体上,如舰艇、潜艇和无人机等,可满足更多军事装备的作战需求。

(二) 民用领域

在民用领域,量子导航具有广泛的应用空间:①可以应用于宇宙飞船、深空探测器等领域,使自主航行更加灵活、安全;②可以实现对卫星的精确控制和位置测量,提高卫星的精度和可靠性;③可以应用于海洋航行和海洋资源开发,避免受到海浪和磁场的影响,提高航行的安全性和精度；④可以应用于车辆自主导航、智能交通管理、地图绘制、灾害救援等多方面。由于其高精度、高稳定性和低成本的特性，量子导航系统有望为民用领域带来更加高效、智能和便捷的服务。

>>> 五、几点认识

（一）促进技术融合与创新发展

机器学习和量子导航系统的结合，将促进技术融合和创新。机器学习方法可以为量子导航系统提供更好的算法和控制方法，提高其定位、导航和通信的精度和效率。同时，量子导航系统也可以为机器学习方法提供新的应用场景和数据源，促进其进一步发展。

（二）补充卫星导航的有效技术手段

作为新型导航定位技术，基于量子理论的量子导航系统具有传统导航定位技术难以比拟的定位与授时优势，精度更高，误差更小，抗干扰能力更强，安全性更好，是最有希望弥补卫星导航技术缺陷的高新技术，也是未来导航定位技术的制高点。量子导航与卫星导航、惯性导航及无线电导航相结合构建的多源导航系统，将实现能力互补，更好地发挥各系统的定位优势，具有重要的战略应用价值。

（三）有望改变未来战争形态

随着量子导航技术的不断发展和成熟，其在军事领域的应用还将进一步拓展。未来，量子导航系统可能与量子通信、量子计算等技术相结合，构建更加高效、安全的军事信息系统，为未来的战争形态和方式带来深刻改变。

（中国电子科技集团公司第二十研究所　程　琦）

美军持续推进地磁导航技术的发展

地磁导航作为一种无长期积累误差、不易被干扰的自主导航方式,在可用性、抗干扰能力、自主性等方面具有独特优势,是美军综合定位导航授时体系架构中一项重要的技术手段。2023 年,美国空军在"金凤凰"和"机动卫士–2023"两场演习中成功完成了地磁导航系统在机载平台的试飞任务。此外,DARPA 发布"推进地磁导航技术发展"信息征询,向业界寻求地磁导航的创新技术,探索地磁导航在无人机、无人水下潜航器以及导弹等小型化平台的应用。

》》》 一、发展背景

进入 21 世纪后,包括美军在内的许多国家军队都意识到现代作战行动对 GPS 过度依赖,而随着 GPS 干扰技术的快速发展,这一隐患将对各国军队战时使用基于 GPS 的平台和武器系统构成巨大威胁。为此,从 2010 年开始,以美军为首的西方国家大力倡导不依赖 GPS 的导航技术的发展。2014 年 6 月,美国 DARPA 向工业部门发布项目公告,要求发展不依赖现有 GPS 的平台和武器系统的导航技术。2015 年 1 月,美国空军和海军对 DARPA 的要求积极响应。空军表示,未来所有空基核武器将完全具备 GPS 拒止环境下的能力;海军提出,发展 GPS 受干扰或不可用时的潜艇导航系统,建议将地磁导航作为 GPS 拒止环境下的导航源发展重点之一,并在其制定的发展计划中明确,任何需要主动向外发送信号的方案都不予采用,因为这样会有可能暴露己方的位置。

》》》 二、关键技术

如图 3 所示,地磁导航是利用磁场这一地球固有资源,使用地磁传感器测量通过路径上的地球磁场变化值,通过与事先建立或实时生成的地磁基准图进行比对,采用相应的地磁定位方法得到载体所需的位置结果。

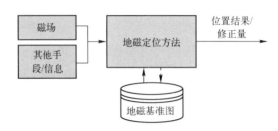

图3　地磁导航基本原理

作为一种可用区域广泛、无累积误差、隐蔽性强的无源自主导航方式,地磁导航目前的研究主要集中在磁场信息测量、地磁基准图建立和地磁定位导航方法设计这三个方面。

(一) 磁场信息测量

准确、快速地获得指定区域的地磁场强度值,是进行高精度地磁导航的先决条件。随着电子、材料、工艺等高新技术的发展,地磁传感器的研究水平不断提高。由于地磁场的微弱特性,需要实时获取高精度、高分辨率的地磁场信息。除了提高测量传感器的精度之外,还可以通过安装位置的选择、硬件屏蔽以及软件补偿的方式,减少平台自身产生的磁场干扰。

(二) 地磁基准图建立

地磁基准图的建立,就是将测量得到的精确地磁场信息转化为数字地磁图储存在计算机中,供平台在导航时使用。全球地磁模型虽然能够较为全面地描述地磁场的分布情况,可以避免不同地区之间地磁场衔接不上的尴尬,但其建模时会平滑处理一些细节信息。因此常用的方法就是建立高精度、小尺度的地磁场区域模型,或者在地磁图中运用插值、延拓等方法来提高精度,以满足导航要求。

(三) 地磁定位导航方法设计

地磁定位方法作为输出位置结果的最终阶段,需要整合测量到的磁场信息和地磁基准图中的特征,是实现地磁导航的核心技术,直接影响导航的最终定位精度和导航效率。地磁定位方法主要有三大类:地磁滤波、地磁匹配和磁场同时定位与建图(SLAM)。地磁滤波和地磁匹配都需要事先建立地磁图,而磁场同时定位与建图则可以在定位过程中逐步构建并优化磁场图。

>>> 三、重要进展

2023 年,美军地磁导航技术在机载演示和创新发展两个方面取得了重要进展。

(一) 演示验证方面

1. 地磁导航系统在"金凤凰"演习中首次成功试飞

2023 年 5 月 11—15 日,美国空军—麻省理工学院人工智能加速器地磁导航 (MagNav) 项目团队、麻省理工学院林肯实验室、空军研究实验室传感器局和空军理工学院自主与导航中心联合在"金凤凰"演习中,成功完成 C-17A"环球霸王 Ⅲ"战略运输机的实时磁导航飞行演示(图 4),标志着美国空军在提高导航能力方面取得的一个重要里程碑。

图 4　安装在 C-17A"环球霸王 Ⅲ"运输机背部的地磁导航设备

演习中,联合实验团队完成了 C-17 飞机从加利福尼亚州特拉维斯空军基地飞往爱德华兹空军基地测试场 3 个架次的飞行演示任务,主要包括以下测试项目:基于校准和定位神经网络,联合实验团队利用人工智能和机器学习,在飞行过程中通过一台商用笔记本数分钟内完成了训练;利用以往 C-17 数据建立的人工智能模型进行迁移学习,大幅提升了神经网络的训练过程。

试飞结果将形成技术报告提交给政府,为美国国防部后续开展地磁导航在飞机、潜艇、高超声速滑翔飞行器和小型无人机等平台的试飞提供关键信息。

2. 地磁导航系统在“机动卫士-2023”战备演习中成功试飞

2023 年 7 月，美果空军空中机动司令部在印太地区组织的规模最大的“机动卫士-2023”战备演习中，成功完成了地磁导航系统试飞任务，验证了其有效性。结果表明，地磁导航系统可改善太平洋地区作战人员和飞机的 PNT 能力。针对印太地区复杂的多岛屿地形，地磁导航为机组人员提供 GPS 拒止环境下的持续飞行能力，性能优于天体导航和地形辅助导航等可替代 GPS 导航手段。

（二）创新发展方面

2023 年 5 月，美国 DARPA 微系统办公室发布“推进地磁导航技术发展”信息征询（图 5），向公司、大学、研究机构、政府资助的实验室等机构和部门寻求地磁导航创新技术，解决 GPS 拒止场景和环境中实时地磁导航方面面临的技术挑战。

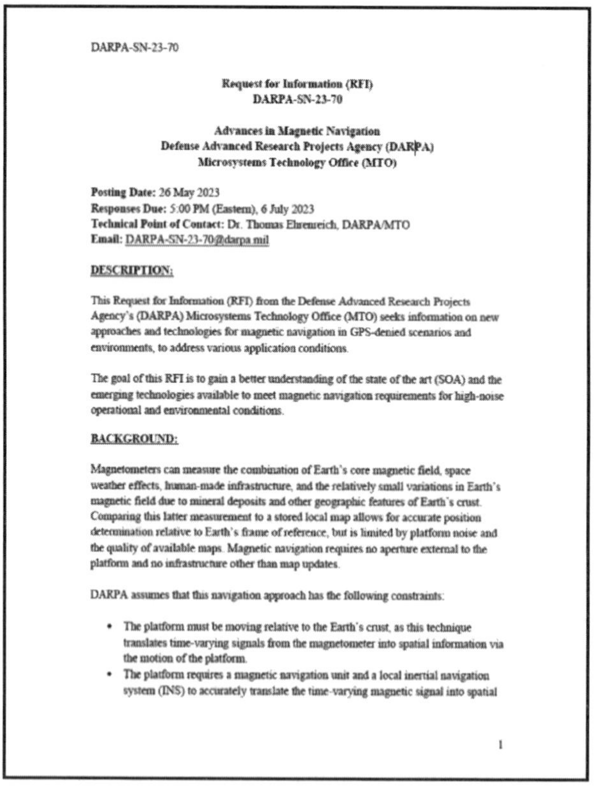
DARPA-SN-23-70

Request for Information (RFI)
DARPA-SN-23-70

Advances in Magnetic Navigation
Defense Advanced Research Projects Agency (DARPA)
Microsystems Technology Office (MTO)

Posting Date: 26 May 2023
Responses Due: 5:00 PM (Eastern), 6 July 2023
Technical Point of Contact: Dr. Thomas Ehrenreich, DARPA/MTO
Email: DARPA-SN-23-70@darpa.mil

DESCRIPTION:

This Request for Information (RFI) from the Defense Advanced Research Projects Agency's (DARPA) Microsystems Technology Office (MTO) seeks information on new approaches and technologies for magnetic navigation in GPS-denied scenarios and environments, to address various application conditions.

The goal of this RFI is to gain a better understanding of the state of the art (SOA) and the emerging technologies available to meet magnetic navigation requirements for high-noise operational and environmental conditions.

BACKGROUND:

Magnetometers can measure the combination of Earth's core magnetic field, space weather effects, human-made infrastructure, and the relatively small variations in Earth's magnetic field due to mineral deposits and other geographic features of Earth's crust. Comparing this latter measurement to a stored local map allows for accurate position determination relative to Earth's frame of reference, but is limited by platform noise and the quality of available maps. Magnetic navigation requires no aperture external to the platform and no infrastructure other than map updates.

DARPA assumes that this navigation approach has the following constraints:

- The platform must be moving relative to the Earth's crust, as this technique translates time-varying signals from the magnetometer into spatial information via the motion of the platform.
- The platform requires a magnetic navigation unit and a local inertial navigation system (INS) to accurately translate the time-varying magnetic signal into spatial

1

图 5 “推进地磁导航技术发展”信息征询

DARPA 寻求近期的创新方法和技术，突破平台及环境磁噪声在屏蔽、校准隔离、现有磁场图的局限性,以及实时地磁导航在软硬件和系统集成方面的技术创新,大幅提升GPS拒止场景和环境中的实时地磁导航能力,主要关注无人机、无人水下潜航器以及导弹等小型化系统的地磁导航应用。

〉〉〉 四、存在问题

从美军地磁导航的演示及技术发展可以看出,地磁导航技术在军用飞机上的应用已经取得了重大进展,但是仍然存在一些问题和挑战。

(一) 平台及环境磁噪声等干扰磁场的影响

要在GPS拒止环境下完成实时地磁导航,干净、准确的地磁实测数据至关重要。但是在地磁信息的采集过程中,除了高性能的地磁传感器之外,还会受到安装平台和环境噪声的干扰。特别是在军用飞机等大型平台上,磁噪声的影响可能更为显著。同时,环境中的其他磁性物质和电气设备也会产生额外的磁场干扰,进一步加剧导航系统的稳定性和准确性问题。美军的"金凤凰"演习展示出神经网络架构为干扰磁场补偿方面带来的重大进步,同时也为后续噪声屏蔽、进一步减小磁噪声对地磁导航系统的影响带来了挑战。

(二) 现有磁场图的局限性问题

高精度的地磁定位结果通常需要与准确的机载地磁图进行匹配得到,现有的磁场图大多是基于固定高度的地面或空中观测数据生成的,虽然磁场图可以根据增加和降低的高度进行外推,但在进行实时地磁导航时,在空中或水下等不同平台上的地磁场分布仍然会受测绘磁场高度差的影响。因此,如何突破现有磁场图的局限,结合传感器数据进行实时修正和校准,以提高导航系统在不同平台上的适用性,仍是未来需要进行技术突破的关键点。

(三) 不同平台地磁导航应用问题

不同无人机、无人水下潜航器以及导弹等平台系统的地磁环境及设备噪声干扰模型并不一致。"金凤凰"演习采用迁移学习的方法,成功且快速地利用以往建立的C-17数据模型对参加演习的C-17飞机进行干扰噪声消除,但是不同平台的设备布局、环境噪声等相差各异,如何跨平台完成不同平台间干扰噪声的消除,确保地磁导航在不同平台上有效运行,是未来推动地磁导航应用和发展的技术难点。

〉〉〉五、作用影响

（一）提高导航系统的可靠性

地磁导航技术作为美军综合 PNT 体系架构中一项重要的技术手段,可以作为 GPS 的替代和补充,是一种可靠的潜在导航方式。由于地磁导航技术的特点,可以在 GPS 不可用或受干扰欺骗的情况下提供不间断的导航服务,确保战机和无人机的导航安全。因此,对于美军来说,地磁导航技术能够提高其在各种环境下的导航可靠性,尤其在面对电子干扰对抗环境时,提高作战能力及任务执行的灵活性和自主性。这种弹性和准确的可替代导航方案不仅是军事行动的关键任务能力,对商业运输、商务和休闲旅行、自动驾驶汽车、水下或地下勘探等需要安全性和地理空间准确性的民用产品也至关重要。

（二）增强地磁导航在综合 PNT 体系中的应用能力

美国空军与麻省理工学院的联合试飞实验测试,不仅有效改善了地磁导航受制于平台和环境磁噪声的问题,提高了地磁导航系统的导航精度,而且为美国国防部其他平台的地磁导航实验提供关键信息。测试成果不仅增强了地磁导航在 PNT 体系中的应用能力,而且为未来结合天体导航、机会信号、视觉导航等综合 PNT 体系中其他可替代导航方案、进一步增强 PNT 能力奠定了基础。

（三）提升导航系统的隐蔽性和抗干扰能力

地磁导航不向外发射任何能量,也不需要在全球建设众多基站,仅依靠自身获取的地球磁场信息进行定位导航。从自然科学角度看,干扰地球地磁几乎不可能,除非发生核爆,才有可能引发地球磁场的波动。地磁导航的这种隐蔽性和抗干扰能力使得敌方很难侦测到己方的导航信号,从而提高了作战的安全性。

〉〉〉六、结束语

近年来,美军为增强综合 PNT 体系的弹性,大力发展不依赖 GPS 的自主导航技术。地磁导航作为一种全天时、全天候,且不受地形、地域限制的无源导航方式,极具军事应用潜力。美国空军的相关试验表明,美军机载地磁导航技术的成熟度得到了提升,未来或可作为自主导航系统的可选技术路线和可用技术储备,提供 GPS 拒止环境下的持续飞行能力,大幅提升导航系统的环境适用性和可靠性。

从美军对地磁导航技术的发展推进情况看,未来地磁导航会围绕平台及环境磁噪声补偿技术、不同平台的应用扩展和与其他导航系统的集成等方面展开。随着技术的不断进步,消除干扰噪声技术将得到进一步的提升和优化。同时针对不同平台的噪声特点,开展更加智能化和适用性强的补偿算法研究,实现地磁导航系统在无人机、无人水下潜航器以及导弹等不同平台上的应用扩展,以应对复杂多变的环境条件。未来将结合其他导航系统进一步增强 GPS 能力,充分利用各种导航系统的优势互补,提高导航系统的鲁棒性和精度,为导航领域的发展带来更多可能性和机遇。

(中国电子科技集团公司第二十研究所　王　琼)

欧盟可替代定位导航授时技术评估及启示

2023 年 3 月,欧盟委员会联合研究中心(JRC)发布《欧盟部署的可替代定位导航授时(PNT)技术评估》报告,公布了 7 家供应商提供的自由空间、光纤和同轴线缆有线通道等可替代定位导航授时(A-PNT)技术的评估结果,其目标是通过技术评估,推进适用于欧盟的可替代 PNT 技术的部署,以弥补当前卫星导航系统存在的能力缺陷。这是欧盟首次组织的可替代 PNT 技术评估,凸显了可替代 PNT 技术对于国家的重要性,对于构建弹性 PNT 体系具有重要的借鉴作用。

》》》 一、背景

交通基础设施、电信和金融网络等国家关键基础设施主要依赖全球导航卫星(GPS)系统提供定位导航授时服务,在当前和未来一段时期内仍将在经济和社会中发挥关键作用。卫星导航系统固有的脆弱性,以及可能受到的有意或无意干扰,使其面临着服务性能下降甚至服务中断的风险。

为保证 PNT 服务的可靠性,发展可替代 PNT 技术成为了世界各国的研究重点。这种"可替代 PNT 服务"可以作为全球导航卫星系统的备份和补充,结合全球导航卫星系统共同构成"弹性 PNT 服务"。欧盟在 2023 年发布的《欧洲无线电导航计划》(ERNP)指出,当前经济和社会面临着数字化革命、气候变化和全球大流行病等全面挑战,全球导航卫星系统及其他 PNT 技术可以为解决这些挑战提供创新解决方案,并发挥至关重要的作用。

根据欧盟国防工业和空间总局(DEFIS)发布的招标框架要求,欧洲委员会联合研究中心组织,在意大利北部的意大利国家环境保护研究所(ISPRA)测试场对自由空间、光纤和同轴线缆有线通道等可替代 PNT 技术进行演示,主要测试项目为室内外精确可靠的授时和定位服务。

》》 二、评估目标及方法

2021年10月—2022年6月,OPNT公司、赛文解决方案公司、SCP时间公司、GMV航空航天公司、萨特勒思公司、洛肯塔公司和奈克斯特威公司在欧盟委员会联合研究中心进行了为期8个月的技术测试,主要评估两项内容:精确可靠的授时服务和传递;利用地面无线电信标网络和低地球轨道(LEO)信号提供室内外定位服务。

(一) 评估目标

技术测试目标是评估可替代PNT技术是否具备独立于全球导航卫星系统的服务能力,在全球导航卫星系统服务中断时是否具备有效的备份或补充能力。

要求评估的技术需要满足以下关键性能指标(KPI):①独立于全球导航卫星系统提供定位和/或授时信息;②作为全球导航卫星系统中断或不可用时的备份手段;③覆盖内陆水域在内的欧洲领土;④不受全球导航卫星系统故障和干扰的影响,包括全球导航卫星系统频率干扰和欺骗或无意干扰;⑤适用于城市峡谷、室内、地下和水下等全球导航卫星系统不可用环境;⑥定位/导航技术达到成熟度5级以上,授时技术达到6级以上;⑦全球导航卫星系统不可用时,1天内保持PNT可用性优于99%,定位精度优于100米或授时精度优于1微秒;⑧授时服务可以溯源到UTC(世界协调时)。

(二) 评估方案

时间基准方面,以铷原子频标提供的UTC(IT)作为时间基准,由意大利国家计量研究所(INRiM)进行校准,并以纳秒级精度溯源到UTC时间,保证时间引用的1PPS输出是UTC(1T)时间。

位置基准方面,基于欧洲地面参考系(ETRF),使用全球导航卫星系统实时动态测量(RTK)在测试区周围建立一个永久的网格位置基准点,可供户外使用。

(三) 评估内容及结果

1. 授时测试内容

针对授时能力,7家公司参加了6个项目的测试:①时间生成,评估超过14天或100天的时间基准性能;②时间保持;③光纤时间传递,是指使用光波长调制的时间传递,在最终用户节点上测量;④网络时间传递,是指使用电信号和数据调制的时间传递;⑤空中时间传递,是指室内、外的无线时间传递;⑥授时弹性能力,是指对外部威胁具有强壮性、远程监控和服务能力。授时测试项目如表 1 所列。

表 1　授时测试项目

测试项 供应商	时间生成	时间保持	光纤时间传递	网络时间传递	空中时间传递		弹性
					室外	室内	
OPNT	（＊）	（＊）	√		√		√
赛文解决方案	√	√	√				√
SCP 时间	√	√		√			√
GMV	√	√		√			√
萨特勒思	√	√			√	√	
洛肯塔	（＊）	√	√	√	√	√	√
奈克斯特威	√	√			（＊）	√	√

注：“√”表示完成的测试项目；“＊”表示测试设备不可用（如授时源稳定性不满足要求），或测试计划中不需要进行测试

2. 定位测试内容

针对定位能力，3 家公司参加了 4 个项目的测试：户外静态测试、室内静态测试、户外动态测试和室内动态测试，如表 2 所列。

表 2　定位测试项目

测试项 供应商	户外静态	室内静态	户外动态	室内动态
萨特勒思	√	√	√	
洛肯塔	√	√	√	√
奈克斯特威	√	√	√	√

注：“√”表示完成的测试项目；“＊”表示测试设备不可用，或测试计划中不需要进行测试

3. 评估结果

技术测试结果显示，所有的可替代 PNT 平台都满足设定的最低要求，主要包括：①全球导航卫星系统中断后，至少在 1 天内，相对于 UTC 的授时精度<1 微秒（3σ）；②定位精度（水平和/或垂直 95%）<100 米；③可用性>99%；④对全球导航卫星系统故障或脆弱性具有弹性，包括全球导航卫星系统频率干扰和欺骗，以及无意干扰；⑤与现有基础设施和协议（包括网络时间协议、精确时间协议等）相兼容和互操作；⑥具有安全性监测、安全远程访问、自由空间更新能力。

表 3 给出了提供授时服务的可替代 PNT 平台的性能汇总。每个可替代 PNT 平台进行的测试并不完全具有可比性，因此，这些结果不应被视为纯粹的基准测试，应该视为对受测平台的定性评估。此外，报告并没有给出全球导航卫星系统中断 1 天、14 天和 100

天时平台的自身性能,而只关注时间传递性能。最终用户的精度将取决于主时钟,而相对时间传递性能保持不变。

表 3　授时服务性能测试结果汇总

授时性能 公司	时间生成/天	MTIE/纳秒	光纤时间传递/纳秒	网络时间传递/纳秒	室外空中时间传递/纳秒	室内 TA 时间传递/纳秒
OPNT	不适用	不适用	0.057	不适用	<200(±100)	不适用
赛文解决方案	80	280	0.089	不适用	不适用	不适用
SCP 时间	1	<1000	不适用	35	不适用	不适用
GMV	100	57	1	500	不适用	不适用
萨特勒思	110	364	不适用	不适用	145	<340
洛肯塔	1	<1000	0.4(4.9)	0.4(6.1)	0.7(6.1)	0.2(5.2)
奈克斯特威	11.6	40	不适用	不适用	不适用	<39

从表 3 可以看出,7 种授时方案服务性能,除了不适用的情况外,均在 1 天内保持可用性优于 99%,并且授时精度优于 1 微秒的性能指标要求,其中洛肯塔公司的方案适应所有授时应用场景。

在表 4 中,选择单一水平均方根的 95% 值表示定位性能。如果在同一测试类别中进行了多次测试,则报告最大的平均误差。对于定位精度,只报告了二维水平精度。采用奈克斯特威公司的方案,在联合研究中心进行室内测试中的高度精度为 1~2 米。与评估授时性能的测试一样,这些测试具有评估定位性能的特定约束条件。这些结果不应作为纯粹的基准测试,而是对受测平台的定性评估。

表 4　定位性能测试结果汇总

2 维定位性能	室外静态/米	室内静态/米	室外动态/米	室内动态/米
萨特勒思	17.0	15.0	不适用	不适用
洛肯塔	<0.01	<0.01	<0.02	<0.02
奈克斯特威	9.0	14.0	11.0	不适用

从表 4 可以看出,洛肯塔公司的方案能够适应室内外的二维静态和动态定位,并且精度误差小于 2 厘米,远高于 1 天内定位精度优于 100 米的要求;萨特勒思和奈克斯特威的方案除了不适用的情况外,二维定位精度在 9~17 米之间,也满足 1 天内定位精度优于 100 米的定位要求。

》》》三、主要特点

从评估结果看出,当前商用的可替代 PNT 技术已经具备一定的成熟度,可以独立于全球导航卫星系统提供定位和授时信息。

（1）在定位方面，可利用地面设备或天基星座提供独立于全球导航卫星系统的定位服务。萨特勒思、洛肯塔和奈克斯特威3家公司的可替代PNT技术具备恶劣环境下的定位能力，定位精度从几十米到厘米级不等。需要部署信标、收发器等地面接收机，或者使用LEO星座信号。在联合研究中心站点的室内或室外观测都是在欧洲陆地参考系（ETRF）内提供的。每一种可替代PNT技术的网络安全性较好，包括具有安全的远程访问硬件，通过空中无线进行更新、监控和报告。硬件部署使用虚拟化等现代化编程技术，可实现快速部署。

（2）在授时方面，可利用光纤、计算机网络和空中无线进行远距离时间传递。授时是关键基础设施使用的一种主要的PNT服务，对现代社会中电信、能源、金融和交通等领域的正常运转具有战略意义。在授时方面，通过光纤、计算机网络和空中无线进行远距离时间传递，时间传递精度达到微秒级和亚纳秒级。这表明，欧洲时间传递生态系统能够满足所需的关键性能指标要求。

（3）在时间生成方面，可利用高精度本地振荡器或建立永久链路作为有效的可替代全球导航卫星系统时间传递方案。如果全球导航卫星系统中断持续超过14天，需要使用与铯或被动氢微波（PHM）原子钟相当的本地振荡器。如果没有这样的稳定时钟可用，则要建立一条永久链路，直接从意大利国家计量院（NMI）分发UTC进行精确时间传递。

〉〉〉 四、启示

PNT是现代信息社会必不可少的基础信息，因此，PNT信息必须具有弹性并得到保护。欧洲和美国都在积极开展可替代PNT技术的评估工作。

（一）构建弹性PNT体系，弥补单项技术的不足

欧盟以及美国均开展了可替代导航技术研究，目标是采用具有鲁棒性的PNT技术持续提供PNT信息。依赖全球导航卫星系统等单一导航系统，面临干扰时可能无法提供可靠PNT服务，采用多种导航授时技术手段备份和互补来构建弹性PNT体系，将使PNT系统受到威胁时具备抵御、恢复和适应威胁的能力。因此，在大力发展卫星导航系统的同时，应发展不依赖于卫星导航的可替代导航技术，加快构建弹性PNT体系，避免PNT信息服务中断对国民经济和国家安全造成的巨大损失。

（二）发布无线电导航计划，规范无线电导航授时系统的发展和运行

可替代导航技术的发展离不开国家层面的政策法规引导。美国、欧盟和俄罗斯都发

布其政府主导的无线电导航计划,对无线电导航系统的发展和规划给出明确的路线图。这种国家层面的无线电导航计划,将使社会团体和企业在政策引导下对 PNT 技术开展针对性的研发,避免无线电频谱资源干扰以及不必要的经济损失和浪费。

(三) 发展和评估可替代 PNT 技术,提升 PNT 服务弹性

"弹性"是指能够应对和适应不断变化的条件,能够承受住中断(有意攻击、事故或是自然威胁),并从中迅速恢复。可替代 PNT 技术是对卫星导航的补充和备份,是构建弹性 PNT 体系的重要组成部分。考虑到卫星导航已广泛应用,发展可替代 PNT 技术除了考虑其性能外,还需要考虑到成本和部署难易等因素。通过对潜在 PNT 技术的性能评估,充分挖掘可替代 PNT 技术潜力,不断提升其技术成熟度,继而提升 PNT 服务弹性能力。

(中国电子科技集团公司第二十研究所　胡安平　魏艳艳)

韩国卫星导航增强系统投入运行

  韩国星基增强系统(KASS)是由韩国航空航天研究所牵头研发,用于增强现有全球导航卫星(GPS)信号的卫星导航增强系统(SBAS)。2022年6月,KASS系统首颗地球静止轨道卫星(GEO1:Measat-3D)发射升空,并开始试运行。韩国航空航天研究所对收集的真实数据进行了性能分析,并在2023年2月发表的论文《KASS:韩国星基增强系统的未来》中表示,KASS系统在无故障条件下的系统性能和Ⅰ类垂直引导进近(APVI)服务水平均显示出很高的准确性、连续性、完好性及可用性,可将GPS定位误差范围从目前的10~15米显著降低至1~1.6米,具备全面提供航空生命安全(SoL)服务的条件。至此韩国自主卫星导航发展之路迈出了坚实的第一步。

>>> 一、研发背景

  GPS作为主要导航手段,已经进入了快速发展和应用阶段。为了提升GPS系统的性能,需要相应的增强系统以满足不同用户的高完好性和高精度需求。直至21世纪初,韩国还只是GPS的使用国,由于其国内城市结构复杂,山区地形多,GPS信号质量较差,无法直接用于需要精确定位的航空或自动驾驶等产业基础设施。为了在国家和地区层面上增强和补充现有GPS系统,韩国政府于2013年8月启动适用于韩国地形和环境的KASS的研发工作。该系统旨在为民航提供安全关键服务,以便在不同的飞行阶段特别是着陆阶段使用,最终将扩展到为海运、公路和铁路等其他交通运输形式和PNT应用提供开放式服务。KASS通过广播增强GPS标准定位服务(SPS)信号,为韩国指定服务区域内用户提供改进的GPS系统导航服务。增强信号可提供GPS卫星轨道及时钟修正及电离层延迟修正。KASS项目研发投资规模为1280亿韩元,指定项目管理机构为韩国航空航天研究所,并成立了KASS项目办公室(KPO)。

>>> 二、系统设计与架构

KASS 系统架构主要分为地面段和空间段,如图 6 所示。

图 6　KASS 系统架构及相关功能

(一) 地面段

地面段的主要组成为 7 个 KASS 参考站(KRS)、2 个 KASS 处理站(KPS)、2 个 KASS 控制站(KCS)、3 个 KASS 上行站(KUS)、1 个确保站点间数据交换的广域网。处理站与控制站共址,这两个子系统合称为任务控制中心(MCC),分别设在清州机场的韩国航空导航卫星中心和仁川机场的仁川空中交通管制地区事务所。

参考站采用两个独立信道,每个信道分别收集所有 GPS 和 GEO 卫星广播的测量数据及电文并传送给处理站。处理站包括一个处理单元和一个检查单元。处理单元通过每个参考站其中一个信道的 GPS 原始测量值决定用户数据信息。检查单元通过另一信道的独立数据来检查信息完好性。通过对数据执行更正处理、安全处理和星基增强消息处理,生成校正数据和完好性数据,并将安全状态信息传输到上行站。上行站利用接收到的数据生成"类 GPS"信号,并通过其射频部分将数据传输至 C 波段的 KASS GEO 卫星，再由卫星转换为 L 波段并广播至 KASS 服务区。控制站控制和监视整个 KASS 系统的地面子系统。

（二）空间段

空间段以两颗 GEO 卫星为基准设计：目前正在使用的是第一颗卫星（GEO1：Measat-3D），该卫星于 2022 年 6 月 23 日从法属圭亚那航天中心发射，并于 2022 年 7 月在地球静止轨道上完成了在轨测试。首颗 GEO 卫星位于东经 91.5°，设计寿命为 15 年，导航有效载荷位于卫星顶部。第二颗卫星（GEO2：KOREASAT-6A）计划在 2025 年上半年发射。

韩国航空航天研究所在 2023 年 3 月发布的 KASS 信号接口控制文件中，将 KASS 首颗 GEO 导航有效载荷在 L1 和 L5 波段的卫星覆盖图和等效全向辐射功率（EIRP）的估计值和在轨测试结果进行了比较，显示两项结果具有良好对应关系。

（三）实施现状及未来规划

2016 年 10 月，韩国航空航天研究所与泰利斯阿莱尼亚空间公司签署了价值 4000 万美元的合同，以基于欧洲地球静止导航重叠服务（EGNOS）的相关技术共同开发和部署 KASS 系统。作为主承包商，泰利斯与韩国航空航天研究所的合作涉及设计、建造、测试星基增强系统有效载荷，提供地面基础设施，随后提供轨道定位和在轨测试服务，并在卫星的整个生命周期内提供操作协助。2020 年 12 月，KASS 参考站子系统设备部署完成，并进行了现场验收测试。2021 年 2 月，管理 KASS 服务的韩国航空导航卫星中心（KANSC）正式成立。

空间段建设方面，韩国政府选择马来西亚的 Measat-3D GEO 卫星作为第一颗 KASS 卫星，该卫星于 2022 年 6 月搭载星基增强有效载荷成功发射。随后，KASS 上行站和 GEO 卫星之间的集成测试于 11 月完成，KASS 系统于 12 月 15 日开始试点服务。2023 年 2 月，KASS 项目办公室执行了地面系统和 GEO 卫星之间集成的最后现场验收试验，并于 5 月 18 日开始广播更稳定的 KASS 信号。2024 年 1 月 29 日，KASS 系统已获得韩国的正式认证授权，开始在指定覆盖范围提供航空生命安全（SoL）服务。

韩国卫星服务供应商 KT SAT 和泰利斯阿莱尼亚空间公司表示，第二颗 KASS GEO 卫星（Koreasat-6A）计划于 2024 年第四季度交付、2025 年上半年发射，届时还将搭载泰利斯的星基增强系统有效载荷以提高连续性和可用性。KOREASAT 6A 将基于泰利斯阿莱尼亚航天公司的 Spacebus 4000B2 平台建造，配备 6 个广播卫星服务转发器和 20 个固定卫星服务转发器。该卫星将被定位于东经 116°的地球静止轨道，覆盖整个韩国。KO-REASAT 6A 设计寿命为 15 年，将取代目前的 KOREASAT 6 卫星向韩国提供固定卫星服务和广播卫星服务。

》》》 三、应用意义

（一）优化现有 GPS 信号，定位误差降低至 1~1.6 米

KASS 系统从来自 7 个地面参考站的 GPS 信号中提取导航信息，并传输至 2 个处理站进行 GPS 误差信息校正，生成所需的校正和完好性信息，这些数据随后被转换为星基增强信号，通过 GEO 卫星向全国广播。机载及车载接收机可以同时接收 GPS 信号和星基增强系统信号以确定其确切位置。如果信号出现错误，那么星基增强系统自动报警系统会在 10 秒内发出警报，通知用户停止使用。试运行后，韩国航空航天研究所进行的测试结果显示，KASS 系统可实时将 GPS 定位误差范围缩小到 1~1.6 米，以保证全国范围内的信息可靠性，为授时、测量、无人机系统、农业、地理信息系统、紧急救援、移动业务管理、增强现实等领域提供更高定位精度和可靠性以及进一步的技术效益。

（二）提供高完好性，支持民航安全关键服务

以民用航空为代表的高生命安全行业是对卫星导航系统完好性要求最高的应用领域，也是星基增强系统服务的核心用户。目前的地面导航安全设施难以从根本上解决飞行安全问题。KASS 系统经地面参考站和处理站校正后，可将 GPS 定位误差控制在 3 米以内，误差概率控制在 $0.2×10^{-6}$，可成为飞行所有阶段的主要导航服务手段。飞机能够更直接地配置最优航线，并在不受地面设施影响的情况下指定降落跑道，建立安全、快速的飞行路线，最终提高空域容量、缓解拥堵并减少燃料消耗和污染。韩国国土交通部预计，2022—2028 年，通过减少航班事故、延误、燃料费用及碳排放，KASS 将带来约 1740 亿韩元的经济效益。除航空领域外，KASS 系统还可用于交通车辆导航和船只航行管理，以提高效率和安全性。

（三）增强未来韩国自主卫星导航系统

KASS 系统的建成是韩国卫星导航发展的第一步。除了增强现有 GPS 信号以外，KASS 系统更长远的意义在于为增强韩国未来的自主卫星导航系统做准备。韩国政府于 2021 年 11 月正式批准了自主区域卫星导航系统——韩国区域定位系统（KPS）的研发计划。该系统将用 3 颗 GEO 卫星和 4 颗倾斜地球同步轨道（IGSO）卫星实现韩国及其周边约 1000 千米的区域面积覆盖，提供厘米级精度的 PNT 服务，系统动态定位精度将达到 10 厘米，静态定位精度将达到 5 厘米。据韩国航空航天研究所 2023 年 10 月发布的有关

KPS及KASS系统最新发展规划显示,KPS系统于2022年正式启动系统研发、导航信号与星座设计以及国际卫星网络注册工作。未来计划于2025年完成卫星平台、核心有效载荷及地面段的开发,2027年发射首颗IGSO卫星,2029—2035年间完成所有后续卫星发射以及所有地面段测试验证工作,并于2035年正式提供服务,系统动态定位精度将达到10厘米,静态定位精度将达到5厘米。

从目前情况来看,KPS系统的建设面临很多问题。首先,高精度原子钟、星间链路等卫星导航关键核心技术需要具备较为强大的科研力量和长期持续的高额经费投入,才有可能取得突破,而卫星导航系统的军事敏感性也会对国际合作方的选择造成限制;其次,当前的卫星导航频率与GEO卫星轨位资源紧张,频率协调资源获取会比较困难。因此,在卫星导航技术发展迅速的今天,韩国自主卫星导航系统发展之路所面临的不确定性还很多,其研发速度可能无法跟上技术发展和市场需求。

》》》 四、两点认识

（一）韩国或与日本采取相同卫星导航发展思路

日本卫星导航系统"准天顶"在发展初期,通过美日合作,于不同层面实现了与GPS的深度兼容与互操作。韩美政府也于2021年签署了"韩美卫星导航合作联合声明",就美方支持韩方于2035年前建成韩国区域定位系统(KPS)达成协议。具体内容包括信号设计合作与加强KPS和GPS等其他卫星导航系统的兼容性及互操作性。在2023年3月的"韩美航天与卫星导航会议"上,两国在讨论KPS和GPS对接合作方案时,又进一步明确了加强两个系统共存性与互换性的政策与技术合作。由此看来,韩国卫星导航发展思路从整体来看将同日本一样遵循从增强到独立、与GPS兼容渐进的发展思路:建立星基增强系统实现对GPS的区域增强,在满足国内导航服务性能需求的同时积累发展区域卫星导航系统的工程技术,并最终过渡至建设自主区域卫星导航系统,提供精确的位置信息和时间信息,为国家安全和产业发展服务,在国家层面上实现PNT能力的自主可控。

（二）全球星基增强系统形成竞争格局,面临性能提升等问题

随着KASS系统的建成,当前全球已拥有10个正在运行或试运行的星基增强系统。其中,国外主要星基增强系统包括美国广域增强系统(WAAS)、俄罗斯差分校正监测系统(SDCM)、欧洲地球地球静止导航重叠服务系统(EGNOS)、日本探路者卫星增强系统(MSAS)及印度GPS辅助型近地轨道增强导航系统(GAGAN)等。就服务范围来说,

WAAS 的主要面向北美地区,并计划向南美洲拓展;EGNOS 主要面向欧洲地区,计划向非洲拓展;MSAS 和 GAGAN 计划向东南亚拓展。由此可见,随着国际上运行的星基增强系统数量的不断增多,各国通过不断扩展服务范围来提高各自竞争力,并面临星基增强服务性能的提升,主要包括实现从单频服务向双频多系统星基增强服务的过渡,及在信号层面实现各系统间的兼容互操作性。

(中国电子科技集团公司第二十研究所　刘　硕)

英国发布《天基定位导航授时技术概念》

随着全球信息化的快速发展,定位导航授时(PNT)技术已成为人类社会生活和军事行动中不可或缺的一部分。天基 PNT 技术,依托太空中的卫星,为地面、空中和海上的用户提供高精度、高可靠性的 PNT 服务,对于现代社会的交通、气象、通信、军事等领域具有重大意义。2023 年 10 月 18 日,英国航天局和科学、创新与技术部联合发布《天基 PNT 技术概念》,规范了在天基 PNT 计划下开发的提供定位导航授时服务的 10 个新技术概念,总结了每种概念的特点和能够发挥的作用。这些技术概念为高级利益相关方和决策者提供了一种思路,为英国未来的天基 PNT 需求决策提供了有价值的信息。

〉〉〉 一、技术概念的基本内容

(一)简述了技术概念的发展阶段

《天基 PNT 技术概念》报告讲述了在天基 PNT 计划下进行的技术概念开发工作,介绍了英国技术概念发展经历的三个主要阶段。

(1)信息征询书(RFI)评估阶段(2020 年 11 月—2021 年 3 月)。目标是接收和评估非传统技术概念想法。最终形成了 35 个技术想法。

(2)概念确定阶段(2021 年 2—6 月)。目标是确定一组可能满足天基 PNT 计划目标的技术概念。经过评估,共确定和分析了 16 个不同的技术概念。

(3)概念完善阶段(2021 年 5—9 月)。目标是评估和完善一套经过筛选的技术概念,明确其优点和局限性。在进一步评估和审批后,对其中 10 个主要技术概念进行提炼和分析,生成了一套技术文档。

（二）分析了技术概念发挥的作用

《天基 PNT 技术概念》报告中考虑了三项核心服务和一项可选服务。

（1）开放式服务（OS）。这是所有人都可以访问的服务，没有加密的测距信号。信号中包括一种形式的导航电文认证（数字签名）。

（2）政府授权的用户服务（GAUS）。这是专门为关键国家基础设施提供的服务。预计将使用商业级加密技术对信号进行加密，以防止电子欺骗，设计的信号特征包括增强抗干扰能力和提高定位性能。对该服务的访问是受控的。

（3）加密服务（ES）。这是针对军事和国家安全用户提供的服务。使用高级加密技术对测距码进行加密。信号将具有增强特性，以防止干扰并满足军事用户的需求。

（4）告警服务。这是可选服务。它通过 PNT 卫星广播的信号向用户提供简短的告警电文。

（三）确定了技术工作的成果

在天基 PNT 方案制定期间，对每个概念进行了大量的技术分析，从中获得的经验如下。

（1）天基 PNT 的性能可以达到或优于现有系统，或者通过与其他特性（也和系统弹性、成本等因素有关）之间进行权衡来实现。

（2）无线电频率选择受到严格限制，是系统可行性/用户体验的核心。

（3）这些概念具有广泛的可行性，前提是开展进一步的工作来管理基于低地球轨道（LEO）的方法交付中的相关复杂性和技术风险。在 LEO 上运行的系统需要专门的天线设计。

（4）假设最大的威胁来自信号的干扰和/或欺骗，那么服务的弹性受信号设计和信号功率的影响比受轨道或系统结构选择的影响更大。

（5）需要在量子计算环境中保持安全性的密码设备。

（6）天基 PNT 只能通过有限的两种方法（"到达时间"或者"基于多普勒的测距"）来实现。不过在技术上实现该服务的方式仍存在一系列的多样性。

（四）明确了 10 个主要技术概念

《天基 PNT 技术概念》报告中介绍的 10 个主要技术概念如表 5 所列。

表 5　10 个主要技术概念总结

概念 ID	描　　述	合　理　性
1	拥有自主导航能力、使用低成本时钟的 LEO 星座	LEO 到达时间解算，其中轨道确定和时间同步计算在卫星上完成

续表

概念 ID	描 述	合 理 性
2	使用 GEO 在轨时钟授时的 LEO 星座	LEO 到达时间解算，其中导航电文内容通过 GEO 卫星传送到 LEO 卫星
3	基于现有全球导航卫星系统的 LEO 星座	LEO 到达时间解算，使用现有 MEO 全球导航卫星系统的信号实现轨道确定和时间同步
4	拥有自主导航功能、使用高精度星载时钟的 MEO 星座	MEO 到达时间解算，其中轨道确定和时间同步计算在卫星上完成
5	多层 GSO/LEO 星座	混合到达时间解算，测距信号来自 LEO 和 IGSO 卫星
6	多层 GSO/MEO 星座	混合到达时间解算，测距信号来自 MEO 和 IGSO 卫星
7	多层 MEO/LEO 星座	混合到达时间解算，测距信号来自 MEO 和 LEO 卫星，LEO 卫星从 MEO 卫星获得自身的轨道和时间
8	对现有全球导航卫星系统的 GSO 天基增强	GSO 卫星提供额外信息来提高现有全球导航卫星系统的弹性和准确性
9	拥有 GEO 频率基准的 LEO 多普勒测距	LEO 多普勒解算，由 GEO 卫星提供频率标准
10	机会信号	利用非全球导航卫星系统卫星的信号来计算多普勒 PNT 解的系统

》》》二、主要技术概念的具体内容

下面将对目前正在考虑的 10 个概念及其特点进行简要介绍。

（一）拥有自主导航能力的 LEO 星座（概念 1）

该概念是由 1200 千米高度的 208 颗卫星组成的星座。卫星都有相对低性能、低成本的时钟。利用自主导航原理，拥有 7 颗伪卫星，自主导航解算的开发要求比在中地球轨道（MEO）时高得多。需要更复杂的天线来保持相对恒定的地面功率。可提供全球 PNT 服务，能单独支持开放式服务、政府保证用户服务和加密服务，并在需要时提供告警服务。

LEO 星座旨在提供类似于现有全球导航卫星系统的服务性能，是独立的全球导航卫星系统。当从地面站看不到 LEO 卫星时，允许通过星间链路实施控制。如果失去与地面段的联系，那么自主导航将提供保持能力。它可以更好地抵御可能影响整个 MEO 星座的空间天气情况和其他外部因素。卫星间的切换更加频繁，既增加了复杂性，也略微增加了接收机的功耗。可以将一些安全因素从地面段转移到空间段。

（二）使用 GEO 高精度在轨时钟的 LEO 星座（概念 2）

该概念是由 1200 千米高度的 168 颗卫星连同搭载在地球同步轨道卫星上的 6 个有效载荷组成的星座。GEO 有效载荷包含冗余原子钟，并广播完整的 PNT 信号。LEO 卫星的低性能时钟定期从 GEO 获取更新。通过冗余控制设施和地面监测站的常规轨道确定和时间同步，产生导航电文。数据通过测控站（TT&C）传送到 LEO 层，并传送到 GEO 层，确保维持较低的数据龄期。需要更复杂的天线来保持相对恒定的地面功率，可提供全球 PNT 服务，能单独支持开放式服务、政府保证用户服务和加密服务，并在需要时提供告警服务。

LEO/GEO 混合星座旨在提供类似于现有全球导航卫星系统的服务性能，且完全独立。需要专用的监测站功能来实现精确地理测距。通过 GEO 层的通信，为 LEO 层提供定期更新，因而无需多个上行链路站。GEO 的星历表交付应能够部分减轻概念 1 中的接收机功耗问题。允许将一些安全因素从地面段转移到空间段，提高遥控和遥测的安全性。

（三）基于其他全球导航卫星系统的 LEO 星座（概念 3）

该概念是由 1200 千米高度的 168 颗卫星组成的星座。卫星基于现有的全球导航卫星系统空间信号来计算位置和时间，并保有性能较低的时钟。需要纯粹用于常规遥控和遥测目的的测控站，也需要更复杂的天线来保持相对恒定的地面功率。在全球导航卫星系统频谱中传输时，卫星需要在监听和传输模式之间切换，也需要通过星上计算来预测时间和位置。该概念提供了全球 PNT 服务，可单独支持开放式服务、政府保证用户服务和加密服务，并提供告警服务，这将增加对上行链路的要求并可能需要专用台站。

LEO 星座旨在提供低于或者与现有全球导航卫星系统相当的服务性能，并完全依赖其他全球导航卫星系统，因此弹性有限。由于缺少与其他全球导航卫星系统的双向通信，限制了 PNT 计算的准确度。卫星间更加频繁地切换，这增加了复杂性，也略微增加了接收机的功耗。地面段仅限于测控站和告警服务，将干扰风险降至最低。

（四）拥有自主导航功能的 MEO 星座（概念 4）

该概念是由 21500 千米高度的 24 颗卫星组成的星座。卫星利用自主导航原理，自主在轨进行导航解算，以此降低地面所需的监测和通信等级，使天基 PNT 星座在地面干预最少的情况下，利用星间链路（ISL）自主执行自身定位和时间同步。卫星都有冗余原子钟，并利用地面的 7 颗伪卫星，保持与地面衍生系统时和地球参考系的偏差。可提供全球 PNT 服务，单独支持开放式服务（OS）、政府保证用户服务（GAUS）和加密服务（ES），并在需要时提供告警服务。这是到达时间概念中风险最低的开发选项。

服务性能类似于现有的全球导航卫星系统，且完全独立。当从地面站看不到 MEO 卫星时，可通过星间链路实施控制。如果失去与地面段的联系，自主导航将提供保持能力。允许将一些安全因素从地面段转移到空间段，不需要对当前用户设备的硬件做出重大修改，仅需重新配置软件/固件。

（五）多层倾斜地球同步轨道（IGSO）和 LEO（概念 5）

该概念是由 1200 千米高度的 80 颗卫星和 IGSO 上的 9 颗专用卫星组成的星座。IGSO 有效载荷包含冗余原子钟，并广播完整的 PNT 信号。LEO 卫星的低性能时钟定期从 IGSO 获取更新。冗余控制设施和地面监测站的常规轨道确定和时间同步将为 IGSO 层产生导航电文。数据通过测控站传送到 LEO 层，并传送到 GEO 层（用于中继）来确保维持较低的数据龄期。需要复杂的天线来保持相对恒定的地面功率。该概念提供了全球 PNT 服务，可单独支持开放式服务、政府保证用户服务和加密服务，并在需要时提供告警服务。

LEO/IGSO 混合星座旨在提供类似于现有全球导航卫星系统的服务性能，且完全独立。通过 IGSO 层的通信为 LEO 层提供定期更新，因而无需多个上行链路站。IGSO 的星历表交付应能够部分减轻概念 1 中的接收机复杂性问题。允许将一些安全因素从地面段转移到空间段，提高遥控和遥测的安全性。

（六）多层 GEO 和 MEO 星座（概念 6）

该混合概念将概念 7 中的 MEO PNT 服务与概念 8 中的增强和授时服务相结合，以提供全球 PNT 服务。位于 21500 千米高度上具有冗余高精度原子钟的 18 颗卫星提供传统的全球导航卫星系统信号。GEO 上 6 颗同类卫星提供测距和授时服务以及概念 8 中描述的增强功能。需要测控站向 MEO 和 GEO 层发布控制和导航电文，同时也接收增强数据。该概念提供了全球 PNT 服务，独立于其他全球导航卫星系统，可单独支持开放式服务、政府保证用户服务和加密服务，并在需要时提供告警服务。

它从 MEO 和 GEO 层提供 PNT，可在没有 MEO 层的情况下提供类似于概念 8 的授时和增强服务。任何时候单颗 GEO 卫星都可提供用于固定测量接收机的授时应用。PNT 服务依赖两个轨道层的信号，缺乏轨道冗余。需要对用户设备的后端进行有限的修改，以接收增强信息和新的英国信号。在保护位置安全方面优于传统的全球导航卫星系统。

（七）多层 MEO 和 LEO 星座（概念 7）

该概念用自身的 MEO 层替代现有全球导航卫星系统来传送所需的全球导航卫星系

统信号。MEO 层还广播供用户接收机使用的 L 波段空间信号。位于 21500 千米高度上拥有冗余高精度原子钟的 18 颗卫星,提供传统的全球导航卫星系统信号。拥有 80 颗卫星的 LEO 层从 MEO 层获得其 PNT 解。需要更复杂的天线来保持相对恒定的地面功率。双向星间链路避免了 LEO 授时不准确,有利于从 LEO 层进行连续传输。将使用卡尔曼滤波方法计算 LEO 层内的 PNT 解。需要测控站向 MEO 层发送遥控、遥测和告警电文,实现对 LEO 层的前向通信。该概念提供全球 PNT 服务,独立于其他全球导航卫星系统,可单独支持开放式服务、政府保证用户服务和加密服务,并在需要时提供告警服务。

两个卫星层都发送 PNT 服务,形成了全球范围的良好覆盖,空间位置精度因子(PDOP)值比其他任何一个概念都小。轨道多样性和增加地面功率的潜力,使其成为最具弹性的选择,实现了一定程度的轨道多样性。MEO 信号可以在没有 LEO 层的情况下提供一定程度的服务。系统需要传统的地面监控与计算网络以及星间链路来传送遥控、遥测和导航数据。

(八) 对现有全球导航卫星系统的 GSO 天基增强(概念 8)

该概念为用户提供了英国授时信号,并实现了对全球导航卫星系统信号和星基增强系统类完好性电文的欺骗检测。可向用户提供带有增强信息的授时信号,信息中包含每颗全球导航卫星系统的时间偏移量和支持欺骗识别的信息。增强信息通过 GEO 上 6 颗专用卫星(包含冗余原子钟)组成的星座的附加 L 波段通信信道提供给用户设备。

它将提供英国授时服务和增强功能,以改善现有全球导航卫星系统服务的完好性,并增强抗干扰和抗欺骗能力。可以通过 GEO 信号提供告警服务,但预计不会有加密服务或政府保证用户服务,且在极地地区的覆盖范围有限。通过向用户提供加密保护信号来支持欺骗检测。由于依赖其他全球导航卫星系统,因此这不是一个独立解决方案,其弹性有限。需要对用户设备的后端进行有限的修改,以接收增强信息。

(九) 拥有 GEO 频率源的多层 LEO 多普勒技术(概念 9)

该概念采用基于多普勒的测距技术,使用 LEO 卫星信号和 GEO 卫星的频率基准信号。只需使用简单的振荡器将 6 颗 GEO 搭载有效载荷的基于高性能原子钟的频率基准信号与 80 颗 LEO 卫星的多普勒频移信号进行比较。监测站通过 GEO 层为冗余监测和控制设施,提供测控站的传播信号和监测与控制数据。可利用频率基准提供授时服务和广播增强服务。该概念提供了全球 PNT 服务,且仅提供经认证的开放式服务。可以在需要时提供告警服务,为用户提供估计精度为 10 米的位置信息。可提供英国授时服务和增强功能,提高现有全球导航卫星系统服务的完好性并增强抗干扰和抗欺骗能力。也有可能通过 GEO 信号提供告警服务。

它可提供与传统全球导航卫星系统完全分离的 PNT 服务,是独立的系统。服务依赖两个轨道层的信号,缺乏轨道冗余。可以提供有限的防欺骗和干扰保护。身份验证提供了一些防欺骗保护功能。可能需要开发一种新型多普勒接收机。

（十）机会信号（概念10）

"机会信号"（SOO）是指现有各种 LEO 通信卫星星座发送的天基信号。这一概念利用了现有的空间资产,不需要专门的空间段。相反,对多个卫星信号进行监测以更好地预测其轨道图,就能够使用下行链路寄生地生成 PNT 解。轨道图必须通过通信通道分发给用户接收机。需要开发类似于概念9的多普勒接收机。高动态用户需要额外输入自身的速度和加速度。由于无需部署空间基础设施,因此这是风险最低的解决方案,可为用户提供估计精度为10米的位置信息。轨道数据将会通过订阅服务传送。

它可提供与传统全球导航卫星系统完全分离的 PNT 服务。服务依赖运营商的信号。有多种卫星通信系统可以利用,通过冗余提供弹性,实际可用的数量取决于接收机可承受的复杂程度。可能需要开发一种新型多普勒接收机。

》》》 三、认识

（1）深度融合其他空间技术,提高天基 PNT 系统的定位和授时精度。将天基 PNT 技术与其他空间技术（如通信、遥感等）进行深度融合,形成多模态、多频段、多层次的综合信息服务体系,从而显著提高定位精度和抗干扰能力。利用不同系统的协同工作,为用户提供更加全面、高效的服务。同时,随着量子导航技术的发展,未来的天基 PNT 系统有望实现更高精度的定位和授时。

（2）灵活运用机器学习和人工智能算法,实现天基 PNT 系统的自主规划能力。随着人工智能和大数据技术的发展,天基 PNT 技术正朝着智能化和自动化的方向迈进。应灵活运用机器学习和人工智能算法,对海量数据进行处理和分析,以实现自主路径规划和智能决策。

（3）快速发展抗干扰与反欺骗技术,提高天基 PNT 系统的抗干扰和反欺骗能力。随着电子战和网络战的发展,抗干扰与反欺骗技术将成为天基 PNT 技术的关键发展方向。应加强对此类技术（包括信号加密、抗欺骗性信号处理、反干扰算法等）的进一步开发和利用,提高天基 PNT 系统的抗干扰和反欺骗能力。

（中国电子科技集团公司第二十研究所　程琳娜）

2023 年国外定位导航授时领域大事记

美国 DARPA 持续研发用于非卫星导航系统的紧凑型光子集成电路　　1 月，DARPA 宣布将继续资助发展"原子—光子集成"（A-PhI）项目，进一步提高原子俘获陀螺仪的灵敏度；展示符合尺寸、频率稳定度和相位噪声指标的原子钟物理封装包；启动亚毫米波振荡器等其他参考频率源的研究，探索实现原子钟级的精度和稳定性的可行性。"原子—光子集成"项目 2019 年启动，旨在验证紧凑型光子集成电路是否能替代高性能原子俘获陀螺仪和原子俘获时钟中的传统自由空间光学部分，且不会影响性能。该项目聚焦两个技术领域，一个技术领域是研发光子集成时钟样机，另一个技术领域是研发基于"萨格纳克"（Sagnac）干涉原理的原子俘获陀螺仪。该项目开发的光子集成芯片将取代原子俘获陀螺仪和时钟的光学组件，具有长期摆脱对 GPS 的依赖、短期精度优于 GPS 的能力，在发展全自主导航和授时系统上具备良好应用前景。

美国陆军第二代车载可信的定位导航授时系统通过国防部抗干扰测试　　2 月，美国陆军第二代车载可信的定位导航授时（PNT）系统通过了国防部抗干扰测试。第二代车载可信的 PNT 系统是陆军于 2022 年 9 月授予柯林斯航空航天公司价值 5.83 亿美元的 5 年期生产合同。该系统将装备部署在艾布拉姆斯坦克和圣骑士火炮等重型平台上，以及斯特瑞克战车和悍马等轻型平台上，使车载平台在 GPS 信号受到干扰的环境中获取其所处的位置和目的地位置。

美国威猛公司推出提升无人机情监侦任务规划能力的视觉导航系统　　2 月，美国威猛公司的视觉定位系统（VPS）有效载荷与龙飞（Draganfly）公司的"指挥者"3XL 无人机进行集成，以提高无人机在 GPS 干扰环境下执行军事和国防情监侦任务的能力。视觉定位系统将视频馈送与本地存储的预映射 3D 地形进行比较，从而获得先进的导航能力，使"指挥官"3XL 无人机能够抵御欺骗并在 GPS 拒止环境中确定其位置。两家公司的合作将为军事和政府用户提供 GPS 拒止和欺骗环境下的无人机视觉导航解决方案。

美国海军接收最后一套联合精密进近和着舰系统　3月，美海军接受了最后一套联合精密进近和着舰系统（JPALS）。JPALS是一种基于舰艇的相对GPS，为航空母舰和两栖攻击舰提供所有气候和任务环境下的精密进近和着舰能力、监视以及空中对准能力。该系统目前部署在所有的美国海军航空母舰和两栖攻击舰、英国皇家海军"伊丽莎白女王"号和意大利海军"加富尔"号航空母舰上，并计划于2024年部署在日本海上自卫队"出云号"护卫舰上。JPALS于2015年达到初始作战能力，计划于2026财年实现全面作战能力。

美国系统集成解决方案公司为陆军提供基于开放式系统标准的战场定位导航授时服务　3月，美国陆军与系统集成解决方案公司签订了为期3年、价值950万美元的合同，为战场定位导航授时（PNT）应用开发即插即用的开放式体系架构，使作战人员能够在不具备射频和GPS拒止的城市环境中执行作战任务。本项目涉及多个主题：车载导航系统、惯性导航、定位导航系统辅助传感器、导航传感器融合、仿生导航、PNT系统授时、PNT建模与仿真、导航战技术及基于自主与人工智能技术的PNT应用。

欧盟委员会发布"欧盟潜在的可替代定位导航授时技术评估报告"　3月，欧盟委员会联合研究中心发布了"欧盟潜在的可替代定位导航授时（A-PNT）技术评估报告"，公布了7家机构的A-PNT技术演示结果。此次技术测试和性能评估活动是在欧盟委员会国防工业和航天总局发起的招标下进行，旨在分析入选的A-PNT技术是否可以独立于GNSS提供定位和授时信息，并在GNSS服务中断时作为有效的备份。OPNT公司、GMV公司、Locata公司、Satelles公司、NextNav公司等7家机构参加了活动，演示了空中传输、光纤和有线通道等各种时间传递技术，展示了A-PNT平台在室内外环境中提供的精确可靠的授时和定位服务。测试结果表明，所有受测技术都满足所需的性能要求，其中Locata技术达到了A-PNT服务招标规范所要求的关键性能指标。

法国空客公司成功演示加油机对无人机的自主引导与控制能力　3月，法国空客公司使用A310多用途加油机飞行试验平台在加的斯湾成功演示了对多架无人机的自主引导与控制能力，标志着自主编队飞行和自主空中加油（A4R）发展达到了重要里程碑。这次测试使用了西班牙、德国和法国联合开发的Auto'Mate演示器先进技术，聚焦精确相对导航、机间通信和协同控制算法三大功能。测试中，Auto'Mate与A310加油机和DT-25受油无人机进行了集成。A310加油机在加的斯湾上空接管了DT-25无人机控制权，在近6小时的飞行测试中通过人工智能和协同控制算法，A310加油机对4架受油无人机按顺序进行控制和指挥，在无人工交互的情况下自主引导无人机飞至距离其约45米的位置。空客公司计划在后续的测试中探索导航传感器利用人工智能和增强算法进行自主编队飞行的能力。

法国赛峰公司推出国防应用的定位导航授时系统　3月，法国赛峰公司联合法国海军陆战队创新实验室推出了弹性 NAVKITE 定位导航授时(PNT)系统,使平台在地面和海上严苛环境下保持长时间的导航完好性和性能。NAVKITE 定位导航授时系统利用赛峰公司的 Geonyx M 惯性导航系统和 VersaSync 时频服务器来处理 PNT 数据传输,以确保导航的连续性。该系统先后参加了创新实验室和蓬沙迪耶突击队(Commando Ponchardier)组织的首次海试,以及法国国防部举行的"猎户座-2023"大规模军事演习,展示了 NAVKITE 定位导航授时系统在作战条件下的性能。NAVKITE 定位导航授时系统符合法国海军陆战队突击队的作战要求,将装备应用于突击队和其他特种部队的半刚性多用途运输突击艇。

美国 TrustPoint 公司宣布发射首颗商用定位导航授时微卫星　4月,美国 TrustPoint 公司宣布在范登堡空军基地发射了首颗由商业资助的专用定位导航授时(PNT)微卫星,将展示独立于 GPS 的全球时间和定位服务的核心技术。初步调试后,TrustPoint 公司将控制卫星,并进行一系列测试和演示,包括测试、校准和优化与微卫星相兼容的 GNSS 有效载荷技术等测试任务。该星座计划在几年内推出低成本、安全的高精度时间和定位服务,将增强现有的关键领域应用,并扩展应用于自主导航、国家安全和智能基础设施等新兴领域。

美国陆军授出第二代单兵可信的定位导航授时系统生产合同　4月,美国陆军宣布授予 TRX 系统公司一份价值4.025亿美元的7年期合同,用于生产第二代单兵可信的定位导航授时系统(DAPS),取代陆军现役的国防先进 GPS 接收机(DAGR)。第二代单兵可信的 PNT 系统是基于 DAPS 1.0 和 DAPS 1.2 两个实验型发展而来,具有外部可拆卸式充电电池、重新设计的屏幕和界面,以及改进的 PNT 数据融合能力。相较于国防先进 GPS 接收机,第二代系统包含了 M 码接收机以及其他多个 PNT 信息源,使陆军指挥官等用户在 GPS 信号使用受到限制或者在茂密植被、密集城市和山区地形等 GPS 拒止环境,以及存在电磁干扰或敌方电子战干扰和 GPS 信号受到欺骗的情况下访问可信的 PNT 信息,实现定位、导航、战术网通信、态势感知、监视和瞄准等功能。

美国国防部发布新版《定位导航授时》指令文件　4月,美国国防部发布新版《定位导航授时》指令文件(DoDD 4650.05)。相较2021年版本,新版指令文件增加了两项内容:一是定位导航授时(PNT)监督委员会主席由双主席制调整为三主席制,分别为负责采办和保障的国防部副部长、参谋长联席会议副主席及新增的负责研究和工程的国防部副部长;二是将可替代定位导航授时源的监管纳入到该委员会的职责范围。该指令文件明确,负责研究和工程的国防部副部长负责监督指导 PNT 技术研发和新兴能力投入,并通过技术预测、建模仿真、原型设计和实验结果,为 PNT 发展计划提供决策信息。此次调整标志着美国国防部 PNT 体系组织管理架构的进一步完善,将推进 PNT 体系能力快速协调发展。

以色列阿思欧技术公司成功完成"导航卫士"无人机载光学导航系统演示　　5月，以色列阿思欧技术公司成功完成多次"导航卫士"（NavGuard）无人机载光学导航系统演示，通过空中导航测试，以及 GNSS 拒止环境下城市和乡村的无人自动投送能力演示，向美国国防用户和民用用户展示了无人机载导航系统在 GNSS 不可用时的全天候执行无人任务的能力。"导航卫士"采用了先进的机器视觉、人工智能和传感器融合设计，为战术无人机平台提供精确、自主的 GNSS 不可用时的导航能力，适用于国防、商业、国土安全和基础设施安全等应用领域。

美国空军测试有人/无人机在高速公路的起降能力　　5月，美国空军特种作战司令部在怀俄明州举行的"敏捷战车"演习中，成功测试了有人机和无人机在高速公路的起降能力，进一步验证了"敏捷战斗运用"概念。1 架 MC-130J"突击队Ⅱ"运输机、1 架 MQ-9"收割者"无人机、2 架 A-10"雷电"攻击机和 2 架 MH-6"小鸟"直升机参加了演习，演示项目具体包括：MQ-9 无人机在 287 号公路上的着陆操作，以及 MC-130J 运输机与 A-10 攻击机合作完成前方加油（FARP）和综合作战周转（ICT）操作；MC-130J 运输机和 MH-6 直升机在 789 号公路的着陆操作，并执行模拟的人员救援任务。两次演习展示了固定机场等关键节点在竞争环境下或者无法使用时，美国空军仍具备灵活的行动能力，并通过前方加油点提高了飞机在竞争环境下的顽存性和敏捷性。

日本计划将"准天顶"卫星由 4 颗增至 11 颗　　5月，日本太空政策委员会宣布计划将"准天顶"（QZSS）星座导航卫星数量从目前的 4 颗增加到 11 颗。目前，QZSS 卫星位于日本和澳大利亚上空的地球同步轨道。根据计划，增加的 7 颗卫星将包含 1 颗 QZSS 卫星、1 颗地球静止轨道卫星和 1 颗准地球静止轨道卫星，以扩大 QZSS 信号接收范围。此外，美国太空军于 1 月交付了两个 QZSS 托管有效载荷以集成到计划发射的两颗卫星中，用于监测地球同步轨道卫星和危险碎片。

英国通信管理局发布"'增强罗兰'使用 90～110kHz 频段"征询文件　　5月，英国负责频谱管理的通信管理局（OFCOM）发布关于"'增强罗兰'使用 90～110kHz 频段"征询文件。征询文件指出，GNSS 为英国各行业和人们的现代生活提供精确的定位导航授时（PNT）服务，但却存在着易受干扰及空间气候的影响。"增强罗兰"技术可以作为 GNSS 的补充和备份，在构建弹性 PNT 方面具有一定的应用潜力。鉴于该系统具有的潜在优势，通信管理局建议推出一种新的"'增强罗兰'频谱使用许可证"产品，授权"增强罗兰"使用 90～110kHz 频段，并就发放"增强罗兰"信号和服务广播许可证向利益相关方征求意见。该文件的发布有望推动一种或多种商业化"增强罗兰"服务应用。

美国 Xona 太空系统公司的低轨卫星完成多项定位导航授时关键任务演示　　5月，美国 Xona 太空系统公司发布了首颗"思想"（Huginn）低轨实验星的定位导航授时（PNT）任务演示结果。"思想"实验星完成了多项演示目标，主要包括：完成了从空间到地面的精确的低轨 PNT 信号传输;验证了精密卫星硬件和软件堆栈的厘米级用户定位能力;演示了专有数字导航波形发生器的在轨可编程性;展示了低成本商业现货组件的精确卫星导航能力;验证了分布式时钟架构专利技术,摆脱了对大型原子钟的依赖。"思想"实验星是 2022 年 5 月发射的首颗商用低轨卫星,支持该公司推出的商用"脉冲星"(Pulsar)低轨 PNT 星座。

美国地磁导航系统完成首次军用机载平台演示　　5 月,美国空军研究实验室与麻省理工学院合作,首次在 C-17A"环球霸王Ⅲ"战略运输机完成了地磁导航飞行演示,标志着地磁导航技术从实验室走向实际应用。机载平台会因灯光、发射机、计算机等产生磁噪声并干扰计算,影响地磁场的准确读取,需要建立一个机器学习模型,从总磁场中去除飞机磁噪声。演习中,联合实验团队通过改进的神经网络架构,利用人工智能和机器学习,在飞行过程中通过商用笔记本电脑数分钟内完成了训练;利用人工智能模型进行迁移学习,大幅提升了神经网络的训练过程。这种人工智能能够分离并消除飞机等载具自身磁场带来的测量误差,大幅提高地磁导航的精度,增强美军在强对抗环境中的作战能力。

美国空军"导航技术卫星"-3 实验星进入信号发射和接收测试阶段　　5 月,美国空军"导航技术卫星"-3(NTS-3)实验星在爱德华兹空军基地贝尼菲尔德微波暗室接受信号发射和接收测试,为实验星的发射做准备。尼菲尔德微波暗室是美国规模最大的全封闭式射频屏蔽设施,能够对 GPS 信号进行跟踪和干扰测试,而不会对设施外的飞机和其他 GPS 用户造成影响。完成信号测试后,NTS-3 实验星将进行热真空测试,随后进行地面系统与卫星兼容测试。NTS-3 实验星发射后,将在高轨道运行 1 年,通过相控阵天线广播导航信号并开展相关的技术验证,验证的技术有可能应用于美国 GPS ⅢF 卫星。

美国空军采购便携式"塔康"系统　　6 月,美国空军与泰雷兹公司签署了一份合同,为空军海外航空导航应用采购 6 套便携式"塔康"(TACAN)系统。便携式"塔康"系统具有以下优点:提供实时精确的导航信息,使飞行员保持准确的态势感知,并处于正确的航线上,尤其适用于 GPS 信号不佳或不可用的区域;易于运输和远程部署能力,使飞行员能够快速建立导航参考点,尤其适用于特种作战部队在恶劣环境中执行作战任务。便携式"塔康"系统的单套成本约 60 万美元,第 1 套系统计划于 12 月交付后即投入应用,为保障美国空军飞行安全和提高任务效率发挥重要作用。

欧盟发布《欧洲无线电导航计划 2023》　　6 月,欧盟发布《欧洲无线电导航计划 2023》。该计划由欧盟国防工业与航天委员会和联合研究中心合作编写,全面和系统地介绍了传统的导航系统、新兴和下一代导航系统等多种无线电导航手段,分析了定位导航授时(PNT)面临的机遇与挑战、现状与趋势,旨在:推动发展第二代"伽利略"卫星导航系统和欧洲地球静止导航重叠服务(EGNOS)星基增强系统,促进其在不同领域的广泛应用;持续发展新兴的可替代卫星导航技术,满足室内等特定场景的应用需求,或者作为备份导航手段;利用长波时频系统等传统 PNT 系统的性能优势,满足航空、航海等用户需求。这是欧盟时隔 5 年后发布的第二版无线电导航计划文件,将为欧洲无线电导航和弹性 PNT 体系发展提供政策建议,促进无线电导航系统和技术的协调发展,最终实现以"伽利略"、EGNOS 和 GPS 为核心,陆基和天基技术为补充备份的弹性定位导航授时服务保障体系的中期远景目标。

美国 DARPA 寻求 GPS 拒止环境下的地磁导航创新技术　　6 月,DARPA 微系统办公室发布"推进地磁导航技术发展"信息征询,向工业部门和研究机构寻求地磁导航创新技术,重点关注地磁导航在无人机、无人水下潜航器以及导弹等小型化平台的应用,着力突破平台及环境磁噪声的屏蔽或校准隔离、现有磁场图的局限性等,提升各平台在 GPS 拒止环境中的实时地磁导航能力,具体包括:无人机、无人水下潜航器以及导弹等对尺寸、重量和功耗有严格要求的平台磁场探测;隔离或消除高噪声工作环境下的平台和环境磁噪声;突破现有磁场图的局限性;软硬件和系统集成方面的创新。地磁导航作为 GPS 的一种重要的可替代方案,将大幅增强平台在强对抗环境下的作战能力。

全球首型高性能量子加速度计研制成功　　6 月,美国茵菲莱肯量子技术公司与科罗拉多大学合作,研制出全球首型高性能量子加速度计,体积仅为当前最先进加速度计的万分之一,抗振动性能较已有的冷原子加速度计提升 10～100 倍,可大幅提升复杂、恶劣环境下位置和速度的测量精度,为小型化、高精度量子导航设备的工程化实现奠定了基础。该量子加速度计的核心是一维铷原子阵列,通过软件控制将不同的激光照射到阵列上,并用相机观察生成的图像,利用强化学习和控制技术,对不同环境产生的影响进行修正,得到最优分布控制函数,测量原子动态量的分布,计算出目标加速度和精确位置。这项研究成果凸显了量子导航技术作为非卫星导航手段的巨大潜力,未来可为航空、航天、航海等军民应用领域提供 GPS 拒止或欺骗环境下的高精度定位导航能力。

美国空军研究实验室开发战区可替代 GPS 解决方案　　6 月,美国空军研究实验室与发光网络公司合作,利用该公司的商用位置信息服务(LIS)平台,为依赖 GPS 的军事资产提供一种战区可替代 GPS 方案。发光网络公司计划将其实时的网络多点定位技术应用于商用位置信息服务平台,为固定和移动的机载空军资产在 GPS 因中断、干扰、空间气候影响和地理位置等因素导致 GPS 信号不可靠的区域提供弹性、实时的地理位置和时间同步数据。该解决方案结合了先进的算法、人工智能、机器学习和多传感器数据融合,以优化并提高军事资产的精度、安全性和可靠性。

英国 BAE 系统公司推出 M 码 NavGuide 接收机　　6 月,英国 BAE 系统公司在圣地亚哥举行的年度"联合导航会议"上推出一款 M 码 NavGuide 接收机。该型接收机具有便携式、多功能和高精度的特点,具体包括:界面直观,采用 3 英寸全彩色图形用户界面;

集成方便,可轻松与现有的车载平台和系统集成;使用先进的 M 码信号,增强了抗干扰和防欺骗能力。NavGuide 接收机可满足威胁环境下车载、手持、传感器和火炮瞄准等军事应用需求,能够取代目前的国防先进 GPS 接收机。

美国诺斯罗普·格鲁曼公司成功完成 M 码机载导航系统在竞争等环境下的测试

6 月,诺斯罗普·格鲁曼公司在塞斯纳 Citation560 测试机上首次完成基于 M 码的"嵌入式 GPS 惯性导航系统—现代化"(EGI-M)系统在竞争、GPS 干扰或拒止环境下的测试,标志着下一代机载导航技术达到了一个重要里程碑。相比现役机载 LN-251 系统,受测的 LN-351 原型系统新增功能主要包括:增加 M 码功能,不易被干扰和欺骗;采用模块化开放式体系架构,支持现有和未来的先进软硬件技术更新,在不破坏系统网络安全和适航性的情况下插入第三方技术。该系统预计首先在空军 F-22 战斗机和海军 E-2D 预警机上部署应用。

美英投入量子定位导航授时创新技术研究 5 月,美国海军研究院资助了一项"量子传感:保持 GPS 拒止环境下的定位导航授时(PNT)能力的新方法"研究工作,重点关注适用于当前和未来舰艇、潜艇和飞机使用的 GPS 拒止环境下的量子惯性导航系统,在提升惯性导航精度的同时降低系统的尺寸、重量和功耗。6 月,英国研究与创新中心宣布为 12 个量子 PNT 技术项目投入 800 万英镑,旨在开发一种新型的水下或地下传感器技术。此外,另有 2500 万英镑计划通过小企业研究倡议支持高精度原子钟等 7 个量子 PNT 项目,重点研究量子磁场或重力场传感器,支持卫星导航信号不用时的授时和导航应用场景以及 5G 和 6G 电信等应用领域。

欧盟推动 GNSS 拒止环境下的可替代军用导航技术发展 7 月,欧盟"GNSS 拒止环境下的国防创新定位系统"(OPTIMISE)项目中的可替代军用定位导航授时(PNT)技术取得了重要进展,试验了星体传感器、雷达、电话桅杆等地面天线、原子钟和数据融合软件等,实现了不同传感器数据的协同工作,以及不同 PNT 技术的集成。据欧洲防务局(EDA)透露,OPTIMISE 项目已经完成了地面和飞行测试中的系统集成和数据收集工作。OPTIMISE 项目于 2019 年入选欧盟委员会防务研究筹备行动(PADR)发布的"未来颠覆性防御技术"中的自主 PNT 研究主题,项目预算约为 150 万欧元,重点探索 GPS 和"伽利略"拒止环境下的可替代军用导航技术,主要关注 GNSS 拒止环境下的机载导航应用场景。

美国陆军授出第二代车载可信的定位导航授时系统合同 7 月和 9 月,美国陆军授予柯林斯公司总价值为 8890 万美元的两份第二代车载可信的定位导航授时系统(MAPS Gen Ⅱ)生产合同,以满足陆军战车在 GPS 威胁环境下的精确定位导航授时(PNT)能力的需求。第二代系统由 NavHub-100 导航系统和多传感器天线系统(MSAS-100)组成,生成并向所有战车系统分发可信的 PNT 信息,并通过融合多导航源数据,为

GPS 威胁环境下的战车提供精确导航。MSAS-100 系统通过 MSAS-100 抗干扰天线提供加固防护能力，同时保护 GPS L1 和 L2 信号，结合使用可替代导航单贴片天线、气压计和方位传感器，确保战车的可信 PNT 能力。该系统支持国防高级 GPS 接收机（DAGR）标准接口，纳入经安全认证的 M 码电路板卡，以及具有 Y 码和 M 码抗干扰能力等优点，在可信度、完好性和精度上更具优势。

英国国防部采购 Landshield GPS 抗干扰系统　7 月，英国国防部向雷声公司英国公司采购 Landshield GPS 抗干扰系统，使装备 GPS 系统的地面、海上和空中平台不受干扰欺骗的影响。Landshield 系列产品具有重量轻、体积小、功耗低等特点，适用于空间有限的车辆、直升机、武器系统和无人机等平台。该系统具备干扰欺骗报警和定位能力，为平台提供关键的实时态势感知情报，确保平台在 GPS 对抗环境下成功执行作战任务。

美国陆军为战场边缘资源寻求时间传递技术　7 月，美国陆军作战能力发展司令部（DEVCOM）发布了"时间分配项目"信息征询文件，向业界寻求时间传递技术，解决目前战场边缘资源不易获取可信的定位导航授时（PNT）信息的问题。征询文件对寻求的技术方案提出了三个方面要求：基本要求，适用于区域的无线技术解决方案，提供纳秒、皮秒或亚皮秒量级的同步精度和测距信息；目标要求，提供溯源到美国海军天文台的协调世界时，能够传递 PNT 信息，尺寸、重量和功耗满足车载、机载或作战人员的应用要求，并能够利用现有的军事系统进行精确授时；最低要求，增强现有的授时能力。精确授时能力是实现可信的 PNT 能力的核心，该项目将通过评估现有和新的军用精确时间分配技术，同时结合现有的可用能力，使美国陆军战场边缘的平台和作战人员具备更先进和分布式的可信的 PNT 能力。

美国陆军完成新型视觉导航系统试飞测试　7 月，美国陆军在尤斯蒂斯堡成功完成了视觉导航（VBN）系统试飞实验，标志着陆军未来司令部"可信的定位导航授时"（A-PNT）现代化发展取得阶段性成果。试飞过程中，挂载在"黑鹰"实验机底座的一台摄像机捕捉地形图像，与地图数据库中的信息进行比对，为飞行员提供直升机的准确位置信息。测试结果表明，视觉导航技术能够作为有人机和无人机在 GPS 拒止环境下的一种有效导航手段：有人机应用时，可大幅降低机组人员以往根据地形特征在地图上查找飞行路径的工作负担；无人机应用时，可在 GPS 信号失效情况下，通过地形辅助执行任务并安全返回，实现无人机基于地形飞行时的全自主导航。

法国设计建造第二代"伽利略"地面任务段　7 月，泰雷兹阿莱尼亚航天公司与欧洲空间局签署协议，用于设计和建造第二代（G2G）"伽利略"地面任务段，并实施系统工程活动。按计划，第二代"伽利略"地面任务段版本 1 将按时投入运行，以支持首颗第二代"伽利略"卫星的发射和早期轨道（LEOP）阶段及早期能力在轨验证。地面任务段版本 2 将负责第一代"伽利略"卫星和第二代"伽利略"卫星的相关任务，主要包括生成导航服务并通过上行链路将其发送给"伽利略"卫星,同时使卫星与共用时间基准保持同步,以期为全球40多亿用户提供最先进的定位导航授时(PNT)服务。

美国空军成功完成地磁导航系统的能力验证　7月,美国空军空中机动司令部在印太地区组织的"机动卫士-2023"战备演习中,成功完成了地磁导航系统飞行任务,验证了其有效性。地磁导航系统提高了太平洋地区人员和飞机的PNT能力。针对印太地区复杂的多岛屿地形,地磁导航为机组人员提供GPS拒止环境下的持续飞行能力,性能优于天体导航和地形辅助导航等可替代GPS导航手段,未来将与机载定位解决方案组合使用。

俄罗斯成功发射首颗GLONASS-K2导航卫星　8月,俄罗斯成功发射了首颗"格洛纳斯-K2"(GLONASS-K2)新一代导航卫星。该卫星设计寿命10年,主要特点包括:导航定位精度优于30厘米;在L1、L2和L3频带播发码分多址(CDMA)信号,强化与其他卫星导航系统的兼容和互操作;新增激光星间链路,提升星间的通信和测距能力,确保精确定轨和时间同步,增强卫星自主导航能力;配置高精度原子钟,频率稳定度达$5×10^{-14}$。未来,GLONASS-K2卫星将逐步取代GLONASS-M系列卫星,全面提升导航性能。

美国Xona太空系统公司与空军和太空军合作推进商用"脉冲星"低轨道定位导航授时星座发展　8月,美国Xona太空系统公司(以下简称Xona公司)与空军研究实验室和太空军签订了价值120万美元的小企业创新研究(SBIR)第二阶段合同,利用商用"脉冲星"(PULSAR)低轨道定位导航授时(PNT)星座,验证美军利用商用空间PNT资源抵御对抗性威胁的可行性。"脉冲星"是Xona公司为提高PNT服务的安全性、弹性及精度而开发的一种低轨道商用PNT星座,既可以增强现有的GNSS,也可以独立于GNSS运行。Xona公司已于2022年底通过在轨"思想"(Huginn)演示卫星成功展示了低轨道PNT架构技术,并于2023年4月启动了"脉冲星"卫星的生产计划。

美国霍尼韦尔公司为美国陆军战车提供GPS拒止环境下的嵌入式GPS/INS组合导航系统　8月,霍尼韦尔公司获得美国陆军一份价值4990万美元的合同,计划于2028年8月前向陆军交付eTALIN Ⅱ 6000车载惯性导航系统。该系统结合了GPS、基于下一代环形激光陀螺技术的惯性导航系统和加速度计,为战车提供GPS信号不稳定或不可用条件下的持续导航能力。主要功能指标包括:内置三轴惯性传感器、精密定位服务MPE-S或标准定位服务Polaris Link GPS接收机;具有即插即用功能和自动配置适应性,满足不同场景下多种平台的导航需求;平均无故障时间超过50000小时;重约7千克,体积14×18×26立方厘米;采用标准的10/100以太网和RS-422/RS-232接口。

欧洲"伽利略"系统完成进一步升级　8月,"伽利略"导航系统已完成了进一步升级,其播发的E-1B信号携带的I/NAV导航电文增加了3项新功能,使"伽利略"系统的抗干扰能力更强、定位速度更快、定位精度更高。新增功能包括:RS前向纠错功能,降低了数据解调纠错率,从而提升数据接收灵敏度;缩短了时钟和星历数据信息检索时间,结合 RS 前向纠错功能,能够缩短开放服务用户在恶劣环境下的首次定位时间;新的辅助同步模式(SSP),可以提升 A-GNSS 模式下的快速定位能力。后续,欧洲空间计划署(EUS-PA)将组织接收机制造商对其产品进行 I/NAV 电文改进方面处理等测试活动。

美国海军研究生院和 TrustPoint 公司合作开发下一代定位导航授时技术　　8 月,美国海军研究生院和 TrustPoint 初创公司签订了下一代定位导航授时(PNT)技术合作研发协议(CRADA),包括高稳定守时、卫星架构、信号处理等相关技术,以满足海军和国防部的能力需求。根据协议,TrustPoint 公司将向海军研究生院提供先进的卫星导航软件、固件和基准设计工具,海军研究生院将与 TrustPoint 公司共同完成试验和评估,以确定下一代 PNT 技术的能力、优势和局限性以及军事应用潜力。双方的合作将有效推动海军部引入尖端技术和商业实践以达到军事应用效果。

美国 TRX 系统公司在导航战试验中展示 NEON PT-MIL 抗干扰能力　　8 月,TRX 系统公司的 NEON PT-MIL 参加了英国国防部国防科学技术实验室(Dstl)在威尔士森尼布里奇组织的导航战试验。NEON PT-MIL 可扩展配备 ATAK 作战人员的能力,使其能够在 GNSS 拒止环境下保持态势感知能力,有效地执行作战任务。TRX 系统公司测试了 NEON PT-MIL 在 GPS 系统信号被阻断或有意干扰情况下的导航能力,并展示了其在 Android 战术突击套件(ATAK)内共享导航战威胁的能力(包括演示了一种新型干扰机查找功能,可显示潜在干扰源的方向图)。试验期间收集的数据将为作战人员提供创新的定位导航授时和态势感知解决方案。

英国两家公司合作展示 GPS 拒止环境下的全自主无人机着陆技术　　9 月,英国 Evolve Dynamics 公司与 Cambridge Sensoriis 公司合作,完成了全自主无人机着陆操作。演示中,Evolve Dynamics 公司的"天空螳螂"无人机集成了 Cambridge Sensoriis 公司的主动雷达协同(ARC)传感器,利用地基雷达信标与无人机载雷达进行通信,为驾驶仪提供精确的定位数据,使无人机具备自主定位能力,在不使用其他传感器的情况下实现无人机自主着陆、巡航和位置保持。实验证明,在雷达吊舱辅助下,该无人机可从机动式车载或舰载环境下完成发射、跟踪和降落,无须依赖二维码或 LED 等视觉导航手段,具备在移动平台上以及 GPS 拒止环境下的全天候自主着陆能力。

美国陆军授予 BAE 系统公司 M 码 GPS 接收机卡生产合同　　9 月,美国陆军向 BAE 系统公司授予了一份为期 5 年、价值 3.18 亿美元的定位导航授时(PNT)系统的生产合同,为陆军车载可信的 PNT 系统(MAPS)和单兵可信的 PNT 系统(DAPS)提供 M 码 GPS 接收机卡和相关工程服务。BAE 系统公司的 M 码卡是目前唯一经过测试和验证与车载和单兵可信的 PNT 系统相兼容的硬件,将满足陆军目前和未来车载和单兵系统的兼容性需求,标志着陆军已经朝着现代化 M 码 GPS 接收机的部署方向迈出了重要一步。

以色列阿思欧技术公司将展示 GNSS 拒止环境下的无人机视觉导航系统　10月，以色列阿思欧(Asio)技术公司在华盛顿举行的美国年度陆军协会年会(AUSA)研讨暨展览会上展出了 GNSS 拒止环境下的无人机载视觉导航系统。该系统重量轻，其尺寸、重量和功耗可根据战术平台要求进行定义；采用最先进的机器视觉、人工智能、光学和传感器融合技术，即使在 GNSS 信号不佳、干扰或不可用的环境下，也能为无人机和无人飞行系统等平台提供从起飞到降落的高精度的自主导航能力。

以色列公司展示 GPS 抗干扰解决方案　10月，以色列英飞尼都姆(infiniDome)公司展示了 GPS 保护和弹性导航解决方案，旨在保护无人机和车辆在挑战的环境中免受 GPS 干扰的影响。演示中，所有装置均安装在该公司开发的法拉第笼手提箱中，展示了其防御模拟 GNSS 信号和真实干扰信号的能力。同时，该公司还展示了 GPSdome2 抗干扰系统。GPSdome2 最多支持 4 阵元天线，所有部件都安装在一个 500 克的小壳内，为有人和无人地面车辆以及多翼飞机、固定翼和"游荡弹药"等无人机提供保护。

英国科学创新和技术部公布定位导航授时发展政策框架　10月，英国科学创新和技术部公布定位导航授时(PNT)发展政策框架。该框架以增强英国弹性 PNT 服务为目标，提出 10 项举措和建议：设立国家 PNT 办公室；保持并更新 PNT 应急计划；制定"国家授时中心"计划；制定"国防部时"计划；制定星基增强系统(SBAS)计划；制定"增强罗兰"(eLoran)计划；建立基础设施的弹性能力；探索 PNT 技能；制定 PNT 发展政策；发展下一代 PNT 系统及技术。通过构建国家 PNT 体系，英国将为其国防、金融、交通、电信和应急服务等依赖全球卫星导航系统的关键基础设施和相关领域提供更具弹性和可靠的定位导航授时服务。

美国 TRX 系统公司向陆军交付第二代单兵可信的定位导航授时系统　10月，美国 TRX 系统公司宣布向美国陆军交付第二代单兵可信的定位导航授时(PNT)系统，为 GPS 拒止环境下的作战人员提供可信的 PNT 信息。第二代系统是专为单兵设计的小型手持式设备，重约 453 克，即使在 GPS 受到干扰和欺骗等挑战的环境中，也能为作战人员提供目标瞄准、机动行动和通信能力。该系统在设计和应用上主要包括以下特点：具有高效的功率利用率算法，可为作战人员及其作战系统提供连续可靠的 PNT 数据流；采用多源融合应用方案，融合了安全性更好、抗干扰能力更强的 M 码 GPS 接收机、GPS 性能降级时的其他位置和时间数据补充源、惯性传感器等，通过对每个 PNT 源的持续交叉验证来监测 PNT 源的完好性，确保 PNT 数据的可信；采用模块化架构设计，便于系统升级和新的 PNT 源的快速集成。

美国太空作战司令部成立定位导航授时和电磁战"综合任务德尔塔"临时部队
10月，美国太空作战司令部成立了定位导航授时(PNT)及电磁战"综合任务德尔塔"(IMD)临时部队，旨在促进战备指挥的统一，同时简化能力开发工作。新成立的部队中，

PNT 中队负责消除"烟囱"，加快维护和增强关键系统的能力；电磁战部队负责卫星干扰机和探测敌方干扰设备的相关操作任务。与目前采购、维护和作战职责分散在多个指挥链的结构不同，"综合任务德尔塔"部队将通过机构重组协调责任、权力和资源，优化系统能力并提升战备能力，以推进太空军"统一任务准备"概念的实施。

美国陆军寻求适用于陆空天网应用的可信的定位导航授时技术　10 月，美国陆军发布"2024 年度定位导航授时评估演习"（PNTAX 2024）信息征询，向业界寻求成熟的可信的 PNT 技术（A-PNT），为陆军计划于 2024 年 8 月在白沙导弹靶场举行的对抗环境下的技术测试活动提供支持。具体要求包括：具备地面、空中、太空或网络领域应用的可信的 PNT 和导航战传感器能力，并经过陆军 PNT 跨职能团队组织的测试和演示；具备导航、卫星通信能力并适用于电子战环境；原型在接受评估的一年内应达到技术成熟度 6 级（TRL-6），具备现实环境中的演示能力。陆军希望确定商用现货（COTS）、非开发项目（NDI）或潜在的可信 PNT 技术，为导航战环境下的地面、空中、太空或网络应用提供态势感知和攻防能力。

英国 BAE 系统公司将增强欧洲"台风"战斗机的 GPS 抗干扰欺骗能力　11 月，英国 BAE 系统公司继续为欧洲"台风"战斗机选用数字 GPS 抗干扰接收机（DIGAR）。DIGAR 采用先进的天线电子设备、高性能信号处理和数字波束形成技术，大幅提升了 GPS 信号接收和抗干扰能力，使战机具备 GPS 信号抗干扰、防欺骗和防御射频干扰的能力，对于战机在对抗环境下保持机动性、执行各种任务至关重要。此外，该战斗机还将配备 BAE 系统公司的新型 GEMVII-6 机载数字 GPS 接收机，与 DIGAR 天线电子单元耦合后，将使平台具备高性能数字波束形成抗干扰能力。

美国陆军第二代单兵可信的定位导航授时系统完成初始作战试验与评估　11 月，美国陆军定位导航授时（PNT）项目团队宣布，TRX 系统公司的第二代单兵可信的 PNT 系统完成了初始作战试验与评估（IOT&E），标志着该系统将进入批量生产阶段，并将具备初始作战能力。该系统是专为单兵设计的小型手持设备，质量约 453 克，即使在 GPS 受到干扰和欺骗等挑战的环境中，也能有效地为作战人员提供目标瞄准、机动行动和通信能力。该系统采用多导航源融合方案，融合了安全性更好、抗干扰能力更强的 M 码 GPS 接收机、其他 PNT 源、惯性传感器等，通过对每个 PNT 源的交叉验证来监测其完好性，确保 PNT 数据的可信；采用模块化架构设计，便于系统升级和新的 PNT 源的快速集成。

欧盟启动生产第二代"伽利略"导航系统　12 月，法国空客公司正式启动第二代"伽利略"导航卫星的生产，标志着"伽利略"项目进入新的发展阶段。第二代"伽利略"卫星采用增强型导航天线，将提高系统的定位精度；配备全数字有效载荷，具备在轨重新配置能力；配置 6 台增强型原子钟和星间链路，实现星间通信和交叉验证；具备先进的干扰和欺骗保护机制，确保导航信号的安全。第二代"伽利略"导航卫星总计建造 12 颗，计划 2025 年开始发射,三年内完成全部发射任务。此外,欧洲空间局于 6 月授出 2.18 亿美元的地面段系统开发合同,计划与第二代"伽利略"导航卫星同期投入使用,用于新卫星的在轨控制和验证。欧盟第二代"伽利略"系统具备增强的抗干扰、安全认证和抗欺骗能力,复杂环境下定位导航授时服务的稳健性和弹性将进一步提升。

欧洲空间局发布小型化 GNSS/ eLoran 接收机原型招标公告 12 月,在导航创新与支持(NAVISP)计划下,欧洲空间局发布小型化 GNSS/ eLoran 接收机招标公告,旨在通过"增强罗兰"(eLoran)的高发射功率和低载频的抗干扰欺骗的信号特性,提升位置安全性和精确授时能力。根据招标公告,其研究内容主要包括:开发 eLoran 微型天线原型,为专业市场应用的手持式小型化 GNSS 和 eLoran 接收机原型提供支持;评估中频差分GNSS、船舶自动识别系统(AIS)和 eLoran 结合使用的应用场景;设计、开发和验证小型化 GNSS 和 eLoran 接收机组合原型,研究专业应用的手持式小尺寸、轻重量和低功耗的GNSS/eLoran 接收机的可行性。中轨道 GNSS 易受到个人干扰设备和射频对抗手段的影响,需要低频导航系统对其进行补充。eLoran 技术体制和系统性能可以与 GNSS 形成互补,适用于陆地、海上和航空等交通应用领域。

美国陆军"孤星"实验星成功完成 GPS 干扰预警和定位导航授时态势感知在轨验证 11 月 14 日,美国陆军"孤星"(Lonestar)实验星按照原计划完成在轨实验任务,以及延长 6 个月的在轨数据和关键观测数据的收集任务。"孤星"实验星是太空与导弹防御司令部主导的一项演示计划,主要用于演示 GPS 信号中断或不可信时直接向地面作战人员发出警告,并为"反进入/区域拒止"环境中的人员提供态势感知能力。"孤星"实验星开发设计工作于 2018 年 7 月 25 日启动,2022 年 7 月 1 日发射入轨,30 天内完成了所有在轨检验,并实现了关键技术目标。在轨期间,"孤星"实验星成功向战术用户展示了新型 GPS 干扰预警技术及其实用性,并与政府和其他联邦机构的国防和情报部门的 PNT态势感知用户共享关键的观测数据。本次演示标志着战术作战人员在直接获取空间态势感知方面取得了新进展,同时也为太空发展局传输层星座的 PNT 态势感知传感器的发展提供了支持。

世界军事
电子年度发展报告

2023
（下册）

中电科发展规划研究院　编

国防工业出版社

·北京·

内容简介

本书立足全球视野,通过对世界军事电子领域2023年度的发展情况进行详实跟踪、深入梳理和分析,剖析并展示了领域的年度最新进展和态势。本书分别对隶属于军事电子领域的指挥控制、情报侦察、预警探测、通信网络、定位导航授时、网络安全、电磁频谱对抗、电子基础、网信前沿技术(人工智能、量子信息等)等领域的年度发展情况进行了综合分析,对各领域的十余个重点热点事件、重要技术进展等问题进行了专题分析,并梳理形成领域年度大事记,为了解、把握军事电子各领域年度发展态势奠定了坚实基础。

本书可供军事电子和网络信息领域科技、战略、情报研究人员,从事军事电子领域工程设计和开发的技术人员和相关从业人员,专业院校老师、学生,以及其他对军事电子感兴趣的同仁参考、学习和使用。

图书在版编目(CIP)数据

世界军事电子年度发展报告. 2023 / 中电科发展规
划研究院编. -- 北京：国防工业出版社, 2025.
ISBN 978-7-118-13719-4

Ⅰ. E919

中国国家版本馆 CIP 数据核字第 2025JQ8844 号

※

*国防工业出版社*出版发行
(北京市海淀区紫竹院南路 23 号　邮政编码 100048)
北京虎彩文化传播有限公司印刷
新华书店经售

*

开本 787×1092　1/16　印张 29　字数 564 千字
2025 年 5 月第 1 版第 1 次印刷　印数 1—1200 册　定价 856.00 元

(本书如有印装错误,我社负责调换)

国防书店：(010)88540777　　　书店传真：(010)88540776
发行业务：(010)88540717　　　发行传真：(010)88540762

《世界军事电子年度发展报告 (2023)》

❧ 编委会 ❧

▂▃▅ 前言

　　2023年，大国间的科技竞争和军事对抗愈发显性化，俄乌冲突未止，巴以冲突再起，世界局势更加动荡，各国面临的安全环境形势日益复杂，科技发展环境持续恶化。随着美国基于同盟关系和地缘政治的保守主义倾向进一步抬头，全球科技合作与发展环境愈加恶化。与此同时，随着生成式预训练大模型等多项新技术持续取得突破，新一轮科技、军事革命不断演进，各主要国家对军事电子领域的关注进一步加强。多国通过提升技术创新力度、开展装备升级换代、加大材料器件研制投入、积极开展演习演训等方式提升领域实力，推动军事电子多领域朝着数字化转型、网络化协同、智能化赋能方向发展。

　　为把握世界军事电子领域的年度发展态势，了解领域发展特点、研判未来着力重点，2023年度发展报告对指挥控制、情报侦察、预警探测、通信网络、定位导航授时、网络安全、电磁频谱对抗、电子基础、网信前沿技术等方向的年度发展情况进行了全面梳理和总结，对各领域的重要问题、热点事件等进行了专题分析，并梳理汇总领域大事记，形成了综合卷报告和各领域分报告。

　　2023年度发展报告的编制工作在中国电子科技集团有限公司科技部的指导下，由发展规划研究院牵头，电子科学研究院、信息科学研究院（智能科技研究院）、第七研究所、第十研究所、第十一研究所、第十二研究所、第十四研究所、第十五研究所、第二十研究所、第二十七研究所、第二十九研究所、第三十二研究所、第三十四研究所、第三十六研究所、第三十八研究所、第四十一研究所、第五十一研究所、第五十三研究所、第五十四研究所、第五十五研究所、产业基础研究院、中电莱斯信息系统有限公司、网络信息安全有限公司、芯片技术研究院等单位共同完成，并得到集团内外众多专家的大力支持。在此向参与编制工作的各位同事与专家表示诚挚谢意！

受编者水平所限，本书中错误、疏漏在所难免，敬请广大读者谅解并不吝指正。

编　者
2024 年 7 月

▐▍↟ **目 录**

指挥控制领域

情报侦察领域

预警探测领域

通信网络领域

定位导航授时领域

网络空间安全领域

电磁频谱对抗领域

电子基础领域

网信前沿技术领域

网络空间安全领域

网络空间安全领域年度发展报告编写组

主　　编：霍家佳

副 主 编：龚汉卿　郝志超

撰稿人员：(按姓氏笔画排序)

王天宇　陈　倩　范梦鸽　郝志超

龚汉卿　曾　杰　蒋志圆

审稿人员：全寿文　孙宇军　李祯静　王诗炜

郝旭东　南　冰

网络空间安全领域分析

2023 年全球网络安全态势综述

2023 年，全球局势复杂多变，俄乌冲突还未平息，巴以冲突又接踵而至，国与国之间因政治对立而爆发战争的情况时有发生。国际地缘政治扑朔迷离，也带动科技地缘政治风起云涌，网络安全领域的科技角力风高浪急。纵观当前国外尤其是美国网络安全领域的发展，在战略、编制、技术、装备、演习等各个方面都展示众多新的发展动向，呈现出强劲的发展态势。

》》》一、国外网络安全领域面临的新形势

ChatGPT 的横空出世，让网络攻防进入智能化对抗时代。随着网络空间大国博弈较量的持续深入，围绕太空领域的网络安全和防御成为关注焦点，并受到各国的高度重视。同时，为了充分利用数字技术，提升作战效率和水平，发挥数据在战场中的最大价值，世界各国正在全力加速推动数字化转型。

（一）大国网络安全博弈加剧

2023 年，全球网络安全事件频发，数据泄露、黑客攻击、勒索软件等时有发生，网络安全形势依然严峻，甚至愈加错综复杂。俄乌冲突和巴以冲突使得军事行动延续到网络空间，带有地缘政治背景的黑客组织已在网络空间领域多次交手。在俄乌冲突和巴以冲突的影响下，更多国家加强了网络军事能力建设，开展了前置防御、前沿狩猎等多种形式的网络行动，导致世界各国的国家安全风险更多地暴露在网络空间，这不仅加剧了各方在网络空间治理进程中的博弈，而且正在重新塑造网络空间秩序的未来。

（二）网络攻防进入智能化对抗时代

2023 年，随着通用人工智能、量子科技、卫星互联网等新技术高速发展，网络攻防进

入智能化对抗时代,低成本自动化的新形式网络攻击层出不穷。随着 2022 年底 OpenAI 公司首次公测 ChatGPT,风靡全球的 ChatGPT 的广泛应用,瞬间成为全球各行各业关注的焦点。在网络安全领域,新的网络攻击形式层出不穷,对网络检测及防护能力也提出新的要求。ChatGPT 的出现,对于网络安全有着革命性的意义,ChatGPT 大模型、AI 计算将广泛应用于网络安全领域,网络攻防进入智能化对抗时代。人工智能能够自动确定目标网络、布局和架构,操作 AI 工具链开启攻击,并且避免被防御者检测。

(三) 黑客行动成为网络战冲突的最前沿力量

网络战作为新的作战形式,发挥着网络攻击、情报收集、信息操纵、防御和支援等重要作用,已经成为现代信息化战争中不可或缺的一部分,对战略目标和战争结果具有重要影响。2023 年,全球黑客组织日渐活跃,并在冲突中扮演重要角色,从俄乌冲突到巴以冲突,多个黑客组织加入网络对抗,使得与巴以冲突相关的网络空间成为网络战的新战场。黑客组织在双方冲突中的网络战发挥了重要作用,带有地缘政治背景的黑客组织活跃在冲突上,尤其是俄罗斯、伊朗、美国以及选边站队的黑客组织在网络空间领域发挥了重要作用。从巴以冲突看,各个黑客组织并非始终单体"作战",具有相同利益的组织会相互示好并快速形成"战时"利益团体。这些组织平时独立行动,但由于"战时"具有相同利益,从而快速结合扩大攻击力量。例如,巴以冲突中的社区网络运营联盟机构(C. O. A)团体、Killnet 与 Anonymous Sudan 等黑客团体。当然,很多黑客组织也会因为自己的利益诉求临时组建并加入攻击。

》》》二、国外网络安全领域的新进展

以美国、欧洲、北约等国家和地区为代表,2023 年在战略条令、组织机构、技术装备、演习训练等方面都取得了重大进展。

(一) 密集发布战略条令,强化网络安全整体保护和网络空间作战能力

2023 年,受全球地方冲突的影响,世界各国加大网络安全领域战略、条令的发布,更加突出网络空间作战的重要性,更加突出太空域作战和信息作战的重要性,标志着网络空间行动达到新的成熟度。

1. 网络安全战略更为激进和更有进攻性

2023 年,美国相继发布新版《国家网络安全战略》《2023 年国防部网络战略》《国家网络安全战略实施计划》(NCSIP),澳大利亚发布 2023—2030 年《澳大利亚网络安全战略》,与之前网络安全战略相比,这些网络安全战略更为激进,更具有进攻性,更加突出网

络空间作战的重要性。

3 月，美国拜登政府正式发布新版《国家网络安全战略》，旨在为美国如何保护其数字生态系统免受犯罪和其他行为体的影响提供战略指导。新战略作为美国当前最重要的网络安全领域的战略文件，不仅体现了本届政府在网络安全领域的优先事项，也为拜登政府后半段任期中解决网络威胁的具体方式提供清晰的路线图。7 月，白宫发布《国家网络安全战略实施计划》为《国家网络安全战略》提供具体的执行路线图。9 月，美国国防部公布了《2023 年国防部网络战略》的非机密摘要，该战略沿袭和发展了美国国防部和网络司令部 2018 年所确立的"前沿防御"和"持续交战"原则，继续强调美军将利用网络能力在网络空间内和通过网络空间开展行动，主动打击对手构成的网络威胁，同时明确了美军新的网络空间重点任务。11 月，美国国防部发布 2023 年版《信息环境作战战略》，旨在塑造和改进国防部能力和部队的规划、资源配置与使用，在信息环境中快速无缝地整合国防部行动以加强综合威慑，为国防部在获得和维持信息优势方面迈出重要一步。

11 月，澳大利亚政府发布了 2023—2030 年《澳大利亚网络安全战略》，旨在使澳大利亚在 2030 年成为全球网络安全的领导者。战略的重点是加强网络安全，管理网络风险，并为公民和企业在网络环境中提供更强的保护。

2. 作战条令更加突出太空域作战和信息作战

2 月，美国空军发布作战条令出版物 AFDP3-12《网络空间作战》，旨在以最优方式为世界范围内的美军联合作战提供支持。5 月，美军新版网络作战条令正式概述和定义"远征网络空间作战"，标志着美军网络空间行动达到新的成熟度，同时表明美军需要发展更多的战术能力，触及当前网络部队可能无法访问的目标。11 月，美国陆军发布首份信息条令《美国陆军条令出版物 ADP 3-13：信息》，该条令将美国陆军的信息应用与所有作战职能和作战方法联系起来，向陆军部队提供了使用、保护和攻击数据和信息以实现信息优势的整体框架。同月，美国太空军训练与战备司令部发布太空条令出版物 SDP 3-100《太空域感知》，该条令是美国太空军首份战术级条令，阐明了太空域的重要作用，介绍了美国太空军建立和维护太空域感知的方法，以及相关组织机构在太空域行动中的责任。

（二）聚焦网络作战能力建设和提升，进一步巩固网络作战优势

2023 年，围绕生成式人工智能、云计算等技术，成立相关管理机构，进一步促进网络作战能力建设和提升，以及进一步巩固网络作战优势。

8 月，美国国防部成立"利马"生成式人工智能工作组，负责在整个国防部范围内"评估、协调和使用"生成式人工智能技术，以最大限度减少国防部生成式人工智能工作的冗余，降低这种技术构成的潜在风险。9 月，美国国家安全局（NSA）宣布成立人工智能安全

中心,负责监督美国国家安全系统内人工智能能力的开发和整合。同月,美国海军成立"海王星"云管理办公室,管理海军部的全部云服务产品,推动海军部向云原生和零信任体系服务的数字化转型。10月,美国陆军重组战术网络与网络作战办公室,正式重组负责开发和加速陆军体系、战术网络和网络作战的主要部门,以精简目前的机构。11月,美国国防部建立信息战部队。2023年版《信息环境作战战略》认为,美军缺乏专业人员来抵御负面舆论的恶意传播行为,因而必须建立专业化的信息战部队,这就要求美国国防部必须建立一个快速部署信息战部队的流程,包括预备役部队和由军事与基层专家等组成的队伍。

(三) 网络攻防技术不断创新,网络装备平台升级迭代加速

受地方冲突和全球大环境影响,在零信任、量子计算、ChatGPT等技术的推动下,网络攻防技术不断创新,网络装备平台升级迭代加速。6G、后量子密码、零信任、生成式人工智能等新兴领域的网络安全技术持续迭代,赋能应用安全。

1. 加速零信任架构的部署和使用,推进零信任快速落地

2023年,随着"雷霆穹顶"项目的正式投产,美军的零信任建设终于不再停留在纸面,而是推进零信任快速落地。

4月,美国网络安全和基础设施安全局(CISA)发布第2版《零信任成熟度模型》,以便为各机构的零信任转型工作提供参考路线图。7月,美国国防信息系统局(DISA)与Booz Allen Hamilton公司签订合同,以授权该公司生产美军首个零信任项目"雷霆穹顶"。8月,美国通用动力信息技术(GDIT)公司及其战略网络合作伙伴Fornetix公司在"护身军刀2023"多边军事演习中测试了战术层面的零信任能力。9月,DISA与Forescout公司签订了一份针对DISA"合规连接"(C2C)计划的合同,以便在国防部信息网中实行零信任访问原则;美国太空军下辖的太空系统司令部与Xage安全公司签订价值1700万美元的合同,以便为地面和天基系统提供基于零信任架构的访问控制与数据保护服务;美国国防部与Aquia公司签订合同,为国防部的Platform One云原生访问点(Platform One CNAP)平台提供零信任支持。

2. 量子计算在数据安全保护和网络通信中实现跨越式发展

量子技术的快速发展和研究热度不断提升,已逐步应用于军事领域,量子计算技术实现了创新性发展,尤其在数据安全保护和网络通信领域,量子计算实现跨越式发展。

3月,美国QuSecure公司利用"星链"卫星成功开展首次端到端量子加密通信测试,标志着美国卫星数据传输首次使用后量子密码技术,免受经典和量子解密攻击。同月,法国Exail公司牵头启动"量子密钥工业系统"(QKISS)项目,旨在开发高性能、安全且可认证的欧洲量子密钥分发(QKD)系统。该系统能在城市范围内实现低成本、高速率的量

子密钥分发。6 月，美国陆军与 QuSecure 公司签订价值 200 万美元的小企业创新研究（SBIR）联邦政府合同，以继续研究和开发能抵御量子计算攻击的软件解决方案。按照该合同，QuSecure 公司将开发适用于陆军用户的加密技术和解决方案，并将确定如何将后量子密码技术用于在战场上使用的战术边缘装备和战术物联网装备。9 月，美国国家标准与技术研究院（NIST）发布后量子密码学（PQC）标准草案，以帮助各组织防范未来可能出现的量子计算攻击。

3. ChatGPT 强势"出圈"催生网络安全产品探索和应用落地

ChatGPT 的强势"出圈"催生了一系列的应用探索，尤其是在 GPT-4 发布后，在可靠性、准确性方面都有显著提升，目前已被国外许多网络安全公司加以应用并探索商业落地。

3 月，微软公司推出基于 GPT-4 的网络安全助手（Security Copilot），可帮助防御者识别网络入侵；云服务商 Salesforce 公司将发布新产品——聊天机器人 Einstein GPT，并计划将 OpenAI 公司的 ChatGPT 技术整合到现有爱因斯坦（Einstein）机器人上，以生成个性化的销售宣传、客户问题的解决方案、有针对性的营销内容以及代码等。4 月，美国谷歌公司将生成式人工智能引入网络安全领域，发布名为"云安全人工智能工作台"的网络安全套件，由 Sec-PaLM 专用 AI 语言模型提供支持；俄罗斯联邦储蓄银行发布聊天式机器人 GigaChat，支持俄语对话、消息发送、事实问答、代码编写和图像生成等功能，试图与美国 OpenAI 公司的 ChatGPT 展开竞争。GigaChat 的发布标志着俄罗斯在人工智能技术领域实现新的突破。

4. 网络安全装备平台升级迭代加速并加快部署运用

2023 年，全球各国网络安全装备平台升级迭代加速并加快部署运用。以美国、以色列为代表，网络分析和数据系统（CADS）、联合通用接入平台（JCAP）、空间数字生态系统与集成平台、联合网络作战架构（JCWA）、"网络穹顶"等装备平台升级迭代加速。

3 月，美国国家网络防御体系将升级主防系统。作为 CISA2024 财年预算申请的重点，该机构正在寻求建设新的"网络分析和数据系统"（CADS），作为后爱因斯坦时代国家网络防御体系的中心。该项目设想是打造一套"管理所有系统的系统"，提供"一个强大且可扩展和分析环境，能够集成任务可见性数据集，并为 CISA 网络操作人员提供可视化工具与高级分析能力。"4 月，美国网络司令部为"联合通用接入平台"（JCAP）申请 8940 万美元，用于改进该平台的能力，以增强网络部队的作战能力；美太空系统司令部计划 2023 年推出太空数字生态系统与集成平台，该平台能够集成太空系统司令部、太空军、空军和国防部的关键数据、应用程序和能力路线图，促进太空军和任务合作伙伴的能力整合，加快太空军实现"世界首支完全数字化部队"的愿景目标。5 月，美军网络司令部正在推进联合网络作战架构迭代版本（JCWA 2.0），将其定位为下一代网络武器平台，旨在将各军种的不同系统连接在一起,重点确定新平台支持作战人员的方式以及新平台的整体构成。10 月,以色列仿照"铁穹"导弹防御系统设计了"网络穹顶",并利用"网络穹顶"筹划未来混合战争。"网络穹顶"利用了生成式人工智能平台,供各情报机构从流入其系统的海量情报中过滤重要威胁。11 月,美国网络司令部推进"联合网络作战架构"的系统集成,向帕森斯公司授予价值 9100 万美元的服务支持合同。帕森斯公司在美国网络司令部的联合层面以及美国国防部军种执行机构层面,积极参与美国网络司令部"联合网络作战架构"核心组件的多个开发集成,如将体系网络映射功能集成到"统一平台"(UP)和"联合通用访问平台",以实现访问操作的自动配置和编排。

5. 网络安全项目聚焦漏洞挖掘识别、网络攻防及数据安全等领域

2023 年,以美国为代表的西方国家密集开展了一系列网络安全项目,聚焦漏洞挖掘识别、太空网络安全和网络攻防、数据安全等领域,全面提升网络攻防能力,捍卫网络安全。

2 月,美国空军授出 2290 万美元合同,保护静态机密任务数据,用于设计、开发和交付静态机密数据高保证在线媒体加密器(IME),这将彻底改变绝密数据保护方式;美陆军推出"统一网络运营(UNO)"项目,旨在利用身份认证与访问管理软件简化网络操作,支持基于属性的数据访问和交换,以满足零信任安全架构和未来战场环境需求;美国情报高级研究计划局(IARPA)推出"基于网络心理学重塑信息网络防御安全(ReSCIND)"项目,旨在利用网络攻击者的人类局限性,如天生的决策偏见和认知脆弱性,开发一套新的网络心理学防御系统提高网络安全。4 月,美国太空军发布"数字猎犬"项目嗅探网络攻击,该项目专注于针对卫星指挥和控制站等地面设施的网络攻击实施探测,属于太空军国防网络空间作战(DCO-S)计划的一部分。"数字猎犬"合同将成为在可预见的未来开发和部署太空军 DCO-S 工具套件的基础,包括激发和满足未来需求的能力。6 月,DARPA 推出"量子增强网络(QuANET)"项目,探索将量子和经典方法集成到网络中,为关键网络基础设施提供基于量子物理学的安全能力。7 月,美国国家安全局正式将"鲨鱼先知(SHARKSEER)"项目过渡给 DISA,标志着美国国防部信息网络安全新时代的开启。SHARKSEER 项目利用商品化的产品和技术,通过利用、动态生成和增强全球威胁知识来快速保护网络,检测并缓解基于网络的恶意软件零日威胁和高级持续威胁。9 月,美国DISA 的托管和计算中心(DISA HaCC)发布"分布式混合多云(DHMC)"项目,帮助 DISA实施数据中心现代化,并将数据中心转变为混合云中心。

(四)持续扩大演习规模,加大新技术的演习应用

在 2023 年的网络演习中,受俄乌冲突和巴以冲突的影响,演习场景重点关注应对关键基础设施的网络攻击模拟,验证数据作战和新技术的应用。同时,首次尝试卫星网络攻击演习,为未来保卫太空领域网络安全做好准备。

1月，美国陆军第 18 空降军和中央司令部举行第 6 次"猩红龙绿洲"演习，旨在测试如何在实战场景中利用软件和人工智能来处理数据，以加快决策速度和目标打击流程，从而改进杀伤链和作战方式。2月，英国主导西欧最大的网络战演习"国防网络奇迹 2"，旨在为来自国防部、政府机构、行业合作伙伴和其他国家的团队提供挑战性环境，测试参与者在现实场景中阻止针对盟军的潜在网络攻击的技能，并培养武装部队人员网络和电磁领域技能。4月，北约举行 2023 年度"锁定盾牌"网络防御演习，涉及保护真实计算机系统免遭实时攻击，以及在危急情况下模拟战术和战略决策。演习场景涉及对一个虚构国家的一系列复杂且级联的网络攻击，其影响范围从军事和政府到能源、电信、航运和金融服务等关键基础设施。4月，欧洲空间局（ESA）举行全球首次卫星网络攻击演习，旨在提高对潜在缺陷和漏洞的识别，促进未来解决方案，提升太空作战环境中卫星和太空系统的网络安全弹性。8月，美国网络司令部举行"网络旗帜 23-2"演习，旨在增强网络部队的战备状态和作战能力。9月，美国马里兰州空军国民警卫队与爱沙尼亚网络司令部合作举办 2023 年度"波罗的海闪电战"网络安全演习。10月，澳大利亚国防军和美国网络司令部在堪培拉举行首次"机密级"军事网络演习"网络哨兵"，旨在帮助数字战人员做好网络空间战术行动和应对该领域不断变化的威胁的准备。该演习利用了美军的"持续网络训练环境"（PCTE）平台，参演人员在模拟网络领域真实攻击的环境中进行战斗、制定战略和保护网络资产。11 月 27 日—12 月 1 日，北约开展年度网络防御演习"网络联盟"，此次演习侧重于共享威胁情报，并在虚拟国家基础设施的网络攻击场景中测试应对网络空间事件的有效程序和机制，增强北约、盟国和合作伙伴应对网络威胁的能力以及共同开展网络行动的能力，促进参与国加强技术和信息共享方面的合作。

》》》三、2023 年国外网络安全领域的新挑战

2023 年，全球各国在网络安全领域取得了重大进展的同时，也面临一些新型的挑战，例如人工智能背景下的网络自主防御升级、零信任从全新理念进入到主流架构的落地关键期、量子计算带来的量子攻击和网络安全威胁等。

1. 人工智能背景下网络自主防御升级

随着人工智能合成技术的发展，尤其是 GPT 大模型的出现，攻防对抗变得日益激烈。智能对抗智能是数字化时代下的安全趋势，利用强化学习实现网络自主防御，是未来充满挑战而又值得期待的一个重要技术方向。随着全球网络攻击的升级，凭借传统网络安全防护措施已越来越难以有效预测、应对潜在威胁，而人工智能在信息处理上强大的分析能力恰好为解决网络安全问题提供了新的路径。目前，人工智能在网络安全领域的网络自主防御升级势在必行。未来主要应用包括恶意代码自主检测、异常流量自主检测、

软件漏洞自主挖掘、异常行为自主分析、敏感数据自主保护等,大幅提升了网络安全运营的精度和效率。随着深度学习算法的优化改进、计算能力的大幅提升,人工智能在网络安全领域将实现更广泛的应用,很可能成为下一代网络自主防御的核心。

2. 零信任从全新理念进入到主流架构的落地关键期

在 2022 年美国政府发布零信任战略、落地首个国家级零信任架构之后,2023 年零信任发展风起云涌。美国国防部认为,实施零信任是保护基础设施、网络和数据的一次巨大的安全范式转变,明确提出下一代网络安全架构将基于零信任原则、以数据为中心进行建设。零信任架构是美国国防部网络架构的必然演进方向,同时也是解决联合全域指挥控制(JADC2)安全通信问题的关键要素。为此,国防部已启动"雷霆穿顶(Thunderdome)"项目构建安全访问服务边缘(SASE)架构,导致对国防部信息网络的彻底重构。2023 年及以后,零信任从全新理念进入到主流架构的落地期,零信任发展将侧重于集成国防部各机构和军种的安全解决方案,以便于通信和数据访问。

3. 防范量子计算带来的量子攻击和网络安全威胁

2023 年,量子计算技术实现了创新性发展。英国、澳大利亚、加拿大相继发布《国家量子战略》,确定量子技术的发展目标、方向和潜力。量子技术的快速发展和成熟,加速了量子技术向军事领域应用的转化。美国国家安全局高层及许多专家认为,量子计算的军事应用可能不到 10 年就能实现。量子计算机还能够以比传统计算机快得多的速度执行复杂计算,这使量子计算机能够破坏或操纵军事系统,也可能破坏通信网络、导航系统甚至武器系统,从而导致潜在的人员伤亡和军事资产损坏。作为颠覆性技术并在军事领域的广泛应用,量子计算将改变未来战争形态和战争结果,这也是军事大国重点发展量子技术的一个重要原因。2022 年 12 月,美国总统拜登正式签署《量子计算网络安全防范法》,旨在应对信息技术系统向后量子密码迁移的风险。这给全球各国敲响了警钟,要大力防范量子计算带来的量子攻击和网络安全威胁。

》》》四、结语

2023 年,随着全球性危机和地缘政治对抗活动升级,特别是俄乌冲突的持续焦灼和巴以冲突的猝然发生,全球网络安全态势更加复杂紧张。未来,以人工智能、零信任、量子计算为代表的网络安全前沿技术必将由量变积累至质变,也将持续带来各领域的革命性变革。加强技术创新,实现网络安全关键技术自主可控。

(中国电子科技集团公司第三十研究所   龚汉卿)

美军"前出狩猎"网络行动分析

美国网络司令部 2023 年 5 月 10 日发布消息称,美国网络国家任务部队(CNMF)结束在拉脱维亚开展的"前出狩猎(Hunt Forward)"行动。此次行动是美国网络司令部第二次在拉脱维亚开展的主动性网络防御活动,也是美国与加拿大首次在他国合作开展网络威胁搜索任务,以识别、监控并分析俄罗斯黑客针对拉脱维亚关键基础设施的网络攻击策略、技术和程序,使拉脱维亚政府采取措施加强网络防御;同时,美军在得到允许下将所获发现带回国内,与政府机构、私营企业共享,从而加强国内的网络防御能力。

》》》 一、基本情况

"前出狩猎"行动是美国 2018 年《国家网络战略》"前置防御"战略的作战方针,是由美国网络司令部向海外派遣网络作战部队,通过与盟友及合作伙伴合作并主动追捕形式发现、识别对手的网络行动,旨在在全球范围内发现和打击网络威胁,加强与其他国家的信息共享和协作,提高网络安全和网络防御能力。

(一) 主要背景

1. 美军将网络安全威胁视为严峻安全环境的重要因素

自拜登政府上台以来,数个重大网络攻击事件接踵而至,网络威胁成为美国政府面临最为迫切的安全威胁。特别是在"太阳风(SolarWinds)"供应链攻击、微软 Exchange 黑客攻击及俄乌冲突中网络战影响下,2022 年《美国国防战略》将网络安全威胁视为美军面临的严峻安全环境的重要因素,指出竞争对手在"灰色地带"的恶意活动升级,强调俄罗斯、伊朗等国家通过恶意网络和信息行动构成严重风险,提出运用网络威慑手段、开展网络空间行动和提高网络空间能力等方式应对挑战;同时,该战略进一步把受威胁对象从针对美国本土扩大到以美国为首的联盟体系及地区伙伴,这也符合北约《2022 战略构想》重申的网络攻击可能触发的集体防御条款,强化以美国为首的北约在网络空间的威慑姿态。

2. 美军网络作战奉行更具进攻性的"前置防御"战略

为应对不断发展的网络威胁,美军网络作战从被动、防御态势过渡至更积极、主动的"持续交战"战略,进而实施持续性行动的"前置防御"战略,着眼于打击武装冲突阈值下的网络滋扰活动并以此形成网络威慑。2018 年美国政府简化进攻性网络行动的审批程序,网络行动范围不再限于本国基础设施、信息系统和数据,可借维护国家安全为由对全球任意目标进行网络渗透和攻击;2020 年"分层网络威慑"战略通过塑造网络空间行为、拒止对手从网络行动中获益及向对手施加成本三个层次,实现网络空间优势;2023 年《国家网络安全战略》提出运用所有国家权力手段,在全球范围对任何威胁国家利益的网络攻击行为进行打击摧毁。

3. 美军网络作战力量持续强化并具备作战条件

从网络司令部成立至今,美国网络作战部队已发展成为拥有 133 支网络任务分队的强大网络作战力量。为保持网络优势,美国网络作战力量规模和结构持续强化。例如,在部队规模方面,美国各军种根据规划持续建立新的网络任务部队;在部队种类方面,美国各军种建立复合型部队,强化网络作战的同时加强信息集成、情报支持、多域融合等能力。此外,为应对网络部队建设需求及现实威胁形势,网络司令部下属网络国家任务部队(CNMF)于 2022 年 12 月升格为次级统一司令部,进一步确立该部队在美军网络作战行动中的核心地位。

(二) 行动概况

1. 行动概览

"前出狩猎"行动目标明确,针对俄罗斯、伊朗、朝鲜等国家地区及组织开展进攻性行动、防御性行动和信息战等全方位信息行动。自 2018 年以来,美国网络司令部在全球 23 个国家的 75 个网络上开展了 50 次"前出狩猎"行动,包括爱沙尼亚、立陶宛、黑山、北马其顿等国(表 1),但很少在行动部署后立即进行披露。目前,美国已将"前出狩猎"行动扩展到更多盟友国家及地区,在提升盟友及合作伙伴网络安全的同时,为自身团队提供实践经验和发现对手的能力。

表1 美军开展"前出狩猎"行动情况表（部分）

序号	时间	地点	参与人员	目 的	行动成效
1	2022.10	阿尔巴尼亚	美国网络国家任务部队、阿尔巴尼亚网络伙伴	识别、监控和分析伊朗黑客的策略、技术和程序	向 VirusTotal 公共存储库发布了伊朗黑客使用的十余个恶意软件样本
2	2022.8	克罗地亚	美国网络国家任务部队、克罗地亚安全情报局	在重要网络上搜索恶意网络活动和漏洞，以加强国家防御	—
3	2022.5	立陶宛	美国网络国家任务部队、立陶宛国家网络安全中心、立陶宛网络部队	观察、识别威胁两国的恶意活动，利用所获见解，加强国土防御并提高关键网络弹性	—
4	2022.2	乌克兰	美国海军网络司令部、海军陆战队网络司令部、乌克兰安全局	执行对俄罗斯的进攻性任务，帮助乌克兰减少基础设施安全漏洞，提升防护水平	披露数十种不同类型的恶意软件，分析确定相关入侵指标，并上传至 VirusTotal、Pastebin、GitHub 数据库
5	2021年底	乌克兰	美国陆军网络司令部、美国安全公司、乌克兰安全局	检测乌克兰计算机网络，以寻找被渗透的迹象和驱逐潜伏的攻击者	在乌克兰铁路发现并清理一种恶意擦除软件，确保铁路正常运转
6	2020.9	爱沙尼亚	美国网络司令部、爱沙尼亚国防军网络司令部	打击恶意网络行为者，加强两国关键资产的网络防御能力	—

此外，为保障美国总统大选安全，美国网络司令部在2020年总统大选前夕执行了20余次任务，包括在9个国家开展了11次"前出狩猎"行动；2020年11月，《纽约时报》披露美军在中东、东亚地区开展前出"狩猎行动"以应对来自伊朗和朝鲜的网络威胁；网络司令部还围绕俄乌冲突开展有史以来规模最大的"前出狩猎"行动，先后在乌克兰、立陶宛和克罗地亚等国家开展多次行动，行动中提取到与"太阳风"网络攻击行动关联的新型恶意软件样本。

2. 行动人员

"前出狩猎"行动人员构成相对保密，根据公开报道，该团队人员主要由军人、文职人员及非军人组成，具体包括：①高级领导，负责制定战略计划、协调合作伙伴、管理团队等；②情报分析师，负责收集、分析和评估威胁情报，为团队提供情报支持和决策依据；③技术专家，负责使用先进技术工具和方法发现和追踪网络威胁；④执行人员，负责实施行动计划，对威胁源进行打击、收集证据等。

"前出狩猎"执行人员主要由网络国家任务部队构成，根据任务需要，陆军网络司令部、海军网络司令部、海军陆战队网络司令部及其他部队均有所参与。

》》》 二、行动特点

通过"前出狩猎"行动,美国网络司令部与全球多个盟友国家建立合作关系,运用先进技术与工具持续披露国家级黑客组织及犯罪分子的网络攻击手法,同步开展技术能力培训,助力盟友提高网络防御能力,进一步敦促美国政府机构、军事机构、私营企业实施最佳安全实践。

(一) 建立全球合作关系,加强信息共享协作

美国网络司令部与多个盟友国家、国际组织的网络安全机构建立广泛的合作关系,通过定期会议、技术合作、联合演习等方式加强协作。同时,网络司令部与盟友国家网络安全机构建立信息共享机制,通过共享威胁情报等信息,帮助应对全球范围内的网络威胁。共享信息包括:①威胁情报,包括网络攻击、恶意软件、僵尸网络等,帮助各国网络安全机构了解当前网络威胁和攻击趋势;②情报分析,包括对威胁情报的分析和评估,帮助各国网络安全机构了解威胁来源、目的和方法;③技术支持,包括技术方案、工具和方法等,帮助各国网络安全机构提高自身网络安全和防御能力;④策略协调,包括网络安全策略和协调方案等,帮助各国网络安全机构制定更加有效的安全策略。

俄乌冲突期间,乌克兰政府为美国"前出狩猎"行动团队提供多个网络访问权限,共同开展防御性网络行动。行动过程中,各国网络安全机构建立了情报快速共享机制,"前出狩猎"行动团队向乌克兰网络司令部介绍俄罗斯情报部门的有关预备或正在进行的网络行动信息,共享攻击活动、敌方手段、战略评估、恶意软件、入侵指标(IoC)等情报信息,分享调查方法和网络事件响应最佳实践。

(二) 运用先进技术工具,发现打击网络威胁

"前出狩猎"行动团队使用一系列先进技术工具发现并追踪全球范围内的网络威胁,使用工具包括自动化扫描工具、漏洞扫描器、恶意软件分析工具以及专有情报搜集和数据分析工具等。但囿于"双帽制"下严重依赖国家安全局的基础设施及技术,美国网络司令部开始建设联合网络作战架构,提升网络任务部队开展全方位网络空间行动的能力。例如2022年4月,网络司令部将6000万美元的"前出狩猎解决方案套件"合同授予Sealing公司,为网络国家任务部队提供网络作战的自动化部署、配置和数据流支持,以在伙伴国家网络上进行防御性网络行动。

俄乌冲突期间,"前出狩猎"行动团队使用创新技术提供远程分析和咨询支持,根据关键网络开展防御活动,在乌克兰铁路系统发现并清理了一种高危害度的恶意软件,保

障近百万民众通过铁路网安全逃离；阿尔巴尼亚行动期间，"前出狩猎"行动团队发现伊朗黑客潜伏在阿方政府系统长达 14 个月之久，并已获得受害网络的初始访问权限；2020 年美国大选期间，网络国家任务部队基于大数据平台（BDP）所获数据开展"前出狩猎"行动，在外国合作伙伴网络上搜索不良行为者。

（三）通过技术能力培训，提高网络防御能力

基于美国国内情报共享机制及相关授权法案，美国政府、国防部及网络安全公司在"前出狩猎"行动过程中，可极大地提高盟友国家网络防御深度和弹性。一是提供安全能力建设，负责能力培训、机构建设和政策协调等，例如美国网络安全和基础设施安全局（CISA）与乌克兰国家特殊通信和信息保护局（SSSCIP）签署联合培训协议，提高乌方人员网络防御技能。二是提供技术支撑，提供硬件及技术措施解决漏洞、减轻攻击影响，例如 SpaceX 公司提供军民两用的 Starlink 卫星通信装置。

俄乌冲突期间，美国政府紧急协调 Fortinet、BitDenfender、思科、Cloudflare 等多家网络安全公司向乌克兰政府机构提供安全服务或产品，以抵御大规模分布式拒绝服务攻击（DDoS）。此外，美国政府协调商业云企业向乌克兰提供云服务，协助乌克兰公私机构数据和服务迁移到境外云服务器，如亚马逊 AWS 公司提供数据转移培训、政府机构和国有企业数据迁移至微软 Azure 云。

》》》 三、影响分析

"前出狩猎"行动的部署与发展，已经成为美军磨炼网络部队、取得网络空间作战主动权的有效途径，并成为美军网络战略与相关作战条令的主要内容。

（一）全面实施进攻性网络空间战略

美国网络司令部司令保罗·中曾根强调，综合威慑是网络司令部的基本战略，美军要主动利用网络开展动态力量投送，快速产生非动能效应，以实现"前置防御"和"持续交战"战略，为联合部队建立网络空间优势。从行动任务和行动样式上看，"前出狩猎"行动是贯彻落实"前置防御""持续交战"战略的具体行动。虽然网络司令部反复强调"前出狩猎"行动是防御性质，但实质上具备相当进攻色彩，并在 2022 年、2023 年采取更大力度对俄罗斯、伊朗、朝鲜等国家实施全方位的网络威慑与打击，全力塑造网络空间霸权地位。

（二）锤炼网络部队实战经验与技能

网络任务部队是美国网络司令部掌握的作战执行力量，也是"前出狩猎"行动的执行

人员。随着大国竞争的需要,网络司令部持续增加网络作战任务强度,开展了 50 余次"前出狩猎"行动,锤炼网络作战部队的实战经验与技能,保护美国国家安全与利益。美国网络司令部司令中曾根公开承认,美军网络任务部队围绕俄乌冲突开展网络攻击、网络防御、信息作战在内的一系列行动,进一步强化网络部队的信息化作战能力。随着未来网络部队的扩编,"前出狩猎"行动将成为美国网络司令部的成长型业务。

(三) 发展网络空间国际伙伴关系

美军注重与国内外网络安全合作伙伴加强协作,开展网络防御行动实施网络安全风险检查、评估和分析,以求在网络领域形成集体优势。"前出狩猎"行动也有拉拢合作伙伴、加大境外练兵之意,通过曝光对手网络行动让其付出代价,并改善合作伙伴和盟友的网络安全态势,加强和巩固国防网络安全防御。同时,美军进一步整合优化信息共享,尤其是情报共享工作,改善公私、多国、多域等情况的共享工作,以便更好地关注网络战和信息战,应对国内外网络威胁。

美国将我国视为网络空间的主要对手,贯彻"前沿防御"战略,实施"前出狩猎"行动,意图建设网络空间盟友圈,抢占网络空间霸主地位。为此,我国更需建立以网络安全为支柱的现代国防观念,专注提升网络空间作战能力,主动掌控网络空间斗争的主动权、网络空间发展的自主权。

(中国电子科技集团公司第三十研究所　郝志超)

美军"黑掉卫星"演习分析

2023 年 8 月 11 日,一年一度的 DEF CON 31 黑客大会成功举办了首个太空夺旗演习"黑掉卫星(Hack-A-Sat,HAS)"竞赛决赛,从资格赛脱颖而出的五只参赛队伍对在轨卫星"月光者(Moonlighter)"开展网络攻击,试图以远程方式夺取卫星控制权。意大利mHACKeroni 团队成功入侵控制该卫星,拍摄地球照片并传回地面,夺得本地演习竞赛冠军,赢得 5 万美元奖金。

本次 HAS 演习由美国空军研究实验室、太空系统司令部、Aerospace 公司及Cromulence 公司联合举办,旨在激励全世界顶尖网络安全人才培养必要技能,以帮助美国国防部减少网络漏洞、构建更安全的太空系统。本次演习首次成功将太空系统网络演习从实验室模拟环境转移至真实近地轨道卫星,成为推进美国太空网络安全的里程碑事件。

》》》一、背景

(一)地缘政治冲突加速太空网络威胁蔓延

近年来,针对太空的破坏性网络攻击和数字间谍活动呈高速增长趋势,尤其是俄乌冲突的 Viasat 卫星网络攻击事件,引起美英等国家的高度重视,并陆续将太空纳入国家安全的重要领域。

威胁情报机构 Bushido Token 盘点近年来典型的太空网络安全事件,包括 2015 年 9月的 Turla APT 组织卫星劫持事件、2020 年 7 月的 WasedLocker 勒索软件事件、2020 年12 月的 NASA"太阳风(SolarWinds)"供应链攻击事件、2022 年 2 月的 Viasat 卫星攻击事件以及 2022 年 3 月的俄罗斯太空机构黑客攻击事件等。这些事件既有国家支持的 APT

组织身影,也有勒索软件组织的利益谋取,无不显示出太空卫星关键基础设施所处网络环境的脆弱性。太空网络已伴随国际竞争、地缘政治、地区冲突等复杂形势变化成为新型战场。

(二) 美国政府高度重视太空网络安全

为应对太空网络安全威胁,美国政府和国防部持续发布多份战略政策、法规法案及标准规范,将太空视为关键战略竞争领域,共同构建太空领域网络安全能力。

2020 年 9 月,美国联邦政府发布《太空政策指令 5(SPD-5)》,突出强调太空系统网络安全重要性,分析当前太空环境面临威胁,确定 5 大太空网络安全原则,旨在为美国政府和商业的所有太空系统、网络和通信链路建立安全基线。2022 年 4 月,美国国会通过《卫星网络安全法》,要求面向美国卫星运营商制定网络安全建议,确保私营企业能够访问特定的卫星网络安全资源,以充分保护其卫星网络。2023 年 1 月,美国国家标准与技术研究院发布《卫星地面部分:应用网络安全框架确保卫星指挥控制》,为卫星通信地面段的网络安全系统管理提供指导框架,协助航天部门地面运营商提升网络安全。

(三) 美军积极开展网络漏洞悬赏计划

美军将漏洞披露上升到国家安全高度,构建国家层面的漏洞披露机制。为此,美军发起多项漏洞挖掘赏金和挑战活动,探索新的漏洞检测范式,旨在寻找网络弱点和漏洞,从而改善整体安全态势。

2016 年,美国国防部推出"黑掉五角大楼(Hack the Pentagon)"漏洞赏金计划,将部分国防供应商纳入漏洞披露计划(VDP)。此后,国防部数字服务处与 HackerOne 平台联合举办了多次以外部网站和应用程序为目标的公开悬赏计划,以及以国防部敏感内部系统为目标的非公开悬赏计划。截至当前,美军已形成了"黑掉美国(Hack US)""黑掉陆军(Hack the Army)""黑掉空军(Hack the Air Force)"等系列性、延续性的漏洞赏金计划,吸引道德黑客对军事信息系统开展检测,以查找并发现军事系统、应用程序的漏洞及弱点。2023 年 3 月,国防部网络犯罪中心宣布 VDP 计划已经处理了 45000 份报告,其中包含 70%以上影响国防部系统的有效漏洞。

>>> 二、演习情况

(一) 演习概况

"黑掉卫星"演习是一项由美国空军、太空部队联合安全业界举办的年度太空信息安全挑战赛,鼓励全球安全研究人员和更广泛的黑客社区参与寻找应对太空网络挑战的新型解决方案。自 2020 年首次举办以来,该演习已经吸引万余人次参与,并建立了由黑客、工程师、飞行员和专家组成的"航天村(Aerospace Village)"社区,旨在打造下一代航天网络安全的领导者。

美国空军表示,国防部高度重视"黑掉卫星"演习,并成为演习的主要组织者与支持者。一方面,该演习能够帮助美军发现其太空系统的网络安全缺陷,并借此机会发现安全人才;另一方面,该演习也是国防部宣传太空系统网络安全的方式,希望业界与军方、情报界及政府密切配合,协力消除太空系统网络安全风险。

（二）演习内容

HAS 演习分为资格赛和决赛两个阶段,皆采用积分制方式排序。同时,HAS 采用夺旗赛(CTF)形式,主办方给出每个比赛题目的背景信息,要求参赛队伍通过提供的模拟环境,利用已知信息获取、上报隐藏的 Flag,以评判结果记录成绩。

HAS 演习结合了航天与网络安全两个领域的专业知识,除传统密码破解、逆向工程、信号截获分析等网络安全知识外,还包含了天体物理学、天文学等航天知识。同时,该演习涉及技术范围也相对较广,包括信号处理、软件无线电、嵌入式操作系统等。因此,HAS 演习对参赛队伍的能力和技术提出了较高的要求。

1. HAS 演习资格赛

HAS 演习资格赛题目设置一般分为 7 类,包括:基本项;天文学、天体物理学、天体测量学和天体动力学(AAAA);卫星平台;地面段;通信系统;载荷模块;杂项。题目难度设置 5 个等级,根据不同难度赋予不同分值,获得总积分靠前的参赛队伍可进入决赛。

题目内容上,AAAA 涉及航天领域,包括卫星运行轨道分析、卫星追踪器使用、卫星位置确定等;卫星平台涉及传统信息安全方法和航天领域,包括逆向分析、遥测遥控等;地面段针对卫星地面站,包括跟踪卫星、遥测遥控卫星等;通信系统针对地面站与卫星之间的星地链路,包括软件无线电、调制解调等;载荷模块针对卫星载荷,包括密码算法破解、逆向工程等;杂项一般为综合类题目,包括卫星载荷任务规划、推测卫星位置等。

HAS 资格赛题目分布如表 2 所列。以 HAS 2023 资格赛为例,共有 27 道题目,包括名为 The Kitchen 的基本项题目、Aerocapture The Flag 的 AAAA 题目、Cant Stop The Signal Mal 的卫星平台题目、Pure Pwnage 的地面段题目、Anomoly Review Bored 的通信系统题目、Van Halen Radiation Belt 的载荷模块题目、The Magician 的杂项题目。从题目难度来看,除基本项未标明难度外,其余类别难度为 1~5 的题目数量分布为 5、6、4、4 和 5。

表 2　HAS 资格赛题目分布

赛季	基本	AAAA	卫星平台	地面段	通信系统	载荷模块	杂项	题目数量
HAS2020	3	6	5	5	5	5	5	34
HAS2021	3	4	5	3	4	5	—	24
HAS2022	3	4	3	4	4	5	4	27
HAS2023	3	4	4	6	2	4	4	27

2. HAS 演习决赛

HAS 演习决赛一般为攻防对抗式夺旗赛,参赛队伍需控制、保护自身专属卫星的同时,对其他队伍的卫星系统开展漏洞攻击或分布式拒绝服务(DDos)攻击。此外,参赛队伍还需解决其他多项挑战获得积分,包括地面站加密漏洞、网络服务器攻击、数据挖掘以及保护无线电链路等。一般来说,获得积分最高且完成必要项目挑战的参赛队伍可获得冠军。

HAS 决赛概况如表 3 所列。以 HAS 2023 决赛为例,5 支参赛队伍需与处于移动状态的"月光者"近地轨道卫星建立数据链路,捕获指定地面目标的图像,将其下载到地面站,并绕过卫星的图像限制。同时,参赛队伍还需使用加密技术和防火墙保护系统,使其免受竞争对手入侵。最终,意大利 mHACKeroni 团队控制了"月光者"卫星,完成了地面及卫星段的各项挑战,成功夺得本次演习决赛的冠军。

表 3　HAS 决赛概况

赛季	挑 战	参赛队伍
HAS2020	获得卫星地面通信站控制权;恢复与失控卫星的正常通信;修复卫星,阻止卫星自转;恢复与有效载荷模块的通信;控制成像器;夺回控制权,拍下月球图像	PFS、Poland Can Into Space、Solar Wine 等 8 支队伍
HAS2021	控制失控卫星;开启卫星主要通信载荷;上接利用漏洞向其他队伍发送命令注入的攻击型数据包	Solar Wine、Poland Can Into Space、DiceGang 等 8 支队伍
HAS2022	6 项地面段:解密、FTP 服务器、加密关键数据、自定义网络服务器、杂项 3 项卫星段:系统漏洞、逆向分析、逆向令牌	Poland Can Into Space、Space-BitsRUs、Solar Wine 等 8 支队伍
HAS2023	2 项地面段 7 项卫星段:卫星操作、射频通信、漏洞研究和逆向工程等	mHACKeroni、Poland Can Into Space、jmp fs:[rcx] 等 8 支队伍

3. 冠军队伍

HAS 2023 决赛中,意大利 mHACKeroni 团队最终夺得冠军。该团队由 60 余名成员构成,分别来自米兰理工大学、罗马大学、苏黎世联邦理工大学和维也纳工业大学等多个国家高校的研究人员，以及谷歌、苹果、Facebook 和 CrowdStrike 等公司的行业人员。

往届 HAS 演习决赛的冠军队伍分别为美国团队 PFS、法国团队 Solar Wine 以及波兰团队 Poland Can Into Space，其成员包括国防承包商（如雷声、诺斯罗普·格鲁曼等公司）、高校、研究机构、专业 CTF 团队以及黑客人员等。

（三）演习平台

1. FlatSat 训练卫星

通过使用地面模拟训练卫星 FlatSat，可在实验室环境中模拟出卫星运行场景中的各类状况。FlatSat 训练卫星不仅配有标准制导导航与控制系统（GNC），还包含一块有效载荷系统的定制化集成单板和基于 Artix-7 FPGA 与"树莓派（Raspberry Pi）"芯片的标准化单板。其中，两块单板分别使用了欧洲空间局（ESA）与美国 NASA 的代码，标准化单板用于快速访问传感器与控制接口，定制化单板则专用于 HAS 演习。此外，主办方还为每个团队配备了移动无线电收发器，模拟移动通信环境。

2. 数字孪生软件

通过 NASA 开源软件与数字孪生技术的结合，定制出在太空真实环境中运行的应用程序，可模拟出用于太空软硬件基础设施及测试命令的虚拟环境，提供更加真实的太空环境。

3. 近地轨道卫星"月光者"

HAS 2023 决赛首次使用近地轨道卫星"月光者"作为测试平台，参赛队伍对该卫星开展网络攻击、渗透测试，以远程方式夺取卫星控制权，从而识别卫星中的漏洞。

该卫星由空军研究实验室、太空系统司令部与 Aerospace 公司合作开发，是世界上首个也是唯一一个"太空黑客沙箱"。该卫星携带专用网络有效载荷和防火墙以隔离子系统，还具有一个完全可重新编程的有效载荷计算机，从而在保障卫星安全的情况下开展可重复的、现实的和安全的网络实验。此外，该卫星将运行由信息安全和航空航天工程师开发的软件，以支持在轨网络安全培训和演习。

〉〉〉 三、演习特点

（一）聚焦太空安全，提升太空部队网络攻防能力

美国空军、太空军通过举办 HAS 演习、"施里弗""太空旗帜"等太空系列演习，旨在找出太空系统的网络漏洞，为国防部开发更安全、更具弹性的太空基础设施；同时，HAS

演习为太空网络部队制定定制化培训课程及安全实践提供启迪,极大提升了太空部队的网络攻防能力。

太空部队研究人员可将 HAS 演习中参赛队伍使用的网络攻击手法、技术映射到太空攻击研究与战术分析(SPARTA)框架中,从而增强对太空资产的保护力度。通过"月光者"卫星的太空黑客沙盒,太空部队可以在 HAS 演习中收集黑客对太空网络攻击的策略、技术和程序(TTP),提升太空部队进攻性作战能力;同时,太空部队还可以通过沙盒的检测分析机制及软件重构技术,验证整个太空系统的端到端网络威胁评估和预防水平,从而构建太空综合防御能力。

(二) 运用先进技术,加速测试平台实现实网对抗

HAS 演习应用先进技术,设置贴近实战的太空网络战场环境,开展具有较强检验性、实战性的竞赛题目,加速将成熟技术成果转化为作战能力。

太空网络安全测试通常在物理实验室或地面模拟活动中进行,以往三届演习都是在 FlatSat 训练卫星或基于数字孪生技术的虚拟环境中进行的。HAS 2023 演习使用的"月光者"近地轨道卫星,解决了太空领域应用网络防御理论和方法的测试环境限制,使得太空系统的进攻性和防御性网络演习从地球实验室环境转移到近地轨道,太空网络安全测试卫星首次从模拟形式走向实网对抗。同时,近地轨道卫星与数字孪生技术的结合,也使得演习环境更加逼真,比赛题目更贴近真实难度。

(三) 集成军民力量,谋求太空安全

美国在保护太空系统网络安全方面,始终贯彻军民融合思路,充分挖掘民间力量为军事服务。美军积极探索军民协同开展卫星运行管理、商业航天运输,提升支持国家安全需求的能力。

一方面,美军高频次举行网络攻防竞赛、技术挑战赛、黑客马拉松等活动,广泛邀请私营企业、学术机构及业界专业人员参与,通过对抗性活动考察参赛者水平,从而更精准地发现、选拔和培养人才,发展网络知识和技能,探索创新性技术解决方案;另一方面,美军注重太空商业化发展,通过任务牵引推动先进技术创新,美国空军研究实验室、太空系统司令部成功协同 Aerospace 公司、SpaceX 公司发射"月光者"卫星,填补了太空领域网络安全测试的空白。

》》》 四、结语

随着商业太空技术与服务的广泛应用,强化太空系统的网络安全是必然之举。为

进一步加强我国太空网络安全监管,我国应加速太空系统与网络空间进行一体化系统集成,提升太空系统的网络攻防能力。同时,我国还需研发太空信息安全仿真对抗训练平台,建设网络空间太空靶场,以此发现隐藏的系统漏洞和软件缺陷,从而验证和保护太空系统的网络安全。此外,我国还应加速太空信息安全人员培养,组织类似的CTF挑战赛或网络安全演习,引起国内安全从业者关注太空安全,并从中选拔培养顶尖人才。

（中国电子科技集团公司第三十研究所　郝志超）

美国《国家网络安全战略》解读

2023 年 3 月 2 日,拜登政府发布了备受各方关注的《国家网络安全战略》,该战略是继 2018 年特朗普政府时期的《国家网络战略》之后的首份网络安全领域的战略文件。新战略是拜登政府制定的美国《国家安全战略》在网络领域的落实和细化,也是其在网络领域的执政纲领。新战略为未来十年美国网络空间和更广泛的数字生态系统提供了清晰路线图。

〉〉〉 一、战略文件发布背景

此次战略发布是在国际局势经历深刻变化、全球数字化进程不断推进、中美战略博弈加剧的大背景下的一次战略调整和演进。

(一)拜登政府面临空前严峻的网络空间威胁挑战

拜登总统在上台不久即面临比以往任何时候都更严峻的网络安全挑战,例如 2020 年底的美国"太阳风"供应链网络攻击事件、2021 年 4 月的微软 Exchange 漏洞、2021 年 5 月的科洛尼尔输油管道黑客攻击事件等,加之俄乌冲突爆发以来针对国防、政府、关键基础设施等的全方位网络攻击不断发生并愈演愈烈,均使拜登政府对网络空间安全的认识比以往任何时候都更加深刻到位,因而将网络议题视为对美国国家安全至关重要的"安全性议题",并将网络攻防能力建设视为赢得大国博弈及地缘政治冲突优势的关键要素及工具加以思考和布局。

(二)美国新版《国家安全战略》确立了网络安全基本方针

2022 年 10 月 12 日,美国白宫发布了 2022 年《国家安全战略》,概述了本届政府将如何利用"决定性的十年"促进美国重要利益,在战略上制胜其"地缘政治竞争对手"。该战略明确辨识美国面临的国家安全挑战,并制定了美国应对这些挑战的总体方略。针对网络空间保护、网络安全提升、新兴技术强化等,该战略详细说明了为加强国家网络安全所采取的一系列措施,具体包括:制定网络空间规则,建立集体能力快速响应攻击;扩大执法合作,应对破坏性网络攻击;投资先进技术,增强军队战场部署新能力;深化机构改革,加强网络安全服务;推动遵守联合国负责任国家网络空间行为框架;等等。这些战略举措为拜登政府网络安全工作指明了方向,确立了网络安全政策的基调。

（三）俄乌冲突促使大国网络空间竞争战略进一步调整

由于俄乌冲突的爆发,拜登政府推迟了新版《国家安全战略》的发布,进而又延迟发布《国家网络安全战略》。拜登政府对国家安全战略报告的最初版本进行了大幅修改,实际上是对大国竞争战略进行调整。自 2022 年 3 月俄乌冲突爆发以来,乌克兰互联网系统在冲突伊始受到严重冲击,针对乌克兰应用互联网的攻击频次较战前增加了千倍以上,这些攻击主要针对乌克兰各级政府、金融行业和媒体,造成停电以及基础设施被毁等后果。俄乌两国之间在网络空间领域的激烈对抗,让拜登政府进一步认识到,大国在网络空间的竞争将对国家安全产生的深远影响,美国亟需加强网络空间国际竞争力,强化网络霸权,因此拜登政府调整网络安全战略,制定有针对性的应对策略。

》》》 二、战略文件具体内容

美国《国家网络安全战略》含序言、引言及主要措施和实施要点等内容,全文共 39 页。该战略从"美国必须从根本上改变驱使数字生态体系的基本动力"出发,全面详实地阐述了拜登政府网络安全政策将采取的措施,围绕建立"可防御、有弹性的数字生态系统",提出 5 大支柱共 27 项举措。这些举措既是对本届以及往届政府网络安全建设政策的高度整合,同时也进行了系统性的综合与提升。

支柱 1:保护关键基础设施

美国致力于建立持久有效的协同防御模式,公平分配风险和责任,为数字生态系统提供基本的安全和弹性,具体包括 5 项举措:①制定支持国家安全和公共安全的网络安全要求;②扩大公私合作,即创建一个基于信任的"网络中的网络",建立态势感知;③整合联邦网络安全中心;④更新联邦事件响应计划及进程;⑤实现联邦防御现代化。

支柱 2:瓦解威胁行为者

美国将动用包括外交、信息、军事、金融、情报和执法能力在内的一切国家力量,瓦解威胁美国利益的威胁行为者,具体包括 5 项举措:①整合联邦政府的打击活动,进一步开发技术和组织平台,以实现持续、协调的行动;②加强公私网络作战合作,鼓励私营部门和合作伙伴通过一个或多个非营利组织(如国家网络取证和培训联盟)团结起来,并协调相关活动;③提高情报共享和通报的速度、规模;④防止滥用美国网络基础设施;⑤打击网络犯罪和勒索软件。

支柱 3:塑造市场力量以推动安全和弹性

美国将通过塑造市场力量让数字生态系统中最有能力降低风险的人承担责任,具体包括 6 项举措:①让数据管理者负起责任;②推动安全物联网设备的发展;③承担不安全软件产品和服务提供的实体责任;④利用联邦拨款和其他激励措施加强安全投入;⑤通过联邦采购加强问责;⑥制定灾难性事件应急处理预案,探索网络安全保险支持。

支柱 4:投资于弹性未来

美国将通过战略投资和协调合作的行动,建立一个更安全、更有弹性、更保护隐私、更公平的数字生态系统,具体包括 6 项举措:①保护互联网的技术基础;②重振联邦网络安全研发;③为后量子时代的未来做好准备;④保障清洁能源的未来;⑤支持发展数字身份生态系统;⑥制定国家战略,加强网络安全人才储备。

支柱 5:建立国际伙伴关系以追求共同目标

美国将致力于建立一个由各国组成的广泛联盟,维护一个所谓的开放、自由、全球、可互操作、可靠和安全的互联网,具体包括 5 项举措:①建立联盟来对抗对数字生态系统的威胁;②增强国际合作伙伴的能力;③扩大美国协助盟友和合作伙伴的能力;④建立联盟,以加强负责任的国家行为的全球规范;⑤为信息、通信和技术产品及服务运营提供安全的全球供应链。

〉〉〉 三、战略文件突出特点

该战略文件建立在前三届政府的网络安全工作之上,但是打破了美国一些过去的做法和原则。特别地,与往届政府发布的战略文件相比,该战略具有以下突出特点或者重大调整。

(一)网络空间安全的责任主体有根本性的变化

该战略文件针对美国网络空间现状和问题,指出个人用户和小型组织承担了过多的网络安全责任,这是美国网络安全面临的一项系统性挑战。该战略文件重新平衡了网络空间安全责任,特别突出和强调了政府与行业的地位和作用,明确联邦政府才是最有能力、最具权威的网络安全责任的主体;提出了强化联邦政府对大型企业的制度性监管,取代所谓的"自愿"原则;寻求政府与国会合作制定的现代化和灵活的网络安全监管框架。

因此，美国在 2023 年《国家网络安全战略》中，在监管问题上有重大突破，强化"监管"成为其核心特色。

（二）网络空间的资源分配实现重新平衡

该战略文件指出，美国对网络安全的公共和私人投资长期以来一直落后于其面临的威胁和挑战，因此，为了美国网络空间具有更强的防御能力和系统弹性，该战略文件重塑网络空间安全激励机制，战略性地协调网络安全的研发投资；提出联邦政府可动用所有可用的工具，寻求以协作、公平和互利的方式推动各方长期投资那些安全、富有弹性且前景良好的新技术，以实现保护现有系统与投资建设未来数字生态体系之间的平衡。因此，在新版《国家网络安全战略》中，推动投资、重新平衡必要的激励措施是其核心内容之一。

（三）网络空间的进攻性能力有明显强化

该战略文件的另一个突出特色是，拜登政府对美国在网络空间的进攻性或者攻击性能力方面有明显强化。该战略文件明确提出，要在全球范围提升和扩展能够摧毁威胁源的行动能力，动用一切国家力量，包含经济、外交、军事和技术领域的各种手段和方法，涵盖技术反制、经济制裁、外交孤立乃至军事毁伤（包括物理毁伤）等，"瓦解"和"摧毁"那些威胁美国国家利益的行为体。实施"瓦解"和"摧毁"，实际上是对奥巴马政府时期网络空间国际战略中引入"威慑"原则的继承和发展，也是对特朗普政府时期实施"前沿狩猎"与"持续交战"实践的提升与扩展。这份网络安全战略显示，在网络空间的问题上，拜登政府开始变得极富攻击性。

》》》四、对我威胁分析

新版《国家网络安全战略》彰显了美国拜登政府在网络空间的勃勃雄心，凸显了"大胆"和"强硬"的态度。

（一）明显转变对华战略定位

在 2018 年《国家网络安全战略》中，美国将俄罗斯、中国、伊朗、朝鲜等国家视作对美国构成挑战的"长期竞争对手"，尤其强调中国是美国网络空间及新兴技术领域造成挑战的"竞争对手"。而 2023 年《国家网络安全战略》中，对"中国问题"的表述出现变化，前言部分用三个"最"形容中国，提出中国是"对美国政府及私营部门网络最广泛、最活跃、最持久的威胁；是唯一一个既有意愿重塑国际秩序，又越来越有经济、外交、军事、技术实力实现这一目标的国家",这标志着美国在国家网络安全战略中对华定位由"竞争对手"正式转变为"最大威胁",反映出拜登政府在网络安全领域对华定位发生了根本性转变。可以预见,这种对华定位转变势必会带来更多的对华强硬举措,进一步加深中美两国在网络空间的博弈。

(二)积极采取更加激进的进攻性网络战略

2023年《国家网络安全战略》暴露出比以往任何时候都更加激进的"进攻性"行动,将增加网络空间对抗危机升级的风险。该战略文件明确指示美国军方要参与国家网络安全,美国网络司令部和国防部其他机构要将网络行动整合到军方行动中,并且要同执法与情报部门协作,更快、更大规模和更频繁地瓦解和摧毁恶意行为体。可以预见,在这种更加激进的进攻性网络战略指导下,美军将继续发展进攻性网络作战力量,加快网络武器实战化转型,重点加强进攻性网络武器的研发,打造体系化的网络攻击平台和制式化的攻击装备库。这种战略行径将会对我国的国家安全造成更大的困境,引发更加激烈的网络军备竞赛,增加网络空间对抗危机升级的风险,甚至导致国家采用武力对网络入侵进行回应。

(三)继续扩大所形成的新兴技术优势

从2023年《国家网络安全战略》的举措中可以看到,联邦政府明显加大了对网络空间安全新兴技术的研发投资力度,要"以投资打造富有弹性的未来"。《国家网络安全战略》明确,研发投资将集中在以下三个系列技术:计算机相关技术,包括微电子、量子信息系统和人工智能;生物技术和生物制造相关技术;清洁能源相关技术。同时,美国要提前为后量子时代量子技术可能对网络系统造成的安全风险进行考虑,如更换易被量子技术破坏的软硬件、打造能够适应量子抗密码环境的公共网络系统等。这些投资将确保美国在技术和创新方面继续保持领导地位,从而对我国形成全面的技术优势。美国利用技术优势,可以肆意侵入我国网络,窃取数据、破坏关键基础设施。与此同时,拜登政府继续施行"清洁网络"计划,对华为、中兴、腾讯等公司在网络科技领域处于领先地位的中国企业进行打压,限制中国在网络安全高新技术领域的发展。

(四)广泛构建网络领域盟友体系

2023年《国家网络安全战略》特别强调,要建立网络空间的国际联盟体系,并致力于提升其盟友和伙伴的网络能力。当前,美国已和60余个国家通过"互联网未来宣言"结成最大的伙伴联盟,通过价值观与民主愿景等吸引更多国家进行网络安全合作,实现与盟友伙伴共享威胁信息,建立集体防御态势,加强网络军事合作,共同开展打击网络犯罪等合作，推行以美国为主导的网络空间全球规范。美国在 2023 年《国家网络安全战略》中号召其盟友伙伴与中国展开抗衡，大肆渲染中国的网络威胁，旨在抹黑中国在国际网络空间治理中的形象，拉拢盟友孤立、围堵、限制中国，从而掌握网络空间国际治理中的话语权，最终达到"数字去中国化"的目的，使中国面临巨大网络外交舆论压力。

五、几点建议

美国 2023 年《国家网络安全战略》在网络安全监管、投资与激励政策、新技术研发等方面给我国网络安全体系建设提供了重要启示。

（一）完善网络安全政府监管体系

根据《网络安全法》《密码法》《数据安全法》等相关法律法规的要求，我国当前的网络安全监管采取的是多部门联合监管的架构。牵头单位是中央网络安全与信息化委员会办公室，行使网络安全管理职权；其他部委则按照职责权限分口管理，各个行业的监管部门也参与管理。这种监管架构看起来井然有序，但是权责容易冲突、监管效率较低、监管成本较高、监管问责困难等弊端仍然非常明显。之前"滴滴出行"等企业发生的数据安全严重违规事件给我国敲响了警钟，亟需进一步完善网络安全监管，推动构建统一的政府监管体系。新组建的"国家数据局"由国家发展和改革委员会管理，负责协调推进数据基础制度建设，统筹数据资源整合共享和开发利用，统筹推进数字中国、数字经济、数字社会规划和建设，这标志着中国网络安全监管进入新阶段。

（二）重塑网络安全产业的投资与激励机制

当前，我国网络安全产业发展面临立法缺失、政策滞后、秩序错乱和创新不足等问题，《网络安全法》规定条款较为原则，难以满足我国网络安全产业快速发展的要求，难以形成向网络安全产业倾斜的政策取向，迫切需要对网络安全产业政策法律化，形成网络安全产业促进型立法。在国家层面，应确定网络安全产业优先发展的战略，扩大我国网络安全产业投入，特别是应加大对网络安全产品和服务供应商的投入，重点支持关键基础设施信息安全及互联网安全保障能力的提升、重要研发企业的创新创业。在关键信息基础设施安全方面，应直接增加投入，重视利用法规和政策推动关键基础设施建设。在资金保障方面，应鼓励将安全产业纳入国家专项资金支持，鼓励资本市场进入网络安全产业，保障网络安全产业发展的资金需求。

（三）优化网络安全领域前沿技术布局

网络空间领域的竞争，说到底是核心技术的竞争。近年来，面对以美国为首的西方国家对我国在高科技领域实施的全面封堵、打压、制裁等极端措施,网络安全领域实现自主创新,突破核心关键技术,提升新兴技术对抗能力,显得尤为迫切。为了尽快缩小与美国在网络安全新兴技术研发和创新上的差距,阻止对手利用新兴技术开展网络攻击渗透活动,我国应围绕确保关键领域网络安全,在人工智能、抗量子加密、物联网安全、云计算、大数据分析、5G 和 6G 等前沿技术上加大研发投入,将网络空间安全前沿技术列为优先事项加以布局,通过技术攻关,打造一批能充分保障国家安全的国之重器。

(中国电子科技集团公司第三十所研究所　陈　倩)

美国空军发布新版《网络空间作战》条令

2023年2月1日,美国空军发布作战条令出版物《网络空间作战》(AFDP 3-12),这是继2010年来空军首次对该条令的更新,更加突出了网络空间作战的重要性,旨在以最优方式为世界范围内的美军联合作战提供支持。

》》》一、新版条令发布背景

(一) 网络空间成为美国空军践行联合全域作战的重要领域

为应对未来的大国竞争,美军于2019年提出"联合全域作战(JADO)"概念,并指定由空军主导研发,旨在在陆海空太空和网络空间所有作战领域内开展协同作战,与全球竞争对手在激烈冲突中竞争。为此,美国空军将JADO概念列入作战条令,强调空军的所有军事行动都依赖于网络空间,获得和保持网络空间优势是保证整体行动和战略优势的基础。

(二) 美国空军网络空间作战力量持续强化并日趋成熟

从海湾战争的信息战小组到现今的一级作战司令部,从各军种独立信息战部队到统一指挥作战的网络司令部,美军网络作战力量体系更加系统和优化。美国空军网络空间作战力量同国防部网络司令部建设保持同步发展,经过空军网络司令部成立、与传统IT运维的分离整合等过程,空军网络空间作战力量也日趋成熟。例如2019年10月,空军第24和25航空队合并组建为第16航空队,实现网络战、电子战、信息战、情报监视侦察等多域作战力量融合;2020年9月,空军成立第867网络作战大队,负责空军网络攻防及数字领域情报收集工作。

（三）美军网络战略凸显浓厚攻击与威慑色彩

为谋求大国竞争主动权，美军积极践行"前沿防御""持续交战"的作战战略，并进一步简化网络攻击流程，更主动地采用网络战配合军事热战。2020年4月，美国网络空间日光浴委员会（CSC）提出"分层网络威慑"战略，强调通过"前沿防御""持续交战"战略实现网络空间竞争优势。2022年美国《国防战略》提出运用综合威慑、开展军事活动和建立持久优势解决4大防御优先事项（保卫国土，威慑对美国及其盟友的战略攻击，威慑侵略，构建有弹性的防御系统），提出通过运用网络威慑手段、开展网络空间行动和提高网络空间能力等方式来应对竞争挑战并获取军事优势。

〉〉〉 二、新版条令主要内容

根据美军参谋长联席会议2018年发布的作战条令《网络空间作战》（JP 3-12），空军结合政策指令《网络空间作战》（AFPD 17-5）对2010年作战条令《网络空间作战》（AFDD 3-12）进行了调整更新。

（一）明确空军网络空间作战任务类型

按照军事行动作战目的，美国空军网络空间作战可分为进攻性网络空间行动（OCO）、防御性网络空间行动（DCO）及国防部信息网络（DODIN）作战行动。具体来说，进攻性网络空间行动是在网络空间内或通过网络空间投射力量的任务；防御性网络空间行动是挫败正在或即将发生的恶意网络空间活动的任务，旨在保护己方网络空间免受威胁；国防部信息网络行动是保护、操控、扩展和维护国防部网络空间的任务，旨在建立、维持国防部信息网络的保密性、可用性和完整性。

（二）明晰空军网络空间作战力量构成

美国空军网络司令部负责向国防部网络司令部网络任务部队（CMF）下属的三个单位提供人员、训练招募，即：向网络战斗任务部队（CCMF）提供战斗任务小组（CMT），负责执行进攻性网络空间作战；向网络国家任务部队（CNMF）提供国家任务小组（NMT），负责执行防御性网络空间作战——响应行动；向网络保护部队（CPF）提供网络空间保护小组（CPT），负责执行防御性网络空间作战——响应行动和国防部信息网络行动。空军网络作战任务类型及作战力量如图1所示。

此外，多个空军内部机构承担网络空间作战的管理职责。其中，空军首席信息官办公室负责网络领域政策和指导；空军总部AF/A2/6副参谋长负责网络情报监视和侦

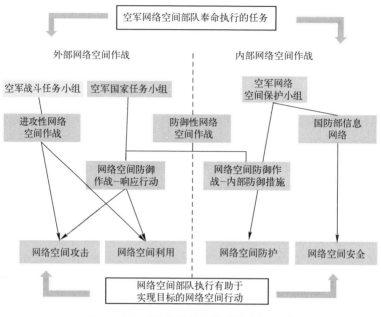

图1 空军网络作战任务类型及作战力量

察；空军总部 AF/A3 作战副参谋长负责监督、指导、协调网络空间作战的指挥控制与实施。

（三）理顺空军网络空间作战指挥控制关系

美国空军网络空间作战的主体力量为第16航空队，既是空军网络司令部，也是联合部队网络总部空军司令部。该航空队下辖负责网络作战的第67网络作战联队、第688网络作战联队和第616作战指挥中心，全面统管空军网络作战、电磁频谱作战、情报监视和侦察及信息作战。同时，第16航空队还为美国太空作战司令部、运输司令部、战略司令部、欧洲司令部及作战司令部提供特种技术作战能力。空军作战指挥官全面接受国防部网络司令部指挥协调，执行进攻性网络作战、国防部信息网络作战和防御性网络作战等措施。

（四）规定网络作战规划、执行及评估关键要素

新版条令规定了网络作战的规划、执行及评估关键要素，并着重对持续统一的网络作战考虑因素加以阐述，说明不同网络行动类型下的注意事项。其中，新版条令多次强调技术及情报在作战行动中的作用，建议开发应用于特定作战的技术和工具；同时，新版条令致力于消除多国军事行动、跨领域机构间配合的"烟囱式"冲突，发展互操作性、信息共享能力。

〉〉〉 三、新版条令主要特点

（一）更加强调对网络空间的控制

新版条令采纳了 2018 年《网络空间作战》（JP 3-12）规定的网络空间基本定义和术语，大幅更新作战环境相关要素。新版条令强调对网络空间的控制是网络空间作战成功的关键，并把控制级别由低至高划分为"均势""优势""统治"3 个等级，通过持续交战、保护性网络行动等途径实现控制。

（二）更加明确网络空间作战的任务定位

新版条令指出，网络空间作战是在信息环境中为联合部队行动和作战提供 6 大信息战（IW）能力之一。空军在网络空间的军事行动和作战计划应融入联合部队的作战方案，充分考虑跨机构合作、战场物理域和网络域联动效应，支撑国家情报体系下与盟友、合作伙伴的数据和信息共享，积极融入"综合威慑"和联合作战体系。

（三）更加聚焦网络空间作战力量形成与运用

新版条令指出，国防部网络空间作战主体由战略司令部转向网络司令部及下属作战部队，显著放大了网络司令部在网络空间作战中的作用和职责，作战任务执行主体分配至网络任务部队。同时，原网络空间作战组织结构发生变化调整，例如：原隶属于空军的太空司令部（AFSPC）现升格为太空部队（USSF），不再仅仅负责空军网络部队的组织、训练与装备，而是致力于加强国防部在太空中的竞争优势，发展以太空为重点的军事力量；原空军情报监视侦察局（AFISRA）编入第 16 航空队，全面负责空军的情报监视和侦察及电子战、密码管理等活动。

〉〉〉 四、启示建议

随着新版条令出炉，美国空军成为美军首个修订网络战纲领的军种，标志着美军已将加强网络空间军备建设的举措延伸至网络作战部队。美国网络战略和思维变化带来的新挑战，给我国网络空间安全造成前所未有的冲击，对如何开展斗争、维护国家安全提出了更高的要求。

（一）建立清晰顶层规划，统筹协同作战力量

美军高度重视网络空间顶层设计和战略规划，持续发布相关战略政策、法案条令，进

一步加快网络空间作战能力建设步伐，促进战术、技术与流程的发展与完善。对此，我国亟待构建体系化思维，以网络安全战略为牵引，基于能力需求建立清晰的顶层作战架构，明确体系整体目标和对抗能力要求，确定能力体系与装备体系、技术体系的映射关系和影响因素；同时，要对各类参战力量实施全局统揽和协调控制，加速网络战与信息战、电子战、信息战等多种专业能力的集成，确保多域能力融合成高杀伤力的有机整体。

（二）推动军民融合共建，促进技术创新升级

当前美国奉行的《国防战略》视我国为最大的竞争对手，美军网络军事化战略升级、综合威慑加剧，网络战威胁或再度升级。对此，我国应做好随时应对美网络冲击与进攻的准备。一方面，积极推动网络安全核心技术升级创新，做好人工智能、量子计算、零信任等新一代信息技术的自主可控，全面提升网络安全领域综合防御能力；另一方面，加强网络安全军民融合，根据科技创新发展趋势和技术需求，组建军民融合创新研发机构和创新平台，进一步强化网络安全攻防和应急响应能力。

（三）积极发出我国声音，强化区域国际合作

为强化威慑目标，美军将"与盟友及合作伙伴共同保护网络领域"列入《国防部网络战略》，强调在战略、行动和战术层面加强与网络能力最强的盟国和伙伴的合作关系。为此，我国迫切需要在国际层面进行协同合作。一方面，积极在国际场合发出中国声音，宣传我国网络空间治理理念，营造有利的网络安全外部环境；另一方面，加强区域网络安全合作，有针对性优化合作环境，广泛建立友好关系，扩大我国网络安全影响力。

（中国电子科技集团公司第三十研究所　郝志超）

美国网络司令部远征网络部队建设概述

2023年7月，美国网络司令部司令提名人蒂莫西·霍在出席美国会参议院情报委员会听证会时提出"未来将加强远征网络部队建设"。此番言论是对2022年12月美新版《网络空间作战条令》提出的"远征网络空间作战"概念的呼应，更是对美国"主宰网域"愿景的转型实践。

>>> 一、建设理念

（一）聚焦新战略落地实施，积极调整力量建设重心

2022年12月，美国发布新版《网络空间作战条令》，提出"远征网络空间作战"概念，明确将其定义为"需要在物理域内部署网络部队的网络空间作战行动。该作战行动实施主体是前沿部署的网络部队，触发条件为无法获取对手网络目标的远程访问权限时，主要目的是抵近接触该目标获取接入权限。"美国加强远征网络部队建设是对"远征网络空间作战"概念的呼应，将推动该概念落地实施。

（二）契合各军种建设步伐，加速形成战术作战能力

近年来，为满足各军种个性化作战需求，各军种战术网络力量建设进入快速发展期，但随着网络空间格局的变化，美军为保持其在网络空间优势权，提出以世界一流网络队伍为联合部队提供全球作战优势的"主宰网域"愿景，表明美军在持续优化网络力量规模的情况下，将更加注重提升战术网络作战能力，以适应高端战争作战需求。未来，远征网络部队可通过灵活、动态地调整网络部队的数量和位置，在靠近对手物理位置的网络空间持续不断与对手交战，近距离配合战术部队对目标设施开展多路径、持续性的网络攻击，并通过持续、

一体化行动实现网络攻防之间的无缝流畅转换,并为联合部队提供战略和作战优势。

（三）紧跟新作战样式转变,助推网络空间作战融合

2023年6月,美国参议院武装力量委员会在《2024财年国防授权法案》中提议,要求国防部对是否建设独立的"网军"开展评估。由于网络攻击敏感性、级联性较强,其作战控制权限目前主要集中在政府和军队高层。远征网络部队旨在建设由各军种保留的战术级网络作战力量,一方面将推动网络攻击由战略层向战术层下沉,带动网络攻击权限下放,实现网络攻击短链指挥;另一方面,将有利于一体筹划网络作战和其他作战行动,促进网络行动与物理域行动跨域协同,推动网络作战融入联合作战。

>>> 二、建设现状

（一）陆军方面

2020年7月,陆军网络司令部司令斯蒂芬·福加蒂中将表示,2021年下半年将在戈登堡完成"进攻性网络作战信号营"组建;2022年6月,美国陆军发言人称,将通过扩充网络任务部队、电子战分队的方式,当前陆军正进一步打造增强的电子战和网络战能力,已成立由多支远征网络和电磁活动（CEMA）小组构成的第11网络营（原陆军第915网络战营）。此类小队具备增强的电子战和网络战能力,可直接配属于旅战斗队,为其提供即时的战术网络攻击能力。截至2023年3月底,该营已拥有4支此类小队,预计到2026年将扩充至12支。

（二）海军方面

海军目前正在建立非动能效应小组,旨在结合信息战空间、电磁频谱、网络指挥控制、攻击性网络行动、信息作战活动等,利用关键信息战能力来增强海上部队。2020年,海军和海军陆战队启动在舰船上部署内网防御分队工作;2022年4月,美国海军太平洋舰队称,正组建名为"太平洋舰队信息战司令部"的特遣部队,负责整个太平洋舰队的信息战规划、协调与指导。

（三）海军陆战队方面

海军陆战队建立了海军陆战队远征军信息大队（MIG）,旨在将电子战与情报、通信、军事信息支持行动、太空、网络和通信战略相结合,向远征军指挥官提供信息优势。海军陆战队在3个远征军下建立信息大队（下设内网防御连）,同时在海军陆战队网络司令部网络作战大队下新建3个网络营和3个网络活动小组,其中:网络营负责国防部信息网

络防护和海军陆战队远征军的作战支援;网络活动小组负责区域骨干通信网络安全。2020 年 6 月,海军陆战队在加利福尼亚彭德尔顿兵营成立第一网络营,负责国防部信息网络和海军陆战队基础设施安全,并通过遂行防御性网络作战,为海军陆战队第一远征军、海军陆战队西部基地等部队作战行动提供支持;8 月,海军陆战队在弗吉尼亚匡迪科成立第一网络活动小组,负责华盛顿特区的海军陆战队企业网络防护;10 月,在弗吉尼亚阿灵顿成立第二网络活动小组,负责国防部和堪萨斯信息技术中心网络防护。2021 年 10 月,海军陆战队完成在北卡罗莱纳勒琼兵营第二网络营、日本冲绳瑞庆览兵营第三网络营和路易斯安纳新奥尔良第三网络活动小组的组建工作。

(四)空军方面

根据《网络中队计划行动指令》及相关年度实施方案,推动网络中队和任务防御小组建设,以实现 2026 年在所有空军联队与基地设置网络中队和任务防御小组目标。2021 年 9 月,经过 1 年整编,第 55 通信中队更名为第 55 网络中队并新建 1 个网络任务防御小组。至此,美国空军计划先行成立的 81 个网络任务防御小组,已有 3 个小组达到初始作战标准。此外,2023 年 7 月美国空军宣布正式建立新的进攻性战术网络部队,为空中部队提供综合网络作战能力,执行"与进攻性动能行动同步的非动能行动"。据悉,美国空军将把俄亥俄州曼斯菲尔德的一支空军国民警卫队调派为网络空间联队来承担这项新任务,相关部队最终都将隶属于美国空军信息战实体第 16 航空队。

>>> 三、动向分析

美国将"大国竞争"和"印太再平衡"作为战略重点,意味着美军在网络空间作战能力发展与运用将更具有战略性和进攻性。可见,美军将以"前出狩猎"战略为导向,瞄准网络域、物理域、认知域作战需求,通过扩大兵力规模、调整兵力布局、加强技术赋能等途径,打造适应持续交战、面向联合作战的网络部队,谋求"夺取和保持网络空间优势",整体呈现三大发展趋势。

(一)结合"前出狩猎"实战经验持续扩大力量规模

目前,"前出狩猎"已成为美军开展网络战的行动框架,截至 2023 年 3 月,已在 22 个国家执行了 47 项此类任务。美军通过"前出狩猎"积累了丰富的实战经验,在此基础上总结经验,提出远征网络部队,将牵引美军下一步网络战能力建设,以满足高端战争制胜的力量需求。美国国防预算法案、相关政策文件和高层领导证词表明,为建立网络空间的"持久优势",美军将持续加大对网络力量建设的投入,通过提高网络人员使用经费、组建新型部队、力量转型调整等方式，对远征网络力量和规模进行扩大，以打造具有全面进攻能力的战场机动力量。

（二）瞄准远征网络空间作战适当调整指挥权限

当前，远征网络空间作战的指挥控制，仍遵循与其他网络作战行动指挥控制相似的授权，美军远征网络空间作战在集中式的指挥授权下开展，战术指挥官不拥有发起进攻性网络作战行动的授权。因此，2023年3月，美国网络司令部政策、条令和战略部技术主任保罗表示，"各军种必须采用协调的方式，以确保战略网络作战和战术网络作战的有效性，及时响应指挥官的需求，在适当的指挥授权和可靠的技术控制下实施行动，防止或减少意想不到的效果，以免对其他作战行动和部队整体能力产生不必要的威胁"。未来，美军将通过对网络司令部、各军种和作战司令部之间的责任界定，动态调整网络作战指挥、控制和支援，以实现战略、战术行动间的密切协调、冲突消解和行动同步。

（三）瞄准大国竞争持续优化网络部队作战能力

美军网络司令部成立以来，主要"借用"国家安全局的网络攻防工具或军种开发的系统，但无法满足联合作战需求。为进一步增强网络部队的威慑与对抗能力，以国家网络任务和军事网络作战需求为牵引，美军未来着重发展4大远征网络作战能力：①态势感知能力，对陆、海、空、天、网、电全域的传感器信息进行融合；②漏洞挖掘能力，快速高效地挖掘对手网络和信息系统漏洞；③载荷预置能力，在战术层面通过多种途径和手段，将攻击载荷提前预置或直接投送到对手系统网络靠近更难访问的物理目标；④一体化攻击能力，主要通过升级传统电子战装备、新研网电一体化攻击装备、火力打击平台，增加网电攻击模块等方式突破物理隔离网络，大幅增强其战场网络进攻能力。

〉〉〉四、结语

随着前沿技术创新发展和大国竞争不断加剧，为有效应对网络空间领域军事化、行动复杂化、对抗激烈化等发展趋势，美军网络部队聚焦发展天网电等高维空间的战场网络作战能力，通过前出防御战略和持续交战作战模式，网络任务部队与远征网络空间作战部队密切协作，在网络空间开展无差别、全时段威慑，通过实施平战一体、攻防结合的全谱系行动，不断提升网络部队的攻防慑战能力，使我国网络空间面临更复杂多变的斗争形势，对我国国家安全和利益带来严峻的威胁与挑战。

（61660部队　范梦鸽　王天宇　蒋志圆）

"月光者"卫星入轨对太空网络安全的影响

2023 年 6 月 5 日,美国国家航空航天局和 SpaceX 公司将一颗名为"月光者"(Moonlighter)的卫星送入近地轨道。该卫星是美国航空航天公司、太空系统司令部和空军研究实验室合作开发的网络测试平台,是世界上第一个也是唯一一个"太空黑客沙盒",旨在促进对太空系统网络安全的理解。8 月 11 日至 13 日,5 支黑客队伍参加了在拉斯维加斯举行的第 4 届"黑掉卫星"(Hack-A-Sat,HAS)竞赛,以远程夺取这颗当时正在以 5 英里/秒(1 英里=1.6093 千米)的速度绕地球运行的"月光者"的控制权,黑客除了试图闯入并建立与卫星的数据链路之外,还试图通过使用加密和防火墙保护来阻止敌方团队进入他们自己的脆弱系统。"月光者"卫星是第一个用于"黑掉卫星"竞赛的在轨资产,也是第一个用于夺旗演习的太空平台,这一举措被视为推进美国太空网络安全的里程碑,标志着太空网络安全进入新时代!

>>> 一、"月光者"发射背景

(一) 俄乌冲突导致卫星网络攻击风险飙升

"月光者"发射是在俄乌冲突爆发并且持续了一年之久尚未结束之际。这段时间以来,针对太空安全事件逐渐增多,而这场战争被认为是瞄准卫星系统的"催化剂"。

太空领域最具破坏性的网络攻击之一是在俄罗斯入侵乌克兰当晚针对欧洲卫星通信网发动的攻击行动。2022 年 2 月 24 日,美国和欧盟宣称,俄罗斯对属于 Viasat 公司的商用卫星通信网 KA-SAT 发起网络攻击,旨在中断乌克兰的指挥和控制行动,同时对其他欧盟国家(包括德国、希腊、波兰、意大利和匈牙利在内的其他国家)造成严重的溢出效应。直到 1 个月后,欧洲卫星宽带服务才恢复。Viasat 公司透露,数以万计的 SATCOM 调制解调器被破坏，不得不重新更换。攻击者能够利用"错误配置的 VPN"漏洞，获得访问权限，并横向移动到 KA-SAT 网络管理部分，随后执行命令使得调制解调器的内存溢出，使它们无法使用。无疑，此次事件造成的后果和影响是巨大的，是世界首次大规模卫星通信攻击，在卫星通信系统的网络攻击史上也会成为经典之战，这种攻击被视为战争期间最为重大的数字攻势行动之一。美国联邦调查局（FBI）与网络安全与基础设施安全局（CISA）随后就俄罗斯可能对卫星系统进行的其他渗透活动发出警告，未来卫星通信系统的网络安全提上议事日程。

到 2022 年底，CISA 再次发现，有可疑的俄罗斯黑客正潜伏在美国卫星网络中。研究人员将此次事件归咎于名为 Fancy Bear（又名 APT28）的俄罗斯黑客组织，其攻击对象是一家卫星通信提供商，客户遍布美国各关键基础设施领域。CISA 进一步声称，Fancy Bear 似乎已经在受害者网络中驻留了数月之久。虽然攻击细节披露不多，但对于正在迅速扩张的美国太空经济而言，此次发现无疑再一次引发了人们对于俄罗斯实施渗透和破坏的担忧。

（二）针对卫星的网络攻击测试已形成可映射的技术框架

2022 年 10 月，由美国政府资助的非营利性研发中心航空航天公司（Aerospace Corporation）创建了一个新的框架——太空攻击研究和战术分析（SPARTA）框架，该框架旨在描述黑客可能对太空系统构成的独特威胁，探索了对手在攻击太空物体时可能使用的各种技术，以及在太空领域可以使用的各种反制措施，以应对涵盖天基组件（如卫星、航天器和其他系统）的网络攻击。框架设计了 9 个战术阶段，分别是侦察、资源开发、初始突破、执行、持久潜伏、防御规避、横向移动、数据渗出和影响，旨在整合威胁信息和已识别的空间网络战术、技术和程序（TTP），添加对策，并根据领域发展及攻击者使用 TTP 的变化而发展变化。该框架是全球首个太空网络威胁战技术框架。

网络安全是太空领域面临的新的重大挑战。在真实环境中模拟网络攻击是解决这一挑战的有效途径，但无法逐一揭示卫星在测试环境之外的攻击中可能受到的影响。因为进入在轨环境会带来众多挑战，所以很多内置的测试模拟器将不再适用。例如，卫星大部分时间都与操作中心断开连接，自动化程度相当高，这会提高复杂程度；运行控制人员可能不太了解特定时间段内这些太空系统受到哪些影响。而类似"黑掉卫星"（Hack-A-Sat）的测试平台则便于研究人员观察黑客怎样攻击他们可能不熟悉的太空系统中的网络，并将这些攻击映射到太空攻击研究与战术分析（SPARTA）框架中。

（三）美军亟待验证新的卫星网络防御范式

2020 年 9 月，美国发布首份针对太空系统的网络安全政策——第 5 号太空政策指令《太空系统网络安全原则》（SPD-5）。该指令突出强调了太空系统网络安全的重要性，并分析了当前面临的威胁,确立了太空网络安全 5 大原则,同时指出将网络安全集成到开发的所有阶段,并确保完整的生命周期网络安全对于空间系统至关重要。

通过 SPD-5 指令,美军希望保证太空领域网络安全的发展方向正确。美军进行了一系列分析研究,并明确指出俄罗斯等对手可能通过入侵卫星网络的控制链路或篡改所传输的数据,从而对美军战斗力产生近乎灾难性的影响,并对西方国家日常生活所必需的能力产生附带影响。美军认为,必须为太空系统提供更多、更灵活的网络安全选择,为太空引入更大网络弹性。为此,美军提出应该利用新网络防御范式应对"太空灰犀牛",例如:采用软件解决方案将端到端加密、零信任原则和去中心化密钥管理等能力应用到卫星和地面站,从而确保军方能够自信地使用多样化、相对不受信任的网络;利用"数字孪生"和基于模型的系统工程等技术,从系统设计周期开始提高卫星网络安全水平。这些创新技术和思想在保护现有太空系统和开发安全系数更高的新系统中的重要作用亟待验证。

》》二、"月光者"基本情况

(一)概貌

"月光者"太空黑客沙盒具有一般卫星的组件和系统,包括:摄像头,用来计算方向;有效载荷相机;电路板,包括电源路由板、姿态控制板、命令和数据处理计算机、用于接收位置和时间信号的 GPS 天线;无线电天线,用于发送遥测数据和接收来自地面操作员的命令;有效载荷无线电,用于通过高速链路发送遥测数据,并接收来自地面操作员的命令;陀螺仪,用于测量卫星在多个方向旋转的速率和加速度;反作用轮,用于轮速或方向改变;太阳传感器,用于测量接收到的光,以帮助确定太阳的方向。

"月光者"是第一个具有双折叠面板的航空航天 3U 立方体卫星,详细尺寸如下。

(1)中型 3U 立方体卫星,外层收起尺寸为 34 厘米×11 厘米×11 厘米,重量约为 5 千克。

(2)当太阳能电池板完全展开时,飞行配置外部尺寸为 50 厘米×34 厘米×11 厘米。

(3)部署的太阳能电池板阵列尺寸为 34 厘米×30 厘米。

(二)功能

"月光者"卫星旨在解决在太空领域应用网络防御理论和方法的测试环境限制,为美国航天安全提供在轨实时测试和学习的能力。

"月光者"卫星的目标是将太空系统的进攻性和防御性网络演习从地球实验室环境转移到近地轨道。该卫星携带了一个专用网络有效载荷,带有防火墙以隔离子系统,还具有一个完全可重新编程的有效载荷计算机,从而在保障卫星安全的情况下开展可重复的、现实的和安全的网络实验。该卫星将运行由信息安全和航空航天工程师开发的软件，能够处理多个团队争夺对其软件的控制权，而不会丢失或损坏卫星并破坏项目，以支持在轨网络安全培训和演习。

"月光者"卫星将在以下领域发挥关键作用。在太空应用方面，利用"月光者"卫星开展的网络安全技术实验结果和分析，改变未来太空任务的设计方式，从而构建更具网络弹性的架构。在地球应用方面，"月光者"卫星使用基于云的地面部分，实现了一个可以快速重置为已知良好状态的环境，同时保持网络活动与关键健康和安全操作之间的分离。通过该卫星了解网络威胁识别和预防策略，有利于未来太空系统的设计和测试，从而通过设计来构建网络弹性。

三、"月光者"与"黑掉卫星"挑战赛

（一）挑战赛基本情况

"黑掉卫星"太空信息安全挑战赛，英文正式名称是 Hack-A-Sat，（HAS），在全球顶级极客大会 DEFCON 会议期间举办，由美国空军与太空军。美国空军与太空军希望通过这种竞赛，找出可能被对手利用的安全漏洞，从而帮助美国政府建立更安全的太空系统。

挑战赛从 2020 年开始每年举办一次，目前已举办了 4 届。比赛分为资格赛和决赛两个阶段，采用积分制。2020、2021 和 2022 年的"黑掉卫星"挑战赛都是以模拟形式展开。

（1）2020 年 5 月 22—24 日，第一届"黑掉卫星"（HAS2020）资格赛举办，共 34 道赛题，有 6298 人参赛，组成 2213 支队伍。这次比赛引起美国空军的注意，2020 年 8 月 7—8 日 HAS2020 的决赛由美国空军组织。

（2）2021 年 6 月 26—27 日，第二届"黑掉卫星"（HAS2021）资格赛举行，由美国空军与太空军联合组织，共 24 道赛题，有 2962 人参赛，组成了 1088 支队伍。决赛于 2021 年 12 月 11—12 日举行。

（3）2022 年 5 月 21—22 日，第三届"黑掉卫星"（HAS2022）资格赛举行，由美国空军与太空军联合组织，共 27 道赛题，有 2528 人参赛，组成了 803 支队伍。决赛于 2022 年 10 月 22 日至 23 日举行。

（二）"月光者"成为挑战赛首颗靶场卫星

2023 年 8 月 11—13 日，第 4 届"黑掉卫星"（HAS4）挑战赛举行，因"月光者"卫星的发射入轨而区别于以往 3 届竞赛。"月光者"成为本届竞赛的"太空黑客沙箱"，本届竞赛也因而成为首场真实环境太空黑客大赛。

来自世界各地的 5 支黑客团队首次破解在轨卫星,测试项目难度很高。例如,"八月圣诞节"项目要求参赛者让"月光者"离开常规轨道飞近北极;另一个项目要求参赛者入侵卫星摄像头,并从太空拍摄照片;还有一个项目是"铁银行"加密挑战,只有冠军团队 mHACKeroni 完成了这次挑战。这次竞赛是由美国空军研究实验室、太空系统司令部、航空航天公司和 Cromulence 联合举办。

(三) 从挑战赛看美国太空安全攻击手段

HAS 竞赛结合了航天与信息安全两个领域,在其题目设置上也体现了这一点,有别于传统的信息安全夺旗赛。一般而言卫星运行都包括地面站、星地链路、卫星 3 个部分,HAS 的挑战题也是围绕这 3 个部分进行的。在题目中除了传统的密码破解、逆向工程、信号截获分析等信息安全知识,还结合了天体物理学、天文学的相关知识,体现太空信息安全的特殊性。涉及的技术也是相当广泛的,既有嵌入式操作系统相关的,也有处理器相关的,还有信号处理相关的,对参赛者提出了极高的要求。

通过对连续 4 年举办的"黑掉卫星"太空信息安全挑战赛题目背景设置的分析,可以提炼出未来可能的太空安全攻击手段。

(1) 卫星段攻击手段,包括平台数据劫持、恶意篡改代码、利用代码编写漏洞、篡改运行配置文件、狼群战术、辐射攻击、勒索软件等。

(2) 链路段攻击手段,包括信号截获分析、密码攻击等,也是"黑掉卫星"挑战赛中很常见的类型。

(3) 地面段攻击手段,包括电磁嗅探、利用协议设计漏洞、恶意数据擦除等。

〉〉〉 四、"月光者"对太空网络安全的影响

(一) 改变太空安全游戏规则

太空安全已经成为全球愈发关注的重大问题,世界各国的关键行业和军队都高度依赖卫星开展重要通信、GPS 和互联网访问。美国力图封堵太空系统网络安全漏洞,也会对全球太空格局产生重要影响。简单地说,一旦美国解决了太空系统的网络安全问题,建立起强大的太空系统网络攻防能力,其太空行动将更加自由,进而对其他国家太空资产形成更大的挑战与威胁。而"月光者"卫星则为美国航天器及其支持架构展示更大的弹性铺平了道路。

基于安全困境的逻辑,迫使其他国家发展相应的反制措施,导致太空军备竞赛难以遏制,太空治理规则难以确立。为强化太空攻防能力,各国必然制定相应的战略来发展

太空实力。随着各国太空实力的提升，为谋求有利于自己的太空治理规则，各种治理规则和倡议将相互竞争，给太空治理共识的达成增加实际障碍。

（二）提升美国太空网络攻防实战化能力

太空是一个作战域，太空测试和评估需要开发、测试和评估太空相关系统的技术和设施，以增强作战人员和决策者对太空能力的信心。在"月光者"发射之前，美国国防部测试和评估能力中最明显和最关键的差距是缺乏国家太空测试和训练靶场。与其他军种不同，美国太空军没有可操作的现实方法来测试天基系统或训练太空军作战人员。

"月光者"卫星进入太空，美国太空部队可以利用"月光者"太空黑客沙盒，通过举办竞赛来收集太空黑客攻击的各种技战术，提升美国太空军制定的"进攻性太空作战"能力。同时，利用"月光者"卫星的太空黑客沙盒检测和分析机制及软件重构能力，将提升美国太空军太空防御安全分析和研判能力，构建太空综合防御能力。未来美国太空军网络安全攻防团队将全面参与到这一实网测试中，通过竞赛面向航空航天的太空靶场进行公开性大规模测试，将显著提升其网络实战化能力。

（三）推动太空网络安全"颠覆性技术"发展

通过"月光者"，美国强化了太空系统网络安全，同时也会推动"颠覆性技术"的发展，进一步提升美国科技实力。在科技发展预期中，美国将太空与网络一体化集成作为推动科技发展的重要手段。美军认为，未来10~30年在太空与网络空间的交叉领域需要攻克多项关键技术难题，包括人工智能、认知电子战与先进数据技术分析等3大类共11项核心技术，系统集成太空与网络以提升美国整体战场态势感知、指挥与控制能力。同时，美军正在研发新技术，改善GPS的定位导航授时能力，解决传统GPS易遭网络攻击的问题。所有这些举措可能会导致未来在太空与网络态势感知、太空与网络攻防技术以及太空操作等方面出现"颠覆性技术"。

》》》五、结语

未来，太空系统与网络空间系统会更加紧密地结合，意味着太空系统遭受网络攻击的可能性进一步增大。因此，我国必须重视太空系统的网络安全，应加快发展相应技术和力量，跟踪太空发展态势的要求，应对太空系统所面临的网络安全威胁。同时，将太空系统与网络空间进行一体化系统集成，提升太空系统的网络攻防能力。

（中国电子科技集团公司第三十研究所　陈　倩）

解析巴以冲突中的网络战

2023 年 10 月 7 日,伴随着数千枚火箭弹的发射,巴勒斯坦伊斯兰抵抗运动(哈马斯)武装人员对以色列占领区发动突然袭击,在短时间内发射 5000 枚火箭弹,造成大量人员伤亡。以色列国防部承认被俘的军民数量"史无前例",全国宣布进入"战争状态"。这是继 2022 年俄乌冲突后的又一次全球关注焦点。当以色列对哈马斯大打出手之际,数十个国际黑客组织开始选边站队,集中攻击巴以双方的网络基础设施,在网络空间开辟了第二战场。随着巴以冲突愈演愈烈,以及中东地缘政治联盟的变化,未来可能会出现更多国家支持的网络攻击,网络战可能会蔓延到被视为支持任何一方的其他国家。

〉〉〉 一、冲突中各方黑客组织参与情况

目前,哈马斯和以色列国防军之间激烈的军事行动仍在继续,多国黑客组织进入网络战场加入战斗。自双方开战以来,黑客组织对双方重要政府、职能机构及关键基础设施发起大规模网络攻击。据不完全统计,截至 2023 年 11 月共有 70 多个黑客组织团伙参与攻击,巴以冲突各方黑客典型组织可以分为 3 类:①亲巴勒斯坦派(亲巴派),这一类黑客组织占绝大多数,包括 Killnet 在内的 43 个亲巴勒斯坦黑客组织瞄准以色列关键基础网络设施进行攻击,包括政府、金融、通信等行业。②亲以色列派(亲以派),这一类黑客组织相对较少,仅有 12 个,主要以 India Cyber Force、UCC 等组织为主,以巴勒斯坦关键基础设施为目标进行攻击。③中立派,以 Krypton、ThreatSec 为代表,公开宣布自己"中立"。随着巴以冲突的继续,这些黑客组织未来将卷入所有重大地缘政治冲突,民间黑客等非国家行为体选边站队,影响未来网络攻防和认知态势走向。

（一）以 Killnet、Anonymus Sudan 为代表的亲巴派，对以色列重要政府、职能机构及关键基础设施发起大规模网络攻击

自双方开战以来，亲巴派黑客组织占大多数，他们对以色列重要关键基础设施发起大规模网络攻击，100 多个网站因简单的分布式拒绝服务攻击（DDoS）遭到破坏或暂时中断，以色列电力、卫星与工业控制系统等关键基础设施安全持续受创。10 月 8 日，Killnet 通过 Telegram 社交平台中的账号发布将攻击以色列政府网站的言论，随后被 ЛЕГИОН-КИБЕР СПЕЦНАЗ РФ V2（网络特种部队）Telegram 频道转发，表明 ЛЕГИОН-КИБЕР СПЕЦНАЗ РФ V2 也将参与攻击，随后又发布了攻陷目标后的截图，包括以色列政府官方网站。

（二）以 INDIAN CYBER FORCE、UCC 为代表的亲以派，对巴勒斯坦关键基础设施目标进行攻击

在亲以色列组织的黑客组织相对较少，共有 12 个，主要以 India Cyber Force、UCC 等组织为主，以巴勒斯坦关键基础设施为目标进行攻击。在此次冲突中，总部位于印度的黑客组织 India Cyber Force 也对巴勒斯坦发动了网络攻击，并声称为哈马斯组织、巴勒斯坦国家银行、巴勒斯坦网络邮件政府服务和巴勒斯坦电信公司网站的瘫痪负责。10 月 9 日，UCC 正式针对巴勒斯坦多个目标进行网络攻击，主要以 DDoS 攻击为主，目标为政府网站。

（三）以 Krypton、ThreatSec 为代表的中立派，同时对巴以两方进行网络攻击

在此次冲突中，除了选边站队的黑客组织外，还有个别黑客组织宣布中立，例如：ThreatSec 组织宣布"中立"，针对以色列和巴勒斯坦目标进行攻击，还声称入侵了巴勒斯坦最大的互联网服务提供商 AlfaNext；提供 DDoS 服务的 Krypton 网络服务商希望向攻击以色列组织的黑客活动组织出售其服务。

>>> 二、巴以冲突中网络战特点

（一）破坏性 DDoS 攻击成为重要手段，通信服务与网络基础服务为 DDoS 主要攻击目标

DDoS 攻击是国家、政治团体甚至恐怖组织最为直接的网络攻击手段。当前，大量物联设备不断接入互联网,脆弱性广泛存在,成为 DDoS 攻击的作战资源。在此次冲突中,支持双方的黑客组织在网络空间实施了一系列恶意的网络攻击,包括 DDoS 攻击、数据窃取、网站污损等,干扰和破坏对方网络设施,其目标主要是政府、金融等重点行业的重要网站。从巴以冲突双方在网络空间的较量来看,DDoS 攻击除了攻击 Web 服务器外,还将 DNS 服务、关键邮件服务列为攻击目标。相较于传统的攻击 Web 服务,攻击 DNS 服务、关键邮件服务影响更大。其中:DNS 服务一旦瘫痪,将会影响整个区域内的域名解析,无法提供网站访问、电子邮件等多种服务,进而造成网络通信中断;关键邮件服务一旦瘫痪,将会造成通信中断,影响重要信息的传递,使通信暂时"致盲"。

(二) 网络攻防和认知战相互交织,认知战成为网络战争的重要一环

巴以冲突爆发以来,双方在舆论上交锋的内容、呈现形式和程度变化与军事领域密切相关。在其背后,更深层次的原因是双方对舆论话语权的争夺,试图以舆论的力量威慑并压制对方。除了网络攻击方式,双方还通过认知战引导舆论来宣称自己是正义的行为。亲巴方使用社交平台开展认知宣传,例如社交媒体威胁情报提供商 Cyabra 分析了超过 100 万条帖子,发现哈马斯控制的虚假在线帐户大都是为传播虚假信息或收集有关目标信息而创建的,其中参与在线对话的社交媒体帐户有五分之一是假的。同时,亲以方塑造受害者形象,为军事行动争取"法理道义",借助在全球媒体平台上的垄断性地位,主动引导国际舆论,影响民众认知。以色列高层多次现身电视节目,驻外使领馆也纷纷发声,将哈马斯塑造成"十恶不赦的恐怖分子",将以色列的军事行动描述成正义行动。当前,正如这场战争所证明的那样,认知战和网络战可能会加剧紧张局势并使谈判复杂化。

(三) 新型数据擦除器工具涌现,网络攻击更具针对性和复杂性

在此次冲突中,亲巴黑客组织使用基于 Linux 的擦除器恶意软件(BiBi-Linux-Wiper),该恶意软件已在俄乌冲突中使用,并被证明具有有效的破坏性,通常用于证据破坏和网络战,可以"擦除"数据、覆盖数据或损坏数据。随着更多擦拭器的部署,预计还会出现其他惩罚性网络攻击,例如部署勒索软件来锁定系统并窃取/分发被盗数据。此外,黑客组织可能会对高价值人士进行人肉搜索,以暴露他们的敏感信息,这些信息可用于物理和/或数字目标。当前,巴以冲突持续发展,这些黑客组织有可能参与除网页篡改和 DDoS 攻击之外的更危险的网络攻击。

(四) 黑客组织选边站队进行关键基础设施攻击,并快速形成"战时"利益团体

在此次巴以冲突中,选边站队的黑客组织试图进行关键基础设施攻击,将对方支持

者拖入冲突,开辟网络空间的新战场,例如瘫痪媒体、政府与社会保障机构网站,攻击以色列"铁穹"导弹防御系统,火箭袭击"警报"应用。支持双方的黑客组织发起的网络攻击,令这场冲突持续升级,而地区持续不断的武装冲突可能会吸引更多黑客组织加入这场网络攻击。这些网络攻击的技术并不复杂,但却展现出危及信息传播、企业收入,甚至关键基础设施的"强大能力"。以亲巴黑客组织为例,在短时间内就针对数十个以色列政府网站和媒体网站进行破坏和分布式拒绝服务攻击,成功瘫痪了以色列财政部、社会保障机构以及摩萨德间谍机构和耶路撒冷市政府等50多个网站。

从此次巴以冲突看,各个黑客组织并非始终采取单体"作战"形式,具有相同利益的黑客组织会相互示好并快速形成"战时"利益团体。这些组织平时独立行动,但由于"战时"具有相同利益,从而快速结合扩大攻击力量。很多黑客组织也会因为自己的利益诉求临时组建并加入攻击。

》》》 三、几点启示

（一）关键基础设施的脆弱性再次敲响警钟,网络安全能力建设迫在眉睫

从俄乌冲突到巴以冲突中的网络战,对关键基础设施的网络攻击不断升级,此次冲突中以色列电力、卫星与工业控制系统安全持续受创,凸显了关键基础设施基本服务的脆弱性以及采取强力网络安全措施的必要性。作为中东地区的网络强国,以色列号称"网络安全能力位居世界前五",拥有世界领先的作战武器和享誉全球的情报机构,以色列国防军及其8200部队更是拥有惊人的进攻和防御能力,可在这场波及全球的黑客混战中,以色列却屡屡受挫,网络安全防御能力受到质疑。巴以冲突的网络战争给全球各国敲响了警钟,敦促各国重视网络安全能力建设,以应对日益互联的世界中未来冲突的复杂性。各国应对未来可能发生的网络攻击做好充分准备,并采取积极主动的全方位网络安全措施。

（二）网络战充分融入军事行动,实施网络攻击成为信息化时代战争"首选项"

在现代战争开局阶段,利用网络战损毁敌国关键信息系统,窃取军事情报,瘫痪互联网、通信、交通、能源、金融等关键基础设施,打击敌方军事指挥控制能力,已经是"首要必选手段"。事实上,网络攻击与军事行动的协同作用已被多国国防战略或军事条令所认同,并不断得到军事实践的验证。巴以冲突进一步印证网络攻击是信息化时代战争形态的必要元素。网络战最重要的战场就是关键基础设施领域,巴以冲突中的黑客组织纷纷

瞄准工业控制系统。黑客活动分子通过追踪各种工业控制系统,破坏关键基础设施并引起国际关注。他们选择工业控制系统的原因正是因为这类网络攻击可能会产生严重影响,包括运营中断、安全隐患、经济成本和声誉损害等。

(三) 网络战往往会引发连锁反应,蔓延至其他相关国家

网络空间博弈不受地域限制,随时随地都会发起攻击,导致网络空间博弈不再限于交战双方,会有多方势力的黑客组织参与到网络攻击中。在此次冲突中,有俄罗斯、印度、巴基斯坦、印度尼西亚等多个国家的黑客组织参与到攻击中。例如,Garuna Ops 组织攻击巴厘岛与孟加拉相关网站,引发连锁反应,导致更大规模的攻击。10 月 12 日,黑客组织以韩国支持以色列为由,对韩国外交部驻多个国家的使馆网站发起攻击并导致瘫痪。网络通联性测试网 check-host.net 实测数据显示,直到 10 月 14 日,韩国驻以色列使馆的官网尚未恢复对外服务。由于美国和其他北约联盟国家向以色列提供支持,因此这些西方组织可能会被视为以色列基础设施的延伸,而成为网络攻击的目标。例如,黑客组织"巴勒斯坦幽灵"就曾号召全球黑客瞄准以色列和美国的基础设施。随着黑客组织"选边站队"后,除了攻击交战双方境内的网络关键基础设施外,网络攻击的"战火"还会蔓延至所属黑客组织的国家中。

>>> 四、结语

伴随着巴以冲突的持续升温,全球黑客混战再度上演。当前,巴以冲突与仍在进行的俄乌冲突有许多相似之处,虽然巴以冲突仍处于早期阶段,但它有可能迅速升级,并有愈演愈烈之势。在这场举世震惊的冲突中,以色列作为中东地区的网络强国,却对哈马斯突袭行动毫无防备,这给以色列和全球各国敲响了警钟。随着网络战成为现代战争的重要组成部分,以色列在应对各种网络攻击的同时,正在全力发展自身网络攻防能力,并仿照"铁穹"导弹防御系统设计了"网络穹顶"。面对当前严峻的网络安全形势和关键基础设施的脆弱性,我国要加速构建网络安全防护能力体系建设,加强网络演习和预警演练,同时寻求全球性的网络治理机制,以减少此类网络攻击事件的发生。

(中国电子科技集团公司第三十研究所　龚汉卿)

深度解析 DARPA 网络安全漏洞发现计划 HARDEN

2023 年 2 月,英特尔(Intel)公司和加州大学圣地亚哥分校(UC San Diego)被选中加入美国国防高级研究计划局(DARPA)的"强化开发工具链防御紧急执行引擎(Hardening Development Toolchains Against Emergent Execution Engines, HARDEN)"计划团队。HARDEN 计划实现一种实用的方法,在软件开发生命周期(Software Development Life Cycle,SDLC)的早期阶段推理并发现漏洞,以增强当前和未来的系统的安全性,抵御网络攻击。

》》》一、发布背景

(一)部分系统自身的设计方式可谓"引狼入室"

目前人们非常关注检测和补救软件中的缺陷或漏洞,但是意想不到的是有些系统的设计方式也会为攻击者创造大量机会。这主要是因为系统设计者主要关注执行特定的任务,关注设计如何能够最好地支持预期的功能和行为,以及如何在设计中实现这些功能和行为。攻击者也发现,这些设计结构和实施行为可以被重新利用来达到他们的恶意目的。因此,攻击者经常发现,他们可以通过使用系统中已经内置的程序来产生突发行为,从而提供一种利用漏洞的方法。

(二)系统采用类似机制将为攻击者创造持久的漏洞可利用模式

当涉及到漏洞时,通常的想法是软件中有一个缺陷,然后有一个精心设计的输入可以触发这个缺陷,导致软件做一些它不应该做的事情,如崩溃或授权。而现实情况却有些不同,因为那些现有的缺陷并没有立即暴露出来,所以攻击者需要得到帮助才能找到它们。而这种帮助却是在不知不觉中由系统本身的功能和设计提供的。DARPA 信息创新办公室的项目团队观察到:如果有很多系统都依赖类似功能,那么这个问题就会变得更加严峻。当攻击者在系统上发现了漏洞,这就为其他系统找到类似的漏洞提供很大的参考借鉴,虽然这些系统是由不同的供应商独立开发的,但是利用了类似的机制。这就为攻击者创造了持久的漏洞可利用模式,进而可以在一大批程序中使用。DARPA 将这种模式通俗地描述为"紧急执行引擎(Engines of Emergent Execution)"。这就需要找到合适的方法防御"紧急执行引擎"。

》》》二、项目概况

(一) HARDEN 目标

DARPA 期望通过"强化开发工具链防御紧急执行引擎(HARDEN)"计划探索新的理论和方法,并开发实用的工具,以便在整个软件开发生命周期中预测、隔离和缓解计算机系统的突发行为。具体来说,HARDEN 将通过破坏攻击者使用的持久的漏洞可利用模式,并剥夺攻击者的"紧急执行引擎",来防止其对集成系统的利用。

(二) HARDEN 优势

1. 先进的设计理念

在软件设计层面,破坏潜在漏洞执行引擎的理念远胜于"打补丁"的理念。网络安全漏洞层出不穷,而常规的"打补丁"的方式往往只解决一个特定的漏洞,披露漏洞后及时发布其安全补丁。同时,当前的软件开发工具链和测试方法提供了非常有限的方法来推理编写和设计的代码的对抗性重用。这就导致在不知情的情况下,在系统中创建了稳定、可靠的紧急执行模式,对手可以在攻击中重用这些模式。例如:利用浏览器的内存管理算法和 Web 脚本的 Web 浏览器漏洞攻击以及利用可信计算系统管理模式的现代 Boot-Kit。为防止这种对抗性代码重用,HARDEN 计划通过创建实用的工具、技术,在软件开发生命周期的早期阶段推理并标记出具有高度对抗性重用和紧急执行潜力的代码段和设计模式。这样的理念远优胜于"打补丁"的缓解方法,能够破坏驻扎在设计层面的潜在漏洞执行引擎,将可能发生的、可能被重复利用的漏洞扼杀在"摇篮"中,从根本上改善集成系统软件的安全性。

2. 优秀的研发团队与安全工具

HARDEN 计划具备强大的优秀研发团队。为了减轻和防止集成计算系统中的漏洞利用，DARPA 选择了 Intel、UC San Diego、Galois、Kudu Dynamics、Narf Industries、River Loop Security、Riverside Research Institute 等多个实力团队来共同研究该解决方案。据 DARPA 信息创新办公室的项目经理谢尔盖·布拉特斯最新透露：内存安全问题一直是整个行业中大多数软件漏洞的原因。而 DARPA 将利用 Intel 的加密能力计算系统，这是第一个无状态内存安全机制，可有效地利用高效的加密技术取代低效的元数据，大大增强其安全性。

（三）HARDEN 项目主要研究内容

HARDEN 计划旨在使用正式的验证方法和人工智能辅助程序模型、分析和开发实用工具，通过破坏攻击者使用的健壮、可靠的攻击模式来防止其利用"紧急执行引擎"。

该计划将力图解决以下技术挑战：克服典型软件行为模型的状态爆炸；为软件开发人员提供预期行为的注释和紧急行为的预测；实现软件架构师和开发人员进行有关漏洞发现紧急执行引擎的有效沟通方法；在共同的开发流程和工具中预测和防止潜在的漏洞发现紧急执行引擎；创建紧急执行模型，在漏洞发现紧急执行引擎设计中，抽象出与紧急行为不相关的部分；在几个抽象层上建模接口和应用程序编程接口，以及这些层之间的交互；开发抽象的有效分层表示，以推理紧急执行模型等。

1. 技术用例

HARDEN 计划将解决集成软件系统的以下技术用例：①对国防部极为重要的信任根和供应链信任管理用例，如统一的可扩展固件接口（Unified Extensible Firmware Interface，UEFI）和国防部特定的传感器开放系统体系结构（Sensor Open System Architecture，SOSA）；②用于将平板电脑用户界面系统与可信计算机（例如任务计算机）安全连接的集成技术。

UEFI 体系结构被业界广泛采用，用于管理现代计算系统的可信任引导过程和完整性，以取代传统的基本输入/输出系统（Basic Input Output System，BIOS）和芯片组固件，为信任根和供应链信任管理提供可靠的体系结构基础。然而，UEFI 架构中暗藏了丰富的且不同类型的 EE 行为，并为攻击者提供了一个复杂的攻击面。该攻击面可渗透到整个技术堆栈的各个层，首先从启动进程到独立驱动程序，然后再到受保护的内存和主处理器区域，最后再到网络连接和整个供应链。HARDEN 分析工具将破坏 UEFI 架构所有抽象层上 EE 行为的可组合性，以防御最新的威胁并预测未来的威胁。

SOSA 是由空军生命周期管理中心提出的，具有广泛的行业参与其中。目标是为各种下一代的国防部传感器系统创建标准。关注的重点领域是对传感器系统的启动过程进行建模和验证,以确保系统在传感器投入运行之前的完整性。作为 SOSA 的补充,HARDEN 将探索可信计算系统启动过程中涉及的相关固件接口和事件,帮助制定标准以确保系统可靠性,并帮助创建工具来验证 SOSA 系统是否符合这些标准。

作战人员用户界面用例将探索现代用户界面元素(如飞行员平板电脑)与飞机任务系统网络的安全集成。飞行员的平板电脑和飞机任务计算机之间的通信呈现出大型攻击面。HARDEN 计划将创建最先进的集成系统分析能力,以确保值得信赖的飞行员平板电脑的任务目标。如果取得成功,HARDEN 方法和工具将服务于其他类型的国防部集成系统,在其设计和实施中预测并预防可利用的 EE 行为。

2. 关键技术领域

HARDEN 计划分为 4 个技术领域(TA),以支持计划目标 TA1 开发模型检测工具;TA2 紧急执行模型建模;TA3 开发测试与支撑;TA4 集成和评估系统工程。

关键技术 1:开发模型检测工具

TA1 主要构建用于有效检查 TA2 开发的 EE 模型的工具;创建 TA2 模型所预期的 EE 通用缓解器;将这些工具与通用软件开发生命周期(SDLC)和集成开发环境(IDE)集成在一起,为系统设计人员和开发人员提供有效和易懂的 EE 警告。这些工具将通过 TA4 开发者进行评估。此外,这些工具还将用于 TA3 的样本系统的白盒测试。

关键技术 2:紧急执行模型建模

TA2 将侧重于创建对 EE 行为建模的能力。TA2 开发者将开发建模方法、语言和工具来描述不同抽象级别上的紧急执行,对紧急执行模型建模;为正在测试的系统中所有相关接口,创建紧急执行模型。强大的 TA2 应解决从源代码、构建系统或编译的二进制代码中派生紧急执行模型的自动化问题,并应设法将生成此类模型所需耗费的人力最小化。TA2 建模可以利用现有规范、接口控制文档、源代码和相关元数据、构建链、单元测试和其他可用的用例代码库信息。

关键技术 3:开发测试与支撑

TA3 将重点关注前沿开发模式,与 TA2 开发者密切协调,提供 TA2 开发的专业知识,以帮助紧急执行(EE)模型的建模和开发;测试拟议的 EE 缓解措施的实际有效性;通过与 SOTA 工具(State-Of-The-Art,用于描述机器学习中取得某个任务上当前最优效果的模型)的比较,测试 TA1 工具预测 EE 的实际有效性。DARPA 要求 TA3 开发者解决以下难题:①与 TA4 开发者合作,解释评估和选择不同架构设计的方法;②描述技术用例将如何解决在跨集成系统中 HARDEN 技术的局部部署问题(例如,只有一些系统包含了HARDEN 技术);③探索与 HARDEN 技术本身安全性有关的各种选项(特别是在防御受损设备的篡改和泄漏方面);④集成包含各种平台、操作系统和应用程序环境的系统。

关键技术4：集成和评估系统工程

TA4重点部署由TA1和TA2开发的工具和模型，以便在一个适合于基础研究的著名开源软件系统中预测和减轻漏洞发现紧急执行引擎；构建用于演示TA1、TA2和TA3开发的HARDEN技术能力的测试床，并与TA3开发者协作，根据程序指标对这些能力进行评估和安全测试；建立技术过渡计划，与国防部服务部门（陆军、海军、空军和/或海军陆战队）合作，向对HARDEN技术感兴趣的国防部系统进行过渡性应用（例如，无人机航空电子设备）。

（四）研究进展安排

HARDEN计划实施为期48个月，分为3个阶段。第一阶段是18个月的开放源码组件规模阶段，大致时间是从2021年9月至2023年3月。第二阶段是可选的18个月开放源码子系统规模阶段，大致时间是从2023年4月至2024年9月。第三阶段是一个可选的12个月综合系统阶段，重点是将该技术扩展到与国防部相关的集成系统，大致时间是从2024年10月至2025年9月。

目前HARDEN计划正处于第一阶段与第二阶段的过渡期。在2022年，HARDEN计划完成了在所有可用的抽象层，从编译的二进制代码到编译器抽象的中间表示，再到最高层次的架构抽象，制定开发工具链来推理紧急行为的方法。2023财年HARDEN计划主要开发任务包括：①为可组合的紧急行为开发模型和缓解措施，即使安全缓解措施已经可以减少任何单一行为或缺陷的影响；②探索自动技术，以识别可实现的紧急行为的组合，并建议对实现进行转换；③将概念和技术应用于关键的系统元素，如引导加载器和高可靠性集成军事软件系统，目的是演示在SDLC早期阶段减轻复杂代码重用和紧急执行漏洞发现的能力。

》》》 三、影响分析

网络安全漏洞是网络空间系统构建的必然结果和客观存在，日益成为全球网络空间安全事件的主要诱因，一旦被恶意主体利用攻击，就会对信息系统安全造成损害，进而对国家、社会和公众造成重大损失。随着漏洞的资源属性和战略地位不断提高，"谁能利用好漏洞，谁就能在网络空间占据先锋"成为当前"网缘政治"的新名言。美国也基于漏洞治理领域先发优势，从漏洞分析技术、漏洞发现理念、漏洞治理机制上多维度发力关注网络安全漏洞治理，足以见其重视程度。

（一）推动漏洞分析技术的发展

目前，软件漏洞分析技术主要分为软件架构安全分析技术、源代码漏洞分析技术、二进制漏洞分析技术和运行系统漏洞分析技术四类。各类技术依次应用于是软件开发生命周期(SDLC)中需求分析与设计阶段、编码实现、运行测试,部署维护的 4 个阶段。通常,软件架构是软件的"骨架",是 SDLC 中代码编写的基础,其重要性不言而喻,而软件架构安全分析技术在国内外尚处于探索和发展阶段。通过场景分析法、用例分析法、威胁建模法,HARDEN 开发的软件架构安全分析技术将有助于在 SDLC 早期阶段(需求分析与设计阶段)有效缓解复杂的代码重用和紧急执行漏洞,为美国零信任架构和集成军事软件系统提供更强大的信任根,成为软件架构安全分析技术的里程碑。

(二) 接受白帽黑客发现军事网络漏洞

美国国防部已更大尺度地接纳利用白帽黑客发现军事网络安全漏洞的理念,鼓励军队外部人员在国防部庞大的可公开访问的信息网络和系统中发现漏洞。2023 年 3 月,美国国防部网络犯罪中心披露,目前已经处理了 45000 份漏洞报告。虽然机密系统仍未对外开放,但国防部不断向白帽黑客扩大"攻击面"。除面向公众的网站和应用程序外,白帽黑客还获准搜索所有可公开访问的国防部信息系统,包括数据库、网络、物联网设备和工业控制系统等。

(三) 形成漏洞发现与验证以及修复的完整闭环

漏洞的分析和发现是漏洞治理的起点,实现更广范围收集、更多主体参与是有效漏洞治理政策的必然要求。对此,网络安全和基础设施安全局重点推进漏洞披露政策(VDP),(VDP 源于美国管理和预算办公室 2020 年 9 月发布的"提升漏洞发现、管理和修复"备忘录 M-20-32)。通过 VDP,研究人员提交的漏洞报告将经过审查和验证,并提交给联合部队总部-国防部信息网络(JFHQ-DODIN),由 JFHQ-DODIN 发布要求系统所有者进行补救的任务命令,在漏洞得到修复并得到再次验证后即可终止此流程,从而形成漏洞发现、验证和修复的完整闭环。

(中国电子科技集团公司第三十研究所　曾　杰)

国外机构对俄乌冲突中俄罗斯网络行动的分析

自 2022 年 2 月 24 日爆发俄乌冲突以来,随着战争的推进,俄罗斯开展的网络攻击行动和网络认知战行动也在不断演进和变化。最近,国外多个智库和专业威胁情报分析团队对俄罗斯一年来开展的网络行动进行了分析与总结,发布了多份相关报告,主要包括:2023 年 2 月 16 日,谷歌公司威胁分析小组(TAG)发布《战争迷雾:乌克兰冲突如何改变网络威胁格局》报告;3 月 15 日,微软公司发布《一年来俄罗斯在乌克兰境内开展的混合战争》简报;4 月 17 日,德国科学与政治基金会(SWP)发布《俄罗斯针对乌克兰战争中的网络行动:迄今为止的运用情况、局限和经验教训》报告;4 月 18 日,谷歌公司旗下网络安全公司曼迪昂特发布《2023 年趋势报告》,重点分析了俄罗斯针对乌克兰开展的网络行动以及围绕俄乌冲突开展的信息操作情况。上述报告的内容,对于观察和研究在混合战争中网络作战的样式、影响力等方面有较大的参考价值。

》》》 一、俄罗斯网络行动目的

关于俄罗斯政府支持的攻击者、信息行动和网络犯罪生态系统威胁行为者,谷歌公司的分析报告有以下新发现。

(一)俄罗斯试图在网络空间获得决定性战时优势

俄罗斯网络行动重点转向乌克兰政府、军事和民用基础设施,破坏性攻击急剧增加,针对北约国家的鱼叉式网络钓鱼活动激增,旨在促进俄罗斯多个目标的网络行动有所增加。

在俄乌冲突爆发前夕,俄罗斯政府支持的攻击者从 2021 年开始加强了网络行动。相比 2020 年,俄罗斯对乌克兰用户的攻击在 2022 年增加了 250%。同期,对北约国家用户的攻击增加了 300% 以上。

2022 年,俄罗斯政府支持的攻击者针对乌克兰用户的攻击次数超过针对任何其他国家。虽然这些攻击者主要针对乌克兰政府和军事实体,但也显示出对关键基础设施、公用事业和公共服务以及媒体和信息空间的强烈关注。曼迪昂特观察到 2022 年前 4 个月在乌克兰发生的破坏性网络攻击较过去 8 年更具破坏性,攻击在战争开始时达到顶峰。虽然在那段时间后也发现了重大活动,但与 2022 年 2 月的第一波攻击相比,攻击的步伐放缓并且协调性似乎较差。

(二) 俄罗斯开展全方位信息行动塑造公众对战争的看法

俄罗斯开展全方位信息行动具有三个目标:削弱乌克兰政府的权威;断绝对乌克兰的国际支持;保持俄罗斯国内对战争的支持。

与冲突中的关键事件相关的活动激增,例如俄罗斯的集结、入侵和部队动员。谷歌公司开展工作,应对这些"违反"谷歌公司政策的活动并阻断公开和秘密的信息活动,但继续遇到规避政策的持续强烈企图。谷歌公司阻断的俄罗斯秘密信息行动,主要集中在维持俄罗斯国内对乌克兰"特别军事行动"的支持,超过 90% 的实例是俄语。

(三) 俄乌冲突导致东欧网络犯罪生态系统显著转变

在俄乌冲突中,勒索软件生态系统混合了不同威胁行为者的策略,并呈现专业化趋势,使得追踪溯源变得更加困难。谷歌公司威胁分析小组(TAG)发现,威胁行为者之前出于经济动机的所采用的策略,在这次冲突中则被部署在了攻击政府的相关活动中。

》》》二、2022 年俄乌冲突网络行动

一年来,俄罗斯围绕俄乌冲突开展了广泛的信息行动,具体包括网络支持的信息操作、利用不真实的账户网络在在线媒体上推广捏造内容的活动等。俄罗斯虚假信息活动具有双重目的:①在战术上响应或塑造当地事件;②在战略上影响不断变化的地缘政治格局。谷歌公司的分析报告将俄罗斯网络行动演变分为 5 大主要阶段。

(一) 战前的战略性网络间谍活动和预先部署(2019 年至 2022 年 2 月)

谷歌公司的分析报告称,俄罗斯威胁组织 UNC2589 于 2022 年 1 月使用 PAYWIPE(又名 WHISPERGATE)针对乌克兰开展了破坏性攻击,目的是动摇乌克兰民众对政府的信任,并破坏对抵御俄罗斯军事行动的支持,从而为武装冲突的"信息领域"做好准备。之后,UNC2589 又攻击了乌克兰关键基础设施,对金融机构也进行了分布式拒绝服务

（DDoS）攻击。

俄罗斯联邦武装力量总参谋部情报总局（GRU）所属威胁组织在战前广泛开展渗透活动并进行预部署，以便在战争开始后利用访问权限开展破坏性行动。2022 年 2 月下旬，由 GRU 支持的威胁组织 APT28 重新激活了休眠的 2019 年 EMPIRE 感染，以在环境中横向移动并使用 SDELETE 实用程序从受感染系统中删除文件和目录。在另一个案例中，APT28 以 VPN 为目标获取访问权限，并在 2021 年 4 月向多名受害者部署了恶意软件植入程序 FREETOW。在一个案例中，攻击者在站稳脚跟后一直处于休眠状态，直到战争进入第二阶段期，才在 2022 年 2 月和 3 月开展了一系列恶意擦除攻击。自战争开始以来，APT28 一直是俄罗斯在乌克兰最活跃的活动集群，并且将破坏性网络攻击置于在乌克兰的间谍活动之上。

（二）初始破坏性网络行动和军事行动（2022 年 2 月至 2022 年 4 月）

俄罗斯威胁行为者利用恶意擦除软件对乌克兰开展破坏性网络攻击，从而支持俄罗斯的军事行动。APT28 采用名为"边缘生存"的新手法，"边缘生存"已成为战时 GRU 行动的关键部分。自战争爆发以来，GRU 一直试图针对乌克兰境内的关键服务和组织进行连续且几乎不间断的网络间谍和破坏活动。这种对目标组织的访问和行动的平衡，依赖于对路由器和其他互联网连接设备等边缘基础设施的渗透。在破坏性行为导致无法直接访问端点的情况下，通过遭渗透边缘设备可继续重新进入网络。由于大多数端点检测和响应技术未涵盖此类设备，因此防御者也更难检测到对这些路由器的渗透。

俄罗斯威胁行动者还尝试利用以前针对工业控制系统的恶意软件变种攻击乌克兰电力系统。俄罗斯情报机构利用虚假身份开展信息泄露活动；俄罗斯威胁行为者在网络媒体上宣扬网络攻击活动，从而达到对外宣传俄罗斯利益、对内宣扬支持战争舆论的双重目的。在针对乌克兰政府组织网络的活动进行调查期间，曼迪昂特发现了俄罗斯于 2022 年初物理访问该网络后发生渗透的证据。曼迪昂特追踪为 UNC3762 的攻击者使用此物理访问进行网络侦察，获取凭据，并使用远程桌面和 Web shell 横向移动。UNC3762 还利用 PROXYSHELL 漏洞链（CVE－2021－34473、CVE－2021－34523、CVE－2021－31207），部署 THRESHGO 恶意软件，并从环境中窃取数据。

（三）持续瞄准和攻击（2022 年 5 月至 2022 年 7 月）

俄罗斯针对乌克兰的网络行动的节奏和类型发生变化：攻击者继续尝试发起恶意擦除攻击，攻击的速度更快，但协调性有所降低；俄罗斯支持的威胁行为者开展周期性"访问采集—破坏行动"，在攻击浪潮间隔期间尝试开展访问和采集操作，同时还致力于标准化其破坏性操作。

GRU 从使用多种不同的恶意擦除软件转变为在快速周转操作中严重依赖 CADDY-WIPER 及其变体,对目标组织开展擦拭操作。总体而言,GRU 继续瞄准并利用边缘基础设施,获得对战略目标的访问权。一旦进入环境,GRU 集群就会利用 IMPACKET 和公开可用的后门来维持立足。曼迪昂特还观察到另一个 GRU 集群 UNC3810,它展示了在 Linux 系统上开展攻击和操作的熟练程度。UNC3810 在很大程度上利用了 GoGetter 和 Chisel 等代理工具来维持访问并在目标环境中横向移动。

(四)保持立足点以获取战略优势(2022 年 8 月至 2022 年 9 月)

GRU 所属威胁组织停止了针对乌克兰的破坏性活动,但与俄罗斯联邦安全局(FSB)相关网络威胁组织开始浮出水面。其中,Armageddon 对乌克兰 4 个不同政府实体开展攻击活动。Armageddon 是一个与俄罗斯有联系的威胁行为者,专门针对乌克兰目标,收集有关乌克兰国家安全和执法实体的信息,以支持俄罗斯的国家利益。Armageddon 观察到的行动范围与该组织过去几年开展的众多活动基本一致。

此外,Turla 针对乌克兰某政府机构开展渗透活动。Turla 是一个总部位于俄罗斯的网络间谍行为者,自 2006 年以来一直活跃,以针对外交、政府和国防实体而闻名。曼迪昂特确定了可追溯到 2021 年底的一次渗透,该渗透针对乌克兰某政府机构,符合 Turla 的策略、技术和程序。

(五)破坏性攻击的新节奏(2022 年 10 月—12 月)

此阶段的特点是俄罗斯针对乌克兰的破坏性网络攻击"死灰复燃"。新的攻击类似于前几个阶段的破坏性攻击,但由使用恶意擦除软件转向使用勒索软件,表明 GRU 正在转换攻击工具,且没有资源来编写或修改自定义恶意软件。配合俄罗斯针对乌克兰能源基础设施开展更广泛军事打击行动,GRU 对乌克兰能源部门开展了破坏性网络攻击行动。

》》》三、俄乌冲突网络行动变化

自 2023 年 1 月以来,微软公司观察到俄罗斯的网络威胁活动正在调整,重点增强对乌克兰及其合作伙伴的民用和军事资产的破坏性和情报收集能力。除了众多破坏性的雨刷攻击之外,随着战争的推进,俄罗斯威胁活动出现了三种变化。

(一)使用勒索软件作为可否认的破坏性武器

隶属于 GRU 的威胁组织 Iridium 正在重新准备一场新的破坏性行动,可能测试更多的勒索软件类的功能，部署恶意软件攻击潮，针对乌克兰境外的供应线上起着关键作用的组织进行破坏性攻击。Iridium 部署了 Caddywiper 和 FoxBlade wiper 恶意软件来破坏涉及发电、供水和人员和货物运输的组织网络的数据；部署了新颖的 Prestige 勒索软件，针对波兰和乌克兰的多个物流和运输部门网络进行攻击。2022 年 10 月份的 Prestige 事件代表了俄罗斯网络攻击战略的慎重转变，反映出俄罗斯愿意使用其网络武器攻击乌克兰以外的机构，以支持在乌克兰战争；同时还部署了一款新的名为 Sullivan 勒索软件，至少有 3 个变种，其模块化功能在不断迭代和精化，以逃避检测和缓解措施，并摧毁网络系统，篡改反恶意软件产品，使 Sullivan 软件更难被发现。

（二）通过多种方式获得初始访问

在整个冲突期间，俄罗斯威胁行为者利用了多样化的工具包，在技术层面上主要是开发面向互联网的应用程序、非法后门软件和无处不在的鱼叉式钓鱼软件。Iridium 用 Microsoft Office 软件的非法后门版本来访问乌克兰的目标组织，同时还负责将武器化的 Windows 10 版本上传到乌克兰论坛以访问乌克兰政府和其他敏感组织；DEV-0586 威胁行为者利用 Confluence 服务器访问乌克兰组织，随后这些组织受到了 Whispergate 雨刷恶意软件或其他网络行动的影响；STRONTIUM 威胁行为者利用公开的漏洞来破坏微软公司的交换服务器，滥用在线交换技术来获得对中欧国家政府以及运输部门等组织的访问权。2022 年末，Iridium 向乌克兰以及罗马尼亚、立陶宛、意大利、英国和巴西等国的众多组织发送了鱼叉式钓鱼电子邮件，其中包含针对 Zimbra 服务器中 CVE-2022-41352 的恶意有效载荷。目标部门包括信息技术、能源、救灾、金融、媒体和难民援助，等。俄罗斯的威胁行为者也在积极滥用技术信任关系，针对信息技术提供商在不立即触发警报的情况下接近下游更敏感的目标。STRONTIUM 和 KRYPTON 都试图访问波兰的一家 IT 提供商；NOBELIUM 经常试图通过破坏云解决方案来破坏世界各地的外交组织和外交政策智囊团，并操纵为这些组织服务的服务提供商。

（三）开展全球网络影响力行动

在发起网络攻击活动的同时，俄罗斯相关机构正在开展全球网络影响力行动，以支持他们的战争。这些活动将克格勃几十年来的策略与新的数字技术和互联网相结合，为对外影响力行动提供更广阔的地理范围、更大的数量、更精确的目标以及更快的速度和敏捷性。尤其是在参与者极具耐心和坚持不懈的情况下，这些网络影响力行动几乎完美地利用了民主社会长期以来的开放和当今时代特征的公众两极分化特点。随着俄乌冲突冲突的持续，俄罗斯机构将其网络影响力行动的重点放在 4 个不同的受众上，主要包括：①以俄罗斯民众为目标，维持对战争的支持。②以乌克兰人为目标，削弱对该国抵御俄罗斯袭击的意愿和能力的信心。③以美国和欧洲人民为目标,破坏西方团结并转移对俄罗斯军事战争罪行的批评。④以不结盟国家的人民为目标,维持他们在联合国和其他机构所获得的支持力。随着战争的进展,俄罗斯的影响力行动还出现了另外几种趋势,其中俄罗斯所采用的新兴战术是将信息空间中的网络行为者和黑客组织之间建立联系。

》》》四、未来展望

展望未来,俄罗斯网络空间作战将呈现三大趋势:①俄罗斯政府支持的攻击者将继续对乌克兰和北约伙伴开展网络攻击,以进一步实现俄战略目标;②俄罗斯将增加对乌克兰以及北约伙伴的中断性和破坏性攻击,以应对战场形势从根本上向有利乌克兰的态势发展;③俄罗斯将继续加快信息行动的步伐和范围以实现其目标,尤其是在国际资助、军事援助、国内公投等关键时刻。为此,微软团队认为应采取协调和全面的战略,以加强对俄罗斯全方位网络破坏、间谍活动和网络影响力行动的防御。

俄乌冲突具备明显的"混合战争"特点,网络补充了传统的战争形式,除高强度军事冲突外,还包括网络攻击、舆论攻击、信息对抗、封锁制裁等非常规、非对称作战。从俄乌冲突演进过程可以发现,在现代战争开局阶段实施高强度的网络信息战已成为首选项,关键基础设施也成为网络战的重点攻击对象,而舆论信息战的全程运用使双方博弈"白热化",已成为决定网络信息战成败的杀手锏,在未来的武装冲突中将继续发挥不可或缺的作用。

(中国电子科技集团第三十研究所　陈　倩)

2023 年国外网络安全领域大事记

美国国土安全部研究下一代网络安全分析平台 1 月 9 日,美国国土安全部科学技术局(S&T)与网络安全和基础设施安全局(CISA)联合启动机器学习高级分析平台(CAP-M)项目,旨在建立下一代分析生态系统,以应对不断发展的网络威胁并保护基础设施免受网络攻击。该平台将为 CISA 用户提供多云协作研究环境,利用跨各类网络数据源的分析技术来改进决策和态势感知,从而支持网络和基础设施安全任务。

美国空军首次更新《网络空间作战》条令 2 月 1 日,美国空军发布作战条令出版物《网络空间作战》(AFDP3-12),这是 2010 年来空军首次对该条令的更新,更加突出了网络空间作战的重要性,旨在以最优方式为世界范围内的美军联合作战提供支持。同时,新版条令进一步明确空军网络空间作战类型,理顺空军网络司令部与国防部网络司令部及其他网络作战单位间的指挥控制关系,规定网络作战的计划、执行和评估,进一步推动美国空军网络作战的应用。

美国国防信息系统局完成"雷霆穹顶"零信任原型设计工作 2 月 16 日,美国国防信息系统局(DISA)宣布经过 18 个月设计和 9 个月技术原型构建,已正式完成了"雷霆穹顶"(Thunderdome)零信任原型设计工作,并有国防部 1600 名用户完成试用。该系统包含集成到零信任生态系统或架构中的安全访问服务边缘、远程用户多途径访问云功能等一系列技术,可利用软件定义网络能力将安全性扩展至网络边缘,践行其遵循的零信任安全原则,以保护国防部的基础设施。后续该系统将扩展到更多用户,并促进国防部零信任文化的形成,引领陆军和空军联合区域安全堆栈(JRSS)等多安全范式向零信任架构过渡。

英国主导西欧最大网络战演习"国防网络奇迹 2" 2 月 27 日,英国陆军在爱沙尼亚塔林组织开展"国防网络奇迹 2(DCM2)"网络演习。该演习是西欧规模最大的网络演习,来自英国、乌克兰、意大利、美国等 11 个国家的 750 多名网络专家、军事人员、政府机构和行业合作伙伴参加了此项年度竞赛。该演习旨在为来自国防、政府机构、行业合作伙伴和其他盟友国家的团队提供挑战性环境,测试参与者在虚拟现实场景中阻止针对盟军的潜在网络攻击,并培养武装部队人员的网络和电磁领域能力。

美国政府发布新版《国家网络安全战略》　3月2日,美国政府发布新版《美国国家网络安全战略》,详细阐述了拜登政府网络安全政策将采取全方位措施,旨在帮助美国准备和应对新出现的网络威胁。该报告围绕建立"可防御、有韧性的数字生态系统",给出了保护关键基础设施、破坏和摧毁威胁行为者、塑造市场力量、投资于有韧性的未来、建立国际伙伴关系等5大支柱共27项举措。该战略不仅体现了拜登政府在网络安全领域的优先事项,也为本届政府后半段任期中解决网络威胁的具体方式提供清晰的路线图。

美国国防部发布《网络劳动力战略》　3月9日,美国国防部发布《2023至2027年网络劳动力战略》,旨在提供一个通过招聘、培训和留住最优秀人才来增加和改善其网络劳动力的路线图。该战略概述了识别、招聘、发展、保留4大人力资本支柱,为实现战略目标奠定基础并设定统一方向。国防部采取整个部门范围的方法实施与每个战略目标相一致的劳动力发展举措,包括建立标准并分配管理网络劳动力的责任、使用国防部网络劳动力框架对网络劳动力职位进行编码、整合和推进整个国防部的数据分析能力等。

美国 Axellio 公司扩大陆军防御网络作战平台部署　3月27日,美国陆军授予 Axellio 公司一份价值3950万美元的合同,用于将第3、第4个版本的"驻军防御性网络空间作战平台"(GDP)部署到更多地点。GDP 平台提供全网络的安全可见性,可帮助陆军抵御网络攻击并减轻网络风险。GDP 平台将使用 World Wide 公司和 Red Hat 公司合作开发的 PacketXpress 网络智能平台,从而实现监控、检测和分析可疑的网络行为和入侵,并提高威胁识别率。此外,最新版本的 GDP 使用 Red Hat Ansible 自动化平台实现了系统的快速部署。

美国申请预实验建设网络攻击关键平台　4月13日,美国网络司令部申请8940万美元预算,计划在2024财年建设一个关键的进攻性网络平台——联合通用访问平台(JCAP)。这是国防部首次公开此类项目的预算数字。JCAP 可提供一个受保护、被托管、已编排的环境与通用网络火力平台,支持网络司令部协调和执行对已获批网络目标的网络行动。这种能力使网络任务部队有能力在处理检测和归因工作的同时执行作战行动。JCAP 计划利用现有服务访问平台项目,目标是通过组合、增强和发展现有项目基准,打造出 JCAP。

北约举行"锁盾2023"网络安全演习　4月18—21日,北约合作网络防御中心组织年度"锁盾2023(Locked Shields 2023)"演习,来自38个国家的3000多人参加。该演习模拟虚拟国家面临日益恶化的安全局势,电网、水处理系统、公共安全和其他关键基础设施遭受大规模网络攻击,国家快速反应小组击退网络攻击并消除攻击后果。作为演习内容,参与团队将制定保护国家IT系统和关键基础设施免受敌方大规模网络攻击的方案,以及有关危机情况下的合作战术和战略决策。

美国发射世界首个太空网络安全测试卫星"月光者"　　6月5日,美国国家航空航天局和SpaceX公司发射"月光者"(Moonlighter)卫星送入近地轨道。该卫星是美国航空航天公司、太空系统司令部和空军研究实验室合作开发的网络测试平台。该卫星是世界上第一个也是唯一一个"太空黑客沙盒",旨在用于促进对太空系统网络安全的理解。该卫星将在以下领域发挥关键作用,包括:实施防御性网络行动;开发网络策略、技术和程序;验证整个太空体系的端到端网络威胁评估和预防。"月光者"卫星解决了在太空领域应用网络防御理论和方法的测试环境限制,提供了在轨实时测试和学习的能力。该卫星携带了一个专用网络有效载荷,带有防火墙以隔离子系统,还具有一个完全可重新编程的有效载荷计算机,从而在保障卫星安全的情况下开展可重复的、现实的和安全的网络实验。

美国国防信息系统局正式接管"鲨鱼先知"网络防御工具　　6月30日,美国国家安全局正式将"鲨鱼先知"(SHARKSEER)项目过渡给美国国防信息系统局(DISA),标志着美国国防部信息网络(DODIN)网络安全新时代的开启。SHARKSEER利用商品化的产品和技术,通过利用、动态生成和增强全球威胁知识来快速保护网络,检测并缓解基于网络的恶意软件零日威胁和高级持续威胁。该项目主要有两项目标:一是保护互联网接入点(IAP),为美国国防部所有10个IAP提供高度可用且可靠的自动感知和缓解功能,通过自动化数据分析流程构成发现和缓解的基础;二是实现网络态势感知和数据共享,利用国家安全局独特的知识和流程丰富公共恶意软件威胁数据,通过自动化系统与合作伙伴实时共享相关数据。

美国网络司令部首次在拉丁美洲执行"前出狩猎"行动　　6月12日,美国网络司令部首次向中美洲或南美洲国家部署了一支防御作战小组。该部署是"前出狩猎"行动的一部分,是应外国邀请从美军网络国家任务部队(CNMF)派遣网络保护小组,寻找其网络上的恶意活动。该行动有助于加强合作伙伴国家安全,并为网络司令部提供对手战术提前通知,使美国能够加强国内系统以应对这些观察到的威胁。"前出狩猎"行动已成为网络司令部的中流砥柱,被纳入最新的国防部条令,并作为更新后的国防部网络战略寻求采用的四大主要行动的一部分,发挥着重要的安全和外交作用。

美国白宫和DARPA发起"人工智能网络挑战赛"　　8月9日,美国国防高级研究计划局(DARPA)牵头组织的"人工智能网络挑战赛"(AIxCC),旨在推动人工智能和网络安全结合的创新,创建新一代网络安全工具,以自动化和可扩展的方式提高重要软件的安全性。此项竞赛为期2年,设立了资助赛道和公开赛道,竞赛奖金高达1850万美元。

谷歌、微软、OpenAI 和 Anthropic 等公司将为这项挑战提供专业知识和技术。

美国网络司令部举行"网络旗帜 23-2"军事演习 8 月初,美国网络司令部举行"网络旗帜 23-2"演习,旨在增强网络部队的战备状态和作战能力。参演团队在活动中开展了"红蓝对抗",红队尝试入侵网络,而蓝队识别并阻止网络攻击活动。此次演习的目标还包括:增强美国盟友整体战备状态和能力,强化其保卫关键网络和基础设施的能力;建立一个军事防御性网络操作人员社区,保卫国家免遭各种现代数字威胁;帮助改善综合军事网络空间作战。部分美国军事伙伴国参与了此次演习,包括韩国、新加坡以及英国、澳大利亚、加拿大、新西兰等"五眼"联盟成员。

美国 HII 团队开发网络威胁搜寻套件支持防御性网络作战 8 月 16 日消息,HII 公司开发出一款用于网络威胁追踪的小型样机套件 SABERHUNT,旨在检测和对抗美国和任务伙伴国家网络上的恶意活动。该套件可适应任务需求,在传统合作伙伴网络或云或混合环境中搜寻非法活动。SABERHUNT 采用模块化架构,可实现计算和数据存储的可扩展性,从而为客户提供面向任务的定制解决方案。SABERHUNT 易于安装在经航空公司批准的定制随身携带箱中运输。部署后,该套件将维护一个提供 24hX7 支持的全球生态系统,其中包括可远程解决问题的专家和维护模块化硬件组件的网络库,并在 72 小时内在全球范围内按需交付。

美国国防部发布《2023 年国防部网络战略》 9 月 12 日,美国国防部正式发布《2023 年国防部网络战略》,基于《2018 年国防部网络战略》,借鉴多年来国防部重要网络空间行动的实际经验以及从俄乌冲突中汲取的经验教训。新战略提出 4 条工作路线,并强调发展合作伙伴能力。4 条工作路线包括保卫国家、为赢得战争做好准备、与盟友及合作伙伴共同保护网络领域,以及在网络空间建立持久优势。新战略首次承诺致力于建设全球盟友及合作伙伴的网络能力,增强抵御网络攻击的集体复原力。

美国太空军授予 Xage 公司基于零信任的网络保护合同 10 月 7 日,美国太空军授予 Xage 安全公司一份价值 1700 万美元的合同,以期在未来 5 年内为太空系统司令部网络提供保护。根据合同,Xage 公司将提供包括零信任安全模型、身份验证软件的全套网络安全解决方案,旨在保护包括信息网络、卫星地面站、调制解调器在内的太空军资产以及太空系统指挥网络。此外,该解决方案后续可有效应用于基础设施安全防护,以及国家间相关数据情报信息共享。

美国国防部首次在 IL6 云环境使用机密版 Microsoft 365 10 月 26 日,美国国防部将首次在 IL6 云环境使用机密版 Microsoft 365,并命名为 DoD 365-Secret。DoD 365-Secret 是国防部有史以来第一个授权托管机密数据的云环境,包括 Exchange、Outlook 和 Microsoft 365 应用程序,旨在为作战人员提供工具,使其能够随时随地在对手之前行动并完成任务,实现用户之间的安全协作,同时通过网络提供一致的功能。此次集成将在安全的基于云的环境中实现无缝聊天、视频会议和实时文档协作，代表了国防部门的重大技术飞跃。

美国通用动力公司推出首款 NSA 认证的 TACLANE E 系列以太网加密器   10月27日，通用动力公司宣布其 TACLANE-ES10®（KG-185A）加密器已通过美国国家安全局认证，用于通过第2层以太网传输的绝密及以下密级的信息。作为 TACLANE E 系列产品组合中的首款高保证 EDE-CIS 产品，TACLANE-ES10 在每个方向上支持高达 10 千兆位/秒的数据速率，并且针对数据中心和战术用途进行了加固和 SWaP-C 优化，旨在支持密钥管理基础结构（KMI），并在下一个版本中支持替换密钥（PPK）功能。

美国与澳大利亚举行首次军事网络演习"网络哨兵"   10月30日，美国网络司令部和澳大利亚国防军在堪培拉举行首次机密级军事网络演习"网络哨兵"。此次演习旨在帮助数字战人员做好网络空间战术行动和应对该领域不断变化的威胁的准备。该演习是一项网络空间作战的战术演练，开创了综合部队训练的创新并加强了国际伙伴关系。该演习利用了美军的"持续网络训练环境"（PCTE）平台，参演人员在模拟网络领域真实攻击的环境中进行战斗、制定战略和保护网络资产。

美国国防部成功部署超大规模涉密云   11月17日，国防信息系统局（DISA）与通用动力、微软等公司合作开发，部署了名为"国防部365-涉密版（DOD 365-Sec）"的超大规模的涉密云，预计到 2023 年底，用户将达到 27.5 万名。在安全保密方面，该云环境采用了企业级保密及标识工具、借助基于属性的动态群组进行数据隔离等手段，支持零信任架构。部署 DOD365-Sec 是 DISA 推进任务网络现代化的重点工作，是为国防部和官兵提供先进应用、智能云服务和全球一流安全保密能力的重要步骤。基于该云环境，美军可以无缝通信、协作和共享涉密信息，享受到前所未有的便利，能够先敌一步、随时随地地高效完成任务。

美国海军公布首个网络战略   11月21日，海军部发布首个《网络战略》，该战略建立在美国海军多年全球网络领域行动的经验教训之上，概述了海军部计划如何强化现有成功举措并改进弱项，重点是将解决体系网络安全、网络防御和进攻性网络作战问题。该战略指出，美国海军和海军陆战队将通过综合威慑、战役行动和建立持久优势来推进和支持国防优先事项，并推进与盟友和伙伴的合作与协作。该战略还指出海军部在网络空间领域的 7 个重点工作方向：①建设网络人才队伍；②从合规性转向网络战备；③保护体系信息技术、数据和网络；④确保国防关键基础设施和武器系统的安全；⑤开展并推进网络行动；⑥与合作伙伴确保国防工业基地安全；⑦促进协同合作。

电磁频谱对抗领域

电磁频谱对抗领域年度发展报告编写组

主　　编：朱　松　张春磊

副 主 编：王晓东　杨　曼　王一星　曹宇音

撰稿人员：（按姓氏笔画排序）

王　冠　王晓东　王一星　朱　松

李　铮　杨　曼　陈柱文　杜雪薇

张春磊　张　洁　张晓芸　费华莲

徐相田　曹宇音　舒百川

审稿人员：全寿文　朱　松　李祯静　袁　野

金　博

电磁频谱对抗领域分析

2023 年电子战年度发展综述

2023 年,世界秩序和安全面临巨大挑战,俄乌冲突持续,巴以冲突再起。全球范围内,电磁空间竞争日趋激烈,电子战在各种冲突和局部战争中的作用日益凸显。在军队转型发展过程中,电子战得到广泛应用,并持续深入发展。

>>> 一、组建电磁频谱作战新部队,成立新机构并持续更新发布新条令

为落实美国国防部《电磁频谱优势战略》,加强电磁频谱作战力量建设,2023 年美军在电磁频谱作战机构和部队建设上跨出了关键一步,成立了美军最高层级的电磁频谱作战领导机构并不断加强部队建设,持续更新、发布新的电磁战和电磁频谱作战条令,完善频谱作战理论体系。

组织机构上,7 月 26 日,美国战略司令部宣布正式成立联合电磁频谱作战中心。该中心作为美军电磁频谱作战的核心机构,主要负责鉴定、评估和确认美军联合电磁频谱作战的战备,发现美军联合电磁频谱作战的不足,评估美军在复杂电磁作战环境中的作战能力,为国防部制定电磁频谱体系政策并负责联合部队的训练和培训。该中心的成立标志着美军自上而下的电磁频谱作战机构逐步完善,具有里程碑意义。

部队建设上,3 月,美国太空军将加利福尼亚州空军国民警卫队第 195 联队第 216 太空控制中队更名为第 216 电磁战中队,为联合部队全域作战提供电磁战效应;10 月,宣布再组建成立 1 个负责太空电磁战的"综合任务德尔塔"部队。美国陆军 2023 年重启了第 101 空降师第 302 情报与电子战营,负责执行多域情报收集任务。美国空军 10 月宣布启动了两个电子战分队,分属于第 350 频谱战联队和第 87 电子战中队,负责执行"战斗盾牌"任务,对空军电子战系统进行评估,提升空军电磁频谱作战战备水平。

在条令编制上,美国陆军和空军大力加强电磁战和电磁频谱作战条令建设。1 月,美国陆军发布了 ATP 3-12.3《电磁战技术》和 ATP 3-12.4《电磁战排》条令。其中,《电磁战排》为陆军首部排级电磁战条令,为制定电磁战排的作战规程提供了参考和理论指导;《电磁战技术》取代了 2019 年 7 月发布的《电子战技术》,为美国陆军遂行电磁战提供了条令指导和方向。两个条令的颁布为美国陆军进一步完善电磁频谱作战能力提供了规范和指导。12 月,美国空军发布空军条令出版物 AFDP 3-85《电磁频谱作战》,取代了 2019 年 7 月发布的 ANNEX 3-51《电磁战与电磁频谱作战》。AFDP 3-85 是根据美国参谋长联席会议 2020 年发布的 JP 3-85《联合电磁频谱作战》制定的空军军种条令,也是首个军种级的电磁频谱作战条令,阐述了电磁频谱作战概念间的关系,介绍了空军电磁频谱作战支持机构,明确了美国空军在电磁频谱作战中的角色、职责和能力。

》》》 二、加大电子战技术研发力度,推动新技术持续向电子战装备转化

纵观 2023 年电子战技术发展,智能化、一体化、分布式仍是重点发展方向。认知电子战、电子战重编程技术赋能新型对抗能力;作战试验牵引无人机载电子战、蜂群电子战技术发展;射频、微电子等基础领域的技术发展促进多功能一体化构想落地。

(一) 深入开展认知电子战技术研究,推动作战能力生成

2023 年,美军继续深化认知电子战技术研究,大力推进认知电子战技术应用和作战能力生成。

在经费预算方面,美国空军在 2024 财年国防预算中申请了 500 万美元用于"认知电磁战"项目研发,旨在对美国空军分析电磁频谱、在机器学习/人工智能的帮助下做出实时决策、实施有效电磁攻击等多项能力进行评估。美国海军在 2023 财年第一批小企业创新研究计划中征集"认知战术、技术和程序合成"相关技术,开发在线和无监督的机器学习算法,以自动生成机器可操作的电子支援和电子攻击的战术、技术和程序。

在项目管理方面,美国空军继续推进"怪兽"认知电子战项目,以应对高端对抗中敌方综合防空系统的新威胁,提升大飞机生存能力。1 月,美国空军授出"怪兽"子项目"金刚"任务研制合同,开展先进数据处理、人工智能、机器学习算法的研发,以支持平台的认知能力和重编程能力;同时,美国空军发布了"怪兽"子项目"巨人"任务研制信息征询书,拟开发电子战自适应管理、电子攻击演示及电子战先进威胁打击等技术。

(二) 积极发展电子战重编程技术,打造快速响应能力

继美国空军在 F-16C"蝰蛇"战斗机和 E-3G"哨兵"预警机上成功进行电子战软件

远程升级测试之后,2023 年美国空军为应对各种新兴电磁威胁,继续大力推进电子战重编程能力发展。

在能力目标方面,9 月,美国空军第 350 频谱战联队提出,力争实现在战区探测到新威胁后 3 小时内向美军全球各地电子战系统推送基于人工智能的数据更新。

在技术开发方面,美国空军 2024 财年预算显示,美国空军将完成"射频电子战演示器"项目,并向美国空军 350 频谱战联队交付"以软件为中心的认知电磁战快速重编程系统"。

在作战实践方面,美国空军第 350 频谱战联队于 1—2 月、5 月参加了"红旗 23-1"、"北方利刃 23-1"演习,开展了"敏捷综合重编程"测试,在动态威胁环境中更新了战斗机的任务数据文件。

（三）全面加强电子战技术装备作战试验,牵引美军电子战技术发展

美军持续加强无人机载电子战技术装备研发,积极开展战法演练,牵引无人机载电子战技术、蜂群电子战技术的发展。

在无人机载电子战技术领域,4 月,美国空军在 MQ-9A"死神"无人机上测试了"愤怒小猫"电子战吊舱。8 月,美国陆军对"空中大型多功能电子战"(MFEW-AL)吊舱进行了飞行测试。在作战试验方面,美国海军陆战队的 XQ-58A 无人机与 F-35 战斗机配合,开展了电子战任务试验,以加强电子攻击,提升对平台的支持。9 月,美国洛克希德·马丁公司测试了人工智能代理进行电子战任务指挥控制的能力,两架参试飞机在人工智能代理的指挥下,在空对地作战中完成了模拟干扰支援任务。

在蜂群电子战技术领域,1 月,DARPA 发布"自主多域自适应蜂群"(AMASS)项目公告,寻求一种通用指挥控制系统,能够采用不同自主软件的多类蜂群进行动态指挥控制。8 月,美国国防部宣布启动"复制器"(Replicator)项目,计划在 18 ~ 24 个月之内研发并部署数千套无人系统。同月,美国海军进行"静默蜂群 2023"演习,演习涉及多类型小型无人系统的分布式电子支援、分布式电子攻击和防护以及欺骗式干扰等能力的测试。

（四）持续推进电子战基础技术发展,多功能、一体化技术取得阶段性突破

美军在新型天线、射频片上系统(RFSoC)、异构封装等基础技术领域持续投入,以降低模块尺寸重量功耗(SWaP)、增强性能为目标先后布局了多个项目,为构建多功能一体化装备奠定了基础。

在布局新项目方面,4 月,DARPA 发布"下一代天线"项目公告,寻求可显著提高天线性能并大幅度降低尺寸重量功耗和成本的新技术方法。6 月,DARPA 发布"通心粉"

（Macaroni）项目广泛机构公告，开展小型射频接收机、发射机及天线的研究。美国空军在国防部2023财年第一批小企业创新研究计划中征集"毫米波射频片上系统技术"，计划将其应用于开发一体化传感器。

在技术成果测试应用方面，2月，诺斯罗普·格鲁曼公司成功对"电子扫描多功能可重构集成传感器"（EMRIS）进行了集成测试，这种新型的超宽带传感器能同时执行雷达、电子战和通信等功能。4月，"先进异构集成封装"（SHIP）项目的第一批多芯片原型提前交付。多芯片技术允许射频设备与数字设备进行混合集成，BAE系统公司计划将其用于电子战系统。

三、加快电子战装备升级改进，新型装备不断涌现

2023年全球电子战装备呈现蓬勃发展态势，电子战装备性能不断提升，新质电子战能力日益成熟。美军全面加强海、陆、空电子战装备建设。俄军改进和研发多型电子战装备，使用"托博尔"电子战系统干扰"星链"，研制"加匹亚"反无人机枪来对抗无人机。印度、日本和澳大利亚等国家高度重视电子战能力发展，大力加强电子战装备建设。

美海军开发"超轻型电子攻击"系统，旨在提升小型舰船面的生存能力。美陆军持续推进"地面层系统"项目，构建多功能电子战和赛博战能力。

（一）大力升级机载电子战装备，提升战机的生存和作战能力

为更好地防护空中高价值平台，多个国家对机载电子战装备进行了升级换代，寻求更强大的态势感知和战场生存能力，希望通过升级应对威胁的快速发展。

美军继续对F-35、F-22、EA-18G等主力战机的电子战装备进行升级维护，确保机载电子战能力的先进性，不断加强空中电子战能力。2023年3月，海军选定波音公司承担EA-18G第二批次改进阶段1的"下一代电子攻击单元"现代化升级工作。4月，BAE系统公司获得F-35隐身战斗机AN/ASQ-239升级型电子战系统的生产合同，该系统是F-35 Block 4升级的核心之一；空军授出AN/ALQ-211"先进综合防御性电子战套件"的生产、升级和维护合同，为美军直升机和倾斜旋翼飞机提供防护；空军实验室完成对F-16战斗机新型电子战系统AN/ALQ-257"蝰蛇综合电子战套件"的模拟测试。6月，陆军授出"阿帕奇"直升机电子战升级合同。9月，BAE系统公司开始对F-22的AN/ALR-94电子战系统进行维护和升级。11月，美国空军接收首架EC-37B电子战飞机，开启试验鉴定工作，为初始作战能力生成奠定基础，并将EC-37B正式更名为EA-37B。

除美国外,日本和澳大利亚等国家也在积极加强机载电子战能力。日本为 F-15 战斗机换装"鹰爪"(EPAWSS)电子战系统,该系统是美军 F-15E 和 F-15EX 战斗机装备的最新电子战系统。澳大利亚正在开展"先进咆哮者"工程,提高澳大利亚皇家空军 EA-18G 的作战能力。

(二) 积极部署反辐射武器,提高电子战硬杀伤实力

反辐射武器作为电子战硬杀伤手段,是对敌防空压制杀伤链的重要一环。针对防空系统目标,2023 年美印澳等国家持续推进反辐射导弹武器改进与发展,有效实施防空压制,确保载机自身安全。

美国加速发展新型反辐射能力。空军计划采购 3000 枚"防区内攻击武器"(SiAW),在该武器形成作战能力之前,美国空军将采购一定量的"增程型先进反辐射导弹"(AARGM-ER)作为能力过渡。2023 年 2 月,海军授予诺斯罗普·格鲁曼公司一份合同,用于评估 AGM-88G 从地面发射的可行性,并开展相关演示活动。11 月,海军航空系统司令部授予该公司一份价值 2.357 亿美元的合同,用于采购 118 枚 AGM-88G 导弹。

此外,印度完成自研"鲁德拉姆-I"反辐射导弹的开发试验,并挂载在印度空军苏-30MKI 战斗机上进行了一系列测试。8 月,澳大利亚表示计划斥资 4.31 亿澳元(约2.781 亿美元)向美国采购 60 套 AGM-88G。

(三) 电子战成为反无人机的重要手段,反无人机电子战武器不断涌现

随着无人机在现代战争中广泛应用,反无人机成为电子战的发展热点。1 月,美国陆军授予伊庇鲁斯公司一份价值 6610 万美元的"列奥尼达斯"原型系统合同,以支持"间接火力防护能力—高功率微波"项目。2 月,阿联酋 EDGE 集团展出了"天盾"综合反无系统,该系统适用于战场和要员防护等场景。3 月,俄罗斯技术集团公司展示了 Serp-VS5 新型反无人机系统,该系统能够同时压制多架无人机,其作战半径可达 5 千米。同月,俄军在顿涅茨克成功测试了"加匹亚"电子战反无人机枪。4 月,美国空军研究实验室在新墨西哥州利用"战术高功率作战响应器"完成其史上最大规模的反无人机蜂群实战演示实验。6 月,美国伊庇鲁斯公司宣布"列奥尼达斯"高功率微波反无人机系统与澳大利亚无人机盾牌公司的"无人机哨兵"多传感器系统成功集成。8 月,伊庇鲁斯公司宣布,其高功率微波反无人机能力已与安杜里尔公司的"晶格"指挥控制系统成功集成。11 月,伊庇鲁斯公司的"间接火力防护能力—高功率微波"系统完成验收测试,正式交付美国陆军。

(四) 积极加强电子战反卫星装备建设,电子战反卫星能力建设成为新焦点

"星链"在俄乌冲突中得到首次军事应用,发挥了强大的通信和指控作用,电子战反

卫星能力建设受到各国的广泛关注。

俄军改进和研发多型电子战装备,干扰"星链"星座,探测"星链"地面终端,运用多种手段对"星链"系统进行全方位压制。2023年4月,美国《华盛顿邮报》报道,俄军使用新型电子战系统"托博尔"干扰了乌军使用的"星链"系统,俄军至少装备有7套"托博尔"系统。此外,俄军还在战场上运用新研的"白芷"电子战系统,探测和定位"星链"终端,引导火力打击。

美军加大电子战反卫星能力建设。2023年6月,美国太空军系统司令部宣布将采购多达30套的"草场"电子战系统,该系统是在"反通信系统"Block 10.2上升级的Block 10.3版本,用途是干扰卫星通信系统。

》》》 四、加强电子战演习演练,电子战能力得到显著提升

(一) 加大电子战演习演练规模,为未来战争做准备

2023年,美国继续聚焦大国对抗,为应对未来高端战争和大规模全球性冲突做准备。美国空军、陆军、海军、太空军积极开展军事演习,演习区域覆盖美军全球主要军事力量部署地区,电子战手段在演习中得到了大量运用。美国空军举行了"红旗2023"演习、"北方利刃"演习和"雷霆麋鹿"电子战演习,重点关注中国威胁,在"联合全域作战"概念指导下,力争夺取空中电磁频谱优势。美国陆军开展了"利刃2023"演习,支持联合全域指挥控制概念。美国海军开展了第二次"静默蜂群"演习,实践"分布式杀伤"作战概念。美国太空军举办了"黑色天空23-3"系列电子战演习,重点演练电磁频谱内的攻防行动,此次演习是太空军有史以来规模最大的电子战演习。

除美国外,2023年伊朗举行的演习非常引人注目。8月,伊朗开展了代号为"法理守护者盾牌1402"演习,旨在对伊朗所有类型的陆基和空基电子侦察系统进行训练和作战评估。演习运用了大量伊朗自研的电子战系统,覆盖伊朗中部大片地区,演习内容包括针对无人机的被动防御、干扰雷达系统、使用战斗机进行空中拦截等多项内容。10月,伊朗武装部队无人机部队开始联合演习,在大规模无人机演习中首次动用了"卡曼-19"无人机,目的是演练了干扰无人机与地面基地间通信,以及对攻击无人机进行电子干扰的行动。

(二) 完善俄乌冲突电子战应用,俄军展现电子战能力

2023年,俄军加大电子战在俄乌冲突中的应用,充分发挥电子战效能,有效阻击了乌军的反攻,有力保障了战场主动权的获取,扭转了战场态势。在反精确制导方面,俄

军利用干扰系统对抗乌军使用的"海马斯"系统和 JDAM 精确制导武器，降低了乌军精确制导弹药的效能，削弱了乌军的作战能力。在无人机对抗上，俄军在主要战线大量部署电子战系统用于压制无人机，极大地消耗了乌军的无人机，降低了乌军无人机带来的威胁。在反卫星能力上，俄军综合运用"季拉达""托博尔"等电子战系统对"星链"实施干扰，同时研制了"白芷"系统用于探测和定位"星链"终端，逐渐降低了"星链"效能。俄罗斯充分发挥了电子战"老兵"的角色，积极调整电子战运用策略，充分应用电子战装备夺取战场电磁频谱优势，有效降低了美西方对乌军提供的信息支援，支持了俄军的战场行动。

（中国电子科技集团公司第二十九研究所　朱　松　王晓东　张晓芸　李　铮）

美国战略司令部成立联合电磁频谱作战中心

　　2023 年 7 月 26 日,美国战略司令部在奥夫特空军基地美国战略司令部总部举行仪式(图 1),成立联合电磁频谱作战中心(JEC)。战略司令部在成立联合电磁频谱作战中心的简报中指出,"联合电磁频谱作战中心将作为美军电磁频谱作战的核心,致力于提高联合部队在电磁频谱中的战备状态,主要目标是对部队管理、规划、态势监测、决策和部队指导进行重构,通过电磁频谱作战训练和规划,对各作战司令部提供支援"。结合《电磁频谱优势战略》以及 JP 3-85《联合电磁频谱作战》条令来看,联合电磁频谱作战中心的成立是对这两份文件的具体落实,为后续具体推动电磁频谱作战领域在条令、组织、训练、装备、领导与培训、人员、设施(DOTMLPF)等方面的具体落地奠定基础。

图 1　联合电磁频谱作战中心成立仪式

>>> 一、背景

美军成立联合电磁频谱作战中心,能够推动美国国防部《电磁频谱优势战略》执行规划的落地实施,并落实参谋长联席会议 JP 3-85《联合电磁频谱作战》条令中分配给战略司令部的部分职责。

（一）推动《电磁频谱优势战略》执行规划的实施

美军发布的关于联合电磁频谱作战中心成立的简报上透露,“联合电磁频谱作战中心的成立源于美国国防部发布的《电磁频谱优势战略》执行规划”。《电磁频谱优势战略》执行规划进一步从细节上将机构的设置以及目标的完成往前推进。成立联合电磁频谱作战中心是实施执行规划的一部分,它的成立有助于战略司令部履行在电磁频谱作战领域的战备以及支援职责,推动《电磁频谱优势战略》执行规划的部分细节落实。

（二）落实 JP 3-85 条令中战略司令部的部分职责

美军成立联合电磁频谱作战中心,能够落实 JP 3-85 条令中划定的战略司令部的部分职责。JP 3-85 条令提出,美国战略司令部联合电磁频谱作战办公室(J-3E)是履行司令部联合电磁频谱作战职责的主要组织,新成立的联合电磁频谱作战中心可能是对整个办公室的具化。

（1）美国战略司令部关于联合电磁频谱作战中心职责的描述与 JP 3-85 关于联合电磁频谱作战办公室职责的描述高度一致。 美军战略司令部成立联合电磁频谱作战中心的简报中指出,“联合电磁频谱作战中心将作为美军电磁频谱作战的核心,通过电磁频谱作战训练和规划,对各作战司令部提供支援”。这与 JP 3-85 条令对该办公室的职责的描述比较吻合,重点突出了对其他司令部的电磁频谱作战支援,将一个办公室具化为一个中心,有助于细化职责分工,完成支援任务。

（2）联合电磁频谱作战中心与联合电磁频谱作战办公室下属机构完全一致。 在联合电磁频谱作战中心的成立仪式上,中心主任安玛丽·安东尼准将表示“联合电磁频谱作战中心除了在战略司令部的机构之外,还有两个组成部分:位于德克萨斯州圣安东尼奥联合基地的联合电磁战中心(JEWC)和位于内华达州内里斯空军基地的先进战斗联合电磁战备中心(JEPAC)”。原来属于联合参谋部作战局联合电磁频谱作战办公室的两个分中心直接划归了新成立的联合电磁频谱作战中心,因此,联合电磁频谱作战中心应该就是联合参谋部作战局电磁频谱作战办公室的具化。新成立的联合电磁频谱作战中心与战略司令部以及两个分中心的关系可以用图 2 进行表示。

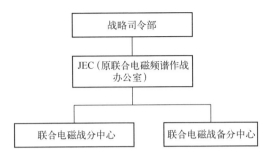

图 2　美军战略司令部、联合电磁频谱作战中心以及两个分中心的关系

新成立的联合电磁频谱作战中心是对联合参谋部作战局联合电磁频谱作战办公室的具化。之所以将联合电磁频谱作战中心设置于战略司令部中,目的是更具体、更规范地完成战略司令部的电磁频谱任务。联合电磁频谱作战中心作为战略司令部在电磁作战领域的核心,推动战略司令部对其他作战司令部战备水平的提升,并对电磁频谱作战提供支撑。

二、职责分析

JP 3-85 条令是美军参谋长联席会议主席关于联合电磁频谱作战的官方建议文件,《电磁频谱优势战略》是美军在电磁频谱领域内作战行动的战略引领。这两份文件是指导美军进行电磁频谱作战的重要引领性文件,对联合电磁频谱作战中心以及推进的目标具有一定的指导价值。

(一) JP 3-85 中关于联合电磁频谱作战办公室职责的描述

在联合电磁频谱作战领域,美国战略司令部领导联合电磁频谱作战办公室,落实以下几方面的职责:①**电磁频谱作战协调**,即与作战司令部、各军种、联合参谋部、国防部长办公室、国防信息系统局的国防频谱组织、跨机构组织、多国合作伙伴等协调处理电磁频谱作战问题;②**应急响应**,即响应与电磁频谱相关的紧急需求和申请并对作战司令部提供支援;③**态势感知**,即为指挥官、美国战略司令部提供电磁频谱态势感知,并为支援其他作战司令部日常运作提供有效能力;④**规划支持**,即通过联合电磁频谱作战工作组为规划提供支持;⑤**在演练活动中批准实施对 GPS 的电子攻击**,即在由美国国防部领导或赞助的测试、训练和演习中,批准对 GPS 信号进行电磁攻击或有规划干扰,这些活动在国家电信和信息管理局并未获得频率分配的批准。美国战略司令部确保与作战司令部、各军种、联合参谋部、国防部机构、跨部门组织、多国伙伴等进行适当的协调。

（二）《电磁频谱优势战略》中与联合电磁频谱作战中心相关的目标

《电磁频谱优势战略》提出了5条战略目标，联合电磁频谱作战中心的成立能够落实相关的第3、4条战略目标，实现在战备方面的职责。

战略目标3致力于实现美军电磁频谱整体战备能力，从人才、教育和培训、备战评估与跟踪等三方面阐述提升美军电磁频谱作战能力的整体战备状态。3个子目标为：训练和维持电磁频谱专业人才，国防部将确保所有人员接受适当级别的电磁频谱核心概念的灌输和训练，具备电磁频谱机动意识；将电磁频谱概念和条令纳入正规教育，电磁频谱联合体将定期与正规的军事教育机构进行接触，以确保课程涵盖所有级别的电磁频谱活动，反映新技术、理论和威胁带来的变化；评估和跟踪电磁频谱备战情况，需要提升、跟踪和维持电磁频谱的整体战备情况，将对国防部各部门进行评估，以确保各部门做好完成任务的准备。

战略目标4为实现电磁频谱优势而维持持久的伙伴关系，通过国际合作提升美国在电磁频谱领域的领导力。其中包含的子目标有：提升国际领导地位，美国国防部必须依靠强大的国际联盟和伙伴关系，以确保电磁频谱接入政策支持美国军方开展全方位的全球行动；加强与盟友和伙伴国的接入和互操作性，美国的军事行动越来越依赖盟友和伙伴国，美国国防部必须确保电磁频谱联合体朝着可操作的方向努力，并与盟友和伙伴国协调一致，消除合作障碍。

（三）联合电磁频谱作战中心职责任务

以JP 3-85条令以及《电磁频谱优势战略》为依据，并通过对联合电磁频谱作战中心负责人的发言以及联合电磁频谱作战中心成立的简报进行分析，联合电磁频谱作战中心的职责包括电磁频谱作战战备与作战能力评估等。

1. 电磁频谱作战战备与作战能力评估职责

联合电磁频谱作战中心成立简报上指出，"中心将通过电磁频谱作战训练和规划，对各个司令部提供支持"。JP 3-85明确指出，联合电磁频谱作战中心下设的先进战斗联合电磁战备中心"负责评估联合部队的战备状态和联合电磁频谱作战能力"。可见，电磁频谱作战战备评估能力是联合电磁频谱作战中心的职责之一。

联合电磁频谱作战中心在战备评估方面的职责主要包括：①**电磁频谱脆弱性评估**，包括对射频使能的赛博空间新兴威胁（网电一体的新兴威胁）的评估，并向军种作战司令部提供在条令、组织、训练、物资、领导和教育、人员、设施和政策方面的缓解方案，验证解决方案，提高整个作战环境的战斗力；②**为友军提供战备支持**，提高友军的生存能力；③**为训练互动提供环境构建能力**，即监督联合训练活动，并提供高级威胁的典型电磁环境;④提升跨军种电磁频谱训练能力,通过成熟且经过检验的电磁战能力和教育,在整个联合部队加强电磁频谱训练。

2. 其他职责

结合联合电磁频谱作战中心成立的简报分析,该中心除了战备和作战评估职责之外,还将在以下几个方面起到推动作用:①整合并简化电磁频谱管理,确保电磁频谱可用、完整和弹性,并降低电磁自扰和无意干扰的风险,对电磁频谱管理部门频率工作提供支持与指导,为指挥官、美国战略司令部提供电磁频谱态势感知,并为支援其他作战司令部日常运作提供有效能力;②推动美军实现不被干扰的通信、信息共享和精确目标瞄准能力;③推动电磁频谱作战的实时态势感知、协调和同步工作,加强与各军事机构的合作和协调指挥,增加美军在电磁频谱领域内协调指挥,使指挥流程更加顺畅。

》》》 三、影响分析

(一) 美军电磁频谱作战迈向"联合"的实质性一步

JP 3-85 条令指出,"美国战略司令部及其联合电磁频谱作战中心对联合电磁频谱作战的联合程度和作战能力的准备程度进行评估,找出差距和局限,并及时提供相关评估结果,最终做出有数据支撑的决策。"对于美军电磁频谱作战而言,无论是电磁频谱作战条令的落地,还是电磁频谱优势战略,当务之急就是评估联合程度、找到联合途径、真正实现跨军种合力。

目前美军正通过层次化方式实现电磁频谱作战的"联合",至少分为三个层次:要素融合,即电磁战、电磁频谱管理、信号情报三要素走向融合;域内联合,即各军种电磁频谱作战力量形成合力;全域整合,即电磁频谱作战融入全域作战,同时电磁频谱作战指控融入联合全域指控(JADC2)。

(二) 美军电磁频谱作战夯实"战备"基础的关键一环

《电磁频谱优势战略》的 5 个核心目标之一就是"在电磁频谱域形成全面战备能力"。要充分发挥联合电磁频谱作战效能,必须有坚实、确定的战备基础。战备涉及条令、组织、训练、物资、领导和教育、人员、设施和政策等多个方面,必须从这些方面出发,成体系地对战备情况进行评估,才能为后续推动联合电磁频谱作战形成、发挥作战效能奠定基础。

尽管电磁频谱作战中的电磁战、电磁频谱管理、信号情报等要素的战备状态已经相对清晰,然而将这些要素进行深度融合、铰链之后,其战备状态、水平需要重新评估。具体来说，在培养深入人心的、下意识的电磁频谱作战思维与运用意识基础上，必须在尽可能真实的作战条件下（纳入真实的潜在对手电磁频谱能力与挑战），定期对电磁频谱作战相关部队进行训练、联合演习、演练、兵棋推演。

（三）美军电磁频谱作战实现"体系破击"的枢纽

美军联合电磁频谱作战的整体目标是在大国竞争环境中主动获取并固化电磁频谱优势，最主要的方式与手段就是体系破击，即通过构建美军的电磁频谱作战体系来反制对手的电磁频谱运用体系。从某种意义上讲，美军向联合电磁频谱作战转型的最主要原因之一就是更好地对大国竞争对手实现体系破击。

联合电磁频谱作战中心兼具了体系破击的基础：①借助其电磁战斗管理职责与权限，可指导电磁频谱作战融入联合全域作战，同时指导并确保美军电磁频谱作战自成作战体系，即打造己方电磁频谱作战体系；②借助人工智能等新兴理念，实现智能化对敌体系破击 OODA 闭环，即助力体系破击。

（中国电子科技集团公司第三十六研究所　徐相田　张春磊）

俄罗斯研发对抗"星链"的新型电子战系统

2023 年,俄乌冲突已发展成为一场旷日持久的拉锯战。俄罗斯作为双方军事力量更强大的一方未能在短期内结束冲突,其中一个重要原因是乌军运用了美国等西方国家援助的"星链"卫星系统、JDAM 精确制导弹药、新型无人机等先进装备,其中"星链"是首次运用于实战,在这场这冲突中发挥了至关重要的作用。俄军加大了对抗"星链"的力度,相继开发和运用了两种新型电子战装备——"白芷"机动探测系统和"托博尔"电子干扰系统,取得了阶段性战果。

》》》 一、"星链"在俄乌冲突中的主要作用

在俄乌冲突中,"星链"帮助乌军建立战场态势感知能力,为其火力打击提供了精确引导,如图 3 所示。乌军通过美国"星链"建立的卫星网络,搜集俄军情报和控制无人机,并进行信息传输。即便俄军摧毁了乌克兰境内的关键基础设施,其内部的通信网络依旧能正常使用,这让乌克兰拥有了一个打不掉的指挥部,无论在何种情况下,都能组织开展各种反攻行动。"星链"在维持互联网连接、获取情报支援和战场态势感知、引导精确打击、支援无人机作战等方面发挥了重要作用。

(1)维持互联网连接,支持网络舆论。自"星链"终端抵达乌克兰后,成为乌境内特别是政府、军方及部分民众维持互联网在线,保持内外通信畅通的重要手段,是乌方对外发声、获取国际支持、开展舆论战的重要渠道。

(2)获取情报支援和战场态势感知。以美国为首的北约利用其陆海空天和网电优势,向乌军提供了大量实时、高价值的俄军战场态势、军事部署、指挥控制等情报支持。乌军在"星链"的支援下能够及时获得这些战场情报支援,使俄军军事行动丧失隐蔽性、突然性优势,能借助准确的战场情报预先做好针对性的军事准备,在一定程度上抵消了

乌军力量上的弱势。

图 3 "星链"在俄乌冲突发挥了重要作用

（3）**引导精确打击。**"星链"支撑了乌军精确打击"莫斯科"号巡洋舰的行动，以及对俄军高级军官的斩首行动。通过技术分析可知，乌军在上述两次作战行动中的情报信息传输路径为：北约各型侦察监视平台——北约和乌军指挥控制中心——"星链"网络——一线作战部队。

（4）**支援无人机作战。**在对地面目标实施打击的过程中，乌军通过"星链"建立了无人机与地面攻击力量的联系，保障了无人机地面控制与一线部队之间的通信，实现从传感器到射手的完整杀伤链，提高了对重要目标的打击效果。

》》 二、俄军研发部署新型电子战系统

针对"星链"发挥的一系列作战效能，俄罗斯运用了多种对抗手段。冲突初期，俄罗斯曾采用黑客入侵的网络对抗手段破坏"星链"的互联网服务，但是"星链"通过代码升级，抵抗住了俄罗斯实施的其他黑客攻击和干扰企图，俄罗斯的网络攻击手段不再有效。面对不断发展的"星链"威胁，俄罗斯急需进一步升级对抗"星链"卫星系统的方法与装备。

通过对缴获的部分"星链"终端进行拆解研究，俄罗斯开发和测试了专用于对抗"星链"卫星系统的电子战系统——"白芷"机动探测系统和"托博尔"电子干扰系统。俄军迅速将这两型新型电子战系统投入战场，在对抗"星链"的实战应用中发挥了效能，取得了阶段性作战成果。

（一）"白芷"机动探测系统

"白芷"机动探测系统（图 4）可在 180 度扇区范围内进行探测，可以直接确定 10 千米以内最多 64 个"星链"终端的位置，随后系统将探测出的终端位置反馈给后方打击部队，

进而对"星链"实施火力打击摧毁。该系统通过三角测量算法对"星链"用户设备位置进行测向和计算,每个测向点用时不超过 15 分钟,精度为 60 米。在根据 UI/UX 方法创建的现代图形界面中对接收到"星链"终端位置数据进行处理,该界面可连接该地区的地形图,以便于直观定位。

图 4 "白芷"机动探测系统

"白芷"机动探测系统体积小,能够直接安装在汽车或装甲车底盘上,因此其应用极为灵活,不仅能在侦察时进行针对性探测,还能在大部队推进时进行地毯式搜索,为反制"星链"卫星系统提供有效手段。该系统由小型电源或车辆电源供电,其组件可以涂装各类伪装,包括使用红外反射涂层。

在 2023 年 4 月的巴赫穆特战役中,"白芷"机动探测系统作为俄军最新的"星链"对抗系统迅速应用于战场,在实战中多次引导俄军炮兵摧毁"星链"终端及部署于"星链"终端附近的乌军通信指挥所,切断了乌军的通信联络,迫使乌军无法协同而陷入各自为战的窘境,最终乌军兵败巴赫穆特。

(二)"托博尔"电子干扰系统

"托博尔"电子干扰系统(图 5)是俄罗斯"太空电子战综合体"之一,在研发之初主要是用于保护俄罗斯卫星群免受电子攻击。目前有关"托博尔"的性能暂无官方公开信息,根据现有数据推测该系统主要有三种功能:①对敌方卫星进行电子压制,使用常规或第三方手段确定轨道目标并向"托博尔"发送目标信息,"托博尔"能够根据相关数据干扰目标卫星,使其无法接收来自地面的信号。②对卫星地面转发器进行阻塞式干扰,扰乱下行链路信号的正常接收。③防护己方卫星免遭电子攻击。当己方卫星受到干扰时,该系统可自行或借助第三方手段获取敌方对卫星的干扰数据,向卫星发射"对消"信号来消除干扰,并处理敌方对卫星的数据分析,针对卫星的定时信号进行干扰。

图5 "托博尔"电子干扰系统

据美国国防部2023年4月泄露的机密文件,自2023年以来,俄军一直在测试"托博尔"电子战系统的电子攻击能力,旨在将其专用于对抗"星链"卫星系统。目前俄罗斯至少部署有7套该系统,分别位于莫斯科州晓尔科沃附近、布里亚特共和国首府乌兰乌德附近、普里莫尔斯基地区乌苏里斯克附近、西伯利亚叶尼塞斯克附近、加里宁格勒地区皮奥涅尔斯基附近、克拉斯诺达尔地区阿尔马维尔附近。其中,距离乌克兰最近的3套系统参与了俄乌冲突。从2023年起针对"星链"对抗的作战试验中,这3套"托博尔"系统的干扰重心正是巴赫穆特。4月,驻扎在巴赫穆特的乌军指挥官表示部署在阿尔马维尔附近的一套"托博尔"电子战系统发挥了作用,成功干扰了"星链"。

》》》三、总结分析

"星链"系统的快速崛起是美国成熟的太空军民融合体系的重要成果,很大程度上反映了美国太空战略的转型。美国正利用强大的科技创新能力,完善其空天地一体化作战能力,加快其太空战略部署等战略步伐。未来"星链"星座的全球部署成功,将对国家安全、数据安全、军事安全等带来诸多威胁。面对"星链"的潜在战斗能力,应重视其背后的大国博弈等深层次影响,并提前构建相应的对抗措施。

（一）"星链"作战能力分析

虽然"星链"系统是一项商业低轨卫星星座计划,但目前正在实施的"星盾"计划展示了其巨大的军事应用前景。因此,应重视"星链"在战场监视、电子干扰、反导拦截、通信保障4个方面的潜在能力。

（1）目标侦察能力。当前,"星链"星座不仅能做到星地通信,还能实现星间通信。未来,卫星搭载军用有效载荷,例如多颗卫星搭载侦察载荷,通过互相配合即可实现对目标的全天监视,大幅度提高侦察能力。大量低轨卫星对地面任何一支部队的调动及数量都被看得一清二楚,战场态势对美军形成单向透明,从此世界各国军队在美军面前再无秘密可言。

(2) 指挥通信能力。"星链"系统将提供覆盖全球的指挥通信网。无人机、战略轰炸机、航母战斗群、核潜艇随时接收命令。"星链"计划可提供全球无死角的高速卫星互联网的波束覆盖,进一步提升美军定位导航系统的精度和抗干扰能力,大幅增强美军的作战通信能力。

(3) 电子干扰能力。"星链"卫星具备数量多、低轨运行、电磁信号相对较强等优势。一方面,"星链"卫星具有对其他国家的卫星信号进行压制干扰甚至欺骗干扰的能力,可削弱其他卫星的通信与导航等方面的能力;另一方面,其部分地面站信号上传频谱范围与5G通信频谱接近或重叠,也可能导致5G通信信号或其他近地轨道通信卫星的通信信道受到干扰。如果未来"星链"卫星上加装专用电子战载荷,其太空电子干扰能力将显著增强,从而改变电磁频谱作战的形态和样式。

(4) 反导拦截能力。"星链"系统将形成最强大的导弹预警及动能拦截网。"星链"卫星拥有发射全向波束的能力,可以对航天器进行遥测、跟踪和控制,进而转变成为运载火箭/导弹的计算、模拟、预测的高精度系统,为后续的拦截工作提供信息支撑,同时具有自动变轨和规避能力。

(二) 对抗"星链"的手段

"星链"系统具有很强的抗干扰、抗摧毁和自主运行的能力,传统的空间对抗手段难以成效,或者造成对抗代价太高,太空攻防作战面临极大挑战。未来,"星链"对抗的技术发展趋势主要将有以下两个方面。

(1) 电子战是"星链"对抗的优选手段。随着巨型商业星座的飞速发展,占据了大量的卫星轨道和频谱资源,因此在对抗"星链"时绝不能产生大量碎片,否则会造成轨道生存环境的破坏,而造成空间资源无法后续利用。从技术上讲,硬杀伤虽然是不可或缺的手段,但是其负面效应较大,以电子干扰为代表的软杀伤手段才是未来对抗"星链"的优选手段。

(2) 大力发展综合对抗的技术手段。未来"星链"系统将搭载的军用载荷或军事应用现在难以确定,除了采用传统的通信干扰手段干扰通信功能外,还需要考虑对互联网星座平台本身及附属系统实施对抗,需要大力发展综合对抗的技术手段,形成综合对抗能力。

(中国电子科技集团公司第二十九研究所 李 铮 朱 松)

兰德公司发布《在电磁频谱中智胜敏捷对手》报告

2023 年 2 月,兰德公司发布了《在电磁频谱中智胜敏捷对手》(Outsmarting Agile Adversaries in the Electromagnetic Spectrum)报告,主要阐述了如何借助人工智能等新技术来加快美空军电子战综合重编程(EWIR)过程的闭环速度,进而加快电子战杀伤链的整体闭环速度。

〉〉〉 一、报告发布背景

该报告的发布,主要是为了解决美国空军在软件化、智能化时代寻求电子战杀伤链转型问题,尤其是电子战综合重编程问题。具体来说,主要包括如下几方面背景。

(1) 电子战作战对象的快速发展让电子战重编程变得愈发复杂。传统上,识别电子战威胁的过程大多基于参数匹配,然而,电子信息技术与信号情报技术之间的发展、竞争使得电子战综合重编程的匹配过程变得愈发复杂。完全依赖于预先存储的信息的匹配过程(即便是再复杂的过程)不足以跟上对手更先进的通信系统、雷达、干扰机等威胁辐射源。

(2) 软件重编程在电子战中的作用逐渐凸显。为支撑有效的电磁频谱作战(包括电子战和电磁战斗管理),需要理解电磁作战环境并将其中的状态转换为机器可以理解(通过软件)的格式。这涉及一系列关键的组织、人员和装备能力(包括软件、硬件),这些能力在确保能够检测到对手的雷达和干扰机以及电磁频谱中的其他活动并做出适当响应方面发挥着重要作用。要检测和响应电磁频谱中的威胁,需要做到如下几点:将情报抽象为各种机器可理解的格式或语言;使用不同的工具开发和更新软件;进行适当的测试和维护,以便更新不同平台上运行的软件。

(3) 电子战综合重编程过程存在诸多问题。当前电子战综合重编程存在诸多障碍,使其难以适应快速变化的电子战威胁。具体包括：人工步骤的增多，限制了通过间断性或权宜之计方案来实现改进的力度；安全加固和安全认证耗时过长，这些问题无法避免；计算能力与人员不足，延迟了电子战综合重编程过程；对数据记录、存储和共享的限制，导致很难打造数据通道。

》》》二、报告主要内容

该报告主要对如下内容进行了研究：①对手电磁频谱能力如何演变；②电子战相关软件重编程需要多快才能跟上威胁变化；③当前情报到重编程过程中存在哪些障碍；④实现必要改进时需要哪些先进技术。

具体来说，本报告分为9个章节和2个附录。

第1章介绍了电磁频谱作战的重要性。本章回顾了电子战综合重编程的发展历史，分析了软件重编程在电子战中的作用，并对整个报告所采用的研究方法、整个报告的架构进行了综述。

第2章对电子战综合重编程综合体现状进行了评估。该章讨论了电磁频谱威胁如何演变，并解释了为何在大多数情况下，电子战综合重编程过程需要比当前条令所规定的速度更快。本章还分析了目前阻碍重编程速度提升的问题和障碍，包括：过多的人工步骤限制了改进的灵活性；安全加固和安全认证耗时过长；计算能力与人员不足延迟了电子战综合重编程过程；需求与重编程环境沟通不畅，影响更新质量；数据记录、存储和共享限制了数据通道构建。

第3章展望了未来电子战综合重编程发展愿景。本章提出了美国空军未来电子战综合重编程的发展愿景，指出了电子战综合重编程过程可提供应对新出现的先进威胁所需的灵活性。本章阐述了实现更快的电子战综合重编程过程到底需要什么，实现该愿景所需的技术和政策基础以及条令、组织、训练、装备、领导、人员、设施、策略（DOTMLPF-P）方面的一些主要需求，重点是支持变革所需的技术。

第4章阐述了认知电子战能力实现。本章重点研究了认知电子战概念，尤其是重点分析了自适应电子战和认知电子战的区别，描述了认知电子战领域当前取得的一些成果和研究基础，包括：增强将所获取信号与参数化辐射源数据进行比较的能力；加大自适应电子战系统的开发和部署力度；将认知电子战用于支援任务；用自适应和认知电子战分析实战任务数据；利用机器学习实现多个接收机雷达回波的关联。本章还研究了如何、为何将其用于提高电子战综合重编程的速度，并展望了认知电子战独特的技需求，包括云集成和数据工程（第5章）、飞行程序软件和容器化微服务（第6章）以及机载高性能计算（第7章）。

第5章描述了通过数据工程和云集成方法创建数据通道。本章具体阐述了确保数据可用性、海量数据处理、数据多级安全等方面的现状与未来发展趋势。

第6章讨论了飞行程序软件和容器化微服务。本章重点讨论如何改变软件部署架构，以支持更快的作战飞行程序和任务数据文件部署过程，并建立支持认知电子战的基础设施。首先，本章分析了电子战综合重编程过程中软件更新部署存在问题，包括：作战飞行程序和任务数据文件的更新过程和相关问题；软件更新职责碎片化；测试瓶颈；作战飞行程序的体系架构缺陷。其次，本章阐述了航空电子体系架构及相关作战飞行程序设计，包括：联合航电体系架构；综合模块化航电体系架构；开放式航电体系架构；上述问题对电子战组件的影响。最后，本章给出了建议，即利用微服务、容器和编排来重新设计武器系统软件部署以打造集成通道，包括部署任务数据文件或威胁库以及部署作战飞行程序软件。

第7章研究了依赖电子战综合重编程的机载高性能计算（HPC）的进展，以及在尺寸、重量和功率（SWaP）有限的情况下，对支持计算密集型算法的处理能力的需求。本章首先从过程、组件角度给出了机上处理定义；然后分析了当前存在的问题并给出了近期解决方案，展望了量子计算可能带来的变革；最后阐述了其他硬件应用，包括边缘云计算和测试基础设施。

第8章提供了两个"场景"（vignette），结合前几章讨论的技术案例研究，说明电子战综合重编程过程和能力如何更有效地支持作战目标。本章阐述了"加里宁格勒的对敌防空压制"和"在竞争激烈的北极地区作战"这两个场景的阶段设置、作战问题的解决方法、电子战综合重编程作用的演变。

第9章给出了相关建议，具体包括基础建议和愿景建议。基础建议包括：改变软件的构建和支持方式；实现战场快速任务数据文件更新。愿景建议包括：加速技术开发；集成技术以实现认知电子战愿景。

附录A提供了研究方法的进一步细节。附录B介绍了电子战综合重编程必须应对的情报挑战的其他信息。

>>> 三、报告主要观点

（一）美国空军电子战综合重编程时效性不足以应对潜在威胁

美国空军认识到，目前电子战综合重编程的总体过程太慢，无法与其在未来可能遇到的对手电磁频谱能力相抗衡，如图6所示。例如，例行作战飞行程序更新通常基于典型的作战飞行程序更新周期，且耗时长达两年。在某些情况下，理论上作战飞行程序变更请求可以作为应急或紧急变更请求的一部分。然而,操作人员更倾向于添加变通办法或权宜之计,因为作战飞行程序更新太过耗时。在例行软件变更提供所需全部功能之前,这些权宜之计可引导系统以特定的方式工作或响应,但是存在一个缺点,即软件不能灵活适应未来的作战飞行程序更新。

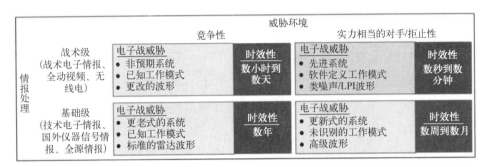

图 6　电子战综合重编程速度需跟得上威胁

具体来说,美军当前电子战综合重编程时效性如表 1 所列。其中:平均情况定义为飞机收到软件更新具有相当可预测规律性的情况;最佳情况定义为紧急更新,这种更新将获得最高优先级,这种情况还可限定为对单个对手雷达或干扰机任务数据文件的更新;最差情况定义为导致执行一个步骤或一系列步骤最慢的情况,这通常与较低优先级的变更有关,且假定存在多种类型的程序性延迟(例如,缺乏网络访问、计算机损坏、关键人员一段时间内没有在工作)。

表 1　当前电子战综合重编程时效性

步　骤	对　象	最佳情况	平均情况	最坏情况
收集	每个信号	24 小时	数天至数月	数年
处理	每个信号	数秒	数秒	数分钟
分析	每个信号	实时(自动);1 小时	1~4 天	3 个月
分发和存档	每个信号	数分钟	4 小时	3 天
情报数据提取和分析	每个辐射源	数天	1 个月	6 个月(需要重新收集)
软件开发或更新	任务数据文件(视情报而定)	1 周内	6 个月	情报从未被发现
	作战飞行程序	6 个月(F-16)	6 个月(F-35);12 个月(F-16)	3 年(F-16)(体系重建)
开发测试与评估和作战测试与评估	每次更新	9 个月(F-16)	12 个月(F-16);6 个月(F-35)	24 个月(F-16);12 个月(F-35)
使用	每次更新	48 小时	72 小时	不要更新,18 个月

总之，美国空军认为，多方面原因导致美国空军电子战综合重编程时效性不足，进而导致其难以快速应对潜在对手。

（二）美国空军电子战综合重编程灵活性难以跟上人工智能发展

美国空军认为，电子战综合重编程过程中的许多步骤都是人工操作的，或者只是部分自动化的。在当前的电子战综合重编程过程中，收集、处理、分析、分发和存档等阶段的某些方面是自动化程度最高的，特别是在威胁已知、不变的情况下。

然而，这种理想情况并非总能出现。例如，对于不太频繁或很少出现的对手雷达和干扰机而言，不仅"对手占得先机"，而且任何旨在检测对手活动并自动记录或标记以提供给分析人员的自动化收集手段都不太可能奏效。与理想情况相比，这些复杂情况仍然需要更多的人为干预，因为无法灵活地表征所收集信号，并可能需要开展更多的收集活动（大多数情况下是人为决定）和耗费更多时间，才能让分析人员将所关注的信号与已知信号进行比较研究，最终实现信号识别。由此产生的记录可能需要额外的步骤，当出现未知信号或异常信号情况时，需要更多的信息来进行识别，这与信号已知情况下的检测更新和验证过程截然不同。

此外，其他很多环节需要很多繁重的人工参与，电子战综合重编程不可能简单地通过特定子步骤的自动化来提高速度。这样做只会让其他环节的瓶颈更加凸显。无论增加资源加速测试计划开发或提高维护人员访问更新的连贯性，都无法在满足安全规程时效性要求的同时降低系统开销。此外，即便尽可能实现当前过程各个环节的自动化，也不能将全过程时效性缩短到数秒或数分钟的量级。这是因为自动化不能解决人力或计算资源缺乏、数据访问受限或无法访问、电子战综合重编程过程外的规章或程序性障碍。

总之，人工智能运用的不足导致美国空军电子战综合重编程过程灵活性很差，难以适应瞬息万变的战场电磁环境。

（三）美国空军电子战综合重编程数据通道不畅

美国空军认为，为电子战综合重编程提供种类繁多的数据（特别是信号情报数据），遇到的问题大致可分为两类，即密级限制和"数据烟囱"。

密级限制是保护美国国家安全的必要手段。然而，这也意味着定密规则和涉密环境中的工作方式都会对数据流动产生限制，尽管明明知道数据共享利大于弊。虽然可以对密级政策和程序进行优化，但不一定能解决该问题。

"数据烟囱"可能与密级限制有关，但也可能单纯是由于供应商的合同协议以及传统组织架构、文化导致的。许多情况下，由供应商控制着平台所收集的数据。如果供应商和美国空军之间的协议中没有包括数据共享的特定内容,那么对于美国空军的所有应用程序而言,其数据必然都是不可见的。同时,在策略层面和流程层面,情报、监视与侦察飞机与战斗机或其他飞机之间有着清晰的界限,这也限制了后者为获取情报而收集的数据的应用范围。最主要的界限是《美国法典》所界定的界限。最后,数据访问策略倾向于假定用户不需要查看或使用数据,除非有明确的访问许可或者数据与用户所扮演的特定角色相关联。这些策略是保护数据的必要手段,但也助长了"数据烟囱"的出现,因为它们只允许按需访问数据而不是假定数据具有广泛的可用性。

总之,美国空军认为,数据记录、存储和共享等因素限制了电子战综合重编程数据通道的构建,进而限制了其作战能力的发挥。

(四) 多措并举方可解决美国空军电子战综合重编程所面临的诸多问题

美国空军认为,为了实现实时、自主重编程的愿景,需要在短期内采取几方面举措来解决眼前的问题,同时还应投资基础改进以实现更大程度的更新,如图7所示。

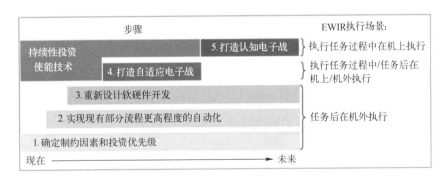

图7　改善美空军电子战综合重编程综合体的愿景

这些举措涉及条令、组织、训练、装备、领导、人员、设施、策略(DOTMLPF-P)等多个方面,该报告主要分析了装备层面的举措。具体来说,为实现实时、自动的电子战综合重编程,该报告给出了如图8所示的路线图。该路线图描述了如何在重编程("能力")、数据通道/流("情报/数据收集")、软件体系架构和开发方法("软件更新")以及计算能力和容量("硬件升级")等方面提高自主性。图8中,最下面两行展示了现有流程改进取得的早期成果;随着时间的推移,往上两行展示了"基本"能力和"愿景"能力,即越来越多地通过重新设计软件体系架构来支持自主重编程,以适应基于微服务的开发模式和机器学习。

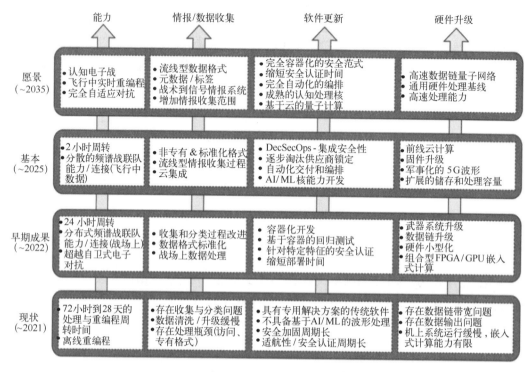

图 8　实时、自主重编程实现路线图

>>> 四、主要认识

（一）新技术的体系化运用是快速提升电子战综合重编程能力的前提

从报告可知，要提升电子战综合重编程能力，不能单纯依赖某一项新技术，也不是简单地依赖某几项新技术，而是必须从本领域的实际情况出发，成体系地运用新技术。图 9 讨论了 4 类技术及其对未来自主重编程能力开发的各种需求的支持方式。美国空军要利用这些技术发展未来电子战综合重编程能力。尽管这 4 类技术在各自的发展和演变方面是独立的，但在推进电子战综合重编程的增量式提升上，这些技术是相辅相成的。换言之，这些技术将不断发展，并通过体系化的方式支持美国空军，并在实现自主重编程的过程中发挥各自优势。

（二）广义的电子战综合重编程可视作完整电子战杀伤链

整份报告围绕"电子战综合重编程"这一领域展开阐述。电子战综合重编程最初是美国空军倡导的，早在 1977 年，美国空军就提出了电子战综合重编程概念（EWIRC），并在1982年7月发布的AFR 55-90条令中对该概念进行了系统阐述,后续主要以美国空军指令AFI 10-703《电子战综合重编程》的方式系统阐述该理念。

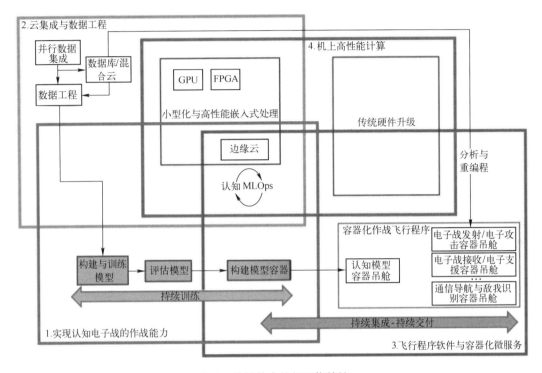

图9 关键技术的相互依赖性

根据美国空军指令AFI 10-703《电子战综合重编程》(2019版)的描述,电子战综合重编程是一个系统设计的过程,以便提升机组人员在作战环境中作战的生存能力和任务成功率,该作战环境的特征是包括了使用电磁频谱的友方、中立方和敌对威胁系统。电子战综合重编程的能力可表述为:描述敌对系统和其他系统电磁辐射的特征,并分析和建模该电磁辐射对作战的影响;将这些特性进行结合,以便在电磁频谱内实现快速检测、准确识别和适当响应。电子战综合重编程功能属于电子战的范畴。

可见,尽管从功能角度来看,电子战综合重编程仅仅电子战的一部分,但从杀伤链角度来看,电子战综合重编程实际上是整个电子战杀伤链中非常重要的组成部分。甚至从某种意义上讲,广义的电子战综合重编程可视作完整电子战杀伤链,具备了杀伤链的所有功能要素(OODA)和环节,而且更为重要的是,其闭环速度、质量直接决定了电子战作战效能和响应速度。

从杀伤链角度来讲,任何作战样式的最终目标都是实现快速、高质量的杀伤链闭环("闭合杀伤链")。近年来,随着人工智能、大数据分析、云计算、嵌入式高性能计算、软件定义一切等新技术不断涌现、融合,对电子战领域产生了非常深远的影响:尽管电子战的"猫鼠游戏"（目标驱动）属性未变,但"猫""鼠"之间逐渐从"拼力气"（能量）向"拼反应速度"（杀伤链闭环速度）转型。借助上述新技术领域来全面提升电子战综合重编程闭环速度,就是应对上述转型最有效手段之一,因为在以光速生效的电子战领域内,快速响应能力无疑是最难能可贵的品质。

（三）人工智能是大幅提升杀伤链/杀伤网性能的技术基础

尽管打造杀伤链/杀伤网能力（或者狭义上来说,提升电子战综合重编程能力）需要借助于多项新技术,但其中最重要的技术无疑是人工智能技术（或者更具体来说,是认知电子战技术）。

从人工智能角度来看,人工智能是大幅提升杀伤链性能的技术基础。首先,杀伤链各环节性能大幅提升,例如在发现环节,可以借助大数据管理、模糊推理型数据融合、基于案例的推理等人工智能技术,在数据收集环节对数据进行预处理,在初始检测子环节检测数据中的异常,在威胁识别子环节检索相类似的案例;其次,杀伤链不同环节间的转换性能大幅提升,在传统杀伤链的环节转换过程中,通常都会有很多的人类因素介入,导致转换效率低下、质量不高,而借助人工智能,这种现象可以得到很好地解决;再次,杀伤链整体闭合性能大幅提升,在没有人工智能技术参与的情况下,杀伤链闭环速度、闭环质量都普遍较低,在战时容易导致贻误战机,且会遭受具备决策中心战能力的对手的决策压制,因此,基于人工智能的杀伤链整体性能会得到全面提升,且可满足马赛克战、决策中心战时代的技战术要求;最后,基于杀伤链智能组合的杀伤网使得体系层面的性能大幅提升,人工智能不仅能够在杀伤链性能提升方面提供强有力的基础,还可以在杀伤链向杀伤网转型过程中起到非常重要的作用,即基于人工智能实现杀伤链的分线性组合,进而打造高质量杀伤网。

（中国电子科技集团公司第三十六研究所　张春磊）

美国空军接收首架 EC-37B 电子战飞机

2023 年 9 月 12 日,美国空军在位于亚利桑那州的戴维斯-蒙特南(Davis-Monthan)空军基地接收了 BAE 系统公司、L3 哈里斯团队交付的首架 EC-37B"罗盘呼叫"电子战飞机,该型飞机是美空军 EC-130H"罗盘呼叫"电子战飞机的载机替换与能力更新版飞机,作战效能、技术性能等方面都有了本质提升。按计划,美国空军总共接收 10 架 EC-37B 飞机,并将 EC-37B 编号正式更改为 EA-37B(图 10),随着 EA-37B 服役,空军电子战能力大为增强,有可能实现作战模式的转变。

图 10　首架 EA-37B 电子战飞机

》》》 一、EC-130H 载机发挥的作用以及存在的问题

EC-130H"罗盘呼叫"电子战飞机自 1983 年开始具备完全作战能力,早期在战场上

发挥了良好的作战效能。EC-130H 飞机共列装了 14 架,其采用了美国 BAE 系统公司的先进电子战系统和计算机系统,由 L3 哈里斯公司负责集成。在 EC-130H 服役的 40 年里,EC-130H 参与了科索沃、海地、巴拿马、利比亚、伊拉克、塞尔维亚和阿富汗等很多地区的实战,执行了近 1.1 万架次战斗飞行和 6.6 万小时飞行任务。作战过程中,EC-130H 成功地给敌军制造了"战争迷雾",扰乱了敌方指控,削弱乃至瘫痪了敌方沟通能力和态势感知能力。

然而,随着美国在电磁频谱领域向大国竞争转型,EC-130H 的载机(C-130 运输机)自身的作战效能、系统性能逐渐无法跟上时代需求,因此,美国空军决定将 EC-130H 上的电子战载荷任务移植到新的载机上,移植后的新型飞机就是 EC-37B,代号仍沿用"罗盘呼叫"。具体来说,EC-130H 的载机主要存在如下几方面问题。

（1）载机老化,导致可靠性问题,维护成本高昂。多年来,EC-130H 任务已经远远超出了其载机、航电设备和任务系统原始设计的目标,出现了无法解决的诸多问题,导致其因维护问题而无法起飞,最终无法在需要支持时执行任务。

（2）速度慢,难以实现快速响应式作战。EC-130H 载机的四引擎涡桨发动机使其飞行速度限制在约 480 千米/小时以内,这样的速度在当前飞机速度普遍达到 800 千米/小时以上的时代,会导致不必要的延迟,进而贻误战机。

（3）作战半径小,增加了时间、财力、人力损耗。EC-130H 载机作战半径仅约 3700 千米,使其通常需要多站转场或空中加油,增加了时间、财力、人力损耗。

（4）升限低,降低了电子战作战范围。EC-130H 载机升限约为 7620 米,大幅限制了电子战作战范围(无论是电子侦察范围还是电子攻击范围),因为地球的曲率决定了发射和接收电磁信号的视距距离,而作战范围的限制最终会导致 EC-130H 的载荷无法支持完整的作战任务。

（5）载机老化,电子战能力难以适应对手的变化。过去的 20 多年间,EC-130H 的主要对手一直是中东那些电子战能力落后的国家或组织,其现有载机能够相对自如地应对。然而,随着美军在电磁频谱内向大国竞争转型,载机存在的能力不足让其在应对实力相当的大国时力有未逮。

》》》 二、EC-37B 的发展历程

为了在战场上保持竞争优势,美国空军决定将 EC-130H 上的电子战载荷任务移植到新的载机上,移植后的新型飞机就是 EC-37B。经过多次改进,EC-37B 升级了新的集成功能,可以为美国空军提供更高的性能。EC-37B 具体改进过程如下。

2016 年 5 月,美国空军宣布全面替换其 EC-130H"罗盘呼叫"电子战飞机的载机,将

原来的 C-130"大力神"运输机替换为"湾流"G550 商用飞机。

2017 年 4 月,美国空军授予 L3 哈里斯公司一份单一来源合同,让该公司担任在"湾流"G550 飞机上集成"罗盘呼叫"任务系统主承包商。

2017 年 9 月,美国空军与 L3 哈里斯公司签署协议,明确以"湾流"G550 商务机为载机研发 EC-37B 电子战飞机。

2018 年 8 月,美国国会众议院为美空军原本申请的 1.081 亿美元的"罗盘呼叫"采购和研发经费增加了 1.94 亿美元,以加快第 4 架 EC-37B 飞机的采购和改型。众议院甚至还建议美国空军部长考虑将 EC-37B 飞机的采购速率从每年采购 1 架提升到每年采购 2 架。

2020 年 2 月,美国国防部在 2021 财年的预算请求中,请求为"罗盘呼叫"项目拨款 2.69 亿美元,并为未来年度国防项目(FYDP)拨款 26 亿多美元。美国国会和电子战利益相关方应该密切关注这个"跨平台"项目的进展并寻求缩短过渡时间的契机。因为这一成功转型对于美国主宰电磁频谱和赛博空间领域的能力至关重要。

2021 年 10 月,L3 哈里斯公司宣布,EC-37B 完成首飞。

2023 年 3 月,美国国防部在 2024 财年的预算评估中,总共为 EC-37B 投入预算 6.7 亿美元。

》》》 三、EC-37B 与 EC-130H 载机的能力对比分析

EC-130H 与 EC-37B 的载机对比如表 2 所列。简而言之,与 EC-130H 相比,EC-37B 的主要特点可以概括为平台更新、尺寸更小、重量更轻、升限更高、速度更快、作战半径更远。

表 2　EC-130 与 EC-37B 的载机对比

指　标　项	EC-130H	EC-37B
生产日期	1954 年	2023 年
单价/亿美元	1.65	1.6
长度	29.8 米	29.4 米
翼展	40.4 米	28.5 米
高度	11.6 米	7.9 米
自重	34.4 吨	21.9 吨
载重	33.0 吨	24.7 吨
最大起飞重量	70.3 吨	41.3 吨
实用升限	7600 米	15545 米

指 标 项	EC-130H	EC-37B
发动机	4 涡桨	双涡扇
最高速度	0.56 马赫	0.885 马赫
巡航速度	0.52 马赫	0.85 马赫
飞行距离	3700 千米	1.25 万千米
部署数量	14 架	10 架

可见，EC-37B 具备多方面明显优势，如表 3 所列。

表 3　EC-37B 技术优势

优 势 项	详 述
速度优势	EC-37B 飞机 0.85 马赫的巡航速度意味着与 EC-130H 相比，EC-37B 能够以 EC-130H 一半的时间介入冲突，同时消耗更少的燃料
距离优势	EC-37B 飞机 1.25 万千米的飞行距离是 EC-130H 的 3 倍，无需多站转场或空中加油，降低了时间、财力、物力成本和总体风险。此外，距离提升还提供了更长的现场盘旋时间
升限优势	EC-37B 飞机升限达 15545 米，是 EC-130H 的两倍，这意味着视距距离加大，运输更安全，电子战能力增强。再考虑到速度优势，则意味着可以在更短时间内提供更强大的电子战能力
能力优势	EC-37B 继承了 EC-130H 的有效载荷，因此继承其所有电子战能力。然而，考虑到 EC-37B 载机具备很多新特点，尤其是软件化、开放式系统体系架构的应用，使得 EC-37B 可以更好地升级、更新 EC-130H 当前所不具备的新能力

》》》四、EC-37B 能力分析

EC-37B 的交付，意味着美国空军在电子战领域向着大国竞争转型正式迈出了实质性的一步。

（一）EC-37B 的战略定位面向大国竞争时代的对敌防空压制，兼顾非常规战争

在电磁频谱领域内向大国竞争转型是美国空军推动 EC-130H 向 EC-37B 转型的最主要动因，美国参议院武装部队委员会空地分委会主席、亚利桑那州参议员 Mark Kelly 在美国空军接收 EC-37B 时就明确给出了类似陈述，"提高美国空军的电子战能力对于确保我们保持对诸如中国的对手的竞争优势至关重要，而下一代'罗盘呼叫'是实现这一目标的核心。"同时，EC-37B 的飞机集成商之一的 BAE 系统公司高层表示，"EC-37B 可干扰敌通信、雷达和导航系统，并通过阻止对手、武器系统和指挥控制网络之间传输基本信息来实现对敌防空压制。"另外，美国"老乌鸦"协会指出，"EC-37B 既可以支持大国竞争

时代的反介入/区域拒止(A2/AD)反制作战需求,也可以支持非常规作战环境中的作战。"综合上述陈述,可以得出如下结论:EC-37B 的最主要战略定位就是实现大国竞争时代的对敌防空压制(尤其是反介入/区域拒止反制过程中的对敌防空压制),同时还可以兼顾非常规战争中的电子战需求。

(二)EC-37B 的技术体制基于软件化开放式体系架构,充分融入人工智能,打造软件定义+人工智能架构

一系列证据表明,EC-37B 充分采用了软件化、开放式、模块化体系结构,在新载机中开发与部署电子战载荷,并借助人工智能等新技术实现灵活可重构的电子战作战能力。例如,G550 载机的体积比 C-130 载机更小、重量更低,但能力不降反升。而如果此次载机替换是将 EC-130H 中的"原有"的电子战有效载荷直接移用到 G550 上,则 G550 的体积、重量都无法满足要求(尤其是载重方面)。因此,可以推断,美国空军可能借此次载机替换的机会,实现一次载荷软件化升级,同时充分融入人工智能技术(美国空军高层曾在多个场合透露过),进而大幅降低其尺寸与重量,同时还可以提升载荷的作战性能以及可重构能力,最终实现快速电子战综合重编程(EWIR)能力。

(三)EC-37B 的作战样式主要传承防区外干扰模式,但作战效能大幅提升

从作战样式来看,EC-37B 主要集成了 EC-130H 的防区外干扰(Stand off Jamming)样式,但其干扰距离得到了大幅扩展,以适应大国竞争环境下敌方防空区域的不断扩展,实现更远距离的防区外干扰能力。这主要通过载机升限的大幅提升来实现:G550 的实用升限是 C-130 的 2 倍以上。根据干扰原理,在其他条件相同的情况下,实用升限的提升意味着干扰距离的提升。之所以对防区外干扰的距离进行如此大幅度的拓展,可能是基于这样一个事实:大国竞争环境下,美国的潜在对手所开发的新武器、新技术大幅提升了其防空区域;EC-130H 最初设计的"防区外"干扰距离其实已经进入了敌方的"防区内",因此容易遭受火力打击。为解决这一问题,唯有继续扩展干扰距离,而提升实用升限是最有效的途径之一。

(四)EC-37B 的快速响应能力大幅提升,可实现远、中、近距离兼顾的干扰能力

EC-37B 有较高的飞行速度,能更快地飞抵作战区域,它的飞行高度能使电子战和信号情报设备拥有更远的辐射范围。与之前的 EC-130H 相比,EC-37B 电子战飞机提高了飞行高度、飞行速度、续航能力,并扩大了防区外航程,显著提高了生存能力,能够在反介入环境中执行任务。随着载机飞行距离与飞行速度的进一步提升,EC-37B 的快速响应

能力也不断提升,可实现远距离飞行。这样一来,除了防区外干扰以外,EC-37B 还可以实现一种干扰距离介于防区外干扰与随队干扰之间的一种新型干扰样式。这种干扰样式比较适合大国竞争环境,可为美国空军在全球范围内的作战行动提供更高的支持力度,实现远、中、近距离兼顾的干扰能力。

（五）EC-37B 具备基于软件的电磁频谱战能力,能够及时升级和修改应用程序

EC-37B 飞机采用 BAE 系统公司提供的小型自适应电子资源库（SABER）技术,能够将早期基于硬件的电子战系统转换为 EC-37B 的基于软件的电磁频谱能力。SABER 系统整合了第三方应用程序,使机组人员能够比以往更快地应对威胁。SABER 系统以一组软件定义无线电（SDR）为基础,采用了新型开放式系统架构,可以在不进行重大物理重构的情况下,能够及时升级和修改应用程序,迅速调整适应战场环境。此外,SABER 在产品设计过程中嵌入了保护措施,并利用开放式架构来承载各种政府签约的应用程序。

（中国电子科技集团公司第三十六研究所　张春磊　陈柱文）

美国海军加快 AN/SLQ-32(Ⅴ)7 电子战系统研发与部署

2023 年,美国海军大力推进 AN/SLQ-32 系列电子战系统研发与部署,首次列装了具备完整电子支援与电子攻击能力的 AN/SLQ-32(Ⅴ)7 系统,同时与工业部门联合研发了小型化 AN/SLQ-32C(Ⅴ)7 系统,将电子攻击能力应用到中小型舰船,构建有源无源协同的综合电子战系统体系。

》》》 一、AN/SLQ-32(Ⅴ)7 系统最新情况

2023 年 9 月,美国海军完成了"阿利·伯克"级 Flight Ⅱ A 型驱逐舰"驱逐舰现代化 2.0"(DDG MOD 2.0)升级方案的阶段性工作,为"平克尼"号(DDG-91)驱逐舰换装了具备电子攻击功能的 AN/SLQ-32(Ⅴ)7 电子战系统,如图 11 所示。

现代舰艇面临日益严重的防空反导威胁,先进反舰导弹的雷达回波越来越小、掠海飞行高度越来越低、速度越来越快,濒海作战电磁环境越来越复杂多变。美国海军在用 CG(X)巡洋舰替代日益老化的"提康德罗加"级巡洋舰的计划中,提出"防空与导弹防御雷达"(AMDR)研制方案以抵消反舰导弹的威胁,但该型雷达与船体适配出现了重大技术困难,美国海军不得不放弃 CG(X)项目,改为采用两阶段升级"阿利·伯克"级驱逐舰的方式满足防空反导需求。在第一批次工作中,美国海军要对现役 20 艘 Flight Ⅱ A 型驱逐舰执行 DDG MOD 2.0 升级,主要内容包括集成 AN/SLQ-32(Ⅴ)7 电子战系统、AN/SPY-6(Ⅴ)4 雷达与"宙斯盾"基线 10 作战系统。

2023 年 2 月,美国海军披露了 DDG-91 号驱逐舰 AN/SLQ-32(Ⅴ)7 的安装情况(图 12),并于 9 月公布了正式列装照片。从形态上看,AN/SLQ-32(Ⅴ)7 与此前的 AN/

SLQ-32(Ⅴ)6 有显著差别。AN/SLQ-32(Ⅴ)1 到 AN/SLQ-32（Ⅴ)6 均安装在舰船上层建筑外部,位于两部 AN/SPY-1D 相控阵雷达之间未对舰体结构产生实质性影响。AN/SLQ-32(Ⅴ)7 在舰体上形成了较大差别,在上层建筑容纳 AN/SLQ-32(Ⅴ)7 与 AN/SPY-1D 雷达的空间加装了一体式外罩。

图 11　DDG-91 上层建筑外侧的 AN/SLQ-32(Ⅴ)7 系统

(a) AN/SLQ-32(V)7　　　　　　　　　(b) AN/SLQ-32(V)6

图 12　正在安装的 AN/SLQ-32(Ⅴ)7 系统与 AN/SLQ-32(Ⅴ)6 系统对比

在第一批次 DDG MOD 2.0 方案中,美国海军还对 Flight ⅡA 型舰体的上层建筑进行了改造,留出了足够空间容纳电子战系统与雷达,调整了船体重心、高度和稳心高,增加电力供应以满足新装备的巨大需求。如图 13 红圈处所示,从垂直角度观察,上方未经改造的 DDG-91 号驱逐舰 Flight ⅡA 船体上层建筑几乎位于船舷范围内,下方改造后的的部分明显超出船舷范围,向外凸出。如图 13(b)DDG-91 改造前后对比所示,改造后的船体上层建筑超出船舷包线,其两侧的 AN/SLQ-32(Ⅴ)7 阵列引人注目。

(a)   (b)   (c)

图 13   AN/SLQ-32(Ⅴ)7 系统对船体带来的影响

从功能上看,AN/SLQ-32(Ⅴ)7 电子战系统实现了一体化的相控阵体制有源电子攻击能力。此前的 AN/SLQ-32(Ⅴ)3/(Ⅴ)4/(Ⅴ)5 具备一定的电子干扰能力,主要采用"罗特曼"透镜发射杂波和虚假回波的方式实施干扰,同时控制 MK36 对抗措施投放系统,利用无源诱饵实施质心或冲淡式干扰。美国海军第 6 舰队与第 7 舰队的 AN/SLQ-62 与 AN/SLQ-59 系统是满足紧急作战需求的电子干扰系统,不属于 AN/SLQ-32 系统原生组成部分,收发同时或协同作战能力存疑。AN/SLQ-32(Ⅴ)7 电子战系统整合了 AN/SLQ-32(Ⅴ)6 系统和第三批次升级的有源相控阵电子攻击天线,可利用有源相控阵调整波束宽度精确定位辐射源,同时对多个威胁实施干扰。

AN/SLQ-32(Ⅴ)7 电子战系统总共包含 4 组 16 个有源相控阵,各组由两个接收天线和两个发射天线构成,形成 360° 全向覆盖。如图 14 所示,AN/SLQ-32(Ⅴ)7 在单个象限范围内配备了 4 种天线。Block2 接收阵列为 AN/SLQ-32(Ⅴ)6,用于探测和识别远距离威胁,并引导电子攻击系统。Block3 为电子攻击系统的接收天线,为后续电子攻击进行高保真参数测量。

从采办上看,AN/SLQ-32(Ⅴ)7 电子战系统已经进入了采购环节,研发费用降低,采购费用增加。AN/SLQ-32(Ⅴ)7 属于美国海军舰船自防御系统软杀伤/电子战项目(PE

0604757N）中的 3321 工程。随着第三批次升级于 2019 年进入里程碑 C 节点,该项目进入小批量生产与研发/作战鉴定工作,采购费用开始进入大幅增长状态,如表 4 所列。

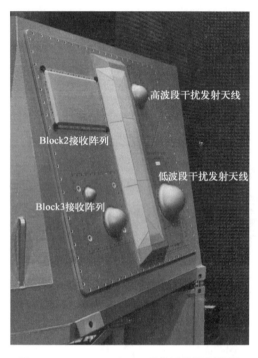

图 14　AN/SLQ-32(Ⅴ)7 系统天线阵面情况

表 4　AN/SLQ-32(Ⅴ)7 项目 2022—2028 财年的采办情况

年　　度	2022 财年	2023 财年	2024 财年	2025 财年	2026 财年	2027 财年	2028 财年
研发/亿美元	0.03	0.06	0.089	0.062	0.061	0.06	0.061
采购/亿美元	3.13	2.92	3.29	2.78	5.13	5.94	6.06

目前,美国海军正在对 AN/SLQ-32(Ⅴ)7 系统开展测试与鉴定工作。美国海军海上系统司令部水面战中心的克莱恩分部、达尔格伦分部、水面战斗系统中心以及海军研究实验室均参与了工作。

〉〉〉二、AN/SLQ-32C（Ⅴ）7 基本情况

美国海军高度重视应对反舰导弹威胁,除"阿利·伯克"驱逐舰和"提康德罗加"级巡洋舰等大型水面舰以外,力求将舰载电子战能力拓展到濒海战斗舰、护卫舰乃至海岸警卫队的水面舰等多种平台上。由于上述作战平台在大小、重量、功率和冷却能力等指标上无法支撑 AN/SLQ-32(Ⅴ)7 系统,诺斯罗普·格鲁曼公司在标准型系统的基础上推

出了 AN/SLQ-32C(V)7 系统,海军在预算文件中称其为"规模可变舰载电子攻击"(SOEA)。美国海军"星座"级护卫舰、"自由"级与"独立"级濒海战斗舰在火力和防空能力上较差,因此均计划部署该系统,以在高威胁环境中获得战术优势。

AN/SLQ-32C(V)7 将采取两阶段发展方案,利用初始样机阶段论证装备能力、系统架构、功能和维护保障能力,通过综合系统开发阶段研制样机,随后生产装备进行快速列装。AN/SLQ-32C(V)7 系统将综合 AN/SLQ-32(V)6 成果,形成电子攻击能力。

三、AN/SLQ-32(V)7 系统升级情况

2002 年,美国海军对当前 AN/SLQ-32 系列舰载电子战系统进行螺旋式升级改造,启动了"水面电子战改进项目"(SEWIP)。AN/SLQ-32(V)7 电子战系统由 SEWIP 的三个增量式升级构成。从联合电子类装备命名系统(JETDS)角度看,AN/SLQ-32(V)7 包括 AN/SLQ-32(V)6 和 Block3 项目,其中 AN/SLQ-32(V)6 又由 Block1 的 1A、1B1、1B2、1B3 以及 Block2 组成,因此 AN/SLQ-32(V)7 集成了"水面电子战改进项目"实施以来的所有升级成果。AN/SLQ-32(V)7 通过多阶段改进,最终形成从体制和技术上完全不同于 AN/SLQ-32 系统的全新舰载电子战系统,确保对反舰导弹的有效防御。

"水面电子战改进项目"由不同批次的升级和软杀伤协同系统组成。第一批次主要是对原 AN/SLQ-32 的显示、控制、信号处理技术进行改进,采用高灵敏度接收机和个体辐射源识别技术,改善了威胁相关和反舰导弹预警能力。第二批次是对 AN/SLQ-32 的侦察系统进行更新换代,采用了新型天线、接收机及作战系统界面,改进了信号探测和信号分析能力,提高了分选精度,同时减少了电磁互扰。第三批次主要是提升电子攻击能力,实现天线阵列与通信和雷达共用,实现雷达、通信与电子战一体化设计。第四批次是在第三批次的基础上增加先进的光电/红外对抗能力。不过,由于美国海军调整了战略优先级,已在 2021 财年预算中暂停了第四批次升级,目前正全面推进第三批次的电子攻击升级。

第一批次升级分为 Block 1A、1B1、1B2 和 1B3 四个不同性能升级的分阶段。1A 部分升级了 UYQ-70 显控台和脉冲处理计算机,为操作员提供了更快速的威胁识别和显示信息,同时也解决系统支持维护问题。1B 部分更换了原 AN/SLQ-32 的旧电子设备,提高了系统的方向性和精度,在 1B1 升级包中增加了 SSX-1"辐射源个体识别"系统,在 1B2 升级包中强化了相应的分机与软件。1B3 部分升级了接收机并增加了"高增益高灵敏度"(HGHS)天线,保证操作员在作战系统流程框架下既能发射"纳尔卡"有源诱饵,又能发射无源干扰物,并提供了用于探测和分选特殊信号(低截获概率信号)的能力,以及能识别和跟踪现代导弹并缩短系统反应时间的改进内容。

第二批次升级扩展了频率覆盖范围,提高了灵敏度并增加了精确的到达角测量,同时重新搭建系统架构。硬件方面,采用以砷化镓单片微波集成电路的相控阵功放组件,大大增加了信号处理容量,大幅提升了射频辐射源探测性能。软件方面,采用单一接口与作战系统连接,代替原先的多接口系统结构,以便于接入其他独立部件和外部传感器。第一批次和第二批次升级内容集成后形成了 AN/SLQ-32(V)6。

AN/SLQ-32(V)6 虽然强化了无源探测能力,但在 AN/SLQ-32(V)7 列装前几乎不具备有源电子攻击能力。美国海军第 7 舰队和第 6 舰队在 2013 年提出了紧急作战需求,急需具备电子攻击能力的电子战系统。美国海军于 2014 年启动了以此前海军研究办公室主持研究的“便携式电子战模块”(TEWM)项目的装备研制工作,含适用于第 6 舰队的 AN/SLQ-62(TEWM-STF)和第 7 舰队的 AN/SLQ-59(Block3T)两种型号的系统。两型装备技术体制相同。美国海军第 7 舰队“阿利·伯克”驱逐舰中队基本换装了 AN/SLQ-32(V)6 与 AN/SLQ-59 系统组合,形成了在 AN/SLQ-32(V)7 列装前的过渡性电子支援与电子攻击能力,如图 15 所示。

图 15　DDG-65 驱逐舰红圈处为 AN/SLQ-32(V)6
与 AN/SLQ-59 的系统组合

第三批次升级中,将先进电子攻击能力与 AN/SLQ-32(V)6 系统集成,组成了 AN/SLQ-32(V)7 系统。升级重点是更新原 AN/SLQ-32 系统中的电子攻击系统,使之能应对先进反舰巡航导弹和反舰弹道导弹等威胁。在软杀伤/电子战体系中,软杀伤协同系统(SKCS)能为舰载和舷外的电子战系统提供调度和引导。从舰船自防御体系角度看,美国海军形成了以 AN/SLQ-32 为核心的软杀伤协同系统,统辖了对反舰导弹的远距无源探测识别定位、有源电子对抗和无源防护能力。“宙斯盾”系统或舰船自防御系统(SS-DS)启动后,软杀伤协同系统可调度有源与无源措施实施协同对抗。其中,有源措施包含长航时电子诱饵、“纳尔卡”有源诱饵以及挂载 MH-60R/S 直升机平台的 AN/ALQ-248

吊舱;无源措施包括 Mk36 SBROC 箔条发射系统和 Mk59 角反射器投放系统,通过电子战手段对水面舰船实施立体防护。AN/SLQ-32(V)7 与 AN/SPY-6(V)4 雷达协同作战效果如图 16 所示。

图 16 AN/SLQ-32(V)7 与 AN/SPY-6(V)4 雷达协同作战效果图

》》》 四、几点认识

(一) 美军高度重视提升反舰导弹对抗能力

美军一直高度重视对反舰导弹的防御,在从反恐战争转向大国高端对抗后更加强调对抗反舰导弹的能力建设,牵引了美国海军舰载电子战的装备发展和战术构想。装备规划上,美国海军调整了武器装备研发优先级,在 2021 财年暂停了 SEWIP 第四批次的光电/红外对抗能力开发,提高对抗射频威胁的第三批次升级的优先级,全面推进电子攻击能力,打造健全的电子战/软杀伤体系;力量部署上,美国海军在反舰导弹威胁密集区域优先部署最新型号的 AN/SLQ-32 和电子攻击系统;战术制定上,美国海军在反舰导弹威胁密集区域制定了有源电子攻击与有源诱饵协同的战法。美国海军对反舰导弹在战略和战术层面的重视,恰恰说明反舰导弹对其威胁程度高,直逼水面舰生存能力的要害。虽然美军不断推进对抗反舰导弹的能力,但反过来也指明了对抗反反舰导弹能力的发展方向。

(二) AN/SLQ-32 系统成为美军电子战系统增量式升级改进的范例

AN/SLQ-32 系统已经形成关键能力,为美国海军提供了切实的电子攻击效能。该系统从此前罗特曼透镜体制的电子干扰能力发展到 AN/SLQ-59/62 的可移动拆卸式过渡性电子攻击系统，最终形成了基于有源相控阵体制的电子攻击能力，大大加强了该系统的作战效能。经过"水面电子战改进项目"长达 19 年的发展，AN/SLQ-32 系统以增量式策略不断改进，从起初仅具备有限电子支援能力的单装演变成集电子支援、电子攻击与有源/无源对抗措施联动指挥协同能力于一身的综合电子战系统体系。

（三）美国海军水面舰只形成了自防御的"小体系"与"大体系"

AN/SLQ-32 系统目前已形成了以自身为核心的电子战软杀伤"小体系"，能针对反舰导弹威胁进行实时远距探测和辐射源个体识别和定位，实施有源电子攻击并协同部署长航时电子诱饵、"纳尔卡"诱饵和 AN/ALQ-248 吊舱等有源手段以及箔条和角反射器等无源手段进行综合对抗。软杀伤"小体系"又增强了非"宙斯盾"舰船的舰船自防御系统的"大体系"，结合"拉姆"Block2 导弹和 RIM-7"改进型海麻雀"（ESSM）Block2 导弹以及"密集阵"近防炮等硬杀伤手段，交联 AN/SPS-48/49/73/67 和 AN/SPQ-9B 等雷达，建立了对抗反舰导弹的传感器—射手回路，强化了软硬杀伤结合对抗反舰导弹防御的"大体系"。

（中国电子科技集团公司第二十九研究所　舒百川　朱　松）

美国陆军聚焦"地面层系统"研发

"地面层系统"(TLS)是美国陆军首个地基信号情报、电子战与赛博综合能力系统，具备态势感知、信号情报、电子攻击等能力。TLS 包括"旅战斗队地面层系统"(TLS-BCT)和"旅以上地面层系统"(TLS-EAB)两种型号。近年来，美国陆军大力推进"地面层系统"的研发工作。2023 年 4 月，美国陆军授出 TLS-BCT 合同，以支持"斯瑞克"旅的样机验证和重型装甲旅的初始设计工作；8 月，授出 TLS-EAB 合同，开始样机研制与验证。

》》》一、研发背景

美国陆军是美国军事力量的基本支柱，在第二次世界大战、越南战争中发挥了决定性作用，拥有强大的电子战能力，但随着冷战的结束，尤其是海湾战争后，美国陆军判断威胁已经消除，开始裁减其电子战力量，电子战能力大幅萎缩。近年来，随着美军从反恐战争转向大国竞争，为应对大国对抗高端威胁，美国陆军开始大力发展先进电子战能力。

2017 年，时任美国陆军参谋长的马克·米利上将提出，重振美陆军及电子战能力最重要的解决方案是整合信号情报搜集、电子战和赛博空间作战能力。根据这一指令，美国陆军赛博卓越中心、情报卓越中心以及情报电子战与传感器项目执行办公室于 2017 年开始合作，成立了联合小组共同研究解决方案，从组织、装备和训练等多个方面整合情报、电子战和赛博空间作战能力，以应对均势对手给陆军在电磁频谱空间带来的挑战。"地面层系统"项目由此诞生。

根据美国陆军的构想，在武装冲突中，"地面层系统"将进行多门类、多模式的情报搜集和分析，为旅战斗队和师级部队指挥官提供非动能火力支援。依托战场建立的电子战斗序列，"地面层系统"分队能够通过信号情报、电子情报、通信情报搜集满足各个电磁频段的情报需求，并能为目标火力分队提供非动能选项。"地面层系统"实施电子攻击和进攻性赛博空间作战，为机动部队指挥官提供电子攻击与进攻性赛博战手段，可用于拒止、削弱、干扰或操纵敌方部队，为指挥官提供电磁空间、赛博空间和信息环境内的优势窗口。

二、系统概述

"地面层系统"目前由美国陆军情报电子战与传感器项目执行办公室负责，由美国洛克希德·马丁、通用动力、CACI 等公司联合研制。2023 年 3 月，美国国防部发布《2024 财年国防预算》，其中陆军大幅增加了对重点电子战项目的投入，预算是 2023 财年的 3 倍。TLS-BCT 项目预算在 2020—2025 财年经费为 3.12 亿美元，其中 2.69 亿美元为研发试验鉴定费用，4300 万为样机采购费用。TLS-EAB 项目在 2024 财年预算中获得 6646 万研发经费，可见美国国防部对"地面层系统"提供了充足的资金支持。

（一）"旅战斗队地面层系统"

TLS-BCT（图 17）主要供美国陆军旅战斗队使用，一套系统包括两辆"斯瑞克"装甲车，其中一辆用于电子攻击和赛博攻击，另一辆用于信号情报搜集。TLS-BCT 为陆军机动部队集成信号情报、电子战和赛博使能的非动能进攻性作战选项，取得的信息优势能提供指示与告警、部队防护以及态势感知，为指挥官的决策环提供输入，改进目标瞄准时间和精度。TLS-BCT 采用模块化开放系统方法进行多种配置，可以有效维护和有效升级，以提供应对不断变化的均势和新兴威胁的能力，从而解决多域作战能力差距。

图 17　TLS-BCT

TLS-BCT 将装备包括"斯瑞克"旅战斗队和重型装甲旅战斗队的对应平台,同时在此基础上,美国陆军还为轻型步兵旅战斗队推出单兵背负式系统,让作战人员在机动行进中也能进行电子干扰。

TLS-BCT 当前及未来的发展具体如下。

2022 年 7 月,美国陆军授予洛克希德·马丁公司价值 5890 万美元的合同,进入 TLS-BCT 概念验证样机研制阶段。

2023 年 4 月,美国陆军授予洛克希德·马丁公司价值 7280 万美元的合同,用于为"斯瑞克"装甲车装备 TLS-BCT,并为将该系统集成到美国陆军的多用途装甲车(AMPV)开展系统设计。该合同包含采购和研发两部分的经费。其中:采购经费 3540 万美元,用于采购装备于"斯瑞克"装甲车的 TLS-BCT 系统;研发经费 3740 万美元,用于支持作战验证活动,并为将该系统集成到 AMPV 上开展初始设计工作,这是首份涉及 AMPV 平台的合同。

2023 年 10 月,美国陆军获得 3 套 TLS-BCT 概念样机,装备在"斯瑞克"装甲车上用于作战评估。

2023 年 9 月,美国陆军对 TLS-BCT 的赛博、电子干扰与信号情报综合能力进行测试。

2023 年 9 月,美国陆军授予 CACI 公司价值 150 万美元合同,开始开发背负式 TLS-BCT 装备。

2024 财年,背负式 TLS-BCT 装备从样机研制过渡到生产,并在年底进行快速采购和部署。

2024 年中期,美国陆军获得首型 TLS-BCT 装备。

2024 财年,美国陆军计划获得 56 套 TLS-BCT 装备,其中 52 套是单兵背负式系统。

2025 财年,美国陆军将获得首型适用于 AMPV 的 TLS-BCT 装备。

(二)"旅以上地面层系统"

TLS-EAB(图 18)主要为美国陆军旅以上的师或军级部队提供远程感知、精确定位、非动能火力和动能目标瞄准支援能力,功能比 TLS-BCT 更广更强。

TLS-EAB 配置在重型卡车上,其中:一辆卡车搭载信号情报和电子攻击系统,实施远距离侦察和电子战支援,用于探测和对抗大约在 30MHz~18GHz 频段的威胁,车上 8 名士兵将通过电子干扰、赛博攻击或者信号欺骗等手段扰乱敌方信号(其中,4 人负责赛博战/电子战、4 人负责信号情报);另一辆卡车配备 TLS-EAB 独有的电子对抗阵地防御套件,车上的 4 名士兵通过干扰、赛博攻击或信号欺骗等手段来保护师级、军级和战区级指挥所等要地。TLS-EAB 还可接入美国陆军及其他军种甚至情报机构的其他系统,例如从侦察卫星接收导弹来袭告警信息等。此外,在 TLS-EAB 项目采办中,美国陆军采用了中间层采办策略,能大幅缩短采办周期并降低成本,加快原型样机的研制及部署速度。

图 18　TLS-EAB

TLS-EAB 的研制工作分为 5 个阶段,其中:第一阶段进行概念设计、系统评审,以及开展软件架构演示;第二阶段进行样机研制、测试与集成;第三阶段进行生产准备检验和作战评估;第四阶段进行装备陆军以及后续项目转化;第五阶段进行未来器材解决方案设计与开发。目前 TLS-EAB 处于第二阶段的样机研制过程中。

TLS-EAB 当前及未来发展具体如下。

2022 年 8 月,美国陆军授予洛克希德·马丁公司和通用动力任务系统公司 TLS-EAB 概念与验证合同,合同价值 1500 万美元,为期 11 个月。

2023 年 6 月,美国陆军授予洛克希德·马丁公司 TLS-EAB 第二阶段合同,以生产原型样机,合同价值 3670 万美元,为期 21 个月。

2024 财年,美国陆军计划开展多次"士兵接触点"活动,为作战人员提供评估 TLS-EAB 架构和反馈的机会。

2025 财年,美国陆军将开展 TLS-EAB 样机的作战演示工作,随后可能在当年进行系统交付。

2026 财年,开始装备美国陆军部队。

2030 财年之前,全面部署美国陆军部队。

〉〉〉 三、作用分析

"地面层系统"是美国陆军未来最重要的战役战术级电子战系统。作为美国陆军2028 愿景中的重要组成,"地面层系统"将取代现役的"战术电子战系统""预言家"信号情报系统,成为陆军下一代核心电子战装备。

（一）对陆军电子战发展带来重大影响

作为"大国竞争"背景下应对均势对手的先进电子战装备，"地面层系统"是随着美国陆军整体战略规划而发展起来的。

近年来，美国陆军发布并更新了多部手册与条令，包括 FM 3-36《作战行动中的电子战》、FM 3-38《赛博电磁行动》、ATP 3-36《电子战技术》、FM3-12《赛博与电子战作战》、TP585-8-6《赛博空间与电子战作战概念 2025—2040》，以指导在情报、电子战和赛博空间融合作战能力，旨在应对均势对手给陆军在电磁频谱空间带来的挑战。"地面层系统"正是紧随美陆军总体战略而发展的新型信号情报、电子攻击、赛博行动综合系统。2023年 1 月，美国陆军发布了 ATP 3-12.3《电磁战技术》，指出促使发布新版条令的主要原因是"当前，美国陆军正对其电子战力量进行大规模改进提升，TLS 就是其中一个重要装备……在先前版本的条令发布时，这些装备和能力尚未问世，新的条令将协助陆军各层级部队运用这些新能力。"

同时，美国陆军高层充分肯定了"地面层系统"的研发成果。2023 年 8 月，美国陆军负责采购、后勤和技术的助理部长道格·布什称，陆军已加强对电子战的承诺，TLS-BCT 和 TLS-EAB 项目是陆军对电子战能力的重大投资和重构，目前这两个项目已步入正轨。同时他称，美国陆军一直将电子战置于优先发展地位，反映了陆军对不断变化的态势、战争性质和适应新威胁必要性的认识。通过发展和部署先进的电子战能力，美国陆军的目标是提高作战效能，确保电磁频谱优势。

（二）成为面向多域作战的核心电子战装备

美国陆军致力于在"多域作战"理念下，全面提升电子战装备体系能力。根据多域作战概念，美国陆军计划作为联合兵力的一部分，对抗在陆海空天及赛博域内与美军竞争的对手。为此，美国陆军构建的电子战平台包括空中和地面、有人和无人，威力覆盖近、中、远程。

围绕多域作战，美国陆军近年来陆续开发了"地面层系统""电子战规划与管理工具""空中大型多功能电子战""阿尔忒弥斯""哈瑞斯"新型电子侦察飞机、高功率微波反无系统等新型电子战装备，旨在构建全域电子战能力体系。其中，"地面层系统"是美国陆军电子战能力装备体系中最重要的系统之一，除了能装备在陆军各种装甲车上，还在陆续开发单兵背负式系统，甚至是用于无人机的机载系统，构建起针对不同作战场景、具备不同功能的综合性系统。

在先进技术应用层面，"地面层系统"采用了人工智能技术处理信号情报，以降低作战人员在使用电子战装备时的认知负担。该系统还运用了模块化开放式标准体系架构，通过"电子战规划与管理工具"实现战场电子战管理与联网协同，进入美军整个装备能力体系中。例如作为战术情报目标瞄准访问节点的终端，该系统能接收来自其他系统的威胁预警信息，成为美军防空反导系统之系统的重要节点。

（三）支持陆军部队战役战术级电子战需求

美国陆军部队的基本模块是旅战斗队，是常设的、独立的、能够实现标准化的战术部队，编制人数 3900~4100 不等，根据作战方式进行编配。陆军部队的作战旅分为重型装甲旅战斗队、轻型步兵旅战斗队、"斯瑞克"旅战斗队，目前共有 33 支旅战斗队。"地面层系统"能够应用于美国陆军所有的旅战斗队，包括重型装甲旅的多用途装甲车、"斯瑞克"旅的斯瑞克装甲车以及轻型步兵旅的背负式系统，是面向实战的旅建制战役战术级电子战系统。

同时，TLS-EAB 是美国陆军"深度感知"战略的关键组成，将优先提供给陆军多域特遣部队使用，旨在实现从更远的距离、以更高的精度对敌方进行识别、监视、瞄准和打击。近年来，美国陆军在欧洲和亚太地区部署了三支多域特遣部队，包括 2017 年成立的针对亚太地区的第一多域特遣部队、2021 年成立的针对俄罗斯的第二多域特遣部队、2022 年成立的针对亚太地区的第三多域特遣部队，其中第一和第三特遣部队将一直在亚太地区轮替，是美军反介入/区域拒止能力的基石。多域特遣部队下辖 4 个营，分别为战略火力营、防空营、旅保障营以及情报信息赛博电子战与太空（I2CEWS）营，其中 I2CEWS 营下辖 2 个军事情报连、1 个信号连、1 个增程感知与效应连以及 1 个信息防御连。TLS-EAB系统将用于支持 I2CEWS 营的各个单元，以执行电子/赛博攻击行动。

美国陆军还称，为尽快依托"地面层系统"形成整体作战能力，陆军计划调整部队编制，在师级单位成立电子作战连，为每个旅战斗队配备一个电子战排和信号支援排；在指挥机关成立一个行动控制单元，主要职责是整合信号情报、电子战和赛博空间作战信息，向指挥官汇报电磁频谱和赛博空间的态势和行动选项。

》》》四、结语

美国陆军近年大力加强电子战能力建设，尤其是 2014 年俄乌克里米亚冲突爆发以及美军将军事战略转向大国竞争以来，明显加快了新型电子战装备的研发采购与部署。在 2022 年俄乌冲突爆发后，美国陆军高层多次强调电子战能力的重要性，明确提出必须将"地面层系统"置于优先发展地位。未来，随着研发与部署的进程加快，"地面层系统"将会成为美国陆军电子战标志性的新装备，推动陆军电子战能力的大幅跃升。

（中国电子科技集团公司第二十九研究所　杨　曼　朱　松）

美国国防信息系统局发展联合电磁战斗管理系统

为实现电磁频谱优势进而维持全域优势,美国国防信息系统局(DISA)正在开发联合电磁战斗管理系统(EMBM-J),以支持联合部队指挥官组织、理解、规划、决策、指挥和监控与联合电磁频谱作战相关的所有活动。联合电磁战斗管理系统开发包括 4 个增量:态势感知、决策支持、指挥控制以及训练,美军正着重开发决策支持增量。2023 年 2 月 3 日,美国国防信息系统局发布《联合电磁战斗管理系统-决策支持(EMBM-J-DS)原型初始需求》文件(项目编号:DISA-OTA-23-R-EMBM-J),提出了联合电磁战斗管理决策支持系统的能力需求,意味着联合电磁战斗管理系统的开发又迈出了重要一步,有助于美军电磁频谱作战自成体系并融入联合全域作战。

》》》一、发展背景

(一) 美军需要电磁战斗管理能力以实现电磁频谱优势

在现代战争中,美军及其对手大量使用电磁频谱,电磁空间拥挤且充满竞争,美军认为其受到对手行动、商业发展和监管限制的阻碍,难以实现在电磁频谱中的行动自由。为了能够在复杂电磁环境中获取和保持电磁频谱优势,进而实现全域作战优势,美军希望通过电磁战斗管理装备和流程,对电磁频谱作战活动进行管理和控制。

2020 年 10 月,美国国防部《电磁频谱优势战略》明确,"必须发展具备监测、识别、表征和适应作战环境的电磁战斗管理能力,并通过机器与机器、人与机器的协同,实现对电磁频谱实时作战的动态控制。它应根据不断变化的电磁作战环境条件,自动调整作战。"由此,美军愈发重视电磁战斗管理装备的发展,美军联合电磁频谱作战指挥官将依托电磁战斗管理装备进行态势感知、决策和指控。当前,美国国防部和各军种都根据自身需求，加速开发电磁战斗管理装备。

（二）各军种开发电磁战斗管理系统但无法满足联合作战需要

自 2010 年美军将电磁战斗管理概念写入军用术语词典以来，美军各军种、机构都对电磁战斗管理的概念、内涵以及电磁战斗管理框架和系统不断探索，基于原有的电磁频谱管理和电子战战斗管理系统自行开发电磁战斗管理系统。

美军当前的电磁战斗管理装备主要包括陆军的电子战规划与管理工具（EWPMT）、海军的实时频谱作战（RTSO）系统，分别满足陆军和海军军种内的需求。电子战规划与管理工具集成频谱管理、电子战、指控、情报和火力等信息，可为指挥官提供电磁作战环境通用视图，让部队清楚地了解战场电子战态势（如受到的干扰或欺骗），以及可能的抵消或躲避手段，支持指挥官决策。实时频谱作战系统是美海军的新一代频谱管控系统，用以取代当前使用的海上电磁频谱作战程序（AESOP）系统，能够为美国海军提供频谱管理、态势分析、决策支持和任务分配能力，增强海军电磁频谱作战的指挥控制，使海军作战人员可以充分理解并利用其电磁频谱资源。

这些军种系统能够满足军种需求，但他们的发展缺少体系性，功能不完备，兼容能力差，难以应用到联合部队。在 JP 3-85《联合电磁频谱作战条令》和《电磁频谱优势战略》发布后，美国国防部开始着力开发联合电磁战斗管理系统。

》》》 二、发展特点

（一）美军按阶段发展联合电磁战斗管理系统

为实现联合电磁战斗管理，美国国防信息系统局正在开发联合电磁战斗管理系统，以支持联合部队指挥官组织、理解、规划、决策、指挥和监控联合电磁频谱作战活动。联合电磁战斗管理系统开发使用自适应采办框架软件路径，要求承包商至少每年交付一次，以满足系统迭代需求，并在可行的情况下鼓励经常性更新和交付，以满足作战需求的紧迫性，同时随着需求的成熟可提供灵活性。

联合电磁战斗管理系统开发包括 4 个增量：态势感知、决策支持、指控支持以及训练支持。当前，态势感知增量正由表达网络公司开发，其第一个功能版本已经于 2023 年 12 月交付；决策支持增量于 2023 年 2 月发布原型系统的初始需求文件；指控支持和训练支持能力将在决策支持的原型期之后开发。决策支持系统将与正在开发的态势感知增量具备互操作性。联合电磁战斗管理系统致力于在 2030 年实现电磁频谱优势战略的大部分目标，最终实现一个单一、集成、联合的电磁战斗管理系统，并增强与联合全域指控

（JADC2）系统的互操作性,融入联合全域作战。

（二）注重联合规划与决策分析

联合电磁战斗管理–决策支持原型系统支持电磁频谱作战指挥官的联合规划过程,使联合指挥官能够使用 JP 5.0 和 JP 3–85 中描述的联合规划过程来规划当前和未来的电磁频谱作战。该系统能够支持的联合规划过程包括电磁频谱规划启动、电磁频谱任务分析、电磁频谱作战任务开发以支持作战方案（COA）、电磁频谱作战任务分析和作战模拟、电磁频谱作战任务比较、电磁频谱作战任务批准,以及电磁频谱作战计划/命令开发等,并支持消除频谱访问冲突。这里的作战方案是指作战活动中频谱相关系统的电磁频谱机动。

联合电磁战斗管理–决策支持原型系统为指挥官提供原型能力,以便建模和分析多个电磁频谱机动计划,以支持作战方案,从而根据指挥官对任务基本目标的优先顺序,最好地实现联合部队指挥官的意图。该系统能够支持建立、导入、显示、保存和共享友方、中立方和敌方基于真实世界信息的电磁频谱资源模型;能够显示友军电磁频谱需求和预期的电磁频谱时空变化;能够生成候选的电磁频谱机动计划,并预测候选电磁频谱机动计划的结果（考虑潜在对手行动方案）;能够根据风险和电磁频谱作战支持能力,对行动方案进行打分、加权或以其他方式进行比较,以确定哪种行动方案可实现作战效能;能够计算冲突并确定面临风险的任务;能够清晰描述所选作战方案,以传达意图。

（三）与军种电磁战斗管理系统具备互操作性

在联合规划中,原型系统能够将联合电磁战斗管理系统中电磁频谱作战相关的作战方案以数据的形式分发到适用这些数据的各军种系统中,这些数据将通过基于标准的机器对机器接口提供给各军种组成部分的电磁战斗管理工具,作为电磁频谱规划和命令的一部分。各军种组成部分规划它们的电磁频谱作战行动,并与其同级协调频谱使用界限。原型系统将支持各军种组成部分电磁频谱规划和界限的集成、可视化和分析,以消除冲突和资源分配。

当前美国国防部和各军种都在开发各自的电磁战斗管理装备,将为美军各级指挥官提供可视化指控工具,实现电磁频谱作战的集中规划和分散执行。在当前规划中,国防部联合电磁战斗管理装备旨在支持联合特遣部队指挥官和联合电磁频谱作战单元指挥官;各军种电磁战斗管理装备旨在支持各军种电磁战指挥官和电磁频谱管理官员。原型系统要求其电磁作战环境数据和模型应可与符合联合全域指挥控制数据标准要求的系统进行自动机器到机器交换。联合部队和各军种最终将实现电磁战斗管理装备之间的互操作,互相提供所需的信息。

》》 三、几点认识

（一）美军通过加强顶层领导，发展电磁战斗管理装备

美军在十几年前就开始发展具有电磁战斗管理能力的装备，但由于缺少顶层的统一指导，各兵种都自发探索各自的电磁战斗管理解决方案，导致美军当前的电磁战斗管理装备兼容性差、功能差别大、缺少体系性，难以用于联合作战。美军此后明确了电磁战斗管理概念与内涵，在开发联合电磁战斗管理装备时已经形成了装备发展的统一领导，整合电磁频谱作战领域已有的基础，统筹构建电磁战斗管理框架和标准，建立通用接口，为后续的系统兼容和体系化发展奠定基础。

（二）美军灵活开发电磁战斗管理装备，优化电磁频谱作战体系

美军在开发电磁战斗管理装备方面走在前面，通过开发电磁战斗管理装备，优化电磁频谱作战体系。一是重点瞄准电子战、频谱管理与信号情报活动的规划与管理，改变目前三者之间的烟囱式结构，平衡作战、频管和情报需求。二是重点开发态势感知、决策支持与指挥控制能力，通过开发这三种能力，使电磁频谱作战形成观察—判断—决策—行动环，具备自成体系的基础。三是采用灵活、敏捷的电磁战斗管理装备开发方式，美国国防部正在开发的电磁战斗管理原型采用敏捷软件框架，及早对其能力进行审查并测试，每半年交付一次。

（三）美军利用电磁战斗管理装备，支撑联合全域指挥控制

美军指出，电磁战斗管理是联合全域指挥控制的基本组成部分，进而利用电磁频谱优势促进各作战域的行动。联合作战离不开电磁频谱的使用，美军尝试将联合电磁战斗管理系统与联合指控系统连接起来，将电磁战斗管理要素融入联合指控系统中，进而将电磁战斗管理、电磁频谱作战融入联合作战。通过电磁战斗管理，对电磁作战环境中的所有行动进行优先级排序、集成、同步并消除冲突，实现电磁频谱跨域协同与能力集成，有效支援联合作战体系。

（中国电子科技集团公司第三十六研究所　王一星）

美国陆军首次发布《电磁战排》条令

2023 年 1 月,美国陆军部总部发布 ATP 3-12.4《电磁战排》条令。该条令由美国陆军赛博卓越中心条令部编制,为负责规划、准备、执行和评估电磁战的指挥官提供理论指导,可作为制定条令、装备与训练方案以及标准作战规程的参考。该条令主要用于指导美国陆军现役及预备役部队的电磁战排长和副排长,同时也可作为联合特遣部队、联合地面部队或多国指挥部中心的指挥官和参谋人员的参考手册。这是电磁战领域首部排一级的作战条令,对于理解美国陆军对电磁战的认识和实施方式有着重要意义,值得高度关注、深入研究。

>>> 一、发布背景

近年来,美国国防战略发生重大改变。2014 年克里米亚危机后,美军认为与大国发生军事冲突的可能性极大提升,为此提出"高端战争"理念,寻求发展新质军事力量。2018 年美国《国防战略》中,大国竞争超越恐怖主义被列为美国国家安全的首要忧患。2019 年美国《国家军事战略》直接将应对中俄挑战列为美军的首要目标。

随着美国战略重心转向大国对抗,美军各军种积极探索新的作战概念,并从条令、组织、训练、装备、领导和教育、人员和设施(DOTMLPF)等方面着手,全面推动新质战斗力生成。由于现代战争对频谱的依赖性日益增强,获得频谱优势成为遂行多域作战的先决条件,美国陆军已将电磁战列为优先发展事项。当前美国陆军电磁战面临缺人员、少装备的困境,为此加快"地面层系统""电子战规划与管理工具""空中大型多功能电子战吊舱"等主力装备的研发部署,同时在不同层级的部队建立专属电磁战作战力量,包括为旅战斗队组建电磁战排以及在多域特遣部队中设立情报、信息、赛博、电磁战和太空营。按照美国陆军的规划,新成立的电磁战排将配备"地面层系统"等新式装备,以提升美国陆军的电磁战作战能力。

作战能力的生成离不开条令的指导。美军条令负责阐述组织机构如何发挥作用，确保作战人员按照作战规程生成作战能力。美国陆军在加强装备和机构建设的同时，开展电磁战条令的拟定和更新。2023 年 1 月，美国陆军更新了 ATP 3-12.3《电磁战技术》，并首次发布 ATP 3-12.4《电磁战排》作战条令。其中，《电磁战排》作为电磁战领域首部排级作战条令，表明美国陆军开始在战术层面建设电磁频谱作战能力，加速推动电磁战能力落地。

>>> 二、主要内容

《电磁战排》条令包含主体部分四个章节和附录，清晰界定了电磁战排的任务、角色、能力和组织架构等重要范畴，细化了电磁战排的领导层在开展内部规划中需要考虑的事项，规范了各层级的电磁战作战力量在不同阶段如何支援部队作战，规定了为电磁战排提供后勤保障的职责与任务，论述了电磁战排开展战斗演练、进行战术机动和分队巡逻的相关事项。

（一）电磁战排的角色、任务及人员职责

美国陆军为旅战斗队、师、军、特种部队和多域效应营等部队都配备了成建制的电磁战部队，其中旅战斗队、特种部队和多域效应营对应的是电磁战排，师和军级部队对应的是电磁战连。这些电磁战部队的任务是在作战期间向隶属或受援的部队提供关键的电磁支援、电磁攻击、电磁防护以及有限的非交互式赛博空间行动，通过控制电磁频谱使部队在所有作战域中获得并保持行动自由。

在电磁战排的任务中，电磁支援行动包括威胁指示与告警、电磁频谱调查、射频测向和威胁辐射源定位，为决策和确定目标提供电磁频谱态势感知。电磁攻击行动包括拒止、降级、破坏、摧毁或欺骗威胁方以支援进攻性和防御性作战，以及为心理战、民政事务和赛博空间效应提供支持。电磁防护行动包括感知和评估己方辐射和电磁信号，从而针对无意和有意的电磁干扰、地理定位以及间接火力，规划合适的电磁防护及其他防护措施。

该条令还明确了电磁战排长、副排长及作战人员的职责。其中，排长需要具备陆军排级负责人的通用职能，负责排的集体训练、管理、规划、战术运用、人员管理和后勤；具备丰富的电磁战任务知识，了解排里人员和装备的能力及局限，精通排的战术运用，熟悉威胁方的组织、条令和装备，并在任务分析期间与受援部队指挥官密切合作。副排长需要按照排长的指示带领排里的作战人员进行作战，并在排长缺席的情况下代行排长的所有职责。电磁战小组规模小、任务多样，要求每位成员必须熟悉小组的所有任务，协同完

成单个士兵无法完成的班组任务。

(二) 电磁战排的组织架构及能力

美国陆军在旅战斗队、师、军及特种部队等不同层级的部队配置了不同层级的电磁战部队。条令对于这些电磁战部队应当具备的规模和能力进行了明确规定。

在建制上,旅战斗队电磁战排属于旅工兵营的军事情报连,由排指挥部和 3 个电磁战小组组成,如图 19 所示。旅指挥官可根据作战需求对电磁战排进行任务编组。在作战期间,电磁战排将在旅作战区域内探测和定位敌方辐射源,并向旅级赛博电磁行动分部和情报参谋(S-2)报告辐射源位置;将感知并评估己方电磁信号特征,协助旅指挥官、作战参谋(S-3)和信号参谋(S-6)制定和实施适当的电磁防护措施;根据指派的装备遂行战术级电磁攻击。

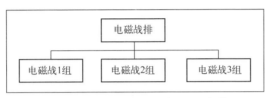

图 19　旅战斗队电磁战排的组织架构

师级电磁战连在建制上属于师级情报与电磁战营,由连级指挥部、电磁战维护分部、3 支电磁战排和 1 支防御性电磁攻击排组成,如图 20 所示。师级电磁战连的主要任务是提供近战支援,在师的整个作战区域内提供分层的电磁支援与电磁攻击能力,运用下属的排和小组来支持指挥官的机动方案。

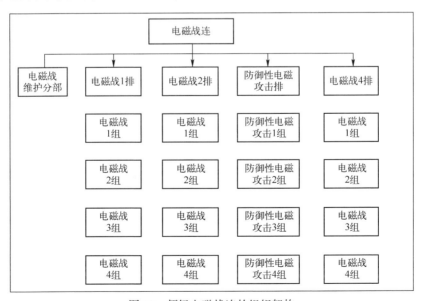

图 20　师级电磁战连的组织架构

师级电磁战连利用电磁支援能力探测、发现、定位和识别威胁信号,并协助指挥官、作战助理参谋长(G-3)和信号助理参谋长(G-6)开展电磁防护和赛博融合;利用电磁攻击能力破坏敌方的用频系统;遂行射频使能的进攻性赛博空间行动,支持军事信息支援作战、军事欺骗和其他信息优势行动。

军级电磁战连在建制上属于远征军事情报旅,如图21所示。军级电磁战连用于向军级指挥官提供分层的电磁支援和电磁攻击能力,其作用范围更远,用于支援纵深区域内的战斗并塑造未来双方的交战态势。其中,作战排负责为所有分队的电磁战行动提供规划、管理、协调和监督;防御性电磁攻击排负责运用电磁支援和防御性电磁攻击能力对敌方作战的准确预警,为军级主指挥所留出足够的响应时间;融合、整合与目标瞄准排负责提供信息融合、信息整合、赛博空间瞄准以及杀伤性和非杀伤性电磁战目标瞄准。

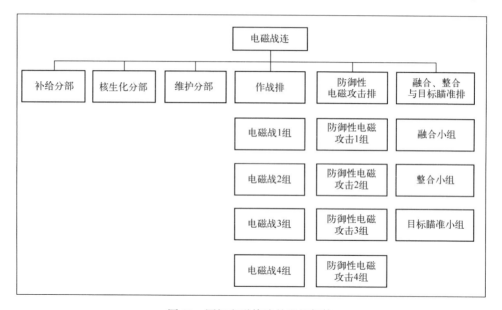

图21　军级电磁战连的组织架构

美国陆军每支现役特种部队都拥有一个成建制的电磁战排,由排指挥部和4个电磁战小组组成,如图22所示。该电磁战排用于提供电磁攻击和电磁支援,并支持指挥官、作战参谋和信号参谋在整个联合特种作战区域制定并执行电磁防护措施。

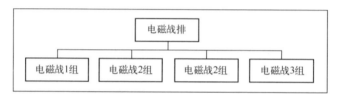

图22　特种部队电磁战排的组织架构

美国陆军多域效应营通过在太空、赛博空间、电磁频谱和作战环境中进行信息分发，为联合部队提供能力，从而在对抗和冲突中支持多域特遣部队的作战行动。多域效应营也拥有电磁战排，远程感知与效应连对应的是电磁战排，信息防御连对应的是防御性电磁攻击排，如图23所示。远程效应营的电磁战排负责提供感知、测向和地理定位。防御性电磁攻击排负责为多域特遣部队作战区域内的关键节点提供电磁支援和防御性电磁攻击，其下属的防御性电磁攻击小组通过电磁攻击和射频使能的赛博空间行动支援巡航导弹防御、反无人机和反引信作战。

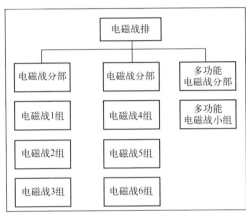 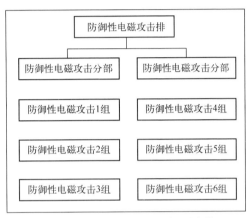

(a) 远程感知与效应连的电磁战排   (b) 信息防御连的防御性电磁攻击排

图 23   远程效应营的电磁战排和防御性电磁攻击排

(三) 电磁战排的内部规划

该条令对于电磁战排的排长和副排长在作战行动的规划、准备、执行与评估过程中应该考虑的事项进行了细化。排长在接受预令或作战命令后开始进行规划。在规划过程中，排长要与其支援的部队和上级指挥官一起规划，确保任务事项与指挥官意图保持一致。在准备过程中，排长需要制定时间表，分析计划的电磁战布阵，涉及地形、气象、敌情以及敌军对任务实施的影响。在执行过程中，排长要形成明确态势，评估进度并做出调整决策。在评估过程中，排长要不断监测和评估当前的情况，尤其是威胁和任务进展情况。

(四) 电磁战排的作战支援

该条令指出，军及军级以下层级的电磁战排都需要支援机动部队的作战行动。作战支援任务方面，军和师级电磁战连重点关注综合电磁战、信号情报和赛博空间作战能力，在后方区域、纵深区域和近战区域支援已经或者即将接敌的己方部队。旅战斗队电磁战排为受援部队提供电磁攻击、电磁支援和有限的、非交互式的赛博空间作战能力，以获得并维持赛博空间和电磁频谱中的行动自由，以及其他作战域的机动自由。

该条令提出了"竞争"和"冲突"两种场景，并将整个竞争连续体分为竞争、冲突、巩固收益、维稳和为民政机构赋能5个阶段。

在武装冲突阈值之下的竞争阶段，大部分情报准备工作都是在师及以上部队层级进行的，尤其是后方区域和纵深区域的战备。军级电磁战连与信号、太空和情报部队协同，必要时为部队防护、目标开发和信息优势活动提供支援。旅战斗队电磁战排重点关注近战区域，其行动侧重于电磁支援，与信号情报分队协同探测、识别、测向和定位威胁方辐射源，以及己方在电磁频谱中的辐射情况。

在冲突阶段，军级电磁战连将远距离电磁战能力与多个作战域的联合能力相结合，以突破并瓦解敌方的反介入/区域拒止能力，实现己方部队的行动自由。师级电磁战连在前沿部署电磁战部队，及时对抗敌方机动部队的攻击，并扰乱敌方在太空、赛博空间和电磁频谱域的活动。旅战斗队电磁战排的活动与师级和军级电磁战分队的主要活动相似，重点关注近战区域内的行动。

该条令指出，在与实力对等的对手作战中，电磁频谱环境将充满对抗，因此己方电磁战部队应当学会利用地形遮蔽、远距离天线、定向天线等手段降低己方被探测和定位的概率，识别及应对电磁频谱中的威胁效应，并在紧急情况下撤离或就地销毁己方电磁战设备。

（五）电磁战排的后勤保障

该条令对于电磁战排的排长、副排长、电磁战小组和操作员在后勤保障方面的职责进行了规定。其中，排长负责监督排里的设备维修，并对排里的资产负监管责任；副排长负责协调排的维修和后勤需求，编写维修报告，并将报告递交给排长和作战人员；电磁战小组和操作员负责对指定的设备进行预防性检修和保养。该条令指出，电磁战排的负责人必须将保障计划纳入到整体的作战计划中。条令还对补给的类别、基本负荷和战斗负荷、电磁战排资产列表、自带备件、补给方式等重要内容进行了详细说明。

》》》三、认识分析

（一）条令标志着美军电磁频谱作战概念逐渐落地

从2020年起，美军先后发布了JP 3-85《联合电磁频谱作战》《电磁频谱优势战略》和美国陆军FM 3-12《赛博空间作战和电磁战》野战手册，从顶层界定了电磁频谱作战的概念术语、指挥机构、权责关系等,对战术层面(军以下)的电磁频谱行动只做了概略性设计。而最新发布的《电磁战排》条令围绕基层电磁作战任务的实施,不仅阐述了电磁战排的角色任务、人员配置、指挥与支援关系、后勤保障,还阐述了基层电磁战任务规划、制定、预演及训练、标准作战规程,内容细致,可以有效地指导基层开展电磁作战演练与战场实践。

电磁战排作为电磁频谱作战的基本作战单元,相关条令的推出表明美国陆军的电磁频谱作战正逐渐从顶层规划设计向作战实践落地。

(二)条令促进美国陆军电磁作战人员力量的建设完善

《电磁战排》条令明确了美国陆军从旅战斗队及以上各层级部队、特种部队及多域效应营中的电磁战排的配置、人员构成,覆盖了美国陆军的所有作战单元类型。例如,旅战斗队配置1个电磁战排;师级单位配置1个电磁战连,由3个电磁战排、1个电磁战维护分部、1个防御性电磁攻击排组成。每个电磁战小组的电磁战专家人数也有明确规定。不同作战单位下属的电磁战排的编组样式不同,例如:旅战斗队下属的电磁战排下辖3个电磁战小组;多域效应营远程感知与效应连下属的电磁战排下辖6个电磁战小组。此外,上级指挥可以根据作战需求对任务进行编组,例如将军事情报连的技术控制与分析单元和SIGINT小组编入电磁战排。

该条令为部队电磁战人员配置提供了详细的指导准则,明确了电磁作战人员指挥线,将助力于美国陆军打造一支完备的电磁作战力量,指定了明细的角色任务分工,有助于聚焦电磁战作战人员的素养和能力提升。

(三)条令促进基层电磁作战力量更好融入美军作战体系

该条令指出,电磁战排排长需要与旅、师或军级部队的赛博电磁行动分部协同,完成电磁领域相关行动规划,协调战场通信程序与方法,协同确定高价值目标等;在执行任务时,无论是战场隐蔽、电磁频谱管理、电磁攻防都强调与炮兵、步兵等其他力量协同,以促进任务的达成。美军没有以简单的隶属关系约束电磁战排的指挥控制,该条令提出了成建制、指派、配属、作战控制、战术控制等多种指挥关系,可以根据作战任务,对电磁战排作战力量进行部署和调用,具有极大的灵活性。

总的来说,无论是电磁作战协同还是与其他类型作战力量的协同,该条令对电磁战排作战演练、指挥控制的规范,将促进电磁战排这一战术力量更好地融入美军作战体系,促进整体作战目标的达成。

>>> 四、结语

现代战争中，电磁频谱域的斗争越来越激烈，美国陆军在近十年重振电子战能力，逐步建立完善的条令体系。此次提出的《电磁战排》条令具有很强的可操作性，拉开了连排级电磁战能力建设的序幕，对我军构建完善、具有自身特色的陆战场电磁频谱作战条令提供了学习与借鉴意义。

（中国电子科技集团公司第二十九研究所　杜雪薇　张晓芸　王晓东）

北约 CESMO 向完整功能的网络化协同电子战数据链扩展

2023 年 6 月,北约协同电子支援措施行动(CESMO)数据链协议增加了能够支持电子攻击与电磁辐射控制功能的消息标准,这标志着 CESMO 完成了"从作战概念到网络化协同电子侦察数据链再到网络化协同电子战数据链"的转型,也意味着北约网络化协同电子战领域迈出关键一步。

》》》 一、CESMO 背景

北约认为,北约和盟军面临高杀伤性且难以检测的各种敌方电子信息系统,尤其是敌军防空系统。因此,在作战过程中了解敌军和友军的精确位置,对提高作战人员的生存能力至关重要。CESMO 数据可为北约联盟部队提供了这种能力。然而,单一电子支援接收机无法确定敌军精确位置,必须通过在接收机之间共享其检测数据,则可对敌方辐射源位置进行估计。

传统上,战场上的电子侦察机通过捕获辐射源信号来确定其位置和类型。战场上的作战人员通常在电子侦察机信号收集后数小时乃至数天时间之后,才能收到有关导弹辐射源、雷达系统、通信系统等威胁的详细信息的电子表格。随着时敏射频辐射源目标的出现,"发射—检测—定位—瞄准"的闭环时间必须尽可能短,相关信息必须实现近实时共享。

尽管每个北约成员国都有自己的威胁检测和定位技术,但对于单个成员国来说,收集足够的信息以便全面了解大片区域是一个挑战。因此,快速交换关于战场辐射的标准化信息是解决这一挑战的唯一途径。许多北约成员国已经在使用 Link 16 数据链来实现电子战信息的跨平台、安全共享。然而，该数据链非常耗时、复杂和昂贵，无法在所有北约成员国所用的各种电子战平台中实现。鉴于此，北约开发了 CESMO 概念、协议（标准编号 STANAG 4658）以及相关系统。

德国、英国、法国、西班牙、意大利、挪威、捷克、希腊、土耳其、荷兰等北约国家已经在交换 CESMO 协议信息。该协议已在 20 多次试验和活动中得到应用。随着越来越多的北约成员国认识到 CESMO 网络协议的价值，很多战术数据链协议正在添加对 CESMO 协议的支持。

》》》二、CESMO 概述

CESMO 的目标是利用从各种平台收集的数据，近实时发现、共享、融合、定位和识别辐射源的精确位置和类型。最初北约 CESMO 是一种探索多平台协同定位的作战概念，最终其演化成了一套专门用于电子战（包括电子支援和电子攻击）协同领域的信息交换网络协议。

当前，CESMO 由德国空军和捷克陆军牵头，并由北约成员国大量参与的一个工作组来开发。截至 2020 年底，北约成员国使用了 CESMO 架构，但目前尚没有用于全北约范围可运行的 CESMO 能力，因为这将取决于北约通信网络的就绪程度，以支持 CESMO 的 IP 消息格式。CESMO 的目标是盟军部队之间的协作和标准化信息共享，因此，其面临的主要挑战是战术数据链的可用性和兼容性。然而，由于大多数资产已经装备了软件定义无线电（SDR）系统，而 CESMO 是基于 IP 且消息大小可变的，因此，它可以直接使用现有战术无线网络技术。也就是说，每个具有软件无线电的平台几乎都能够快速、低成本地实现 CESMO，而不需要额外开发昂贵的硬件。当然，并非所有平台都可使用 CESMO，因此最大的挑战就是把 CESMO 格式翻译成所有现役数据链路格式。

》》》三、CESMO 工作模式

CESMO 系统主要列装在传感器平台上，这些传感器平台能够检测敌军和友军所有地面、空中和海上平台的射频辐射源。其覆盖区域内的友军平台可以使用 CESMO 提供的协议和信息交换网络在几秒钟内交换所收集的数据，以实时定位这些辐射源。

（一）使用方式

CESMO 网络既可以单独使用，也可以与其他数据链综合使用。

（1）单独使用时，网络中的所有联盟部队都能够确切地知道其所面临的威胁类型、位置，还可以知道友军的位置。

（2）与其他战术数据链类型结合使用时，CESMO 态势感知能力可扩展到北约联盟部队的更广泛范围，并可增强对时敏目标的瞄准决策。除了改善战术态势感知和生存能力，CESMO 还让联盟部队能够提升电磁频谱内的利用（exploitation）能力，为电子战斗序列和北约联合情报监视与侦察（JISR）做出贡献。CESMO 数据反馈也是电子战协调单元（EWCC）、信号情报和电子战作战中心数据的组成部分。

（二）工作流程

在具体任务或行动开始时，电子战人员先草拟一份参与飞机及其电子侦察接收机清单，并为这些电子侦察接收机上传其执行任务过程中可能会遭遇的敌方辐射源的详细信息，这些信息可能源自行动级（operational level）收集的信号情报。

在执行任务期间，电子侦察接收机监测编入其威胁数据库的辐射源信号的频谱。当飞机遇到这些辐射源时，其机载电子侦察接收机就利用其标准无线电的 IP 消息共享该信息。该信息共享给 CESMO 融合与协调（CFC）节点，并使用 CESMO 软件来分析辐射源参数。正在执行任务的飞机可以用这些信息来更新其飞行计划，以规避敌辐射源。同时，后续架次出动的飞机可以将这些信息编入飞行计划，以规避敌辐射源或者对辐射源实施火力打击或电子攻击，使其暂时或永久退出战斗。

》》》 四、CESMO 试验与演习情况

（一）"试验之锤 2005"试验

2005 年 4 月，北约在德国拉姆斯坦因空军基地对协同定位进行首次全北约范围的"试验之锤 2005"试验（TH05）。此次试验中，来自北约国家的几个信号情报/电子支援措施平台共享了近实时收集数据（共享所采用的数据传输手段是 CESMO 的雏形），以确定多种辐射源的位置。这些辐射源遵守严格的辐射时序，以方便后续协同定位数据收集和数据分析。

试验结果表明，与数据链通信相比，数字化数据的话音通信非常容易出错，且净数据速率很低。因此，无法利用收集的试验数据来分析整个协同定位程序的及时性。

（二）"斯巴达试验之锤 2006"演示

此次演示称为"斯巴达试验之锤 2006"（TSH 06），是 TH05 的后续活动。对基于数据

链的 CESMO 流程进行评估是 TSH06 的目标之一。

演示中，情报监视侦察飞机协同收集信号情报和/或电子支援措施平台的数据，以建立一个可用的北约电子战斗序列（EOB）。该电子战斗序列的构建基于战场（试验性）个体辐射源数据库的创建。北约电子战斗序列由信号情报电子战作战中心（SEWOC）或电子战协调单元（EWCC）来维护，以支持北约联合总部对辐射源目标进行态势感知或反制任务。

（三）"伐木快车 2017"演习

2017 年，德国举行了"伐木快车 2017"（TE 2017）演习，该演习由德国空军总部赞助，由德国国家空中作战司令部战术数据链管理单元（TDLMC）负责实施的一次"Link 16 现场训练演习"。该演习是美国和德国共同参与的一次两国演习，美国参与机构是位于美国汉斯康空军基地的美国空军生命周期管理中心（AFLCMC）。

虽然 Link 16 是此次演练的核心，但演习中还涉及了一系列基于改进型数字调制解调器（IDM）的数据链，如 VMF 和 CESMO。此次演习的目标是促进 Link 16 在现有、新出现的具有挑战性的环境中使用。主要挑战之一是就是推进 Link 16 的互操作性：平台与指控系统之间的 link 16 互操作性；Link 16 与其他数据链之间的互操作性；对 Link 16 互操作性进行数据链分析。

（四）波罗的海 CESMO 试验

2018 年 6 月 14—28 日，在德国北部 PUTLOS 军事训练场举行了"统一构想 2018"演习，包括国际波罗的海 CESMO 试验（BCT 2018）。该试验的目标是根据 AEDP 13 条令和 STANAG 4658 CESMO 标准来测试电子战信息收集、交换、融合和评估的新流程。

试验中 CESMO 产品主要是辐射源位置和测量参数，这些产品会转换为通用电子战斗序列（C-EOB）格式和 Link 16 格式，并分发给电子战协调单元以及在其他北约国家之间共享。此外，这些通用电子战斗序列还提交给位于德国拉姆施泰因空军基地的信号情报与电子战中心以支持北约"统一构想 2018"演习。

捷克的 ERA 公司参与了此次试验，部署了其 VERA-NG 无源电子支援跟踪器系统，该系统是集成进 CESMO/EWCC 中的众多系统之一，这些系统共同生成通用作战图。此次试验中，VERA-NG 系统成功证明了其融入 CESMO 网络的能力；展示了捷克 SIAC 项目的能力，该项目旨在全面实现 CESMO 融合与协调（CFC）系统功能。

（五）"伐木快车 2020"演习

2020 年 6 月，德国空军战术空军第 51 中队牵头组织了第 4 次"伐木快车"战术数据链演习(TE 2020),此次演习为期 16 天。

演习中,Curtiss-Wright 公司通过演示 Link 16、VMF、JREAP-C 和 CESMO 数据链之间的互操作能力,展示了其开创性的智能战术数据链转换网关战术数据链枢纽和网络转换器(TCG-HUNTR)的独特功能和优势,突出了 TCG-HUNTR 网关使用陆、海、空多种战术数据链以实现跨平台通信的能力。该网关实现了几个方面演习目标:VMF 与 Link16 之间实现数字辅助型近空支援;构建通用作战图;CESMO 转发;空客公司的作战飞机有人—无人编队演示;Link 16 网络主机。

(六)"伐木快车 2021"演习

"伐木快车 2021"演习(TREX21)旨在对具有反介入区域拒止(A2AD)的对手实现联合作战、联盟作战时的互操作性,包括:近实时开发关于敌方海基与陆基综合防空系统的通用作战图(COP)和已识别的电磁视图;针对已识别的威胁、目标实施动能和非动能行动;通过中继来实现数据通信;利用联合情报监视侦察(JISR)实现数据融合和评价。

此次演习的作战想定如图 24 所示。演习中与 CESMO 有关的战术想定(想定后面括号内的字符串为想定代号)包括:Link16 对 CESMO 的贡献(EF2000);CESMO、VMF 和 Link 16 连通性(H145M);CESMO 连通性(MK88);CESMO、VMF 连通性(TIGER);CESMO 连通性(P3C and TOR)。

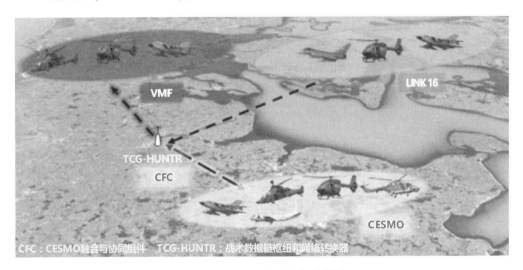

图 24　TREX21 演习想定示意图

(七)"防空者 23"演习

2023 年 8 月 17 日,Curtiss-Wright 公司国防解决方案部门宣布,TCG-HUNTR 网关在

北约历史上最大规模的空军演习"防空者 23"（AD23）期间得到了成功的实战检验,该网关可支持 Link 16、Link 11、Link 22、VMF、JREAP-C、CESMO 等数据链协议。

此次多国演习目的是展示跨大西洋团结和互操作性,于 2023 年 6 月 12—23 日在德国举行。演习中用到了 2 套 TCG-HUNTR 系统,为作战人员提供多链路路由、数据链翻译和态势感知。演习中,一套 TCG-HUNTR 系统用来支持己方部队,另一套为假想敌部队提供航空态势感知。通过 CESMO 协议直接反馈的信号与通过 JREAP-C 协议传输的已识别空中图（RAP）相结合,TCG-HUNTR 系统为作战人员提供了最佳的可用空中图。TCG-HUNTR 系统还用于向德国工业设备管理公司（IABG）的任务显示与分析系统（MiDAS）发送数据,MiDAS 在演习期间对任务成功发挥了重要作用。

五、网络化协同给电子战带来的能力提升浅析

CESMO 是典型的网络化协同电子战系统,网络化协同可以为电子战带来的能力提升简述如下。

（一）感知能力

电子支援侦察方面,以无源测向、定位技术与装备为例,网络化协同可以大幅提升测向、定位精度与速度。其作战应用从最初的"威胁规避"逐步向"引导高速反辐射导弹（HARM）""生成态势感知通用作战图以及获取敌电子战斗序列（EOB）""传感器精准提示"等扩展,最新的作战应用需求是"无源定位直接引导精确打击武器"（电磁静默战）。

信号情报侦察方面,基于网络化协同,实现多传感器情报数据融合。通过对侦察平台获取的侦察数据进行多传感器数据融合,可提高对目标的属性判别、威胁等级评定和活动态势感知的置信度。

（二）攻击能力

多目标攻击能力提升。通过网络化协同,可以基于人工智能调度的方式将网络中的电子攻击节点进行分工,不同的节点群负责攻击不同的目标,并且能够随着节点对自身环境的感知来动态调整其所攻击的目标。这就可以确保同时对多个目标实施动态、高效的电子攻击（电磁干扰、电磁欺骗等）。

攻击精准度提升。一方面,通过网络化协同,电子侦察精准度会大幅提升,而这种提升会间接带来电子攻击精准度的提升。另一方面,分布式动态空间功率合成等新兴技术的发展也为电子攻击直接带来精准额度提升。这两个方面综合起来,会让网络化协同电子攻击精准度提升一个乃至数个数量级。

电子侦察和电子攻击影响降低。传统上,在实施电子攻击的同时,很难实施电子侦察,必须采取时间"开窗"的方式来实施电子攻击中的电子侦察,即干扰停下一段时间以便侦察机实施电子侦察。而基于网络化协同,利用侦察节点将软杀伤引导结果实时传输给电磁干扰节点,并利用多干扰节点基于任务频段分配进行协同干扰,可有效解决某一频段干扰时相邻频段无法有效获取软杀伤引导以及单干扰节点能力受限的问题。

赛博—电磁一体化攻击潜力巨大。由于网络化协同能够大幅提升电子支援侦察与信号情报侦察能力,因此,从电子战感知层面催生出了"情侦融合"的新能力。而这种新能力在战场上又可助力实现赛博空间攻击与电子攻击的一体化,即赛博—电磁一体化攻击。

(三)防护能力

侦察方面,抗欺骗能力大幅提升。通过网络化协同,在己方电子侦察系统(包括支援侦察与情报侦察系统)遭受敌电子欺骗时,可以通过网络化协同印证的方式来识别欺骗、规避欺骗乃至引导己方电子攻击系统实施反欺骗。

攻击方面,网络化协同带来的低零功率特征,可大幅提升电子攻击的反测向、反定位、抗反辐射打击能力。采用基于网络化协同的电子攻击时,由于能量分散到了分布式的多个攻击节点上,因此,单个节点所需辐射的干扰功率大幅下降(具体下降程度视节点数量而定),并逐步形成了"低零功率"这种电磁静默战作战模式。因此,对于敌方的测向、定位、反辐射武器而言,很难有效应对这种电子攻击。

(四)管理能力

电子战斗管理可以让信息传输能力的发展更具针对性、完备性。电子战斗管理的横向与纵向的信息共享、反馈、互操作等环节都会从体系层面对信息传输能力提出新需求,并最终促进信息传输在整个体系中发展更具针对性的作用,解决了传统信息传输系统能力发展不聚焦、体系性不足的问题。传统信息传输系统基本上以提升容量、提升安全性等为发展方向,但是从体系层面出发、以电子战斗管理的角度来看,对信息传输的需求可能更多样、更灵活、更聚焦作战效能,所有这些都有望促进网络中心战理念的转型。

(中国电子科技集团公司第三十六研究所 张春磊)

美军有人—无人机协同电磁频谱作战发展

2023 年，美国战略司令部正式成立联合电磁频谱作战中心，全面整合电磁频谱作战力量；美军发布新版《联合作战概念 3.0》条令，强调有人—无人机协同使用将是未来作战的关键组成部分；国防部推出"复制器"（Replicator）项目，计划在 18~24 个月内生产并部署数千个无人作战系统；美国空军启动"协同作战飞机"（CCA）项目，推进忠诚僚机项目及技术应用；洛克希德·马丁公司演示基于人工智能代理指挥电子攻击行动；美国国家全域作战中心举行"沉默蜂群-23"演习，演示验证了多域小型无人系统的协同电磁频谱作战能力。2023 年美军有人—无人机协同电磁频谱作战能力取得重大进展，逐步向实用化迈进。

》》》 一、项目背景

面对大国竞争，2015 年以来，美国提出分布式作战、马赛克战、电磁频谱作战等新作战概念，发起 XQ-58A"女武神"（Valkyrie）、"天空博格人"（Skyborg）、"协同作战飞机"（CCA）、"山鹑"（Perdix）、"小精灵"（Gremlin）、"拒止环境中协同作战"（CODE）、"超级蜂群"（Super Swarm）、"复制器"等许多新项目研究，从体系架构设计、指挥控制和辅助决策、通信组网、人机交互、自主智能等多个维度进行了技术研究与验证。

有人—无人机协同电磁频谱作战是美军新作战概念和新项目及新技术相结合的产物，目的是：通过有人机—无人机、无人机—无人机组成的智能、低功率分布式网络，对预警指挥体系、火控网、通信链、导航接收终端等展开基于认知的电子/网络攻击，实现破网、断链、迷航；对先进综合防御系统开展认知侦察和电子进攻，对敌电子干扰进行认知电子防护，确保战机命中精度。

有人—无人机协同电磁频谱作战具有如下优势：①分布式协同优势，化整为零，效能倍增;②融入体系对抗,系统抗故障与自愈能力强;③态势实时共享,战术实施灵活有效;④对抗交换比更高,低成本的无人机蜂群能实现更大的对敌优势,敌方需要消耗数十倍甚至上百倍成本来进行防御等优势。

》》 二、发展动向

2023年,美军发布新版《联合作战概念3.0》条令,强调有人—无人机协同电磁频谱作战将是美军未来面对强敌作战的关键部分。美国战略司令部正式成立联合电磁频谱作战中心,旨在提高联合部队在电磁频谱中的战备能力。

上接美国国防信息系统局(DISA)发布了"联合电磁战斗管理"(EMBM-J)系统,开发多军种共用电磁战斗管理系统,协同各军种联合电磁频谱作战。2023年美军计划开发CCA和"复制器"等新项目,推进忠诚僚机和无人机蜂群项目及关键技术应用,加强有人—无人机协同电磁频谱作战演练,取得了很多突破性成果,并稳步朝着实战化方向迈进。

(一)开发CCA推进忠诚僚机项目与技术应用

2023年美国空军成立下一代空中优势(NGAD)联合试验部队,开发和部署NGAD战斗机和CCA无人机,推进XQ-58A和"天空博格人"等忠诚僚机项目与技术应用,大力提升有人—无人协同电磁频谱作战能力。

1. 开发NGAD战斗机和CCA无人机提升协同作战能力

2023年5月美国空军发布NGAD战斗机招标书。NGAD战斗机能在空域提供增强的生存能力、适应性、持久性和互操作性,构成网络连接的NGAD系列系统的核心,并将辅以多架有人驾驶飞机、忠诚僚机式无人机及先进的指挥、控制和通信系统,为联合部队提供空中优势。

同月,美军计划部署一种高度自主的CCA无人机,CCA无人机可与载人NGAD战斗机或F-35协同运行或自主运行,计划于2024年2月首飞,至2030年前后至少部署1000架该型机。CCA可与有人战斗机等编组协同,将两者优势结合起来,成为其能力倍增器;也可独立或以蜂群样式自主遂行战场态势感知、电磁对抗和火力压制等任务。CCA项目将采用数字采办模式,应用数字工程、敏捷软件开发和开放式系统架构,美军计划将"天空博格人"项目的自主飞行技术转化到CCA平台。未来的CCA可通过多种方式协助有人机或独立执行任务,例如与B-21轰炸机以及加油机和运输机协同使用、充当通信中继站或防御性忠诚僚机、直接遂行加油和运输任务。

2. 人工智能程序控制的 XQ-58A 成功试飞

XQ-58A 是美国忠诚僚机的典型代表，2015 年启动，2020 年 12 月首次成功与 F-22 和 F-35 战机一起进行了半自主飞行试验。2021 年 3 月，美军使用 F-35 控制 XQ-58A 完成了首次内埋式弹舱空射微型 ALTIUS-600 无人机的试验。2023 年 7 月，在一架 F-15E 伴飞下，由人工智能程序控制的 XQ-58A 成功进行了 3 小时试飞，演示验证了使用新的人工智能驱动软件主动执行空战任务的能力，人工智能算法通过深度强化学习进行训练，使用神经网络驾驶真实飞行器对抗使用模拟任务系统和模拟武器的模拟对手。美国空军表示该测试是成熟自主"智能体"分层方法的一部分，需要在模拟和其他测试中训练算法数百万次，未来"智能体"成果将转入 CCA 项目。2023 年 10 月美国海军陆战队的 XQ-58A 无人机完成首飞，标志着海军/海军陆战队经济型穿透式自主协同杀手组合（PAACK-P）计划达到了一个重要里程碑。

3. 将"天空博格人"的自主飞行技术转化到 CCA 平台

"天空博格人"项目于 2019 年启动，其目标是将自主可消耗无人机技术与开放任务系统相结合，以实现有人—无人机协同电磁频谱作战。该项目的自主核心系统（ACS）由自主架构和软件组成，实现了机器间协同和有人—无人机协同。ACS 系统由美国莱多斯公司开发，2019 年首次亮相，2021 年被成功集成到 MQ-20 无人机上进行了测试，未来能够在不同平台上进行整合。2022 年 11 月"橙旗"演习期间，F-35A 和携带 ACS 的 MQ-20 无人机进行了持续数小时的有人—无人机协同飞行测试。2023 年 9 月，美军计划将"天空博格人"自主飞行技术转化到 CCA 平台。

（二）推出新项目快速部署小型和多域无人蜂群

自 2015 年以来，美军已围绕无人机蜂群开展了诸多研究，目前美军在无人机蜂群空中发射回收、侦察监视、拒止环境下的协同作战等关键技术上皆取得了重大进展，美军已实现了采用采用 3 架 F/A-18 战斗机释放出 103 架"山鹑"无人机，一架 C-130 运输机在 30 分种内回收 4 架"小精灵"无人机的实战试验。面对大国竞争，2023 年美军又推出"复制器"和 AMASS 等新项目。

1. 推出"复制器"项目加速部署小型低成本无人平台

2023 年 8 月下旬，美国国防部副部长凯瑟琳·希克斯在国防新兴技术论坛上宣布，推出"复制器"项目，该项目将在 18~24 个月内生产并部署数千个具有"小型、智能、低成本和多功能"特点的可消耗型无人自主平台，利用人工智能算法提升其性能，目的是以大量小型智能低成本自主平台来应对大国竞争对手的规模化和多功能反介入/区域拒止（A2/AD）能力，强化在亚太地区的军事优势。"复制器"项目专注于涉及海、陆、空等各个领域的小型化低成本无人平台,将在整个国防部和各军种推广应用。

2. 发布"自主多域自适应蜂群"项目开发自主多域自适应无人蜂群

2023 年 1 月,美国国防高级研究计划局(DARPA)发布"自主多域自适应蜂群"(AMASS)项目招标书,寻求利用一种通用指挥控制系统完成对各种自主、无人蜂群的动态指挥控制,以有效应对战区级反介入/区域拒止能力。AMASS 将在先前研究的基础上创建蜂群系统,同时威胁敌方高价值资产,引入难以忍受的成本交换,并在敌方安全区域内开展行动。配备多种传感器和武器的低成本无人蜂群,将预先部署在前方并远程发射,提供快速响应和适应性,而不会使船舶、飞机和陆地车辆的人类操作员处于危险之中。AMASS 利用 DARPA 系统簇增强小型单元(SESU)项目开发的技术,该项目表明许多异构自主蜂群给敌人的防御带来了重大困境。AMASS 项目的核心是能够规划和执行使用数千个自主系统破坏或摧毁敌方反介入/区域拒止的任务。

(三)推进人工智能代理指挥电子攻击任务和技术

2020 年 2 月,美国海军成功用一架有人 EA-18G 电子战飞机控制了两架经无人改装的 EA-18G 飞机,验证了相关技术有效性,这些技术可将 F/A-18E/F 战斗机和 EA-18G 飞机改装成无人机,执行作战任务。

2023 年 9 月,洛克希德·马丁公司与爱荷华大学操作员性能实验室合作,开展了一项由人工智能代理指挥电子攻击行动的演示活动。试验团队使用了两架 L-29 有人驾驶飞机代替无人机模拟执行电子干扰任务。飞行员按照人工智能代理发出的航向、高度和速度等提示指令驾驶飞机,其中一架飞机在人工智能代理的控制下,成功干扰了跟踪友机的雷达,展示了无人驾驶自主空中系统在未来作战行动中如何与有人驾驶战术平台协同作战。试验团队将继续测试人工智能代理在对敌防空压制/对敌防空摧毁任务中的指挥控制能力,测试结果将支持美空军 CCA 及有人—无人机协作电磁频谱作战能力的开发。

(四)加强有人—无人机电磁频谱作战演练

2023 年,美军加强"多域无人综合作战问题 23"和"沉默蜂群"等大规模演练,大力提升其有人—无人机协同电磁频谱作战能力。

1. 开展"无人综合作战问题 23"演习提升数据融合能力

2023 年 5 月至 11 月,美国海军先后开展"无人综合作战问题"23.1、23.2 和 23.3 演习,20 多个单位参演。演习内容主要包括:多型无人艇和无人机交替抵近靶艇侦察、为有人舰艇提供反舰目标指示;利用商业卫星传输无人系统情监侦数据;利用人工智能技术处理分发各参战平台、传感器、决策辅助工具等产生的数据;大型无人舰与驱逐舰编队跨太平洋长途航行;中大型无人舰艇与有人舰艇编队协同海上补给和人员转移;联合英、澳海军舰艇验证军/商用无人系统与现有装备水下协同作战能力。演习通过有人—无人平台混合编队和作战协同,验证了有人—无人平台数据交互与融合能力,提升了无人系统遂行多功能任务的能力。

2. 通过"沉默蜂群"项目孵化未来电磁频谱作战技术

2023 年 7 月,美国国家全域作战中心举行"沉默蜂群-23"演习,演示验证了多域小型无人系统的协同电磁频谱作战能力。此次演习对信号处理算法、虚假信息注入等网电作战技术,以及智能算法、群间通信、数字孪生等 30 多项蜂群相关技术进行了验证。演习中使用系留气球、有人—无人水面舰艇、小型无人机系统等多类型平台,验证了美军分布式跨域协同电子支援/攻击/防护、电子与网络欺骗等电磁频谱作战能力。

3. 开展"大规模演习 2023"提升分布式协同作战能力

2023 年 8 月,美国海军和海军陆战队举行横跨 22 个时区涉及 2.5 万余人近百艘的虚实舰艇的"大规模演习 2023"（LSE2023）,这次演习被视为检验美军全球部署能力和验证有人—无人机分布式协同电磁频谱作战等新作战概念的舞台,利用大量虚拟现实技术,"幽灵舰队"等新概念武器闪亮登台。

》》》三、作战模式及关键技术

（一）作战模式

有人—无人机协同电磁频谱作战是美军着眼于未来强对抗环境而探讨的全新作战样式,主要有三种作战模式。

1. 基于长机僚机式有人—无人机协同电磁频谱作战

这种作战模式中,XQ-58A 等忠诚僚机在 F-35A 等有人机的指挥控制下,形成有源诱饵、电磁攻击、侦察扩展和多功能协同等电磁频谱作战能力。

2. 基于分布式有人—无人机协同电磁频谱作战

这种作战模式中,"小精灵"等无人机蜂群在 F-35A 等有人机或 XQ-58A 等无人机的的指挥控制下,联合其他力量遂行各项任务,形成集"侦察—干扰—打击"于一体的综合协同电磁频谱作战能力。

3. 基于分层式有人—无人机协同电磁频谱作战

这种作战模式中,按照"远距—中距—近距"分层实施,由 F-35A 等五代机、EA-18G 远距离干扰电子战飞机在远距指挥控制和实施干扰,由随队干扰 EA-18G 飞机、可复用

XQ-58A 等忠诚僚机在中距实施无人机发射、干扰、释放无人机蜂群等任务,由可消耗"小精灵"等无人机蜂群突入近距执行侦察、干扰、反辐射打击等任务,形成分层效果。

(二) 关键技术

有人—无人机协同电磁频谱作战采用了软件化开放式体系架构、网络化协同、智能算法、群间通信、数字孪生和定向能等许多关键技术,推动其作战能力实现智能化跨越式发展。

1. 战场态势研判及预测技术

利用复杂网络对有人—无人机协同电磁频谱作战体系进行建模,研究其重心及协同关系,实现对战场态势的研判。同时,通过多智能体建模技术构建有人—无人机协同电磁频谱作战实体模型,依据战场预测模型及已获取的敌方实时战场态势辅助作战行动决策。

2. 协同交互控制、任务分配和航路规划技术

随着人工智能理论快速发展,基于自然语言的智能人机接口技术受到高度重视。利用战术驱动的任务自动分解与角色自主分配技术,在有人机上进行强实时战术驱动的任务自动解算与有人—无人平台角色智能化分配,自主生成多种可行的任务规划方案,为有人机操作人员选择最佳方案提供辅助决策支撑。

3. 作战方案智能推演与评估技术

利用有人—无人机协同作战数据作为训练样本,训练深度逆向强化学习网络,以经典战例或经典演习中的获胜方作为专家示例学习回报函数,构建面向有人—无人机的自主协同电磁频谱作战模型。

4. 数字孪生技术

将数字孪生技术用于有人—无人机协同电磁频谱作战,能准确反映物理对象的虚拟模型,其用途包括设计、故障排除、模拟和提升。数字孪生能复现现实世界的性能,从而发挥巨大作用。

〉〉〉 四、几点认识

随着计算机、人工智能、多智能体理论等的快速发展,有人—无人机协同电磁频谱作战呈现出如下的发展趋势。

(一) 面向新型作战概念丰富有人—无人机协同电磁频谱作战运用

美军马赛克战、电磁频谱作战等新型作战概念在不断深入,牵引有人—无人机协同电磁频谱作战能力的发展及其运用方式的不断更新。未来联合电磁频谱作战下，美军可利用五代机和六代机构建强大的"侦察—干扰—打击—评估"的全流程闭环有人—无人机协同电磁频谱作战体系。

（二）大力推进忠诚僚机嵌套使用组合打击

有人机与忠诚僚机协同的电磁频谱作战优势尤为明显。忠诚僚机可作为兵器的"倍增器"，发挥增大探测作用距离、携带反辐射武器攻击、发射高功率微波脉冲、对敌防空系统实施电磁攻击、引导敌方雷达开机等作用，战术战法灵活多样，作战效能高。未来美军可能会依托"忠诚僚机"实施嵌套式、组合式打击。

（三）大力发展智能无人机提高反介入/区域拒止生存能力

大力发展消耗性/可重复使用的无人作战平台，作为 F-35 和 B-21 等有人作战平台的补充，提高在反介入/区域拒止环境中的作战和生存能力，将有人作战平台的战损风险控制在能接受的范围内。大力发展多功能一体化无人机，确保无人机在侦察、干扰、攻击等功能灵活切换，有效支撑多功能一体化无人机在有人机协同下最大作战效益的发挥。同时，大力发展单个智能体无人机，以便灵活构建无人机蜂群，带动微小型无人机发展。

（中国电子科技集团公司第五十一研究所　王　冠　费华莲）

美国陆军持续发展新型电子战装备

近年来,美国陆军已形成了较为完善的电子战装备发展路线。2023 年,美国陆军持续推动电子战规划与管理工具、地面层系统、空中多功能电子战系统等多种新型电子战装备发展,构建未来陆军电子战装备体系。

》》》一、体系分析

根据美国陆军电子战装备发展规划,美国陆军未来电子战装备体系如图 25 所示。主要装备有地面层系统(TLS)、空中多功能电子战系统、电子战规划与管理工具(EWPMT)、高精度探测和利用系统(HADES),以及高空增程长航时情报观测系统(HE-LIOS)。

在美国陆军未来电子战装备体系中,地面层系统将作为主要的地面电子战系统,为旅战斗队和旅级以上战斗队提供电磁攻击、电磁侦察、信号情报以及赛博攻击等综合电子战能力;空中多功能电子战系统将作为关键的空中无人平台,将具备空中电磁侦察和电磁攻击能力,发挥空域和无人优势;高精度探测与利用系统、高空增程长航时情报观测系统将在更高空提供信号情报能力,多种态势感知装备将构建多层级架构,提供广泛的态势感知能力;电子战规划与管理工具将作为指挥官的电子战指控系统,是未来陆军电子战装备体系的核心,能够支持指挥官决策、指挥部队并直接控制分布的各类电子战系统,该系统与其他电磁战系统具备互操作能力,能够实现机器对机器控制。

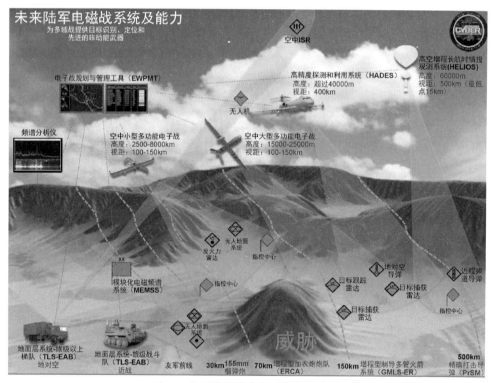

图 25　美国陆军未来电子战装备体系

>>> 二、典型装备

（一）电子战规划与管理工具

电子战规划与管理工具是一个基于指挥所计算机/便携式电脑和网络的软件系统，它能支持指挥官规划、协调、同步和实施电子战活动。它集成频谱管理、电子战、指控、情报和火力等信息，可为指挥官提供电磁作战环境通用视图，让部队清楚地了解战场电子战态势（如受到的干扰或欺骗），以及可能的抵消或躲避手段，支持指挥官决策。陆军电子战指挥官可以使用该工具规划、协调和管理电子战活动，确定并瞄准电子战目标；频谱管理人员可以在实施电子战期间，实时消除各用频设备之间的频谱冲突。在未来作战中，电子战规划与管理工具通过无线网络，连接分布在地面/空中各处的各类电子战系统，指挥官能够通过该系统对地面层系统、空中多功能电子战系统等其他电子战系统进行远程控制，该系统是陆军未来电子战系统体系的控制核心。2023 年 1 月，美国国防部武器装备测试人员证实了电子战规划与管理工具的有效性，能够有效提高试验期间的态势感知能力。根据 2024 财年预算，陆军 2024 财年将 2130 万美元用于采购电子战规划与管理工具,该系统预计于 2025 年形成完全作战能力(FOC)。

(二) 地面层系统

地面层系统是一种以装甲车为平台的陆基电子战系统,是美国陆军第一个集成了电子战、信号情报和赛博作战能力的系统。美国陆军正在开发的地面层系统包括旅以上地面层系统(TLS-EAB)和旅战斗队地面层系统(TLS-BCT)。TLS-EAB 是一种远程地面感知和电子攻击系统,提供集成的信号情报、电子战和赛博空间作战能力,能为师、军和多域能力部队的大规模作战行动提供致命和非致命效果,以支持联合全域作战。该项目于2020 年启动,目前进展较慢,2023 年 6 月洛克希德·马丁公司获得 TLS-EAB 项目第二阶段合同,继续进行 TLS-EAB 的原型机研制,预计于 2025 年开始部署。TLS-BCT 用于旅战斗队,安装在"斯特瑞克"这样的大型车辆上,主要功能同样包括信号情报、电子战和赛博空间作战,2023 年 4 月美国陆军委托洛克希德·马丁公司为"斯特瑞克"系列装甲车安装 TLS-BCT 设备,预计于 2023 财年末进行作战评估,2024 年生产 4 辆 TLS-BCT"斯瑞克"战车,2025 财年过渡到快速部署。

(三) 空中多功能电子战系统

美国陆军将要发展的空中多功能电子战系统包括空中大型机载系统(MFEW-AL)、空中旋转翼机载系统和空中小型机载系统,它们是独立的电子战吊舱,具备电子侦察和进攻性电子战能力。其中,MFEW-AL 使用 MQ-1C"灰鹰"4 类无人机为平台;空中旋转翼系统使用轻型/侦察直升机为平台;空中小型机载系统使用 3 类无人机为平台。目前,MFEW-AL 发展规划较为完善,它基于软件定义无线电/数字射频储存架构,利用预编程的信号特征信息和实时战场信息来完成预定任务,能够与电子战规划与管理工具进行互操作。根据 2024 财年预算,美国陆军 2024 财年将 1590 万美元用于研发空中大型电子战吊舱,预计于 2024 财年开始小批量生产,2026 财年开始全速生产。

(四) 高精度探测与利用系统

高精度探测和利用系统是美国陆军计划内的长期项目,研发重点在通信情报、电子情报和雷达方面,该项目拟组建一支公务机平台舰队,用于取代现役的 RC-12X"护栏"侦察机,可收集更广泛的 ISR 数据,为陆军提供更完整的战场信息。2020 年,陆军已经完善了这项技术的大部分内容,并在不同的公务机平台上进行了实验,其中一种平台被称为机载侦察和目标利用多任务系统——"阿尔忒弥斯"(ARTEMIS),该系统已在太平洋地区进行了测试和改进,两架"阿尔忒弥斯"侦察机编号分别为 N488CR 和 N9191,使用平台为庞巴迪 600/650 公务机。除 ARTEMIS 外,另一个陆军 ISR 试验平台也在为

HADES 收集数据，被称为机载侦察和电子战系统（ARES），该系统正由 L3 哈里斯技术公司安装在庞巴迪公司 6500 公务机上，携带一个不同的信号情报包。2023 年 9 月，美国陆军授予内华达山公司一份约 6 亿美元的合同，用于采购 2 架庞巴迪公司 6500 公务机，并安装 HADES 载荷。改装后的侦察机被称为"雅典娜–S"，美国陆军共计划将 14 架飞机升级到 HADES 标准。

>>> 三、发展特点

（一）美军通过发展电磁战斗管理装备，构建电磁战装备体系

美国陆军正在开发多种地面/机载电子战装备，而如何使这些装备能够协同作战，提升协同效能，方便指挥官决策和指控，这都需要电子战规划与管理工具这类电磁战斗管理系统的支持。美军通过发展电磁战斗管理装备，支持电磁战指挥官态势感知、决策支持和指挥控制，支持整个电磁战作战流程。美国国防部还在陆军电子战规划与管理工具的基础上开发联合电磁战斗管理系统，以支持联合电磁频谱作战。

（二）美军发展电磁战专用链路，支撑电磁战装备体系运行

想要运行电磁战装备体系，需要一个安全高效的通信网络，支持网络化电磁战装备指挥控制并传递各类信息。美国陆军当前采用专为赛博电磁行动优化的 AppCEMA 通用数字消息格式，将电子战规划与管理装备和各类电磁战系统连接，支持指挥官指挥控制并接收各类传感器信息。美军尝试利用自主路由协议和人工智能语言处理等技术，使电磁战系统网络实现无缝数据共享，同时确保数据安全，具备精确授时和低延迟等特性，连接分散的射手、传感器和指控中心，支撑电磁战装备协同作战。

（三）美军采用模块化开放系统方法，灵活发展电磁战装备

美国陆军发展新型电磁战系统采用 C5ISR/电子战模块化开放标准套件（CMOSS），利用行业开放标准定义一套标准，解决电子战系统地集成问题，以支持新技术的快速插入，可以有效地维护和有效升级，以应对不断变化的对等和新兴威胁。美国陆军 CMOSS 电子战开放式体系架构通过"硬件通用化"和"功能软件化"，使各种电子战能力能够植入、升级和替换到硬件平台上，作战部队和研发人员能够根据新出现的威胁，现场对电子战系统进行软件修改，或通过即插即用的方式进行软/硬升级，以更高效的方式将系统集成到平台上。

（中国电子科技集团公司第三十六研究所　王一星）

美国陆军发布 ATP 3-12.3《电磁战战法》手册

2023 年 1 月,美国陆军部发布了 ATP 3-12.3《电磁战战法》手册,以作为 2021 年陆军部发布的 FM 3-12《赛博空间作战和电磁战》野战手册的补充,并取代 2019 年 7 月 16 日发布的 ATP 3-12.3《电子战战法》手册。随着美军作战重点向大国竞争转型,美国陆军不断推动电磁作战能力建设,2023 年新版 ATP 3-12.3《电磁战战法》手册作为美国陆军发布的第一部专门针对电磁战的战法手册,详细介绍了美国陆军电磁战的技术细节和操作流程,为美国陆军的电磁作战提供了条令规范和理论指导。

》》》 一、手册内容

新版手册是利用当前电磁战能力来解决未来作战层面挑战的条令战法。新版手册描述了在支持美国陆军作战和联合作战中电磁战的角色、关系、责任和能力,以及电磁战如何支持和实现各梯队的作战行动以及其他任务和职能。此外,考虑到电磁战和赛博作战的不断融合,新版手册还把赛博作战的相关能力、职责共同纳入在内。手册内容主要如下。

(1) **电磁战概述**。本部分对电磁战主要组成部分(电磁攻击、电磁防护和电磁支援三个部分)进行概述,并讨论了电磁战在美国陆军作战期间的重要性。此外,本部分还对电磁环境的主要特点(拥挤、竞争)进行了阐述。

(2) **电磁战角色和机构概述**。本部分讨论了电磁战专业人员及其角色和职责,并描述参谋成员在规划和执行电磁战的过程中,参谋与其职责的直接关系。本部分具体包括:战区级/军级/师级/旅级电磁战军官等人员(赛博电磁战军官、电磁战技术人员、电磁战士官、频谱管理人员)的角色和职责;相关组织机构,包括电磁攻击控制机构、电磁频谱协调机构、电磁战参谋。

（3）**电磁战规划、准备、执行与评估**。本部分阐述了电磁战如何与作战流程的各个阶段（规划、准备、执行、评估）保持同步，并讨论电磁战对军事决策流程的贡献，同时也介绍了参谋对电磁战规划和装备配置的贡献。

（4）**电磁攻击战法**。本部分讨论了电磁攻击的规划、准备、执行和评估的考虑因素，同时也介绍了干扰战法及其特征，并讨论在目标瞄准流程中的电磁攻击。

（5）**电磁防护战法**。在战术层面，指挥控制与通信面临的最大威胁是敌人使用电磁战设备定位和瞄准己方通信。本部分讨论了防止有意/无意电磁干扰的电磁防护战法，具体包括电磁防护的规划、电磁防护所面临的己方干扰/敌方干扰，以及装备层面所采取的具体电磁防护措施与手段。

（6）**电磁支援战法**。本部分描述了电磁支援的规划和执行战法，包括了如何通过融合电磁支援与信号情报活动来实现更深度的作战目标分析，还简要介绍了测向、双站交叉定位、多站交叉定位、确定测向基线以及造成测向误差的原因等内容。

（7）**附录部分**。新版手册还包括 4 个附录文件，分别描述：无线电传播特性和电磁频谱内的频段；确定发射功率的公式，用于干扰无线电接收机；友军电磁战设备及其相关特性，包括地面和机载电磁战平台；用于规划和执行电磁战及电磁频谱管理的表格、报告和消息。

>>> 二、对比分析

（一）大量修改相关内容以适应大国竞争条件下电磁战作战

新版手册一改以往以非常规战争为主要想定的脉络，大量修改相关内容来适应大国竞争形式下的电磁战作战。主要体现在如下几方面。

（1）**删除了专门用于反恐作战的战法内容**。这是非常规战争中美国陆军电磁战的**主要任务使命与典型战法**。例如，新版手册中删除了 2019 版手册中"营级电子战人员""连级反无线电简易爆炸装置电子战专家"等内容。此外，2019 版手册中"赛博电子战官员角色"部分也完全删除，因为根据 2019 版手册定义，"赛博电子战官员是指挥官在反无线电控制简易爆炸装置电子战方面的主题专家。"

（2）**增加了有关电磁辐射控制方面的内容**。美国陆军在执行非常规作战任务时**几乎不用考虑这一问题**。传统上，美军借助其强大的军事实力，对实力不对等的对手实施电磁频谱作战行动。这一过程中，基本上不用考虑己方的电磁辐射控制问题，对手不会在电磁频谱中对美军造成实质性威胁。然而，随着逐步向大国竞争转型，美军认为实力相当的对手具备了在电磁频谱中对其造成严重威胁的能力，因此，必须在电磁战行动中充分考虑电磁辐射控制。新版手册中专门增加了"辐射控制"部分内容,详细阐述了辐射控制状态的 5 个等级以及按照该等级划分的发射机和系统标准,还介绍了辐射控制技术。

（3）**增加威胁告警与伪装防护等内容。**新版手册中专门增加了"威胁告警""伪装网隐蔽"等内容,从战法与技术层面来看这些内容主要针对的是大国竞争中实力相当的对手。

（4）**对"敌方干扰"与"己方干扰"进行了区分。**2019 版手册中,"电子防护战法"部分对敌方干扰的介绍比较笼统,将有意干扰与无意干扰放在一起来阐述,主要原因是对于美军而言,非常规战争中对手的干扰几乎无威胁,且无须专门采取针对性战法。新版手册中则对"敌方干扰"与"己方干扰"进行了显著区分,尤其是在"敌方干扰"方面明确指出,"敌方干扰技术可能阻止指挥官与下属部队通信。缺乏通信会对作战产生不利影响,影响战斗结果,并可能造成生命损失。通信操作员必须能够识别、克服并报告干扰行动。"从这种描述可以看出,这种"敌方干扰"明显特指大国竞争对手可能实施的干扰。

（二）从作战域角度高度重视电磁作战环境

新版手册更加强调电磁频谱作战域属性,并基于此高度重视电磁作战环境。具体表现在如下几方面。

（1）**增加"作战环境"内容。**新版手册中专门增加了"作战环境"的内容,指出"在作战中,指挥官根据对作战环境持续演变的理解来进行规划和决策。"

（2）**把"电磁环境测量"从"电子支援执行"环节转到了"电子支援规划"环节。**2019版手册中,"电磁环境测量"属于"电子支援执行"环节,把电磁环境测量作为电子支援的任务之一。而新版手册中,"电磁环境测量"属于"电子支援规划"环节,对电磁环境的测量是整个电磁支援乃至整个电磁战规划的基础。

（三）相关术语中的"电子"都统一替换为"电磁"

这也是 JP 3-85《联合电磁频谱作战》较之 JP 3-13.1《电子战》最主要的改变之一。例如:"电磁攻击"替代"电子攻击";"电磁遮蔽"替代"电子遮蔽";"电磁防护"替代"电子防护";"电磁侦察"替代"电子侦察";"电磁支援"替代"电子战支援";"电磁战"替代"电子战";"电磁战重编程"替代"电子战重编程"。

（四）对电磁战杀伤链理解进一步深化

2019 版手册中关于电磁战杀伤链的定位仍以传统技术条件下的 OODA 闭环为主,而新版手册对杀伤链的理解要深刻得多。主要体现在如下几方面。

（1）"评估"环节单独列出。新版手册遵循 JP 3-85《联合电磁频谱作战》中的相关规定（见图 26），强调基于电磁战斗管理能力的杀伤链打造，把"评估"环节从 2019 版手册中"目标瞄准"（规划与执行的一个环节）中拿出来单独作为一个独立的环节，即从"评估目标瞄准的效能"向"评估整个电磁战的作战行动"转型。这种转型体现了"评估"在整个电磁战杀伤链观察、判断、决策、行动（OODA）闭环中的重要性。

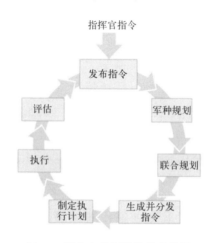

图 26　联合电磁频谱作战杀伤链

（2）强调电磁侦察对杀伤链的重要性。新版手册把"电磁侦察"从"电磁支援规划"移到"电磁支援执行"部分，并明确了电磁侦察在塑造作战环境、确保态势感知、支持决策等方面的作用，指出"电磁侦察获得的信息通过向指挥官提供态势感知以支持决策，帮助塑造作战环境。"而塑造作战环境、确保态势感知、支持决策等都是电磁战杀伤链中的重要环节。

（五）电磁战能力进一步下沉到排级部队

新版手册将应用层级从 2019 版手册所规定的营及其以上级下降到了排级，即电磁战排。美国陆军 2023 年 1 月专门发布了 ATP 3-13.4《电磁战排》战法手册，以便对排级电磁战实施进行详细描述。新版手册对于电磁战排的相关职责与作战任务阐述主要体现在如下几方面。

（1）在电磁攻击过程中，电磁战排负责实施电磁干扰。在"执行电磁攻击"中"电磁干扰战法"部分，新版手册指出，"赛博电磁战官员将电磁攻击战法（包括电磁干扰）集成到作战指令中，并对执行电磁干扰的电磁战排进行技术控制。"

（2）在电磁支援过程中，电磁战排负责实施电磁环境测量。在"规划电磁支援"中"准备电磁支援"部分，新版手册指出，"电磁战排进行电磁环境测量。电磁环境测量有助于赛博电磁战官员了解友方、威胁方和中立方的用频,作战环境中电磁接口(EMI)的特征、限制和来源,并规划电磁支援设备的使用。"

(3)在电磁支援过程中,电磁战排指挥官负责实施测向定位。 在"执行电磁支援"中"概率和误差"部分,新版手册指出,"电磁战排指挥官利用同一信号的多个方位线,绘制方位线交点,可最大程度降低定位圆误差概率,由此获取更精确的位置。"

》》》三、特点分析

新版手册遵循 2021 版 FM 3-12《赛博空间作战和电磁战》和 2020 版 JP 3-85《联合电磁频谱作战》,而 2019 版手册遵循 2017 版 FM 3-12《赛博空间作战和电子战作战》野战手册和 2012 版 JP 3-13.1《电子战》条令。由于新版手册所遵循的陆军野战手册和联合作战条令都是在美军致力于电磁频谱全面转型之后的指导性文件,因此,新版手册体现出了非常明显的转型特征。

(一)战略层面,体现了非常显著的"向大国竞争转型"的特点

新版手册的战略意图主要体现 2020 版《电磁频谱优势战略》中所确定的战略目标("面向大国竞争的电磁频谱优势战略"),而 2019 版手册并未体现出明确的战略意图,基本还停留在反恐战争阶段。

此前美军已经多次表示,其过去近 20 年以反恐战争为主的非常规战争形态使其在电磁频谱作战领域内丧失了领先优势。随着美军逐步退出反恐战争,那些用于反恐的电磁频谱作战条令、理念、战法、装备、技术等方面都已经"远远落后于竞争对手"。因此,近年来美军不断致力于将电磁频谱作战的战略重心从非常规战争向大国竞争转型。除了美国军方不断表态以外,与美军关系密切的高端智库也不断发声,表示对美军这一决策的支持。以美国战略与预算评估中心(CSBA)为例,该中心发布了一系列"大国竞争"系列的作战模式研究报告,其中有很多就是针对电磁战领域,如"制胜三部曲"系列。

"向大国竞争转型"是近年来美军电磁战领域(乃至整个电磁频谱作战领域)的主要目标与努力方向。此次新版手册的诸多方面都体现了这一特点。例如:大量删除了在反恐作战中广泛应用的反无线电遥控式简易爆炸装置电子战(CREW)系统方面的内容,因为这些战法已不适用于大国竞争;增加了很多有关电磁辐射控制(EMCON)方面的内容,以应对大国竞争环境中对手在电磁频谱领域的本土优势;将"敌方干扰(jamming)"与"己方干扰(interference)"进行了明确区分,以更好地实现大国竞争场景下的电磁防护。

（二）理念层面，强调电磁频谱"作战域"的属性

无论是 JP 3-85《联合电磁频谱作战》还是《电磁频谱优势战略》，都强调把电磁频谱视作一个"作战域"，而非仅仅视作传输介质或"支撑性"环境。新版手册也充分体现了这一点。例如，把"电磁环境测量"从"电子支援执行"环节转到"电子支援规划"环节。也就是说，对电磁频谱作战域的感知能力是整个电磁战成败的关键，而不仅仅是一种电磁支援手段。

随着电磁频谱应用的泛在性越来越明显，电磁频谱已逐步成为了继地理域（陆、海、空、天、水下）、逻辑域（赛博空间）又一个典型的作战域。与其他作战域一样，在各种军事行动中要依赖电磁频谱中的机动自由，因此必须以赢得电磁频谱控制、实现电磁频谱优势为主要目标。

美军对电磁作战环境给予了非常大的关注。甚至可以说，美军"将电磁频谱视作一个作战空间"的主要立足点就是美军开始重新认识电磁作战环境。换言之，电磁作战环境成为美军版"复杂电磁环境"的代名词。相互竞争的频谱需求使得电磁作战环境（EMOE）变得日益拥挤、竞争和受限。随着电磁机动、电磁频谱控制等理念的发展，美军非常重视对电磁作战环境的主动引导与主动塑造能力。

（三）杀伤链层面，更加强调快速、高质量的杀伤链闭环

美国陆军在电子战战法系列条令中，一直采用"检测、攻击、评估、决策"模型打造其电子战杀伤链。2019 版手册就以该模型构建了美国陆军电子战杀伤链；新版手册从战法角度出发，对电磁战杀伤链环节进行了大幅调整（尤其是对"评估"环节的重视），以打造更加紧耦合、可快速闭合的电磁战杀伤链。2019 版手册关注的主要是各个环节的实施，而不是杀伤链的闭合；新版手册对电磁战杀伤链各环节进行了大幅调整，以便让电磁战杀伤链能够更加快速、高质量地闭环。例如，"评估"环节从原本的"目标瞄准"环节中单独拿出来描述，且评估的内容也有所改变，逐渐从系统性能、作战效能的评估向全杀伤链评估转变。

（中国电子科技集团公司第三十六研究所　张春磊）

日本推进电子战空中平台建设

日本 2023 和 2024 财年防卫预算文件提出：继续投入 83 亿日元开发以 C-2 运输机为基础的"防区外电子战飞机"，申请 140 亿日元开发海上自卫队"电子作战飞机"。日本正在逐步推进电子战空中平台建设，以提高对周边区域的信号情报侦察能力和电子攻击能力。

一、发展背景

随着电磁频谱在军事作战中的重要性日益凸显，日本《防卫计划大纲(2019)》和《中期防卫力整备计划(2019)》提出，要基于"多元综合防卫能力"，大力开展太空、赛博、电磁领域内陆海空三军态势感知和侦察能力。

《中期防卫力整备计划(2019)》明确，"为了强化信号情报侦察和分析能力、构建情报共享机制，应推进部署电子情报侦察机和地面信号情报系统，提升'自动警戒管制系统'(JUDGE)能力，以及配置各自卫队系统之间的系统连接和数据链""为了削弱敌方雷达和通信能力，应推进部署战斗机(F-35A)和'网络电子战系统'，提升多功能飞机(EP-3 和 UP-D)能力，研讨'防区外电子战飞机'、定向能武器、电磁脉冲武器的快速发展"。

2022 年 12 月，日本发布《国家安全保障战略》《国家防卫战略》《防卫力整备计划》，取代 2018 年发布的文件。新版《防卫力整备计划》要求发展能执行防区外通信干扰任务的"防区外电子战飞机"。

根据以上总体性的战略文件和发展规划，日本在海空域电子战能力建设的重点在于电子战空中平台，并特别指出要发展"电子情报侦察飞机"和"防区外电子战飞机"，以及提升多功能飞机的能力。目前，日本电子战空中平台相关载机、装备、技术等研究工作都围绕以上三类飞机而展开。

》》二、建设措施

为响应《国家防卫战略》和《防卫力整备计划》等文件对发展电子战能力的要求，日本自 2018 年以来陆续发布电子战飞机相关的新项目，具体包括继续采购和部署 RC-2 新型"电子情报侦察飞机"、研制"防区外电子战飞机"和启动"电子作战飞机"。这些电子战平台可以为日本创造有利的作战环境，增强对敌方目标的电子干扰能力，支援日本海空作战任务。

（一）部署 RC-2"电子情报侦察飞机"

RC-2 飞机是日本航空自卫队新一代电子情报侦察飞机，用以取代 YS-11EB，如图 27 所示。日本于 2015 年启动 RC-2 项目，目标是适应未来电子战任务需求，计划采购 4 架。RC-2 飞机于 2018 年首飞成功，2020 年部署入间基地。根据 2024 财年防卫预算，日本将投入 492 亿日元在 2024 年采购一架 RC-2。

图 27　入间基地的 RC-2"电子情报侦察飞机"

RC-2"电子情报侦察飞机"以 C-2 运输机为原型，机动和运载能力相比 YS-11EB 有巨大的提升，两种机型各项指标对比如表 5 所列。

表 5　YS-11EB 和 RC-2 各项指标对比

指　　标		YS-11EB	RC-2
机体	机长/米	26	44
	翼展/米	32	44
	高/米	9	14
巡航速度/马赫		0.39	0.82
最大续航距离/千米		2300	7600

续表

指　标	YS-11EB	RC-2
实用飞行上限/米	9000	12200
天线数量	不明	11
机载设备	J/ALR-2	J/ALR-X
负载能力/吨	5.4	37.6

RC-2"电子情报侦察飞机"的特点是具备宽带接收能力、数字信号接收能力、多目标同时接收能力以及自动化信号处理能力。

RC-2"电子情报侦察飞机"搭载了J/ALR-X"未来电子侦察机载系统",该系统采用模块化开放系统架构,集成技术研究本部提供的天线最优配置、软件接收、低截获概率信号检测分析处理等先进技术。配套天线包括5种获取信号特征的搜索天线和6种测向天线。11种天线安装于RC-2机头、前部机身上方、后部机身上方、机身左右侧面、机身尾部以及垂直尾翼顶端。一部分机载天线是具有多波束功能的数字波束形成天线系统,可实现波束形状控制和偏振测量,能够快速分析瞬时变化的复杂信号。RC-2先进的软硬件系统使其具备宽带、高灵敏度数字信号处理的接收方法,利用先进接收技术,可按需选择合适的软件以支持多种调制方式。在目标截获和数据收发方面,RC-2通过多波束、多通道接收机同时采集多个目标,通过数据链和卫星通信及时报告收集到的数据。

（二）研制"防区外电子战飞机"

日本2020年防卫预算提出,投入150亿日元研发"防区外电子战飞机"。该机以C-2运输机作为载机,在机身上增加天线容纳空间,搭载各类干扰装备、信号情报系统以及试验装置,如图28所示。该机的装备和技术主要采用现有成果,如战术数据链干扰技术、"战斗机载电子干扰系统"、J/ALQ-5电子战系统、"下一代机载信号检测系统"等。战术数据链干扰技术研发期为2015—2019年,用于针对战术数据链和卫星定位系统进行通信干扰,目前已完成研究。"战斗机载电子干扰系统"现计划搭载于"防区外电子战飞机",具备以防御为目的的电子干扰能力。J/ALQ-5电子战系统研制始于20世纪末,2005—2009年进行验证试验,2012年完成最终验收,具备雷达干扰能力。"下一代机载信号检测系统"于2018年完成机载应用试验,可高质量地收集周边电磁信号,构建具有高度利用价值的电磁辐射目标信号资料库。

"防区外电子战飞机"研发时间线如图29所示。项目研发分两个阶段,2020—2026年为第一阶段,2023—2032年为第二阶段,每个阶段研制两架样机并开展相应的技术应用试验,总投入约465亿日元。该项目由川崎重工承担样机和机载电子战系统的设计制造,预计 2025 年完成第一架样机的制造。日本防卫省计划采购 4 架"防区外电子战飞机",部署在岐阜基地。

图 28　防区外电子战飞机示意图

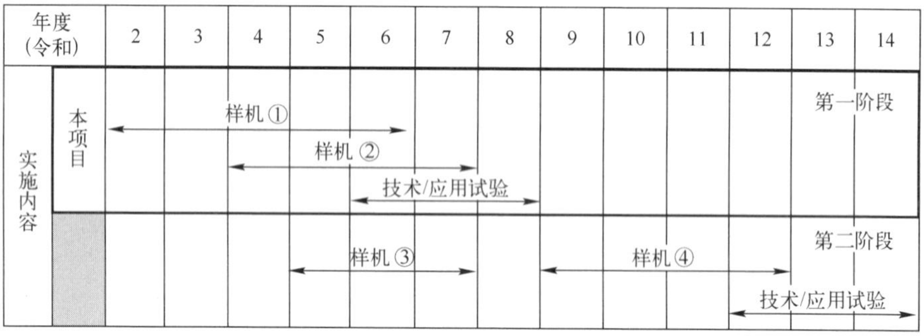

年度（令和）	2	3	4	5	6	7	8	9	10	11	12	13	14
实施内容　本项目		样机①										第一阶段	
			样机②										
					技术/应用试验								
				样机③					样机④			第二阶段	
												技术/应用试验	

图 29　"防区外电子战飞机"研发时间线

（三）启动"电子作战飞机"项目

2023 年 8 月发布的 2024 财年防卫预算概算文件,首次申请 140 亿日元研发海上自卫队"电子作战飞机"。日本认为,周边国家近年来在电磁领域的军事能力不断提高,对日本构成威胁。同时,海上自卫队 EP-3 等多用途飞机无法满足当前作战需求,将在近几年内逐步退役。因此,"电子作战飞机"作为多用途飞机的后继机型而开发,以应对未来电磁领域的形势变化。根据"电子作战飞机"项目预先评价书,该机将以 P-1 海上巡逻机为原型而开发。

"电子作战飞机"研发时间线如图 30 所示。该项目于 2024 年启动,2031 年完成样机制造,2033 年完成技术应用试验。此外,"电子作战飞机"将搭载"下一代电子情报收集机情报收集系统"作为该机核心任务载荷。

年度 (令和)		5	6	7	8	9	10	11	12	13	14	15
实施内容	本项目		←		本项目(开发样机)					技术/应用试验	→	
	前期研究	【下一代电子情报收集机情报收集系统】 研究样机(令和3年~) ←所内试验→										

图 30 "电子作战飞机"研发时间线

"下一代电子情报收集飞机信号情报系统"项目启动于 2021 年,2024 年内完成样机研制,2025 年开展试验,总经费约 50 亿日元。该系统的能力特点和依赖的关键技术如表 6 所列。

表 6 下一代电子情报收集机信号情报收集系统能力
特点和依赖的关键技术

能力特点	关键技术	实现途径
更强的信号检测能力	自动检测和匹配技术	研究电磁信号特征数值化和自动检测方法,以便快速处理多个信号
更高的测向精度	环境自适应测向技术	在相同频段内存在密集电磁信号的条件下,使电磁信号合成特征数值化,研究测向计算方法
更强的信号分类识别能力	多模态匹配技术	根据电磁环境和信号波束特性,研究从多个分析方法中选择最优方法并加以分类识别的技术手段

图 31 所示为"下一代电子情报收集飞机信号情报系统"示意图。其子系统包括测向接收系统、分类识别处理系统和信号收集支援系统。在研制过程中,电磁信号由电磁环境模拟系统产生,测向接收系统收集后,由分类识别处理系统对信号进行特征提取、对比、识别、分类等分析工作,然后将结果发送到信号收集支援系统进行处理和分发。此外,该系统采用通用模块化设计,可降低制造成本和装备生命周期成本,有利于未来批量采购。

〉〉〉 三、影响分析

相对于过去几十年,日本近年来不断加快电子战能力建设的步伐,对此我们应当给予足够重视。其中,电子战空中平台是日本发展的重点,需要密切跟踪其发展情况,分析其未来影响,并研判可能的作战运用方式。

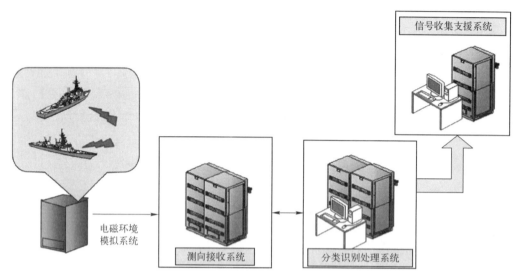

图31　下一代电子情报收集机信号情报收集系统示意图

（一）逐步形成对周边区域的电磁威慑能力

日本过去空中电子战平台数量较少,仅包括2架YS-11EA、4架YS-11EB、1架EC-1以及5架EP-3等,普遍机龄较大,性能无法很好满足当前需求。新机的加入,将为日本电子战行动带来更多的选项。首先,电子战任务从过去的侦察和训练,可扩展到灰区作战,即在所谓的"争议区域"对他国舰船或飞机实施远距离电子侦察和电子干扰。其次,联合其他军种的电子战力量,形成陆、海、空、天的全天候多域侦察威胁。日本计划设立十多个电子战部队,打造两条环绕日本本土和西南岛屿的"电子战弧"。空中电子战平台能有效延伸该"电子战弧"的威胁距离,并增强电子战力量的机动能力,形成对周边区域的电磁威慑。

（二）有效保障对邻国本土的远程打击能力

自《防卫计划大纲(2019)》提出发展防区外防卫能力以来,日本公然发展防区外火力打击能力,例如研发"12式陆基反舰导弹""高超声速导弹""岛屿防卫专用高速滑翔弹",以及采购"战斧"巡航导弹和"联合空面防区外导弹"(JASSM)等。日本认为,周边国家军用系统网络化程度高,发展具有干扰敌方通信网络能力的电子战飞机能有效降级甚至瘫痪其通信网络。因此,日本电子战飞机未来或将用于干扰对手防空系统,使战斗机和导弹能够突破防空网,确保其远程打击手段的有效性。

（三）助力构建对潜在对手的体系作战能力

日本正在从陆海空三军逐步完善电子战装备体系。目前，陆上自卫队已部署"网络电子战系统"（NEWS），航空自卫队部署"电子情报收集飞机"和研发"防区外电子战飞机"，海上自卫队启动"电子作战飞机"，各军种未来都将具备专用的电子战装备。根据2025年度《防卫预算概要》文件，日本企图通过加强太空、网络空间和电磁领域的军事能力，获取陆、海、空、天等多层级作战优势，构建体系作战能力。日本作为一个岛国，海空域电子战平台数量的增加和技术的提升，将大幅提高日本整体的电子战能力。日本空中电子战平台可以保障己方指挥控制和通信系统的正常运行，并具备防区外电子攻击能力，从而助力于这种多元多域体系作战能力的形成。

（中国电子科技集团公司第三十六研究所　曹宇音）

美国海军先进舷外电子战吊舱
完成电子攻击能力测试

2023 年 12 月，美国海军 MH-60R 直升机搭载洛克希德·马丁公司的 AN/ALQ-248 先进舷外电子战（AOEW）吊舱，成功进行了电子攻击能力测试。该吊舱可为美国海军提供增强型电子侦察和攻击能力，以应对反舰导弹威胁。后续洛克希德·马丁公司还计划于 2024 年继续进行 AOEW 系统演示验证，并开始低速率初始化生产，2024 年底前交付第一批 AOEW 吊舱。

》》一、项目背景与发展历程

AOEW 吊舱与美国海军的 SLQ-32 电子战系统、水面电子战改进项目（SEWIP）有着密切关系。具体来说，SEWIP 是 SLQ-32 改进项目，旨在替代 SLQ-32，二者为接续、继承关系。例如，SEWIP block 3 是 SLQ-32（V）7，AOEW 吊舱是在 SEWIP 基础上增加与直升机载电子战系统诱饵的组网能力，二者为能力扩展的关系。三者之间的关系如图 32 所示。

图 32　SLQ-32、SEWIP、AOEW 之间的关系

AOEW 吊舱由洛克希德·马丁公司开发，可搭载于 MH-60R/S"海鹰"直升机上。AOEW 载荷通过 Link 16 数据链与被保护的水面舰艇实现网络化协同。AOEW 的发展路线图如图 33 所示。

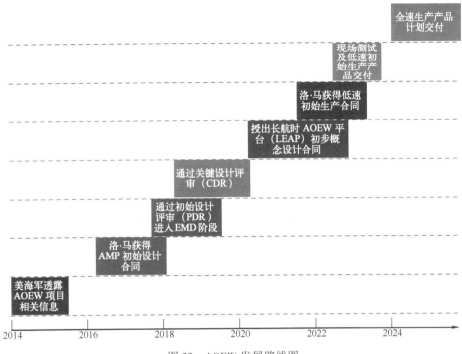

图 33　AOEW 发展路线图

2014 年 4 月 22 日,美国海军透露了开发新的软杀伤反舰导弹防御(ASMD)载荷的计划,用于部署于 MH-60 直升机上。据海军海上系统司令部称,该项目名为 AOEW,旨在提供"用于执行针对当前和未来反舰导弹威胁的下一代协同电子战任务"的长航时舷外对抗能力。AOEW 项目启动于 2012 财年,旨在开发新一代射频软杀伤设备,以保护美国海军水面战斗群。美国海军海上系统司令部在其 2014 年 4 月 15 日发布的一份信息通告中指出,AOEW 采用吊舱式安装并明确了其所搭载的平台,即 MH-60R 和/或 MH-60S 直升机。

2014 年 8 月,美国海军海上系统司令部对 AOEW 主动任务载荷(AMP)项目进行了建议书征集,以便该项目开发的系统能够与 MH-60R 和/或 MH-60S 直升机集成。AOEW 主动任务载荷初始设计阶段涉及吊舱式电子战载荷的硬件、固件、软件和数据的设计与开发,该吊舱兼具电子侦察与电子攻击能力。随后的工程和制造开发(EMD)阶段将硬件和软件集成到最终的系统设计中。AOEW 主动任务载荷的集成不需要对基本型 MH-60 直升机进行改造。

2016 年 12 月 23 日,美国海军海上系统司令部授予洛克希德·马丁公司一份价值 550 万美元的 AOEW 主动任务载荷项目开发合同,该合同包含工程和制造开发阶段、低速初始化生产阶段的选项。

2017 年 9 月初,洛克希德·马丁公司宣布,AOEW 主动任务载荷已按时通过初步设计评审（PDR），为工程和制造业开发（EMD）合同（包括 6 套工程开发型系统的选项）的签订铺平了道路。美国国防部于 2017 年 9 月 18 日宣布，海军海上系统司令部授出了 2360 万美元的工程和制造开发合同选项。

2018 年初，洛克希德·马丁公司表示，预计于 2018 年年中完成美国海军新型 AN/ALQ-248 有源任务载荷的关键设计评审，为工程开发型系统于 2019 年开始的飞行测试奠定基础。

2020 年 4 月，美国海军授出长航时 AOEW 平台（LEAP）的初步概念设计合同，LEAP 项目也将作为 AOEW 网络化电子战系统的一部分。

2021 年 7 月 29 日，洛克希德·马丁公司表示，AOEW 项目达到里程碑 C，并在两个月内开始低速初始化生产。该公司已提交了里程碑 C 决定所需的所有技术数据，这将为开始生产铺平道路。AOEW 在代码库和体系结构方面与 SEWIP 有很多共同之处，但属于较小的系统。洛克希德·马丁公司预计，在 2023 或 2024 年开始全速生产之前，将立即进入低速初始化生产阶段。首次向海军交付 AOEW 计划于低速初始生产开始后 24～28 个月进行。

2021 年 9 月 29 日，美国海军海上系统司令部宣布，已授予洛克希德·马丁公司一份价值 1780 万美元的合同，以执行 AOEW 低速初始生产（LRIP）选项，相关工作计划于 2024 年 5 月完成。AOEW 系统除了可以与 AN/SLQ-32（V）6 协同工作以外，还可以与 AN/SLQ-32（V）7 协同工作。

2022 年 1 月，洛克希德·马丁公司高级官员表示，AOEW 吊舱已完成飞行测试，计划 2022 年 7 月或 8 月交付首批低速初始生产样机。

2022 年 4 月 27 日，美国 CAES 公司宣布获得洛克希德·马丁公司 AOEW 系统低速初始生产阶段 1 相控阵天线的合同，该天线可为 AOEW 主动任务载荷 AN/ALQ-248 系统提供高灵敏度接收监视与电子攻击发射能力。

2023 年 12 月，AOEW 承包商洛克希德·马丁公司表示，当前的目标是在未来一年（2024 年）开始交付第一批低速初始化生产型 AOEW 吊舱。此外，2024 年还计划进行更多测试，不断完善其能力。

>>> 二、工作原理

AOEW 本身是一个独立的电子战吊舱，可装载在 MH-60R/S 直升机的左右扩展支架上。该吊舱集成有高灵敏度电子战接收机和电子攻击子系统，可独立工作，也可以与舰载电子战系统组网协同工作。独立工作时，吊舱将使用自己的电子战接收机系统来检测、识别和跟踪威胁目标，启动先进的电子攻击子系统来生成和发射相应的射频干扰。

组网协同工作时,与 AOEW 吊舱组网的电子战系统是舰载的 AN/SLQ-32(V)6/7 系统或后续的 SEWIP 系统。在与 AOEW 有源任务载荷组网协同工作时,AN/SLQ-32(V) 6/7 系统负责检测逼近的反舰导弹威胁,通过 Link 16 数据链引导和控制直升机上的 AN/ALQ-248 系统有源任务载荷;AN/ALQ-248 系统可通过 Link 16 数据链与 AN/SLQ-32 (V)6/7 舰载电子战系统共享信息,在空中提供超视距电子侦察能力。交战期间,AN/ALQ-248 系统可在 AN/SLQ-32(V)6/7 舰载电子战系统的协调下,与其他软杀伤射频对抗措施协同使用。这种组网协同示意图如图 34 所示。

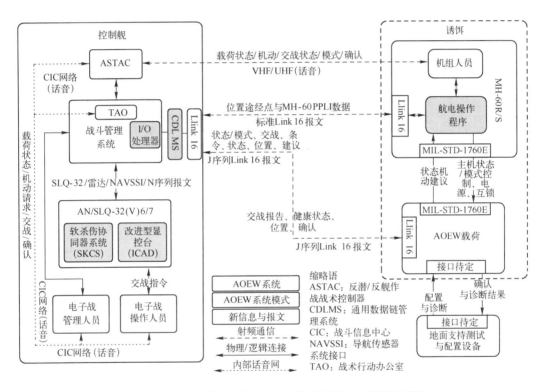

图 34　AOEW 载荷与舰载电子战系统载荷的组网协同示意图

AOEW 吊舱通过网络化手段对反舰导弹进行电子欺骗,提供与被模拟目标(舰船)相吻合的雷达回波,使得舰船具有射频领域"隐真示假"的能力,如图 35 所示。其目标是对抗雷达制导反舰导弹,保护己方舰队。美国海军对 AOEW 的电子攻击技术和战术细节严格保密,但其项目经理曾透露,AOEW 可提供区域防御能力以支持舰队作战,而不仅仅为单个舰船提供保护。AOEW 项目的重点是发展有源任务载荷,不同于一般的无源诱饵,有源任务载荷主动发射电磁波,以干扰和欺骗目标。

图 35　AOEW 与舰载电子战系统实施网络化协同电子欺骗示意图

》》》 三、几点认识

（1）**自身功能定位，AOEW 可视作海军版的电子战型"忠诚僚机"。** AOEW 吊舱的主要作用是通过平台升空为美国海军水面舰艇提供电磁自卫（防御性电磁攻击，主要是电磁欺骗）能力，同时还可为海军水面舰艇提供电磁侦察能力扩展（侦察距离更远、侦察灵敏度更高）。也就是说，其功能定位可归纳为"前出侦察、电磁自卫"，这些功能与空中平台"忠诚僚机"的功能非常类似，因此，AOEW 吊舱可视作海军版、电子战型"忠诚僚机"。

（2）**潜在体系定位，AOEW 可视作"复仇女神"项目的"试点"项目。** 作为美国海军的一个以电磁欺骗为主的电磁战项目，AOEW 吊舱的网络化电磁欺骗能力极有可能与美国海军另一个体系级电磁欺骗项目"复仇女神"（NEMSIS）有着非常密切的关系。尤其是考虑到二者均通过网络化协同的方式来实施电磁欺骗这一特点，AOEW 可视作"复仇女神"项目的"试点"项目：AOEW 从平台级、局部层面对"复仇女神"的体系级、全息层面的电磁欺骗进行测试。AOEW 吊舱的实战测试结果会以某种方式在"复仇女神"项目中得以体现。最终实现美国海军从平台级电磁欺骗向网络化电磁欺骗乃至体系级全息电磁欺骗转型。

（3）能力集成方面，AOEW 与"宙斯盾"系统集成可打造信火一体的防空反导体系。洛克希德·马丁公司高层表示，AOEW 吊舱可以与"宙斯盾"基线 9C. 2+战斗系统实现完全集成，还可与"宙斯盾"系统相关资产（如 E-2D"鹰眼"预警机）集成并实现数据交换。考虑到"宙斯盾"系统的防空反导作战职能，上述这种集成有望打造出一种信火一体的防空反导体系。

（4）技术体制方面，AOEW 兼具网络化协同、软件化等新技术特征。从 AOEW 工作原理阐述可知，其电磁欺骗主要依赖于 Link 16 数据链，通过舰—机组网方式来实施。因此，AOEW 是一种非常典型的网络化协同电磁战系统。此外，洛克希德·马丁公司高层表示，AOEW 采用了开放系统架构解决方案，以实现快速升级、互操作、成本降低、快速硬件插入/技术插入等能力。这体现了 AOEW 吊舱的软件化功能实现的特点。

（5）未来功能扩展，AOEW 未来可能通过采用 AESA 来实现功能扩展。当前 AOEW 采用的是非阵列天线，其主要功能是电磁欺骗。但根据美军相关阐述，结合当前天线领域的发展趋势，其未来极有可能换装有源电扫相控阵天线（AESA）。AESA 天线的同时多波束能力除了让 AOEW 吊舱的多目标欺骗、多目标侦察等电磁战能力大幅提升之外，还可能将其功能扩展到其他领域，如通信中继。

（中国电子科技集团公司第三十六研究所 张春磊）

美军机载定向红外对抗装备和技术发展综述

2023 年 4 月,美国咨询公司蒂尔集团发布了美军机载定向红外对抗市场概览,回顾了美军主要机载定向红外对抗装备的发展历程及相关技术概况,并预测了美军未来机载定向红外对抗装备需求。

>>> 一、美军主要机载定向红外对抗装备

美军机载定向红外对抗装备在过去的十年中基本呈现三足鼎立之势,三个军种分别研制出各自的典型产品,引领美国机载定向红外对抗装备和技术的发展。美国空军在升级其数千个已列装大型飞机(最多的是 C-17)的大型飞机红外对抗(LAIRCM)系统。而美国陆军和美国海军经过为小型飞机生产定向红外对抗系统不断失败的尝试之后,两个主要的新项目——美国陆军通用红外对抗(CIRCM)系统和美国海军分布式孔径红外对抗(DAIRCM)系统最终投入生产。

(一) 美国空军大型飞机红外对抗项目:经实战检验,大量列装部署

美国空军大型飞机红外对抗项目从 2001 年开始研制,以美军最早的 AN/AAQ-24 "复仇女神"定向红外对抗系统为基础进行升级改造而形成,其"蝰蛇"多波段激光干扰机替换了之前 AN/AAQ-24"复仇女神"的氙灯非相干光源,能够发射出定向性和相干性更好的激光。"蝰蛇"激光干扰机最初被集成在一个小型激光发射器组件(SLTA)里。2002 年 7 月,美国空军在新墨西哥州白沙导弹靶场完成了大型飞机红外对抗系统的实弹飞行测试。一个月后,美国空军批准诺斯罗普·格鲁曼公司低速初始生产该系统。

大型飞机红外对抗系统阶段 1 从 2005 年开始,装备平台包括 C-5、C-17、C-37、

C-40、C-130H、MC-130W 和 CV-22。该阶段的大型飞机红外对抗系统包括 AN/AAR-54 紫外导弹告警系统、中央处理器、座舱控制指示单元和两个小型激光发射器组件。

大型飞机红外对抗系统阶段 2 是螺旋式升级,旨在提供比阶段 1 导弹告警系统更好的告警性能和更低的虚警率,并提高干扰机子系统的可靠性。该阶段的大型飞机红外对抗系统加装了新一代双色红外导弹告警系统和"卫士"激光转台组件(GLTA)。"卫士"激光转台组件包括一个四轴稳定万向节系统、一个粗细跟踪传感器和一个"蝰蛇"激光器。新一代双色红外导弹告警系统探测到来袭导弹,立即将告警信息发送到处理器,处理器通过控制接口单元通知机组人员,同时把"卫士"激光转台组件转向来袭威胁对其实施干扰。

该项目发展顺利,连续多年高产,是唯一已经大量生产且经过实战验证的定向红外对抗项目。2019 年,美国空军与诺斯罗普·格鲁曼公司签订一份价值 36 亿美元的独家供货合同,用于继续生产大型飞机红外对抗系统并提供相关支持服务,合同工作将一直持续到 2025 年底。2023 年美国海军航空系统司令部授予诺斯罗普·格鲁曼公司 9200万美元订单,订购大型飞机红外对抗系统组件,研究将其集成到美国空军、海军和澳大利亚政府的飞机上。

目前,大型红外对抗系统已安装在 17 个不同的美国空军平台和 1300 多架飞机上,包括接近前线的每一架美国大型固定翼飞机、国家元首飞机以及大型直升机。

(二)美国陆军通用红外对抗项目:注重重量、成本和模块化,研制进度拖延

通用红外对抗系统是一种轻量型、低成本、模块化以及基于激光的红外对抗系统,用于保护直升机和轻型固定翼/倾转旋翼飞机免于单兵便携式热寻的面—空导弹的攻击。该项目源于美国陆军撤销的先进威胁红外对抗项目(ATIRCM),由美国陆军主管,诺斯罗普·格鲁曼公司负责 CIRCM 系统总体,日光方案公司负责 Solaris 量子级联激光器,莱昂纳多航空航天系统公司负责 ECLIPSE 指示器/跟踪器单元。研究内容具体包括:根据各军种联合制定的要求,通用红外对抗系统的 B 型组件(干扰器)重量限定在 39 千克,其 A型组件(支持结构)的重量限定为 32 千克(V-22、CH-47 等大型旋翼机)和 15 千克("黑鹰"等中小型旋翼机)。必须采用模块化开放式架构,综合激光干扰源、指示器/跟踪器和导弹告警系统。

通用红外对抗系统自 2010 年招标,由 5 家竞标团队淘汰至 2 家,最终诺斯罗普·格鲁曼公司于 2015 年获得工程制造研发阶段合同,2016 年交付第一套通用红外对抗系统,2017 年通过关键设计评审,2019 年进入初始作战测试和评估,2021 年获得全速生产合同,2023 年 2 月获得初始作战能力。目前通用红外对抗系统已向陆军交付了 250 多套系

统,装备了 100 多架飞机,未来将部署在 AH-64E、CH-47F、HH-60M 和 UH-60M 上,总共约有 2100 架飞机。

美国陆军直升机使用通用红外对抗系统,将能更大胆地行动,从而实现直升机特有的敏捷操作。未来垂直起降飞机将从一开始就集成此类系统,这与小型无人系统的使用相结合,将使直升机在未来几十年保持重要地位。

重量减轻和功率增加的通用红外对抗系统将满足未来攻击侦察机(FARA)和未来远程攻击机(FLRAA)的要求,成为陆军 2030 年军队多域作战的关键推动因素,标志着陆军现代化的重要一步,赋予了保护美国陆军机组人员和飞机在有争议的环境中免受便携式防空导弹威胁的关键能力。

（三）美国海军分布孔径红外对抗项目:边研发、边生产

分布孔径红外对抗系统的型号为 AN/AAQ-45,由海军高级战术飞机保护系统计划办公室(PMA272)管理。2016 年,美国 DRS 公司(后被意大利莱昂纳多公司收购,称为莱昂纳多 DRS 公司)接受美国海军合同,开始研制分布孔径红外对抗系统,由 4~6 个分布在机身能提供 360°态势感知的传感器、1 个大功率激光器、1 个中央处理器和光纤电缆组件构成。整个系统重 32 千克,将双色红外导弹告警、激光告警、敌方火力指示功能集成在一起,并自带光束指向机构。集中安装的激光器经光纤为所有传感器提供激光能量,从而达到缩小体积、减轻重量的目的。

2019 年 8 月,美国海军使用 MH-60S 和 AH-1Z 直升机完成了导弹告警测试的第一阶段,以支持美国海军分布孔径红外对抗快速反应评估(QRA)。2020 年 3 月 18 日,首套分布孔径红外对抗系统安装在美国空军 HH-60G“铺路鹰”作战搜索与救援(CSAR)直升机。2020 年 6 月,美国海军航空系统司令部授予莱昂纳多 DRS 公司 1640 万美元的合同,采购 114 个传感器和 29 个处理器。同期还授予该公司 1.2 亿美元合同,提供工程模型。2023 年 7 月,曾提出分布孔径红外对抗概念并担任过该项目首席架构师和首席项目经理的萨卡迪,目前是美国海军研究实验对抗部门负责人,还担任美国国防部长办公室联合飞机生存能力办公室高级政府顾问,因该项目的成功研制而获得美国海军实验室罗杰·L·伊斯顿卓越工程奖。

分布孔径红外对抗系统的特点是将告警传感器、敌方火力探测算法、双色红外焦平面、量子级联激光器、能够传输高功率激光的光纤电缆等多项先进技术集成,满足直升机防御对体积和重量的需求,虽然目前所采用的先进技术并不能使成本降低,但随着先进技术的发展以及该项目能最大限度地减少项目的冗余,未来的成本是有望降低的。分布孔径红外对抗系统没有独立的转台结构,即没有经常在直升机机身上看到的凸起部分,这种先进紧凑集成技术也使其具备安装在隐身战斗机的可能。

>>> 二、美军机载定向红外对抗技术概况

(一)量子级联激光器技术

定向红外对抗系统的核心器件是激光干扰源。虽然诺斯罗普·格鲁曼公司成功研制大型飞机红外对抗系统,其干扰光源为自研的"蝰蛇"(Viper)紧凑型固体二极管泵浦激光器,这种传统激光器体积大,在运行时消耗大量电能。这些限制使定向红外对抗系统仅安装在能够承受重量并提供必要动力的大型飞机上。1994年首次展示的量子级联激光器(QCL)是基于量子工程设计的、具有级联特征的、光电性能可调控的新原理激光器,电光转换效率高,可选波长范围宽,体积小、重量轻、响应速度快,是一种理想的干扰光源。

2017年3月,莱昂纳多DRS公司收购领跑量子级联激光产品和技术的开发商和供应商——日光方案公司,使莱昂纳多DRS公司抓住了未来采用量子级联激光器作为干扰光源的定向红外对抗系统市场。

诺斯罗普·格鲁曼公司之所以能在通用红外对抗项目上胜出,就是由于采用日光方案公司的Solaris量子级联激光器。它是日光方案公司第四代多波长激光器,集成了瞄准跟踪器组件,并充分利用瞄准跟踪器的传输特性,因此它可以提供比传统硫化光纤耦合的指示器/跟踪器更有效的干扰。

日光方案公司的量子级联激光器技术为分布孔径红外对抗项目的研发奠定了基础。用于莱昂纳多DRS公司分布孔径红外对抗系统的A系列高功率激光系统提供高功率多波长光学输出,可分配到多个输出端口。集成的光开关能够将激光能量引导至多达6个输出端口中的任何一个。激光系统可以进行光纤耦合,以实现其光输出的灵活分布。后续为轻型直升机、无人机研制的定向红外对抗系统,都将使用量子级联激光器作为干扰光源。

未来定向红外对抗项目的总承包商即使不是莱昂纳多DRS公司,项目的干扰光源也极有可能来自其所属的日光方案公司。

(二)导弹告警技术

定向红外对抗系统只能干扰它们能看到的目标,其导弹告警传感器几乎可以瞬间探测和识别超声速导弹,因此它是定向红外对抗系统之眼。目前用于定向红外对抗系统的导弹告警传感器的基本特点是双色、全向360°态势感知、智能,厂商主要集中在诺斯罗普·格鲁曼公司、BAE系统公司和莱昂纳多DRS公司。

（1）双色：采用双色旋转滤光片同时探测导弹羽烟和导弹弹体发出的不同波长（红外波段），也可用双色红外焦平面阵列或两个独立的焦平面阵列探测目标，大大减少红外背景中出现的杂波和虚警。

（2）全向360°态势感知：使用多个分布在飞机周围的红外传感器进行完整的球形覆盖，机组人员可以"看穿"飞机机身，及时清晰地看清飞机周围360°的态势，探测、跟踪、分类和判明来袭导弹威胁，并迅速提示对抗系统。

（3）智能：导弹告警传感器虽然探测到的目标信息不如光电情报、监视和侦察系统丰富，但它需要探测和决策的速度非常快，才能为平台提供更多的时间来应对威胁并提高机动性，第一时间引导适当的对抗措施。

诺斯罗普·格鲁曼公司致力于为大型飞机红外对抗系统研制导弹告警传感器，从最初的多成像多光谱（MIMS）双色红外导弹告警传感器，到先进威胁告警（ATW）传感器。2023年10月，诺斯罗普·格鲁曼公司推出了先进战术敌方交战态势（ATHENA）新一代导弹告警传感器，在标准安装配置上使用多个传感器无缝拼接飞机周围360°图像，提供更远的探测距离和更高的分辨率。机载处理可立即提供可操作的信息，同时保留用于其他功能的任务计算资源。这种处理能力与先进软件相结合，可轻松更新以满足不断变化的任务要求，实现额外的生存能力。

BAE系统公司曾因与大型飞机红外对抗系统并驾齐驱的先进威胁红外对抗系统被取消，而退出定向红外对抗系统的竞争。但它一直在研制定向红外对抗系统前端的导弹告警系统，之前为先进威胁红外对抗系统研制的AN/AAR-57通用导弹告警系统（CMWS）现在依然用于通用红外对抗系统。最近，BAE系统公司凭借其有限临时导弹告警系统（LIMWS）大获成功。其核心器件双色先进告警系统（2CAWS）优化了尺寸、重量和功率，采用开放式系统处理器、扩大探测范围的双色红外传感器以及加快数据传输的光纤A-组件，其系统处理器内置先进的机器学习导弹告警算法，适用于复杂、高杂波环境并能快速更新威胁。这个双色先进告警系统是由莱昂纳多DRS公司为BAE系统公司提供的，而莱昂纳多DRS公司自己研制的分布孔径红外对抗系统也采用了同样的告警系统。

》》》三、美军未来机载定向红外对抗装备需求

数万枚单兵便携式防空导弹和空空导弹是客观存在的，数以千计的下一代定向红外对抗装备最终将被采购。在蒂尔集团发布的市场概览中，预测在未来十年，用于直升机和慢速飞行固定翼（非战斗机）飞机的定向红外对抗装备市场价值约为100亿美元。

1. 大型飞机红外对抗系统:继续维护和升级

已经占据近十年的大型飞机红外对抗系统对诺斯罗普·格鲁曼公司来说,仍将价值约 10 亿美元。数千个已列装的产品需要不断维护和升级。2021 年,美国空军生命周期管理中心负责采购、维护和现代化的大型飞机红外对抗团队因改进软件更新流程、减少系统更新时间、减少改装时间等还获得了奖项。

2. 通用红外对抗系统:需求很大

即使通用红外对抗系统已经获得初始作战能力,虽然在未来十年其实际生产可能会继续延迟,但它的需求仍然是很大的。蒂尔集团预测,通用红外对抗系统将继续为美国陆军生产并增长到可观的套数和资金数量,未来十年将价值约 40 亿美元。美军通用红外对抗项目未来研究、开发、测试与评估以及采购资金预测(2024—2029 财年)如表 7 所列。

表 7　美军通用红外对抗项目未来研究、开发、测试与评估
以及采购资金预测(2024—2029 财年)

项目名称	2024 财年	2025 财年	2026 财年	2027 财年	2028 财年	2029 财年
研究、开发、测试与评估预测/百万美元						
CIRCM (诺斯罗普·格鲁曼公司)	26.0	32.0	44.0	40.0	46.0	50.0
采购预测/百万美元						
CIRCM(美国陆军/诺斯罗普·格鲁曼公司)	340.0	320.0	340.0	320.0	300.0	340.0
CIRCM(不确定/诺斯罗普·格鲁曼公司)	66.0	80.0	102.0	124.0	120.0	140.0

3. 分布孔径红外对抗系统:有限采购

尽管分布孔径红外对抗系统的突然成功令人感到惊讶,但它似乎不太可能会取代通用红外对抗系统。虽然莱昂纳多 DRS 公司位于美国弗吉尼亚州阿灵顿市,但它难免有点"国际"血统。即便美国海军已经采购过"国际"电子系统,如"莱特宁"瞄准吊舱、BOL 投放器等,但从莱昂纳多 DRS 公司而非诺斯罗普·格鲁曼或 BAE 系统公司那里购买分布孔径红外对抗系统的机率似乎很小。因此,蒂尔集团预测,分布孔径红外对抗系统将在近期内为美国海军和其他军种(包括国际)的紧急需求进行有限采购,未来十年价值约 10 亿美元。美军分布孔径红外对抗项目未来研究、测试与评估以及采购资金预测(2024—2029 财年)如表 8 所列。

表8 美军分布孔径红外对抗项目未来研究、开发、测试与评估
以及采购资金预测（2024—2029财年）

项目名称	2024财年	2025财年	2026财年	2027财年	2028财年	2029财年
研究、开发、测试与评估预测/百万美元						
DAIRCM（莱昂纳多公司）	26.0	12.0	10.0	8.0	6.0	4.0
采购预测/百万美元						
DAIRCM（美国海军/莱昂纳多公司）	84.0	58.0	42.0	32.0	18.0	16.0
DAIRCM（不确定/莱昂纳多公司）	34.0	32.0	30.0	26.0	24.0	22.0

（中国电子科技集团公司第五十三研究所　张　洁）

2023 年国外电子对抗领域大事记

美国陆军发布电磁战条令　　1月,美国陆军部总部发布 ATP 3-12.3《电磁战技术》和 ATP 3-12.4《电磁战排》条令。两部条令均由美国陆军赛博卓越中心条令部编制,适用于美国现役陆军、陆军国民警卫队、陆军预备役部队。《电磁战技术》替代 2019 年 7 月发布的《电子战技术》,为美国陆军遂行电磁战提供了条令指导和方向,描述了电磁战的角色、关系、责任和能力,以支持美国陆军及联合部队作战。《电磁战排》为负责规划、准备、执行和评估电磁战排作战的领导人提供指导,可作为制定条令、装备方案、兵力结构、机构与部队训练以及电磁战排标准作战规程的参考。

美国陆军采购"列奥尼达斯"高功率微波系统　　1月,伊庇鲁斯公司获得美国陆军快速能力与关键技术办公室(RCCTO)一份价值 6610 万美元的合同,在 2023 年度交付若干套"列奥尼达斯"原型系统,以支持"间接火力防护能力—高功率微波"(IFPC-HPM)项目。根据合同,伊庇鲁斯公司将交付和支持集成了高功率微波能力的原型系统,并与 RCCTO 合作,在原型系统成功演示后将"列奥尼达斯"加入到未来的计划中。此次签订的合同证实了高功率微波是对抗无人机蜂群的有效近程防空方案。

美国洛克希德·马丁公司推出舰载小型电子攻击系统　　1月,洛克希德·马丁公司宣布计划在 2023 年春天进一步演示验证"小型电子攻击"(SCALED EA)系统,该系统可以为美国海军小型舰艇提供更多的电子战能力。"小型电子攻击"系统的研发基于洛克希德·马丁公司与其他项目的合作,如"先进舷外电子战"(AOEW)系统和"水面电子战改进项目"(SEWIP)。该系统的设计初衷是支持多种装备及多种作战方式。洛克希德·马丁公司携带"小型电子攻击"系统参加了"环太平洋 2022"演习,该系统在演习中实现了所有的目标。

美国诺斯罗普·格鲁曼公司演示 SEWIP 超轻型电子攻击系统　　1月,诺斯罗普·格鲁曼公司宣布已对基于 SEWIP Block 3 系统技术打造的舰载超轻型(ULTRA-

LITE）电子攻击系统原型进行了初始试验。在"环太平洋 2022"演习中，诺斯罗普·格鲁曼公司与美国海军研究实验室合作，在一艘 DDG-51"阿利·伯克"级导弹驱逐舰上演示了关键部件。为了进行演示，诺斯罗普·格鲁曼公司将 SEWIP 超轻型电子攻击发射/接收技术与美国海军研究实验室的远征电子攻击天线子系统进行了集成。该集成系统在"环太平洋 2022"演习期间成功进行了多次演示，证明其超轻型电子攻击解决方案能够有效支持美国海军的任务。

美军 F-16 电子战系统通过关键设计评审　　1 月，L3 哈里斯公司宣布，为新型 F-16 Block 70/72 对外军售战斗机研制的 AN/ALQ-254（V）1"毒蛇之盾"电子战系统已通过关键设计评审。"毒蛇之盾"系统是 F-16 Block 70/72 飞机的基线型电子战系统，采用了基于数字射频存储器的干扰系统，将提高飞机的防护能力。通过关键设计评审后，"毒蛇之盾"系统将在洛克希德·马丁公司实验室演示与 F-16 Block 70/72 完全集成的增量能力。

北约启动"动态卫队 23-1"演习　　1 月，北约常设海军第 1 集群在挪威海岸启动了"动态卫队 23-1"演习。"动态卫队"是两年一度的北约多国电子战演习，旨在为北约海上反应部队和盟国海军部队提供战术训练。"动态卫队 23-1"演习由挪威主办，由北约盟军海上司令部领导，并得到了北约联合电子战中央参谋部的支持。德国、挪威、波兰和西班牙参加了演习。此次演习构建了复杂的作战环境，北约常设海军第 1 集群和多国海军部队在复杂电子战环境中实现了高水平的互操作性。

美国空军第 350 频谱战联队助力"红旗 23-1"演习　　1 月 23 日—2 月 10 日，美军在内利斯空军基地开展"红旗 23-1"演习，美国空军第 350 频谱战联队派出第 36 电子战中队、第 39 电子战中队、第 87 电子战中队和第 453 电子战中队为参演战斗机提供电磁频谱支援。演习中，第 39 电子战中队和第 453 电子战中队共同成立了一个分析小组和一个任务规划小组，为"红旗"军演提供情报监视侦察支援。第 453 电子战中队负责验证威胁信息，并将报告发送给第 36 电子战中队重编程中心。第 87 电子战中队执行"战斗盾牌"任务，评估雷达告警接收机、电子攻击吊舱、高速反辐射导弹等系统的电子战能力。第 350 频谱战联队充分发挥自身的电子战评估、近实时威胁探测、快速重编程和电磁任务规划能力，为参演部队提供支援。

美国海军升级 AN/BLQ-10 潜艇电子战系统　　2 月，美国海军授予洛克希德·马丁公司一份价值 1800 万美元的订单，为美国海军潜艇设计和测试 AN/BLQ-10 潜艇电子战系统。据此合同，洛克希德·马丁公司将开展 AN/BLQ-10 潜艇电子战系统的技术插入周期 TI-20、TI-22 和 TI-24 的设计、升级和支持工作。

美国国防信息系统局推进联合电磁战斗管理项目　　2 月，美国国防信息系统局新兴技术处代表国防频谱组织发布了"联合电磁战斗管理"系统的电磁战斗管理—决策支持(EMBM-DS)初始演示征询书。根据项目描述,国防频谱组织正在开发一种联合电磁战斗管理系统,以帮助联合特遣部队组织、理解、规划、决策、指导和监控联合电磁频谱作战的所有活动。联合电磁战斗管理系统项目的第一个增量系统侧重于电磁战斗管理中的态势感知,第二个增量系统侧重于电磁战斗管理中的决策支持。EMBM-DS 原型系统将帮助联合电磁频谱作战单元规划当前和未来的电磁频谱作战,并快速生成频谱作战决策。其主要特征包括联合规划能力、决策支持能力、云部署特性、互操作能力以及开放式架构。

美国海军开发"轻型电子攻击"系统 美国海军研究实验室正在与诺斯罗普·格鲁曼公司联合开发一种"轻型电子攻击"系统。该系统是一种适用于小型舰船的电子攻击系统,旨在帮助美国海军水面舰船对抗来自中国的导弹威胁。"轻型电子攻击"系统的基本部件包括诺斯罗普·格鲁曼公司开发的收发模块、射频电子设备和冷却系统,以及美国海军研究实验室开发的天线系统。"轻型电子攻击"具备部分"水面电子战改进项目"Block 3 的导弹防御能力,其结构紧凑可以安装在舰船之外的其他平台上,例如陆军的新型通用战术车。

美国太空军举行"黑色天空 23-1"电子战演习 2月,美国太空军在科罗拉多州的彼德森太空军基地举行了"黑色天空 23-1"演习。参演人员来自美国太空司令部和太空军的 4 支德尔塔部队,分别是太空司令部合成太空作战中心的联合火力与信息作战小组和情报监视侦察分部、第 7 德尔塔部队的第 71 情报监视侦察中队、第 3 德尔塔部队的第 4 电磁战中队和第 16 电磁战中队、第 11 德尔塔部队的第 25 太空靶场中队,以及第 9 德尔塔部队的第 527 太空"侵略者"中队。"黑色天空 23-1"演习旨在演练美军联合电子战力量的指挥控制,是一项区别于虚拟仿真的实兵实弹演习。此次演习采用分层的电磁手段来应对 42 个模拟目标,具备评估任务目标的能力,确定了电磁战战术运用方面可能存在的问题。

印度展出多款国产电子战装备 2月,印度在班加罗尔举行的印度航展上展出了一系列国产电子战系统,包括为印度海军卡-31 预警直升机开发的"萨朗"(SARANG)电子战支援系统、为印度空军苏-30 MKI 战斗机开发的"决心"(DHRUTI)数字雷达告警接收机和"先进自卫干扰吊舱"(ASPJ)等。"萨朗"电子战支援系统用于截获、探测和识别空中/地面/舰载雷达辐射信号。"先进自卫干扰吊舱"采用了基于氮化镓技术的固态有源电扫阵列体制,运用了超宽带数字射频存储器和内置冷却系统等技术。"决心"是一型 6 通道数字雷达告警器,具备较宽动态范围和高灵敏度等特点,可在较宽的频段范围内截获敌辐射源信号并进行实时跟踪,为载机提供 360°覆盖范围。

印度披露"鲁德拉姆"反辐射导弹进展 在 2 月 13—17 日举行的 2023 印度航展期间,印度国防研究与发展组织(DRDO)披露,印度自研的"鲁德拉姆-I"(RUDRAM-I)

反辐射导弹已完成了开发试验和准备,将从 2023 年中期开始在印度空军苏-30MKI 战斗机上进行一系列用户试验。"鲁德拉姆-I"采用了预裂爆破弹头,重 55 千克,由激光近炸引信引爆。弹头的寿命超过 10 年。该导弹使用了两路数据链,弹头有发射前锁定和发射后锁定两种工作模式。

美国海军研究陆基"增程型先进反辐射导弹"　　2 月 15 日,美国海军航空系统司令部直接与时敏打击项目经理亚历克斯·杜特科(ALEX DUTKO)上校在新闻发布会上透露了 AGM-88G"增程型先进反辐射导弹"(AARGM-ER)的最新情况。美国海军已授予该导弹的制造商诺斯罗普·格鲁曼公司合同,评估 AARGM-ER 从地面发射的可行性,并在未来几个月内进行相关演示活动。

美国空军防区内攻击武器项目进入新阶段　　2 月 27 日,美国空军授出"防区内攻击武器"(SiAW)项目第一阶段节点 3 合同,合同金额为 1800 万美元。美国空军参谋长 CQ·布朗(CQ BROWN)上将表示,在美国空军构建的新一代空中力量中,SiAW 导弹是关键一环。布朗上将谈到美国空军未来战斗机规划,未来战斗机机群将由下一代空中优势平台、F-35、F-15EX 和 F-22 组成,而武器主要包括 SiAW、"联合空对地防区外导弹"(JASSM)和"先进中程空对空导弹"(AMRAAM)。美国空军希望 SiAW 能够打击反介入/区域拒止(A2/AD)环境中的更多目标,例如巡航导弹发射器和 GPS 干扰机。

阿联酋 EDGE 集团展出反无人机系统和反 IED 系统　　2 月,阿联酋 EDGE 集团在 2023 国际防务展(IDEX 2023)上展出了"天盾"(SKYSHIELD)多层、综合反无无人机系统和 V-PROTECT 反简易爆炸装置(IED)系统。这两种系统由 EDGE 集团下属的 SIGN4L 公司开发,该公司是电子战和赛博技术领域的专业公司。"天盾"系统可以集成到 EDGE 集团开发的指挥控制系统中,以提供实时的态势感知能力。该系统采用了 EDGE 集团的多种欺骗、干扰解决方案以及其他关键的对抗措施,能够自动探测无人机并与之交战,可用于军事、执法、安全和要员防护等市场。

俄军成功测试"加匹亚"电子战反无人机枪　　3 月 7 日,俄军在顿涅茨克附近使用"大疆"MAVIC PRO 无人机成功测试了"加匹亚"(GARPIA)电子战反无人机枪。"加匹亚"反无人机枪和"大疆"无人机均在俄乌战场上广泛使用。"加匹亚"反无人机枪使用锂电池供电,有效作用距离为 500 米~2 千米。在测试过程中,"大疆"无人机受到干扰后,失去了与操作员之间的远程控制联系,或原地坠落,或返回驻地。"加匹亚"反无人机枪的所有主要参数都在测试中得到了确认。

日本 DSEI 防务展上展出多型电子战装备　　3 月,日本在千叶市举办防御与安全装备国际展(DSEI JAPAN)。该展览每两年举办一次,这是继 2019 年后日本举办的第二次展览,来自 66 个国家的两百多家企业参加了此次展会。无人机与反无人机系统成为此次展会的焦点,来自全球各地的公司展示了各种无人机和用于对抗无人机的干扰机、干扰枪和其他类型的系统,例如澳大利亚无人机盾牌公司展出了新型"无人机枪 Mk3"。除无人机与反无人机系统外,舰船软杀伤措施也获得关注。以色列拉斐尔公司展出了 C-GEM 有源诱饵系统。

俄罗斯完成新型 Serp-VS5 反无人机系统研发工作 3 月 18 日,俄罗斯技术集团公司展示了 SERP-VS5 新型反无人机系统,其作战半径可达 5 千米。SERP-VS5 系统能够同时压制多架无人机,包括无人机从不同方向飞来的情况。SERP-VS5 通过抑制无人机操作员的控制信道,迫使无人机丢失通信和导航信息。该反无人机系统可用于保护电力设施、输油管道和工业企业等免受敌方无人机侦察与攻击。

美国战略司令部批准联合电磁频谱作战中心的执行计划 3 月 9 日,美国战略司令部司令安东尼·科顿(ANTHONY COTTON)上将在参议院武装部队委员会听证会上表示,战略司令部将很快批准联合电磁频谱作战中心(JEC)的执行计划,旨在找出美军差距,提升美军获取电磁频谱优势的能力。电磁频谱优势是实现跨域通信以及准确定位导航授时(PNT)的基础,不仅对战略司令部极为重要,对各级作战司令部都很重要。

美国海军授出第三批"下一代干扰机"生产合同 3 月,美国海军空中系统司令部(NAVAIR)授予雷声公司一份价值 6.5 亿美元的合同,批准进行 AN/ALQ-249(V)1"下一代干扰机—中波段"吊舱第三批低速率生产与交付工作,包含 15 套共 30 部吊舱,其中 11 套交付美国海军、4 套吊舱交付澳大利亚空军,相关工作预计 2024 年 4 月完成。

美国海军选定波音公司升级 EA-18G 电子攻击系统 3 月,美国海军空中系统司令部以单一来源选定波音公司承担 EA-18G 电子战飞机第二批次改进阶段 1 的"下一代电子攻击单元"(NGEAU)现代化升级工作。该项工作将分阶段进行,涉及美国海军所有的 EA-18G 飞机。下一代电子攻击单元将强化 EA-18G 在密集电磁环境中自主处理与响应未知信号的能力。

英国国防科学技术实验室设立电磁环境中心 3 月,英国国防科学技术实验室(DSTL)宣布投资 700 万英镑为英国军方建造电磁环境(EME)中心。电磁环境中心将由拉夫堡大学的学术人员领导,与行业伙伴合作,一起推动电磁活动的创新。该中心将专注于发展下一代无线投送进攻和防御效应的能力,这些效应包括降级、拒止、摧毁、欺骗和干扰。多域作战中跨陆、海、空、天、赛博和电磁空间的无线电活动的同步及合作也是其工作重心。电磁环境中心还肩负着发展科学和技术社区并为专业技能和教育发展做出贡献的使命。

英国和瑞典开展联合防区内干扰机概念研究 3 月,英国国防部披露,随着英国皇家空军为"台风"战斗机和 F-35B"闪电Ⅱ"战斗机引进"电子战之矛"(SPEAR-EW)防区内干扰机的项目的推进,已经开始与瑞典并行开展研究,以探索联合防区内干扰机项目的潜力。英国和瑞典于 2022 年 9 月启动了双边防区内干扰机概念研究。这项为期 12 个月的研究计划旨在确定两国是否能够就联合防区内干扰机需求达成一致，并考虑潜在的联合开发计划选项。

美国空军透露"下一代空中优势"协同作战飞机无人机细节　　3 月 29 日，美国众议院武装部队委员会战术空中和地面部队分委会召开了"空军固定翼战术和训练飞机项目"听证会。在会上，美国空军负责采办、技术和后勤的副部长安德鲁·亨特（ANDREW HUNTER）和负责计划与项目的副参谋长理查德·摩尔（RICHARD MOORE）中将等官员透露了美国空军"下一代空中优势"（NGAD）项目的子项目"协同作战飞机"（CCA）项目的若干细节。CCA 无人机有三大任务，依次为射手、电子战平台和传感器载机，将增强所有型号战术飞机的能力，而不仅是针对 NGAD 系统。

美国国防部 2024 财年预算加大对电子战项目投资　　3 月，美国国防部发布了 2024 财年国防预算申请，总额达 8420 亿美元。预算申请详细说明了美国国防部数百个电子战、信号情报和进攻性赛博作战项目。在电子战相关技术领域，DARPA 仍然关注微电子和人工智能领域的投入。美国海军的预算申请资金将用于进行大规模舰载电子攻击系统和"下一代干扰机"的升级改造。美国陆军的预算将用于其主要电子战项目，包括电子战规划与管理工具（EWPMT）、多功能电子战—空中大型系统（MFEW-AL）、地面层系统（TLS）项目。美国空军预算包括为"罗盘呼叫"项目和 F-15"鹰爪"（EPAWSS）项目以及一些电磁频谱作战相关的新启动项目申请的资金。

美国空军 RC-135W 首次在芬兰领空执行飞行任务　　3 月，美国空军一架 RC-135W"联合铆钉"电子侦察飞机在芬兰领空进行了飞行，这是美军的 RC-135W 首次在芬兰执行任务。此次飞行意义重大，意味着北约可以利用芬兰中北部的空域收集有关俄罗斯科拉基地的信息，同时也可以搜集有关芬兰湾及其周边地区的防御和军事活动情报，使北约可以更好了解俄罗斯在该区域的军事态势以及可能发生的变化。

美国海军增加"下一代干扰机—中波段"吊舱研发预算　　3 月，在美国国防部 2024 财年预算文件中，美国海军在 AN/ALQ-249（V）1"下一代干扰机—中波段"（NGJ-MB）预算项目中增加了 3250 万美元用于中波段频段扩展的研发经费，项目总研发经费为 4040 万美元。中波段项目的采购预算同比增长 2.5%，海军在 2023 财年预算文件中为该项目编制的 2024 财年采购经费为 4.15 亿美元，而最新的 2024 财年采购预算为 4.26 亿美元，增长原因是初始低速率生产阶段成本和通货膨胀等因素。

美国陆军寻求深度感知能力　　3 月，美国陆军表示正在寻求从更远的距离上更精确地识别、监视、瞄准和打击对手的方法，即深度感知能力。获取这一能力的关键在于正在开发的各种系统，包括：可向士兵提供赛博和电子战支持的"地面层系统"（TLS）；"高精度探测与利用系统"（HADES）项目，旨在开发配备先进传感器的 ISR 喷气式飞机；"战术情报瞄准接入节点"（TITAN）项目，旨在集中和加速数据的收集、分析和分发。

美国雷声公司为美国海军及澳大利亚空军生产 NGJ-MB 吊舱　　3 月,雷声公司获得一份价值 6.504 亿美元的单一来源合同,生产 15 套 AN/ALQ-249(V)1"下一代干扰机—中波段"(NGJ-MB)吊舱系统,每套包含 2 部吊舱。其中,11 套将提供给美国海军,澳大利亚皇家空军将接收另外 4 套吊舱以及备件、支持设备以及相关数据。澳大利亚将支付其中的 1.824 亿美元。相关工作预计于 2024 年 4 月完成。

美国太空军第 216 太空控制中队更名为电磁战中队　　3 月,美国太空军宣布将第 216 太空控制中队更名为第 216 电磁战中队。该中队隶属加利福尼亚空军国民警卫队第 195 联队。此次更名表明该中队今后将作为一支作战部队,执行进攻性和防御性太空控制与态势感知任务,为联合部队全域作战提供关键的电磁战效应,向作战指挥官提供任务就绪的太空军人员和装备,以支持全球作战。

美国太空军寻求星载电子监视与通信有效载荷　　3 月,美国太空发展局发布信息征询书,为"下一代铱星"卫星星座的"军刀"(SABRE)卫星寻求三种卫星传感器和通信有效载荷原型。这三种有效载荷将具有三种功能:搜集并中继美国高超声速弹道导弹试验的遥测数据;用作定位导航授时(PNT)备选系统;使用电子监视和搜集设备搜集军事情报,提供电子支援能力,帮助美军开展电子攻击行动。美国太空军计划在 2024 年 12 月由波尔宇航与技术公司首次发射"军刀"卫星。

印度采购国产"雪山力量"综合电子战系统　　3 月,印度国防部授予巴拉特电子有限公司一份价值 3.64 亿美元的合同,向印度陆军交付两套"雪山力量"(HIMSHAKTI)综合电子战系统。该系统是巴拉特公司在印度国防电子研究实验室的设计基础上进行开发的,适用于保护山区的机械化部队,使其免遭敌方攻击。"雪山力量"系统能够干扰 1 万平方千米内的移动电话、无线电话、卫星电话和无线电接收机辐射的电磁信号。该系统具有信号情报、监视、分析、截获、测向、定位、优先级排列等功能,能够干扰从高频到毫米波的所有通信和雷达信号。

美国空军完成高功率微波反无人机蜂群试验　　4 月,美国空军研究实验室(AFRL)在新墨西哥州科特兰空军基地利用"战术高功率作战响应器"(THOR)系统完成反无人机蜂群的实战演示实验。此次实验是"空军研究实验室史上首次进行如此大规模的蜂群实验",标志着美国空军在高功率微波反无人机蜂群能力上取得重大突破。

美国空军在无人机上测试"愤怒小猫"电子战吊舱　　4 月,在美国内华达州克里奇空军基地,美空军第 556 测试与鉴定中队将 AN/ALQ-167"愤怒小猫"电子对抗吊舱部署在 MQ-9A"死神"(REAPER)无人机上,成功完成了吊舱的首次空中飞行测试。为 MQ-9A 无人机增加电子攻击能力一直备受关注,MQ-9A 无人机长达 15 小时的续航能力与其他武器相结合,意味着干扰系统能够在空中持续发挥作用,一方面将对敌方产生巨大威慑,另一方面将提升飞机的性能,更有效地对抗现代复杂威胁。

英国 BAE 系统公司将多芯片技术应用于电子战系统　　4 月，"先进异构集成封装"（SHIP）项目的第一批多芯片原型提前 6 个季度完成交付。SHIP 项目的最终目标是为国防部创建一个模型，以维持对最先进微电子产品的获取。该项目重点解决的一个关键问题是减小尺寸重量功耗（SWaP），增强芯片的能力。由"芯粒"构成的多芯片技术将允许射频类型设备与数字类型设备进行混合集成，用于构建电子战系统。BAE 系统公司是第一家接收多芯片原型用于电子战系统的公司，洛克希德·马丁和诺斯罗普·格鲁曼等公司也将获得多芯片原型用于自己的武器系统。

美国 L3 哈里斯公司获得 AN/ALQ-211 生产合同　　4 月，美国空军全寿命周期管理中心授予 L3 哈里斯公司一份为期 5 年、总价值最高可达 5.84 亿美元的合同。按照合同，L3 哈里斯公司将负责 AN/ALQ-211 "先进综合防御性电子战套件"（AIDEWS）的生产、升级和维护。AN/ALQ-211 包含一系列自卫航空电子设备，其中包括了 AIDEWS，可保护美国特种部队的直升机和倾转旋翼飞机免受敌方射频威胁。AN/ALQ-211 系统已装备美军 CV-22"鱼鹰"特种作战飞机、挪威 NH90 多任务直升机，以及智利、波兰、巴基斯坦、土耳其和阿曼的 F-16 战斗机。

美国 DARPA 寻求天线创新技术　　4 月，DARPA 发布"下一代天线"主题公告，寻求能够在天线设计、材料、制造或加工方面提供新型颠覆性方法的创新公司。与当前技术水平相比，新的技术方法应显著提高天线性能，并大幅度降低尺寸、重量、功耗和成本（SWAP-C）。作为"将保密创新引入国防和政府系统"（BRIDGES）项目的一部分，"下一代天线"项目将优先考虑在空中和太空领域应用的天线技术。

俄罗斯开发"托博尔"电子战系统对抗"星链"　　4 月，美国《华盛顿邮报》报道，俄罗斯使用其新型电子战系统"托博尔"（TOBOL）干扰了乌军使用的"星链"系统。目前俄罗斯至少装备有 7 套"托博尔"综合系统。据分析，"托博尔"系统主要针对卫星的定时信号干扰负责终端与航天器同步运行的 GPS 模块，对"星链"卫星或其与地面终端之间的数据传输没有任何影响。"托博尔"系统不仅可以抑制上行链路的信号，而且还具备干扰下行通信链路的能力。在 GPS 信号受到干扰的情况下，"星链"卫星将无法注册，即使注册成功，传输速度也会大幅降低，进而完全丢失连接。

韩国开发新型电子战飞机　　4 月，韩国国防采办项目局批准了一个价值 14.1 亿美元的项目，在 2024—2032 年间自主开发一款新型电子战飞机。该飞机将作为一种防区外干扰机，通过干扰和破坏敌方的防空指挥控制系统来提高联合作战能力和空中作战平台的生存能力。另外，该飞机还将协助搜集和分析邻国的威胁信号。韩国国防发展局与 LIG NEX1 公司将负责开发飞机的电子战套件，该套件将比 LIG NEX1 公司为 KF-21 多任务飞机开发的电子战套件更加先进。

美国陆军向雷声公司购买反无人机系统　　4 月，雷声公司获得一份价值 2.37 亿美元的合同,为美国陆军提供"KU 波段射频传感器"(KURFS)和"郊狼"效应器。KURFS 传感器负责全方位探测无人机威胁,"郊狼"效应器能够对无人机进行物理毁伤。两者将成为美国陆军"低慢小无人机综合挫败系统"(LIDS)的组成部分。

伊朗陆军首次公布国产电子干扰无人机 4 月,伊朗陆军首次公布国产"莫哈杰-6"(MOHAJER-6)电子干扰无人机,旨在干扰敌方无人机和地面控制站之间的通信。"莫哈杰-6"无人机装备了能够发射无线电干扰信号的高科技系统,是伊朗陆军首架能够对敌方通信网络进行电子攻击的无人机。

美国空军研究实验室开展射频电子战实验室关键技术评估 4 月,美国空军研究实验室频谱战研究分部(AFRL/RYW)发布射频电子战实验室关键技术评估(REFLECT)项目征询书,目标是在赛博安全、开放式系统架构、新型航空电子设备、传感器技术和多域技术领域,探索与开发、集成、评估、演习相关的新兴概念,为美军作战飞机开发能够在威胁电磁环境中执行任务的技术。航空电子设备包括有人、无人、自主和遥控飞行器,机载情报监视侦察系统,电子战系统,弹药以及武器系统或战术平台的可能部件或子系统。

英国 BAE 系统公司为 F-35 提供升级型电子战系统 4 月,BAE 系统公司宣布与洛克希德·马丁公司签订了一份价值 4.91 亿美元的合同,为第 17 批次的 F-35 Block 4 型生产 AN/ASQ-239 电子战套件。F-35 Block 4 电子战系统将自适应性硬件与增量型软件相结合,加速向作战人员提供先进的电子战能力。

希腊海军装备"塞林纳 Mk 1"诱饵发射系统 4 月,法国拉克鲁瓦防务公司证实,作为法国海上集团公司将要交付的大型护卫舰合同的一部分,正在向希腊海军提供"塞林纳 Mk1"(SYLENA Mk 1)诱饵发射系统以及相关诱饵弹。3 月,希腊政府授予法国海上集团公司 3 艘 FDI(防御与干扰)护卫舰的建造及在役保障合同。据透露,每艘 FDI 护卫舰将装备 4 套"塞林纳 Mk1"诱饵发射系统,每部发射器能够容纳 12 枚 SEALEM 08-02 电磁诱饵弹和 4 枚 SEALER 08-01 红外诱饵弹。

澳大利亚装备 MASS 软杀伤诱饵系统 4 月,根据与德国莱茵金属防务公司澳大利亚分公司签订的合同,澳大利亚将为皇家海军水面战舰装备莱茵金属公司研制的"多弹药软杀伤系统"(MASS)。MASS 系统最初将安装在澳大利亚皇家海军霍巴特(HOBART)级防空驱逐舰和澳新军团(ANZAC)级护卫舰上,每艘战舰将装备 3 部发射器。此次签订的 MASS 合同价值 1.25 亿欧元,加上其他战舰的合同期权,总值可能会超过 6 亿欧元。

美国陆军第 10 山地师试验新型电子战装备 5 月,美国陆军第 10 山地师在德拉姆堡举行了第 4 届"猎人"电磁频谱训练,以提升部队的电磁频谱作战能力。第 10 山地师的第 1 旅战斗队、第 2 旅战斗队和第 10 山地师炮兵试验了一种新型电子战系统,该系统能够在数字地图上生成更精确的目标定位。新型电子战系统的任务能力尚处于初级阶段。该系统在处理过程中需要利用发射机将信号回传至指挥部，以更好地对陌生的无线电信号或辐射源进行定位，其收集到的数据能够为决策制定提供更准确的信息。

美国 L3 哈里斯公司完成 EC-37B 电子战飞机首次试飞　　5 月，美国 L3 哈里斯公司在位于德克萨斯州韦科市的集成和改装中心完成了 EC-37B 飞机的首次试飞，试飞时间长达 4 小时。EC-37B 配置了完整的任务系统，标志着"罗盘呼叫"的跨平台工作达到了重要里程碑。EC-37B 飞机的交付将于今年晚些时候启动。

美国 XQ-58A 无人机或成为 F-35 的电子战平台　　5 月，美国奎托斯（KRATOS）防务与安全方案公司披露了 XQ-58A "女武神"（VALKYRIE）无人机的最新情况。据报道，在"穿透性可负担自主化协作射手"项目下，美国海军陆战队的 XQ-58A 正在与 F-35 配合开展电子战任务，以加强电子攻击并提升对 F-35 电子战平台的支持。使用协作无人机作为战斗机的电子战平台，不仅为潜在的战术能力开辟了新的发展空间，又能提高 F-35 在面对敌方防空系统时的生存能力。XQ-58A 无人机既可以发射自身携带的干扰无人机和武器，也可以作为由载人飞机远程操控的诱饵使用。它的武器舱也可以被改装为燃料舱和电子战系统。

美国海军完成 AARGM-ER 导弹第 5 次试射　　5 月，美国海军在加利福尼亚州穆古角靶场成功完成了对增程型先进反辐射导弹（AARGM-ER）的第 5 次试射，成功探测、识别、定位并攻击了先进地面辐射源目标。美国海军航空系统司令部空战中心武器部第 31 鉴定中队（VX-31）负责执行此次导弹试验鉴定工作。美国海军计划进行 6 次研发鉴定，完成后将进行作战鉴定，为 2024 年导弹达到初始作战能力做好准备。

美国空军举办"雷霆麋鹿"电磁战演习　　6 月，美国空军第 114 电磁战中队和来自美国空军国民警卫队的约 40 名士兵在缅因州班戈空军国民警卫队基地联合举办为期两周的"雷霆麋鹿"（THUNDER MOOSE）多州机动和武器系统演习。演习中，第 114 电磁战中队使用反通信系统等专用装备，切断敌方地面装备与在轨航天器之间的通信，为己方创造作战优势。参演人员把电磁战系统从卡纳维拉尔角太空站运送到驻扎在班戈的第 101 空中加油联队，在美国空军第 290 联合通信支援分队、第 126 情报中队和第 293 电磁战中队的协助下建立前线作战区并进行训练。

美国海军寻求先进信号情报解决方案　　6 月，美国海军水面战中心克兰分部发布了射频频谱优势（RFSD）原型项目解决方案征集书。该项目为期 2~3 年，旨在获得一个原型系统，它能够采集和分析 40MHz~6GHz 的射频信号，并将其与基准环境进行比较，以实现对异常信号的自动告警，从而为作战人员提供更好的战场环境感知。当前对射频/微波信号的截获和解释能力仍有很多不足，利用现有的标准工具以及无线电信号分析技术从频谱中识别危险信号还相当困难，甚至可能无法实现。改进的射频频谱分析能力将使作战人员能更好地应对射频威胁,尤其是敌方使用的遥控无人机和简易爆炸装置。新型系统需要在国防部靶场完成最终演示。

美国空军寻求通用电子攻击接收机　　6 月,美国空军全寿命周期管理中心发布了通用电子攻击接收机(CEAR)项目通告,寻找为其设计开发适用于 AN/MST-T1V 小型多威胁发射系统(MUTES)B 基座型的通用电子攻击接收机。CEAR 起初是由 SRC 公司于 2014 年开发,用于替代联合威胁发射机和无人威胁发射机这两种传统电子攻击接收机。美国空军试图寻找一家公司来重新设计和开发三种用于小型 MUTES 的通用电子攻击接收机,并生产 23 件典型产品,以便用于空军机载电子战训练。项目的目标是使用通用电子攻击接收机的电子电路板,设计制造用于小型 MUTES 的 ECM 接收机,并重新设计远程发射单元控制处理器的硬件与软件,以减轻设施老旧带来的影响并恢复电子战训练能力。

美国太空军采购"草场"新型电磁战系统　　6 月,美国太空军系统司令部宣布将采购 30 套"草场"(MEADOWLAND)新型电磁战系统,同时透露该系统在测试过程中遇到的技术问题已经得到解决,随后将进入测试与集成阶段。"草场"系统的研制工作开始于 2021 年,是在"反通信系统"(CCS)Block 10.2 上进行的升级,升级后的系统又称为 CCS Block 10.3。该项目由美国 L3 哈里斯技术公司负责,耗资约 2.19 亿美元,计划 2022 年交付,但最终推迟至 2024 年。CCS 系统能够对卫星通信系统实施干扰,其中 CCS Block 10.2 已于 2020 年 3 月达到初始作战能力,成为美国太空军首个进攻性武器系统。与之前系统需要 14 个设备机架不同,升级后的"草场"系统可以安装在仅有两个机架的车辆上,部署更加简单灵活,机动性更好。

美国陆军授出"阿帕奇"直升机电子战合同　　6 月,美国陆军合同司令部宣布授予洛克希德·马丁公司一份价值 1.922 亿美元的合同,为 AH-64E"阿帕奇"武装直升机装备现代化射频干涉仪(MRFI)。MRFI 能够对情报监视侦察辐射源进行识别,并帮助飞行员对敌方雷达进行快速探测、识别和定位,然后根据后续任务要求对这些雷达目标进行优先级排序。MRFI 是 AH-64E 直升机上 AN/APR-48B 航空电子系统的一部分。APR-48B 能够为直升机的火控雷达提供目标获取与指示信息,还能对指向直升机的威胁雷达进行告警,以提高直升机的生存能力。根据合同,洛克希德·马丁公司旋翼与任务系统部将负责 MRFI 的生产、硬件维护以及技术后勤测试工程支持,相关工作于 2023 年 8 月完成。

美国陆军 TLS-EAB 项目步入第二阶段　　6 月,美国陆军情报、电子战和传感器项目执行办公室(PEO IEWS)宣布授予洛克希德·马丁公司"旅以上梯队地面层系统"(TLS-EAB)项目的第二阶段合同。该阶段为 TLS-EAB 系统的采办阶段,为期 21 个月,合同价值 3670 万美元。根据合同,洛克希德·马丁公司将在未来几个月里在纽约锡拉丘兹工厂生产 TLS-EAB 的原型系统。美国陆军的"地面层系统"(TLS)项目是基于下一代战术车辆的综合信号情报、电子战和赛博行动系统,旨在为军和师级的地面机动部队和联合部队提供多功能电子战和赛博战能力。

美国 DARPA 寻求小型高效射频组件　　6 月,DARPA 向工业部门发布了一项广泛机构公告,寻求为"通心粉"(Macaroni)项目研制小型、高效的射频接收机、发射机和天线,以应用在空间受限的射频和微波传感器中。根据公告,"通心粉"项目为期 45 个月,分三个阶段实施,分别是 18 个月、18 个月和 9 个月。该项目重点开发接收机和发射机两个技术领域。其中,接收机侧重于接收灵敏度、链路闭合和系统集成;发射机侧重于发射强度、系统演示和系统加固。

德国"台风"ECR 选用"阿瑞克西斯"电子战系统　　6 月,德国国防采购办公室宣布选择萨博公司的"阿瑞克西斯"(A rexis)电子战系统作为德国空军"欧洲战斗机"电子战改型("台风"ECR)的首选解决方案。"欧洲战斗机"电子战能力改造升级计划于 2028 年完成,基于人工智能的认知电子战能力将彻底改变战斗机的侦察和自卫能力。"阿瑞克西斯"电子战系统是一个模块化、可扩展的系统,采用人工智能算法等先进的软硬件,可以以任务模块的方式集成到飞机上或直接作为无人机载荷,提供重要的态势感知能力以及防御性、进攻性电子战能力。该系统采用了高功率氮化镓有源电扫阵列、先进的超宽带接收机以及数字射频存储器等技术,可以有效压制敌方的反介入/区域拒止系统。

欧盟投资电子战等多个国防项目　　6 月,欧盟宣布提供价值 8.42 亿欧元(约 9.2 亿美元)的资金,用于支持 41 个国防项目,涵盖下一代战斗机、坦克、舰船、海陆空作战、天基早期预警和赛博系统,以及重要的电子战项目。其中,欧洲机载电子攻击能力的不足将通过响应式电子攻击协同任务 Ⅱ(REACT Ⅱ)项目得到解决,REACT Ⅱ 系统将能够执行随队干扰、防区外干扰、防区内干扰、电子战指挥控制以及赛博和电磁活动。项目研制周期 4 年,将重点关注研究、设计活动、原型研制、新系统的测试和鉴定。REACT Ⅱ 项目的总预算资金为 7600 万美元,由西班牙英德拉公司牵头,保加利亚、爱沙尼亚、法国、德国、意大利、立陶宛、荷兰、波兰和瑞典等国家也将参与该项目。

法国巴黎航展展出多型电子战装备　　6 月 19—25 日,第 54 届巴黎航展在法国巴黎布尔歇展览中心举行。在本次展会上,多家公司展出了新型电子战系统。其中,法国泰利斯公司展出新型无人机通信情报有效载荷,受到了法国陆军特别是陆军特种部队的关注,准备采购该有效载荷用于泰利斯公司的"暗中观察"无人机。以色列埃尔比特系统公司展出新型雷达告警接收机,能够定位无人机并进行分类,如果判定为威胁无人机,就会提供解决方案与之对抗。埃尔比特公司还展出了"超微长矛"(NANO SPEAR)先进数字化小型空射诱饵,旨在对抗威胁机组人员和平台的雷达制导空空和面空导弹。

美国伊庇鲁斯和澳大利亚无人机盾牌公司联手打造反无人机系统　　6月,美国伊庇鲁斯公司宣布将其"列奥尼达斯"高功率微波反电子/反无人机效应器与澳大利亚无人机盾牌公司的"无人机哨兵"多传感器系统成功进行了集成。"无人机哨兵"系统集成了射频、雷达和光电探测与跟踪系统,以及无人机智能干扰模块,由该公司先进的"无人机哨兵-C2"指挥控制系统驱动。"列奥尼达斯"是一种反电子系统,功率大、精度高,能在狭窄、拥塞的空域精准消除单个威胁,也可以在大范围内同时使多个威胁失效。这两型系统的集成可以提供一个完全综合的反无人机系统,能跟踪多个威胁并用高功率微波与目标交战,为军方、政府和其他用户提供关键的防御能力。

以色列推出 RING ARM-V 车载反无人机电子战系统　　6月,以色列 REGULUS CYBER 公司公布了 RING ARM-V 车载反无人机电子战系统,该系统能够保护装甲车和部队免受无人机的攻击。ARM-V 系统是基于公司的 RING 反无人机解决方案,是第一个经过战斗验证的系统,可通过干扰卫星信号拦截无人机和无人机蜂群。ARM-V 系统可干扰小型无人机的全球导航卫星系统(GNSS)信号,目前已服役两年时间。该系统有两种功率模式,其中:一种功率模式用于车辆周围的小范围防护,防护范围约150米,向上达到1.5千米;另一种功率模式是全功率模式,防护范围可以达到7千米,向上达到4.6~6096米。ARM-V 系统可以通过自身的指挥控制界面或在自动模式下组网,可以调整为手动、自动或部分自动模式,在探测到威胁时启动。

以色列演练电磁战能力　　6月,在为期两周的"坚实之手"(FIRM HAND)演习中,以色列国防军进行了多项行动演练,而电磁战是其中一项关键内容。在演习期间,这支部队在战略和战术层面控制了电磁频谱,帮助以色列国防军实现了更大的目标。参演士兵反馈,他们感受到作战概念的范式发生了改变,为其在作战中提供了新的决策性装备。以色列电磁战部队以前被分割成各支行动小组,而现在电磁战中心可以对其进行集中指挥和规划,以满足日常和长远需求。在以色列国防部队的北部司令部、南部司令部和中央司令部的每个前线指挥所都分配有电磁战中心的军官,其中中央司令部还能与国防部、交通部等关键部门直接联系。

美军成立联合电磁频谱作战中心　　7月,美国战略司令部在内布拉斯加州奥夫特空军基地美国战略司令部总部举行仪式,正式成立联合电磁频谱作战中心(JEC)。该中心作为美军电磁频谱作战核心,致力于提高联合部队在电磁频谱中的战备状态,对部队管理、规划、态势监测、决策和部队指导进行重构,通过电磁频谱作战训练与规划对各作战司令部提供支撑。该中心将整合并简化电磁频谱管理,保障美军的通信、信息共享和精确目标指示能力。该中心将在2023年过渡到初始作战能力,并在2025财年达到完全作战能力。

美国海军开展"静默蜂群23"演习　　7月9—21日,美国海军水面作战中心克兰分部在美国国家全域作战中心（NADWC）阿尔皮纳战备训练中心举办了"静默蜂群23"（Silent Swarm 23）演习，来自美国各军种的300多名人员对30项技术进行了演示。"静默蜂群23"演习重点关注三个技术领域：分布式电子支援、分布式电子攻击/电子防御和欺骗。

美国海军宣布JCREW反IED项目获得完全作战能力　　7月，美国海军海上系统司令部无人和小型战斗舰项目执行办公室（PEO USC）宣布，联合反无线电控制简易爆炸装置电子战（JCREW）增量1 Block 1项目提前达到了完全作战能力。该装备包括完全由政府拥有的技术数据包、开放式架构硬件、可升级的软件和固件，以及无需外部设备就可进行作战准备验证的综合测试系统。

美国海军开发舰船信号利用与频谱分析能力　　7月，美国海军信息战系统司令部（NAVWAR）授予美国CACI公司一份为期7年的无限期交付无限量（IDIQ）合同，研制美国海军下一代"幽灵"（Spectral）舰载信号情报、电子战和信息战系统。目前美国海军主流信号情报系统为SSQ-130/137舰船信号利用系统（SSEE），已经发展出增量D/E/F/G多种升级改进型号。该系统由美国海军信息战司令部的战斗空间态势及信息战项目办公室承研。

美国L3哈里斯公司推出CORVUS多功能地面电子战系统　　7月有报道称，L3哈里斯公司推出CORVUS多功能地面电子战系统，可以支持电子监视、态势感知和威胁测向。CORVUS系统是一种采用可扩展、开放式架构的下一代电子战系统，可用于战术、战役、战略各层级作战行动。其开放式架构确保了CORVUS系统在全寿命周期内可轻松实现升级，并装备到一系列平台上。L3哈里斯公司开发了三种配置的CORVUS系统：单兵CORVUS节点（ICN）、便携式CORVUS结点（PCN）和可配置CORVUS系统（CCS）。系统频率覆盖范围为20MHz~6GHz。

美国安杜里尔与伊庇鲁斯公司联合构建反无人机能力　　7月下旬，美国安杜里尔工业公司和伊庇鲁斯公司宣布完成了一项先进的反无人机系统软件集成，以支持美国海军陆战队作战实验室（MCWL）的技术评估。该办公室正持续为美国海军陆战队"兵力设计2030"分析新技术。两家公司开展合作，将伊庇鲁斯公司的"列奥尼达斯"（LEONIDAS）高功率微波反蜂群能力和安杜里尔公司的"晶格"（LATTICE）指挥控制系统进行了集成。"列奥尼达斯"是一种软件定义的高功率微波武器，拥有优秀的反无人机蜂群能力。"晶格"结合了安杜里尔公司最先进的人工智能和机器学习技术，可对操作人员附近每个感兴趣的目标进行探测、跟踪和分类。

俄罗斯改进"蓝宝石"电子战系统用于对抗无人机　　根据俄乌冲突作战经验，俄罗斯国家技术集团公司（Rostec）旗下的俄罗斯无线电电子技术集团（KRET）对"蓝宝石"（Sapphire）电子战综合体进行了现代化改进，用于对抗各类无人机，包括穿越机。改进内容包括增加系统的频率覆盖范围,使其达到 300MHz~6GHz;使系统更加模块化。该系统对无人机的探测距离达到 30 千米,交战距离达到 5 千米,可对无人机进行自动分类,发出告警并进行对抗。该系统不但可对抗无人机,还可以对抗地面控制站。改进后的"蓝宝石"系统在 2023 年 7 月底进行了测试,用于对工程兵部队在特别军事行动区域内行动提供掩护。

德国海军建造新型信号情报侦察船　　7 月,德国造船厂 NVL 集团(Naval Vessels Lürssen)与德国联邦国防军设备、信息技术与在役支持办公室(BAAINBw)签署了一份合同修正案,为德国海军建造三艘新的 424 型信号情报侦察船。424 型信号情报侦察船将取代 20 世纪 80 年代末投入使用的三艘 423 型"奥斯特"级信号情报侦察船。

北约开展"拉姆施泰因守卫"电子战演习　　7 月,北约联合空战中心在立陶宛和拉脱维亚同时举行"拉姆施泰因守卫"电子战演习,为全欧洲的盟军部队提供在电子战环境中的特定训练。该演习的目标是提升北约综合防空与导弹防御系统能力,并训练盟军在敌对电子战环境中有效作战的能力。演习聚焦维持北约综合防空与导弹防御系统各部队间的指挥控制与信息传输,尤其是注重运用防御自卫措施来对抗干扰,保障盟国执行跟踪行动,保持空中态势感知的能力免受影响等相关能力。参演士兵在可控的环境中对电子战战术、技术与规程进行了大量训练。

美国陆军成功测试 MFEW-AL 吊舱　　8 月 15 日,在 AFCEA 技术网络会议上,美国陆军情报、电子战与传感器项目执行办公室透露,在加利福尼亚州中国湖靶场,陆军对"空中大型多功能电子战"(MFEW-AL)吊舱进行了研发测试,试验结果良好。MFEW-AL 系统由洛克希德·马丁公司牵头研制,最初计划集成到通用原子公司的 MQ-1C"灰鹰"(GRAY EAGLE)无人机。

美国国防部发布反无人机蜂群能力征询　　8 月 4 日,美国国防部联合反小型无人机办公室(JCO)面向工业界征询白皮书,寻求在 2024 年 6 月举行的下一次演示活动中演示"用于对抗小型无人机蜂群系统的固定式或机动式探测、跟踪、识别和/或打击(DTID)能力"。该办公室将在 10 月底至 11 月初的时间范围内遴选出参加下次演示活动的公司。

美国空军第 350 频谱战联队启动新的分遣队　　8 月底,美国空军第 350 频谱战联队启动了一支新的分遣队——第 350 频谱战大队下属的第 1 分遣队。该分遣队的职责是为空军的指控平台、作战救援平台和消耗品进行任务数据文件(MDF)重编程。第 1 分遣队重新调整了第 350 频谱战大队下辖的第 16 电子战中队和第 36 电子战中队的任务,前者将只专注于轰炸机 MDF 重编程,后者将只专注于空战司令部(ACC)的战斗机 MDF 重编程。

美国海军将数字孪生技术运用于机载电子攻击系统　　8 月有报道称,美国海军航空系统司令部机载电子攻击系统项目办公室开始运用数字化技术来提升战备状态、探索新能力和加快训练进程。过去6个月里,该项目办公室与工业界合作伙伴联合开发数字孪生技术,目前尚处于数字孪生技术运用的早期阶段。

美国国防部推出"复制器"计划　　8月,美国国防部副部长凯瑟琳·希克斯在美国国防工业协会新兴技术会议上宣布了"复制器"(Replicator)计划,计划在18~24个月之内研发并部署数千套无人系统,作为美国应对中国武装力量建设战略的一部分。"复制器"强调的是可消耗自主系统,因此低成本是"复制器"的主要特征。11月,凯瑟琳·希克斯透露了"复制器"计划的最新安排,"复制器"计划将分批进行,以不同的时间间隔购买多组系统。

美国DARPA授出"宽带频谱传感处理器重新配置"项目相关合同　　8月,南加州大学赢得了"宽带频谱传感处理器重新配置"(PROWESS)项目价值900万美元的合同。10月,DARPA授予SRI国际公司一份价值1440万美元的合同,旨在实现射频自主性,利用人工智能来感知频谱并适应环境。南加州大学和SRI公司的研究人员将尝试开发能在50纳秒内重构的处理器,通过增强频谱传感来提高射频自主性,使得射频系统能够根据实际频谱条件进行优化,并实时对干扰作出反应。

澳大利亚计划采购AARGM-ER　　8月,澳大利亚国防部发布公告表示,计划斥资4.31亿澳元(约2.781亿美元)为澳大利亚皇家空军采购大约60套先进反辐射导弹—增程型(AARGM-ER)。AARGM-ER的采购隶属于澳大利亚一项更广泛的导弹采购协议,该协议还包括采购200余套"战斧"巡航导弹。澳大利亚斥资17亿澳元(10亿美元)投资先进能力,用以应对不断变化的威胁。

德国大力推进无源探测系统的研制与应用　　8月,德国传感器解决方案供应商亨索尔特公司宣布开发了一种新型TWINVIS无源探测系统。该系统可以与军用方舱完全集成,被称为"TWINVIS军用方舱型"。TWINVIS是一种基于最新数字技术的无源探测系统,可用于远距离军事对空监视或中等距离的民用空中交通管制。

西班牙C295运输机装备新型自卫系统　　8月有报道称,西班牙空天部队将为空客C295战术运输机装备升级后的自卫系统。升级后的自卫系统配有INDRA系统公司提供的ALR-400宽带数字雷达告警接收机和电子战控制器。ALR-400数字雷达告警接收机不仅能够探测、定位和识别威胁辐射源,还具有电子战系统控制功能,可以管理整套自卫系统(包括导弹告警器、激光导弹告警器和箔条/曳光弹投放系统)。

伊朗开展大规模电子战演习　　8月25日,伊朗武装部队开展了大规模联合空中军事演习,代号为"法理守护者盾牌1402"(SEPAR-E HAFEZAN-E VELAYAT 1402),演习总部位于伊朗中部地区。伊朗陆军、空军、海军、防空部队和电子战部队参加了此次演习。此次军事演习的主要目的是提高伊朗军队的电子战专业技能,向年轻的军官和士兵传授相关经验,并演习多种作战场景。此次演习采用了不同类型的伊朗自研的电子战系统、雷达、无人机、赛博和航空航天系统、有人和无人战斗机、微型飞行器,以及固定、移动、地面和空中电子战系统。

日本为 F-15 战斗机升级电子战系统　9月,波音公司获得一份价值4745万美元的合同,为日本 F-15 战斗机提供先进的电子战系统。根据合同,波音公司和 BAE 系统公司将为日本提供"鹰爪"(EPAWSS)电子战系统,增强日本 F-15 战斗机在复杂电磁环境中的生存能力,所有安装工作将于2028年12月前完成。

美国海军首装 AN/SLQ-32(V)7 电子战系统。9月,美国海军在"阿利·伯克"级 Flight Ⅱ A 型"平克尼"号驱逐舰(DDG 91)完成了 AN/SLQ-32(V)7 电子战系统的首次安装工作,并于11月进行了首次海上试验。AN/SLQ-32(V)7 是美国海军于2002年实施的"水面电子战改进项目"(SEWIP)增量式升级项目的最新成果,集成了改进型显控、辐射源个体识别、高增益高灵敏度天线以及相控阵电子攻击等能力,代表了美国海军最先进的舰载电子战水平。未来,AN/SLQ-32(V)7 作为美国海军"驱逐舰现代化2.0"升级项目的核心装备之一,将成为美国海军当前与未来水面作战舰船的标准电子战系统。

美国空军接收首架 EC-37B 电子战飞机　9月,BAE 系统公司和 L3 哈里斯公司宣布已向美国空军交付了首架 EC-37B 电子战飞机。这架飞机由美国空军第55电子战斗大队运营。该大队已经启动了对这架 EC-37B 的"联合开发和运行测试"流程,以验证初始作战能力。

美国洛克希德·马丁公司演示基于人工智能指挥的电子战任务　9月,洛克希德·马丁公司与爱荷华大学操作员性能实验室(OPL)合作完成了一项人工智能演示,使用两架 L-29 飞机作为无人驾驶系统,在模拟空对地作战中执行了支援干扰任务。人工智能代理成功执行电子攻击任务,表明自主无人驾驶航空系统可以与有人驾驶战术平台协同作战,从而构建一个强大、统一的团队来应对复杂的威胁。直至2023年底,洛克希德·马丁公司"臭鼬"工厂和 OPL 团队将继续在端到端的对敌防空压制/对敌防空摧毁任务中进行人工智能测试。其中的经验教训将为后续的人工智能及自主能力开发提供参考信息,以支持美国空军的协同作战飞机(CCA)开发和正在进行的有人无人协作能力的开发。

美国海军双波段拖曳式诱饵项目取得新进展　9月,BAE 系统公司获得美国海军航空系统司令部一份价值5410万美元的成本加激励费合同,负责设计、开发、集成、试验、生产和交付双波段诱饵(DBD)。双波段诱饵工程和制造开发项目预计将用时36个月,在2026财年末结束。美国海军航空系统司令部可能会在2026财年末或2027财年初做出全速生产决定。

美国陆军授出背负式 TLS-BCT 合同　　9 月，美国陆军情报、电子战和传感器项目执行办公室宣布授予 CACI 公司价值 150 万美元的合同，为背负式"旅战斗队地面层系统"（TLS-BCT）研制样机，研制周期为 9 个月。CACI 公司透露，背负式 TLS-BCT 合同中包含三套系统：两套"野兽+"（Beast+）和一套"北海巨妖"（Kraken）。"野兽+"是一款小型背负式系统，重约 20 磅（7.5 千克），可根据需要进一步拆分为手持式系统，用于目标测向，或者还具备额外的电子攻击能力。"北海巨妖"系统的体积更大，可以放置在车上或作为背负式系统使用，信号分析能力更强，作用距离更远，可处理的信号量是"野兽+"的 4 倍。美国陆军在 2024 财年预算中计划申请 56 套 TLS-BCT，其中包含 52 套单兵背负式 TLS-BCT。

美国太空军举行第三次"黑色天空"演习　　9 月下旬，美国太空军进行了第三次针对电磁战作战的"黑色天空"演习，重点是防御无人机系统面临的威胁，并改进跨军种协作。第三次"黑色天空"演习是迄今为止规模最大的一次演习，来自太空军、空军和陆军的 170 多名人员参加。太空军首次邀请陆军参加"黑色天空"演习，陆军第 1 太空旅参与处理来自各种传感器的多情报数据，突出了跨军种协作和作战规划。与此同时，联合空间作战中心能够对来自多个军种的不同单位实施指挥和控制，同时还能满足联合作战要求。

美国海军发布"静默蜂群 24"演习征询公告　　9 月，美国海军水面作战中心克兰分部发布征询公告，邀请工业界、学术界和政府机构参加 2024 年 7 月举行的"静默蜂群 24"演习。该演习为期两周，将在多域环境中演示"小型、集群式、可消耗"无人系统开展分布式电磁攻击、欺骗和投送数字化有效载荷的能力。该演习将包含一系列作战相关场景，允许单个技术提案组队进行协同演示，在地面、空中、海面、水下、赛博和太空等多域环境中验证各种技术实现目标的能力。此外，"静默蜂群 24"演习也寻求以下领域的使能技术，具体包括：分布式电磁战支援；集群/智能算法；人工智能/机器学习（AI/ML）；弹性通信；自由空间光学；PNT 替代方案；无源地理定位；小型空中、水面、水下和地面无人系统。

挪威陆军装备"海姆达尔"新型通信情报系统　　9 月，德国罗德与施瓦茨公司宣布已于 6 月开始向挪威陆军交付"海姆达尔"（Heimdall）项目的首个增量系统——"海姆达尔"通信情报系统，取代老式的"穆宁 2"（Munin 2）系统，交付工作预计在 2024 年底结束。据信，"海姆达尔"系统将取代挪威陆军目前装备的 6 辆"纳尔维克"（Narvick）P6-300M 履带式电子战平台。这些平台于 20 年代 90 年代部署挪威陆军，装备有 EADS 公司研制的 SGS-2000"哈梅尔"（Hummel）通信情报和通信干扰系统。"海姆达尔"系统项目分三个阶段进行，另外还有两种增量系统，其中：一种系统是 Fåvne 电子攻击系统，正在采购中，将于 2024 年春季交付；另一种系统是"独角兽"（Einherjer）电子战系统，将在 Fåvne 系统之后交付，为地面机动部队提供战役级电子战能力。

美国陆军对"空中大型多功能电子战吊舱"进行飞行试验　10月18日,美国陆军宣布,"空中大型多功能电子战"(MFEW-AL)吊舱在美国陆军MC-12W"自由"(Liberty)战术情报监视侦察飞机上成功进行了飞行试验,标志着该项目到达初始生产的关键里程碑。试验使用美国陆军MC-12W侦察机,旨在验证MFEW-AL系统与平台无关。试验中MFEW-AL吊舱成功对抗多种通信系统,提供MFEW-AL增程能力数据,以评估其在不同距离上感知和影响各类目标信号的能力。

美国陆军在戈登堡建立电子战靶场　10月,在美国陆军协会年度会议上,陆军戈登堡基地指挥官表示将建立一个电子战靶场。美国陆军称,此举会极大提高陆军的战备能力。美国陆军为应对大国博弈,重新重视电子战。电子战靶场是美国陆军为重建电子战能力和电磁优势而采取的重大举措。2023年8月,美国陆军赛博学校官员称,电子战靶场项目已经通过美国陆军领导层的审批,并且写入项目目标备忘录,列为未来开支计划,为电子战靶场使学员有机会在逼真的作战环境下进行交战。戈登堡基地建立于1941年,是美国陆军信号部队总部和赛博部队总部驻地。2023年10月,戈登堡正式更名为艾森豪威尔堡。

美国陆军计划升级"电子战规划与管理工具"　10月,美国陆军完成了"电子战规划与管理工具"(EWPMT)增量1共4次"能力投放"软件升级。随着EWPMT转向下一阶段,首要任务是考虑如何对其架构进行升级。EWPMT是美国陆军的频谱指控与规划工具,为作战部队提供可视化频谱以及行动方案规划能力,由雷声公司担任主承包商。美国陆军在2024财年研发预算中为新立项的"导航战态势感知"项目申请了经费,将采用系统方法探测、定位和确定在竞争环境中GPS受影响的区域。该项目的技术与作战需求目前还未明确,正在拟定作战需求、扩展EWPMT与其他战场系统的交联。虽然美国陆军还在编制需求,项目结构还有待确定,但至少能为项目带来新动力。陆军即将在未来几年全面列装EWPMT。

美国海军为ALQ-99采购LBC发射机　10月,美国海军航空系统司令部授予CAES公司价值5500万美元的合同,为EA-18G"咆哮者"上的AN/ALQ-99战术干扰系统吊舱采购54套低波段增强型(LBC)发射机。LBC发射机将替换ALQ-99上老式的低波段发射机,其工作频段可扩展至ALQ-99的波段4。交付工作计划于2025财年4季度开始。

美国太空军启动第23电磁战中队　10月16日,美国太空军在科罗拉多州彼得森基地宣布启动第3德尔塔部队下属的第23电磁战中队,成为该部队下辖的第5个中队。扎卡里·斯科金斯(Zachary Scoggins)少校担任首任指挥官。该中队的任务是组织和训练电磁战部队,以支持美国和盟国的行动。

美国太空军成立综合任务德尔塔部队　10月12日,美国太空军宣布正式成立两支综合任务德尔塔部队。这两支部队由太空作战司令部领导,一支部队专注电子战任务，另一支部队专注定位导航授时任务。电子战综合任务德尔塔部队不是一支新部队，由隶属太空系统司令部的电子战保障办公室转型而来，今后由太空作战司令部下属的第3德尔塔部队领导。定位导航授时综合任务德尔塔部队是一支新部队，将拥有新的德尔塔编号。

美国空军实验室测试下一代 GPS 技术　　10 月，美国国防部宣布正在进行"导航技术卫星-3"（NTS-3）的发射准备工作。NTS-3 是国防部近 50 年来的首颗试验性导航卫星，属于"先锋"（Vanguard）项目，是美国空军研究实验室四大优先技术研发项目之一，由 L3 哈里斯公司承研。随着卫星与地面站和终端装备的集成与测试工作几近完成，"先锋"项目也处于最后阶段。太空军计划在 2024 年 5 月或 6 月发射该卫星。NTS-3 卫星将测试"芯片电文鲁棒性认证"（CHIMERA）协议，用于认证卫星轨道数据，精确测量卫星与终端之间的距离，以防止 GPS 欺骗。NTS-3 卫星可进行在轨重编程，减少了针对新型威胁的响应时间，降低了发射新卫星的成本。NTS-3 卫星能针对特定区域特定用户定制卫星能力。NTS-3 卫星的地面用户终端也将具备重编程能力，与卫星轨道变化保持同步。

俄罗斯发射"莲花"电子侦察卫星　　10 月 27 日，俄罗斯"莲花-S1-7"（Lotos-S1 No.7）电子侦察卫星由"联盟 2.1b"运载火箭从普列谢茨克航天发射中心 LC-43/3 工位发射升空，成功进入近地点 237 千米、远地点 900 千米的近地轨道。"莲花-S1-7"电子侦察卫星为俄军现役"藤蔓"（Liana）天基电子侦察系统的组成部分，由进步火箭航天中心基于"琥珀"（Yantar）平台制造，由兵器设计局提供载荷，发射质量约 6 吨，设计寿命 7 年。

美国向芬兰出售 AARGM-ER 导弹　　10 月，美国国务院批准了一项价值约 5 亿美元的对外军售合同，向芬兰提供 AGM-88G"增程型先进反辐射导弹"（AARGM-ER）及相关设备。芬兰政府递交的需求清单包括 150 枚 AARGM-ER 导弹，同时还包括模拟空中训练导弹（DATM）、软件、训练、支持设备、备件等。该合同的主承包商是诺斯罗普·格鲁曼公司。

西班牙英德拉公司展示"兰德芙"地面电子战系统　　10 月，在西班牙托雷多市举办的国防工业论坛上，西班牙英德拉公司展示了"兰德芙"（LANDEF）地面电子战系统。这是一款先进的指挥控制系统，通过实施情报和电子支援任务，跟踪和对抗敌方的电磁活动，从而限制飞机、舰船和装甲车的行动，并削弱对手的防御能力。"兰德芙"系统在战术环境中的可部署性有助于保护战场的作战人员和资产。"兰德芙"的早期预警和对抗能力能够为基地、设施和高价值资产提供高级别防护。英德拉公司正在进行"兰德芙"与防空系统的集成测试，这将实现信息交互和联合防御策略的制定，从而将电子战对抗措施的"软杀伤"能力纳入到防空任务中，作为应对新型无人机攻击的行动要素。

阿塞拜疆在卡拉巴赫地区部署无人机探测和干扰系统　10月,阿塞拜疆在卡拉巴赫地区部署了土耳其博斯普鲁斯防务公司研制的 ILTER J250 和 ILTER HP 无人机探测和干扰系统。其中,ILTER J250 无人机探测和干扰系统利用射频传感器自动识别和干扰旋翼和固定翼小型/微型无人机,ILTER HP 机动式高功率导航欺骗和 ISM 频段干扰系统可以干扰并诱骗目标,防护范围达到 80 千米。这些系统成功探测并消除了亚美尼亚武装部队操作的多架无人机威胁,有效挫败了亚美尼亚部队在前线的侦察和监视活动,大幅提升了阿塞拜疆武装部队的态势感知和保护己方利益的能力。

美国诺斯罗普·格鲁曼公司与韩国合作开展机载电子战项目。在 10 月 17—22 日举行的 2023 年首尔国际航空航天与防务展(ADEX 2023)上,诺斯罗普·格鲁曼公司与韩国 LIG Nex1 公司签订了一份谅解备忘录,在机载电子战和目标瞄准系统方面进行合作。此次签订的协议建立在诺斯罗普·格鲁曼公司多年以来为韩国提供先进防御解决方案的基础之上。

美国空军将 EC-37B 改名为 EA-37B　11月,美国空军空战司令部宣布将 EC-37B 改名为 EA-37B,以强调其强大的电子攻击能力以及在对敌防空压制作战的重要作用。美国空军空战司令部表示,新名称更准确地体现了该作战平台的任务,即发现、攻击和摧毁敌方地面或海上目标。

美国海军推进 EA-18G 第二批次升级工作　11月,美国海军正在推进 EA-18G 第二批次改进升级工作,美国海军航空系统司令部与波音公司签订了升级合同,将多功能阵列(MFA)集成至该飞机平台。EA-18G"贝奥武夫"(Beowulf)改型将在飞机内侧前缘缝翼中安装多功能阵列,以提高现有的 AN/ALQ-218 电子战支援接收机的功能和能力。

美国海军授出 F/A-18 战斗机电子战研发合同　11月,L3 哈里斯公司宣布获得一份价值 8000 万美元的合同,为美国海军 F/A-18 战斗机研制新一代电子战系统的初始样机。L3 哈里斯公司表示,该电子战样机将采用模块化开放式系统架构和开放式任务系统,便于新技术插入及技术升级,缩短升级周期并降低费用成本。

美国陆军获得首套"列奥尼达斯"高功率微波反无人机原型系统　11月,美国伊庇鲁斯公司向陆军交付首套"列奥尼达斯"高功率微波反无人机原型系统,并计划在 2024 年初完成全部 4 套系统的交付。交付之前,伊庇鲁斯公司成功通过了美国陆军资助的政府验收测试,验证了"列奥尼达斯"系统的能力和可靠性。美国陆军在获得这些"列奥尼达斯"系统之后,将组建首个"间接火力防护能力—高功率微波"(IFPC-HPM)排并对其开展能力测试,制定在战区应用高功率微波能力的战术、技术和规程。

美国陆军授出"雅典娜-S"样机合同　11月,美国陆军将"雅典娜-S"样机合同授予内华达山脉公司。"雅典娜-S"将配备信号情报系统,用于收集战场上的电子情报。

"雅典娜"试验样机旨在对美国陆军"高精度探测与利用"（HADES）项目进行进一步的演示验证。

美国雷声公司开展新型氮化镓技术研究　　11月，DARPA 授予雷声一份为期 4 年、价值 1500 万美元的合同，用于开发高性能氮化镓器件，以提高采用高功率密度氮化镓晶体管的射频传感器的性能。改进后的晶体管的输出功率将是采用传统氮化镓的 16 倍，且工作温度不会增加。

英国 BAE 系统公司为下一代雷达电子战通信应用开发微电子器件　　11月，BAE 系统公司 FAST 实验室获得美国海军研究办公室一份价值 500 万美元的合同，以开发"适用于低成本、高效率、低尺寸重量功耗限制条件的通用架构放大器"（COALESCE）项目。在该项目中，FAST 实验室将开发基于氮化镓的先进单片微波集成电路和模块组件。项目的目标是在器件工作频段内开发世界上效率最高的高功率放大器模块。该射频模块随后将应用于美国海军小型化载荷中，在有源电子战应用中实现更远的作用距离和更高的效率。

德国启动"欧洲战斗机 EK"的改装工作　　11月，德国批准改装 15 架"欧洲战斗机"用于对敌防空压制（SEAD），并将代号更改为"欧洲战斗机 EK"。这 15 架"欧洲战斗机 EK"的电子战改装工作将由空客公司负责。空客公司确认，"欧洲战斗机 EK"将配备 AGM-88E"先进反辐射导弹"以及萨博公司的"艾瑞克西斯"（Arexis）电子战系统。此外，"欧洲战斗机 EK"还将引入人工智能解决方案，可以分析机载雷达数据，并快速确定精准的对抗措施。

北约部署 STARKOM 先进车载电子战系统　　11月，北约多国战斗群在位于斯洛伐克普利所夫的训练中心部署了"模块化通信干扰机"（STARKOM）。STARKOM 系统安装在 T-815-7T3RC1 8×8 底盘上，可对空中和地面目标实施战役和战术级干扰。系统具有对抗现代频率捷变系统的能力，能够对敌方的 VHF/UHF/SHF 模拟和数字通信以及 GSM 移动通信进行扰乱、抑制和欺骗。STARKOM 系统不仅具有强大的电子干扰能力，还具有无线电侦察、测向和监视能力，可对敌方无线电信号进行详细分析。STARKOM 系统在斯洛伐克的部署，强调了北约成员国内部日益增长的合作需求，展示了情报监视侦察数据和电子战信息的集成与共享。

乌克兰开发新型反无人机电子战系统　　11月 2 日，乌克兰宣布开发出 Piranha AVD 360 新型反无人机电子战系统。该系统功率可达 200 瓦，能干扰俄罗斯无人机控制信号，在装甲车周围形成 600 米范围的防御带，提供 360° 防御。目前该系统已经成功完成现场测试，正准备开始大规模生产。

美国国防信息系统局发布联合电磁战斗管理系统　　12月，美国国防信息系统局发布首版"联合电磁战斗管理"（EMBM-J）系统。"联合电磁战斗管理"系统是美国国防部开发的多军种共用电磁战斗管理系统,旨在帮助作战司令部和联合特遣部队构建可视化电磁频谱通用作战图,协调各军种的电磁频谱作战,对多域作战规划进行优先级排序、集成和去冲突。该系统采用增量开发模式,分为态势感知、决策支持、指挥控制、训练保障4大功能,此次发布的是态势感知版本。"联合电磁战斗管理"系统能够与美国陆军"电子战规划与管理工具"、海军"实时频谱作战"和海军陆战队"频谱服务框架"等军种级系统实现互操作。

美国空军发布《电磁频谱作战》条令 12月,美国空军发布新版条令出版物 AFDP 3-85《电磁频谱作战》,以取代 2019 年 7 月发布的空军条令附录 ANNEX 3-51《电磁战与电磁频谱作战》。AFDP 3-85 基于美国参谋长联席会议 2020 年发布的联合条令 JP 3-85《电磁频谱作战》,在架构和内容上进行了重新编排与撰写,在编号和术语上与联合条令保持一致。AFDP 3-85 理清了电磁频谱作战、电磁战、电磁战斗管理和电磁频谱控制等概念之间的内在关系,明确了美国空军在电磁频谱作战中的角色、职责和能力,梳理了美国空军电磁频谱作战支持机构。AFDP 3-85 展现了美国空军近年来积极探索电磁频谱作战的思路,反映了美国空军对电磁频谱作战的新认识。

美国 AN/ALQ-257 电子战套件完成实验室集成 美国防务网站 12 月报道,诺斯罗普·格鲁曼格公司在实验室完成了 AN/ALQ-257 电子战套件的集成,为 2024 年第一季度开展系统的首次飞行测试做好准备。AN/ALQ-257 电子战套件可探测、识别和击败射频制导武器,有利于提高飞机在竞争环境中的生存能力。该套件可与机载 AN/APG-83 可扩展敏捷波束雷达兼容,能够攻击多个空中和地面目标。

美国海军授予雷声公司电子战研发合同 12月,美国海军授予雷声公司一份价值 8000 万美元的合同,开展 F/A-18 战斗机新一代电子战系统的初始样机研制工作。美国海军经过考虑选定 L3 哈里斯公司和雷声公司两家公司开展初始样机研制,并计划在 2026 年做出最终决策,选定最终承包商并授出生产合同。新系统将替代 F/A-18 当前装备的 AN/ALQ-214 系统和 AN/ALR-67(V)3 雷达告警接收机。

英国巴布科克公司成功测试多蜂群控制软件 12月,英国巴布科克公司在英国国防部位于多塞特郡的作战实验室成功演示了"蜂群核心"(SwarmCore)软件系统。该系统由多个网络构成,可自主控制单个或多个蜂群,也可以由人工远程控制。该项目由巴布科克公司与 Arqit 量子安全加密公司联合开发,集成了后者的对称密钥平台,因此能够以去中心化且安全可靠的方式接收和传输数据,如果蜂群中的一架无人机被黑客入侵或攻击,蜂群的其他无人机可继续执行任务指令,不会因为部分故障而导致整体失败。"蜂群核心"软件系统有望显著提升无人蜂群的安全冗余度,更好地保障其在强对抗环境下有效执行 ISR、电磁对抗和火力打击等作战任务。

电子基础领域

电子基础领域年度发展报告编写组

主　　编：王龙奇

副 主 编：赵凰吕　李燕兰　潘　攀　马　将　刘　凡

　　　　　傅　巍　魏敬和　韩　冰

撰稿人员：（按姓氏笔画排序）

　　　　　张冬燕　王　芮　雷亚贵　杨德振

　　　　　寇建勇　李谷雨　赵金霞　毛海燕

　　　　　谢家志　王天宇　张玉蕾　刘潇潇

　　　　　傅　巍　马丽娜　沈仕文　姜　晶

　　　　　杨莲莲　徐昕阳　张　洁　季鹏飞

　　　　　张煜晨　华松逸　肖蒙蒙

审稿人员：纪　军　孙宇军　席　欢　李　静

　　　　　丁　熠　刘　闯　滕　超

电子基础领域分析

2023 年半导体产业年度发展综述

随着人工智能、物联网、5G 等技术的快速普及，半导体技术在军用和民用领域的地位越来越重要。2023 年，半导体备受关注，世界各国纷纷出台了相关政策来促进本国半导体产业的发展；半导体相关技术创新不断突破，先进制程工艺进一步下探，三维异构集成技术路径更加明晰；人工智能、信息安全等应用场景对技术驱动作用更加明显。

>>> 一、世界主要国家/地区开展战略布局，加速自主化进程

当前形势下，世界主要国家/地区意识到半导体产业的重要性，针对保障本国半导体产业安全和发展，纷纷推出补贴政策、技术研发政策和投资政策，以提升本国半导体产业的核心竞争力。

3 月，韩国通过"K-芯片法案"，将大型芯片企业的税收减免从 8% 提高到 15%，中小型企业的税收减免从 16% 提高到 25%，通过给予企业税收优惠来刺激投资，以提振韩国本土的芯片产业。4 月，欧盟批准《欧盟芯片法》，9 月正式生效，旨在增强欧盟的芯片制造能力，解决供应链安全问题，确保技术领先优势。同月，日本公布《半导体·数字产业战略》修正案，计划到 2030 年将半导体和数字产业的国内销售额提高至目前的 3 倍，超 15 万亿日元。5 月，英国发布《国家半导体战略》，旨在提升英国半导体设计和 IP 核、化合物半导体及研发创新体系三个方面优势，确保英国未来的半导体技术领先地位。同月，印度政府计划重新启动 100 亿美元的激励措施和援助申请程序，旨在鼓励本土芯片制造。8 月，美国《芯片与科学法》实施一周年，吸引商业投资超 1660 亿美元。10 月，俄罗斯公布芯片发展路线图，计划 2026 年实现 65 纳米制程工艺，2027 年实现 28 纳米本土芯片制造，到 2030 年实现 14 纳米本土芯片制造。12 月，美国商务部向 BAE 系统公司补

贴 3500 万美元,提高 F35 战斗机芯片产能,本次补贴后,预计 F-35 战斗机等项目所需的芯片产量将提高 4 倍。

这些政策密集出台的背后,折射出半导体对军事、经济和科技的战略性作用,将对未来全球产业格局产生深远影响。

二、技术创新迭代加速,多项关键技术获突破

(一) 先进制程技术促进更小、更快的芯片问世

9 月,美国英特尔公司发布下一代先进封装的玻璃基板,并将于 2024 年量产 20A 工艺(2nm 级)、18A 工艺(1.8nm 级)芯片。10 月,日本佳能公司推出 5nm 纳米压印(NIL)芯片制造设备,未来有望用于 2nm 芯片制造。12 月,荷兰 ASML 宣布将在 2024 年向英特尔、台积电、SK 海力士、美光等公司交付高数值孔径先进光刻机,用于生产 2nm 级芯片。同月,Rapidus 公司与 IBM、比利时微电子研究中心(Imec)合作研发 2nm 技术,计划 2027 年量产,并与东京大学、法国半导体研究机构 Leti 合作开发 1nm 级别半导体。

(二) 三维异构集成技术成为微电子超越摩尔的重要突破方向

6 月,新思科技公司和力积电公司合作,共同推出新的晶圆堆栈晶圆(WoW)和晶圆堆栈芯片(CoW)解决方案,开发者可将 DRAM 存储器直接堆叠和键合在芯片上。8 月,美国国防高级计划研究局(DARPA)举办第 5 次"电子复兴计划"峰会,正式宣布进入"电子复兴计划"2.0 时代(ERI 2.0),聚焦三维异构集成并将其作为未来微电子创新的核心技术路径。9 月,台积电公司推出新的 3Dblox 2.0 开放标准,可让用户自由选配前段和后段组装测试相关技术,包括整合芯片系统、整合型扇出等。11 月,DARPA 公开表示,"三维异构集成将是推动微电子创新下一波浪潮的主要力量",建议为此专门成立美国先进微电子制造中心。

(三) 新型材料与器件技术获得较大突破

5 月,美国麻省理工学院研究团队开发出一种低温生长工艺,可直接在硅芯片上有效且高效地"生长"二维过渡金属二硫化物材料层,以实现更密集的集成。10 月,日本东京农工大学与日本酸素控股株式会社合作,开发出新一代功率半导体氧化镓的低成本制法,可在基板上制造出氧化镓的晶体,减少设备维护频率,降低运营成本。11 月,瑞士洛桑联邦理工学院研究团队研发出一种新型二维半导体,可集成超千个晶体管,有望应用于耗电极低、可穿戴且随意弯折的芯片和显示屏。

>>> 三、博弈烈度持续上升，产业格局发展改变

（一）大国博弈烈度持续上升，全球科技体系日趋分化

以美国为主的西方国家加强技术封锁，持续打造"小院高墙"。一是进一步强化先进技术出口管制。3月，荷兰政府计划对半导体技术出口实施新的约束以保护国家安全；同时，美国商务部将28个中国实体列入实体清单。日本宣布从7月开始对6大类23种芯片制造设备的出口加以约束，涉及芯片的清洁、沉积、光刻、蚀刻等。二是阻断科技创新要素自由流动，科技体系日趋分化。8月，美国总统拜登正式签署投资中国企业禁令，限制芯片、量子计算和人工智能这3个领域向中国企业投资。三是对供应链开展多方位管控。12月，美国商务部宣布于2024年1月启动一项新调查，重点关注美国关键行业供应链中中国制造芯片的使用和采购情况，通过分析结果为政策制定提供依据。

（二）全球半导体制造格局发生改变，代工产能向美国本土转移

过去几十年来，半导体制造由中国大陆、韩国和中国台湾三个地区主导，但是随着地缘政治的转变，各国/地区都在寻求降低对单一供应链的依赖，努力发展自己的半导体产业，确保技术的独立性和安全性，全球半导体格局正在被重塑，代工产能向美国本土转移。9月，英特尔公司提出在美国俄亥俄州建设两家新的尖端芯片工厂，投资额超200亿美元；英特尔公司正在美国建设4个芯片工厂，其中2个在亚利桑那州，另外2个在俄亥俄州，此外还有1个在新墨西哥州的先进封装厂。加上台积电公司此前在美国投资建设的晶圆厂，预期美国半导体产能从2025年开始成长，预计2027年美国7nm及以下的份额将达到11%。

>>> 四、应用场景驱动明显，新技术应用成为主要发展方向

未来十年，晶体管缩放带来的额外收益会减弱，驱动半导体技术发展的因素将演化成三个方面：一是应用驱动，如被动传感、自适应电子战等；二是技术驱动，如新式计算、先进制造和原型设计；三是工业驱动，如制造业回流、商业市场需求的激增等。从2023年来看，应用驱动作用明显，芯片已成为驱动人工智能、信息安全和智能武器持续发展的核心要素。

（一）芯片成为驱动人工智能、信息安全和智能武器持续发展的核心要素

芯片作为现代科技的核心组件，在人工智能、信息安全及智能武器等领域扮演着至

关重要的角色。未来人工智能技术的持续发展将更加依赖于芯片技术的迭代,同时芯片作为信息系统的核心硬件基础,承载着处理和存储敏感数据的任务,对于确保信息安全、推动智能武器技术升级极为重要。

3月,美国人工智能公司利用1~2.5万块英伟达A100 GPU芯片对多模态大模型GPT-4进行了6个月持续训练,完成了模型的构架。8月,谷歌公司发布TPU v5e,为大型语言模型和生成式人工智能量身定制,其突破性的多片架构可实现数万个芯片的无缝连接,为处理海量人工智能任务开辟了途径。11月,AMD公司推出MI300芯片,采用三维堆叠的先进封装技术,提高了通信效率,采用模块化方法,通过混合和匹配不同的计算芯片、内存和I/O芯片组来提供灵活性和可扩展性。12月,英特尔公司推出Gaudi3人工智能加速器,采用5nm工艺制成,与其前身Gaudi2相比,拥有更高的性能和效率,重点关注生成式人工智能。

(二)用芯粒技术支持算力扩展成为主流趋势

随着人工智能、自动驾驶、数据中心等新的应用端对存储力、算力提出更高的要求,单靠先进芯片工艺的不断演进已难以为继,芯粒(Chiplet)和三维异构技术集成,将为突破集成电路发展瓶颈而提供新的增长驱动力。随着大模型不断发展,采用Chiplet技术来定制高效扩展算力已成为主流趋势。

2023年,台积电、三星、英特尔等公司推动下,Chiplet产业链各环节逐渐完善。1月,英特尔公司推出专为高性能计算应用而设计的基于Chiplet的Ponte Vecchio GPU;9月,英特尔公司推出首个基于UCIe连接规范的Chiplet测试芯片——Pike Creek,标志着英特尔公司在该技术上取得了实质性的进展。

〉〉〉五、结语

半导体行业技术变革与创新速度非常快,维持或保护创新的方法是进行更多的创新,只有通过不断创新,才能在竞争中保持领先地位。

(中电科发展规划研究院有限公司　王龙奇)

全球重点国家"芯片法"对比分析

目前,各国均没有建立起独立、可靠的芯片全产业链,各主要竞争国家充分认识到工业生产和经济发展掣肘于芯片产能,芯片短缺将造成严重的发展迟滞乃至安全问题,于是纷纷通过立法、发布政策、提供巨额补贴和税收优惠等激励措施,鼓励芯片研发。芯片强国已经形成了去全球化的博弈态势,美国、欧盟、日本、韩国、印度均针对芯片短缺与供应链挑战,推出了促进自身芯片产业发展的"芯片法"。

》》》一、重点国家"芯片法"出台背景及内容

(一) 美国"芯片法"

2010 年以来,韩国、台湾地区半导体企业加速涌入中国大陆,中国大陆芯片制造能力快速增长、研发能力持续增强,产业结构正在从"大封测—中制造—小设计"向"大设计—中封测—中制造"转型,一定程度上改变了美国长期掌控芯片行业供应链的局面。为了防止半导体产业的再度失控,也为了防止中国在军事、高科技等领域的进一步"威胁",美国开始遏制中国在尖端芯片上的技术和能力。

2022 年 8 月,美国总统拜登签署《芯片与科学法案》。该法案主要涵盖 3 个方面的条款:①向半导体行业提供约 527 亿美元的补贴,其中为企业提供价值 240 亿美元的投资税抵免,以鼓励企业在美国研发和制造芯片。②在未来几年提供约 2000 亿美元的科研经费支持,重点支持人工智能、机器人、量子计算等前沿科技。③禁止获得联邦资金的公司在中国大幅增产先进制程芯片,期限为 10 年。

(二) 欧盟"芯片法"

2022 年 2 月 8 日,欧盟通过《欧洲芯片法案》,要求欧盟在 2030 年前投入 430 亿欧元

资金,支持芯片设计与制造,实现全球芯片产能翻倍,强化欧洲在技术方面的领导力。2022 年 7 月,芯片制造商意法半导体和格芯公司宣布在法国建厂。为减少对非欧洲技术的依赖,欧盟推出了 2030 数字罗盘计划,希望到 21 世纪 20 年代末能生产全球 20% 的尖端半导体。欧盟之所以大力提升芯片产能,一方面不希望美国掌控全球芯片产业链,另一方面提升欧盟在全球产业中的占比。

2023 年 4 月,欧盟理事会和欧洲议会就《欧洲芯片法案》的最终版本达成了一致。该法案聚焦于如下 4 个层面的内容:①供应链层面,动员超过 430 亿欧元的公共和私人主体投资,与欧盟成员国和国际合作伙伴一起制定措施,预防未来可能的供应链中断;②投融资政策层面,放宽对创新型半导体企业的融资规定,更多地转向支持芯片生产与供应链领域的公共投资;③技术主权方面,提出"欧洲芯片倡议",支持大规模的技术能力建设和尖端芯片创新;④弹性安全方面,做好芯片市场监测与应急管理。

(三) 日本"芯片法"

自日美半导体争端之后,日本芯片产业发展缓慢,全球产能降至 15% 左右。为重振芯片产业,日本于 2021 年 6 月发布《半导体和数字产业战略》,将芯片产业视为与食品能源同等重要的国家命脉,寻求扩大日本国内芯片生产能力。同时,日本还将加快建设物联网芯片生产基地,保障美日芯片产业合作,从国家层面确保芯片的供给能力。另外,日本政府为保障海外芯片代工厂赴日投资,提供最高 50% 的建厂费用补贴。

2023 年 6 月,日本经济产业省发布修订后的《半导体和数字产业战略》,承诺将为半导体和数字产业提供超越一般产业的"特殊待遇",以吸引海外芯片代工厂赴日投资。日本政府对半导体、数字基础设施及数字产业做出综合部署:①加强与海外合作,联合开发先进半导体制造技术,确保生产能力;②加大数字领域投资,强化逻辑半导体设计与开发能力;③促进绿色创新;④优化国内半导体产业布局,增强产业韧性。

(四) 韩国"芯片法"

韩国视芯片产业为国家核心竞争力,但是芯片材料、光刻机等技术仍依赖于美日等盟友,如芯片化学品对日本依赖度超过五成。为弥补劣势,韩国于 2021 年 5 月发布《K-半导体战略》,依托三星等重点企业构建从上游到消费终端的垂直产业体系,在税收减免、金融和基础设施等方面对相关企业进行支持,并同步培育芯片企业的商业秘密保护能力,力求在 2030 年将韩国打造成综合性芯片强国,主导全球芯片供应链。虽然韩国最终也想要实现芯片产业链的本土化,但是韩国在材料、零部件、设备等较弱领域的本土化很难实现,因此需要继续维持全球分工机制。

2023 年 3 月,韩国国民议会通过了《K-芯片法案》,旨在通过给予企业税收优惠来刺激投资，以提振韩国本土的芯片产业。该法案提出：将上调投资于半导体、蓄电池等国家战略产业的大公司的税收抵免优惠，从目前的 8% 提高到 15%；将中小企业的税收抵免优惠，从目前的 16% 提高到 25%；针对超出最近三年的年均投资额的部分，将给予 10% 的抵税优惠，这将使大公司的信贷增加到 25%，小公司的信贷增加到 35%。

（五）印度"芯片法"

半导体厂商在亚洲面临缘政治担忧和自然灾害风险，在"中国+1"战略下，跨国企业收紧在中国投产的步伐，而东南亚地区芯片产能也接近饱和，印度成为最佳的选择。多年来，印度经常向外界透露"芯片雄心"，美国也怂恿印度成为"中国替代者"。而印度力争培育芯片产业，更重要的原因是减少对中国及东南亚生产的芯片依赖。

近年来，印度政府出台多项扶持措施，以培育和稳定其电子产业的发展。2021 年 12 月，印度政府批准了一项 100 亿美元的激励计划，以吸引半导体和显示器制造公司投资，并正在与富士康、台积电和以色列铁塔半导体等巨头进行谈判，在印度国内建立半导体制造工厂。2023 年 5 月，印度政府重新启动 100 亿美元补贴申请程序，以鼓励本土芯片制造。此次申请流程将保持开放式，取消了之前的 45 天内提交申请的时间限制。

》》 二、重点国家"芯片法"差异对比

重点国家"芯片法"主要围绕"强化自身供应链"和"加强研发力度"两条主线制定。

（一）实现目标不同

美国"芯片法"旨在将先进半导体研发与制造企业收回本土，实现半导体行业的投资、研发、生产本土化，增加美国半导体产量，维持其在半导体领域技术和制造的主导和霸主地位。

欧盟"芯片法"有两个主要目标：①在短期内，通过提高对未来危机的应变能力，从而避免供应链中断；②着眼于中期发展，使欧洲在这个极具战略性的市场上成为行业领导者。

日韩"芯片法"旨在通过给予企业税收优惠来刺激投资，以提振本土的芯片产业。从长期目标看，日韩寄希望于 2030 年成为综合实力领先全球的半导体强国，并主导全球半导体供应链。

印度"芯片法"的目标是通过提供财政援助和其他激励措施，吸引更多的芯片制造商赴印设厂，以帮助其成为全球芯片制造中心。

（二）适用条件不同

美国"芯片法"规定，申请芯片基金资助的企业或机构必须符合以下条件：必须是美国注册或控股的实体；必须承诺在未来 10 年内不在中国大陆、中国香港、中国澳门、俄罗斯、伊朗、朝鲜等被认为有风险或敌对的国家或地区扩大半导体材料生产能力；必须限制与上述国家/地区相关实体开展某些联合研究或技术许可活动。

欧盟"芯片法"规定，成员国可获得设施建设和运营的快速通道许可；在特定条件下，开放的欧盟工厂或一体化生产设施可以优先进入建设的试验线开展运营；为实现欧盟的供应安全，成员国可以在不违反国家援助规定的情况下，向此类设施提供公共支持；欧盟委员会将在相关评估中把这些设施对欧洲产业生态系统所产生的积极影响纳入考量。

日本"芯片法"规定，获补贴的企业必须在日本持续生产 10 年，而且在产品短缺时期必须优先出货给日本国内；补贴门槛还包括投资额和技术先进性，基本上所有子项均要求其引进的设备和装置须是最先进的；在投资额方面的门槛要求功率型半导体项目投资额原则上在 2000 亿日元以上，微处理器/模拟半导体/半导体制造设备/半导体零件材料的项目投资额原则上在 300 亿日元以上。

韩国"芯片法"规定，技术研发的中小企业最多可以享受投资额 50% 的税收抵扣优惠，大企业最多可抵扣 30%~40%；对机械设备生产线等设备的投资中小企业最多可以抵扣 20% 的税金，中型企业可以抵扣 12%，大企业可以抵扣 10%。

印度"芯片法"规定，所有芯片项目在申请时都要进行详细的披露，包括是否和技术合作伙伴签订了稳固、具有约束力的协议，以及股权和债务融资的相关计划，并解释生产的半导体类型以及目标客户。芯片项目申请单位想要获得印度政府的补贴，需要生产相对复杂的 28nm 芯片，或其他制程更加先进的芯片。

（三）补贴额度及重点投向不同

美国"芯片法"授权联邦政府提供 527 亿美元补贴半导体产业，其中：390 亿美元用于扩建和新建半导体工厂的补贴；132 亿美元用于研发和人才培养；5 亿美元用于增强全球产业链。《芯片与科学法》明确的总资金额度中，接近 3/4 的部分直接支持了半导体先进制造业，显示出美国急于改变当前全球半导体先进制造能力集中于亚太地区的局面，扭转美国在全球芯片制造业中所占份额下降的趋势。

欧盟"芯片法"拟投入超过 430 亿欧元来支持芯片研发生产，其中：①提供直接的财政资助，这部分资金约为 300 亿欧元，主要由欧盟和成员国财政预算提供；②新增 110 亿欧元的公共和私人投资，以此撬动和汇集更多的私人资金；③为半导体芯片企业提供总价值不低于 20 亿欧元的融资支持。欧盟将通过欧盟投资银行集团支持研发生产半导体的规模化企业和中小企业，以缓解它们因市场扩张而带来的资金压力。同时，通过欧洲创新理事会提供专门的投资机会来支持高风险、创新型中小企业和初创企业，帮助它们不断完善自己的技术创新来吸引投资者。

日本"芯片法"明确为半导体企业在日本国内建厂提供最高 50% 的补贴，补贴的对象是"特定半导体"生产设施的完善以及建厂、扩大生产计划等。日本在预算修正案提出预算资金为 59 亿美元，涵盖半导体生产、半导体设备等，其中计划拨出约 47 亿美元，用于强化半导体生产体系，有 3.5 亿美元投向半导体生产设备，目标是为即将到来的自动驾驶和物联网时代做好准备。为推动半导体产业发展，日本着重为具有竞争力的产品线增加最先进的生产设备，并在重要领域大胆投资，强化产业基础，引领产业发展方向。

韩国"芯片法"拟投入半导体企业总额超过 4220 亿美元，其中：大公司的投资税收减免最高可达 25%，中小企业可以获得高达 35% 的税收减免；企业投资创新技术和自研技术的税收减免率分别为大型企业 6%、中型企业 10%、中小企业 18%，一般技术减免率也将提高到大公司 3%、中型公司 7%、中小型公司 12%；设立"半导体设备投资特别资金"，以低息向半导体产业内的设计、材料、零部件、制造等行业相关企业提供贷款，支持其对所需设备进行投资。

印度"芯片法"拟投入半导体企业总额约 100 亿美元，自次年起向符合条件的企业提供最高达项目成本 50% 的财政支持。符合条件的单位将获得资本支出 25% 的补贴，用于建立产品测试和原型设计设施。政府将补偿项目支出的 50%，投资期间最高可达 1000 万卢比，这笔资金将主要用于与专利、版权、商标和地理标志注册相关的内部研发。此外，对于项目融资的实际定期贷款，政府还将提供 5% 的利息补贴作为利率回扣。

重点国家"芯片法"补贴额度对比如表 1 所列。

表 1　重点国家"芯片法"补贴额度对比

国家地区	补贴额度
美国	授权联邦政府提供 527 亿美元补贴半导体产业，其中：390 亿美元将用于扩建和新建半导体工厂的补贴；132 亿美元用于研发和人才培养；5 亿美元用于增强全球产业链
欧盟	动员 430 亿欧元的公共和私人投资，其中：33 亿欧元来自欧盟的直接预算；110 亿欧元用于加强现有的研究、开发和创新，以确保部署先进的半导体工具以及用于原型设计、测试的试验生产线等
日本	预算修正案提出预算资金为 59 亿美元，涵盖半导体生产、半导体设备等，其中：47 亿美元用于强化半导体生产体系；3.5 亿美元用于投向半导体生产设备，目标是为即将到来的自动驾驶和物联网时代做准备

续表

国 家 地 区	补 贴 额 度
韩国	投入总额超过 4220 亿美元,其中:大公司的投资税收减免最高可达 25%,中小企业可以获得高达 35% 的税收减免;企业投资创新技术和自研技术的税收减免率分别为大型企业 6%、中型企业 10%、中小企业 18%,一般技术减免率也将提高到大公司 3%、中型公司 7%、中小型公司 12%
印度	投入总额约 100 亿美元,其最高可提供项目成本 50% 的奖励。对于项目融资的实际定期贷款,政府还将提供 5% 的利息补贴作为利率回扣

》》》三、重点国家"芯片法"影响分析

由于芯片产业的极端重要性及其在全球区域分布的高度集中和不均衡性,导致任何国家都不拥有从前端到末端的完整产业链,因此也都不同程度地存在对芯片短缺或"断供"的焦虑和恐慌。美国"芯片法"的颁布,推动并加剧了全球芯片产业供应链的分裂与混乱,芯片成为大国博弈的焦点。各国出于对美国的防范策略,开始打造本土的芯片供应链,纷纷表态将强化自身芯片研发与制造能力。在新一轮全球芯片产业补贴竞赛开启之际,各国政策的主要目标将不约而同地聚焦于数量有限的头部厂商。在可争取资源有限的前提下,世界各国既有能力也有意愿加快芯片产业补贴的立法进程,而这也可能使美国引发的补贴竞赛变为一场互相抵消的零和博弈。

(一)美国"芯片法"有利于对技术、人才和资金产生虹吸效应,但所能发挥的杠杆作用可能有限

2023 年以来,美国商务部陆续发布了芯片法案详细愿景、补贴申请细则等相关文件,在《芯片和科学法案》补贴驱动下,美国商务部已收到超过 200 份申请意向书,遍布美国 35 个州和整个半导体产业链。全美已宣布了 50 多个半导体建设项目,已有 20 个州宣布总额超过 2100 亿美元的私人投资,包括台积电、英特尔、三星等公司在内的全球半导体巨头纷纷宣布加码在美扩产计划,并积极提交补贴申请。《芯片和科学法案》对美国芯片技术创新与经济发展产生了积极影响:一是有利于将全球最先进的技术、优秀人才和资金吸引到美国;二是创造大量就业岗位,有利维持美国的经济繁荣和社会稳定;三是通过以促进科技创新为主的多方面举措,推动美国自身竞争力的提升。

但是,《芯片和科学法案》所能发挥的杠杆作用可能有限。一是《芯片和科学法案》的资助申请附加了超额利润分享、员工培训计划和儿童保育服务等多重条件,推动设施建设和运营成本进一步抬升,与持续高企的美国通胀相叠加,势必导致补贴资金的吸引力和实际效果双双降低。二是美国《芯片和科学法案》实施细则中过多的限制条款已经引发潜在申请者对生产经营安全的顾虑。无论是在产业下行周期下对资本开支扩张的

谨慎态度,还是对接受《芯片和科学法案》补贴后的潜在经济利益损失(尤其是中国市场)的权衡取舍,都可能导致美国企业之外的头部厂商不会轻易接受《芯片和科学法案》补贴。若美国仍然坚持打造完整的半导体生态系统这一目标,则政策效果或将被明显稀释。

（二）欧盟"芯片法"有利于保障自身芯片供应的稳定性、自主性和先进性,但存在资金、竞争、针对性及吸引力等挑战

弱化对全球其他地区或第三国半导体厂商的依赖,强化欧盟自身的技术和生产能力建设,加强整个欧盟内部半导体领域关键参与者之间的合作,在更大程度上保障芯片供应的稳定性、自主性和先进性,是贯穿整部《欧洲芯片法案》的思想脉络。《欧洲芯片法案》指引下的欧盟政策取向,是巩固原有优势并发展新的优势,同时构建更加平衡、多点、可信任、可替代的供应链依赖关系,增加危机发生时欧盟半导体产业的弹性安全,而非绝对的刚性安全,即重视自力更生、追求独立自主,但不谋求脱离外部世界的自给自足。

《欧洲芯片法案》在实施过程中仍然存在着一系列的挑战,主要集中在以下四个方面。一是现有资金不足以实现欧盟的目标,为了实现欧盟到2030年在全球半导体市场中占比达到20%的目标,欧洲的整体半导体资本支出总额将高达约1640亿美元,这一数字远远超过《欧洲芯片法案》所能调动的资金总额。二是扩大国家补贴可能损害欧盟反竞争机制,一方面过度的补贴软化了迄今为止欧盟一直有效且严格的国家援助规则,可能在欧盟内部引发"补贴竞赛";另一方面,芯片法案资金的分配更有利于德法等拥有成熟半导体产业的较大经济体。三是资助范围缺乏针对性,汽车等欧盟主要产业更加依赖于低端芯片,影响汽车行业的芯片短缺问题只需要通过增加低端而非尖端芯片的制造能力就能得以解决。四是吸引企业能力不足,尽管欧盟一直在积极推动台积电公司在欧洲建立尖端芯片工厂,但吸引效果并没有美国显著。

（三）日韩"芯片法"清晰明了,可带动整体芯片产业的技术水平和竞争力,但最终能否达到既定的目标仍有不确定性

日本"芯片法"在2021年版本上结合过去2年时间科技的发展以及日本自身产业政策的推进情况,从整体战略、行业规划以及人才储备等维度对未来日本经济发展的核心产业做了清晰的阐述。在预期路径下,日本将维持并适当扩大当前的半导体规模,并快速推进社会的数字化转型。

韩国"芯片法"的实施预计将促进韩国三星电子、SK海力士等公司在韩国国内的投资,并得到财阀集团的支持。与美国等半导体强国相比,在韩国投资半导体产业有可能获得世界上最好的税收支持。从韩国的芯片法案来看,韩国并没有直接拿出资金进行支

持,而是通过减税的方式变相给企业支持,这种方式既能让企业符合美国芯片法案中关于受惠芯片厂不得使用其他国家资金支持的条款,还能真正帮助到芯片企业,相比之下韩国的减税可能对企业的帮助更大。

虽然日韩"芯片法"清晰明了,也具有一定的可行性,但是最终能否达到既定目标仍有不确定性。首先,日韩推进晶圆厂建设的政策措施忽视了资源配置的市场效率原则,由于消费电子、互联网等产业的相对衰落和弱势导致国内芯片应用需求和市场规模相对不足,巨额投资的芯片制造产能能否得到充分有效的利用是个未知数。其次,从战略的目标看,需要官方和民间追加巨额投资,如果研发方向错误或者被其他国家率先突破关键节点,那么将有可能失去全球芯片产业的定价权,使得巨额研发投入不能带来足够的利润及话语权。最后,日韩"芯片法"更多在为台积电、三星电子等大企业减税,对中小企业的发展并不友好。

(四) 印度"芯片法"试图将印度打造成全球芯片制造中心,但未来仍将充满荆棘与挑战

印度"芯片法"规定,获得财务援助中心批准的公司将有资格享受半导体制造的结构化激励措施。这些激励措施包括人员培训、印花税、土地和电力优惠等,帮助企业在印度顺利开展业务。为了鼓励原型设计的发展,印度政府还提供了资本支出补贴,符合条件的单位将获得补贴,用于建立产品测试和原型设计设施。这一举措有助于促进创新和技术进步,提高印度在全球半导体产业链中的地位。

印度发展半导体产业,弱点也十分明显。首先,印度政府对芯片行业的支持更多是政策上的表态,财政支持还很不够。其次,印度当前缺乏制造能力。再次,印度资源效能不足,基础设施建设落后。最后,要想成为全球半导体中心,需要整合各种技术、工业能力和全球伙伴。即便有美国支持,依据印度现有基础,发展芯片制造业也绝非易事,美国绝不会把核心制造技术交给印度,只会将印度打造成低端代工角色。

〉〉〉 四、总结与启示

推动芯片行业发展的"举国体制"是世界各国为谋求在该行业的相对优势地位和本土综合安全所形成的全球政策环境的必然结果。弱化对全球其他地区或第三国芯片厂商的依赖,强化本国自身的技术和生产能力建设,加强整个国家内部芯片领域关键参与者之间的合作,在更大程度上保障芯片供应的稳定性、自主性和先进性,是贯穿各国的思想脉络。相比之下,遭遇芯片"断供"等外部不确定性威胁的中国,更有必要实现芯片产业的独立自主和稳定供给。

　　半导体产业作为资金密集型产业,依靠大量资金持续投入,需要政府提供有力的资金投入支持,从而推动半导体产业向附加值更高的环节发展。我国现有半导体产业政策主要针对整体产业,对于半导体产业链的具体环节的政策较少,且以国家层面出台的产业政策较少,主要政策以部委文件形式出台。我国可从国家层面明确半导体产业各环节发展规划,清晰全产业链布局,例如日本在半导体产业设备环节占据优势地位,韩国则集中发展存储领域,而台湾省集中发展晶圆代工领域。我国政府应发挥主导作用,继续加大对半导体产业的资金投入力度,稳定和扩充半导体产业专项基金,丰富半导体产业资金流入渠道。此外,可继续完善税收优惠政策,适度放宽企业适用的优惠条件,将优惠范围扩大到产业链更多环节。

（中国电子科技集团公司第五十八研究所　季鹏飞）

美国"先进异构集成封装"项目交付首批器件

2023年4月6日,英特尔公司和威讯联合半导体公司(Qorvo)向BAE系统公司交付了"先进集成异构封装(SHIP)"项目的首批器件,包含数字器件MCP-1和射频器件MCM-1,这标志着该项目取得了里程碑式进展。

》》》一、项目背景

美国负责研究和工程的国防部副部长徐若冰(Heidi Shyu)表示,仅以自适应安全通信、电子战和远程武器系统为例,先进的微电子技术使美军更具优势。微电子器件几乎用于所有先进的武器系统,并被认为对人工智能、高超声速和其他颠覆性技术的进步至关重要。

先进封装是微电子器件的一种尖端的设计和制造方法,它将具有多种功能的多个芯片放置在一个紧密互连的二维或三维封装中。随着摩尔定律的缩小趋势面临极限,这种设计范式可以实现更低功耗、更小尺寸、高级功能和尖端性能,为人工智能、数据中心、5G/6G、高性能计算(HPC)等最先进半导体应用铺平了道路。

领先的先进封装是未来半导体产业竞争力的关键。与亚洲相比,美国目前在先进封装技术落后、市场占比小,美国制造的芯片需要运到海外进行封装,这会给供应链和国家安全带来风险。

为了保持领先地位,美军需要快速获得最先进、安全可信的微电子器件,以满足其当前和未来防务系统的要求。为此,美军近年提出了一系列可用于解决目前问题的计划:2015年美国国防部启动了"可信和有保障的微电子(T&AM)"计划,利用先进的微电子技术和商业驱动能力,实现国防系统的现代化;2017年8月,美国国防高级研究计划局(DARPA)在"电子复兴计划(ERI)"中,发布了"通用异质集成和知识产权复用策略

（CHIPS）"项目，其目标是促成一个兼容、模块化、IP 复用的芯粒生态系统；2019 年 7 月，美国海军海洋系统司令部发布"先进异构集成封装（SHIP）"项目，试图将 DARPA 项目在微电子领域实用化；2021 年 1 月，海军与国防研究与工程部长办公室发布了"快速保障微电子原型—商业（RAMP-C）"计划，通过激励建立可持续且具有高端先进制程技术的本土代工方案，以解决国内缺少具有高端先进制程技术制造能力的现状。

二、项目主要目标

SHIP 项目是由国防部副部长办公室负责研究和推进的工程，并由 T&AM 项目资助，基于 CHIPS 项目开发。

SHIP 项目旨在缩小将商用先进微电子技术与防务系统中微电子技术之间的代差。该项目将拥有自己的设计、组装和测试设施，并通过提供一个允许将国防知识产权（IP）与商业 IP 相集成的安全环境来保护其供应链。

SHIP 项目位于 IC 供应链的末端，专注于将芯片集成到组件中。SHIP 项目将通过利用商业生产流程，满足国防部对高度定制零件的要求，使国防部可以持续获得最先进微电子封装的能力。

三、项目发展情况

SHIP 项目分为 SHIP-Digital（数字）和 SHIP-RF（射频），分别选择美国本土顶级的数字器件制造商、射频器件制造商作为合作方。

1. SHIP 项目第一阶段

2019 年，SHIP 项目官方宣布，第一阶段委托英特尔公司和赛灵思公司（2020 年 10 月被 AMD 公司收购）为 SHIP 项目数字组件的制造商，委托诺斯罗普·格鲁曼公司、通用电气、是德科技公司和德克萨斯科沃公司为射频组件的制造商。

2. SHIP 项目第二阶段

2020 年 10 月，美国国防部宣布为 SHIP 项目第二阶段投资 1.727 亿美元，由英特尔公司和 Qorvo 承担，开发新方法以保障芯片安全性、异构集成以及高级封测。英特尔公司承担了 SHIP 项目中多芯片封装（MCP）开发的合同，承制的 MCP-1 器件正在进行原型生产，MCP-2 将在近期开始原型生产。这两种 MCP 都包含英特尔公司的高性能芯粒，如 Agilex FPGA。

2020 年 11 月，Qorvo 公司开始 SHIP 项目多芯片模块（MCM）的开发，并创建了一个射频生产和原型制造中心。

3. SHIP 项目产品交付与后续工作

2023 年 4 月,英特尔公司和 Qorvo 公司完成 SHIP 项目的首次交付,分别将多芯片封装器件 MCP-1、多芯片射频器件 MCM-1 提交给 BAE 系统公司。BAE 系统公司、洛克希德·马丁公司等国防生产基地(DIB)将把这些器件部署到防务系统中,以增强系统作战能力及改善系统的尺寸、重量和功率。

首次交付后,英特尔公司将开展 MCP-2 原型的生产,Qorvo 公司将扩展 SHIP 合同,开发将数字光学器件与 Qorvo 射频混合信号器件相结合的多芯片模块。

2023 年,美国国防部要求 2024 财年拨款 26 亿美元,期望继续 SHIP 项目并部分解决缩小微电子"先进封装生态系统"的差距。

》》》四、影响和意义

2023 年 11 月,拜登政府宣布利用约 30 亿美元推进国家先进封装计划(NAPMP),提高美国先进封装能力。目前美国的芯片封装产能仅占全球的 3%,NAPMP 旨在提高美国在先进封装领域的市场份额,补足其本土半导体产业链的短板,到 2030 年美国将成为最复杂芯片批量先进封装的全球领导者。

在此背景下,SHIP 项目将先进封装与异构集成相结合,提升防务应用的系统能力。先进封装可提高芯片集成度、缩短芯片距离、加快芯片间电气连接速度以及优化性能,多芯片异构集成将采用最新产业标准芯片级互连能力,使单个芯片达峰值性能,并以高性价比和高性能实现新系统功能。

美国国防部通过 SHIP 项目与商业企业合作,可在更短时间内将定制化的顶尖微电子技术部署到防务应用,为作战人员提供新系统能力,以保持美军战斗能力的领先优势。

(中电科芯片技术(集团)有限公司　毛海燕)

加拿大科研团队研制出可见光飞秒光纤激光器

2023 年 7 月,加拿大拉瓦尔大学科研团队研制出世界上第一台可在电磁光谱的可见光范围内产生飞秒脉冲的光纤激光器,这种能产生超短、明亮可见光波长的脉冲激光器可广泛应用于生物医学、材料加工等领域。

>>> 一、技术背景

1961 年世界上第一台红宝石激光器问世,1964 年第一次实现了氦-氖激光器的锁模,自此以后超短脉冲激光技术得到了快速发展。1981 年,美国贝尔实验室的研究人员利用碰撞锁模理论在染料激光器中得到脉宽为 90 飞秒的稳定激光输出,标志着激光技术步入了飞秒时代。但是由于染料激光器存在染料稳定性差,以及染料池循环系统的结构复杂、体积十分庞大的缺点,使其发展仅限于实验室研究中。

20 世纪 80 年代中期,随着光纤制备技术、谐振腔结构设计的发展与完善,以及英国南安普顿大学的研究团队在研制低损耗掺铒光纤方面取得的突破,光纤激光器的实用化成为可能。1990 年,Fermann 等人率先在掺钕光纤中,使用脉冲压缩锁模的方式实现了430 飞秒的脉冲输出,首次在光纤激光器中实现了飞秒脉冲。

飞秒光纤激光器兼具飞秒激光和光纤激光器的优点,在工业加工领域、科学研究、生物医学和国防等领域的应用越来越广泛,也受到越来越多的重视与关注。2005 年和 2018 年的诺贝尔物理学奖(分别是基于飞秒激光的光学频率梳技术和广泛用于飞秒光纤放大器领域的啁啾脉冲放大技术)授予此项技术说明,飞秒光纤激光器在科学研究方面具有重要的价值。而近几年来,飞秒光纤激光器在重复频率、光谱宽度、脉冲宽度、脉冲能量、波长调谐范围、平均功率、相位噪声和时间抖动等指标参数上都得到大幅提高,使其成为世界科学领域和工业领域的关注热点,并且很大程度上代表激光技术的发展趋势。

》》》二、技术内涵

光纤激光器是利用掺稀土元素的光纤作为增益介质的激光器,而可见光飞秒光纤激光器是激光脉冲宽度在飞秒级别(1 飞秒 = 10^{-15} 秒)、波长范围在可见光波段的光纤激光器。

(一)光纤激光器的工作原理

与传统的固体激光器一样,光纤激光器也是由泵浦源、增益介质、谐振腔三个基本部分组成,如图 1 所示。泵浦源一般采用高功率发光二极管,增益介质是掺稀土元素的光纤,光纤两端的谐振腔腔镜可为反射镜、光纤光栅或光纤环。

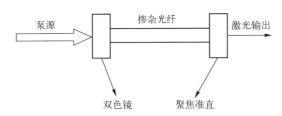

图 1　光纤激光器的基本结构示意图

(二)飞秒光纤激光器的关键技术

(1)光纤激光器技术:飞秒光纤激光器的核心是光纤激光器,需要采用高质量的光纤、适合的泵浦源和光学谐振腔设计,以实现高效的激光增益和稳定的输出。

(2)锁模技术:锁模是实现飞秒激光脉冲的关键技术之一。通过采用适合的锁模机制,如主动或被动锁模,可以产生超短脉冲宽度的激光输出。

(3)色散管理技术:光纤中的色散会影响飞秒激光的脉冲的传输和压缩,需要进行有效的色散管理,包括使用特殊设计的光纤、色散补偿模块等。

(4)脉冲压缩技术:为了获得更短的脉冲宽度,提高激光的时间分辨率和峰值功率,需要对输出脉冲进行压缩。

(5)非线性光学技术:飞秒光纤激光器中通常利用非线性光学效应以实现超短的脉冲,对这些非线性效应的控制和利用是实现高质量飞秒激光的关键。

(6)光束质量控制:为了获得高光束质量的飞秒激光输出,需要优化激光器的设计,包括光纤的选择、光束整形和聚焦等技术。

(7)温度控制:光纤激光器的性能对温度敏感,因此需要进行精确的温度控制,以确保激光器的稳定工作和性能优化。

另外，为了实现可见光光谱范围内的激光脉冲输出，光纤材料的选择也非常重要。通常使用的光纤会掺入特定的稀土元素，如镧、铒、镝等。

（三）可见光光纤激光器的优点

由于其独特的人眼可见性，波长位于380~780nm的可见光激光已被应用于许多领域，如显示、生物医疗、激光加工等。

从实现方式来看，半导体、气体、染料和固体激光器可以直接产生可见光激光。然而，上述激光器都存在一定的缺点。可见光半导体激光器（LD）输出的光束质量较差，难以实现脉冲激光输出；可见光气体激光器一般需要使用稀有气体激光管和超高压驱动电源，成本高且体积庞大；可见光染料激光器采用染料作为激光介质，有较宽的发射带，但染料存储和搬运困难，染料循环系统复杂且需频繁维护；可见光全固态晶体激光器通常面临自由空间光路对准及精确的热管理等问题，系统相对复杂、不紧凑，同时现有的可见光晶体材料（如$Pr^{3+}:YLF$）具有较窄带的发射特性，产生超短飞秒脉冲的能力受限。另外，基于非线性频率转换技术的激光器（如倍频、合频、光参量等）可获得可见光激光，但稳定性和鲁棒性较差，转换效率相对较低，价格昂贵。

可见光光纤激光器通常使用掺稀土光纤作为增益介质，拥有较宽的荧光谱线（如掺Dy^{3+}光纤在黄光波段的发射带宽可达30nm），同时具有效率高、光束质量好、无需散热、易于全光纤小型化等优点，因而备受关注，是激光研究领域着力发展的重要方向。

（四）飞秒光纤激光产生的基本过程

不同的飞秒光纤激光技术和实验设置可能会有所差异，但基本原理是相似的。飞秒光纤激光产生的基本过程可以大致分为以下几个步骤。

（1）使用一个高功率的泵浦光源，通常是半导体激光器或固体激光器，将能量注入到光纤中。

（2）泵浦光在增益光纤中传播，激发光纤中的掺杂离子（如铒、镝等），使其处于激发态。

（3）处于激发态的离子通过受激辐射过程，发射出与泵浦光源相同频率和相干相位的光子。这些光子经过多次反射，在谐振腔中不断放大，形成光的放大。

（4）通过使用光纤谐振腔（如光纤光栅或光纤环形谐振腔），将放大的光限制在特定的波长和模式下，增强光的共振和干涉效应，从而提高激光的输出功率和质量。

（5）采用各种技术来压缩和塑造激光脉冲，例如可饱和吸收体、非线性光学元件等，产生飞秒脉冲。

（6）经过谐振腔和脉冲形成过程，飞秒光纤激光从光纤输出。

》》》三、当前进展

在光纤激光器中,稀土元素被掺杂到光纤中作为激光介质。这些稀土元素的能级结构可以产生受激辐射,从而放大和产生激光光束。但是,由于受到石英光纤的材料特性的限制,激光辐射的波长通常在近红外光谱区域。为了解决这一限制,加拿大拉瓦尔大学的科研团队采用了由氟化物材料制成的光纤替代传统石英光纤。这种光纤具有不同的材料特性,将其作为激光介质使用时可以扩展光纤激光器的光谱范围,从而获得更多不同波长的激光。

另外,缺乏紧凑高效的泵浦源制约了可见光飞秒光纤激光器(图2)的发展。但最近出现的商用蓝色激光二极管为这种光纤激光器的研制提供了重要支持,它可以作为紧凑高效的泵浦源,为可见光飞秒光纤激光器提供所需能量。

图2 可见光飞秒脉冲光纤激光器

以上述两项技术为基础,加拿大相关科研团队研制出了第一个在可见光谱范围内的飞秒光纤激光器。这是一款基于镧系掺杂氟化物($Pr^{3+}:ZrF_4$)的增益光纤的单模激光器,采用非线性偏振演化(NPE)锁模,通过对腔体设计结构的优化和光纤光学组件的集成,在全正态色散(ANDi)模式下,实现了可见光飞秒激光器的全光纤版本,产生了纳焦耳(0.66纳焦)能量范围内的飞秒脉冲。此激光器的波长为635纳米(红光),压缩脉冲的宽度为168飞秒,峰值功率为0.73千瓦,重复频率为137兆赫。

接下来,研究人员将致力于整个装置的完全单片化,从而实现各个光纤光学组件的直接互连。这将减少装置的光学损耗并提高效率,使激光器更加可靠、紧凑和坚固。可见光飞秒光纤激光器的实验装置示意图如图3所示。

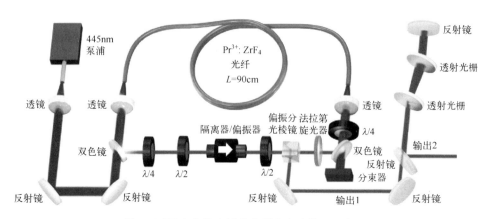

图 3　可见光飞秒光纤激光器的实验装置示意图

》》》四、影响和意义

目前要实现可见光飞秒脉冲,通常需要采用结构复杂且效率低下的装置。与之相比,加拿大拉瓦尔大学科研团队研制的可见光飞秒光纤激光器具有可靠性好、结构紧凑和效率高的优点。同时,由于此激光器采用了商用蓝色激光二极管作为泵浦源,造价也相对低廉,因此随着对可见光飞秒光纤激光器技术的进一步研究,许多应用领域都可以从这种类型的激光器中受益,例如在生物医学、材料加工等领域。它的潜在应用包括高精度、高质量的生物组织消融和双光子激发显微镜,以及在材料加工过程中对其进行冷烧蚀。

除此以外,可见光飞秒光纤激光器在光电对抗领域将得到用武之地。在光电对抗领域之一的光电干扰中,由于侦察探测系统与制导武器通常由图像传感器成像实现精准控制,利用激光对其传感系统进行干扰,从而可以实现致盲或摧毁目的。用激光束直接照射探测器的光学窗口,在入射能量较低时可以使其失效,干扰敌方观察;在入射能量高时可以直接损毁设备,使敌方失去观察能力。飞秒激光器峰值功率高,一旦可见光飞秒光纤激光技术成熟后,有望用于光电对抗领域,在可见光波段毁伤敌方光电侦察探测系统,压制对方的态势感知能力。

（中国电子科技集团公司第十一研究所　张冬燕　王　芮）

事件型红外探测器采用新型读出电路技术提高红外探测能力

2023年4月,以色列SCD公司推出名为SWIFT EI的世界首款基于事件的新型短波红外探测器产品。SWIFT EI比传统红外探测器更具优势,仅对关注的变化有响应,输出数据数量大幅减少,突破了传统探测器积分速度和功率限制。SWIFT EI采用了先进的读出集成电路(ROIC)技术,可对目标快速成像。基于事件的红外成像是一种创新成像模式,这种成像模式仅输出变化的像素信息,具有高帧频、高分辨率、低延时、高动态等优点,未来在探测、识别和跟踪高速以及超高速移动目标方面具有很好的应用前景,有助于未来军用光电/红外系统的装备和发展。

》》》 一、技术背景

红外探测器的优点是被动工作,隐蔽性和抗干扰性好,具有穿透烟雾能力强、全天候工作、作用距离远等优点,在航天遥感、军事装备、天文探测等方面有着广泛应用。目前,第二代、第三代红外探测器已经大规模生产,并在军事光电/红外系统中装备,高端第三代红外探测器也在逐步进入实用化,第四代红外探测器正在发展中。然而,由于作战方式的改变,一些新型武器应运而生,例如高速无人机、高超声速飞行器等,对这些快速移动的目标进行快速而准确的探测、识别和跟踪,是当前最迫切需要的技术。

目前,红外探测器的发展趋势之一是提高分辨率,通常以增加阵列规格(目前像素数最多已达到千万或亿级水平)的方法来实现。当探测目标时,传统处理电路采用积分体制,积分时间会大幅增加,需要处理的数据量也急剧增大,存在大量的冗余背景信息和无效运算,帧采样间隔内移动(运动)信息丢失,目标探测延迟大,探测率低,目标模糊,尤其在背景复杂条件下更加剧了探测难度,不能满足使用要求。由于红外探测器传统的积分体制电路,只能处理较低帧频数据,一旦帧频提高就会使积分时间变短,从而无法准确探测快速移动的目标。虽然在某些情况下,快速积分和快速模数列—行转换也可以满足较高帧频探测成像的需求,但是帧频受限,通常在1千赫兹以下,这成为红外探测技术发展的瓶颈。为了解决动态范围小、数据量大、对移动(运动)目标探测模糊等问题,研究人员采用差分或微分体制的新型ROIC技术,得到基于时间的新型事件型红外探测器。这种红外探测器克服了传统积分成像需要输出包含目标在内的全部场景数据的问题,只输出变化的数据量,大大减少了处理量、功耗等相关问题。

目前相机大多使用的基于"帧"的标准成像模式,事件型探测成像基于"事件"是目前发展的一种新兴成像范式。研究人员首先对可见光波段的事件型探测器技术进行了大量研究,经过多年发展,事件型可见光成像探测器已逐渐走出实验室并实用化。2008年,首款事件型可见光探测器成像系统出现,之后全球多个研究机构也相继公布了不同像素结构的事件型探测器,目前已经有产品出售。

事件型红外探测器和事件型可见光探测器的工作原理相同,只是工作波段不同。然而,由于高性能红外探测器大多是制冷型的,制冷温度低会影响事件型探测器ROIC的性能,同时还存在很多其他需要解决的技术问题,因此研究难度加大。事件型红外探测器研究最典型的是2020年美国DARPA的"快速事件的神经形态相机和电子"(FENCE)项目,开发和验证一种低延迟、低功耗、稀疏输出的事件型相机以及新型数字信号处理和机器学习算法,可智能地消除噪声和杂波,即使在面对所有像素同时激活时,也能保持低功耗和延迟操作。FENCE项目研究的新型传感器能够响应快速移动的目标,并在嘈杂的条件下区分暗淡的目标。2021年6月,FENCE项目开始第一阶段研发,2022年8月开始第二阶段研发。此外,以色列SCD在2022年报道了首个事件型短波红外探测器的研究结果,2023年4月推出首款产品SWIFT EI。这些成果都极大推动了事件型红外探测器的发展和可用性。

》》》 二、技术细节

事件型探测器也称为基于事件探测器,或称为事件驱动探测器、事件触发探测器,是一种受人眼视网膜启发的神经形态(类脑)仿生型动态视觉探测器。事件型探测器是利用电路模仿人眼视网膜工作原理来对目标成像。人眼视网膜的工作模式是:人眼视网膜的视觉细胞(视杆细胞和视锥细胞)感受光,将光信号转换为电信号。其中,视杆细胞主要感受弱光、暗视觉以及无颜色的视觉;视锥细胞主要感受强光、明视觉以及有颜色的视觉;视网膜中的双极细胞将上述电信号传输至神经节细胞。人眼工作的特点是只对场景中变化的信息感应和刷新,而对无变化的信息保持原有状态。

事件型探测器与传统探测器相比,在像素结构上做了根本性改变:传统探测器一般在光电转换结构之后紧跟一个用于去除复位噪声的相关双采样电路,然后将光电信号进行输出;而事件型探测器主要采用差分或微分电路,实现仅对场景中光强发生变化的目标进行成像。

事件型探测器的像素结构主要分为三级:第一级是电流—电压对数转换的光感受电路,相当于视网膜中的视觉细胞;第二级是光强变化量放大电路(差分电路),相当于视网膜中的双极细胞;第三级是判断光强弱的判断电路,相当于人的神经节细胞。当光强变化大于预先设定的变化阈值时,开关"开",事件发生;当光强变化低于设定的变化阈值时,没有事件发生,开关"关"。事件只是关注光强的变化,而非关注光强的绝对值。图4为模拟人眼的事件型探测器的像素基本结构。

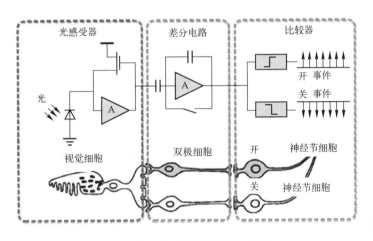

图4 事件型探测器像素基本结构

通常,事件的发生有三个要素,分别为时间戳、像素坐标和极性,即一个事件可以表示为在什么时间在哪个像素点发生了亮度的增加或者减小。积分体制是在预定积分时间内同步采样;而差分或微分体制中,场景中由物体移动或光照改变造成像素变化时,哪怕只有一个像素变化,也会回传一个事件信号(提高了探测的准确性和及时性),像素都是独立工作的,事件信号以异步事件流方式输出,因此事件型探测器具有极低的数据量,可能只是传统探测器数据量的1/100,其功耗也大幅降低,同时也可大大提升系统的可靠性和寿命。图5为事件与帧的输出信号对比,图6为事件型成像系统和传统成像系统成像结果对比。传统成像的动态范围窄,事件型成像的动态范围大,在目标追踪、动作识别等领域具备较突出的优势。

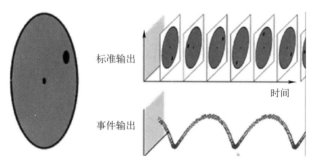

图5　事件与帧的输出信号对比

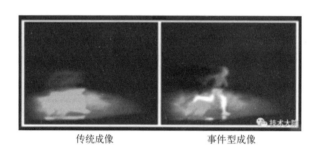

传统成像　　　　　　　　事件型成像

图6　事件型成像系统和传统成像系统成像结果对比

综上所述，事件型探测器的优点如下。

（1）动态范围大。事件电路结构在逆光、弱光和强光等极端条件下均能正常有效工作，成像清晰，具有动态范围大的特性。事件型探测器的动态范围通常可大于120dB。

（2）响应速度快，延时少，时间分辨率高。事件型探测器具有异步输出的特性，能实现低延时的信号采样、处理，大大提高了时间分辨率，可用于超高速移动目标的探测。

（3）数据量极低，功耗低。事件型探测器的功耗主要在处理变化的像素上，无变化的像素不会输出事件，因而无冗余数据，事件传输稀疏，不需大量处理工作，因此功耗大大降低（最低可至毫瓦级），从而大幅度降低光电系统的成本、功耗、体积、重量，使光电系统更加小型化、轻量化。

事件型探测器采用的技术为差分或微分采样事件模型，国内外对事件型相机开展了广泛的研究。主流的事件型相机主要分三类：动态视觉传感器（DVS）、异步时间图像传感器（ATIS）和动态有源像素视觉传感器（DAVIS）。目前，可见光事件型相机可应用于无人机高速避障、机器视觉、航空航天、驾驶辅助、工业视觉、安防监控、目标跟踪、识别、手势控制、三维重建等。

三、研究进展

当前，对事件型红外探测器研究的公开报道很少，主要包括美国 DARPA 的 FENCE 项目、以色列 SCD 公司的 SWIFT EI 事件型红外探测器以及奥地利非制冷微测辐射热计事件型探测器的研究。

（一）美国 DARPA 的 FENCE 项目

美国 DARPA FENCE 项目重点是开发能够实现极低延迟和低功耗工作的异步 ROIC，以及具有像素内处理功能的新型、低延迟的基于事件的红外传感器。DARPA 将开发一个与 ROIC 集成的低功耗处理层，以识别相关的时空信号。ROIC 和处理层构建一个集成传感器，可在低于 1.5 瓦的功率下工作。FENCE 项目的要求是研究低温制冷型、截止波长大于 3 微米、技术成熟度较高的事件型红外探测器。

FENCE 项目为期 4 年，预计到 2025 年 5 月完成。项目分为 3 个阶段：第 1 阶段为期 15 个月，主要研究 ROIC，期间进行 ROIC 的初步设计评审和关键设计评审以及处理器的初步设计评审；第 2 阶段为期 21 个月，主要研究处理器，期间进行 ROIC 测试、继续处理器的初步设计评审、ROIC 控制验证以及处理器测试；第 3 阶段为期 12 个月，主要进行焦平面阵列（FPA）性能测试和相机验证，得到完整的成像器。FENCE 项目承包商必须拥有机密许可证，需要安全通信以支持开发的保密性。

2021 年 6 月，DARPA 选中美国雷声技术公司、BAE 系统公司和诺斯罗普·格鲁曼公司进行 FENCE 项目开始第 1 阶段的研究工作，其中：诺斯罗普·格鲁曼公司赢得了 1580 万美元的合同；雷声公司赢得了 FENCE 项目第 1 阶段的 880 万美元合同。2022 年 8 月，DARPA 向雷声技术公司和诺斯罗普·格鲁曼公司授予了总价值 2500 万美元的订单，用于进行项目第 2 阶段的研究，预计完成日期为 2024 年 6 月。此外，2022 年 DARPA 还对马萨诸塞大学夏强飞团队提供资助，旨在开发事件型红外相机和学习算法，通过提供时空算法、集成电路设计和神经处理芯片设计，使智能传感器能够用于从自动驾驶汽车和机器人到红外搜索和跟踪的战术应用，这些研究着重发挥事件型相机良好的动态性能，更多采用比较成熟的传统计算机视觉算法和处理器。

由于 FENCE 项目高度机密，一直未有相关技术的公开报道。

（二）以色列 SCD 公司的 SWIFT EI

SWIFT EI 是在以色列创新局和以色列国防部"智能成像"联盟框架下进行的研究成果，其 ROIC 设计采用了两个并行电路：一个是积分体制标准成像模式；另一个是微分电路体制事件型成像模式。SWIFT EI 基于 SCD 成熟的 10 微米 InGaAs 技术，覆盖了可见光至短波红外光谱范围（600～1700 纳米），可在白天和微光条件下进行态势感知。该器件为小型战术系统设计，也可用于相对恶劣的环境条件。SWIFT EI 在 1550 纳米处的量子效率大于 80%，事件型探测的帧频可达 25 千赫兹。SWIFT EI 的 FPA 与热电制冷器可以一起放置在 25 毫米×22 毫米×6.1 毫米的陶瓷封装壳中，如图 7 所示。为了验证事件工作模式，在实验室中建立了一个专用装置，旋转的斩波器作为机械快门，有不同尺寸的开口，以验证不同频率下的事件响应。测试结果如图 8 所示，其中：图 8（b）表示事件型成像，帧频为 12.4 千赫兹；图 8（c）表示成像器在 150 赫兹帧频下采集的同步传统标准成像。

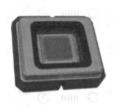 

(a) SWIFT EI 陶瓷封装的照片　　(b) 首个事件型短波红外探测器拍摄的图像

图 7　SWIFT EI 陶瓷封装的事件型短波红外探测器

 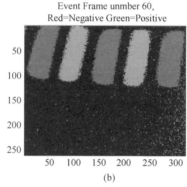 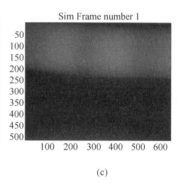

(a)　　　　　　　　　(b)　　　　　　　　　(c)

图 8　事件型成像和标准成像的结果

SCD 公司也表示，其 SWIFT EI 可与算法相结合，用于高分辨率智能系统。

（三）其他进展

2008 年，奥地利 Christoph Posch 等人将微测辐射热计红外热敏元与事件像素电路、事件信号读取电路相结合，首次研究了 64×64 阵列的事件型长波红外探测器技术的可行性。采用 50 微米的非晶硅复合热敏元作为探测器，配备两级电容差分放大电路，最终测试结果表明，温度灵敏度约为 35K。

2022 年，美国苹果公司申请了基于事件的红外相机的手势识别发明专利，用于增强现实和虚拟现实领域。推测采用的应该也是非制冷红外探测器。

（四）事件型红外探测器的军事应用场景

从工作原理和优点来看，事件型探测器不仅能用于低速移动目标的探测，而且对复杂极端环境下高速和超高速目标的探测更加有效。目前，很多相关技术还需要进一步研究。事件型红外探测器军事应用广泛，具体如下。

（1）地面系统：态势感知、侦察、监视/观察、前视红外、驾驶员视觉增强器/车辆辅助驾驶仪、红外搜索和跟踪系统，枪炮瞄准具、武器热瞄准具，红外夜视镜、敌方火力指示、导弹预警/告警、边海防监视/侦察、无人值守地面传感器、手持红外热成像系统。

（2）海军系统：光电桅杆系统、红外夜视和瞄准系统、红外搜索和跟踪系统。

（3）机载系统：无人机导航/防撞，瞄准/导航和监视系统、侦察系统、红外搜索和跟踪系统、驾驶员视觉增强系统。

（4）空间系统：空间遥感、侦察、监视、导弹预警。

（5）导引头：空—空、面—空、空—面、地—地等导弹的导引头。

》》》四、影响和意义

事件型红外探测器受人眼视网膜工作的启发，是新一代颠覆性的新型红外探测器技术，是红外探测新的范式。与传统红外探测器相比，事件型红外探测器具有以下突出优势：①响应快，响应时间极短，延迟极低；②动态范围大，通常大于 120dB，在各种强光/弱光等极端条件下都能清晰成像；③数据处理量极少，功耗大幅降低，最低可至毫瓦级。因此，事件型红外探测器应用前景广阔，在高速、超高速目标探测方面更具优势，且探测准确精度高，是未来红外探测器的发展趋势之一，将极大提高红外探测能力。

事件型探测器从提出概念经历多年的发展，目前具有人工智能和与其他传感器融合的可见光波段事件型相机中已经得到应用。军事上，事件型红外探测系统可做到"先敌发现、先发制人"，特别是对目前难以探测的高超声速目标具有潜在的应用，可大大降低这些新型高速武器造成的威胁。在事件型红外探测器技术研究方面，美国 DARPA 的 FENCE 项目投资近 5000 万美元的研究经费，是投资量重大的项目，足以显现出其重要性。该项目将于 2025 年结束，其技术已经超越以色列 SCD 公司已有产品，将进一步夯实美国在此领域的领先优势，一旦形成产品和装备能力，必然催生美国在未来实战战场上的新型作战能力。

（中国电子科技集团公司第十一研究所　杨德振　雷亚贵）

空间行波管寿命已大幅提高

美国 NASA 网站 2023 年 8 月报道,旅行者 2 号从美国佛罗里达州发射升空已有 40 余年,仍能持续运行到 2026 年。再加上当年美国"卡西尼"号飞船的争议,许多宇航系统专家和器件专家表示需要重新认识空间真空器件的寿命与可靠性。毫无疑问,真空管技术提供了超长生存能力和高度可靠性,基于真空管技术的系统实现了长达 20 年的实际深空环境寿命。

〉〉〉 一、背景介绍

今天,人类的空间事业的发展已经取得很大成就,从其诞生那天起,真空电子器件尤其是行波管就成为卫星的关键有效载荷部件。在空间事业发展初期,行波管放大器是各类卫星应用的必须部件,它位于射频放大链路的末端,起到末级功率放大的作用,因其技术难度、功率损耗、可靠性等特性,让真空电子器件在卫星系统中占据举足轻重的地位。空间行波管自用于卫星系统开始,便在设计时已经考虑了其寿命问题。行波管从应用的第一天起,就开始可靠性研究和失效统计。

行波管主要由电子枪、高频系统、聚焦系统、收集极和输入输出部件组成。典型的行波管结构如图 9 所示。行波管的工作过程如下:电子枪把直流电源的能量交给电子注,变成电子的动能,电子注以一定的形状通过慢波系统,与高频场相互作用,产生电子群聚和能量交换,从而放大高频信号,在慢波系统中完成了能量转换任务的电子最终被多级降压收集极收集。

在行波管空间应用之前,必须开展长寿命研究和可靠性验证工作,一方面可以暴露产品的薄弱环节,验证关键部件、零件的可靠性,解决"短板"问题;另一方面可以充分评价产品的可靠性,为用户提供可靠性数据,降低系统失效风险。

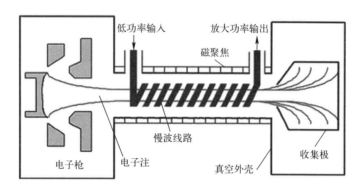

图9 行波管结构图

》》》 二、技术细节

空间行波管作为电子器件,可能导致故障的问题多种多样,同时由于行波管电源普遍设计了各类保护功能,增加了故障机理定位的难度及复杂性。国外厂家对行波管失效原因进行了统计,分别有:①漏气问题(包括耐压下降和打火),由于行波管生产制造过程中的缺陷导致漏气和高压电极绝缘下降,由此原因引起的失效约占30%;②阴极受损问题,由于阴极中毒引起,此失效模式占6%;③灯丝开路问题,由灯丝疲劳受损引起,此失效模式占8%;④螺旋线开路和流通恶化问题,由螺旋线熔断失效模式引发,此失效模式占11%;⑤引线问题和用户使用损坏,会导致行波管高压绝缘失效,此失效模式占16.76%;⑥由零件问题引起的失效模式占6.58%;⑦其他故障如静噪超标、自激振荡、功率下降等,占20.36%。其中,零件问题和其他的一些小型故障较好处理,可通过规范行波管生产厂商生产工艺及生产流程,降低失效率,还可通过温度试验、力学实验、热真空试验充分暴露一些问题。

从行波管的失效统计与分析可以得知,造成行波管寿命受限的关键因素包括:①真空泄漏;②内部材料的蒸发导致绝缘下降;③螺旋线支撑体上的碳层分解导致行波管出现射频振荡;④阴极性能恶化;⑤灯丝损坏;⑥微放电和偶发关机;⑦疲劳失效。

这些关键因素中,第①~③条关键因素的出现,与行波管内部真空度的变化紧密相关,如果在行波管长期通电前后,对行波管内部的真空度进行精确检测,即可对行波管内部环境的变化做出预计,从而判断该行波管的最终寿命(针对该因素的影响)。同时,在长期通电中,应连续监测行波管的螺流变化。

第④条主要由两个因素决定:一是其阴极的储备寿命能否满足要求;二是正常工作中(温度循环、内部气压变化、离子轰击)阴极发射能力是否受到损伤。

第⑤条是由于灯丝多次开关,从而引起温度冲击,最终造成阴极热子组件出现拉伸断裂。

第⑥条是行波管的一个独特的地方,正常工作的行波管偶然会发生不明原因的轻微放电,但随后行波管的性能又能恢复正常。

第⑦条是由于不同材料的温度伸缩系数不同,行波管开关机、静态与饱和状态的变化可能会影响行波管的密封焊接、阴极的精细结构以及造成高压绝缘密封部件的老化失效。

根据电真空器件研制单位的统计数据,在通过老炼筛选后,可排除98%以上的失效而引起的空间行波管失效比例。经过统计分析,漏气(包括慢漏)是行波管失效的最主要原因。然而,空间行波管工作在太空空间中,其真空度极高。在载人航天器所处的 500 千米轨道高度上,空间真空度为 10^{-6} 帕左右;在 1000 千米的轨道高度上,空间真空度为 10^{-8} 帕左右;而在 35800 千米的地球同步轨道上,空间真空度达到 10^{-11} 帕。有趣的是,在太空中器件漏气反而会让其内部真空度变更好。空间行波管是专门为太空应用而诞生的,加之空间行波管出厂前期的老炼筛选,使得空间行波管的应用故障率接近于零。

三、寿命延长措施

(一)空间行波管高可靠性冗余设计与验证

空间行波管的可靠性与其结构和工艺的合理性密切相关。以热力学仿真为基础,配合空间行波管的高可靠性冗余设计。

针对产品可能出现的工作状态以及过载、过应力的情况进行验证,证明产品设计时对损坏有一定余量。之后进行设计冗余试验验证,即模拟行波管工作中可能出现的工作状态以及过载、过应力的现象,验证行波管的设计不至于因此而损坏。

(二)严控空间行波管的生产工艺流程

严格控制空间行波管的生产制造工艺流程,使电参数和工艺结构合理可靠、结构材料不变形、材料应力处于安全范围、内部污染小、模具和工艺规范齐全、生产效率高。

（三）空间行波管高可靠例行实验筛选

电子产品在工作一段时间后会出现失效。对于无法维修的产品来说,失效就意味着寿命的结束,平均寿命就是平均失效前的时间,也称为平均故障时间 MTTF。平均故障时间 MTTF 是一个可靠性的度量方法,MTTF 的倒数就是平均故障率 λ_{avg},一般以每 10 亿小时发生的故障数量计算,用 FIT 表示。由定义可知 $FIT = \lambda_{avg} \times 10^9 = \dfrac{1}{MTTF} \times 10^9$,因此有 $1FIT = 1/10^9 h$,意为:若 $10^9 h$ 坏了 1 台,则故障率为 1FIT。

通过老炼试验,可以获得 FIT 随时间的变化关系,这种变化关系曲线就是"浴盆曲线"。如图 10 所示,早期故障率比较高,随着时间的推移进入故障率相对稳定期,即偶发故障期。然后,故障率 FIT 值又开始升高,进入损耗故障期。早期故障期通常可以在生产厂商内部通过可靠性和老炼实验进行筛选,偶发故障期是故障率相对稳定的时间段,处在产品的正常使用阶段。损耗故障期故障率不断升高,产品报废。

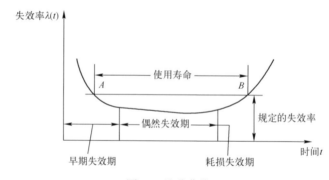

图 10　浴盆曲线

按照宇航级标准,进行以下筛选试验:经过振动冲击试验、热真空试验、输出端口短路测试、过激励测试(测试行波管内部微放电和偶发放电),最后进行老炼试验,通过长时间通电,检测行波管内部真空环境的变换情况,试验还包括一定次数的行波管高压加断电试验,用于验证行波管内部的疲劳失效。

》》》四、寿命预测

在通过老炼筛选后,可排除 98% 以上的空间行波管失效比例。阴极电流的下降是行波管输出功率下降的主要原因,由于在空间行波管中,阴极是唯一的消耗性部件,因此阴极寿命将直接决定整管的使用寿命。目前行波管常见的寿命预测是通过阴极寿命预测来判定,而阴极的寿命预测则是通过电子枪短管评估来确定。

采用电子枪结构与实际正常使用的行波管完全一致的电子枪短管作为试验样品,利用它可复现高压下离子轰击对阴极造成的损伤。国际上几家知名的微波管研制公司,如NEC、Thales ED、ALMAZ、Huges EDD,均已采用电子枪短管作为样品进行了较大规模的阴极寿命试验,并提出了寿命预测模型或给出了寿命趋势。

除了对电子枪短管复现高压下离子轰击,也可以采用恒定应力进行电子枪短管的加速寿命试验。由于阴极发射电流密度是一个可反映阴极特性产生退化与否的敏感参数,因此可以让收集极的电流密度(该电流与阴极发射电流一致)作为测量参数,确定试验判据采用美国阴极寿命测试设施(CLTF)提出的阴极寿命试验结束判据,即在阴极发射电流下降为初始电流的90%时判定寿命结束。

>>> 五、寿命统计

国外空间行波管技术较为成熟,不但积累了大量在轨工作数据和可靠性验证数据,并且组织 NEPP(NASA 电子元器件及封装项目)等专门机构开展可靠性验证研究。

目前国际上空间行波管生产厂家主要有美国的 L3 公司、欧洲的 Thales、俄罗斯的ALMAZ,以及日本的 NEC 等。Thales 公司是世界上生产空间行波管最多的厂家,累计出售的空间行波管达数万支,每年生产近1500 支空间行波管,在轨累计时间超过 3 亿小时,最高效率超过70%,在轨可靠性达到50FIT(故障率),折合 MTTF≈2283 年。NEC 的空间行波管可靠性达到 280FIT(MTTF≈407 年)的失效率水平。

美国纽约州 Griffins 空军基地的 CLTF 在 1980 年搭建了 40 套阴极寿命试验系统,截止 2002 年寿命试验累计时间共达到了 39679889h(≈4529 年)。

日本的 NEC 公司对超过两百个钡钨阴极在 6 种不同的电流密度和 4 种不同的温度条件下,截止 2007 年进行了累计总时长为 7613400h 的阴极寿命试验。

中国电子科技集团公司开展了空间行波管寿命专题的系列研究和试验工作,建立了阴极电子枪寿命试验系统和预测模型,并有了初步的预测结果。阴极电子枪寿命试验采用 M 型阴极,分批次累计投入试验样品 50 支短管,截止 2023 年 12 月 15 日,累积进行寿命试验时间超过 195.32 万小时,发射电流稳定,没有一支样管寿命终结,最长寿命试验时间达到 6.2 万小时。阴极电子枪寿命试验得到如下结论:在 999℃时,发射电流密度为 2A/cm²,预期寿命约为 26.1 万小时(29.8 年),远超过 20 年;通过寿命试验数据预测,当发射电流密度为 1.0A/cm²,工作温度为 999℃时,预期寿命超过 33.7 万小时(38.5 年)。此外,采用 23 支 Ka 频段空间行波管开展了 1:1 寿命试验,截止 2023 年 12 月 15 日,23支寿命试验管累积工作总时长已超过 45.92 万小时,没有一支样管发生失效情况。截止 2023 年 12 月,在轨运行行波管数量 292 支,单只产品最长在轨时间超过 7.33 万小时,累积运行时间约为717.14万小时。

美国学者B. Levush在2007年就指出,真空电子器件的寿命已大幅度提高,中小功率水平达到10万小时,满足武器装备的全寿命周期,并绘制图11。图11为现有产品的系统MTTF统计,可以看出,空间行波管的MTTF达到千万小时量级(1千万小时≈1141年),表现出极高的可靠性。

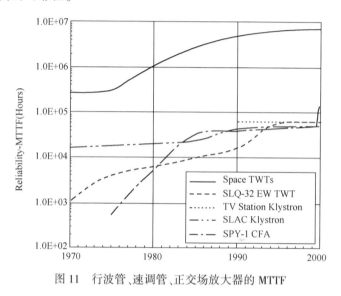

图11　行波管、速调管、正交场放大器的MTTF

此外,需要说明的是,欧洲空间局把空间行波管作为空间微波源的第一方案或首要方案。

》》》六、结论

由物理分析可知,"真空"是能量交换的最理想环境,真空电子器件的大功率密度、高效率、耐高温、抗电磁攻击特性是一种"与生俱来"的物理特性。

由于真空电子器件具有不可替代性,它必将进一步继续发展。未来战争中,不仅有传统的真空器件军事装备(雷达、诱饵等)继续在战场出现,而且将可能采用大量的毫米波和太赫兹装备,同时出现大量的微波武器和微波炸弹。随着微波武器和微波弹的出现,真空管天生的大功率和抗微波攻击特性是大国激烈对抗性"攻防两端"电子信息装备的有力保障。

随着时代发展,人们对真空器件失效机理分析和可靠性研究发现,真空电子器件的寿命已经大大提高。空间行波管产品远远能够满足20年的寿命要求,完全能够支撑空间整机系统的寿命周期。

此外,真空电子学自诞生之日起,一直处于缓慢发展的态势。真空电子器件是半导体器件、集成电路器件发展的最初母体,也是最后保障。在武器装备系统和航天设备中,当其他设备失效或不成熟时,真空电子器件仍然能提供最后的保障。

周而往复,大道至简。往往最初始方案即是最佳方案。空间行波管目前仍然被欧洲空间局空间微波源的第一方案。

(中国电子科技集团公司第十二研究所　寇建勇　李谷雨)

极端高温环境下高性能传感器技术发展分析

2023年5月,美国国防高级研究计划局(DARPA)宣布推出新的高运行温度传感器(HOTS)项目(将于2024年1月开始,分为两个阶段进行)。这是继2019年后针对高温传感器再次提出的技术升级需求,尤其是针对极端高温环境下的高性能传感器;投资千余万美元,作为基础元器件领域部分项目,其重要程度不言而喻。该项目旨在开发和演示能在高温(800℃)下以高带宽(>1MHz)和动态范围(>90dB)工作的换能器、信号调节微电子技术和集成技术,以满足各类系统(如航空发动机以及燃料系统等)对传感器在极端环境下稳定工作的需求,具体包括研发耐高温且性能不受影响的高灵敏度传感器,以及长寿命高带宽晶体管。当下,高温传感器的发展主要以扩散硅压力传感器为主,工作温度在100~500℃范围内,虽然商业化程度高,工艺成熟性能好,但是存在温度范围窄、材料类型单一等问题,例如:在应用环境温度超过120℃使用时,内部PN结(P型半导体与N型半导体相连的接触面)会出现漏电问题,导致传感器性能下降甚至失效;硅材料在高于500℃时还会发生塑性变形,不能满足高温环境下的需求。

》》》 一、需求背景

2019年3月,美国DARPA发布了一份"高温传感:应用和系统影响"项目的信息征询书,旨在寻找能够设计耐高温的传感器及数字处理器的公司,成果将应用于航空发动机、核反应堆等领域。2024年3月,DARPA宣布授予奥索卡集成电路公司一份价值1090万美元的"高工作温度传感器"(HOTS)项目合同,旨在开发一种可在极热环境中工作的电子元件,未来将用于高超声速飞行器和喷气式发动机。目前,基于互补金属氧化物硅材料的传感器在温度高于225℃时无法有效工作,HOTS项目计划开发一种带有集成传感器和信号调节微电子器件的压力传感器模块,可在800℃或更高温度下仍具备高带宽、大动态范围的运行能力。

许多美国军事系统和商业系统都需要在高温环境中进行传感工作,例如内燃机和涡轮发动机以及其他相关应用,包括航空航天、导弹、核反应堆等。但是对于军事应用来说,目前的传感器在直接测量等方面可提供的能力支持有限,当温度上升到300℃、500℃和800℃以上时,这些功能的实现都变得更有挑战性。美国当前的国防和工业系统都严重依赖传感器,但其恶劣的环境超出了当前高性能传感器的能力,迫切需要能在极端高温环境下捕捉复杂流动动态的高性能传感器。为了能够克服这些限制并在高温环境下发挥出最佳性能,DARPA对监测热系统组件的稳定性和相关传感器的研发工作提出了更高的要求。

HOTS项目的目标是寻找具有机载电源管理功能的小型、轻量级的温度和数字处理器,以执行原位感应、信号放大和调节。在开发过程中,HOTS计划将新兴材料、制造技术以及为新型晶体管和传感器提供信息的集成技术组合,从而作为传感器模块的潜在开发理念。此外,DARPA还要求美国工业界开发包括传感器和信号处理器等在内的分布式仪表系统,以提高其测试能力,推动下一代高超声速飞机和武器的发展升级。由此可见,DARPA对能够在极端环境中应用的传感器重视程度极高,且军方具有十分强烈的需求。

》》》 二、发展现状

高温压力传感器在航空航天、国防建设、能源开发等领域具有广阔的应用需求,使用温度与压力敏感单元主体材料的高温特性相关,根据芯片的构成材料,如今的高温传感器主要有以下几个类型。

(一) 基于碳化硅(SiC)的高温压力传感器

作为第三代半导体材料,碳化硅具有优良的热学性能、抗腐蚀性和抗辐照特性,常用于研制高温压力传感器。其中,β-SiC在1600℃时仍然能够保持良好的机械强度,在制备高温传感器方面具有广阔的应用前景。目前,SiC的干法刻蚀、欧姆接触设备、SiC-SiC圆片级键合等微加工技术已基本成熟,基于SiC的高温传感器已经成为热门的研究方向,主要包括压阻与电容两大类。例如美国Luna公司、中佛罗里达大学等研究机构都开展了碳化硅光学高温传感器的研究工作,研究方向集中在SiC-MEMS技术与光纤技术相结合实现全碳化硅结构的敏感头,但由于采用光学方法进行检测,光路部分具有成本较高、线路复杂等固有问题,致使器件性能较差且温度漂移大。

（二）基于蓝宝石的高温压力传感器

目前基于蓝宝石的高温传感器主要有两类，其中一类便是基于蓝宝石的光纤式压力传感器。光纤式传感器具有测量精度高、抗电磁干扰、抗辐射、工作温度高和可实现多参数测量等优点，目前已成为高温压力传感器的热门研究方向，当下高温恶劣环境下的光纤传感技术主要有光栅光纤式和法布里-珀罗干涉光纤式两种实现方式。2023 年 NASA 阿姆斯特朗飞行研究中心为高超声速技术项目开发先进蓝宝石高温应变传感器，该传感器可在高达 3200 华氏度（1760 摄氏度）下工作，但目前尚未研制出能用于承受这种温度的蓝宝石固定方法。

（三）基于 SOI 的高温压力传感器

高温压力传感器是一种硅压阻式压力传感器，利用 SOI 的单晶硅膜制备的压敏电阻条在高温下仍具有较好的压阻效应，在相同尺寸下，SOI 结构的漏电流比硅 PN 结低 3 个数量级。SOI 结构分为三个部分：衬底硅作为机械支撑，表面单晶硅用于制造器件；中间的埋层介质（通常为 SiO_2）作为隔离层，可避免或降低体硅器件中存在的各种寄生电容效应；利用二氧化硅绝缘层隔离 P 型硅与 N 型衬底，替代了传统工艺上的 PN 结电隔离技术。由于采用绝缘介质隔离，消除了体硅电路中常见的闩锁效应，提高了电路的可靠性。由于器件区与衬底之间存在绝缘层，因此抗辐射能力大幅提高。美国 Kulite 公司采用背刻蚀技术，制作了 XTEH-10LAC-1902 高温表压传感器，实现了无引线封装，可以在 480℃下实现长期稳定工作，代表了目前国际 SOI 压力传感器的最高水平。

（四）其他材料的高温压力传感器

1. 基于共烧陶瓷的 LC 谐振式高温压力传感器

现有的 LC 谐振式压力传感器主要通过共烧陶瓷工艺制备，相比半导体材料具有绝缘性好、分布电容小和工艺难度低等优点，根据烧结温度不同，可分为低温共烧陶瓷（LTCC）和高温共烧陶瓷（HTCC）两种。来自瑞典 Uppsala 大学的研究人员利用 HTCC 材料和后烧铂浆料制作感压结构和电感线圈，将传感器的环境温度提升至 1000℃。限制此类传感器发展的最大瓶颈是无线测压的距离，由于电感有效耦合距离与线圈的外径相当，使得传感器面临小型化与可靠性之间的矛盾。

2. 基于 SiCN 陶瓷的高温压力传感器

SiCN 是一种新型的聚合转化非晶陶瓷，具有耐高温、热稳定性好等优点，在 1800℃时仍处于非晶常态，1500℃下能保持良好的机械性能，在高温领域具有广阔的应用前景。目前对 SiCN 陶瓷的研究主要集中在材料特性，在高温传感器领域的研究还较少。2015

年,美国 Sporian 微系统公司研发了一种前驱体紫外敏感的 SiBCN 材料,大大提升了这种材料的可加工性,而硼的加入又使该材料具有良好的压阻特性,利用该材料,Sporian 微系统公司为美国空军研制了一种发动机用高温压力传感器,可在 1400℃ 下长期工作,测压上限可达 6.8MPa。SiCN 材料的高温特性非常优异,国内也开展了相关研究工作,但具体应用尚未形成,目前该材料的加工手段还非常有限,难以制作精细结构,但随着微加工技术的拓展,基于 SiCN 的高温传感器将有更广阔的应用前景。

3. 基于压电材料的声表面波(SAW)无源无线高温压力传感器

SAW 传感器是一种利用压电材料的压电效应与逆压电效应形成并利用 SAW 工作的电子器件,集成后可实现无源无线测量,适合在高温、辐射、易爆易燃等极端恶劣环境下工作,此前美国 Environetix 公司在此基础上开发出了能工作到 925℃ 的温度传感器。总的来说,目前 SAW 高温压力传感器的研究仍然处于实验室阶段,但随着新型压电材料的发展及新性能的发现,将成为未来高温传感领域的热门研究方向。

4. 基于钻石改进氮化镓/氮化铝的高温组件

氮化镓(GaN)组件能显著提高雷达的功率和灵敏度,但长久以来温度过高问题始终难以解决。为了解决过热问题,2023 年雷声公司获得了 DARPA 的 1500 万美元资金支持,研究利用钻石改进氮化镓半导体。通过将实验室制造的钻石与军用晶体管电路结合,研制特定结构或晶格的人造钻石,基于该材料搭建的架构将显著提升传感器的探测范围。目前 GaN 组件已应用于 AN/SPY-6 系列雷达中,如果该组件研制成功,未来可取代美国陆军最初的"爱国者"防空反导雷达及许多配备 GaN 的武器装备。2023 年休斯顿大学研究团队开发出了由单晶氮化镓薄膜制成的 III-N 压电传感器,但在温度高于 350℃ 时,其灵敏度会降低。灵敏度的下降是由于带隙宽度不够,为此他们研制出一种氮化铝传感器,并证明其能在 1000℃ 左右的高温下工作,这是压电传感器中最高的工作温度,相较于氮化镓材料具有更宽的带隙和更高的温度范围。该新型传感器除了能在高温下工作外,还具有很好的柔韧性,未来可用于研制可穿戴传感器,在个人医疗和精确传感软体机器人领域大显身手。

》》》三、发展趋势

虽然如今对极端环境下高温传感器的需求量急剧增加,但是当前高温传感器和极端环境传感器的发展现状还不能满足军事和工业上的需要。随着军方和工业需求的推动以及科技的快速发展,极端环境下高温传感器发展趋势如下。

(1)基于碳化硅的高温传感器逐渐成为高温传感器领域的主流研究方向。现如今,碳化硅高温传感器经过多年的发展与升级,性能不断提高,可以满足 800℃ 以内的大部分高温环境下的测量需求,随着碳化硅光纤性能的不断改善,其应用前景也愈加广阔。此外,氮化铝、蓝宝石等材料的应用使高温传感器的制造材料实现多元化趋势。

（2）基于共烧陶瓷的LC谐振式高温压力传感器成为未来研究热点。现有的LC谐振式压力传感器主要通过共烧陶瓷工艺制备,相比半导体材料具有绝缘性好、分布电容小和工艺难度低等优点。虽然限制此类传感器发展的最大瓶颈是无线测压的距离,但是随着时间的推移与技术的发展,未来会成为制备高温传感器的有效材料。

（3）多参数集成高温传感器系统是重点研究方向。随着火箭、发动机等设备的发展,无论是发动机健康状态监测还是推进效率提高,都需要对压力、温度等多种参量同时监测。多参数集成测量与微执行器结合,是高温传感器的发展趋势;与人工智能等技术结合,具有分析判断、自适应、自学习能力,将成为未来高温传感器的发展方向。

》》》 四、影响及意义

（1）美国军方对极端环境下工作的高温传感器有着极高的重视程度,高温传感器广泛应用于航空航天领域,对于航天器表面温度变化、火箭发动机和航空发动机的正常工作都起到了控制和保护的重要作用。高温传感器技术的突破意味着未来将围绕推进研制在其能力边缘而非不确定性限制下运行的系统进行研究,进而扩展更多的可能。

（2）高温传感器有望成为开发新传感器模块的潜在方法,新材料、新方法都将为研制带来革命式升级。如果该项目的目标能够实现,就可以很大程度上降低对昂贵的热管理设计的需求,降低军事应用成本,为军事系统中的数字处理提供新的解决方案。

（3）极端环境下压力测量已成为国防军工领域必须突破和掌握的基础科学技术之一。现如今,国际形势日渐复杂多元,面对欧美国家的技术封锁,对我国而言,高温传感器的自主研发就具备了充分的必要性,特别是发展潜力巨大的声表面波传感器与SiC传感器。近年来,MEMS工艺加工、敏感元件集成设计和传感器结构设计上的突破促进了极端压力传感器的研究工作,但要实现极端环境压力传感器真正意义上的实用化、产业化还有很长的路要走。除了提升我国在这一科技领域的国际影响力之外,更要全力推动器件商业化、实用化,从而推动航空航天、核等相关领域的长久可持续发展,同时也是后摩尔时代背景下未来器件与武器装备发展的大势所趋。

（中国电子科技集团公司第四十九研究所　沈仕文　傅　巍　姜　晶）

基于人工智能的多维度新型光电传感系统分析

2023 年 4 月，美国雷声（Raytheon）公司推出新一代基于人工智能的光电传感系统：RAIVEN 系列产品。该系统融合高光谱、激光雷达和人工智能等先进技术，立足于时频特征信息，在距离和光谱方面实现对目标物体的实时探测、识别和跟踪，使作战人员能够在复杂的多域协同作战体系中更加有效地实施目标定位、战场态势感知，更快速地处理信息并做出决策。而更丰富的作战信息、更高的作战效能也将大幅提升美军遂行多域作战的能力。

》》》 一、智能化光电传感系统发展需求

从海湾战争到俄乌冲突，信息获取能力已成为决定战场态势走向的主要因素，而信息数据的多维异构也使得探测、识别、跟踪的任务处理成本激增。传统的光电传感系统受限于平台设备的信息基础和计算能力，在作战任务中，通常对小样本图像信息缺乏辨识和分析能力，因此经常需要人工介入对采集到的图像信息进行对比识别，这严重降低了系统效能。现代战场上对信息的处理速度、识别速度要求更高，随着人工智能等新一代信息技术的迅猛发展，利用多维信息和智能算法进行光电传感系统的迭代升级，进一步提高全电磁频谱作战能力，将成为技术革新的有效途径。

为了适应日趋复杂多变的战场环境，提高态势感知能力和智能化作战能力，美国等军事强国争相发展新一代智能化光电传感系统，依靠深度学习、大数据等先进技术手段，扩充信息维度，提高数据具象化和系统智能化水平，进而更好地把握未来战争主动权。

》》》 二、基于人工智能的光电传感系统典型项目

基于人工智能的光电传感系统，可以高效处理海量军事数据，提升复杂战场环境中

的信息处理和决策能力，在作战领域具有巨大的应用潜力，现已成为各国军事竞争的焦点。基于人工智能的光电传感系统经历了快速迭代升级的发展历程，各国聚焦于传感—算力两端体制的突破升级，不断提升军事智能化水平，进而提升协同反隐身、防空一体化、广域对海/对陆探测以及实时数据共享能力，以期形成更为强大的战场优势。在各国持续推动智能化装备发展的过程中，以感知—认知效能提升为核心的硬件迭代与算法升级，不断促进智能化光电传感系统向前发展，所覆盖的作战领域范围逐步扩大，所具备的功能日益多样，所采用的手段日益多维，瞄准多域作战需求，极大推动了作战力量的跃迁。

（一）美国 Maven 项目

为了加速美国国防部对人工智能与机器学习技术的硬件集成，将海量可用数据快速转变为战略决策的情报支撑，自 2017 年开始，美国国防部与谷歌公司合作开展了 Maven 项目，寻求在图像识别和情报分析领域部署深度学习和神经网络技术，首次将人工智能技术应用于光电传感系统。

Maven 项目通过开发用于目标探测、识别与预警的计算机视觉算法，帮助美国国防部有效地处理、利用与分发从空中无人机传感器中获取的大量态势、图像和全动态视频数据，并自动从移动和静止的图像中识别、标记可疑目标，从而形成能够支撑作战行动的高价值情报。

2017 年年底，该项目顺利完成了原型开发和实际部署，显著提升了作战决策效率和质量。2023 年年初，美国国家地理空间情报局（NGA）接管了该项目，将继续进行新一代的算法开发迭代，以提高人工智能和机器学习在装备型号上的适配性，从而提升图像中的目标检测与识别能力。

（二）以色列 CONDOR 系统

2019 年 6 月 17 日，以色列艾尔比特系统公司推出 CONDOR 远程倾斜照相侦察吊舱（LOROP）系统，将多光谱传感能力和人工智能分析引入到战略情报收集任务中。该系统利用了人工智能加速单元，集成了光谱采集和边缘数据分析能力，在传感器端直接识别分析目标，并以作战需求为中心将光谱信息压缩提取，进行结构化处理，既降低了通信带宽压力，也提高了情报分析的实时性。多光谱传感与稳像增强相结合，能够在白天、夜间和恶劣的天气条件下扩大覆盖范围，从而改善战略侦察输出，提高平台的生存能力。如图 12 所示，深度学习算法和精确的空间地理定位使 CONDOR 能够以极高的速率识别大量目标，大幅缩短空地侦察中从关闭传感器到射击环路所需的时间范围，进而缩短 OODA（观察、判断、决策、行动）闭环时间，显著提升战场的瞬时态势感知能力。

图 12　用于多光谱航空侦察的深度学习光电传感器

(三) 美国 RAIVEN 系统

2023 年 4 月,美国雷声公司推出新一代基于人工智能的多维光电传感系统——RAIVEN。RAIVEN 系统的智能感知系统融合使用了人工智能、高光谱成像和激光雷达技术,使作战人员能够看到的距离和清晰度是传统光学成像的 5 倍,有助于提高平台的生存能力,并使作战人员能在同级威胁中快速获得决策优势。

RAIVEN 系统(图 13)在以人工智能为主的颠覆性技术推动下,具备多域数据共享的跨域协同作战能力,可基于统一的战场态势,用于多种任务场景,形成多域作战力量一体化的全新作战形态。RAIVEN 的典型任务包括多域作战、近距离/对等战斗、海事应用(包括人道主义/民用和国防搜救)、伪装的威胁(陆地或海上)、高拒止环境下执行任务、高价值机载资产保护(HVAAP)、陆基防空等。

》》》 三、RAIVEN 系统关键技术分析

RAIVEN 系统是雷声公司研制的新一代光电/红外智能传感系统,采用先进传感技术,具有代差优势。关键技术包括开放式架构、高光谱成像、高清光电/红外、综合目标特征、人工智能/机器学习、激光雷达避障、降级视觉环境。其中,高光谱成像、激光雷达和人工智能/机器学习使其具备强大的态势感知能力;开放式架构针对不同应用需求展现出各自的性能优势,可通过互补和融合实现"1+1>2"的技术效果。

RT-1000

图 13   RAIVEN 系统

（一）高光谱成像

RAIVEN 系统集成了高光谱成像传感器,定位和识别目标的成像距离远超传统光学成像传感器,大幅提升反伪装、反隐蔽、反欺骗能力。高光谱成像的目标识别技术是指借助极宽的光谱信息采集,通过分析肉眼难以分辨的目标光谱信号,实现精细化识别。利用该技术可以识别伪装目标,即使形状相似,也可依据目标特征谱线的特征趋势,大幅提升反伪装、反隐蔽、反欺骗能力,使武器装备具备精确侦察识别与精准打击能力。

在军事侦察领域,高分辨光谱采集设备已具备较高的技术成熟度,提取高光谱图像所包含的广域光谱信息,可有效分析目标的细微特征,在战场目标侦察、目标反伪装等方面具备极高的技术优越性。以光谱信息作为光电传感系统的扩充维度,有利于提升目标感知深度,从外在特征延伸至目标材质,而材质信息的加入也使得基于人工智能的目标识别具备更多的数据支撑。

（二）激光雷达

RAIVEN 系统集成了激光雷达,能够在超远距离快速探测目标,其对目标的探测、识别和确认是现有光学成像能力的 5 倍,可有效提升平台和作战人员的战场生存能力。激光雷达系统以脉冲为载体用于回波测距、定向,并通过位置、径向速度及物体反射特性识别目标,是结合发射、扫描、接收和信号处理的光机电一体化技术。

激光雷达体积小、重量轻,具有极高的角分辨率、距离分辨率和速度分辨率,作用范围广,能够获得目标的四维图像信息(一维强度+三维距离)。以点云数据为主体的雷达信号,将为光电传感系统赋予最为关键的三维态势信息,配合神经网络的智能架构,可提升飞机在低能见度、视觉干扰环境下的感知能力,为机载平台的运行生存提供保障。

激光雷达大致可以分为侦察用成像激光雷达、障碍回避激光雷达、制导激光雷达、水下探测激光雷达、空间监视激光雷达等。RAIVEN系统集成的是激光雷达避障系统,主要用于复杂地形地貌以及恶劣天气环境下,对飞机的飞行和着陆环境进行探测,识别危险目标,为飞行员提供避障信息,使其具备对复杂环境下威胁源的感知预判能力。

(三) 人工智能/机器学习

RAIVEN系统借助人工智能技术,将多维度图像数据整合为描绘目标更多细节特征的高分辨图像,进而借助可视化数据实现准确的态势感知。同时,人工智能技术可以自动检测和识别威胁,在一定程度上实现自动化,减少作战人员认知负担的同时,提升决策和行动效率。

1. 感存算一体智能芯片

在未来智能化战争中,面对战场环境中不断增加的数据洪流,对光电传感系统中的芯片算力提出了更高的要求。从处理单元外的存储器提取数据,搬运时间相较于运算时间往往以数量级形式增加,极大程度降低了工作效能,这也使得"存储墙"成为了数据计算应用的一大障碍。

近几年,在智能芯片工艺愈发成熟的驱动下,国外提出了感存算一体的概念。感存算一体基于边缘计算理念,适用于交互类场景,也适用于需要低能耗、高实时性且在端侧不需要算力支持的应用需求。感存算一体智能芯片将传感器、存储单元和运算部件集成在一起,在传感器内部实现图像识别和分类等复杂图像处理。感存算一体智能芯片技术的引入,保证了光电传感系统决策、识别的高效性,以轻量化、便捷化的方式实现算力和数据传输的双重升级。

2. 识别决策算法

以丰富的信息维度为支撑,使RAIVEN系统能从收集到的图像信息中自动识别各种不同模式的目标,是新一代智能光电传感系统演化的主流趋势。作为人工智能的一个重要领域,识别决策算法近年来发展迅速,而卷积神经网络(CNN)则是其中经典的模型结构。

卷积神经网络是一种特殊的神经网络类型,主要用于捕获抽象的边缘特征,对于局部特征具有很强的细节描绘能力,因此适用于目标识别与分类。卷积神经网络具有多个隐藏层,在大量数据样本的驱动下,众多隐藏层的权重参数不断优化,使得神经网络具备卓越的非线性拟合能力。同时,卷积运算具备稀疏连接、参数共享和平移不变等特性,使卷积神经网络具有更高的运行效率。此外,网络结构的升级优化也使得卷积神经网络适用于算法的轻量化设计,对光电传感等瞬态采集而言具备良好的时效性。目前,卷积神经网络在数字全息术、鬼成像、傅里叶叠层成像、散射介质成像等领域中已得到广泛应用。

（四）开放式架构

RAIVEN是一种模块化的开放系统,建立在雷声公司之前经过实战验证的多光谱瞄准系统传感器系列的基础之上,在相同SWaP条件下形成更为多样的系统集成能力。

RAIVEN具有可扩展和可定制的特点,采用开放式架构、通用标准和通用部件,可实现组装的无缝更换、升级和更新,能够集成至转塔、电子侦察吊舱和其他嵌入式系统,适用于陆、海、空等多种平台,能满足未来战争需求。

》》》 四、对未来战场的启示

目前,美国基于人工智能的光电传感系统已经从技术级转化为产品级,初步形成装备能力。该新型光电传感系统相较于现有的光电传感系统,具备更多的光电信息维度、更智能的决策支持算法,并且能快速移植,可大幅提高未来战场的作战效能。面对未来复杂多变的战场态势,智能光电传感系统能够使作战人员快速掌握战场信息、预测战场变化趋势、提升作战效能,以适应未来不断演变的多域作战、智能作战、认知中心战等。

（一）拓展光电信息维度,支撑复杂环境目标探测能力

更多的光电信息维度可形成一体协同的工作模式,进而支撑复杂环境下光电系统的目标探测能力。多维信息融合通过不同技术体制的优越性,实现技术互补和信息扩充,从而获取同一目标的多维视角,可提升整体光电传感系统在复杂环境下的鲁棒性和工作效能。随着人工智能加速单元的涌现,将会推动多维数据情报信息传输的快速发展,有助于提高光电传感系统在空天侦察、伪装识别、态势感知等方面的关键技术能力。

（二）大力发展智能算法,提高战场数据的具象化能力

在未来智能化战场中,作战样式逐渐向人机融合与编组协同方向发展,将会产生海量、多元和异构的数据信息。面对未来复杂多变的战场态势,作战人员需要快速掌握当

前战场信息并预测未来变化趋势,形成高效的环境感知和战略决策。将传感器端边缘计算等人工智能算法作为辅助架构,使得"智慧型"光电传感系统能够快速处理海量信息,实现战场数据的实时共享,提高目标特征数据的具象化能力,进而提升光电探测侦察装备的态势感知效能,获得信息优势。

(三) 提升光电传感系统可移植能力,以适用于多场景任务需求

为适应未来多域乃至全域协同作战形态,提升未来战场的作战效能,应加快提升武器装备在不同作战场景的适用能力,实现光电传感系统的多域整合。传统的武器装备通常不具备可移植性,导致新型装备的作战平台局限,存在明显的能力短板,因此需要不断的技术迭代。通过提升系统架构的适装性,以具有成本效益的方式实现互操作性、兼容性、可移植性、可升级性、可扩展性等功能,进而完成武器装备的轻量化设计,满足多场景任务的需求,增强对时敏目标的打击能力。

(中国电子科技集团公司第五十三研究所　杨莲莲　徐昕阳　张　洁)

新型光子芯片呈现出突破高性能
"带宽瓶颈"的潜力

人工智能算力需求的快速增长,对当今数据中心系统中的数据通信提出了严峻挑战。运行大型语言模型等人工智能程序的数据中心和高性能计算机,在节点之间传输的数据量是造成当前"带宽瓶颈"的根源,限制了这些系统的性能扩展。数据传输带宽密度和能源消耗,成为了决定未来数据中心性能扩展的关键性因素。

之前的大多数高带宽演示主要依赖于台式设备滤波和调制克尔(Kerr)频率梳的波长通道,但数据中心的互连性要求采用尺寸紧凑的片上系统。2023年5月,美国哥伦毕业大学工程学院研究人员展示了一种基于芯片的大规模可扩展硅光子数据链路。利用光在计算节点之间传输数据,在大幅增加带宽的同时降低能耗,即采用波分复用和克尔频率梳,在输出端产生多种不同颜色的光,并可以在同一根光纤中编码独立的信道,从而实现以较低能耗进行大规模并行数据传输。新的链路架构使用克尔梳状光源,其原型系统实现在32个独立波长通道上单光纤总带宽速率达到512吉比特/秒,且平均传输1万亿比特数据中错误率不到1比特,该架构还具备扩展至数百个波长通道的潜力。此项研究成果展示了一条应对人工智能应用程序以指数级速度持续增长的可行性途径,既可以大幅降低系统能耗,又可以将计算能力提高几个数量级,实现未来绿色超大规模的并行太比特级光互连。

》》》一、技术背景

在芯片技术的发展过程中,随着芯片制程的逐步缩小,限制芯片发展的因素主要有以下几个:一是芯片的互连线引起的各种效应成为影响芯片性能的重要因素。常见的互连线材料有铝、铜、碳纳米管等,而这些材质的互联线无疑都会遇到物理极限。芯片互连是目前的技术瓶颈之一,而硅光子技术则有可能解决这一问题。二是云计算、人工智能和深度学习等数据密集型工作负载迅速增长,计算系统无法再依靠增加晶体管密度而提高算力,无法跟上飞速发展的工作负载需求。三是数据中心的能源消耗(服务器和冷却系统)将对环境产生重大影响,能源消耗问题应一并纳入考虑范围,未来可能还会占据主导地位。

硅光子技术的光互连凭借硅绝缘体(SOI)器件的紧凑尺寸、SOI 光子工艺与用于制造微电子芯片的互补金属氧化物半导体(CMOS)结构的兼容性,以及光学器件通过密集波分复用(DWDM)技术,可以实现数据传输的高并行性等突出优势,开辟了半导体领域竞争的另一条赛道。尤其是,使用 DWDM 技术,可以直接针对不同颜色的光编码独立的信息通道,并在单个光波导或光纤中传播,实现多达数十个甚至上百个波长的复用和解复用,极大地提高了数据传输能力,有效突破带宽瓶颈问题。

近期,美国研究人员将光学频率梳用于光互连,提出了一种由集成克尔频率梳驱动的硅光子数据链路,可以将数据传输速率提升 6~7 个数量级,并设计了一套原型验证系统。该系统包含 32 个波长通道的发射器和接收器,单光纤总传输带宽可达 512 吉比特/秒。与相同波长的可调谐连续波激光源相比,链路架构中的生成梳状线的功率损耗可以忽略不计,在单个子载波与激光器阵列中的单个连续波载波的表现完全相同。这也为数据中心互连扩展到数百个波长通道提出了一个发展前景可期的方向,使未来芯片到芯片的互连工作,以每秒数兆比特的传输速度,且以低于 1 皮焦/比特的能量效率运行成为可能。

》》》 二、当前进展

当前,基于芯片的光学频率梳广泛应用于长距离光通信,主要使用台式电信设备进行滤波、调制和接收波长信道,不过数据中心互连应用已经对 DWDM 技术产生极大的兴趣,这对收发器的能耗和占用空间提出了严格的要求。基于克尔频率梳驱动的硅光子链路架构主要是利用宽带克尔频率梳光源,实现高度并行 DWDM 硅光子互连,其主要由光源、发射端和接收端三部分构成。

(一) 光源

光源由一个外部或集成的连续波激光器构成(图14)。以往,必须使用大型激光器阵列才能实现多通道数据传输,目前仅仅依靠单个连续波激光源,就能产生数百个间隔均匀的低噪声波长通道。

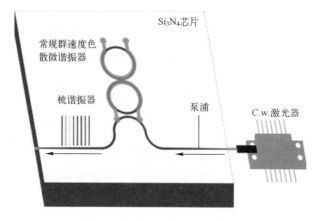

图 14　链路架构的光源示意图

在链路架构中,激光器泵浦一个 Si_3N_4 双微谐振器,以此产生群速度色散(GVD)克尔频率梳状光源,并使用一根单模光纤(SMF)将数据传输到有源硅芯片。此类光源是基于芯片的阵列波导光栅(AWG)和半导体光放大器(SOAs)的 Si_3N_4 克尔频率梳光源,既可实现纳秒级的光路切换,也能够在大规模并行 DWDM 中应用。

(二)硅光子链路架构

搭建的可扩展硅光子链路架构,如图 15 所示。发射端采用非对称马赫-曾德尔干涉仪(MZI)进行分割梳状频谱,在每个阶段将梳状信号频谱分为偶数组和奇数组,形成频谱子群。子群穿过级联谐振调制器的独立总线,并利用谐振腔的频谱选择性,将独立的数据流编码到不同颜色的梳状线上。每个通道调制完成后,使用相同结构的 MZI 进行重新组合,并从芯片耦合到单模光纤。

在接收端,经调制的梳状线穿过 MZI,入射到带有级联谐振滤波器的总线上,谐振滤波器经过调整与各自的波长通道相匹配。谐振滤波器的下降端口处,均设置了一个光电探测器,主要用于将光数据流转换回电域。这种结构可以分解激光源,从而使泵浦和梳状激光器保持稳定状态,远离光学和电子器件共同封装的恶劣热环境。

可扩展硅光子链路架构的核心要点是采用二叉树结构的 MZI,它可以根据二叉树的深度 d,每条总线上的通道间距可增加 $2d$ 倍。此外,每条总线上的波长通道数量也会减少 $2d$,从而使通道配置方案不受谐振调制器和滤波器 FSR 的限制。这种以二叉树结构对克尔频率梳进行细分的方式,还可以应用扩展到接收端,既保留了基于级联谐振器结构的众多优点,又实现了信道数和信道间距方面更高程度的模块化,在大规模并行扩展波长方面展现出极大优势。

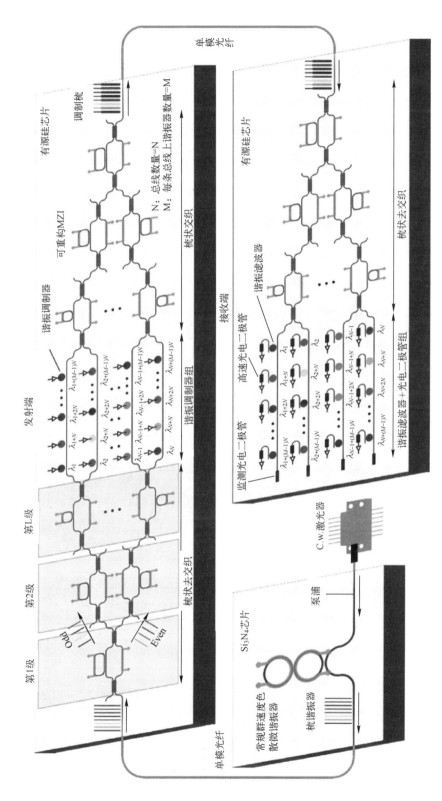

图 15　可扩展硅光子链路架构示意图

（三）数据链路的实现方法

研究人员研制了一个包含 32 个波长通道的 4.15mm×1.1mm 光发射芯片和 3.1mm×1.1mm 接收芯片。以非对称环辅助马赫-曾德尔干涉仪（RMZI）的形式实现（去）交织器。在发射端中，两级交织器（去交织器）将梳状信号细分为 4 组，分别入射到 8 组级联微盘调制器上（图 16）。调制后，使用两级 RMZI 交织器将各组信号重新组合到一根光纤上。在接收端，同样采用两级交织器将梳状信号细分为 4 组，分别入射到 8 组级联微环滤波器上，滤波端口装有锗光电二极管。虽然发射芯片仅需单根光纤输入和光纤输出即可进行数据传输，且 6 个辅助光输入/输出（I/O）端口可在不同位置提供来自电路的分路光，用于（去）交织器和调制器的校准。同样，接收端也只需单根光纤输入，使用 7 个辅助光输入/输出端口进行校准。

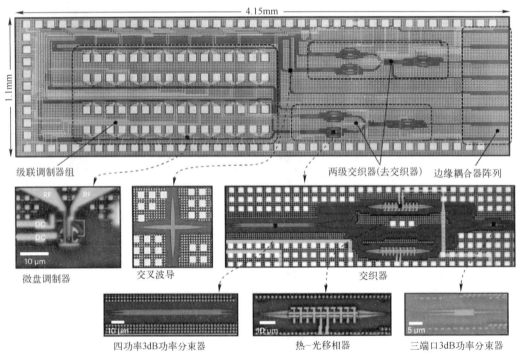

图 16　芯片上的所有有源器件和无源器件

这里展示的方法采用标准非归零开关键制（NRZ-OOK）调制格式，可以适当地进行单通道数据传输。在不使用掺铒光纤放大器（EDFA）的系统中，该方法可以在消除高能耗数字信号处理器（DSP）和前向纠错码（Forward Error Correction，FEC）实现极高的能效和低延迟的同时，仍能保持每根光纤的高总带宽。

研究结果表明，该链路架构单根光纤的数据传输速率可达 512 吉比特/秒（465 吉比特/毫米岸线带宽密度），未来还可以继续沿用此架构继续扩展带宽密度。另外，通常群速度色散 GVD 克尔频率梳本身具有较高的转换效率（通常大于 30%，实验证明为 86%），可以同步产生其他无法实现的大功率梳状线，这也为实现高效芯片级多波长光源提供了一条清晰的路径。

（四）32 通道硅光子链路

研究人员采用输出功率为 7dB·m 的可调谐连续被激光器对 Si_3N_4 梳状芯片进行泵浦，再利用掺铒光纤放大器将其放大到约 1W，其数据传输试验装置如图 17 所示。偏振器对泵浦光的偏振态进行调谐，使得梳状芯片的边缘耦合器可产生 500mW 的片上光功率用于生成梳状光。产生的梳状光使用带宽 C/L 波段的掺铒光纤放大器进行放大，并使用 SMF 和偏振控制器将其发送到发射器封装，以将横向电偏振光发射到芯片中。发射器 PCB 被安装在一个温控台上，并将交织器和调制器热光学控制的直流偏压连接到 PCB 的 96 通道源测量单元，实现芯片的热稳定。由误码率测试仪（BERT）生成误码率数值，并借助射频多触点楔形探头发送到调制器。

所有数据传输实验均使用伪随机比特序列。首先，光从芯片耦合到 SMF，使用带宽 C/L 波段掺铒光纤放大器进行放大。然后，使用可调谐带通滤波器选择单调制梳状线，利用光电探测器和跨阻抗放大器将调制后的梳状线转换回电域。最终，将接收到的信号发送到实时示波器上进行开眼特性分析，或返回到 BERT 上进行误码率评估。

该系统的所有通道数据传输速率为 10 吉比特/秒，或者 32 个通道中 6 个通道传输速率达到 16 吉比特/秒，此时系统能够实现传输无误码。当传输速率达到 16 吉比特/秒时，会造成性能下降，其主要原因是生成光电流在到射频放大器进行电放大之前传播距离过长，产生了噪声堵塞。面向未来实现 3D 光子集成和 CMOS 电子器件，可以通过互阻抗放大器与铜柱微凸块的光电二极管共同封装在相邻的位置，提高接收器灵敏度，降低放大器的噪声系数。

》》》 三、前景分析

当摩尔定律失效，传统电计算芯片的性能提升缓慢，而云计算、大数据、物联网、边缘计算、人工智能等技术产生的海量数据又加大了对后端数据中心计算力的需求，海量数据高并行传输的供需矛盾日渐突出。为突破数据传输带宽瓶颈，依托基于克尔频率梳驱动的光互连有望在能耗、时延、带宽、工艺等方面打破现有数据传输的发展禁锢，为研制下一代光子芯片提供了全新的研究范式和发展方向。

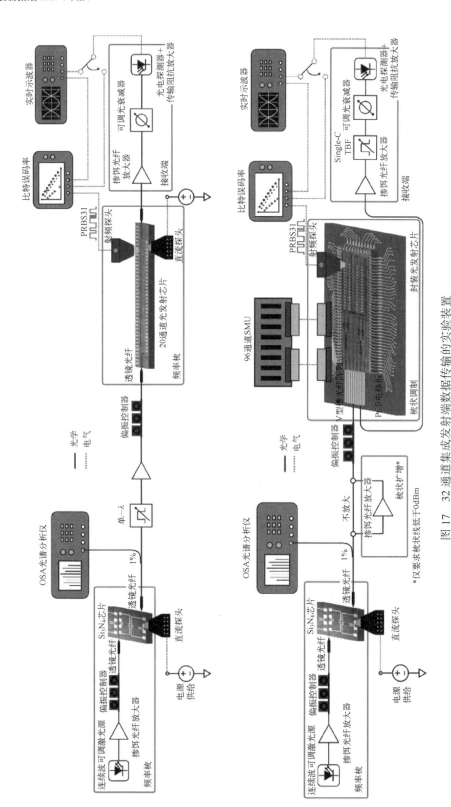

图 17 32 通道集成发射端数据传输的实验装置

(一)新型光子芯片为新兴计算带来突破性发展

光子芯片作为一种新的硬件架构方案,利用光子计算方法替代传统电子计算,将有望解决摩尔定律困境以及冯·诺依曼架构的算力、功耗问题。该新型芯片不需要使用多个激光器来产生不同波长的光,而只需一个激光器来产生数百个不同波长的光,这些光可同时传输独立的数据流,几近完美地弥补了数据节点之间传输的"带宽瓶颈"。基于该链路设计的光子芯片可以大大缩减光子元件的尺寸,同时使所需能耗降为同等级电子芯片的1/6,为光子芯片集成提供了一个结构紧凑、可大规模生产的平台,可以满足未来人们对能效、带宽性能的高要求。

(二)发展高集成度、小尺寸的全光系统级芯片成为主要目标

光子芯片技术还在不断迭代发展中,新材料、新工艺和新制造设备的持续发展,趋使光子元件尺寸不断缩小、光子元件密度不断提高。总体来讲,此项研究成果开启了更多的可能性,研究的下一步是促进新材料、新工艺和新制造设备的发展,缩小光子元件尺寸、提高元件密度,将光子学与芯片级驱动和控制电子设备集成,以进一步使系统小型化。从长远来看,发展全光系统级芯片是光子芯片的发展趋势和发展目标,即在尺寸更小的芯片上通过全光调控加载更多功能,拥有更大的存储密度及更高的运行效率,这为集成光电技术的融合奠定了基础。

(中电科芯片技术(集团)有限公司　张玉蕾　王天宇)

二维材料低温快速生长工艺获突破

2023 年 4 月，美国麻省理工学院 Jiadi Zhu 团队提出了将二维材料直接集成在硅芯片顶部的快速低温生长工艺，该工艺使用新型金属有机化学气相沉积炉，将分解钼前驱体的低温区与分解硫前驱体的高温区分开，使二硫化钼在低温区生长。生成的二硫化钼薄膜材料质量高、缺陷少、电性能好，在晶圆上表现出良好的材料和电均匀性。该工艺可在 300℃ 下，不到 1 小时就能在 8 英寸(20.32 厘米)晶圆上生成均匀的二维材料。

2023 年 8 月，韩国延世大学 Jong-Hyun Ahn 教授等人报告了一种利用金属有机化学气相沉积技术在约 150℃ 下直接在聚合物和超薄玻璃基底(厚度约 30m)上合成高质量、高结晶度 MoS_2 单层的策略，避免了先前工艺的缺陷：柔性基底的熔融温度常常低于二维材料生长步骤所需温度，而且二维材料转移步骤经常造成表面污染、材料褶皱和撕裂，损害了二维材料的电子性质。

以上二维材料低温快速生长工艺主要解决了 8 英寸晶圆级二维材料的均质生长、与硅基工艺兼容的二维材料低温生长工艺、将二维材料电路和硅基电路进行后道集成/三维集成等问题。现有研究表明，将电学、光学性能优异的二维材料晶体管与传统硅基电路进行异构集成已接近规模化生产。在此异构集成工艺平台上可以研发出性能提升、成本下降的新型芯片架构，并提供新的功能。

》》》 一、技术背景

随着 Si 等晶体管尺寸的微缩，纳米尺度下器件量子隧穿等短沟道效应日益显著，造成了传统半导体器件严重的性能下降。二维材料独特的能带结构以及光、磁、电学等性质促使其在电力电子、光电子、储能以及能源转换等领域具有巨大应用价值。

当前，先进制程的量产芯片已经实现 3 纳米，未来还将继续向 1 纳米进军。1 纳米制程通常被认为是摩尔定律增长的极限,二维半导体是集成电路工艺发展到 1 纳米节点最受关注的新路径。迄今为止,世界上主要的头部企业(例如英特尔公司、三星公司、台积电公司和欧洲的 IMEC 研发中心)都在二维半导体上投入了大量资源,并积极引入国际领军团队。

二维半导体目前面临的重要发展瓶颈之一在于高质量、快速生产的大规模晶圆。研究人员开发了多种策略来制备大面积二维半导体,其中化学气相沉积(CVD)是普遍看好的技术。

此前曾有研究团队尝试使用金属有机物化学气相沉积法(MOCVD)将二维材料直接生长到硅 CMOS 晶圆上,但由于这一过程需要 600℃ 的温度,但硅晶体管和电路在 400℃ 时就会损坏,因此高温问题是该方案的主要障碍。业界积极探索在不损坏硅晶圆的温度下在硅晶圆体上快速生长二维晶体管的工艺,以提高二维材料生长规模、降低成本,最终实现二维半导体器件规模化生产。

目前研究较多的二维材料为二硫化钼(MoS_2),厚度仅为三个原子,即两个硫化物原子夹住一层钼原子(图18)。这是一种柔性、透明的材料,拥有出色的电学和光学性能,非常适合制作半导体晶体管。

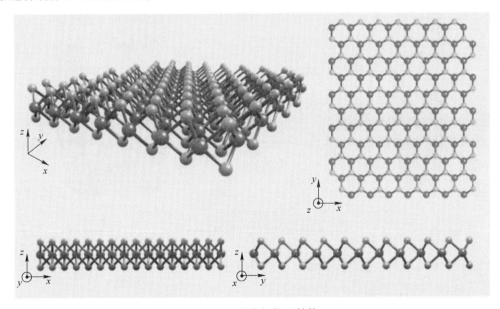

图 18　二硫化钼物理结构

》》》 二、技术细节

(一) 麻省理工学院方案

麻省理工学院研究团队的主要创新之处是设计了一种新的沉积炉,分为前端的低温区和后端的高温区。晶圆被放在低温区，而相关有机金属的气化物质被送入高温区，受热分解后回流至低温区，并在晶圆表面合成二硫化钼。钼保留在低温区域，温度保持在400℃以下，足以分解钼前体，但不会对硅芯片造成损害。这种设计避免了对晶圆的损害，也免去了移植二硫化钼的过程。

研究人员将硅晶片垂直放置在炉子的低温区域，而不是采用常用的水平放置，如图19所示。通过垂直放置，两端都不会离高温区域太近，因此整个晶片不会因为热量而受损。同时，钼和硫气体分子在撞击垂直芯片时会旋转流动，而不是在水平表面上流动。这种循环效应改善了二硫化钼的生长，并提高了材料的均匀性。此前的合成方法通常需要一天时间来生长二硫化钼，而新方法则只需要不到一小时。

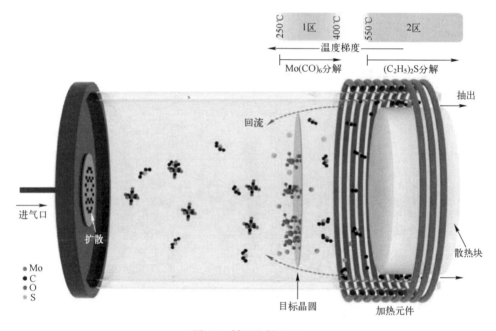

图 19　低温生长 MoS₂

除了开发 MOCVD 低温生长 MoS₂ 材料，麻省理工学院研究团队还展示了二维材料晶体管与 BEOL 兼容的制造流程（图 20）。

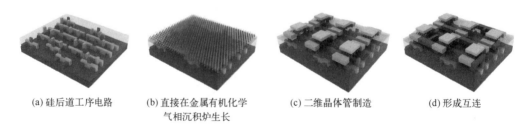

(a)硅后道工序电路　　(b)直接在金属有机化学　　(c)二维晶体管制造　　(d)形成互连
　　　　　　　　　　　气相沉积炉生长

图 20　BEOL 集成的制造工艺流程

研究团队演示了一个 MoS_2-硅 BEOL 集成电路(图 21)。具有两个硅 nMOSFET 和两个硅 pMOSFET(图 21(a)中的深色部分)的类 SRAM 硅前端(FEOL)电路与另外两个 BEOL 结合 MoS_2 在硅 FEOL 电路顶部制造的晶体管(图 21(a)中的浅色部分)。图 21(b)显示了 MoS_2-硅 SRAM 单元的光学显微镜图像。

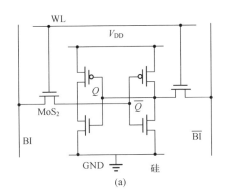
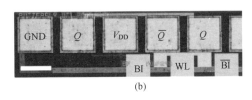

(a) (b)

图 21 MoS_2-硅 BEOL 异构集成单元

麻省理工学院的研究表明,在硅晶圆上低温快速制备二维材料具有大规模生产的可行性。

(二)韩国延世大学方案

2023 年 8 月,韩国延世大学 Jong-Hyun Ahn 团队在《自然-纳米技术》杂志上发表论文,介绍其 MOCVD 炉采用双温区策略,前驱体在高温区(700℃)活化,而低熔点的柔性基底被放置在低温区域(150℃),成功在聚合物(parylene C 和聚酰亚胺)、超薄玻璃(厚度约为 30μm)等基底上使用金属有机化学气相沉积直接制备出高质量高结晶度 MoS_2 薄膜(图 22)。这是目前文献报道的使用 CVD 过程合成 MoS_2 的最低温度。该方法无需转移过程,保证了 MoS_2 的高质量。

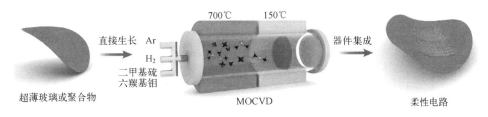

图 22 二硫化钼制备示意图

研究团队基于低温 MoS_2 制备了顶栅场效应晶体管阵列,并测试其电学性能。结果表明,器件性能优良;最高迁移率为 $9.1 cm^2 V^{-1} s^{-1}$;平均值为 $(6.5\pm2.6) cm^2 V^{-1} s^{-1}$;开/关比为 10^8;亚阈值斜率为 370mV/dec;平均阈值电压为 (3.8 ± 1.2) V。

研究团队制备了 NAND、AND、NOR、OR 和 NOT 等多种逻辑电路,显示出优异的集成能力。为了证明基于低温 MoS_2 的柔性电路的稳定性,晶体管器件在弯曲条件下电流变化率约为 10%,取消弯曲后电性能重新恢复。NAND 门在 1000 次弯曲循环后,逻辑输出保持不变。环形振荡器、差分放大器等在 5.7% 拉伸条件下,均可以正常工作。

基于 MoS_2 和基底的透明性,研究团队还制备了柔性光电晶体管阵列,探测顶部和底部照射的光。探测器在波长 405nm、520nm、637nm 以及近红外 904nm 区域内,都具有良好的响应性。

韩国延世大学的研究表明,在柔性材料上制造二维材料芯片的性能和可靠性验证了低温制造二维材料工艺的可行性。

》》》三、影响和意义

人工智能和可移动终端的迅猛发展,导致对芯片高算力、低能耗的要求越来越高。而目前集成电路最先进的晶体管沟道长度和厚度逐步接近原子尺度,传统半导体材料已经接近性能极限。

二维材料的引入能为缓解当前硅基电路遭遇的缩放、能效挑战与存储困境提供一种有希望的解决方案。同时,二维材料凭借层状微结构,大的比表面积,灵敏的光、声、热、电、机械传感响应等优势,允许多种功能集成,实现存内计算、感内计算、一体化的感知—存储—计算,创造出超越冯·诺依曼架构的计算技术,有望突破硅基芯片的算力瓶颈。

因此,发展基于二维材料的新型芯片具有极其重要的战略意义,性能优异的新型芯片与硅晶园、柔性电路的集成为半导体技术的发展提供了新的机遇和方向。商业化的新型芯片速度更快、尺寸更小、功耗更低、计算存储密度更高,成本降低并能提供新的功能。而二维材料低温快速生长工艺的一系列突破,可望解决新型芯片进入商业化大规模制造的难题。

（中电科芯片技术（集团）有限公司　谢家志）

美国基于创新晶圆级芯片架构推出世界最强人工智能计算机

2023 年 7 月 21 日消息,美国初创公司 Cerebras 宣布携手阿联酋 G42 技术控股集团打造一个由 9 台超级计算机互联的网络,为人工智能计算提供一种全新的解决方案,以大幅减少人工智能大模型的训练时间。目前,该网络上的第一台人工智能超级计算机系统——Condor Galaxy-1(CG-1)(图 23)开始部署,它由 32 台 Cerebras CS-2 人工智能计算机组成,并将扩展到 64 台,每台 CS-2 拥有单块 WSE-2 专用芯片,该芯片与外部负责数据预处理的 AMD EPYC 处理器实现互联,整个系统在 FP16 数据精度下可实现 4 exa-FLOPS(每秒 4 百亿亿次)的人工智能算力水平,使得 CG-1 成为目前性能最强的人工智

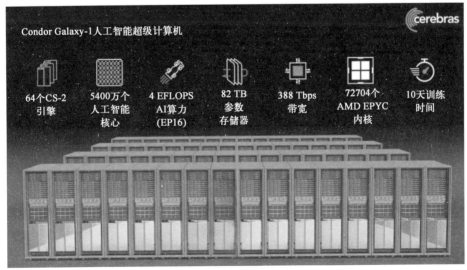

图 23　Cerebras 公司所推出的 Condor Galaxy-1AI 超级计算机

能超级计算机。2024 年,Cerebras 公司计划再建造 2 台 G42 超级计算机系统(其中 1 台在得克萨斯州奥斯汀建造,另 1 台在北卡罗来纳州建造),到2024 年年底,另外 6 台与 CG-1 尺寸相的机器将在美国境外调试并与其他机器连接。

一、基本情况

(一) 常规方式的局限性

近年来,神经网络模型规模呈指数级增长,从 2018 年拥有超 1 亿参数的 Bert 到 2020 年拥有 1750 亿个参数的 GPT-3,短短两年时间,模型的参数量增加了 3 个数量级,而且这种增长还在持续。然而传统的训练和推理方式已无法跟上神经网络规模的增长速度,无法满足大规模机器学习所需的内存和算力需求。为此,国内外诸多公司开始寻求对软硬件进行实质性的底层技术革新来解决这一挑战。

根据芯片算力表达式,芯片的算力提升除了架构优化、采用先进制程外,增大芯片面积也是重要手段。根据近 40 年来芯片面积的变化趋势可以看出,随着高算力芯片的不断发展,面积也持续增大,当前已接近单片集成的面积极限。基于常规芯片进行集群式算力扩展的方式,已无法弥合常规芯片尺寸受限带来的天然性能“鸿沟”。

(二) 创新方法

晶圆级集成技术是一种扩大集成面积、实现高算力芯片的新兴途径。晶圆级智能芯片及计算系统,通过打破光刻工艺中的光罩限制,探索超越光罩面积的计算架构,在硅晶圆上构建跨越光刻机光罩单次曝光区域的高密度金属互连线,将多个管芯组合成为硅晶圆尺寸的超大计算系统,实现晶体管与互连资源 2 个数量级以上的提升。

作为业内备受关注的人工智能加速器创业公司,Cerebras 公司 2016 年成立,2019 年推出了有史以来最大的计算机芯片晶圆级引擎(Wafer Scale Engine,WSE)。该智能芯片基于台积电公司一整张 12 英寸 16nm 制程晶圆制造,核心面积超过 $46225mm^2$,集成了高达 1.2 万亿个晶体管,拥有 40 万个核心、18GB SRAM 缓存、9PB/s 内存带宽、100PB/s 互连带宽,虽然功耗高达 15kW,但训练人工智能系统的速度比现有硬件快 100~1000 倍。

(三) 发展过程

目前工业界最主要的晶圆级集成产品以 Cerebras 公司的 WSE 系列芯片为代表。WSE 第一代芯片采用台积电公司 16nm 工艺制程,裸片尺寸达 $46225mm^2$,包含超过 1.2 万亿个晶体管,拥有高达 18GB 的片上内存和 9PB/s 的内存带宽。单颗芯片上集成了 40

万个稀疏线性代数内核,相当于数百个 GPU 集群的算力。WSE 第二代芯片采用台积电公司 7nm 工艺制程,得益于工艺的进步,单片集成晶体管数目达到 2.6 万亿个,单芯片集成了 40GB SRAM,存储带宽达到 20PB/s。

2021 年,Cerebras 公司为推动 WSE-2 芯片商用化,还推出了世界首台具有人脑计算规模的人工智能解决方案 CS-2 人工智能超级计算机,如图 24 所示。该计算机基于单个 WSE-2 芯片打造,不仅比其他任何基于"CPU+GPU"的异构计算集群使用空间更少、功耗更低,且运算性能更高,甚至可以支持 192 台 CS-2 人工智能计算机近乎线性扩展,从而打造出包含高达 1.63 亿个人工智能核心的计算集群,可支持超过 120 万亿参数的大模型的训练。2023 年 6 月,Cerebras 公司在基于单个 WSE-2 芯片的 CS-2 系统上训练了世界上最大的拥有 200 亿参数的 NLP 模型,比原本需要数千个 GPU 的训练方案显著降低了成本。

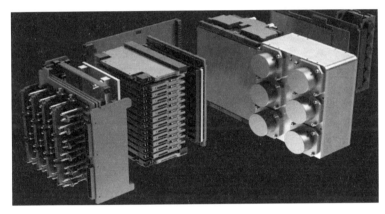

图 24　CS-2 人工智能超级计算机

Cerebras 公司认为,如果要实现指数级计算水平的提升,就需要通过构建全新的人工智能加速器方案解决人工智能计算问题:①改进计算核心架构,而不只是一味地提升每秒浮点运算次数;②以超越摩尔定律的速度提高芯片集成度;③简化集群连接,大幅度提升集群计算效率。为了实现上述目标,Cerebras 公司设计了一种新的计算核心架构,使单台设备运行超大规模模型成为可能。此外,它还开发出只需简单数据并行的横向扩展和本地非结构化稀疏加速技术,使大模型的应用门槛大幅降低。

》》》二、架构创新点

(一)晶圆级集成通过扩大集成面积,实现集群级计算的目标

传统芯片的扩展方法都是从芯片制造入手,即提高芯片集成度。当前,摩尔定律依

旧延续,虽然每一代制程能将芯片集成度提升约 1 倍,但其增量还是难以满足神经网络呈指数级增长的计算需求。为满足未来数据中心的发展需要,Cerebras 公司通过在二维方向上持续扩大芯片面积,制造出 WSE-2 芯片,以单块芯片实现集群级计算的目标,如图 25 所示。Cerebras 公司在整片直径约 12 英寸的晶圆上做出一颗颗传统裸片(Die),每颗裸片拥有约 10000 个核心;以不同于过往将单颗裸片切割下来的方式,而是在整片晶圆内切割出一个边长 215mm 的方形模块。该方形模块包含 84 颗裸片,共计 85 万个计算核心。

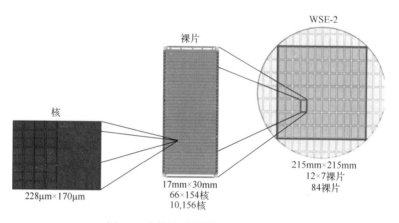

图 25　从单核到晶圆级芯片的构造

（二）近存计算通过缩短计算单元和存储单元的距离,有效提高受限于带宽的芯片算力

从单个计算核心内部来看,Cerebras 公司针对神经网络的细粒度动态稀疏性重新设计了计算核心,如图 26 所示。该计算核心面积只有 $38000\mu m^2$,其中一半的硅面积用于 48kB 内存,另一半是含 110000 个标准单元(cell)的计算逻辑。整个计算核心以 1.1GHz 的时钟频率高效运行,而峰值功率只有 30mW。

GPU 等传统架构通常共享中央 DRAM,但 DRAM 存取速度较慢,位置也较远。即便使用中介层(interposer)和 HBM 等尖端技术,其内存带宽也远低于核心数据通路带宽。数据通路带宽通常是内存带宽的 100 倍。这意味着每一个来自内存的操作数(operand)至少要在数据通路中被使用 100 次,才能实现高利用率。要做到这一点,传统的方法是通过本地缓存和本地寄存器实现数据复用。然而,有一种方法可以让数据通路以极致性能利用内存带宽,即将内存完全分布在计算单元旁边。这样一来,内存带宽就等于核心数据通路的操作数带宽,将比特数据从本地内存移动到数据通路,中间只有几十微米的距离,相比通过数据包移动到芯片外部要容易得多。

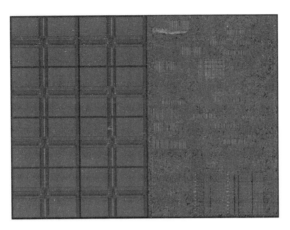

图 26 WSE-2 计算核心

图 27 展示了 Cerebras 计算核心的内存设计,每个核心配有 48kB 本地 SRAM,8 个 32 位宽的单端口 Bank(北桥芯片到内存的通道),使其具备高密度,同时可充分发挥极致性能。这种级别的 Bank 可提供超出数据通路所需的内存带宽。因此,芯片可以从内存中提供极致数据通路性能,每个循环只需 2 个 64 比特读取,一个 64 比特写入,因此它可以保证数据通路充分发挥性能。值得注意的是,每个核心的内存相互独立,没有传统意义上的共享内存。除了高性能的 SRAM 以外,Cerebras 计算核心还具备一个 256 字节的软件管理缓存,供频繁访问的数据结构使用,如累加器等。该缓存离数据通路非常近,消耗的功率极低。上述分布式内存架构带来了惊人的内存带宽,相当于同等面积 GPU 内存带宽的 200 倍。

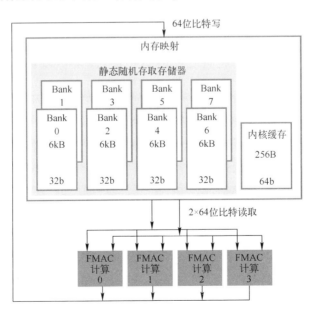

图 27 Cerebras 计算核心的内存设计:每个核心配有独立内存

（三）计算核心通过支持张量指令集，达到更高的性能和更低的延迟

Cerebras 计算核心的基础是一个完全可编程的处理器，以适应不断变化的深度学习需求。与通用处理器一样，Cerebras 核心处理器支持算术、逻辑、加载/储存、比较（compare）、分支等多种指令。这些指令和数据一样储存在每个核心的 48kB 本地内存中，这意味着核心之间相互独立，也意味着整个芯片可以进行细粒度动态计算。通用指令在 16 个通用寄存器上运行，其运行在紧凑的 6 级流水线中。

Cerebras 核心在硬件层面支持所有有关数据处理的张量指令。这些张量算子在 64 比特数据通路中执行，数据通路由 4 个 FP16 FMAC（融合乘积累加运算）单元组成。为了提升性能与灵活性，Cerebras 的指令集架构（ISA）将张量视为与通用寄存器和内存一样的一等操作数（first-class operand）。由于 Cerebras 核心使用数据结构寄存器（DSR）作为指令的操作数，因此可以将 3D 和 2D 张量视为操作数直接运行（图 28）。Cerebras 核心有 44 个 DSR，每个 DSR 包含一个描述符，里面有指针指向张量及其长度、形状、大小等信息。有了 DSR 后，Cerebras 核心的硬件架构更灵活，即可以在内存中支持内存中的 4D 张量，也可支持织构张量（fabric streaming tensors）、FIFO（先进先出算法）和环形缓冲器。此外，Cerebras 核心还配有硬件状态机来管理整个张量在数据通路中的流动次序。

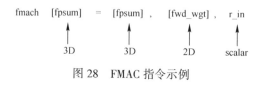

图 28　FMAC 指令示例

（四）2D 网格拓扑通过提高芯片的可扩展性，降低功耗开销

从核心间互联结构来看，为提高芯片的可扩展性和实现极低的功耗开销，Cerebras 核心间的互联结构采用了 2D 网格拓扑，如图 29 所示。2D 网格拓扑将所有核心连接起来，每个核心在网状拓扑中有一个结构路由器（fabric router）。结构路由器有 5 个端口，4 个方向各有 1 个，还有 1 个端口面向核心自身，各个端口都有 32 比特的双向接口。端口数量较少的好处是可以将节点间延时保持在 1 个时钟周期以内，从而实现低成本、无损流控和非常低的缓冲。芯片中的基本数据包是针对神经网络优化后的单个 FP16 数据元素，与之伴随的是 16 比特的控制信息，它们共同组成 32 比特的超细粒度数据包。

为了进一步优化芯片结构，Cerebras 公司使用了效率更高、开销更低的静态路由（static routing），通过该静态路由可以充分利用神经网络的静态连接。为了让同一物理连接上可以有多条路由，Cerebras 公司提供 24 条相互独立的静态路由以供配置，路由之间无阻塞，且都可以通过时分复用（time-multiplexing）技术在同一物理连接上传输。由于神

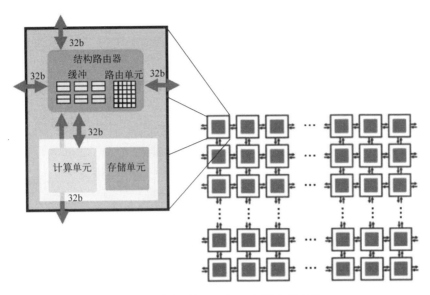

图 29　高带宽、低延迟的 2D 网格拓扑结构

经网络传输需要高扇出(Fan-out),因此 Cerebras 芯片的每个结构路由器都具有本地广播(native broadcast)和多播(multi-cast)能力。

由于芯片内部 Die 与 Die 的互联接口是一种高效的源同步并行接口,面对规模庞大的 WSE-2 芯片集成,需要总计超过一百万条线路,因此底层协议必须采用冗余度设计,并通过训练和自动校正状态机来实现互联。有了这些接口,即使在制造过程中存在瑕疵,整个晶圆的结构也能做到完全均质结构(uniform fabric)。基于上述芯片设计架构,与同等面积的 GPU 相比,WSE-2 的带宽是 GPU 的 7 倍,而功率仅约 5W。

三、架构优势

(一) 发挥基础线性代数程序集性能

当前,WSE-2 芯片凭借极其强大的内存带宽,可以实现非结构化稀疏的充分加速。传统 CPU 和 GPU 架构的片上内存带宽有限,因此只能实现通用矩阵乘法(GEMM)的极致性能,即矩阵—矩阵相乘。但有了足够的内存带宽后,WSE-2 芯片就可以充分发挥所有基础线性代数程序集的极致性能,让矩阵—向量相乘(GEMV)、向量—向量相乘(DOT)和向量—标量相乘(AXPY)计算性能均达到极致。高内存带宽在神经网络计算中尤为重要,因为这可以实现非结构化稀疏的充分加速。一个稀疏 GEMM 操作可看作是多个 AXPY 操作的合集(对每个非零元素执行一次操作),如图 30 所示。

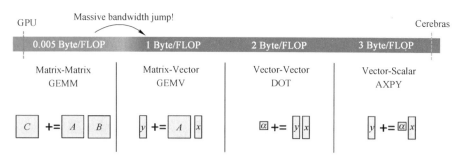

图 30　稀疏 GEMM 即对每个非零权重执行一次 AXPY 操作

所有计算都由非零数据触发，这样做不但可以节省功率，还可以省略不必要的计算，加快运算效率。操作由单个数据元素触发，使得 WSE-2 核心可以支持超细粒度、完全非结构化的稀疏性，同时不会造成性能损失。其非结构化稀疏计算的利用率甚至可以达到 GPU 的 10 倍。

（二）通过权重流式技术支持超大模型

WSE-2 具有足够高的性能和容量来运行超大模型，且无需分区或复杂的分布式处理，这是通过分解神经网络模型、权重和计算来完成的。Cerebras 研发人员将所有模型权重存储在名为 MemoryX 的外部设备中，并将这些权重流式传输到 CS-2 系统。权重会在神经网络各层的计算中用到，而且一次只计算一层。权重不会存储在 CS-2 系统上，哪怕是暂时储存。CS-2 接收到权重后，使用核心中的底层数据流机制执行计算。每个单独的权重都会作为单独的 AXPY 操作触发计算。完成计算后，该权重就会被丢弃，硬件将继续处理下一个元素。由于芯片不需要储存权重，因此芯片的内存容量不会影响芯片可处理的模型大小。在反向传播中，梯度以相反的方向流回到 MemoryX 单元，然后 MemoryX 单元进行权重更新。

以 GPT 的 Transformer 模型，激活张量具有批次（B）、序列（S）和隐藏（H）三个逻辑维度，这些张量维度被拆分到晶圆上的二维核心网格上。隐藏维度在芯片结构的 x 方向上划分（split），而批次和序列维度在 y 方向上划分。这样可以实现高效的权重广播以及序列和隐藏维度的高效归约。激活函数存储在负责执行计算工作的核心上，下一步是触发这些激活函数的计算，这是通过使用片上广播结构来完成的。通过片上广播结构来向每一列发送权重、数据和命令的方法。当然，在硬件数据流机制下，权重会直接触发 FMAC 操作。由于广播发生在列上，因此包含相同特征子集的所有核心接收相同的权重。此外，通过发送命令来触发其他计算，例如归约或非线性操作。

（三）集群横向扩展实现在单个芯片上运行所有模型

当前在面向数据密集型的高性能计算中，训练海量模型需要数据并行和模型并行的混合方法。然而,现存的横向扩展解决方案仍有许多不足,根本原因在于在传统的横向扩展中,内存和计算是紧密联系的,如果在数千台设备上运行单个模型,那么扩展内存和计算就变成相互依赖的分布式约束问题。而 Cerebras 架构能够通过在存储权重的 Memo-ryX 单元和用于计算的 CS-2 系统之间设计一个独立的 SwarmX 互联架构(图 31),该架构向所有 CS-2 系统广播权重,并减少所有 CS-2 的梯度,以实现在单个芯片上运行所有模型,无需模型分割,因此扩展变得简单而自然,可以仅通过数据并行进行扩展,不需要任何复杂的模型并行分割。

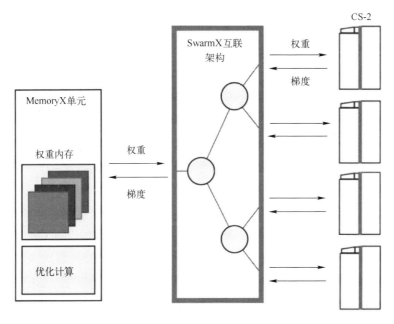

图 31　使用 MemoryX 和 SwarmX 进行扩展

》》》 四、几点思考

(1)集群安装成本低。当前,常见的基于 CPU 或 GPU 的人工智能计算集群,主要是通过片外互联的模式将大量的 CPU 或 GPU 集群进行互联,从而提升人工智能算力。许多云服务公司已经宣布耗资数十亿美元构建大规模 GPU 集群,但这些集群安装成本和使用成本高昂,除了需要大量的机架和线缆之外,还需要委派很多具有极强专业知识的技术人员花费数月时间进行安装和准备,以实现将一个模型分布在数千个 GPU 上进行训练,最后使用能耗也将达到数百千瓦以上。与此相比,CG-1 消除了这一挑战,单个系统耗资 1 亿多美元,只需要几分钟就能建立生成式人工智能模型,仅由一个人即可完成。

(2)训练时间成本低。CG-1 超算中 CS-2 计算机的资源分解不同于 GPU 环境,在

GPU 环境中，计算被分散在区域分布广泛的人工智能核心上。计算需要在这个核心网络上进行协调，这既耗时又低效。人工智能计算还需要 GPU 在数千个核心上进行相同的操作，以获得协调的响应时间。拥有更大片上内存和更低延迟的高带宽结构的 CG-1 超算系统消除了分布式计算的痛点，大大缩短了人工智能训练时间。

（3）软件开发成本低。在软件编程框架方面，CG-1 还为长序列长度的训练提供了原生支持，开箱即用的 Token（令牌）多达 50000 个，无需任何特殊的软件库。CG-1 的编程完全没有复杂的分布式编程语言，节省了在 GPU 上分配工作流的时间。

预计未来，SoC 设计思路下的超算将通过持续的商业投入，化解前期芯片良率低下、开发成本高昂的问题，并且有望凭借极致的晶体管密度、更高的数据通路利用率、极低的计算功耗和更为轻松的环境部署，实现对于 NVIDIA 公司 CPU-GPU 集群的超越。

（中国电子科技集团公司第五十八研究所　张煜晨）

美国研制可自供能的全域分布微生物传感器

美国国防高级研究计划局（DARPA）于 2023 年 4 月 21 日通过其官网宣布推出"忒勒斯"（Tellus）项目（DARPA-SN-23-41），旨在探索开发一种交互式的平台方法，用于快速设计基于微生物的感知和响应器件，以监测与国防部有关的环境。具体来说，DARPA 试图确定微生物设备可以检测的化学和物理信号的范围、可以容忍的环境条件，以及可以产生的输出信号的类型。全域分布是本项目最大的优势，微生物无处不在，无论是在水下、空中甚至极端环境中，微生物利用其天然隐蔽性优势就可以做到隐形全域感知，进而摸清对手潜藏的战略武器、雷达装备等，无疑可以为战场指挥控制形成决策优势。

>>> 一、需求背景

战场环境监测是分析战局的先行基础数据。目前，环境监视方法可依赖于地面或水中的分布式传感器网络，也可依赖于卫星等遥感平台，但这些传统监测方法的成本较多、使用寿命短、隐蔽性不强，且功耗较高，对指挥官和士兵而言，人力监测不仅耗费人力和成本，更有可能导致暴露目标，甚至威胁士兵生命安全。鉴于此，隐蔽性超强、可全域分布且兼具自供能的传感器，对于保障实时获取数据、保障士兵安全都是亟待解决的问题。

美国启动 Tellus 微生物间谍计划的主要动机是增强自己的战略威慑能力和情报收集能力。同时，这种技术也可以让美军在必要时对目标施加压力或影响，例如通过控制微生物间谍的输出信号来干扰敌方的通信或设备。

>>> 二、项目解析

（一）DARPA 高度关注生物传感器技术

生物传感器是一种对生物物质敏感并将其浓度转换为电信号进行检测的仪器,是特殊的传感器,它以生物活性单元(如酶、抗体、核酸、细胞等)作为生物敏感单元,对被测物具有高度选择性的检测器,因其具有选择性好、灵敏度高、分析速度快、成本低的特点,能在复杂的体系中进行在线连续监测,实现高度自动化、微型化与集成化,使其在近几十年获得蓬勃的发展,已成为世界科技发展的新热点,成为 21 世纪新兴的高技术产业的关键组成部分,具有重要的战略意义。

近年来,DARPA 对于生物传感器的投入占比始终位居前列。从经费配比来看,2020—2024 财年投入总预算最高的前 5 项为网络中心战技术、电子技术、国防研究科学、信息与通信技术、材料和生物技术,分别为 3357.41 百万美元、2123.04 百万美元、2017.39 百万美元、2002.83 百万美元和 1488.96 百万美元,该 5 项预算投入和占总预算的 59.15%。从预算增长趋势来看,2020—2024 财年增长最迅速的前 5 项为先进电子技术、传感器技术、电子技术、网络中心战技术、指挥控制和通信系统,分别为 136.84%、126.89%、84.84%、71.63% 和 42.35%。从预算增速比角度看,2020—2024 财年,先进技术开发最重要的两个领域分别为先进电子技术、传感器技术,应用研究最重要的两个领域为电子技术、材料和生物技术。由此可见,基础研究最重要的领域依旧是国防研究科学,其中 DARPA 一直非常重视生物技术、传感器技术的前沿发展。

（二）DARPA 持续推进生物传感器项目

1. "先进植物技术"项目

获取及时、精确的信息是军队的一个持续需求,随着技术的快速发展,美军对信息的需求更加迫切,监控各种分散式活动的挑战更为严峻,而传统军用传感器已无法充分满足上述需求。

2017 年,美国提出"先进植物技术"(APT)项目,旨在将植物打造成侦察兵,形成服务于美军的植物传感器,它们既是美军的探测器,又是树木,在自然环境中可以自给自足,并可以与美军的态势感知系统联网,一劳永逸地进行远程监控。这种植物"尖兵"具有自持能力、隐蔽性强、易于分布等特点。

2. "持久性水生生物传感器"项目

无处不在、自我复制、自我维持的海洋生物对环境具有很强的适应能力和高度响应能力,而海洋硬件属于资源密集型,部署成本高,感知方式相对有限。

2018 年美国开展为期 4 年的"持久性水生生物传感器"(PALS)项目,目的是利用海洋生物的灵敏感知能力可产生一套谨慎、持续和高度可扩展的解决方案,在具有挑战性的水下环境中进行持续态势感知。

2019 年美国海军利用黑鲈、伊氏石斑鱼(一种巨型石斑鱼)、鼓虾等海洋生物打造成水底传感网络。伊氏石斑鱼可发出人耳能够听到的隆隆的声音,如果一艘路过的潜艇打扰到了石斑鱼,就会让它发出这样的"叫声"。不管潜艇静音性能再怎么好,石斑鱼发出的声音都会被水下装置监听到。

3. Tellus 项目

基于以上技术的开展与实施,美军已不再满足将陆地植物和水下生物作为监测手段,直接将目标改为微生物。微生物具有以下特点:个体微小;繁殖快;代谢类型多、活性强;分布广泛;局部环境中数量众多;易变异、遗传多样性丰富等。2023 年 DARPA 启动 Tellus 项目,利用细菌、真菌和微藻等微生物作为间谍,监测目标方的各种元素物质、光、电流和磁场等信号,并在发现目标方活动时向美军发出警报。这些微生物间谍可以在各种极端环境中生存,不需要外部电源或维护,而且难以被发现或干扰。由此研制的微生物传感器具有成本较低、便于隐藏、使用寿命长、再生性强、全域分布等优势,该类型传感器的研制对于推动战场环境感知装备的升级具有重要意义。

具体而言,Tellus 项目试图确定微生物设备可以检测到的化学和物理信号的范围、可以容忍的环境条件以及可以产生的输出信号的类型。计划开发的微生物设备必须能够将检测到的信号转换为各种物理或化学输出信号,包括光、无毒有机化合物或电流,并通过传统的接收器系统(例如光电、光子、成像、电极)进行测量。此外,Tellus 项目还将评估多种不同环境和条件下的传感器功能。由于对化学品、污染物或不断变化的条件进行远程环境监视是国家安全关注的领域,因此能够检测多种类型输入目标、远距离中继转发各种输出信号以及长时间无人操作运行的微生物传感系统。DARPA 将使用特定参数测试新的使用设备可以多快完成设计、制造和测试,并最终设想了一个仪表板或界面,用户可以键入环境特征、想要检测的输入以及对他们有用的输出信号,系统将据此设计一种安全、有效的微生物设备来满足这些需求。

该项目已经列入 BAA,美国希望在 2.5 年内研制出原型微生物设备,并能够快速设计和部署新的设备,以应对不同的环境监测需求。此外,鉴于对化学品、污染物或变化条件的远程环境监视是国家安全利益重要领域,微生物感知系统必须能够检测多种类型输入目标、远距离中继各种输出信号,并且可长时间无人值守运行。

>>> 三、项目优势

（一）微生物传感器的全域性为环境监测提供极大便利

众所周知，微生物的生命力极强，可适应的环境遍布地球各个角落，具有极强的抗热、抗寒、抗盐、抗干燥、抗酸、抗碱、抗缺氧、抗压、抗辐射及抗毒物等能力。因此，从10000 米深、水压高达 1140 个大气压的太平洋底到 8.5 万米高的大气层，从炎热的赤道海域到寒冷的南极冰川，从高盐度的死海到强酸和强碱性环境，都可以找到微生物的踪迹，由于微生物只怕"明火"，因此地球上除活火山口以外都可以是微生物的生存环境，可以说微生物是全域式分布。假设正在监测项目研制的微生物传感器的生存环境被改变，微生物传感器可能将会发光、产生化学反应等。例如，某国将反应堆建在湖边，利用湖水冷却反应堆，可以在湖泊中植入微生物传感器，如果湖泊温度上升，那么这些微生物就会排出甲烷，美军通过遥感卫星就可以探测到甲烷的排放，进而达到预警的目的。

（二）微生物传感器的隐蔽性为环境监测提供必要条件

近期研究发现，细菌、真菌、微藻等微生物有望检测不同类型的输入信号，包括毒性或放射性物质、重金属污染物等化学效应，或者光、电流、磁场等物理效应。微生物还可产生化学和物理输出信号以响应相关输入，其中：化学信号包括有毒或放射性物质以及重金属污染物；物理信号包括光、电流和磁场。一旦微生物检测到一种活动，它们就可以输出自己的化学或物理信号，包括"轻质、无毒的有机化合物或电流"。微生物可以生活在各种环境中，且因其自身形态隐蔽性强而很难被识别发现，可做到长期隐蔽性监测。

（三）微生物传感器自供能为超长环境实时监测提供可能

微生物传感器作为一种隐形间谍手段，优势显而易见，可自供能，不需要外部电源，甚至不需要关注或护理，具有检测并转换信号、自供能以及环境韧性等特性，可以补充其他感知方法。一旦对手进行某种活动，这些微生物将打破休眠状态并发出秘密信号，这些可能的敌方情况包括坦克越境、核电站启动等。同时，该互补性传感器将以高空间分辨率监视关键环境或重要情况，减少电力和后勤负担，在进一步提升检测能力的同时，显著降低人员的潜在风险。

>>> 四、影响和意义

（一）谋求战争指挥控制决策优势

这是美国在继 2017 年"先进植物技术"、2018 年"持久性水生生物传感器"后,将打造目标由陆地植物、水下生物直接转向微生物,并着重于开发方法,以便能够快速设计用于环境监测的灵活、稳健、可靠和耐用的微生物传感器。利用微生物天生隐蔽性做到隐形感知。全域分布是本项目最大的优势,不管被监测方躲在山洞,还是潜入海里,微生物无孔不入,无处不在,先行利用微生物的全域感知能力,摸清对手潜藏的战略武器、雷达装备等无疑可以为战场指挥控制形成决策优势。

（二）推进作战能力基础建设

DARPA 在水下无人系统、水下态势感知、水下与跨域通信等领域密集开展多个项目,积极推进美军的水下作战能力建设。可以推断,美军在这一方面正在推进且全面布局,为避免以美军为首的军事强国制造新的技术垄断,我方应在生物监测领域统筹布局,有针对性地发展"微生物反间谍"技术,加强区域反监测和反制能力等的军事部署和行动,提高自己的警惕和戒备,以期在态势感知领域占领技术优势,为武器装备迭代升级提供基础优势。

（三）规避危险保障士兵安全

人为监测或者利用动植物监测对于放射性或电磁辐射都存在局限性,士兵需要实时监测武器装备的动态或者对方活动,这种危险性不言而喻。放射性物质、电磁辐射等都会大量出现,暴露所带来的风险直接危及士兵生命安全,因此利用微生物作为感知前端,在保障了全域感知的同时可以最大限度地保障士兵的生命安全。

（中国电子科技集团公司第四十九研究所　刘潇潇　傅　巍　马丽娜）

全球 12 英寸硅片技术和产业发展现状分析

据 Knometa 研究机构预测,2023 年全球将有 13 座新的 12 英寸硅晶圆厂上线投产,用于生产高级逻辑芯片和功率器件,从而使全球 12 英寸晶圆厂总数量上升至 180 座,12 英寸晶圆产能超 800 万片/月。随着全球 12 英寸半导体晶圆厂产能的持续扩张,带动了上游硅片市场景气度不断提升,12 英寸硅片行业呈现出供不应求,量价齐升的局面。

》》》 一、研究背景

半导体硅片作为半导体产业链的起点,直接影响半导体芯片的制造质量,是半导体产业链中基础且关键的一环,对一个国家的半导体产业发展起着举足轻重的作用。在当前中美科技战的大环境下,实现半导体硅片产业的自主可控尤为重要。

半导体硅片按尺寸可分为 4 英寸、6 英寸、8 英寸和 12 英寸硅片等,为了降低生产成本(晶圆尺寸越大,可生产的芯片数量更多,单个芯片成本越低),半导体硅片不断向大尺寸方向发展,从早期的 4 英寸和 6 英寸发展至目前的 8 英寸和 12 英寸。

如表 1 所列,12 英寸硅片主要面向 3~90nm 的先进制程,用于存储、逻辑、CIS 以及车用功率等芯片制作,应用领域主要为智能手机、PC/平板、服务器、电视/游戏机等。在人工智能(AI)、高性能运算(HPC)、5G、汽车电子、物联网等新需求牵引下,12 英寸硅片产业持续快速发展。从目前来看,12 英寸硅片在半导体硅片中的占比正不断提升,2022 年,全球硅片出货面积达 147.1 亿平方英寸,其中 12 英寸硅片出货面积占比约 70%。

表 1　全球 12 英寸硅片制程和应用

硅片	制程	应　　用
12 英寸硅片	5nm	高端智能手机处理器(苹果 A14)
	7~14nm	高端智能手机处理器、高性能计算机
	20~22nm	DRAM、NAND Flash 存储芯片、中低端处理器芯片、影像处理器、数字电视机顶盒等
	28~32nm	Wi-Fi、蓝牙、存储芯片、FPGA 芯片等
	45~65nm	主要用于性能需求较低、对成本和生产效率要求较高的领域,如手机基带、Wi-Fi、GPS、蓝牙等
	65~90nm	模拟芯片、功率器件、物联网 MCU、射频芯片等

　　由于我国 12 英寸半导体硅片技术研发起步晚,技术和资金壁垒高,目前主要依赖国外进口,国产化率较低(约 10%)。随着国际环境不断恶化,美国对我半导体制裁不断加剧,国内 12 英寸半导体硅片的供应安全问题日益严峻,亟需产业链的自主可控和产品的国产替代。

》》》二、关键技术和难点

　　目前 8 英寸半导体硅片制造技术已相对成熟,与 8 英寸硅片相比,12 英寸硅片材料的单晶微缺陷、平整度、表面颗粒物、表面沾污等技术指标要求更高,生产工艺更为复杂。同时,随着芯片制程向 7nm、5nm 乃至 3nm 挺进,芯片制造工艺对硅片缺陷尺寸与缺陷密度容忍度更低,对半导体硅片的技术指标控制越严格,这些对半导体硅片厂商的技术研发水平提出更高要求。8 英寸、12 英寸硅片关键技术如表 2 所列。

表 2　8 英寸和 12 英寸硅片关键技术对比

对比项目	8 英寸硅片	12 英寸硅片
关键技术	晶体生长热场模拟及设计术; 晶体生长掺杂及缺陷控制术; 硅片热处理及薄膜生长技术等	热场设计技术(消除晶体原生缺陷) 单晶缺陷的控制技术; 单晶体金属控制技术; 硅片表面机械损伤的控制技术; 硅片边缘局部平整度控制技术; 硅片倒角控制技术; 硅片表面金属污染控制技术等
关键技术指标	局部平整度:90~250nm 控制最小颗粒尺寸:90~250nm 表面金属沾污:$<1\times10^{10}$ 原子/cm^2 氧含量:8~17.5ppma	局部平整度:<70nm 纳米形貌(2mm×2mm)<9nm 控制的颗粒尺寸(26nm):<50 个 表面金属含量:$<1\times10^7$ 原子/cm^2 体金属含量:$<1\times10^9$ 原子/cm^2 氧含量:5~8ppma
投资规模	3.85 亿元/10 万片/月	约 16 亿元/10 万片/月

此外,12 英寸硅片厂商还需面对设备精度要求更高,生产投资更大,产品验证周期长等行业壁垒。以验证周期为例,晶圆生产商对硅片质量有着严苛的要求,硅片加入晶圆制造商的供应链需要经历较长的时间,对于新供货商最短的周期也要 9~18 个月,终端用于航空航天、汽车电子等领域的半导体硅片认证周期通常是 3~5 年。

这些行业壁垒使 12 英寸半导体硅片行业整体呈现出高度集中、巨头垄断的特点,也是我国产业发展必须逾越的难题。

》》》三、全球行业发展现状

（一）全球市场需求巨大,行业高度集中

12 英寸硅片市场需求持续增长。12 英寸硅片下游用户主要是台积电、英特尔等晶圆大厂,据国际半导体产业协会(SEMI)预计,2026 年全球 12 英寸晶圆厂产能将从 2022 年的约 800 万片/月增加至 960 万片/月,并带动整个 12 英寸硅片产业发展。2023 年,受俄乌冲突和行业周期下行影响,半导体硅片出货同比有所下滑。但随着晶圆厂持续扩产,长期来看半导体硅片需求仍保持增长。

12 英寸硅片行业高度集中,5 大厂商垄断市场。在较高技术和专利壁垒下,12 英寸硅片关键技术主要掌控在日本信越化学、日本胜高、中国台湾环球晶圆、德国世创和韩国 SK Siltron 等 5 家国际大厂手中,其全球市场总占有率超 90%,整个行业呈现巨头垄断的局面。

随着近几年 12 英寸晶圆厂扩产潮的到来,5 大厂商纷纷通过产能扩张(表3)和签订长期供货协议(LTA)等方式绑定客户和产能,相关订单甚至已排到 2026 年。如信越化学的 LTA 长约率高达 90%,未来 5 年产能已被订满。

表 3 5 大厂商 12 英寸硅片产能和扩产情况

厂商	扩产资金	扩产产能	出货时间	主要客户
日本信越	6 亿美元			英特尔、台积电、三星等
日本胜高	227 亿美元	60 万片/月	2023—2024 年	三星、英特尔、台积电等
德国世创	20 亿欧元（约 21 亿美元）	30 万片/月	2024 年	英特尔、美光、三星、中芯国际等
中国台湾环球晶圆	36 亿美元	120 万片/月	2023—2025 年	台积电、英特尔、三星等
韩国 SK Siltron	1.05 万亿韩元（约 7.8 亿美元）	25 万片/月	2024 年	三星、SK 等

（二）我国 12 英寸硅片市场前景广阔，行业发展迅速

国内市场需求强劲，进入"大硅片扩产潮"。我国 12 英寸晶圆厂商主要包括中芯国际、华虹、华润微、士兰微、闻泰、长江存储等，共有 23 座 12 英寸晶圆厂正在投产（包括内外资企业），主要针对 28～180nm 成熟工艺制程。根据中泰证券发布研报表示，2022 年国内 12 英寸硅片月需求量约 140 万片，预计到 2025 年将达到 250～300 万片，市场潜力巨大。

国内行业火热，发展迅速。在全球 12 英寸硅片供需紧张，产能售空、价格上涨的大环境下，沪硅产业、立昂微、奕斯伟等国内硅片生产企业，抓住发展机遇，加快关键技术突破和产业化进程，并实现了 12 英寸硅片国产化率"零"的突破。同时，随着 12 英寸大硅片需求持续拉升，国产硅片厂商也进入了"大硅片扩产潮"，纷纷扩建扩产，目前已有产能超 150 万片/月，预计到 2025 年国内 12 英寸硅片总产能将近 400 万片/月，行业十分火热。

》》》 四、国内 12 英寸硅片企业竞争格局

（一）企业竞争格局

国内 12 英寸半导体硅片相关企业主要包括：沪硅产业旗下上海新昇、立昂微旗下衢州金瑞鸿和嘉兴金瑞鸿、TCL 中环旗下中环领先、西安奕斯伟、上海超硅、山东有研硅旗下有研艾斯等。上海新昇、立昂微等已实现 12 英寸硅片产品的量产出货，但正片销售率较低，预计不超总需求量的 10%。

上海新昇：是国内规模最大量产 300mm 半导体硅片正片产品公司，实现了 14nm 及以上节点的逻辑、存储、图像传感器（CIS）等应用全覆盖，产能利用率持续攀升，累计出货超过 800 万片。目前已有产能达 37 万片/月，规划总产能 60 万片/月。

奕斯伟：专注于半导体级 12 英寸硅单晶抛光片及外延片的研发与制造，是目前国内少数能量产 12 英寸大硅片的半导体材料企业。2023 年初总产能已达 36 万片/月，规划总产能 100 万片/月。

衢州/嘉兴金瑞鸿：立昂微旗下子公司衢州金瑞鸿重掺 12 英寸外延片已成功打入中芯国际、华虹宏力等国内一线晶圆厂供应链，2022 年底 12 英寸外延片出货接近 6 万片/月，仍处于产能爬坡中。嘉兴金瑞鸿目前技术能力已覆盖 14nm 以上技术节点逻辑电路和存储电路，已有产能 15 万片/月，规划总产能 65 万片/月。

中环领先：2022 年，中环领先 12 英寸出货量较小，尚处于验证阶段。2023 年 1 月，中

环领先收购徐州鑫芯半导体科技有限公司，收购完成后，产能将达 130 万片/月。

有研艾斯：有研半导体硅材料股份公司是国内最早从事半导体硅材料研究的骨干单位。子公司有研艾斯主要从事集成电路用 12 英寸硅片的研发、生产和销售。2023 年 10 月，12 英寸集成电路用大硅片生产线通线投产，产能 10 万片/月。

从目前来看，上海新昇和西安奕斯伟处于第一梯队；嘉兴金瑞鸿微电子（立昂微）、宜兴 TCL 中环处于第二梯队；上海超硅、山东有研艾斯（有研硅）等处于第三梯队。

（二）最新进展

2023 年，我国 12 英寸硅片企业在产能提升、正片销售与客户认证等方面快速推进。其中上海新昇在国内 12 英寸硅片厂商中优势明显，2022 年营收达 14.7 亿元，出货量达 300 万片/年，收入同比增加了 45.95%，目前已成为国内规模最大量产 12 寸半导体硅片正片产品，且实现了逻辑、存储、图像传感器（CIS）等应用全覆盖的半导体硅片公司，技术水平位于国内前列。

奕斯伟、TCL 中环等其他厂家也在产能建设、产品验证和量产出货方面积极推进，2022 年国内厂商最新产能和出货情况如表 4 所列，产能不断提升。

表 4　国内硅片厂商 12 英寸硅片最新产能和出货情况

公司	主营产品	现有产能（万片/月）	规划总产能（万片/月）	2022 年营收	2022 出货量	主要用户
上海新昇	抛光片、外延片	37	60（2023 年）	14.7 亿元	304 万片	台积电、中芯国际、华虹、长江存储等
奕斯伟	抛光片	36	100（2026 年）	4.67 亿元	未披露	西安三星等
衢州金瑞泓	外延片	15	25（2025 年）	<5 亿元	约 70 万片	华润微、上海先进、中芯国际、士兰微
嘉兴金瑞泓	抛光片、外延片	在建	40			
中环领先	抛光片	30	130	未披露	未披露	三星、海力士
上海超硅	抛光片	30	60	未披露	未披露	台积电、恩智浦、联电、中芯国际、华虹、华润微
有研艾斯	抛光片	10	20			华润微、士兰微、华微、中芯国际、台积电
中欣晶圆	外延片（外购硅单晶）	10	30	未披露	送样阶段	台积电、士兰微、长江存储、长鑫存储
郑州合晶	外延片	2	5	未披露	未披露	台积电等
中欣富乐德项目	抛光片	在建	30			

》》》五、结论

12 英寸硅片领域战略意义凸显,已成为美国打压我国的抓手之一。 美国希望通过《2022 年芯片与科学法案》,巩固其全球半导体主导地位。通过组建"芯片四方联盟",制定"芯片出口管制协议",联合日本、韩国及欧盟国家等,对我国先进半导体技术发展形成围堵打压之势。作为产业链上游的 12 英寸硅片已经成为半导体技术和产业发展的主要表征项。

当前国内晶圆大厂正积极应对,全力突围,已实现先进制造技术的重大突破,目前已成功进入 14nm 乃至 7nm 先进制造阶段,12 英寸晶圆产能提升至 140 万片/月。然而,晶圆厂所需 12 英寸硅衬底材料却严重依赖日本、韩国等国外进口,国产化率较低,一旦美国对高端 12 英寸硅片实现禁售政策,将极大影响我国集成电路产业的整体发展。因此,12 英寸硅片已成为具有国家战略意义的新关键领域,必须实现自主可控发展。

我国 12 英寸硅片产业处于成长期,竞争与危机并存。 2020 年以来,全球 12 英寸硅片市场一片繁荣,带动了我国 12 英寸硅片行业的快速发展,沪硅产业、奕斯伟、立昂微和 TCL 中环等企业纷纷加大投入,扩充产能,目前已有产能超 150 万片/月,规划产能已超 300 万片/月,但目前整个行业的正片出货量却较低,多数企业以测试片出货,尚未得到国内晶圆大厂的认可。究其原因:一方面是国内 12 英寸硅片技术水平较国际大厂还有一定差距,尤其是 14nm 及以下先进集成电路用硅片的质量不高,稳定性不好,无法通过晶圆厂的认证;另一方面是半导体硅片的验证周期较长,许多厂家的产品还处于验证期。产能扩张下,一旦国内市场需求饱和,且无法形成较强竞争力,将可能导致产能过剩等问题。

产业链上下游联动是实现 12 英寸硅片全"国产化"的重要途径。 目前美国尚未对 12 英寸硅片技术和产品实行封锁禁售政策,国内晶圆大厂的国产替代意愿还不明显,设备和原材料的"国产化"需求还未显现。但纵观国际局势,美国对我国先进集成电路领域打压不遗余力,必须未雨绸缪,加快我国 12 英寸硅片的自主可控发展,这需产业链上下游共同努力,尽快实行从设备、原材料到晶圆制造应用的全产业链国产化发展。

(中国电子科技集团公司第十三研究所　赵金霞)

2023 年国外电子基础领域大事记

世界首台芯片级掺钛蓝宝石激光器研制成功　　1 月，美国耶鲁大学研究人员开发出首台芯片级掺钛蓝宝石激光器，它提供了芯片上迄今看到的最宽增益谱以及较低的阈值。这项突破为许多新的应用铺平了道路，包括原子钟、便携式传感器、可见光通信设备甚至量子计算芯片在内的受功耗或空间大小限制的应用。

美国 DARPA 研究用于三维异构集成的微型集成热管理系统　　1 月，DARPA 宣布推出"用于三维异构集成的微型集成热管理系统"（Mini Therms 3D）项目，旨在从多个角度解决制约微电子性能的散热问题。如果成功，将实现无数高功率、多层三维异构集成（3DHI）应用。对于美国国防部来说，这可能包括为无人驾驶飞行器平台进行先进、同步雷达处理，以及在移动和边缘进行高速、大量的数据分析。

美国新型 EUV 激光束面世，峰值功率接近兆瓦　　3 月，由美国科罗拉多大学实验天体物理联合研究所（JILA）领导的研究小组通过发射飞秒激光并使之穿过充满气体的波导，成功地生成了非常紧凑、功率强大的极紫外辐射（EUV）光束。新型光束的峰值功率接近兆瓦，产生纳米级的光波，整个设备可以放在一个中等大小的桌子上。

世界各国积极布局半导体产业发展　　3 月，韩国通过"K-Chips 法案"，将大型芯片企业的税收减免从 8% 提高到 15%，中小型企业的税收减免从目前的 16% 提高到 25%。4 月，欧盟批准《欧盟芯片法案》，9 月正式生效，旨在增强欧盟的芯片制造能力，解决供应链安全问题，确保技术领先优势。同月，日本公布《半导体·数字产业战略》修正案，计划到 2030 年将半导体和数字产业的国内销售额提高至目前的 3 倍，超过 15 万亿日元。5 月，英国发布《国家半导体战略》，旨在通过聚焦英国在半导体设计和 IP 核、化合物半导体及研发创新体系三个方面拥有的优势，确保未来半导体技术领先地位。8 月，美国《芯片与科学法》实施一周年，吸引商业投资超 1660 亿美元。10 月，俄罗斯公布芯片发展"路线图"，计划 2026 年实现 65 纳米制程工艺，2027 年实现 28 纳米本土芯片制造，2030

年实现 14 纳米本土芯片制造。世界各国积极布局半导体产业,试图在这一领域取得领先地位,争夺全球市场份额,全球半导体产业的未来将更加多元化。

美国发布《微电子和先进封装技术路线图》报告　　3 月,美国半导体研究联盟在美国商务部国家标准与技术研究院资助下编制并发布《微电子和先进封装技术路线图》报告,从生态系统、系统架构和应用、系统集成和基础微电子 4 个层面,规划并梳理核心关键技术和培育专业人才队伍所需的步骤,以确保未来美国在设计、开发和制造异质集成系统级封装(SiP)方面的创新能力。

美国"先进异构集成封装"项目交付首批器件　　4 月,英特尔公司和威讯联合半导体公司(Qorvo)向 BAE 系统公司交付了"先进集成异构封装(SHIP)"项目的首批器件,包含数字器件 MCP-1 和射频器件 MCM-1,这标志着该项目取得了里程碑式进展。

美国二维材料低温快速生长工艺获得突破　　4 月,美国麻省理工学院 Jiadi Zhu 团队提出了将二维材料直接集成在硅芯片顶部的快速低温生长工艺。该工艺使用新型金属有机化学气相沉积炉,将分解钼前驱体的低温区与分解硫前驱体的高温区分开,使二硫化钼在低温区生长。生成的二硫化钼薄膜材料质量高、缺陷少、电性能好,在晶圆上表现出良好的材料和电均匀性。该工艺可在 300℃ 下,不到 1 小时就在 8 英寸晶圆上生成均匀的二维材料。

德国和荷兰的联合研究团队首次实现量子光源完全"片上化"　　4 月,由德国汉诺威莱布尼茨大学、荷兰特文特大学和荷兰光量子技术初创公司 QuiX 组成的国际研究团队宣布开发出一种完全集成在芯片上的纠缠量子光源。整个光源可装在一个比 1 欧元硬币还小的芯片上,高效稳定,可应用于驱动量子计算机或量子互联网。即使在室温下,使用这种光子系统也可以实现量子优势。

日本经济产业省公布《半导体·数字产业战略》修正案　　4 月,日本经济产业省公布《半导体·数字产业战略》修正案,设定到 2030 年将半导体和数字产业的国内销售额提高至目前的 3 倍,超过 15 万亿日元(约合人民币 7760 亿元)的目标。为达成这一目标,将需要官方和民间追加约 10 万亿日元投资。

美国雷声公司推出基于人工智能的光电传感系统 RAIVEN　　4 月,雷声公司在多光谱瞄准系统传感器的研制基础上,推出了一种具备光电智能传感能力的传感系统 RAIVEN,具备比以往更强的任务通用性,旨在帮助飞行员更快、更精确地识别威胁,为作战人员的决策提供一定程度的自动化,并大幅减少工作量。

法国泰雷兹公司新研发两种适用于空间探测的 32GHz 新型行波管　　4 月,泰雷兹公司研发了频率 32GHz、带宽 0.5GHz 的两种新型行波管,功率分别是 70W 和 150W,以用于深空探测,首批样机已经获得了良好的电性能。这两款行波管频段为 31.8 ~ 32.3GHz,使用了相同的金属结构电子枪。

欧盟批准《欧盟芯片法案》,将提供 430 亿欧元补贴　　4 月,欧盟批准《欧盟芯片法案》，将为半导体产业提供 430 亿欧元的补贴，旨在到 2030 年将欧盟在全球芯片产量中的份额翻一番，达到 20%。欧盟委员会最初提案只资助尖端芯片工厂，但欧盟各国政府和立法者已经扩大补贴覆盖范围，以涵盖整个半导体价值链，包括较成熟的芯片研发制造，还将发力云上设计、先进试验线、量子芯片、人才培养等方面。

美国科学家首次实现电驱动胶体量子点激光光放大　5 月，美国洛斯阿拉莫斯国家实验室成功利用基于溶液铸造半导体纳米晶体（又称"胶体量子点"）的电驱动装置实现了光放大。该方法有助于解决在同一硅芯片上集成光子和电子电路的长期挑战，并推进许多其他领域的应用，如从照明和显示到量子信息、医疗诊断和化学传感。

韩国发布"半导体未来技术路线图"　5 月，韩国科学与信息通信技术部发布"未来半导体技术路线图"，提出未来 10 年确保在半导体存储和晶圆代工方面实现"超级差距"，以及在半导体领域拉开新差距的目标，并成立了由三星、SK 海力士等企业为代表组成的未来半导体技术公私合作咨询机构。该路线图主要涉及的 45 项核心技术包括新型存储器及下一代设备、人工智能、第 6 代移动通信、汽车半导体、先进封装等。

新加坡国立大学开发出用于 3D 场景构建的新型光场传感器，具备前所未有的角度分辨率　5 月，新加坡国立大学研发了一款 3D 成像传感器，具有极高的角度分辨率，即光学仪器区分物体点之间小角距离的能力，达到 0.0018 度。这种创新型传感器采用独特的角度到颜色转换原理，使其能够探测 X 射线至可见光光谱范围内的 3D 光场。与微透镜阵列等其他光场传感器相比，新型光场传感器具有更大的角度测量范围、更高的角度分辨率以及更宽的光谱响应范围，成本更低，可在虚拟现实、自动驾驶汽车以及生物成像等更先进的应用进行精确的 3D 场景构建。

英国宣布与日本建立半导体合作伙伴关系　5 月，英国首相表示，将宣布与日本政府建立"半导体合作伙伴关系"，包括"雄心勃勃的研发合作和技能交流"、加强政府各部门合作以及增强供应链的韧性。据悉，该协议将成为英国和日本之间更广泛的"广岛协议"的一部分，其中涉及更密切的经济、安全、能源和技术合作。此外，英国近期还将公布其芯片行业的发展计划，包括政府在中期支出 10 亿英镑用于支撑从智能手机到汽车的所有现代技术芯片。

美国 DARPA 发布高运行温度传感器计划　5 月，DARPA 发布高运行温度传感器（HOTS）计划，旨在开发能够在极端温度下进行高带宽、高动态范围传感的微电子传感器技术。HOTS 计划希望利用新兴材料技术、制造技术以及为新型晶体管和传感器提供信息的集成技术组合，作为传感器模块的潜在开发理念。

美国英特尔公司发布首款硅自旋量子比特芯片　6 月，英特尔公司发布了 Tunnel Falls 量子芯片，每片 Tunnel Falls 芯片包含 12 个硅自旋量子比特，该芯片在英特尔制造工厂中生产，利用了该公司最先进的晶体管工业化制造能力，如极紫外光刻技术（EUV）、栅极和触点加工技术等。硅自旋量子比特比其他量子比特更有优势,可基于成熟工艺进行制造,大小与一个晶体管相似,比其他类型的量子比特小 100 万倍。未来该芯片将提供给美国量子研究机构和大学使用,以推动量子技术的发展。

美国 DARPA 发布加速开发可调谐光学材料计划　6 月,DARPA 发布加速开发可调谐光学材料(ATOM)计划。该材料的折射率具有较大的可调节性,能够使固态材料在多个光谱范围内根据需要进行光学调谐,可以与传统的铸造工艺相结合进行生产,而无需物理过滤或机械输入。

美国 Zepsor 公司商业化"事件驱动型"零功耗红外传感器　6 月,美国 Zepsor 公司设计并开发了一种无源 MEMS 传感器,能够检测人体产生的热能,在不需要任何供能的情况下激活自身及其他电子设备,实现了零功耗下的"永久在线"传感,以及其他电子设备的"事件驱动型"唤醒,得到了包括 DARPA、美国国土安全部在内的广泛孵化支持。

美国微芯公司推出了 5071B 新型铯原子钟　6 月,美国微芯公司推出了 5071B 新型铯原子钟,可为电信、数据中心、计量、航空和国防等多个行业提供持久且精确的授时和频率解决手段。该原子钟未来可有效支撑军用雷达的快速部署和外部同步源的标校、小频段卫星通信用户的广播和传输以及基于空中交通管制的精密定位。

美国 DARPA 推出"下一代微电子制造计划"　7 月,DARPA 推出"下一代微电子制造"(NGMM)计划,包括 0、1 和 2 三个阶段。第 0 阶段将确定制造代表性的三维异构集成(3DHI)微系统所需的软件和硬件工具、工艺模块、电子设计自动化工具以及封装和组装工具。第 1 阶段将研究国防和商业公司的异构互连组件,包括化合物半导体、光子学与微机电系统、电源、模拟、射频、数字逻辑和存储器等。第 2 阶段将致力于优化 3DHI 流程,提高封装自动化能力,并与其他微电子组织合作研究。目前该计划已完成第 0 阶段,遴选出 11 家机构共同开展基础研究工作。DARPA 认为,这是美国在未来尖端微电子领域领先的机会,通过该计划进一步推动美国微系统技术创新。

加拿大科研团队研制出可见光飞秒光纤激光器　7 月,加拿大拉瓦尔大学的科研团队研制出世界上第一台可在电磁光谱的可见光范围内产生飞秒脉冲的光纤激光器,这种能产生超短、明亮可见波长脉冲的激光器可广泛应用于生物医学、材料加工等领域。

加拿大开发出首台可见波长飞秒光纤激光器　7 月,加拿大拉瓦尔大学科学家开发出首台可在电磁光谱的可见光范围内产生飞秒脉冲的光纤激光器。该激光器基于镧系元素掺杂的氟化物光纤,能发射 635 纳米的红光,实现了持续时间 168 飞秒、峰值功率 0.73 千瓦、重复频率 137 兆赫兹的压缩脉冲,可广泛应用于生物医学、材料加工等领域。

美国 DARPA 宣布进入"电子复兴计划"2.0 时代　8 月,美国国防高级计划研究局(DARPA)举办第 5 次"电子复兴计划"峰会,全面总结了计划取得成就,并正式宣布计划进入"电子复兴计划"2.0 时代(ERI 2.0)。这一阶该计划于 2017 年启动,实施 5 年来累计投资超15亿美元,推动三维异构集成电路设计、芯粒级片上集成技术架构、封装内光互联技术等取得重要突破,"近零功耗射频与传感器"等项目成果成功转化应用,美国半导体产业链本土生态圈构建成效显著。2023年,DARPA开始布局ERI 2.0,目标是通过重新定义微电子制造过程,重塑美国国内微电子制造业。

美国首次实现在单个芯片上集成激光和光子波导　　8月,美国研究人员首次将超低噪声激光器和光子波导集成到单个芯片上,使在单个集成设备中使用原子钟和其他量子技术进行高精度实验成为可能。研究人员通过测量光子芯片的噪声水平,利用该芯片创建一个可调谐微波频率发生器,"迈出硅上复杂系统和网络的关键一步",目前测试结果令研究人员十分满意。此类光子芯片有助于开展更精确的原子钟实验,减少对巨型光学工作台的需求。

德国开发出全球首个接近无限续航的固态电池　　10月,德国高性能电池技术公司(HPB)宣布开发出一种可批量生产的新型固态电池,在电池中加入新的混合成分,阻止了传统锂离子电池的老化过程,具有寿命长、能效高、安全可靠、环保等优点。该公司称,这款新电池无论使用多频繁,内阻在整个寿命期间基本保持不变,其性能在几十年后也不会降低。目前这款电池已通过第三方机构测试,在经过1.25万次充电循环后性能没有任何下降。

日本研发出半导体材料氧化镓的低成本制法　　10月,日本东京农工大学与日本酸素控股株式会社合作,开发出新一代功率半导体"氧化镓"的低成本制法,将氧化镓晶体的生长速度提高至每小时约16微米,达到原来的约16倍。该方法属于"有机金属化学气相沉积(MOCVD)法",在密闭装置内充满气体状原料,可在基板上制造出氧化镓的晶体,可减少设备维护频率,降低运营成本。该方法与现有的"氢化物气相外延(HVPE)法"相比,可制作更高频率器件。

美韩联合研究团队实现二维电子器件的三维集成　　11月,美国和韩国研究人员组成的联合研究团队成功将分层的二维电路单片堆叠集成为三维硬件,用于执行人工智能运算。这种集成芯片比传统的横向集成芯片具有更多优势,如减少处理时间、优化功耗和延迟、缩小设备的占用空间,可以显著扩展人工智能系统的能力,使其能够更快速和准确地处理复杂任务。该技术有望应用于自动驾驶汽车、医疗诊断和数据中心等领域,提供更多灵活、功能齐全的设备解决方案。

瑞士研发出新型二维半导体,可集成数千个晶体管　　11月,瑞士洛桑联邦理工学院研究团队研发出新型二维半导体,可集成数千个晶体管。该研究团队将1024个元件集成到一个一平方厘米的芯片上,其中每个元件包含一个二硫化钼晶体管和一个浮动栅极。二硫化钼薄膜因其"二维"半导体的特性而突破晶体管微缩化的瓶颈,构筑出速度更快、功耗更低、柔性透明的新型芯片。未来,该研究有望应用到耗电极低、可穿戴且随意弯折的芯片和显示屏。

网信前沿技术领域

网信前沿技术领域年度发展报告编写组

主　　编：秦　浩

副 主 编：栾　添　王武军　张雪松　袁　野
　　　　　刘林杰

撰稿人员：（按姓氏笔画排序）

王惠倩　王　焱　卞颖颖　兰　青

伍尚慧　华松逸　刘　兴　刘　灿

刘　娣　刘　菁　杜神甫　李　川

李华贵　吴永政　何少坤　汪　士

宋贺良　张映昀　张婧睿　赵　玲

柳　扬　禹化龙　姚雨晴　秦　浩

袁　野　柴继旺　栾　添　陶　娜

彭玉婷　韩顺利　温佳旭　薛广太

魏艳艳

审稿人员：邵培南　全寿文　张　帆　肖晓军

陈鼎鼎　张春磊　霍佳家　王　煜

秦　浩　姚雨晴　崔开颜

网信前沿技术领域分析

2023 年网信前沿技术领域年度发展综述

2023 年,科技创新日新月异,以人工智能、量子信息、下一代无线、先进计算、大数据为代表的网信前沿技术持续取得进步,竞争愈发激烈。世界主要国家聚焦新技术革命时代的大国竞争,瞄准赢得未来全域作战等目标,持续增加对网络信息领域多个前沿技术的投入,不断出台、更新相关政策文件,持续深化管理机制变革,加紧推动项目立项和技术研发,取得了多项进展和突破。

一、顶层战略深度指导网信前沿技术发展

1. 美国出台 2023 版国防科技战略指导未来技术发展

5 月,美国国防部发布《国防科技战略》,阐明了国防部科技优先事项、目标和投资,强调各军种、国防部长办公室以及外国伙伴和盟友间的合作,以提供联合作战能力,提出要重点关注联合任务,通过投资信息系统并建立严格的威胁知情分析流程,确保国防部在科技投资中做出明智决策。此外,该战略再次强调了美国国防部《竞争时代的技术愿景》详述的 14 个关键技术领域,进一步凸显了美国对发展人工智能、量子信息、下一代无线、先进计算等网信前沿技术的高度重视。

2. 欧盟发布方案力推数字化发展建设

1 月,欧盟《2030 年数字十年政策方案》正式生效。9 月,欧盟委员会发布《2023 年数字十年状况报告》,该报告主要内容包括数字十年计划的基本开展情况、欧洲数字化转型的必要性和紧迫性、欧盟数字化转型的不足和建议三大部分,监测和评估了欧盟在 2030 年数字十年政策计划中数字化转型方面的进展,强调了加强和加快数字化转型建设,并提出了针对欧盟成员国的具体建议。该报告展现了欧洲数字化转型的必要性,分析了该

计划当前取得的进展和存在的不足,给出了相关措施和政策建议。

3. 俄罗斯提出推进技术发展的构想

5 月,俄罗斯政府批准《2030 年前俄罗斯技术发展构想》,目的是通过应用本国研发成果,确保俄罗斯实现经济独立与技术主权。该构想指出,俄罗斯将建立本国技术开发路线,扩大企业创新活动,为市场带来本国高科技产品和服务。该构想提出,到 2030 年,俄罗斯技术发展将大幅改善,对国外技术依赖系数缩减 60%。该构想还表示,未来 7 年俄罗斯应该集中发展包括机器学习在内的人工智能技术、大数据存储和分析技术、神经技术、虚拟和增强现实技术、量子计算与量子通信、现代移动通信网络、传感器技术、微电子和光子学等重点领域。

4. 日本确定综合创新战略推进前沿科技发展

6 月,日本政府在内阁会议上正式决定“第 6 期科学技术与创新基本计划”第 3 年的实施内容——“综合创新战略 2023”。该战略明确了“尖端科学技术的战略性推进”“知识基础和人才培养的强化”“创新生态系统的形成”3 个重点,增加了强化对独创性研发的投资、加强人工智能开发能力等内容。该战略提出,要在生成式人工智能和量子技术快速发展、尖端技术开发和人才投资的国际竞争不断加剧的背景下,在确保日本技术的优势的同时,战略性地推进研究开发,培养支撑未来的技术并实现应用。该战略表示,在“广岛人工智能进程”框架下,加深对可信赖人工智能的国际讨论,以促进利用、开发和扩展计算资源和数据为中心,强化日本的开发能力。

5. 英国发布《科学技术框架》支持关键技术发展

3 月,英国政府发布《科学技术框架》,表示将联合多部门投入超 3.7 亿英镑,采取一系列覆盖人工智能、量子技术等领域的措施,巩固英国的科技超级大国地位。框架内容主要包括:识别关键技术;研发投资;人才与技能等。《科学技术框架》根据 8 项标准评估了 50 多项技术,并确定了英国最需要关注的 5 项关键技术,即人工智能、工程生物学、未来电信、半导体技术、量子技术。

》》》 二、人工智能领域发展逐步走深走实

2023 年,美国持续开展人工智能领域顶层筹划,实施经费投入并布局相关项目,积极推进机构改革,且不断在作战试验、演习训练等活动中演示验证相关技术水平,全力推动人工智能在各领域应用。随着 2023 年预训练大语言模型持续推陈出新,生成式人工智能爆火,吸引了各方关注,人工智能研发应用向深处推进。

（一）继续强化顶层设计，提升战略引领和管理能力

1. 发布多份战略，持续提升宏观谋划

2023 年，世界主要国家持续在人工智能领域推出顶层规划，牵引各自的人工智能研发应用。

1）美国持续引领全球人工智能顶层规划

2023 年以来，美国聚焦负责任的人工智能、可信人工智能、人工智能安全、人工智能与数据分析等方向，新发布了多份文件，继续从顶层设计方面加强人工智能未来发展谋划。

（1）国家层面。4 月，美国国家人工智能咨询委员会发布首份报告，提出要确保美国在可信赖人工智能等领域的领导地位。5 月，美国白宫发布了三项新的公告，作为指导方针帮助相关人员编纂负责任的人工智能算法使用、开发和部署等法律法规；美国白宫发布 2023 年新版《国家人工智能研究发展战略计划》，旨在持续推进将人工智能系统纳入联邦政府，严控人工智能应用的系统性风险，并继续强调了国际合作等内容。8 月，白宫科技政策办公室和管理与预算办公室发布总统 2025 财年预算申请的研发优先事项备忘录，将人工智能研发事项作为首要任务，推进研发可信赖人工智能技术。10 月，美国总统拜登发布《关于安全、可靠和可信赖的人工智能的行政命令》，提出建立人工智能安全新标准、保护公民隐私等 8 项行动。11 月，美国国务院发布首个企业人工智能战略《2024—2025 财年企业人工智能战略：通过负责任的人工智能赋能外交》，提出负责任、安全地利用可信赖人工智能的全部能力等愿景。

（2）国防部及军兵种层面。8 月，美国空军首席数据和人工智能官表示，空军部正在开展 2025 年人工智能计划工作，目标是到 2025 年前，实现"人工智能就绪"的目标，2025—2027 年实现"人工智能竞争"。11 月，国防部发布《国防部数据、分析与人工智能应用战略》，目标是推动对人工智能、先进模式识别和包括无人机在内的自主技术进行额外投资，继而推动美国利用人工智能开展联合全域指挥控制等工作。

（3）其他联邦机构。4 月，美国商务部表示其正在积极推进可信赖的人工智能系统，确保在商业运营中使用人工智能系统符合道德和安全规范。6 月，美国能源部发布《面向科学、能源和安全的人工智能》报告，指出要加速实现美国人工智能和大数据分析能力；政府问责署发布《人工智能：国防部需要统一的指南以指导采办工作》报告，建议国防部和军兵种要尽快制定采办工作指南。7 月，美国国土安全部发布《人工智能用例清单》，强调美国联邦机构必须根据适用的法律和政策，在可行的范围内创建并公开非机密和非敏感的人工智能使用案例清单。11 月，美国网络安全与基础设施安全局发布首份《人工智能路线图》，强调要管控人工智能风险，利用人工智能增强网络安全。

2）欧洲持续加强对人工智能的战略关注

（1）欧盟层面。7月，欧洲议会全体会议表决通过《人工智能法案》授权草案，后续将进行欧洲议会、欧盟委员会和成员国的"三方"谈判，法案有望在年内获得最终批准。12月，欧洲议会、欧盟成员国和欧盟委员会三方就7月欧洲议会表决通过的《人工智能法案》达成协议，该法律是全球首部人工智能领域的全面监管法规。

（2）欧洲国家方面。3月，英国政府发布《支持创新的人工智能监管方式》文件，指出要采取措施确保对人工智能的使用方式进行适当的监督，并对结果进行明确的问责等。5月，法国国家信息和自由委员会发布《人工智能行动计划》，旨在为生成式人工智能的发展提供框架和支撑。8月，德国发布《人工智能行动计划2023》，设定实现"欧洲智造"愿景，以推动德国在人工智能领域的领先地位。9月，英国科学、创新与技术部和数据伦理与创新中心联合发布《整体人工智能：风险缓释路线图》，提出了帮助企业减轻常见人工智能风险的解决方案等。10月，德国、法国、意大利三国共同决定加强人工智能领域合作，指出欧盟必须将其置于产业政策的核心位置，支持建立一个稳固的欧洲风险投资生态系统。11月，德国联邦教研部发布《人工智能行动计划》，该行动计划将推动50项以人工智能研究、技能和基础设施发展为重点的现行措施，并辅之以20项额外的人工智能举措，旨在帮助德国在国家和欧洲层面促进人工智能的发展，推动欧盟与中美两国竞争。

3）韩国等国家重视人工智能战略制定

3月，韩国制定《国家战略技术培育特别法》，并于9月出台特别法实施令，就国家战略技术培育基本规划、战略技术的选定与管理、项目的实施推进、战略技术培育责任机构以及技术创新枢纽的搭建和人才培育等进行了详细的规定。10月，韩国在由科技部、韩国个人信息保护委员会，以及人工智能企业等召开的第四次人工智能最高级别战略会议上，发布《保障人工智能伦理和可信度的推进计划》，将生成式人工智能基础服务等领域指导方针作为人工智能伦理标准的具体实践手段。11月，韩国举行第四次国家战略技术特别委员会会议，审议并通过人工智能领域的"以任务为中心的战略路线图"，确立了将人工智能作为2030年两大国家任务之一，计划重点发展以下研究方向：①开发基于原始数据的分布式及并行学习和云优化技术；②开发超小规模数据学习，AI模型间协同、常识推理和多模态技术，以及脑神经网络模拟等通用人工智能源技术；③提升人工智能可靠性，自动检测人工智能生成内容中的侵权行为，并确保针对偏见和污染数据的模型的鲁棒性；④开发可解释人工智能技术等。

2. 调整管理机构机制，加强宏观微观管控能力

2023年，多国实施人工智能相关的机构增设或改革，力图破除人工智能发展的体制机制障碍，推动研发协作和科学管理。

1）美国持续强化和健全人工智能管理机制

（1）国家层面。11 月，美国总统表示，将由国家标准与技术研究院履行促进人工智能模型安全、安保和测试标准的制定等职责。

（2）部门层面。8 月，国防部成立隶属于首席数字与人工智能办公室算法战指挥部的"利马"生成式人工智能工作组，负责在整个国防部范围内"评估、协调和使用"生成式人工智能技术，降低技术的潜在风险，为"当前使用大语言模型和生成式人工智能的风险、挑战和最佳实践"提供临时指南，并探索使用生成式人工智能执行军事任务的可能性。11 月，国家安全局成立人工智能安全中心，将整合该机构所有与人工智能相关的活动，为识别情报活动、快速发展的技术制定指导意见，并创建人工智能安全领域风险识别工具；总务管理局宣布任命首席数据科学家扎克·惠特曼担任该机构的首席人工智能官，负责落实复杂的风险管理要求，在推动创新的同时管控人工智能风险。

2）英国将建立全球人工智能管理机构

6 月，英国表示将在伦敦建立一个运行模式类似国际原子能机构的全球人工智能权威管理机构，同时英国人工智能基础模型工作组将研究人工智能安全风险。

3）日本成立"人工智能战略会议"

4 月，七国集团（G7）数字与技术部长会议在日本通过联合声明，推动制定实现"可信赖的人工智能"的国际技术标准，提出"法治、正当程序、利用创新机会、民主、尊重人权"5 项人工智能技术利用与监管原则。5 月，日本政府在内阁府设置了一个强化推进人工智能创新政策的战略决策机构——人工智能战略会议，成员包括研究人员、律师、企业相关人士等 8 名专家以及数字厅、总务省、经济产业省等相关省厅负责人。8 月，日本人工智能战略会议举办第四次会议，就日本此前发布的"广岛人工智能框架"后续推进方向，以及进一步强化日本人工智能开发能力等内容进行了深入讨论，提出政府各部门要坚定支持人工智能发展进步、深化跨部门合作、促进产学官应用人工智能，明确加大基础研究力度、推动人工智能及新兴融合领域的人力资源开发。人工智能战略会议作为日本最新成立的人工智能战略决策机构，已发展成为日本人工智能发展战略顶层设计的核心机构。

（二）深化并加速研发布局，持续增加经费投入

1. 美国持续深化人工智能研发布局

1 月，美国空军发布信息征询书，将在中央司令部部署人工智能实时监视系统，主要部署在卡塔尔乌代德等基地，可大幅削减全天候监视任务所需的人力投入与耗时。3 月，美国国防部发布 2024 财年预算，提出将在人工智能研发领域投资 18 亿美元；DARPA 宣布"须臾之间"（In the Moment，ITM）项目，为美国国防部的关键任务行动评估并建立可信

的决策算法。5月,美国国家科学基金会计划拨款1.4亿美元用于建立7个新的人工智能研究中心。6月,DARPA宣布推出"有保证的神经符号学习和推理"(ANSR)项目,将符号推理与数据驱动的学习深度融合,以创建强大的、有保证的、值得信赖的系统。8月,美国空军发布开发下一代人工智能能力的公告,计划5年内授出价值9000万美元的合同,推进人工智能分布式指控能力的研发、集成、测试和评估等。10月,DARPA信息创新办公室启动"从不精确和抽象模型到自主技术的转变"项目,寻求快速迁移学习技术的突破性创新,实现人工智能系统的自主性。11月,美国国防部首席数字和人工智能办公室发布关于负责任地使用人工智能技术的工具包,为用户提供一个识别、跟踪和改进人工智能项目与最佳实践的流程。

2. 俄罗斯继续增加人工智能研发经费

9月,俄罗斯宣布2024年从联邦基金中拨款52亿卢布用于开发人工智能,强调在全国范围内实施人工智能技术,明确运用人工智能技术提升政府部门的运行效率到一个全新的水平。10月,为了克服对外国先进技术与设备的依赖,俄罗斯宣布启动与主权相关的重大技术项目(每个项目的资金总额不低于100亿卢布),并计划近期吸引不少于2万亿卢布资金用于先进技术领域的研发工作(未来6年总投入超过10万亿卢布),推进以人工智能为核心的高新技术产业发展,强调基于本国自主可控的发展路线开展生产。

3. 生成式人工智能持续获得关注和发展

8月,全球咨询研究机构麦肯锡网发布《2023年技术趋势展望》深度报告,生成式人工智能首次入选,预计每年可为全球增加4.4万亿美元经济收益,极大提升劳动生产力。9月,联合国教科文组织发布《教育与研究领域生成式人工智能指南》,呼吁各国政府规范生成式人工智能在教育行业中的应用。

美国从国家层面关注生成式人工智能。5月,美国总统科学技术顾问委员会成立生成式人工智能工作组,探索安全应用生成式人工智能技术的挑战、机遇和途径。11月,美国政府问责署创新实验室表示正在开发生成式人工智能模型,帮助解决任务团队面临的一些问题与挑战。

美军多维度推进生成式人工智能军事应用。7月,美国国防信息系统局将生成式人工智能列入2023财年科技观察清单,认为生成式人工智能可能是未来一段时期内最具颠覆性的技术之一;美国国防部首席数字与人工智能办公室将5种生成式人工智能模型应用于第六次"全球信息优势实验",以测试支持美军联合全域指挥与控制作战结构的能力。9月,美国国家安全局局长兼网络司令部司令保罗·中曾根表示,探索生成式人工智能和机器学习符合国家安全局的发展需要。11月,美国国防部发布新的临时指南,建议国防及军事所有部门均采用生成式人工智能技术,并关注生成式人工智能风险。

（三）加速人工智能各领域军事应用，取得阶段性成效

2月，美国航空航天局基于人工智能算法设计航天器中的任务组件，以提高组件功能和制造效益。6月，以色列埃尔比特系统公司宣布获得为美国海军太平洋信息战中心开发和演示验证自主海上目标跟踪能力的合同，旨在使用自主系统来扩大这些军力的覆盖范围。8月，DARPA 号召顶尖计算机科学家、人工智能专家、软件开发人员参加人工智能网络挑战赛。9月，DARPA 启动智能安全工具生成项目，旨在开发自动化工具以自动发现和修复软件漏洞，加强网络安全防御并抵御相关威胁。11月，美国负责网络和新兴技术的助理国家安全顾问安妮·纽伯格表示，应探索妥善管理联邦组织并利用人工智能系统应对勒索软件等网络犯罪；泰雷兹"友好黑客"团队在法国第五届欧洲网络周赢得了法国国防部组织的首个 CAID 挑战赛，以评估黑客团队利用人工智能模型某些固有漏洞的程度；美国网络安全和基础设施安全局官员表示，需要加快推进零信任安全的关键措施，以应对人工智能技术持续发展带来的潜在网络安全威胁；美国陆军部署了一款应用先进动态频谱侦察技术的新型人工智能工具，允许陆军无线通信网络感知并避开敌人干扰，降低友军被敌人瞄准的风险。

》》》三、量子科学领域建设和进展加速

（一）多国发布国家量子战略，持续指导量子科技发展

1. 美国继续深化对量子科学领域的宏观指导

2月，美国和荷兰在海牙签署量子信息科学技术合作联合声明，涉及量子计算机、量子网络和量子传感器等技术。8月，美国总统拜登签署关于"对华投资限制"的行政命令，授权财政部禁止或限制美国在半导体与微电子、量子信息技术和特定人工智能系统三个领域对中国实体的投资，并要求美国企业将在其他科技领域的对华投资情况向美国政府通报。12月，美国《国家量子计划总统 2024 财年预算补编》发布，这是在美国总统此前签署生效的《国家量子计划法》要求下发布的第四份年度报告，2024 财年美国在量子信息科学领域的预算达 9.68 亿美元。

2. 欧洲推进并指导量子科技未来发展

1月，欧盟委员会发布"量子技术旗舰计划"第一阶段进展的报告，宣布该项目取得了在量子计算、量子模拟、量子通信、量子传感四大领域的多项进展，为未来量子技术的实用化与产业化奠定了基础。3月，英国科学、技术与创新部发布《国家量子战略》，将量子技术确定为未来十年保障英国繁荣和安全的重中之重，该战略聚焦量子通信、传感和

计量、成像、计算等领域,明确未来十年提供 25 亿英镑的政府投资并吸引至少 10 亿英镑的额外私人投资,提出到 2033 年英国将成为世界先进的量子经济体,确保量子技术成为英国数字基础设施和先进制造业不可或缺的一部分。

3. 日本重视量子产业并出台相关战略

4 月,日本出台其最新的《量子未来产业创造战略》,针对量子技术应用和产业化提出了需要重点优先推进的举措。11 月,日本首相岸田文雄和韩国总统尹锡悦在斯坦福大学举办的一次活动上宣布,两国将成立合作框架,共同研究和发展量子技术。

4. 其他国家和国际组织发布的相关战略文件

1 月,加拿大政府发布《加拿大国家量子战略》,该战略旨在帮助加拿大发展量子技术、促进人才发展,并推进包括计算机硬件和软件、通信网络、后量子密码学能力以及量子传感技术等关键量子技术领域的开发和部署。3 月,北约发布《北约科学技术组织2023—2043 年趋势报告》,对量子计算、量子通信、量子传感三大领域的发展方向进行了详细分析,指明了量子信息技术在数据、人工智能等方面的发展前景。

(二) 量子信息技术蓬勃发展,各个领域齐头并进

1. 量子计算领域,量子计算比特数目正式进入千量子比特时代

3 月,日本推出首台国产量子计算机。7 月,日本理化学研究所量子计算研究中心与东京大学研究生院团队合作,成功实现光电场的非线性测量,相当于在使用光的量子计算机中实现了通用的量子计算。12 月,DARPA 宣布"中等规模量子器件噪声优化"项目团队研发出世界首个具有逻辑量子比特的量子电路;IBM 公司发布拥有 1121 个超导量子比特的"秃鹰"芯片和 133 个固定频率量子比特的"苍鹭"低温冷却量子计算芯片,并利用模块化系统搭建方法推出了世界首台拥有多个量子计算芯片的量子计算系统;量子计算公司 Quantinuum 联合霍尼韦尔公司,展示了一种新型量子电荷耦合器件(QCCD)架构,可在不增加错误率的情况下增加量子比特的数量,已应用于该公司最新发布的新型离子阱量子计算机 Quantinuum System Model H2 上,据宣称该新型离子阱量子计算机是全球性能最强的量子计算机。

2. 量子通信领域,基于原子量子传感器的远距离无线电通信演示等多项研究取得突破

3 月,美国量子网络安全公司 QuSecure 宣布实现经由卫星、可抵御量子计算攻击的端到端加密通信,这是美国首次采用后量子密码技术保护卫星数据通信。5 月,奥地利因斯布鲁克大学和法国巴黎萨克雷大学的本·兰尼恩及其同事建造了一个量子中继器,并利用它通过标准电信光纤将量子信息传输了 50 千米,从而在一个系统中展示了远距离量子网络的所有关键功能。6 月,DARPA 启动量子增强网络项目,专注于通过量子技术

增强经典通信网络的安全能力，以实现量子网络的安全性和隐蔽性并保持经典网络的普适性。12 月，在美国陆军作战能力发展司令部 C^5ISR 中心网络现代化实验 2023（NetModX23）项目支持下，Rydberg 科技公司宣布推出基于量子传感技术的原子接收器，并成功实现了世界首次利用原子量子接收器的远距离无线电通信。

3. 量子精密测量领域，原子钟精度再创新高且其应用前景再次得到验证

5 月，美国阿贡国家实验室等的科学家在欧洲 XFEL X 射线激光器上，利用钪（Sc）元素开发了一种超高精度的脉冲发生器，其精度达到每 3000 亿年误差 1 秒，比现有的铯基准原子钟高出约 1000 倍，标志着新一代原子钟的重要突破。6 月，美国科罗拉多大学在国家科学基金会资助下，将人工智能与量子传感器相结合，成功研制了世界首型基于软件配置的高性能导航系统，进一步证明了量子导航技术作为高精度卫星导航可替代技术和方案的巨大潜力，可为军事装备和任务平台提供不依赖 GPS 的韧性定位导航授时服务。9 月，美国国防创新部门宣布其"量子传感计划"取得重要突破，原子向量公司作为承研企业，成功研制出完全集成的高性能原子陀螺仪原型系统，成为美军首个通过太空环境鉴定的原子陀螺仪，预计将成为首个太空运行的原子惯性传感器。

》》》四、未来一代无线技术领域继续推进后 5G 和 6G 研发进展

（一）美国继续从战略上强化对未来一代无线技术的重视

1. 美国白宫召开 6G 发展会议讨论下一代无线技术研发战略

4 月，美国白宫召开 6G 发展会议，为制定 6G 网络发展战略作准备。会议认为，6G 具备的网络虚拟化和开放性提供了难以置信的可能性，包括在整个网络堆栈中最大限度地利用人工智能和机器学习；促进在最难以到达的区域实现无处不在的覆盖，并为用户提供无缝连接体验；降低功耗并提高能源利用效率等；6G 将在移动连接"与美国人日常生活变得至关重要"的时候得到部署。会议提出，"具备网络虚拟化和开放性特性的无线网络几乎肯定会构成 6G 的骨干网"。

2. 美国出台频谱战略满足无线频谱需求

11 月，美国发布《国家频谱战略》，实现美国频谱政策的现代化。战略提出，电磁频谱在全球技术竞争中是具有战略意义的重要领域，从 5G 网络到精准农业，从无人机到月球任务，各种创新技术都需要大量的频谱来运行，额外的频谱是下一代无线服务以及各种先进技术、基础设施和政府需求的关键，确保电磁频谱领域的绝对优势，实现频谱资源的合理分配、高效利用，保护新技术、新应用免受有害频谱的干扰，对保障美国的经济竞

争力和社会安全性至关重要。

(二)研发应用加速推进,太赫兹机间通信取得突破

1. 美国海军与高通签署协议合作研究 5G 技术

2 月,美国海军研究生院和高通公司签署合作研究协议,致力于共同探索国防部最紧迫的优先事项中的 5G 等技术,有望为美军提供更快的速度和带宽,并改善陆上物流和海上网络等。本次合作旨在为海军和海军陆战队的数字化追求提供信息,增加教职员工和学生与私营部门的领先科学家和工程师的互动。该协议反映了美军在未来无线连接和计算机辅助决策方面投入数十亿美元的雄心。

2. 洛克希德·马丁等公司为美国国防部提供基于 5G 任务感知的软件定义广域网解决方案

3 月,洛克希德·马丁公司和瞻博网络公司共同为美国国防部提供了基于 5G 任务感知的软件定义广域网(SD-WAN)解决方案。根据协议,洛克希德·马丁公司提供动态数据链路管理器对数据进行监控和收集;瞻博公司提供基于智能驱动路由设备,并在演示验证中接入洛克希德·马丁公司承建的军用 5G 网络。后续,两家公司还将把解决方案应用在具有更多网络节点的实战演习中。

3. 美国空军公开披露首次实现太赫兹机间通信

4 月,美国空军研究实验室公开披露,其与诺斯罗普·格鲁曼公司等合作,在纽约州罗马成功完成了首次 300GHz 以上频段(太赫兹频段为 100~10000GHz)的机间通信测试。此次测试为期 3 天,在相关作战高度和范围内测量了两架实验机之间的传播损耗,其中一架实验机搭载了最先进的太赫兹通信收发器系统,通过机上太赫兹透波窗口进行机间通信传输实验。此次测试打破了太赫兹仅能在地面完成短距通信验证的论断,表明美军相关技术研发已取得重要突破。

〉〉〉五、先进计算技术领域取得多项进展

(一)美国国防高级研究计划局启动 JUMP 2.0 项目推进新型架构与算法创新

1 月,美国国防高级研究计划局与半导体研究公司及行业和学术机构共同启动"实现微电子革命"JUMP 2.0 项目,将聚焦新型材料、器件、架构、算法、设计、集成等技术创新,显著提高电子系统的性能和效率。JUMP 2.0 的研究主题包括下一代人工智能系统和架

构、嵌入式智能、高能效计算、加速器结构中的分布式计算系统和体系结构等，将能够解决下一代信息处理方面的挑战。

（二）美国太空发展局寻求用于天基战斗管理的计算能力

6月，美国太空发展局发布"未来扩散型作战人员太空架构战斗管理指挥控制通信模块"信息征询书，寻求自适应自主太空能力模块的开发建议，为天基战斗管理提供专业化与高性能计算能力。该种自适应计算能力将可以满足未来扩散型作战人员太空架构任务与通信处理的需求，有助于太空军适应威胁和需求的不断变化。

（三）美国国防高级研究计划局"超线性处理"项目进入研制阶段

9月，国防高级研究计划局授予美国美特伦软件公司一份合同，用于为"超线性处理"（BLiP）项目开发处理系统和非线性算法。该合同的授出表明，"超线性处理"项目已从论证阶段进入研制阶段。根据合同要求，美特伦软件公司将开发端对端非线性雷达信号处理链路，并进行实验室和外场验证。"超线性处理"项目采取"以软换硬"的方式，通过使用先进计算芯片和人工智能处理算法，替换发展相对缓慢的射频功率硬件，使雷达在相同探测能力下将孔径减小一半以上，主瓣干扰降低20dB，对于缩小雷达体积、重量与功耗，提升无人机等小型平台雷达适装性，以及增强复杂战场雷达博弈对抗能力具有重要意义。

（四）美韩等国家加速战场云建设和能力生成

6月，美国国防部表示正在寻求成熟的边缘计算方案，创建"中介能力"来连接企业和战术网络，减少各军种和各部门为支持其任务而必须使用的系统数量。国防部目前正考虑创建"作战边缘"，使其成为战区内的一个集结点，以便允许更大的商业云基础设施提供更大的存储空间和更接近战术边缘的能力。8月，美军表示正以多个项目为依托，加速发展云能力，将战场智能化建设推向新水平。空军首席技术官杰伊·邦奇表示，空军正在重点发展云计算和云迁移能力，旨在数据链、抗干扰系统和新式火控系统支持下，提升多域信息共享，并结合各类空中平台和弹药优势，实现模块组合、弹性作战。

6月，韩国科学技术信息通信部长官李宗昊宣布将启动"K-云计算"（韩国云计算）项目第一期，该项目斥资1000亿韩元（约合人民币5.5亿元），计划到2025年完成韩国国产神经网络处理器，到2028年研制出低功耗存内处理（PIM）芯片，到2030年研制出超低功耗存内处理芯片。该项目的最终目标是2030年将韩国人工智能芯片技术提升到世界一流水平。

>>> 六、大数据技术领域建设和进展加速

（一）多国发布顶层战略强化数据建设和利用指导

7月，美国国家情报总监办公室发布《2023—2025年情报界数据战略》，强调提高情报人员数据技能的重要性，明确情报界18个机构的工作重心，旨在培养数据驱动型人才，为情报界使用人工智能工具奠定基础。8月，美国国家情报总监办公室发布新版《国家情报战略》，确定6个优先目标，强调加强利用开源情报、大数据、人工智能与先进分析，利用通用标准、以数据为中心的方法提升情报界互操作性，强化联盟合作伙伴网络，并加强与公司、公民社会组织等非国家行为体交换信息。

8月，德国联邦内阁通过了新版《国家数据战略》。该战略由德国联邦数字经济事务和交通部、联邦经济和气候保护部以及联邦内政和内务部联合起草并提交，在现有《国家数据战略》的基础上进一步发展，旨在通过为商业、社会、科学和公共管理部门提供面向未来的数据利用，从而提高竞争力。新版《国家数据战略》是德国联邦政府制定未来数据政策的指导原则，战略重点是增加数据的提供和利用，加强数据的获取、可用性、有效性和互操作性，重点关注实现对更多数据的访问、提高数据质量、注重数据利用和数据文化、制定具体路线图4个方面内容。

（二）美军多机构采取措施推进数据处理创新

3月，美国海军霍普特遣队启动"开放舰船"项目，旨在借鉴商业人工智能和机器学习技术的进展，通过集成当前舰船上可用的不同传感器和信息数据，构建和开发"低升力、高影响"的人工智能和机器学习软件，建立整合数据集，为海上作战指挥官提供更好的决策工具。该项目基于海军"水面分析小组"在数据管理、数字基础设施、人才管理、支持分析和人工智能开发方面的相关基础，在海军各项目办公室间推行"通用传感器软件堆栈"数据架构，融合和连接整个水面舰队的不同平台，并通过人工智能和机器学习技术优化数据流的自动化，以支持应用编程接口和其他工具，可具备收集每小时万亿字节级的实战和训练数据的能力，同时具备与陆上传感器连通和接收数据的能力。6月，GSI技术公司宣布与美国太空发展局签署一项价值125万美元的协议，用于开发名为APU2的先进非冯诺依曼关联处理单元，具有格式可扩展、占地面积小和功耗低等优点，可用于合成孔径雷达图像生成、目标识别和异常检测。根据合同条款，该公司还将开发计算内存芯片，设计并制造APU2评估板，目标是通过部署可在边缘实时高效处理大量数据的计算内存集成系统，增强太空军的天基数据处理能力，增强其任务开展能力。8月，美国空军

研究室实验室发布公告寻求多源数据融合、分析和推理的创新方法，推进其分析行动，支持指挥、控制、通信、计算机和情报以及网络科学任务，解决美国空军分析人员面临的数据爆炸问题，帮助美军克服转向新数据类型和领域时所遇到的限制。

（三）美国亚马逊网络服务公司为美国国防部提供模块化数据中心以优化数据存储

2月，亚马逊网络服务公司（AWS）表示将为美国国防部提供模块化数据中心，该模块化数据中心是专门为国防部客户提供的一种云服务，可供在严峻、低延迟条件下（例如战场和危机地区）运营的国防部客户使用。AWS模块化数据中心使用坚固的集装箱建造，可用于从铁路到卡车或通过军用货机运输到地球上几乎各个地方。一旦投入运营，模块化数据中心将为用户提供云计算和存储功能以及对各种AWS服务和设备的访问。

》》》七、结语

2023年，人机交互新范式逐步被大模型打开，量子科技进一步面向实用化发展，以数字化、智能化等为特征的网信前沿技术革命浪潮方兴未艾，深刻改变了全球科技竞争格局。世界主要国家聚焦争夺智能时代的主导权、夺取量子科技霸权、重新占据未来一代无线技术领导地位等目标，多措并举提升自身规划、管理和应用能力。

展望2024年，世界各国围绕网信前沿技术的争夺必将更加激烈，在国家竞争和对抗中的地位和重要性将进一步得到提升，需要我们持续跟踪关注相关进展，并针对性开展分析，学习借鉴相关经验和成果，帮助构建中国特色的网信前沿技术生态体系，最终提升我国在网信前沿技术领域的综合实力，助力科技强国兴军事业发展。

（中电科发展规划研究院　秦　浩　彭玉婷）

（中电科电科院科技集团有限公司　栾　添）

美英两国持续推进量子导航技术的部署和应用

2023 年,美国和英国在量子导航技术领域取得了多项装备部署和技术应用方面的进展,验证了量子导航技术相关原子陀螺仪、加速度计和原子钟在军事领域的应用,寻求卫星导航技术的可替代方案,并取得了一系列重要突破。量子导航技术是定位导航授时(PNT)与量子纠缠态的制备和技术融合的新兴技术,可为建立更加安全、可靠的导航服务基础设施提供关键手段,其发展动向值得关注。

>>> 一、技术概述

随着导航定位服务需求的不断提高,传统导航系统的精度和安全性已成为未来应用的限制因素,而使用广泛的卫星导航面临多种形式的欺骗和干扰,因此亟需使用新兴导航技术弥补其缺陷,并对现有定位导航授时体系进行补充。

近年来量子技术的兴起无疑给导航系统带来了新的机遇,量子导航概念是 2001 年由美国麻省理工学院吉奥万内蒂博士在《自然》杂志上首次提出,并通过计算证明了量子纠缠和压缩特性可进一步提高定位精度,借助量子纠缠态的制备及其传输技术,不再使用电磁波,因而在保密性、抗干扰能力等方面具有十分优越的性能。

量子导航系统的原理与惯性导航系统类似,主要由原子陀螺仪、原子加速度计、原子钟和信号采集及处理单元 4 部分构成。其中,原子陀螺仪和原子加速度计用于测量运动平台的角速度和线加速度信息;原子钟用于产生稳定的时间信息,经信号采集、转换和处理后输送到姿态控制单元对被控对象进行控制。当量子导航系统作为卫星导航系统的可替代方案时,还需构造一个时空信息收发单元,与各种导航源形成网络或与地面控制中心进行通信。量子导航系统的原理图如图 1 所示。

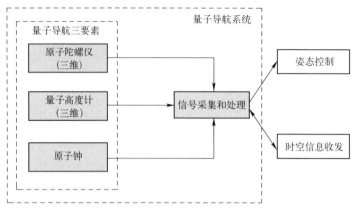

图 1　量子导航系统原理图

近年来，美国、英国的量子导航技术发展，主要涉及上述三个方向：一是在原子陀螺仪方面，推进在各种作战环境下的应用，并致力于提高稳定的时空一致能力；二是量子加速度计方面，推动高精度、低漂移效能的提升，以及与多种导航方式的协同应用；三是原子钟方面，推进结构、元器件、工艺等方面的进步，助推授时稳定性和可靠性提升。

二、重要进展

（一）原子陀螺仪方面，完成了多型量子设备及技术的开发和应用

1. 美国原子向量公司成功研制高性能原子陀螺仪原型系统

2023 年 9 月，美国国防创新部门宣布"量子传感计划"取得了重大突破，原子向量公司完全集成的高性能原子陀螺仪原型系统研制成功。该系统使用原子和精确激光的相互作用作为标尺来识别角速率，通过原子质量大且速度慢的特性，提供更高灵敏度和精度。目前该设备成为美军第一个通过太空环境鉴定的原子陀螺仪，预计将成为第一个在太空运行的原子惯性传感器。

2. 美国海军研究办公室"重力辅助惯性导航系统"计划取得阶段性进展

2023 年 4 月，美国海军研究办公室宣布"重力辅助惯性导航系统"计划取得了阶段性进展，该计划通过应用一个技术成熟度为 8 级的原子传感器，并以平台无关配置的方式运行，在没有运动基准的情况下安装在海上平台，利用惯性导航系统的输入补偿运动影响，并提取局部重力值。该系统目前已经通过海上测试，测试持续 20 余天，生成高精度的绝对重力测量值，可与微重力级别的卫星地图相匹配。试验鉴定结果认为，该设备性能优于传统设备，可以在相关海洋动力学条件下长期可靠运行。

3. 英国开发基于量子纠缠的超高精度原子陀螺仪

2023 年 9 月，英国创新局小企业研究计划授予美国通信和电力工业公司一份价值 400 万美元的合同，开发基于量子纠缠的超高精度原子陀螺仪。该设备采用紧凑型光栅磁光阱子系统和钙离子频率源时钟保障授时的高精准度，并采用航位推算技术计算准确的时间和定位数据，在不使用卫星信号的情况下确定目标的准确位置并保证时空一致性。该设备未来可应用于卫星导航拒止情况下的地下环境，以及国防和军事等终端应用。

（二）量子加速度计方面，推动高性能量子传感技术的研制和组合导航应用部署

1. 美国科罗拉多大学研制世界上首个高性能量子导航系统

2023 年 6 月，美国科罗拉多大学研究团队宣布在在美国国家科学基金会的资助下成功研制了世界上首个高性能量子导航系统，如图 2 所示。该系统是一种量子加速度计，由一维铷原子阵列组成，通过将铷原子蒸发并加载到磁光阱中，使原子限制在光学晶格中，以实现对其的高度干涉。这使该系统可在不依赖任何外部信号的情况下，通过测量物体速度随时间的变化节律，计算出物体的精确位置。此系统在量子加速度计的基础上加入高精度原子钟获取基于精准位置信息的授时信息，采用强化学习和量子最优控制两种机器学习方法寻找晶格位置分布控制函数，使结果具备强高保真度，同时获取高精度原子钟的授时信息，使位置信息和时间信息统一。

图 2　高性能量子导航系统外观图

如图 3 所示，高性能量子导航系统具备如下特点：一是小型化，该系统的体积相较其他同类系统缩小了 10000 倍以上，具备便携性和易部署性；二是可在极端环境部署，具备在地球重力几十倍的加速度环境下运行的能力，并且测量精度不受影响；三是定位精度

高,通过将机器学习算法应用于原子干涉测量技术,依靠量子力学的极限特性对超冷原子传感器进行量子极限运行条件下的信号处理,可将现实环境的定位精度提高 10~100 倍,并使信号保真度提高到 97% 以上;四是灵敏度高,采用詹森-香农散度表征算法,使灵敏度满足基于最大似然的无偏估计量,使目标保真度关联均大于 95%,保障原子波形和激光的深度校准。

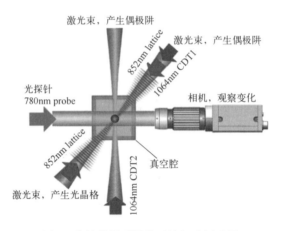

图 3　高性能量子导航系统组成原理图

2. 量子加速度计在英国海军试验用原型平台上进行成功测试

2023 年 4 月,英国海军宣布其与伦敦帝国理工学院合作开发的量子加速度计,安装到试验用原型平台上,在英国海军"帕特里克·布莱克特"号试验船上完成了相关试验,如图 4 所示。这种新型量子导航系统通过获取随时间变化的测量目标的瞬时速度,结合转动测量值和目标的初始位置计算目标的当前位置。

图 4　英国海军与伦敦帝国理工学院合作开发新型量子导航系统

新型量子导航系统的优势在于:一是使用超冷原子进行高精度测量,在没有外部参考坐标的情况下长时间保持测距的准确性;二是在卫星覆盖较差或没有覆盖地区通过测量原子的加速度获取精密的测距信息;三是可提供更加准确、安全的导航和定位能力。该量子导航系统作为英国海军量子创新前沿的开创性技术,标志着量子导航技术将从实验室走向应用。

3. 美国空军授予沙盒公司量子导航技术创新研究合同

2023 年 8 月,美国空军授予谷歌公司的子公司沙盒(Sandbox)公司一份两阶段的小企业创新研究合同,开发挑战环境下与 GPS 系统定位精度相当的量子导航系统(图 5),作为 GPS 可替代方案解决美国空军平台在干扰环境下获得实时、可信的定位导航授时服务的问题。

图 5　美国沙盒公司量子导航技术被测设备

沙盒公司量子导航系统是一种与地磁导航技术相结合的加速度计,其工作原理如下:①通过量子传感器内置的神经网络架构,实时响应地球电场和磁场的变化;②与内置已知磁图进行比较,以获取精确的位置信息;③通过人工智能技术过滤磁噪声、改进信号处理,提高导航的准确性和稳定性;④将采集的信号和信息进行实时分析,以优化定位模型。目前,该量子导航系统已经参与 2023 年 5 月美国空军组织的地磁导航试验以及 2023 年 7 月"机动卫士"演习等多次地面和飞行测试,目前已经在 C-17"环球霸王Ⅲ"运输机等空中平台成功接收和处理了地磁导航数据,初步验证了量子技术在地磁导航领域的适用性。

(三) 原子钟方面,推动高精度、稳定、小型化路线和战术应用研究

1. 美国微芯公司推出 5071B 新型铯原子钟

2023 年 6 月,美国微芯公司推出了其新型铯原子钟 5071B(图 6),为电信、数据中心、计量、航空和国防等多个行业提供持久且精确的授时和频率解决手段。该设备具备如下特性：一是结构设计方面，采用 3U 标准 19 英寸紧凑机架安装式外壳，易在移动和固定环境下工作；二是电子元件方面，通过采用先进元器件解决对有害物质限制电路的问题；三是功能性能方面，基于全球导航卫星系统拒止环境提供持续两个多月 100 纳秒的守时能力，同时在所有特定环境条件下提供 $5×10^{-13}$ 或 500 千万亿分之一的绝对频率精度。该型设备未来可有效支撑军事雷达的快速部署和外部同步源的标校、小频段卫星通信用户的广播和传输以及空中交通管制的精密定位。

图 6　微芯公司推出了新型铯原子钟 5071B

2. DARPA"第六代时钟"项目取得阶段成果

2023 年 8 月，美国英特尔实验室参与 DARPA"第六代时钟"项目取得了阶段成果。"第六代时钟"项目旨在开发超小型、低功耗、实时使用的战术级原子钟，并具备在无 GPS 条件下，$-40℃～85℃$ 的工作温度范围下保持微秒级授时精度一周的能力。该项目前两阶段分别解决了时钟受温度影响的程度以及尺寸、重量、功耗和成本要求和时钟老化问题，同时在战术温度范围内完成了操作。英特尔实验室于 2023 年 4 月加入了该项目第三阶段研制工作，已经取得了如下技术突破：在设备研制方面，通过设计多种材料制造的谐振器，消除了某些固定点附近的热效应，并将应力定位在远离有源谐振器组件的方向以抵消影响；在算法应用方面，通过应用机器学习方法，在 GPS 可用时学习 MEMS 振荡器的行为特征，在 GPS 拒止时补偿 MEMS 振荡器的性能差距以及器件老化引起的时钟漂移。

》》》 三、主要影响

（一）量子导航设备已经逐渐开始成为卫星导航可替代方案的重要手段

GPS 可替代方案旨在解决 GPS 信号在使用过程中碰到的各种威胁，主要通过采用更多的替代办法保障应用。从量子导航设备的内涵看,原子陀螺仪对于维持导航频率源和授时源的稳定性至关重要;量子加速度计对在 GPS 拒止情况下维持导航设备的位置精确性起到决定作用;原子钟对于保障被装平台与网内其他平台的时间一致性以及多源导航设备的数据融合起到重要作用。量子导航设备在量子技术的持续发展下,也在推进相关能效和性能指标的提高,因此在以卫星导航为核心的美军现有 PNT 体系架构中的分量越来越重。

(二)量子导航设备与多种现有导航手段协同共用已成为未来组合导航的一种作战样式

从美国、英国 2023 年对于量子导航技术的作战试验和应用分析,量子导航设备所提供的加速度信息、高度信息、时间信息以及频率信息结合多种现有导航手段已经成为组合导航的一种作战样式。例如,量子加速度计结合地磁导航的地磁图信息,可提供基于目标位置的多维信息;原子钟结合频率振荡器,可大大提高被装平台授时信息的精准性。这种多源组合导航信息的融合更多是美军着眼于未来 GPS 拒止环境中的协同作战考虑的。

(三)量子导航技术的发展将不断促进和增强美国政府、工业界和学术界的联系

量子导航技术最早脱胎于美国大学,随后由于解决高精准授时问题而由学术界向工业界发展。近年来美国政府和军方提出了构建韧性可靠的定位导航授时体系,量子导航系统也不断地被美国军方试验室和 DARPA 研究和应用。因此,量子导航技术发展本身遵循了作战驱动需求开发的规律,芯片级原子钟以及高精准量子加速度计也都逐渐遵循了量子导航生态系统共建的基调。

〉〉〉 四、启示思考

(一)技术发展角度,瞄定和拓宽了定位和授时的可靠性和安全性

量子导航技术是在惯性导航基础上发展起来的,而惯性导航技术对于海上和空中运动平台获得姿态信息或者漂移信息至关重要,量子导航向授时稳定性、定位定姿精密性、信息传递安全性等若干技术方向发展,其中:原子陀螺仪的发展趋势为采用量子干涉的萨格纳克效应拓展干涉环路,以最大限度减少零偏漂移理论值;量子加速度计的发展趋势为快速完成光原子的捕获和约束并反馈变化率,以及增强数据处理能力;原子钟技术

的发展趋势为拓展高精度、稳定、小型化的路线，推进先进二极管激光器等微组件和原子光谱学的组合，以提供稳定可靠的时间和频率基准。

（二）架构设计角度，丰富和完善了可替代导航技术的种类和应用

量子导航技术在美国当前定位导航授时体系中属于区域和局域级别的可替代导航技术，其本身丰富了美军在作战环境下获取多源 PNT 服务的方式；而量子定位导航授时在英国国家量子规划中则被列为重点发展的 5 大领域之一，以政府和国防部等名义下发了多个研究课题，并进行了多个设备的作战域集成演练，取得了良好的效果。在 2023 年 10 月发布的英国国家定位导航授时架构的实施战略中，明确了量子定位和授时在其架构中的能力补充作用。后续，美国、英国将继续按照自身战略，丰富和完善量子导航技术的部署和应用。

（三）能力补充角度，弥补和掩盖了现有传统导航技术的短板和缺陷

现有传统导航技术中，卫星导航容易受到欺骗和干扰，导致提供服务受到拒止，区域导航受地域、环境、部署等要求导致无法持续提供可靠性，而量子导航技术利用光子的微观量子特征，可超越经典测量极限来实现更高精度，并在某些区域具备比现有导航技术更强的可靠性和安全性，因此当前有望和传统导航技术进行协同规划，以在不同的环境和区域中实现各自的优势。

（四）作战支撑角度，增强和扩大了现有导航战体系的对抗能力

美国着眼于竞争环境和 GPS 拒止环境下使军用平台可获取类似 GPS 的定位导航授时服务，以支撑其在一系列军事行动中获取优势。量子导航技术所提供的授时信息和三维位置信息，可为作战平台提供时空一致性服务，是美军联合作战和协同作战能力的基础，为战场上的美军提供了种类更多的可信定位导航授时源，对作战平台系统发挥体系稳定性及优越作战性能至关重要。这对完善美军定位导航授时体系的作战应用具有现实意义，也将有助于美军导航战条例的修订和优化。

（中国电子科技集团公司第二十研究所　李　川）

欧盟发布"量子技术旗舰计划"第一阶段进展报告

2023 年 1 月,欧盟委员会发布了"量子技术旗舰计划"第一阶段进展报告,宣布该项目在这一阶段取得了量子计算、量子模拟、量子通信和量子传感四大领域的多项进展,为未来量子技术的实用化与产业化奠定了基础。

"旗舰计划"是欧盟委员会于 2018 年 10 月启动的项目,总经费高达 10 亿欧元,旨在培育形成具有国际竞争力的量子产业,确保欧洲在即将到来的量子信息技术革命中保持领导地位。该项目第一阶段取得的研究成果与孵化的商业公司覆盖了量子信息科学各核心领域,有助于在欧洲构筑起完整的量子生态系统与产业链,推进量子技术在国防领域的应用,加速量子技术的实用化进程。

一、"旗舰计划"背景

量子信息技术被普遍认为具有颠覆性潜力,将在国家安全、社会、经济等多层面产生重大影响,因此世界各国均制定发展战略,实施大规模投资,以便在即将到来的量子技术革命中获取竞争优势。欧洲是较早对量子信息科学进行高度关注的国家地区之一。2008 年,欧盟便发布《量子信息处理与通信战略》,提出了未来五年和十年的欧洲量子通信发展目标,并在该战略的指引下启动"基于量子密码的安全通信"(SECOQC)工程,开展量子通信技术概念研究。但 2008 年版的量子战略面向的研究领域较为单一,并且缺乏具体的产业化规划。

近年来,随着量子通信、量子计算等领域的重大标志性成果涌现,量子技术发展已进入集中突破并形成系统的阶段,需要得到更为全面的长期发展规划,对产业化建设作出布局。为了在即将到来的量子技术革命中保持领先地位,2016 年 4 月,欧盟委员会宣布将于 2018 年启动为期 10 年的"旗舰计划",扩大欧洲在量子研究领域的领导地位,并促进欧洲整体的量子产业发展，将技术优势转变为经济与社会优势。

二、"旗舰计划"目标

"旗舰计划"工作分为技术研究和产业化两部分。

（一）技术研究工作目标

"旗舰计划"的研究工作可横向分为量子计算、量子模拟、量子通信和量子传感 4 大领域，进行核心技术攻关，奠定工程基础。

短期内，该计划的研究工作将形成各领域关键器件/系统的低成本、可扩展、可批量生产的原型。长期来看，该计划将使用这些系统展现量子优势（量子设备处理特定任务的速度快于任何经典设备），最终达到实用化程度。具体目标如表 1 所列。

表 1　"旗舰计划"的具体目标

领域	第一阶段目标	10 年目标
量子计算	确定最有潜力的量子计算技术路线，演示具有量子优势的算法；完成 10 量子比特以上的系统，并开发小规模应用进行验证；测试有望形成集群的量子处理器	实现数百量子比特的系统，并在可扩展的架构中实现容错量子算法
量子模拟	在 50 量子比特或 500 晶格的小型量子系统上展现量子优势；提出低成熟度的量子化学模拟方法	量子模拟器原型可解决量子化学、材料设计、人工智能相关优化问题，且性能胜过经典超级计算机
量子通信	完成量子通信关键器件、协议、应用的研发，部署低成本高安全的跨城量子密钥分发（QKD）系统，使用中继节点/量子中继器实现超过 500 千米的量子密钥分发	广泛使用高成熟度的量子密钥分发系统和网络，实现距离超过 1000 千米（中等成熟度）的量子加密；在连接远程量子设备/系统的光子网络上实现云计算等网络协议
量子传感	完成采用单量子比特相干性的量子传感器原型、成像系统原型，在实验室中进行性能优于经典对应产品的演示（如化学与材料分析、微量元素检测、导航、网络同步等）	完成从原型到商业化的过渡

（二）产业化工作目标

为了推动上述研究成果的应用落地，"旗舰计划"将同时进行量子基础设施建设，形成产业化体系，将技术优势转化为经济、社会与国防优势。具体规划如下。

（1）进行量子技术人才培养：建立从学校到工作环境的多级量子学习生态系统，与业界合办培训会，促进人才培养和流动。

（2）促进多方协作：支持新兴量子产业与传统工业、欧盟委员会和各国政府、学界与业界间的合作，协调资源、政策与投资，为量子技术创新创造必要环境。

（3）建立融资渠道：与研究项目结合，成立多家初创企业作为对量子产业的投资，并通过它们进行欧洲量子技术工业部署。

（4）建设基础设施：进行基础设施投资，使业界从早期就参与技术落地，加速市场化进程与供应链增长，促进行业标准制定。

（5）推进标准化工作：与欧洲专利局合作检测这一领域 IP 的发展，并与相关标准化机构进行协调与合作。

》》》三、"旗舰计划"第一阶段完成情况

评估报告认为，在技术研究方面，欧盟已完成多种关键设备与系统的原型研发，并在特定问题上展现量子优势；在产业化方面，欧盟已孵化多家初创公司，开始推进量子信息基础设施建设，并建设以量子为重点的国际合作关系。

（一）完成关键量子系统原型研发

在量子计算领域，该计划已通过"开放式超导量子计算"（OpenSuperQ）项目完成了 25 量子比特的超导计算机原型研发，并在 2023 年 3 月进行了项目升级，将在未来开发面向用户的 100 量子比特超导系统。同时，通过"先进离子阱量子计算"（AQTION）项目完成了 50 量子比特的离子阱量子计算机原型及其控制软硬件的研发工作。此外，还开发了量子纠错、变分优化等算法。

在量子模拟领域，该计划通过"量子梳"（Qombs）与"大规模可编程原子量子模拟器"（PASQUANS）项目完成了基于光学晶格的针对新材料与物质相研究的量子模拟，并已在这一问题上达成了实际的量子优势。2023 年 4 月，"大规模可编程原子量子模拟器"项目进行了升级，未来将开发能处理多达 10000 个中性原子的量子模拟器。

在量子通信领域，该计划完成了量子网络原型及关键元件的开发，在 3 个相距 1.3 千米的量子处理器之间实现了纠缠，并在此基础上完成了量子网络原理证明。第一阶段开发出了在低成本和小型化方面颇有潜力的量子随机数产生器（量子加密协议的关键组件），已准备进行大规模生产。另外，该计划将多个量子通信所需元件集成在单个芯片上，实现了量子通信部分器件的低成本、模块化、小型化集成。

在量子传感领域，该计划完成了基于金刚石的量子传感器研发，展示了超级化核磁共振成像。

（二）启动量子学位建设工作

在"旗舰计划"的第一阶段，欧盟启动了"量子技术教育"（QTEdu）项目以建立量子技术课程与学位，创建一个围绕量子技术的跨学科欧洲教育研究社区，为量子产业化工作进行技术人才储备。

根据第一阶段进展报告，"量子技术教育"项目目前正在欧洲范围内建设量子技术硕士学位，同时进行"量子竞争力框架"的起草工作，希望通过它描述当前的量子技术竞争力与技能格局。此外，该项目还正在建设能提供量子人才、资源与机会的基础设施，以促进生态系统中的各方交流合作。

（三）技术成果孵化量子初创公司

在"旗舰计划"的第一阶段，依托它启动的研究项目已孵化了 25 家量子初创公司，覆盖了量子通信、量子模拟、量子传感、量子计算与基础科学等领域，以便充分利用这些项目的知识、研究基础设施、试验平台，将量子技术推向市场。

在这些初创公司中，奥地利阿尔卑斯量子技术公司（AQT）与法国帕斯卡公司（PAS-QAL）分别专注于离子阱量子计算和超冷原子量子计算，已开始提供商业量子计算方案。受到这些初创公司的影响，"旗舰计划"框架下已有 105 项技术专利得到申请，其中 64 项已经获批，加速了量子研究成果的转化。

（四）推进量子计算/量子模拟基础设施建设

根据"旗舰计划"第一阶段进展报告，德国的尤利希研究中心和法国国家大型计算中心（GENCI）目前已开始安装两个 100 量子比特的模拟量子模拟器。

"旗舰计划"正推进更大规模的量子计算/高性能计算基础设施融合。2022 年年初，"旗舰计划"官网发布了《欧洲量子计算和量子模拟基础设施》白皮书，就如何实现高性能计算机与量子计算的融合发展提出了共识立场，并给出了欧洲量子计算/量子模拟基础设施的建设时间表。该白皮书提出将在 2023 年前采购 8 台超算系统作为欧洲的量子计算与模拟基础设施，并于 2025 年启动"欧洲量子计算与模拟基础设施"（EuroQCS）项目，以便将"旗舰计划"下开发的量子计算机与模拟器集成至欧盟的高性能计算基础设施。

（五）支撑以量子为重点的国际合作关系

为了支撑"旗舰计划"，欧盟委员会指定了法国原子能和替代能源委员会（CEA）作为牵头单位，领导量子相关的国际合作与情报工作。相关工作内容主要是：跟踪分析量子领域的国际动态,包括整理主要参与者、国家计划、科研/产业发展机会或威胁、出口法规限制等;支持欧盟与其他国家地区的学术与产业合作。

在"旗舰计划"第一阶段,公开的国际相关工作暂以欧盟与他国的对话为主。欧盟委员会启动了"量子旗舰国际合作"(InCoQFlag)项目,旨在寻求与美国、加拿大、日本等国家合作共赢的机会,帮助构建量子技术发展的最佳框架。目前,"量子旗舰国际合作"已组织了欧盟与加拿大的量子技术研讨会,在"地平线欧洲"项目中发起了量子相关的联合呼吁,并为欧盟与日本的研究人员建立了量子计算基础设施的互惠访问模式。

》》》四、评估"旗舰计划"第一阶段工作的作用

(一)为欧盟国防领域开辟新的技术方向

"旗舰计划"的前置规划文件中,提及量子传感将对国防等重要领域产生影响,如用于 GPS 替代定位、自主系统移动等。量子传感器可在 GPS 信号微弱或消失的情况下辅助进行高精度定位,也可供核潜艇等需要隐藏位置的重要移动目标使用,提升安全性。若"旗舰计划"在十年后如期完成量子传感技术的商业化,则将在国防领域有广阔应用前景。

此外,量子通信基于量子力学原理,在理论上能实现无法被破解、复制与窃听的通讯。量子计算利用可处于多种叠加态的量子比特,能实现高并行大规模信息处理。尽管它们的技术成熟度相对量子传感较低,难以在近期达到商业应用程度,但仍能为军事保密通信、机密数据传输、密钥破解等国防任务开辟新的方向。

(二)加强欧洲量子技术的战略优势

除了核心领域研究带来的技术效益以外,"旗舰计划"的基础设施建设均在泛欧层面进行。例如,"旗舰计划"第二阶段将在高性能计算机和量子模拟器(HPCQS)等项目的支撑下,将量子计算机、模拟器原型集成至分散在欧洲不同国家的高性能计算中心,进行混合计算研究。欧洲量子通信基础设施计划(EuroQCI)则将努力建立跨欧洲安全量子通信基础设施,覆盖范围将包括欧盟在海外的领土。

此外,"旗舰计划"还通过 InCoQFlag 等项目在欧盟与国家层面协调量子工作的开展,在荷兰、法国与德国催生了资金规模相当甚至更大的量子国家倡议。这些项目计划将提升欧洲的量子基础设施建设水平,支持量子研究成果在全欧范围内及时转化,从整体上加强欧洲的创新能力与战略优势。

（三）推进欧洲量子技术的顶层设计和前瞻布局

尽管量子信息科学相关应用的落地时间尚不明确，但一些受其影响的关键基础设施（如抗量子攻击的加密系统）部署需要近 20 年时间，因此有必要从现在开始进行布局与筹备。从这点考虑，为期 10 年推动技术实用化进程的"旗舰计划"具有相当的前瞻性。

量子信息科学具有技术复杂、研发周期长、建设与运维成本巨大等特点，因此应加强顶层设计，进行宏观统筹布局，给予长期的战略引导与资金保障。

（中国电子科技集团公司第三十二研究所　卞颖颖）

DARPA 启动量子增强网络项目以提升
网络安全性能

  2023 年 5 月,美国国防高级研究计划局(DARPA)信息创新办公室(I2O)发布"量子增强网络(QuANET)"项目公告,公开征询量子增强网络创新方案,期望利用量子的物理特性来增强传统网络的安全性,打造出世界上第一个真正具有实地运行能力的量子增强型城域网络(MAN)。该项目将为美国关键网络基础设施提供基于量子物理学的安全保障能力,实现在量子通信网络领域的重要突破,并为相关成果应用转化积累经验。

〉〉〉 一、项目背景

  美国政府一直高度重视网络通信安全,于 2023 年 3 月发布了《国家网络安全战略》,提出以"通向具有韧性的网络空间之路"为目标的国家网络安全战略。量子通信网络建设则是其中的关键战略举措之一,美国政府将优先推动关键基础设施和脆弱的公共网络向量子加密环境过渡。

  在量子通信技术领域,美国最早关注的是量子密钥分发技术(QKD),但存在着实用层面的安全性不足、应用成本高等问题。另一个重点研究方向是量子隐形传态技术(QT),当前仍处在开放性研究探索阶段,应用前景尚不明朗。然而,不断演化的网络攻击手段正在挑战美国的网络安全防御体系。为更好地应对网络安全威胁、加快量子通信网络建设,DARPA 正式启动了"量子增强网络"项目。

〉〉〉 二、项目基本情况

  "量子增强网络"是一种量子与经典通信的混合网络,它的核心是开发可配置、环境加固型量子网卡（qNIC），以及配套的协议和软件架构，将量子系统集成到传统传输控制协议/互联网协议（TCP/IP）网络中。该项目会将当前"最佳"的量子通信能力融入到军事和关键基础设施网络中来。

"量子增强网络"项目共分为 4 个阶段，为期 51 个月。

（1）阶段 0 为期 3 个月，重点是完成量子网卡的详细设计，并由政府团队完成设计评估。

（2）阶段 1 为期 18 个月，重点是完成量子网卡的制造和测试以及开发数据流增强和拓扑增强技术原型，初步实现每秒千比特级数据传输速率，节点验证准确率达到 70%，路由注入攻击探测时间小于 0.5 天，窃听探测时间小于 1 天，攻击验证准确率达到 60%，在 6 个节点的量子与经典混合链路网络中路由成功率不低于 80%。

（3）阶段 2 为期 18 个月，重点是使用光纤网络将数据流增强和拓扑增强能力与制造的量子网卡集成。

（4）阶段 3 为期 12 个月，重点是光纤量子增强网络的扩展升级，将量子网卡的数据传输速率提升至每秒兆比特量级，将节点验证准确率提升至 85%，窃听探测时间缩短至 1 小时，攻击验证准确率提升至 90%，在 100 个节点的量子与经典混合链路网络中路由成功率达到 85%。此外，阶段 3 还将在量子网卡上实现空中链路接口组件设计，并针对空中链路对算法进行相应设计更改。

〉〉〉 三、关键技术领域

项目共涉及三个技术领域（TA1~TA3），这三个技术领域共同支撑项目总体目标的达成。

（一）量子网络接口卡技术

TA1 量子网络接口卡技术的目标是通过开发可配置量子网卡，实现在经典节点和量子链路之间建立标准化的连接。TA1 的重点集中在光子域，主要是在普通光网络接口卡的基础上，新增纠缠发生器以及足够灵敏的接收器，实现量子信息的收发以及在经典信息上叠加量子时间同步和量子传感信息。由于量子信号与经典信号共纤传送可能导致量子信号的严重损失，TA1 将研究量子网卡是如何减轻量子信号损失的。当今的量子通信系统往往独立于计算机节点，量子系统对用户来说就是一个黑盒，用户既不知晓量子信息，也不能对其控制。本项目通过量子网卡可以实现量子网络与经典网络的融合，显著增强对量子系统的感知和控制能力。

TA1 量子硬件（如光子源、纠缠发生器以及接收器）要求具备互操作性，并且在与经典计算设施集成时具备很强的环境适应性（如振动、温度等）以及较小的尺寸、功耗和体积。TA1 内嵌的软件要求能够处理量子信息,并将处理后的数据传递给操作系统网络协议栈。TA1 将与 TA2 和 TA3 紧密结合,并根据 TA2 和 TA3 的反馈不断迭代改进。

(二)数据流量子增强技术

TA2 数据流量子增强技术的主要目标是构建算法、协议和软件基础设施,从而将光量子复用进经典光数据流中,实现在经典信息上叠加量子传感和量子同步信息。通过将光量子加入经典光数据流中,可以在经典网络中实现事件检测、节点验证以及高保真时间同步。数据流量子增强技术以经典协议为基础,利用成熟的 TCP/IP 网络协议栈,并将根据需要会对个别现有协议进行扩展或升级替代。

图 7 给出数据流量子增强技术的两种应用实例。第一种实例为路由注入攻击探测。假如 Bob 要发消息给 Alice,预期的路径是 Bob→Charlie→Alice。而 Mallory 通过路由注入攻击将信息传递路径改为 Bob→Mallory→Charlie→Alice。当 Alice 接收到消息时,数据流量子增强技术将能够立即提醒 Alice 消息并不是通过预期路径传递过来的。这种攻击还可以通过数据流量子增强技术节点验证协议,确保 Mallory 不能作为一个有效节点接入网络,从而实现更早的攻击预防。第二种实例为窃听攻击。假如 Eve 试图窃听 HAL 和 Carol 之间的光纤链路,当 Carol 接收到来自 HAL 的消息时,数据流量子增强技术事件检测功能将立即提醒 Carol 有窃听者。

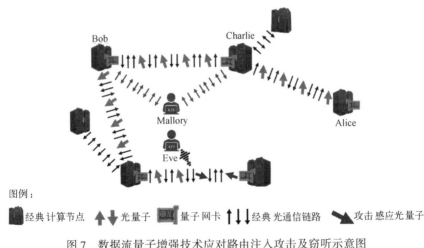

图例:

◼ 经典计算节点　⬆⬇ 光量子　▣ 量子网卡　⬆↓⬇ 经典光通信链路　⬊ 攻击感应光量子

图 7　数据流量子增强技术应对路由注入攻击及窃听示意图

(三)拓扑量子增强技术

TA3 拓扑量子增强技术的主要目标是开发能够实现量子链路与经典链路混合组网的算法。与 TA2 不同的是,TA2 研究的是在光层面上实现量子光与经典光的融合,而 TA3 研究的是在网络层面上实现纯量子链路与经典链路的混合组网。所谓纯量子链路,是通过量子网卡以及经典网络基础设施建立起来的量子直接通信链路。在图 8 中，Charlie 与 HAL 之间存在纯量子链路和经典链路两种不同的链路，TA3 就是要实现信息在 Charlie 与 HAL 之间的混合网络中自动路由。

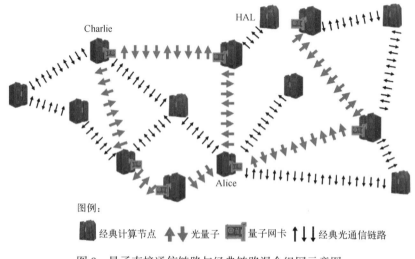

图 8　量子直接通信链路与经典链路混合组网示意图

在整个项目中，TA1 与 TA2 和 TA3 紧密结合，为 TA2 和 TA3 提供硬件基础，并将根据 TA2 和 TA3 的反馈不断迭代改进。为便于政府部门对项目各阶段目标的达成情况进行评估，政府部门将组建一个单独的集成测试团队，为集成测试提供一个经典的网络基础设施以及支持数据流量子增强技术和拓扑量子增强技术的量子链路，并设计网络攻击场景。

》》》四、项目最新进展

2024 年 3 月，DARPA 授出量子增强网络项目合同。该项目采用竞争性采购方式，共有 18 家研究机构参与竞争。DARPA 从中选择了莱多斯公司（Leidos）和雷声 BBN（Raytheon BBN）公司作为项目最终执行方。合同金额采用成本加固定酬金式计价，其中：Leidos 公司所获合同金额为 857.02 万美元，预计完成时间为 2028 年 6 月；雷声 BBN 公司所获合同金额为 752.71 万美元，预计完成时间为 2025 年 12 月。

》》》五、项目意义及影响

"量子增强网络"项目是美国在运用量子物理特性增强通信网络安全性方面的最新

尝试,是对当今量子技术在通信网络中应用方式的重要变革。它的目标不仅是要实现量子通信与经典通信在硬件上的融合,更是要实现上层协议架构的融合。其创新的思想必将对美国网络安全未来的发展产生深远影响。

一是在网络建设层面,"量子增强网络"项目将为美国现有关键网络基础设施提供基于量子物理学的安全能力。近年来,美国启动的"信息安全加密验证与评估""量子信息科学"等项目涉及量子网络的内容多为开发 QKD 技术,建设量子加密网络,提升网络安全能力等。量子增强网络项目的不同之处在于,其最初设计和开发聚焦于将当前的量子能力整合到经典的基础设施中,不再局限于研究 QKD 等技术以实现量子网络,转而关注能否利用量子技术迅速增强现有网络基础设施。这一转变为量子网络建设提供了一条更加可行的路径,将帮助其获得优于经典网络的安全能力。

二是在技术创新层面,"量子增强网络"项目将助力美国实在量子通信网络的重要技术突破。"量子增强网络"项目"将量子链路整合到经典网络中"这一核心思路,需解决量子光链路如何与当前计算机的安全、可配置连接问题。为攻克该问题,美国必须在高性能量子网络接口卡、数据流量子增强、拓扑量子增强等几项关键技术上取得突破。上述技术的突破必将使美国得以引领量子网络研究,并为其开展后续研究奠定基础。

三是在成果转化层面,"量子增强网络"项目以应用为导向的研发管理模式将为相关技术转化应用积累经验。"量子增强网络"项目立项伊始就明确"开发第一个可投入使用量子增强网络"的目标,在项目初期就与未来潜在的技术转化伙伴方进行了合作,在项目实施期间还将不断与各方进行合作,以确保项目研发出的能力能够满足技术转化方后续应用的需求。这一应用导向的管理模式搭建了双向正循环反馈机制,将助力项目成果顺利转化应用。

(中电科发展规划研究院　秦　浩　何少坤)

(中国电子科技集团公司第三十四研究所　刘　兴)

英国发布《国家量子战略》推动量子科技发展

2023 年 3 月 15 日,英国科技、创新与技术部发布《国家量子战略》(National Quantum Strategy)。该战略回顾了过去 10 年英国在量子科技领域形成的优势地位,描述了未来 10 年英国成为领先的量子经济体的愿景以及行动计划,阐述了量子技术对英国繁荣和安全的重要性。

》》》一、战略提出背景

(一)量子技术快速发展与全球竞争加剧

随着全球科技的飞速发展,量子技术被视为未来科技竞争的制高点。美国、俄罗斯、法国、德国、荷兰和日本等多个国家纷纷出台相关战略和政策,投入大量资源进行量子计算、量子通信、量子传感等前沿领域的研发。这种全球性的竞争态势促使英国认识到,只有加强在量子技术领域的投入和布局,才能在全球科技竞争中保持领先地位。

(二)英国在量子技术领域面临优势与挑战并存的局面

英国在量子技术领域已建立了显著的领先优势,如拥有世界领先的量子研究中心、研究机构和企业,以及优秀的量子科研人才。但随着技术的不断发展和应用的逐步深入,英国也面临着诸多挑战,如技术转化的复杂性和长期性、全球范围内的人才和资金竞争以及量子技术监管和标准的制定等。因此,制定《国家量子战略》有助于巩固和扩大英国的既有优势,应对未来可能出现的挑战。

(三)量子技术可推动经济增长与社会进步

量子技术的广泛应用将对经济和社会产生深远影响。其中:量子计算机的超强计算能力将推动药物研发、材料科学、能源利用等多个领域的突破性进展;量子通信和传感技术将提高通信安全性、环境监测能力等方面。为了充分利用量子技术的潜力,推动经济增长和社会进步,英国政府认为有必要制定一项全面、系统的国家量子战略,以明确未来十年的发展目标和行动计划,并引导社会资源向量子技术领域倾斜。

》》》二、报告主要内容

(一)提出了英国未来 10 年的发展愿景和目标

1. 未来 10 年的愿景和目标

战略提出,到 2033 年,要将英国打造为世界领先的量子经济体,创造繁荣的量子行业,确保量子技术成为英国数字基础设施和先进制造基地不可或缺的一部分。从 2024 年起的 10 年里投入 25 亿英镑开发量子技术,并引入 10 亿英镑私人资本,实现以下四个目标。

一是发展知识和技能,确保英国拥有世界领先的量子科学和工程。①研究与开发方面,2034 年前创建一项 25 亿英镑投资的十年量子研究和创新计划,以应用为中心,促进未来量子经济增长,确保英国长期成为尖端量子科技全球卓越中心;以任务为中心,开展创新和加速器计划,鼓励更多投资,应对量子转化和商业化挑战;扩大国际研发合作,实现互惠互利,开展基础设施投资,支持基础研究等。②技能和人才方面,英国须确保产业发展所需的量子高技能人才,培养具有量子素养的员工队伍,包括未来十年内培训 1000 多名量子领域博士,继续吸引、培养和留住世界领先的专家等。③国际伙伴关系方面,与盟友和伙伴合作,实现互惠互利,确保英国发挥主导作用。

二是支持量子业务发展,使英国成为全球量子企业首选地和全球供应链不可分割的一部分,以及投资者和全球人才首选地点。①关键行业和专业机构在量子领域密切合作,涵盖未来研发计划的详细设计、技能、经济中的量子准备、国际参与以及未来法规和标准的共同设计等。②开展商业化和加速器计划,支持这些技术领域的商业化和用户活动。③加大基础设施投资,以加速市场化进程。④提供商业化支持,提供创业和发展业务支持。⑤投资释放创新,确保英国公司能够在所有发展阶段获得融资。⑥不断发展全球供应链,在国内和全球供应链中推广并促进投资。⑦吸引量子企业到英国,积极搭建英国生态系统。

三是推动使用量子技术,为英国经济、社会和国家安全带来好处。①推动量子技术应用,造福社会。预计未来几十年全球将产生 1000 亿英镑的预期收益。量子技术的未来应用包括：建设一个环境可持续和有弹性的英国；加强国内外安全、防御和弹性；作为数字参与者并为英国释放数据力量；支持其他英国优先技术和部门发展。②通过政府采购，展示量子技术价值。政府可作为新兴技术的早期采用者支持量子技术发展，改善公共服务，增强政府能力，并向其他经济部门展示量子技术价值。国防部已确定用于国防的关键量子技术应用，包括传感、成像和授时，以及在通信和计算方面的机会。

四是引领量子监管并保护该行业。英国须预见并为未来的监管挑战做好准备，确保监管框架推动负责任的创新，保护和发展经济以及英国的量子能力。①通过各种组织、论坛发挥积极作用。在各种组织、论坛发挥积极作用，支持英国经济创新、业务增长和量子技术的道德使用，与合作伙伴共同发挥主导作用，制定与量子技术相关的国际规范和标准，建立监管测试平台，引领英国试验量子技术。②保护英国，支持增长。与盟友合作，继续监测和审查当前管制对该行业的影响以及未来监管的各种变化，确保监管与繁荣和安全目标保持一致，就安全合作以及保护工作和知识产权（包括抵御网络威胁）向量子企业和研究人员提供指导，确保英国有效保护自己免受恶意行为影响。③减轻与量子相关的风险。国家网络安全中心将继续向每个部门提供定制建议，通过其网站提供有关量子安全密码学的一般建议，与国际合作伙伴合作，确保英国向量子安全密码学过渡的计划和指南保持一致。各种管理自己加密基础设施的组织都应将量子安全过渡纳入其长期计划，并确定过渡高优先级系统。④技术标准。通过相关全球机构开展工作，确保全球量子技术标准促进英国繁荣和安全利益。⑤量子技术保证方面，国家物理实验室和国家量子计算中心要制定一项保证和基准测试工作计划，与标准路线图并驾齐驱，通过降低通过云与其他企业或用户交互时的网络风险，并确保量子技术在设计上是安全的，国家网络安全中心也应与国家量子技术计划合作开发量子计算机安全模型，帮助公司设计安全架构，以数字安全设计计划为基础，继续为量子公司提供指导。

（二）制定了英国为达成目标拟开展的行动计划

英国政府将携手学术界、工业界以及国际合作伙伴共同努力，采取严格措施实施战略目标。一是在科学、创新和技术部设立量子办公室，确保重点和推动实施该战略。量子办公室整合量子行业专业知识，向国家科学技术委员会报告进展情况，确保与其他优先技术联合发展。二是创建新战略计划委员会，管理该战略实施，确保政府在研发、贸易、外交、与私营公司和投资者合作、公共采购等公共投资方面发挥全方位杠杆作用。三是发布年度报告，介绍战略实施情况、优先行动以及该行业长期愿景，确保该战略实施得到工业、学术和技术专业知识支持。四是扩大和深化目前的独立咨询结构,使之能够就战略实施向政府提出建议。五是量子战略咨询委员会的职权范围和成员资格将扩大到涵盖所有目标的量子战略实施。六是与英国量子产业部门代表以及其他重要行业和专业机构密切合作,确保了解行业观点并考虑在内。

三、几点认识

(一)新战略指导英国量子技术未来十年的投资和发展

英国政府 2015 年 3 月发布的《量子技术国家战略:英国的一个新时代》对英国量子技术发展和抢占全球领先地位进行了规划。经过近 10 年发展,英国已成为量子技术全球领先者,在研究人才、跨不同量子技术知识积累、以及在整个量子和相关供应链中都具有明显优势。为进一步巩固和扩大这些优势,英国推出新版《国家量子战略》。该战略描绘出未来 10 年的发展愿景,提出出量子知识和技能体系、量子技术产业化、量子技术应用、量子技术标准和监管框架等具体发展目标,并制订出具体行动计划。该战略为英国未来 10 年量子技术的投资、研发、产业发展、行业标准制订和监管等指明了方向,确保英国在量子技术领域处于国际领先地位,同时推动英国产业链升级,建立强大、有弹性的经济和社会,促进英国经济长期、持续繁荣。

(二)英国量子技术发展方式有利于实现商业化

英国在量子技术领域已建立了显著的领先优势,制定《国家量子战略》有助于巩固和扩大英国的既有优势,应对未来可能出现的挑战。一是加大政府投资,吸引资本投资,持续为量子技术发展和商业化提供资金支持。量子产品和服务开发过程漫长且具挑战性,需持续大量投资。新版战略是早期战略的延续,继续采取长期支持策略,最终会带来技术的成熟并引起社会变革,产生非凡的影响力。二是新战略强调联合学术界、工业界、政府机构、合作伙伴和其他利益相关者共同参与战略实施。政府将作为量子产品和服务首个客户,增强企业信心,推动更广泛的参与将有利于形成完整价值链,加速成果转化应用,快速实现商业化。三是积极塑造市场化环境,为量子技术商业化做好准备。通过采取培训量子技术研发和产业人才、投资培训劳动力、建立全面技术标准和监管体系、通过国际合作最大化推进英国量子技术产业、政府部门率先采用量子技术等措施,将进一步推动英国量子技术早日实现商业化。

（三）提前谋划量子技术产业规范谋取国际话语权

量子技术产业尚处于形成初期，各种规范与制度尚未建立。积极参与国际标准化组织的规范、标准等编制活动，可为本国量子技术产业未来发展争取有力条件，谋取在量子技术领域的国际话语权。同时，提前谋划量子技术产业的标准、规范，建立监管制度，也有利于量子技术企业良性发展与竞争，避免因缺少有效的管理而出现混乱无序的发展情况。

（中国电子科技集团公司第二十七研究所　禹化龙)

量子计算方向 2023 年度进展

>>> 一、各国政府持续加码相关战略政策

2023 年,除了各大公司积极投资布局量子计算以外,各国政府与军方对量子计算也投入越来越多的关注与支持。通过战略规划、项目支持、成立量子计算中心、量子联盟等方式,整合量子计算科研机构与工业团队优势资源,多维度布局推动量子计算走向实际应用。

(一) 美国推动战略制定和项目合作

8 月,美国能源部宣布为量子网络研究的三个合作项目提供 2400 万美元的资助。这三个项目包括:①由阿贡国家实验室牵头,与西北大学、芝加哥大学、伊利诺伊大学香槟分校和费米国家加速器实验室合作开展的一项合作研究工作,采用异构全栈方法设计可扩展的量子网络;②由橡树岭国家实验室牵头,与马萨诸塞大学阿默斯特分校、亚利桑那大学和亚利桑那州立大学合作开展合作研究,为性能集成的可扩展量子互联网开发架构和协议;③费米国家加速器实验室与加州理工学院、伊利诺伊大学香槟分校、西北大学和阿贡国家实验室合作,开发基于超纠缠的网络和纠错技术,为科学发现开发先进的量子网络。

8 月 15 日,美国空军研究实验室 (AFRL) 开设了极限计算中心,作为国防研究的一部分,帮助提供"最先进的量子计算技术,以保护国家并向战士提供改变游戏规则的技术"。据 AFRL 称,极限计算设施专注于国防应用的基础研究,不仅设有两个实验室,用于量子计算、网络和安全方面的基础研究,而且设有两个神经拟态计算实验室,用于近似人类神经认知的机器学习模型的基础研究。AFRL 宣布已在参议院国防拨款法案中获得

4400 万美元的新联邦资金,其中:400 万美元用于开发"下一代离子阱计算机";1000 万美元用于分布式量子网络测试台和量子云计算环境。

11 月 29 日,美国国会众议院科学、空间和技术委员会通过了《国家量子计划重新授权法案》,支持期限延长至 2028 财年,并将重点放在量子技术在现代场景中的应用上。该法案的出台,标志着美国对这一可能定义未来技术格局的科学领域的承诺正在加深。

12 月 1 日,《国家量子计划(NQI)总统 2024 财年预算补编》发布,这是《国家量子计划法案》(NQI Act)要求的第四份 NQI 计划年度报告。此次公布的 2024 财年量子信息科学预算为 9.68 亿美元;在 NQI 先前的 4 个财年报告中,预算金额分别为 4.49 亿美元、6.72 亿美元、8.55 亿美元、10.31 亿美元和 9.32 亿美元。从报告的内容到项目预算,无一不体现出 2024 财年将是美国国家量子计划的关键时刻。

（二）英国发布《2023 国家量子战略》

英国国家量子战略(UK-NQS)于 2022 年启动,是目前最大的一项战略。这个 10 年计划概述了到 2033 年必须完成的几个雄心勃勃的目标,其中包括保持英国在量子投资、技术和企业发展方面的全球前三名的地位。在刚刚发布的《2023 国家量子战略》中,UK-NQS 已经承诺 25 亿英镑来实现这一目标。

UK-NQS 战略的目标是在此资金基础上吸引额外的私人投资(12 亿美元)。人才和技能是该战略的核心,这是明智的,当一个领域刚刚起步时,投资新人才总是值得的。事实上,该计划将在未来两年内再投入 2500 万英镑,用于启动新的博士培训中心和奖学金、量子技能特别工作组、行业安置计划和量子研究中心。

（三）爱尔兰发布首个量子技术国家战略

11 月 15 日,爱尔兰继续教育、高等教育、研究、创新和科学部长西蒙·哈里斯发布了爱尔兰首个量子技术国家战略《量子 2030》(Quantum 2030)。《量子 2030》将爱尔兰量子技术界的努力集中在量子技术的新兴增长领域,并认为爱尔兰可以在这些领域取得竞争优势。

《量子 2030》围绕 4 个不同的支柱和 1 个交叉支柱展开,它们是:支持优秀的基础和应用量子研究;培养顶尖科学和工程人才;加强国家和国际合作;促进创新、创业和经济竞争力;提高对量子技术和实际惠益的认识。《量子 2030》利用并协调社会现有的努力和资源,以推动爱尔兰在第二次量子革命中的战略利益。

（四）澳大利亚政府发布首个国家量子战略

5 月 4 日,澳大利亚政府发布了首个国家量子战略,概述了澳大利亚如何抓住量子未来,并保持全球领先地位。该战略确定了 5 个优先领域:投资于研发和商业化;确保基础设施和材料;培养熟练的劳动力;维护国家利益;促进一个可信赖的、有道德的、包容性的生态系统。根据该量子战略,到 2045 年,量子产业可以创造 19400 个直接工作岗位,收入为 59 亿美元。

《国家量子战略》涉及量子技术的全部范围。它为接近商业化的应用提供了一条发展途径,如量子传感器;还为澳大利亚在量子计算等长期应用方面的成功奠定基础。在未来 10 年及以后的不同时期,不同的技术将成熟并为商业应用做好准备。不仅如此,该战略还认识到为量子技术建立基础能力的重要性,包括软件工程、应用和算法。

(五)韩国发布量子科技发展战略

6 月,韩国科学技术信息通信部发布量子科技发展战略:到 2035 年,将至少投入 3 万亿韩元(23 亿美元)用于量子技术的研究和应用,助力韩国成为量子科技领域的第四大强国。韩国的具体目标是到 2035 年将量子技术的进步率从现在的 62.5% 提高到美国的 85%。

韩国计划到 2023 年将博士量子研究人员的数量从目前的 384 人增加到 2500 人,并将拥有学士和硕士学位的劳动力从 1000 人增加到 10000 人,每年还将向海外派遣 500 名本土专家。

在量子基础设施方面,政府计划在 2027 年之前建立专门供量子研究人员使用的量子工厂,在 2031 年之前建立一个公共部门的量子铸造厂,在 2035 年之前建立一个私营部门的量子铸造厂。

(六)印度投入巨资支持国家量子任务

4 月 19 日,印度联邦政府批准了一项 7.3 亿美元的资金计划,用于印度的首个国家量子任务(NQM)。该项目旨在到 2031 年交付具有 50~1000 个物理比特的中等规模量子计算机,并使印度"成为量子技术与应用(QTA)开发领域的领先国家之一"。印度政府表示,该计划涵盖了从本土量子计算能力到量子密钥分发(QKD)和量子传感等各个方面,将促进通信和健康等行业的发展。该计划也必将被用于提高国家的军事能力。

(七)中国加快发展量子科技产业

12 月 11—12 日,中央经济工作会议在北京举行。会议指出,要以科技创新推动产业创新,特别是以颠覆性技术和前沿技术催生新产业、新模式、新动能,发展新质生产力。会议强调,"要开辟量子、生命科学等未来产业新赛道"。

湖北省将量子科技产业作为全省 9 条新兴特色制造业产业链之一,发布《湖北省加快发展量子科技产业三年行动方案》，明确到2025年建成国际国内一流的量子科技创新引领区、产业集聚区、应用示范区，量子科技领域领军专家团队20个以上、骨干科研人员100名以上，建成4个以上量子科技产业园和孵化器、1个"量子科技产学研检用融合发展园区"，培育引进一批"单项冠军""专精特新"量子科技企业。

量子科技是江苏省重点规划布局的未来产业之一。11月15日，江苏省政府办公厅印发《江苏省加强基础研究行动方案》，将量子科技纳入"战略导向的体系化基础研究"领域重点方向。

》》》 二、量子计算在多方向取得重要进展

量子计算是基于量子力学原理的全新计算模型，与传统计算理论不同，它的基本单元是量子比特，利用叠加、干涉和量子纠缠等量子效应进行信息处理，可以极大地提高计算效率。量子计算具有的内在并行性，使其在许多计算问题上可能优于经典计算机，如密码破译、人工智能、化学和制药、量子金融、航空航天等。自量子计算的概念提出以来，人们一直致力于推动量子计算走向实际应用。目前主流的实现量子计算的技术路线有超导量子计算、离子阱量子计算、光量子计算、中性原子量子计算、半导体量子计算和拓扑量子计算等。2023年，量子计算继续朝着实用化稳步前进，量子计算的几条主流的技术路线在量子比特数量和品质、测控系统、量子软件等诸多核心技术方向，取得相当惊人的研究成果。

（一）离子阱量子计算机工程化与科学研究同步推进

2月23日，Quantinuum公司宣布，其H1量子处理器接连创下两项性能记录：H1-1的量子体积达到16384（2^{14}）和32768（2^{15}）。这标志着Quantinuum公司基于量子电荷耦合器件技术的H系列在不到三年的时间里第8次树立了行业基准，并实现了2020年3月的公开承诺：在5年内每年将H系列量子处理器的性能提高一个数量级。这一最新的量子体积里程碑展示了Quantinuum公司团队如何持续提升系统模型H1的性能，在保持高单比特保真度、高保真度和低串扰的同时，对双比特门保真度进行了改进。这些里程碑的平均单量子比特门保真度为99.9955（8）%，全连接量子比特的平均双量子比特门保真度为99.795（7）%，而状态准备和测量保真度为99.69（4）%。

8月，美国桑迪亚国家实验室生产了第一批新型世界级离子阱，它是量子计算机的核心组件。这种被称为Enchilada Trap的新设备使科学家能够建造更强大的机器，以推进量子计算的实验性但可能具有革命性的领域。Enchilada Trap可以存储和传输多达200个量子比特，比Roadrunner Trap最多32个量子比特有所增加。这两个版本都是在桑迪

亚的微系统工程、科学和应用制造工厂生产的。

(二) 量子比特品质、门操作保真度持续提升

3月,中国科学技术大学超导量子计算实验室成功实现了一个全新的三维封装装置——拥有 176 个量子比特的量子处理器。它在性能方面以"祖冲之二号"为目标,调试成功后计划接入量子计算云平台,开放给其他科研机构以及公众使用。7月,在前期构建的"祖冲之二号"超导量子计算原型机的基础上,中国科学技术大学潘建伟研究团队,进一步将并行多比特量子门的保真度提高到 99.05%、读取精度提高到 95.09%,并结合研究团队所提出的大规模量子态保真度验证判定方案,成功实现了 51 比特簇态制备和验证,保真度达到 0.637 ± 0.030,超过 0.5 纠缠判定阈值 13 个标准差,充分展示了超导量子计算体系优异的可扩展性。在此基础上,研究团队通过结合基于测量的变分量子本征求解器,开展了对于小规模的扰动平面码的本征能量的求解,首次实现了基于测量的变分量子算法,为基于测量的量子计算方案走向实用奠定了基础。

10月5日,富士通公司和研究机构 Riken 宣布成功开发出日本第二台量子计算机,部署在理化学研究所 RQC 富士通合作中心,在一个集成芯片上有 64 个超导量子比特,并与 40 量子比特量子计算机模拟器集成在一起,能够实现 264 种量子叠加和纠缠状态。11月 27 日,IBM 公司宣布在东京大学完成安装 127 量子比特的量子计算系统。该处理器现已在日本首个 IBM Quantum System One 中运行,参与量子创新计划联盟的机构的科学家们打算将该系统的新处理器用于生物信息学、高能物理、材料科学和金融等学科的量子研究。

12月4日,IBM 公司发布 Condor 芯片,拥有 1121 个超导量子比特,呈蜂巢状排列。Condor 芯片突破了芯片设计的规模和产量极限,量子比特密度提高了 50%,在量子比特制造和层压板尺寸方面取得了进步,并在单个稀释制冷器中包含了超过一英里的高密度低温柔性 IO 接线。它的性能可与之前的 433 量子比特 Osprey 相媲美,是一个创新的里程碑,解决了规模问题,并为未来的硬件设计提供了参考。作为新策略的一部分,IBM 公司还发布了一款名为"苍鹭"(Heron)的芯片,它拥有 133 个量子比特,但错误率却创下了历史新低,比其之前的量子处理器低三倍。IBM 公司还发布了 IBM Quantum System Two,这是公司首款模块化量子计算机,也是 IBM 以量子为中心的超级计算架构的基石。它将可扩展的低温基础设施和经典运行时服务器与模块化量子比特控制电子设备结合在一起,结合了量子通信和计算,并由经典计算资源辅助,同时利用中间件层来适当整合量子和经典工作流。

(三) 光量子技术水平和量子计算的世界纪录再度刷新

4月,北京大学王剑威研究员、龚旗煌院士课题组与中国科学院微电子研究所杨妍研

究员、浙江大学戴道锌教授、丹麦科技大学丁运鸿研究员等团队合作，实现了基于超大规模集成硅基光子学的图论光量子计算芯片——"博雅一号"。该团队克服了大规模光量子芯片设计、加工、调控和测量的诸多难题，实现了一款集成约 2500 个元器件的超大规模图论光量子芯片，实现了面向通用型量子计算的多光子高维量子纠缠制备，以及编程玻色取样专用型量子计算。

10 月，中国科学技术大学、中国科学院量子信息与量子科技创新研究院潘建伟研究团队与中国科学院上海微系统所、国家并行计算机工程技术研究中心合作，成功构建了 255 个光子的量子计算原型机"九章三号"，再度刷新了光量子信息的技术水平和量子计算优越性的世界纪录。在构建"九章"系列光量子计算原型机的基础上，中国科学技术大学研究团队揭示了高斯玻色取样和图论之间的数学联系，完成对稠密子图和 Max-Haf 两类具有实用价值的图论问题的求解，相比经典计算机精确模拟的速度快 1.8 亿倍。同时，中国科学技术大学研究团队在国际上首次演示了无条件的多光子量子精密测量优势。

4 月，北京玻色量子科技有限公司成功研制光量子测控一体机——"量枢"，它是专门为相干光量子计算机定制的一套集光量子测量反馈、系统状态检测、计算流程控制等功能于一身的智能系统。光量子测控一体机"量枢"的最大核心优势在于实现了上百规模光量子之间的"全连接"控制，在多个相干量子计算平台上得到成功的验证，帮助完成多种复杂计算场景下的问题求解。此外，光量子测控一体机"量枢"还具有较好的可迁移性与可拓展性，也是未来"经典-量子混合计算系统"中的核心设备。

（四）中性原子量子计算异军突起

10 月 24 日，原子计算公司（Atom Computing）表示，它已经在量子计算平台中创建了一个 1225 个站点的原子阵列，填充了 1180 个量子比特。它使用被激光捕获在二维网格中的中性原子——新的量子计算机使用镱-171 原子来创建其量子比特。10 月，由哈佛大学、麻省理工学院和中性原子量子计算机领域的领先企业 QuEra Computing 组成的研究团队成功地在 60 个并行中性原子量子比特上演示了保真度高达 99.5% 的双量子比特纠缠门。这一保真度突破的关键在于基于中性原子的量子计算的创新方法，其中融合了一系列尖端技术，包括：基于最优控制的快速单脉冲门，确保纠缠操作的精度和效率；利用原子暗态，减少散射和错误率，这是实现 99.5% 高保真度的关键因素；进一步提高量子操作的准确性，这是里德堡激发和原子冷却技术的关键改进。

（五）量子计算机的互连取得重要进展

1 月，麻省理工学院研究人员开发了一个量子计算架构，实现超导量子处理器之间可扩展的、高保真的通信。由于量子计算机与经典计算机有根本的不同,用于通信电子信息的传统技术并不能直接转化为量子设备。然而,有一个要求是共同遵守的:无论是通过经典还是量子互连,携带的信息必须被传输和接收。为此,麻省理工学院研究团队在用户指定的方向上确定性地发射单光子——信息载体,确保量子信息在 96% 以上的时间里流向正确的方向。研究人员希望将多个模块连接起来,用这个过程来发射和吸收光子。这是朝着开发模块化架构迈出的重要一步,能将许多较小规模的处理器组合成一个规模更大、功能更强的量子处理器。

2 月 8 日发表在《自然·通讯》上的研究论文中,萨塞克斯大学和 Universal Quantum 公司联合研究团队展示了 UQConnect 新技术,利用电场链路使量子比特以以前所未有的速度和精度在一个量子计算微芯片模块之间移动。该团队成功地传输了量子比特,成功率为 99.999993%,连接率为 2424 量子比特/秒,这两个数字都是世界纪录,比以前的解决方案要高几个数量级。研究人员表示,这表明原则上可以将芯片组合在一起,从而制造出更强大的量子计算机。

2 月,巴黎卡斯特-布罗塞尔(Kastler Brossel)实验室成功构建了两种不同类型的量子比特编码之间的第一个转换器,相当于经典计算机的转换器。这种转换器实现了离散变量量子比特和连续变量量子比特两种主要范式之间的量子信息转换。类似于经典的模拟或数字信息编码,它们是某些任务和平台的首选。该研究团队找到了一种方法,可以将一种量子信息转换成另一种量子信息,从而证实了不同量子设备相互连接的可能性。转换器的实现可以分为三个主要步骤:①创建关键资源纠缠;②输入量子比特被发送到转换器;③执行被称为"贝尔态测量"的特殊测量,将输入信息隐形传态到输出量子比特。在这个过程中,与其他隐形传态协议不同的是,量子比特被改写成了另一个基。

(六)量子信息读取技术取得重要成果

2 月,麻省理工学院领导的科研团队开发出了一种新的超导参量放大器:它的工作增益与以前的窄带压缩器相同,同时可以在更大的带宽上实现量子压缩。这篇论文发表在《自然·物理学》上,首次展示了在高达 1.75GHz 的宽频率带宽上的压缩,同时保持了大量的"压缩"(选择性降噪)。相比之下,以前的微波参量放大器一般只有 100MHz 或更小的带宽。这种新的宽带设备可能使科学家能够更有效地读出量子信息,生成更快、更准确的量子系统。通过减少测量中的误差,这种架构可以被用于多量子系统或其他要求极度精确的计量应用。

4 月,深圳国际量子研究院超导量子计算团队钟有鹏副研究员带领研究生郭泽臣、赵枢祥、张家蔚等人在低温低噪声放大器研发方面取得重要进展。自主研发的低温低噪声放大器(型号:SIQA-LNA1.0)可在 4K 环境温度下工作,具有低功耗、高增益和低噪声的性能特点。该器件拥有完全的自主知识产权，可实现对进口同类产品的替代。

（七）谷歌公司首次突破纠错盈亏平衡点

2月，谷歌公司量子人工智能研究团队在《自然》上发表论文《通过扩展表面码逻辑量子比特来减少量子错误》，证明了将多个量子比特分组合成为一个逻辑量子比特的纠错方法可以提供更低的容错率。谷歌公司声称这是量子计算机实现道路上一个新的里程碑：以往的纠错研究随着比特数的增加，错误率会提高，都是"越纠越错"，而这次谷歌公司研究成果首次实现了"越纠越对"。也就是说，突破了量子纠错的盈亏平衡点。这是量子计算技术发展"万里长征"中的重要转折点，为实现通用计算所需的逻辑错误率指明了全新路径。

（八）SEEQC 公司新推低温数字芯片

3月16日，美国量子计算机初创公司 SEEQC 推出了一系列高速、节能的单通量量子数字芯片，能够在与量子比特相同的低温下，运行量子计算机的所有核心控制器功能。这些芯片还与量子比特完全集成——这是构建可扩展容错量子计算机和数据中心的一个重要里程碑。SEEQC 公司的数字芯片技术利用高能效超导单通量量子逻辑，运行速度高达40GHz，可以实现经典的量子比特控制、测量、多路复用和数据处理。同时，由于它们的低能量需求，SEEQC 公司的超导单通量量子电路可以通过集成多芯片模块形式在20毫开尔文温度下工作，从而避免将数据从毫开尔文温度发送到室温并再返回的路径，减少了系统延迟。此外，使用 SEEQC 公司的芯片将消除几乎所有与量子芯片互连的昂贵室温电子设备机架的需要，这将使量子计算机的成本和复杂性显著降低几个数量级。通过在多芯片模块中，将所有功能元件放置在与量子芯片集成的超快速数字单通量量子经典芯片上，芯片之间的数据处理延迟和传输速率将大大降低，能实现比目前现有技术速度更快、质量更高的量子比特读取和重置。这是应用和实现容错量子计算机的重要特征。

（九）麻省理工学院发明新型超导量子比特新架构

9月，麻省理工学院的研究人员展示了一种新型超导量子比特架构，它可以在量子比特之间执行操作，其精确度远远超过科学家们以前所能达到的水平，这项研究成果发表在《物理评论 X》上。研究人员利用一种相对较新的超导量子比特 fluxonium，寿命（或相干时间）比 transmon 量子比特更长。这种新型超导量子比特架构包括一个两端有两个 fluxonium 量子比特的电路，中间有一个可调谐的 transmon 耦合器将它们连接在一起。与直接连接两个 fluxonium 量子比特的方法相比，这种 fluxonium-transmon-fluxonium（FTF）

架构能实现更强的耦合。FTF 架构还能最大限度地减少量子操作过程中在背景中发生的不必要的相互作用。通常情况下,量子比特之间更强的耦合会导致更多这种持续的背景噪声,即所谓的静态 ZZ 相互作用——FTF 架构可以解决这个问题。抑制这些不必要的相互作用的能力以及 fluxonium 量子比特更长的相干时间,使研究人员能够将单量子比特门保真度提高到 99.99%,双量子比特门保真度提高到 99.9%,远高于某些普通纠错码所需的阈值。

(十) 量子配套软件蓬勃发展

随着量子计算相关理论研究的不断深入和量子硬件的快速发展,与之相配套的量子软件研发,特别是系统软件以及编译软件,也引起研究人员极大的关注。量子软件主要包括量子算法、量子编程语言、量子计算开发工具、量子编译器以及量子操作系统等。

1 月,本源量子公司发布支持量子计算机和超级计算机"协同学习"的量子机器学习框架——VQNet2.0,该框架可与量子计算操作系统深度结合,支持同时调度量子和经典计算资源进行机器学习的训练与预测。该量子机器学习框架可将计算任务在量子计算机和超级计算机之间进行分解、调度和分配,在机器学习领域引入更强的算力。

3 月,英特尔公司发布了量子软件开发工具包 1.0 版,旨在让开发人员可以与量子计算堆栈对接,为在未来在量子硬件上执行量子算法编程做准备。该套件与英特尔公司的量子硬件对接,包括其 Horse Ridge II 控制芯片和量子自旋量子比特芯片。它的特点是使用行业标准的低级虚拟机(LLVM)编译器工具链,采用 C++编写的编程接口。

6 月 21 日,上海量子软件技术研究与验证中心揭牌成立,该软件中心由上海计算机软件技术开发中心和国开启科量子公司联合成立,拥有"天算 1 号"离子阱量子计算机、量子模拟服务器、量子教研系统,以及面向框架、算法、应用的全栈量子软件系统等完善的软硬件开发与验证环境。未来,双方将深化产研创新合作,重点研究量子软件的质量与安全模型、测试评估技术,全面推进量子软件领域质量及安全测评、检验、评估、认证、验证、咨询等技术服务,开展国际学术研讨和技术交流,推动我国量子科技产业高质量发展。

8 月 18 日,2023 中国算力大会第二届"西部数谷"算力产业大会算领未来"8 大成果"环节中,中国电子科技集团公司与中国移动通信集团公司携手发布"全国规模最大的量子计算云平台",这是国内首个央企合作量子计算云平台,也是业界第一次实现"量子与通用算力统一纳管混合调度"的系统级平台,该成果标志着量子计算正在逐步走向实用化阶段。中国电子科技集团公司目前已突破 20 比特量子芯片设计与制造,9mK 级极低温制冷、量子-电子混合算力控制等核心关键技术,成功研制了全自主可控的 20 比特超导量子计算机。中国移动通信集团公司依托移动云率先布局公有云量子计算云服务,链接融合中国电子科技集团公司超导量子计算机,通过"五岳"量子计算云平台提供开放的量子融合算力测试环境,可为高校、企业和科研人员开展量子算法实验提供有力支撑。未来,"五岳"量子计算云平台将依托移动云的技术、产业、生态优势,联合各方力量构建量子计算与云计算的融合计算体系,加速推动中国量子计算产业化,助力数字中国建设。

11月27日,IBM公司宣布,他们已将澳大利亚初创公司Q-CTRL的错误抑制技术集成到IBM云量子服务中:用户只需轻按开关,就能降低错误率。Q-CTRL公司称,驯服不守规矩的量子处理器的最佳方法是"错误抑制"——改变操作底层硬件的方式,以降低出错的可能性。该公司表示,通过综合运用各种技术,其软件可以将算法成功运行的几率提高几个数量级。现在,IBM公司已将这项技术集成到其量子云产品中,无需IBM最终用户进行任何配置,通过"即用即付"计划在云端访问量子硬件的客户无需支付额外费用,只需一行代码即可调用该软件。与使用标准设置运行相比,该软件可以显著提高计算结果的质量,成功概率提高了1000倍。

12月,IBM公司发布了基于Qiskit的框架Qiskit Patterns。Qiskit是IBM公司开发的开源量子编程软件,预计于2024年2月发布。Qiskit Patterns使量子开发人员能够更轻松地创建代码,并利用这些工具简单地映射经典问题,使用Qiskit执行和优化量子电路,对量子电路的执行结果进行后处理。在已有的量子硬件、理论和软件等突破的基础上,IBM公司将其量子发展路线图延长至2033年,并提出提高门操作质量的新目标。根据该发展路线图,IBM公司计划在10年内实现实用的量子计算,如模拟催化分子。

》》三、发展与应用预测

当前,量子计算行业仍处于早期探索阶段。国外有IBM、Google、IonQ、霍尼韦尔、Rigetti等公司,国内有中国电子科技集团、本源量子、国盾量子、腾讯量子实验室、中微达信等公司,这些量子巨头纷纷投入人力物力开展量子计算领域的科学研究和工程应用推进,逐步形成较为完整的产业链。当前,量子计算机还处于原型机研发阶段,距离大规模商用还有较长的路要走。

8月,在最新报告《2023—2027年全球量子计算预测:冲浪下一波量子创新浪潮》中,IDC预测,全球量子计算技术(包括硬件、软件和服务解决方案)的支出将从2022年的11亿美元增长到2027年的76亿美元,5年复合年增长率(2022—2027年)为48.1%。鉴于量子技术的发展现状,IDC仍然认为,所谓的"容错量子计算机竞赛"不会产生一个赢家,而是会产生几个赢家,为特定行业解决特定类型的问题提供独特的解决方案。从长远来看,随着时间的推移,量子计算的发展将使更多企业能够解决更复杂的问题。在短期内,企业应考虑尝试各种量子计算技术,以确定哪家供应商和哪种模式最适合自己的量子需求。

12月,市场研究机构 Hyperion Research 在圣克拉拉举行的 Q2B 硅谷会议上发布年度量子计算(QC)市场更新报告,2023年全球量子市场规模为8.48亿美元,预计未来3年以22%复合增长率增长,到2026年市场规模将超过15亿美元。根据光子盒发布的预测,到2027年,全球量子计算行业的产业规模将达到87亿美元;到2028年,产业规模将快速增长到319亿美元,行业进入爆发增长期;到2030年,整体产业规模预计将达到1197亿美元,行业应用实现较大规模的推广,整机采购、云服务与应用解决方案将获得庞大的采购量;到2035年,产业规模将增长到6070亿美元。全球量子计算产业复合年均增长率(CAGR)2022—2027年为31.28%,而2027—2035年增长为44.5%,快速向万亿级产业规模迈进。

在下游应用方面,化学合成、药物研发、材料设计、能源开发、人工智能、信息安全、航空航天等领域均有可能从早期实用量子计算机中获益,目前已有多家公司开始布局相关领域。9月,波音公司和IBM量子公司的研究人员在《自然》上发表论文,提出了一种模拟腐蚀化学反应的量子方案,以探索新型抗腐蚀材料。该论文使用量子计算算法对分子在表面的吸收与反应进行建模,在此基础上提出了两种本地嵌入方法来系统确定活动空间,并对两种方法进行了比较。为了减少模拟所选有源空间所需的量子资源,研究团队引入了一种电路简化技术,该技术适用于较为广泛的量子电路,对于实现近期量子器件的演示至关重要。9月,北京大学工学院杨越课题组在《物理评论研究》期刊上发表论文,提出了一类基于流体薛定谔方程的量子计算方法,可望利用量子计算效率优势模拟三维湍流等复杂流动问题。该研究发展了求解流体薛定谔方程的量子算法,并使用多个量子比特在量子模拟器 Qiskit 上对一维稳态流、二维泰勒格林涡等简单流动进行了算法验证,实现了相较于经典计算的部分指数加速,后续可望在现有含噪中等规模量子硬件平台上实现流体动力学模拟。12月,空客公司和宝马集团共同发起了一项名为"量子交通探索"的全球量子计算挑战赛,以应对航空和汽车领域最紧迫的挑战。这项挑战是首创性的,它将两个全球行业领导者聚集在一起,利用量子技术实现现实世界中的工业应用,释放潜力,为未来的交通运输提供更高效、更可持续和更安全的解决方案。此次的挑战清单包括:智能涂层——研究用于抑制腐蚀的量子计算;量子驱动的物流——实现高效和可持续的供应链;量子增强自主性——增强关键测试场景图像的生成式人工智能;量子求解器——预测性空气声学和空气动力学建模;黄金应用程序——推动量子技术在交通领域的应用。

》》》 四、启示影响

虽然当前量子计算产业化发展还存在诸多问题,但是应当认识到量子计算机在某些特定领域的计算能力将不可避免地超越经典计算机，在未来的几年内，发挥量子计算机在实际应用中的作用将成为人们普遍关注的重点，量子计算机将快速进入研发与实用化并行发展的时代。

面对当前国内外在量子计算领域所处的发展现状，我国应进一步加强量子计算前沿科技领域产业化布局，培育一批量子计算领域的骨干团队，支持国内相关成员单位跟踪国际先进技术发展动态；加大对关键核心领域的研发支持，完善产学研协同创新机制，采取积极财政政策，提供资金支持量子计算领域的基础科研和工程应用项目；前瞻布局国家在量子计算方向的专业建设，培养一批量子计算领域的高端人才队伍，通过政策导向聚集国内外量子计算领域优秀的专家和工程师；积极构建量子计算应用生态体系，发挥中央管理企业的牵头带动作用，并支持产业上下游企业通过参股合资、长期战略合作等形式，畅通资源和信息对接渠道；支持集团公司与从事量子计算领域的企业、行业协会、科研机构等深化合作，成立量子计算联盟，共同开展量子计算关键共性技术研究，并指定量子计算机的相关公共基础标准。

（中国电子科技集团公司第三十二研究所　吴永政　汪　士）

量子通信方向 2023 年度进展

一、多个新型量子通信系统被首次提出或验证

2023 年,量子通信技术快速向成熟实用化方向发展,新的协议和新的应用场景也在不断发展和探索,量子弹性卫星通信链路、星地测量设备无关量子密钥分发链路、里德堡原子无线通信链路等实用化通信链路得到验证,同时,多个新型量子通信协议、量子密钥分发协议被提出,有望提升量子通信系统的纠错效率、分发安全性等性能。

(一) 国际上首个量子弹性加密的通信卫星太空链路建设完成

3 月,美国后量子安全供应商宣布已经完成首个已知的实时、端到端量子弹性加密的通信卫星太空链路,可以使任何联邦和商业组织能够通过空间进行实时、安全、经典和量子安全的通信和数据传输。这使得传统数据网络之外的服务器、边缘、物联网、战场和其他设备能够采用量子安全通信,使得军事通信、金融支付、核心数据安全传输等应用可以完全避免数据收集,并保证数据实时安全地在不同地点间共享。这标志着美国卫星数据传输使用抗量子加密,可免受经典和量子解密攻击。

(二) 星地测量设备无关量子密钥分发技术首次得到验证

9 月,中国科学技术大学、清华大学与中国科学院上海微系统与信息技术研究所等单位合作组建的联合研究团队,首次在国际上实现远距离测量设备无关的自由空间–光纤混合量子密钥分发网络实验,在此基础上完成了白天高背景噪声条件和卫星–地面多普勒频移补偿等验证。研究团队通过构建多个发射端和信道,配合自适应光学技术和单模光纤耦合,演示了自由空间–光纤接口以及星形网络拓扑结构。同时,研究团队首次揭示

了基于双光子干涉的复合探测可以使测量设备无关量子密钥分发协议获得极强的背景噪声的容忍能力,实现了正午强烈日光背景下的测量设备无关量子密钥分发实验演示。这项成果全方位验证了星地间测量设备无关量子密钥分发的可行性,向基于卫星的全球化、高安全性量子通信网络迈出了重要一步。

（三）首个基于原子量子传感器的远距离无线电通信演示成功

12 月,美国陆军与里德堡技术公司这家初创企业合作,在世界上首次利用原子量子接收器实现了远距离无线电通信。其中,里德堡原子采用的具有极度激发电子的铯原子,使其具有较高的量子数,反映了电子与原子核之间的较大距离。这种距离使原子对电磁场的微妙变化有非常敏锐的反应。反过来,也可以利用这种反应来探测无线电波,而这是普通天线所无法实现的。这种原子量子接收器可用于多种用途,例如探测比传统天线更多的波长,能帮助部队在频谱内找到新的小块区域,即使在电磁干扰严重的情况下,也能在无人机、喷气机、舰船、卫星和士兵之间进行通信。这一突破将大幅提升防干扰或防黑客通信能力。

（四）新型量子通信协议助力系统性能进一步提升

印度科学院、塔拉马尼学院等单位的联合研究团队设计了一种新式量子通信方法,使用 J 波片、轨道角动量分类器、光开关、光延时线等器件调制单光子极化态和轨道角动量态之间的纠缠,能够利用量子叠加态之间的演化(离散时间随机游走)进行编码,并通过内部纠缠来保护编码态安全。该方法在信道噪声较低时能够发现部分窃听攻击。

南京大学、矩阵时光公司的联合研究团队提出了一种利用双光子干涉进一步提高双场量子密钥分发效率的协议。该协议相对于相位匹配协议可以容忍更高的干涉错误,提高计数强度,在密钥容量、极限距离等条件下具有较大优势。

西北大学、西安电子科技大学的联合研究团队基于极化码方案开发了一种可以适应连续变量量子密钥分发不同信噪比条件的纠错算法,从而可以提高纠错效率。该纠错算法可以在信噪比 $-0.5 \sim -4.5 \text{dB}$ 范围内适用,且最小错误率步进小于 10^{-3}。

中国科学技术大学的研究人员利用获胜率更高的纠缠游戏方案(Ermin-Peres 魔方游戏)构建设备无关量子密钥分发协议,代替原来设备无关量子密钥分发协议中使用的 CHSH 纠缠游戏方案。模拟显示,当纠缠可见度超过 0.978 或者探测效率超过 0.952 时,新方案具有效率优势。

香港大学、西班牙维戈大学、加拿大多伦多大学等单位的联合研究团队提出了一种全被动调制的量子密钥分发方案,其光信号调制完全使用线性光学器件,结合后选择实现任意强度、任意偏振调制,从而可以免疫针对调制器、探测器的侧信道攻击。同时,研究团队也给出了该方案的可行性分析。

清华大学、加拿大多伦多大学的联合研究团队利用测量互补性方法给出了设备无关量子密钥分发协议的安全证明，统一了与设备相关量子密钥分发协议的安全性分析，并为设备无关量子密钥分发的实用化提供了全新理论工具。

瑞士苏黎世联邦理工学院的研究人员提出了通用量子密钥分发协议框架，并利用信息理论的广义熵累积分析，证明了该框架下的量子密钥分发协议都可以将抗相干攻击安全性要求简化到抗集体攻击，并且可以直接分析通用的"制备-测量型"协议，而无需转换到"基于纠缠型"协议。

》》》 二、量子通信系统核心技术指标不断取得突破

量子通信系统无论采用何种体制，其最终目的均是提升通信系统核心能力，主要包括成码率、距离、安全性、系统成本等。2023年，量子通信领域光纤信道量子密钥分发系统、空间量子通信技术及量子通信核心器件性能指标取得了显著的提升，提升了量子通信系统不同场景应用能力。

（一）光纤量子密钥分发系统核心指标获得新突破

中国科学技术大学、清华大学、国盾量子的联合研究团队实现了模式匹配方案的测量设备无关量子密钥分发系统，该方案无需全局相位锁定，有效降低系统复杂度，并在304km商用光纤和407km超低损耗光纤上分别实现成码率19.2b/s和0.769b/s，相对于不使用模式匹配方案的测量设备无关系统提升了3个量级。

北京量子信息科学院的研究人员利用本地光频梳保持异地光源相干性，实现了无需额外信道辅助的双场量子密钥分发，可容忍100km级的两侧链路差异，有效提升了该方案的实用性。实验在615.6km光纤上实现了0.32b/s成码率。

中国科学技术大学、中国科学院上海微系统与信息技术研究所、光子技术有限公司、长飞光纤有限公司、清华大学等单位的联合研究团队实现了1002km的光纤量子密分发距离新纪录。该系统使用3强度发送-不发送双场协议，发展了双频相位估计和超低噪声超导探测器等技术，将系统噪声降低到0.02Hz，在1002km超低损光纤条件下获得0.0034b/s成码率，202km条件下获得47.06kb/s成码率，在300km和400km条件下获得的成码率相较原始的测量器件无关实验提高了6个数量级。

中国科学技术大学的研究人员设计并验证了混合方式实现高维编码量子密钥分发的方案。该方案利用时间、偏振、空间模等自由度，通过自由度映射方案将高维编码（态制备）分解为不同自由度分别编码的组合。在8维量子密钥分发实验验证中在0dB衰减

下平均误码率约 0.57%，25dB 减下误码率约 15%（高维方案可容忍更高误码率）。

国盾量子、中国科学技术大学、信息工程大学等单位的联合研究团队研制了一款由光源直接产生量子编码信号的量子密钥分发设备，兼具结构简约可靠和免疫传输扰动的优点。该设备采用时间-相位编码方案，并通过光源注入锁定方法控制光源输出信号，室内实验显示系统误码率长时间保持在 0.6% 以内，成码率可达 6.2kb/s@20dB、0.4kb/s@30dB；该系统在新疆外场进行了长时间运行测试线路条件为 60.96km 悬空缆+2633km 地埋缆，总衰减 23.27dB，结合时分实时纠偏控制，在 70 天内误码率稳定在 1.25% 水平，成码率稳定在 1kb/s 水平。

（二）空间量子通信技术领域不断取得新进展

加拿大卡尔加里大学和美国中佛罗里达大学的研究人员提出并分析了通过卫星链（纯光学，无需量子中继）建立全球量子通信设施的新方案。在该方案中，环绕地球共同移动的低轨卫星链将像一组透镜一样，弯曲光子路径使其沿着地球曲率传输，并控制由于衍射造成的光子损耗。数值模拟表明，光子通过卫星透镜链传输，即便考虑每颗卫星的光束截断和各种误差（如卫星透镜焦距波动）的影响，在 20000 千米尺度的纠缠分发中也几乎可以完全消除衍射损耗。在所有可用的距离范围（200~20000 千米）内，该协议的损耗也是最小的，可实现稳健的多模式的全球量子通信。

韩国国防开发厅新兴科技局的研究人员针对大气湍流对光束传播的影响（光束漫步），提出了一种主动校正技术，使自由空间量子通信的光束能够更好地耦合到接收方光纤中。该技术配置了两个快速转向镜和两个位置敏感探测器并融合单模光纤自动耦合算法和去耦稳定方法，可实现对光束路径的实时监测和动态调整，有效降低由大气湍流引起的光束路径波动。研究人员在 2.6 千米的大气湍流条件下，定量测量了激光束/纠缠光子源耦合效率的时间变化，结果表明耦合效率的平均值和标准差都有显著提升。

法国索邦大学、英国格拉斯哥大学的联合研究团队演示了在大气扰动（散射介质）中传输高维纠缠、纠正扰动的技术。高维纠缠有助于提高信息通信密度、增强成像能力，但是传输介质的无序扰动严重制约其应用能力。研究人员利用经典信标光测量扰动、刻画传输矩阵的方法，并使用波前整形方法对同步传递量子信号所受的扰动进行纠正，实现了 17 维纠缠的有效传输，纠缠置信度达到 EPR 判据的 988 方差。

英国赫瑞-瓦特大学（Heriot-Watt）的研究人员设计了适用于三种协议（相干单向协议、差分相移协议、诱骗态 BB84 协议）的自由空间接收器，使用时间位或相位编码，从而可利用偏振维度滤波来提高量子信号信噪比，支持白天自由空间量子密钥分发。该接收器通过偏振路由方法实现测量光路重构，利用偏振自由度过滤背景光，将信噪比提高了2.6dB。同时，研究人员提出了一种自由空间相干态单路分发协议执行方法，通过可变光分束器结合接收端的信噪比,调整实现信号态与诱饵态的最佳比例。

(三) 量子通信领域核心器件性能不断提升

英国赫瑞瓦特大学的研究人员实验演示了能够在 10℃ 范围内实现光谱不可区分性的量子密钥分发光源。该光源由宽谱的超发光发光二极管和窄带滤波器的组合,其温度稳定性在卫星载荷等可能存在温度梯度的场景中更为适用。

荷兰代尔夫特理工大学、瑞士日内瓦大学的联合研究团队将铒离子入酸晶体,通过与硅晶体光腔的渐逝耦合提高退激发率(发光速率),通过沿 C 晶轴的电场调节(斯塔克调制)离子发光线宽而不改变发光统计,从而提供了一种高速、一致的单光子源:线宽 $3.8GHz$;$g(2)(0) = 0.19$。

北京量子信息科学院、中国科学院半导体研究所的联合研究团队设计了一种雪崩控制与信号读出电路,显著提升了单光子雪崩二极管的最大计数率。该技术基于超窄门控抑制单光子雪崩二极管获载流电子的水平,并利用超窄干涉电路将门控信号导致的电容性反应滤除超过 80dB 且失真较小。通过上述电路的两级级联,在探测效率 25.3%、频率 1.25GHz 正门控的单光子探测器上实现了每秒最高 700M 的计数率且后脉冲水平低至 0.5%。

美国航空航天局喷气推进实验室、加州理工学院等单位的联合研究团队研制了超高速的近红外单光子探测器。该探测器将 32 通道的超导纳米线集成为一个阵列,有效克服了探测器死时间对连续工作能力的限制。该探测器单光子探测效率为 78%、每秒暗计数 158 次时间抖动小于 50ps,将有效支持量子通信频率提升至 10GHz。

南京大学的研究人员研制了光敏面直径 $60\mu m$ 的超导纳米线探测器,通过加速放电线路技术实现饱和计数率每秒 147M,可以与 $200\mu m$ 线径的多模光纤进行透合,用于激光雷达等场景。

美国国家标准技术研究院、加州理工大学的研究人员首次实现 40 万像素的超导探测器阵列(阵列面积 $4mm \times 2.5mm$,像素大小 $5\mu m \times 5\mu m$),对 $370 \sim 635nm$ 波长有最大效率,单像素每秒计数率 1.1×10^5 次、暗计数 10^{-3} 次。

》》》 三、更深层次布局量子通信网络成为国际共识

近年来,量子通信技术向网络化方向发展是最主要的发展趋势之一,国内外均在构建量子通信网络中付出了极大的努力,主要体现在支持政策的出台、量子通信领域的研究热点和量子通信网络核心器件的研发等方面。各国政府牵引性政策是量子通信技术发展的基础,通过与传统通信网络的有机融合,逐步构建量子通信网络,实现量子信息技

术赋能是国际共识。

（一）国内外对量子通信领域进行了更深层次布局

1. 国内积极布局和强化量子通信产业设施建设

《质量强国建设纲要》《"十四五"数字经济发展规划》《计量发展规划（2021—2035）》等产业政策和法规明确了量子通信技术发展的大方向以及在国民经济发展中的定位。北京、上海、广东、四川、河南、江西等多个省市加快布局量子通信设施建设，前瞻布局量子通信等未来产业。

1）地方政府层面

北京市在《北京市促进未来产业创新发展实施方案》中明确提出，将量子通信作为未来产业创新发展的重点领域，加快量子密钥分发、量子安全直接通信等技术突破，拓展量子通信在国防、金融等高保密等级行业的应用。上海市在《立足数字经济新赛道推动数据要素产业创新发展行动方案（2023—2025）》中指出，要加快新基建布局，加强量子通信等关键技术应用。广东省在《"数字湾区"建设三年行动方案》中提出，加快建设粤港澳大湾区量子通信骨干网，实现与国家广域量子保密通信骨干网络对接；依托大湾区技术、人才、制造、产业优势，高水平建设鹏城实验室，积极推进深圳国际量子研究院建设，构筑通信网络领域及量子科技领域高端创新平台。四川省在《四川省元宇宙产业发展行动计划（2023—2025）》中指出，加快培育量子通信等新一代通信网络，筑牢元宇宙通信网络创新底座，并在信息基础设施创新底座提能工程中提出加强量子通信成渝干线推广应用。河南省在《河南省加强数字政府建设实施方案（2023—2025）》中指出，要推进政务外网技术升级，加快电子政务外网IPv6规模部署，探索IPv6+创新实践和量子通信等新技术融合应用，构建架构统一、IPv4/IPv6双栈共存的新型网络体系。江西省在《江西省未来产业发展中长期规划（2023—2035）》中提出，创新突破三大赋能型未来产业，重点发展量子密钥分发器、量子路由器、量子交换机、量子随机数发生器、量子激光器、光量子探测仪等量子通信核心装备；开展量子保密通信等未来网络设施建设，构建量子基础研究、量子应用研究、量子技术应用产业链。

2）国家部委层面

国家发展和改革委员会于4月3日印发了《横琴粤澳深度合作区鼓励类产业目录》，明确提出将量子通信技术和量子新机理计算机系统列入科技研发与高端制造产业。8月22日，由工业和信息化部、科技部、国家能源局、国家标准化管理委员会四大部门共同组织编制的《新产业标准化领航工程实施方案（2023—2035）》正式发布，指出要聚焦量子通信、量子计算、量子测量领域，前瞻布局量子信息产业标准研究，开展量子信息技术标准化路线图研究。预计受上述政策和规划利好，我国量子通信行业有望得到进一步发展。

2. 多国政府持续加强量子通信领域布局

美国、英国、德国、俄罗斯、加拿大、印度、澳大利亚等国家和欧盟等国际组织认为,量子技术是带动未来经济增长的重要行业,因此持续开展量子通信技术研究,深入推进量子通信及量子信息科学领域里的全球合作,实现优势互补,以加速技术推向应用的时间表。

1) 国际组织层面

欧盟委员会数字欧洲计划资助的量子密钥工业系统项目、欧洲量子密码技术联盟以及量子技术旗舰计划下设的量子安全网络合作伙伴关系项目在3月正式启动,它们将专注于量子密钥分发技术的开发、认证等研究工作,并致力于将其融入现有经典电信系统和服务中。

2) 国家层面

在欧洲量子通信基础设施计划框架下,马耳他、爱尔兰、西班牙、法国、丹麦纷纷启动量子通信基础设施建设。3月,美国多名两党参议员联合提出《限制出现危及信息和通信技术的安全威胁法案》,明确指出量子密钥分发、量子通信等技术领域的安全威胁,要求通过更好地授权商务部审查、预防和减轻对美国国家安全构成不当风险的信息通信和技术交易,全面解决外国对手的技术所带来的持续威胁。4月,英国科学、创新和技术部发布《国家量子战略》,将量子技术确定为未来10年保障英国繁荣和安全的重中之重,并为英国国家量子技术计划提供了十年愿景和扩展行动计划。7月,俄罗斯批准首套量子通信与量子物联网相关国家标准,由俄罗斯铁路公司牵头制定,涉及通则、术语和定义。4月,印度内阁批准在2023—2031年期间投资超600亿卢比(约合50亿人民币),用于支持"国家量子任务",实现印度国内基于卫星的地面站间2000千米范围内的安全量子通信,能与其他国家进行远距离安全量子通信,以及实现超过2000千米的城际量子密钥分发。5月,澳大利亚发布首个国家量子战略,拨款1.01亿美元通过新的项目激励量子通信等方面应用,同时推动生态系统增长,加强与国际国内战略合作伙伴的联系,支持产学研联合开展量子研究成果应用转化。10月,加拿大资助千万用于在魁北克省蒙特利尔市、魁北克市和舍布鲁克市建设量子通信实验平台。

3) 国际合作层面

国际间量子通信的合作研究活动也密切发展。在美国和新加坡关键和新兴技术对话中,两国承诺启动新的双边协议,深化两国政府、产业界和学术界在量子信息科学与技术等领域的深度合作。美国和荷兰在海牙签署了量子信息科学技术合作联合声明。韩国-欧洲量子科技合作中心启动仪式在比利时布鲁塞尔举行,这是韩国继与美国合作后建设的第二个区域量子科技合作中心。

（二）量子通信网络化成为国内外研究人员共识

1. 国内多地积极建设量子信息网络

在第五届长三角一体化发展高层论坛上，长三角区域量子保密通信骨干网建设成果正式发布，该网络线路总里程约 2860 千米，形成了以合肥、上海为核心节点，链接南京、杭州、无锡、金华、芜湖等城市的环网，采用自主研发的量子业务运营支撑系统及卫星调度系统，为星地一体量子保密通信网络提供全方位保障。福建省在《福建省新型基础设施建设三年行动计划（2023—2025 年）》中指出，要统筹布局空天地一体卫星互联网，积极融入国家量子通信网建设。河南省在《河南省重大新型基础设施建设提速行动方案（2023—2025 年）》中提出，重点提升通信网络基础设施水平，推进量子通信网建设，打造空天地一体化新型网络体系。山东省在《山东省数字基础设施建设行动方案（2024—2025 年）》中指出，依托国家量子保密通信骨干网络，推动量子密码应用技术和云计算技术相结合，探索量子通信规模化应用。安徽省在《安徽省数字基础设施建设发展三年行动方案（2023—2025 年）》中指出，充分发挥安徽省在量子信息技术方面的领先优势，推动建设连接全省各地的省域量子保密通信干线网络和部分城市城域网，协同共建长三角量子保密通信网络。

2. 世界多国加速部署量子通信网络

5 月，美国国防高级研究计划局发布了一份机构公告，寻求关于开发具有增强安全能力的混合量子–经典通信网络体系结构的方法。"量子增强网络"计划旨在将当前和未来的量子通信网络（包括硬件和协议）与经典基础设施相结合，以具备与国家安全相关的安全能力，实现量子网络高效的安全性和隐蔽性，同时保持经典网络的普适性。

8 月，日本卫星运营商完美天空 JSAT 宣布，在"量子加密光通信设备的研究与开发"项目中建造的量子加密光通信设备成功发射，后续将进行太空与地面之间的量子通信演示实验，构建不受窃听或解密威胁的卫星通信网络。

11 月，以色列量子密钥分发解决方案提供商 QuantLR 和以色列全球网络加密系统解决方案提供商 Packet Light Networks 合作，将量子密钥分发服务与光传送网加密传输技术相集成，成功实现了量子安全加密网络。双方通过测试验证了量子通信系统与光网络基础设施的兼容性，并整合双方技术确保该集成解决方案在易用性、稳定性、可扩展性和可靠性方面的优势。

（三）量子互联网相关关键技术和器件性能取得新进展

奥地利因斯布鲁克大学、法国巴黎–萨克雷大学等单位的联合研究团队利用离子阱作为中继节点，实现了通信波段光子的量子中继，并实验了 25～25km 光纤链路上的纠缠分发。理论计算结果表明,如果串联多个该类中继节点,则能够支撑 800km 的纠缠分发。

美国普林斯顿大学与东北大学的联合研究团队通过将稀土离子(铒+)加入钙酸钨材料,获得了具有光谱全同性的通信波段固态光子源,可用于实现光纤集成的量子中继。这种掺杂方案的材料具有无极性、格点对称、低退相干系数(核系综作用)、与稀离子背景无关的特性,从而可使稀土离子发光的光谱线宽限制在 150kHz 以内、长时间色散在 63kHz 以内,有效克服铒+离子光子源用于光纤量子中继的限制。光子 HOM 干涉实验显示,该光源不同时刻产生的光子,在经过 36km 光纤传输后,干涉可见度可达 80%,同时也测量到自旋弛豫时间 3.7s 退相于时间大于 200μs。

奥地利因斯布鲁克大学的研究人员提出了一种量子中继器协议,该协议能在三方网络中高效生成 W 态。该协议包含两个部分:第一部分是通过量子纠缠交换将 3 个三量子比特 W 态样本概率性地合并成一个带有噪声的三量子比特 W 态;第二部分是改进的纠缠纯化协议,不仅提高了提纯效率,扩大了容忍噪声的范围,而且能实现接近 1 的保真度。分析表明,该量子中继器协议将能有效处理实际应用中由不完美传输通道或状态制备带来的误差和噪声。

南京大学的研究人员结合晶体掺杂的同位素铒离子能级的高相干性,以及氮化硅光量子芯片的窄线宽、高亮度量子纠缠光源,成功实现了通信波段光量子纠缠态的微秒级存储。研究团队展示了从集成光子芯片中生成的两个通信光子纠缠状态的存储与检索,利用纠缠光子的自然窄线宽和 Er+ 离子的长存储时间,将通信波段纠缠光子的存储时间提升到 1.936 微秒,比此前的研究延长了 387 倍。这也是首次实现光量子芯片光源与量子存储器的对接。

北京大学、浙江大学、香港科技大学、香港中文大学、中国科学院微电子研究所等单位的联合研究团队构建了基于芯片的多维量子纠缠网络。该网络由 1 个中央芯片通过光纤连接 3 个端芯片构成,中央芯片能够制备 3 组 4 维度纠缠光子对,分别通过 3 路少模光纤发送到端芯片;为了克服多维度纠缠在复杂(多模式)信道中传输易受干扰的问题,结合经典信道复原算法和量子振幅平衡策略,在端芯片有效实现了纠缠恢复和全连接。由于该纠缠网络中的芯片可采用大规模制造的硅基互补金属氧化物半导体工艺,因此本成果也为建设大规模、实用化的纠缠网络奠定了基础。

罗马尼亚霍里亚-胡卢贝伊国家物理与核工程研究所、布加勒斯特大学、国家微技术研究与发展研究所等单位的联合研究团队使用光子轨道角动量进行量子态路由,解决在复杂网络拓扑中的量子信息传输问题。研究团队分析了使用轨道角动量进行量子态路由的多种量子通信网络架构(点对点、点对多点、完全连接和纠缠态分发网络),发现只需一个轨道角动量分选器和 $n-1$ 个轨道角动量值,就可构建一个具有 n 个节点的完全连接网络,以较少的资源构建出量子通信网络。

四、量子通信技术标准化实用化进程取得进展

现阶段量子通信设备形态及能力指标还不能满足大规模商业应用的需求，还需要在设备成本、稳定性、集成化和兼容性等方面进行改进，构建集成化芯片化量子通信系统是降低生产成本、提升系统稳定性的关键措施之一。同时，建立量子通信技术标准，在实际应用条件下开展系统性能验证，优化提升系统兼容性和实用性，可以有效促进量子通信技术的实用化进程。

（一）集成化芯片化量子通信设备助力应用落地

广西大学、国家信息光电子创新中心、中国信息通信科技集团有限公司的联合研究团队研制了偏振编码量子密钥分发的解码芯片。该芯片集成了多个极化分束旋转器热声相位调制器、多模干涉和可调光衰减等器件，利用偏振转路径方案进行解码，可在长时间下保持偏振解码稳定（误码率约为 0.59%），总衰减约 4dB。

中国科学技术大学与济南量子技术研究院等单位的联合研究团队利用绝缘体上昵酸平台设计加工了一种低噪声频率上转换波导，在实现通信波段和近可见光波段的光子频率转换的同时，还能够继续保持其他维度的量子态。该芯片波导的频率上转换效率为73%，噪声 900cps；基于该芯片也制作了一个单光子探测器系统，可以实现探测效率8.7%，噪声低到 300cps。

瑞士日内瓦大学、意大利光子与纳米技术所等单位的联合研究团队研制了基于硅光发送端芯片、铝硼硅酸玻璃工艺接收端芯片的量子密钥分发系统。该发送端芯片支持高速、准确的状态调制（2.5GHz），接收端芯片具有偏振无关、低损耗特性，该系统可在151km 标准单模光纤上实现 1.3kb/s 成码率。

广西大学、国家信息光电子创新中心、中国信息通信科技集团有限公司的联合研究团队研制了功能集成度进一步提高的量子密钥分发光芯片。基于硅基工艺制作的两枚光芯片，分属发送端/编码和接收端/解码，在实现量子制备与解调功能的同时，也将时钟同步、偏振补偿功能集成在芯片内，因此使用该芯片的量子密钥分发装置不再需要额外的光学辅助部件，可有效降低设备成本。基于该芯片进行的量子密钥分发实验显示，系统误码率可较长时间保持在 0.5% 水平，在 150km 光纤上实现成码率 866b/s。

（二）国内外量子通信技术标准化工作取得新进展

8 月 6 日，首个量子通信国家标准《量子保密通信应用基本要求》正式发布。该标准由全国通信标准化技术委员会归口，主管部门为工业和信息化部。该标准规定了量子保

密通信在安全性、可扩展性、高效性、鲁棒性、应用灵活性、互操作能力、技术兼容性、可管理性、差异化策略控制等方面的基本要求。同时,该标准给出了量子保密通信与现有通信协议的应用集成方案,使得量子保密通信技术能与现有的信息通信基础设施更好地结合,并将进一步推动基于量子密钥分发的量子保密通信技术的发展及其应用推广。

8月16日,工业和信息化部批准412项行业标准。其中通信行业166项,包括标准编号为YD/T 4410.1—2023的《量子密钥分发网络Ak接口技术要求第1部分:应用程序接口(API)》和标准编号为YD/T3834.2—2023的《量子密钥分发系统技术要求第2部分:基于高斯调制相干态协议的量子密钥分发系统》。

国盾量子与合肥工业大学共同发布了"车联网量子通信系统典型应用场景"。该成果为量子通信在智能网联汽车的规模化应用,提出了一套"安全、经济、易用"的行业解决方案,并签约了产业化推广战略,推动新一代信息技术产业和智能网联汽车产业深度融合与创新应用。

(三) 量子通信技术的实用化进程又迈进一步

上海交通大学的研究人员利用高线性调制器和探测器,在同一设备通过切换调制方式实现连续变量量子密钥分发与QPSK制式经典通信。实验演示在6dB信道上,连续变量量子密钥分发成码率达到1.12Mbit/s,经典通信带宽达到200Mbit/s。

5月11日,在欧盟委员会的支持下,欧洲空间局宣布与TESAT空间通信公司合作,为EAGLE-1卫星开发制造量子密钥分发有效载荷,包括可扩展光学终端SCOT80,以建立从太空到地面的安全光学链路,以及卫星的量子密钥分发模块。EAGLE-1卫星系统有效载荷集成了内置冗余的技术,专门用于政府、电信运营商、云提供商和银行等领域的卫星通信和数据传输,以增加加密应用的安全性。

10月3日,美国通信网络技术公司Adtran宣布与法国电信运营商Orange合作进行量子密钥分发试验。双方基于波分复用技术,成功演示了通过三条量子密钥分发链路和两个可信节点,在总长为184千米的标准单模光纤链路上以400Gbit/s传输带宽实现量子密钥分发加密的100Gbit/s数据流传输。

英国布里斯托大学的研究人员将量子密钥分发加密与5G开放式无线接入网设施结合,验证了在100Gbit/s传输带宽下的通信性能。在该融合系统中,量子密钥分发加密覆盖到天线后端;基于动态重构技术,其加密方法可以在AES-256、AES-192、AES-128、Camellia-256和无加密之间切换,切换耗时加密端16.7毫秒、解密端24.1毫秒;加入密钥切片功能,可以在FPGA中为客户提供独立的密钥存储和更新策略。测试表明:每个客户可以获得每秒1.6个密钥并加密不超过10Gb数据的安全保障;相对于无加密传输的延时667.2纳秒,引入加密的延时增加了约1/6(817.6纳秒);在9.8Gbit/s总带宽、30万网络控制消息协议 ping 的压力测试下，丢失不超过 1%。

中国三大电信网络运营商分别与量子科技公司、通信终端设备生产商合作，布局了量子高清密话手持终端，可以为用户提供安全私密的高清话音语音服务，量子安全密话终端基于量子信息技术，具备了一话一密、不惧破译的通信高安全性，为用户提供了便捷、轻松的安全通信服务，同时提升用户安全隐私保障。

》》》 五、发展趋势及政策建议

（一）量子通信技术未来发展趋势

量子通信技术在提升传统保密通信体制安全性、打通不同体制量子信息技术物理连接通道、助力传统网络信息装备新质能力生成等方面发挥着重要作用，备受国际各科技强国的重视。经过几十年的发展，量子通信技术在某些技术方向上成果显著，已具备了一定的工程化应用能力，在支撑传统网信体系装备能力进一步提升的同时，促进了自身的技术发展。随着科研人员对其理解的深入，量子通信技术的定义和分类也在逐渐规范，而不同量子通信技术分支的发展和应用现状差异明显。

1. 量子保密通信技术进一步降本提质

量子保密通信技术在军事、金融、政务、科研等领域均有着良好的应用前景，是现阶段发展时间最长、技术成熟度最高、应用示范布局最广的量子通信技术分支之一，大体可以分为离散变量和连续变量两种技术体制。现阶段，量子保密通信技术实现的传输距离、成码率、通道隔离度等指标已可以满足一些类别的业务应用需求，同时量子保密通信设备的集成化、芯片化、网络化、标准化等方面也取得了显著进步，为该技术的落地应用奠定了基础。为了实现量子保密通信设备的大规模应用，还需要在以下几个方面努力耕耘：①降成本，设备单价过高是阻碍量子保密通信设备大规模应用的主要因素之一；②网络化，典型的量子保密通信应用场景是针对点对点数据安全传输，将量子密钥分发设备与光通信网络有机融合是其走向应用的有效途径；③集成化，量子保密通信系统是量子密钥分发设备与传统通信设备的集合，将量子密钥分发设备以芯片、板卡等形式与通信设备一体集成，可以最大限度地利用已有通信资源，提升用户使用体验；④场景化，现阶段量子保密通信技术的使用基本还是局限于数据的加密安全传输，受限于目前达到的性能指标，其应用水平不高，基于其技术特点和应用场景，寻找和开发新的应用模式是有必要的。

2. 量子直接通信技术指标优化提升

量子直接通信技术相对发展较晚，目前实现的传输距离、传输速率等核心指标还处于较低的水平,且业内拥有样机的单位较少。与量子保密通信技术相似,量子直接通信技术同样需要在设备成本、网络化、应用模式等方面进一步探索,相关的设备研制及实际应用规范标准的制定也需要同步进行。

3. 量子通信网络业务承载能力进一步扩展

构建量子信息网络以促进量子信息技术新质能力生成,已成为业内共识。量子信息网络为量子密钥分发、量子直接通信、量子时间同步、委托式量子计算、分布式量子感知等系统由技术研究向业务开通的过渡奠定了基础,现阶段国内外均制定了量子信息网络发展路线。量子信息网络的构建是一项需要不断摸索、长远规划的任务,总体来讲,短期实现业务能力增强,中期实现业务能力新增,长期实现业务能力融合。

4. 空间信道下量子通信系统关键问题有待突破

空间信道量子通信技术既有着诸多的应用需求,也面临着更多的技术挑战。目前空间量子保密通信技术已开展了一些可用性验证,但和光纤链路相比,技术成熟度差距明显,且应用的场景以卫星通信为主;基于后量子密码的数据加密传输技术为空间链路信息安全传输提供了新思路,研究人员开展了相关的应用探索,但主要以密钥充注方式为主,应用方式不够灵活;基于原子微波信号超灵敏感知技术的无线电通信技术是量子探测技术与通信技术有机融合的结果,在抗干扰通信和频率捷变通信方面有着很好的应用前景,目前美国陆军实验室已实现原子通信外场验证,我国也开展了相关技术的基础和应用探索研究。

(二)量子通信领域发展政策建议

经过几十年的发展,量子通信方向技术研究已由起初屈指可数的技术点扩展为覆盖核心器件、关键技术、软件算法及网络构建的技术群,并持续受到世界科技军事强国的重视,我国的国家机构和地方政府等也制定了一系列量子通信技术的发展规划。量子通信技术可以为信息的无条件安全传输提供物理层技术支撑,应用在上层业务系统和网络建设以增强网络安全性的问题也逐渐引起关注。基于隐形传态的量子信息网络为构建不同功能网络化量子信息系统奠定了基础,也紧密地将协同量子计算和分布量子感知联系在一起,实现探测、传输和处理一体的协同发展布局。

量子保密通信技术是量子通信方向发展时间最长、成熟度最高的技术分支之一,完成了一系列应用探索和示范工程,其他量子通信技术分支也取得了阶段性技术突破。但是也要看到,量子通信技术在实际应用和规模化、网络化发展等方面还面临着一些问题,尤其是量子通信技术在军事领域的应用相对薄弱,迫切需要在以下几个方面开展量子通信方向发展布局。

(1)整合集成国内量子信息领域的优势力量,促进强强联合,提高资源利用效率,打造量子信息技术优势团队,提升我国在全球量子信息领域的影响力。

（2）针对量子信息技术领域国家重大需求和应用限制瓶颈,加大资源投入和发展布局,率先形成自身技术优势和应用效果。

（3）统筹规划量子信息技术需求,以军事应用牵引领域技术发展,将民用技术引入军事装备建设,构建军民协同发展的量子信息路线图。

（4）深化量子通信技术与传统网信体系装备的融合发展和应用探索研究,以应用需求牵引量子通信技术方向发展,切实提升量子信息技术的赋能能力。

（中国电子科技集团公司第五十四研究所　李华贵　温佳旭　宋贺良）

量子精密测量产业链基本形成

>>> 一、重大进展

2023年度，量子精密测量技术领域实现快速发展，在不同技术领域均获得重大进展。世界各科技强国纷纷制定相关政策，推动量子科技产业发展与落地。国内外量子科技初创企业大量涌现，量子精密测量产业链基本形成。

（一）量子精密测量产业发展获广泛政策支持

本年度世界各科技强国抓住机遇，相继制定新的发展规划，加大投资力度，推动量子精密测量技术产业发展壮大。

1. 国外各科技强国发布量子科技发展战略，投入巨资支持量子科技发展

国外各科技强国启动或延续了本国量子科技发展战略，量子精密测量作为量子科技领域的重要组成部分，众多项目获得政策资金支持。

美国众议院科学、太空和技术委员会于11月3日提出《国家量子计划重新授权法案》，将2018年发布的《国家量子倡议（NQI）法案》进行重新授权，将资金支持期限延长至2028年，以持续支持量子计算机、量子通信/量子网络系统、量子传感器等量子技术的工程化和产业化，实现量子技术的全面发展。12月12日，美国能源部宣布成立关键和新兴技术办公室，提高美国联邦政府与工业界和学术界在相关技术领域的合作效率，确保人工智能、新兴技术、量子和半导体领域能充分利用能源部的资源。

英国科学、创新和技术部于3月15日发布《国家量子战略》，指出要加大对量子技术的投资力度，促进量子技术的实际应用，拨付7000万英镑用于量子计算和量子定位导航授时两项研究任务的突破，加速量子技术研究成果交付。11月22日，英国政府就《国家

量子战略》提出 5 项长期规划，其中 3 项涉及量子精密测量技术应用：到 2030 年，为全国公共卫生组织提供用于慢性病早期诊断和治疗的量子传感解决方案，为飞机配备量子导航系统，通过可移动的联网的量子传感器解锁新的安全态势感知能力。

加拿大于 1 月 13 日宣布启动"国家量子战略"，该战略在 2021 年预算中承诺的约 3.6 亿加元资金支持下，计划继续强化加拿大在量子领域现有的全球领先地位，发展加拿大的量子技术、企业和人才。

欧盟于 12 月 6 日发布一份关于量子技术的联合声明，肯定了量子技术对于欧盟的科学和工业具有战略性的重要价值，法国、比利时、克罗地亚等 11 个欧盟成员国签署了该联合声明。12 月 12 日，欧盟创新委员会宣布通过《2024 年工作方案》，为开发人工智能、太空、关键原材料、半导体和量子技术等战略技术的公司提供超过 12 亿欧元资助的机会。

2. 国内加强顶层设计和前瞻布局，地区产业化发展如火如荼

在国内，中央加强量子科技发展战略谋划和布局，牵引产业发展；各省市积极响应政府号召，制定相关发展规划，谋划量子信息技术产业布局，加快推进量子科技产业落地实施。

8 月 22 日，由工业和信息化部、科技部、国家能源局、国家标准化管理委员会四大部门共同组织编制的《新产业标准化领航工程实施方案（2023—2035 年）》正式发布，指出要前瞻布局量子信息产业标准，开展量子信息技术标准化路线图研究，加快研制量子信息术语定义、功能模型、参考架构、基准测评等基础共性标准。12 月 11 日，习近平总书记在中央经济工作会议上强调，要大力推进新型工业化发展，开辟量子、生命科学等未来产业新赛道。12 月 21 日，全国工业和信息化工作会议强调，2024 年要加快培育新兴产业，出台未来产业发展行动计划，瞄准人形机器人、量子信息等产业，着力培育关键技术和重点产品、拓展场景应用。

1 月 4 日，合肥市政府发布政府工作报告，指出要开工建设先进光源、量子精密测量等大科学装置，全力打造未来科学城，加快建设量子信息未来产业园，打造"世界量子中心"，加快量子科技等未来产业的发展。9 月 2 日，苏州市政府发布加快培育未来产业的工作意见，指出将超前布局一批前沿性未来产业，培育新的增长点，开展高性能量子计算机、超导量子芯片、量子-电子协同算力网产业化探索，搭建量子计算云服务平台，强化图形化编程和量子任务管理，推广量子计算算力服务，打造量子计算产业体系，推动量子技术在金融、政务、能源等领域的广泛应用。9 月 25 日，湖北省政府发布《加快"世界光谷"建设行动计划》，指出要在量子技术领域加强技术攻关和产业布局，突破量子探测、量子激光器等关键核心技术。10 月 13 日，山东省人民政府发布《青岛都市圈发展规划》，在强化产业发展分工协作中指出，要共建现代产业体系，超前布局基因技术、未来网络、类脑智能、量子信息等未来产业,积极布局传感器、大数据、云计算、区块链、量子通信等产业,抢占发展制高点。

(二)量子精密测量各领域取得重要关键技术突破

本年度量子精密测量技术在里德堡原子电场测量、量子纠缠光源、微波单光子探测、金刚石 NV 色心磁传感和量子时钟等领域取得重要技术突破,各技术方向测量能力大幅提升、应用场景不断扩展,亮点纷呈。

1. 里德堡原子低频微波电场测量取得重要突破

低频微波测量在深海测量、电力工业、计量等领域具有重要应用,但是由于需要将里德堡原子激发到极高的能级,实现难度较大。国内外各课题组利用不同技术方法,相继实现超低频率微波电场高精度测量。

5月,美国国家标准与技术研究院的 Christopher L. Holloway 教授团队与乔治理工学院合作,通过三光子红外光实现里德堡态的制备,利用高轨道角动量里德堡跃迁实现 $240\sim900\mathrm{MHz}$ 的甚高频到超高频电场测量,并通过理论分析得到量子投影噪声限制的场强测量灵敏度极限为 $38\mathrm{nV}\cdot\mathrm{m}^{-1}\cdot\mathrm{Hz}^{-1/2}$。10月,该团队利用主量子数相对较小的里德堡态,将与里德堡跃迁共振的射频场与高频场共同作用在原子上,利用高频场作用下的弗洛凯准能级边带,实现 $3\sim300\mathrm{MHz}$ 的高频至甚高频电场测量。随后,该研究小组提出一种名为"高角动量匹配激发拉曼"的测量方案,将射频场与甚高频场共同作用在原子上,通过调节射频场的拉比频率,实现灵敏度为 $100\mathrm{nV}\cdot\mathrm{m}^{-1}\cdot\mathrm{Hz}^{-1/2}$ 的电场测量。

8月28日,山西大学贾锁堂教授团队利用直流场使 $m_j=1/2$ 的里德堡态位移到灵敏度较高的区域,实现了灵敏度为 $67.9\mu\mathrm{V}\cdot\mathrm{m}^{-1}\cdot\mathrm{Hz}^{-1/2}$ 的 $100\mathrm{Hz}$ 电场测量,将里德堡传感器的测量频率扩展到超低频。

2. 量子纠缠光源取得多点突破

量子纠缠光源在相位超灵敏测量、量子存储、量子显微测量、高分辨量子成像、量子导航等量子技术方面有着极为重要的应用,同时也对量子纠缠光源提出了更高的要求,急需易制备、高亮度、单片集成的高性能量子光源。本年度国内外多个课题组开展了相关研究,取得了相关技术突破,为解决当前面临的问题开辟了道路。

2月,中国科学技术大学潘建伟教授团队基于双模量子压缩光源与非线性干涉仪,实现了一种超越经典极限,达到海森堡极限的相位超灵敏测量方案。在以费舍尔信息为度量时,该方案的量子光源相比 5 光子 NOON 态的测量效果提升 5.8 倍,并且更容易制备,更具有可扩展性、鲁棒性。

11月，南京大学马小松、陆延青、祝世宁团队基于掺铒离子的氮化硅微环谐振器，实现了基于窄线宽、高亮度的量子纠缠光源的量子存储和读取，量子储存时间高达1.936μs，相比之前的工作提升387倍，为量子光源及相关光量子态的可扩展性提供支撑，为远距离量子通信、光量子计算、量子精密测量等量子技术提供新的方法与思路。

4月，德国汉诺威莱布尼茨大学、荷兰特温特大学与荷兰光量子计算公司QuiX Quantum的联合研究团队在量子纠缠光源芯片化全集成方面取得了突破，将泵浦光源、量子光源与光子态操控元件等全部集成在同一芯片上，大幅缩小了量子纠缠产生系统设备尺寸，比现有设备缩小了1000倍以上，为量子信息处理打下了坚实基础，并进一步拓展了量子精密测量、量子计算机和量子通信等领域的应用前景。

3. 单光子探测技术在多通道与大像素阵列方面取得突破

二维阵列单光子探测器能够显著提升量子成像、量子显微、高维量子测量的分辨率和信噪比，可有效提升量子通信、量子计算的效能，对量子技术的应用与发展十分关键。因此，本年度国内外多个课题组开展了单光子探测器阵列化技术研究，取得了一定的技术突破，为面阵单光子探测器的实用化奠定基础。

1月，美国国家航空航天局喷气推进实验室、加州理工学院等单位的联合研究团队研制了一种新型超高速的近红外单光子探测器。该探测器将32通道的超导纳米线集成为一个阵列，实现单光子探测效率78%、每秒暗计数158次、时间抖动低于50皮秒，成功攻克了探测器死时间对连续工作能力的限制，将有效支持量子通信频率提升至10吉赫。

10月，美国国家标准与技术研究院和科罗拉多大学的研究人员将探测器输出的电能转化为热能，通过这种热耦合成功建立了单向通信信道，首次实现40万像素的超导探测器阵列。阵列的面积为4毫米×2.5毫米，像素大小为5微米×5微米，其最大探测效率在370～635纳米，单像素每秒计数可达$1.1×10^5$次、暗计数$1×10^{-4}$次。该研究可以应用于纠缠光子关联直接测量、高维关联成像、轨道角动量纠缠直接探测等技术与方法研究，有效缩减高维量子纠缠测量与标定的复杂度。

4. 金刚石NV色心磁传感技术实用性提升

基于金刚石NV色心的量子传感器具有体积小、灵敏度高等优势，已在心脑核磁共振、电池监测等医疗和新能源领域得以应用。本年度金刚石NV色心传感器通过克服环境影响，在实用性方面得到进一步提升。

6月，瑞士巴塞尔大学的研究人员利用NV自旋在特定磁场条件下的动力学特性，通过纯光学方法替代射频驱动，成功地将金刚石NV中心的^{15}N核自旋泵入量子叠加态，在单个自旋和自旋系上展示了全光自由感应衰变测量。该研究提出了一种量子传感的新方案，降低了高度紧凑型量子传感器在应用于磁测量和量子陀螺仪时对环境的要求，提高了实用性和可靠性。

10 月,中国科学技术大学杜江峰院士团队采用对单个纳米金刚石内部的 NV 色心设计幅度调制序列的方法,在 NV 色心上产生一系列等间隔能级。通过扫描调制频率,获取 NV 色心能级与被测目标能级匹配时产生的磁共振谱,实现了原位条件下溶液中顺磁离子的磁共振谱探测。该方法克服了溶液中颗粒的随机转动问题,未来有望在细胞内生理原位磁共振探测中得以应用。

5. 量子时钟测量精度再度提升

运行精度是量子时钟最重要的指标。近些年量子时钟由微波频段向光频段转变的目的是在这一赛道上不断突破,而基于不同元素的探索也为量子时钟高精度、抗干扰等性能提升提供了更多可能。

9 月,美国阿贡国家实验室的科学家在欧洲 X 射线自由电子激光装置上,利用钪(Sc)元素开发了一种超高精度的脉冲发生器,其精度达到每 3000 亿年误差 1 秒,比现有的铯基准原子钟高出约 1000 倍,标志着新一代原子钟的重要突破。该核振荡器使用 ^{45}Sc 核素,具有卓越的质量因子和抗干扰能力。通过 12.4eV 光子脉冲照射 Sc 金属箔并检测核衰变产物,研究团队成功实现了 ^{45}Sc 异构体的共振 X 射线激发,其跃迁能量为 12389.59eV,不确定度较以往值降低两个数量级。这使其在极端计量学、超高精度光谱学等领域具有广泛应用前景。

》》 二、发展与应用预测

随着量子精密测量技术的逐渐成熟及其技术优势的不断显现,各技术领域工程化样机不断涌现,其中不少领域已经开始向商业化过渡,产业化发展迅速。各高校和科研院所在技术研究的基础上,一方面大幅提升了量子测量产品的测量精度、稳定度、体积功耗等性能指标,另一方面也越来越重视科研成果转化和市场应用。在未来,量子测量产品将会大量涌现,应用市场会得到大幅扩展,形成完整的产业链;量子测量产品的指标会持续提升,产品的小型化、集成化、芯片化会相继实现,在越来越多领域中替代传统仪器。针对不同技术方向,这里对技术发展趋势进行了预测。

(一)里德堡原子电场测量向实用化仪器发展

里德堡原子电场测量技术的宽频带、高精度、高灵敏度、高空间分辨率等优势已经被国内外科研人员的工作所证实,当前已有少量专用设备出现,同时也有一些问题尚待解决。在未来,该技术亟需在低频率、宽频带、高集成度、智能化等方面实现突破,实现雷达和远距离通信得到更广泛的应用,进一步提高测量的灵活性和实用价值。具体来说,研究人员将针对测量频率离散化的问题，继续研究微波频率失谐对电磁感应透明光谱的影响；研究六波混频等多光谱测量方法，以减小谱线宽度，提升测量精度；研究微加工原子气室、片上激光器等，实现测量系统小型化。

（二）量子光源应用场景不断扩展

伴随量子技术的快速发展，对量子光源的产率、亮度、纠缠数量与维度、波段、可调谐范围等指标都提出了更高的要求。未来量子光源将朝着集成化、多功能、多光子、多波段、多场景适用、波长可调谐、可编程、可扩展、高稳定性、高性能等方向发展，适应未来多种不同应用场景，满足泛用性需求。量子光源整机系统（包含泵浦源）将朝着小型化、轻量化、集成化的方向发展，还会融合纠缠光子可调波分复用、量子干涉仪等量子光处理模块，甚至将单光子探测器件或系统也集成到量子光源整机系统中，做到发射量子光与探测量子光同时进行，满足量子雷达探测、相位超灵敏测量等量子精密测量需求。

（三）单光子探测器性能全方位提升

单光子探测器是基于光子体系的量子精密测量等量子技术所必需的探测器件，对测量的信噪比、精确度、灵敏度等指标都有巨大影响，未来不但要具备更高的探测效率和计数率、更低的暗计数、更小的死时间和时间抖动，而且还要向更多的光子数可分辨、更大的二维阵列化等方向发展。单光子探测整机将朝着小型化、低成本方向发展。随机量子光源波长向微波波段拓展的同时，单光子探测波长也会向微波波段延伸，未来微波单光子探测技术是单光子探测研究发展的重点方向之一。现在应用最广泛的技术之一便是微波通信技术与微波电子技术，这将会对微波测量技术与测量仪器都有巨大提升与推动。

（四）金刚石 NV 色心传感器加速商业化发展

金刚石 NV 色心磁传感器是最有望实现商业化的量子传感器，目前已有磁传感和磁成像仪器在医疗设备中应用，尽管其磁测量精度与超导量子干涉磁力仪（SQUID）和无自旋交换弛豫（SERF）原子磁力仪相比还有一定差距，但是凭借 NV 色心优秀的生物相容性和高空间分辨率特性，在单细胞研究、单分子和单原子核磁共振等方面具有重要的应用前景。未来金刚石 NV 色心传感器在提升测量精度的同时，将不断扩展其在医疗检测领域的应用场景，促进商业化发展。

（五）量子时钟追求更高精度和集成度

量子时钟已有铯、铷原子钟等成熟产品，可为卫星通信、导航与授时等应用提供基础服务。当前学术前沿之一是不断向前推动时间测量精度的光钟。光钟具备长期稳定性，但其光电架构复杂、造价昂贵，难以大规模部署，也需要大量的技术积累。另一颇具发展潜力的是芯片级量子时钟，特别是发展尚未完全定型的芯片级分子钟，将推动精准计时系统更加成熟的片上集成，实现"原子钟"级的稳定性和大规模集成。

》》》 三、启示影响

随着量子测量技术研究的不断深入，技术水平得到大幅提升，研究队伍和行业规模不断提升，科技创业公司大量涌现，加快了各技术领域仪器样机的研发进程，推动了整个行业向产业化快速发展。但是一些新的问题也逐渐暴露出来，例如应用市场主要面向专业级和工业级、核心元器件制备工艺欠缺等，制约着整体行业的发展。

（一）产业链发展不均衡限制整体发展步伐

近年来在国家政策的支持下，国内量子测量技术获得了快速蓬勃发展，各科研单位在不同技术领域对量子技术的先进性与可行性进行了充分验证，取得了丰硕的科研成果，各类工程化样机相继被推出，产业发展迅猛。但是由于量子测量技术的门槛较高，高校与科研院所是科研生产的主力军，产业资源被集中在核心系统设计与工程化样机开发中，导致量子测量技术产业链的上下游受重视程度不够，一方面上游有实力的元器件工艺厂商在面向量子产业时研发投入不足，制约产业整体发展；另一方面下游的应用市场仍局限在国防、航天、基础研究等领域，市场容量有限，难以实现产品大规模生产应用及其快速更新迭代。

（二）社会资本参与度低制约行业规模扩展

量子精密测量是最接近实用化和产业化的技术领域，国家高度重视并将其作为重点突破领域，各省市在"十四五"规划指引下纷纷制定量子科技发展规划，推动建立量子信息产业园区，鼓励科研人员进行科研成果转化和落地应用。但是目前量子精密仪器的应用市场仍然集中在基础研究和国防军事领域，民用市场所占据的份额极少，社会资本投入有限，单纯依靠国家经费扶持难以扩大行业规模、提升市场容量，这将严重制约量子科技产业的快速发展。

（三）量子测量行业标准亟待谋划和制定

量子测量技术产品的精度已超出传统检测机构或第三方认证机构的传统能力范围，而量子测量领域标准体系仍十分欠缺。量子测量标准化的制定是推动量子测量领域高质量发展的关键步骤,在技术攻关和产品研制过程中是必不可少的。当今量子测量仪器的研发进程明显加快,众多技术领域相继进入由工程化样机向商业化过渡的阶段,随时都有可能产生颠覆性的仪器产品,如果不能及时制定自己的行业标准,势必会让我国在新一轮技术革命中处于被动局面,在量子测量仪器发展方面受制于人。

（中国电子科技集团公司第四十一研究所　韩顺利　柳　扬　柴继旺　薛广太　张映昀）

DARPA 征求自主系统在不同应用场景转用的新方案

2023 年 10 月 17 日,美国国防高级研究计划局(DARPA)发布寻求改进自主系统新思路的公告,要求利用共享语义(如交战规则),通过在不同低保真模拟之间学习和转用,以更快地实现自主系统从模拟向现实的转用。DARPA 启动"从不精确和抽象的模型转向自主性技术"(TIAMAT)项目征集建议,计划开展"从模拟到模拟"和"从模拟到现实"两个阶段的研究,并在不同阶段组织相关竞争性活动,推动该项研究任务。

〉〉〉 一、项目背景

由于现实中的训练成本问题,自主系统通常是建模在模拟与仿真中进行学习和训练的。在针对需求建立模型后,使模型在尽可能贴近现实的环境中进行各种模拟,并利用所得数据训练自主系统,使其能够正确决策。这些模型在充分训练后,其学习成果是可以转移到物理系统中进行测试的,同时可以验证训练的效果。

美国国防部自主系统在训练模型平台上的训练虽然会花费数月甚至数年的时间,但是面对随时变化的情况,训练后的自主系统便显得相当脆弱,这种脆弱性通常被称为"模拟到现实"的差异(Sim-to-real gap)。例如,将无人机从密集的城市移动到沿海环境,则会面临截然不同的观测空间。

与商用自主系统的不同之处在于,军用系统的未知变量会更多,例如飞行动力学可能会出现的偏差、照明条件可能会发生的变化等,针对对手现实世界行动的完全精确模拟通常也是不可能实现的。上述因素限制了先进自主系统应用潜力的发掘。

目前,军事自主系统主要聚焦在让自主系统在低速的高保真模拟器中进行学习训练。这种方法的一个缺点是模拟器的高保真性的限制,其相关自主系统的训练往往需要数千小时,因此无法应用在时间敏感领域,例如美国空军的 24 小时计划窗口。在自主系统从低保真模拟到现实的转用方面,常见方法主要有战域随机化、战域适应化、模仿学习、元学习和策略提炼等。鉴于缺乏效率、透明度和鲁棒性,这种方法通常是建立在"模拟到现实"差异较小的假定上,因而无法满足美国国防部的作战需求。

》》》 二、项目目标和思路

（一）研究目标

TIAMAT 项目的目标是开发自主系统的快速转用技术,提高自主系统的鲁棒性和适应性。自主系统需要对动态环境中的突发变化具有高鲁棒性,以及对各种作战平台、作战地域的良好适应性。该项目提出,自主系统在不同的低保真模拟之间进行训练和转用,可实现从模拟到现实的快速转用,旨在提高鲁棒性和适应性。值得注意的是,模拟的多样性将有利于提高对各种下游平台和作战域的适应;模拟的低保真性也有利于更快的执行速度和数据生成,从而加快自主系统的训练和转用;低保真模拟固有的不精确性和底噪性能促进其更好的泛化,在这方面与高保真建模和模拟形成了鲜明对比。

由于高保真建模和模拟会导致记忆或过度拟合,再加上数据漂移、概念漂移和分布偏移等问题的存在,因此降低了自主系统在不同环境之间的转用效率。由于现实世界受多种因素影响未能被模拟,因此,鲁棒性和适应性对于从模拟到现实的转用是至关重要的。

（二）研究思路

快速实现自主系统从模拟到现实的转用是该项目的思路。有别于追求高保真模拟的传统观念,DARPA 专家提出,在不同的低保真模拟中利用共享语义（如交战规则）可以训练和转用自主系统,使其更快地实现从模拟到现实的转用。此外,从复杂/现实的模拟转到抽象和不精确的模拟,能够让系统更好地适应动态环境中不可避免的突发变化。

DARPA 项目主管提到,其研究团队的愿景是在多样化的抽象模拟中训练自主系统,并将其转用到多样化的平台和环境。同时,研究团队会进行逆向研究,利用收集到的真实世界的数据和经验,继续完善抽象、模型、模拟和语义表征等内容,并建立一个反馈回路,旨在研究更具鲁棒性的转用训练。

三、项目重点和项目阶段

（一）项目重点

改善自主系统从模拟到现实转用的两个方向,分别是提高模拟器的保真度,以及开发从低保真模拟中学习的算法。

自主系统在快速转用过程中主要面临两方面的挑战,也是 TIAMAT 项目的重点:①如何在有限的时间预算内进行自主系统的转用,从而使其在"模拟到模拟"和"模拟到现实"中观察、动作、变化和目标方面的差异具有鲁棒性;②如何根据经验完善所使用的模型和模拟。以低保真的 DeepRacer 模拟环境对三维赛车进行模拟为例,如图 9 所示。通过对赛道的三维观测获取赛车"状态"(States),可用的"动作"(Actions)包括以 1 米/秒或 2 米/秒的速度加速和以 15° 的增量转动方向盘,动态"转移"(Transitions)是根据当前位置定义下一个粗略的赛道位置,"结果"(Rewards)可以定义为使赛车手实现尽快到达目的地。数据驱动的自主系统可以利用一个决策过程来生成数据,并根据从"结果"中观察到的正强化或负强化训练最佳赛车手。而将这一"赛车手"转换到一辆真实的赛车上时,就会面临大量"模拟到现实"的差异。

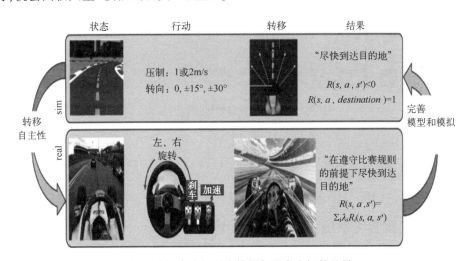

图 9　虚拟赛车场景中模拟与现实之间的差异

（二）研究阶段

该项目计划利用三年时间、两个阶段进行重点推进。针对 TIAMAT 项目,组织一个评估小组即联邦自主研发中心(FFRDC)进行测试和评估。DARPA 采取"模拟到模拟"和

"模拟到现实"两个阶段的研究,项目实施周期时间表见图 10。其中,第一阶段研究周期为 18 个月,主要内容为开发"模拟到模拟"的自主系统转用技术,评估小组将在项目早期为执行者提供初始的低保真(如 gridworlds、DeepRacer、GTAV) 和高保真模拟(如 Habitat、CARLA、AirSim) 平台,以确保所提出的自主系统转用方法能够在项目的竞赛期间成功执行;第二阶段研究周期也是 18 个月,主要内容为开发"模拟到现实"的自主系统转用技术,可使用各种物理平台进行自主系统的转用研究,包括水下、水面、地面和空中飞行器等。

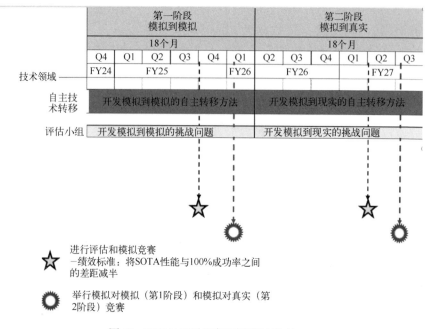

图 10　TIAMAT 项目实施周期时间表

》》》 四、项目应用前景

（一）可实现自主系统在不同环境下转换

以导航代理自主系统从微网格环境转用到现实世界的问题为例,分析该技术的应用前景和方向,如图 11 所示。目前,微网格可能不具备对整个导航问题进行建模的能力,但它可以对与某些问题相关的机能自主建立抽象模型,例如检测门等。对于检测门问题,在多环境间转用的传统训练方法是,先通过收集各种门的图像来训练源环境中的模型,再将一些模型参数迁移到目标环境中。但是当微网格中的门与真实的门不同时(如图 11 所示微网格中的门是正方形),这一方案就失灵了。然而,在微网格和真实世界中,门的语义是基本相同的,即:门是一个可移动的障碍物,通常放置在一个更大的、不可移动的障碍物(墙壁)内,打开门就会通向一个新的区域。因此,尽管模拟与现实之间的差异很大,但是就门的共享语义而言,其语义差异却相对较低。

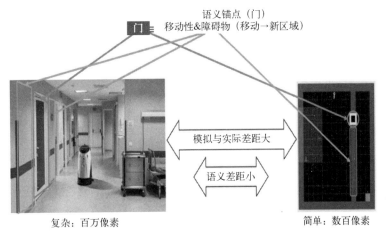

图 11　不同环境下可共享的语义抽象化

(二) 可实现语义锚点在不同环境中保持一致

在 TIAMAT 项目中,共享语义的数学抽象概念称为"语义锚点",语义锚点应在源环境和目标环境中保持一致。例如,照明条件、视觉馈送和传感器反馈等语义锚点在不同环境中很难保持一致,但是任务目标、特殊指令、行业专家指导意见、知识图谱、交战规则和物理定律等语义锚点则可以有较高的一致性。同时,语义锚点可以有多种形式,包括但不限于逻辑、场景图、自动装置和微分方程等。此外,语义锚点也可以降低信息讹误的可能性,从而提高信息表意的鲁棒性与可转换性。

(三) 可实现低精度的抽象仿真自主系统应对威胁的训练

训练针对威胁进行识别与决策的自主系统是较为常见的,这类自主系统常用于实时监视战场态势,可根据侦察探测信息,及时发现威胁、识别威胁目标并实施反制措施。通常情况下,利用高精度仿真训练这类自主系统时,需要全面了解潜在威胁,主要是各型装备详细信息,包括性能参数、工作模式等,才能实现对威胁目标的准确识别与合理应对决策,以针对目标型号采用针对性的反制手段。但是,这些装备详细信息往往是各国重点保密的信息,因而想要获取详细数据构建高精度仿真是不可能实现的;而低精度的抽象仿真则不需要局限于对威胁来源进行具体型号的识别,而是可以依据探测到的行为特征等数据,反演目标行为意图,并直接针对其行为进行反制决策,因此不需要掌握潜在威胁目标的准确参数信息。

>>> 五、小结

TIAMAT 项目寻求从复杂/现实的模拟转移到抽象和不精确的模拟的先进方法，主要目的是使系统更好地适应在动态环境中快速变化，强调模拟的低保真性可实现更快的执行速度和数据生成，从而加快自主系统的学习和转换。同时，低保真模拟固有的不精确性和噪音产生的泛化影响与高保真建模和仿真形成了鲜明对比。

实际上，高保真模拟不可能对现实环境进行完美模拟，因而不应盲目追求仿真模拟系统的保真性，应根据实际需要，综合考量对模拟的拟真性需求。高保真模拟仿真和低保真模拟仿真在军事领域中各有优势，都具有重要的应用价值。高保真模拟仿真逼真度高，成本较高，可以为部队士兵提供更加真实的战场体验；低保真模拟仿真成本较低，容易推广，基本可以满足大规模训练需求。

此外，语义（Semantic）相关技术将在前沿领域广泛应用。计算机计算性能的提高与人工智能方面的突破，为利用人工智能对信息进行语义提取提供了可能。除了强调在机器学习领域的应用，针对信息进行语义提取、窄带宽传、信息加密，以及武器装备智能化、自主化等方面，也是具有广泛的应用前景。

（中国电子科技集团公司第十五研究所　赵　玲　兰　青　刘　娣　张婧睿）

美国陆军更新《反无人机系统》条令

2023年8月11日，美国陆军发布新版陆军条令ATP 3-01.81《反无人机系统》（图12），以取代2017年4月13日发布的版本。新版条令将反无人机措施分为防御性和进攻性，规定了陆军如何有效防止无人机系统的威胁，对美国陆军反无人机作战意义重大，为反无人机行动、训练与陆军教育体系大纲，以及条令、组织、训练、物资、领导与教育、人员、设施、政策各方面能力未来发展奠定基础。

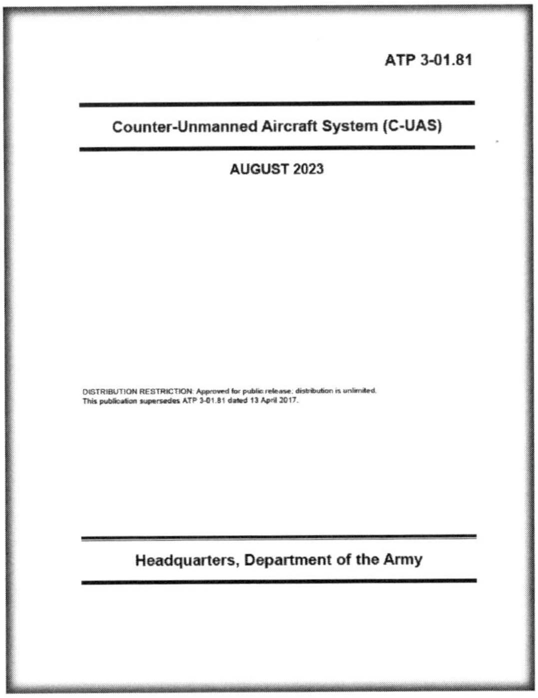

ATP 3-01.81

Counter-Unmanned Aircraft System (C-UAS)

AUGUST 2023

DISTRIBUTION RESTRICTION: Approved for public release; distribution is unlimited.
This publication supersedes ATP 3-01.81 dated 13 April 2017.

Headquarters, Department of the Army

图12 美国陆军条令《反无人机系统》（ATP 3-01.81）

》》》 一、发布背景

指令指出，随着无人机系统技术的发展，一些国家或组织装备的无人机系统的侦察和打击能力，已经对美国陆军、联合部队和多国联军的作战行动构成了显著的威胁。无人机系统有各种规模及功能。一些较大规模的无人机系统可以具有与巡航导弹相似的杀伤力，并可以从任何方位发射；较小规模的无人机系统不仅可以在不被发现的情况下发射，而且在战场上也很难被发现。为了更好地应对威胁，需要对不同无人机的任务、系统类型和组成进行了解，以及对其相关因素进行考虑。

当前的无人机威胁过于复杂，单一解决方案无法应对，需要制定全面的反无人机战略——解决不同类型无人机所带来的不同性质的威胁，同时还必须为应对潜在国家和非国家对手无人机应用挑战提供解决方案。为此，美国陆军高度重视对抗无人机的能力，不仅将反无人机纳入美陆军作战能力发展司令部的 6 层防空反导概念的一部分，还注重顶层规划设计，通过科学统筹规划，明确发展方向和重点。2016 年 10 月美国陆军发布了首个《反无人机战略》文件，重点制定反无人机进攻、侦察与破坏的战略框架，为反无人机提供战略指导。2017 年 4 月，美国陆军发布了条令《反无人机系统》(ATP 3-01.81)，主要针对防御低慢小(LSS)无人空中威胁，明确了运用反无人机的战术、技术和流程。2018 年 1 月，美国陆军发布《网络空间与电子作战构想 2025—2040》战略，提出强化地面力量运用电子战提升反无人机能力。但这些规划文件都没有做到应对不同类型的无人机威胁。2023 年 8 月，美国陆军更新了《反无人机系统》条令，确立了陆军阻止不同类型的威胁无人机干扰己方行动的流程。

》》》 二、主要内容

该条令共包含 4 个章节和 2 个附录；第 1 章概述了具有威胁的无人机系统；第 2 章介绍了旅及旅以下部队的反无人机规划注意事项；第 3 章提供了部队应采取的防御措施；第 4 章为部队提供进攻措施；附录 A 提供了可在驻地使用的反无人机培训资源；附录 B 介绍了当前的反无人机系统装备。

（一）反无人机规划

1. 实施反无人机行动的基本规划因素

条令指出，规划是有效应对无人机威胁的第一步。消除无人机威胁需要通过联合兵种行动，将各作战职能力量相结合，而有效规划可以同步各级部队活动及作战职能，以确保能力的互补和冗余。一套完整的反无人机规划应包括多层防御、交战规则、空域控制、防空预警状态、武器控制状态、预警网络及优先保护列表(PPL)。

(1)多层防御。各级部队要搭建多层次防御体系增强战士生存能力。多层防御以防空火炮部署7大原则,即相互支援、重叠火力与重叠监视区、平衡火力、有重点的监视、先敌打击、纵深防御和弹性布防为支撑,并主动与被动措施相结合,阻止威胁性无人机侦察、定位、摧毁预定目标。

(2)交战规则。采取一切必要行动来保护部队及装备,防范敌军打击,确保指战员按照既定交战规则行动。

(3)空域控制。空域控制计划应包含探测、识别、判断、打击威胁性无人机的详细程序。目前已方多数无人机不具备敌我识别能力,且外形与威胁性无人机类似,因而空域控制计划应包含具体的程序性控制与协调措施,以控制、协调已方无人机。

(4)防空警报状态。以色标对应空袭威胁概率的形式呈现,各级部队根据对威胁评估结果做好相应防备的程序性控制。

(5)武器控制状态。通过控制措施确定允许防空武器打击空中威胁的条件。武器控制状态应用于各类武器系统、空域容量、空中平台类型。一般战术态势决定了武器系统必需的控制程度或范围。

(6)预警网络。各级部队都要建立空袭预警网络,该网络通常为调频模式(FM),可以与尚未配备专用防空指挥控制系统的部队共享空袭态势感知信息,并发出预警。

(7)优先保护列表。各级部队要制定优先保护列表,确定部队保护能力的优先使用顺序。

2. 各级部队规划能力及考虑因素

旅级以上部队负责将反无人机纳入军事决策过程,以及目标定位、战场情报准备、部队保护过程。旅级部队制定反无人机规划,以保护其在指定地区作战的盟军,规划应考虑报告技术、主动识别、预警传播以及交战规则。营级部队制定反无人机规划,将整合旅级规划,形成连贯的防御方案,并需要对其指定区域内的任何友军飞机具备态势感知能力。连级及连级以下部队制定反无人机规划,采用营级部队制定的防御措施并加以实施,并重点关注对空作战演习。

(二)防御性反无人机措施

防御性反无人机系统的核心是通过隐蔽伪装避免被敌方无人机探测,一旦发现敌方无人机则采取软硬杀伤等主动措施使其失能。防御性反无人机措施包括被动防御、空中警戒、主动拦截等行动要素。

1. 被动防御

被动防御是指为防止敌方无人机探测和瞄准友军与设施而采取的措施，主要包括隐蔽伪装、军事欺骗、分散部署、加固和防护结构等手段。

（1）隐蔽伪装。应具备可识别有威胁性的电磁传感器的能力，利用隐蔽技术使敌方传感器无法识别目标；混合技术改变目标的外观；伪装技术通过迷彩涂料误导敌军；扰乱技术改变或消除目标的规律模式和特征；诱骗技术使用诱饵来达到欺骗的手段。

（2）军事欺骗。使用模拟己方装备的诱饵引导敌方无人机做出错误判断，从而提高己方生存能力、消耗敌方弹药，并使敌方火力暴露。

（3）分散部署。避免将作战人员、物资、指控节点等集中部署在同一区域内，最大程度提升生存能力。

（4）加固和防护结构。核心是提升现有资产的防御能力，使其可以抵御敌方小型无人机系统的火力打击。

2. 主动防御

主动防御是指在传感器系统完成对威胁性无人机系统的发现、识别、跟踪后，由指挥中心决定是否交战，并确定拦截手段。拦截方式包含物理手段与非物理手段，其中：物理手段是指通过接触破坏敌方无人机，装备包括轻武器、爆炸性弹药、激光、高功率微波、阻拦网等；非物理手段是指通过干扰、阻断、控制敌方无人机信号从而造成破坏，装备包括射频干扰装备、GPS 干扰欺骗装备等。主动防御措施包括监测、空中警戒、警告、跟踪、识别、决策和击败等手段。

（1）监测。通过雷达、射频、听觉、视觉和光学设备集成传感器网络，对威胁性无人机进行监测。

（2）空中警戒。由专门人员负责，主要任务是发现部队所在地附近的空中威胁，提早做出预警。由于低空威胁较难探测，空中警戒员可以通过使用相关光学设备，采用垂直扫描法和水平扫描法进行目标搜索。

（3）警告。一旦发现空中威胁，需要迅速警告所有友军，可采用自上而下或自下而上的方法进行警告。

（4）跟踪。在提供警告的同时，友军持续进行目标跟踪并监视目标行动，直到做出与目标交战或不交战的决策。

（5）识别。这是对抗威胁性无人机的关键，精确的识别能力可以有效地帮助做出交战决策，并增强态势感知能力。通常可以采取正面识别和过程识别的方法进行识别。正面识别是指将借鉴观察和分析目标特征进行识别，包括视觉识别、电子支持系统、非合作目标识别技术等基于物理的识别技术。过程识别是指通过地理、高度、航向、时间和机动来分隔空域用户。

（6）**决策**。完成识别后,先决策是否参与交战,再决策采用物理或非物理方法进行交战。

（7）**击败**。一旦交战指令下达,立即开展击败措施。击败措施遵循非致命或致命指令,其中:非致命指令是指采取持续干扰的手段对威胁性无人机进行干扰直至其无法运行;致命指令是指直接摧毁威胁性无人机。

（三）进攻性反无人机措施

进攻性反无人机系统的核心是通过攻击无人机系统的地面控制站、通信设备、后勤保障设备、发射回收设备等,尽量将对手无人机消灭在源头,使其难以起飞或无法持续完成作战任务。因此,若要击败敌方无人机,就要先发制人,将潜在威胁扼杀在发射器中。进攻性反无人机措施主要涉及战场情报准备(IPB)、信息收集行动以及目标指示过程三大行动。

1. 战场情报准备

战场情报准备分为 4 个连续环节:限定行动环境、描述环境因素影响、评估威胁和确定威胁方行动方案。

（1）定义作战环境。

（2）描述环境影响。主要评估环境对敌方无人机系统和友军反无人机系统作战的影响,通过雷达、接收机、干扰器、GPS 等电磁频谱模板协助确定潜在的空中威胁。

（3）评估威胁。详细了解每种无人机系统的能力和局限性,威胁评估结果,并以适当的威胁模型、敌方无人机系统能力和限制的图形表示形式进行描述。

（4）确定敌方无人机的行动路线。各级部队通过战场情报准备流程,确定指定区域内的无人机威胁并收集信息,根据威胁无人机的目标路线,分配任务并击败威胁无人机。

2. 信息收集行动

信息收集包括战场情报准备过程中形成的威胁性无人机信息需求,可为高效获取目标提供必要信息,主要关注无人机系统的各部分信息。分析人员可通过战场情报准备过程,确定敌方最可能使用无人机来实现其目标的区域和时间,随后向信息收集单元分配任务,满足决策与目标指示环节的首要情报需求。

3. 目标指示过程

目标指示是指采用火炮、空中火力等硬杀伤手段或者电子战力量等软杀伤手段,向无人机力量与阵地发起攻击。目标指示要考虑无人机系统各部分(包括发射回收设备、地面控制站、通信设备、后勤与支援系统)受到打击后可能产生的后果。发射回收设备十分脆弱,一旦摧毁无人机则无法返回。摧毁地面控制站和通信设备会导致敌方无人机任务推迟,但敌方很快在多余地面控制站或通信设备启用后恢复行动。因此,摧毁发射回收设备或无人机是最佳选择。摧毁后勤支援系统,尽管短期内影响并不明显,但会对无人机寿命周期管理带来挑战。

（四）反无人机训练及装备

条令指出,各级部队应重点关注威胁性无人机的能力、造成的威胁等方面。加强训练的关键任务包括训练目视观察员搜寻与追踪无人机、进行可视空中威胁识别训练、练习各类被动防空措施,以及建立与使用预警信息通知网络。决策人员要利用特别研发的训练辅助工具、设备、模拟机,以及营区训练支援中心的模拟环境等资源,加强击败与削弱反无人机威胁的集体任务训练。

当前陆军各层部队可使用 Bal Chatri 2 无源探测器、Drone Buster 无人机干扰枪、Modi 便携式电子战系统和 Smater Shooter 瞄准具等反无人机系统。其中:Bal Chatri 2 无源探测器采用软件定义的射频探测体制,具有无源射频探测功能,可用于探测和识别无人机威胁;Drone Buster 无人机干扰枪是一种步兵手持式电子攻击设备,通过干扰无人机的控制信号,迫使无人机执行预设的"信号丢失"协议,用于干扰远程控制无人机和 GPS 引导的无人机;Modi 便携式电子战系统是一款步兵用便携式电子战系统,具备综合战术电子战能力。

》》 三、几点认识

（一）美国陆军不断完善条令,以应对无人机带来的新兴威胁

随着无人机技术的扩散,无人机正变得日益复杂,无论是作为运载系统,还是作为廉价的精确制导武器,不仅能够执行监视任务,而且还可对敌方实施致命性攻击。商用无人机的扩散、复杂化和武器化,意味着任何国家或非国家组织将获得这项技术,并可能以新的模式加以利用。为此,美国陆军出台多项战略举措并完善反无人机条令,不断加强其反无人机战略地位,以有效管控和应对无人机技术扩散带来的风险和威胁。从发布《反无人机战略》到更新《反无人机系统》条令,旨在全面指导美国陆军对抗不同类型的无人机威胁,意味着美国陆军对反无人机的定位,已经从技术层面提升至战略层面进行顶层设计。

（二）美国陆军聚焦士兵解决方案,加大反无人机能力训练

自"伊拉克自由行动"期间开始出现简易爆炸装置以来,无人机系统的扩散已经成为

联合作战行动面临的最大挑战之一。最近发生的涉及国家和非国家的冲突,使美国陆军意识到现有的防空系统已经无法探测或应对低速、低空飞行的无人机,这就存在被攻击的风险。因此,美国陆军必须制定和实施全面的反无人机战略,包括装备、组织与士兵解决方案等。本条令主要重点是在士兵解决方案上,针对反无人机的主动防御措施和被动防御措施,加大对士兵的反无人机能力训练。

(三) 美国陆军反无人机装备多管齐下,形成体系化

当前,美军反无人机系统作战样式分为进攻性和防御性,其中:进攻性反无人机系统是通过打击无人机系统的地面控制站、通信设备、后勤设备等,从源头上阻止无人机执行作战任务;防御性反无人机系统是通过伪装避免被敌方无人机探测,一旦发现敌方无人机采取软硬杀伤措施使敌方无人机失能。为了应对无人机攻击,美国陆军为单兵配备了反无人机电磁枪,定向干扰或欺骗低空无人机 GPS 信号,中断其与上级的通信链路,令其无法执行任务。此外,美国陆军在 2025 财年预算中申请超过 4 亿美元的反小型无人机系统投入,包括:用于移动和固定地点的"低速、慢速、小型无人机系统综合防御系统"(LIDS)、间接火力防护能力(IFPC)高能激光器的研发、测试和评估;"郊狼"无人机拦截器的采购;机动短程防空(M-SHORAD)定向能能力的研发和设计等。美国陆军的反无人机系统以及逐步成型,多条技术路线和方案并行发展,多管齐下,形成互补,以成熟的雷达、电子对抗技术、导弹、火炮系统加上不断发展的定向能技术(激光和微波),形成了从单兵到旅战斗部队乃至要地防空的完整体系。

(中国电子科技集团公司第二十研究所　刘　菁)

2023年度美军智能空战项目发展综述

2023年,美军在智能空战领域加大研发投入,聚力攻关和突破人工智能关键技术,加快推动新质作战能力生成。美军以《2030年空中优势飞行规划》为依据,依托美国空军的"协同作战飞机"(CCA)项目,并结合俄乌冲突和巴以冲突的实战经验,加速推进无人自主空战能力、多智能体自主协同能力发展,并通过无人试验机进行自主飞行试验,验证自主空战系统的有效性,以此构建可应对未来强对抗环境的智能空战体系。

》》》一、美军智能空战概念及相关项目简介

空中优势一直被美军视为取得作战胜利的先决条件。美军一直很重视空军力量的建设,空军力量的规模和水平也一直傲视全球。然而,近年来,随着美国国防预算不断缩减,新一代主战飞机装备规模呈缩减趋势,而美国潜在对手正在部署新一代尖端武器,包括隐形战斗机和先进防空导弹,防空系统防御能力越来越强,对抗条件的变化使得美军空战能力已不占优势。此外,随着先进的自主和人工智能技术在军用航空领域的异军突起,用人工智能驾驶战斗机进行空战,成为世界各主要军事强国争相研究的热点。美军也认识到,人工智能将在不久的将来大大改变国际战场的形势,必须发展自主人工智能能力来应对未来空战场各种复杂环境下的威胁,维持其战略地位和空中优势。

在这种军事需求牵引及技术发展背景推动下,美军提出了"蜂群战""忠诚僚机""有人/无人协同"等空战概念,并在无人机人工智能领域启动了"天空博格人"(Skyborg)、"空战进化"(ACE)、"远射"(Long Shot)等重点项目。"天空博格人"项目旨在将自主核心系统与模块化、低成本无人机平台相结合,使无人机能与有人机协同,自主执行复杂作战任务。"空战进化"项目旨在通过解决人—机协作的空中格斗问题,增强人类对战斗自主性的信任。"远射"项目则旨在开发和验证一款无人机,该无人机由有人机运载且能运

用多种空空武器,用于扩大交战范围和提高任务效率来对抗空中威胁。

为加快推动智能空战体系建设,美军又加速推进了"人工智能增强"(AIR)和"协同作战飞机"等项目,提升智能空战水平。"人工智能增强"是"空战进化"计划的后续项目,旨在实现多机超视距空战的战术性。"协同作战飞机"项目作为美国空军更广泛的下一代空中优势(NGAD)计划的一部分,旨在开发可与现役和在研作战飞机协同的新型无人机。"协同作战飞机"不会携载战斗机的全套系统,将依托模块化设计思路,选择需要的系统和能力,在降低成本的同时增加决策复杂性。

与此同时,美军还通过不断测试 XQ-58A"女武神"(Valkyrie)、VISTA X-62A、MQ-20"复制器"等无人驾驶试验机,来加速自主空战系统的开发。

虽然这些项目相互独立,但其相关技术工作的成果是可以拓展互补的。例如,"空战进化"项目和"天空博格人"项目实现成果转化后将应用到"远射"项目中,使"远射"无人机更智能、更易于被信任。"协同作战飞机"项目也倾向于在"天空博格人""空战进化"、XQ-58A"女武神"无人机、"毒液"(VENOM)等相关项目基础上开展,以达到加快研制进度的目的。XQ-58A、VISTA X-62 等无人试验机用于测试"天空博格人"项目的自主核心系统,而"毒液"项目将与 XQ-58A"女武神"无人机和 VISTA X-62A 项目的自主引擎相互借鉴,互相反馈测试结果,共同促进自主系统的改进。

》》 二、2023 年度美军智能空战项目发展动态

(一)"协同作战飞机"

1. "协同作战飞机"与 B-21"突袭者"轰炸机联合作战

2023 年 3 月,美国空军部长弗兰克·肯德尔透露,空军已经放弃了特定无人机伴随 B-21"突袭者"轰炸机(图 13)执行任务的想法。2023 年 9 月 6 日,美国空军公布信息称,"协同作战飞机"可能将与 B-21 轰炸机组队使用,为 B-21 提供作战支持,包括充当通信中继或防御性"忠诚僚机",增强轰炸机的态势感知范围,使下一代轰炸机成为兼具穿透轰炸、空中战斗、电子传感等的一个小体系,即所谓"系统族"。

2. 美军启动"毒液"项目为"协同作战飞机"的研发提供"飞行自主试验台"

2023 年 3 月,据美国空军披露,2024 财年预算申请近 5000 万美元启动"毒液"项目,试验和改进在 6 架 F-16 上装载的自主系统,推动验证无人僚机技术的"协同作战飞机"计划。通过"人在回路上"测试和演示自主架构和自主能力,以降低"协同作战飞机"开发风险。"毒液"项目将在过渡到"协同作战飞机"之前,为成熟的自主架构和软件提供项目管理和测试支持。

图 13　B-21 与"协同作战飞机"编组飞行的艺术假想图

3. 美军生产 AIM-260 导弹以装备未来的"协同作战飞机"

2023 年 5 月,美国空军表示,新型空空导弹 AIM-260"联合先进战术导弹"（JATM）可能在 2023 年投入生产,并将装备于未来"协同作战飞机"无人机。该导弹旨在解决先进战机威胁,预计将从 2024 年起取代或补充目前在美国服役的 AIM-120 AMRAAM。AIM-260 项目（图 14）始于 2017 年,据报道,导弹将具有与 AIM-120 相似的尺寸,以确保对发射平台技术的最小破坏,并确保与当前作战飞机的兼容性。该款导弹射程超过 260 千米,可有效扩大战斗机作战半径,提升抽空作战能力与战场生存率。

图 14　AIM-260 将强化无人机的对空作战能力

4. "协同作战飞机"将考虑增加空中加油功能

2023 年 11 月,美国空军宣布,开发中的"协同作战飞机"无人机将考虑增加空中加油功能,因此可增加单机载重量,航程也将与现役大部分有人战机相当,提高无人机与有人机协同作战的范围与威力。

(二) XQ-58A"女武神"无人机

1. XQ-58A"女武神"无人机集成新的人工智能飞行员技术

2023 年 6 月,人工智能公司 Shield AI 宣布与 XQ-58A"女武神"无人机的生产商 Kratos 合作,将在 XQ-58A 无人机集成其开发的人工智能飞行员技术——"蜂巢思维"(Hivemind)人工智能系统,从而实现更加高效的有人—无人编队概念,为美军和盟军提供支持。Hivemind 是美国空军首个人工智能试点项目,已于 2018 年投入测试。该系统采用先进的算法规划、绘图和估算状态,使飞机能够实现动态机动,并通过强化学习来发现并执行更优的战术和战略。据称,在飞机上,Hivemind 已经能够实现完全自主,甚至在链接断开或者在屏蔽 GPS 和通信信号的环境中也可以运行。

2. XQ-58A"女武神"无人机在人工智能控制下解决空战挑战问题

2023 年 7 月 25 日,美国空军研究实验室(AFRL)使用 Hivemind 人工智能软件控制一架 XQ-58A"女武神"无人机进行了首次飞行试验,演示了人工智能/机器学习系统自主执行空战任务的能力,标志美国空军"天空博格人"项目两年来在埃格林空军基地的试验取得里程碑进展。该试验在佛罗里达州埃格林试验与训练中心进行,飞行持续了约 3 小时,由人工智能软件控制的 XQ-58A 无人机与一架 F-15E 战斗机编组飞行,如图 15 所示。美国空军人工智能测试与操作部门负责人塔克·汉密尔顿上校表示:"此次试飞人工智能代替驾驶员执行现代空对空和空对地任务成为可能,这些技术可以立即应用于 CCA 项目。"

图 15　一架 XQ-58A"女武神"无人机(右)与一架空军 F-15E
攻击鹰一起在埃格林测试和训练中心飞行

3. XQ-58A"女武神"无人机进行飞行演示以帮助空军训练"战术自主算法"

2023 年 8 月 22 日，美国空军再次举行了 XQ-58A"女武神"无人机演示。本次演示在埃格林湾测试和训练场进行。演示中，测试的人工智能算法使用神经网络来驾驶 XQ-58A 无人机，让 XQ-58A 与"使用模拟任务系统和模拟武器的模拟对手"进行对抗，帮助空军训练"战术自主算法"。

（三）"远射"无人机项目

2023 年 3 月，美国 DARPA 选定了通用原子航空系统公司（GA-ASI）作为"远射"无人战斗机项目第二阶段的承包商，同时放弃了洛克希德·马丁公司和诺斯罗普·格鲁曼公司的设计方案。在第二阶段，研发团队配合 DARPA 对项目初始设计进行了审查，并对相关研究成果和关键子系统进行了地面演示。

2023 年 6 月，美国通用原子航空系统公司（GA-ASI）从 DARPA 获得了"远射"无人机第三阶段的开发合同，本阶段将启动该项目的原型机制造和试飞工作。GA-ASI 计划于 2023 年 12 月开始对该型空射无人机进行飞行测试，可携带空空导弹，并将在 2024 年确定该无人机的最终发展方案。

据美联社 2023 年 9 月 13 日消息称，美国空天军协会（AFA）年度空天网研讨会活动的科技博览会上展示了通用原子公司正在与美国 DARPA 合作开发的"远射"空射无人机，这种无人机将与美国空军喷气式战斗机配合使用。美国国防部的规划人员设想使用这种无人机进行"人机联手"，以压倒对手。但要投入实战，开发人员需要证明人工智能技术足够可靠和可信。

（四）MQ-20"复制器"无人机

2023 年 4 月，美国通用原子航空系统公司使用一架 MQ-20"复制器"无人机进行了自主实时空战机动演示，利用"实时-虚拟-构造"（LVC）技术创建联合训练环境，开展"协同作战飞机"能力验证。此次试验将 MQ-20 无人机接入低轨（LEO）卫星通信数据链，使地面控制站上的人类操作员与无人机机载自主控制系统能基于超视距任务数据链路进行通信，展示了人机交互协同作战能力。此次试飞是通用原子航空系统公司利用内部研发资金开展自主飞行和技术验证的系列试验之一，将有力支撑未来"协同作战飞机"能力发展。

（五）"蜂巢思维"人工智能系统

2023 年 8 月，美国空军创新中心（AFWERX）利用 3 架配备"蜂巢思维"人工智能系统的 V-Bat 128 垂直起降无人机，成功演示了对模拟野火场景的自主监测、识别、定位与报告。演示中,"蜂巢思维"人工智能系统控制 V-Bat 128 无人机前往指定区域侦察监测模拟野火情况,进行野火地点的识别、定位,侦察火灾周围情况并回报。此次演示展示了多智能体自主协同能力,将推动 2024 年美国空军对该人工智能系统的部署。

>>> 三、几点认识

(一)"协同作战飞机"将分阶段增加能力,未来将执行更具挑战性的任务

"协同作战飞机"无人机具备高度智能化的特点,代表未来军事技术的前沿,能够为未来的战斗环境承担多项重要任务。目前美国空军已经为"协同作战飞机"无人机设计了一系列任务——作为有人驾驶战机的"射手"、电子战设备和传感器,随后又增加了空中加油功能以扩大有人飞机的远程作战能力,并设计与 B-21 轰炸机协同作战,从而补充以战略为重点的远程打击系统。未来可以预见,美国空军在自主飞行领域各个项目的成果最终都将用于开发"协同作战飞机"所需的各项能力上。随着各项技术的成熟完善,"协同作战飞机"将分阶段增加其能力,任务功能也将进一步扩展,能够执行更多更具挑战性的任务,并有望产生一系列颠覆性影响,从根本上改变空军的作战方式和作战概念。

(二)美军注重从俄乌冲突中汲取经验教训,不断改进和完善其无人作战装备与作战理念

俄乌冲突中,俄罗斯的电子战系统曾经成功干扰了乌军无人机的通信和 GPS 能力,导致乌军每个月损失约 1 万架无人机,对乌军造成了极大威胁。为了应对在俄乌冲突中出现的新型反无人机威胁,美军为 XQ-58A 集成了 Shield AI 公司开发的"蜂巢思维"人工智能系统,使该无人机具备拒止环境中的自主运行能力。

美军特别注重从俄乌冲突中汲取实战经验,以不断改进其无人作战装备与作战理念。俄乌冲突爆发以来,美国向乌克兰输送了大量无人机,除了挤压俄罗斯战略空间并从中牟取暴利外,还有一个重要原因即是将乌克兰战场当成了"作战实验室",试图让其无人装备及作战理念等在俄乌冲突中得到实战检验验证,明确无人作战装备的作战效能及能力短板,从而不断改进和完善。

(三)美军有望尽快实现"有人机—无人机—导弹"新型作战方式

在现代战场上,空战的主要样式一般是由有人机携带空空导弹对目标发起进攻。而"远射"项目则开辟了"有人机—无人机—导弹"的组合攻击模式,构建"形式分离、逻辑一体"的"空中母舰",能够在离目标更近的地方发射导弹,交战范围显著扩大,降低了有人机

的风险。"远射"项目为现有机队在高对抗环境下发挥作用提供了一种手段。目前，该项目已进入最后的演示验证阶段，"有人机—无人机—导弹"新型作战方式有望尽快实现。

此外，有报道指出，乌克兰正在实施类似于美国 DARPA 的"远射"项目，不排除这又是美军希望通过乌克兰战场检验其新型作战方式的举措。"远射"无人机一旦投入作战，将显著扩大空战作战范围，并可能改变未来空战样式。

（四）美军无人机大量采用模块化设计，支撑"分布式作战""马赛克战"等作战理念

单独的"忠诚僚机"装备不仅成本高，而且在高威胁区作战时，容易将整个编队置于危险中。美军"协同作战飞机"大量采用模块化设计，能够允许根据不同的需求和任务定制无人机系统，将任务能力分散到性能和成本各有不同的多种无人机，使之适应多种场景和任务需求，提高其适应性和灵活性，并增加对手决策复杂性，支撑美军"分布式作战"及"马赛克战"等作战理念的实施。

（五）美军多智能体自主协同能力的实现具有里程碑意义，其发展动向值得关注

无人机蜂群作为一种新型空中作战力量，已经在实战中得以应用，俄乌冲突和巴以冲突也将无人机蜂群作战的优势展现得淋漓尽致。随着多智能体自主协同等相关技术的发展，将进一步提升无人蜂群独立作战能力，推动有人机与无人机蜂群协同作战能力，可使智能空战体系更加完善，大幅提升作战体系的综合作战能力和战场生存能力，其发展动向值得关注。

（六）有人/无人协同作战是未来空战的重要形式

近年来，无人装备技术在军事领域的广泛运用正推动战争形态加速向智能化演变，无人作战也发展成为智能化战争的重要作战样式。但在实际作战中，由于智能化水平还不够高，短期内智能系统尚无法完全取代人类，实现完全自主化的作战方式。因此，有人/无人协同作战方式仍是当前环境和技术条件下一种重要的空中作战方式。与传统的"忠诚僚机"不同的是，"忠诚僚机"概念中的每架有人战斗机周围只有 1~2 架功能较为全面的高性能无人机进行"护航"，或者执行一些危险任务。未来有人/无人协同空中作战已不再是少量无人机与有人机进行编队，而是每架战斗机与 4 或 5 架功能有所不同的无人机协同作战，这些无人机具备更高的自主性，更大的活动范围，可以执行更多样任务。

（中国电子科技集团公司第二十研究所　王惠倩）

美国智库发布《反小型无人机系统》报告

2023 年 11 月，美国战略与国际研究中心（CSIS）发布《反小型无人机系统：联合部队的空中防御》报告。报告指出，小型无人机具有的多任务性、低信号特征、广泛扩散性、低成本等特点，使现代战场的空中防御更加复杂化，反小型无人机作战已经成为现代战争中的一项重要任务。该报告分析了美军反小型无人机系统的发展进程、技术手段、战略规划、人员及装备训练等方面的进展，认为从条令、组织机构、训练、装备开发、领导和教育、人员和设施（DOTMLPF）7 个方面进行改进和完善，以提升反小型无人机的联合作战能力。

一、美军反小型无人机系统的发展进程及技术手段

小型无人机具有易于部署、难以探测以及高度扩散的特点，逐步成为现代战场上的核心力量，对军事目标和人口中心构成严重威胁。为应对小型无人机的威胁，美军发布了多项反小型无人机的战略规划，发展和建立反小型无人机的平台和能力。

（一）发展进程

该报告指出，美军的反小型无人机主要经历了起步、改进及制度化三个发展阶段。

（1）满足作战急需的起步阶段。 2016 年，"伊斯兰国"组织在与伊拉克政府的战争中，有效使用了小型商用四轴无人机，是首个使用小型无人机的非国家行动者。作为伊拉克政府军的支援方，美军当时并没有经济且高效的手段来对抗这种小型无人机。美军中央司令部发布了紧急防御要求，国防部迅速采购能够直接投入战场使用的商用反无人机平台。2017—2019 财年，国防部在反无人机系统的采购及研发、测试和评估的经费大幅飙升。由于该阶段只为满足短期急需，只解决了中央司令部对 I 类和 II 类无人机的临

时防御能力的需求。

（2）正式规划的改进阶段。 在该阶段，美国专注于各种传感器和效应器的反小型无人机组合。2019 年 11 月，国防部长任命陆军部长统筹军种的反小型无人机工作，领导联合部队反小型无人机系统的研发和采购工作，并设立反小型无人机系统联合办公室（JCO），协助陆军制定部署策略，并协调各军种的反小型无人机系统的发展、条令、组织和训练。2022 财年，反小型无人机从联合紧急作战需求向规范化项目过渡，防御能力扩展到Ⅲ类无人机。

（3）完善条令、组织机构、训练、装备开发、领导力和教育、人员和设施的制度化阶段。 在该阶段，美军主要从条令、组织机构、训练、装备开发、领导力和教育、人员和设施等方面配套调整，发展适用于联合部队的反小型无人机解决方案。各军种在这个阶段将确定是使用反小型无人机系统联合办公室支持的系统，还是开发满足特定需求的独立平台，并明确需求优先级。据此制定的重大政策、战略、预算和方案决策，将对战场产生巨大影响。目前，美军正处于实施难度最大的第三阶段。

美国对Ⅰ~Ⅲ类无人机的定义如表 2 所列。

表 2　美国对Ⅰ~Ⅲ类无人机的定义

分　类	定　义	特　点
Ⅰ类：微型或迷你型	质量：小于 9 千克 飞行高度：低于 366 米 飞行速度：低于 100 节	• 低雷达截面 • 低航程、续航力和有效载荷 • 低成本，广泛应用于商业市场
Ⅱ类：小型战术型	质量：9.5~24.9 千克 飞行高度：低于 1067 米 飞行速度：低于 250 节	• 比Ⅰ类范围更广、性能更强 • 航程、续航力和有效载荷有提升，广泛应用于商业市场
Ⅲ类：战术型	质量：24.9~598.7 千克 飞行高度：低于 5486 米 飞行速度：低于 250 节	• 航程、续航力、有效载荷和体积差异明显 • 后勤要求高于Ⅰ类和Ⅱ类 • 通常用于军事或商业任务

（二）技术手段

该报告从传感器、效应器和指挥控制三个方面分析了美军反小型无人机的技术手段。

（1）在传感器方面，有源雷达、无源射频与光电/红外和声学传感器相结合，提供有效的分层探测能力。 有源雷达可以探测和跟踪远距离目标，无源射频系统可以探测和定位无人机系统的控制信号，识别和分类无人机系统，并定位地面控制站及相关资产的位置，光电/红外和声学传感器通过视觉、热或声音信号探测目标，可辅助识别近距离小型无人机威胁。多种传感器相结合，将提供更有效的分层探测能力。例如，反小型无人机系统联合办公室推出的"固定地点低慢小无人机系统综合防御系统"（FS-LIDS），配备了

AN/TPQ-50 空中监视雷达、光电传感器和红外摄像机等,可探测低空飞行的小型机动式无人机,对其进行分类并提供电子对抗能力。

(2) 在效应器方面,动能与非动能防御手段相结合,实现软、硬杀伤能力。 动能防御技术较为成熟,主要包括火炮、无人机、带有近炸引信弹头的导弹等硬杀伤手段。例如,国防部"郊狼"反无人机装备是美军目前主要的临时反无人机防御措施之一,可通过爆破后高速小型碎片损毁无人机,或者利用自身动能精准撞击实施目标摧毁。据 2024 财年预算显示,陆军 2022—2023 年采购了超过 1200 套"郊狼"反无人机装备。非动能防御技术主要包括高能激光(HEL)和高功率微波(HPM)武器系统等硬杀伤手段,以及射频干扰软杀伤手段。

高能激光武器作战效费比高,具有"无限"弹匣,但技术不成熟,成本较高,视距范围有限。例如 30 千瓦的"奥丁"和 60 千瓦的"太阳神"激光武器系统,美国空军正在测试的对抗无人机集群的高级测试高能装备(ATHENA)反无人机激光器,以及特战队全地形突击车上搭载的高级激光武器系统(HELWS MRZR)。

高功率微波武器系统成本低,技术成熟,适合小型无人机集群。例如美国陆军计划装备的"列奥尼达"高功率微波武器,可摧毁Ⅰ类和Ⅱ类无人机集群。

射频干扰手段可通过干扰或欺骗无人机的通信链路实现软杀伤,适用于固定、车载和手持系统。2020 年 6 月,反小型无人机系统联合办公室确定的 6 个临时反小型无人机防御系统均使用射频干扰手段,包括陆军固定地点低慢小无人机系统综合防御系统(FS-LIDS)、海军陆战队轻型海上防空综合系统(L-MADIS)、海军反遥控模型飞机综合防空网络(CORIAN)、空军临时非国家联合空中威胁消除(NINJA)、空军多环境领域无人系统应用指挥控制(MEDUSA),以及"无人机克星"(Dronebuster)手持干扰机。

(3) 在指挥控制方面,整合传感器、效应器与其他指挥控制系统,确保多节点威胁目标覆盖和有效摧毁。 反小型无人机近期的交战规则是依据作战环境和威胁情报,确定是否打击来袭目标。2020 年 7 月,国防部指定前沿区域防空指挥控制(FAAD C2)系统作为反小型无人机系统的临时指挥控制系统。该系统提供单一的综合空情图,部署并集成了 25 个传感器,AN/MPG-64"哨兵"和 Ku 波段射频系统(KuRFS)雷达,以及 Link 16 等 5 个通信系统,效应器和其他指挥控制系统。未来的指挥控制能力将基于前沿区域防空指挥控制系统进行开发,最终目标是建立开放式架构的指挥控制系统,按特定威胁目标进行配置。

》》》二、美军反小型无人机系统的发展举措

该报告指出,为了满足美军反小型无人机系统的作战需求,仅靠系统平台和传感器

无法提供反无人系统所需的全部作战能力,必须从条令、组织机构、训练、装备开发、领导力和教育、人员和设施等方面配套调整,指导反小型无人机的能力建设和发展。

（一）制定反小型无人机条令

美国陆军2010年4月发布"陆军无人机路线图"报告,分析了2030+年战场空间的反无人机趋势,是美军反小型无人机发展进程中的第一个里程碑。陆军随后出台三份重量级文件:2016年的《联合兵种防空战法》(ATP 3-01.8),指导联合部队保护其不受无人机威胁;2017年的《反无人机系统技术手册》(ATP 3-01.81),提出战时陆军对抗"低慢小"无人机的防御规划和训练指导等;2020年的《陆军防空反导作战》(FM 3-01),提出具体的无人机威胁和反无人机技术,并提出明确的反小型无人机指导思路。

但是,这些条令文件没有明确各军种的角色和任务,导致美军近程防空资源不足,难以应对未来无人机集群的威胁。例如2021年发布新版《联合空战》(JP 3-30)文件,仅指出了摧毁小型无人机的复杂性以及区分友军和敌军小型无人机的必要性。

（二）成立反小型无人机系统联合办公室

反小型无人机系统联合办公室作为美军反小型无人机发展的主要协调机构,负责联合条令、需求、装备、训练标准和能力的开发与监管,特别关注各军种专用装备能力发展和政策制定,以形成多种具有通用架构的联合解决方案。

美国国防部要求各军种对反小型无人机系统投入达成共识,这可能会阻碍美军反小型无人机企业的未来转型。此外,军种采办机构目前更倾向于陆军和海军陆战队的采购计划,有可能形成"各自为战"的局面。

（三）高效组织反小型无人机系统战术、方法和程序训练

近年,美国国防部和反小型无人机系统联合办公室已经将训练列为优先事项。各军种根据规范条令进行训练,并在整个联合部队实现了通用战术、方法和程序(TTP)共享;为反无人机联合卓越中心提供资源,用于战术、方法和程序的信息交换和更新。

2021年4月以来,反小型无人机系统联合办公室、陆军快速能力和关键技术办公室和各军种每年举办两次行业演示,评估新兴技术,弥补差距并促进创新。2021年10月,陆军快速能力和关键技术办公室在完成高能激光武器系统的能力差距分析后,将计划从2023财年提前到2022财年,重点解决探测、跟踪和摧毁Ⅰ类和Ⅱ类无人机威胁的问题。2023财年起,美军开始提速发展"间接火力防御系统—高功率微波"(IFPC-HPM)计划,重点解决Ⅰ类和Ⅱ类无人机集群的防御问题。

但是,目前美军对作战部队的反小型无人机操作关注度不够,资源不充分;美国本土

空域内没有设立专用训练靶场,无法对新装备进行训练,并对新的战术、方法和程序进行测试。

（四）发展多样化的可集成和互操作反小型无人机系统装备

从美军现有的反小型无人机手段来看,主要是投入发展多样化的传感器和射手的防御方案,平衡固定和机动防御的作战需求,尽快实现反小型无人机系统的集成和互操作性,但是对前沿机动作战需求的投入不够,集成或互操作性上的需求和专业知识也不充分。

（五）加强教育培训力度提升相关人员的领导力

培养具备反无人机系统在防空、机动、支援和维护方面的领导能力,将有效落实部队及各梯队的作战规划和训练任务,确定防御手段的发展趋势并分析对手的能力,以及建立新的战术、方法和程序。国防部正在通过多个培训项目培养相关人员在反无人机系统方面的领导能力,各军种也在整合各部门领导人和作战人员的反小型无人机系统的相关培训工作,但非防空部门的领导人对其在反小型无人机中的作用没有充分的认识。

（六）提高联合行动各类人员的协同能力

在执行防空行动和其他作战、作战支援和作战勤务支援行动时,美军必须共享反无人机系统,必须解决防空部队和非防空部队的具体分工问题。国防部鼓励部队学习如何使用主动和被动防御手段对抗Ⅰ类和Ⅱ类无人机,并培训防空人员管理Ⅲ类无人机的战术、方法和程序。但是,防空和非防空人员在应对反无人机方面的职能和职责仍然存在不确定性。

（七）完善试验条件和训练设施

美国陆军以往以尤马试验场作为反无人机训练基地,提高部队反无人机能力并建立永久规范的训练设施,美军正在俄克拉荷马州的西尔堡火力卓越中心建立一所联合反无人机大学,同时确立一套新的反无人机通用核心教学计划。这所大学计划于2024财年投入运营,负责通用核心教学计划、联合战术、方法和程序及条例更新,以及研究、测试和训练相关设备。据称,这所大学将对陆军人员进行全面培训,但没有安排其他军种的相关课程。

》》》 三、几点认识

这份报告揭示了美军期望通过发布战略规划、形成制度保障、制定条令规范等多项措施打破制约各军种联合的壁垒，使美军逐步向联合反小型无人机体系的方向发展，彻底解决小型无人机带来的威胁。

（一）做好顶层筹划，全方位提升战力

进入 2010 年后，美军逐渐意识到小型无人机系统带来的新威胁，从国家层面制定全面的战略规划，指导反小型无人机装备的快速发展；设立专门机构，负责领导、协同和指导联合部队的反小型无人机活动；制定相应条例，有效应对不断演变的小型无人机威胁；规范联合训练标准，强化跨军种合作，通过实战及演训检验战术战法，形成较强的反小型无人机作战能力。

（二）成立专门机构，整合联合部队反小型无人机力量

美国早期强调以商用货架装备应对当时小型无人机造成的威胁，随着威胁不断演变，美国各军种自行开发反无人机装备，造成投入过剩、装备采购分散、解决方案冗余等问题，例如美军已拥有 10 余种识别、跟踪、毁伤无人机的技术装备。反小型无人机系统联合办公室的设立，正逐步推动跨军种多系统的互联互通。

（三）注重能力建设，提升"低慢小"无人机的防御能力

随着战场小型无人机、巡飞弹等"低慢小"目标的威胁逐步加剧，美军重视发展"低慢小"目标的有效防御手段，例如海军陆战队的"海军陆战队防空综合系统"（MADIS）和陆军新一代"机动—近程防空系统"（M-SHORAD），结合中远防空反导系统，构建远中近多层防御能力，增强对"低慢小"无人机目标的侦察探测、识别打击等能力。

（四）加强训练演习，形成联合反小型无人机能力

反小型无人机作战作为新的作战样式，需要丰富人员训练方案并组织实战演习，例如美军正在着手建立的联合反无人机大学，以及针对 Ⅰ～Ⅲ 类小型无人机进行的战术、方法和程序检验的"年度黑色飞镖"演习。通过成规模、成体系的演训，尤其是跨军种的联合训练，尽快形成联合反小型无人机体系。

（中国电子科技集团公司第二十研究所　魏艳艳）

无人僚机技术加速成熟并逐步走向列装

随着人工智能技术的不断发展，以及有人作战平台成本的不断攀升，性价比较高的无人作战平台成为武器装备的发展热点，而具备自主智能、能够理解控制人员语音指令并能够自主协同完成任务指令的无人作战平台则因其高性价比、高抗干扰、高自主性等独特优势而备受关注。与其他无人作战平台相比，无人僚机智能化程度更高，具有更强的独立作战能力，是智能无人作战平台的典型代表。

2023年，无人僚机进展较为显著，主要包括：美国"忠诚僚机"进一步走向实用化；欧洲发展基于无人僚机理念的合作式武器打击模式；俄罗斯推出基于隐身战机设计的无人僚机；无人僚机技术扩散，其他国家开始进行研发投入。

》》》一、美国"忠诚僚机"进一步走向实用化

从2016年美国首次提到"忠诚僚机"(Loyal Wingman)概念后，美国的无人僚机经历了从基于有人战机改装的高成本无人机，到低成本可消耗的轻型无人机，最终到不同型号共存、性能高低搭配的无人机作战集群的多个发展阶段，其发展过程相对平稳，相关技术稳步进展，兼顾技术发展与成本控制，避免了之前多款先进武器由于技术过于超前导致成本不可控、可靠性降低而惨遭下马的命运，后续将会成为美国空中作战体系中不可或缺的一环。无人僚机已经被美国列入未来军事力量体系建设中。

(一) X-62A验证机完成多项飞行测试

美国在忠诚僚机的自主智能方面取得的相当大的进展，现有的智能控制系统已经能够保证无人僚机的长航时控制。2023年2月，美国国防高级研究计划局(DARPA)宣布在X-62A验证机(图16)上完成"空战演进"(Air Combat Evolution，ACE)项目相关智能

空战算法的多次飞行测试。依据洛克希德·马丁公司官网信息，VISTA X-62A 验证机由人工智能代理共计飞行了 17 小时，测试活动在加利福尼亚州爱德华兹空军基地的美国空军试飞学校（USAF TPS）进行。

图 16　X-62A 验证机

X-62A 验证机建立在开放系统架构上，配备了卡尔斯潘（Calspan）高级技术中心提供的更新的可变飞行模拟试验飞机仿真系统（VSS）、洛克希德·马丁公司的模型跟踪算法（MFA）和模拟自主控制系统（SACS）等软件，使其能够模仿其他飞机的性能特征。这几次测试的成功，标志着美国的人工智能技术已经初步实现了对实机的长时间有效控制，为无人协同作战飞机（CCA）的列装进一步铺平了道路。

（二）DARPA"长钩"无人机计划进入第二阶段

2023 年 3 月，通用原子航空系统公司的无人机被 DARPA 选中，进入"长钩"（Long Shot）无人机计划的第二阶段。"长钩"无人机是美国 DARPA 于 2011 财年开始研制的一种用于争夺未来战场制空权的新型无人战斗机，该机在作战过程中采用有人战机（战斗机、轰炸机等）空中投送方式，使用隐身气动外形和隐身涂料，携带小型雷达和若干枚美军现役或在研的空空导弹对敌方多类空中飞行器进行攻击，具备人机协同作战能力，并可作为无人僚机使用。

被选中的无人机型号可能是通用原子航空系统公司在 2022 年公开的 Gambit 系列无人驾驶作战飞机（图 17）。该系列无人机最大的特色是由四个独特的不同机身组成，它们都利用一个新型共同核心。这个想法类似于各种汽车"车身套件"共享一个共同的底盘、传动系统和电子骨架，能够降低制造成本，快速更新机体功能。通用原子航空系统公司希望通过参考商用车装配线的方法制造 Gambit 无人机。通用原子航空系统公司声称，

Gambit 核心将在各种 Gambit 系列机身总价中占大约 70% 的价格,从而可以降低制造成本,提高开发速度。Gambit 核心可以根据作战需求快速转变为四个变体中的任何一个,以支持其特定的任务。

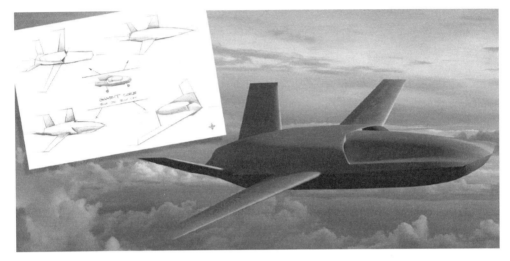

图 17　Gambit 系列无人机

(三) 无人僚机将配备 AIM-260 空空导弹

2023 年 5 月,美国空军部长透露 AIM-260 空空导弹会在年内投产,该导弹具备双引导方式单头,各项性能全面优于同样定位的 AIM-120,尤其是射程要远 100 千米左右。该导弹计划配备美军现有的各类有人战机和协同作战飞机,后续将开展 AIM-260 在XQ-58 无人僚机上的搭载试验工作。AIM-260 的出现意味着无人僚机的配套武器体系已经开始成型。

(四) XQ-58 无人机增加电子战功能

2023 年 5 月,克拉托斯公司(Kratos)宣布,XQ-58 无人机将增加电子战功能,并被美国海军陆战队选中用于与 F-35B 配合的电子战平台使用,这是在携带弹药、配合有人战机执行空战和对地对海打击任务之外美军开发的 XQ-58 无人机的最新用途。按照美军的规划,正常条件下,一架 F-35 战斗机可以通过数据链指挥 6 架不同作战配置的 XQ-58 无人机进行活动,XQ-58 无人机在 F-35 战斗机前方约 100 千米左右的空域飞行,并利用自身携带的雷达和光电探测系统对周边目标实施侦察,一旦发现可疑目标,立即通过数据链传递给 F-35 战斗机,并对目标进行电子干扰,然后由 F-35 战斗机的飞行员指挥 XQ-58 无人机使用其自带武器对目标实施打击。

（五）有人—无人编队概念成功演示

2023年6月，人工智能公司Shield AI宣布与XQ-58A无人机的生产商Kratos公司合作，将在XQ-58A无人机集成其开发的人工智能飞行员技术，从而实现更加高效的有人—无人编队概念。Shield AI公司研发的人工智能飞行员技术已被证明能够操作不同的飞行系统，包括四轴飞行器、改进型F-16战斗机以及该公司自主研发的V-BAT战术无人机等。2023年7月，美国空军XQ-58A隐形无人机成功完成了一次试飞，展示了使用新的人工智能驱动软件自主执行空战任务的能力。在测试中，XQ-58A无人机在F-15E战斗机的伴飞下飞行了3小时，测试了美国空军在"天空博格人"计划下经过2年研究取得的重要成果，验证了人工智能代替飞行员执行任务的可行性，对推进有人—无人战机协同能力发展具有重要意义。美国空军实验所自主空中作战行动团队为此次飞行测试创建了算法，并在高保真度的模拟环境中进行了上万次飞行训练。

（六）无人僚机编队建设开始起步

2023年8月，美国空军部长向国会提交了增加协同作战飞机数量的计划，提出购买1000台无人僚机，并对300架F-35进行改装以实现无人僚机控制功能。这意味着美国空军的无人僚机编队建设开始正式起步。

（七）洛克希德·马丁公司验证无人僚机协同作战能力

2023年9月，洛克希德·马丁公司与爱荷华大学操作员性能实验室合作完成了无人机与有人战机协同作战完成电子战任务的演示，展示了人工智能如何为快速决策提供数据，以及如何提高飞行员的控制与决策效率。这次测试证明人工智能可以提供高性能与可靠的辅助表现，相关技术将用于支持协同作战飞机的后续发展。

从无人僚机的功能特点以及性能要求来看，无人僚机涉及的重点技术包括自主智能控制、人机交互、自主协同控制、动态任务规划、传感器融合等技术，其中自主智能控制技术、人机交互技术已经进入实机验证阶段，自主协同控制技术、传感器融合技术、动态任务规划技术是后续的发展重点。

》》》 二、欧洲发展基于无人僚机理念的合作式武器打击理念

2023年6月，欧洲导弹公司为合作式武器打击理念发展的"协奏打击"（Orchestrike）网络赋能武器技术突破了原理验证阶段。该技术实现了多种武器之间的相互通信，能够基于有人战机发出的攻击指令对武器进行灵活编组，同步各自状态和位置，以最优化的

编队方式穿透或直接打击防空系统,并针对各种意外情况进行自适应调整。例如,如果编队中瞄准高优先级目标的导弹被击落,那么编队中负责较低优先级目标的同类型导弹会接替该导弹的任务;如果编队中没有导弹能够接替该任务,则其他编队中负责较低优先级目标的同类型导弹会接替任务。该技术还能够向飞行员提供攻击路径和打击方案的建议,降低了飞行员的工作负担。

合作式武器打击理念与美国的无人僚机理念最大的区别在于,美国的无人僚机侧重于人机混合编队的构建与任务分工,而欧洲导弹公司的合作式武器打击理念侧重于不同种类导弹的任务分配、目标分配,实现多发导弹依照飞行员指令自主组网规划打击不同目标,完成不同的作战任务。

三、俄罗斯推出基于隐形战机设计的无人僚机

2023 年 8 月在俄罗斯莫斯科郊外的库宾卡爱国者公园举行的"军队-2023"论坛上,俄罗斯推出了 SU-75 战机的无人型号,计划作为与有人战机协同作战的俄版"忠诚僚机"系统。如果该项目顺利完成,将会成为世界上性能最强、功能最完善、成本最高的无人僚机。相比起从零研发一款新型无人战机,对现有的有人驾驶战机实施无人化改装会大幅降低研发时间成本,可最大化地延用已有的诸多设计和数据,进一步降低技术风险,例如美国的 X-62 验证机就是在 F-16 战斗机的基础上改进而来。

俄罗斯以无人化的 SU-75 作为有人战机的"忠诚僚机",优势在于 SU-75 在多项性能上能够压制较为传统的低成本无人僚机,而且机体空间充足,可以集成大量功能设备,不需要像 XQ-58 那样通过"一机多型"的方式实现各种功能;不足在于有人战机的基础使得制造成本和使用成本大幅提升,导致机队规模大幅缩小,不可能达到像 XQ-58 那样预计超过 1000 架的庞大机队规模。基于已公开信息推测,SU-75 无人僚机版的主要作用是作为有人战机与 S-70 等中低端无人僚机的中继平台和战术管理节点,构建俄罗斯版"高低搭配"的空中无人作战体系。

四、其他国家跟进研发无人僚机技术

2023 年 3 月,土耳其航空公司公布了"安卡"-3 新型隐身无人机,如图 18 所示。与该公司之前制造的无人机迥然不同,"安卡"-3 无人机采用飞翼式布局,这种高端的大型隐身无人机以前只有一些航空业比较发达的国家能够研制。近年来,飞翼布局以其高升阻比、机身可利用空间大和雷达低可探测特性这三大突出优势,成为高端无人机总体布局设计中经常采用的设计。

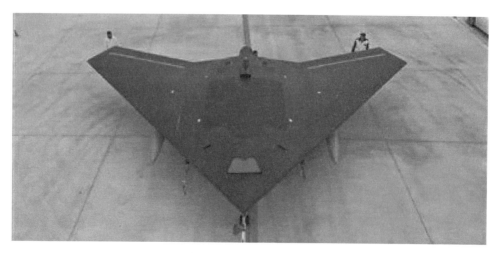

图 18　"安卡"-3 无人机

从土耳其公布的数据和图像来看，为了尽量提升无人机的隐身性能，"安卡"-3 采用飞翼式布局常见的隐身设计，例如背负式进气道、内部弹舱等。从"安卡"-3 外挂的巡飞弹模型来看，"安卡"-3 可能具有投送小型无人机的能力。"安卡"-3 隐身无人机是土耳其向高端无人机领域冲击的一次尝试。据土耳其官方人士称，土耳其航空公司制定了全新的技术解决方案，掌握了必要的技术，引起了土耳其空军的浓厚兴趣。若"安卡"-3 无人机顺利交付土耳其空军，该机预计将扮演重要角色，执行侦察、监视和对地攻击等任务，依靠隐身能力，用于打击敌方严密保护的高价值目标，对于夺取制空权和主动权有重要意义。未来该机还可能与土耳其正在研制的 TF-X 第五代战斗机联合作战，充当"忠诚僚机"的角色，进一步提升土耳其空军的作战能力。

2023 年 2 月，在阿联酋阿布扎比举行的国际防务展（IDEX 2023）上，阿联酋 Edge 集团展示了涉及陆海空等多个领域共 11 种无人和自主系统解决方案，支持战术情报监视侦察（ISR）、后勤保障和复杂的作战行动等一系列任务。其中最引人瞩目的是"仙女"无人作战飞机，其外形类似美国的 YF-23 有人战机，可执行多种军事任务。从已公布的资料中可以看出，该机型具体特性尚未公布，还需要在地面平台指挥下实现不同功能，其智能化程度相对较低，距离真正的无人僚机还有一定距离。

》》》五、国内加速开发无人僚机系统

忠诚僚机是近几年无人机领域的重要热点，也被普遍认为是未来无人作战体系的重要组成部分。FH-97A"忠诚僚机"系统是我国基于这种前沿作战理念而研发的一款新型自主无人机编队系统，如图 19 所示。该型无人机可与有人作战飞机密集编队、高效协

同,执行制空作战、防空压制、空中护航任务,既可解决有人机服役规模有限、飞机老龄化等问题,也可通过发展新质无人作战力量,构建有人无人协同的作战形态。

图 19　FH-97A"忠诚僚机"系统

FH-97A"忠诚僚机"是我国超声速隐身无人机,具有三大突出特点:①可与特种飞机开展协同侦察,与战斗机协同开展防空压制和协同瞄准。它既是传感器,也是弹药库,更是飞行员的智能助手,能拓展飞行员的感知与打击范围。通过规模化、集群化、广义化的使用,每架僚机可以成为空战体系中的智能节点,获取局部的作战信息,并且进行筛选融合,以形成全局的战场态势,辅助飞行员做出决策,将人从危险、高度紧张的作战环境中解放出来,让飞行员除了传统的飞行员以外,更能成为一个飞行编队的指挥员。②续航能力出色,能够做到全程伴飞有人战机。它具备不同功能和规格的吊舱,可满足不同应用场景。该机装配了两台发动机,提升了飞行速度、机动性和可靠性,还可以在特殊状态下采用火箭助推的方式完成起降,并进行拦阻回收,拓展了无人机的使用范围。③采用智能蒙皮天线技术,具备较好的抗干扰能力,具备低可探测外形和智能机动规避能力。该机可以与不同战机构建数据链系统联系,建立无人机编队内部组网以及和有人机的协同组网。此外,该无人僚机系统具备兼容性,配置这款"忠诚僚机"之后并不需要再对有人机进行额外的加装和改装。

》》》六、无人僚机正在广泛步入战场应用

从各国无人僚机的发展情况来看,无人僚机的技术已经相对成熟,列装部队投入实战只是时间问题。考虑到未来的无人机将会出现"高低搭配"的多型号共存情况,以及制造成本约束导致的单机功能限制,无人僚机在作战编队构成上将会呈现出早期喷气式战

斗机"专机专用"或"一机多型"的状态，未来无人僚机依据功能可分为打击类、辅助类、后勤训练类等不同类型。

打击类无人僚机以遂行战场打击任务为目的，可细分为射手型、电子战型、诱饵型等。射手型主要协助有人战机完成空空作战、空地打击、空中护航等任务，也是无人僚机中数量最多的型号。电子战型主要执行压制防空和空中电子干扰任务，造成对手探测系统的混乱，降低对手的地对空和空对空火力的命中率，掩护己方的作战行动。诱饵型能够模拟有人战机的电磁信号特征和机动性，吸引对手注意力和火力，掩护其他战机的行动。

辅助类无人僚机主要担负 C4ISR 相关任务，可细分为情报侦察监视型、通信中继型、辅助决策型等。情报侦察监视型执行一定作战区域范围内的侦察监视任务。通信中继型既可以作为通信的网关实现不同通信架构平台之间的联系，也可以作为卫星通信的备份手段，实现超视距通信联络。辅助决策型作为战术管理节点使用，能够整合不同来源的广域传感器信号，快速进行信息融合，形成实时更新的战场态势具象，掌握参与作战的空中作战平台的工作状态，为有人战机的战术指挥控制决策提供信息支撑。

后勤训练类无人僚机以保障部队平时演训和战时后勤保障为主，可细分为训练型与支援保障型。训练型能够模拟多种类型战机的电磁信号特征和机动性，作为假想敌中队的重要装备，重点模拟未来主要作战对手的无人僚机。支援保障型主要用于与空中作战行动相关的内容，如加油、投送、搜救等任务。

（中国电子科技集团有限公司智能科技研究院　袁　野）

美俄大模型技术年度发展动向及军事
应用前景分析

随着人工智能技术的深化发展、训练数据规模的迅速增加以及智能算力的稳步增强,在"强算法+大数据+大算力"的支撑下,大模型(Large Modell)应运而生。大模型狭义上是指基于深度学习算法进行训练的自然语言处理(NLP)模型,主要用于自然语言理解和生成等领域。大模型"大"的特点主要体现在参数数量庞大、训练数据量大、计算资源需求高等。2023年大模型的架构规模进一步增大,生成能力进一步增强,以GPT-4为代表的多模态大模型展现出强大的复杂文本处理能力,并将图像作为输入。

大模型技术的高速发展引起各国军方的高度关注,由于大模型在自然语言理解和生成方面的独特优势,在人机交互、数据融合、情报分析、决策辅助等各个领域均能产生强力的赋能效果,预计大模型在未来战场上将会发挥重大作用。目前大模型技术已经被美国军方列为重点发展的对象,用于人机交互、辅助决策等多个领域,在2023年已有初步的军用产品出现。

》》》 一、美国在大模型技术方面的最新进展

(一) OpenAI 公司 GPT-4 大模型

2023年3月15日,OpenAI公司发布了多模态预训练大模型GPT-4,模型参数突破百万亿量级,在训练架构中加入了图像模态的输入,能够接受图像和文本输入并输出文本,可在各种专业和学术基准上表现出超人的水平,甚至能够以应试者前10%左右的分数通过模拟律师考试。当任务足够复杂时,GPT-4比GPT-3.5表现得更可靠、更有创

意,能够处理更细微、更模糊、更复杂的指令。GPT-4在多项任务上表现出更优良的性能,具有更好的上下文的理解能力、更准确的信息处理能力以及更自然的语言生成能力。

GPT-4的训练架构目前尚未公开。据著名黑客乔治·霍兹(George Hotz)在接受一家名为Latent Space的人工智能技术播客采访时透露出一个小道消息,认为GPT-4是由多个混合专家模型组成的集成系统,每个专家模型都有2200亿个参数,并且这些模型经过了针对不同数据和任务分布的训练。Latent Space的采访文章中提供了如下信息:①参数量方面,GPT-4的参数量是GPT-3的10倍以上,有120层网络,总共有1.8万亿个参数;②模型方面,GPT-4使用了16个专家模型,每个专家模型大约有1110亿个参数,其中有2个专家模型被路由前向传递;③数据集方面,GPT-4的训练数据集包含约13万亿个数据标记(token)。

(二)微软公司推出基于GPT-4的聊天工具

微软公司在人工智能软件发布热潮中持续发力,推出了新的聊天工具——Security Copilot,帮助网络安全团队抵御黑客攻击并在攻击后进行清理。2023年4月,微软公司表示其最新的人工智能助手工具Security Copilot采用了OpenAI公司的新GPT-4大语言模型,并针对安全领域的特定数据进行了优化。该工具旨在帮助安全工作者更快地发现黑客攻击各个环节之间的联系,如可疑邮件、恶意软件或被攻击系统的某些部分。多年来,微软公司和其他安全软件公司一直在使用机器学习技术来发现可疑行为和识别漏洞。最新的人工智能技术允许更快速的分析,并增加了使用简单英语提问的能力,使得那些可能并非安全专家或人工智能专家的员工更容易上手。

(三)美国海军推出会话机器人"艾米莉亚"

早在2019年底,美国海军就提出过类似大模型这种会话机器人的理念。在一份提案请求中,海军概述了其希望看到的自主水面舰艇能跟其他船只的船员进行来回口头无线电通信以避免碰撞的发生。如果想让无人水面舰艇(USV)变得实用,它们必须在现实世界中以一种可跟传统舰艇相媲美的方式运作,不仅需要在航行过程中不会搁浅或撞上礁石,还需要处理其他海上交通工具和控制它们的船员之间的关系,避免不必要的冲突。

2023年8月,美国海军正式推出客服式会话机器人"艾米利亚",作为美国"海军企业服务台"的人工智能技术支持工具提供服务。"艾米利亚"对90部以上的IT服务台进行现代化和强化,并集成到一个中心节点上,可为水手、陆战队员、文员疑难解答并解决一般的技术保障问题。"艾米利亚"由美国通用动力信息技术公司(GDIT)研制,在深度学习训练基础上,可为100万用户提供连续不间断的服务。水手、陆战队员、文员利用通用的访问卡,并经"全球联盟用户目录"验证身份后,通过电话或短信对"艾米利亚"进行访问。试验表明，"艾米利亚"会话机器人在应答和解决问题上，有助于大大减少官兵为处理问题进行的呼叫次数，首次访问解决问题率达90%以上，官兵得到解决问题答案的速度比过去更快。

（四）美国空军开展大模型技术应用研究

随着大模型技术的发展，美国空军开始意识到其价值，对其军事应用进行研究。2023年3月，美国空军首席信息官诺森伯格（Lauren Knausenberger）表示空军正在考虑是否将引进大模型技术。诺森伯格指出，大模型对于军方人员日常频繁查询、整理资料的任务将有很大帮助，这些工作难度虽然不高，但是日使用量极为庞大，若能使用人工智能协助将会省下大量时间和人力资源。

2023年6月，美国现任空军部长弗兰克·肯德尔表示，目前生成式人工智能对美国军队的"作用有限"，但如果以合乎道德的方式应用，可以帮助完成一些任务。肯德尔要求科学顾问委员会研究像大模型这样的生成式人工智能技术，并思考它们在军事上的应用案例，并组建一个以人工智能为重点的科技部门，主要研究广泛的人工智能技术合集，以帮助军事部门深度理解这些技术的应用以及在军事方面的集成方法。肯德尔强调，目前大模型等生成式人工智能产生的内容可能存在虚假信息，在功能和应用场景方面还有很长路的要走。如果这类辅助决策的人工智能工具在商业化方面得到广泛应用，并获得了不错的效果。那么，它们将不可避免地被应用在军事领域。

2023年7月，美国空军上校马修·斯特罗迈尔宣布首次测试使用大语言模型执行军事任务。马修表示，目前通过电话向美军某支部队查询信息可能需花费数小时，甚至数天时间，而测试期间使用人工智能工具仅用10分钟就完成了查询。测试中，向模型提供了秘密作战信息以解决难以处理的问题。这种做法的长期目标是让美国军事系统更新换代，使其可以借助人工智能数据进行决策。目前，在国防部数字技术与人工智能管理机构、军方高层主导及美国盟友参与的演习框架下，美军正在测试5种人工智能模型。国防部未透露正在测试的语言模型型号，但人工智能初创公司Scale AI宣称，公司的新产品Donovan是正在测试的平台之一。

》》》二、俄罗斯在大模型技术上的进展

（一）Sistemma公司推出类ChatGPT的俄语人工智能程序

2023年3月，俄罗斯Sistemma公司向卫星通讯社表示，该公司基于斯坦福大学的研究成果和自己的研发成果，创建了一个俄罗斯版的ChatGPT类似程序SistemmaGPT。该

人工智能模型在俄罗斯服务器上运行,适用于俄罗斯企业和用户。此外,该公司正在积极开发一个图像和视频处理程序,用于解决复杂的视觉任务,包括识别、分析和计算视觉任务上的目标,并计划于 2023 年 6 月开始该功能的验收测试。

该公司指出,SistemmaGPT 可以用英语和俄语工作。值得注意的是,该模型能够分析大量数据并找到内在规律,以虚拟助理的形式与客户通信,创建个性化的推荐系统,自动处理订单和来电,回复电子邮件,并与社交媒体用户一起工作。该公司补充指出,SistemmaGPT 用于将商业机构和政府机构的办公流程一体化,并经过测试已经允许在商业上使用,可用于数据分析、客户服务、个性化推荐、订单处理、电子邮件管理、社交媒体互动等。

（二）AI Forever 推出 Kandinsky-3 文生图模型

俄罗斯人工智能研究团队 AI Forever 在 2023 年推出了一种新型文本到图像生成模型 Kandinsky-3,其 119 亿的庞大参数量刷新了开源文生图模型的规模纪录,是俄罗斯在人工智能技术方面的重要突破。

Kandinsky-3 模型使用了谷歌公司的 Flan-UL2 作为文本编码器,使其文本处理能力大幅提升,是目前应用于文生图模型中最大的文本编码器之一。Kandinsky-3 模型在文本与图像一致性方面表现出色,尤其是在处理与俄罗斯文化相关的图像时表现突出。总体而言,Kandinsky-3 模型在图像质量和文本理解上均展现了卓越的性能。该模型的推出为开源文生图技术提供了新的发展方向,它表明在现代人工智能研究中,创新的架构和强大的处理能力至关重要。

〉〉〉三、大模型军事应用领域典型场景

大模型技术为军事应用带来了新范式,为下一代军事行动制定了新路线,为未来作战中的态势感知、自主决策等领域储备新的途径,实现军事装备发展的智能化支撑。在军事行动中部署大模型,有可能增强跨域作战能力,实现全信息域的态势感知和实时的自主决策。在未来战场中,若能以军事作战和装备发展为导向,部署大模型的顶层布局和底层算法,凭借其理解、回应和与互动的能力,可以极大改善战场中的认知和决策方法,促进关键领域技术升级,实现作战能力的优化迭代。

大模型技术的应用场景涉及情报侦察、决策辅助、能力生成、军事训练、后勤维护等多种场景。

情报侦察方面,依靠大模型技术高效的信息整合能力、指令理解力与响应速度,在多域作战环境中有效协调所需的实时信息,分析来自各种传感器的输入数据,获取跨所有域的情报和战场态势数据,形成高仿真的态势场景,提供实时信息与态势预判。也可实

时翻译敌方语言、尝试解密敌方通信。例如,Palantir 公司人工智能平台 AIP,通过集成大预言模型实现作战数据协同、行动方案建议等,为作战指挥提供快速方案并优化后勤保障管理。

决策辅助方面,将大模型技术引入作战平台的决策算法之中,可以基于先验信息数据库和实时信号、数据、图像数据库对大模型进行训练,形成领域专用大模型。专用大模型基于有关敌方阵地、运动和能力以及友军的优势和劣势的实时信息,进行分析、推理和决策,实现对战场决策的快速应对。例如,Scale AI 公司的大语言模型 Scale Donovan 可帮助作战人员/分析人员和决策者加速对战场态势的理解、计划和行动速度。2023 年,美国陆军将该系统置于第 18 空降师的加密网络,主要用于该空降师部队的决策制定。

能力生成方面,大模型技术不仅用于无人作战,解析和生成无人机的控制命令,创建无人机行为的预测模型,也可用于开发新的群体智能算法和架构,实现"群体"作战;而且可以用于网络作战,生成心理战信息,如假新闻、误导性信息、虚假信息等,以干扰敌方决策。操作员可以在 Palantir AIP 平台上,使用 ChatGPT 风格的聊天机器人命令无人机进行侦察,生成攻击计划,并组织干扰敌人的通信。

军事训练方面,依托大模型技术的多模态处理能力,可以模拟不同的战场场景和敌方策略,提高士兵的反应能力和战术理解。例如,模仿敌方指挥官的战术,以帮助士兵了解和预测敌人可能的行动。此外,大模型技术还可根据每个士兵的表现和反应时间,为其提供个性化的训练和反馈。大模型技术不仅可作为军事人员在军事训练中的虚拟助手,进行实时指导、答疑解惑,而且还可设计和运行复杂的战争模拟游戏,用于培训和研究。

后勤维护方面,大模型技术可以用于快速分析伤员伤势,提高救护效率;帮助管理供应链,避免补给不畅;为军队勤务人员提供技术疑难解答,协助快速处理故障;分析武器装备的传感器数据,提高武器装备的效率,并降低设备故障风险。2023 年 7 月,美国陆军远程医疗和先进技术研究中心与约翰霍普金斯大学合作,利用人工智能、增强现实和机器人技术为战场上的医务人员和士兵提供虚拟助手。

大模型技术目前已经在自然语言处理、智能客服、机器翻译、文本摘要等民用领域已有大量的应用面世。与之相比,大语言模型在军事应用方面的进展相对缓慢,总体上还处于初步阶段。以应用最为广泛的美军为例,各军种的应用也有差异,海军相对充分,陆军起步较早,空军较为谨慎。从研究热点来看,后勤辅助中的技术支撑与人机混合作战中的人机交互对大模型技术的需求最为迫切。积极探求对于不同军事问题的态势感知和决策任务的表征形式,考虑如何利用有效信息进行大规模预训练,这是将大模型技术应用于军事领域的主要问题。

〉〉〉 四、后续应用思考

对于作为新兴事物的大语言模型，世界各国的研究水平均处于同一起跑线，技术差距并不悬殊。为加速并跑并最终领跑，对大语言模型军事应用研究有如下几点建议：①把握作战需求中对于大语言模型应用方面最迫切的需求，明确应用研究重点突破口；②考虑到军事应用的特殊性，需要更多专业性较强的较小规模大语言模型，不仅能够对应不同的军事需求，而且便于数据保密管理；③大语言模型对算力和能源的消耗极高，重复训练成本极大，阻碍了进一步的推广应用，需要对构成大语言模型的神经网络进行改进，形成持续训练机制，降低模型重复训练成本，便于用户进行实时更新。

（中国电子科技集团有限公司智能科技研究院　袁　野）

美俄电子信息系统智能化发展动向分析

随着智能技术对战场影响逐步加深,杀伤链进化为杀伤网,未来战场向着"无限互联"的方向发展,作战域的界限逐渐模糊,各个作战要素被5G、物联网等技术手段联系为一个整体,逐步向智能化网信体系迈进,这对电子信息系统智能化提出更高要求,进一步提升信息互通、自适应重组、作战快速生成等能力。2023年,美国、俄罗斯都在推进电子信息系统智能化建设,例如美国提出的网络中心战、马赛克战、联合全域指挥控制等诸多理念的实现都与电子信息系统智能化高度相关。

>>> 一、美国主要进展

2023年,美国在电子信息系统智能化方面取得了一些新进展,主要如下。

(一)美国国防部发布新的网络战略

2023年9月,美国国防部发布非机密版《网络战略概要》。该文件概述了美国国防部将最大限度地发挥网络能力,将网络能力融入到作战能力中,并与其他国家力量工具协同运用,以支持美国新国防战略中的"综合威慑"。该战略是美国国防部首次以多年的重大网络空间行动为基础制定的战略,并从俄乌冲突中网络能力的运用汲取经验教训。该文件的出台标志着美国对于智能化网络信息作战有了进一步的理解,将对美军电子信息系统智能化建设产生重要影响。

(二)军兵种级电子信息系统智能化逐步成型

2023年初,洛克希德·马丁公司宣称正在为联合全域指挥控制(JADC2)和情报监视侦察(ISR)在竞争激烈的环境(HCE)中使用可靠通信构建基础综合联合全域作战

（JADO）架构,将美国空军的各个平台整合在一个通用体系架构中。洛克希德·马丁公司 JADO 架构采用开放式系统架构,整合现有武器以及各作战平台的系统和新技术,提供综合的物理和电磁通用作战架构。同时,该系统架构还将利用认知应用程序和人工智能来识别战备模式（WARM）,优化 ISR 传感器收集,并根据威胁自主更新进攻路线。通过频谱支配能力,在 HCE 中提供隐匿通信以及融合的通用作战图。这些能力的综合可以通过在生存力强的分布式系统中,连接传感器、战斗管理以及效应器得以实现,并为美国空军的高级战斗管理系统（ABMS）提供基础。

2023 年 4 月,美国国防部批准诺斯罗普·格鲁曼公司开发的综合作战指挥系统（IBCS）全面生产。2023 年 5 月,诺斯罗普·格鲁曼公司宣布 IBCS 已实现了初始作战能力。IBCS 是一个综合空中和导弹防御作战指挥系统,允许与战场上现有的和未来的传感器和武器系统集成,而不考虑来源、军种或领域。它可以将多军种传感器数据连接和融合到现有和未来系统的多军种武器,包括部署在 IP 网络上的资产、反无人机系统、第四代和第五代飞机、天基传感器等。IBCS 的主要组成部分包括综合火力控制网络（IFCN）中继站、提供交互式协作环境的作战行动中心（EOS）和一个通用软件,该软件融合传感器数据并创建一个单一的综合空中图像,使战斗机能够选择最合适的武器来有效和高效地击败空中和导弹防御（AMD）威胁。

2023 年 5 月,美国陆军设计的车载任务指挥软件（MMC-S）进入测试阶段。该软件旨在提供精确的机动数字指挥控制和态势感知能力,能够实现对排和排以下的部队提供简单、直观的机动任务指挥和态势感知能力,提升基层部队作战能力。作为基于安卓的软件,MMC-S 采用了"安卓战术攻击套件"（ATAK）。因此,与美国陆军目前使用的联合作战指挥平台（JBC-P）相比,MMC-S 最大的亮点是其类似于手机界面的图形用户界面,能够为士兵提供与传统手机 APP 通用的操作和感受,降低了训练成本。该软件将作为一个融合空间来加载和运行各种作战功能,从而提供完全一体化的通用作战图,而这正是目前的 JBC-P 所缺乏的能力。

2023 年 9 月,洛克希德·马丁公司开始为美国海军的一体化作战系统（ICS）建设系统工程和软件集成,构建跨水面舰队的通用架构。

2023 年 9 月,美国空军和陆军在内利斯空军基地共同测试了由 DARPA 研发的跨军种指挥与控制系统,它可进行联合空域管理和联合火力能力规划与管理。此次试验是 DARPA"用于快速战术执行的空天完全感知"项目（ASTARTE）的一部分,旨在研发先进的多域指挥与控制系统。

（三）数字孪生技术开始应用于电子信息系统智能化

2023 年 9 月,美国雷声公司开发的快速活动分析和演示环境（RCADE）揭开神秘面纱,该数字模拟器超越 STORM 或 JSE 等数字孪生模拟环境,能够以更大的规模运行,并提供更快的结果。这是一款新的战区级模拟器,能够对平台、武器和网络的协同工作进行仿真,被称为 JADC2 数字模拟器。雷声公司相关人士表示,该平台还需要根据太空作战的需要进行改进,同时大力引入人工智能和机器学习技术,从而实现模拟器功能自动化。通过以上措施,雷声公司的平台可以对无人系统及作战进行模拟,这些大都是非常复杂的战斗场景,包括大量协同作战飞机和无人潜水器。

(四) 持续推进基于零信任战略的战场云环境建设

2023 年 2 月,美国国防信息系统局(DISA)宣布 Booz Allen Hamilton 公司完成了零信任项目"雷霆穹顶"(Thunderdome)的原型设计,美国国防部、DISA 各总部和 DISA 战地司令部等单位约 1600 名用户已开始试用该项目的原型架构。尽管"雷霆穹顶"项目尚未结束,后续还需经历红队测试等阶段,但原型架构的落地还是标志着美军向零信任愿景迈出了一大步。"雷霆穹顶"项目涉及 SASE、SD-WAN、网络态势感知(Cyber SA)、CESS、AppSS、数据处理(包括数据的提取、浓缩、格式化、转换、查询、共享、可视化及存储等)、身份认证、安全访问、系统集成和分布式拒绝服务(DDoS)防御等诸多技术,基本涵盖了美国国防部提出的所有 7 大零信任支柱(用户、设备、网络/环境、应用程序与工作负载、数据、可视化与分析工具以及自动化与编排)。图 20 简要展示了这些技术在"雷霆穹顶"项目中的布局。美军的零信任建设工作已从理论研究迈向实际开发和部署,未来美军或将建立起覆盖所有领域的零信任架构(但不一定是"雷霆穹顶"中的架构),以期通过这种"以数据为中心"的全新模式来降低网络安全风险。

2023 年 8 月,美国陆军预备役副首席信息官扬·诺里斯表示,陆军正在针对国防部零信任计划的目标能力,设计实现零信任计划的三阶段发展路线图:第一阶段于 2024 年完成构建零信任架构基础;第二阶段于 2025—2027 年间完成简化身份服务;第三阶段在 2027 年后聚焦应用的持续检测和评估改进。同时,在澳大利亚举办的"塔里斯曼军刀"2023 年演习中,美国陆军第一军与美国通用动力信息技术公司首次验证了边缘零信任能力。试验中,美国陆军基于作战任务需求,完成了基于完全认证的集成解决方案,首次将零信任能力部署在竞争激烈战场环境的战术前沿,并与他国任务合作伙伴进行整合,实现了对任务数据的边缘访问控制以及合作伙伴间快速、安全和无缝的数据共享,保障了整个网络、应用程序和数据的安全,并有效支撑了国防部联盟与联合全域指挥与控制愿景。这次验证表明零信任相关技术已经具备了初步的实用能力。

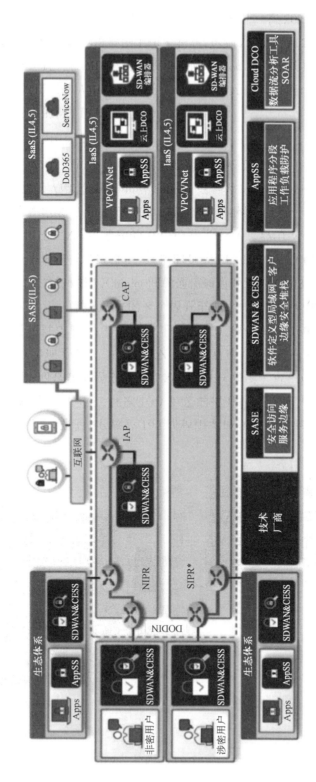

图 20 "雷霆穹顶"项目搭建的零信任架构

（五）5G 与人工智能的融合发展赋能信息服务

2023 年,美国的发展重点是人工智能辅助下的信息服务,主要涉及高速跨域信息传输和智能辅助,强调依托人工智能增强信息传输与处理的实时性,尽可能缩短信息处理过程。

信息综合方面,美国 RTX 公司在美军印太司令部于 2023 年 6 月举行的"北方利刃"演习期间演示了为联合全域指挥控制(JADC2)设计的配套系统,该系统利用一套智能传感、韧性网络和战斗管理指挥控制组合技术,实现了单支部队内以及多部队之间的无缝数据连接与同步,将决策时间从几小时缩短到几分钟。RTX 公司的子公司柯林斯航空航天公司通过一种通过自治路由技术增强的韧性网络网关技术实现了横跨多个安全级别的网络信息传输,提升了信息的跨域传输效率。

智能辅助方面,洛克希德·马丁公司于 2023 年 4 月演示了使用 5G 和人工智能技术,分析飞机维修数据,并将数据通过网络快速、安全地传递给相关人员,提高飞机的可用性并降低维修成本。洛克希德·马丁公司宣称,飞机维修人员将使用人工智能驱动的"智能故障排除应用程序",以"最大限度地减轻各种飞机的维修负担"。使用网络辅助分析技术,将为军用飞机机械师提供更多信息,可以更快地得出关于飞机维修的正确结论。传统数据收集方式是维修人员从飞机上取下一个包含有关飞机健康状况数据的传感器,再将装载数据的传感器运到作战中心,这不仅增加了运输时间和运输成本,而且维修部门在得到数据并开始分析时还缺乏机队其他飞机的信息。与此相比,新方式的数据传输方式极大提高了数据传输速度,简化了数据传输过程,维修人员可以更容易地获得相关数据,并利用人工智能/机器学习工具从大量的数据和规划的行动中获得知识。

二、俄罗斯主要进展

受俄乌冲突影响,俄罗斯在电子信息系统智能化发展方面进展较为缓慢。2023 年 8 月,俄罗斯开始测试空降兵专用的"仙后座-D"自动化指挥系统。该系统由俄罗斯电子公司研制,具备机动部署和固定指挥所部署两种模式,采用了全新架构和指挥模式,能够实现对空降兵、炮兵、侦察兵等不同作战分队的跨域指挥控制。该系统具备安全卫星通信能力和电子战能力,能够进行视频会议通信,并可以保证信道免受敌方监听与干扰。

三、观察与思考

与 2022 年相比,2023 年美军电子信息系统智能化建设得到了进一步的发展,新战略的提出表明美国对于电子信息系统智能化建设更为重视，军种内部的一体化网络化系统已经开始建设。按照美国国防部关于 JADC2 的发展理念，后续这些军种级的电子信息系统将会进一步整合，将美军所有的作战平台协同整合到一个统一的基于零信任的网络信息体系中。考虑到人工智能技术在美军电子信息系统中的赋能作用，美军综合电子信息系统智能化发展最终将形成智能化网信体系。

近年来，美国在电子信息系统智能化建设方面一直处于稳扎稳打的状态。在战略思想的指引下，美军尽可能利用现有的成熟技术，逐步形成跨军种的网络互联能力，这使美国能够确保网络能力的可靠性与安全性。随着军种级别电子信息系统智能化进一步推进，美国正在逐步实现 2017 年 DARPA 提出的"马赛克战"理念。

电子信息系统智能化建设是一个复杂而又漫长的过程，涉及海量的技术创新和大幅度的机制调整，以美国的资金投入和技术基础都需要稳扎稳打地逐步推进。电子信息系统智能化需要大量基础技术的支撑，而很多基础技术都是需要依托民用市场才能得到快速发展，典型代表为云计算技术与物联网技术。为加快电子信息系统智能化建设，军民融合研发机制的完善是必需的，通过民间力量加快技术研发速度，补齐技术短板，为后续建设提供技术支撑。

电子信息系统智能化发展会随着新技术的加入而产生变化，例如之前提到的数字孪生技术已经应用到美国的电子信息系统建设中。以生成式大模型技术为代表的新兴技术，对电子信息系统智能化发展会产生什么影响、能起到什么作用、如何赋能电子信息系统智能化等，都是需要研究的问题。

（中国电子科技集团有限公司智能科技研究院　袁　野）

（同济大学中德工程学院　张昊田）

美国推进数字孪生技术提升无人潜航器任务效能

水下作战是在水下战场进行的侦攻防一体的军事行动,是海战的重要组成部分。当前,世界主要军事强国均抢抓新一轮科技革命和产业变革的契机,积极发展和部署新型水下作战力量。美军在水下作战领域的相关技术领先于其他国家,近几年美国海军陆续发展了潜艇、无人潜航器以及水下传感器等装备,如何在水下进行高速、稳定的数据传输成为美军亟待解决的关键技术难题。

2023 年 8 月,美国国防高级研究计划局(DARPA)宣布"定义和利用数字孪生技术实现水下自主作战"(DEfining and Leveraging digital Twins in Autonomous undersea operations,DELTA)项目完成第二阶段的海上测试工作。DELTA 项目是 DARPA 在 2021 年 8 月启动的,旨在推进数字孪生技术在无人潜航器的应用和实现,设计颗粒度不同的数字孪生模型,通过使用历史任务数据日志、传感器数据和边缘信息实现实时的数据模拟,为作战决策提供信息,并能够在问题出现前临机调整计划,有效解决海底通信拒止和数据稀疏而导致无人潜航器任务中断的问题,有效提升无人潜航器任务效能。

〉〉〉 一、研究背景

近几年,美国海军持续加大无人装备建设投资,包括各类大小的无人水面艇(USV)和无人潜航器(UUV),并将其作为向分布式舰队架构战略转变的重要组成部分。海军越来越多地依赖无人平台来满足日益广泛和复杂的水下作战操作需求。数字孪生作为新兴科学技术,已经有效地融合机器学习和建模仿真技术,在制造、产品开发、个性化设计、性能提升、预测性维护、航空航天、汽车、医疗、供应链、建筑和交通等领域获得了较大的进展,但在水下作战环境中应用较少。

2021 年 8 月,DARPA 发布 DELTA 项目招标公告。该项目共分为三个阶段:第一阶段为期 6 个月,经费为 22.5 万美元,研究重点是水下环境中 UUV 应用数字孪生技术的可行性。第二阶段为期 12 个月,最高限额为 150 万美元,定义和演示验证单个 UUV 以及多 UUV 任务的数字孪生使用情况。该阶段将利用第一阶段的可行性分析开发一个功能齐全的原型,主要工作包括:在海底环境中定义数字孪生用例;对原型设计进行初步设计评审(PDR),重点关注如何解决当前海底通信和运行中突出的问题;技术设计报告的更新、测试、原型制造等相关任务;对原型设计进行关键设计评审(CDR);在建模环境和模拟环境中进行最终演示;对不同场景、不同数量的 UUV 运用数字孪生,并形成最终报告。第三阶段计划实现水下数字孪生技术的军事和商业应用。

DARPA 启动 DELTA 项目,以期解决海底间歇性或低速率通信带来的挑战,从而利用数字孪生技术扩展 UUV 的任务空间,使其部署范围从单个 UUV 扩展到 UUV 集群,帮助指挥官在无通信或弱通信条件下掌握无人资产的运行情况,有效提高任务效能。

》》》 二、项目进展及关键技术突破

（一）DELTA 项目进展

2023 年 8 月,DARPA 宣布 DELTA 项目完成第二阶段的海上测试工作。项目团队将数字孪生架构、软件和通信系统集成到 REMUS 100 UUV 上,并在海上测试中进行了验证。如图 21 所示,演示中的 UUV 数字孪生体,一个位于 UUV 上,一个位于 UUV 之外的

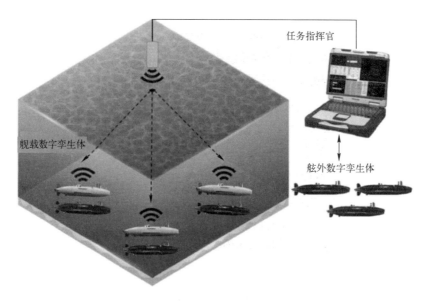

图 21　将数字孪生架构、软件和通信系统集成到 REMUS 100 UUV 上

操作中心。应用数字孪生技术,可以解决海底通信困难,并帮助操作员和自主系统做出更好的决策。研究人员根据要求设计了颗粒度不同的数字孪生模型,通过使用历史任务数据日志、传感器数据和边缘信息实现超越实时的数据模拟,为作战决策提供信息,并能够在问题出现前临机调整计划,有效解决海底通信拒止和无人潜航器任务中断时数据稀疏的问题。

DELTA 项目后续的研究计划包括在分离式艇载/艇外数字孪生模型架构上开发和执行水下测试,并根据环境和无人潜航器全时态状态信息向作战指挥官提供当前可实现的替代任务信息。该架构能够预测任务成功的可能性,并根据环境和 UUV 子系统的过去、现在和预期状态,向作战指挥官实时提供可实现的替代任务。

(二)关键技术

DELTA 项目第二阶段测试应用了两大关键技术,分别是间歇性通信数字孪生关键技术和多层级数字孪生体构建技术。

(1)间歇性通信数字孪生关键技术。间歇性通信数字孪生关键技术是在水中兵器声信号通信数据带宽受限背景下,综合光、磁及其他先进通信手段,实现数字孪生技术有效数据的准确传递,解决在深海中数据无法及时反馈及数据中断条件下的数字孪生模型自我推演关键技术的研究。

(2)多层级数字孪生体构建技术。多层级数字孪生体构建技术是在完成组件级、系统级和整机级单体装备数字孪生体构建的基础上,综合鱼雷、水雷和 UUV 等单体装备形成装备体系数字孪生体,解决不同层级之间的数据交互及简化模型。

三、项目的研究成效

DELTA 项目验证了水下环境中 UUV 应用数字孪生技术的可行性,能够有效地解决水下通信难题,推进了数字孪生技术在水下作战领域的应用发展。

(一)验证了数字孪生技术在无人潜航器领域的可行性

DELTA 项目是应用数字孪生技术在无人潜航器的应用研究。无人潜航器在军事上能够用于搜救、情报搜集、监视和侦察任务。大型无人潜航器有足够空间携带武器,可执行对目标攻击、海上拒止、海洋封锁等任务。前期数字孪生技术具体应用还局限在优化船厂运营和促进创新的工作,如 IT 架构的现代化和标准化、舰船部件追踪、部署装备的预测性维护等,DELTA 项目增加了数字孪生技术在无人潜航器应用实例,验证其可行性,填补技术应用空白,推动了无人潜航器的发展。

（二）有效解决水下通信难题

水下通信是目前水下最为主要的通信手段，但其带宽窄、速率低、易受外界环境干扰的弊端短期内无法出现突破性改变，无法确保"人在回路"持续性，因此只能通过加强水下无人装备的探测及自主识别处理能力，提高自主化及智能化程度，减少人为干预的频次及数据量。DELTA 项目已开发的"可运行的"数字孪生体是物理事物，也是一个过程或系统的数字模型，数字孪生体使用历史任务数据日志、传感器数据和"边缘"超实时仿真来为使用者做决策时提供信息，从而产生更好的任务效果，进而解决海底通信问题。

⟫⟫⟫ 四、几点认识

近几年，美军持续推进数字孪生提升任务效能，目的是填补数字孪生技术在海底领域的应用空白，并利用数字孪生的技术优势解决海底通信问题，最终实现分布式作战愿景，增强军事力量。

（一）增强水下有人–无人的协同作战能力

水下无人平台具有低成本、高自主、灵活机动、隐蔽、综合作战效能高、无人员伤亡等特征，不仅能够降低战争损耗与风险，还能够扩展有人平台的感知范围、作战领域和作战效能，突破有人平台的工作约束与作战局限性，是应对未来"非对称""非接触"战争的新型作战装备。但受限于水下无人平台的自主化水平，多无人平台全自主协同作战实现难度很大。数字孪生技术可以创建任何物理实体和系统的虚拟数字模型，数字孪生体的创建不仅能够帮助战场指挥员实现全域态势感知，了解不同作战力量的性能和实时状态，还可以进行辅助分析、评估风险，从而使指挥员更加快速准确地做出决策，增强水下有人–无人的协同作战能力，满足联合全域作战的需要。

（二）数字孪生技术实现多域应用

数字孪生技术的应用贯穿智能化战争多领域，美国陆军利用数字孪生技术进行导弹及发射平台状态评估；美国海军利用数字孪生技术，创建了具有信息战功能的数字林肯模型，将其安装在"林肯"号航母上，以提高其网络电磁装备的安全性和可靠性；美国空军利用数字孪生技术进行战斗机的维护、解决数据安全问题；美军还将数字孪生技术应用于计算机网络，构建网络副本，模拟网络攻击和防御，在系统受到威胁时，用副本替换损坏的版本。由此可见，数字孪生技术凭借其突出的优点，已应用于陆、海、空、天、电、网各作战域。数字孪生技术应用于智能化战场是必然趋势，在美军的成功应用可以为我国数字孪生技术在军事领域的应用提供借鉴和参考。

（三）数字孪生技术仍面临巨大挑战

数字孪生技术在带来巨大作战优势的同时，也伴随着一定的风险。数字孪生体很容易成为对手攻击的目标，数字孪生体越大、能力越强，风险就越大。因此，数字孪生体的物理资产和数据资产都必须在预定的安全级别上运行，才能实现利益最大化、风险最小化。虽然数字孪生技术仍旧存在许多技术需要突破，但随着技术的不断成熟，在不久的将来这一难题终将会被攻克。未来深海作战必将是智能化的作战，基于数字孪生技术的深海作战将是未来海战不可缺少的一环。

（中国电子科技集团公司第十五研究所　陶　娜　刘　灿　王　焱　杜神甫）

欧洲空间局探索 RISC-V 架构在
天基计算中的应用

    2023 年 5 月,由欧洲空间局(ESA)赞助,苏黎世联邦理工学院和博洛尼亚大学共同开发的"鸟蛇"(Occamy)处理器成功流片。它采用开源 RISC-V 架构,具有 432 个核心,主频为 1 吉赫兹,每秒可完成 7500 亿次浮点运算,可满足大部分航天应用需求,同时还支持高性能和人工智能工作负载。

    这是继 2022 年 9 月美国航空航天局(NASA)选中思凡(SiFive)公司的 RISC-V 处理器作为下一代航天处理器之后,近两年再次探索 RISC-V 处理器架构在天基计算中的应用。该指令集具有轻量级特点和开源特性,不仅适合在边缘平台运行,而且具备长期的社区支持和开发人员基础,因此特别适合使用期限长达数十年时间的航天处理器。此次欧洲空间局的尝试为天基计算开辟了新的方向,有望解决航天处理器面临的技术挑战。

》》》 一、RISC-V 航天处理器发展背景

    天基计算是部署于太空场景的计算技术,可为全球范围内的终端提供高效的信息服务。航天处理器是实现天基计算的核心器件,受到卫星与火箭平台严格的资源限制,往往只在轨道上进行有限的任务处理。相较于性能,其可靠性则受到更加严格的要求,以便在充满辐照、射线等干扰因素的太空环境下稳定工作。

    在过去反复的飞行验证中,SPARC、ARM 和 PowerPC 成为航天设备电子系统使用最为普遍的处理器架构,可用于多个国际空间站任务。近年来,美国和欧洲国家相继开展基于 RISC-V 架构的下一代航天处理器研究,这主要是受到以下因素影响。

870

（一）在轨应用需求多元化，需要更高计算能力支撑

近年来，随着一体化联合作战样式的出现，天地一体化信息网络得到构建，越来越多的地面应用将向卫星端延伸，加之近年来人工智能和机器学习等新兴技术在航天领域得到应用，产生了空间目标识别、威胁等级判断、地理空间情报搜集、空间目标捕获等较为复杂的应用，传感器分辨率和数据速率在不断增长，对航天处理器提出了密集且多元化的计算存储需求。航天计算机的设计受限于功耗、体积、辐照、成本等因素，计算资源一般较为有限，难以为更复杂的算法提供算力保障，这逐渐成为目前航天器的发展瓶颈。

RISC-V 航天处理器是由美国伯克利大学研发的一款高度可定制的开源开放指令集标准，允许进行扩展和定制，可以满足不同场景的应用需求，具有高度灵活性。因此，可以针对新兴技术进行升级，达到更高的计算效率、可靠性和容错能力。2022 年，美国太空、高性能和弹性计算中心（SHREC）将 RISC-V 航天处理器列入待研究内容。2022 年 9月，美国航空航天局拟对航天计算硬件进行大规模升级，新一代航天处理器将采用RISC-V 架构，并融入人工智能推理能力，提供"至少 100 倍于当前航天计算机的计算能力"，最终选定微芯科技（Microchip）和思凡公司生产的 RISC-V 芯片进行处理器开发。

（二）权衡性能与功耗，减少开发周期与成本

由于航天器环境中资源受限，嵌入式处理器需要在严格的执行时间和功耗限制内处理大量数据，因此处理器的尺寸、重量和功耗的平衡是设计时的首要考虑目标。美国国家科学基金会研究员米切尔·卡尼扎罗（Michael Cannizzaro）在 2021 年曾将 RISC-V 与ARM Cortex-A9、ARM Cortex-A53 和 POWER e5500 等已在空间应用中流行的处理器架构进行对比得出结论：RISC-V 表现出了优越的单核性能与能效，这对于太空任务尤其重要；尽管 RISC-V 尚不支持矢量运算，但相信不久就会获得矢量扩展，从而在空间计算的能效方面更具竞争优势。

此外，ARM 等主流的指令集架构需要昂贵的授权许可费用，而 RISC-V 作为完全开源架构，可以免费使用，其开源开放特性也允许针对需求进行更灵活的设计，从而降低处理器的研发与使用成本。2018 年，美国航空航天局负责管理"哈勃"空间望远镜的研究机构戈达德航天中心开展了 RISC-V 相关的研究项目，认为使用 RISC-V 架构和开源工具将消除高昂的知识产权核（IP）费用，在降低数据系统整体成本方面具有巨大潜力。

（三）摆脱对 x86 和 ARM 芯片依赖，实现技术独立

尽管 PowerPC、SPARC 等专有指令集架构已经经过多年的飞行验证，拥有成熟的生态，但其知识产权归于美国供应商，ARM 公司也被日本软银集团收购。使用这些指令集

架构,不仅因授权费用而增加航天处理器成本,同时也增加对欧洲以外国家地区的技术依赖。

RISC-V 是一种开放标准,可以在其基础上进行自主研发和创新,从而降低对国外技术的依赖,提高自主可控能力,这对航空航天等重大关键领域有着重要意义。2021 年,欧洲空间局启动了基于开源、开放标准的软硬件集成高性能计算系统项目"欧洲领航员(EuPilot)"计划。该计划将使用欧洲格罗方德(Global Foundries)公司拥有的 12 纳米先进硅技术来制造本土处理器,以减少对专有 x86 和 ARM 芯片的依赖,实现欧洲技术自主性。因此,"鸟蛇"处理器一经提出就立即得到了该计划的支持。

》》》 二、"鸟蛇"处理器基本情况

"鸟蛇"处理器是基于 RISC-V 处理器的"平行超低功耗"(PULP)开源项目的一部分,该项目于 2013 年由瑞士苏黎世理工大学发起,旨在实现低功耗(毫瓦级)、小面积的开放可扩展芯片,以满足边缘设备对计算能力的需求。2020 年,该项目团队提出了"蝎尾狮"(Manticore)高性能架构概念,能够大幅提升芯片能效,并基于这一概念开始了"鸟蛇"处理器的研发工作。

在"鸟蛇"处理器诞生之前,欧洲已开展了面向航天任务的 RISC-V 处理器的前瞻研究。2019 年 10 月 1 日,欧盟启动了安全关键计算机的可靠实时基础设施项目(De-RISC)项目。该项目第一阶段为期 30 个月,预算为 344 万欧元,旨在基于 RISC-V 研发一款面向航空航天领域的完全综合模块化航空电子软硬件平台。2021 年,欧洲空间局授予 CAES 公司一个合同,开发基于 RISC-V 指令集架构的 16 核空间强化微处理器 GR7xV。该处理器是第一个为太空应用开发的基于 RISC-V 的专用集成电路,负责星载控制和有效载荷数据管理/处理,以执行新型观测、通信、导航和科研任务。尽管这些项目并未诞生可商业化的成熟芯片,但 RISC-V 已然成为欧洲布局高性能航天处理器的重要方向。因此,"鸟蛇"处理器诞生之初并非专门针对航天场景进行设计,但它的低功耗与高性能特性引起了欧洲空间局的关注,并通过欧洲空间局开展的"欧洲领航员"计划进行了资金支持。

》》》 三、"鸟蛇"处理器技术特性

(一)芯粒与浮点单元结合,提升浮点运算性能

"鸟蛇"处理器采用了两组名为"告发"(snitch)的 32 位 216 核 RISC-V 架构的芯粒,

以及未知数量的 64 位浮点单元用于矩阵计算,这些内核通过中介层实现互连。通过结合芯粒和浮点单元,该处理器实现了 8 位、16 位、32 位与 64 位多种浮点运算。由于大多数深度学习框架使用 64 位、32 位或 16 位浮点格式进行训练,因此"鸟蛇"处理器的这一设计使它能覆盖主流深度学习算法所需的格式,支持多种神经网络训练。

此外,"鸟蛇"处理器芯粒内核以 4 个计算集群为一组进行组织,每个集群在 8 个计算内核和 1 个高带宽(512 比特)直接内存访问(DMA)增强内核之间共享一个紧密耦合的内存,用于编排数据流。每个芯粒都有一个专用的 16 千兆字节高带宽内存(HBM2e),并且可以通过 19.5 吉字节/秒带宽的双倍数据速率(DDR)链路与相邻的芯粒进行通信。这些措施大幅提升了处理器性能,令"鸟蛇"在 64 位浮点运算上的峰值性能达到了 7680 亿次/秒,在 8 位浮点运算上达到了 6.144 万亿次/秒,能更好地支持智能工作负载。

(二)采用"蝎尾狮"结构,提高能效

公开信息显示,单个"鸟蛇"处理器芯片以 1 吉赫兹的频率运行时功耗是 10 瓦,而加上高带宽内存后"鸟蛇"处理器的具体功耗尚未得到披露,但从该芯片采用被动散热方式,可以判断它是一款低功耗处理器。

"鸟蛇"处理器的低功耗主要得益于其结合 RISC-V 架构芯粒与浮点单元时采用的"蝎尾狮"结构。这种结构面向数据并行浮点工作负载,其特点是将每个 RISC-V 整数内核与一个较大的浮点单元进行绑定,使单指令整数核能够最大限度地利用其浮点单元的带宽。为了提升对浮点单元的利用率,研发人员还利用两个自定义架构扩展:数据可预取寄存器文件条目和重复缓冲区。每个内核都支持两个自定义 RISC-V 指令集架构扩展:流语义寄存器(SSR)和浮点重复指令(FREP)。前者通过将它们编码为寄存器读写来隐藏显式加载和存储指令,而后者主要通过允许序列缓冲区独立地向浮点单元发出指令来将整数核与浮点单元分离。

上述设计令"鸟蛇"的浮点单元的利用率提高到了90%以上,使处理器在严格的面积限制与能耗限制下能在单位时间内执行更多的浮点运算,大幅提升能效,因此更适合用于能耗限制严格的边缘环境。

〉〉〉 四、思考与认识

(一)"鸟蛇"处理器是欧洲推行芯片自主化的阶段性成功标志

"鸟蛇"处理器是瑞士苏黎世理工学院发起的开源芯片项目"平行超低功耗"的一部分,其主体研发工作由瑞士苏黎世理工学院和意大利博洛尼亚大学完成,并在研发过程

中得到了欧洲高性能计算联合计划（EHPCJU）、瑞士国家科学基金会"具有定制加速器的异构计算系统"项目等计划的支持。这些计划旨在减少欧洲对专有 x86 和 ARM 芯片的依赖。这款处理器的研发与资金支持均来自欧洲本土组织，展现了欧洲的技术独立性。

航天工程能够提供卫星通信、态势感知、地理情报获取等能力，为军事决策和作战提供支撑，有着重要战略意义。因此，对于作为核心器件的航天处理器，更应掌握核心技术的自主研发能力，避免技术钳制，以保障国防安全。

（二）"鸟蛇"处理器展现 RISC-V 架构应用于航天处理器的潜力

"鸟蛇"处理器并非成熟的商业芯片，而是用于展示 RISC-V 架构在芯片系统中的性能、效率与可扩展性的阶段性原型。它展现出的低功耗特性与对复杂运算的支持，已足以表明 RISC-V 架构在航天处理方面的应用潜力，令欧洲空间局选中其作为探索高性能航天计算的备选处理器之一，并基于这款芯片验证实际可行性。

"鸟蛇"处理器的阶段性成功，为未来基于 RISC-V 构建面向航天应用的高性能高能效计算平台奠定了基础。下一代航天处理器与现代卫星技术的结合，有望实现更强大的遥感与通信功能，为军事情报获取、态势感知等领域带来深刻变化。

（中国电子科技集团公司第三十二研究所　卞颖颖）

从 Instinct MI300 芯片看 AMD 公司创新发展策略

2023 年 1 月 5 日, AMD 公司在 2023 年美国拉斯维加斯消费电子展(CES)上推出了面向数据中心的下一代 APU 产品——Instinct MI300。该款产品沿用 AMD 公司最新的 3D Chiplet(芯粒)技术, 集成 13 个不同类型的 Chiplet, 晶体管数量高达 1460 亿个, 超过英特尔公司(Intel)拥有 1000 亿个晶体管的数据中心 GPU, 成为近年来 AMD 公司投入生产的晶体管数量最大的芯片。该芯片的计算部分由 9 个基于台积电公司(TSMC)5nm 工艺制程的 CPU Chiplet 和 GPU Chiplet 组成, 这些 Chiplet 通过 3D 封装堆叠在 4 个 6nm I/O 裸芯上, 以实现 I/O 之间的通信以及与两侧的 HBM3 堆栈接口的内存控制器之间的通信。据 AMD 公司介绍, MI300 芯片提供的人工智能性能和每瓦特性能分别是当前 Instinct MI250 的 8 倍和 5 倍。它可以将 ChatGPT 和 DALL-E 等超大型人工智能模型的训练时间从几个月减少到几周, 从而节省数百万美元的电力成本。MI300 芯片已于 2023 年下半年交付, 劳伦斯利弗莫尔国家实验室(LLNL)将采用 MI300 芯片打造新一代超级计算机"EI Capitan", 目标峰值性能为 2E FLOPS, 持续性能超过 1E FLOPS, 整机功耗低于 40MW。该超级计算机预计将于 2024 年交付使用。

》》 一、背景概述

提到 AMD 公司, 人们立刻会想到另一家芯片巨头——Intel 公司。这两家公司自 20 世纪 60 年代成立以来一直在相同赛道上彼此竞争, 直至现在, 全球计算机处理器市场依旧呈现出两家巨头公司寡头垄断的格局, 不同的是, AMD 公司一直处于下风。尤其在 21 世纪初期, 因为对市场需求的判断不同, AMD 公司和 Intel 公司一起走到了转折点, 但是两者的选择和境况完全不一样。

Intel 公司因提前布局企业级数据中心市场, 同时凭借自身家大业大投资了多平台芯片研发领域,占据了利润丰厚的高端数据中心市场,市场占有率一度高达99%。而 AMD 公司在 2006 年耗资 54 亿收购 ATI 公司后背上了严重的财务包袱,直到 2008 年全球金融危机爆发,AMD 公司开始变卖家产,出售晶圆厂、总部大楼。此外,AMD 公司在 2011 年推出的"推土机"系列处理器产品也没有得到当时市场的认可,将其市场份额拱手让给 Intel 公司,一代巨头一时走到濒临破产的边缘。

直到 2014 年,美籍华人苏姿丰任职 AMD 公司 CEO,开启了 AMD 公司的转型之路。当时正值全球电子信息产业供需不平衡问题加剧:在供给侧,摩尔定律的放缓将全球芯片产业链节奏打乱;在需求侧,产品性能的提升超出用户需求,即性能过度供给。在此背景下,CEO 苏姿丰及时感知到客户需求的变化,并抓住机会,重新定义了 AMD 公司的使命,将原来的企业信念从产品功能领先转换为使用价值领先,从使用价值倒推最终产品和核心技术,从而打破了 AMD 公司的限制,也开启了 AMD 公司日后在高性能计算领域与众不同的创新之路。

二、AMD 公司高性能计算创新发展策略

2010 年前后,业内都看到一个 10 倍速的"风口"出现,即到 2020 年会有 500 亿个设备互联。这是一个巨大的市场,多数芯片企业都顺应市场趋势,选择设计更多平台可用的芯片。而 CEO 苏姿丰关注到设备互联背后产生的大量"数据",于是 AMD 公司明确下一步将不再提供更多种类的终端芯片,而是专注于运算平台。之后,AMD 公司放弃了很多产品线,围绕"数据"这个单一要素重新进行了战略部署。但众所周知,Intel 公司早已在运算平台领域提前布局,其在 x86 平台的市场占有率高达 90% 以上,最高时期达 99%。在此背景下,处在逆境的 AMD 公司依然选择作为挑战者。在 CEO 苏姿丰的带领下,AMD 公司整个产业链组合创新,由 AMD 公司负责设计,TSMC 公司负责制造,两家公司紧密配合,在设计、架构和制程上全面发力,使 AMD 公司在不到 10 年时间里重返巅峰,领跑行业。近些年 AMD 公司在高性能计算领域中采取的几项重要策略具体如下。

（一）策略 1:创新架构设计

在确定发展方向后,AMD 公司率先投入大量的精力和资源于全新 CPU 架构"Zen"的研发,该架构是一款真正从底层开始完全重新设计的 CPU 架构,并在后续保持不间断更新迭代。整合先前 AMD 公司发布的几版 CPU 发展路线图(如图 22 所示)可以看到,该架构是贯穿 AMD 公司高性能运算平台顶层设计的核心,从 2017 年初问世到当前最新一代的"Zen 4"产品均按时交付,而且每代产品之间性能提升很大,为 AMD 公司赢得了客户和市场的认可与信任。

图 22 AMD 公司 CPU 技术发展路线

1. "Zen"旗开得胜

2017 年,AMD 公司发布了基于 Zen 架构的第一代 EPYC 系列服务器处理器及 AM4 平台。相比上一代产品,基于 Zen 架构的第一代 EPYC 系列处理器直接采用了格罗方德公司 14nm FinFET 工艺,"Zen"在架构和工艺双重升级下具备了更高的性能和更低的能耗。Zen 架构最小的处理器综合体模块(CCX)内有 4 个 x86 核心,每个核心都有独立的 L1 和 L2 缓存,单个模块共享 8MB 的 L3 缓存。核心一改 CMT 多线程技术,采用了更加主流的 SMT 多线程,8 核 16 线程的产品具有两个 CCX,相互之间使用高速 Infinity Fabric 总线进行通信,这种模块化设计也奠定了之后几年 AMD 公司在处理器上的扩展基调(如图 23 所示)。AMD 公司原本预计其进程通信(IPC)性能比挖掘机(Excavator)架构可提高 40%,实际上最终以 52%的提升幅度超越了预期目标,与当时 Intel 公司"酷睿"处理器站到了同一水平线。

在 Zen 取得傲人成绩后,AMD 公司连续出拳,在 2018 年推出"Zen+"架构,并发布基于 Zen+架构的 RyZen 2000 系列桌面级处理器。该版本在上一代基础上继续优化缓存和内存延迟,同时将精准频率提升技术(Precision Boost)以及自适应动态扩频技术提升到第二代,实现在同等功耗下达到更高的主频,若散热条件允许则可让处理器性能提升 7%。同时,Zen+架构在工艺制程方面采用 12nm 工艺技术,继续提升处理器最高工作频率。

2. "Zen2"成重要里程碑

如果"Zen"为 AMD 公司稳固了行业地位,那么"Zen2"让 AMD 公司实现了对竞争对手的技术领先,可以说这是 AMD 公司高性能计算发展史上一个重要的里程碑。2019 年 7 月,AMD 公司发布了基于 Zen2 架构的第二代 EPYC 系列处理器,并提供最高 16 核 32 线程的规格,该产品在性能上超越了对手同级别的产品,其架构如图 24 所示。相比"Zen+"架构,"Zen2"架构的 IPC 提升了 24%,主要得益于以下几个方面的改进:一是"Zen2"在内核

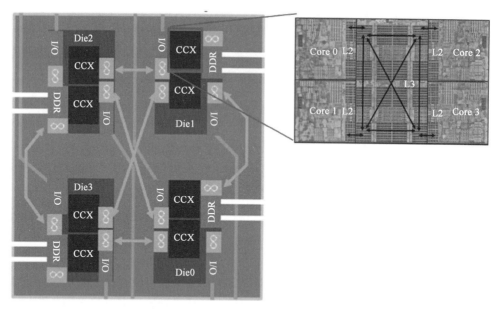

图 23　第一代 AMD 公司 EPYC

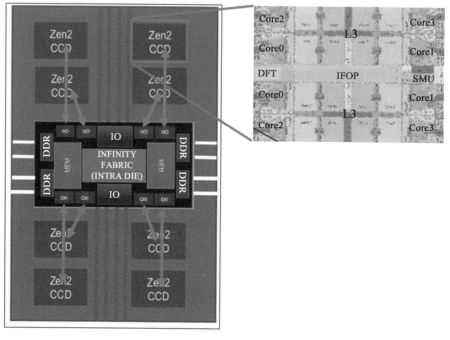

图 24　第二代 AMD 公司 EPYC

上继续做优化，在维持原先 1 个核心支持 2 个线程的 SMT 同步多线程设计的基础上提供了更大的微指令缓存；二是首次引入 Chiplet 设计，将两个 4 核 8 线程的 CCX 模块整合成单颗裸芯 CCD（Core Chiplet Die），将内存、PCIe、USB、SATA 控制器转移至 IOD（IO Die）

上,CCD 模块通过第二代 Infinity Fabric 总线(位宽从 256bit 提升到 512bit,单位功耗降低 27%)与其他模块实现互联通信;三是在工艺制程方面放弃了格罗方德公司,转投台积电公司,主要原因是台积电公司当时已实现 7nm 工艺制程的量产,而格罗方德公司早已放弃工艺缩放这条路线,这也符合 AMD 公司"优先选择最先进制程工艺"的创新战略。最终,CCD 模块采用了台积电公司 7nm 工艺制造,IOD 仍采用格罗方德公司 12nm 工艺制造。此外,AMD 公司将新的内存控制器引入 Infinity Fabric 总线与内存的分频机制,使得内存频率不再受到 Infinity Fabric 总线的限制,从而获得更高的内存带宽。

3. "Zen3"大获全胜

2020 年 11 月,AMD 公司按照路线图如期发布了基于 Zen3 架构的第三代 EPYC 系列处理器,其架构如图 25 所示。AMD 公司在"Zen2"架构上进行的是全方位、大刀阔斧的改革,而到了"Zen3"架构,AMD 公司将注意力集中到 CCX 上,对其进行了针对性的改进,同样取得了显著成效。与"Zen2"架构相比,"Zen3"架构的 IPC 提升了 19%,得益于以下几个方面的改进:一是"Zen3"继续对 CCX 进行优化,将原先的 4 核心改成了 8 核心,使得每个 CCD 内只有 1 个 CCX,单个 CCD 内两个独立的 16MB L3 缓存变成一个 32MB L3 缓存,这样可以有效降低延迟,同时,AMD 公司放弃了先前使用的 XBAR 总线,而改用环形总线,同样有助于降低延迟;二是为适应 CCX 结构的改变,AMD 公司使用新技术缩短了存储—读取转发操作的延迟,以更高效地利用更大的 L3 缓存;三是虽然制程工艺与上一代保持一致,但 AMD 公司延续大胆创新的思路,首次引入 3D 垂直缓存(3D V-Cache)技术,即通过台积电公司先进封装技术在原先 32MB L3 缓存模块上方堆叠一个 64MB 7nm SRAM 缓存,使 Zen3 架构处理器的 L3 缓存容量达到 96MB,这是迄今为止唯一一款采用该技术的消费级处理器,为未来 Zen 架构的发展做了先行探索。

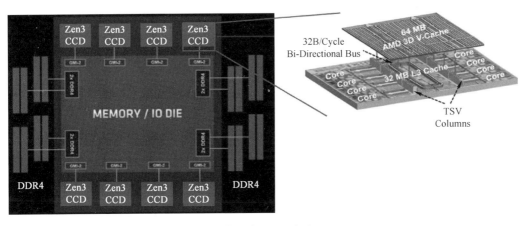

图 25　第三代 AMD 公司 EPYC

Zen3架构出现后,AMD公司的市场占有率不断攀升。在2021年第四季度中,AMD公司在x86处理器的整体市场份额创下历史新高,达到25.6%;到2022年第二季度,市场份额提高到31.4%。此外,AMD公司的股价也随着Zen系列架构的成功不断攀升,2022年2月,根据美股收市后的AMD公司股价(121.47美元),其市值达到1977.5亿美元,超过了当时英特尔的市值(约1972.5亿美元)。

4. "Zen4"继续领跑行业

2022年11月,AMD公司不负众望依然如期发布基于"Zen4"的第四代EPYC,其架构如图26所示。得益于AMD公司Infinity Fabric(更名为Infinity Architecture)3.0总线协议的不断更新以及台积电公司5nm工艺的加持,"Zen4"继续在设计、架构、制程方面全面发力,与"Zen3"架构相比,"Zen4"架构的IPC提升了14%。AMD公司在"Zen4"架构设计中重点在以下几个方面进行了改进:一是依旧延续Chiplet布局,CCD最大数量从原先8个(64核)提升至12个(96核),Chiplet间的通信通道升级为GMI3,最大带宽达36Gb/s;二是支持DDR5内存,通道数从原先的8个提升至12个,最大容量达6TB,相比上代八通道DDR4带宽提升超过2.3倍;三是支持下一代I/O,提供最多160条PCIe 5.0,相比上代128条PCIe 4.0实现了飞跃,并引入CXL 1.1+高速互连,具有64条通道,可提供突破性的内存扩展力;四是在制程工艺上,"Zen4"CCD采用了台积电公司5nm工艺,IOD则采用了台积电公司6nm工艺,此次IOD工艺的提升是一次巨大突破,为该系列产品带来了极高的能效比。据悉,96核心192线程版本最高工作频率达3.7GHz,设计功耗为360W。

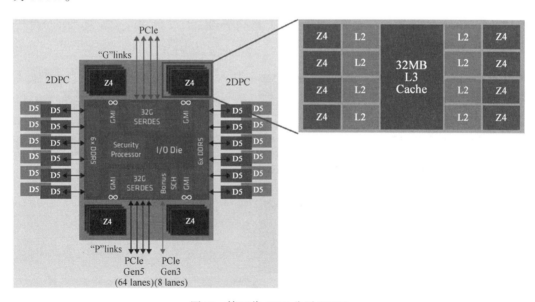

图26 第四代AMD公司EPYC

此外,得益于近年来 AMD 公司在 GPU 领域的持续发力以及收购 Xilinx 公司带来的自适应人工智能处理能力,2022 年 AMD 公司开始尝试将 CPU、GPU 及人工智能加速引擎等模块通过 Chiplet 形式进行集成,并优先在桌面级处理器中小试,紧接着继续朝更高性能的数据中心处理器迈进。2023 年 1 月 5 日,AMD 公司在 CES 2023 展会上公布了其面向数据中心的下一代 APU 产品——Instinct MI300,其架构如图 27 所示。该款产品沿用了 AMD 公司最新的 3D Chiplet 技术,实现将 13 个不同类型的 Chiplet 集成,其晶体管数量高达 1460 亿个,超过了 Intel 公司包含 1000 亿晶体管的数据中心 GPU Ponte Vecchio,成为近年来 AMD 公司投入生产的最大芯片。该芯片的计算部分由 9 个基于台积电公司 5nm 工艺制程的"Zen4"架构 CPU Chiplet 和"CDNA3"架构 GPU Chiplet 组成,通过 3D 封装堆叠在 4 个 6nm 基础裸芯上,该裸芯既充当无源中介层,又充当 IOD 的作用,以实现 I/O 之间的通信以及与两侧 HBM3 堆栈接口的内存控制器之间的通信。除了将 CPU 和 GPU 统一设计在一起以外,AMD 公司基于 Infinity Architecture4.0 提供的统一内存空间,实现了 CPU 和 GPU 间共享统一内存池(包括 Infinity Cache 高速缓存以及 HBM 共享内存),进而实现 CPU 和 GPU 间高效、高速率的数据传递,让每个内核处理其最擅长的部分。虽然 MI300 的定位不像 EPYC 系列 CPU 那样广泛部署,但 AMD 公司此次在 MI300 上展示出的创新理念与 3 年前推出的"Zen3"架构一样,对后续 AMD 公司的高性能发展战略具有重要意义。

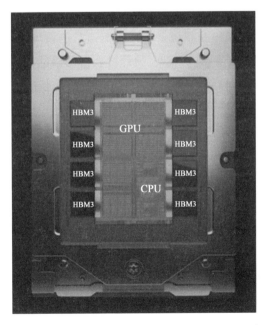
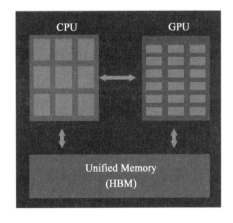

图 27　Instinct MI300 架构及内存共享机制

5. "Zen5"正在路上

纵观 AMD 公司"Zen"架构的发展，每一代基本遵循单数大改、双数迭代换工艺的做法，类似 Intel 公司 Tick-Tock 策略，例如 Zen、Zen3 都是全新设计，Zen2、Zen4 则是在前代基础上升级并更换新工艺，可见 Zen5 又将是一次全新设计。在 2022 年 8 月的财报会议上，AMD 公司提到 Zen5 架构将从头开始构建，将针对更广泛的工作负载继续扩展性能及能效领先水平，届时会提供 Zen5、Zen5 V-Cache、Zen5c 三种架构，工艺制程初期会选择 4nm 工艺，后期将升级为 3nm 工艺。

（二）策略 2：全面引入 Chiplet 技术

摩尔定律走到 2nm 制程后出现放缓，进入 14nm 后更加明显，且带来了芯片制造成本的急剧上升，良率也无法保证。2017 年，DARPA 启动了 CHIPS 项目，率先提出了"Chiplet"理念，即将单片 SoC 整体划分为多个更小的 Chiplet，然后用某种封装内互连形式重新集成，以降低设计复杂度及制造成本。AMD 公司作为最早将 Chiplet 技术引入到自家产品中的企业之一，也最早享受到 Chiplet 带来的"红利"，其帮助 AMD 公司摆脱了单芯片微缩的限制，同时产品性能、功耗、制造成本以及良率得到不断优化。

1. 从 MCM 到 Chiplet：实现先进制程和成本间的平衡

AMD 公司在 2017 年推出"Zen"架构时依旧沿用了多芯片模型（Multi-Chip Module，MCM）模组设计理念，而设计"Zen2"架构时正逢 7nm 制程量产。按照通常的设计思路，若将 14nm 产品类似的实现流程和设计方法移植到 7nm 节点，预计可获得两倍的核心逻辑晶体管密度提升；在相同功耗下，7nm 版本的性能有望提高 25% 以上，或在相同性能下，功耗可以降低约一半。然而，高性能服务器产品需要大量的内存和 I/O，其占据芯片的很大部分，而这部分面积不易缩小。AMD 公司内部做过一个成本分析方案，CPU 内核、L3 缓存和其他逻辑约占 Zeppelin 芯片面积的 56%，考虑从 14nm 过渡到 7nm 时，芯片尺寸可减小 28%，而制造成本则会翻倍，进而打破原本 14nm 芯片制造成本的平衡点。为此，"Zen2"架构采用双 Chiplet 替代方案：一类称为 IOD，主要由内存通道、I/O 通道以及 USB 和 SATA 等构成，用以实现片间互连通信，该 Chiplet 仍采用格罗方德公司 12nm 成熟制程工艺，裸芯尺寸为 416mm^2；另一类称为 CCD，主要由处理器内核和缓存构成（占裸芯面积的 86%，该部分可缩小），该 Chiplet 采用台积电公司 7nm 制程工艺，裸芯尺寸为 74mm^2。这样基于"Zen2"架构的第二代 EPYC 处理器在牺牲 18% 芯片面积的情况下，制造成本得到了很好的控制（降低约 40%），该架构为 AMD 公司后续产品的升级奠定了基础，如图 28 所示。

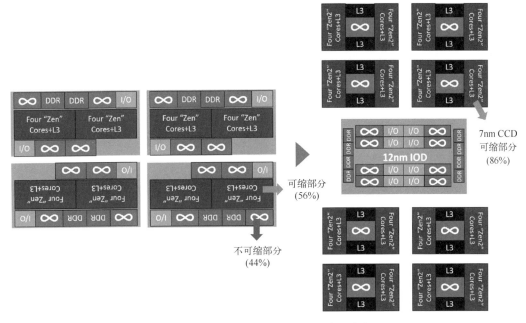

图 28　从 MCM 到 Chiplet 架构设计的演变

AMD 公司在引入 Chiplet 时也面临不少挑战：一是片间通信延迟问题，Chiplet 方案会使各片间通信距离加长，因此，AMD 公司首个设计重点是要降低 Infinity Fabric 总线延迟，而在实际最佳情况下 Infinity Fabric2.0 总线延迟只比预期长 4ns；二是多晶粒封装问题，从第一代 EPYC 到第一代 EPYC 其封装尺寸和 pin 脚都没变，但相比第一代 EPYC，第二代 EPYC 芯片数量达到 9 个，因此，AMD 公司设计了一种紧密的硅/封装协同设计方案，对内部布线进行了优化设计，确保内部 CCD Chiplet 的信号可经过集中式 I/O Chiplet 到达更远的 CCD Chiplet。

2. 从 Chiplet 到 3D Chiplet：实现同种工艺下性能的持续提升

AMD 公司推出的"Zen3"架构在工艺制程上与上一代保持一致，着重在 CCD 模块设计上进行了创新，重点引入 3D 垂直缓存（3D V-Cache）技术，通过台积电公司先进封装在原先 32MB L3 缓存模块上方堆叠一个 64MB 7nm SRAM 缓存 Chiplet，使"Zen3"架构处理器的 L3 缓存容量达到 96MB，其架构如图 29 所示。3D 垂直缓存采用了台积电公司 7nm 制造工艺，面积为 $41mm^2$，由 13 层铜、1 层铝堆叠而成，然后通过 TSV 硅通孔、混合键合（Hybrid Bonding）、两个信号界面等互连方式与三级缓存直接相连，并通过 RVDD、VDDM 为其供电。另外，为了让所有 CPU 核心都能访问到这些额外的缓存，AMD 公司在三级缓存层面增加了一个共享的环形总线。3D 垂直缓存是分区块设计的，每块容量为 8MB，共 8 块，总容量为 64MB。每个区块与每个 CPU 核心之间有 1024 个接触点，8 块和

CCD 里 8 个核心分别相连，接触点总计 8192 个。TSV 接口提供每片超过 2TB/s 的带宽，L3 高速缓存的环形总线在两个方向上也能实现超 2TB/s 的速度，对此，在全双工模式下，每个区块的带宽超过 2TB/s，这就使 3D V-Cache 有了媲美原生三级缓存的高带宽，以保证足够高的性能。

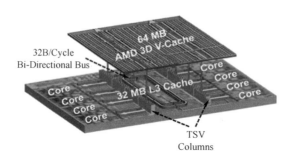

图 29　基于 3D 芯粒的 CCD 设计

三、几点思考

回过头看，在行业巨无霸 Intel 公司的阴影下，AMD 公司从临近破产到完成逆袭仅用了不到 10 年的时间，当然，前数十年的积累为 AMD 公司的技术实力奠定了坚实基础，除此之外，可能还有以下几个更重要的因素。

（1）AMD 公司在发展过程中能够始终坚持"自力更生、永不放弃"的精神内核，这也是 AMD 公司成立时的初心。无论是 20 世纪面临 Intel 公司的技术专利限制、撤销 x86 授权，还是本世纪面临业务整合失败带来的债务危机，AMD 公司总是能够顽强不屈地通过业务调整、产品创新或更低廉的价格完成自救，同时在最核心的业务上卧薪尝胆、不断深耕，最终实现逆转。当前，我国的芯片企业同样面临全球芯片产业下行带来的市场"缩水"以及国外长期技术封锁等问题，前几年国内芯片"投资热"对行业健康发展带来了不小的冲击。随着这场泡沫的破灭，国内芯片行业将恢复正常且市场依旧可观，这对国内真正从事芯片行业的企业来说未尝不是好事。国内芯片企业要像 AMD 公司一样，在完成自救的同时要重视企业核心竞争力的培养，重视原始技术创新、应用创新，要有"十年磨一剑"的工匠精神。

（2）树立以客户为中心的创新思维。AMD 公司提出必须以客户为中心的产品创新思路，一切创新和发展是为了满足客户需要，这是一个企业乃至产业盈利和运作的根本法则。此外，企业要有远见卓识，能够大胆创新、引领市场。其实这两点是相互矛盾的，而好的企业需要在两者间找到平衡。反观很多国内企业，第一点都很难做到，依旧延续传统的职能制架构,技术研发、市场各管一段,内部协调成本高,难以快速响应客户需求,产品研发与市场脱节,又谈何创新。

（3）好的战略要有更好的执行力。AMD 公司在这方面的表现业内有目共睹,从其设定的产品路线图即可看出,每代产品基本没有延期,性能也均达到预期,反观其竞争对手近几年的产品研发不够顺利,这也是 AMD 公司实现逆风翻盘的关键因素之一。

（中国电子科技集团公司第五十八研究所　华松逸）

美军推进高能激光武器发展

2023 年,美军高能激光武器发展大步向前推进,美国国防部发布《国防科技战略》,将定向能武器列为美军科研工作的重点和投资的 14 大关键技术领域之一。美国陆军开始开发 300kW 高能激光武器样机,美国国防部启动 500kW 高能激光武器计划。2023 年国防科技发展动态显示,美军对 300kW/500kW 大功率激光武器的开发全面提速,此举将促进激光武器关键技术的开发,实现远程摧毁敌方巡航导弹的能力,及对敌来袭弹道导弹进行拦截毁伤,并可加强对军事要地的保护,对来袭目标实施快速反应和精确打击。

》》》一、发展概况

激光武器以光速作战的迅速反应能力,正成为美国实施战略威慑和夺取战争胜利的"杀手锏"武器。

(一)技术进步推进实战化进程,战术应用日趋广阔

美国国防部大力支持激光武器发展,并积极推进其走向实战化。近年来,人工智能、分布式增益激光、超短脉冲激光、基于光学相控阵的半导体激光等新技术的应用,加速了美军激光武器的发展。随着技术的不断进步,激光器越来越小型化,体积、重量和功耗(SWaP)不断降低,激光武器从原来以化学激光武器为主的战略威慑转变成目前以固体激光武器为主的战术应用,从原来以海基/陆基激光武器为主向空基、天基和水下核潜艇平台扩展,激光武器的战术应用更加广阔。特别是 2022 年洛克希德·马丁公司提前交付了 300kW 高能激光器,为美军大功率的激光武器研制铺平了道路。

(二)军事需求牵引技术水平提高,激光武器作战能力不断增强

为了在未来战争中继续保持先进武器装备的优势地位,实现美国颠覆性创新制衡目

标,美军以作战需求为牵引,致力于发展不同功率级别的高能激光武器。2019年美国国防部发布激光扩展计划,目标是:提高高能激光武器的功率和转换效率,减小其重量和体积,2022财年演示验证的高能激光武器功率达到300kW,2024财年演示验证达到500kW,再过几年后功率达到1MW。随着美国战略重心向亚太地区转移,以及朝鲜洲际导弹技术的成熟,美国国防部决定推进高能激光武器的发展,以实现对数英里外弹道导弹的拦截毁伤。2022年美国国防部就考虑启动500kW级激光武器的研制项目,跳过之前规划的功率等级,提前实现对来袭弹道导弹的打击。

》》》 二、典型项目

2023年美国加快了超大功率激光武器的研发力度,着眼于300kW高能激光武器关键技术开发和样机研制,并启动了500kW激光武器研制项目。

(一) 美国陆军计划开发先进光束控制组件

2023年4月,美国陆军在FY-24(2024财年)预算中申请一个价值800万美元的新项目,计划开发反巡航导弹的先进光束控制组件。该项目将进行关键技术、算法以及相关集成工作,旨在扩大高能激光武器的杀伤范围,实现远程摧毁敌巡航导弹的能力。即将启动的新项目是美国陆军部2024财年预算申请中3300万美元系列投资计划之一,将开发防空和导弹防御技术,使地面部队能够抵御空袭、导弹攻击和监视等威胁。陆军预算请求中显示,该项目重点关注:

(1) 研发先进光束控制技术,开发新型传感器、照明器、可变形镜、波前传感器(WFS)以及采集与跟踪器等组件,并创建这些组件的数字孪生。

(2) 将60cm的离轴望远镜集成至移动光束控制试验台万向节中,并建造一台50kW的相控阵激光自适应光学补偿器。

陆军预算文件还提出将开发WFS和相控阵传感器算法,并将1m级分段光束定向器(Segmented Beam Director)与相控阵高能激光器集成,以增加间接火力防护能力-高能激光(IFPC-HEL)武器系统的有效射程。该项目有助于美国陆军推进"高能激光扩展计划"(HELSI)相关工作,重点推进300kW级激光武器的军事应用,以期在短期内获得定向能反巡航导弹的威胁能力,支持美国陆军间接火力防护能力-高能激光武器演示工作。

(二) 美国陆军研制300kW高能激光武器样机

2023年6月,美国陆军授予洛克希德·马丁公司2.208亿美元合同,旨在开发、集成300kW间接火力防护能力-高能激光武器样机,如图30所示。洛克希德·马丁公司将交付 4 台完整的激光武器系统，将开发光束控制系统、光束定向器、战斗管理系统、电源与热管理系统，并集成至陆军平台。

图 30　洛克希德·马丁公司提供的 300kW 级激光武器演示器

（三）美国国防部启动 500kW 研制合同

2023 年 7 月，美国国防部授予洛克希德·马丁公司"高能激光扩展计划"（HELSI）第二阶段合同，如图 31 所示，旨在将 300kW 激光武器升级至 500kW，改善激光光束质量，优化连续波高能激光源的 SWaP，将对 500kW 激光武器进行战术配置，以光束组合架构来支持军用平台，并采用国防部模块化开放系统标准来确保系统的互操作性和多任务集成。

图 31　洛克希德·马丁公司为美国国防部"高能激光扩展计划"（HELSI）

设计的 500kW 级激光武器概念效果图

》》》 三、关键技术

HELSI 是美国国防部 2019 年启动的一个项目,重点研发 300kW 演示样机,以执行数十千米范围内的战术任务,要求后期将激光作用距离扩展到数百千米。HELSI 计划支持美国陆军"间接火力防护能力-高能激光"(IFPC-HEL)武器项目,在该计划下,洛克希德·马丁公司于 2019 年被授予研制 300kW 激光武器计划合同,推进其光谱合束高能激光架构。2022 年 1 月,陆军快速能力和关键技术办公室(RCCTO)发布了一个为期三年的 300kW 级 IFPC-HEL 武器原型项目需求白皮书,将研制 4 套激光武器,开发光束控制技术及相关配套设施,与陆军平台斯特瑞克战车集成,要求在 2024 财年第四季度之前交付激光武器系统原型。2022 年 9 月,该公司提前向国防部交付了 300kW 级战术电能激光器。

(一) 300kW 高能激光武器研发历程

300kW 级高能激光武器系统是美国国防部 HELSI 的一部分,参与该项目研制的主要承包商除洛克希德·马丁公司外,还包括恩耐激光技术(nLight)公司、诺斯罗普·格鲁曼公司和通用动力系统(Dynetics)公司。此外,通用原子电磁公司和波音公司也进行了 300kW 高能激光武器研制。上述各公司对 300kW 功率激光输出并行推进了 4 种不同的技术路线:①2019 年美国 nLight 公司采用相干光束合成技术研发了 300kW 光纤激光器,展示了相干合成技术的可扩展性,2023 年 5 月该公司又获得一份合同,开发 HELSI 项目下一阶段高能激光武器原型样机。②2020 年 4 月,美国通用原子公司获得开发 300kW 分布式增益激光器原型样机合同;2021 年通用原子电磁公司和波音公司采用分布式增益激光技术联合开发 300kW 固体激光武器样机,其威力足以摧毁无人机、飞行导弹等一系列目标。③2021 年 3 月诺斯罗普·格鲁曼公司采用光学相控阵原理,推出 HELSI 项目下的相干光束合成 300kW 高能激光武器原型样机,使高功率激光束组合成单束光束迈出重要一步;2022 年 7 月该公司完成原型机初步设计,该原型具备美国国防部要求扩展至超过 1 兆瓦的架构潜力。④2022 年洛克希德·马丁公司采用光谱合束技术开发了 HELSI 项目中的 300kW 激光器,提高了连续波高能激光器的功率和效率,降低了其重量和体积;2023 年承研 300kW 高能激光武器样机合同。⑤通用动力公司正在将其陆军高能激光战术测量演示样机(HEL-TVD)系统功率提升至 300kW。

值得关注的是,2023 年启动的 500kW 激光器将充分利用 300kW 级激光器的成功经验,将采用光纤激光器光谱合束技术来实现功率的可扩展性。

（二）相关技术支持

1. 光谱合束（SBC）技术

光纤激光器首次实现数十千瓦级高光束质量激光输出，采用光谱合束技术，其优势在于不同波长的激光通过光栅光谱合成，子束不需保持相位一致，从而降低了子束控制难度。洛克希德·马丁公司演示过 30kW、60kW 一系列光谱合束激光器，于 2019 年 10 月实现 100kW 激光功率输出。作为美国国防部 HELSI 项目的一部分，洛克希德·马丁公司应用其光谱合束技术将高能激光器扩展到 300 千瓦级水平，该计划将扩大定向能工业基础并提高激光束的口径。

2. 相干合成技术

相干合成需要相同波长的多束输入光束相位一致。麻省理工学院林肯实验室多年来在相干合成技术研究方面积累了丰富的经验，已应用于二极管激光器、波导放大器和光纤激光器。2016 年，林肯实验室研制的"光纤合成激光器"在激光器亮度方面创下新高，采用相干合成技术实现了近理想的功率和高光束质量。其中，关键突破是在输入光纤的连接点对光的相位进行极其精确的调整，再通过相长干涉合成单束激光。2019 年 9 月，洛克希德·马丁公司完成目标功率演示之后，该技术在 HESLI 计划下被转移到波音公司，nLight 公司也获得 HESLI 项目一份独立承包合同。

3. 分布式增益激光器

分布式增益激光器是通过将增益介质拆分为薄片并浸入冷却液体中，显著优化了系统散热能力，可在提高激光功率和光束质量的同时，减小激光器体积与重量，具备较好的实战应用潜力。2020 年 4 月，通用原子公司获得 4800 万美元合同开发 300kW 分布式增益激光器原型机；同年 10 月，通用原子电磁公司和波音公司联合启动研制功率 100～250kW 的高能激光武器计划；2021 年两个公司合作展示了 300kW 分布式增益高能激光武器系统的原型设计，并探索将功率提升到兆瓦级的技术可行性。这种新型多片激光增益介质的分布式增益激光技术，为单路激光器功率继续提升提供了重要支持，并为研发大功率激光光源提供了新途径。

4. 半导体泵浦碱金属激光器

与 HELSI 其他三种激光体制不同，半导体泵浦碱金属激光器（DPAL）具有极小的量子亏损，Rb（铷）DPAL 具有 98% 的量子效率，原理上具有极高的效率。但是，由于其增益介质为原子气体，吸收谱线很窄，使其泵浦吸收效率低，造成其整体效率相对较低。美国导弹防御局（MDA）认为 DPAL 是用于防御助推段导弹极具潜力的激光器，它工作在近红外波段，并提供了较具吸引力的体积、重量和功率，在定标放大时具有保持高光束质量的潜力。据称 DPAL 应该能够产生兆瓦级功率,但 DPAL 的定标放大技术目前尚未成熟,还在进一步研发中。

图 32　通用原子公司研制的模块化可扩展分布式增益激光器

》》》 四、研判分析

(一) 高度重视定向能武器研发,已融入美军一体化联合作战体系

未来战争是陆、海、空、天、电、网等一体化联合作战,美国已将定向能武器融入一体化联合作战体系。2023 年美国国防部在发布的《国防科技战略》中,将定向能武器作为重点投资发展的 14 大关键技术,以应对国家安全挑战。在 2024 年 69.3 亿美元的基础科研经费中,定向能领域在相对份额的占比是 4.6%。美军高能激光武器正处于向更高功率迈进的重要阶段,从侧重于发展数十千瓦至数百千瓦功率量级实用性较强的战术激光武器,不断向数百千瓦和兆瓦级发展。战术激光武器的作战效能也由干扰损伤目标光电传感器向破坏摧毁目标壳体结构方向发展。目前美军没有透露有关 300kW/500kW 激光武器的作战效能参数,根据之前其研制的激光武器在不同条件下毁伤各类目标的相关指标,可以推断 300kW/500kW 激光武器针对不同目标可能具有的毁伤效能如表 3 所列。

表 3　300kW/500kW 激光武器的毁伤效能

毁伤目标	功率级别	300kW	500kW
无人机(固定翼中/大型)	有效作用距离	10~12km	15~18km
火箭弹		6~10km	10~16km
巡航导弹		8~10km	12~15km
弹道导弹		6~8km	8~12km

（二）多种技术路线并行推进，光谱合束技术成为高能激光武器的首选方向

美国国防部 HELSI 项目，主要是针对巡航导弹、高超声速导弹和弹道导弹拦截需求，重点攻关光谱合束光纤激光器、相干合成光纤激光器、二极管泵浦激光器和分布式增益激光器。作为 HELSI 计划的一部分，洛克希德·马丁公司采用光谱合束技术，将其高能激光器等级扩展至 300kW；2023 年启动的 500kW 激光器同样采用的是光谱合束技术。由此可见，光谱合束技术已成为美军武器级激光武器的首选技术，其他技术也通过不同的项目在同步推进中。

（三）深耕关键技术和功率扩展，高能激光武器作战效能持续提升

光束控制是激光武器的核心技术，旨在将高能激光发射到目标打击点，并将光束稳定在打击点上直到毁伤。激光武器打击目标，除需具备高光束质量、高功率激光光源外，还必须借助一个功能完善、结构精密的光束控制系统，用于识别和确定目标打击点，并持续在指定打击点上维持较小的聚焦光斑。2023 年美军开展高能激光武器反巡航导弹的先进光束控制组件的研制，将进一步增加 300kW 高能激光武器反导射程，提升美国远程摧毁敌巡航导弹的能力，标志着美国国防部科研成果进一步向陆军武器装备转化。300kW 激光武器样机和 500kW 激光器项目的启动，表明美军正不断扩大功率来提高激光武器的打击距离，尤其是 500kW 激光器一旦研发成功并列装，其作战效能将远超以往研制的激光武器。这一切彰显了美军正以万瓦级激光武器作为标杆和基础，不断拓展高能激光武器的作战范围，为兆瓦级激光武器的理论架构奠定基础，使军用激光武器系统最终实现超高功率激光输出，优先抢占技术高地。可以预见，随着美国国防部投资力度的不断增加以及技术水平的不断提升，采用激光武器反导、反高超作战将指日可待。

（四）提升平台适装性，满足未来作战需求

实战化激光武器系统必须与现役各类武器平台相适应，在考虑缩小系统功重比和功体比的同时，还需采取一体化设计，并满足平台适应性等要求，以及激光武器本身对搭载平台的干扰。HELSI 支持美国陆军间接火力防护能力-高能激光器（IFPC-HEL）项目，以保护固定和半固定军事场地免受火箭弹、火炮、迫击炮、无人机、直升机、固定翼飞机等威胁。IFPC-HEL 项目的重点是将 300kW 高能激光武器集成到现有的防御系统中，从而实现对来袭目标的快速反应和精确打击。美国陆军计划在 2024 年前部署 4 套 300kW 级

IFPC-HEL 原型机,并集成到陆军军用车辆。而研发 500kW 高能激光武器是 HELSI 计划第二阶段合同,显然,美国国防部的目的是通过在陆基平台不断增加激光武器功率的基础上,随着相关技术的成熟,未来将 300/500kW 甚至兆瓦级激光武器部署至机载/天基等平台或将成为现实。

（中国电子科技集团公司第二十七研究所　伍尚慧）

2023 年国外网信前沿技术领域大事记

  美国国务院开始运营新的关键新兴技术特使办公室 1月,美国国务院开始运营其新的关键和新兴技术特使办公室,以帮助制定和协调关于新兴和关键技术方面的外交政策。该办公室由国务卿安东尼·布林肯组织成立,国家安全专家和历史学家赛斯·森特担任副特使,将围绕人工智能、高级计算、生物和量子信息等技术开展外交、战略咨询、国际合作等工作。

  美国情报高级研究计划局开发可自动生成提示的人工智能软件 1月,美国情报高级研究计划局(IARPA)启动快速解释、分析和在线采购项目,旨在利用人工智能软件,自动生成研究报告的建议或评论,包括提出该主题相关论据、研究报告存在的优缺点等。情报高级研究计划局打算通过该计划为新型人工智能系统打下基础。

  美国 DARPA 推进新型架构与算法创新以应对下一代信息处理挑战 1月,美国国防高级研究计划局(DARPA)与半导体研究公司及行业和学术机构共同启动"实现微电子革命"JUMP 2.0 项目,JUMP 2.0 的研究主题包括下一代人工智能系统和架构、嵌入式智能、高能效计算、加速器结构中的分布式计算系统和体系结构等,聚焦新型材料、器件、架构、算法、设计、集成技术等方面创新,提高电子系统的性能和效率。

  欧盟发布"量子技术旗舰计划"第一阶段研究报告 1月,欧盟委员会发布报告,公开了10亿欧元的"量子技术旗舰计划"项目第一阶段的成就。该项目于2018年启动,为期10年,旨在培育欧洲的量子产业发展,促进量子研究成果的商业应用。该项目第一阶段形成了量子计算、量子模拟、量子通信、量子传感等核心领域的重要器件与系统原型,在特定量子模拟问题上实现了量子优势,并初步开始了相关基础设施的部署。这一阶段的成果为第二阶段的量子产业化工作奠定了技术基础。

  美国 Quantinuum 公司公开首个量子体积破万的离子阱量子计算机 2月,Quantinuum 公司宣布其 H1 量子处理器接连创下两项性能记录,其量子体积先后达到了

16384 和 32768,这是历史上首个量子体积破万的量子系统。该系统的成功推出,进一步证明了离子阱量子计算系统作为量子信息处理的先进平台的可扩展性和可行性,是迈向通用容错量子计算技术的重要一步。

美国空军授予沙盒公司量子导航研究合同　2月,美国空军授予沙盒(Sandbox)公司小型企业创新研究第二阶段合同,将对该公司的量子传感器原型进行测试和评估,帮助保护军事导航的弹性。该系统将融合人工智能和量子传感器,以地磁场作为信号,对GPS 进行补充,实现对抗和拒止环境下的精确导航。根据合同,沙盒公司将优化其磁异常导航工具,并与美国空军合作进行量子导航飞行现场演示。如果该研究成功,则将变革军用飞机、商用飞机和无人机的导航方式。

美国海军与高通公司合作研究人工智能、云计算等技术　2月,美国海军研究生院和高通公司签署合作研究协议,以推进美国国防部高度关注和急迫推进的 5G、人工智能和云计算等优先事项。该合作旨在为海军和海军陆战队的数字化追求提供信息,同时增加教职员工和学生与私营部门的领先科学家和工程师的互动,允许美国政府与非联邦实体进行接触。协议提到的重点领域反映了美军在无缝连接和计算机增强决策方面持续增加数十亿美元资金投入的雄心。此外,该合作研究协议还包括在加利福尼亚州蒙特雷的海军研究生院内建立一个创新实验室。

美国橡树岭国家实验室研究发现卫星可实现更好的量子网络　2月,美国橡树岭国家实验室发现卫星能够实现更高效、更安全的量子网络。该实验室使用实验、仿真和模拟了解太空中高维量子密码学,并发现了其可行性。该团队模拟了地面站和卫星之间的传输以及来自轨道卫星的模拟传输,在此过程中使用光粒子来创建纠缠的量子比特和量子数字(一种新兴的量子单位),使一对粒子中的一个粒子无法独立于另一个进行描述,进而使用量子比特和量子数字来分发共享随机密钥,供用户交换加密信息。

美国洛克希德·马丁公司和瞻博公司为美国国防部提供基于 5G 任务感知的软件定义广域网解决方案　3月,洛克希德·马丁公司和瞻博网络公司共同为美国国防部提供了基于 5G 任务感知的软件定义广域网解决方案,洛克希德·马丁公司提供动态数据链路管理器对数据进行监控和收集,瞻博公司提供基于智能驱动路由设备,并在演示验证中接入洛克希德·马丁公司承建的军用 5G 网络,将不同的战术节点和网络连接在一起,形成具有安全 5G 网络和军用数据链构成的分散、异构网络网络。该方案有以下优势:一是通过基于任务感知的路由技术优化数据流,确保指挥官通过军用 5G 网络、战术数据链在内的异构网络安全、实时地连接和收发重要信息,并确定信息的优先顺序,同时具备在面临干扰或其他不利条件时的通信韧性;二是通过增强无线接入网智能控制器技术,提高网络性能。

美国海军启动"开放舰船"项目以利用人工智能整合数据　3月,美国海军霍普特遣队启动"开放舰船"项目，旨在借鉴商业人工智能和机器学习技术的进展，通过集成当前舰船上可用的不同传感器和信息数据，构建和开发"低升力、高影响"的人工智能和机器学习软件，建立整合数据集为海上作战指挥官提供更好的决策工具。该项目基于海军"水面分析小组"（SAG）在数据管理、数字基础设施、人才管理、支持分析和人工智能开发方面的基础，在海军各项目办公室间推行"通用传感器软件堆栈"数据架构，融合和连接整个水面舰队的不同平台，并通过人工智能和机器学习技术优化数据流的自动化以支持应用编程接口和其他工具，实现收集万亿字节/小时级的实战和训练数据的能力，同时具备与陆上传感器连通和接收数据的能力。

欧洲启动量子安全网络合作伙伴关系计划　3月，欧洲启动量子安全网络合作伙伴关系计划，旨在开发和应用通过网络超安全地传输信息的量子密码技术，在3~5年的时间内投资2500万欧元，以实现3个主要目标：①为量子安全通信网络开发和部署基于量子加密的下一代协议，以应对不断增长的计算机运行能力和算法的复杂性；②在组件、系统和网络级别将创新的量子密码技术集成于混合经典–量子网络；③将技术加速应用到欧洲量子通信基础设施等情景中。

日本富士通公司和大阪大学开发新的量子计算架构　3月，日本富士通公司和大阪大学的量子信息和量子生物学中心开发了新型高效模拟旋转量子计算架构，是实现量子计算实用化的重要里程碑。新架构将量子纠错所需的物理量子比特数量（实现容错量子计算的先决条件）减少了90%，从100万量子比特减少到1万量子比特。这一突破将使研究人员着手构建具有1万个物理量子比特和64个逻辑量子比特的量子计算机，其计算性能是传统高性能计算机峰值性能的约10万倍。

美国国防部将投7500万美元加速量子技术向实用化过渡　3月，美国国防部在《2024财年国防预算》中表示，其将为"量子过渡加速"项目寻求7500万美元预算，用于量子计算、量子传感器、原子钟的关键组件技术研发，以及量子传感器的技术演示与商用过渡。该项目将有望加速量子信息技术在国防领域的应用，如用于平台涂层材料研究、物流优化、机器学习加速、电磁频谱能力提升等。

美英澳等国家联合测试人工智能赋能的无人机蜂群系统　4月，美英澳三国首次合作开展人工智能与自主性试验，测试三方团队的目标跟踪能力。试验中，三方组成的无人机蜂群在机器学习模型和人工智能技术的驱动下能自动融合并快速处理收集到的传感器数据，抵达指定区域后便开始识别、分类和定位威胁，然后将数据传输至附近的友军单位和后方的指挥中心等其他节点。此次测试中首次实现了在飞行中对模型进行现场再训练，以及在美英澳三国之间交换人工智能模型，在人工智能与自主性方面的技术共享，缩短了决策时间，提高了决策的准确性，保持能力优势并抵御人工智能带来的威胁，确保互操作性。

美国陆军加速利用数据集成和人工智能等技术　4月,美国陆军高级领导人与行业技术专家在美国陆军协会"设计2040年的陆军"军事论坛会上,讨论了陆军和联合部队如何推进包括网络、数据收集和分析工具以及人机协作的连通性技术发展等事宜,以提高未来部队的灵活性、弹性和杀伤力。会议强调两方面的内容:一是加强与多国合作伙伴的深度感知互操作性和数据集成,以提高未来作战任务的成功率,从根本上转变陆军的作战方式;二是持续进行人工智能试验并启动人工智能工具部署工作,使作战人员在后勤维护等领域更高效、更安全地执行任务,例如通过人机协作实现全自主系统,并在新系统中纳入人工智能并利用数字孪生技术。

美国国防部2024财年寻求7500万美元用于"量子加速"计划　4月,美国国防部长办公室要求在2024财年拨款7500万美元,用于启动"量子加速"计划。该计划旨在加快国防部量子设备商业化和运营,并促使支持新兴量子技术开发的美国供应链更加成熟。当前,量子技术与国防量子应用相关的技术成熟度存在光子学前沿能力组件和供应链成熟度两个挑战和障碍,国防部试图通过"量子加速"计划来缓解这些问题。在2024财年申请的经费中,4500万美元用于"成熟、演示和转化量子惯性传感器、重力传感器、原子钟和量子电磁传感器,3000万美元将专注于"识别、开发和成熟支持原子钟、量子传感器和量子计算机技术的关键组件"。此外,国防部还计划在2025—2028财年时间框架内每年申请1亿美元以继续推动该计划。

美国公司推出人工智能卫星图像快速自动分类工具　4月,美国人工智能公司Synthetaic推出"快速自动图像分类"智能工具,以将其作为处理卫星照片的"ChatGPT",未来可应用于处理商业卫星公司收集的地球表面卫星照片,开展对图片的分类等工作,并可基于获取的数据开展进一步训练。与传统需要大量标签图像训练数据的人工智能技术相比,"快速自动图像分类"作为一种新型人工智能工具,无需大量数据集,而是利用"生成人工智能转换器"技术,只需通过一张手绘图片,通过不断查看卫星图像,利用成熟的专业知识,来理解其所需寻找的目标。

美国国防高级研究计划局推出"量子增强网络"项目　4月,美国国防高级研究计划局推出"量子增强网络"项目。该网络旨在开发混合量子-经典通信网络,通过量子属性增强现有的软件基础设施和网络协议,增强经典军事网络的信息安全和隐蔽性。该项目将涉及量子时间同步增强时钟、同步任务和飞行时间测试等;通信范式中的量子传感和计量学,以增强围绕消息传播的态势感知;将经典信息嵌入到量子系统中以减少信息窃取和数据损坏等。

美国国家人工智能咨询委员会发布报告强调人工智能标准的必要性　4月,美国国家人工智能咨询委员会发布其首份报告,呼吁美国政府直接解决人工智能问题,并制定符合民主价值观的人工智能规则和标准。报告提出的目标和行动建议分为四大主题,即：在可信赖人工智能领域的领导地位；在研发领域的领导地位；支持美国劳动力；提供机会和国际合作。此外，咨询委员会建议采取支持公共和私人采用美国国家标准与技术研究院人工智能风险管理框架、设立首席人工智能负责官、建立新兴技术委员会、资助人工智能工作等具体行动。

美国帕兰蒂尔公司推出可部署大模型的人工智能平台　4月，美国帕兰蒂尔公司推出了帕兰蒂尔人工智能平台，该平台可在私人网络上运行大型语言模型，使战场决策人员通过军用会话机器人控制无人机行动、借助人工智能制定作战计划等，大幅提升作战效率。一线操作员可利用类似 ChatGPT 的聊天机器人开展发布无人机侦察指令，制定多个攻击计划，以及组织对敌方通讯干扰等行动。

美国国家科学基金会宣布成立7个新的国家人工智能研究所以推进人工智能研究

5月，美国国家科学基金会宣布投资 1.4 亿美元成立 7 个新的国家人工智能研究所，以帮助美国联邦政府提高对人工智能技术风险和机遇的理解。7 个新的国家人工智能研究所分别为：马里兰大学领导的"法律与社会可信人工智能研究所"；加州大学圣巴巴拉分校领导的"基于代理的网络威胁情报与操作人工智能研究所"；明尼苏达大学双城分校领导的"气候与土地相互作用、缓解、适应、权衡和经济人工智能研究所"；哥伦比亚大学领导的"自然智能与人工智能研究所"；卡内基梅隆大学领导的"社会决策人工智能研究所"；伊利诺伊大学厄巴纳-香槟分校领导的"教育包容性智能技术人工智能研究所"；布法罗大学领导的"特殊教育人工智能研究所"。

美国总统科学技术顾问委员会成立生成式人工智能工作组　5月，美国总统科学技术顾问委员会成立生成式人工智能工作组，该工作组的成立将扩大美国其他联邦机构在确保负责任地使用生成式人工智能方面的努力。工作组将以此前美国政策公布的各种举措为基础，包括美国国家标准与技术研究院的人工智能风险管理框架，以及国会颁布的人工智能国家安全委员会和国家人工智能倡议等。此外，该工作组将咨询各行各业的专家和公众，以确定安全部署该技术的挑战和机遇。

美国国防创新部门寻求人工智能工具推进公共信息收集和分析　5月，美国国防创新部门邀请商业公司提交技术方案，探求如何使用生成人工智能和大型语言模型加强对开源情报的收集和分析。美国国防创新部门正寻求可以自动化执行信息挖掘与评估的商用人工智能技术，为指挥官直观展示可视化的战场信息环境。技术方案需满足 3 点要求：一是配备内容编辑和消息传播功能，以协助分析师们设定传播方案；二是遵守国防创新部门的人工智能准则，符合其中"内嵌人工智能的系统"应遵守的道德原则；三是最终产品应与国防部信息环境技术指挥和控制中心具备互操作性。

美国太空作战司令部创建人工智能/机器学习需求清单　5月，美国太空作战司令部司令斯蒂芬·怀廷在美米切尔研究所主办的网络研讨会上，首次提及可通过人工智能/机器学习技术提高作战能力的 10 大优先事项。10 大优先事项分别是数据、态势感知、网络防御、太空电子战、太空感知、防御性反太空、导弹预警、自动化、预测性维护保障和国外发射特征描述。

澳大利亚发布首个《国家量子战略》　5 月,澳大利亚发布首个《国家量子战略》,针对其量子科技产业进行了顶层战略设计。该战略指出,量子技术的重要性已超越了此前理解的赋能产业、推动经济和就业发展等层面。随着时间的推移,量子技术必将成为国家安全的重要保障并改变人们的生活。澳大利亚政府有必要确保自身拥有强大、自主的量子科研能力,紧跟量子科技产业最新研究和应用进展,打造符合自身产业结构的量子生态。

美国加速推动比特级到系统级量子技术以提升其指挥、控制及通信能力　5 月,美国空军研究实验室信息理事会下属的研究团队宣称,正在努力推进量子计算硬件研发,将量子技术从量子比特级推进到系统级,以加强未来空、天和网络作战域的指挥、控制和通信能力。该研究团队表示,在系统级中,不同的量子比特型将为美国空军的未来能力提供接口,信息理事会在量子计算方面的研究可能彻底改变美国未来的军事行动,例如:创建更高效的数据分析算法,识别敌人可能使用的攻击模式;利用量子力学基本原理,使黑客更难获得有用信息;利用量子叠加和纠缠状态,基于量子网络构建更加可靠的通信系统等。

美国空军通过人工智能软件有效预测故障　5 月,美国空军快速维持办公室将"预测分析和决策助理"工具包,指定为基于状态条件的维护和预测性维护的记录系统,成为 CBM+的一部分。该工具包能够最大限度地利用通用设备和技术来捕获、存储、分析和转发 CBM+预测性维护数据,同时定期生成超过 30000 条预测性维护建议和基于传感器的警报,用于预测即将发生的组件故障,已迅速扩展到 9 个空军主要司令部的 16 个飞机平台社区的维护操作。

美国国防部发布《国防科技战略》　5 月,美国国防部发布《国防科技战略》。该战略文件聚焦联合作战,快速实验和原型设计等国防部科技计划的 3 个工作方向,强调利用关键新兴技术开展联合行动的重要性,通过对国防部确定的 14 个关键技术领域进行投资,更好地分析数据,进行联合实验和原型设计,成为构建快速防御实验储备的关键,推动基于物理的建模和仿真功能的实施措施。此外,该战略文件还明确了培育一个更有活力的国防创新生态系统,确保关键技术真正交付给作战人员。

美国更新人工智能研发战略计划并确定未来发展方向　5 月,美国白官更新《国家人工智能研发战略计划》,在保留原有 8 项战略目标基础上,新增了 1 项战略目标。新版计划的主要内容为:①长期投资基础和负责任人工智能研究;②开发有效的人机合作方法;③理解并解决人工智能应用引发的伦理、法律、社会问题;④确保人工智能系统安全;

⑤为人工智能系统训练和测试开发共享数据集；⑥为评估人工智能系统制定标准和基准；⑦充分了解人工智能研发劳动力需求；⑧扩大公私合作，加快人工智能技术发展；⑨为人工智能国际合作建立原则、开发协调方法。

美国 Quantinuum 公司推出 65536 量子体积的量子处理器　5 月，美国 Quantinuum 公司推出了量子体积为 65536 的下一代 H2 离子阱量子计算机，这是当时已公布的量子体积最高的量子计算系统。该系统具有 32 个完全连接的高保真量子比特，并采用了全新的离子阱，可实现量子比特之间的全连接，以减少算法中的整体错误。该量子计算机的推出展示了离子阱系统的扩展潜力，是迈向通用容错量子计算技术的重要一步。

韩国政府联合云服务企业发展内存计算芯片　6 月，韩国科学技术信息通信部长官宣布，将启动数家云计算企业参与的"K-云计算"（韩国云计算）项目第一期。第一期项目斥资 1000 亿韩元（约合人民币 5.5 亿元），预计到 2025 年完成韩国产神经网络处理器；第二期预计到 2028 年研制出低功耗存内处理（PIM）芯片；第三期预计到 2030 年研制出超低功耗存内处理芯片。该项目的最终目标是到 2030 年左右，将韩国人工智能芯片技术提升到世界一流水平。

美国众议院军事委员会提议创建量子计算的国防部试点项目　6 月，美国国防部与联邦资助研发中心和量子行业合作开展试点项目。该试点项目内容提出，国防部长应积极采取举措，具体包括：①召集相关专家和组织，以确定国防部以及武装部队所面临的挑战；②采取演示验证、概念证明、试点项目等措施，利用量子和量子混合应用技术解决所确定的挑战；③确保该计划确定的任何基于量子或量子混合应用的解决方案能够在 2 年内完成；④评估商业量子和量子混合应用在满足作战人员近期需求方面的效用；⑤寻求建立和加强国防部与非传统国防承包商之间的关系。

以色列拉斐尔公司完成"谜题"大型多域情报系统开发　6 月，以色列拉斐尔公司宣布完成"谜题"大型多域情报系统开发。"谜题"多域情报系统是一款基于人工智能的创新型军事决策支持系统，实现了态势分析以及传感器到射手链路的范式转型突破，可提升杀伤链效率、速度和精度。"谜题"系统主要由智能信号情报模块、图像情报模块、目标模块和部队实施模块等组成，能融合多种传感器信息，集成视觉情报、信号情报等多种数据，并利用人工智能和机器学习算法实现战场信息的全面筛检、快速处理和分析，加快军事决策过程，提高军事行动效能。

英国推进量子定位导航授时技术研究　6 月，英国研究与创新中心宣布投入 800 万英镑用于 12 个量子定位导航授时（PNT）技术研究项目，旨在开发一种可在水下或地下使用的新型传感器技术。此外，还有 2500 万英磅资金将通过小企业研究倡议支持高精度原子钟等 7 个量子 PNT 项目，目标是研究基于量子的磁场或重力场传感器，以适用于卫星导航信号不用时的授时和导航应用场景以及未来 5G 和 6G 电信等应用领域。基于量子技术的 PNT 传感器能够感应原子层面的重力场和地磁场,具有不易被欺骗干扰的显著优势,在军民领域有着广泛的应用前景。

美国国防部寻求创建"中介能力"以增强云计算　　6 月,美国国防部正寻求成熟的边缘计算方案,以创建"中介能力"来连接企业和战术网络,旨在减少各军种各部门为支持其任务而必须使用的系统数量。"中介能力"旨在建立一个全球一体化的云环境,使用户使用新工具、运行新算法访问数据,并以不同的方式共享数据,然而这种方式在目前环境很难实现。美国防部正考虑创建"作战边缘",使其成为战区内的一个集结点,以便允许更大的商业云基础设施提供更大的存储空间和更接近战术边缘的能力,这种作战边缘在某种程度上将成为以美国大陆为基地的全云区域和全部署的战术边缘之间的中介区域。

美国科罗拉多大学研制世界首型高性能量子导航系统　　6 月,美国科罗拉多大学团队宣布,其在量子导航领域取得突破性进展,研究团队通过结合机器学习技术和量子传感器,推出了世界首型软件配置、支持量子的高性能加速度计,其可在具备在地球重力几十倍的加速度环境下运行。该设备具备如下特点:一是传感器体积相较其他加速度计缩小了 10000 倍以上;二是通过原子干涉测量技术将现实环境的定位精度提高了 10~100 倍。此次突破性进展代表量子导航技术作为卫星高精度导航替代方案的开发前景,有效克服了 GPS 拒止或欺骗环境带来的相关漏洞,提高了任务平台获取定位导航授时服务的韧性。

美国甲骨文公司推出的新云产品获批用于美、政府云服务　　6 月,美国甲骨文公司宣布其推出的针对国防、民用和情报机构的新云产品,已获美国联邦风险和授权管理计划(FedRAMP)批准,可用于美国政府的云服务。甲骨文公司表示,新批准的服务是甲骨文云基础设施(OCI)的一部分,旨在使政府客户能够管理虚拟云网络、执行实时数据分析,识别并解决潜在的低效问题等。本次新批准的服务包括甲骨文云基础设施网络可视化工具、甲骨文云基础设施漏洞扫描服务、甲骨文云基础设施托管服务、云基础设施堡垒和 VPN 连接、甲骨文云基础设施数据集成和日志分析等。

美国 XQ-58A"女武神"无人机集成新的人工智能飞行员技术　　6 月,美国人工智能公司 Shield AI 宣布与 XQ-58A"女武神"无人机的生产商 Kratos 公司合作,在 XQ-58A 无人机集成其开发的人工智能飞行员技术,从而实现更加高效的有人—无人编队概念,为美军和盟军提供支持。Shield AI 公司研发的可用于作战的人工智能飞行员技术已被证明能够操作不同的飞行系统,包括四轴飞行器、改进型 F-16 战斗机,以及该公司自主研发的 V-BAT 战术无人机等。如果这种人工智能驾驶技术应用在 XQ-58A 上,则将使该无人机发挥出可改变游戏规则的战略威慑力。

美国 IBM 公司使用量子处理器完成有实用价值的任务，速度超越经典超算
6月，美国 IBM 公司使用 127 量子比特的超导处理器模拟了 127 个原子尺度的磁铁棒在磁场中的行为，并能在 9 小时内完成普渡大学的经典超算系统需要花费 30 小时才能完成的任务。IBM 公司首次证明了 100 量子比特的量子计算系统已可在有实用价值的任务中产生精确的结果，并在处理速度上超过了超级计算机，是在量子技术实用化道路上取得的重要进展。

英国发布《人工智能在情报分析中以人为中心的工作方式指南》 7月，英国国防部发布《人工智能在情报分析中以人为中心的工作方式指南》，旨在帮助工作人员思考人工智能与以人为中心的情报分析，探索如何利用人工智能技术为人类工作，并寻求将信息与人工智能结合进行决策的方法。指南的主要内容包括：数据、信息、知识、智慧；人机合作；改进情报分析的方法；知识、心理、系统；知识理论；研究方法；人工智能方法；人工智能取代人的领域；自然主义决策；认知引导的决策等。

美国陆军指定量子信息科学研究中心 7月，美国陆军部长指定陆军作战能力发展司令部下属的陆军研究实验室作为国防部量子信息科学研究中心之一。该实验室将参与制订国家量子计划及其他国家战略，与公共部门及私营组织合作，加速量子信息科学的研究与开发。目前，该实验室已在关键的量子信息科学、量子信息科技及系统等领域取得重大进展，如成功开发世界首个用于接收射频通信信号的量子传感器、用于战场计时的低成本芯片级原子钟等。

欧洲政策中心发布《欧洲量子网络安全议程》文件 7月，欧洲政策中心发布《欧洲量子网络安全议程》文件。该文件指出，网络安全在欧洲经济安全中发挥着重要作用，而量子计算的进步带来了一系列新的挑战。该文件就欧盟如何加强应对网络安全风险提出建议：一是制定欧盟量子转型协调行动计划；二是在欧盟网络安全局内建立专家组，讨论优秀案例并确定向后量子加密过渡的障碍；三是协助确定向后量子加密过渡的优先事项，并提供加密敏捷性以应对新出现的漏洞；四是推动欧盟委员会、成员国、国家安全机构和欧盟网络安全局之间的政治合作，以确定技术优先事项并确定量子安全技术的用例；五是促进欧盟层面的技术合作，以解决量子安全技术的研究差距；六是探索沙箱的使用，以加快发展量子信息技术近期应用。

日本计划研制新型超级计算机以促进人工智能技术发展 7月，日本经济贸易工业部宣布，其计划投资约 2.25 亿美元，与该部所属的各科研中心共同研制运算速度比现有超级计算机快 1.5 倍的新型超级计算机。根据计划，日本还打算通过云服务提供超级计算机的访问权限，新型超级计算机将用于发展人工智能技术，以缩小日本与先进国家在人工智能领域的差距，提高日本人工智能领域公司对外国竞争对手的竞争力。

美国微软公司发布两种多模态人工智能大模型 7月，美国微软公司推出 CoDi 和

"世界-2"两个多模态人工智能大模型。CoDi 是一种可组合扩散式人工智能模型,与多模态信息交互并生成多模态内容,包括文本、图像、视频和音频,与传统生成式人工智能系统不同的是传统生成式人工智能系统通常仅限于特定的输入模式。"世界-2"模型将多模态大语言模型超越了传统的文本式交互,扩展到了图像层分析和语义级解析领域,进一步推进了当前技术发展。

美国国防部成立生成式人工智能工作组　　8 月,美国国防部宣布成立生成式人工智能工作组——利马(Lima),该工作组隶属于首席数字与人工智能办公室算法战指挥部,负责在整个国防部范围内"评估、协调和使用"生成式人工智能技术,以最大限度减少国防部生成式人工智能工作的冗余,降低这种技术构成的潜在风险。"利马"工作组主要目标包括:明确国防部正在进行的与生成式人工智能相关的工作;分析大语言模型与生成式人工智能的潜在任务领域、工作流程与用例;支持国防部的技术开发工作,并监督相关技术整合情况;针对生成式人工智能建议制定长期政府计划等。

美军加速战场云建设和能力生成　　8 月,美军宣布,多个军种近期正以项目为依托,加速发展云能力,试图将战场智能化建设推向新水平,未来恐将对全球军事变革产生重大影响。美国空军首席技术官杰伊·邦奇表示,美国空军正在重点发展云计算和云迁移能力,在不久的将来,可能进一步提升云能力的优先级。据美媒报道,美国空军希望在数据链、抗干扰系统和新式火控系统支持下,提升多域信息共享,结合各类空中平台和弹药优势,实现模块组合、弹性作战。目前来看,美国空军正在加紧推进"一号云""联合作战云能力"两大云计算项目。

美国国家标准与技术研究院发布三大抗量子加密算法的草案　　8 月,美国国家标准与技术研究院(NIST)发布 2022 年选定的 4 种抗量子加密算法中 3 种算法的标准草案,以鼓励政府与业界、个人向抗量子加密算法迁移。这一工作有助于部署抗量子攻击的加密基础设施,应对量子计算机对现有加密系统的威胁,保护政府与业界的数据安全。

美国空军联合工业界寻求用于地理空间的人工智能技术　　9 月,美国空军研究实验室发布一项价值 9990 万美元的"地理空间情报处理和利用"项目预招标,希望借助工业界力量开发利用不同传感器和信息分析 3D 地理位置的技术。该项目旨在开发使能技术,从图像、图像情报或地理空间数据和信息获取"地理空间情报",用于军事任务规划和决策,创建针对特定客户的地理空间情报、分析服务和解决方案。同时,美国空军还需寻求新分析技术和先进地理空间传感器数据集成方法,利用传统和非传统来源获取的所有可用地理空间数据,创建具有成本效益的可操作情报。相关技术包括人工智能、机器学习、基于云的高性能计算、人工智能加速、网络安全、三维点云生成、建模和可视化以及摄影测量技术等。

美国"特别竞争研究项目"提议加速推动生成式人工智能的军事应用　　9 月,美国

"特别竞争研究项目"机构发布《将生成式人工智能应用于军事目的的致总统与国会备忘录》，建议国防部成立新的"国防实验部门"，在对手寻求其自身方式应用强大且难以预测的这类新兴技术的背景下，更有针对性地加速探索更深层次的生成式人工智能能力。"特别竞争研究项目"机构建议：①"国防实验部门"作为新枢纽，推动美军人工智能模型在各种军事任务中的操作实验和使用，促进其在联合部队中更广泛、更快的部署和实现主流应用。②构建一个用于生成式人工智能实验和概念开发的"沙箱环境"，可在国防部范围内访问，强调与一线单位合作、实地学习过程、快速迭代和概念探索。

韩国发布人工智能发展新计划　　9月，韩国科学技术信息通信部发布《人工智能极速发展计划》，以加速提升韩国在全球人工智能领域的竞争力。新计划包括4个部分：①韩国将从2024年开始与美国、加拿大、欧盟等国家的顶尖大学开展国际联合研究；②韩国政府将与相关部门共同拨款9090亿韩元的预算，以促进全国范围内的人工智能融入日常生活；③制定《数字权利法案》，以定义共同繁荣的数字社会的基本原则；④加强人工智能道德和可靠性，减轻技术快速进步带来的潜在风险和不良影响。

美国总统拜登签署《人工智能行政命令》　　10月，美国总统拜登签署《人工智能行政命令》，该行政令的签署是美国政府在人工智能安全、保障和可信任方面采取的重要行动，将巩固其在推动人工智能运用方面所做的努力。拜登政府不仅要求技术现代化基金在未来30天内增加用于为国家提供生成式人工智能的的投资，还要求90天内开发一个流程，授权生成人工智能聊天、编码和调试应用程序在国家政府系统上运行。该行政命令反映了美国政府制定人工智能安全标准、识别潜在风险方面的努力。

美国网络安全与基础设施安全局发布《人工智能系统安全开发指南》　　11月，美国网络安全与基础设施安全局（CISA）联合英国国家网络安全中心（NCSC）发布《人工智能系统安全开发指南》，旨在帮助人工智能系统开发人员在开发过程中合理运用网络安全决策，将人工智能系统开发生命周期分为4个关键阶段，即安全的设计、开发、部署和运维。其中，安全设计侧重于了解风险和威胁建模；安全开发包括供应链安全、文档、资产管理等；安全部署侧重于保护基础架构和模型免受入侵、威胁或丢失，制定事件管理流程；安全操作用于提供部署系统后的相关操作指南，包括日志记录和监控、更新管理和信息共享等。

澳大利亚推进量子定位导航授时的数据传递　　11月，澳大利亚国防部启动"基于韧性定位导航授时的量子安全时间传递"项目，阿德莱德大学、定量X实验室、澳洲国防科技集团、Inovor科技公司组成了研究团队，旨在研究通过量子技术保障"定位导航授时"数据接收的真实性。该项目包含以下关键目标：①使用纠缠光子进行基于量子安全的时间传递；②开发基于自由空间节点间链路的经典双向时间传递；③研究损耗和波动环境下对上述两种时间传递方法的影响；④同步两个平台的低温光学时钟，为后续新型雷达架构的关键设施的设计提供支撑。该项目的后续验证工作主要包括:在无人机和卫星上部署的小型芯片原子钟,在自由空间光学链路上进行技术演示,并将高质量的地面时钟的能力传递到便携平台上,以有效验证定位导航授时数据的安全性和精确度。

美国两党立法更新《国家量子计划法案》 11月,美国两党众议院科学、太空和技术委员会主席弗兰克·卢卡斯和首席委员佐伊·洛夫格伦提出《国家量子计划重新授权法案》(H. R. 6213),致力于推动美国的量子科学和技术发展并保持全球领导地位。该法案提出以下重点:①白宫科技政策办公室制定与盟国合作开展量子研究的战略;②授权美国家标准技术研究院建立三个新量子研究中心;③加强美国家科学基金会的学生实习、奖学金和其他人才管理;④建立一个新的美国家科学基金会多学科协调中心;⑤建立新的量子试验台;⑥制定促进量子计算商业化的战略;⑦授权能源部支持量子铸造厂的发展,以满足量子供应链的器件和材料需求;⑧正式授权 NASA 进行量子研发活动,并在该机构建立量子研究所。

美国国防部发布《数据、分析与人工智能应用战略》 11月,美国国防部发布《数据、分析与人工智能应用战略》,旨在推动国防部通过人工智能开展工作。该战略由首席数字与人工智能办公室基于国防部 2018 年版《人工智能战略》及 2021 年修订版制定,重新定义了美国国防相关部门和军兵种采集关键数据、部署数据分析与人工智能能力的方式,重点内容包括:规定人工智能开发应用的敏捷方法,以获取决策优势;明确战略目标为消除政策层面阻碍、投资可互操作基础设施、改善数据管理方式、培养人工智能人才等。